理论力学

（第2版）

主　编　李　鸿　夏培秀　郭　晶
主　审　李宏亮　韩广才

哈尔滨工程大学出版社
Harbin Engineering University Press

内容简介

全书共15章，主要内容包括绪论、静力学基础和物体的受力分析、平面汇交力系与平面力偶系、平面一般力系、空间力系、摩擦、点的运动学、刚体的简单运动、点的复合运动、刚体的平面运动、质点动力学、动量定理及其相关知识、动量矩定理及其相关知识、动能定理及其相关知识、达朗贝尔原理及其相关知识、虚位移原理和第二类拉格朗日方程。本书例题类型较多，每章后面都附有思考题和习题，适用于课堂教学。

本书可作为高等院校机械、土木工程、船舶工程、飞行器设计等专业理论力学课程的教材，也可供夜大、函授、自考等相关专业及有关工程技术人员参考。

图书在版编目(CIP)数据

理论力学/李鸿，夏培秀，郭晶主编. —2版. —哈尔滨：哈尔滨工程大学出版社，2021.8(2022.6重印)
ISBN 978-7-5661-3127-0

Ⅰ.①理… Ⅱ.①李… ②夏… ③郭… Ⅲ.①理论力学 Ⅳ.①O31

中国版本图书馆CIP数据核字(2021)第121477号

理论力学(第2版)
LILUN LIXUE(DI 2 BAN)

选题策划 宗盼盼
责任编辑 宗盼盼
封面设计 李海波

出版发行 哈尔滨工程大学出版社
社　　址 哈尔滨市南岗区南通大街145号
邮政编码 150001
发行电话 0451-82519328
传　　真 0451-82519699
经　　销 新华书店
印　　刷 哈尔滨市石桥印务有限公司
开　　本 787 mm×1 092 mm 1/16
印　　张 26
字　　数 664千字
版　　次 2021年8月第2版
印　　次 2022年6月第2次印刷
定　　价 49.80元
http://www.hrbeupress.com
E-mail:heupress@hrbeu.edu.cn

前　　言

本书是按照教育部关于工科理论力学的教学基本要求编写的，主要包括静力学、运动学和动力学三部分内容。第 1 章至第 5 章为静力学部分，主要研究物体的受力分析、力系分析及力系的简化与平衡问题；第 6 章至第 9 章为运动学部分，主要从几何角度研究质点和刚体的运动规律；第 10 章至第 14 章为动力学部分，主要研究物体的运动与其所受到的力之间的关系；第 15 章为分析力学基础，从另一角度认识动力学问题。

本书是编者多年教学工作的经验总结。理论力学是工科类专业的一门重要的专业基础课。由于它的理论性强，逻辑严密，使学生在学习本课程时感到有一定的难度，因而编者在编写本书的过程中强调基础知识，注意由浅入深，遵循由概念到理论的原则。为了使学生更好地掌握本书的基本知识，每章后面都附加大量的思考题，包括判断题、选择题和填空题等。这些思考题的安排注重基础性，同时又不失普遍性、典型性和新颖性。学生通过这些思考题，可以及时巩固学过的知识，理解书中的基本概念和定理。各章最后安排了适当的习题（计算题），且每题后附有答案，学生通过练习，能够巩固学过的内容，同时提高应用知识解决实际问题的能力。

本书编写分工如下：第 1 章、第 2 章由杨金水编写；第 3 章、第 4 章、第 7 章由夏培秀编写；第 5 章、第 6 章由樊涛编写；第 10 章、第 12 章、第 14 章由郭晶编写；第 8 章、第 9 章、第 11 章、第 13 章由李鸿编写；第 15 章由张瑞编写。全书静力学内容由夏培秀统稿；运动学内容由李鸿统稿；动力学内容由郭晶统稿。参加编写工作的还有王超营、吴国辉和李晨亮。李宏亮和韩广才通篇审阅了本书，并提出很多修改意见和建议。

本书可以作为 48 ~ 72 学时的理论力学课程教学用书，也可以作为工程力学课程中理论力学部分教学的教材，还可以供其他专业的学生和技术人员参考。

本书有配套建设的慕课资源，网址为 http://mooc1.chaoxing.com/course/201174013.html。

由于编者水平所限，书中难免存在不妥之处，敬请读者批评指正。

编　者

2021 年 3 月

目　　录

绪　论

工程师如果想设计和制造装置,必须深入了解所设计装置的物理性质,并使用数学模型去分析和预知物体系统的行为。

力学被定义为物理科学的一个分支,主要研究受力作用的静止或运动的物体的状态。一般情况下,这一学科被分成三个分支,即刚体力学、变形体力学和流体力学。本书只研究刚体力学,它是工程中遇到的许多种类的结构、机构或电力装置设计和分析的基础。同时,刚体力学也为变形体力学和流体力学的研究提供了必要的背景知识。

刚体力学分为两个部分:静力学和动力学。静力学主要研究物体的平衡问题,也就是物体处于静止或匀速直线运动状态。动力学主要研究物体的运动状态变化。

尽管静力学可以被认为是动力学的一个特例,即加速度为零,但静力学仍然值得单独研究,因为许多要被设计的物体都是处于平衡状态的。

历史上静力学这一学科发展非常早,这是因为相关的一些基本原理能够通过测量几何量或力而简单形成,如阿基米德(公元前287—公元前212)的杠杆定律。对于滑轮、斜面和扭转的研究也记录于古代的作品中,当时工程的需求仅仅局限于建筑方面。

因为动力学的基本原理依赖于对时间的精确测量,所以这一学科发展得比较晚。伽利略(1564—1642)是这一领域第一批主要的贡献者之一,他的贡献主要是单摆的实验和下落物体的实验。然而,力学方面最主要的贡献者是牛顿(1643—1727),他最引人注意的贡献是提出了万有引力定律和运动学基本定律。这些定律被作为基本定理后,随之产生的重要技术是由欧拉(1707—1783)、达朗贝尔(1717—1783)、拉格朗日(1736—1813)等人发展的。

1. 理论力学的研究对象、范围、内容

(1)理论力学的研究对象

理论力学是研究物体机械运动一般规律的学科。

①机械运动

机械运动是指物体在空间的位置随时间的变化,如日、月、星辰的运行,车辆、船只的行驶,机器的运转,等等。除机械运动外,物质的发声、发光、发热、化学过程、电磁现象,以及人类的思维活动、生命现象等也是物质的运动形式。机械运动是在日常生活和生产实践中普遍存在的,也是较简单的一种物质运动形式。

②一般规律

一般规律是指物体机械运动变化与它所受的作用力之间的关系。机械运动变化是指物体的运动方向、速度和加速度的变化。

(2)理论力学的研究范围

理论力学是以牛顿定律为基础而发展起来的一门学科,属于经典力学范畴,即时空、质量不随时间而发生变化,所以这门学科的应用范围有一定的局限性。近代物理学的发展说明了经典力学的局限性:经典力学仅适用于低速、宏观运动的物体。

低速是与光速比较而言的,当物体的速度接近于光速时,其运动应该用相对论力学来研究。宏观是相对于基本粒子而言的,当物体的大小接近于微观粒子时,其运动应该用量子力学来研究。对于宏观低速运动的物体,由经典力学推得的结果具有足够的精度,工程技术中所处理的对象一般是宏观低速运动的物体,因而经典力学至今仍有很大的实用意义,且还在不断发展。

(3)理论力学的研究内容

理论力学的研究内容由三部分组成,即静力学、运动学和动力学。

①静力学

静力学研究力系的简化,以及物体在力系作用下的平衡规律。

②运动学

运动学只从几何的角度研究物体的机械运动变化而不涉及原因。

③动力学

动力学研究物体的运动变化与作用于物体的力之间的关系。

2. 理论力学的研究方法

(1)对于力学基本规律的研究起源于对实际现象的观察和归纳

我国的墨翟(公元前469—公元前390)在《墨经》中已经对力的概念做了解释。“力,形之所以奋也”可解释为力是物体产生加速度的原因,与牛顿定律一致。亚里士多德(公元前383—公元前321)总结了杠杆原理。阿基米德总结了浮力原理。伽利略正确认识了物体的惯性和加速度的概念,提出了运动相对性原理。开普勒(1571—1630)从大量天文观测资料中总结出行星的运动规律。

在他们的认识的基础上,牛顿于1687年在《自然哲学的数学原理》一书中提出了制约宏观机械运动的基本规律,即万有引力定律和动力学基本定律,从而奠定了“牛顿力学”的基础。

1670年,牛顿和莱布尼茨(1646—1716)创立了研究力学规律的数学方法——微积分。此后,力学的研究才有可能从归纳性学科转变为演绎性学科,即以牛顿定律为基本出发点,利用数学推理得出结论以解释或预测实际现象,因此力学和数学之间有着密切的联系。对于宏观低速运动的物体,牛顿定律具有高度的正确性,这奠定了它在经典力学中的牢固地位,因而力学才得以发展为一门独立的学科。牛顿力学中所讨论的许多力学概念(如速度、加速度、角速度、力和力矩等)都是以矢量形式出现的物理量,因此牛顿力学又称为矢量力学。

(2)牛顿力学的发展

18世纪,随着机器生产的迅速发展,人们需要对刚体和受约束机械系统的运动进行分析。欧拉建立了刚体的运动微分方程。达朗贝尔建立了与牛顿第二定律等效的达朗贝尔原理。

由于用矢量力学方法讨论受约束物体的运动仍十分不便,因此拉格朗日于1788年对力学提出了全新的叙述方式。他以虚位移原理和达朗贝尔原理作为力学的演绎基础,建立了受约束系统的动力学普遍方程,进而导出拉格朗日方程,从而产生了与牛顿力学并驾齐驱的新力学体系,称为拉格朗日力学。拉格朗日力学以能量和功为基本物理量,采用纯粹的分析方法使力学建立在统一的数学基础之上,完全摆脱了以矢量为特征的几何方法,因此也称为分析力学。分析力学是经典力学的一个重要组成部分。

(3)分析力学的发展

在分析力学的发展过程中出现了对力学基本原理的不同表达方式,其中力学的变分原理占有重要的地位。变分原理与牛顿力学或拉格朗日力学建立运动微分方程求解的思维方式完全不同,在各种变分原理中最具代表性的就是哈密顿原理。通常将哈密顿原理和由哈密顿导出的正则方程称为哈密顿力学。

3. 经典力学的基本概念

在我们学习力学之前理解一些基本概念是非常必要的。

(1)基本物理量

这些物理量贯穿于整个力学课程中。

(2)长度

长度用来确定一个点在空间中的位置,可以描述一个物理系统的尺寸。一旦定义了长度的标准单位,人们就可以定量地将距离和物体的几何特性描述为长度单位的倍数。

(3)时间

时间被想象成一系列发生的事件,是通过重复事件的间隔来测量的,如钟摆的摆动。

(4)质量

质量是物质的一种属性,通过它我们可以比较一个物体与另外一个物体的运动。

(5)力

一般地,力被认为是一个物体对另外一个物体所产生的“推”或“拉”的作用,当两个物体直接接触(如一个人推一面墙)时,这种相互作用就产生了;这种作用也可发生在两个物理上分开的物体,如万有引力、电场力和电磁力,在任何情况下,力均可以通过大小、方向和作用点而完全被描述。

(6)抽象力学模型

抽象力学模型是基于工程实际系统的需要,进行力学模型的抽象,以便于理论在实际工程中的应用。

(7)质点

质点具有质量,但其尺寸可以被忽略。例如,地球的尺寸与它的轨道相比是可以忽略的,因此当研究地球的轨道运动时就可以将其抽象为质点。当一个物体被抽象为质点时,力学原理就简化为非常简单的形式,分析问题时几何外形将不被考虑。

(8)刚体

刚体被看作无数个质点的集合,且在受力前或受力后,刚体内任意两个质点间的距离保持不变。因此,任何物体的材料特性都被认为是刚性的,而且在分析力对刚体的作用时将不予考虑。在多数实际情况下,发生于结构、机器或机构中的实际变形相对来说是微小的,所以对于刚体的分析假设是可行的。

(9)集中力

集中力描述了一个载荷的作用效果,它被认为作用于物体的一个点上。对于作用于物体上给定区域的载荷,如果该区域与整个物体的尺寸相比很小的话,那么该载荷就是集中力,如轮子与地面间接触的力。

4. 学习理论力学的目的

理论力学是一门理论性较强的技术基础课,又是学生接触工程实际的第一门课程,因此学习这门课程主要为了达到以下几个目的:

①理论力学是一切力学的基础。学习理论力学将为学习一系列后续课程(如材料力学、结构力学、机械原理、机械设计等)打下必要的基础,也将为进一步探索新的科学技术领域准备好力学方面的条件。

②通过理论力学的学习,初步学习处理工程实际问题的方法。

③培养分析和解决问题的能力,特别是逻辑思维能力、抽象化能力、自学能力、表达能力和数学计算能力。

第1章 静力学基础和物体的受力分析

本章首先介绍刚体、平衡、力和力系等静力学基本概念；其次，介绍力对物体作用的最基本的五条性质，即静力学基本公理；再次，为了对非自由体进行受力分析，介绍几种常见的典型约束，以及它们的约束反力的特点；最后，详细介绍物体的受力分析及画物体受力图的步骤和方法。

1.1 静力学基本概念

静力学是研究物体平衡的科学。为了研究这个问题，下面先介绍一些基本概念。

1. 刚体的概念

静力学研究的物体主要是刚体。所谓刚体是指在力作用下不变形的物体，即刚体内部任意两点间距离保持不变。在实际问题中，任何物体在力的作用下或多或少都会产生变形。若物体变形不大或变形对所研究的问题没有实质影响，则可将物体抽象为刚体。因为静力学主要以刚体为研究对象，所以也称为刚体静力学。

2. 平衡的概念

平衡是指物体相对惯性参考系静止或做匀速直线平动。它是物体机械运动的一种特殊状态。在工程技术问题中，常把固连于地球上的参考系视为惯性参考系，所以平衡常指物体相对于地球处于静止或做匀速直线平动的状态。

3. 力的概念

静力学中的一个重要的概念就是力的概念。力是物体间的相互机械作用。物体间的相互机械作用的形式可以归纳为两类：一类是物体直接接触的作用（如压力、摩擦力等）；另一类是通过场的作用（如万有引力场、电场）对物体作用的万有引力和电磁力等。尽管物体间相互作用的形式和物理本质不同，但这种机械作用的效应主要有两方面：一方面是使物体的机械运动状态发生改变，如改变物体运动速度的大小和方向，这种效应称为力的外效应，也称为运动效应；另一方面是使物体的形状发生改变，如使梁弯曲、使弹簧伸长，这种效应称为力的内效应，也称为变形效应。力对物体作用产生的这两种效应是同时出现的。因为理论力学研究的主要是刚体，所以只研究力的外效应。

实践证明，力对物体的作用效应取决于力的三要素：①力的大小；②力的方向；③力的作用点。力的大小反映了物体间相互机械作用的强度，它可以通过力的外效应或内效应的大小来度量。在国际单位制中，力的单位是牛顿（N）；在工程单位制中，力的单位是千克力（kgf）。两种单位制存在下列关系：

$$1\ \text{kgf} = 9.80\ \text{N}$$

力的方向是指力作用的方位及指向。沿该方向画出的直线称为力的作用线。力的作用点是物体相互作用位置的抽象化。实际上，两个物体接触处总占有一定面积，力总是分布作用于物体的一定面积上。若接触面积很小，则可将其抽象为一个点，称为力的作用点，这种作用力称为集中力；反之，若接触面积比较大，则力在整个接触面上分布作用，这种作用力称为分布力。分布力作用的强度用单位面积上力的大小(N/m^2)来度量,称为载荷集度。

根据以上所述,可用一个矢量来表示力的三要素。如图 1-1 所示,力矢量(力矢)是一个有向线段,矢量的模表示力的大小,箭头方向表示力的方向,始端或末端表示力的作用点,而与线段重合的直线表示力的作用线。在本书中,矢量用黑体字母表示,如 $\boldsymbol{F}$;该矢量的大小(模)则用普通字母表示,如 F。

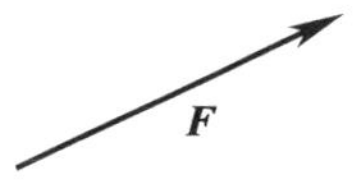

图 1-1　力矢量

4. 力系的概念

作用在物体上的一群力称为力系。若一个力系作用于刚体而不改变其运动状态,则该力系称为平衡力系。若两个力系分别作用于同一物体,且其效应相同,则这两个力系称为等效力系。若一个力和一个力系等效,则称这个力是这个力系的合力,而该力系中的每个力可称为这个合力的分力。对于一个比较复杂的力系,求与它等效的简单力系的过程称为力系的简化。力系的简化是静力学最基本的内容。力系的简化方法在动力学中也是十分有用的。

按照力系中各力作用线在空间分布的情况,可以将力系进行分类。若各力作用线在同一平面内,则该力系称为平面力系;否则称为空间力系。若各力作用线汇交于一点,则称该力系为汇交力系。若各力作用线彼此平行,则称该力系为平行力系。若各力作用线任意分布,则称该力系为一般力系或任意力系。显然,各力作用线在同一平面并汇交于一点的力系可称为平面汇交力系。后面我们将根据由简单到复杂的顺序分章研究各种力系的简化和平衡问题。

1.2　静力学基本公理

在力的概念逐步形成的同时,人们通过大量的实践逐步认识到力的一系列基本性质,即力对物体作用的最简单、最基本的规律。力的这些基本性质是显而易见的,其正确性长期以来已被大量实践所证明。力的基本性质主要有五条,也称为静力学基本公理,是人们对力的基本性质的概括和总结,是静力学的理论基础。

公理 1-1　力的平行四边形法则　作用在物体上同一点的两个力,可以合成一个合力,合力的作用点也在该点,合力的大小和方向由以这两个力为边构成的平行四边形的对角线确定,如图 1-2(a)所示。力的这个性质称为力的平行四边形法则,写成矢量表达式为

$$\boldsymbol{F}_R = \boldsymbol{F}_1 + \boldsymbol{F}_2$$

即合力矢 $\boldsymbol{F}_R$ 等于两个分力矢 $\boldsymbol{F}_1$ 和 $\boldsymbol{F}_2$ 的矢量和。

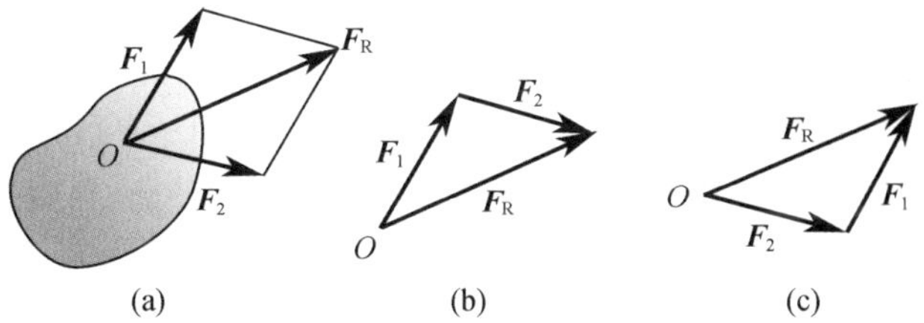

图 1-2　力的平行四边形法则

公理 1-1 反映了力的方向性特征，矢量相加与数量相加是不同的，矢量相加必须用平行四边形的关系确定，该公理总结了最简单力系的简化规律。

矢量相加的法则，也可归结为力的三角形法则。合力的作用点为 O 点，求合力的大小及方向无须作出整个平行四边形，可考虑将各力矢首尾相接，然后连接第一个矢量的始端和第二个矢量的末端，所得到的矢量即为合力矢，如图 1-2(b)所示，先作 $\boldsymbol{F}_1$，再作 $\boldsymbol{F}_2$，连接 $\boldsymbol{F}_1$ 的始端和 $\boldsymbol{F}_2$ 的末端得到合力矢 $\boldsymbol{F}_R$，这种求合力矢的作图规则称为力的三角形法则。力的三角形图只表示各力矢，并不表示其作用位置，如图 1-2(c)所示，先作 $\boldsymbol{F}_2$，再作 $\boldsymbol{F}_1$，同样可得到合力矢 $\boldsymbol{F}_R$，这说明合力矢与两分力矢的作图次序无关。

反之，根据公理 1-1 也可以将一个力分解为作用于同一点的两个力。由于用同一对角线可作出无穷多个不同的平行四边形，因此解答是不确定的。欲使问题有确定的解答，则必须附加足够的条件。在工程问题中，通常将一个力分解为方向已知的两个力，特别是分解为方向相互垂直的两个力，这种分解称为正交分解，所得到的两个力称为正交分力。

公理 1-2　二力平衡公理　作用在刚体上的两个力使刚体处于平衡的充分必要条件是这两个力的大小相等，方向相反，且作用在同一直线上(共线)。

公理 1-2 总结了作用于刚体上的最简单力系平衡时所必须满足的条件，图 1-3 表示了满足公理 1-2 的两种情况，需要强调的是这个公理只适用于刚体。

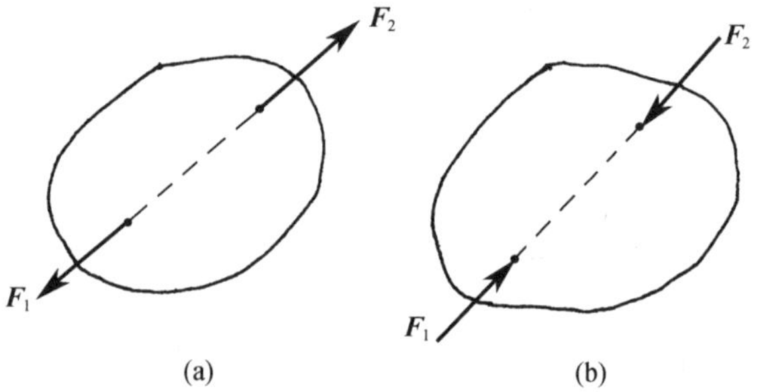

图 1-3　二力平衡

工程上经常会遇到受两个力作用而平衡的构件，通常我们将这样的构件称为二力构件或二力杆，根据公理 1-2 可知，这两个力的作用线应沿该两力作用点连线，且大小相等，方向相反。在对物体系统进行静力学分析时找出二力构件，对于问题的研究是非常方便的。

公理 1-3　加减平衡力系原理　在作用于刚体的力系上增加或减去一组平衡力系，并不改变原力系对于刚体的作用效应。

推论 1-1　力的可传性原理　作用于刚体上某点的力，可以沿着它的作用线移到刚体内任意一点，并不改变该力对于刚体的作用效应。

证明　如图 1-4 所示，设力 $\boldsymbol{F}$ 作用于刚体的 A 点，在其作用线上任取一点 B，并在 B 点添加一对相互平衡的力 $\boldsymbol{F}_1$ 和 $\boldsymbol{F}_2$，且令 $F_1 = F_2 = F$，由公理 1-3 可知，这并不改变原来的力 $\boldsymbol{F}$ 对于刚体的作用效应，再由公理 1-2 可知 $\boldsymbol{F}$ 与 $\boldsymbol{F}_1$ 相互平衡，再由公理 1-3 去掉这两个力，于是仅剩下作用于 B 点的力 $\boldsymbol{F}_2$，显然它与原来作用于 A 点的力 $\boldsymbol{F}$ 等效。

可见，力对刚体的作用效应与力的作用点在其作用线上的位置无关，也就是说力可以沿其作用线在刚体内任意滑移而不改变其作用效应，力的这种性质称为力的可传性。因此，对于刚体来说力是滑移矢量。所以，对于作用在刚体上的力来说，力的三要素应是力的大小、力的作用线、沿作用线的指向。

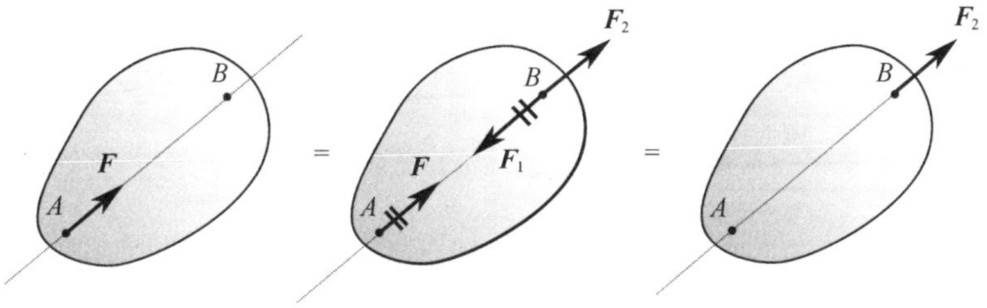

图1-4　力的可传性

推论1-2　三力平衡汇交定理　刚体在三力作用下平衡，若其中两个力的作用线汇交于一点，则第三个力的作用线通过汇交点，且此三力共面。

证明　如图1-5所示，设有三个相互平衡的力F_1、F_2和F_3分别作用于刚体上的A、B和C三点，已知力F_1和F_2的作用线交于O点。按刚体上力的可传性，将力F_1和F_2移至交点O，并由力的平行四边形法则求得F_{12}。根据已知条件，则F_{12}应与F_3平衡，由二力平衡公理可知，力F_3的作用线必与F_{12}的作用线重合。因此，力F_3的作用线必在力F_1和F_2所构成的平行四边形平面上，且通过交点O。

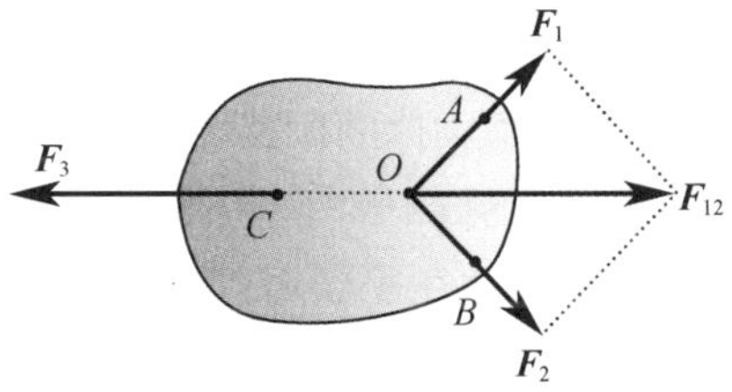

图1-5　三力平衡汇交

公理1-4　作用力和反作用力定律　两物体相互作用的作用力和反作用力大小相等，方向相反，沿同一直线，分别作用在两个物体上。

作用力与反作用力是相互依存、同时出现、共同消失的，它们分别作用在不同物体上。因此，在分析物体受力时，必须明确施力物体和受力物体。这与同一刚体上作用两个相互平衡的力不同，不能把作用力和反作用力视为一组平衡力。在分析多个物体组成的物体系统受力问题时，根据公理1-4可以把其中一个物体的受力分析与相邻物体的受力分析联系起来。

公理1-5　刚化原理　变形体在某力系作用下处于平衡状态，如果将此变形体刚化为刚体，则平衡状态保持不变。

公理1-5指出，变形体平衡时可用刚体的平衡条件来处理变形体的平衡问题。不过应指出，刚体的平衡条件只是变形体平衡的必要条件而不是充分条件。例如，柔性绳在两端的拉力F_{T1}和F_{T2}作用下平衡，根据刚化原理，柔性绳刚化为刚性杆，该杆在原来的F_{T1}和F_{T2}作用下仍平衡，如图1-6(a)所示。根据二力平衡公理，F_{T1}和F_{T2}大小相等，方向相反且共线。若该二力是指向绳内的压力，则绳将失去平衡，如图1-6(b)所示。

工程实际中的皮带、绳索、链条、梁等变形体在平衡时可视为刚体，另外由若干个刚体组成的物体系统在平衡时也可视为一个刚体。

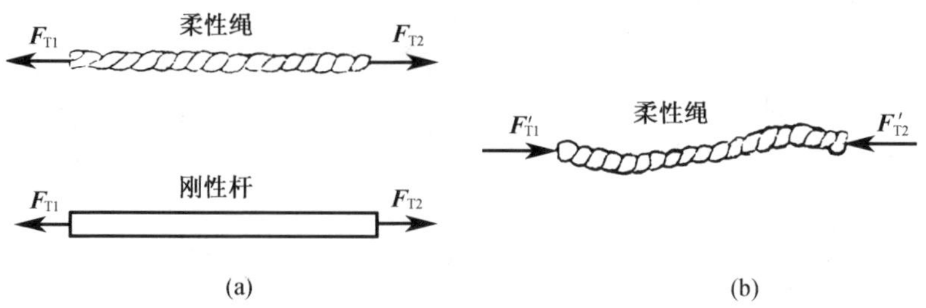

图1-6 刚化原理

1.3 约束和约束反力

力是物体间的一种相互机械作用,当分析某物体上作用的各个力时,需要了解该物体与周围其他物体相互作用的形式和连接方式。我们按照是否与其他物体直接接触把物体分为两类:一类是物体的位移在空间不受任何限制,可以在空间任意运动,这样的物体称为自由体。例如,飞行中的子弹,航行中的飞船。另一类是工程和实际生活中的大多数物体,它们的某些位移往往受到周围物体的限制。例如,桌面上的球,垂直桌面向下的位移受到桌面的限制;用吊绳悬挂的吊灯,因绳不能伸长,吊灯在沿绳伸长的方向的位移受到吊绳的限制;铁轨在垂直轨道方向限制了火车的位移等,这样的物体称为非自由体。

凡是限制某物体位移的其他物体称为该物体的约束。在上面的例子中,桌面是球的约束;吊绳是吊灯的约束;铁轨是火车的约束。

既然约束限制了物体的运动,也就改变了物体的运动状态,约束对物体的作用实质上就是力的作用,约束作用在物体上的力称为约束反力或约束力,也简称反力。约束反力的作用点是约束与物体的接触点。约束反力的方向必然与约束阻碍物体位移的方向相反,这是我们判断约束反力方向的基本方法。

物体除受约束反力作用外,还受重力、推力及各种机械的动力和载荷等主动改变物体运动状态的力的作用,这类力称为主动力。主动力与约束力不同,它的大小和方向一般是预先给定的,彼此是独立的。而约束反力的大小通常是未知的,取决于主动力的大小和方向,是一种被动力,需要根据物体的平衡条件或动力学方程来确定。

无论是在静力学中还是在动力学中,对物体进行受力分析的重要内容之一是正确地表示出约束反力的作用线或力的指向,它们都与约束的性质有关。工程中实际约束的类型是各式各样的,接触处的状况千差万别,但是可以将它们归纳为几类典型约束,分析每一类约束的特点,以掌握它们的约束反力的特征。下面介绍几种常见的典型约束和确定其约束反力的方法。

1. 柔索

由绳索、皮带、链条、相对柔软的钢丝绳等构成的约束称为柔索。柔索的特点是柔软易变形、不可伸缩、不计自重、不能抵抗弯曲和压力,它限制了物体沿柔索伸长方向的位移。柔索约束反力作用在与物体的连接点上,方向沿着柔索中心线离开物体恒为拉力,常用 $\boldsymbol{F}_T$ 表示。如图1-7(a)所示,重物 A 由柔索悬吊,绳索是重物的约束,绳索给重物的拉力(约束反力)是 $\boldsymbol{F}_{\mathrm{T}}$;又如图 1-7(b)所示,皮带轮传动系统的上下两段皮带分别作用在两轮上的拉力(约束反力)为 $\boldsymbol{F}_{AB}$和 $\boldsymbol{F}_{CD}$,它们的方向沿着皮带(与轮相切)而背离皮带轮。

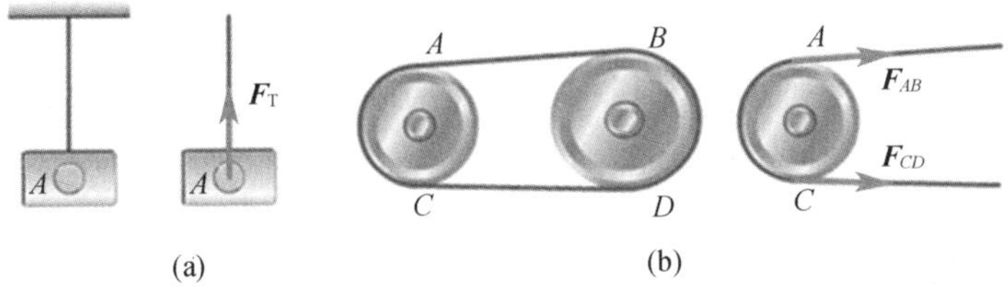

图 1-7　柔索及其约束力

2. 光滑接触面

物体与约束的接触面如果是光滑的,即它们间的摩擦力可以忽略时,约束不能限制物体沿接触处切面任何方向的位移,也不能限制沿接触面法线方向脱离接触面的位移,而只是限制沿接触点处公法线而指向约束方向的位移。所以,光滑接触面约束反力方向一定沿着接触处的法线(物体的法线或约束的法线)方向指向物体且恒为压力,这种约束反力又称为法向反力,常用字母 $\boldsymbol{F}_{\mathrm{N}}$ 表示。若接触面积很小,则约束反力可视为集中力。在图 1-8(a)中,光滑固定曲面给圆柱的法向反力为 $\boldsymbol{F}_{\mathrm{N}}$;在图 1-8(b)中,杆 *AD* 倚靠在固定挡块上,挡块给杆的约束反力为 $\boldsymbol{F}_{\mathrm{N}B}$;在图 1-8(c)中,板搁在固定槽内,板与槽在 *A*、*B*、*C* 三点接触,如果接触处均是光滑的,那么它们的约束反力分别为 $\boldsymbol{F}_{\mathrm{N}A}$、$\boldsymbol{F}_{\mathrm{N}B}$和 $\boldsymbol{F}_{\mathrm{N}C}$。

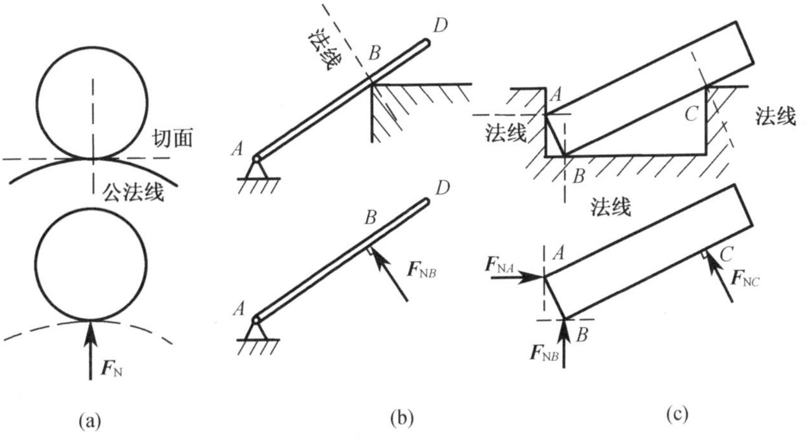

图 1-8　光滑接触面约束力

若约束反力为沿整个接触表面积或接触线的分布力,如果分布力是均匀分布的,则可用集中力来代替,作用在接触面或接触线的中心,如图 1-9(a)所示。另外,对于图 1-9(b)中的曲柄连杆滑块机构,由于滑槽在上下两面限制滑块构成约束,且无法预先确定哪一面限制了滑块的运动,因此可假设约束反力 $\boldsymbol{F}_{\mathrm{N}B}$的方向,最后由平衡条件确定其实际方向。

3. 光滑圆柱铰链

两个带孔的物体穿一个销子连接,并忽略销轴与两物体孔之间的摩擦力,所构成的约束称为光滑圆柱铰链,如图1-10(a)所示,其示意简图用一小圆圈表示,如图1-10(b)所示。这类约束的特点是只能限制物体的任意方向的径向移动,不能限制物体绕圆柱销轴线的转动和平行于圆柱销轴线的移动。由于圆柱销与圆柱孔是光滑曲面接触,则约束类型属于光滑接触面,这里将圆柱销和其中一个物体看成一体并视为约束,因此约束反力应沿接触处法线且通过圆柱销中心垂直于轴线,如图1-10(c)所示;因为接触位置不能预先确定,故其约束反力的方向不能预先确定,但光滑圆柱铰链的约束力一定作用在垂直于销轴的平面内并通过轴心与孔心。在分析这类约束时,我们通常用两个通过轴心的正交分力 $\boldsymbol{F}_x$、$\boldsymbol{F}_y$ 来表示圆柱铰链的约束反力,一旦 $\boldsymbol{F}_x$、$\boldsymbol{F}_y$ 的大小确定了,则可用力的平行四边形法则来确定约束反力的大小与方向,如图1-10(d)所示。

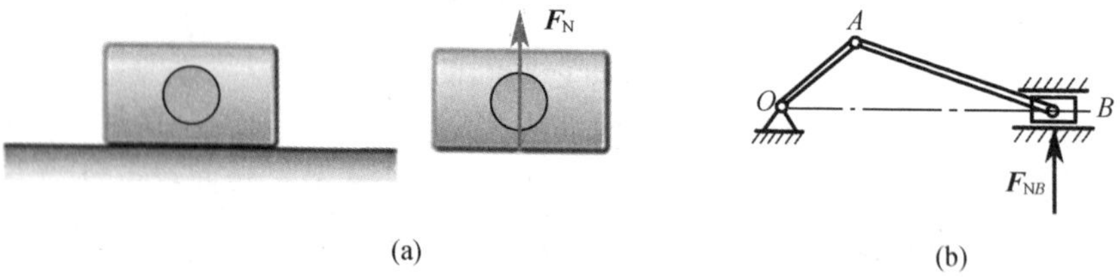

图1-9 光滑接触面约束力

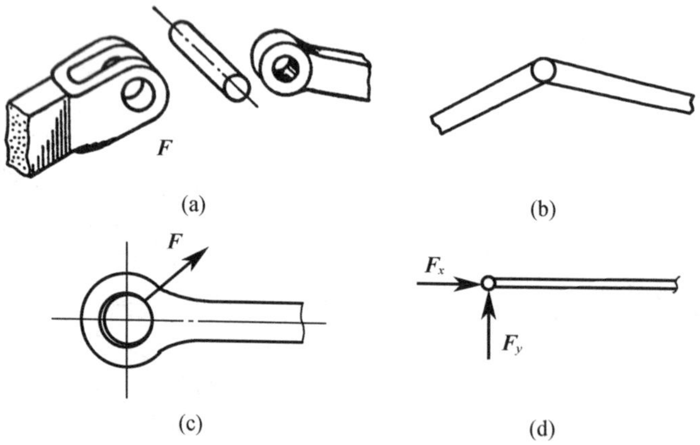

图1-10 光滑圆柱铰链

下面介绍几种以圆柱铰链约束构成的支座,即固定铰支座和可动铰支座(又名辊轴支座)。支座是将结构物或构件固定或支承在墙、柱、机身等固定支承物上的装置,并将结构物或构件所受的载荷通过支座传递给支承物。

如图1-11(a)和图1-11(b)所示,用光滑圆柱销将结构物或构件与底座连接,并把底座固定在支承物上面而构成的圆柱铰链约束形式称为固定铰支座。固定铰支座是物体的一种约束,其示意简图用一小圆圈和一三角形表示,图1-11(c)为固定铰支座简图。这种支座约束的特点是构件只能绕销轴线转动而不能发生垂直于销轴线的任何方向的径向移动,所以固定铰支座约束的约束反力在垂直于销轴线的平面内,通过销轴中心,方向不定,通常表示为相互垂直的两个分力,如图1-11(d)所示。

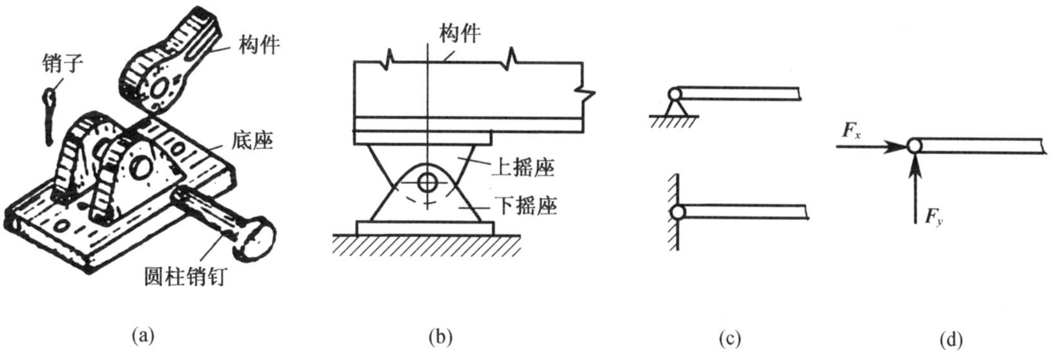

图 1－11　固定铰支座

如图 1－12(a)所示，在固定铰支座的底部安装一排滚轮，可使支座沿固定支承面滚动，这是工程中常见的一种复合约束，称为可动铰支座或辊轴支座，图 1－12(b)为其计算简图。这种支座约束可允许构件变形时既能发生微小的转动又能发生微小的移动，但限制物体沿垂直于支承面的方向运动，所以约束反力沿支承面的法线、通过销轴中心并指向物体，通常为压力，常用字母 $\boldsymbol{F}$ 表示，如图 1－12(c)所示。

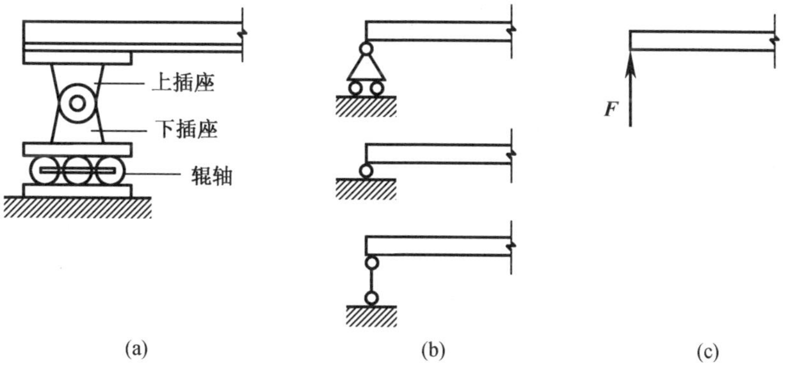

图 1－12　可动铰支座

4. 其他类型约束

(1)轴承

机器中常见到各种类型的轴承，它们是转轴的约束，如滑动轴承及径向轴承，如图 1－13(a)所示。这些轴承允许轴转动，但限制轴与轴线垂直方向的位移。图 1－13(b)为这种轴承的简图。轴承约束反力的特点与光滑圆柱铰链相同，如图 1－13(c)所示。

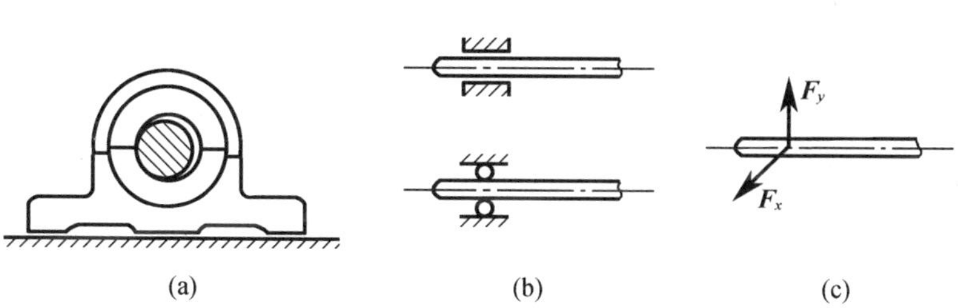

图 1－13　轴承

(2)链杆约束

工程结构中物体有时用一种两端为铰链连接的刚杆支承,如图1-14(a)中的杆AB。刚杆在二铰点作用有力,如不计刚杆重(本书中,"重"是指物体所受重力的大小),那么这种只在两点受力而处于平衡的构件称为二力构件,简称二力杆。根据二力平衡公理,作用在二力构件两端的约束反力的作用线必然通过二铰点,如图1-14(b)中的$\boldsymbol{F}_A$和$\boldsymbol{F}_B$的作用线通过A、B两点。二力构件是物体的约束,它给物体的约束反力$\boldsymbol{F}'_A$显然与$\boldsymbol{F}_A$反向,即约束反力$\boldsymbol{F}'_A$的作用线通过铰点A和B。$\boldsymbol{F}'_A$的指向可能是指向物体(图1-14(b)),也可能是背离物体(图1-14(c))。

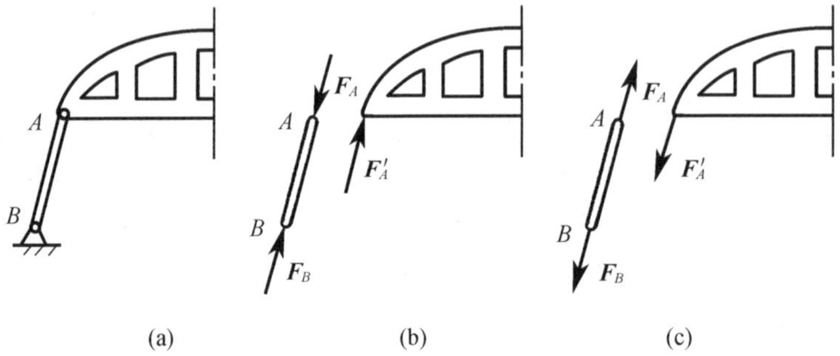

图1-14 二力构件刚性支承(直杆)

二力构件不一定是直杆,也可以是曲杆(图1-15(a)),这时作用于物体上的约束反力的作用线仍然通过二铰点,如图1-15(b)所示。

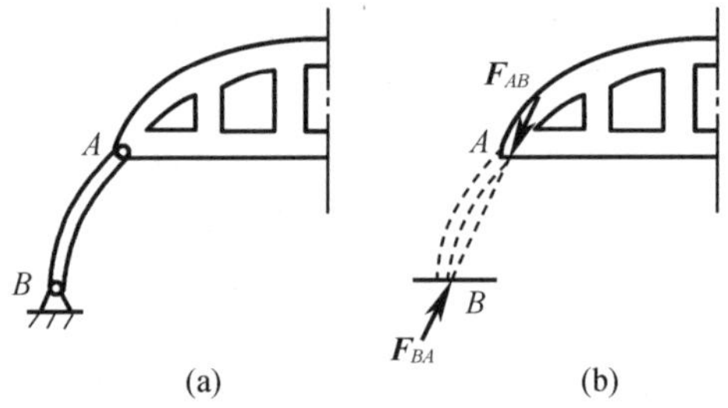

图1-15 二力构件刚性支承(曲杆)

(3)球铰链

将固结于物体一端的球体嵌入球窝形支座内的连接装置称为球铰链支座,简称球铰链,其构造如图1-16(a)所示。球铰链可以限制物体上的球体沿空间任何方向的移动,但不能限制物体绕球心的转动,若忽略摩擦力,球体与球窝光滑接触,则球铰链约束反力必通过两接触面的公法线,即通过球心,当作用于物体的主动力的方向不同时,球铰链约束反力的方向也不同,因此球铰链约束反力的方向不能由球铰链约束的构造确定。

球铰链约束反力的特点为通过球窝中心,方向待定,通常用相互垂直的三个分力$\boldsymbol{F}_x$、$\boldsymbol{F}_y$、$\boldsymbol{F}_z$表示,其力学简图及反力如图1-16(b)和图1-16(c)所示。

在实际问题中,约束的形式是各式各样的,有的可以简化为上述典型的形式,有的则要根据构件的尺寸、载荷作用的情况等进行简化。以后我们还将在适当的场合介绍其他类型的约束。

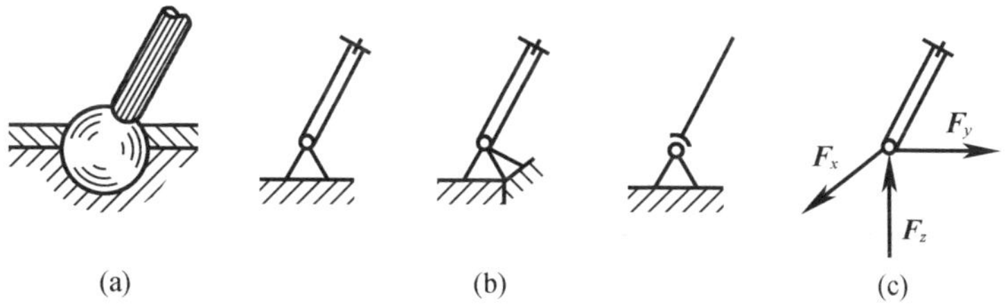

图 1-16　球铰链

1.4　物体的受力分析和受力图

求解力学问题需要根据问题的已知条件及要求的量有选择地研究某个物体或某几个物体的运动和平衡，这一个或几个物体就称为研究对象。对研究对象进行受力分析，就要把研究对象从与它联系的周围物体中分离出来，这种解除了约束的自由体称为分离体。分析分离体上有几个作用力，每个力的大小、作用线和指向，特别是根据约束性质确定各约束反力的作用线和指向，这个过程称为受力分析。进行受力分析时，要在研究对象的轮廓图上画出作用在其上的全部主动力和约束反力，这种表示物体受力状况的图形称为受力图。对物体进行受力分析和画受力图是解决静力学与动力学问题的前提及关键。画受力图的步骤通常如下：

①根据问题的需要恰当地选取研究对象，并单独画出其分离体的轮廓图。

②在轮廓图上画出作用在研究对象上的所有主动力(一般是已知力)。

③逐一画出研究对象与各个约束直接接触处的约束反力。约束反力的作用线与指向要依据约束的性质确定，某些约束反力的作用线可以确定，而指向不能确定时，可先沿其作用线假设一个指向，这个假设是否符合实际情况，以后计算时可以判定。

④受力图上所有力都应根据力的性质、约束的种类、作用点的位置标注相应的字母。例如，主动力用 $\boldsymbol{W}$、$\boldsymbol{G}$、$\boldsymbol{P}$ 等表示；柔索拉力用 $\boldsymbol{F}_{\mathrm{T}}$ 表示；铰链 A 处的反力用 $\boldsymbol{F}_{Ax}$、$\boldsymbol{F}_{Ay}$ 表示；对于作用力和反作用力标注的字母应协调，如分别记作 $\boldsymbol{F}$ 和 $\boldsymbol{F}'$。

下面举例说明。

例 1-1　图 1-17(a)所示为等腰三角形框架，杆 AB 与杆 BC 等长，并在 B 处铰接，A 处及 C 处为固定铰链支座约束，在杆 AB 的中点 D 作用一水平力，不计两杆重，试画出杆 AB 与杆 BC 的受力图。

解　取杆 BC 为隔离体，它受两个力而平衡，为二力杆，故力的作用线方位沿 A、B 两点连线，而且方向相反，指向如图 1-17(b)所示。

取杆 AB 为隔离体，A 端受固定铰支座约束，约束反力通常用两个正交的分力表示，如图 1-17(c)中的 $\boldsymbol{F}_{Ax}$ 和 $\boldsymbol{F}_{Ay}$，这两个力的方向可设为图示正向，若由静力学平衡方程确定的值为负值，则说明实际力的方向与图示方向相反。

进一步分析杆 AB，实际 A 处反力为一合力，则杆 AB 在三个力作用下平衡，因此这三个力处于同一平面并汇交于一点，如图 1-17(d)所示。

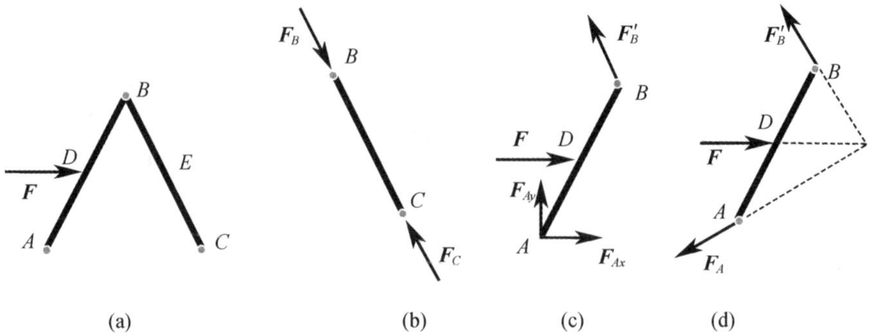

图1-17　例1-1图

例1-2　如图1-18(a)所示，重为G_1的均质圆球A静止于倾角为α的光滑斜面上，一绳索通过滑轮C连接圆球及另一重为G_2的物体B，不计滑轮C及绳索重，画出每个平衡物体的受力图。

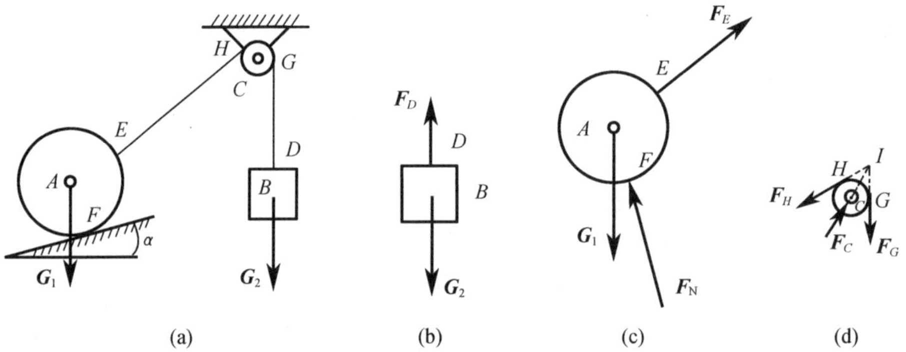

图1-18　例1-2图

解　取物体B为隔离体，如图1-18(b)所示，它受重力$\boldsymbol{G}_2$及DG段绳子的拉力$\boldsymbol{F}_D$两个力。

再取圆球为隔离体，如图1-18(c)所示，它受三个力，即重力$\boldsymbol{G}_1$、EH段绳子的拉力$\boldsymbol{F}_E$及光滑斜面的法向支反力$\boldsymbol{F}_N$。

取滑轮C为隔离体，如图1-18(d)所示，受EH段绳子的拉力$\boldsymbol{F}_H$及CD段绳子的拉力$\boldsymbol{F}_G$，注意$\boldsymbol{F}_H$要与$\boldsymbol{F}_E$等值、反向、共线，$\boldsymbol{F}_G$要与$\boldsymbol{F}_D$等值、反向、共线，$\boldsymbol{F}_C$为固定铰支座C处的约束反力，由于滑轮C受三个力而平衡，故作用于滑轮C上的三个力应在同一平面内并汇交于一点I。

例1-3　如图1-19(a)所示，杆AB与杆AC等长且在A处铰接，并由绳索连接D、E两点，放置于光滑水平面上，在杆AB的中点作用一铅直力$\boldsymbol{F}$，不计两杆重，画出每个杆及整个结构的受力图。

解　取带有销轴A的杆AB为隔离体，如图1-19(b)所示，$\boldsymbol{F}_{NB}$为光滑接触面约束反力，垂直接触面向上；$\boldsymbol{F}$为主动力；$\boldsymbol{F}_{Ax}$、$\boldsymbol{F}_{Ay}$为作用于销轴A上的两个正交约束反力，设力的方向如图1-19(b)所示；$\boldsymbol{F}'_D$为绳子DE作用于杆AB上的拉力。

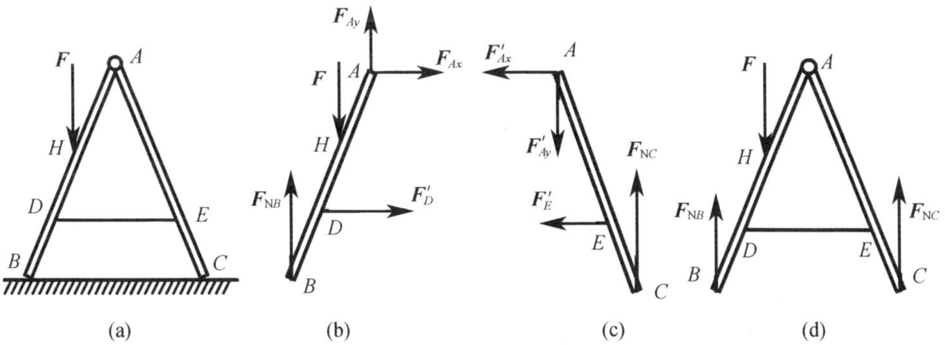

图 1－19　例 1－3 图

取杆 AC 为隔离体，$\boldsymbol{F}'_{Ax}$、$\boldsymbol{F}'_{Ay}$为由销轴 A 作用于杆 AC 的 A 端的两个正交约束反力，如图 1－19(c)所示，且与图 1－19(b)中的 $\boldsymbol{F}_{Ax}$、$\boldsymbol{F}_{Ay}$互为作用力和反作用力，大小相等，方向相反；$\boldsymbol{F}_{NC}$为光滑接触面约束反力，垂直接触面向上；$\boldsymbol{F}'_E$为绳子 DE 作用于杆 AC 上的拉力。

取整体进行受力分析，如图 1－19(d)所示，$\boldsymbol{F}_{NB}$与 $\boldsymbol{F}_{NC}$与图 1－19(b)、图 1－19(c)中相同，在整体结构受力图中 $\boldsymbol{F}_{Ax}$、$\boldsymbol{F}_{Ay}$和 $\boldsymbol{F}'_{Ax}$、$\boldsymbol{F}'_{Ay}$或 $\boldsymbol{F}'_D$、$\boldsymbol{F}'_E$不出现在受力图中（不画），这些力对于整体来说是内力，在受力分析时不画内力。

例 1－4　如图 1－20(a)所示，重 20 kN 的物体，通过绳子绕过滑轮 B 连接到鼓轮 D 上，不计两杆及滑轮重，不计摩擦力，画出两杆及滑轮 B 的受力图。

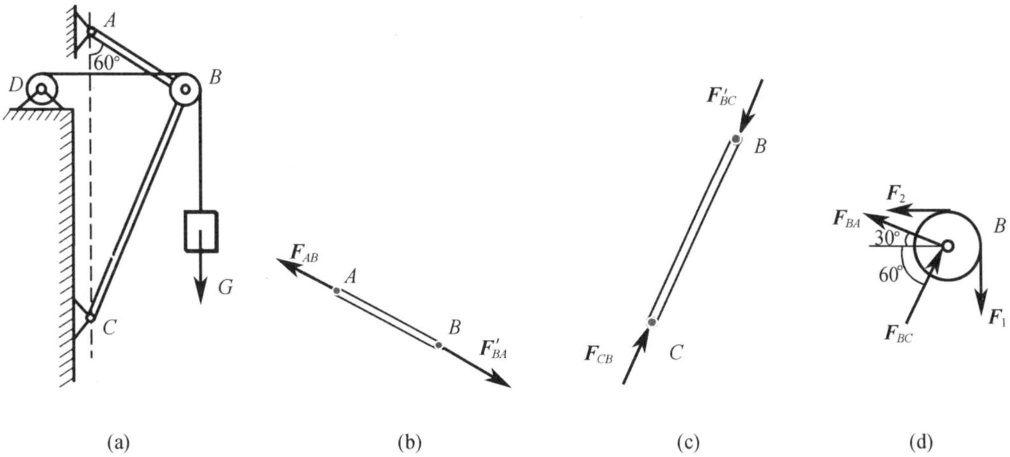

图 1－20　例 1－4 图

解　通过观察可知，杆 AB 为二力杆，在 A 处及 B 处受两个力而平衡，且这两个力等值、反向、共线，如图 1－20(b)所示。

如图 1－20(c)所示，杆 BC 也是一个二力杆，由于 B、C 两处均为圆柱铰链约束，因此 $\boldsymbol{F}_{CB}$、$\boldsymbol{F}'_{BC}$均沿 BC 连线，方向相反。

带有销轴的滑轮受力图如图 1－20(d)所示，$\boldsymbol{F}_2$ 和 $\boldsymbol{F}_1$ 为绳子作用于轮子边缘上的拉力;$\boldsymbol{F}_{BA}$和$\boldsymbol{F}_{BC}$作用线分别沿着AB、BC,且与图1-20(b)、图1-20(c)中$\boldsymbol{F}'_{BA}$和$\boldsymbol{F}'_{BC}$互为作用力和反作用力,大小相等,方向相反。

例1-5　如图1-21(a)所示,平面框架结构由杆AB、DE和DB通过铰链连接,绳子的一端连于K点,另一端通过滑轮Ⅰ和滑轮Ⅱ连于销轴B上,物块重G,不计滑轮及杆重,不计摩擦力,画出每个杆的受力图,以及销轴B的受力图。

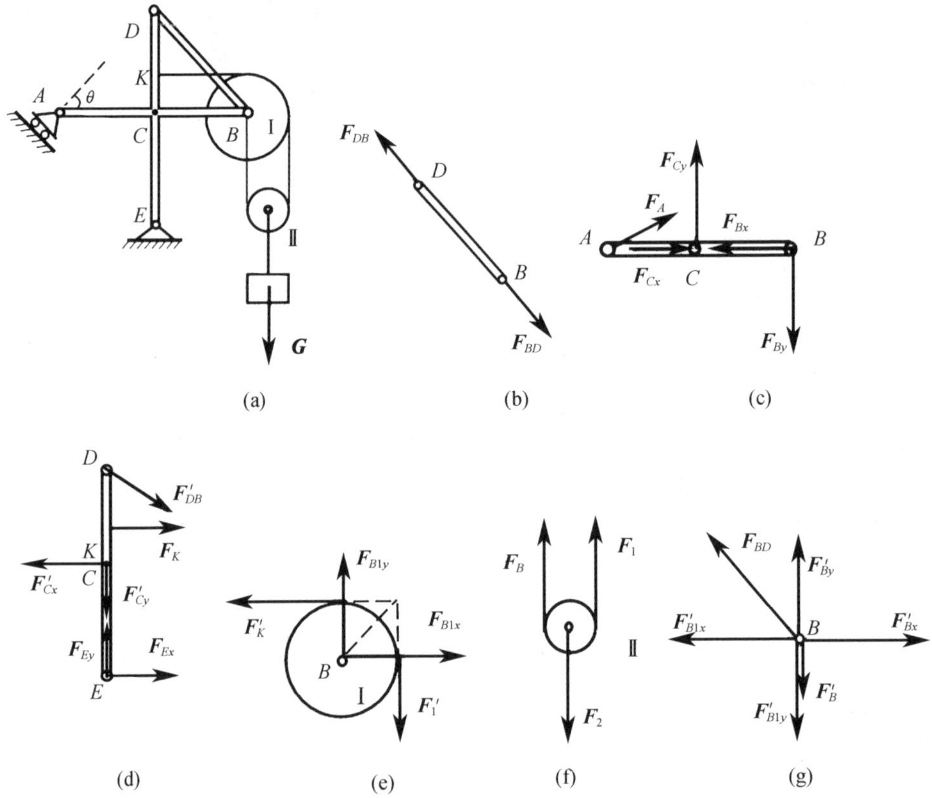

图1-21　例1-5图

解　杆DB的受力如图1-21(b)所示,杆DB为二力杆,所以D端和B端的合力$\boldsymbol{F}_{DB}$和$\boldsymbol{F}_{BD}$等值、反向、共线。

杆AB的受力如图1-21(c)所示,$\boldsymbol{F}_A$为可动铰支座约束反力,垂直于斜面,$\boldsymbol{F}_{Cx}$、$\boldsymbol{F}_{Cy}$为带在杆DE上的销轴C作用于杆AB的两个正交约束反力,$\boldsymbol{F}_{Cx}$、$\boldsymbol{F}_{Cy}$的方向设为图示方向,这两个力的方向可任意指定,其实际方向可由静力学平衡方程确定,同样B处受有销轴B的两个正交约束反力$\boldsymbol{F}_{Bx}$、$\boldsymbol{F}_{By}$,其方向设为图示方向。

杆DE的受力如图1-21(d)所示,$\boldsymbol{F}_{Bx}$和$\boldsymbol{F}_{By}$为固定铰支座E作用的两个正交约束反力,方向设为图示方向。$\boldsymbol{F}_K$为绳子作用于杆DE上K点的拉力,$\boldsymbol{F}'_{Cx}$、$\boldsymbol{F}'_{Cy}$为杆AB作用于杆DE上的销轴的两个正交约束反力,且与图1-21(c)中的$\boldsymbol{F}_{Cx}$、$\boldsymbol{F}_{Cy}$互为作用力和反作用力,大小相等,方向相反,$\boldsymbol{F}'_{DB}$为杆DB作用于杆DE上的力,且与图1-21(b)中的$\boldsymbol{F}_{DB}$大小相等,方向相反。

滑轮Ⅰ的受力如图1-21(e)所示,$\boldsymbol{F}_{B1x}$和$\boldsymbol{F}_{B1y}$为销轴B作用于滑轮上的两个正交分力,

$\boldsymbol{F}'_K$和$\boldsymbol{F}'_1$为绳子作用于滑轮边缘上的力，且与图1－21(d)、图1－21(f)中的力$\boldsymbol{F}_K$和$\boldsymbol{F}_1$分别大小相等，方向相反。

滑轮Ⅱ的受力如图1－21(f)所示，$\boldsymbol{F}_B$和$\boldsymbol{F}_1$为绳子作用于滑轮Ⅱ边缘的拉力，F_2为连接于物块的绳子作用于轮子上的拉力。

销轴B的受力如图1－21(g)所示。

例1－6　如图1－22(a)所示，重为G的物块通过滑轮绳子挂于图示框架上，不计各杆及滑轮重，画出每个构件的受力图。

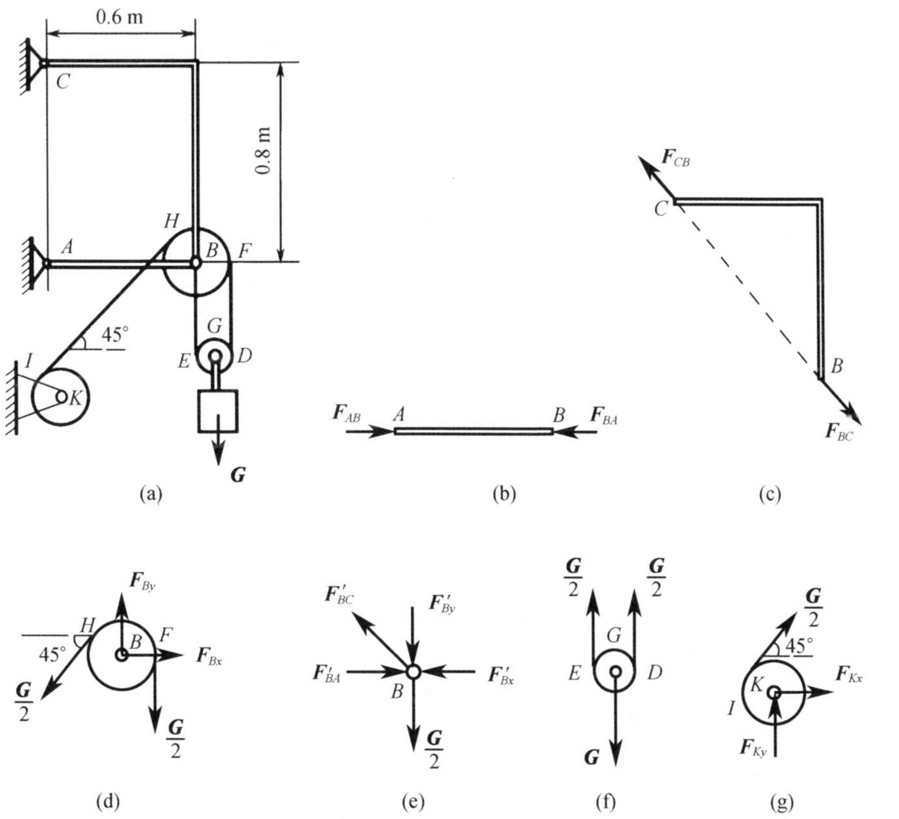

图1－22　例1－6图

解　杆AB的受力如图1－22(b)所示，杆AB为二力杆，$\boldsymbol{F}_{AB}$与$\boldsymbol{F}_{BA}$大小相等，方向相反，且作用线均通过A、B两点。

杆CB的受力如图1－22(c)所示，杆CB也为二力杆，所以C、B处的合力$\boldsymbol{F}_{CB}$和$\boldsymbol{F}_{BC}$等值、反向、共线且通过C、B两点。

滑轮B的受力如图1－22(d)所示，$\boldsymbol{F}_{Bx}$与$\boldsymbol{F}_{By}$为销轴B作用于滑轮上的两个正交约束反力，$\boldsymbol{G}/2$为绳子作用于轮子上的拉力。

销轴B的受力如图1－22(e)所示，$\boldsymbol{F}'_{Bx}$、$\boldsymbol{F}'_{By}$为轮子作用于销轴上的两个正交约束反力，且与图1－22(d)中的$\boldsymbol{F}_{Bx}$、$\boldsymbol{F}_{By}$互为作用力和反作用力；$\boldsymbol{F}'_{BA}$为杆AB作用于销轴B上的力，且与图1－22(c)中的$\boldsymbol{F}_{BC}$互为作用力和反作用力；$\boldsymbol{F}'_{BA}$为杆AB作用于销轴B上的力，且与

图1 -22(b)中的力 F_{BA}互为作用力和反作用力;$G/2$ 为 BE 段绳子作用于销轴 B 上的拉力。

滑轮 G 和滑轮 I 的受力如图 1 -22(f)、图 1 -22(g)所示。

思　考　题

一、判断题

1. 作用在物体上同一点的两个力,可以合成一个合力。合力的作用点也在该点,合力的大小和方向由以这两个力为邻边构成的平行四边形的对角线确定。(　　)

2. 凡两端用铰链连接的杆都是二力杆。(　　)

3. 作用力和反作用力总是同时存在的,两力的大小相等,方向相反,沿着同一直线,且分别作用在两个相互作用的物体上。(　　)

4. 判断图 1 -23 中受力分析是否正确。

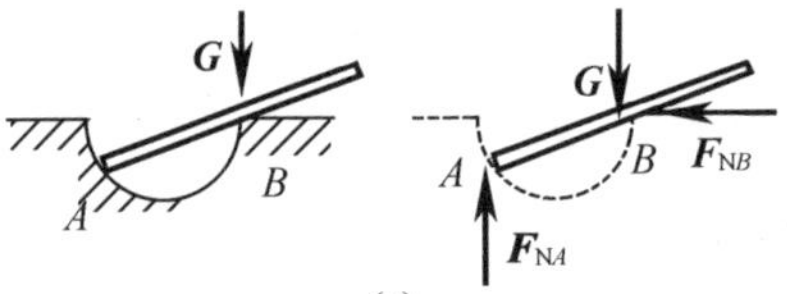

(a)　　　　(　　)

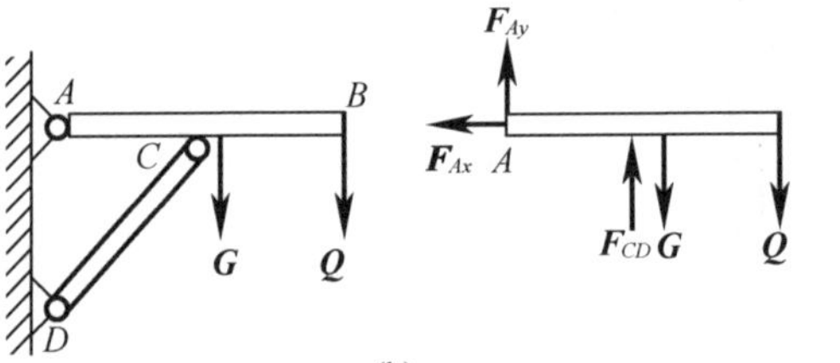

(b)　　　　(　　)

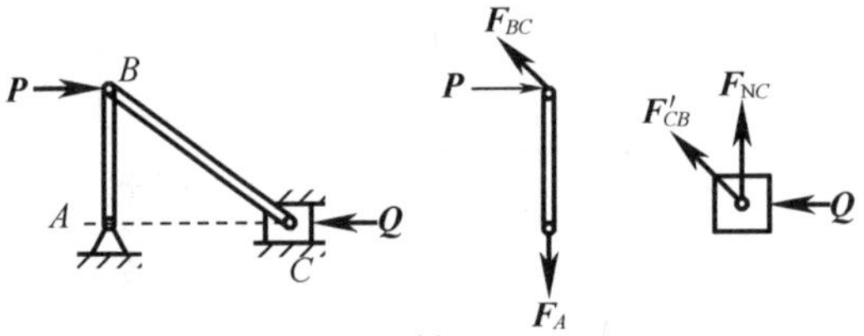

(c)　　　　(　　)

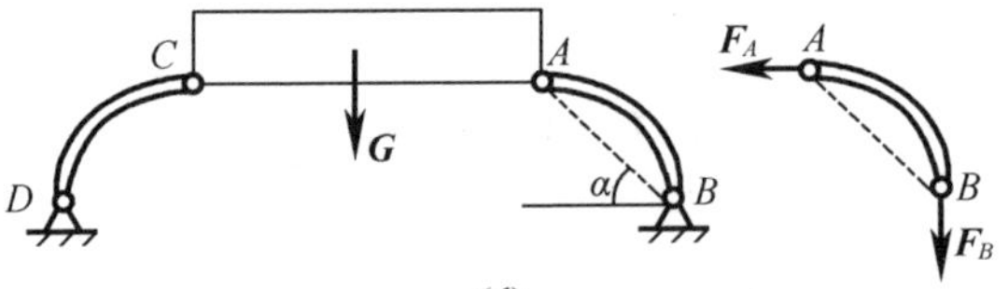

(d)　　　　(　　)

图 1 -23　判断题第 4 题图

二、选择题

1. 三力平衡汇交定理是(　　)。

A. 共面不平行的三个力互相平衡必汇交于一点

B. 共面三力若平衡,必汇交于一点

C. 三力汇交于一点,则这三个力必互相平衡

2. 在下述公理、法则、原理、定律中,只适用于刚体的有(　　)。

A. 二力平衡公理

B. 力的平行四边形法则

C. 加减平衡力系原理

D. 力的可传性原理

E. 作用力和反作用力定律

3. 如果力 $\boldsymbol{F}_R$ 是 $\boldsymbol{F}_1$、$\boldsymbol{F}_2$ 二力的合力，用矢量方程表示为 $\boldsymbol{F}_R=\boldsymbol{F}_1+\boldsymbol{F}_2$，则三力大小之间的关系为(　　)。

A. 必有 $F_R=F_1+F_2$

B. 不可能有 $F_R=F_1+F_2$

C. 必有 $F_R>F_1, F_R>F_2$

D. 可能有 $F_R<F_1, F_R<F_2$

三、填空题

1. 二力平衡公理与作用力和反作用力定律中的两个力都是等值、反向、共线的，所不同的是____

____。

2. 在平面约束中，由约束本身的性质就可以确定约束力方位的约束有________，可以确定约束力方向的约束有________，方向不能确定的约束有________(各写出两种约束)。

3. 作用在刚体上的两个力等效的条件是________________________________

____

____。

4. 作用在刚体上的力可沿其作用线任意移动，而不改变力对刚体的作用效果，所以在静力学中，力是________矢量。

四、分析题

画出图 1-24 中构件 *DE* 和构件 *ABC* 的受力图。凡未特别注明者，物体的自重均不计，且所有的接触面都是光滑的。

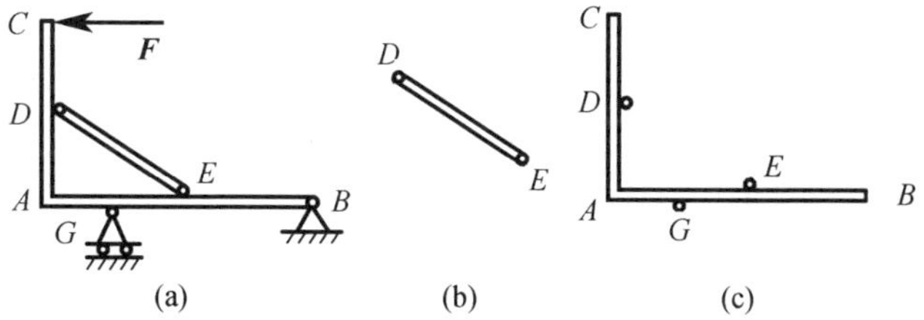

图 1-24　分析题图

习　　题

1-1　画出图 1-25 中物体 *A* 或构件 *AB* 的受力图。未画重力的各物体的自重不计，所有接触处均为光滑接触。

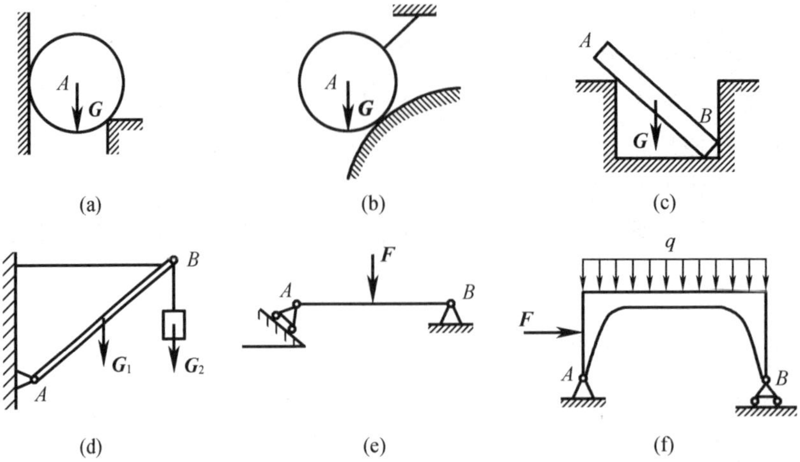

图1-25 习题1-1图

1-2 画出图1-26(a)至图1-26(l)中每个标注字符的物体的受力图。未画重力的各物体的自重不计,所有接触处均为光滑接触。

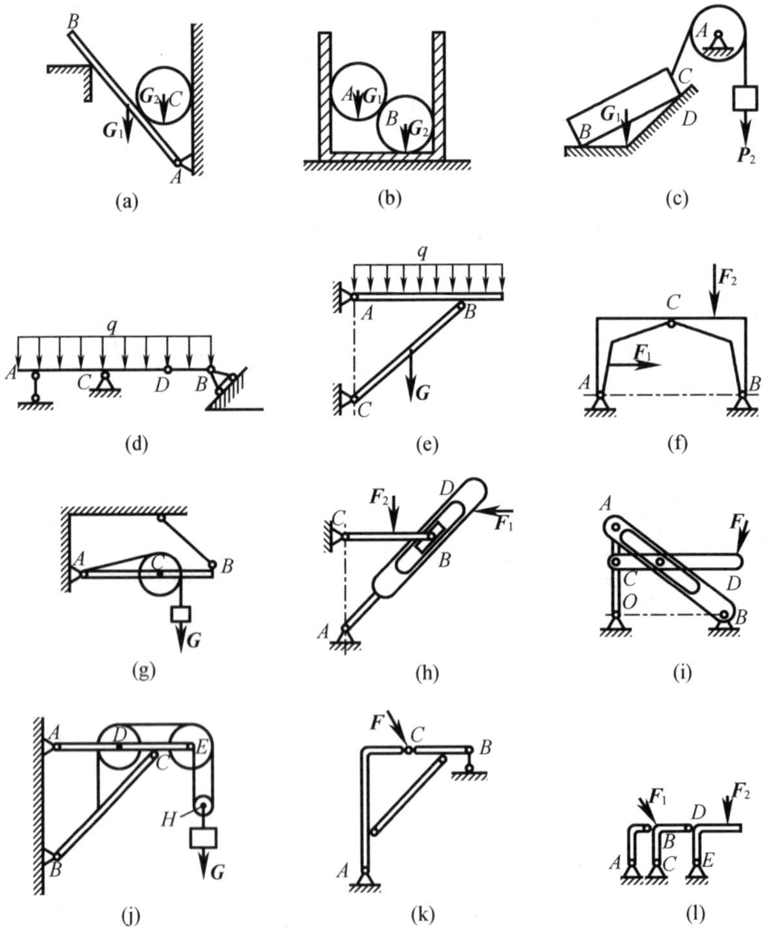

图1-26 习题1-2图

1－3　如图 1－27 所示的简支梁 AB，A 端为固定铰支座约束，B 端为可动铰支座约束。在梁 AC 段作用有载荷集度 q 的均布力，在点 D 作用了集中力 $\boldsymbol{F}$，试画出梁 AB 的受力图。

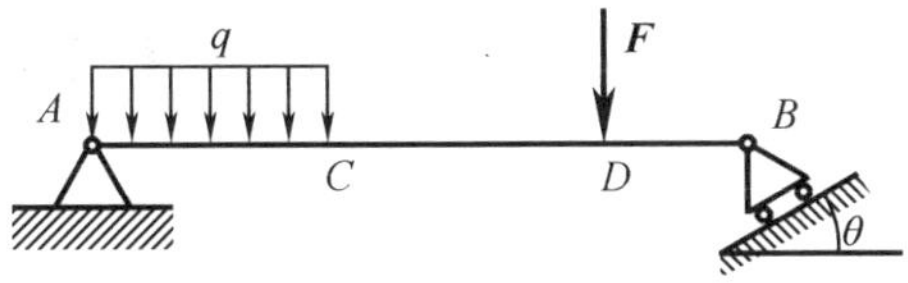

图 1－27　习题 1－3 图

1－4　如图 1－28 所示，三铰拱 ACB 由构件 AC 与 BC 用铰 C 连接，在 A、B 处由固定铰支座支承。如果在构件 AC 上端作用一个力 $\boldsymbol{F}$，各杆重不计，分别画出 AC、BC 和三铰拱整体的受力图。

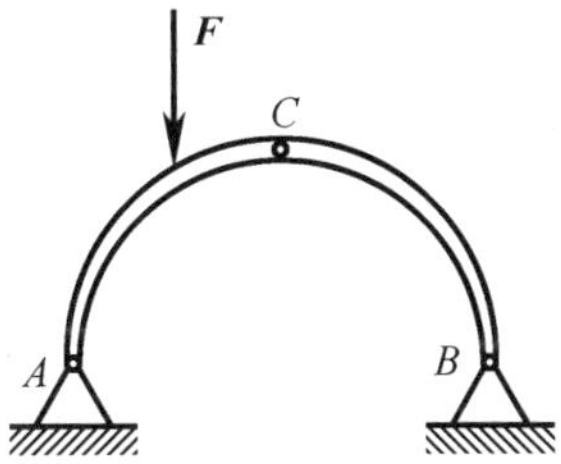

图 1－28　习题 1－4 图

1－5　如图 1－29 所示，多跨梁 ABD 由梁 AC 和 CD 通过光滑圆柱形铰链 C 连接而成，A 端为固定铰支座，B 和 D 处为可动铰支座，在 AC 梁段的 E 点作用一集中力 $\boldsymbol{F}$，在 BD 段作用有载荷集度 q 的均布载荷。试画出梁 AC、梁 CD 和梁 ABD 整体的受力图。

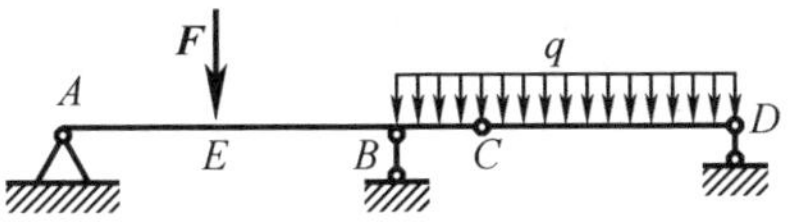

图 1－29　习题 1－5 图

第2章　平面汇交力系与平面力偶系

根据力系中力作用线在空间的方位可将力系分为平面力系及空间力系。平面力系又可分为平面汇交力系(平面共点力系)、平面力偶系、平面平行力系及平面任意力系(平面一般力系);空间力系又可分为空间汇交力系、空间力偶系、空间平行力系及空间任意力系(空间一般力系)。

平面汇交力系与平面力偶系是两种最简单的力系,本章主要研究这两种力系的合成与平衡条件,它们是研究复杂力系的基础。

2.1　平面汇交力系的合成与平衡

各力作用线汇交于一点,且分布在同一平面内的力系,称为平面汇交力系。研究平面汇交力系的方法主要有两种,即几何法和解析法。本节将分别用这两种方法研究平面汇交力系的合成与平衡条件。

2.1.1　平面汇交力系的合成

1. 几何法——力多边形法则

设一刚体上作用由四个力组成的平面汇交力系,各力汇交于 A 点,如图 2-1(a)所示,根据力的可传性,将各力沿各自作用线移至 A 点,形成共点力系。我们可以用力的平行四边形法则将这四个力依次合成,得到一个作用于 A 点的合力

$$\boldsymbol{F}_{\mathrm{R}} = \sum \boldsymbol{F}_i$$

或者利用力的三角形法则,将各力依次相加

$$\boldsymbol{F}_{\mathrm{R1}} = \boldsymbol{F}_1 + \boldsymbol{F}_2,\quad \boldsymbol{F}_{\mathrm{R2}} = \boldsymbol{R}_1 + \boldsymbol{F}_3 = \boldsymbol{F}_1 + \boldsymbol{F}_2 + \boldsymbol{F}_3,\quad \boldsymbol{F}_{\mathrm{R}} = \boldsymbol{R}_2 + \boldsymbol{F}_4 = \boldsymbol{F}_1 + \boldsymbol{F}_2 + \boldsymbol{F}_3 + \boldsymbol{F}_4$$

同样得到合力

$$\boldsymbol{F}_{\mathrm{R}} = \sum \boldsymbol{F}_i$$

擦去其中的过程量 $\boldsymbol{F}_{\mathrm{R1}}$、$\boldsymbol{F}_{\mathrm{R2}}$,得到一个多边形。

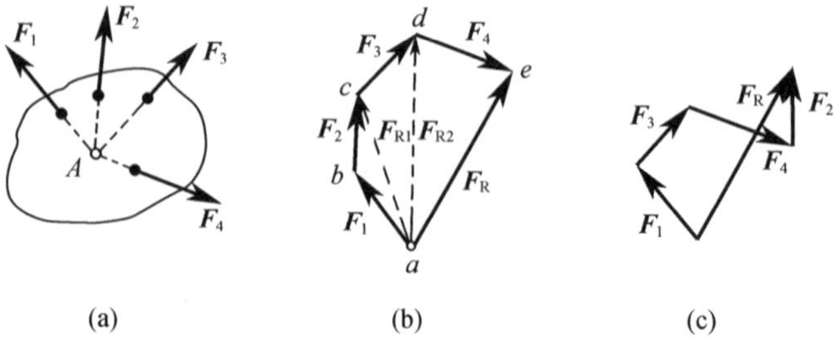

图2-1　力的多边形法则

这种由分力矢和合力矢所构成的多边形称为力的多边形(图2-1(b)),合力矢$\boldsymbol{F}_R$称为力的多边形的封闭边,用力的多边形求合力$\boldsymbol{F}_R$的几何作图规则称为力的多边形法则,这种方法称为几何法。图2-1(b)表示了各力矢的大小及方向,并说明各力矢与合力矢的关系,但各力矢并不表示其作用位置。在作力的多边形时,若各力合成的次序不同,则所得到的力的多边形的形状也不同,但所得到的合力矢完全相同,如图2-1(c)所示。

上述几何法可推广到由n个力组成的平面汇交力系,即把力系中各个力矢首尾相接得到一个不封闭的力的多边形,然后再连接第一个力矢的始端和最后一个力矢的末端得到的力矢就是合力矢,合力矢是这个力的多边形的封闭边,这个封闭边矢量的长短及方向就表示合力$\boldsymbol{F}_R$的大小和方向,合力$\boldsymbol{F}_R$作用在汇交点上。

通过以上分析,可得结论如下:平面汇交力系可以合成一个合力,合力的作用线通过汇交点,合力的大小及方向由力的多边形的封闭边来表示,即合力矢等于诸分力矢的矢量和。将其写成矢量表达式为

$$\boldsymbol{F}_R = \boldsymbol{F}_1 + \boldsymbol{F}_2 + \cdots + \boldsymbol{F}_n = \sum \boldsymbol{F}_i \tag{2-1}$$

2. 解析法——投影法

(1)力在直角坐标轴上的投影

如图2-2所示,设有一力$\boldsymbol{F}$作用于A点,在力$\boldsymbol{F}$所在的平面内取一直角坐标系Oxy,从力矢的两端向x轴作垂线,则垂足a_1到b_1间的距离再冠以适当的正负号,用来表示力矢$\boldsymbol{F}$在x轴上的投影,并记为F_x。若由垂足a_1到b_1的指向与x轴的正向一致,则投影F_x取正值,反之取负值。同理,从力矢的两端向y轴作垂线,则线段a_2b_2冠以适当的正负号,用来表示力矢$\boldsymbol{F}$在y轴上的投影,并记为F_y。若力矢$\boldsymbol{F}$与x轴正向的夹角为α,与y轴正向的夹角为β,则由图2-2可知

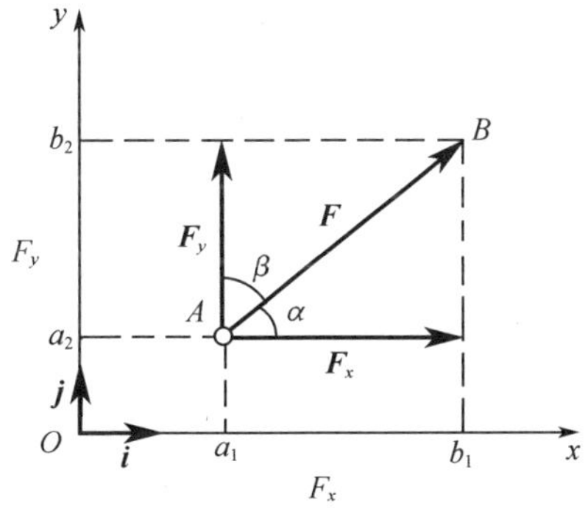

图2-2　力在直角坐标轴上投影

$$F_x = F\cos\alpha, \quad F_y = F\cos\beta \tag{2-2}$$

即力在某轴上的投影等于力的大小乘以力与该轴正向间夹角的余弦。式中,F是力的大小,恒取正值。

(2)力的解析表达式

依据力的平行四边形法则,可将图2-2中的力$\boldsymbol{F}$沿坐标轴x、y方向正交分解为两个相互垂直的分力$\boldsymbol{F}_x$和$\boldsymbol{F}_y$,这两个分力是矢量,表明了力沿该方向的分量,即

$$\boldsymbol{F} = \boldsymbol{F}_x + \boldsymbol{F}_y$$

容易看出,力$\boldsymbol{F}$的这些分力与力在轴上的投影有如下关系,即

$$\boldsymbol{F}_x = F_x\boldsymbol{i}, \quad \boldsymbol{F}_y = F_y\boldsymbol{j}$$

式中,$\boldsymbol{i}$、$\boldsymbol{j}$为沿坐标轴x及y正向的单位矢量。这样,力$\boldsymbol{F}$可用其在轴上的投影表示为

$$\boldsymbol{F} = F_x\boldsymbol{i} + F_y\boldsymbol{j}$$

如果已知力$\boldsymbol{F}$在坐标轴x、y上的投影F_x和F_y,则可以由下式求得力$\boldsymbol{F}$的大小及方向余弦,即

$$F = \sqrt{F_x^2 + F_y^2}$$

$$\cos\alpha=\frac{F_x}{F},\quad \cos\beta=\frac{F_y}{F}$$

(3)平面汇交力系合成的解析法

如图2-3所示,首先引入平面汇交力系的合力投影定理,它是平面汇交力系合成解析法的依据。设作用于刚体上的平面汇交力系是$\boldsymbol{F}_1$、$\boldsymbol{F}_2$、$\boldsymbol{F}_3$、$\boldsymbol{F}_4$,自任选点a作力的多边形$abcde$,则封闭边ae表示该力系的合力矢$\boldsymbol{F}_R$,取坐标系Oxy,将所有力矢投影到x轴及y轴上,可见

$$\begin{cases}a_1e_1=a_1b_1+b_1c_1+c_1d_1+d_1e_1\\a_2e_2=a_2b_2+b_2c_2+c_2d_2+d_2e_2\end{cases}\tag{2-3}$$

即

$$\begin{cases}F_{Rx}=F_{1x}+F_{2x}+F_{3x}+F_{4x}\\F_{Ry}=F_{1y}+F_{2y}+F_{3y}+F_{4y}\end{cases}$$

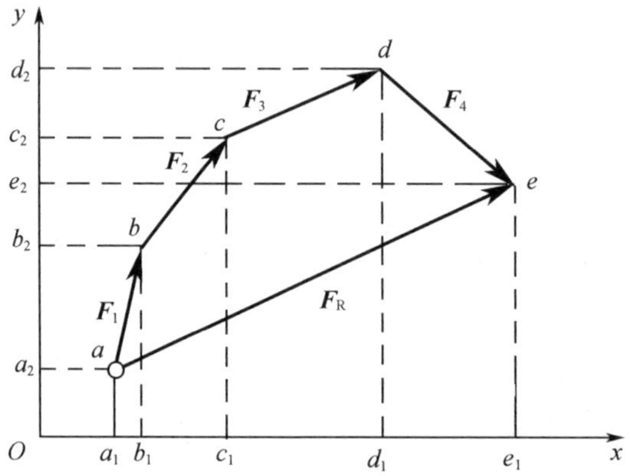

图2-3 平面汇交力系合成的解析法

将上述合力投影与分力投影的关系推广到由n个力组成的平面汇交力系中,则有

$$\begin{cases}F_{Rx}=F_{1x}+F_{2x}+\cdots+F_{nx}=\sum F_{ix}\\F_{Ry}=F_{1y}+F_{2y}+\cdots+F_{ny}=\sum F_{iy}\end{cases}\tag{2-4}$$

即平面汇交力系的合力在某一轴上的投影等于各分力在同一轴上投影的代数和,称为合力投影定理。

算出合力$\boldsymbol{F}_R$的投影F_{Rx}和F_{Ry}后,则可计算合力的大小及方向为

$$\begin{cases}F_R=\sqrt{F_{Rx}^2+F_{Ry}^2}=\sqrt{(\sum F_{ix})^2+(\sum F_{iy})^2}\\\cos\alpha=\dfrac{F_{Rx}}{F_R},\quad\cos\beta=\dfrac{F_{Ry}}{F_R}\end{cases}\tag{2-5}$$

应用式(2-4)、式(2-5)计算合力的大小及方向的方法称为平面汇交力系合成的解析法或投影法。对于力的数目较多的平面汇交力系,利用式(2-5)计算合力$\boldsymbol{F}_R$的大小及方向既方便又准确。

2.1.2 平面汇交力系的平衡条件

1. 平面汇交力系平衡的几何条件

平面汇交力系的合力矢是以各分力矢为边构成的力的多边形的封闭边。若合力矢等

于零，则表明力的多边形中最后一个力矢的末端与第一个力矢的始端 O 重合，即力的多边形自行封闭，这就是平面汇交力系平衡的几何条件。

例如，由四个力组成的汇交力系（$\boldsymbol{F}_1$、$\boldsymbol{F}_2$、$\boldsymbol{F}_3$、$\boldsymbol{F}_4$）（图 2－4(a)），平衡时其力的多边形自行封闭（图 2－4(b)）。

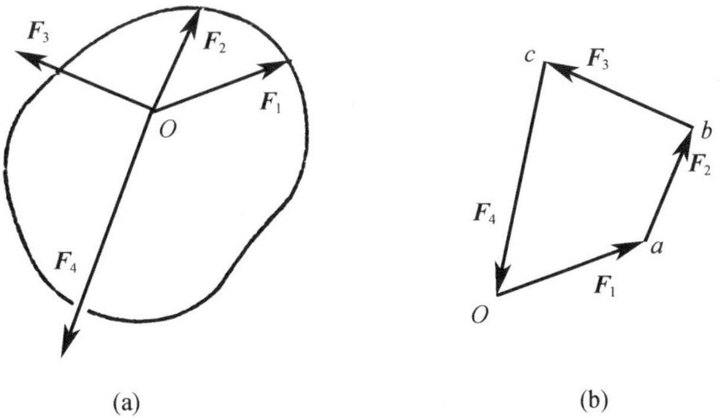

图 2－4　平面汇交力系平衡的几何条件

由此可知，平面汇交力系平衡的充分必要条件是力系中各力矢构成的力的多边形自行封闭，或各力矢的矢量和等于零。

$$\boldsymbol{F}_R = \boldsymbol{F}_1 + \boldsymbol{F}_2 + \cdots + \boldsymbol{F}_n = \sum \boldsymbol{F}_i = 0 \tag{2-6}$$

用几何法求解平面汇交力系的合成与平衡问题时，可作图求解或应用几何关系利用三角形公式计算求解。图解的精确度取决于作图的精确度，因此要注意选取适当的比例尺，并认真作图。应用平面汇交力系平衡的几何条件，由力多边行自行封闭的特点可求解两个未知量，即决定未知力的大小及方向。

例 2－1　图 2－5(a) 为一刹车机构，力 $F = 212$ N，$\alpha = 45°$。不计各构件重，试确定作用于杆 BC 上的力。

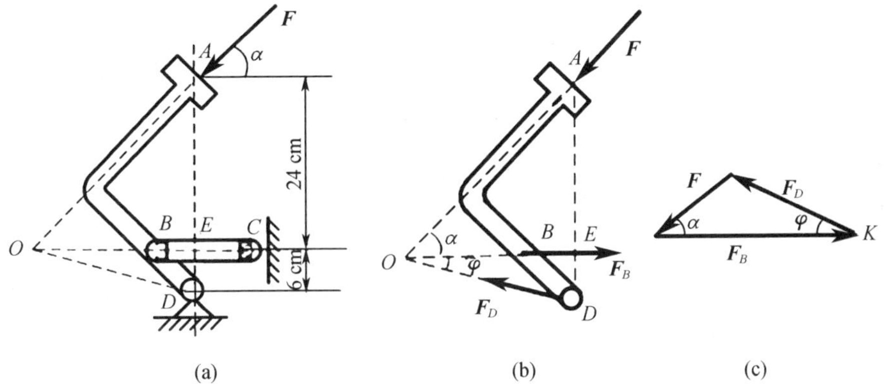

图 2－5　例 2－1 图

解　取曲杆 ABD 为隔离体并进行受力分析（图 2－5(b)），作封闭的力的多边形（图 2－5(c)），由图 2－5(b) 的几何关系有

$$OE = EA = 24\ \text{cm},\quad \tan\varphi = \frac{DE}{OE} = \frac{6}{24} = \frac{1}{4},\quad \varphi = \arctan\frac{1}{4} = 14.01°$$

由图 2-5(c)中的三角形关系可得

$$F_B = 751\ \text{N}$$

例 2-2 图 2-6(a)所示的滚子重 20 kN,它的半径为 0.6 m,台阶高 0.08 m。①若 $F=5$ kN,试确定作用于地面和台阶上的力的大小;②试确定使滚子越过台阶最小的水平拉力 $\boldsymbol{F}$;③试确定使滚子离开地面所需最小力 $\boldsymbol{F}$ 的大小和方向。

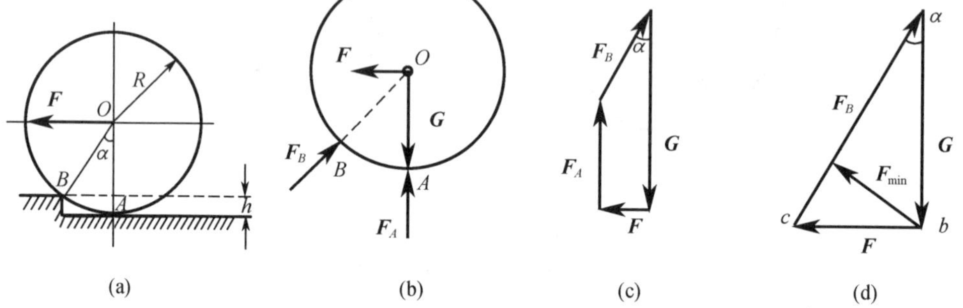

图 2-6 例 2-2 图

解 ①图 2-6(b)为滚子的受力图,由平面汇交力系平衡的几何条件可知,力的多边形自行封闭(图2-6(c)),由图 2-6(c)的几何关系有

$$\cos\alpha = \frac{R-h}{R} = 0.866,\quad \alpha = 30°$$

$$F_B\sin\alpha = F$$

$$F_A + F_B\cos\alpha = G$$

则

$$F_B = \frac{F}{\sin\alpha} = 10\ \text{kN},\quad F_A = G - F_B\cos\alpha = 11.34\ \text{kN}$$

②滚子越过台阶的条件是 $F_A=0$,重新画封闭力多边形(图 2-6(d)),则有

$$F = G\tan\alpha = 11.5\ \text{kN}$$

$$F_B = \frac{G}{\cos\alpha} = 23.09\ \text{kN}$$

③使滚子离开地面的最小力 $F_{\min} = G\sin\alpha = 10$ kN,其方向如图 2-6(d)所示。

2. 平面汇交力系平衡的解析条件

平面汇交力系平衡的充分必要条件是 $\boldsymbol{F}_{\mathrm{R}} = \sum \boldsymbol{F}_i = 0$,即合力 F_{R} 的大小应等于零,由式(2-9)有

$$F_{\mathrm{R}} = \sqrt{F_{\mathrm{R}x}^2 + F_{\mathrm{R}y}^2} = \sqrt{\left(\sum F_{ix}\right)^2 + \left(\sum F_{iy}\right)^2} = 0$$

式中,根号内的两项必须同时为零,则有

$$\sum F_{ix} = 0,\quad \sum F_{iy} = 0$$

这就是平面汇交力系平衡的解析条件,即力系中各力在两个坐标轴上的投影的代数和

分别等于零。这两个方程称为平面汇交力系的平衡方程。这两个方程建立了平衡时各力间的相互关系,且它们是相互独立的,可以求解两个未知量。

另外,投影轴 x 轴和 y 轴不一定非要正交,但不能互相平行,在计算时应尽量选取与未知力垂直的轴作为投影轴,这样可减少投影方程中未知量的数目。

例 2-3　图 2-7 所示为作用于物体上 O 点的一平面汇交力系,$F_1 = 200\ \text{N}, F_2 = 300\ \text{N}, F_3 = 100\ \text{N}, F_4 = 250\ \text{N}$,试确定该力系合力的大小和方向。

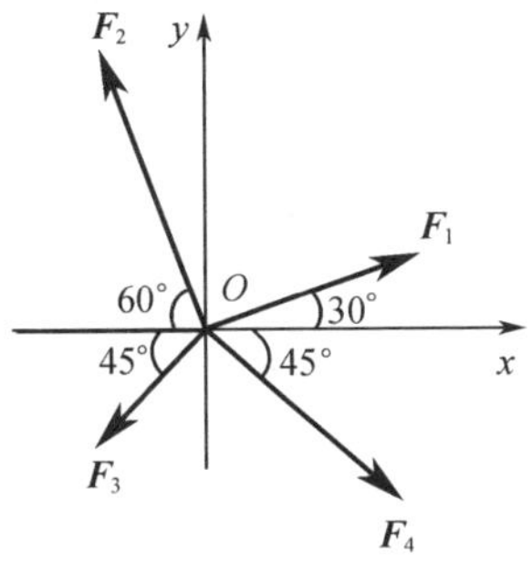

图 2-7　例 2-3 图

解　由平面汇交力系的合力投影定理有

$$F_{Rx} = \sum F_{ix} = F_1\cos 30° - F_2\cos 60° - F_3\cos 45° + F_4\cos 45° = 129.3\ \text{N}$$

$$F_{Ry} = \sum F_{iy} = F_1\cos 60° + F_2\cos 30° - F_3\cos 45° - F_4\cos 45° = 112.3\ \text{N}$$

则合力的大小为

$$F_R = \sqrt{F_{Rx}^2 + F_{Ry}^2} = 171.3\ \text{N}$$

合力的方向余弦为

$$\cos\alpha = \frac{F_{Rx}}{F_R} = 0.754,\quad \cos\beta = \frac{F_{Ry}}{F_R} = 0.656$$

$$\alpha = 40.99°,\quad \beta = 49.01°$$

例 2-4　重 20 kN 的物体由绳子通过滑轮静止悬挂于图 2-8(a)所示框架上;不计滑轮尺寸和框架重,试确定杆 AB 和杆 CB 所受到的力。

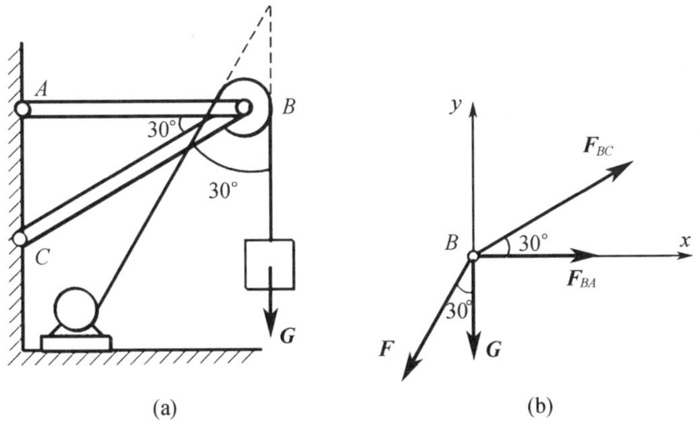

图 2-8　例 2-4 图

解　取销轴 B 为隔离体并进行受力分析(图 2-8(b)),且注意 $F = G$,选定图 2-8(b)所示坐标系,列出平衡方程式,即

$$\sum F_{ix} = 0,\quad F_{BC}\cos 30° + F_{BA} - F\sin 30° = 0$$

$$\sum F_{iy} = 0,\quad F_{BC}\cos 60° - G - F\sin 30° = 0$$

联立以上二式解得

$$F_{BA}=-5.45\ \text{kN},\quad F_{BC}=74.5\ \text{kN}$$

F_{BA}为负值,说明图2-8(b)中$\boldsymbol{F}_{BA}$的方向与力的真实方向相反,杆AB实际受拉力。

例2-5 如图2-9(a)所示,长为l、重为100 N的梯子B端放置在40°倾角光滑斜面上,A端靠光滑的铅垂墙上并静止,C点为其重心,试确定作用于梯子A端及B端的约束反力和倾角θ。

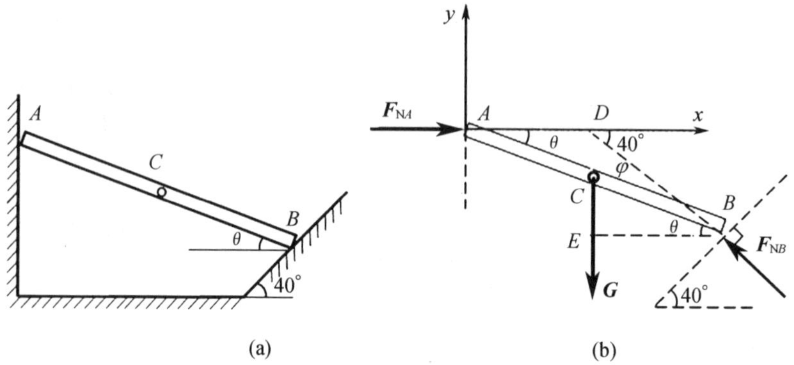

图2-9 例2-5图

解 画出梯子的受力图(图2-9(b)),可知作用于梯子上的三个力为一平面汇交力系,取图2-9(b)所示坐标系,列出平衡方程式,即

$$\sum F_{ix}=0,\quad F_{NA}-F_{NB}\cos(\varphi+\theta)=0$$

$$\sum F_{iy}=0,\quad -G+F_{NB}\sin(\varphi+\theta)=0$$

由图2-9(b)所示几何关系可知$\varphi+\theta=90°-40°=50°$,联立以上二式可得

$$F_{NA}=83.9\ \text{N},\quad F_{NB}=130.5\ \text{N}$$

角度θ可由图2-9(b)所示几何关系确定,C点为杆AB的中点,DE是平行四边形$ADBE$的对角线,C点也为DE的中点,因此有

$$EC=EB\times\tan\theta$$

$$ED=EB\times\tan(\varphi+\theta)$$

$$EC=\frac{1}{2}ED$$

$$\tan\theta=\frac{1}{2}\tan(\theta+\varphi)=\frac{1}{2}\tan 50°=0.596,\quad \theta=30.8°$$

例2-6 如图2-10(a)所示,物块A重20 kN,为了保持图2-10(a)所示平衡位置,试确定物块B重。DC、CE及EG为绳索。

解 取小圆环E为隔离体并进行受力分析(图2-10(b)),作用于小圆环E上的力为平面汇交力系,取图2-10(b)所示坐标系,列出平衡方程式,即

$$\sum F_{ix}=0,\quad F_{EG}\sin 30°-F_{EC}\cos 45°=0 \tag{2-7}$$

$$\sum F_{iy}=0,\quad F_{EG}\cos 30°-F_{EC}\sin 45°-G_A=0 \tag{2-8}$$

联立以上二式解得

$$F_{EC}=38.6\ \text{kN}$$
$$F_{EG}=54.6\ \text{kN}$$

再取小圆环 C 为隔离体并进行受力分析(图 2－10(c)),同样作用于小圆环 C 上的力为平面汇交力系,并注意$F_{CE}=F_{EC}=38.6$ N,取图 2－10(c)所示坐标系,列出平衡方程式,即

$$\sum F_{ix}=0,\quad F_{CE}\cos 45°-\frac{4}{5}T_{CD}=0 \tag{2-9}$$

$$\sum F_{iy}=0,\quad \frac{3}{5}T_{CD}+F_{CE}\sin 45°-G_B=0 \tag{2-10}$$

联立以上二式解得

$$F_{CD}=34.2\ \text{kN}$$
$$G_B=47.8\ \text{kN}$$

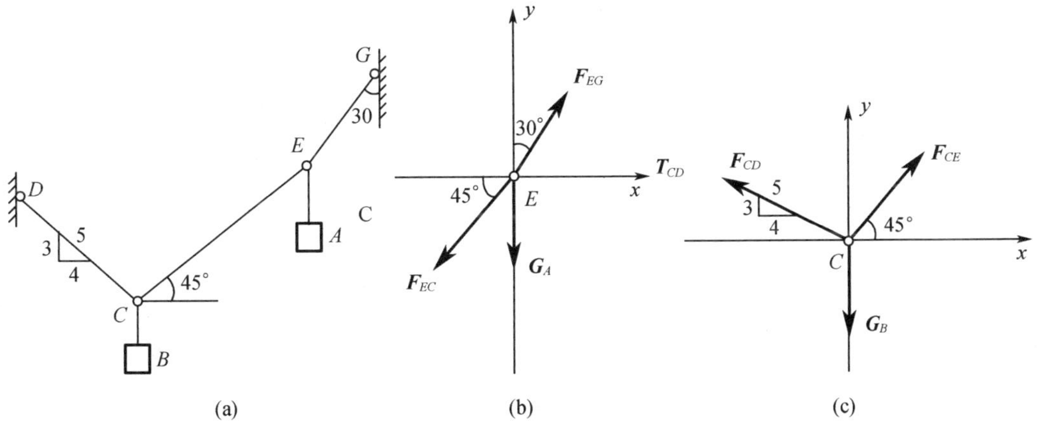

图 2－10　例 2－6 图

2.2　平面力偶系

2.2.1　平面中的力对平面内点的矩

在一般情况下,力对物体的作用既可能产生移动效应,也可能产生转动效应,或者同时产生这两种运动效应。力的移动效应取决于力的大小和方向,而力使物体绕某点的转动效应则取决于力对该点的矩。

生活中我们用扳手拧螺母、开门等都是力使物体产生转动效应的表现,如图 2－11 所示。力使物体绕某点转动的效应不仅与力的大小有关,而且与该点到力的作用线的垂直距离 d 有关,力越大或距离越远,则转动效应越显著。

经验告诉我们,力 $\boldsymbol{F}$ 使物体绕某点转动的效应取决于两个因素,即力的大小 F 与距离 h 的乘积和力使物体转动的方向。

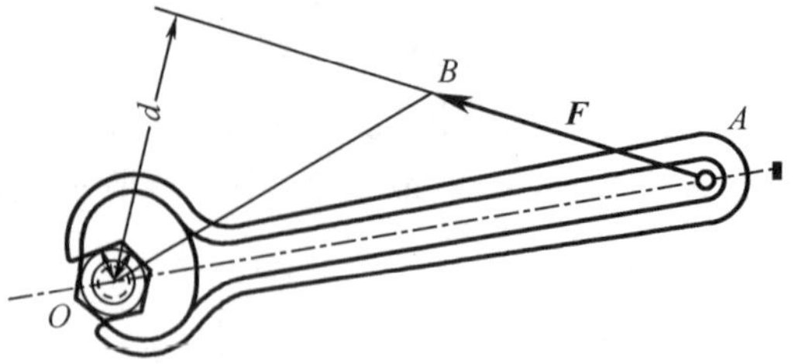

图 2-11 力使物体转动

为了度量力使物体绕某点转动的效应,我们定义力对点的矩,设物体上作用一力 $\boldsymbol{F}$,作用于 A 点,在力 $\boldsymbol{F}$ 所在的平面内取一点 O,则力对于 O 点的矩可表示为

$$m_O(\boldsymbol{F}) = \pm Fh$$

式中,O 点称为矩心;h 为矩心 O 到力 $\boldsymbol{F}$ 的作用线的垂直距离,称为力臂。而正、负号的规定通常是,力使物体绕矩心逆时针转动时,力对点的矩为正;反之为负。由图 2-12 可见,力 $\boldsymbol{F}$ 对 O 点的矩的大小也可用△OAB 面积的二倍表示,即

$$m_O(\boldsymbol{F}) = \pm 2S_{\triangle OAB}$$

若力的单位为牛顿(N),力臂单位为米(m),则力矩的单位为牛顿·米(N·m)。

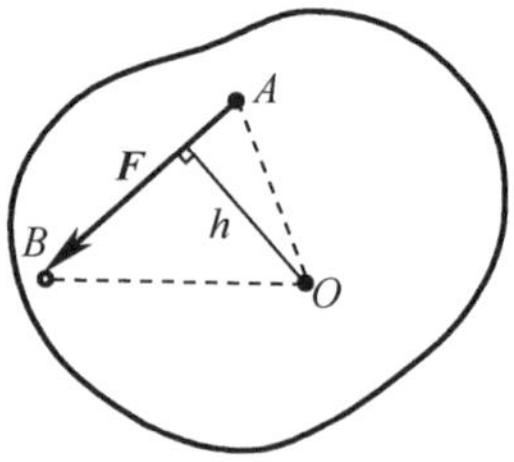

图 2-12 力对点之矩

在下列两种情况下,力矩等于零:①$F=0$;②$h=0$(力的作用线通过矩心)。另外,若 $\boldsymbol{F}_R$ 为平面汇交力系的合力,则合力对于任一点 O 的矩等于力系中各分力对于同一点的矩的代数和,即

$$m_O(\boldsymbol{F}_R) = \sum m_O(\boldsymbol{F}_i)$$

这种关系称为平面汇交力系的合力矩定理,对于这一定理,在后面有关章节中证明。

依据这个定理,求一个力对某点的矩时,可以先把这个力分解成分力,然后求各分力对同一点的矩的代数和。在计算力矩时,若力臂不易求出,则常将力分解为两个易定力臂的分力,通常为正交分解,如图 2-13 所示,然后应用合力矩定理计算力 F 对于 O 点的矩。其中 $\boldsymbol{F}_1$ 垂直于 OA,$\boldsymbol{F}_2$ 作用线通过矩心 O 点,于是

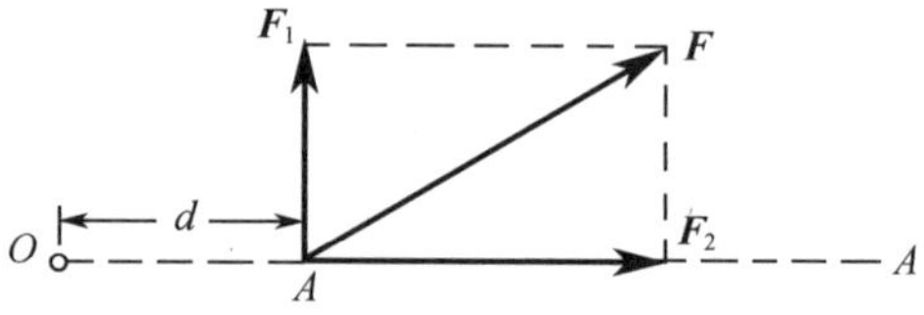

图 2-13 合力矩等于分力矩之和

$$m_O(\boldsymbol{F}) = m_O(\boldsymbol{F}_1) + m_O(\boldsymbol{F}_2) = m_O(\boldsymbol{F}_1) = F_1 d$$

例 2-7 如图 2-14(a)所示,一力 $P_n = 1\,000$ N 作用于齿轮一轮齿上,节圆直径为 $D = 160$ mm,压力角 $\alpha = 20°$,试求力 $\boldsymbol{P}_n$ 对 O 点的矩。

解 如图 2-14(b)所示,将力 $\boldsymbol{P}_n$ 分解为水平和铅垂方向上的两个分力 $\boldsymbol{P}$、$\boldsymbol{P}_r$,即有

$$P = P_n \cos\alpha = 939.69 \text{ N}$$

$$P_r = P_n \sin\alpha = 342.02 \text{ N}$$

此时假设规定顺时针取矩为正,则由合力矩定理有

$$m_O(\boldsymbol{P}_n) = m_O(\boldsymbol{P}) + m_O(\boldsymbol{P}_r) = Pd = 150.35 \text{ N·m}$$

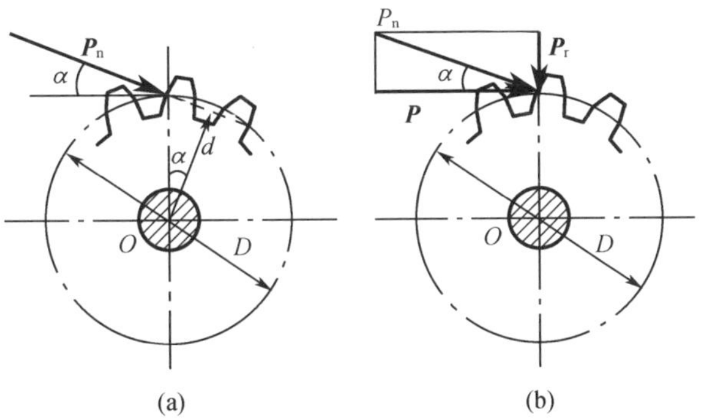

图 2－14　例 2－7 图

2.2.2　平面力偶

1. 力偶

作用在物体上两个大小相等、作用线不重合的反向平行力组成的力系称为力偶(图 2－15(a))。力偶可记作($\boldsymbol{F},\boldsymbol{F}'$)。力偶中两力之间的垂直距离 d 称为力偶臂,力偶所在的平面称为力偶的作用面。在实际问题中常见到物体受力偶作用的情况,如汽车司机转动方向盘(图 2－15(b)),两手旋转铰杠以便在工件上攻螺纹(图 2－15(c))等。

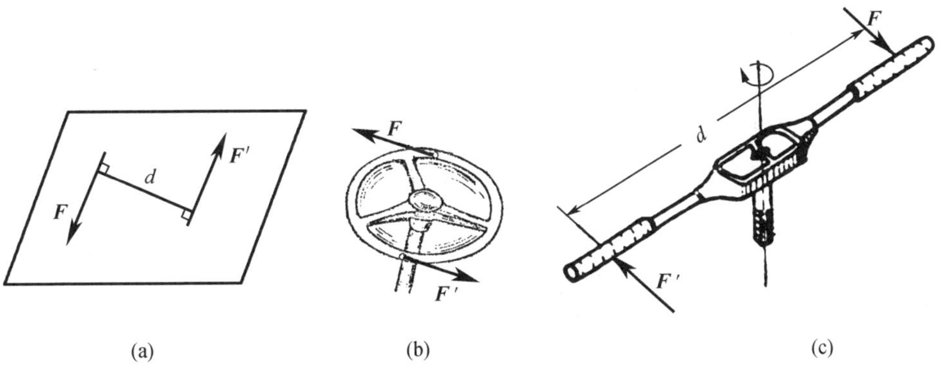

图 2－15　力偶

2. 力偶的性质

力偶是由两个力组成的特殊力系,力偶中的每个力仍具有一般力的性质,但它作为一个整体作用于刚体时,则有一些特殊的性质。

①力偶不能与一个力等效(力偶无合力),同时自身不能平衡,也不能与一个力平衡,是静力学中的又一基本要素。

为了证明力偶的这个性质,首先来研究两个反向平行力的合成。

如图 2－16 所示,作用于 A、B 两点的两个反向平行力 $\boldsymbol{P}_1$ 和 $\boldsymbol{P}_2$,不失一般性,设$P_1 > P_2$。现在来求 $\boldsymbol{P}_1$ 和 $\boldsymbol{P}_2$ 的合力。由于 $\boldsymbol{P}_1$ 和 $\boldsymbol{P}_2$ 不相交,故不能直接用力的平行四边形法则,故在 A、B 两点加上一对平衡力 $\boldsymbol{S}_1$ 和 $\boldsymbol{S}_2$,这两个力大小相等,方向相反,沿着同一条直线且 $\boldsymbol{S}_1$ +

$S_2=0$,因此并不改变原力系对于刚体的作用效应。然后应用力的平行四边形法则将 $\boldsymbol{P}_1$ 和 $\boldsymbol{S}_1$ 合成 $\boldsymbol{F}_{R1}$,将 $\boldsymbol{P}_2$ 和 $\boldsymbol{S}_2$ 合成 $\boldsymbol{F}_{R2}$,$\boldsymbol{F}_{R1}$ 和 $\boldsymbol{F}_{R2}$ 的作用线汇交于 C' 点,由力的可传性将 $\boldsymbol{F}_{R1}$ 和 $\boldsymbol{F}_{R2}$ 移到 C' 点,再应用力的平行四边形法则求得其合力 $\boldsymbol{F}_R$,将上述过程写成矢量运算的公式,则

$$\boldsymbol{F}_R=\boldsymbol{F}_{R1}+\boldsymbol{F}_{R2}=(\boldsymbol{P}_1+\boldsymbol{S}_1)+(\boldsymbol{P}_2+\boldsymbol{S}_2)=\boldsymbol{P}_1+\boldsymbol{P}_2$$

由此可知,两个大小不等的反向平行力可以合成一个合力,其大小等于两个分力的大小之差,其方向与较大的分力方向相同。合力作用线的位置可由合力矩定理确定,延长合力 $\boldsymbol{F}_R$ 的作用线与 AB 交于 C 点,选 C 点为矩心,则有

$$m_C(\boldsymbol{F}_R)=m_C(\boldsymbol{P}_1)+m_C(\boldsymbol{P}_2)$$

因合力通过 C 点,故有 $m_C(\boldsymbol{F}_R)$,从而有

$$-P_1AC+P_2BC=0$$

即

$$\frac{P_2}{P_1}=\frac{AC}{BC}=\frac{AC}{AC+AB}$$

从而有

$$AC=\frac{P_2}{P_1-P_2}\cdot AB$$

应用此式可确定合力作用线的位置,现在回到力偶的问题,我们令 $P_1=P_2$,则有合力的大小 $F_R=0$,且 $AC\to\infty$(没有作用点)。此结果表明,力偶无合力,同时自身不能平衡,也不能与一个力平衡。

这里也说明一下两个同向平行力的合成问题。如图 2-17 所示,作用于 A、B 两点的两个同向平行力 $\boldsymbol{P}_A$ 和 $\boldsymbol{P}_B$,按照两个反向平行力合成的方法,可得到如下结论:两个同向平行力可以合成一个合力,合力的大小等于两个分力大小的和,其方向与这两个分力的方向相同,其作用线在这两个分力的作用线之间,且到分力的作用线的距离与这两个分力的大小成反比,即

$$F_R=P_A+P_B$$

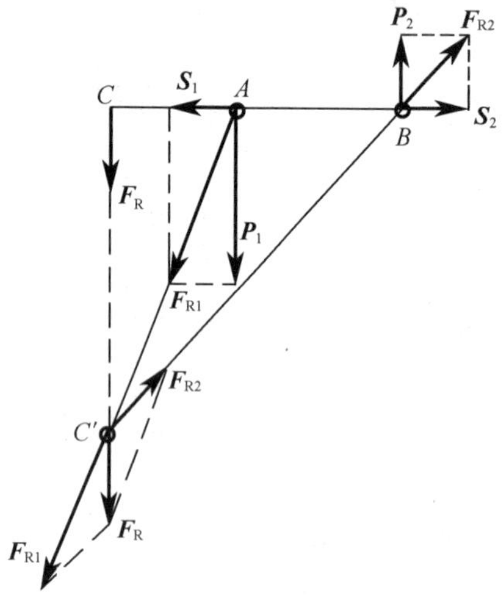

图 2-16 两个反向平行力的合力

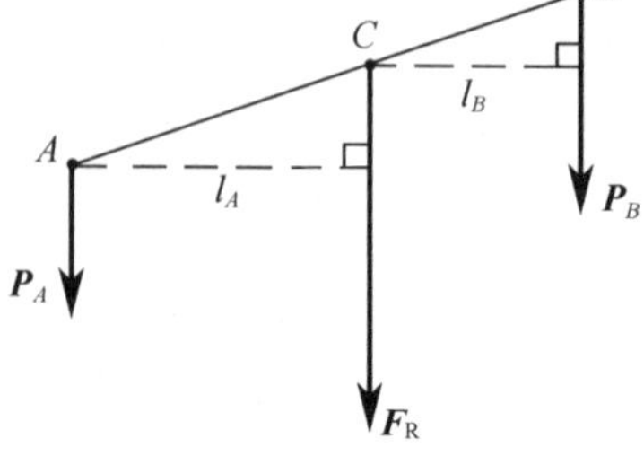

图 2-17 两个同向平行力的合力

$$\frac{P_A}{P_B}=\frac{l_B}{l_A}=\frac{BC}{AC}$$

该结论可由同学们自己证明。

②力偶对物体的作用只能产生转动效应，而绝不会产生移动效应，力偶对物体的转动效应可以用力偶矩来度量。

如图 2－18 所示，任选力偶作用面内的一点 A，则力偶对于力偶作用面内 A 点的矩为

$$m_A(\boldsymbol{F},\boldsymbol{F}')=m_A(\boldsymbol{F})+m_A(\boldsymbol{F}')=Fd_1-F'd_2=F(d_1-d_2)=Fd$$

这个结果表明，力偶对于作用面内任一点的矩只与力的大小 F 和力偶臂 d 有关，而与矩心无关。力偶在其作用面内的转向不同，其作用效应也不相同。

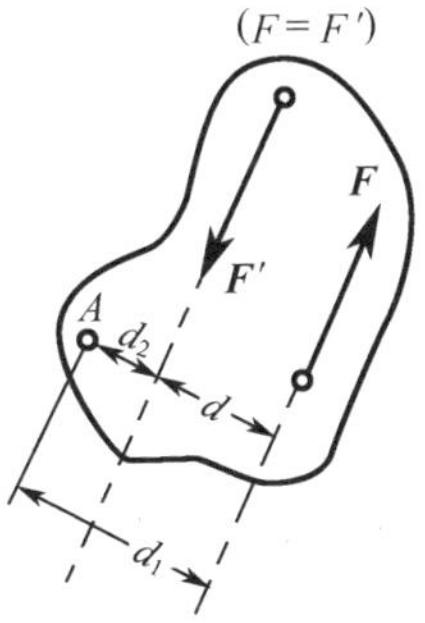

图 2－18　力偶对作用面内一点的矩

为此定义力偶矩是一个代数量，其大小等于力偶中一个力的大小与力偶臂的乘积，而与矩心的位置无关，以符号 m 或 $m(F,F')$ 表示，无须附注矩心，即

$$m=\pm Fd$$

式中，正、负号的规定和力矩相同，即力偶使物体逆时针转动时取正号，反之取负号。

③作用在同一平面内的两个力偶，若其力偶矩相等，则这两个力偶彼此等效，即它们对刚体的作用效应相同，这就是平面力偶的等效定理。

由力偶的等效变换的性质可得如下推论：

①力偶可以在其作用面内任意移动，而不改变它对刚体的作用效应。

②只要保持力偶矩的大小和力偶的转向不变，可同时改变力偶中力的大小和力偶臂的长短，而不改变力偶对于刚体的作用效应。

可见，力偶臂的长短、力的大小及力偶在作用平面内的位置都不是决定力偶对刚体作用效果的独立因素，只有力偶矩唯一地决定力偶的作用效应。

力偶除了用力和力偶臂表示之外，也可直接用力偶矩（图 2－19）来表示，字母 m 表示力偶矩大小的数值，带箭头的弧线表示力偶的转向。

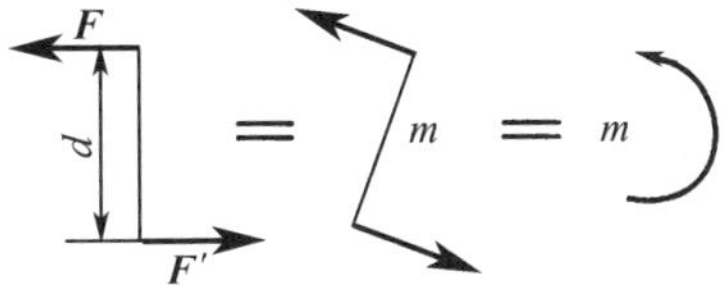

图 2－19　力偶矩

3. 平面力偶系的合成与平衡

作用在物体同一平面内的几个力偶所组成的力系叫作平面力偶系。因为力偶自身不能合成为合力，所以平面力偶系合成的结果必然是一个力偶。

设在同一平面内有两个力偶$(\boldsymbol{F}_1,\boldsymbol{F}_1')$和$(\boldsymbol{F}_2,\boldsymbol{F}_2')$，力偶臂分别为 d_1 和 d_2，如图 2－20(a)所示，则各力偶矩分别为

$$m_1=F_1d_1,\quad m_2=F_2d_2$$

在力偶的作用面内取任意线段 $AB=d$，在保持力偶矩不改变的条件下将各力偶的力偶臂都化为 d，于是各力偶力的大小应改变为

$$F_3=\frac{F_1d_1}{d},\quad F_4=\frac{F_2d_2}{d}$$

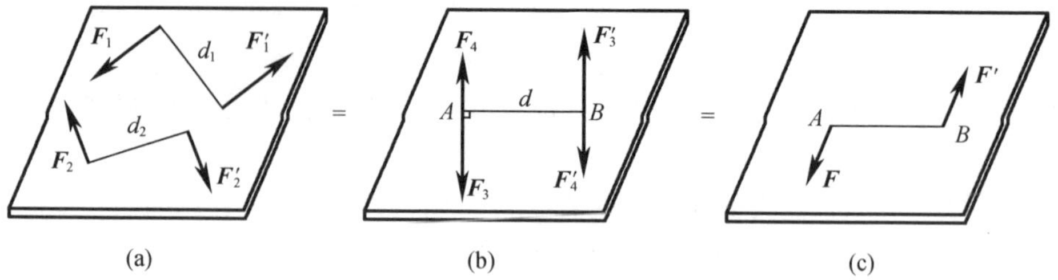

图 2-20 平面力偶系的合成

然后移动各力偶,使它们的力偶臂都与 AB 重合,则原平面力偶系变换为作用在 A 点及 B 点的两个共线力系(图 2-20(b))。再将这两个共线力系分别合成,得到如图 2-20(c)所示的两个力 $\boldsymbol{F}$ 及 $\boldsymbol{F}_1'$,其大小分别为

$$F = F_3 - F_4, \quad F' = F_3' - F_4'$$

可见,力 $\boldsymbol{F}$ 与 $\boldsymbol{F}'$大小相等,方向相反,且不在同一直线上,它们构成与原力偶系等效的合力偶$(\boldsymbol{F},\boldsymbol{F}')$,其力偶矩为

$$m = Fd = (F_3 - F_4)d = F_1d_1 - F_2d_2$$

所以

$$m = m_1 + m_2$$

若作用在物体同一平面内有 n 个力偶,则上式可推广为

$$m = m_1 + m_2 + \cdots + m_n = \sum m_i$$

由此可知,同一平面内的任意个力偶可合成一个合力偶,合力偶矩等于各力偶矩的代数和。

由合成的结果可知,力偶系平衡时,其合力偶矩应当等于零。因此,平面力偶系平衡的充分必要条件是所有力偶矩的代数和等于零,即

$$\sum m_i = 0$$

这个方程就是平面力偶系的平衡方程,只有一个独立的方程,只能求解一个未知量。

例 2-8 如图 2-21(a)所示,一梁长为 l,B 处为固定铰支座,A 处通过圆柱铰链与杆 AD 相连,杆 AD 为二力杆,不计梁重,试确定 A、B 处反力。

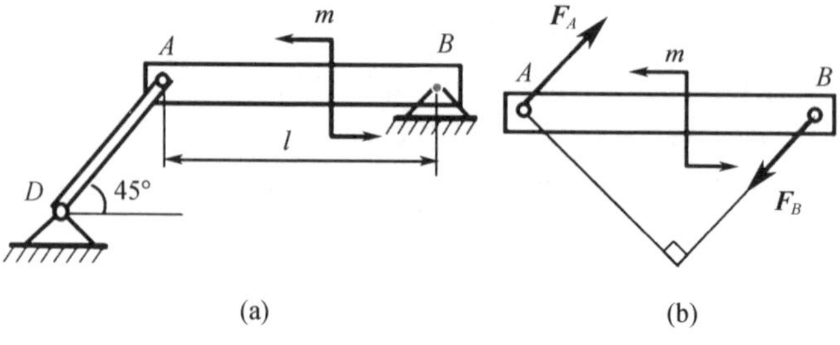

图 2-21 例 2-8 图

解 因杆 AD 为二力杆,故其作用于梁 AB 上的力作用线沿 DA 连线,方向如图 2-21(b)

所示，由于力偶只能由力偶平衡，因此 B 处约束反力应与 A 处力的作用线平行，且与 A 处力构成一力偶与力偶 m 平衡(图 2－21(b))，列出平面力偶系的平衡方程，有

$$\sum m_i = 0, \quad m - F_A l\cos 45^\circ = 0$$

$$F_A = F_B = \frac{m}{l\cos 45^\circ} = \frac{\sqrt{2}m}{l}$$

思　考　题

一、判断题

1. 在图 2－22 所示的两个力的三角形中，力的关系一致。(　　)

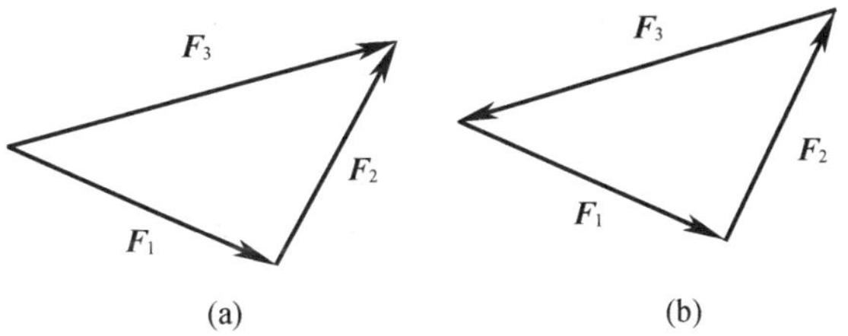

图 2－22　判断题第 1 题图

2. 若某力在某轴上的投影绝对值等于该力的大小，则该力在另一任意共面轴上的投影不一定等于零。(　　)

3. 某刚体在五个平面力作用下处于平衡，若其中有四个力作用线汇交于一点，则第五个力的作用线一定通过汇交点。(　　)

4. 只要保持力偶矩不变，则力偶可在其作用面内任意移动或转动，而对刚体的作用效果不变。(　　)

5. 同一圆盘，分别受两个力系作用，如图 2－23 所示。这两个力系是等效力系。(　　)

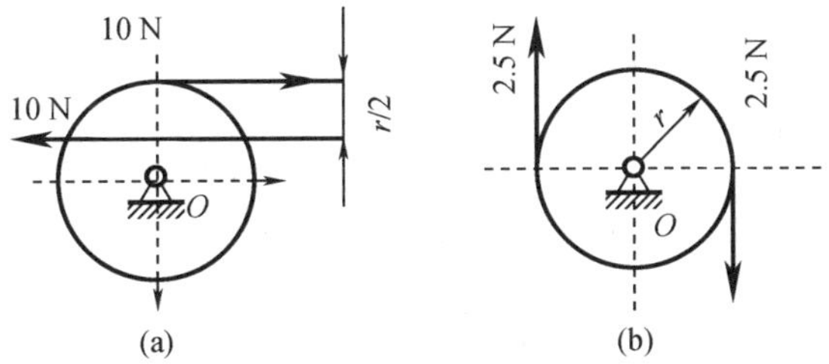

图 2－23　判断题第 5 题图

二、选择题

1. 已知 $\boldsymbol{F}_1$、$\boldsymbol{F}_2$、$\boldsymbol{F}_3$、$\boldsymbol{F}_4$ 为作用于刚体上的平面汇交力系，其力矢关系如图 2－24 所示，由此可知(　　)。

A. 该力系的合力 $F_R = 0$　　B. 该力系的合力 $F_R = F_4$

C. 该力系的合力 $F_R = 2F_4$　　D. 该力系平衡

2. 如图 2－25 所示，将大小为 100 N 的力 $\boldsymbol{F}$ 沿 x、y 方向分解，若 $\boldsymbol{F}$ 在 x 轴上的投影为 86.6 N，而沿 x 方向的分力的大小为 115.47 N，则 $\boldsymbol{F}$ 在 y 轴上的投影为(　　)。

A. 0　　　　B. 50 N

C. 70.7 N　　　　D. 86.6 N

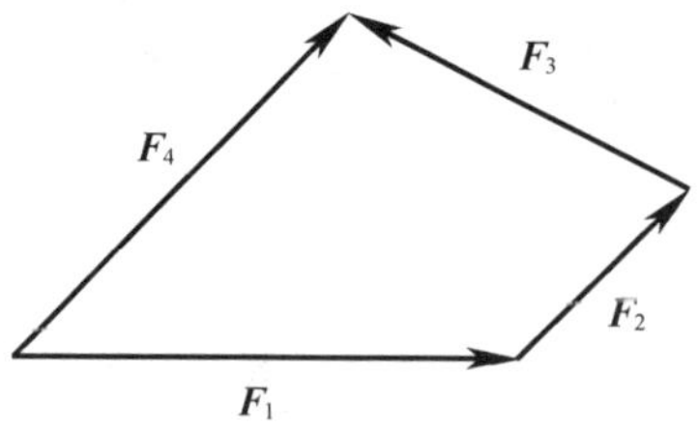

图 2-24　选择题第 1 题图

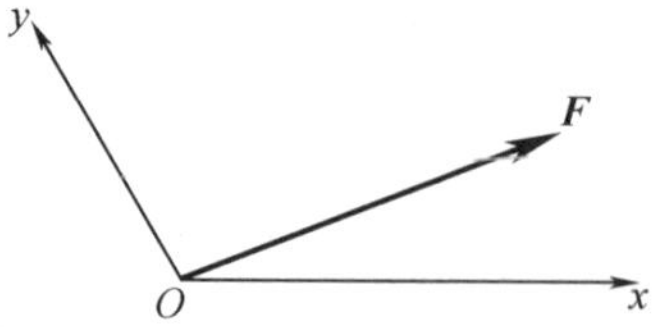

图 2-25　选择题第 2 题图

3. 力 $\boldsymbol{Q}$ 作用于 M 点,其方向如图 2-26 所示,与铅直线的夹角为 β,a、b 均为已知,x 为水平轴,则该力对 O 点的矩的表达式为(　　)。

A. $m_O(\boldsymbol{Q})=Q\sqrt{a^2+b^2}$　　　　B. $m_O(\boldsymbol{Q})=-Q\sqrt{a^2+b^2}\cos\beta$

C. $m_O(\boldsymbol{Q})=Q\sqrt{a^2+b^2}\sin\beta$　　　　D. $m_O(\boldsymbol{Q})=Q(b\sin\beta-a\cos\beta)$

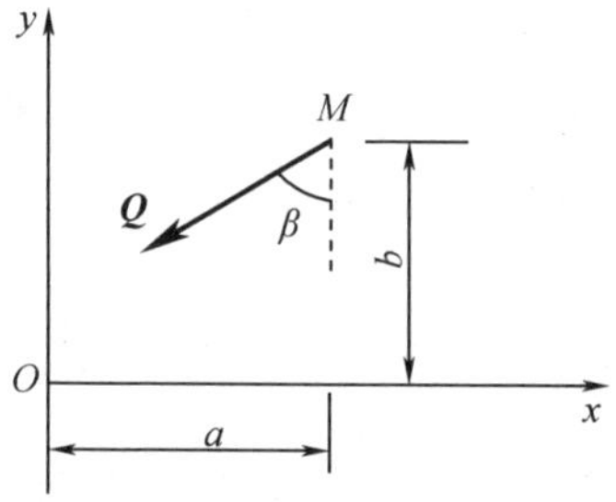

图 2-26　选择题第 3 题图

4. AC 和 BC 两杆用铰链 C 相连,并支承在固定铰链支座 A、B 上,如图 2-27 所示。在两杆上分别作用有力偶矩的大小均为 m、转向相反的力偶,不计杆件重,则支座 A 的反力为(　　)。

A. $F_A=0$　　　　B. $F_A\neq0$

C. $\boldsymbol{F}_A$ 沿 AC 杆的中心线作用

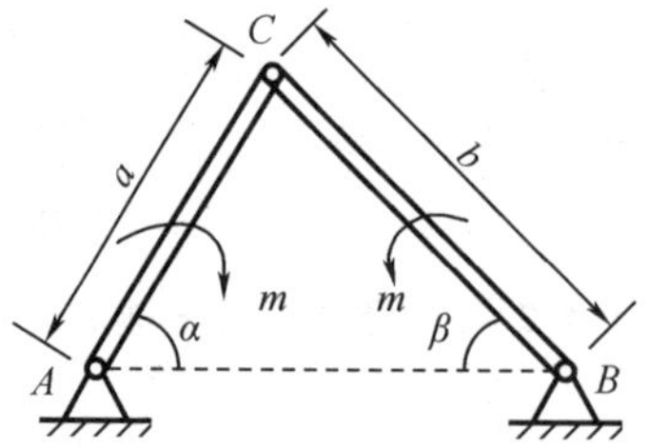

图 2-27　选择题第 4 题图

5. 不计曲杆重,其上作用一力偶矩为 m 的力偶,则图 2-28(a)中 B 点反力比图 2-28(b)中 B 点反力(　　)。

A. 大　　　　B. 小

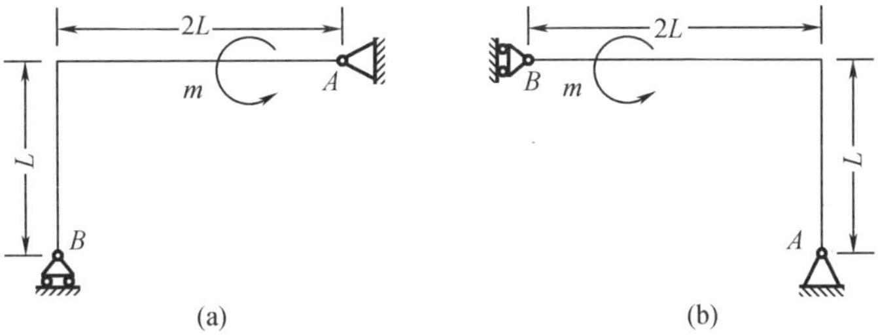

图 2 – 28　选择题第 5 题图

三、填空题

1. 平面汇交力系有(　　)个独立的平衡方程,可求解(　　)个未知量。

2. 如图 2 – 29 所示,力 $\boldsymbol{F}_1$、$\boldsymbol{F}_2$、$\boldsymbol{F}_3$、$\boldsymbol{F}_4$ 在坐标轴 y 上投影的计算式分别为(　　)、(　　)、(　　)、(　　)。

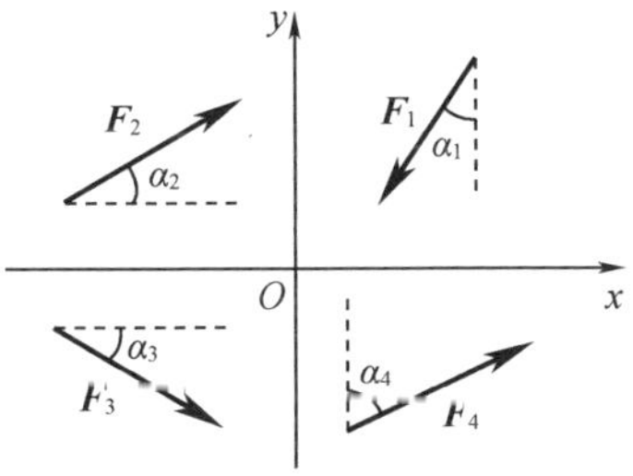

图 2 – 29　填空题第 2 题图

3. 已知力 $\boldsymbol{F}$ 的大小为 $F = 100$ N,若将 $\boldsymbol{F}$ 沿图 2 – 30 所示 x、y 方向分解,则沿 x 方向分力的大小为(　　)N,沿 y 方向分力的大小为(　　)N。

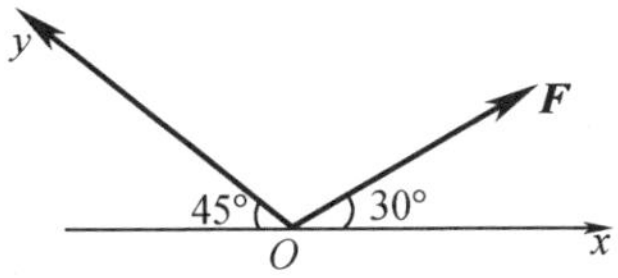

图 2 – 30　填空题第 3 题图

4. 如图 2 – 31 所示,作用在 L 形杆 B 端的力偶($\boldsymbol{F}$,$\boldsymbol{F}'$)的力偶矩为 m,尺寸 a、b 已知,则该力偶对 A 点的矩为(　　)。

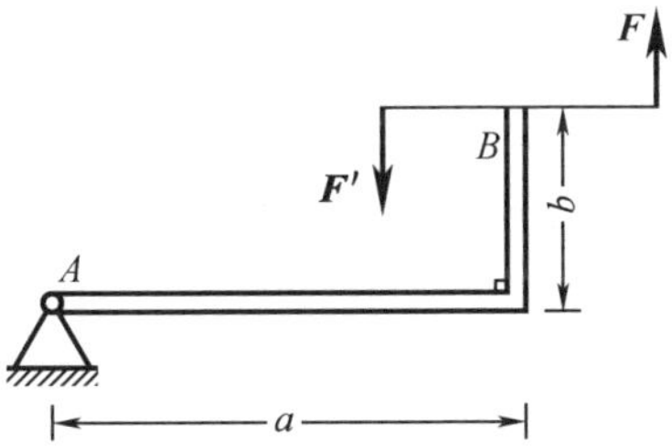

图 2 – 31　填空题第 4 题图

5. 构件 AB 的 A 端为固定铰链支座,B 端为可动铰链支座,如图 2 – 32 所示。在构件上作用一力偶,其力偶矩的大小 $m=100\ \text{N}\cdot\text{m}$,构件自重不计,则支座 A 的反力为(　　)。假设可动铰链支座可承受拉力。

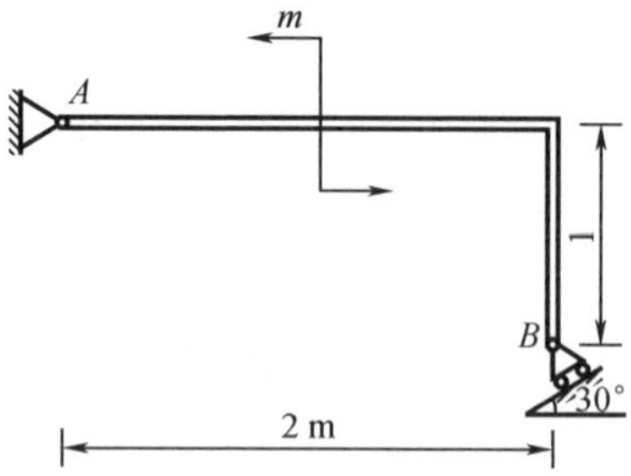

图 2-32　填空题第 5 题图

习　　题

2-1　如图 2-33 所示的一重 W 的均匀圆球,用软绳及光滑斜面支持。已知角 α 和角 β,求绳子所受拉力及斜面上所受压力的大小。

答案:$F_{\mathrm{T}}=\dfrac{\sin\beta}{\sin(\alpha+\beta)}W$,$F_{\mathrm{N}}=\dfrac{-\sin\alpha}{\sin(\alpha+\beta)}W$。

2-2　如图 2-34 所示,平面钢架 $ABCD$ 在 B 点受一水平力 $\boldsymbol{P}$ 作用,设此水平力的大小 $P=20\ \text{kN}$,钢架自重不计,求 A 与 D 两支座的反力。

答案:$F_A=-22.36\ \text{kN}$,$F_D=10\ \text{kN}$。

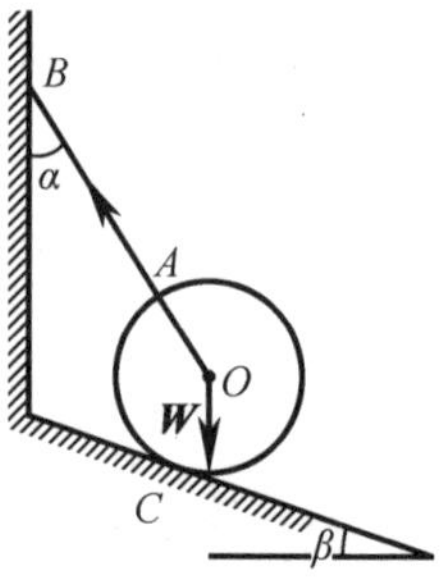

图 2-33　习题 2-1 图

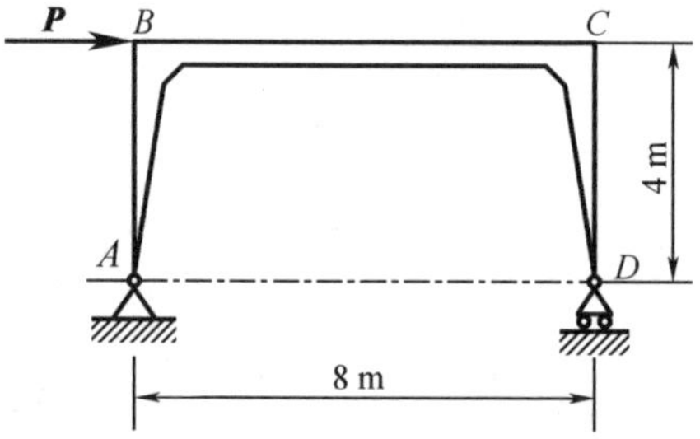

图 2-34　习题 2-2 图

2-3　如图 2-35 所示,重 1 kN 的物体用两根钢索悬挂,钢索自重不计,求钢索中的张力。

答案:$F_{AB}=0.52\ \text{kN}$,$F_{BC}=0.73\ \text{kN}$。

2-4　求图 2-36 所示的横梁 AB 两端支座的反力,$P=20\ \text{kN}$,横梁自重及摩擦力均略去不计。

答案:$F_A=15.8\ \text{kN}$,$F_B=7.07\ \text{kN}$。

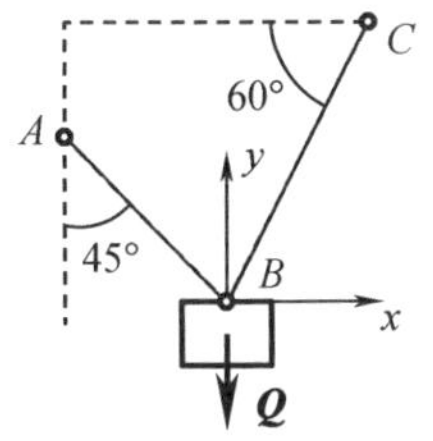

图 2-35　习题 2-3 图

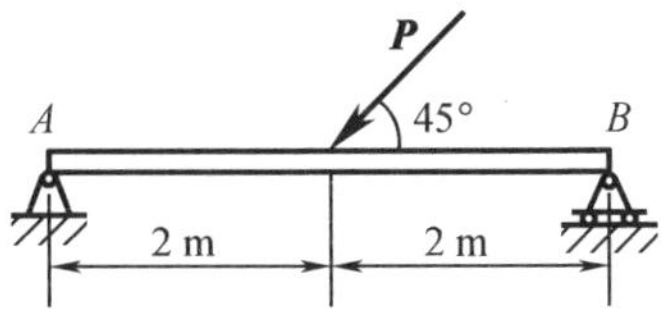

图 2-36　习题 2-4 图

2-5　如图 2-37 所示，铆接薄板在孔心 A、B 和 C 处受三力作用。其中，$F_1=100$ N，沿铅直方向；$F_3=50$ N，沿水平方向，并通过 A 点；$F_2=50$ N，力的作用线也通过 A 点，尺寸如图 2-37 所示。求此力系的合力。

答案：$F_R=161.2$ N，$\alpha=60.24°$。

2-6　如图 2-38 所示，固定在墙壁上的圆环受三条绳索的拉力作用，力 $\boldsymbol{F}_1$ 沿水平方向，力 $\boldsymbol{F}_3$ 沿铅直方向，力 $\boldsymbol{F}_2$ 与水平线成 40°角。三力的大小分别为 $F_1=2\ 000$ N，$F_2=2\ 500$ N，$F_3=1\ 500$ N。求三力的合力。

答案：$F_R=4\ 998$ N，$\alpha=141.6°$。

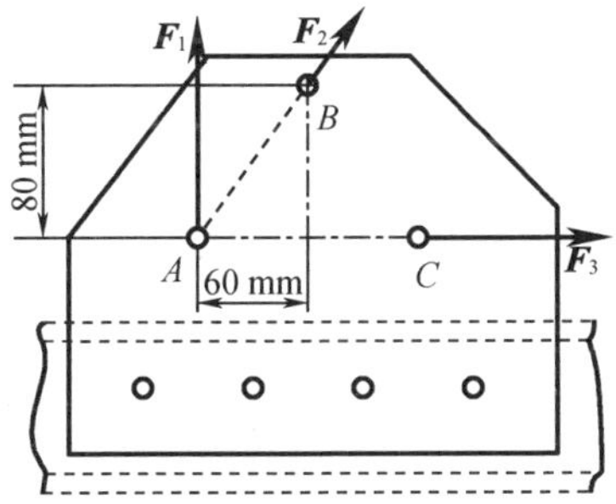

图 2-37　习题 2-5 图

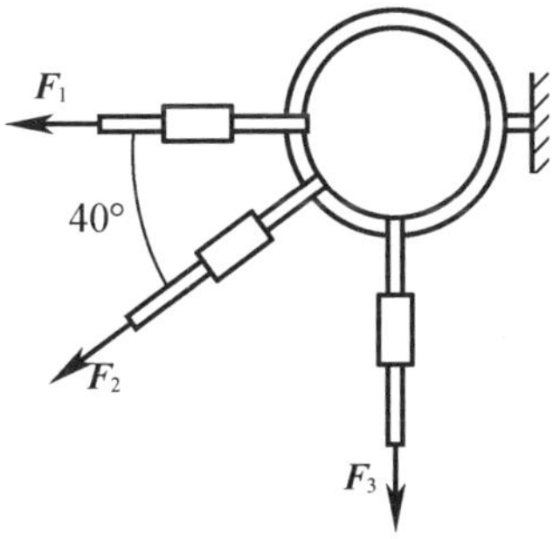

图 2-38　习题 2-6 图

2-7　如图 2-39 所示，已知梁 AB 上作用一力偶，力偶矩为 m，梁长为 l，梁重不计，求支座 A 和 B 的约束力。

答案：$F_A=F_B=\dfrac{m}{l\cos\theta}$。

2-8　如图 2-40 所示，铰链四杆机构 CABD 的 CD 边固定，在铰链 A、B 处有力 $\boldsymbol{F}_1$、$\boldsymbol{F}_2$ 作用。该机构在图 2-40 所示位置平衡，杆重略去不计，求力 $\boldsymbol{F}_1$ 与 $\boldsymbol{F}_2$ 的关系。

答案：$\dfrac{F_1}{F_2}=0.644$。

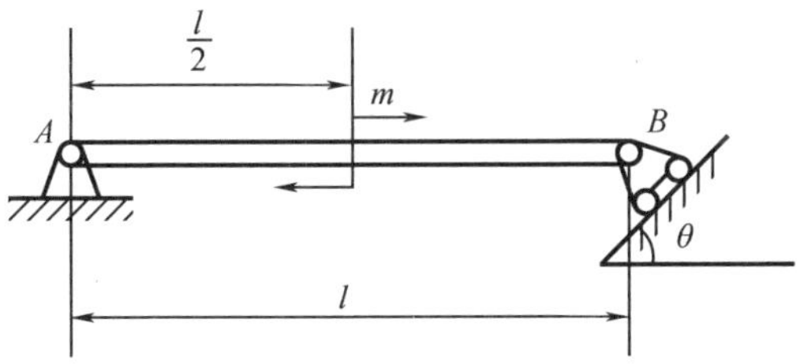

图 2-39　习题 2-7 图

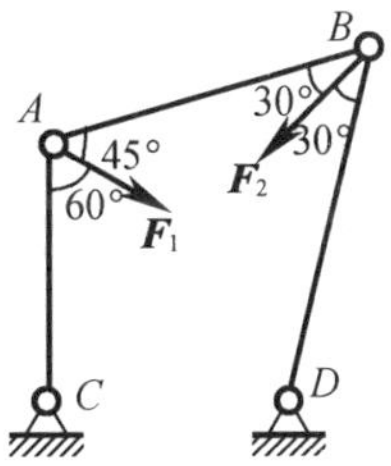

图 2-40　习题 2-8 图

2－9　如图2－41所示,火箭沿与水平面成$\beta=25°$角的方向做匀速直线运动。火箭的推力$F_1=100$ kN,与运动方向成$\theta=5°$角。如火箭重$P=200$ kN,求空气动力$\boldsymbol{F}_2$和它与飞行方向的交角γ。

答案:$F_2=173.2$ kN,$\gamma=95°$。

2－10　用手拔钉子拔不动,为什么用羊角锤就容易拔起?如图2－42所示,加在锤把上的力沿什么方向最省力?

答案:杠杆原理,当加在锤把上的力垂直于力的作用点与锤头在板上支点的连线时最省力。

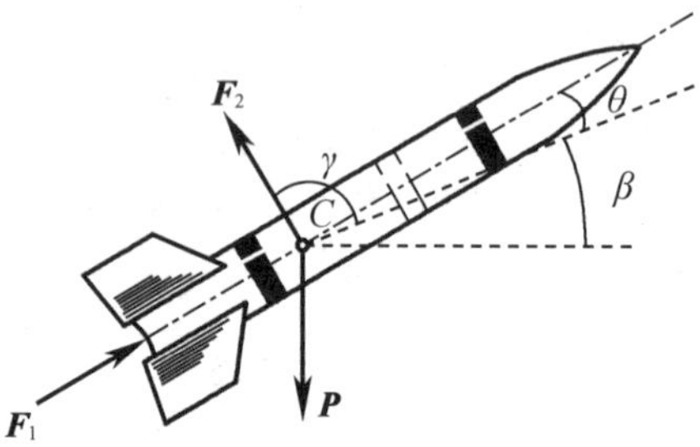

图2－41　习题2－9图

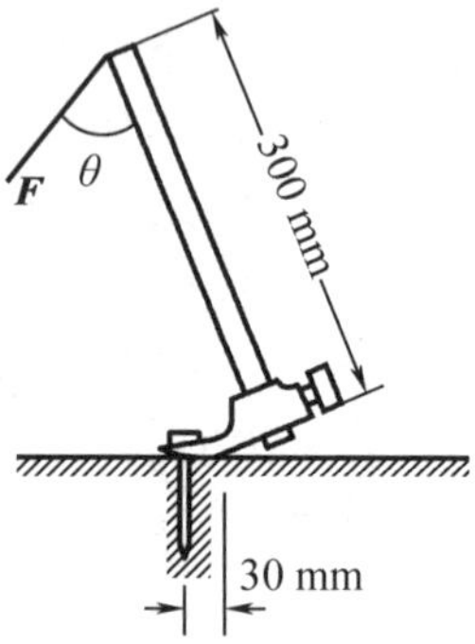

图2－42　习题2－10图

2－11　如图2－43所示的两种机构,图2－43(a)中销钉E固结于杆CD而插在杆AB的滑槽中;图2－43(b)中销钉E固结于杆AB而插在杆CD的滑槽中。不计构件自重及摩擦力,$\alpha=45°$,如在杆AB上作用有矩为m_1的力偶,上述两种情况下平衡时,A、C处的约束反力和杆CD上作用的力偶是否相同?

答案:均不相同。

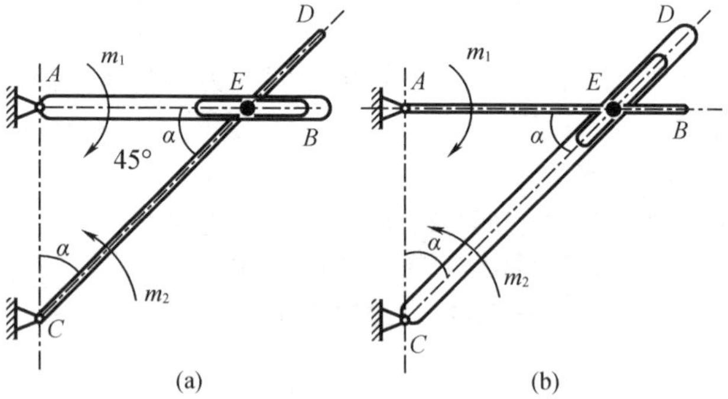

图2－43　习题2－11图

2－12　如图2－44所示的两种结构,构件自重不计,忽略摩擦力,$\alpha=60°$。如B处都作用有相同的水平力$\boldsymbol{F}$,则铰链A处的约束反力是否相同?

答案:不相同。

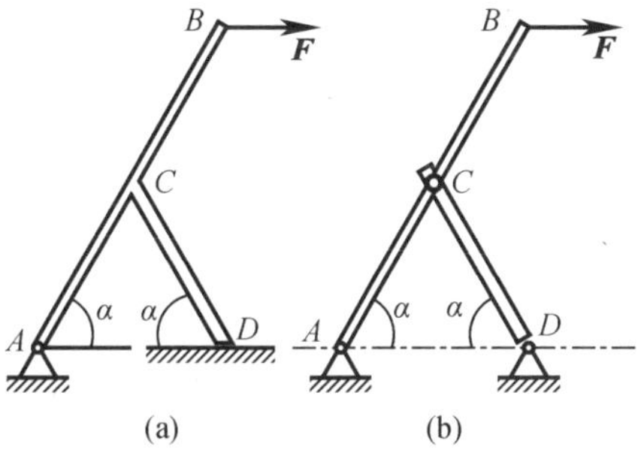

图 2-44　习题 2-12 图

2-13　如图 2-45 所示，已知梁 AB 上作用一力偶，力偶矩为 m，梁长为 l，梁重不计。求在图 2-45 所示的三种情况下，支座 A 和 B 的约束力。

答案：图 2-45(a)中，$F_A=F_B=\frac{m}{l}$；图 2-46(b)中，$F_A=F_B=\frac{m}{l}$；图 2-45(c)中，$F_A=F_B=\frac{m}{l\cos\theta}$。

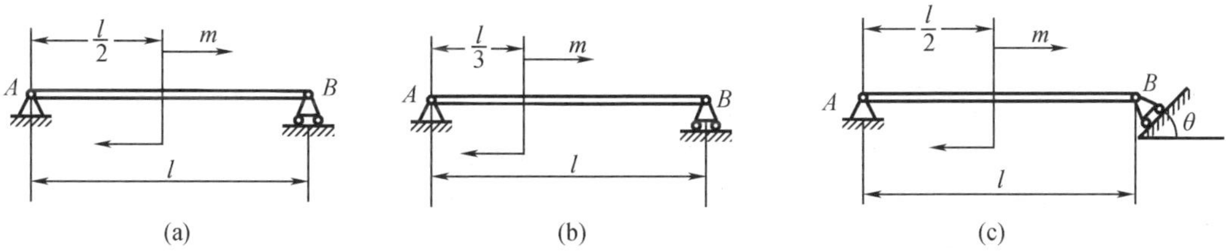

图 2-45　习题 2-13 图

2-14　如图 2-46 所示，为了测定飞机螺旋桨所受的空气阻力偶，可将飞机水平放置，其一轮搁置在地秤上，当螺旋桨未转动时，测得地秤所受的压力为 4.6 kN；当螺旋桨转动时，测得地秤所受的压力为 6.4 kN。已知两轮间距离为 $l=2.5$ m，求螺旋桨所受的空气阻力偶矩 m。

答案：$m=4.5$ kN·m。

2-15　在图 2-47 所示的结构中，各构件的自重略去不计，在构件 AB 上作用一力偶矩为 m 的力偶，求支座 A 和 C 的约束力。

答案：$F_A=F_C=\frac{m}{2\sqrt{2}a}$。

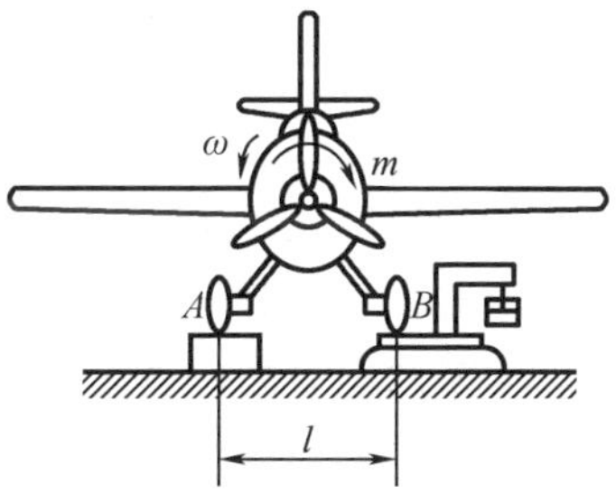

图 2-46　习题 2-14 图

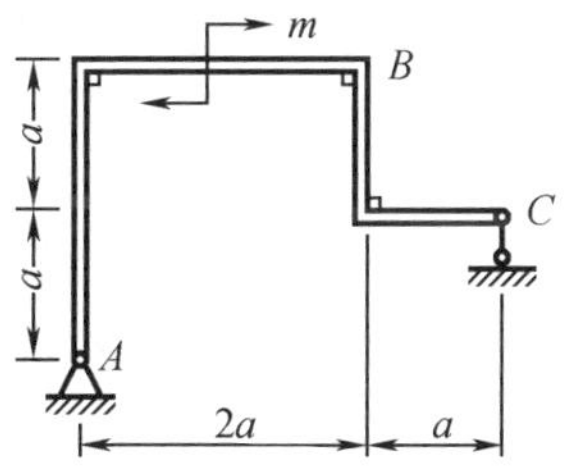

图 2-47　习题 2-15 图

2-16　在图2-48所示的结构中,各构件的自重略去不计,在构件 BC 上作用一力偶矩为 m 的力偶,各尺寸如图2-48所示,求支座 A 的约束力。

答案:$F_C=\dfrac{m}{l}$,$F_A=\dfrac{\sqrt{2}m}{l}$。

2-17　简支钢架的 C 点作用一集中力 $\boldsymbol{F}$,$F=10$ kN,钢架的尺寸如图2-49所示,试求钢架 A、B 的支座反力。

答案:$F_A=-8.97$ kN,$F_B=7.32$ kN。

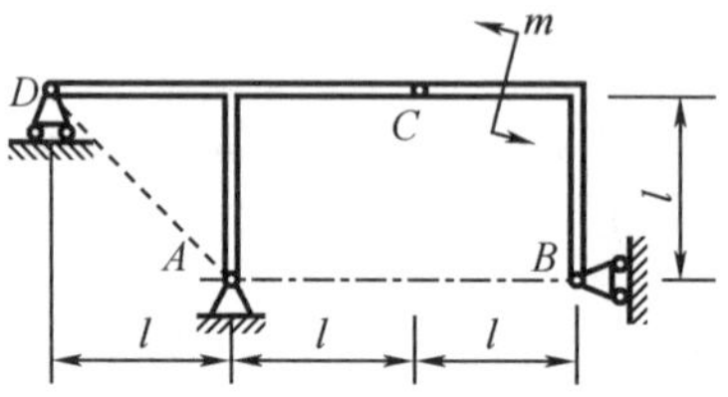

图2-48　习题2-16图

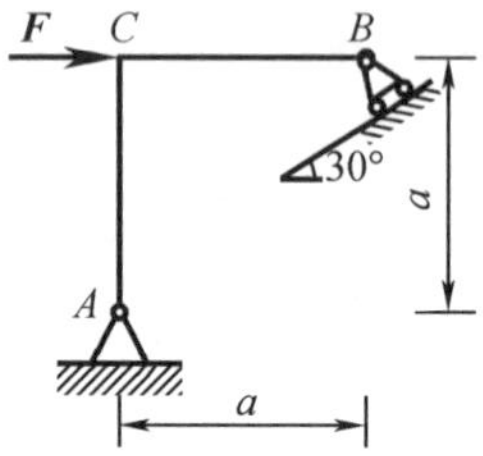

图2-49　习题2-17图

2-18　图2-50为一个桅杆起重装置简图。杆 BC 是铅垂的,滑轮 A 装在臂杆 AC 的上端,在滑轮轴上用钢索 AB 将 AC 拉住。被匀速吊起的重物 $G=20$ kN,不计滑轮重和形状大小,以及钢索、杆 AC 重和滑轮轴的摩擦力,求杆 AC 和钢索 AB 所受的力。

答案:杆 AC 所受的力为35.86 kN,钢索 AB 所受的力为9.28 kN。

2-19　图2-51为一管道支架,由杆 AB 与杆 CD 组成,管道通过拉杆 CD 悬挂在水平杆 AB 的 B 端,该支架负担的管道重为2 kN,不计杆重,求杆 CD 所受的力和支座 A 的约束力。

答案:$F_{CD}=4.24$ kN,$F_A=3.16$ kN。

2-20　如图2-52所示,平面四连杆铰接机构 $OABD$,在杆 OA、杆 BD 上分别作用有力矩为 m_1 和 m_2 的两个力偶,都作用在平面内,而使机构在图2-52所示位置处于平衡。已知 $OA=r$,$DB=2r$,$\alpha=30°$,不计杆重,试求 m_1 和 m_2 间的关系。

答案:$m_2=2m_1$。

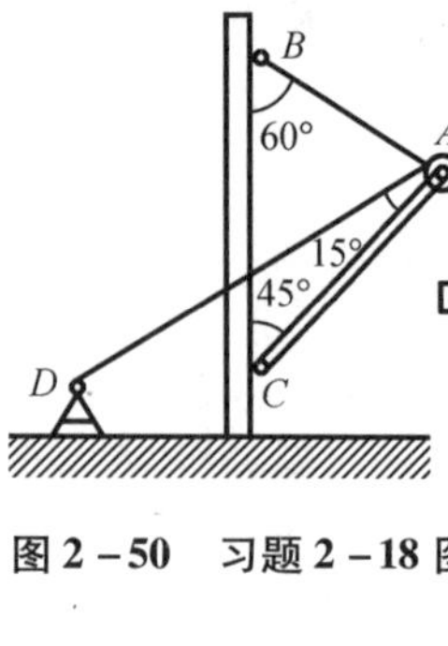

图2-50　习题2-18图

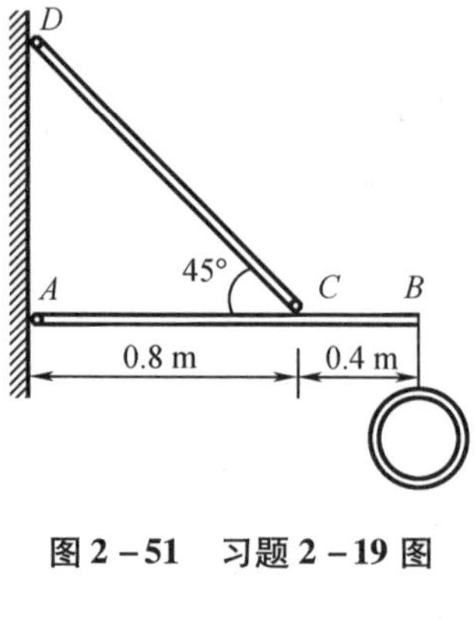

图2-51　习题2-19图

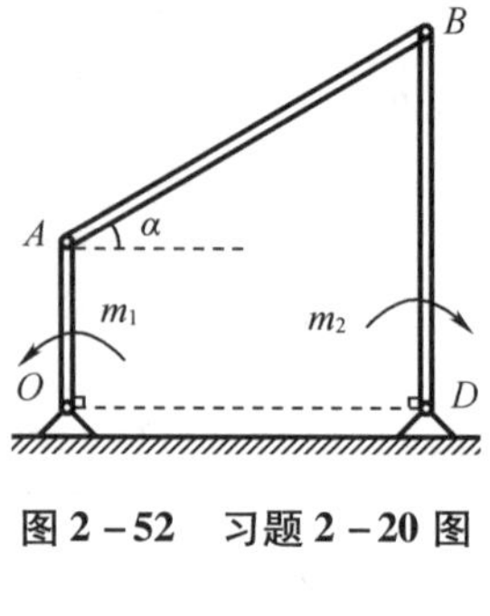

图2-52　习题2-20图

2-21　如图2-53所示,重物 $G=20$ kN,用钢丝绳挂在支架的滑轮上,钢丝绳的另一端缠绕在绞车 D 上。杆 AB 与杆 BC 铰接,并以铰链与墙连接。如两杆和滑轮的自重不计,并忽略摩擦力和滑轮的大小,试求平衡时杆 AB 和 BC 所受的力。

答案:$F_{BC}=34.64$ kN,$F_{BA}=20$ kN。

2－22　如图2－54所示的圆柱直齿轮受到啮合力 $\boldsymbol{F}_n$ 的作用。设 $F_n=1\ 400$ kN,压力角 $\alpha=20°$,齿轮的节圆(啮合齿)半径 $r=60$ mm,试计算力对轴心 O 的力矩。

答案:$m_O(\boldsymbol{F}_n)=78.93\ \mathrm{N\cdot m}$。

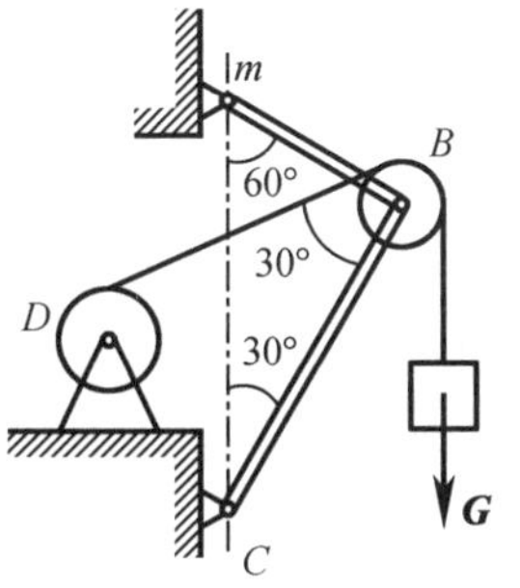

图2－53　习题2－21图

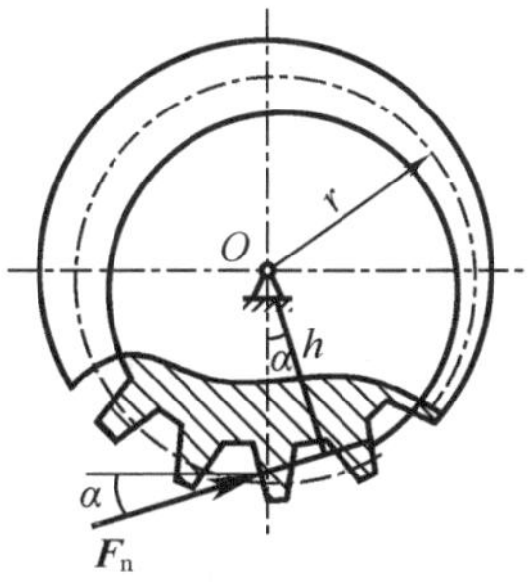

图2－54　习题2－22图

2－23　如图2－55所示的结构自重不计,A 处为光滑面接触,求在已知力偶 m 作用下,D 处的约束力。

答案:$F_D=\dfrac{2m}{a}$。

2－24　如图2－56所示的机构的自重不计,圆轮上的销子 A 放在摇杆 BC 的光滑导槽内。圆轮上作用一力偶,其力偶矩为 $m_1=2\ \mathrm{kN\cdot m}$,$OA=r=0.5$ m。在图2－56所示位置时,OA 与 OB 垂直,$\alpha=30°$,且系统平衡。求作用于摇杆 BC 力偶的力偶矩 m_2 及铰链 O、B 处的约束力。

答案:$m_2=8\ \mathrm{kN\cdot m}$,$F_O=F_B=8$ kN。

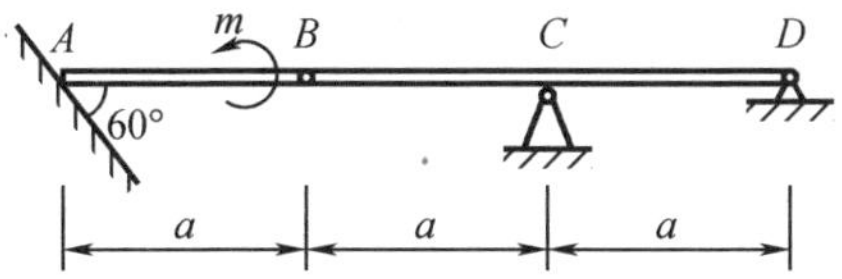

图2－55　习题2－23图

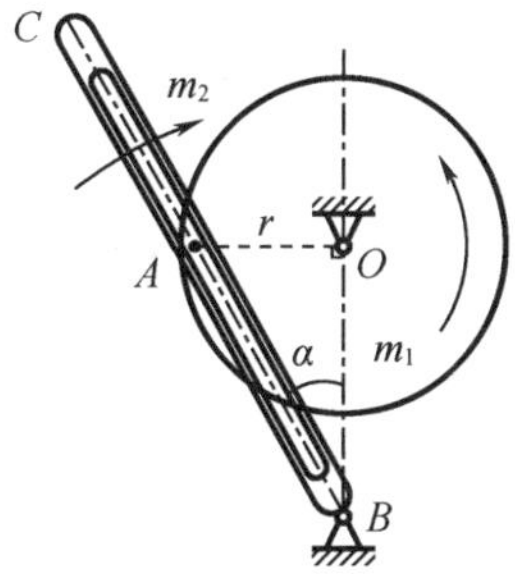

图2－56　习题2－24图

第3章　平面一般力系

前面我们研究了平面汇交力系和平面力偶系，本章在前面研究的基础上，详述平面一般力系的简化和平衡问题。所谓平面一般力系，是指作用在物体上的力的作用线都分布在同一平面内且任意分布。显然，平面汇交力系和平面力偶系是平面一般力系的特殊情况。

平面一般力系在工程实际中极为常见。若物体受力分布或近似分布在同一平面内，或受力具有一个纵向对称面，则均可以简化为平面一般力系来研究。例如，结构工程中的梁一般都具有一个纵向对称面，分布于梁上的载荷对于这个平面多是对称的。又如，飞机在一般飞行的情况下，自重、升力、阻力、推力等均对称于通过重心的铅直平面。凡此种种，都可以把原力系简化到对称平面内，当作平面力系来处理。因此，对平面一般力系的研究具有很重要的实际意义。

3.1　力的平移定理

平面一般力系的简化方法是将平面力系简化为平面汇交力系和平面力偶系，再利用这两种基本力系的简化结果，进而得到平面一般力系的简化结果，称为平面一般力系向已知点简化。这个方法是以力的平移定理为基础的。

作用在刚体上的力，其作用点可沿其作用线移动，而不改变该力对刚体的作用效应。但如果将力平行移动到该力原作用线以外的任一点，则将改变它对刚体的作用效应。

设力 $\boldsymbol{F}$ 作用于刚体上的 B 点，现在要把它平移到作用线以外的任一点 A 上，条件是不能改变原力 $\boldsymbol{F}$ 对刚体的作用效应（图3－1(a)）。为此，在 A 点上作用一对大小相等、方向相反且与力 $\boldsymbol{F}$ 平行的力 $\boldsymbol{F}'$ 和 $\boldsymbol{F}''$，$\boldsymbol{F}=\boldsymbol{F}'=-\boldsymbol{F}''$，显然新增的是一个平衡力系，由加减平衡力系原理可知，这样做并未改变原力对刚体的作用效应（图3－1(b)），但换个角度我们就会注意到，$\boldsymbol{F}''$ 和 $\boldsymbol{F}$ 恰好可形成一个力偶，而力偶矩 $m=Fd$，d 是两个力作用线间的垂直距离（图3－1(c)），同时可注意到该力偶矩又等于原力 $\boldsymbol{F}$ 对 A 点的矩，即 $m=m_O(\boldsymbol{F})$。由于 $\boldsymbol{F}'=\boldsymbol{F}$，从而可以认为，力 $\boldsymbol{F}$ 平移到了 A 点，但是作为等效力系，还要附加一个力偶，附加力偶的力偶矩等于原力对新作用点 A 的矩。

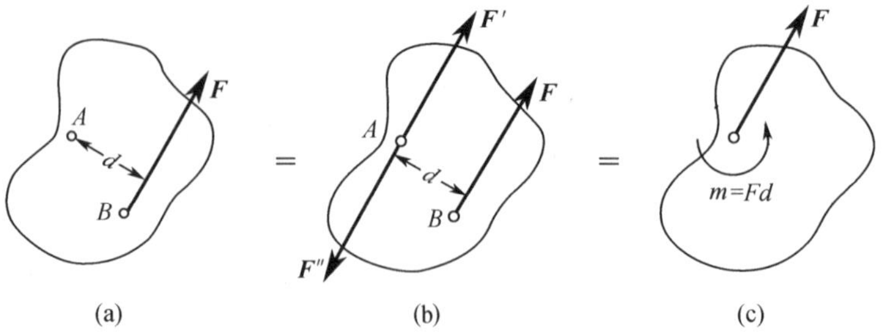

图3－1　力的平移定理

力的平移定理　作用于刚体上的力，可以平移到刚体上任一点，但同时必须附加一个力偶，附加力偶的力偶矩等于原力对新作用点的矩。

力的平移定理表明，平移前的一个力与平移后的一个力和一个力偶等效。反过来，作用于一点的一个力和一个力偶也可以合成一个力。

3.2　平面一般力系向作用面内一点简化

下面应用力的平移定理来研究平面一般力系的简化问题。

设刚体上作用由 n 个力组成的平面一般力系（$\boldsymbol{F}_1,\boldsymbol{F}_2,\cdots,\boldsymbol{F}_n$）（图3-2(a)），在力系的作用面内任取一点 O，该点称为简化中心。由力的平移定理，将力系中的每个力平移到 O 点，就可以得到一个作用线都通过 O 点的平面汇交力系（$\boldsymbol{F}_1',\boldsymbol{F}_2',\cdots,\boldsymbol{F}_n'$）和相应的附加力偶组成的一个平面力偶系（$m_1,m_2,\cdots,m_n$）（图3-2(b)）。这样，平面一般力系就等效为平面汇交力系和平面力偶系两个基本力系。然后，再分别合成这两个力系。

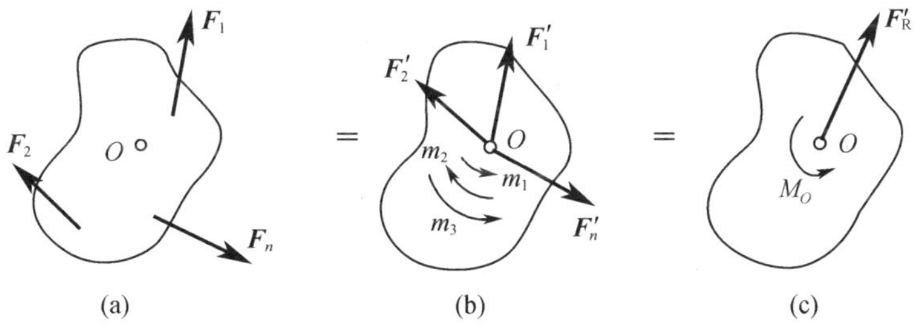

图3-2　平面一般力系向作用面内一点简化

平面汇交力系（$\boldsymbol{F}_1',\boldsymbol{F}_2',\cdots,\boldsymbol{F}_n'$）可以合成一个通过简化中心 O 点的合力，合力矢为

$$\boldsymbol{F}_R' = \boldsymbol{F}_1' + \boldsymbol{F}_2' + \cdots + \boldsymbol{F}_n' \tag{3-1}$$

注意到，$\boldsymbol{F}_1',\boldsymbol{F}_2',\cdots,\boldsymbol{F}_n'$ 与原力系各力 $\boldsymbol{F}_1,\boldsymbol{F}_2,\cdots,\boldsymbol{F}_n$ 大小相等，方向相同，即 $\boldsymbol{F}_i=\boldsymbol{F}_i'$，所以有

$$\boldsymbol{F}_R' = \boldsymbol{F}_1 + \boldsymbol{F}_2 + \cdots + \boldsymbol{F}_n = \sum \boldsymbol{F}_i \tag{3-2}$$

式(3-2)表明，平面汇交力系的合力矢等于原力系中各力矢的矢量和，我们将 $\boldsymbol{F}_R'$ 称为原力系的主矢。显然，主矢与简化中心的选择无关。

平面力偶系可以合成一个合力偶，合力偶矩等于各附加力偶矩的代数和，也等于原力系中各力对于简化中心 O 点矩的代数和，即

$$M_O = m_1 + m_2 + \cdots + m_n = m_O(\boldsymbol{F}_1) + m_O(\boldsymbol{F}_2) + \cdots + m_O(\boldsymbol{F}_n) = \sum m_O(\boldsymbol{F}_i) \tag{3-3}$$

式(3-3)表明，平面力偶系的合力偶矩等于原力系中各力对于简化中心 O 点的矩的代数和，将 M_O 称为原力系对简化中心的主矩。显然，一般情况下，主矩与简化中心的选择有关，因此在谈到主矩时，必须说明是对哪一点的主矩，故这里将主矩记为 M_O，下标 O 指明了是对简化中心 O 点的主矩。

一般情况下，平面一般力系向作用面内一点简化，可得到一个力和一个力偶。如图3-

2(c)所示,这个力的作用线通过简化中心,其力矢称为力系的主矢,等于力系中各力的矢量和;这个力偶作用于原平面,其力偶矩称为力系对简化中心的主矩,它等于力系中各力对简化中心的矩的代数和。

这里应注意,力系的主矢不是一个力,只是一个矢量,没有作用点,也没有作用效应,而且与简化中心的选择无关。主矩也不是一个力偶,它也只是一个单纯的代数量,没有作用效应。选择不同的简化中心会有不同的主矩,如果是力偶应当是对任意点的主矩都相同。

为了用解析法表示主矢 $\boldsymbol{F}'_{\mathrm{R}}$,可在力系作用的平面内取正交的 x 轴、y 轴,并引入单位矢量 $\boldsymbol{i}$ 和 $\boldsymbol{j}$,则

$$\boldsymbol{F}'_{\mathrm{R}} = F'_{\mathrm{R}x}\boldsymbol{i} + F'_{\mathrm{R}y}\boldsymbol{j} \tag{3-4}$$

式中,$F'_{\mathrm{R}x}$和 $F'_{\mathrm{R}y}$分别表示主矢在 x 轴、y 轴上的投影。将式(3-2)分别向 x 轴和 y 轴上投影,可得

$$F'_{\mathrm{R}x} = \sum F_{ix}$$
$$F'_{\mathrm{R}y} = \sum F_{iy} \tag{3-5}$$

因此,主矢的大小和方向为

$$F'_{\mathrm{R}} = \sqrt{F'^2_{\mathrm{R}x} + F'^2_{\mathrm{R}y}} = \sqrt{(\sum F_{ix})^2 + (\sum F_{iy})^2} \tag{3-6}$$

$$\cos(\boldsymbol{F}'_{\mathrm{R}},\boldsymbol{i}) = \frac{F'_{\mathrm{R}x}}{F_{\mathrm{R}}},\quad \cos(\boldsymbol{F}'_{\mathrm{R}},\boldsymbol{j}) = \frac{F'_{\mathrm{R}y}}{F_{\mathrm{R}}} \tag{3-7}$$

力系对于 O 点的主矩的解析表达式为

$$M_O = \sum m_O(\boldsymbol{F}_i) \tag{3-8}$$

力系向一点简化的方法是适用于任何复杂力系简化的普遍方法。力系的简化并不随刚体的具体运动状态而变化,对静力学和动力学都是有效的。下面我们应用平面一般力系的简化结果来分析一种典型约束的约束反力。

物体的一端固嵌于另一物体上所构成的约束称为固定端约束(或插入端支座)。例如,车床上的工件和车刀被卡盘、刀架夹持(图3-3(a)和图3-3(b)),建筑物的阳台楼板一端插入墙内固定(图3-3(c)),以及输电线的电杆、焊接在立柱上的托架等所受的约束都是固定端约束。

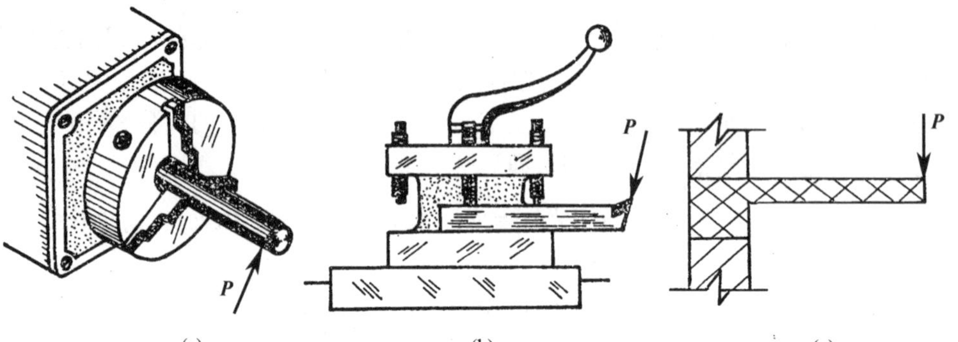

图3-3 固定端约束

对于固定端约束,物体被固定的一端 A 上所受的约束力是任意分布的(图3-4(a)),而且比较复杂,但当主动力为一平面力系时,这些约束反力所组成的力系可确定为平面一般力系,将该力系向 A 点简化,可得到一约束反力 $\boldsymbol{F}_A$ 和一约束力偶 m_A(图3-4(b))。由平面一般力系的简化结果知,该约束反力的方向事先无法判断,约束力偶的转向也不能事先确定。故可将约束反力 $\boldsymbol{F}_A$ 表示为两个正交的分力 $\boldsymbol{F}_{Ax}$ 和 $\boldsymbol{F}_{Ay}$,而把约束力偶的力偶矩记为 m_A(图3-4(c)),其转向可设为逆时针,若 $\boldsymbol{F}_{Ax}$、$\boldsymbol{F}_{Ay}$ 和 m_A 计算的结果为负值,则说明实际约束反力的分力方向或约束力偶的转向与图3-4(c)所示的方向相反。固定端约束反力向 A 点简化的结果表明,它不仅限制了物体的移动,还限制了物体的转动。

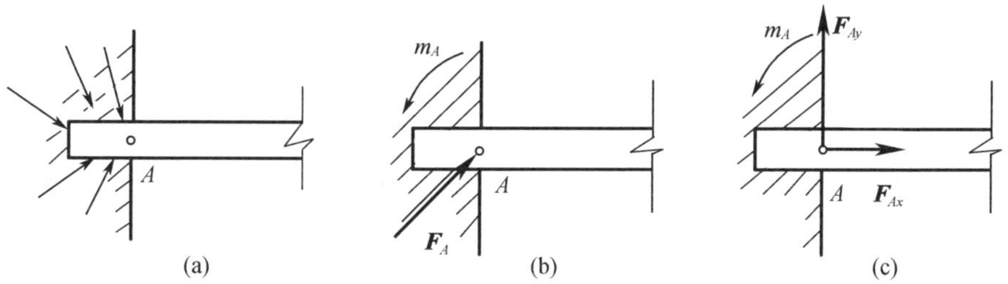

图3-4　固定端约束反力

3.3　平面一般力系简化结果分析、合力矩定理

平面一般力系向平面内一点简化的结果可能出现四种情况,下面分别讨论这四种情况。

1. $\boldsymbol{F}'_R=0, M_O=0$

主矢和主矩都等于零,说明简化后的平面汇交力系和平面力偶系都平衡,因而原平面一般力系也平衡,这种情况将在下一节详细讨论。

2. $\boldsymbol{F}'_R=0, M_O\neq 0$

主矢等于零,主矩不等于零,说明原平面一般力系与一平面力偶系等效,即原平面一般力系可以合成一合力偶,合力偶矩等于原平面一般力系的主矩。在主矢等于零的情况下,也只有在这种情况下,力系的主矩与简化中心的选择无关,也就是说,不论力系向哪一点简化,力系的简化结果都是力偶矩相同的一个力偶。

3. $\boldsymbol{F}'_R\neq 0, M_O=0$

主矢不等于零,而主矩等于零,说明原平面一般力系等效于一个作用线通过简化中心的合力,合力的大小和方向由主矢 $\boldsymbol{F}'_R$ 决定。这种情况与简化中心的位置有关,也就是说,此时附加的力偶系刚好平衡。

4. $\boldsymbol{F}'_R\neq 0, M_O\neq 0$

主矢不等于零,主矩也不等于零,如图3-5所示。现将主矩为 M_O 的力偶用两个力 $\boldsymbol{F}''_R$ 和 $\boldsymbol{F}_R$ 表示,令 $\boldsymbol{F}_R=\boldsymbol{F}'_R=-\boldsymbol{F}''_R$(图3-5(b)),这时可将简化结果进一步合成一合力 $\boldsymbol{F}_R$,合力 $\boldsymbol{F}_R$ 的大小及方向与 $\boldsymbol{F}'_R$ 相同,但合力并不作用于简化中心 O 点,而是偏离距离 d,即

$$d = M_O/F_R \tag{3-9}$$

在这种情况下,图3-5(c)中合力 $\boldsymbol{F}_R$ 对 O 点的矩为

$$m_O(\boldsymbol{F}_R) = F_R d$$

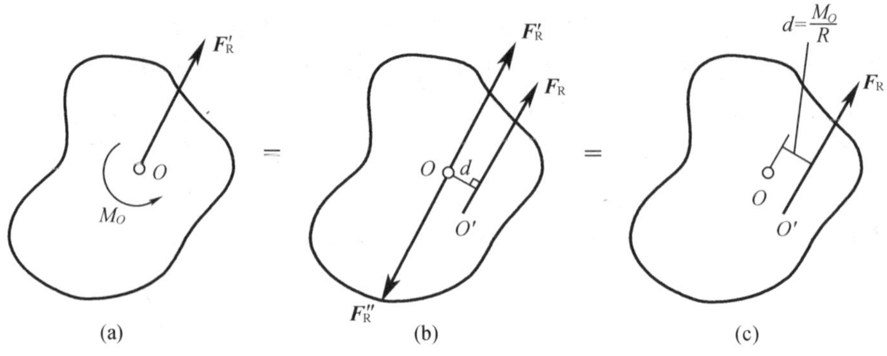

图3-5　主矢、主矩均不为零合成一合力

将式(3-9)代入上式,则有

$$m_O(\boldsymbol{F}_R) = F_R d = M_O$$

M_O 是力系的主矩,且 $M_O = \sum m_O(\boldsymbol{F}_i)$,则有

$$m_O(\boldsymbol{F}_R) = \sum m_O(\boldsymbol{F}_i) \tag{3-10}$$

式(3-10)表明,平面一般力系如果可以合成一个合力,那么合力对作用面内任一点的矩等于力系中各力对于同一点的矩的代数和,这就是平面一般力系的合力矩定理。平面汇交力系是平面一般力系的特殊情况,所以该合力矩定理也适用于平面汇交力系。

应用合力矩定理可以计算力 $\boldsymbol{F}$ 对于坐标原点 O 的矩的解析表达式。如图3-6所示,设力 $\boldsymbol{F}$ 沿坐标轴方向分解为两个分力 $\boldsymbol{F}_x$ 和 $\boldsymbol{F}_y$,则由合力矩定理有

$$m_O(\boldsymbol{F}) = m_O(\boldsymbol{F}_x) + m_O(\boldsymbol{F}_y) = xF_y - yF_x \tag{3-11}$$

式中,F_x、F_y 为力 $\boldsymbol{F}$ 在坐标轴上的投影;x、y 为力 $\boldsymbol{F}$ 作用线上任一点的坐标。

式(3-11)适用于任何象限。

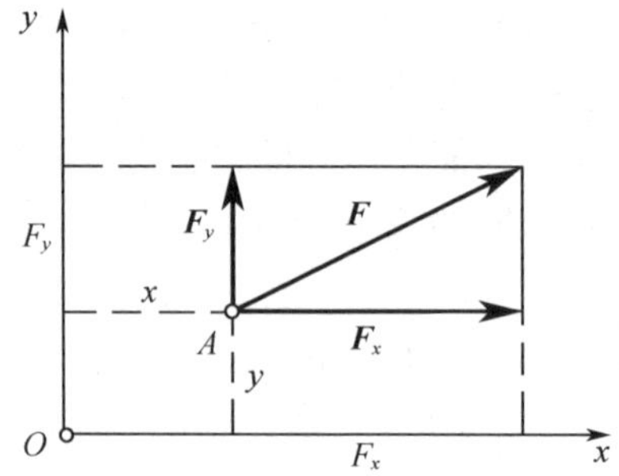

图3-6　力矢沿坐标方向上的分解及投影

例3-1　如图3-7所示,重力坝受有一平面一般力系,$G_1 = 450$ kN,$G_2 = 200$ kN,$F_1 = 300$ kN,$F_2 = 70$ kN,试求该力系向 O 点简化的主矢和主矩。

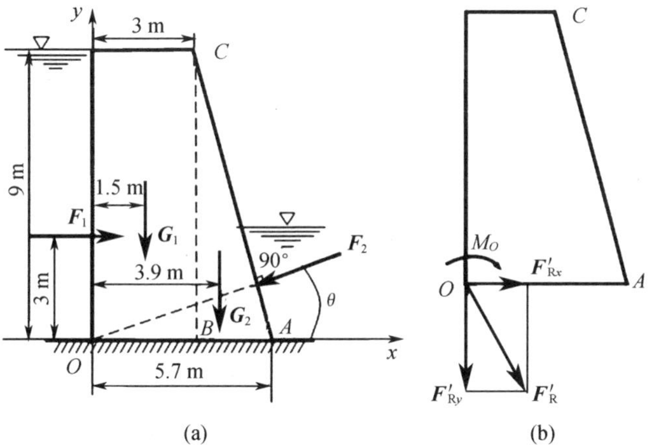

图3-7　例3-1图

解　先求该力系的主矢：

$$F'_{Rx} = \sum F_{ix} = F_1 - F_2\cos\theta = 232.9\ \text{kN}$$

$$F'_{Ry} = \sum F_{iy} = -G_1 - G_2 - F_2\sin\theta = \ 670.1\ \text{kN}$$

于是力系主矢的大小为

$$F'_R = \sqrt{232.9^2 + (-670.1)^2}\ \text{kN} = 709.4\ \text{kN}$$

主矢的方向余弦为

$$\cos(\boldsymbol{F}'_R, \boldsymbol{i}) = \frac{F'_{Rx}}{F'_R} = 0.328,\quad \cos(\boldsymbol{F}'_R, \boldsymbol{j}) = \frac{F'_{Ry}}{F'_R} = -0.945$$

再求力系的主矩：

$$M_O = \sum m_O(\boldsymbol{F}_i) = -F_1 \times 3\ \text{m} - G_1 \times 1.5\ \text{m} - G_2 \times 3.9\ \text{m} = -2\ 355\ \text{kN}\cdot\text{m}$$

例3-2　作用于图3-8所示矩形板 O、A、B、C 四点上的力 $\boldsymbol{F}_1$、$\boldsymbol{F}_2$、$\boldsymbol{F}_3$、$\boldsymbol{F}_4$ 为一平面一般力系，且 $F_1 = 1$ kN，$F_2 = 2$ kN，$F_3 = F_4 = 3$ kN，试求该力系向平面内 O 点简化的主矢和主矩及最终的简化结果。

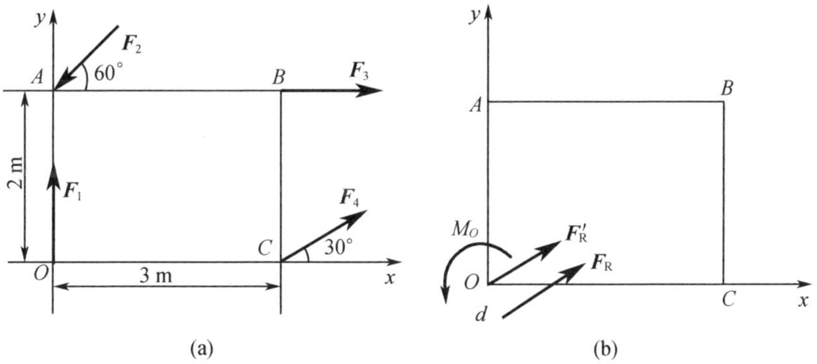

图3-8　例3-2图

解 先求该力系的主矢:

$$F'_{Rx}=\sum F_{ix}=-F_2\cos 60°+F_3+F_4\cos 30°=0.598\ \text{kN}$$

$$F'_{Ry}=\sum F_{iy}=F_1-F_2\sin 60°+F_4\sin 30°=0.768\ \text{kN}$$

于是力系主矢的大小为

$$F'_R=\sqrt{0.598^2+0.768^2}\ \text{kN}=0.794\ \text{kN}$$

主矢的方向余弦为

$$\cos(\boldsymbol{F}'_R,\boldsymbol{i})=\frac{F'_{Rx}}{F'_R}=0.614,\quad \cos(\boldsymbol{F}'_R,\boldsymbol{j})=\frac{F'_{Ry}}{F'_R}=0.789$$

再求力系的主矩 M_O:

$$M_O=\sum m_O(\boldsymbol{F}_i)=2F_2\cos 60°-2F_3+3F_4\sin 30°=0.5\ \text{kN}\cdot\text{m}$$

将力系的主矢 $\boldsymbol{F}'_R$与主矩 M_O 进一步简化得合力 $\boldsymbol{F}_R$,其大小为

$$F_R=F'_R=0.794\ \text{kN}$$

方向与 $\boldsymbol{F}'_R$平行,作用线距 O 点的垂直距离为

$$d=\frac{M_O}{F_R}=\frac{0.5\ \text{kN}\cdot\text{m}}{0.794\ \text{kN}}=3.22\ \text{m}$$

主矢 $\boldsymbol{F}'_R$、主矩 M_O 及合力 $\boldsymbol{F}_R$如图 3-8(b)所示。

3.4 平面一般力系的平衡条件和平衡方程

平面一般力系向平面内一点简化得到主矢 $\boldsymbol{F}'_R$和主矩 M_O,当主矢 $\boldsymbol{F}'_R=0$ 且主矩 $M_O=0$ 时,平面一般力系为平衡力系,所以 $\boldsymbol{F}'_R=0$,$M_O=0$ 是平面一般力系平衡的充分条件。

此外,如果主矢 $\boldsymbol{F}'_R$和主矩 M_O中有一个不为零,那么力系的简化结果就是合力或合力偶,所以 $\boldsymbol{F}'_R=0$,$M_O=0$ 也是平面一般力系平衡的必要条件。

于是,平面一般力系平衡的充分必要条件是力系的主矢和力系对平面内任一点的主矩恒等于零,即

$$\boldsymbol{F}'_R=0,\quad M_O=0 \tag{3-12}$$

这些平衡条件可用解析式表示。将式(3-5)和式(3-8)代入式(3-12),可得

$$\begin{cases}\sum F_{ix}=0\\ \sum F_{iy}=0\\ \sum m_O(\boldsymbol{F}_i)=0\end{cases} \tag{3-13}$$

式(3-13)是平面一般力系平衡方程的基本形式。它表明,平面一般力系平衡的充分必要条件是力系中诸力在直角坐标系 Oxy 各坐标轴上投影的代数和等于零,诸力对任一点的矩的代数和也等于零。它有两个投影方程和一个力矩方程,共有三个独立的平衡方程,可求解三个未知量。

应该指出,投影轴和矩心是可以任意选取的。但选取适当的坐标轴和矩心可以减少平衡方程中所含未知量的个数。通常,矩心尽量选在未知力的交点上,而投影轴尽量与多数未知力垂直。

平面一般力系的平衡方程除了式(3-13)这样的基本形式外,还有其他两种形式,它们

和基本形式的平衡方程是等价的，但应用起来有时会方便一些，现讨论如下。

1. 二矩式平衡方程

$$\begin{cases}\sum F_{ix} = 0 \\ \sum m_A(\boldsymbol{F}_i) = 0 \\ \sum m_B(\boldsymbol{F}_i) = 0\end{cases} \tag{3-14}$$

式中，A、B 是平面内任意两点，且 A、B 两点的连线不能垂直于 x 轴。

式(3-14)是两个力矩方程和一个投影方程，式(3-14)形式的平衡方程也满足平面一般力系平衡的充分必要条件。由平面一般力系的简化结果可知，若力系满足 $\sum m_A(\boldsymbol{F}_i) = 0$，则力系的简化结果不可能是一个力偶，但可能是一个通过 A 点的合力或平衡；同时力系又满足 $\sum m_B(\boldsymbol{F}_i) = 0$，那么力系的合成结果同样可以断定是通过 A、B 两点的一个合力或平衡；但当力系同时又满足 $\sum F_{ix} = 0$ 且 A、B 两点的连线不能垂直于 x 轴这样一个附加条件时，就排除了力系简化为一个合力的可能。这就表明，只要满足式(3-14)的三个方程且 A、B 两点的连线不垂直于 x 轴，则力系就是平衡力系。

2. 三矩式平衡方程

$$\begin{cases}\sum m_A(\boldsymbol{F}_i) = 0 \\ \sum m_B(\boldsymbol{F}_i) = 0 \\ \sum m_C(\boldsymbol{F}_i) = 0\end{cases} \tag{3-15}$$

式中，A、B、C 是平面内不共线的任意三点。

式(3-15)是三个力矩方程，这一结论读者可自行证明。

以上讨论了平面一般力系三种不同形式的平衡方程，在解决具体的实际问题时可根据具体条件选取某一种形式。灵活选用不同形式的平衡方程，有助于简化静力学的求解计算过程，但应该注意，对于一个平衡的平面一般力系，只能建立三个独立的平衡方程，求解三个未知量。任何其他方程都是前三个方程的线性组合，是不独立的，但可以利用这样的方程来校核计算结果。

3.5　平面平行力系的合成与平衡

诸力作用线在同一平面内且互相平行的力系称为平面平行力系。它是平面一般力系的特殊情况。下面从平面一般力系的简化结果与平衡方程给出平面平行力系的简化结果和平衡方程。

如图 3-9 所示，设刚体上作用有一平面平行力系($\boldsymbol{F}_1,\boldsymbol{F}_2,\cdots,\boldsymbol{F}_n$)，各力的作用点分别为 $A_1,A_2,\cdots,A_n$，将该力系向平面内任一点简化。取平面内一点 O 为简化中心，并以 O 点为原点建立直角坐标系，且令 y 轴与各力的作用线平行。由平面一般力系的简化方法可知，平面平行力系向 O 点简化可得一力和一力偶，这个力通过简化中心，其力矢等于力系的主矢，由式(3-4)和式(3-5)有

$$\boldsymbol{F}'_{\mathrm{R}} = F'_{\mathrm{R}x}\boldsymbol{i} + F'_{\mathrm{R}y}\boldsymbol{j}$$

$$F'_{\mathrm{R}x} = \sum F_{ix}$$

$$F'_{Ry} = \sum F_{iy}$$

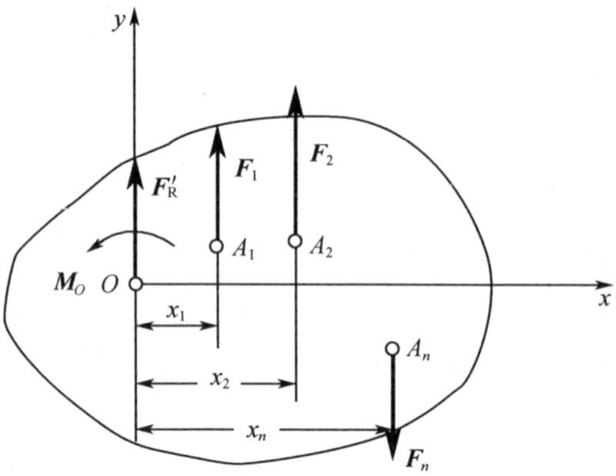

图3-9 平面平行力系向平面内一点简化

显然这个力的大小等于各力向 y 轴投影的代数和,方向与各力的方向平行,而指向则由代数和的符号决定,即

$$\boldsymbol{F}'_{Ry} = \sum F_{iy}$$

该力偶的力偶矩由式(3-8)计算,等于各力对于 O 点的矩的代数和,即

$$M_O = \sum m_O(\boldsymbol{F}_i) = F_1x_1 + F_2x_2 + \cdots + F_nx_n = \sum F_ix_i$$

式中,F_i 为 $\boldsymbol{F}_i$ 的代数值;x_i 为力 $\boldsymbol{F}_i$ 的作用点 A_i 的横坐标。

若向 O 点简化得到的主矢和主矩均不等于零,则力系可进一步合成一个合力 $\boldsymbol{F}_R$,其大小、方向应与 $\boldsymbol{F}'_R$相同,但合力的作用线不通过简化中心,而偏离一段距离 d,即

$$d = \frac{M_O}{R'} = \frac{\sum F_ix_i}{\sum F_i}$$

当平面平行力系的主矢和主矩同时等于零时,则该力系处于平衡状态,则平面平行力系的平衡方程为

$$\sum F_{iy} = 0, \quad \sum m_O(\boldsymbol{F}_i) = 0 \tag{3-16}$$

这是一个力投影方程和一个力矩方程,由此可知,平面平行力系平衡的充分必要条件是力系中所有各力的代数和等于零,以及各力对平面内任一点的矩的代数和等于零。

和平面一般力系一样,平面平行力系的平衡方程也可表示为二矩式的形式,即

$$\begin{cases} \sum m_A(\boldsymbol{F}_i) = 0 \\ \sum m_B(\boldsymbol{F}_i) = 0 \end{cases} \tag{3-17}$$

式中,A、B 两点连线不能与各力的作用线平行。平面平行力系有两个独立的平衡方程,可求解两个未知量。

工程实际中,有许多物体受有分布载荷的作用,如作用于物体表面的风载荷、流体压力等。下面介绍一种作用在杆上沿杆长度方向分布的分布载荷的合成问题。

如图3-10所示,设杆长 $OA=l$,上面作用有按任意规律分布的载荷,它们是一个分布同向的平行力系。$q(x)$ 称为(线)载荷集度,其物理意义是单位长度上杆所受到的力,现在我们来求该力系的合成结果。

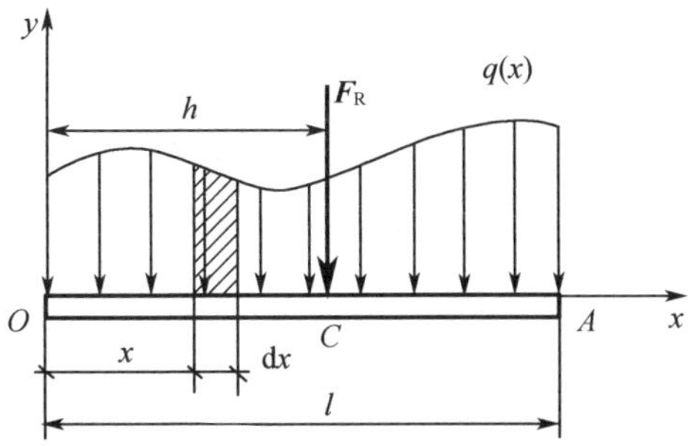

图3-10　沿长度方向任意分布载荷的合成

沿杆 OA 的长度方向建立坐标轴 Ox,把分布载荷看成由许多小窄条载荷组成,把每条小载荷看成一个大小等于 $q(x)\mathrm{d}x$ 的力,根据前面讨论的平面平行力系的合成方法,所有这些小窄条力最终可以合成一个力,合力的大小等于所有小窄条力的大小的和,即

$$F_R = \int_0^l q(x)\mathrm{d}x \tag{3-18}$$

合力作用线的位置可由合力矩定理来确定,设 O 点到合力作用线的距离为 h,则合力 $\boldsymbol{F}_R$ 对于 O 点的矩等于各小窄条力对于 O 点的矩的代数和,即

$$-F_R h = \int_0^l -q(x)x\mathrm{d}x \tag{3-19}$$

将式(3-18)代入式(3-19)可得

$$h = \frac{\int_0^l q(x)x\mathrm{d}x}{\int_0^l q(x)\mathrm{d}x} \tag{3-20}$$

考虑如图3-11所示的水平梁 AB 受三角形分布的载荷作用,载荷的最大集度为 q,梁长为 l。

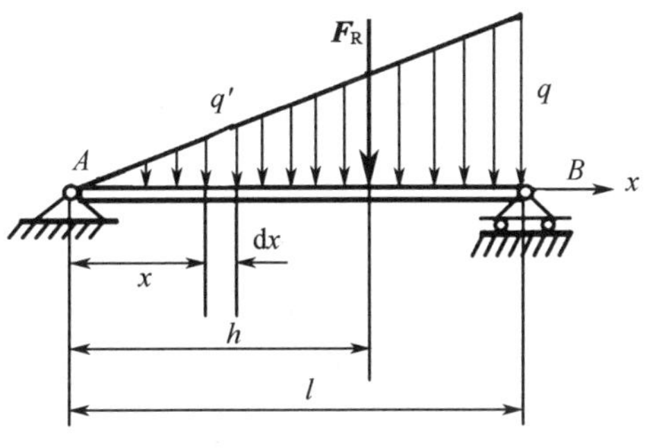

图3-11　沿长度方向三角形分布载荷合成

在梁上距 A 端为 x 的微段 $\mathrm{d}x$ 上,作用力的大小为 $q'\mathrm{d}x$,其中 q' 为该处的载荷集度,由相似三角形关系可知

$$q' = \frac{x}{l}q$$

因此,分布载荷的合力大小为

$$F_R = \int_0^l q'\mathrm{d}x = \frac{1}{2}ql$$

设合力 $\boldsymbol{F}_R$ 的作用线距 A 端的距离为 h,根据合力矩定理有 $Fh = \int_0^l q'x\mathrm{d}x$,代入 q' 和 F 的值得

$$h = \frac{2}{3}l$$

这样,就将一个分布载荷等效为一个作用在距离 A 端 $\frac{2}{3}l$ 处的集中力 $\boldsymbol{F}_R$。在处理实际问题时,通常将分布载荷进行等效替换,也就是将分布载荷按照上面介绍的方法等效为集中力。

例 3-3 如图 3-12(a)所示的水平均质梁,A 处支承在固定铰支座上,C 处支承在可动铰支座上。在梁的 D 端作用一铅直向下的集中力 $\boldsymbol{P}$,在梁的 AC 段作用有载荷集度为 q 的均布载荷,设 $P=2qa$,试求固定铰支座 A 处及可动铰支座 C 处的反力。

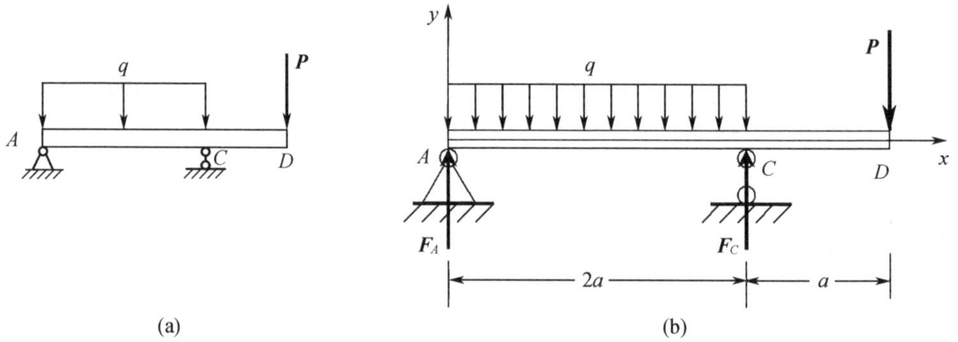

图 3-12 例 3-3 图

解 因为作用于梁上所有力均在 xy 平面,且力的作用线均平行于 y 轴,所以 A 处及 C 处反力的作用线也平行于 y 轴,设其指向如图 3-12(b)所示。对于该平衡力系可列两个平衡方程。有两个未知力 $\boldsymbol{F}_A$ 和 $\boldsymbol{F}_C$,均布力的合力大小为 $2qa$,作用于 AC 段的中点。

首先,列出对 A 点取矩的平衡方程,该方程中不包含 F_A,这样可直接求出 F_C;其次,列出 y 轴方向上的投影方程求出 F_A。

$$\sum m_A(\boldsymbol{F}_i) = 0,\quad F_C \times 2a - q \times 2a \times a - P \times 3a = 0$$

$$F_C = 4qa$$

$$\sum F_{iy} = 0,\quad F_A + F_C - q \times 2a - P = 0$$

$$F_A = 0$$

例 3-4 如图 3-13(a)所示,曲杆 A 处为固定铰支座支承,B 端靠在一表面光滑的支承块上,试计算 A 处两正交约束反力 $\boldsymbol{F}_{Ax}$ 及 $\boldsymbol{F}_{Ay}$。

解 曲杆的受力分析如图 3-13(b)所示,B 处反力 $\boldsymbol{F}_B$ 垂直于 AB,设 A 处两个正交分力为 $\boldsymbol{F}_{Ax}$ 及 $\boldsymbol{F}_{Ay}$,首先列出对 A 点取矩的平衡方程便可直接求得 $\boldsymbol{F}_B$,即

$$\sum m_A(\boldsymbol{F}_i) = 0,\quad -90 - 60 \times 1 + F_B \times 0.75 = 0$$

$$F_B = 200\ \mathrm{N}$$

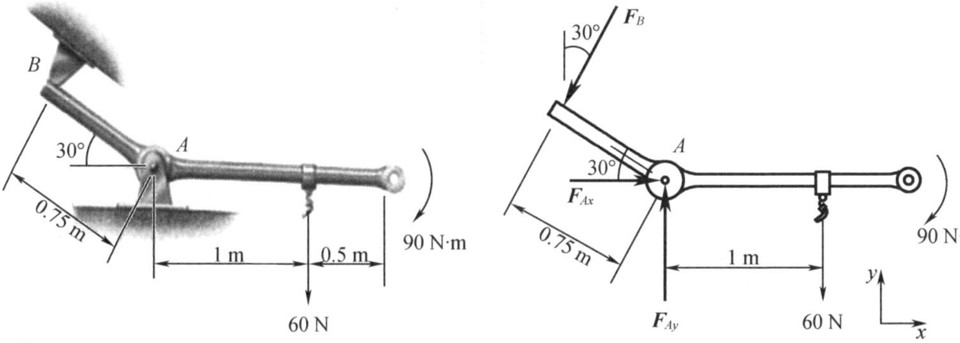

(a)　　　　(b)

图 3－13　例 3－4 图

设 x 轴、y 轴方向如图 3－13(b)所示，列出 x、y 轴方向上的投影方程，即

$$\sum F_{ix} = 0, \quad F_{Ax} - 200\sin 30° = 0$$

$$F_{Ax} = 100 \text{ N}$$

$$\sum F_{iy} = 0, \quad F_{Ay} - 200\cos 30° - 60 = 0$$

$$F_{Ay} = 233 \text{ N}$$

例 3－5　如图 3－14(a)所示的悬臂梁，A 端为固定端约束，B 端作用一集中力 $\boldsymbol{F}$ 及一力偶矩为 m 的力偶，并作用有载荷集度为 q 的均布载荷。试计算固定端 A 处的反力。

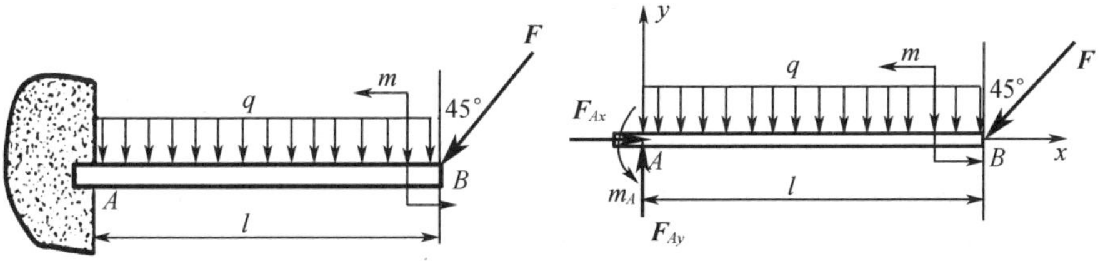

(a)　　　　(b)

图 3－14　例 3－5 图

解　梁的受力分析如图 3－14(b)所示，A 处为固定端约束，有两个正交分力及一个力偶，即 $\boldsymbol{F}_{Ax}$、$\boldsymbol{F}_{Ay}$ 及 m_A。

取坐标系如图 3－14(b)所示，首先，列出 x 轴方向上的投影方程，这样方程中只包含一个未知量 F_{Ax}；其次，列出 y 轴方向上的投影方程及对 A 点取矩的方程，即

$$\sum F_{ix} = 0, \quad F_{Ax} - F\cos 45° = 0$$

$$F_{Ax} = F\cos 45° = 0.707F$$

$$\sum F_{iy} = 0, \quad F_{Ay} - ql - F\sin 45° = 0$$

$$F_{Ay} = ql + 0.707F$$

$$\sum m_A(\boldsymbol{F}_i) = 0, \quad m_A - ql \times \frac{l}{2} - F\cos 45° \times l + m = 0$$

$$m_A = \frac{1}{2}ql^2 + 0.707Fl - m$$

3.6 物体系统的平衡、静定和静不定系统

由两个或两个以上的物体组成的系统称为物体系统。在物体系统中,各物体之间以一定的方式(约束)彼此连接,整个系统又以适当的方式(约束)与系统外的其他物体相连接。

物体系统平衡时,组成该系统的每个物体或由若干个物体组成的局部也都平衡。因此,在研究物体系统的平衡问题时,可以取整个物体系统为研究对象,也可以取几个物体组成的局部或单个物体为研究对象,依据刚化原理,用刚体静力学的规律加以研究。在具体问题中,研究对象的选取比较灵活,有时是整体,有时是局部,有时是系统中的某个物体,研究对象选得合适,常常是解题顺利的关键。选取研究对象要从已知力和未知力两个方面来分析,一般的途径如下:

①选取整个系统为研究对象,通过建立平衡方程,解出部分未知力;再取系统中某一局部或某一物体为研究对象,解出全部未知力。

②先取包含已知力并容易解出未知力的物体为研究对象;而后依次选取其他物体为研究对象,解出全部未知力。

对物体系统进行受力分析时,要注意区分内力和外力。两个或两个以上物体组成的局部系统或整个系统各物体间的相互作用力称为内力。由于内力总是成对出现的,彼此大小相等,方向相反,作用线重合,互为作用力与反作用力,并且它们在任何轴上的投影之和及对任何点的矩都分别等于零。因此,当取整体或局部为研究对象时,在受力图上内力无须画出。研究对象以外的物体对研究对象的作用力称为外力。在受力分析时外力必须全部画出,不能遗漏。

必须指出的是,内力和外力的划分并不是绝对的,而是对一定的研究对象而言的。例如,某个力对整个系统来说是内力,但对某个局部或某个物体来说就成为外力了。

一个由 n 个物体组成的物体系统处于平衡时,若系统中每个物体受平面一般力系作用,则对每个物体可列出 3 个独立的平衡方程,而整个系统总共可列出 $3n$ 个独立的平衡方程(当系统中的某些物体受有平面汇交力系、平面力偶系或平面平行力系作用时,则独立的平衡方程的数目相应减少)。若系统中未知力的数目等于或小于独立平衡方程的数目,所有未知力均可由平衡方程求出,则该系统是静定的。若系统中未知力的数目多于独立平衡方程的数目,未知力不能全部由平衡方程求出,则该系统是静不定的。

工程实际中多采用静不定结构,采用静不定结构是为了使结构具有更高的强度、刚度和稳定性。例如,在图 3-15(a)所示的悬臂梁的自由端再增加一个可动铰支座,如图 3-15(b)所示,原来静定的悬臂梁就变成了静不定梁,但比起原来的梁,却安全、可靠得多。

图 3-16(a)所示的单个物体都是静定问题;图 3-16(b)所示的单个物体是静不定问题;图 3-16(c)所示的物体系统都是静定问题;图 3-16(d)所示的物体系统都是静不定问题。

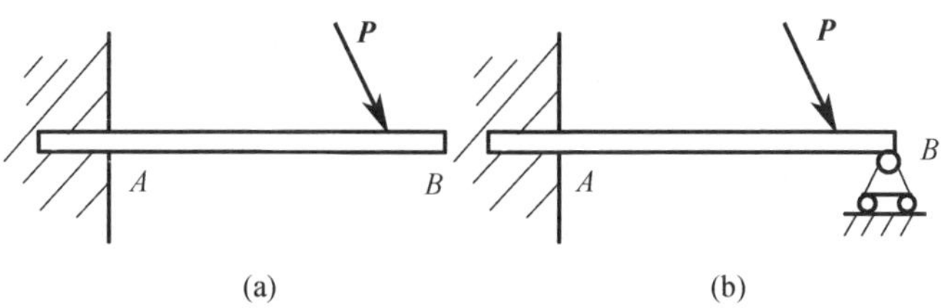

图 3－15　静定梁与静不定梁

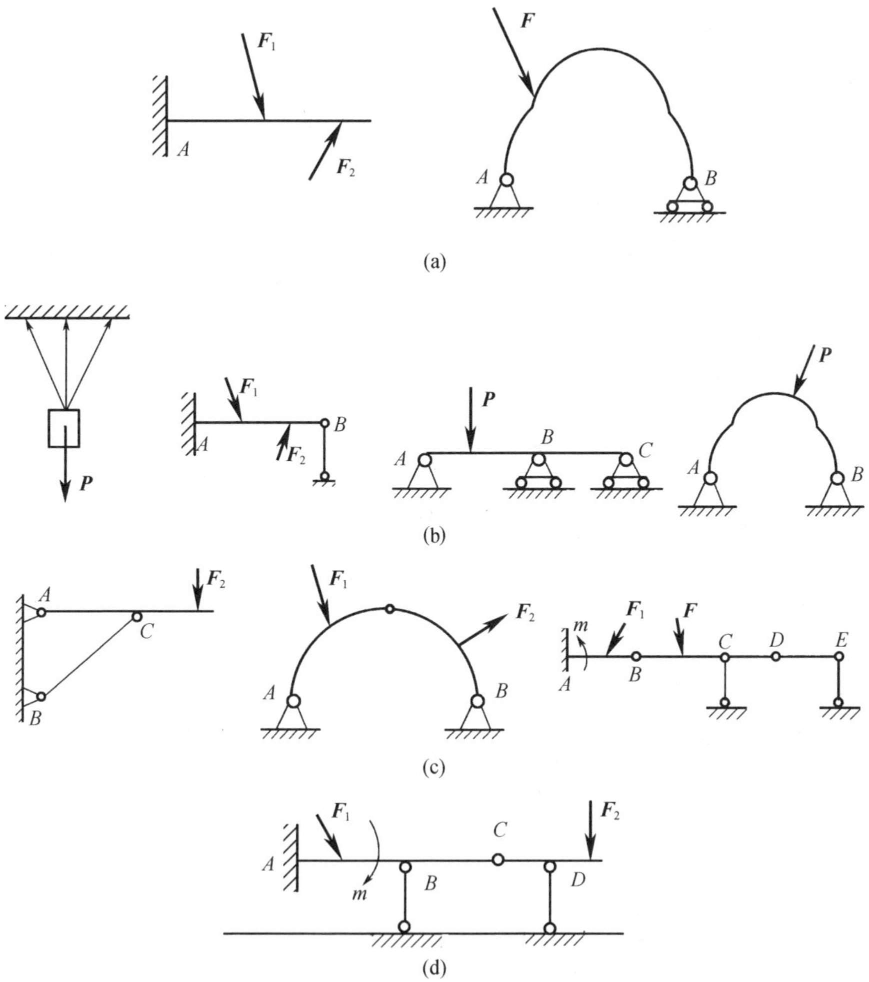

图 3－16　静定与静不定物体及物体系统

静不定问题仅用刚体的平衡方程是不能求解出全部未知量的,还需考虑作用于物体上的力与物体变形的关系,列出某些补充方程后,才能使方程的数目等于未知量的数目。静不定问题已超出了理论力学所研究的范围,需在材料力学和结构力学中研究。

下面举例说明物体系统平衡问题的求解方法。

例3-6 组合梁C为固定端约束,B为中间光滑铰链,A为滚动铰链支座,尺寸如图3-17(a)所示。已知均布载荷集度为$q=15\ \text{kN/m}$,集中力偶的力偶矩为$m=20\ \text{kN}\cdot\text{m}$。试计算$A$、$C$处约束反力及作用于销轴$B$上的力。

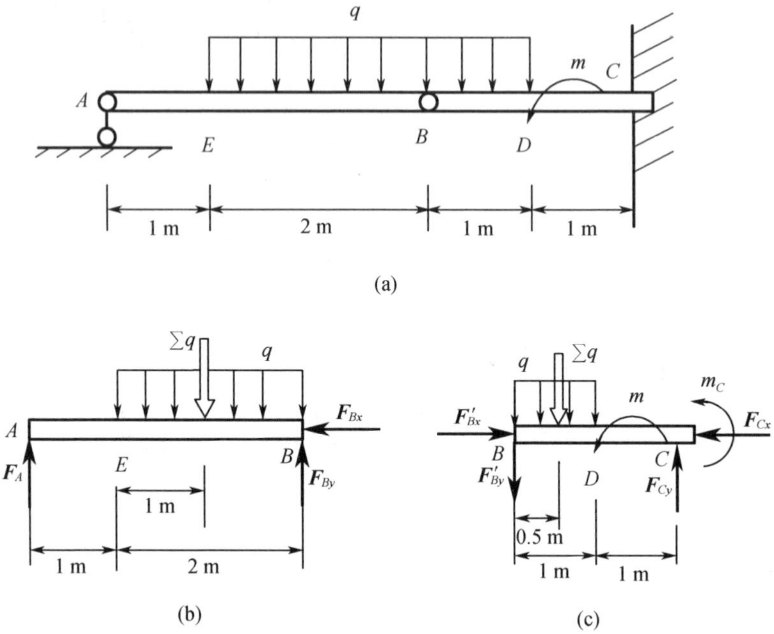

图3-17 例3-6图

解 解题前先做简要分析。系统由两个刚体组成,由对整体的受力分析可知有四个未知量($\boldsymbol{F}_A$、$\boldsymbol{F}_{Cx}$、$\boldsymbol{F}_{Cy}$和m_C),但只能列三个平衡方程,故不能求得这四个未知量。

比较AB梁和BC梁,其受力图分别如图3-17(b)和图3-17(c)所示,其上都作用有主动力和约束力,不同的是BC梁上的未知量为五个,而AB梁上只有三个未知力,且力系为平面一般力系。故首先应选AB梁为研究对象,列对B点取矩的方程,先求出F_A。第二个研究对象可选BC梁,也可选整体。如选BC梁为研究对象,则需先求出F'_{Bx}和F'_{By};如选整体为研究对象,则可免去求解上述二力,且整体只有三个未知量,可全部求解。

①首先选择AB梁为研究对象,画出受力图,如图3-17(b)所示。

列平衡方程,即

$$\sum m_B(\boldsymbol{F}_i)=0,\quad F_{Ay}\times 3-q\times 2\times 1=0 \tag{3-21}$$

由式(3-21)得

$$F_A=10\ \text{kN}$$

由$\sum F_{ix}=0$得

$$F_{Bx}=0$$

$$\sum F_{iy}=0,\quad F_A+F_{By}-q\times 2=0 \tag{3-22}$$

由式(3-22)得

$$F_{By}=20\ \text{kN}$$

②再选 BC 梁为研究对象，受力图如图3-17(c)所示。注意 $\boldsymbol{F}'_{Bx}$、$\boldsymbol{F}'_{By}$ 与 $\boldsymbol{F}_{Bx}$、$\boldsymbol{F}_{By}$ 互为作用力与反作用力，大小相等，方向相反，即有 $F'_{Bx}=F_{Bx}$，$F'_{By}=F_{By}$。

列平衡方程，即

$$\sum m_C(\boldsymbol{F}_i)=0,\quad M_C+m+F'_{By}\times 2+q\times 1\times 1.5=0 \tag{3-23}$$

由式(3-23)得

$$M_C=-82.5\ \text{kN·m}$$

$$\sum F_{ix}=0,\quad F'_{Bx}-F_{Cx}=0 \tag{3-24}$$

由式(3-24)得

$$F_{Cx}=0$$

$$\sum F_{iy}=0,\quad F_{Cy}-F'_{By}-q\times 1=0 \tag{3-25}$$

$$F_{Cy}=35\ \text{kN}$$

由式(3-25)知本题也可选整体为研究对象进行求解。

例3-7　如图3-18(a)所示，由杆 AB、杆 BC 及杆 CO 构成一框架结构，B、C 及 D 为中间光滑圆柱铰链，物体重 $G=12$ kN，通过绳子绕过一滑轮连接于墙上的 E 点，设 $AD=BD=2$ m，$CD=DO=1.5$ m，不计杆重及滑轮重，试计算 A 处、B 处的约束反力及 BC 杆的内力。

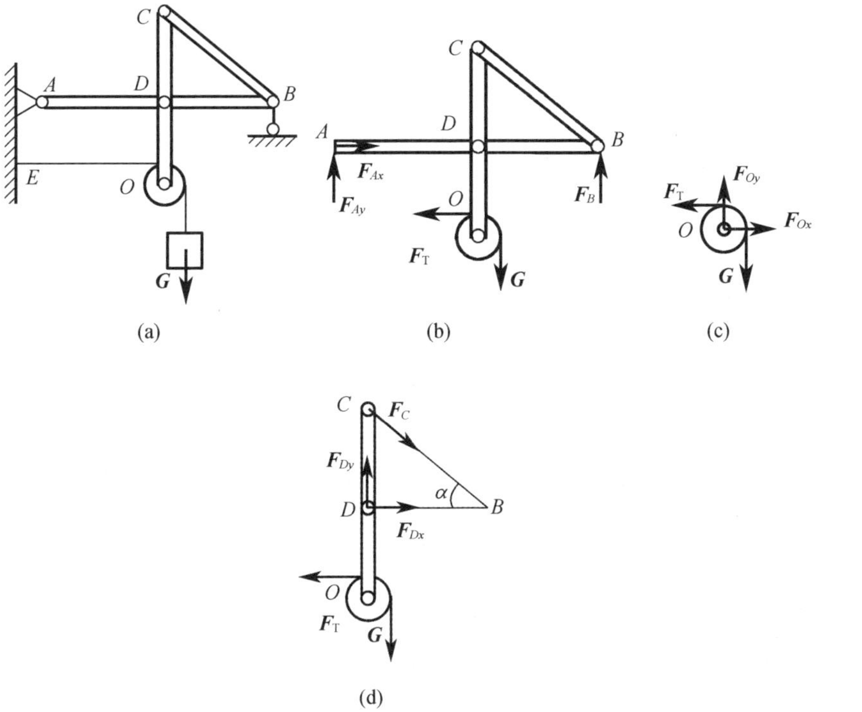

图3-18　例3-7图

解　对整体进行受力分析(图3-18(b))，有物体重力 $\boldsymbol{G}$ 及四个未知力($\boldsymbol{F}_{Ax}$、$\boldsymbol{F}_{Ay}$、$\boldsymbol{F}_B$ 和 $\boldsymbol{F}_{\mathrm{T}}$)，对于平面一般力系只有三个独立的平衡方程，故不能求得这四个未知量。

取滑轮 O 为研究对象，受力分析如图3-18(c)所示，包含三个未知力($\boldsymbol{F}_{\mathrm{T}}$、$\boldsymbol{F}_{Ox}$ 和 $\boldsymbol{F}_{Oy}$)，对 O 点取矩，即

$$\sum m_O(\boldsymbol{F}_i)=0,\quad F_T\cdot r-G\cdot r=0 \tag{3-26}$$

由式(3-26)得

$$F_T=G$$

这时再以整体为研究对象,力 $\boldsymbol{F}_T$ 已求得,故只剩三个未知量,可由三个独立的平衡方程求得,即

$$\sum m_A(\boldsymbol{F}_i)=0,\quad 2\cdot AD\cdot F_B-AD\cdot G-OD\cdot F_T=0 \tag{3-27}$$

$$\sum F_{ix}=0,\quad F_{Ax}-F_T=0 \tag{3-28}$$

$$\sum F_{iy}=0,\quad F_{Ay}+F_B-G=0 \tag{3-29}$$

由式(3-27)得

$$F_B=\frac{(AD+OD)G}{2\cdot AD}=10.5\ \text{kN}$$

由式(3-28)得

$$F_{Ax}=F_T=12\ \text{kN}$$

将 F_B 代入式(3-29)可得

$$F_{Ay}=G-F_B=1.5\ \text{kN}$$

最后再求 BC 杆的内力,注意到杆 BC 为二力杆,取杆 OC 和滑轮组成的局部为对象,受力分析如图3-18(d)所示,力 $\boldsymbol{F}_C$ 作用线沿着 CB 连线,指向如图3-18(d)所示,对 D 点取矩,即

$$\sum m_D(\boldsymbol{F}_i)=0,\quad F_T\cdot OD+F_C\cdot BD\cdot\sin\alpha=0 \tag{3-30}$$

由式(3-30)得

$$F_C=-15\ \text{kN}$$

例3-8 一组合梁由梁 AC 和梁 CD 组成(图3-19(a)),A 端为固定端约束,C 为中间光滑圆柱铰链,B 处为二力杆支承且与水平线成60°角。梁 AC 上作用一力偶矩为 $m=20$ kN·m 的力偶,梁 CD 的 D 端作用一集中力且与铅垂线成30°角,组合梁受有载荷集度为 $q=10$ kN/m 的均布载荷作用,$l=1$ m,试求作用于组合梁上所有的力。

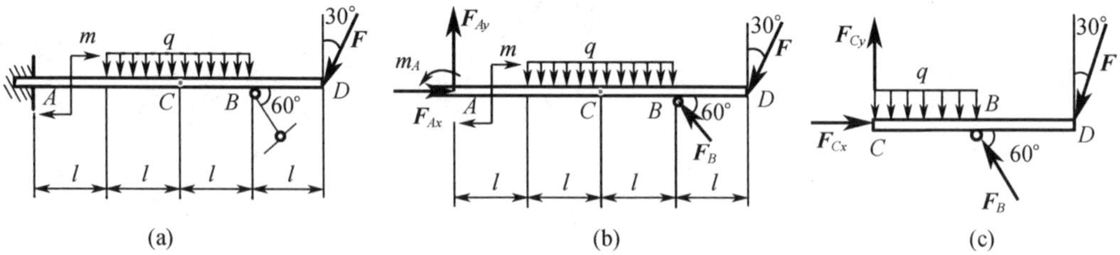

图3-19 例3-8图

解 以整体为研究对象,受力分析如图3-19(b)所示,包含四个未知量($\boldsymbol{F}_{Ax}$、$\boldsymbol{F}_{Ay}$、m_A 和 $\boldsymbol{F}_B$),列出三个平衡方程,即

$$\sum F_{ix}=0,\quad F_{Ax}-F_B\cos 60°-F\sin 30°=0 \tag{3-31}$$

$$\sum F_{iy}=0,\quad F_{Ay}+F_B\sin 60°-2ql-F\cos 30°=0 \tag{3-32}$$

$$\sum m_A(\boldsymbol{F}_i)=0,\quad m_A-m-2ql\times 2l+F_B\sin 60°\times 3l-F\cos 30°\times 4l=0 \tag{3-33}$$

由这三个方程不能求得四个未知量,需要再列出一个包含上述四个未知量的独立的平衡方程,再以杆 CD 为研究对象,受力分析如图 3-19(c)所示,对 C 点取矩,方程中不包含未知力 $\boldsymbol{F}_{Cx}$、$\boldsymbol{F}_{Cy}$,即

$$\sum m_C(\boldsymbol{F}_i)=0,\quad F_B\sin 60°\times l-ql\times\frac{l}{2}-F\cos 30°\times 2l=0 \tag{3-34}$$

联立式(3-31)、式(3-32)、式(3-33)和式(3-34),解得

$$F_B=45.77\ \text{kN},\quad F_{Ax}=32.89\ \text{kN},\quad F_{Ay}=-2.32\ \text{kN},\quad m_A=10.37\ \text{kN}\cdot\text{m}$$

例 3-9　如图 3-20(a)所示,在由杆 AB、杆 DC 及滑轮 D 组成的结构中,A 及 C 为固定铰支座约束,B 为中心光滑圆柱铰链,物体重为 G,通过绳子绕过滑轮连于杆 AB 上的 E 点,忽略所有构件重,试计算 B 处反力。

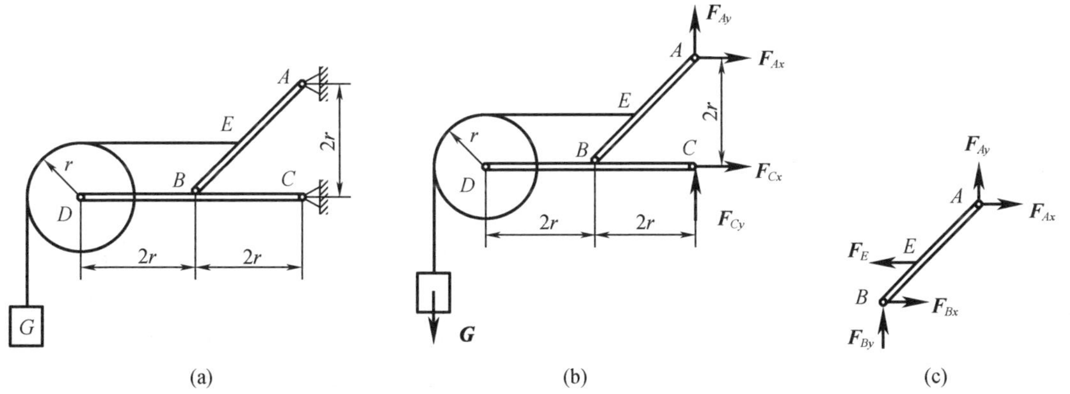

图 3-20　例 3-9 图

解　以整体为研究对象,受力分析如图 3-20(b)所示,包含四个未知力,$\boldsymbol{F}_{Ax}$的大小由对 C 点取矩的方程求得,即

$$\sum m_C(\boldsymbol{F}_i)=0,\quad 5r\times G-2r\times F_{Ax}=0 \tag{3-35}$$

$$F_{Ax}=2.5G$$

再以杆 AB 为研究对象,受力分析如图 3-20(c)所示,列两个平衡方程,即

$$\sum F_{ix}=0,\quad F_{Ax}+F_{Bx}-F_E=0 \tag{3-36}$$

$$\sum m_A(\boldsymbol{F})=0,\quad 2r\times F_{Bx}-2r\times F_{By}-r\times F_E=0 \tag{3-37}$$

解式(3-36)、式(3-37),得

$$F_{Bx}=-1.5G,\quad F_{By}=-2G$$

3.7　平面静定桁架的内力计算

桁架是由一些杆件彼此在两端用铰链连接而组成的一种工程结构,它在受力后几何形状不变。各杆件处于同一平面内的桁架称为平面桁架。桁架中各杆件的连接点称为节点。

例如,房屋的屋架、桥梁的拱架、起重机悬臂和高压输电线塔架等都是桁架结构。图 3 - 21 所示的厂房屋架就是一个典型的桁架。桁架结构在工程中有着广泛的应用,主要是因为它具有使用材料经济合理、质量小等特点。

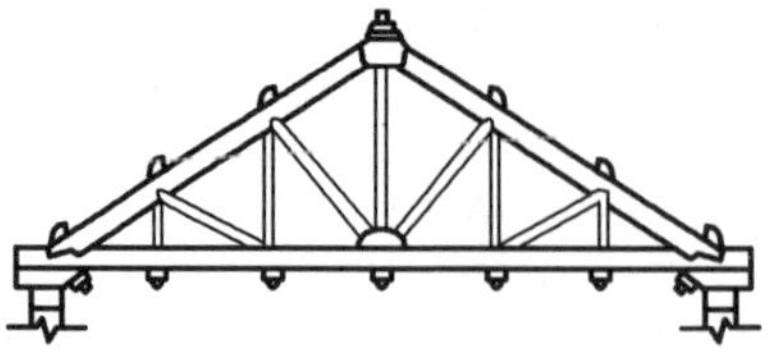

(a)

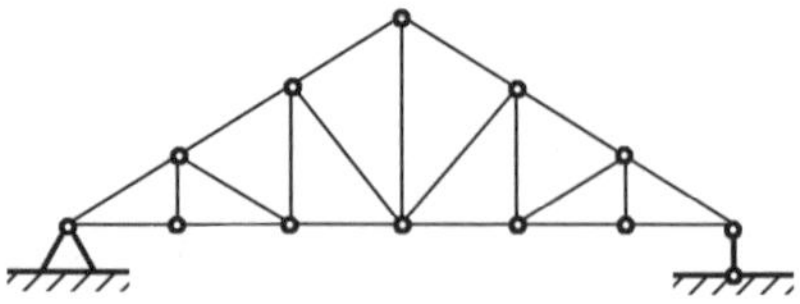

(b)

图 3 - 21 厂房屋架

下面主要介绍平面静定桁架内力计算的基本方法。工程上为了简化计算,对平面桁架计算做如下基本假设:

①所有杆件重均不计,或平均分配在杆件两端的节点上。每一杆件均可看作二力杆。

②所有杆件用理想光滑的铰链连接。

③所有外力都作用在节点上,且位于桁架平面内。

基于以上假设,图 3 - 21(a)所示的桁架可以简化为图 3 - 21(b)所示的力学模型。满足上述假设的桁架称为理想桁架。

理想桁架与实际桁架是有区别的。首先,实际桁架各杆的轴线未必都是直线;其次,实际桁架的节点多是焊接、铆接,甚至是混凝土浇筑连接的,桁架端部看成固定端是合理的,但由于杆件细长,端部对杆件的转动限制作用不大,因而将节点抽象为光滑圆柱铰链连接是合理的;最后,外力并不一定全部作用在节点上,而且有些情况下杆件的自重不能忽略,这时可将其按比例分配到杆件两端的节点上。实践证明,桁架的三个基本假设对桁架内力计算产生的误差不大,并且偏于安全,却使桁架的计算大为简化。

计算桁架中各杆内力的方法有节点法和截面法。

1. 节点法

由桁架计算的基本假设可知,桁架中每个节点(销轴)均受平面汇交力系的作用,依次列出每个节点的平衡方程或作封闭的力多边形,即可由已知力求出杆件的内力。这种计算桁架内力的方法称为节点法。

2. 截面法

设想用一适当截面将桁架截开,取其中的一部分为研究对象,该部分所受的外力与截得的杆件的内力构成一平面一般力系,列出平衡方程,即可由已知力求出被截杆件的内力。这种计算杆件内力的方法称为截面法。

应用节点法和截面法求解杆件内力时,一般需先求出桁架的支座反力。对于节点法,必须从只包含两个未知力的节点开始;对于截面法,设想截面所截得的未知力不超过三个。通常设各杆均受拉力,则各杆给予节点的力均沿杆的轴线方向背离节点,若计算出杆件内力为正则是拉杆,反之为压杆。

下面通过举例说明节点法和截面法的应用。

例 3 - 10 如图 3 - 22(a)所示,用节点法计算桁架各杆件的内力,设 $F = 10$ kN。

解 以整体为研究对象,受力分析如图 3 - 22(b)所示,列三个平衡方程可求得三个未

知力 F_{Ay}、F_{Bx} 和 F_{By}，即

$$\sum F_{ix} = 0,\quad F_{Bx} = 0$$

$$\sum m_A(\boldsymbol{F}_i) = 0,\quad F_{By} \times 4 - F \times 2 = 0$$

$$F_{By} = 5\ \text{kN}$$

$$\sum m_B(\boldsymbol{F}_i) = 0,\quad F \times 2 - F_{Ay} \times 4 = 0$$

$$F_{Ay} = 5\ \text{kN}$$

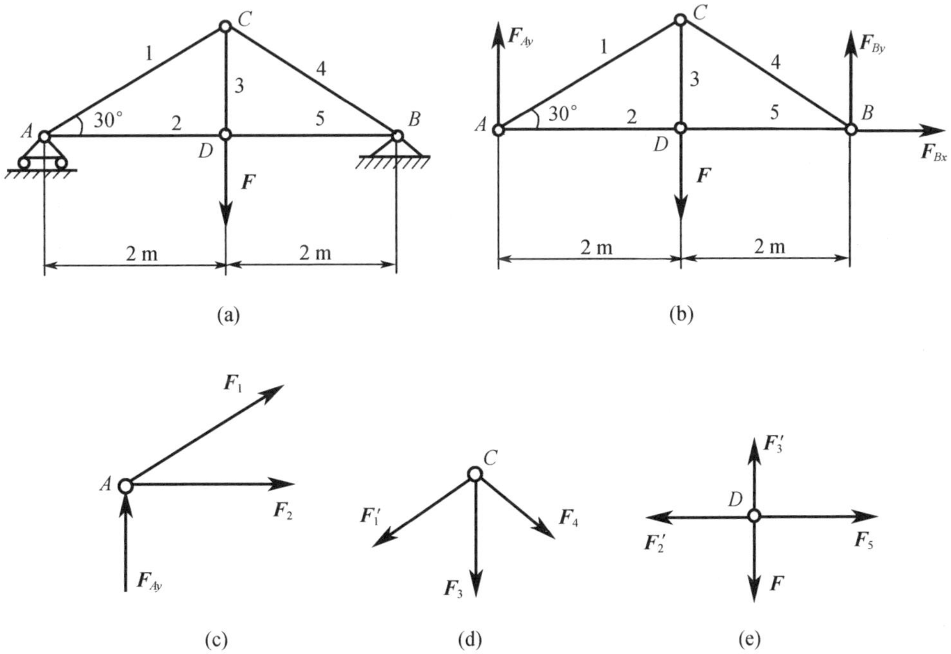

图 3－22　例 3－10 图

将每个杆件编号通过各销轴（节点）计算各杆内力，通常假定各杆受拉力，计算结果若为正，则说明杆件受拉力；若为负，则说明杆件受压力。作用于每个节点上的力系都为平面汇交力系。

以销轴 A 为研究对象，受力分析如图 3－22（c）所示，包含两个未知力 $\boldsymbol{F}_1$ 和 $\boldsymbol{F}_2$，列两个平衡方程即可求得这两个力，即

$$\sum F_{ix} = 0,\quad F_2 + F_1\cos 30° = 0$$

$$\sum F_{iy} = 0,\quad F_{Ay} + F_1\sin 30° = 0$$

联立解得

$$F_1 = -10\ \text{kN},\quad F_2 = 8.66\ \text{kN}$$

再以销轴 C 为研究对象，受力分析如图 3－22（d）所示，包含力 $\boldsymbol{F}_1'$、$\boldsymbol{F}_3$ 和 $\boldsymbol{F}_4$，且 F_1' 已求得，即 $F_1' = F_1 = -10$ kN，列两个平衡方程，即

$$\sum F_{ix} = 0,\quad F_4\cos 30° - F_1'\cos 30° = 0$$

$$\sum F_{iy} = 0,\quad -F_3 - (F_1' + F_4)\sin 30° = 0$$

联立以上二式解得

$$F_3 = 10\ \text{kN},\quad F_4 = -10\ \text{kN}$$

再以销轴 D 为研究对象,受力分析如图 3-22(e)所示,F_2'、F_3'前面已求得,即 $F_2' = F_2$,$F_3' = F_3$,列一个平衡方程,即

$$\sum F_{ix} = 0,\quad F_5 - F_2' = 0$$

解得

$$F_5 = 8.66\ \text{kN}$$

例 3-11 用截面法计算图 3-23(a)所示的桁架杆 FE、CE 和 CD 的内力,已知铅直力 $F_C = 4\ \text{kN}$,水平力 $F_E = 2\ \text{kN}$。

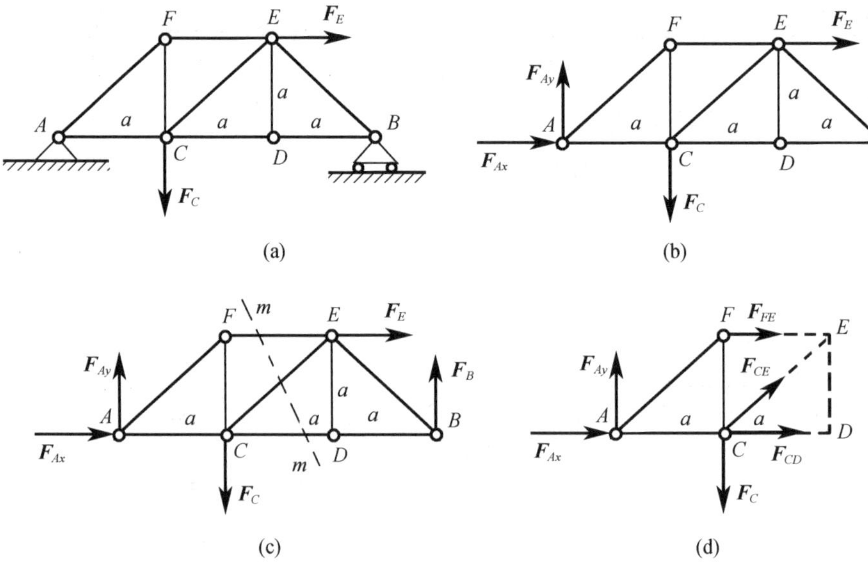

图 3-23 例 3-11 图

解 用截面法计算杆件内力是一种比较简便的方法。用一个假想的截面去截需要求得内力的杆件,通常所截杆件不超过三个,这个被截杆件的内力则成为外力,为三个未知力,且均设为拉力,作用于截得一部分桁架上的力系为平面一般力系,通过三个平衡方程,即可求得三个未知力。

以整体为研究对象,受力分析如图 3-23(b)所示,对于约束反力 $\boldsymbol{F}_{Ax}$、$\boldsymbol{F}_{Ay}$和 $\boldsymbol{F}_B$,可列三个平衡方程求得,即

$$\sum F_{ix} = 0,\quad F_{Ax} + F_E = 0$$

$$\sum F_{iy} = 0,\quad F_B + F_{Ay} - F_C = 0$$

$$\sum m_A(\boldsymbol{F}_i) = 0,\quad -F_C \times a - F_E \times a + F_B \times 3a = 0$$

联立以上三式解得

$$F_{Ax} = -2\ \text{kN},\quad F_{Ay} = 2\ \text{kN},\quad F_B = 2\ \text{kN}$$

再用一截面 mn 截杆 FE、CE 和 CD(图 3-23(c)),选择截得的左部分结构为研究对象,受力分析如图 3-23(d)所示为一平面一般力系,列三个平衡方程,有

$$\sum F_{ix}=0,\quad F_{CD}+F_{Ax}+F_{FE}+F_{CE}\cos 45^\circ=0$$

$$\sum F_{iy}=0,\quad F_{Ay}-F_C+F_{CE}\cos 45^\circ=0$$

$$\sum m_C(\boldsymbol{F}_i)=0,\quad -F_{FE}\times a-F_{Ay}\times a=0$$

联立以上三式解得

$$F_{CE}=-2\sqrt{2}\ \text{kN},\quad F_{CD}=2\ \text{kN},\quad F_{FE}=-2\ \text{kN}$$

思　考　题

一、判断题

1. 作用在刚体上的一个力，可以从原来的作用位置平行移动到该刚体内任意指定点，但必须附加一个力偶，附加力偶的矩等于原力对指定点的矩。(　　)

2. 某一平面力系，如其力的多边形不封闭，则该力系一定有合力，合力作用线与简化中心的位置无关。(　　)

3. 平面任意力系，只要主矢 $\boldsymbol{F}_R\neq0$，最后必可简化为一合力。(　　)

4. 当平面力系的主矢为零时，其主矩一定与简化中心的位置无关。(　　)

5. 在平面任意力系中，若其力的多边形自行闭合，则力系平衡。(　　)

二、选择题

1. 已知 $\boldsymbol{F}_1$、$\boldsymbol{F}_2$、$\boldsymbol{F}_3$、$\boldsymbol{F}_4$ 为作用于刚体上的平面共点力系，其力矢关系如图 3－24 所示为平行四边形，由此(　　)。

A. 力系可合成一个力偶　　B. 力系可合成一个力

C. 力系简化为一个力和一个力偶　　D. 力系的合力为零，力系平衡

2. 某平面任意力系向 O 点简化，得到如图 3－25 所示的一个力 $\boldsymbol{F}'_R$ 和一个力偶矩为 m_O 的力偶，则该力系的最后合成结果为(　　)。

A. 作用在 O 点的一个合力　　B. 合力偶

C. 作用在 O 点左边某点的一个合力　　D. 作用在 O 点右边某点的一个合力

3. 图 3－26 所示三铰钢架受力 $\boldsymbol{F}$ 作用，则 A 支座反力的大小为(　　)，B 支座反力的大小为(　　)。

A. $F/2$　　B. $F/\sqrt{2}$　　C. F　　D. $\sqrt{2}F$　　E. $2F$

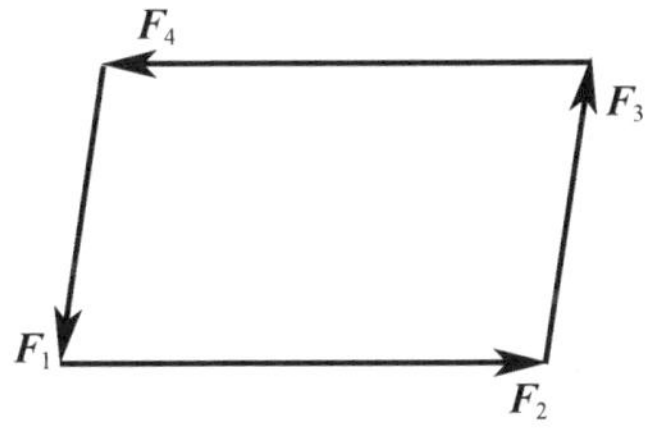

图 3－24　选择题第 1 题图

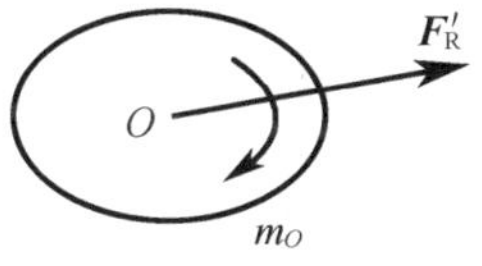

图 3－25　选择题第 2 题图

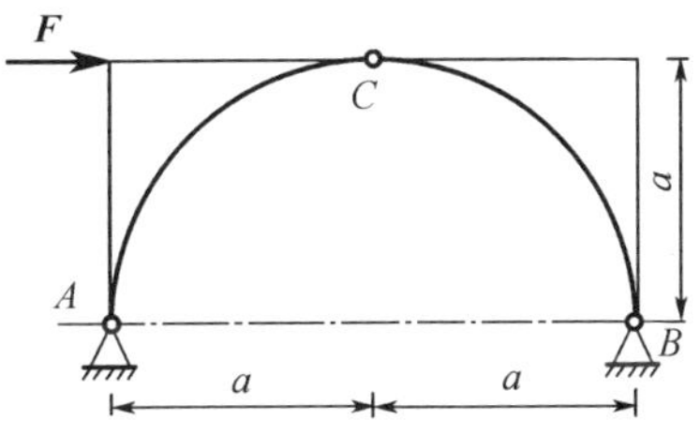

图 3－26　选择题第 3 题图

4. 将图 3－27(a)的力偶 L 移至图 3－27(b)的位置,则(　　)。

A. A、B、C 处约束反力都不变　　B. A 处反力改变,B、C 处反力不变

C. A、C 反力不变,B 处反力改变　　D. A、B、C 处反力都要改变

5. 图 3－28 中均质杆 AB 重为 P,用绳悬吊于靠近 B 端的 D 点,A、B 两端则与光滑铅垂面接触,反力 $\boldsymbol{F}_{NA}$ 和 $\boldsymbol{F}_{NB}$ 具有关系(　　)。

A. $\boldsymbol{F}_{NA} > \boldsymbol{F}_{NB}$　　B. $\boldsymbol{F}_{NA} < \boldsymbol{F}_{NB}$　　C. $\boldsymbol{F}_{NA} = \boldsymbol{F}_{NB}$

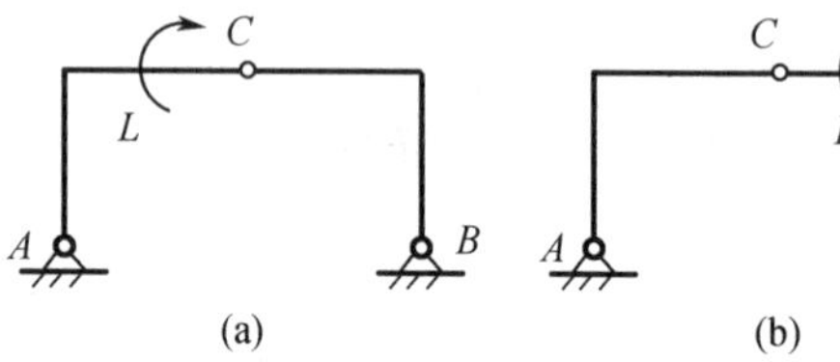

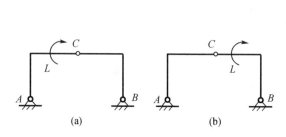

图 3－27　选择题第 4 题图

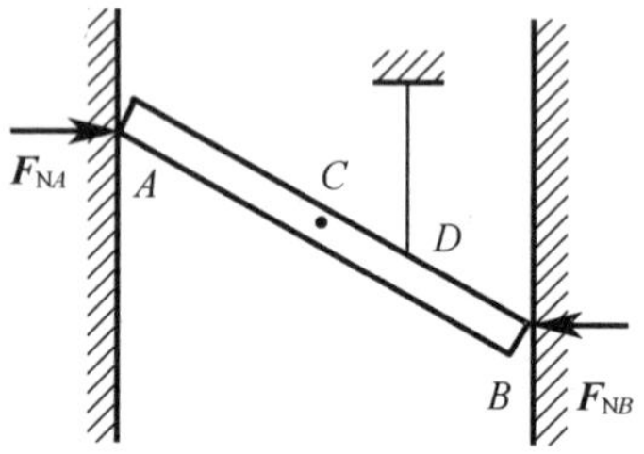

图 3－28　选择题第 5 题图

三、填空题

1. 图 3－29 所示的结构受力偶矩为 $m=10$ kN·m 的力偶作用。若 $a=1$ m,各杆自重不计,则固定铰支座 D 的反力的大小为________,方向为________。

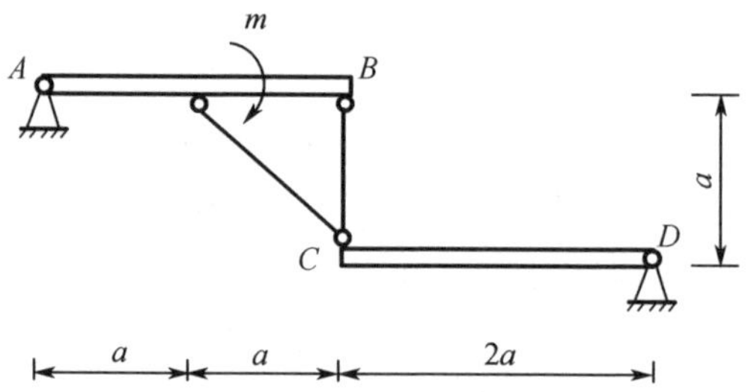

图 3－29　填空题第 1 题图

2. 如图 3－30 所示,杆 AB、BC、CD 用铰 B、C 连接并支承,受力偶矩为 $m=10$ kN·m 的力偶作用,不计各杆自重,则支座 D 处反力的大小为________,方向为________。

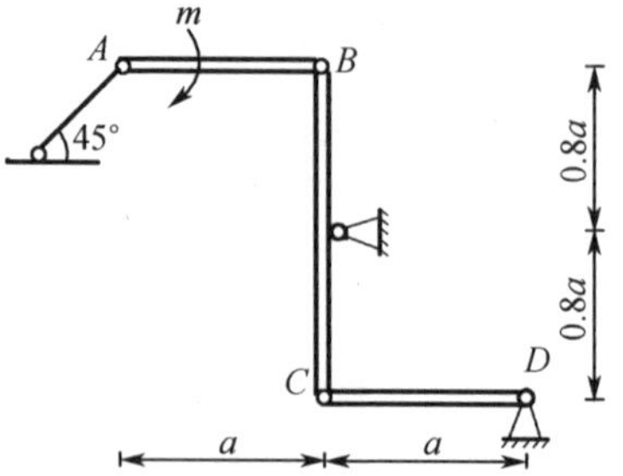

图 3－30　填空题第 2 题图

3. 图 3－31 所示的结构不计各杆重，受力偶矩为 m 的力偶作用，则 E 支座反力的大小为________，方向在图中表示。

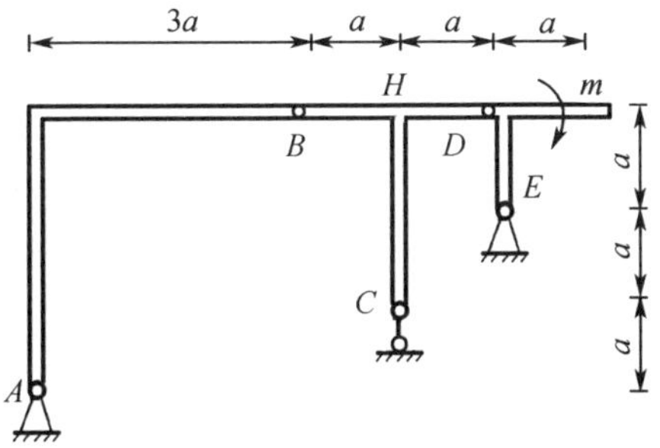

图 3－31　填空题第 3 题图

4. 直角杆 CDA 和 T 形杆 DBE（不计两杆重）在 D 处铰接并支承，如图 3－32 所示。若系统受力 $\boldsymbol{P}$ 作用，则 B 支座反力的大小为________，方向为________。

5. 已知平面平行力系的五个力分别为 $F_1=10\ \text{N}$，$F_2=4\ \text{N}$，$F_3=8\ \text{N}$，$F_4=8\ \text{N}$，$F_5=10\ \text{N}$，如图 3－33 所示，则该力系简化的最后结果为________。

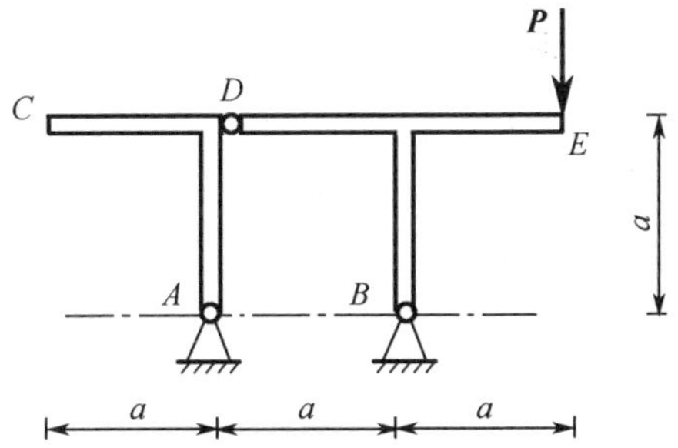

图 3－32　填空题第 4 题图

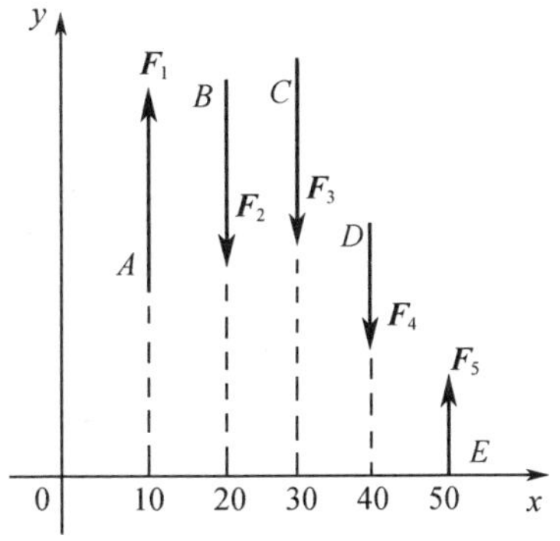

图 3－33　填空题第 5 题图

习　　题

3－1　平面力系由三个力与两个力偶组成，如图 3－34 所示。求此力系的合力 $\boldsymbol{F}_R$，并计算 $\boldsymbol{F}_R$的作用线与 x 轴交点的坐标。

答案：$\boldsymbol{F}_R=(-1.5\boldsymbol{i}-2\boldsymbol{j})\text{kN}$，$x=0.29\ \text{m}$。

3－2　重力坝的横截面形状如图 3－35 所示。为了计算方便，取坝的长度（垂直于图面）$l=1\ \text{m}$。已知混凝土的密度为 $2.4\times10^3\ \text{kg/m}^3$，水的密度为 $1\times10^3\ \text{kg/m}^3$，试求坝体的重力 $\boldsymbol{W}_1$、$\boldsymbol{W}_2$ 和水压力 $\boldsymbol{P}$ 的合力 $\boldsymbol{F}_R$，并计算 $\boldsymbol{F}_R$的作用线与 x 轴的夹角及与 x 轴交点的坐标。

答案：$F_R=3.214\ 6\times10^7\ \text{N}$，与 x 轴的夹角 $\alpha=-72°$。

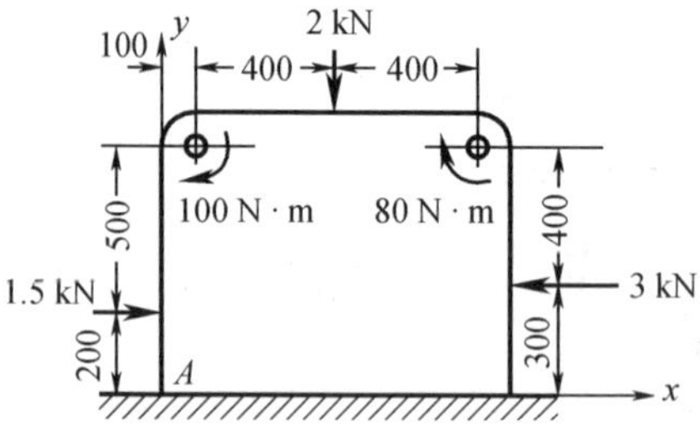

图3-34 习题3-1图(尺寸单位:mm)

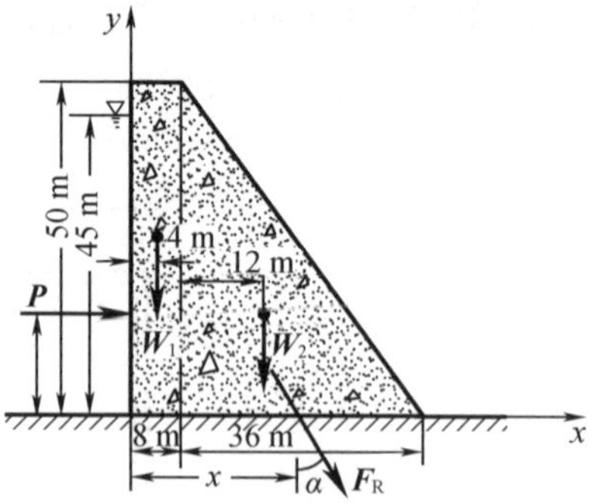

图3-35 习题3-2图

3-3 如图3-36所示,正方形边长为 a,A 为中心,B 为边长中点,$F_1=F_2=F_3=F_4$。求此力系向 A 点的简化结果。

答案:$\boldsymbol{F}_R=2F\boldsymbol{i}+2F\boldsymbol{j}$,$m_A=Fa$。

3-4 立柱的 A 端是固定端,它所受的载荷如图3-37所示。求固定端 A 处的约束力。

答案:$F_{Ax}=-12.2$ kN, $F_{Ay}=-1.25$ kN, $m_A=7.3$ kN·m。

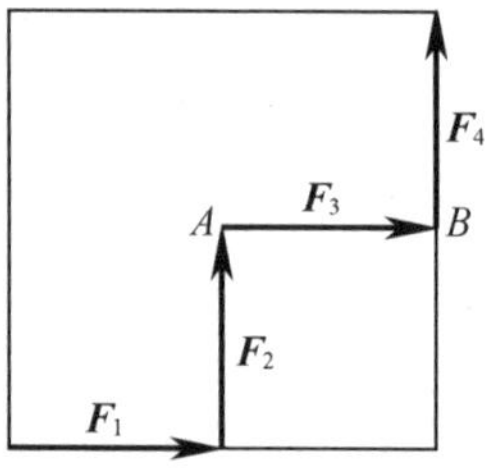

图3-36 习题3-3图

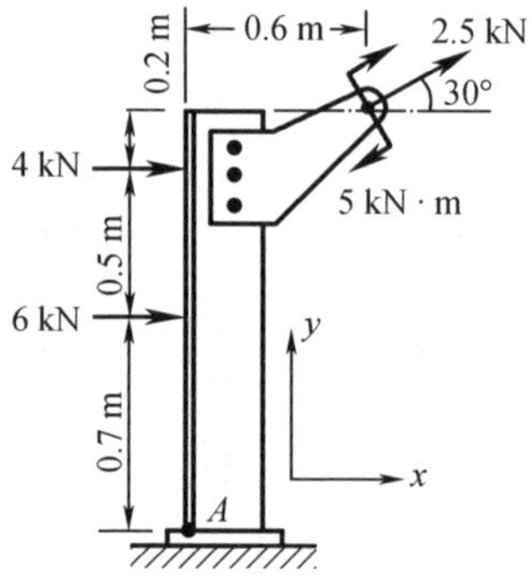

图3-37 习题3-4图

3-5 直角曲杆的一端固定,它所受的载荷如图3-38所示。求固定端 O 处的约束力。

答案:$F_{Ox}=419.6$ N, $F_{Oy}=400$ N, $m_O=-205.9$ N·m。

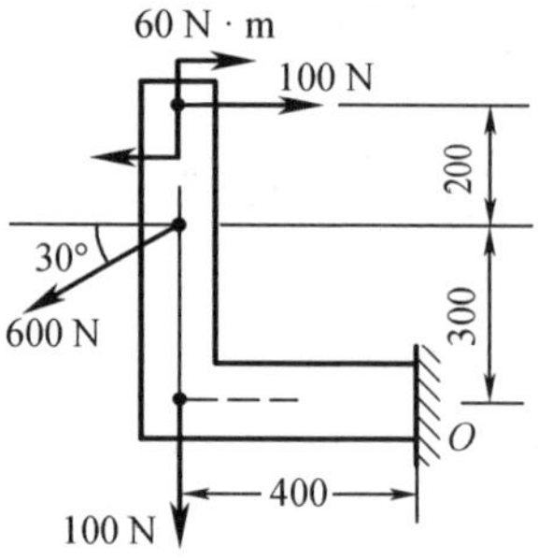

图3-38 习题3-5图(尺寸单位:mm)

3-6 支架由杆 AB 与 AC 组成,A、B、C 三点都为铰接。A 点悬挂重 W 的物体。试求在

图 3－39 所示的三种情况下，杆 AB、AC 受力的大小。杆重忽略不计。

答案：图 3－39(a)中，$F_{AC}=\frac{2}{3}\sqrt{3}\ W$，$F_{AB}=\frac{\sqrt{3}}{3}\ W$；

图 3－39(b)中，$F_{AB}=\frac{W}{2}$，$F_{AC}=\frac{\sqrt{3}}{2}\ W$；

图 3－39(c)中，$F_{AC}=F_{AB}=\frac{\sqrt{3}}{3}\ W$。

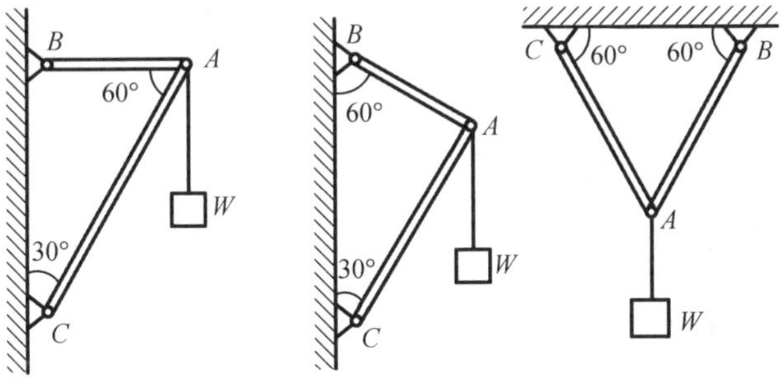

图 3－39　习题 3－6 图

3－7　弯管机的夹紧机构如图 3－40 所示，已知压力缸直径 $D=120$ mm，压强 $p=6$ MPa。试求在 $\alpha=30°$ 位置时所能产生的夹紧力 $\boldsymbol{Q}$(设各杆重和各处摩擦力不计)。

答案：$Q=58.7$ kN。

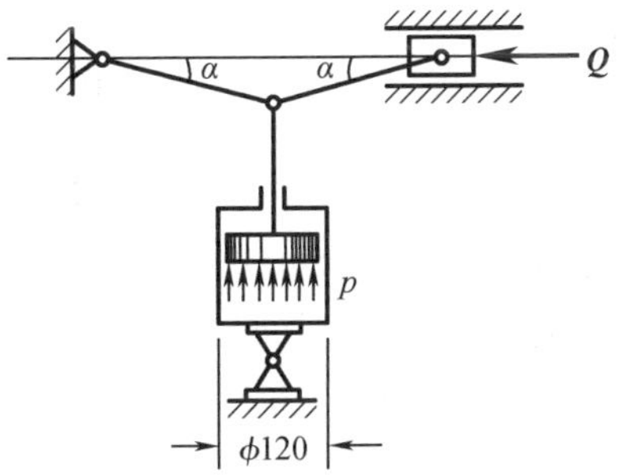

图 3－40　习题 3－7 图

3－8　如图 3－41 所示，在水平的外伸梁上作用一力偶，其力偶矩 $m=60$ kN·m。在 C 点作用一铅垂载荷 $P=20$ kN。试求支座 A、B 的约束反力。

答案：$F_{Ax}=0$，$F_{Ay}=-20$ kN，$F_B=40$ kN。

3－9　如图 3－42 所示，在水平的外伸梁上作用有力偶($\boldsymbol{P},\boldsymbol{P}'$)，在左边外伸臂上作用有均匀分布载荷，载荷集度为 q，在右边外伸臂的端点作用有铅垂载荷 $\boldsymbol{Q}$。已知 $P=10$ kN，$Q=20$ kN，$q=20$ kN/m，$a=0.8$ m，试求支座 A、B 的约束反力。

答案：$F_{Ax}=0$，$F_{Ay}=15$ kN，$F_B=21$ kN。

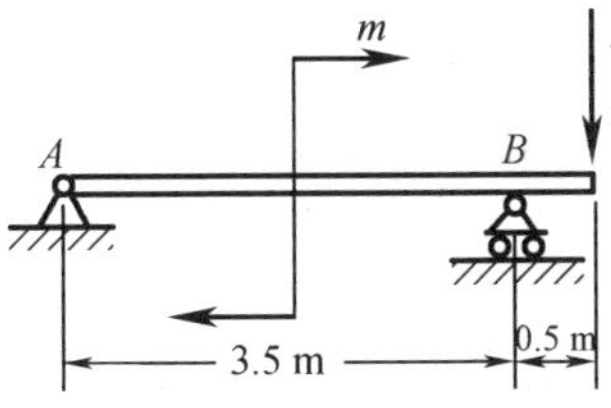

图 3－41　习题 3－8 图

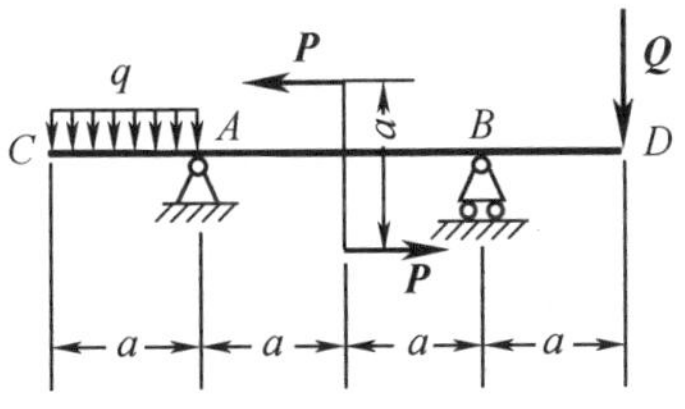

图 3－42　习题 3－9 图

3－10　在图 3－43 所示的结构中，各构件的自重略去不计。在构件 AB 上作用一力偶,其力偶矩 $m=800\ \mathrm{N\cdot m}$,求点 A 和 C 的约束反力。

答案:$F_C=2.7\ \mathrm{kN}$,方向沿$\overrightarrow{BC}$方向;

$F_A=2.7\ \mathrm{kN}$,方向沿$\overrightarrow{CB}$方向。

3-11 如图3-44所示的一滑道连杆机构,在滑道连杆上作用有水平力 $\boldsymbol{P}$。试求当机构平衡时,作用在曲柄 OA 上的力偶矩 m 与角 α 之间的关系。已知 $OA=r$,滑道倾角为 β,机构重和各处摩擦力均不计。

答案:$m=Pr\dfrac{\cos(\beta-\alpha)}{\sin\beta}$。

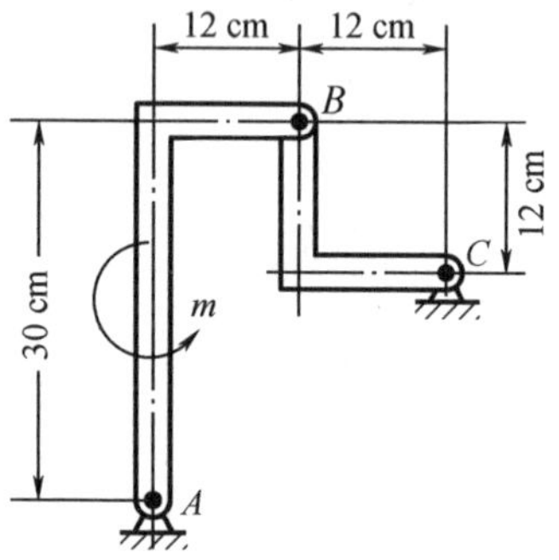

图3-43 习题3-10图

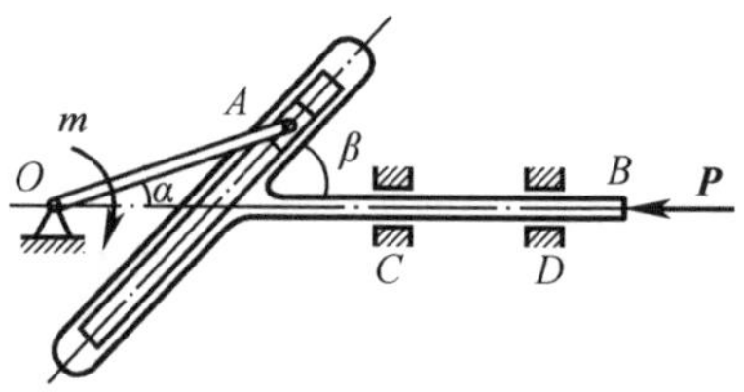

图3-44 习题3-11图

3-12 如图3-45所示,轧碎机的活动鄂板 AB 长 60 cm。设机构工作时石块施于板的合力作用在离 A 点 40 cm 处,其垂直分力 $P=1\ 000$ N。杆 BC、CD 的长各为 60 cm,OE 长为 10 cm。略去各杆重,试根据平衡条件计算在图3-45所示位置时电机作用力矩 m 的大小。

答案:$m=70.36\ \mathrm{N\cdot m}$。

3-13 构架 ABC 由杆 AB、AC 和 DF 组成,如图3-46所示。杆 DF 上的销子 E 可在杆 AC 的槽内滑动。求在水平杆 DF 的一端作用铅直力 $\boldsymbol{P}$ 时,杆 AB 上的 A 点、D 点和 B 点所受的力。

答案:A 点 $F_{Ax}=F$(向左),$F_{Ay}=F$(向下);

D 点 $F_{Dx}=2F$(向右),$F_{Dy}=F$(向上);

B 点 $F_{Bx}=F$(向左),$F_{By}=0$。

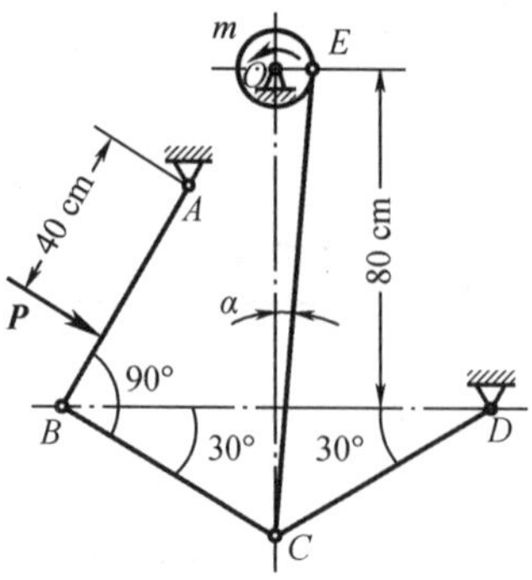

图3-45 习题3-12图

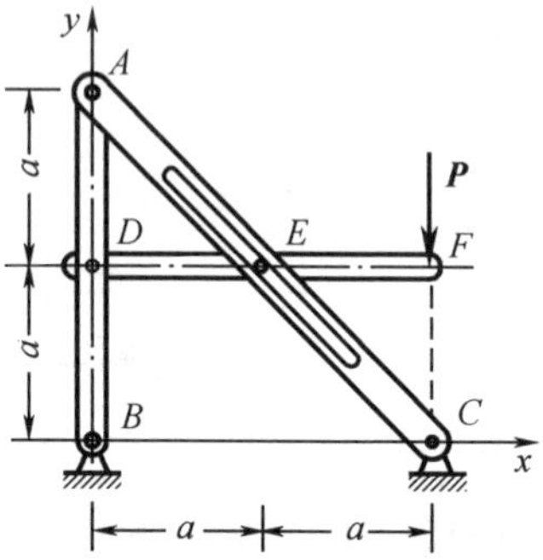

图3-46 习题3-13图

3-14　试求图3-47所示的各连续梁在A点、B点、C点的反力，已知a、q和m。

答案：(a)$F_{Ax}=0, F_{Ay}=2qa, m_A=2qa^2$，
$F_B=F_C=0$；
(b)$F_{Ax}=0, F_{Ay}=qa, m_A=2qa^2$，
$F_{Bx}=0, F_{By}=qa, F_C=qa$；
(c)$F_{Ax}=0, F_{Ay}=\dfrac{7}{4}qa, m_A=3qa^2$，
$F_{Bx}=0, F_{By}=\dfrac{3}{4}qa, F_C=\dfrac{q}{4}a$；
(d)$F_{Ax}=0, F_{Ay}=-\dfrac{m}{2a}, m_A=-m$，
$F_{Bx}=0, F_{By}=-\dfrac{m}{2a}, F_C=\dfrac{m}{2a}$；
(e)$F_{Ax}=F_{Ay}=F_{Bx}=F_{By}=F_C=0$，
$m_A=-m$。

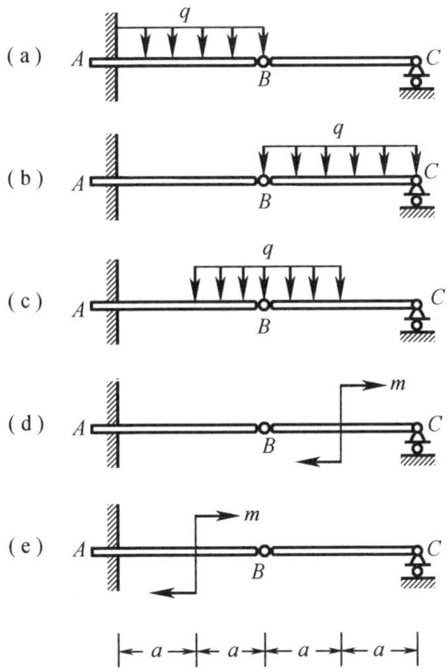

图3-47　习题3-14图

3-15　杆系的支座和载荷如图3-48所示。已知$\angle ABC=60°$，$\angle BAC=30°$，$AB=12r$，$EC=CD=2r$，滑轮D和E的半径均为r，滑轮H的直径为r，物体M重P。如不计杆和滑轮的重，求A和B处的约束反力。

答案：$F_{Ax}=\dfrac{8\sqrt{3}+1}{24}P, F_{Ay}=\dfrac{18+\sqrt{3}}{24}P, F_{Bx}=-\dfrac{8\sqrt{3}+1}{24}P, F_{By}=\dfrac{6-\sqrt{3}}{24}P$。

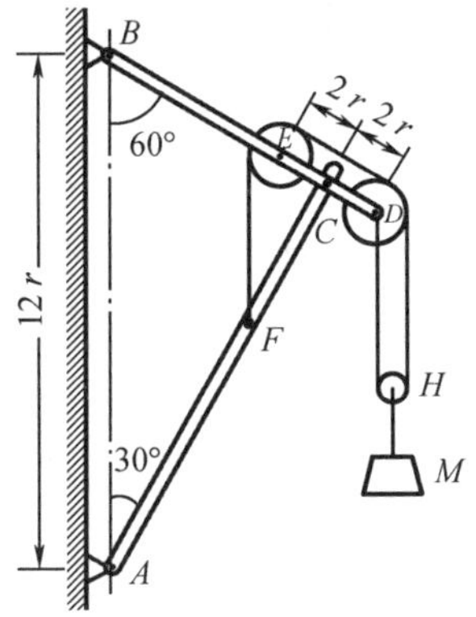

图3-48　习题3-15图

3-16　如图3-49所示，在框架上作用有一力偶，已知力偶矩$m=40\ \mathrm{N\cdot m}$，各杆件重略去不计，试求A、B、C、D、E各点的反力。

答案：$F_{Ax}=72.17\ \mathrm{N}, F_{Ay}=-125\ \mathrm{N}, F_B=144.34\ \mathrm{N}, F_C=F_D=F_E=156.25\ \mathrm{N}$，$F_D$方向沿$\overrightarrow{ED}$方向，$F_C$方向沿$\overrightarrow{DE}$方向，$F_E$方向沿$\overrightarrow{DE}$方向。

3-17　承重装置如图3-50所示，A、B、C均为铰链，各杆和滑车重略去不计。试求A、C点的反力。

答案：$F_{Ax}=594\ \mathrm{N}, F_{Ay}\doteq 104\ \mathrm{N}, F_{Cx}=-594\ \mathrm{N}, F_{Cy}=386\ \mathrm{N}$。

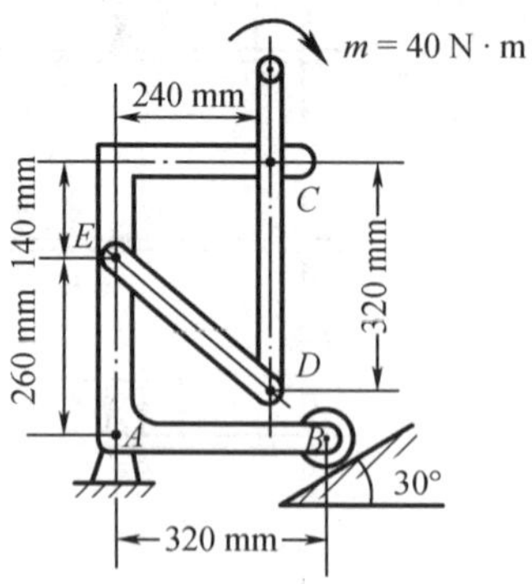

图 3-49 习题 3-16 图

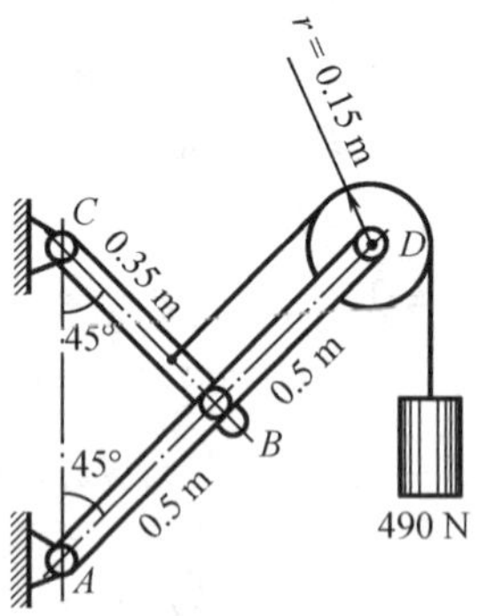

图 3-50 习题 3-17 图

3-18 钢架 ABC 和梁 CD,支承与载荷如图 3-51 所示。已知 $P=5$ kN,$q=200$ N/m,$q_0=300$ N/m。求支座 A、B 的反力。

答案:$F_{Ax}=300$ N,$F_{Ay}=-0.537$ kN,$F_{By}=3.537\ 5$ kN。

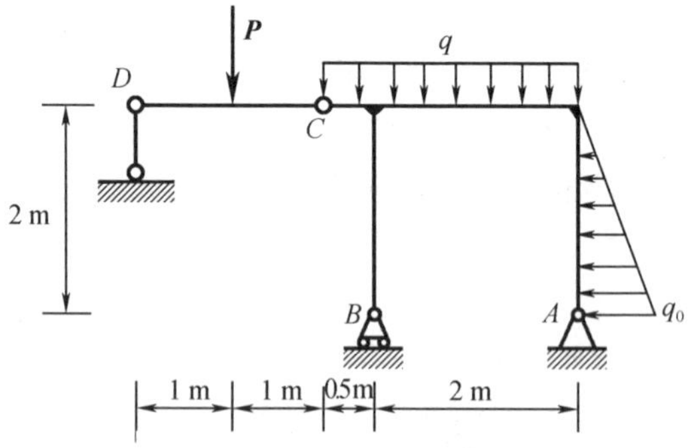

图 3-51 习题 3-18 图

3-19 如图 3-52 所示,一自动打埂机,它利用杠杆 AB 支承在由撑腿 CD 和 EF 所组成的梯形架上。工作时在杠杆 A 端施加力 $\boldsymbol{P}$ 以举起挂在 B 端的石块 Q。若 $AB=2.8$ m,$BC=0.7$ m,$CD=1.2$ m,$EF=FD=0.85$ m,$FG=FH=0.5$ m,绳长 $GH=0.5$ m,$Q=1\ 000$ N,$P_1=100$ N,$P_2=60$ N,$P_3=40$ N。$\boldsymbol{P}_1$、$\boldsymbol{P}_2$、$\boldsymbol{P}_3$ 分别作用在杆 AB、EF、CD 的中点上。如求铰链 F 的反力,试确定最佳解题方案。

答案:$F_x=983.24$ N,$F_y=994.49$ N。

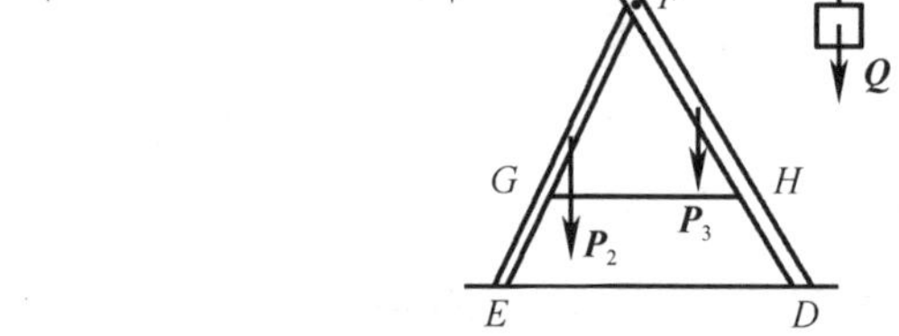

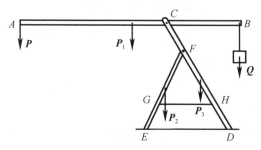

图 3-52 习题 3-19 图

3－20 由 AC 和 CD 构成的组合梁通过铰链 C 连接。它的支承和受力如图3－53所示。已知均布载荷强度 $q=10$ kN/m，力偶矩 $m=40$ kN·m，不计梁重。求支座 A、B、D 的约束力和铰链 C 处所受的力。

答案：$F_{Cy}=5$ kN，$F_D=15$ kN，$F_{Ay}=-15$ kN，$F_B=40$ kN。

3－21 构架尺寸如图3－54所示，不计各杆件自重，载荷 $F=60$ kN。求 A、E 铰链的约束力及杆 BD、BC 的内力。

答案：$F_{Ax}=60$ kN(←)，$F_{Ay}=30$ kN(↑)，$F_{Bx}=60$ kN(→)，$F_{By}=30$ kN(↑)，$F_{BD}=100$ kN(压)，$F_{BC}=50$ kN(拉)。

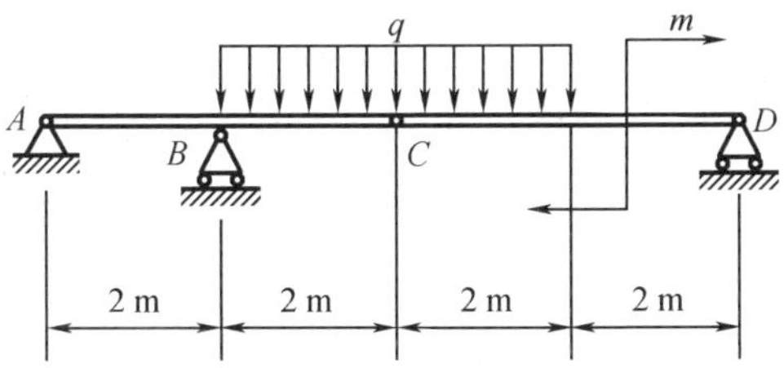

图3－53 习题3－20图

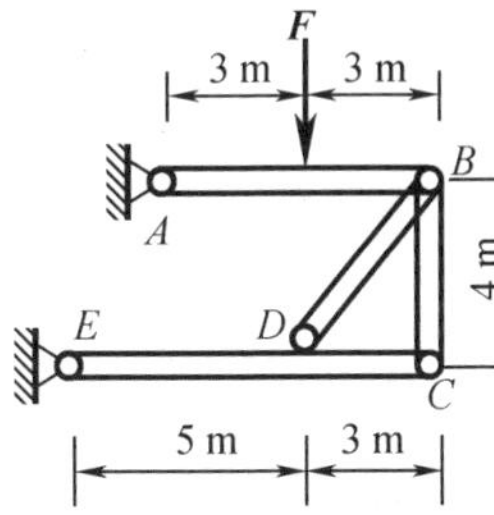

图3－54 习题3－21图

3－22 一支架如图3－55所示，$AC=CD=AB=1$ m，滑轮半径 $r=0.3$ m，重物 $Q=100$ kN，A、B 处为固定铰链支座，C 处为铰链连接。不计绳、杆、滑轮重和摩擦力，求 A、B 支座的反力。

答案：$F_{Ax}=-230$ kN，$F_{Ay}=-100$ kN，$F_{Bx}=230$ kN，$F_{By}=200$ kN。

3－23 在图3－56所示系统中，已知 $q=5$ kN/m，$P=20$ kN，$m=20$ kN·m，求支座 A 和 B 的约束反力及杆 CE 与 DE 的内力(杆重不计，C、D、E 为铰接)。

答案：$F_{Ax}=-2.5$ kN，$F_{Ay}=15$ kN，$F_{Bx}=2.5$ kN，$F_{By}=10$ kN，$F_{CE}=12.5$ kN，$F_{DE}=-\frac{5\sqrt{2}}{2}$ kN $=-3.53$ kN。

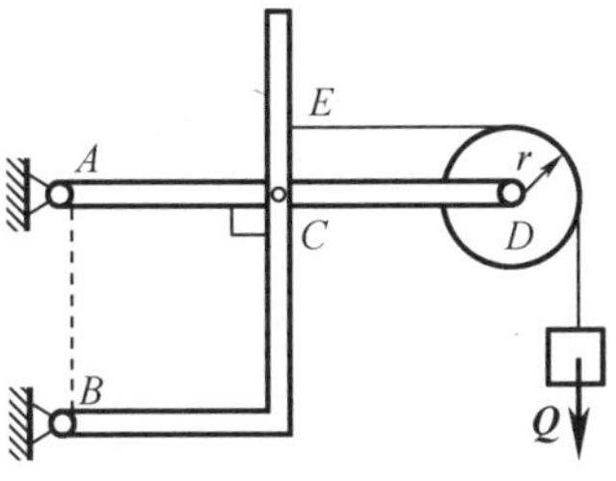

图3－55 习题3－22图

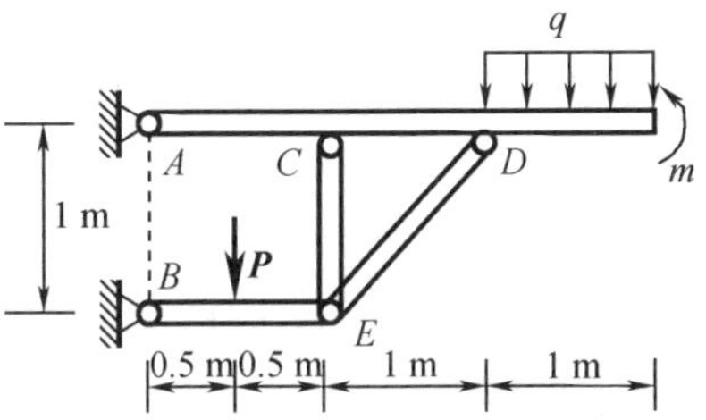

图3－56 习题3－23图

3－24 重物悬挂如图3－57所示，已知 $G=1.8$ kN，绳、杆、滑轮重均不计。求铰链 A 的约束反力和杆 BC 所受的力。

答案：$F_{Ax}=2.4$ kN，$F_{Ay}=1.2$ kN，$F_{BC}=0.848$ kN。

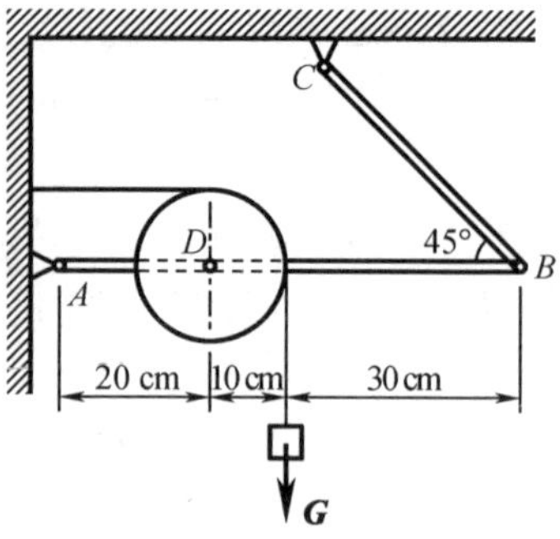

图 3-57 习题 3-24 图

3-25 三铰拱的顶部受集度为 q 的均布载荷作用,结构尺寸如图 3-58 所示,不计各构件的自重,试求 A、B 两处的约束反力。

答案:$F_{Ax}=F_{Bx}=\dfrac{ql^2}{8h}$,$F_{Ay}=F_{By}=\dfrac{ql}{2}$。

3-26 如图 3-59 所示,绞车通过钢丝绳牵引小车沿斜面轨道匀速上升。已知小车重 $W=10$ kN,绳与斜面平行,$\alpha=30°$,$a=0.75$ m,$b=0.3$ m,不计摩擦力,求钢丝绳的拉力 F 的大小及轨道对车轮的约束反力。

答案:$F=5$ kN,$F_A=3.33$ kN,$F_B=5.33$ kN。

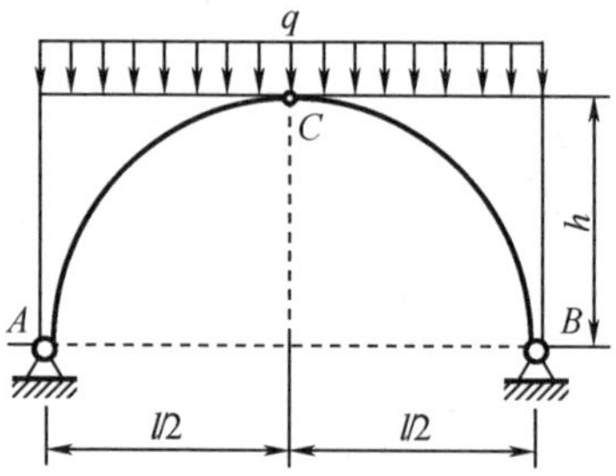

图 3-58 习题 3-25 图

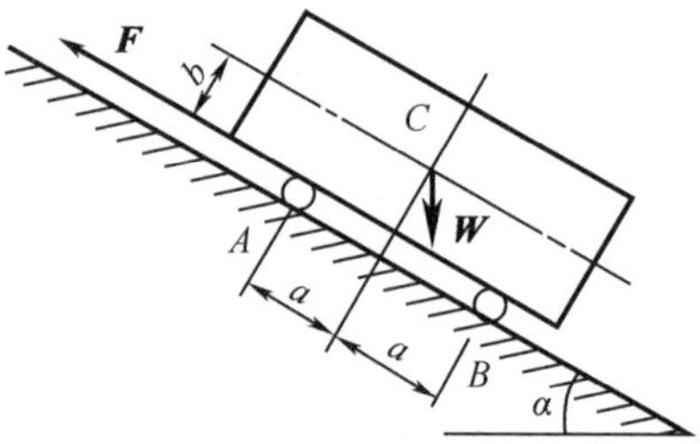

图 3-59 习题 3-26 图

3-27 如图 3-60 所示的简支梁,A 处为固定铰支座约束,B 处为可动铰支座约束,已知$F_1=F_2=20$ kN,试求 A、B 支座的约束反力。

答案:$F_{Ax}=10$ kN,$F_{Ay}=27.3$ kN,$F_B=18$ kN。

3-28 如图 3-61 所示的两跨静定刚架,自重不计。已知 $F=20$ kN,$m=15$ kN·m。试求 A、B、D 处的约束反力。

答案:$F_{Ax}=-20$ kN,$F_{Ay}=-10$ kN,$F_B=15$ kN,$F_D=-5$ kN。

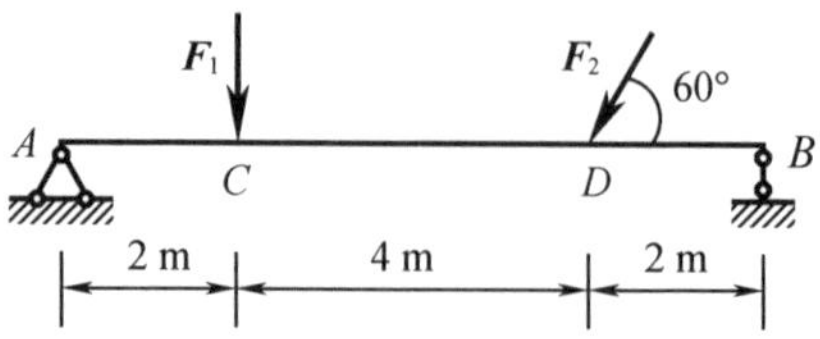

图 3-60 习题 3-27 图

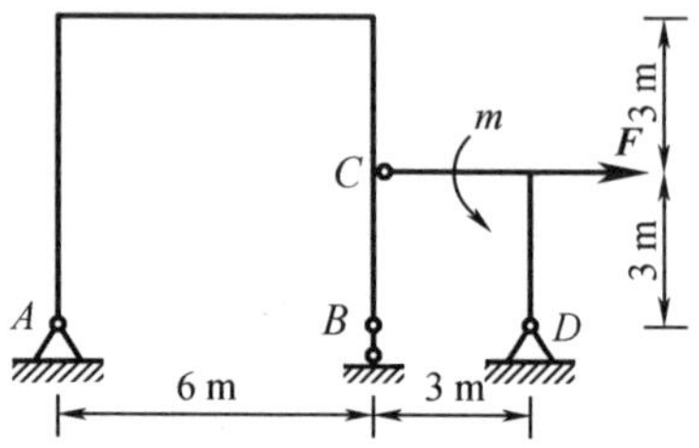

图 3-61 习题 3-28 图

3－29　图 3－62 所示构件由直角弯杆 EBD 及直杆 AB 组成，不计各杆自重，已知 $q=10\ \mathrm{kN/m}$，$F=50\ \mathrm{kN}$，$m=6\ \mathrm{kN\cdot m}$，各尺寸如图所示。求固定端 A 处及支座 C 的约束力。

答案：$F_{Ax}=40\ \mathrm{kN}$，$F_{Ay}=113.3\ \mathrm{kN}$，

$m_A=575.8\ \mathrm{kN\cdot m}$，$F_C=-44\ \mathrm{kN}$。

3－30　求图 3－63 所示的各杆的内力。

答案：拉力为正。

$$F_{CD}=-\sqrt{5}P,F_{ED}=2P,F_{EC}=P,F_{BC}=-2P,F_{AE}=\sqrt{5}P,F_{BE}=0。$$

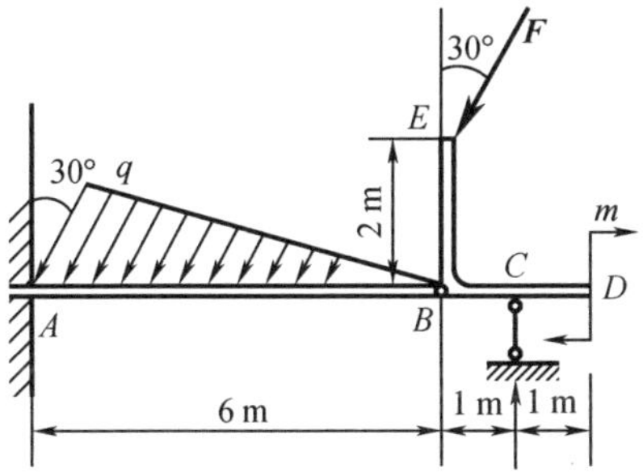

图 3－62　习题 3－29 图

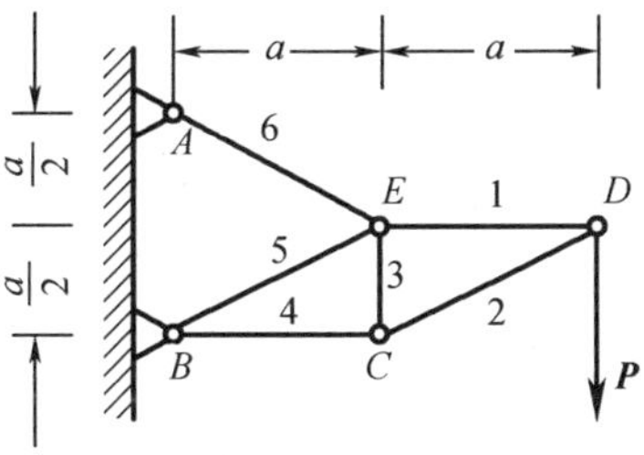

图 3－63　习题 3－30 图

3－31　平面悬臂桁架所受的载荷如图 3－64 所示。用截面法求杆 1、杆 2 和杆 3 的内力。

答案：$F_1=-5.333P$，$F_2=2P$，$F_3=-1.667P$。

3－32　平面桁架的支座和载荷如图 3－65 所示。ABC 为等边三角形，E、F 为两腰中点，又 $AD=DB$。求杆 CD 的内力。

答案：$F_{CD}=-\dfrac{\sqrt{3}}{2}F$。

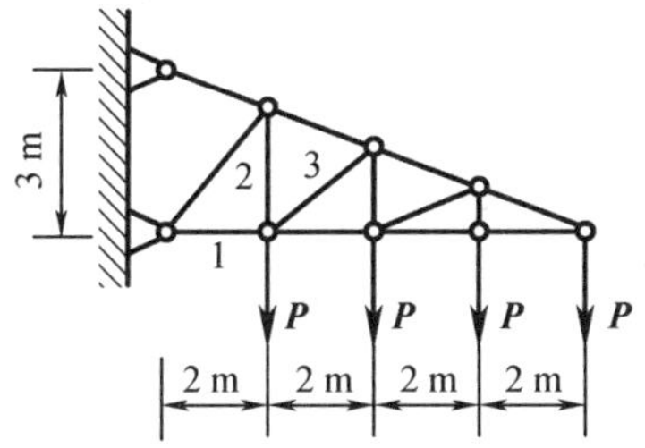

图 3－64　习题 3－31 图

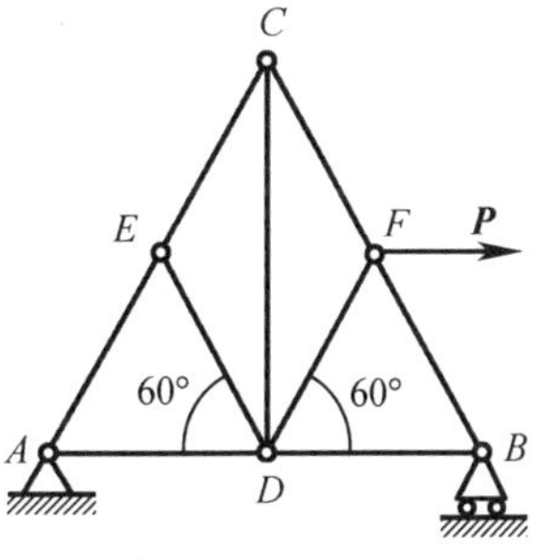

图 3－65　习题 3－32 图

第4章　空间力系

本章主要研究空间力系的合成与平衡问题，并介绍重心的概念及求重心位置的方法。作用在物体上各力的作用线在空间分布的力系称为空间力系，可分为空间汇交力系、空间力偶系和空间一般力系。

在工程实际中，许多机械构件和工程结构都受空间力系的作用。前面所研究的平面力系可看作空间力系的特例，研究空间力系的简化与平衡理论对解决受有空间力系作用的物体的平衡问题是很重要的。空间力系的研究方法与平面力系基本相同。因此，研究平面力系时的一些概念、理论和方法在这里可以推广和引伸。

4.1　空间力沿坐标轴的分解与投影

首先，研究一空间力 $\boldsymbol{F}$ 在与其不共面的 x 轴上的投影，如图 4－1 所示。过 $\boldsymbol{F}$ 的始端 A 及末端 B 分别作与 x 轴垂直的平面Ⅰ和Ⅱ且与轴交于 a、b，线段 ab 所表示的力的大小冠以正、负号则表示力 $\boldsymbol{F}$ 在 x 轴上的投影 $\boldsymbol{F}_x$。自 A 点作 x'轴与 x 轴平行，与垂面Ⅱ交于 b'点，显然 $Ab'=ab$；连接 Bb'，因 Bb'在垂面Ⅱ内，故 Bb'垂直于 x'轴，则 $\triangle ABb'$为直角三角形。所以，力 $\boldsymbol{F}$ 在 x 轴上的投影为

$$F_x = \pm ab = \pm Ab' = F\cos\alpha \tag{4-1}$$

式中，α 为力 $\boldsymbol{F}$ 与 x'轴正向间的夹角，力在轴上的投影是个代数量。

其次，研究力 $\boldsymbol{F}$ 在 M 平面上的投影。如图 4－2 所示，由力 $\boldsymbol{F}$ 的始端 A 和末端 B 分别作 M 平面的垂线，垂足为 a 和 b，则矢量 $\boldsymbol{ab}$ 称为力 $\boldsymbol{F}$ 在 M 平面上的投影，并记为 $\boldsymbol{F}_M$。自 A 点引出与 $\boldsymbol{F}_M$ 平行的直线交垂线于 b'点，显然 $\triangle Ab'B$ 是直角三角形，力与该直线的夹角为 α，投影矢量 $\boldsymbol{F}_M$ 的大小为

$$F_M = F\cos\alpha \tag{4-2}$$

力在平面上的投影是矢量，又称投影矢量。

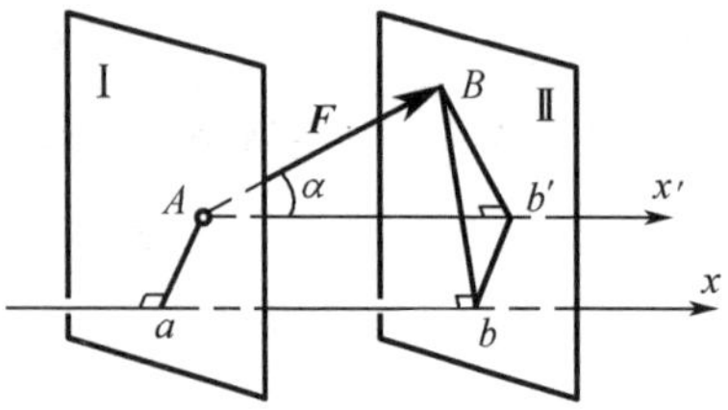

图 4－1　空间力矢在与之不共面的轴上投影

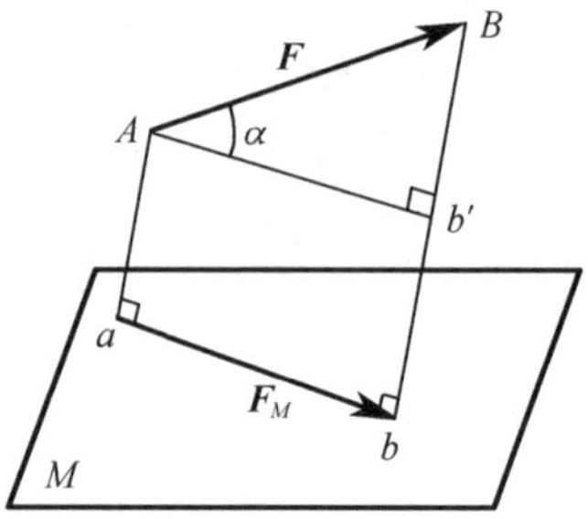

图 4－2　力矢在平面上的投影

下面介绍一空间力沿直角坐标轴方向上的分解和力在直角坐标轴上的投影。

以力矢 $\boldsymbol{F}$ 为对角线作直平行六面体，其三个棱边分别平行于坐标轴，如图 4-3 所示。应用力的平行四边形法则，先把力 $\boldsymbol{F}$ 分解为 $\boldsymbol{F}'$ 和 $\boldsymbol{F}_z$，再应用力的平行四边形法则把 $\boldsymbol{F}'$ 分解为 $\boldsymbol{F}_x$ 和 $\boldsymbol{F}_y$，通过两次分解将力分解为沿坐标轴的三个正交分力 $\boldsymbol{F}_x$、$\boldsymbol{F}_y$、$\boldsymbol{F}_z$，如图 4-3(a)所示。实际上也可直接将力分解为沿坐标轴的三个正交分力 $\boldsymbol{F}_x$、$\boldsymbol{F}_y$、$\boldsymbol{F}_z$，如图 4-3(b)所示。

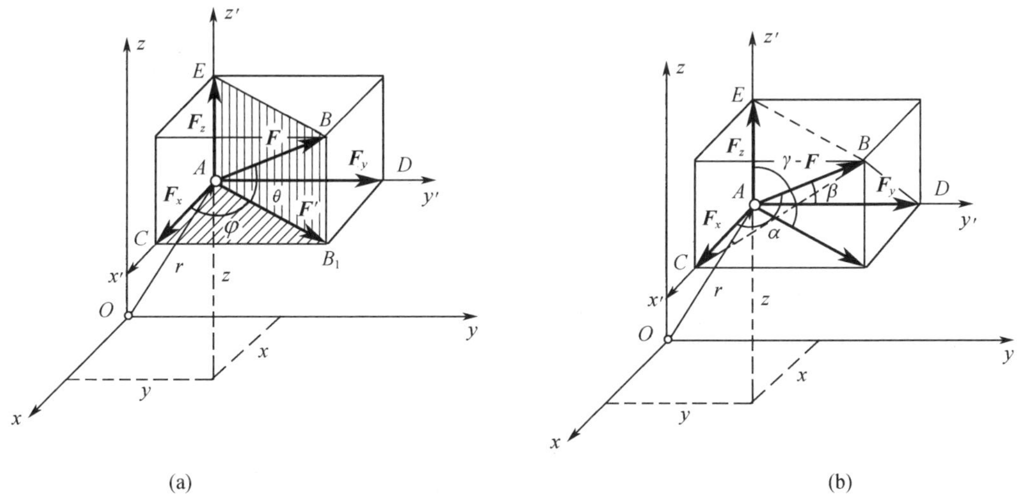

图 4-3　力沿直角坐标轴方向上分解

力 $\boldsymbol{F}$ 在直角坐标系 $Oxyz$ 各轴上的投影分别用符号 F_x、F_y、F_z 表示，力与坐标轴正向间的夹角分别为 α、β、γ，则力在坐标轴上的投影为

$$F_x = F\cos\alpha,\quad F_y = F\cos\beta,\quad F_z = F\cos\gamma \tag{4-3}$$

此投影法称为直接投影法（或一次投影法）。

当力与坐标轴之间的夹角不易确定时，为了计算力在坐标轴上的投影，可先将力投影到对应的坐标面上，然后再投影到相应的坐标轴上，这种方法称为二次投影法（或间接投影法）。如图 4-3(a)所示，先将力 $\boldsymbol{F}$ 投影到 xy 平面和 z 轴上，然后再将 xy 平面上的投影 $\boldsymbol{F}_{xy}$ 投影到 x 轴和 y 轴上，得

$$F_x = F\cos\theta\cos\varphi,\quad F_y = F\cos\theta\sin\varphi,\quad F_z = F\sin\theta \tag{4-4}$$

应该注意，力在轴上的投影是代数量，而力在平面上的投影是矢量。这是因为 $\boldsymbol{F}_{xy}$ 不能像在轴上的投影那样可简单地用正、负号来表明，而必须用矢量来表示。

反之，若已知力 $\boldsymbol{F}$ 在坐标轴上的投影 F_x、F_y、F_z，则该力的大小及方向余弦为

$$F = \sqrt{F_x^2 + F_y^2 + F_z^2} \tag{4-5}$$

$$\cos\alpha = \frac{F_x}{F},\quad \cos\beta = \frac{F_y}{F},\quad \cos\gamma = \frac{F_z}{F} \tag{4-6}$$

基于直角坐标系中矢量沿轴分量与其在该轴上的投影关系，则力 $\boldsymbol{F}$ 沿空间直角坐标轴分解的解析表达式为

$$\boldsymbol{F} = F_x\boldsymbol{i} + F_y\boldsymbol{j} + F_z\boldsymbol{k} \tag{4-7}$$

式中，$\boldsymbol{i}$、$\boldsymbol{j}$、$\boldsymbol{k}$ 为沿各坐标轴正向的单位矢量。

例 4-1　如图 4-4 所示的边长为 a 的立方体，在其角点 A、角点 B 分别作用有力 $\boldsymbol{F}_1$ 和 $\boldsymbol{F}_2$，且有 $F_1 = F_2 = F$，试计算各力在 x、y、z 轴上的投影。

解　首先应用二次投影法计算 $\boldsymbol{F}_1$ 在各轴上的投影量,设 $\boldsymbol{F}_1$ 与 xy 平面的夹角为 α,由图4-4中的几何关系有

$$\cos\alpha=\frac{\sqrt{2}a}{\sqrt{3}a}=\frac{\sqrt{2}}{\sqrt{3}},\quad \sin\alpha=\frac{a}{\sqrt{3}a}=\frac{1}{\sqrt{3}}$$

将 $\boldsymbol{F}_1$ 向 xy 平面上投影有

$$F_{xy}=F\cos\alpha=F\frac{\sqrt{2}}{\sqrt{3}}$$

再将 $\boldsymbol{F}_{xy}$ 向 x、y 轴投影有

$$F_x=F_{xy}\cos 45°=F\frac{\sqrt{2}}{\sqrt{3}}\frac{\sqrt{2}}{2}=\frac{F}{\sqrt{3}}$$

$$F_y=-F_{xy}\cos 45°=-F\frac{\sqrt{2}}{\sqrt{3}}\frac{\sqrt{2}}{2}=-\frac{F}{\sqrt{3}}$$

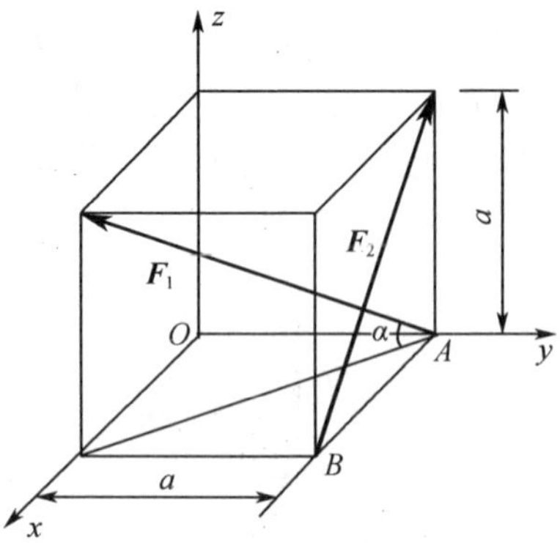

图4-4　例4-1图

将 $\boldsymbol{F}_1$ 直接向 z 轴投影有

$$F_z=F\sin\alpha=\frac{F}{\sqrt{3}}$$

再应用直接投影法计算 $\boldsymbol{F}_2$ 在各轴上的投影,$\boldsymbol{F}_2$ 的正向与 x 轴、y 轴和 z 轴的正向间的夹角分别为135°,0°和45°,则有

$$F_x=-F\cos 45°=-\frac{\sqrt{2}F}{2}$$

$$F_y=0$$

$$F_z=F\cos 45°=\frac{\sqrt{2}F}{2}$$

4.2　空间汇交力系的合成与平衡

与平面汇交力系相同,对于空间汇交力系也可用几何法和解析法来研究。空间汇交力系的几何法也是应用力的多边形法则,只是所作的力的多边形不在同一平面内,而是空间的力的多边形,空间汇交力系的合力可用空间力多边形的封闭边来表示,其作用线通过力系的汇交点,并以矢量表示为

$$\boldsymbol{F}_{\mathrm{R}}=\boldsymbol{F}_1+\boldsymbol{F}_2+\cdots+\boldsymbol{F}_n=\sum\boldsymbol{F}_i\qquad(4-8)$$

但由于用力的多边形法则求空间汇交力系的合力并不方便,因此实际中一般都用解析法。

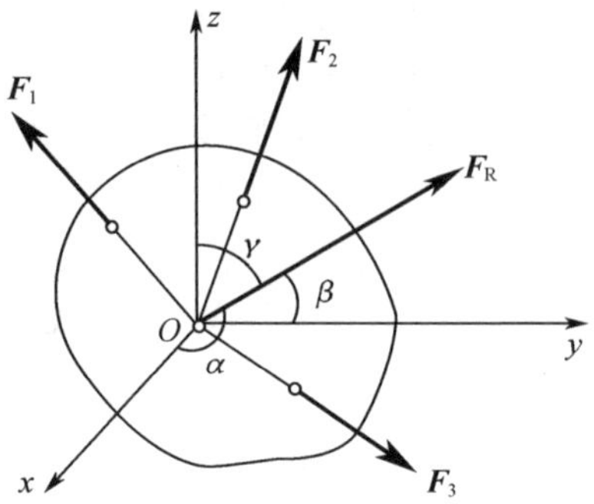

图4-5　空间汇交力系的合成

如图4-5所示,设刚体上作用有一空间汇交力系($\boldsymbol{F}_1,\boldsymbol{F}_2,\cdots,\boldsymbol{F}_n$),汇交点为 O,以 O 点为坐标原点建立直角坐标系 $Oxyz$,将各力用解析表达式表示,即

$$\boldsymbol{F}_i = F_{ix}\boldsymbol{i} + F_{iy}\boldsymbol{j} + F_{iz}\boldsymbol{k} \tag{4-9}$$

将式(4-9)代入式(4-8)得

$$\boldsymbol{F}_R = \sum \boldsymbol{F}_i = \sum F_{ix}\boldsymbol{i} + \sum F_{iy}\boldsymbol{j} + \sum F_{iz}\boldsymbol{k} \tag{4-10}$$

式中,$\boldsymbol{i}$、$\boldsymbol{j}$、$\boldsymbol{k}$ 的系数应分别为合力 $\boldsymbol{F}_R$ 在各坐标轴上的投影,故得

$$F_{Rx} = \sum F_{ix}, \quad F_{Ry} = \sum F_{iy}, \quad F_{Rz} = \sum F_{iz} \tag{4-11}$$

即空间汇交力系的合力在某一轴上的投影等于力系各分力在同一轴上投影的代数和,这就是空间汇交力系的合力投影定理。

由式(4-11)可求得空间汇交力系的合力在三个坐标轴上的投影,则合力 $\boldsymbol{F}_R$ 的大小及方向余弦为

$$F_R = \sqrt{F_{Rx}^2 + F_{Ry}^2 + F_{Rz}^2} = \sqrt{(\sum F_{ix})^2 + (\sum F_{iy})^2 + (\sum F_{iz})^2}$$

$$\cos\alpha = \frac{F_{Rx}}{F_R}, \quad \cos\beta = \frac{F_{Ry}}{F_R}, \quad \cos\gamma = \frac{F_{Rz}}{F_R}$$

由于空间汇交力系合成的结果是一合力,因此空间汇交力系平衡的充分必要条件是该力系的合力等于零,即

$$\boldsymbol{F}_R = \boldsymbol{F}_1 + \boldsymbol{F}_2 + \cdots + \boldsymbol{F}_n = \sum \boldsymbol{F}_i = 0 \tag{4-12}$$

将式(4-12)向三个坐标轴上投影,则可得以解析形式表示的平衡条件,即

$$\sum F_{ix} = 0, \quad \sum F_{iy} = 0, \quad \sum F_{iz} = 0 \tag{4-13}$$

这就是空间汇交力系三个独立的平衡方程。式(4-13)表明,空间汇交力系平衡时,力系中所有各力在三个坐标轴上投影的代数和分别等于零。由三个独立的平衡方程可求解三个未知量,在使用时应注意选取适当的坐标轴进行投影列方程,以简化计算。

例 4-2　图 4-6 所示为空气动力天平上测定模型所受阻力用的一个悬挂节点 O,其上作用有铅直载荷 $\boldsymbol{F}$。钢丝 OA 和 OB 所构成的平面垂直于铅直平面 Oyz,并与该平面相交于 OD,而钢丝 OC 与水平轴 y 同向。已知 OD 与 z 轴间的夹角为 β,又 $\angle AOD = \angle BOD = \alpha$,试求各钢丝中的拉力。

解　节点 O 受力分析如图 4-6 所示,作用于 O 点的力系为空间汇交力系。力 $\boldsymbol{F}_2$ 和力 $\boldsymbol{F}_3$ 的方向由角 α 和 β 确定,α 是这两个力与 yz 平面的夹角,β 是这两个力在 yz 平面内的投影与 z 轴的夹角,故在计算这两个力在坐标轴上投影量时可用间接投影法。$\boldsymbol{F}_1$、$\boldsymbol{F}_2$ 和 $\boldsymbol{F}_3$ 在坐标轴上的投影分别为

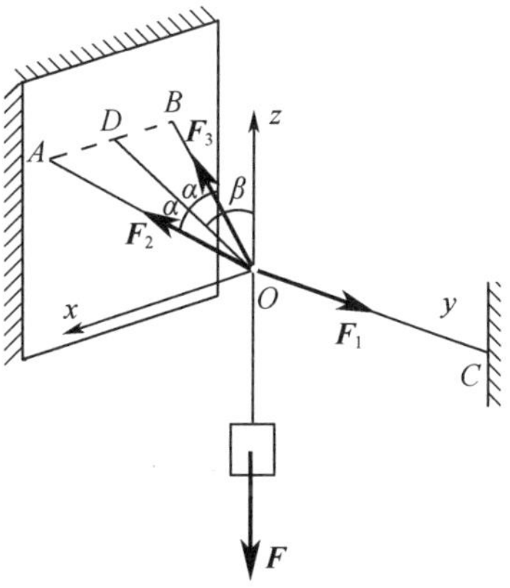

图 4-6　例 4-2 图

$$F_{1x} = 0, \quad F_{1y} = F_1, \quad F_{1z} = 0$$

$$F_{2x} = F_2\sin\alpha, \quad F_{2y} = -F_2\cos\alpha\sin\beta, \quad F_{2z} = F_2\cos\alpha\cos\beta$$

$$F_{3x} = F_3\sin\alpha, \quad F_{3y} = -F_3\cos\alpha\sin\beta, \quad F_{3z} = F_3\cos\alpha\cos\beta$$

由空间汇交力系的平衡方程,有

$$\sum F_{ix} = 0, \quad F_2\sin\alpha - F_3\sin\alpha = 0$$

$$\sum F_{iy} = 0, \quad F_1 - F_2\cos\alpha\sin\beta - F_3\cos\alpha\sin\beta = 0$$

$$\sum F_{iz} = 0, \quad F_2\cos\alpha\cos\beta + F_3\cos\alpha\cos\beta - F = 0$$

联立以上三式解得

$$F_1 = F\tan\beta,\quad F_2 = F_3 = \frac{F}{2\cos\alpha\cos\beta}$$

4.3 空间力偶系

前面我们研究了平面力偶理论,平面力偶对刚体的作用效应可以用力偶矩来度量,力偶可以在其作用面内任意移动而不改变对刚体的作用效应。现在来进一步研究力偶作用面的改变对刚体作用效应的影响。

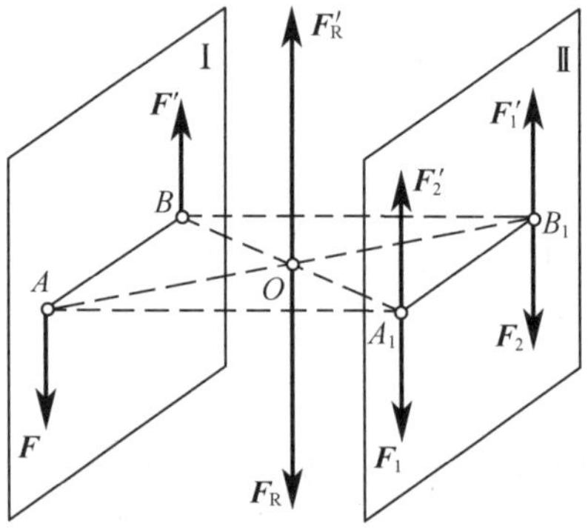

图4-7 两个空间力偶的合成

首先研究力偶由一个平面移至钢体内的另一与之平行的平面内是否影响该力偶对刚体的作用效应。如图4-7所示,设有力偶($\boldsymbol{F},\boldsymbol{F}'$)作用于刚体的平面Ⅰ内,其力偶臂为$AB$,作与平面Ⅰ平行的任一平面Ⅱ,并在该平面内取线段$A_1B_1$,使其与$AB$平行且相等。在$A_1$、$B_1$两点各加一对平衡力$\boldsymbol{F}_1$、$\boldsymbol{F}_2'$和$\boldsymbol{F}_1'$、$\boldsymbol{F}_2$,令各力与原力偶中的两个力平行且大小相等,即$F_1 = F_2' = F_1' = F_2 = F = F'$,由加减平衡力系原理可知,这六个力组成的力系与原力偶($\boldsymbol{F},\boldsymbol{F}'$)等效。连接$A$、$A_1$及$B$、$B_1$得平行四边形$ABB_1A_1$,平行四边形对角线的交点为$O$。将$\boldsymbol{F}$、$\boldsymbol{F}_2$合成得一合力$\boldsymbol{F}_R$,且$F_R = 2F$,其作用线通过$O$点;同样,将$\boldsymbol{F}'$、$\boldsymbol{F}_2'$合成得一合力$\boldsymbol{F}_R'$,且$F_R' = 2F'$,其作用线也通过$O$点。如图4-2所示,由于力$\boldsymbol{F}_R$与力$\boldsymbol{F}_R'$为一对平衡力可去掉,而剩下的作用于$A_1$、$B_1$两点的力$\boldsymbol{F}_1$和$\boldsymbol{F}_1'$构成一新力偶($\boldsymbol{F}_1,\boldsymbol{F}_1'$),显然它与原力偶($\boldsymbol{F},\boldsymbol{F}'$)等效,新力偶的力、力偶臂及转向都与原力偶相同。这就证明了力偶可以由一个平面移至刚体内的另一与之平行的平面内而不改变它对于刚体的作用效应。

但根据经验可知,力偶矩相同,但力偶作用面不相互平行的两个力偶对刚体的作用效应是不同的。也就是说,力偶对刚体的作用效应还与力偶的作用面在空间的方位有关,而与该作用面的具体位置无关。由此可知,力偶对刚体的作用效应取决于力偶矩的大小、力偶的转向和力偶作用面在空间的方位这三个要素。因此,用一个矢量来表示一空间力偶,其方向垂直于力偶的作用面,其指向与力偶的转向符合右手螺旋定则,其长度表示力偶矩的大小,这样一来,这个矢量就完全表示了力偶的三个要素,称之为力偶矩矢量(力偶矩矢)(图4-8),记为$\boldsymbol{m}$。可以证明力偶矩矢的合成服从矢量相加的平行四边形法则。

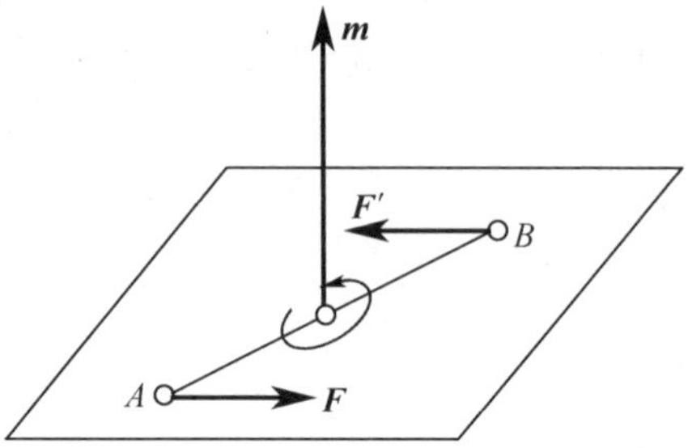

图4-8 力偶矩矢量

力偶矩矢量可沿其作用线自由滑移,力偶又可在其作用面内自由转动,因此力偶矩矢量是一个自由矢量,没有固定的作用线,也没有固定的作用点。

根据上面的分析可知,两个空间力偶等效的条件是两个力偶的力偶矩矢量相等,这就是空间力偶的等效定理。

下面研究空间力偶系的合成与平衡问题。

设物体上作用有 n 个空间力偶,这些力偶组成空间力偶系。设空间力偶系中各力偶矩矢分别为 $\boldsymbol{m}_1,\boldsymbol{m}_2,\cdots,\boldsymbol{m}_n$。根据力偶矩矢量是自由矢量的性质,则可以将它们滑移和平移,使各力偶矩矢汇交于一点,而后加以合成。空间力偶系可以合成一合力偶,合力偶矩矢等于力偶系中各力偶矩矢的矢量和,即

$$\boldsymbol{m} = \boldsymbol{m}_1 + \boldsymbol{m}_2 + \cdots + \boldsymbol{m}_n = \sum \boldsymbol{m}_i \tag{4-14}$$

合力偶矩矢的大小和方向可用解析法求得,取直角坐标 $Oxyz$,将式(4-14)投影到直角坐标轴上有

$$m_x = \sum m_{ix}, \quad m_y = \sum m_{iy}, \quad m_z = \sum m_{iz} \tag{4-15}$$

式(4-15)表明,合力偶矩矢在各坐标轴上的投影等于各力偶矩矢在同一坐标轴上投影的代数和。则合力偶矩矢的大小和方向余弦分别为

$$m = \sqrt{m_x^2 + m_y^2 + m_z^2} = \sqrt{(\sum m_{ix})^2 + (\sum m_{iy})^2 + (\sum m_{iz})^2}$$

$$\cos\alpha = \frac{m_x}{m}, \quad \cos\beta = \frac{m_y}{m}, \quad \cos\gamma = \frac{m_z}{m}$$

其中,α、β、γ 分别为合力偶矩矢 $\boldsymbol{m}$ 与 x、y、z 轴正向间的夹角。

空间力偶系平衡的充分必要条件是合力偶矩矢等于零,即

$$\sum \boldsymbol{m}_i = 0 \tag{4-16}$$

式(4-16)向坐标轴上投影得

$$\sum m_{ix} = 0, \quad \sum m_{iy} = 0, \quad \sum m_{iz} = 0 \tag{4-17}$$

这就是空间力偶系的平衡方程,即该力偶系中所有各力偶矩矢在三个坐标轴上投影的代数和等于零。它包括了三个独立的平衡方程,可以求解三个未知量。

例4-3　图4-9所示的三角柱刚体是正方体的一半。在其中三个侧面各自作用着一个力偶。已知力偶($\boldsymbol{F}_1,\boldsymbol{F}_1'$)的矩 $m_1=20$ N·m;力偶($\boldsymbol{F}_2,\boldsymbol{F}_2'$)的矩 $m_2=20$ N·m;力偶($\boldsymbol{F}_3,\boldsymbol{F}_3'$)的矩 $m_3=20$ N·m。试求合力偶矩矢 $\boldsymbol{m}$。问:使这个刚体平衡,还需要施加怎样一个力偶?

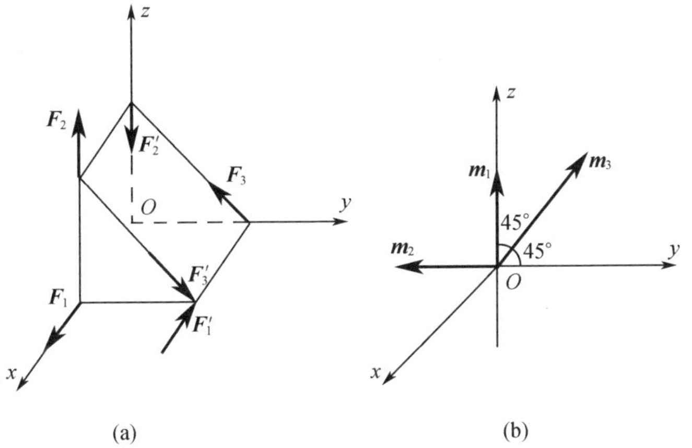

图4-9　例4-3图

解　应用右手螺旋定则将三个力偶表示成力偶矩矢量并平移至坐标系原点,合力偶矩矢等于各力偶矩矢的矢量和,合力偶矩矢在各坐标轴上的投影等于各力偶矩矢在同一坐标

轴上投影的代数和,即

$$m_x = \sum m_{ix} = 0$$

$$m_y = \sum m_{iy} = 11.2\ \text{N}\cdot\text{m}$$

$$m_z = \sum m_{iz} = 41.2\ \text{N}\cdot\text{m}$$

则合力偶矩矢为

$$\boldsymbol{m} = 11.2\boldsymbol{j} + 41.2\boldsymbol{k}$$

合力偶矩矢的大小为

$$m = \sqrt{m_x^2 + m_y^2 + m_z^2} = 42.7\ \text{N}\cdot\text{m}$$

合力偶矩矢方向余弦为

$$\cos(\boldsymbol{m},\boldsymbol{i}) = \frac{m_x}{m} = 0,\ \angle(\boldsymbol{m},\boldsymbol{i}) = 90°$$

$$\cos(\boldsymbol{m},\boldsymbol{j}) = \frac{m_y}{m} = 0.262,\ \angle(\boldsymbol{m},\boldsymbol{j}) = 74.8°$$

$$\cos(\boldsymbol{m},\boldsymbol{k}) = \frac{m_z}{m} = 0.965,\ \angle(\boldsymbol{m},\boldsymbol{k}) = 15.2°$$

为使这个刚体平衡,需要加一力偶,其力偶矩矢 $\boldsymbol{m}_4 = -\boldsymbol{m}$。

4.4 空间力对点的矩和空间力对轴的矩

1. 空间力对点的矩

在研究平面力系时,力对点的矩我们用代数量就可以概括其全部要素,这是因为力与矩心所在的平面(以下简称力矩作用面)是固定不变的。但是在空间力系问题中,由于力的作用线与矩心所确定的平面在空间可以有各种方位,力矩作用面在空间方位不同时,对物体的作用效应则不同,这说明空间力对点的矩决定于力矩大小、力矩作用面的方位和力矩在作用面内的转向,用代数量已无法表示这一效应了。因此,空间力对点的矩需用一个矢量来表示,并将这个矢量称为力矩矢,记为 $\boldsymbol{m}_O(\boldsymbol{F})$(图4-10),该矢量通过矩心 O,垂直于力矩作用面,指向按右手螺旋定则确定,即从矢量的末端看去,力矩的转向是逆时针的;矢量的长度表示力矩的大小,即

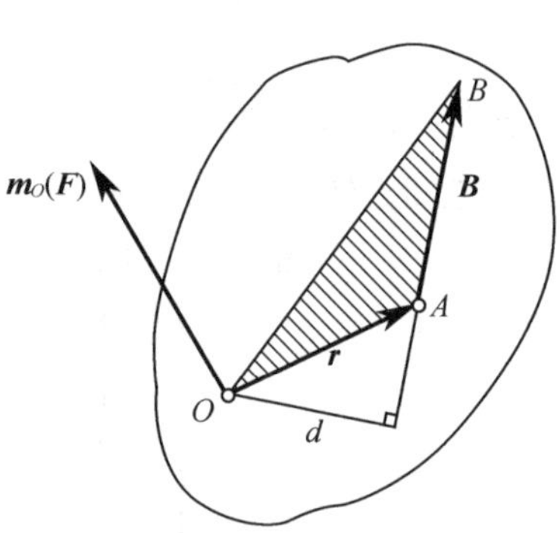

图4-10 空间力对点的力矩矢

$$m_O(\boldsymbol{F}) = Fd = 2S_{\triangle OAB} \tag{4-18}$$

应该指出,当矩心的位置改变时,$\boldsymbol{m}_O(\boldsymbol{F})$ 的大小及方向也随之改变,故力矩矢的始端必须画在矩心,且不可任意挪动,力矩矢是一定位矢量。

若以 $\boldsymbol{r}$ 表示矩心 O 至力 $\boldsymbol{F}$ 的作用点 A 的矢径,则矢积 $\boldsymbol{r}\times\boldsymbol{F}$ 也是一个矢量,且其大小等于△OAB 面积的两倍,其方向与力矩矢方向一致。于是可得

$$\boldsymbol{m}_O(\boldsymbol{F}) = \boldsymbol{r}\times\boldsymbol{F} \tag{4-19}$$

即力对任一点的矩是一个矢量,等于矩心到该力作用点的矢径与该力的矢积。式(4-19)称为力

对点的矩的矢积表达式。

下面我们给出力对点的矩的解析表达式。为此,选定直角坐标系 $Oxyz$,力 $\boldsymbol{F}$ 在坐标轴上的投影分别为 F_x、F_y、F_z,力的作用点 A 的坐标为 x、y、z(图 4-11),坐标轴的单位矢量为 $\boldsymbol{i}$、$\boldsymbol{j}$、$\boldsymbol{k}$,则矢径 $\boldsymbol{r}$ 和力矢 $\boldsymbol{F}$ 可分别表示为

$$\boldsymbol{r} = x\boldsymbol{i} + y\boldsymbol{j} + z\boldsymbol{k}$$

$$\boldsymbol{F} = F_x\boldsymbol{i} + F_y\boldsymbol{j} + F_z\boldsymbol{k}$$

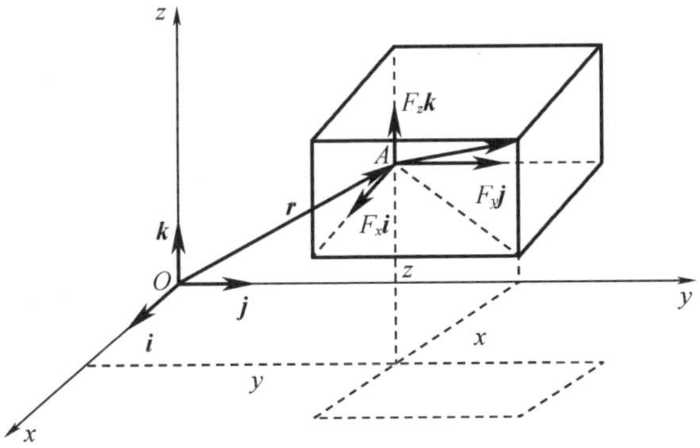

图 4-11　力对点的矩解析表达

力对点的力矩矢可表示为

$$\boldsymbol{m}_O(\boldsymbol{F}) = \boldsymbol{r} \times \boldsymbol{F} = (x\boldsymbol{i} + y\boldsymbol{j} + z\boldsymbol{k}) \times (F_x\boldsymbol{i} + F_y\boldsymbol{j} + F_z\boldsymbol{k})$$

$$= \begin{vmatrix} \boldsymbol{i} & \boldsymbol{j} & \boldsymbol{k} \\ x & y & z \\ F_x & F_y & F_z \end{vmatrix} = (yF_z - zF_y)\boldsymbol{i} + (zF_x - xF_z)\boldsymbol{j} + (xF_y - yF_x)\boldsymbol{k} \qquad (4-20)$$

这就是力对点的矩的解析表达式,由该式可知,单位矩量 $\boldsymbol{i}$、$\boldsymbol{j}$、$\boldsymbol{k}$ 前面的系数应分别表示力矩矢 $\boldsymbol{m}_O(\boldsymbol{F})$ 在三个坐标轴上的投影,即

$$[\boldsymbol{m}_O(\boldsymbol{F})]_x = yF_z - zF_y, \quad [\boldsymbol{m}_O(\boldsymbol{F})]_y = zF_x - xF_z, \quad [\boldsymbol{m}_O(\boldsymbol{F})]_z = xF_y - yF_x \qquad (4-21)$$

2. 空间力对轴的矩

实际中经常遇到刚体绕定轴转动的情形,如日常生活中的开窗、关门等都是力使物体绕一定轴转动的实例。力对轴的矩是力使物体绕该轴转动效应的度量。

设刚体上有一轴线 Oz,力 $\boldsymbol{F}$ 的作用线既不平行也不垂直于该轴线(图 4-12)。考虑该力使物体绕 Oz 轴转动的效应。为此,将力 $\boldsymbol{F}$ 分解为 $\boldsymbol{F}_z$ 和 $\boldsymbol{F}_{xy}$ 两个分力,其中分力 $\boldsymbol{F}_z$ 平行于 z 轴,由经验可知,它对刚体不产生绕 z 轴的转动效应;只有垂直于 z 轴的分力 $\boldsymbol{F}_{xy}$ 才能使得刚体转动。因此,力使刚体绕 Oz 轴转动的效应可以用分力 $\boldsymbol{F}_{xy}$ 对

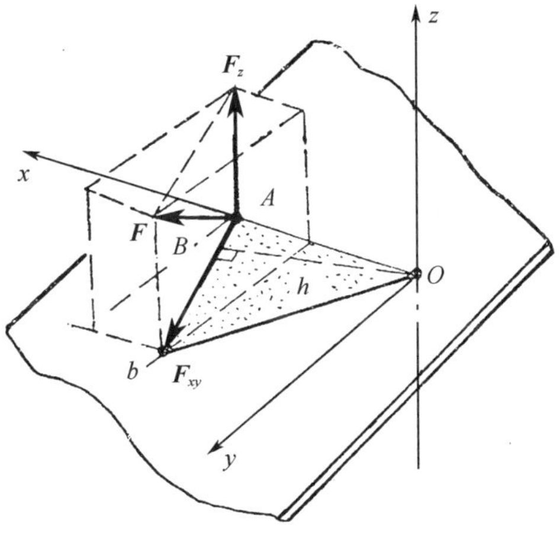

图 4-12　空间力对于轴的矩

于 O 点的矩来度量。而分力 $\boldsymbol{F}_{xy}$ 就是力 $\boldsymbol{F}$ 在 Oxy 平面上的投影，由此可得空间力对轴的矩的定义如下：

空间力对轴的矩是一个代数量，它等于这个力在垂直于该轴的平面上的投影对这个平面与该轴交点的矩，记为 $m_z(\boldsymbol{F})$，即

$$m_z(\boldsymbol{F}) = m_O(\boldsymbol{F}_{xy}) = \pm F_{xy}h = \pm 2S_{\triangle OAb} \qquad (4-22)$$

式中，h 为 O 点至力投影 $\boldsymbol{F}_{xy}$ 的距离，力矩的正、负由右手螺旋定则确定，拇指指向与该轴正向一致为正，反之为负。

由力对轴的定义可知，当力与轴相交($h=0$)或力与轴平行($F_{xy}=0$)时，力对轴的矩等于零。力对轴的矩的单位是 N·m。

力对轴的矩也可用解析式表示。作直角坐标系 $Oxyz$，如图 4－13 所示。设力 $\boldsymbol{F}$ 的作用点的坐标为(x,y,z)，沿三个坐标轴方向的分力和投影分别为 $\boldsymbol{F}_x$、$\boldsymbol{F}_y$、$\boldsymbol{F}_z$ 和 F_x、F_y、F_z。由式(4－22)得

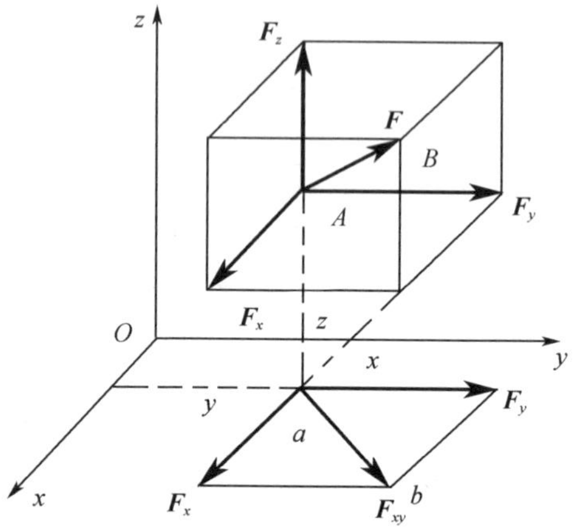

图 4－13 力对轴的矩的解析表达

$$m_z(\boldsymbol{F}) = m_O(\boldsymbol{F}_{xy}) = m_O(\boldsymbol{F}_x) + m_O(\boldsymbol{F}_y) = xF_y - yF_x$$

力 $\boldsymbol{F}$ 对 x 轴和 y 轴的矩也可类似地导出，于是得到力对轴的矩的解析表达式为

$$\begin{aligned} m_x(\boldsymbol{F}) &= yF_z - zF_y \\ m_y(\boldsymbol{F}) &= zF_x - xF_z \\ m_z(\boldsymbol{F}) &= xF_y - yF_x \end{aligned} \qquad (4-23)$$

3. 力对点的矩与力对通过该点的轴的矩之间的关系

比较式(4－21)和式(4－23)可得，力对某点的力矩矢在通过该点的任意轴上的投影等于力对该轴的矩，这就是力对点的矩与力对通过该点的轴的矩的关系，其关系式为

$$\begin{aligned} m_x(\boldsymbol{F}) &= [\boldsymbol{m}_O(\boldsymbol{F})]_x \\ m_y(\boldsymbol{F}) &= [\boldsymbol{m}_O(\boldsymbol{F})]_y \\ m_z(\boldsymbol{F}) &= [\boldsymbol{m}_O(\boldsymbol{F})]_z \end{aligned}$$

应用力对点的矩和力对轴的矩之间的关系可以通过计算力对轴的矩来计算力对点的矩；反之，也可以通过计算力对点的矩来计算力对轴的矩。如已知力对通过 O 点的直角坐标轴 x、y、z 的矩，则可求得该力对于 O 点的矩的大小和方向余弦，即

$$|\boldsymbol{m}_O(\boldsymbol{F})| = \sqrt{[m_x(\boldsymbol{F})]^2 + [m_y(F)]^2 + [m_z(\boldsymbol{F})]^2}$$

$$\cos[\boldsymbol{m}_O(\boldsymbol{F}), \boldsymbol{i}] = \frac{m_x(F)}{|\boldsymbol{m}_O(F)|}$$

$$\cos[\boldsymbol{m}_O(\boldsymbol{F}), \boldsymbol{j}] = \frac{m_y(F)}{|\boldsymbol{m}_O(\boldsymbol{F})|}$$

$$\cos[\boldsymbol{m}_O(\boldsymbol{F}), \boldsymbol{k}] = \frac{m_z(F)}{|\boldsymbol{m}_O(\boldsymbol{F})|}$$

4.5 空间一般力系向一点简化

1. 空间力的平移定理

设有一力 $\boldsymbol{F}$,作用于物体上 A 点,在物体上任取一点 B,如图 4-14(a)所示。在 B 点加上两个相互平衡的力 $\boldsymbol{F}'$、$\boldsymbol{F}''$,且取 $\boldsymbol{F}'=-\boldsymbol{F}''=\boldsymbol{F}$,如图 4-14(b)所示。不难看出,$\boldsymbol{F}$、$\boldsymbol{F}''$组成一力偶,其力偶矩矢等于力 $\boldsymbol{F}$ 对 B 点的力矩矢 $\boldsymbol{m}_B(\boldsymbol{F})$,即 $\boldsymbol{m}=\boldsymbol{m}_B(\boldsymbol{F})$,如图 4-14(c)所示。可见,原作用在 A 点的力 $\boldsymbol{F}$ 与力 $\boldsymbol{F}'$ 和力偶$(\boldsymbol{F},\boldsymbol{F}'')$等效。

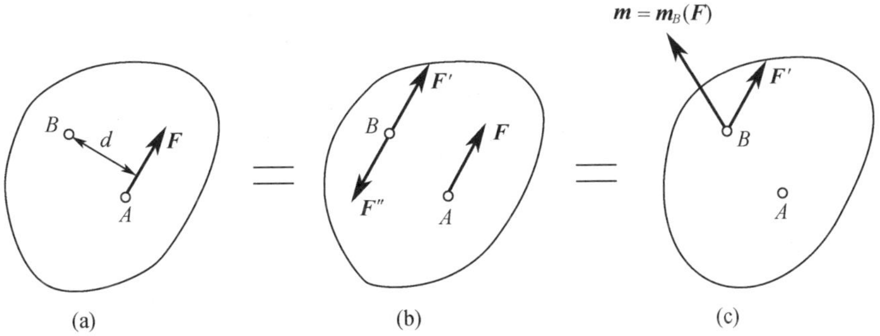

图 4-14 空间力平移定理

由此可得空间力的平移定理:作用在刚体上的一个力,可平行移至刚体中任意一指定点,但必须同时附加一力偶,其力偶矩矢等于原力对指定点的力矩矢。

2. 空间任意力系向任意点简化

设有一空间任意力系 $\boldsymbol{F}_1,\boldsymbol{F}_2,\cdots,\boldsymbol{F}_n$ 分别作用于刚体上的 $A_1,A_2,\cdots,A_n$ 各点(图 4-15(a))。在刚体内任选一点 O 作为简化中心,应用力的平移定理,将各力平移到 O 点,但同时附加一个力偶,其力偶矩矢等于该力对简化中心 O 的力矩矢。这样原力系等效变换为作用于 O 点的空间汇交力系 $\boldsymbol{F}_1',\boldsymbol{F}_2',\cdots,\boldsymbol{F}_n'$及力偶矩矢为 $\boldsymbol{m}_1,\boldsymbol{m}_2,\cdots,\boldsymbol{m}_n$ 的空间力偶系,如图 4-15(b)所示,其中

$$\boldsymbol{F}_1'=\boldsymbol{F}_1,\boldsymbol{F}_2'=\boldsymbol{F}_2,\cdots,\boldsymbol{F}_n'=\boldsymbol{F}_n$$

$$\boldsymbol{m}_1=\boldsymbol{m}_O(\boldsymbol{F}_1),\boldsymbol{m}_2=\boldsymbol{m}_O(\boldsymbol{F}_2),\cdots,\boldsymbol{m}_n=\boldsymbol{m}_O(\boldsymbol{F}_n)$$

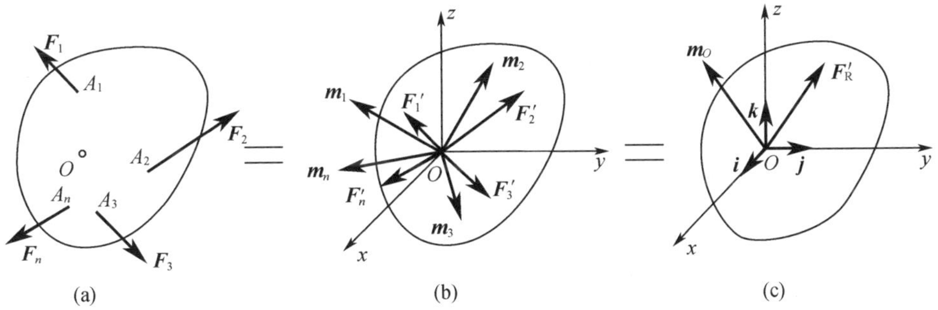

图 4-15 空间任意力系向空间内一点简化

作用于 O 点的空间汇交力系可合成作用于 O 点的一个合力 $\boldsymbol{F}'_R$,而且

$$\boldsymbol{F}'_R = \sum \boldsymbol{F}'_i = \sum \boldsymbol{F}_i \tag{4-24}$$

即合力矢 $\boldsymbol{F}'_R$ 等于原力系中各力矢的矢量和,称为原空间力系的主矢。

空间附加力偶系可合成一力偶,其合力偶矩矢为

$$\boldsymbol{M}_O = \sum \boldsymbol{m}_i = \sum \boldsymbol{m}_O(\boldsymbol{F}_i) \tag{4-25}$$

式中,矢量 $\boldsymbol{M}_O$ 等于原力系中各力对于简化中心 O 点的矩的矢量和,称为力系对 O 点的主矩。

由此可知,空间一般力系向空间内一点简化,可得到一个力和一个力偶,该力作用于简化中心,其力矢等于力系的主矢,该力偶的力偶矩矢等于力系对于简化中心的主矩。一般情况下,主矢与简化中心的选择无关,而主矩与简化中心的选择有关。

为了计算主矢和主矩,可取简化中心 O 为原点的直角坐标系 $Oxyz$,将式(4-24)投影到坐标轴 x、y、z 上,则有

$$F'_{Rx} = \sum F_{ix}, \quad F'_{Ry} = \sum F_{iy}, \quad F'_{Rz} = \sum F_{iz} \tag{4-26}$$

因此,主矢的大小及方向余弦分别为

$$F'_R = \sqrt{R'^2_{Rx} + F'^2_{Ry} + F'^2_{Rz}} \tag{4-27}$$

$$\cos\alpha = \frac{F'_{Rx}}{F'_R}, \quad \cos\beta = \frac{F'_{Ry}}{F'_R}, \quad \cos\gamma = \frac{F'_{Rz}}{F'_R} \tag{4-28}$$

式中,α、β、γ 分别表示主矢 $\boldsymbol{F}'_R$ 与 x、y、z 轴正向间的夹角。

同样,将式(4-25)投影到坐标轴 x、y、z 上,并应用力对点的矩和力对轴的矩之间的关系可得

$$\begin{cases} M_{Ox} = \sum m_x(\boldsymbol{F}_i) \\ M_{Oy} = \sum m_y(\boldsymbol{F}_i) \\ M_{Oz} = \sum m_z(\boldsymbol{F}_i) \end{cases} \tag{4-29}$$

因此,主矩 $\boldsymbol{M}_O$ 的大小及方向余弦分别为

$$M_O = \sqrt{M^2_{Ox} + M^2_{Oy} + M^2_{Oz}} = \sqrt{[\sum m_x(F_i)]^2 + [\sum m_y(F_i)]^2 + [\sum m_z(F_i)]^2} \tag{4-30}$$

$$\cos\alpha' = \frac{M_{Ox}}{M_O}, \quad \cos\beta' = \frac{M_{Oy}}{M_O}, \quad \cos\gamma' = \frac{M_{Oz}}{M_O} \tag{4-31}$$

式中,α'、β'、γ' 分别表示主矩 $\boldsymbol{M}_O$ 与轴 x、y、z 正向间的夹角。

3. 空间任意力系(空间一般力系)简化的结果

空间一般力系向空间内一点简化后得到通过简化中心的一个力和一个空间力偶。现根据空间一般力系的主矢 $\boldsymbol{F}'_R$ 与对简化中心的主矩 $\boldsymbol{M}_O$ 来进一步讨论力系的最后结果。

(1)$\boldsymbol{F}'_R = 0, \boldsymbol{M}_O = 0$

主矢和主矩都等于零,说明简化后的空间汇交力系和空间力偶系都平衡,因而原空间一般力系为一平衡力系。

(2)$\boldsymbol{F}'_R = 0, \boldsymbol{M}_O \neq 0$

主矢等于零,主矩不等于零,说明原力系等效为一空间力偶系,即原力系可以合成一合

力偶,其合力偶矩矢等于原力系对于简化中心的主矩。对于这种情况力系的主矩与简化中心的位置无关,也就是说不论力系向哪一点简化,力系的合成结果都是力偶矩矢相同的一个力偶。

(3) $\boldsymbol{F}'_R \neq 0, \boldsymbol{M}_O = 0$

主矢等于零,而主矩不等于零,说明原力系可以合成一个合力,该合力作用于简化中心,其力矢等于力系的主矢 $\boldsymbol{F}'_R$。这种情况与简化中心的位置是有关的,也就是说,当简化中心刚好选在合力的作用线时,就会出现这种情况。

(4) $\boldsymbol{F}'_R \neq 0, \boldsymbol{M}_O \neq 0$

主矢不等于零,主矩也不等于零,根据主矢与主矩的位置关系,现分别讨论如下:

① $\boldsymbol{M}_O \perp \boldsymbol{F}'_R$,这时力 $\boldsymbol{F}'_R$ 和力偶($\boldsymbol{F}''_R, \boldsymbol{F}_R$)在同一平面内(图 4-16(a)),如图 4-16(b)所示,令 $\boldsymbol{F}_R = \boldsymbol{F}'_R = -\boldsymbol{F}''_R$,并注意到 $\boldsymbol{F}'_R$ 和 $\boldsymbol{F}''_R$ 为一对等值、反向、共线的平衡力,可去掉。这时原力可简化为一合力 $\boldsymbol{F}_R$,合力 $\boldsymbol{F}_R$ 的大小、方向与 $\boldsymbol{F}'_R$ 相同,但合力并不作用于简化中心 O 点,而是偏离距离 d(图 4-16(c)),即

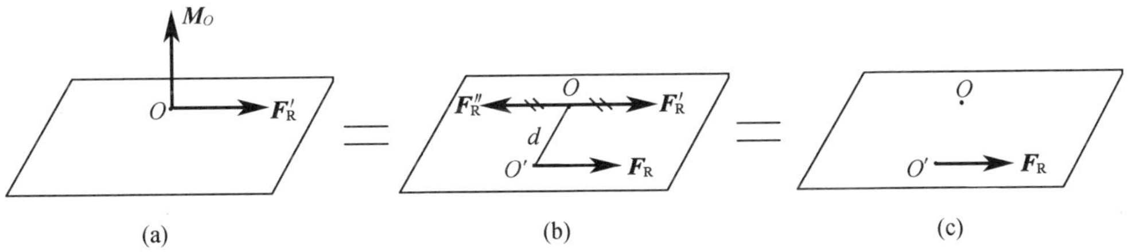

图 4-16　主矢、主矩垂直情况

$$d = \frac{M_O}{F'_R} \tag{4-32}$$

② $\boldsymbol{M}_O /\!/ \boldsymbol{F}'_R$,这时力系已无法进一步简化了,如图 4-17 所示,这样的一个力及与之垂直的平面内的一个力偶的组合称为力螺旋。力螺旋是由静力学的两个基本要素(力和力偶)组成的最简单的力系,不能进一步合成。力偶的转向和力的指向符合右手螺旋定则,称为右螺旋,如图 4-17(a)所示;否则称为左螺旋,如图 4-17(b)所示。力螺旋的力作用线称为该力系的中心轴。在上述情形中,中心轴通过简化中心。

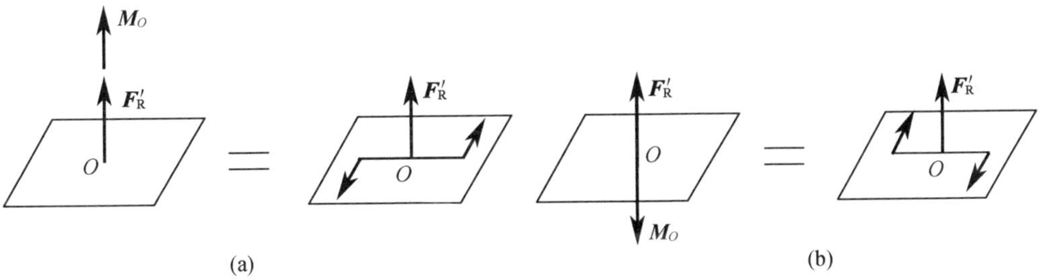

图 4-17　主矢、主矩平行情况

③$\boldsymbol{F}'_R$ 与 $\boldsymbol{M}_O$ 成任意角度 α,如图 4-18(a)所示,这是力系简化所得最一般的情况,则可将 $\boldsymbol{M}_O$ 分解为两个分力偶 $\boldsymbol{M}'_O$ 和 $\boldsymbol{M}''_O$,它们分别垂直于 $\boldsymbol{F}'_R$ 和平行于 $\boldsymbol{F}'_R$,如图 4-18(b)所示,

因 $\boldsymbol{M}_O'' \perp \boldsymbol{F}_R'$,故它们可用作用于点 O'的力 $\boldsymbol{F}_R''$来代替。由于力偶矩矢是自由矢量,因此可将 $\boldsymbol{M}_O'$平行移动,使之与 $\boldsymbol{F}_R''$共线。这样便得一力螺旋,其中心轴不在简化中心 O,而是通过另一点 O',如图 4-18(c)所示。O、O'两点的距离为

$$d = \frac{M_O''}{F_R'} = \frac{M_O \sin\alpha}{F_R''}$$

即力系同样可简化为力螺旋,但该力螺旋的中心轴不通过简化中心。

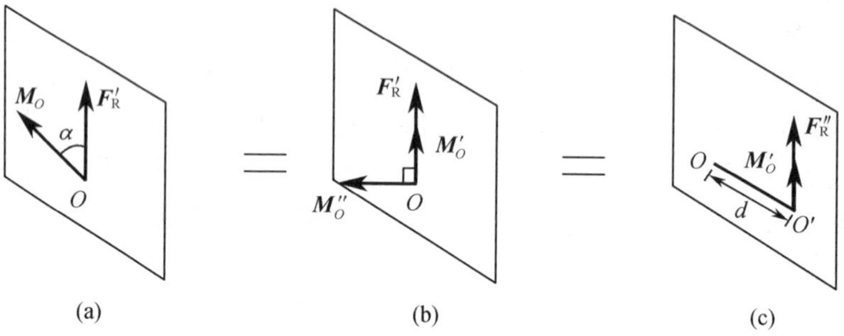

图 4-18 主矢、主矩成任意角度情况

4. 空间一般力系的合力矩定理

当空间力系向 O 点简化得 $\boldsymbol{F}_R' \neq 0$,$\boldsymbol{M}_O \neq 0$ 且 $\boldsymbol{M}_O \perp \boldsymbol{F}_R'$时,简化的最终结果为一作用于 O'点的合力 $\boldsymbol{F}_R'$(图 4-16),显然有

$$\boldsymbol{M}_O = \boldsymbol{m}_O(\boldsymbol{F}_R)$$

而

$$\boldsymbol{M}_O = \sum \boldsymbol{m}_O(F_i)$$

于是得到

$$\boldsymbol{m}_O(\boldsymbol{F}_R) = \sum \boldsymbol{m}_O(F_i) \tag{4-33}$$

式(4-33)表明,若空间任意力系可以合成一个合力,则其合力对于空间任一点的矩等于力系中各力对于同一点矩的矢量和,这就是空间力系对于空间内任一点的合力矩定理。

将式(4-33)向通过 O 点的三个坐标轴上投影,并应用力对于点的矩和力对于轴的矩之间的关系可得

$$\begin{aligned} m_x(\boldsymbol{F}_R) &= \sum m_x(\boldsymbol{F}_i) \\ m_y(\boldsymbol{F}_R) &= \sum m_y(\boldsymbol{F}_i) \\ m_z(\boldsymbol{F}_R) &= \sum m_z(\boldsymbol{F}_i) \end{aligned} \tag{4-34}$$

式(4-34)表明,若空间力系可以合成一个合力时,则其合力对于任一轴的矩等于力系中各力对于同一轴的矩的代数和,这就是空间力系对于轴的合力矩定理。

例 4-4 如图 4-19(a)所示的力系由四个力组成,已知 $F_1 = 60$ N,$F_2 = 400$ N,$F_3 = 500$ N,$F_4 = 200$ N,试将该力系向 A 点简化。

解 由图 4-19 中的几何关系得

$$\sin\alpha = \frac{4}{5} = 0.8, \quad \cos\alpha = \frac{3}{5} = 0.6$$

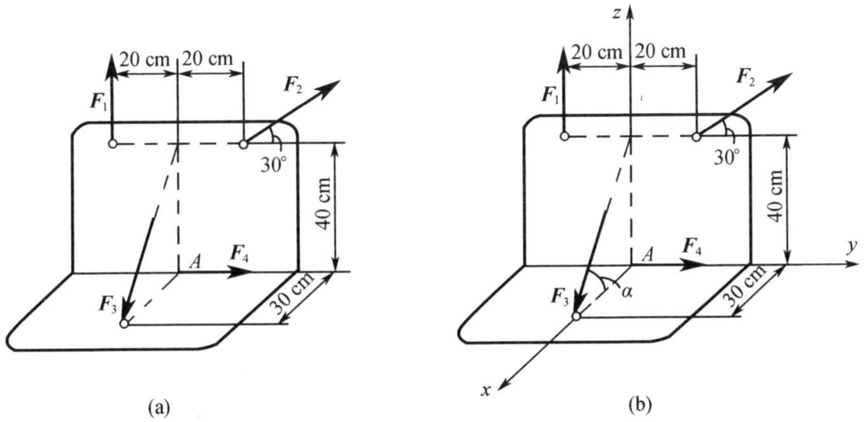

图4-19 例4-4图

取 $Axyz$ 坐标系如图4-19(b)所示，将力系向 A 点简化后得力系的主矢 $\boldsymbol{F}'_{\mathrm{R}}$：

$$F'_{\mathrm{R}x}=\sum X=F_3\cos\alpha=500\times0.6=300\ \mathrm{N}$$

$$F'_{\mathrm{R}y}=\sum Y=F_2\cos30^\circ+F_4=400\times0.866+200=546.4\ \mathrm{N}$$

$$F'_{\mathrm{R}z}=\sum Z=F_1+F_2\sin30^\circ-F_3\sin\alpha=60+400\times0.5-500\times0.8=-140\ \mathrm{N}$$

则

$$F'_{\mathrm{R}}=\sqrt{F^2_{\mathrm{R}x}+F^2_{\mathrm{R}y}+F^2_{\mathrm{R}z}}=638.87\ \mathrm{N}$$

$$\cos(\boldsymbol{F}'_{\mathrm{R}},\boldsymbol{i})=\frac{F'_{\mathrm{R}x}}{F'_{\mathrm{R}}}=\frac{300}{638.87}=0.469\ 6$$

$$\cos(\boldsymbol{F}'_{\mathrm{R}},\boldsymbol{j})=\frac{F'_{\mathrm{R}y}}{F'_{\mathrm{R}}}=\frac{546.4}{638.87}=0.855$$

$$\cos(\boldsymbol{F}'_{\mathrm{R}},\boldsymbol{k})=\frac{F'_{\mathrm{R}z}}{F'_{\mathrm{R}}}=\frac{-140}{638.87}=-0.219$$

力系的主矩 $\boldsymbol{M}_A$：

$$M_x=\sum m_x(\boldsymbol{F}_i)=-F_1\cdot0.2+F_2\sin30^\circ\times0.2-F_2\cos30^\circ\times0.4=-110.56\ \mathrm{N\cdot m}$$

$$M_y=\sum m_y(\boldsymbol{F}_i)=F_3\sin\alpha\cdot0.3=120\ \mathrm{N\cdot m}$$

$$M_z=\sum m_z(\boldsymbol{F}_i)=0$$

则

$$M_A=\sqrt{M_x^2+M_y^2+M_z^2}=\sqrt{(-110.56)^2+120^2+0}=163.17\ \mathrm{N\cdot m}$$

$$\cos(\boldsymbol{M}_A,\boldsymbol{i})=\frac{M_x}{M_A}=\frac{-110.56}{163.17}=-0.678$$

$$\cos(\boldsymbol{M}_A,\boldsymbol{j})=\frac{M_y}{M_A}=\frac{120}{163.17}=0.735$$

$$\cos(\boldsymbol{M}_A,\boldsymbol{k})=\frac{M_z}{M_A}=\frac{0}{163.17}=0$$

4.6 空间一般力系的平衡方程式及其应用

空间任意力系向已知点简化后得到一个力和一个力偶,该力矢等于力系的主矢,该力偶矩等于力系的主矩。由前面简化结果分析可知,若主矢和主矩有一个不等于零或均不等于零,则原空间力系简化结果为一合力或一力偶,那么原力系不是平衡力系。所以空间一般力系平衡的充分必要条件是力系的主矢和主矩都等于零,即

$$\boldsymbol{F}'_R = 0, \quad \boldsymbol{M}_O = 0 \tag{4-35}$$

根据主矢和主矩的计算公式

$$F'_R = \sqrt{(\sum F_{ix})^2 + (\sum F_{iy})^2 + (\sum F_{iz})^2} = 0 \tag{4-36}$$

$$M_O = \sqrt{[\sum m_x(\boldsymbol{F}_i)]^2 + [\sum m_y(\boldsymbol{F}_i)]^2 + [\sum m_z(\boldsymbol{F}_i)]^2} = 0 \tag{4-37}$$

得

$$\begin{cases} \sum F_{ix} = 0, \quad \sum F_{iy} = 0, \quad \sum F_{iz} = 0 \\ \sum m_x(\boldsymbol{F}_i) = 0, \quad \sum m_y(\boldsymbol{F}_i) = 0, \quad \sum m_z(\boldsymbol{F}_i) = 0 \end{cases} \tag{4-38}$$

式(4-38)为空间一般力系的平衡方程。亦即空间一般力系平衡的充分必要条件是力系中诸力在直角坐标系各轴上的投影的代数和等于零,对各轴之矩的代数和也等于零。空间一般力系有六个独立的平衡方程,可求解六个未知量。

作用线相互平行但不在同一平面内的力系称为空间平行力系。空间平行力系是空间一般力系的一种特殊情况。设 $\boldsymbol{F}_1$, $\boldsymbol{F}_2$,…,$\boldsymbol{F}_n$ 为作用于刚体上的空间平行力系(图4-20),建立如图4-20所示的坐标系,并使 z 轴与诸力的作用线平行。显然,无论力系是否平衡,均有 $\sum F_{ix}=0$, $\sum F_{iy}=0$, $\sum m_z(\boldsymbol{F}_i)=0$。这样对于空间平行力系,式(4-38)就只剩下三个独立的平衡方程,即

$$\sum F_{iz} = 0, \quad \sum m_x(\boldsymbol{F}_i) = 0, \quad \sum m_y(\boldsymbol{F}_i) = 0 \tag{4-39}$$

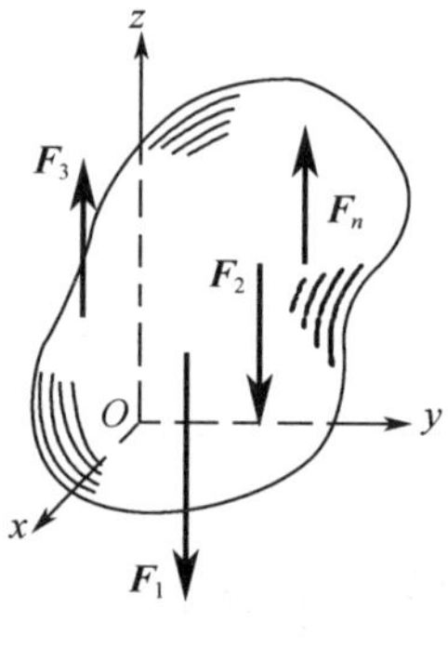

图4-20 空间平行力系

式(4-39)表明,空间平行力系平衡的充分必要条件是力系中各力在与力作用线平行的坐标轴上投影的代数和等于零,以及力系中各力对于两个与力作用线垂直的轴的矩的代数和等于零。

在空间力系问题中,物体所受的约束类型,有一些与平面力系中常见的约束类型不同。表4-1列出了一些常见的空间约束类型及其约束反力的表示。

在应用空间力系的平衡方程解题时,其方法和步骤与平面力系相似,即先确定研究对象,进行受力分析,画受力图,然后选取适当的坐标系,列出平衡方程并解出待求的未知量。

表 4－1　常见的空间约束类型及其约束反力的表示

<table>
<tr><th colspan="2">约束类型</th><th>简图</th><th>约束反力</th></tr>
<tr><td>径向轴承</td><td>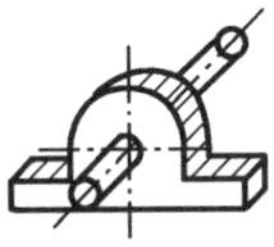</td><td></td><td rowspan="3">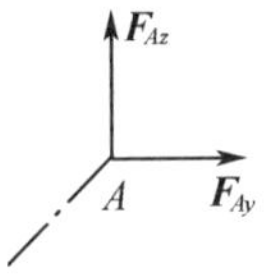
</td></tr>
<tr><td>螺形铰接</td><td>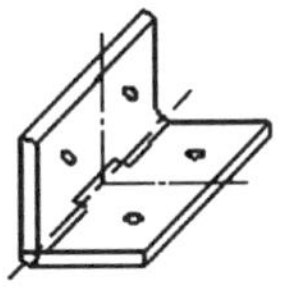</td><td>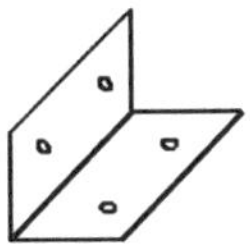</td></tr>
<tr><td>圆柱铰链</td><td>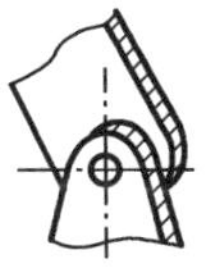</td><td></td></tr>
<tr><td>球形铰</td><td></td><td>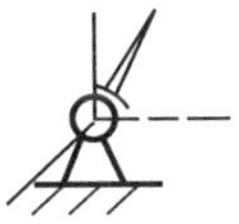</td><td rowspan="2">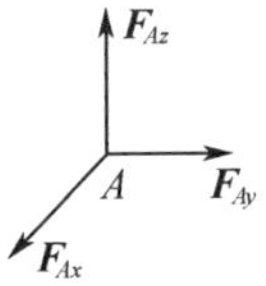
</td></tr>
<tr><td>推力轴承</td><td>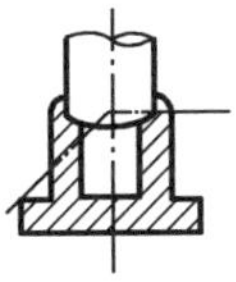</td><td>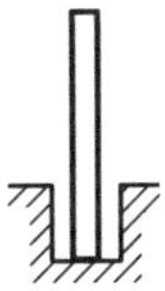</td></tr>
<tr><td>空间固定端</td><td>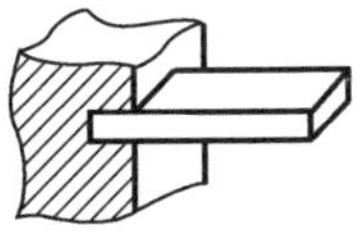</td><td></td><td>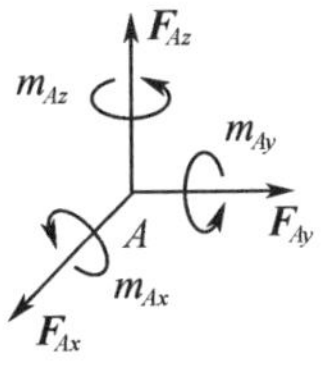
</td></tr>
</table>

例 4－5　均质等边三角形平板重 P，其重心为 O 点，由三根等长铅垂绳子悬挂并使板处于水平。在板上 D 点作用一铅直向下的力 $\boldsymbol{Q}$，三角形的高为 h，$CD=\frac{1}{3}h$，试计算绳子的拉力。

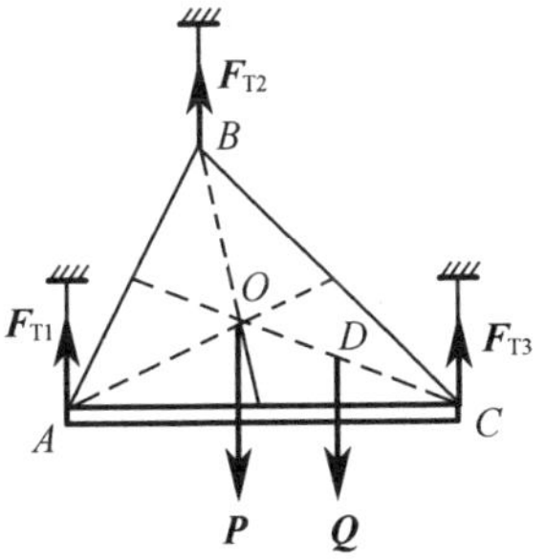

图 4－21　例 4－5 图

解　取三角形板受力分析如图 4－21 所示，有三个未知力 $\boldsymbol{F}_{T1}$、$\boldsymbol{F}_{T2}$ 和 $\boldsymbol{F}_{T3}$，重力 $\boldsymbol{P}$ 和主动力 $\boldsymbol{Q}$，且为一空间平行力系。空间平行力系可列出三个独立的平衡方程，故这三个未知力可由平衡方程全部确定，即

$$\sum m_{AB}(\boldsymbol{F}_i) = 0,\quad F_{T3}h - P\cdot\frac{1}{3}h - Q\cdot\frac{2}{3}h = 0$$

$$\sum m_{BC}(\boldsymbol{F}_i) = 0,\quad F_{T1}h - P\cdot\frac{1}{3}h - Q\cdot\frac{1}{3}h\sin 30^\circ = 0$$

$$\sum z = 0,\quad F_{T1} + F_{T2} + F_{T3} - P - Q = 0$$

联立求解,可得

$$F_{T1} = \frac{1}{3}P + \frac{1}{6}Q,\quad F_{T2} = \frac{1}{3}P + \frac{1}{6}Q,\quad F_{T3} = \frac{1}{3}P + \frac{2}{3}Q$$

例 4-6 重为 Q 的物体通过绳子缠绕在半径为 r 的鼓轮上,重为 P 的物体通过绳子缠绕在半径为 R 的轮子上,A、B 为滑动轴承。机构在力 $\boldsymbol{P}$、$\boldsymbol{Q}$ 及轴承约束力的作用下处于平衡,设 $R=6r$,$P=6$ N,试确定 $\boldsymbol{Q}$ 力的大小及轴承 A、B 处的反力。不计鼓轮、轮子及轴重。

解 以整体为研究对象,受力分析如图 4-22 所示,有力 $\boldsymbol{P}$、五个未知力($\boldsymbol{F}_{Ax}$、$\boldsymbol{F}_{Ay}$、$\boldsymbol{F}_{Bx}$、$\boldsymbol{F}_{By}$、$\boldsymbol{Q}$),为一空间一般力系。对于空间一般力系的平衡方程有六个,故这五个未知力可由方程全部确定。

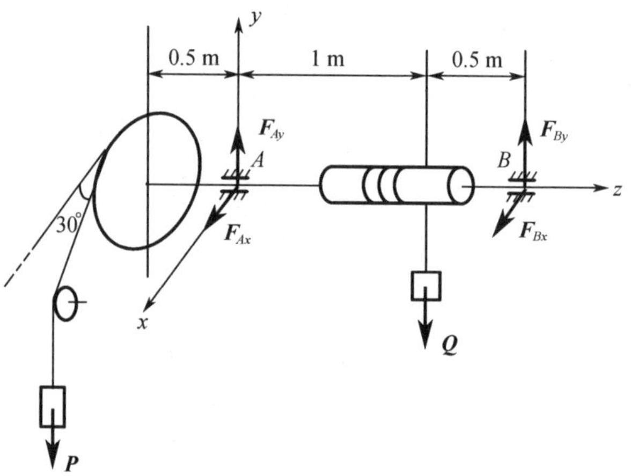

图 4-22 例 4-6 图

取如图 4-22 所示的坐标系,首先对三个轴取矩,有

$$\sum m_z(\boldsymbol{F}_i) = 0,\quad P\times R - Q\times r = 0$$

$$\sum m_x(\boldsymbol{F}_i) = 0,\quad P\sin 30^\circ\times 0.5 - Q\times 1 + F_{By}\times 1.5 = 0$$

$$\sum m_y(\boldsymbol{F}_i) = 0,\quad P\cos 30^\circ\times 0.5 - F_{Bx}\times 1.5 = 0$$

可解得

$$Q = 36\ \text{N},\quad F_{By} = 23\ \text{N},\quad F_{Bx} = \sqrt{3}\ \text{N}$$

再向 x 轴和 y 轴投影,即

$$\sum F_{ix} = 0,\quad F_{Ax} + P\cos 30^\circ + F_{Bx} = 0$$

可得

$$F_{Ax} = 4\sqrt{3}\ \text{N}$$

$$\sum F_{iy} = 0,\quad F_{Ay} - P\sin 30^\circ - Q + F_{By} = 0$$

可得

$$F_{Ay} = 16\ \text{N}$$

4.7　物体的重心

重心是一个重要的力学概念，它在工程实际中具有重要的意义。例如，起重机的重心位置直接影响到起重机的平衡与稳定；飞机重心的位置直接影响到飞机飞行的稳定性；高速转子的重心若偏离转轴，则会引起强烈的振动。此外，在材料力学中构件的强度也涉及与重心有关的问题。求物体的重心实际上就是求具有固定作用点的同向平行力系的合力作用点的问题。地面上的物体受有重力的作用，如果将物体看成由无数小微体组成，那么这些小微体所受到的重力，就可相当准确地看成具有固定作用点的同向平行力系。

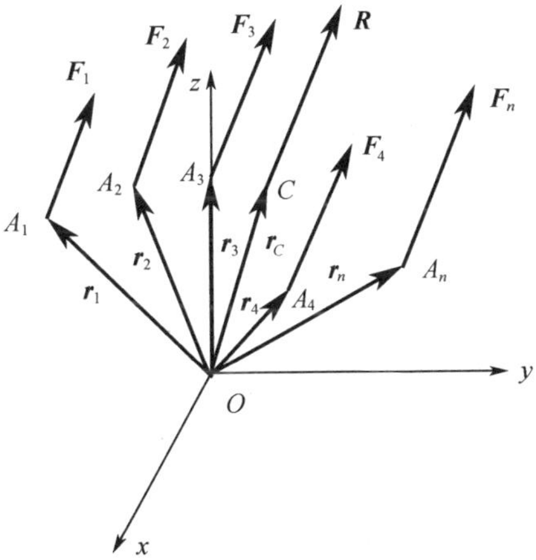

图4－23　同向平行力系的中心

1. 同向平行力系的中心

设力系 $\boldsymbol{F}_1,\boldsymbol{F}_2,\cdots,\boldsymbol{F}_n$ 为一具有固定作用点的同向平行力系，分别作用在 $A_1,A_2,\cdots,A_n$ 点上，设 O 为空间一固定点，$A_1,A_2,\cdots,A_n$ 相对于 O 点的向径分别为 $\boldsymbol{r}_1,\boldsymbol{r}_2,\cdots,\boldsymbol{r}_n$（图4－23），则这几个同向平行力所组成的力系可以合成为一个合力 $\boldsymbol{F}_R$，合力 $\boldsymbol{F}_R$ 也具有固定的作用点，设为 C，合力的大小和方向由下式确定，即

$$\boldsymbol{F}_R = \sum \boldsymbol{F}_i = (\sum F_i)\boldsymbol{e}\quad (\text{其中 } \boldsymbol{e} \text{ 为 } \boldsymbol{F}_i \text{ 方向的单位矢量})\tag{4-40}$$

下面来确定合力的作用点，设合力的作用点的向径为 $\boldsymbol{r}_C$，由空间一般力系的合力矩定理有

$$\boldsymbol{r}_C \times \boldsymbol{F}_R = \sum \boldsymbol{r}_i \times \boldsymbol{F}_i$$

$$\boldsymbol{r}_C \times \sum \boldsymbol{F}_i = \sum \boldsymbol{r}_i \times \boldsymbol{F}_i$$

$$\boldsymbol{r}_C \times \sum \boldsymbol{e}F_i = \sum \boldsymbol{r}_i \times \boldsymbol{e}F_i$$

$$(\sum F_i\boldsymbol{r}_C) \times \boldsymbol{e} = (\sum F_i\boldsymbol{r}_i) \times \boldsymbol{e}$$

则有

$$\boldsymbol{r}_C = \frac{\sum F_i\boldsymbol{r}_i}{\sum F_i}\tag{4-41}$$

以 O 为原点建立坐标系 $Oxyz$，将式(4－41)向坐标轴上投影得

$$x_C = \frac{\sum F_i x_i}{\sum F_i},\quad y_C = \frac{\sum F_i y_i}{\sum F_i},\quad z_C = \frac{\sum F_i z_i}{\sum F_i}\tag{4-42}$$

由以上分析可知,一组具有固定作用点的同向平行力系可以合成一个合力,合力的大小 $R=\sum F_i$,合力的方向与各力的方向相同;这个合力也具有固定的作用点,该作用点的位置与各分力的大小及各分力的作用点有关,而与各分力的方向无关。这里将一组具有固定作用点的同向平行力系的合力作用点称为该具有固定作用点的同向平行力系的中心。

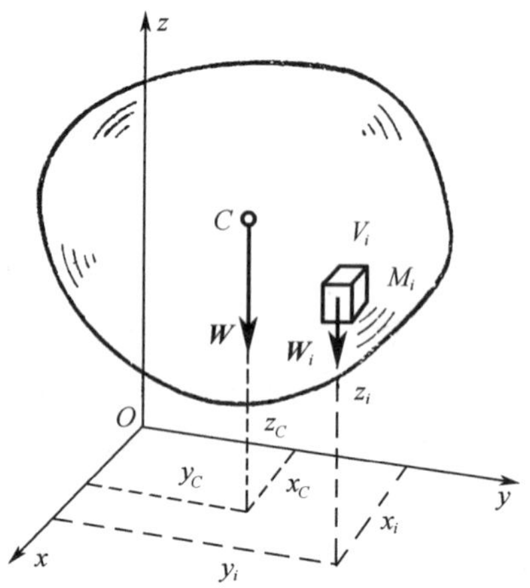

图4-24 物体的重心

2. 物体的重心

重力是地球对物体的引力,如将物体分割成 N 个微粒,每个微粒均受各自重力的作用,以 $\boldsymbol{W}_i$ 表示,这些重力可看作具有固定作用点的同向平行力系(图4-24),这个同向平行力系的合力 $\boldsymbol{W}$ 就是物体所受的重力,而合力的作用点(x_C,y_C,z_C)称为该物体的重心。由式(4-40)及式(4-42)有

$$\boldsymbol{W}=\sum \boldsymbol{W}_i$$

$$x_C=\frac{\sum W_i x_i}{\sum W_i},\quad y_C=\frac{\sum W_i y_i}{\sum W_i},\quad z_C=\frac{\sum W_i z_i}{\sum W_i} \tag{4-43}$$

物体的重心是存在的而且是唯一的,物体重心的位置与物体在空间的方位无关。重心的存在是由于重力的结果,没有重力也就没有重心。

物体分割得越细,则按式(4-43)计算的重心位置越准确。若微体 M_i 的体积为 Δv_i,密度为 γ_i,则有 $W_i=\gamma_i\Delta v_i$,则式(4-43)可写为

$$x_C=\frac{\sum \gamma_i\Delta v_i x_i}{\sum \gamma_i\Delta v_i},\quad y_C=\frac{\sum \gamma_i\Delta v_i y_i}{\sum \gamma_i\Delta v_i},\quad z_C=\frac{\sum \gamma_i\Delta v_i z_i}{\sum \gamma_i\Delta v_i} \tag{4-44}$$

当物体分割的数量极大时,式(4-44)则变为积分形式,即

$$x_C=\frac{\int x\gamma\mathrm{d}v}{\int \gamma\mathrm{d}v},\quad y_C=\frac{\int y\gamma\mathrm{d}v}{\int \gamma\mathrm{d}v},\quad z_C=\frac{\int z\gamma\mathrm{d}v}{\int \gamma\mathrm{d}v} \tag{4-45}$$

对于均质物体,γ 为常数,则式(4-45)可写为

$$x_C=\frac{\int x\mathrm{d}v}{\int \mathrm{d}v},\quad y_C=\frac{\int y\mathrm{d}v}{\int \mathrm{d}v},\quad z_C=\frac{\int z\mathrm{d}v}{\int \mathrm{d}v} \tag{4-46}$$

可见,对于均质物体来说,其重心只决定于物体的几何形状。所以,对于均质物体来说,重心也是物体几何形体的中心,把物体几何形体的中心称为物体的形心。

对于等厚的均质物体，当其厚度远小于长和宽时，例如，厂房的双曲壳、薄壁容器、飞机机翼等工程中的薄壳或薄板(图4－25)，可以把它看成均质曲面，其重心或形心的公式为

$$x_C=\frac{\int x\mathrm{d}A}{A},\quad y_C=\frac{\int y\mathrm{d}A}{A},\quad z_C=\frac{\int z\mathrm{d}A}{A}\tag{4-47}$$

式中，dA 为曲面的微元面积；A 为曲面的面积。曲面的重心一般不在曲面上。

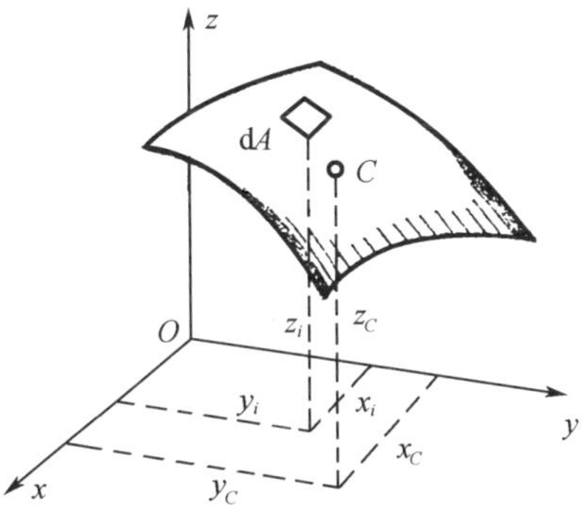

图4－25 薄壳或薄板的重心

对于等截面匀质细长曲杆，当其截面尺寸远小于长度时(图4－26)，可以看成一均质空间曲线，其重心或形心的公式为

$$x_C=\frac{\int x\mathrm{d}l}{L},\quad y_C=\frac{\int y\mathrm{d}l}{L},\quad z_C=\frac{\int z\mathrm{d}l}{L}\tag{4-48}$$

式中，dl 为微线段的长度；L 为线段的总长度。

3. 确定物体重心的几种方法

(1)简单几何形状物体的重心

对于均质物体，如在几何形体上具有对称面、对称轴或对称中心，则该物体的重心或形心必在此对称面、对称轴或对称中心上。

工程实际中常见物体的形状多为简单几何形状所组成。因而，求简单几何形体的重心有普遍意义。对于简单形状的物体，可用前面介绍的积分公式计算其重心，这时应根据物体的几何特点，适当选取便于计算的微元，利用公式积分后即可求出重心的位置。下面介绍几种常见的几何形体的重心。

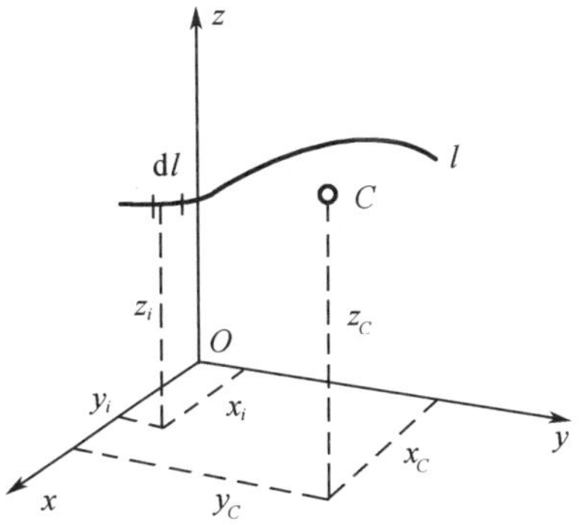

图4－26 细长曲杆的重心

①圆弧的重心。半径为 R，顶角为 2α 的一段圆弧(图4－27)，Oy 轴是对称轴，重心(形心)应在此轴上，现仅需确定重心的 y 坐标 y_C。

取微元 dL，$\mathrm{d}L=R\mathrm{d}\theta$，且该微元的 y 坐标为 $y=R\cos\theta$，则由式(4－48)有

$$y_C=\frac{\int_L y\mathrm{d}L}{L}=\frac{\int_{-\alpha}^{\alpha}R\cos\theta\cdot R\mathrm{d}\theta}{2R\alpha}=R\frac{\sin\alpha}{\alpha}$$

如令 $\alpha=\frac{\pi}{2}$，则有 $y_C=\frac{2R}{\pi}=0.637R$。

②扇形面积的重心。半径为 R，顶角为 2α 的扇形面(图4－28)，Oy 轴是对称轴，故重心应在 y 轴上。把扇形面分割成许多微小三角形，则这些微小三角形面积的重心都在距顶点 $2R/3$ 处。

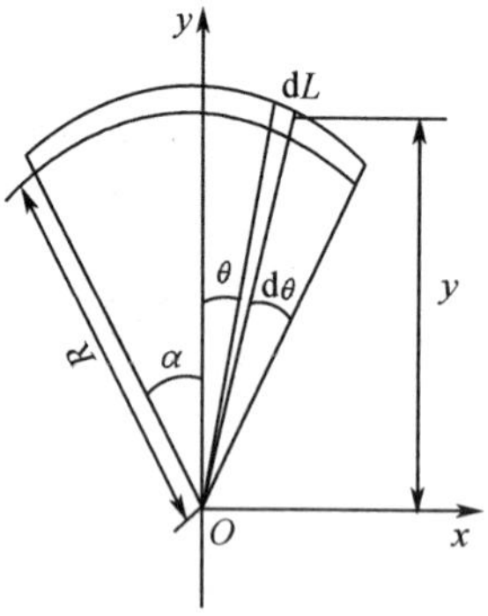

图 4-27 圆弧的重心

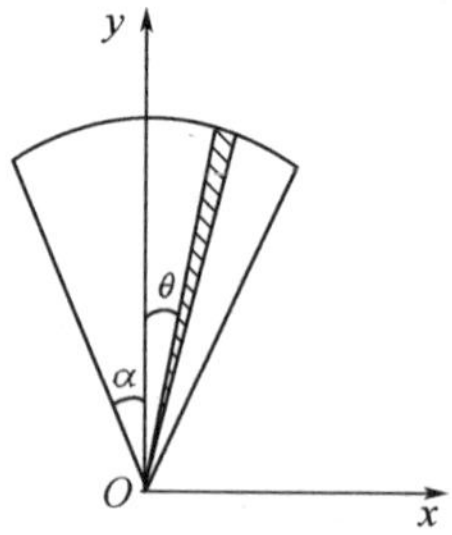

图 4-28 扇形面积的重心

则由式(4-47)有

$$y_C = \frac{\int_A y\mathrm{d}A}{\int_A \mathrm{d}A} = \frac{\int_{-\alpha}^{\alpha} \frac{2}{3}R\cos\theta \cdot \frac{1}{2}R\mathrm{d}\theta \cdot R}{\int_{-\alpha}^{\alpha} \frac{1}{2}R^2\mathrm{d}\theta} = \frac{2}{3}R\frac{\sin\alpha}{\alpha}$$

若 $\alpha = \frac{\pi}{2}$,则 $y_C = \frac{4R}{3\pi}$。

③半球体的重心。半径为 R 的半球体,取如图 4-29 所示的坐标系,其重心 C 应在对称轴 Oz 上,取微元体

$$\mathrm{d}v = \pi(R^2 - z^2)\mathrm{d}z$$

则

$$z_C = \frac{\int_V z\mathrm{d}v}{\int_V \mathrm{d}v} = \frac{\int_0^R z\pi(R^2 - z^2)\mathrm{d}z}{\int_0^z \pi(R^2 - z^2)\mathrm{d}z} = \frac{\frac{1}{4}\pi R^4}{\frac{2}{3}\pi R^3} = \frac{3}{8}R$$

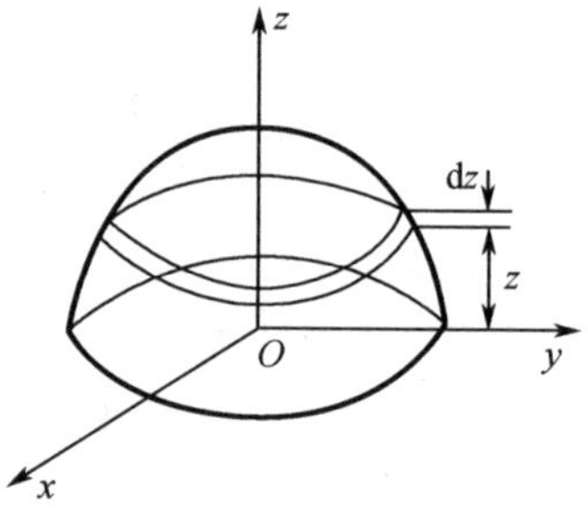

图 4-29 半球体的重心

④半圆锥壳(图 4-30(a))的重心。因为 yz 平面是半圆锥壳体的对称面,故重心应在 yz 面上,则 $x_C = 0$,取如图 4-30(b)所示的薄带微元,可将其视为一半圆环,由图 4-30(b)中的几何关系有 $r = \frac{R}{h}y$,则此微元面积是

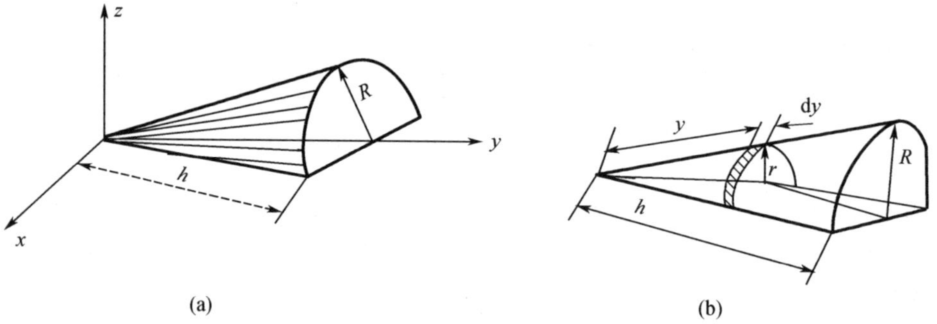

图 4-30 半圆锥壳的重心

$$ds = \pi r dy = \frac{\pi R}{h} y dy$$

此微元重心的 z 坐标为 $z = \frac{2r}{\pi} = \frac{2R}{\pi h}y$，则由式(4－47)有

$$z_C = \frac{\int_s z ds}{\int_s ds} = \frac{\int_0^h \frac{2R}{\pi h}\frac{\pi R}{h}y^2 dy}{\int_0^h \frac{\pi R}{h} y dy} = \frac{4R}{3\pi}$$

此微元重心的 y 坐标为 y，则由式(4－47)有

$$y_C = \frac{\int_s y ds}{\int_s ds} = \frac{\int_0^h \frac{\pi R}{h}y^2 dy}{\int_0^h \frac{\pi R}{h} y dy} = \frac{2}{3}h$$

一些简单几何形状的均质物体的重心(形心)，都可由积分公式求得。表4－2列出了几种常用简单形状匀质物体的重心(形心)，可供查用。工程中常用的型钢(如工字钢、角钢、槽钢等)的截面形心，可从《机械设计手册》中查得。

表4－2 几种常用简单形状匀质物体的重心(形心)

名称	图形	形心坐标	线长、面积、体积
三角形	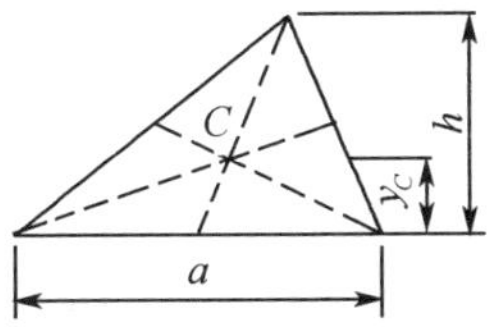	在三中线交点 $y_C = \frac{1}{3}h$	面积 $A = \frac{1}{2}ah$
梯形	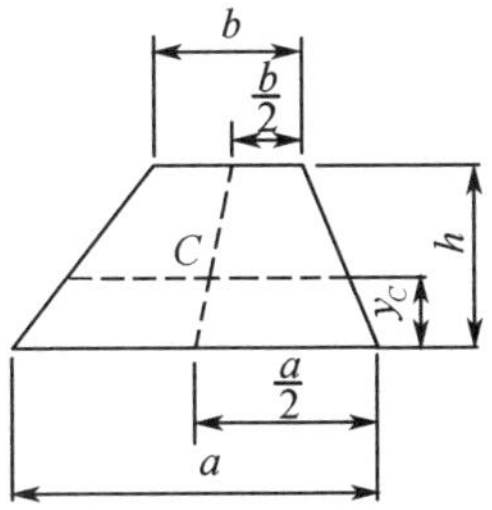	在上、下底边中线连线上 $y_C = \frac{h(a+2b)}{3(a+b)}$	面积 $A = \frac{h}{2}(a+b)$
圆弧	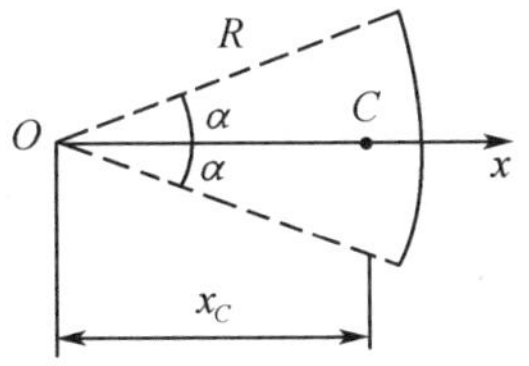	$x_C = \frac{R\sin\alpha}{\alpha}$(α以弧度计) 半圆弧$\left(\alpha = \frac{\pi}{2}\right)x_C = \frac{2R}{\pi}$	弧长 $l = 2\alpha \times R$

表4-2(续)

名称	图形	形心坐标	线长、面积、体积
扇形	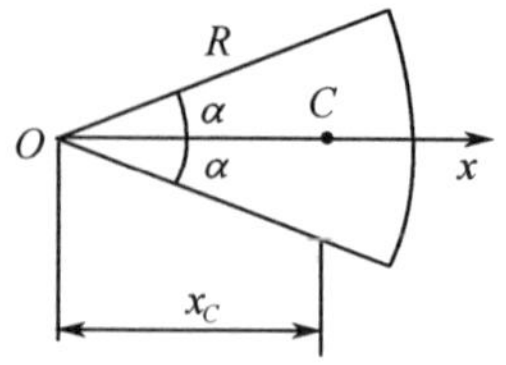	$x_C=\dfrac{2R\sin\alpha}{3\alpha}$(α以弧度计) 半圆面$\left(\alpha=\dfrac{\pi}{2}\right)x_C=\dfrac{4R}{3\pi}$	面积 $A=\alpha R^2$
弓形	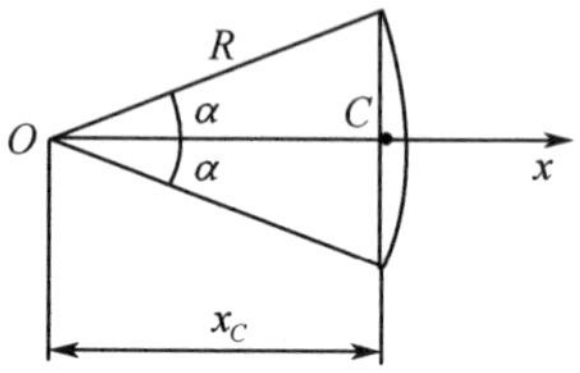	$x_C=\dfrac{4R\sin^3\alpha}{3(2\alpha-\sin 2\alpha)}$	面积 $A=\dfrac{R^2(2\alpha-\sin 2\alpha)}{2}$
抛物线面	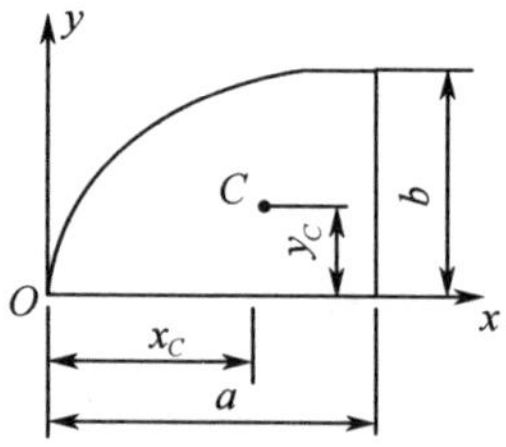	$x_c=\dfrac{3}{5}a$ $y_c=\dfrac{3}{8}b$	面积 $A=\dfrac{2}{3}ab$
抛物线面	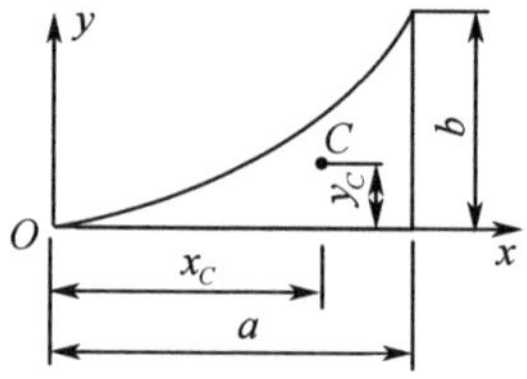	$x_C=\dfrac{3}{4}a$ $y_C=\dfrac{3}{10}b$	面积 $A=\dfrac{1}{3}ab$
半球形体	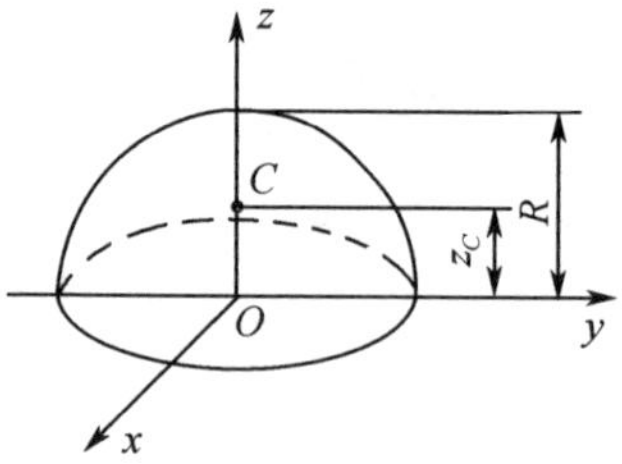	$z_C=\dfrac{3}{8}R$	体积

(2)用组合法求重心

①分割法

对于较复杂形状的物体,常将其分割成若干简单形状的物体(形体),如果已知这些简单形体的重心位置,则可利用求和形式的坐标公式求出整个物体的重心位置。这种方法常称为分割法或组合法,下面通过例子来说明这种方法。

例4-7　试用分割法确定均质平板(图4-31(a))的形心。

解　平板可分割为两部分,可视为由这两部分组成。取图4-31(b)所示的坐标系,第一部分图形的面积及其形心坐标分别为

$$A_1=(120-20)\times 20=2\ 000\ \mathrm{mm}^2$$

$$x_1=10\ \mathrm{mm},y_1=\left(20+\frac{120-20}{20}\right)=70\ \mathrm{mm}$$

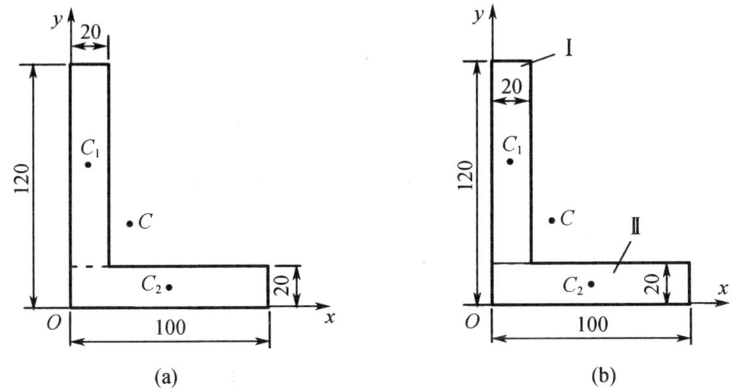

图4-31　例4-7图(尺寸单位:mm)

第二部分图形的面积及形心坐标分别为

$$A_2=100\times 20=2\ 000\ \mathrm{mm}^2$$

$$x_2=50\ \mathrm{mm},\quad y_2=10\ \mathrm{mm}$$

则整个图形的形心为

$$x_C=\frac{\sum A_i x_{Ci}}{\sum A_i}=\frac{A_1x_1+A_2x_2}{A_1+A_2}=30\ \mathrm{mm}$$

$$y_C=\frac{\sum A_i y_{Ci}}{\sum A_i}=\frac{A_1y_1+A_2y_2}{A_1+A_2}=40\ \mathrm{mm}$$

②负面积法(负体积法)

如果物体被切去了一部分,则其重心(形心),仍可用与分割法(组合法)相同的公式求出,只是切去部分的质量,或面积,或体积应取负值,这时所采用的方法称为负面积法或负体积法。

例4-8　在半径为r_1的圆截面中挖去半径为r_2的小圆,如图4-32所示。试求该圆截面形心的坐标位置。

解　由于对称,故$y_C=0$,为此只需求出x_C,将图形视为由半径为r_1的大圆和半径为r_2的小圆组成,分别算出这两部分的面积和形心位置:

$$\Delta A_1=\pi r_1^2,\quad x_1=0$$

$$\Delta A_2=-\pi r_2^2,\quad x_2=r_1/2$$

将以上二式代入均质薄板的形心坐标公式得

$$x_C = \frac{\sum \Delta A_i x_i}{\sum \Delta A_i} = \frac{\Delta A_1 x_1 + \Delta A_2 x_2}{\Delta A_1 + \Delta A_2} = \frac{\pi r_1^2 \cdot 0 - \pi r_2^2 \cdot \frac{r_1}{2}}{\pi r_1^2 - \pi r_2^2} = -\frac{r_2^2 r_1}{2(r_1^2 - r_2^2)}$$

(3)用实验方法测定重心的位置

对于工程实际中外形复杂的不规则形体不便于用公式计算,通常用实验的方法来确定物体重心的位置。常用的实验方法(也就是平衡法)有悬挂法和称重法。

①悬挂法

对于形状复杂的薄平板,确定重心位置时,可将板悬挂于任一点 A,如图 4-33(a)所示。根据二力平衡公理,板的重力与绳的张力必在同一直线上,故物体的重心一定在铅垂的挂绳延长线 AB 上。重复使用上法,将板挂于 D 点,可得 DE 线。显然,平板的重心即为 AB 与 DE 两线的交点 C,如图 4-33(b)所示。

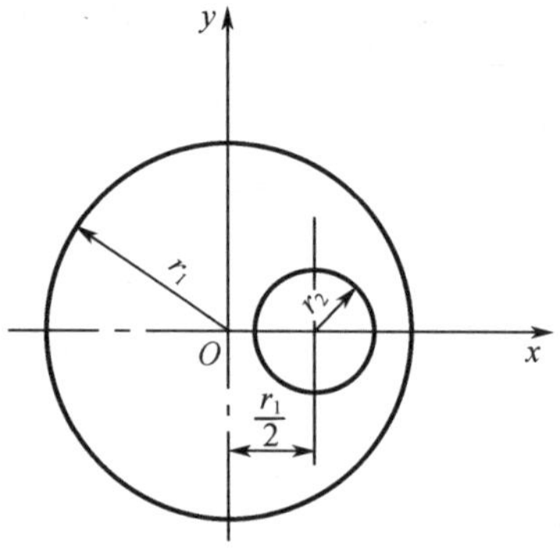

图 4-32 例 4-8 图

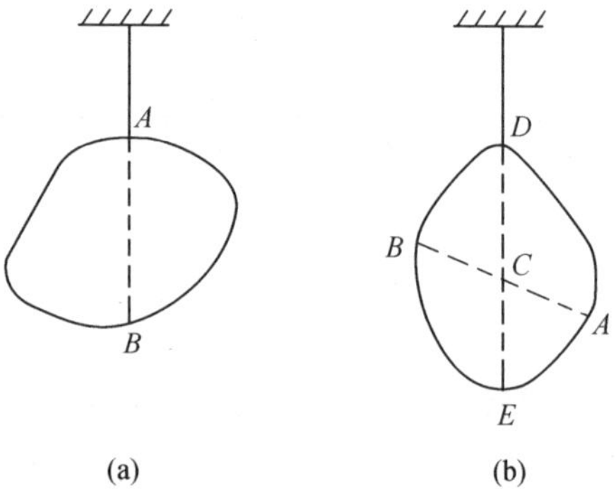

图 4-33 悬挂法测物体重心

②称重法

对于形状复杂的零件、体积庞大的物体及由许多构件组成的机械,常用称重法确定其重心的位置。例如,连杆本身具有两个相互垂直的纵向对称面,其重心必在这两个平面的交线,即连杆的中心线 AB 上,如图 4-34 所示。其重心在 x 轴上的位置可用以下方法确定:先称出连杆的重 W,然后将其一端支于固定支点 A,另一端支于磅秤上。使 AB 处于水平位置,读出磅秤上读数 F_{NB},并量出两支点间的水平距离 l,列平衡方程为

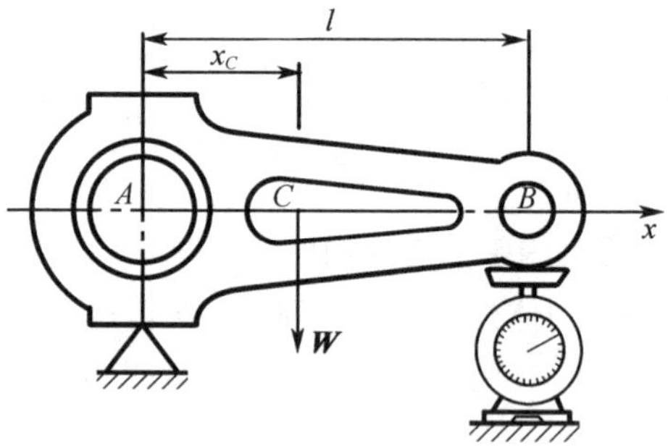

图 4-34 称重法测物体重心

$$\sum m_A = 0, \quad F_{NB} l - W \cdot x_C = 0$$

得

$$x_C = \frac{F_{NB} l}{W}$$

思考题

一、判断题

1. 一个力沿任一组坐标轴分解,所得的分力的大小和这个力在该坐标轴上的投影的大小相等。(　　)

2. 在空间问题中,力对轴的矩是代数量,而对点的矩是矢量。(　　)

3. 力对于一点的矩在一轴上的投影等于该力对于该轴的矩。(　　)

4. 一个空间力系向某点简化后,得主矢 $\boldsymbol{F}'_{\mathrm{R}}$、主矩 $\boldsymbol{M}_O$,若 $\boldsymbol{F}'_{\mathrm{R}}$ 与 $\boldsymbol{M}_O$ 平行,则此力系可进一步简化为一合力。(　　)

5. 某一力偶系,若其力偶矩矢构成的多边形是封闭的,则该力偶系向一点简化时,主矢一定等于零,主矩也一定等于零。(　　)

二、选择题

1. 如图4-35所示,已知一正方体,各边长 a,沿对角线 BH 作用一个力 $\boldsymbol{F}$,则该力在 x_1 轴上的投影为(　　)。

A. 0　　B. $F/\sqrt{2}$　　C. $F/\sqrt{6}$　　D. $-F/\sqrt{3}$

2. 空间力偶矩是(　　)。

A. 代数量　　B. 滑动矢量　　C. 定位矢量　　D. 自由矢量

3. 如图4-36所示,边长为 a 的立方框架上,沿对角线 AB 作用一力,其大小为 P;沿 CD 边作用另一力,其大小为 $\sqrt{3}P/3$,此力系向 O 点简化的主矩大小为(　　)。

A. $\sqrt{6}Pa$　　B. $\sqrt{3}Pa$　　C. $\sqrt{6}Pa/6$　　D. $\sqrt{3}Pa/3$

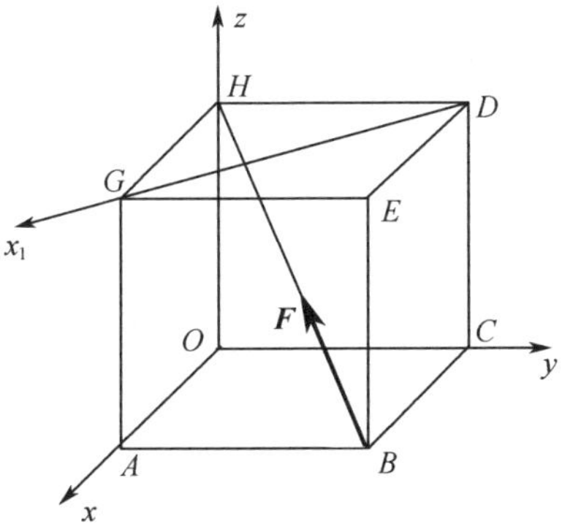

图4-35　选择题第1题图

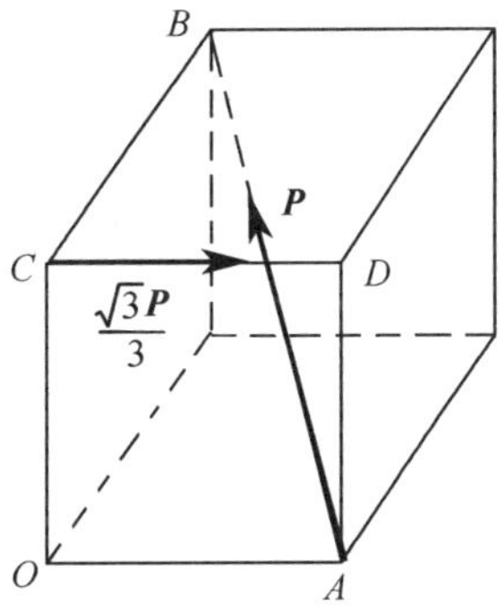

图4-36　选择题第3题图

4. 如图4-37所示,正立方体的顶角上作用有六个大小相等的力,此力系向任一点简化的结果是(　　)。

A. 主矢等于零,主矩不等于零　　B. 主矢不等于零,主矩也不等于零

C. 主矢不等于零,主矩等于零　　D. 主矢等于零,主矩也等于零

5. 力 $\boldsymbol{F}$ 的作用线在 $OABC$ 平面内,如图4-38所示。则 $\boldsymbol{F}$ 对 Ox、Oy、Oz 轴的矩为(　　)。

A. $m_x(\boldsymbol{F}) \neq 0, m_y(\boldsymbol{F}) \neq 0, m_z(\boldsymbol{F}) \neq 0$

B. $m_x(\boldsymbol{F}) \neq 0, m_y(\boldsymbol{F}) \neq 0, m_z(\boldsymbol{F}) = 0$

C. $m_x(\boldsymbol{F}) = 0, m_y(\boldsymbol{F}) \neq 0, m_z(\boldsymbol{F}) \neq 0$

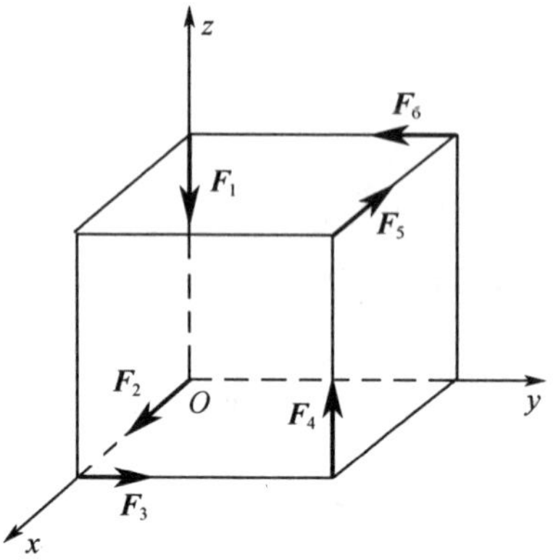

图 4-37 选择题第 4 题图

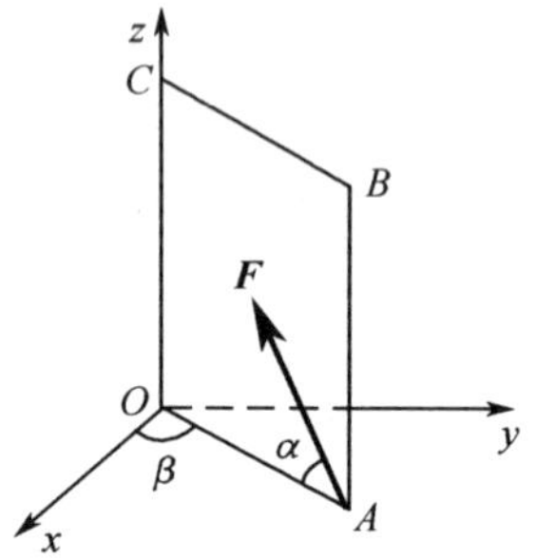

图 4-38 选择题第 5 题图

三、填空题

1. 如图 4-39 所示,已知力 $\boldsymbol{F}$ 的大小、角度 φ 和角度 θ,以及长方体的边长 a、b、c,则力 $\boldsymbol{F}$ 在 z 轴和 y 轴上的投影:$F_z =$ ________,$F_y =$ ________; F 对轴 x 的矩 $m_x(\boldsymbol{F}) =$ ________。

2. 如图 4-40 所示,力 $\boldsymbol{F}$ 通过 $A(3,4,0)$、$B(0,4,4)$ 两点(长度单位为 m),若 $F = 100$ N,则该力在 x 轴上的投影为________,对 x 轴的矩为________。

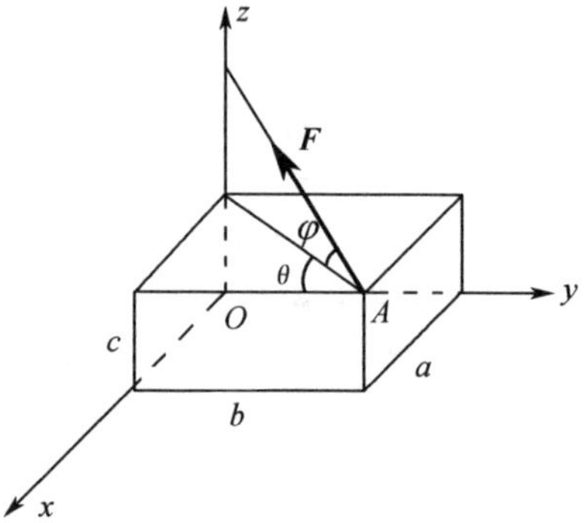

图 4-39 填空题第 1 题图

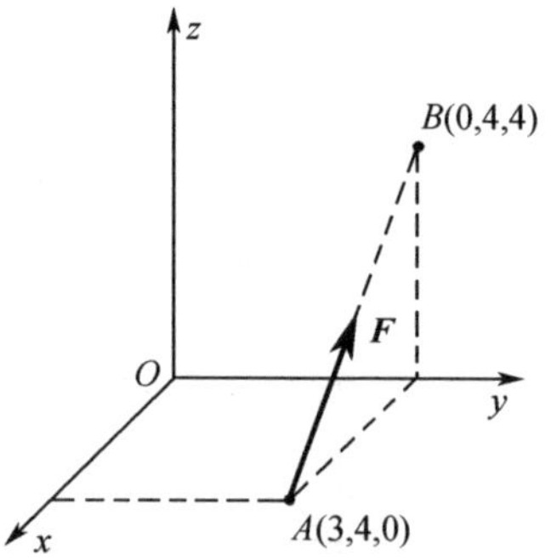

图 4-40 填空题第 2 题图

3. 如图 4-41 所示,正三棱柱的底面为等腰三角形,已知 $OA = OB = a$,在平面 $ABED$ 内有沿对角线 AE 的一个力 $\boldsymbol{F}$, $\alpha = 30°$, 则此力对各坐标轴的矩分别为 $m_x(\boldsymbol{F}) =$ ________________,$m_y(\boldsymbol{F}) =$ ________________,$m_z(\boldsymbol{F}) =$ ________________。

4. 通过 $A(3,0,0,)$、$B(0,1,2)$ 两点(长度单位为 m),由 A 指向 B 的力 $\boldsymbol{F}$,在 z 轴上的投影为________,对 z 轴的矩为________。

5. 如图 4-42 所示,已知力 $\boldsymbol{F}$ 和长方体的边长 a、b、c 及角 φ、角 θ,则力 $\boldsymbol{F}$ 对 AB 轴的矩为________ 。

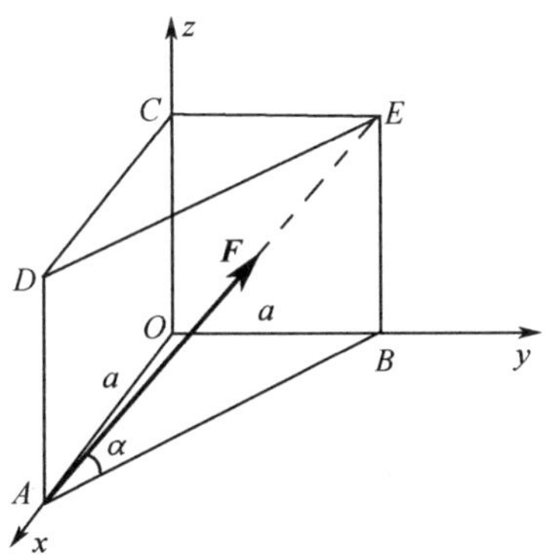

图 4-41 填空题第 3 题图

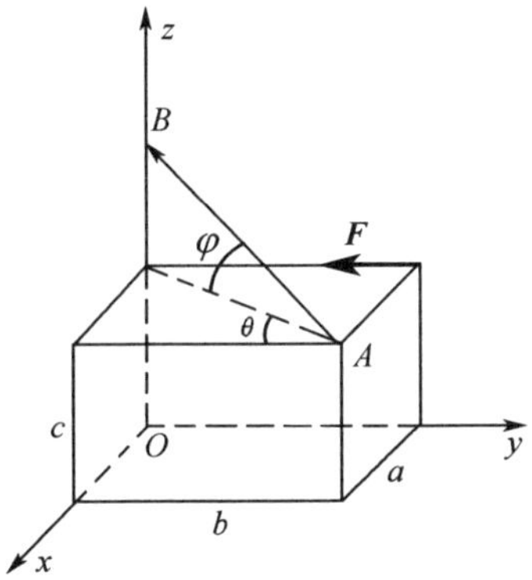

图 4-42 填空题第 5 题图

习 题

4-1 如图 4-43 所示,已知 $F_1=2\sqrt{6}$ N,$F_2=2\sqrt{3}$ N,$F_3=1$ N,$F_4=4\sqrt{2}$ N,$F_5=7$ N,求五个力的合力。

答案:$F_x=4$ N,$F_y=4$ N,$F_z=4$ N。

4-2 如图 4-44 所示,重为 18 kN 的正方形匀质平板,其重心在 G 点。平板由三根绳子悬挂着并保持水平。试求各绳的拉力。

答案:$F_{AD}=\frac{9}{4}\sqrt{6}$ kN,$F_{BD}=\frac{9}{4}\sqrt{6}$ kN,$F_{CD}=\frac{9}{2}\sqrt{5}$ kN。

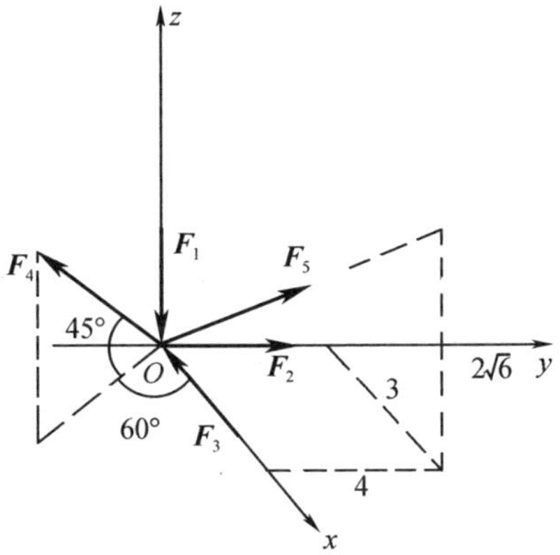

图 4-43 习题 4-1 图

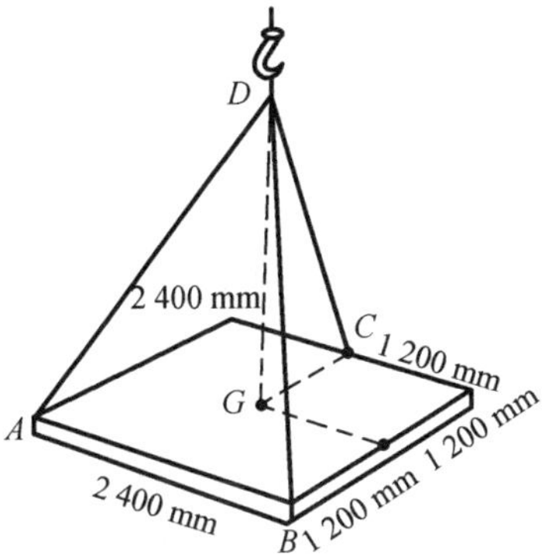

图 4-44 习题 4-2 图

4-3 如图 4-45 所示,三脚架的三杆用球铰 D 相连接,并用球铰支座 A、B、C 支撑。设三脚架的 D 点作用有 1 kN 的水平力,各杆重略去不计。试求各杆所受的力。

答案:$F_{AD}=-\frac{5}{6}\sqrt{6}$ kN,$F_{BD}=\frac{2}{9}\sqrt{15}$ kN,$F_{CD}=\frac{\sqrt{58}}{6}$ kN。

4-4 空间构架由三根直杆组成,在 D 端用球铰链连接。A、B 和 C 端则用球铰链固定在水平地板上,如图 4-46 所示。如果挂在 D 端的物重 $G=10$ kN,试求铰链 A、B 和 C 的反力(各杆重不计)。

答案:$F_A=F_B=-26.4$ kN(压力),$F_C=33.5$ kN(拉力)。

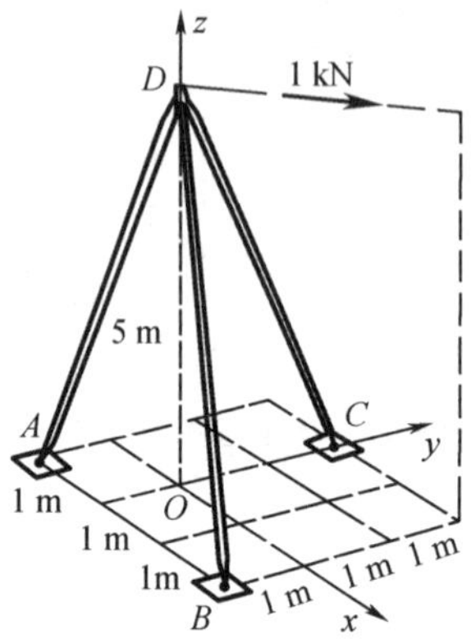

图 4-45 习题 4-3 图

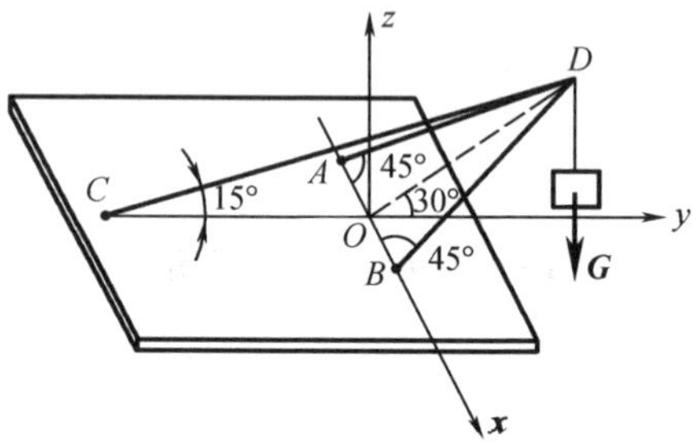

图 4-46 习题 4-4 图

4-5 如图 4-47 所示,墙角处吊挂支架由两端铰接杆 OA、OB 和软绳 OC 构成,两杆分别垂直于墙面,由 OC 绳维持在水平面内。节点 O 处悬挂一重 $P=500$ N 的重物,若 $OA=30$ cm,$OB=40$ cm,OC 绳与水平面的夹角为 30°。不计杆重,试求绳子拉力和两杆所受压力。

答案:$F_T=1\ 000$ N,$F_{OA}=519$ N,$F_{OB}=693$ N。

4-6 齿轮箱受三个力偶的作用,如图 4-48 所示,求此力偶系的合力偶。

答案:$\boldsymbol{m}=-160\boldsymbol{i}+213\boldsymbol{k}$。

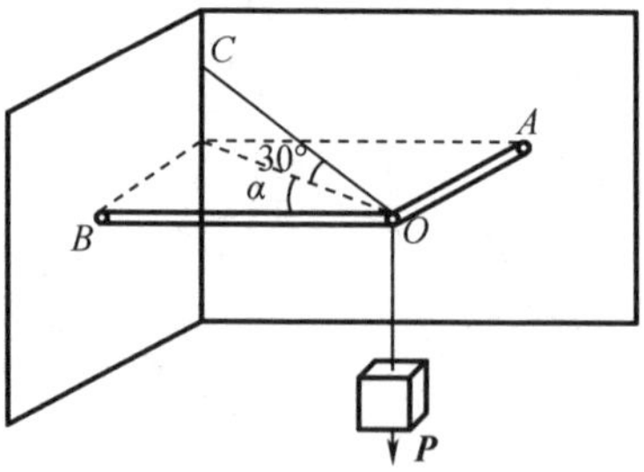

图 4-47 习题 4-5 图

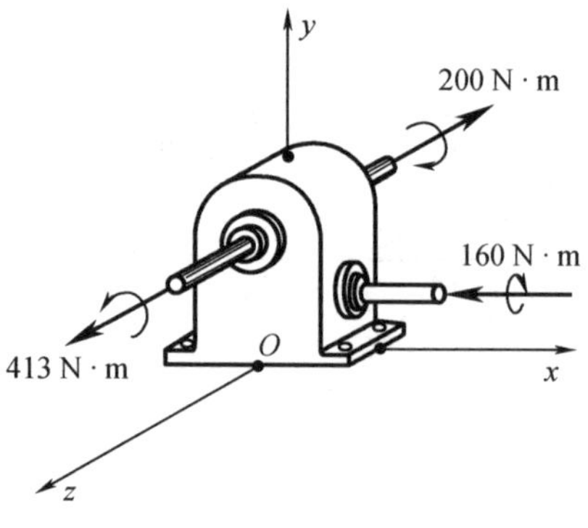

图 4-48 习题 4-6 图

4-7 如图 4-49 所示,作用于管扳子手柄上的两个力构成一力偶,试求此力偶矩矢量的大小和方向。

答案:$m=78.3$ N·m,方向沿 x 轴负向。

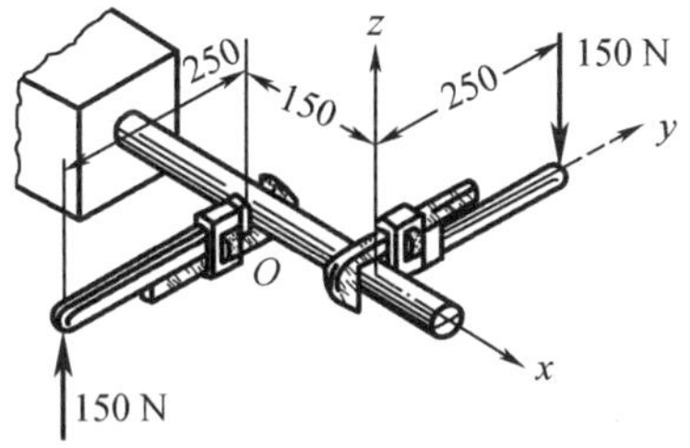

图4-49　习题4-7图(尺寸单位:mm)

4-8　如图4-50所示,力偶矩矢量 $\boldsymbol{m}_1$ 和 $\boldsymbol{m}_2$ 分别表示作用于平面 ABC 和 ACD 上的力偶,已知 $\boldsymbol{m}_1=\boldsymbol{m}_2=\boldsymbol{m}$,求合力偶。

答案:$\boldsymbol{m}=\dfrac{2}{\sqrt{13}}m_2\boldsymbol{i}+\left(\dfrac{m_1}{\sqrt{5}}+\dfrac{3m_2}{\sqrt{13}}\right)\boldsymbol{j}+\dfrac{2m_1}{\sqrt{5}}\boldsymbol{k}$。

4-9　齿轮箱有三个轴,其中 A 轴水平,B 轴和 C 轴位于 yz 铅垂平面内,轴上作用的力偶如图4-51所示,求合力偶。

答案:$m_x=6$ kN·m,$m_y=7.7$ kN·m,$m_z=0$ kN·m。

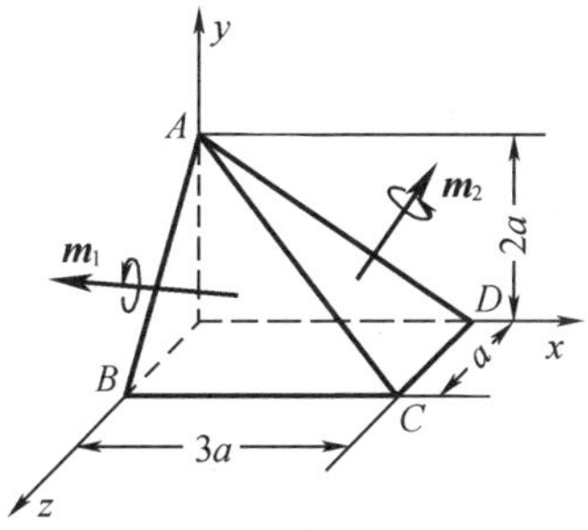

图4-50　习题4-8图

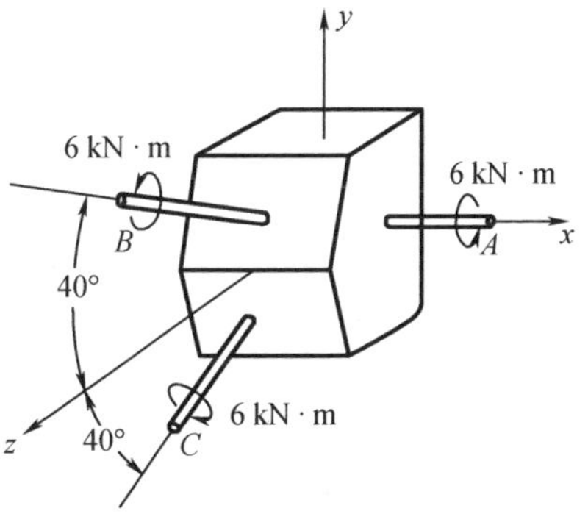

图4-51　习题4-9图

4-10　如图4-52所示,三圆盘 A、B 和 C 的半径分别为15 cm,10 cm和5 cm。三轴 OA、OB 和 OC 在同一平面内,$\angle AOB$ 为直角。在这三圆盘上分别作用力偶,组成各力偶的力作用在轮缘上,它们的大小分别等于10 N、20 N和 P。如这三圆盘所构成的物系可以自由移动,求能使此物系平衡的力 $\boldsymbol{P}$ 的大小和角 α。

答案:$P=50$ N,$\alpha=143°8'$。

4-11　立柱 OA 的顶端受到绳子的拉力 $F_T=10$ kN,尺寸如图4-53所示。求力 $\boldsymbol{F}_T$ 在坐标轴上的投影,以及对 O 点和三个坐标轴的矩(大小和方向)。

答案:$F_{Tx}=3\sqrt{2}$ kN, $F_{Ty}=4\sqrt{2}$ kN, $F_{Tz}=-5\sqrt{2}$ kN。

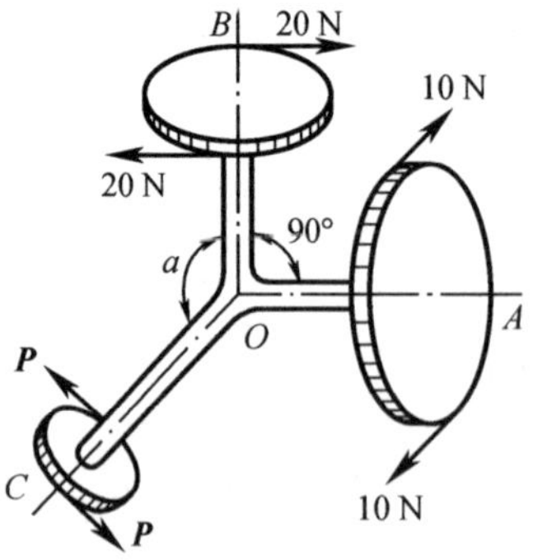

图4-52 习题4-10图

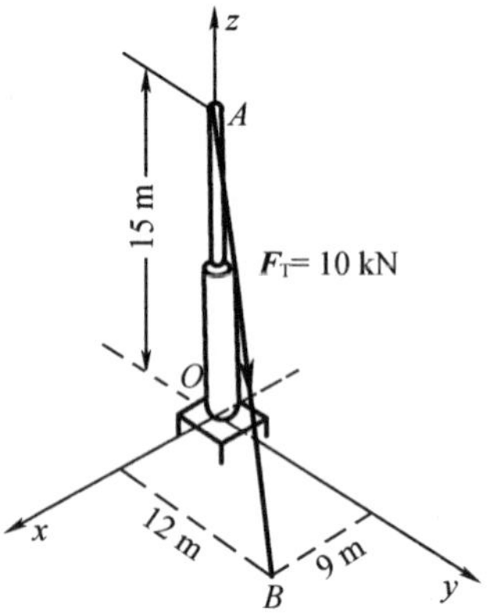

图4-53 习题4-11图

4-12 如图4-54所示,求力 $\boldsymbol{F}$ 对点 A 的矩。

答案:$m_A = F\sqrt{a^2+b^2}$,方向为 $\boldsymbol{n}=a\boldsymbol{i}+b\boldsymbol{k}$。

4-13 如图4-55所示,求力 $\boldsymbol{P}$ 对点 A 的矩。

答案:$\boldsymbol{m}_A=\frac{4}{5}pb\boldsymbol{i}-\frac{7}{5}pb\boldsymbol{j}-\frac{3}{5}pb\boldsymbol{k}$。

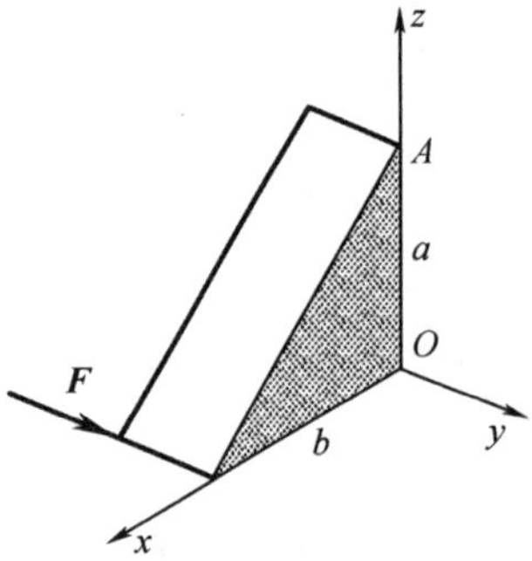

图4-54 习题4-12图

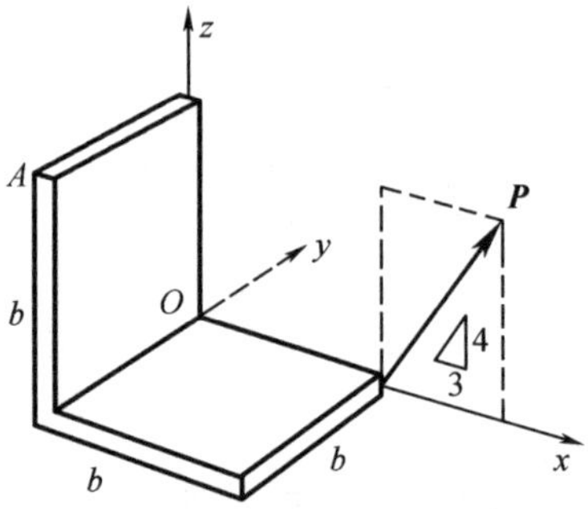

图4-55 习题4-13图

4-14 如图4-56所示,钢丝绳 AB 用螺栓拉紧,已知其拉力为1.2 kN。求:

(1)绳子作用于 A 点的力沿三个坐标轴的分力;

(2)绳子作用于 A 点的力对 O 点和三个坐标轴的矩。

答案:(1)$F_{Tx}=0.37$ kN, $F_{Ty}=0.69$ kN, $F_{Tz}=-0.92$ kN。

(2)$\boldsymbol{m}_O=-1.38\boldsymbol{i}+2.212\boldsymbol{j}+1.104\boldsymbol{k}$,

$m_x=-1.38$ kN·m,$m_y=2.212$ kN·m,$m_z=1.104$ kN·m。

4-15 $\boldsymbol{F}_1$、$\boldsymbol{F}_2$、$\boldsymbol{F}_3$、$\boldsymbol{F}_4$ 各力在空间的位置如图4-57所示,已知 $F_1=F_2=F_3=F_4=10$ N,写出各力的解析表达式和各力对 O 点的力矩解析表达式。

答案:$\boldsymbol{F}_1=10\boldsymbol{k},\boldsymbol{F}_2=10\boldsymbol{i},\boldsymbol{F}_3=-5\boldsymbol{i}+5\sqrt{3}\boldsymbol{j},\boldsymbol{F}_4=\frac{5}{2}\sqrt{3}\boldsymbol{i}-\frac{15}{2}\boldsymbol{j}-5\boldsymbol{k}$;

$\boldsymbol{m}_O(\boldsymbol{F}_1)=15\boldsymbol{i}-5\sqrt{3}\boldsymbol{j},\boldsymbol{m}_O(\boldsymbol{F}_2)=10\boldsymbol{j}-15\boldsymbol{k},\boldsymbol{m}_O(\boldsymbol{F}_3)=\frac{15}{2}\boldsymbol{k}$,

$$m_O(F_4)=\frac{5}{2}\sqrt{3}j-\frac{15}{4}\sqrt{3}k。$$

答案：$F_x=6$ N，$F_y=4$ N，$F_z=4$ N。

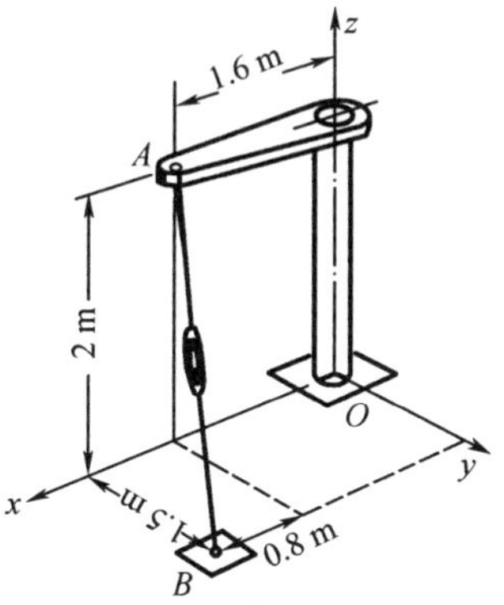

图 4-56　习题 4-14 图

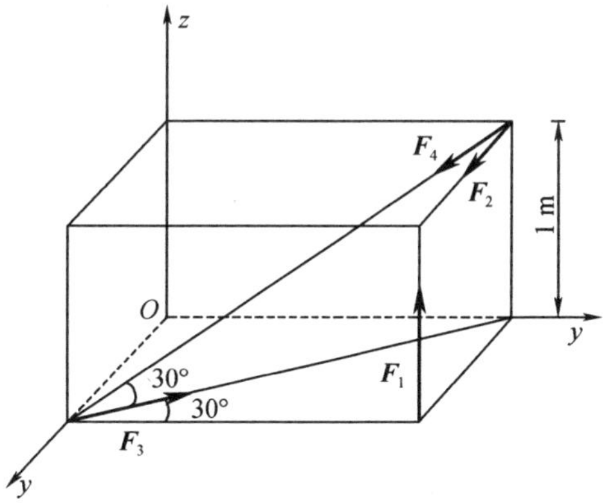

图 4-57　习题 4-15 图

4-16　如图 4-58 所示，求图示力 $P=1\ 000$ N 对于 z 轴的矩 m_z 的大小。

答案：$m_z=-101.41$ N·m

4-17　轴 AB 与铅垂线成 α 角，悬臂 CD 垂直地固定在轴上，其长为 a，并与铅垂面 zAB 成 θ 角，如图 4-59 所示。如在 D 点作用铅垂向下的力 P，求此力对轴 AB 的矩的大小。

答案：$m_{AB}(P)=Pa\sin\alpha\sin\theta$。

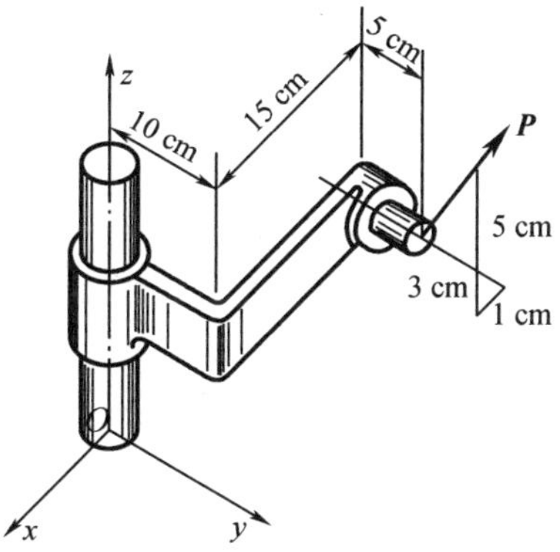

图 4-58　习题 4-16 图

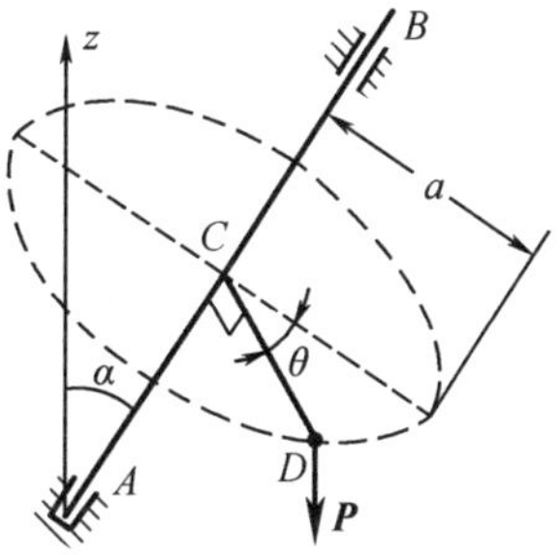

图 4-59　习题 4-17 图

4-18　图示力系的三个力分别为 $P_1=350$ N，$P_2=400$ N 和 $P_3=600$ N，其作用线的位置如图 4-60 所示。试将此力系向 O 点简化。

答案：主矢 $F'_R=(-143.9i+1\ 010.5j-516.9k)$ N；

主矩 $M_O=(-47.99i+21.07j-19.40k)$ N·m。

4-19　力系中 $P_1=100$ N，$P_2=300$ N，$P_3=200$ N。各力作用线的位置如图 4-61 所示。试将力系向 O 点简化。

答案：主矢 $F'_R=(-345.4i+249.6j+10.56k)$ N；

主矩 $\boldsymbol{M}_O=(-51.78\boldsymbol{i}-36.05\boldsymbol{j}+103.6\boldsymbol{k})$ N·m。

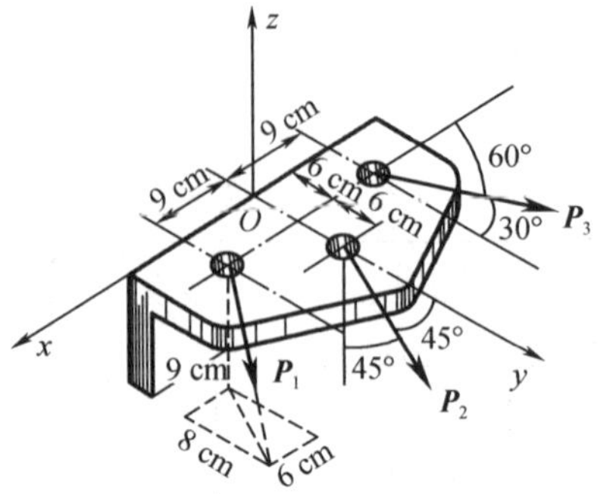

图 4-60　习题 4-18 图

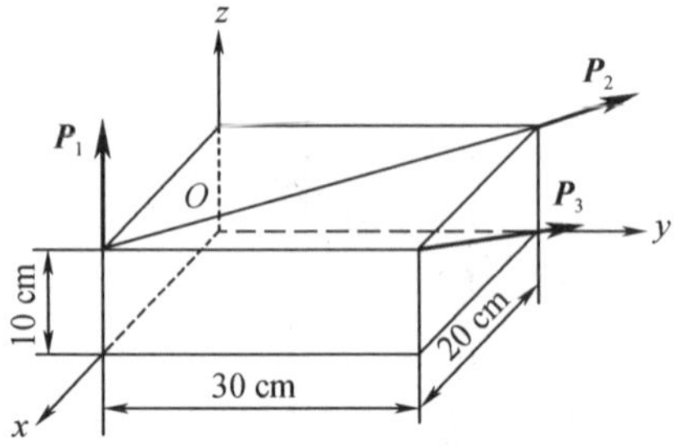

图 4-61　习题 4-19 图

4-20　如图 4-62 所示，各力沿正方体的棱边、面对角线和体对角线分布。已知 $F_1=10$ N，$F_2=10\sqrt{2}$ N，$F_3=10\sqrt{2}$ N，$F_4=10\sqrt{3}$ N，正方体边长 $a=1$ m，求力系向 O 点的简化结果。

答案：主矢 $\boldsymbol{F}'_{\rm R}=-10\boldsymbol{i}+10\boldsymbol{k}$；

主矩 $\boldsymbol{M}_O=-10a\boldsymbol{i}-20a\boldsymbol{j}$。

4-21　曲杆 $ABCD$ 有两个直角，$\angle ABC=\angle BCD=90°$，且平面 ABC 与平面 BCD 垂直。杆的 D 端铰支，另一 A 端受轴承支撑，如图 4-63 所示。在曲杆的 AB、BC 和 CD 上作用三个力偶，力偶所在平面分别垂直于 AB、BC 和 CD 三线段。若 $AB=a$，$BC=b$，$CD=c$，且已知力偶矩 $\boldsymbol{m}_2$ 和 $\boldsymbol{m}_3$，求使曲杆处于平衡的力偶矩 $\boldsymbol{m}_1$ 的大小和支座反力。

答案：$m_1=\dfrac{b}{a}m_2+\dfrac{c}{a}m_3$，$F_{Ay}=\dfrac{m_3}{a}$，$F_{Az}=\dfrac{m_2}{a}$，$F_{Dx}=0$，$F_{Dy}=-\dfrac{m_3}{a}$，$F_{Dz}=-\dfrac{m_2}{a}$。

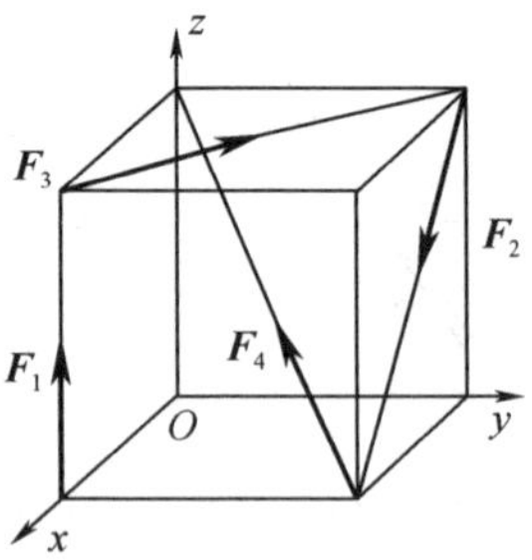

图 4-62　习题 4-20 图

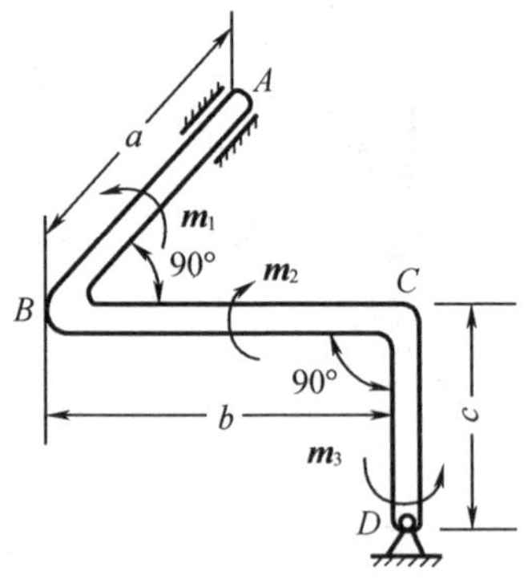

图 4-63　习题 4-21 图

4-22　如图 4-64 所示，起重机装在三轮小车 ABC 上，可绕机身轴线 MN 转动。已知起重机尺寸为 $AD=DB=1$ m，$CD=1.5$ m，$CM=1$ m，$KL=4$ m。机身连同平衡锤总重为 100 kN，重心在 G 点，G 点在 $LMNF$ 平面内，到轴线 MN 的距离 $GH=0.5$ m。起吊重物的重力 $W=30$ kN。试求当起重机的平面 LMN 转到平行于 AB 的位置时，A、B、C 三个轮子对地面的压力。

答案：$F_{NA}=\dfrac{25}{3}$ kN，$F_{NB}=\dfrac{235}{3}$ kN，$F_{NC}=\dfrac{130}{3}$ kN。

4－23　绞车的轴 AB 上绕有绳子，绳上挂重物 Q。轮 C 装在轴上，轮的半径为轴半径的六倍，其他尺寸如图 4－65 所示。绕在轮 C 上的绳子沿轮与水平线成 30°角的切线引出，绳跨过轮 D 后挂以重物 $P=60$ N。求平衡时，物 Q 的所受重力及轴承 A 和 B 的反作用力（各轮和轴重及绳与滑轮 D 的摩擦力均略去不计）。

答案：$Q=360$ N，$F_{Ax}=-40\sqrt{3}$ N，$F_{Az}=160$ N，$F_{Bx}=10\sqrt{3}$ N，$F_{Bz}=230$ N。

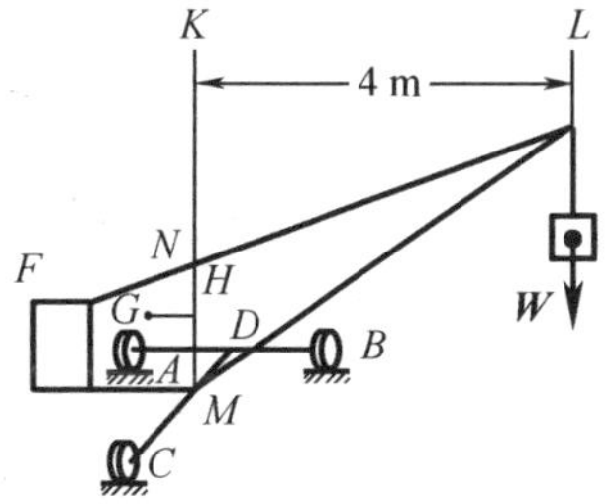

图 4－64　习题 4－22 图

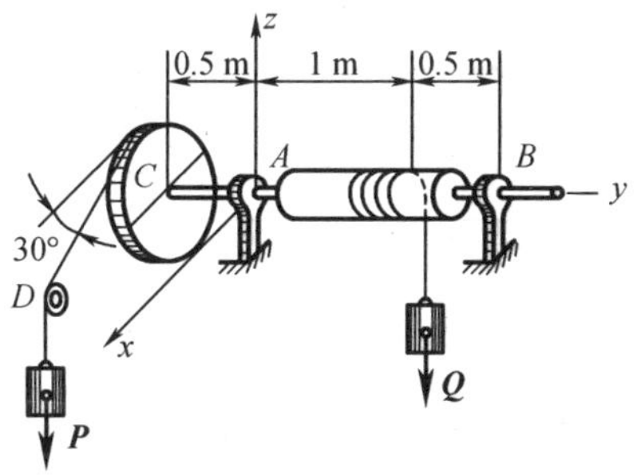

图 4－65　习题 4－23 图

4－24　如图 4－66 所示，电动机 M 通过链条传动将重物 Q 等速提起，链条与水平线成 30°角（轴线 O_1x_1 平行于轴线 Ax）。已知 $r=10$ cm，$R=20$ cm，$Q=10$ kN，链条主动边（下边）的拉力为从动边拉力的两倍，求支座 A 和 B 的反力及链条的拉力。

答案：$F_{Ax}=-5.2$ kN，$F_{Az}=6$ kN，$F_{Bx}=-7.8$ kN，$F_{Bz}=1.5$ kN；

$F_1=10$ kN，$F_2=5$ kN（从动拉力）。

4－25　如图 4－67 所示，矩形均质板 $ABCD$ 重为 800 N，用蝶铰 H、K 和撑杆 EC 支持成水平位置。已知 $AB=1.5$ m，$BC=0.6$ m，$AH=BK=0.25$ m，$CE=0.75$ m。求杆 CE 的内力 S 及蝶铰 K、H 的反力。

答案：$S=666.7$ N，$F_{Hx}=-133.34$ N，$F_{Hz}=133.3$ N，$F_{Kx}=-666.7$ N，$F_{Kz}=226.7$ N。

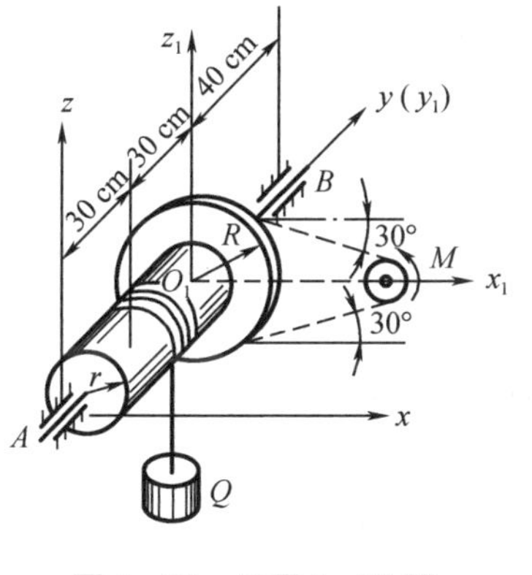

图 4－66　习题 4－24 图

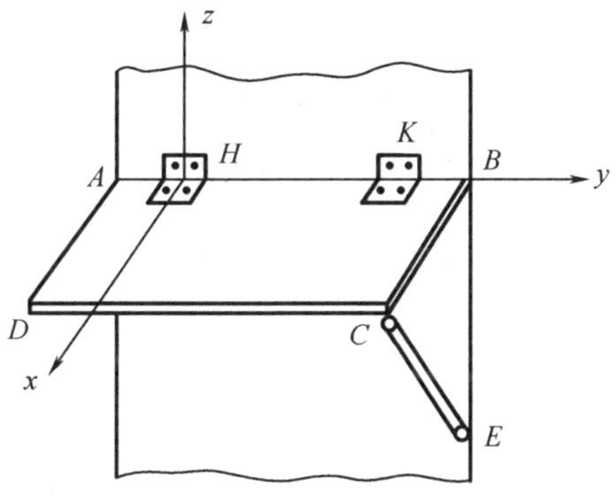

图 4－67　习题 4－25 图

4－26　如图 4－68 所示，边长为 a 的正方形水平薄板用六根杆支持，平板上有一力偶作用,其矩为 $\boldsymbol{m}$。不计板和杆的自重,求各杆内力。

答案:$F_1=-\dfrac{m}{a}$,$F_2=\dfrac{\sqrt{2}}{a}m$,$F_3=0$,$F_4=0$。

4－27　杆系由铰链连接,位于立方体的边和对角线上,如图4－69所示。在节点 D 作用力 $\boldsymbol{Q}$,沿对角线 LD 方向。在节点 C 作用力 $\boldsymbol{P}$,沿 CH 边铅直向下。如铰链 B、L 和 H 是固定的,求各杆的内力(杆重不计)。

答案:$F_1=Q$(拉),$F_2=-\sqrt{2}Q$(压),$F_3=-\sqrt{2}Q$(压),$F_4=\sqrt{6}Q$(拉),$F_5=-P-\sqrt{2}Q$(压),$F_6=Q$(拉)。

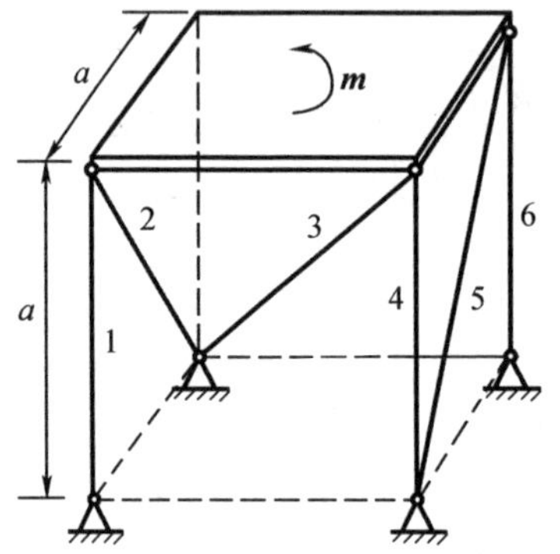

图4－68　习题4－26图

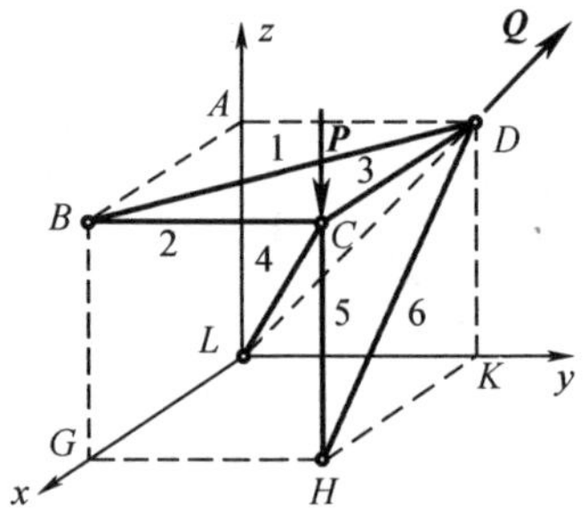

图4－69　习题4－27图

4－28　如图4－70所示,在半径为 r_1 的均质圆盘内有一半径为 r_2 的圆孔,两圆的中心相距$\dfrac{r_1}{2}$。求此圆盘重心的位置。

答案:$x_C=-\dfrac{r_2^2T_1}{2(r_1^2-r_2^2)}$,$y_C=0$。

4－29　求图4－71所示的薄板重心的位置。该薄板由形状为矩形、三角形和四分之一的圆形的三块等厚薄板组成,尺寸如图4－71所示。

答案:$x_C=12.78\ \text{cm}$,$y_C=16.38\ \text{cm}$。

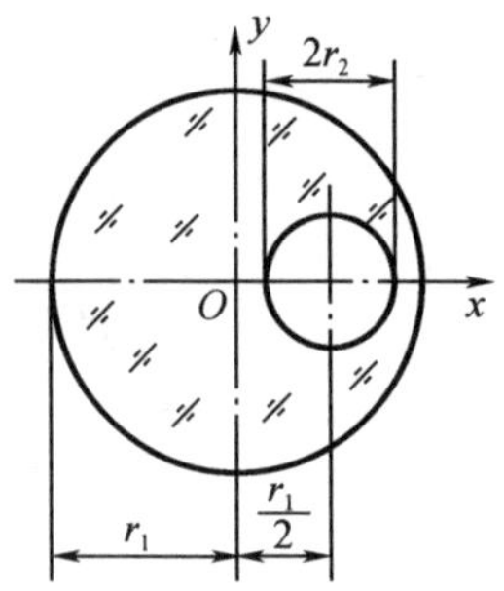

图4－70　习题4－28图

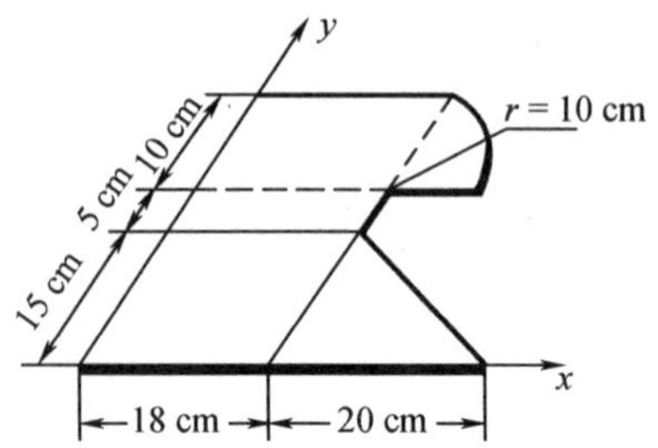

图4－71　习题4－29图

4－30　如图4－72所示,平面图形中每一方格的边长为2 cm,求挖去圆后剩余部分面积重心的位置。

答案：$x_C = 8.17$ cm，$y_C = 5.95$ cm。

4 - 31　均质的细长杆被弯成如图 4 - 73 所示的形状，求重心的坐标。

答案：$x_C = 31.13$ mm，$y_C = 48.87$ mm，$z_C = 31.13$ mm。

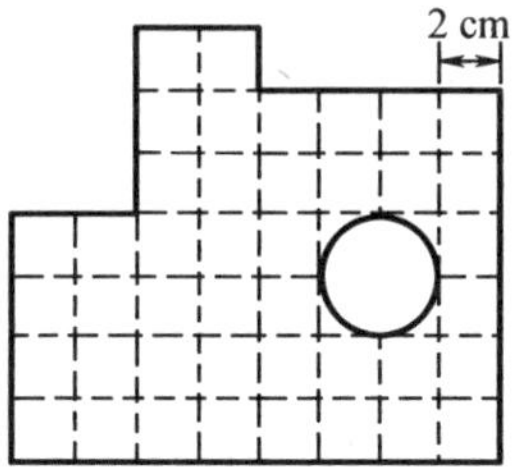

图 4 - 72　习题 4 - 30 图

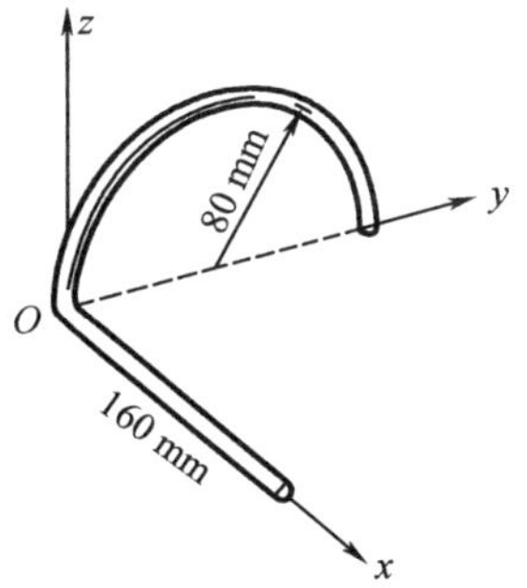

图 4 - 73　习题 4 - 31 图

4 - 32　如图 4 - 74 所示，试求均质混凝土基础的重心位置。

答案：$x_C = 2.02$ m，$y_C = 1.16$ m，$z_C = 0.72$ m。

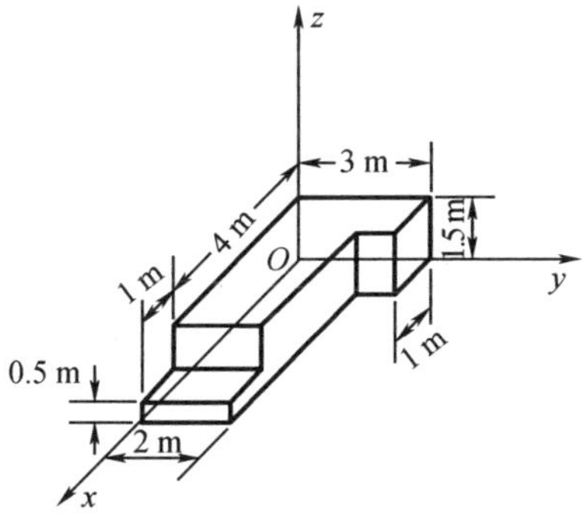

图 4 - 74　习题 4 - 32 图

4 - 33　图 4 - 75 所示的悬臂梁 ABC，A 端固定在基础上，在刚架的 B 点和 C 点分别作用有沿 y 轴和 z 轴的水平力 $\boldsymbol{F}_1$ 和 $\boldsymbol{F}_2$，在 BC 段作用有集度为 q 的铅垂均布载荷，在刚架柱 AB 上作用了力偶 $\boldsymbol{m}$。已知 $F_1 = 20$ kN，$F_2 = 30$ kN，$q = 10$ kN/m，$m = 30$ kN · m，$h = 3$ m，$l = 4$ m，忽略刚架重，试求固定端 A 的约束反力。

答案：$F_{Ax} = 0$，$F_{Ay} = -20$ kN，$F_{Az} = 70$ kN，$m_{Ax} = 260$ kN · m，$m_{Az} = -30$ kN · m。

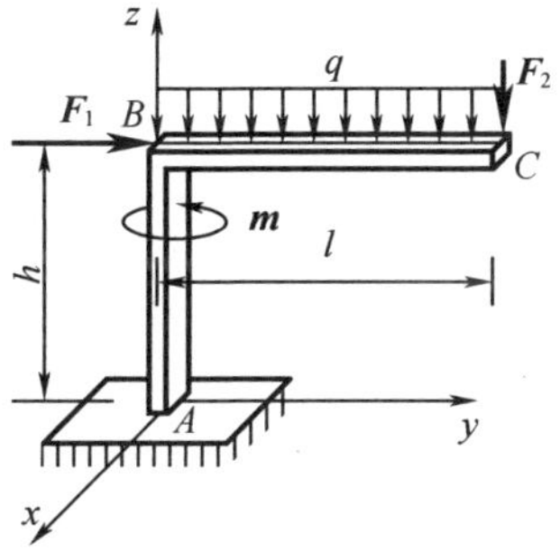

图 4 - 75　习题 4 - 33 图

4-34 如图4-76所示的矩形板,在C、D处用铰链固定,在A、B处用拉杆AE、BE与墙上固定点E联系,使它保持在水平位置。板受重力作用$G=120$ N,并在B处受到水平拉力$P=80$ N作用。试求杆的拉力和铰链的约束反力。

答案:$F_{BE}=94.33$ N(拉),$F_{AE}=50$ N(拉),$F_{Cx}=F_{Dx}=40$ N,$F_{Cz}=F_{Dz}=30$ N。

4-35 如图4-77所示,立柱AB用BG和BH两根缆风绳拉住,并在A点用球铰约束,臂杆的D端吊悬的重物$P=20$ kN,求两绳的拉力和支座A的约束反力。

答案:$F_{BG}=F_{BH}=28.3$ kN,$F_{Ax}=0$,$F_{Ay}=20$ kN,$F_{Az}=69$ kN。

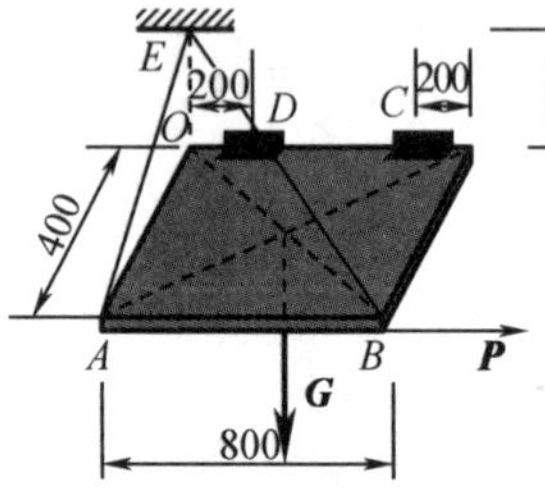

图4-76 习题4-34图(尺寸单位:mm)

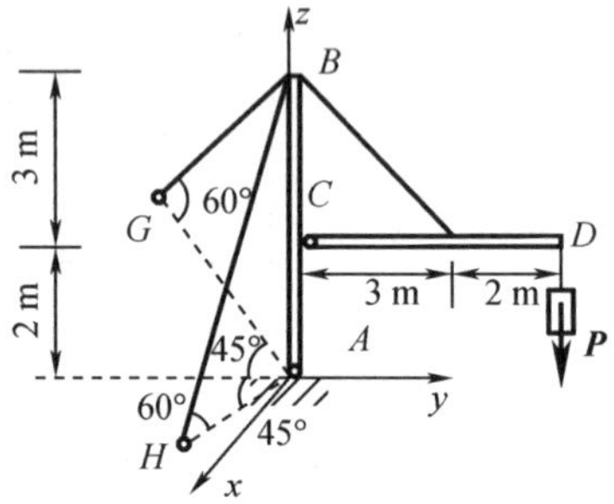

图4-77 习题4-35图

4-36 如图4-78所示,三轮货车在底板M处放置重物$P=1$ kN。后面两轮中心O_1、O_2相距1 m,前轮中心O_3到O_1O_2的距离为1.6 m,设为O_3D,即与O_1O_2的交点为D。若$ME=0.6$ m,$O_1E=0.4$ m,小车自重不计,试求当小车保持平衡时三个轮子受到的反力。

答案:$F_1=0.412$ kN,$F_2=0.213$ kN,$F_3=0.375$ kN。

4-37 如图4-79所示均质正方形薄板重$Q=200$ N,用球铰链A和蝶铰链B固定于墙内,并和点A在同一垂直线上,$\angle ECA=30°$。求绳子的拉力和A、B的支座反力。

答案:$F_{CE}=200$ N,$F_{Ax}=86.6$ N,$F_{Ay}=150$ N,$F_{Az}=100$ N,$F_{Bx}=F_{Bz}=0$。

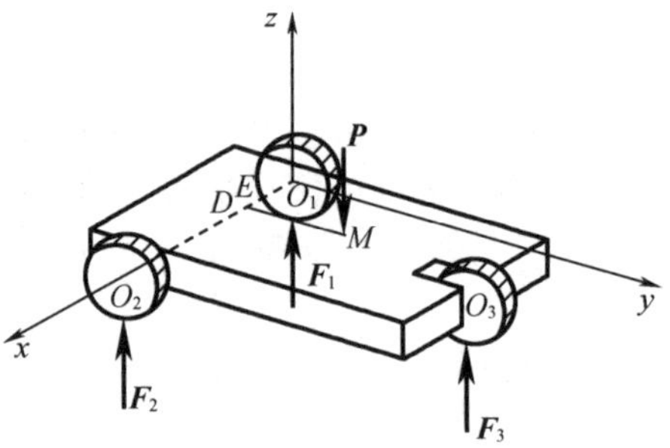

图4-78 习题4-36图

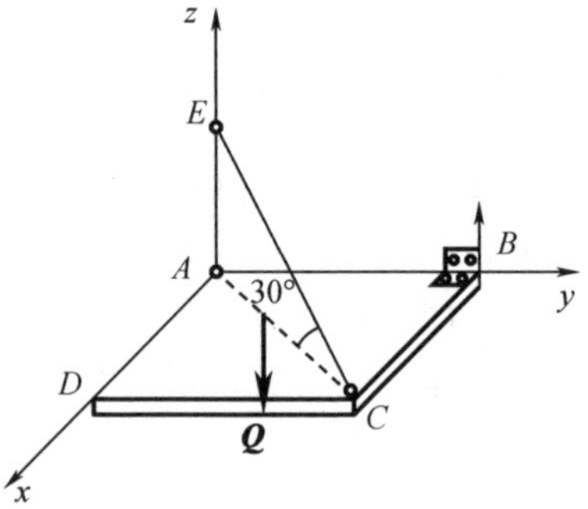

图4-79 习题4-37图

4-38 如图4-80所示,均质杆AB的两端各用长为l的绳吊住,绳的另一端分别系在C和D两点上。杆长$AB=CD=2r$,杆重P,现将杆绕铅直轴线转过α角,求使杆在此位置保持平衡所需的力偶矩$\boldsymbol{m}$以及绳的拉力$\boldsymbol{F}$。

答案:$m=\dfrac{pr^2\sin\alpha}{\sqrt{l^2-4r^2\sin^2\dfrac{\alpha}{2}}}$,$F=\dfrac{pl}{2\sqrt{l^2-4r^2\sin^2\dfrac{\alpha}{2}}}$。

4-39 边长为a的等边三角形ABC用三根铅直杆1,2,3和三根与水平面成30°角的斜杆4,5,6撑在水平位置。在板的平面内作用一力偶,其矩为 $\boldsymbol{m}$,方向如图4-81所示,不计板、杆自重,求各杆内力。

答案:$F_1 = F_2 = F_3 = \dfrac{2m}{3a}, F_4 = F_5 = F_6 = -\dfrac{4m}{3a}$。

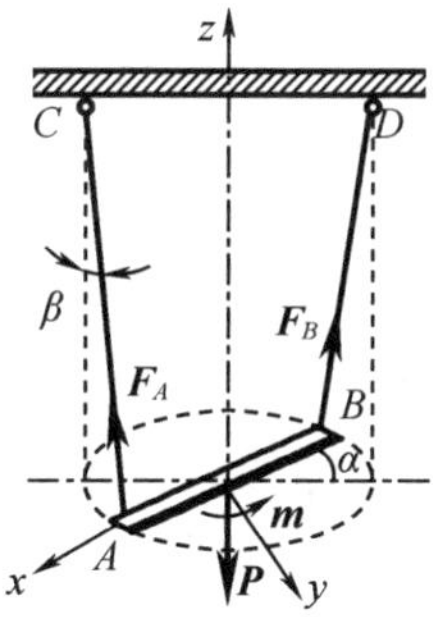

图4-80 习题4-38图

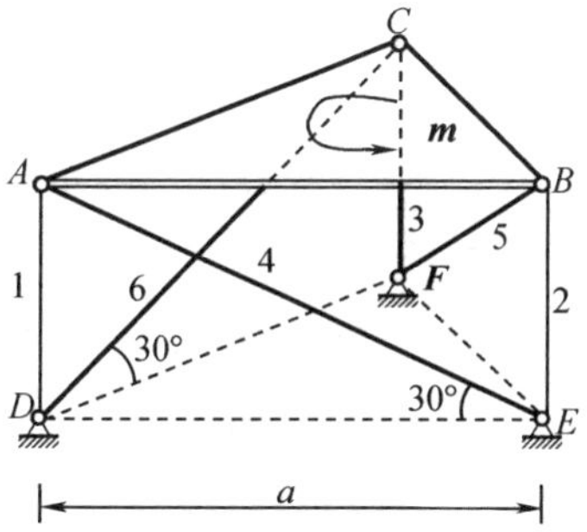

图4-81 习题4-39图

第5章 摩　　擦

摩擦是一种普遍存在于机械运动中的自然现象,人行走、车行驶、机械运转无一不存在摩擦。前面所讨论的物体的平衡问题均未考虑摩擦的存在,认为物体间的接触都是光滑的,这是对实际问题的一种理想化。这种理想化,在物体间的接触面足够光滑或有较好的润滑时,所产生的误差并不大。然而在工程实际中,摩擦力对物体的平衡与运动有着重要的影响,例如,机床的卡盘靠摩擦带动夹紧的工件,皮带靠摩擦传递运动,制动器靠摩擦刹车等,这些例子都反映了摩擦有利的一面;另一方面摩擦也会给机械带来阻力,使机械发热,引起零部件的磨损、消耗能量、降低机械的效率和使用寿命,这是摩擦不利的一面。

摩擦是自然界中普遍存在的现象,摩擦的物理本质是非常复杂的。一般认为摩擦产生的原因是:①相互接触的两物体接触面间细微的凹凸相互咬合、互相挤压,因此当两接触面有相对滑动或相对滑动趋势时,在接触面上就产生了摩擦阻力;②如接触面非常光洁平滑,即当两接触面上的分子间的距离很小时,则两接触面上分子的相互吸引力或分子凝聚力具有阻碍表面间的相对滑动的作用。

我们学习摩擦的目的,就是要掌握摩擦的规律及其对物体平衡及运动的影响,积极利用其有利的一面,而减少其不利的一面。本章主要讨论静摩擦的情形,重点研究具有静摩擦时物体的平衡问题。

5.1 滑动摩擦

两个表面粗糙相互接触的物体,当其接触表面之间有相对滑动或相对滑动趋势时,在接触处的公切面内就产生了彼此阻碍这种相对滑动或相对滑动趋势的力,这种现象叫作滑动摩擦,这种阻力叫作滑动摩擦力。在两物体开始相对滑动之前的摩擦力,称为静滑动摩擦力,简称静摩擦力;滑动之后的摩擦力,称为动滑动摩擦力,简称动摩擦力。

由于摩擦力是阻碍两物体间相对滑动的力,因此物体所受摩擦力的方向总是与物体的相对滑动或相对滑动趋势方向相反,它的大小则需根据主动力作用的不同情况来分析,可以分为三种情况,即静摩擦力 $\boldsymbol{F}_{\mathrm{s}}$、最大静摩擦力 $\boldsymbol{F}_{\mathrm{smax}}$ 和动摩擦力 $\boldsymbol{F}_{\mathrm{d}}$。

设一重力为 W 的物体放置在粗糙的水平面上,则物体在重力 W 和支承面的约束反力 $\boldsymbol{F}_{\mathrm{N}}$ 的作用下处于平衡(图 5-1(a))。当在物体水平方向作用一力 $\boldsymbol{P}$,那么物体与水平面间则有相对滑动趋势,只要力 $\boldsymbol{P}$ 不是很大,物块将仍然保持静止(图 5-1(b));此时,在接触面之间产生的摩擦力称为静摩擦力,记为 $\boldsymbol{F}_{\mathrm{s}}$,物体处于平衡状态,静摩擦力的大小可由静力学平衡方程决定,即

$$\sum F_{ix} = 0,\quad P - F = 0,\quad F_{\mathrm{s}} = P$$

$$\sum F_{iy} = 0,\quad F_{\mathrm{N}} - W = 0,\quad F_{\mathrm{N}} = W$$

可见,物块只要处于静止,静摩擦力就等于水平力 $\boldsymbol{P}$,当水平力 $\boldsymbol{P}$ 增大时,静摩擦力 $\boldsymbol{F}_{\mathrm{s}}$ 也随之增大,这是静摩擦力和一般约束反力共同的性质。

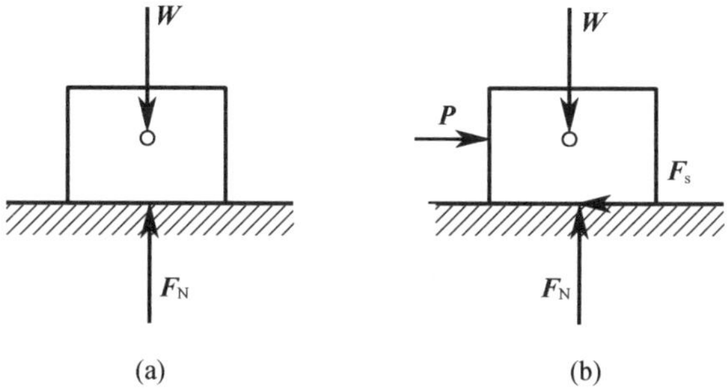

图5-1　静摩擦力的确定

但静摩擦力又与一般约束反力不同，它并不随力 $\boldsymbol{P}$ 的增大而无限度地增大。当力 $\boldsymbol{P}$ 的大小达到一定数值时，物块处于将要滑动，但尚未滑动的临界状态，此时静摩擦力达到最大值，即为最大静摩擦，记为 $\boldsymbol{F}_{smax}$，如图5-2(a)所示。此后，如果力 $\boldsymbol{P}$ 继续增大，静摩擦力不能再随之增大，物块将失去平衡而开始滑动(图5-2(b))，此时的摩擦力为动摩擦力，记为 $\boldsymbol{F}_{d}$。

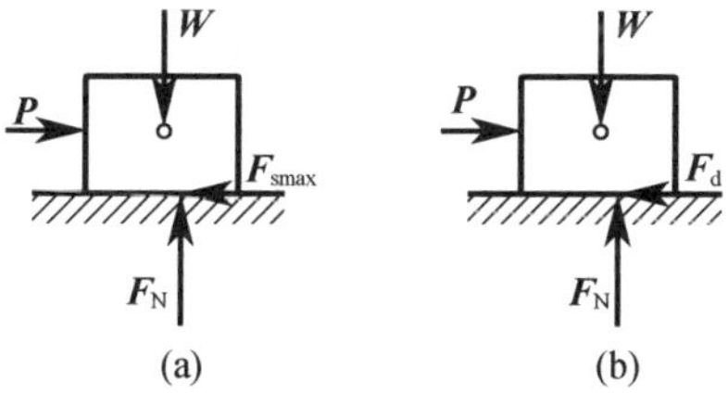

图5-2　最大静摩擦力及动摩擦力

可见，静摩擦力的大小随主动力的大小而改变，其大小可以通过力的平衡方程求得，它的方向与两个接触物体相对滑动的趋势相反。静摩擦力的取值范围是

$$0 \leqslant F_{s} \leqslant F_{smax}$$

根据大量实验确定：最大静摩擦力的大小与两物体间的正压力(法向反力)成正比，即

$$F_{smax} = fF_{N} \tag{5-1}$$

式中，f 为静摩擦系数，它是无量纲数。式(5-1)称为静摩擦定律(又称库仑定律)。

静摩擦系数 f 主要与接触物体的材料和表面状况(如粗糙度、温度、湿度和润滑情况等)有关，可由实验测定，也可在《机械工程手册》中查到。应该指出，式(5-1)只是一个近似公式，它远不能完全反映出静摩擦的复杂现象。但由于它比较简单，计算方便，并且所得结果又有足够的准确性，故在工程实际中仍被广泛应用。

部分常用材料的静摩擦系数见表5-1。

表5-1　部分常用材料的静摩擦系数

钢与钢	钢与青铜	钢与铸铁	皮革与铸铁	木材与木材	砖与混凝土
0.15	0.15	0.3	0.4	0.6	0.76

正如前面提到的,一旦拉力刚刚超过最大静摩擦力,接触面对物块的摩擦力无法让物块继续保持平衡状态而发生滑动。这时的摩擦力称为动摩擦力,它的方向与物体间相对滑动的方向相反。实验表明,动摩擦力的大小与接触体间的正压力成正比,即

$$F_d = f'F_N \tag{5-2}$$

式中,f'为动摩擦系数,它是无量纲数。式(5-2)称为动摩擦定律。

动摩擦力与静摩擦力不同,基本上没有变化范围。一般动摩擦系数小于静摩擦系数,即

$$f' < f \tag{5-3}$$

动摩擦系数除与接触物体的材料和表面情况有关外,还与接触物体间相对滑动的速度大小有关。一般来说,动摩擦系数随相对速度的增大而减小。当相对速度不大时,f'可近似地认为是个常数,动摩擦系数f'也可在《机械工程手册》中查到。

5.2 摩擦角和自锁现象

静摩擦力也是一种约束反力,可称为切向约束反力,需要用平衡方程来确定它的大小,但又与一般的约束反力不同,它不能随着外力的增大而无限增大。

当考虑摩擦时,物体所受到的接触面的约束反力包括法向反力 $\boldsymbol{F}_N$ 和切向反力 $\boldsymbol{F}_s$。

将两个约束反力 $\boldsymbol{F}_N$ 和 $\boldsymbol{F}_s$ 合成合力 $\boldsymbol{F}_R$ 称为全约束反力(图5-3(a))。全约束反力与接触面的公法线成一偏角 φ,由力的平行四边形法则可以看出,夹角 φ 随着静摩擦力 $\boldsymbol{F}_s$ 的增大而增大。当物块处于滑动的临界状态时,静摩擦力 $\boldsymbol{F}_s$ 达到最大值 $\boldsymbol{F}_{smax}$,夹角 φ 也达到最大值,我们将临界状态下全约束反力与接触面法线间的夹角称为摩擦角,记为 φ_m(图5-3(b))。

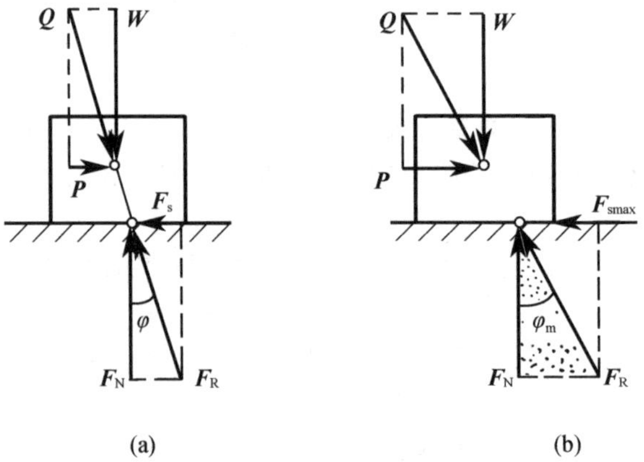

图5-3 全约束反力及摩擦角

由摩擦角的定义,有

$$\tan\varphi_m = \frac{F_{smax}}{F_N} = \frac{fF_N}{F_N} = f \tag{5-4}$$

由此可见,摩擦角的正切等于静摩擦系数。

利用式(5-4)的关系,可以很方便地用实验方法来测定两物体间的静摩擦系数。

把要测定的两种材料分别粘贴在物块和斜面平板的表面上。将物块放在斜面上,起初斜面的倾角为 α(图 5-4(a)),物块处于静止状态。这时物块所受的重力 $\boldsymbol{W}$ 与全约束反力 $\boldsymbol{F}_R$ 应大小相等,方向相反。全约束反力 $\boldsymbol{F}_R$ 与斜面法线间的夹角 φ 就等于斜面倾角 α(图 5-4(b)),即 $\varphi=\alpha$。故要测定 φ 角的极值,只要逐渐增大斜面的倾角 α 即可,直至物体达到将要下滑的临界平衡状态,这时斜面的倾角 $\alpha=\varphi_m$,因此量出这时的倾角 α,利用式(5-4)求出其正切值,就是静摩擦系数(图 5-4(c)),即

$$f=\tan\varphi_m=\tan\alpha_{max} \tag{5-5}$$

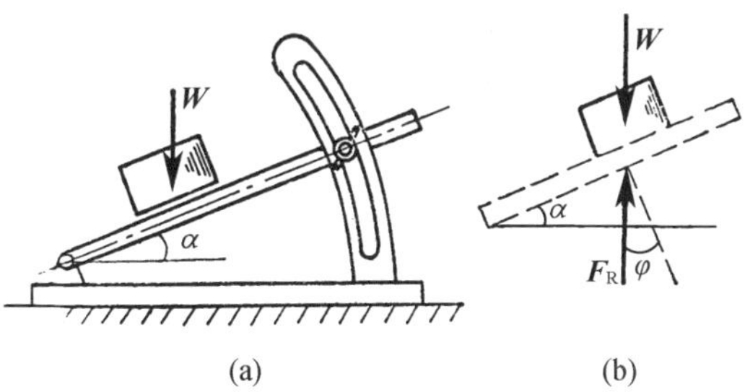

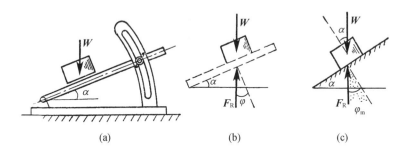

图 5-4 摩擦角的测量

由上述实验可知,物块达到临界平衡状态时,斜面的倾角 α 与物块的质量无关。

物体静止时,静摩擦力总是小于或等于最大静摩擦力,因而全约束反力 $\boldsymbol{F}_R$ 与接触面法线间的夹角 φ 总是小于或等于摩擦角 φ_m。另外,根据二力平衡条件,物体静止时作用于物体上的主动力 $\boldsymbol{P}$ 和 $\boldsymbol{W}$ 的合力 $\boldsymbol{Q}$ 必与全约束反力 $\boldsymbol{F}_R$ 等值、反向、共线(图 5-5),因而作用于物体上主动力的合力 $\boldsymbol{Q}$ 必与接触面法线间的夹角同样为 φ,且 $\varphi\leqslant\varphi_m$。如果主动力合力的作用线位于图 5-5 的阴影区内,主动力的合力无论怎样增大,全约束反力总能与之平衡。我们可简单的证明如下:

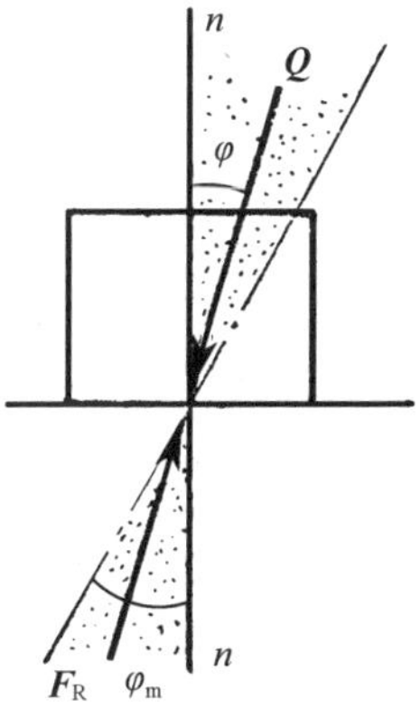

图 5-5 自锁条件

若主动力的水平分量 $\boldsymbol{P}$ 总也不能超过接触面所能提供的最大静摩擦力 $\boldsymbol{F}_{smax}$,则物块总能保持静止。当主动力的合力 $\boldsymbol{Q}$ 与接触面法线间的夹角为 φ 时,则其水平分量的大小为

$$P=Q\sin\varphi\leqslant Q\sin\varphi_m \tag{5-6}$$

而此时最大静摩擦力为

$$F_{smax}=F_N\cdot f=Q\cos\varphi\cdot f=Q\cos\varphi\tan\varphi_m \tag{5-7}$$

由式(5-7)可知,当 φ 增大到 φ_m 时,F_{smax}取最小值 $Q\sin\varphi_m$,这时由式(5-6)可知主动力的水平分量小于接触面所能提供的最大静摩擦力的最小值。也就是说,当主动力的合力作用线与接触面法线间的夹角 φ 小于摩擦角 φ_m 时,就有 $\boldsymbol{P}\leqslant\boldsymbol{F}_{smax}$,且与合力 Q 大小变化无关。

也就是说,作用在物体上的主动力的合力 $\boldsymbol{Q}$,不论其大小如何,只要它的作用线与接触面的公法线间的夹角 $\varphi\leqslant\varphi_m$,物体就能始终处于平衡,这种现象称为自锁现象。

但反过来无论主动力 $\boldsymbol{Q}$ 多么小,由式(5-6)可知只要 $\varphi>\varphi_m$,就有 $\boldsymbol{P}>\boldsymbol{F}_{smax}$。也就是

说,$\boldsymbol{Q}$ 力水平方向的分力总是大于接触面所能提供的最大静摩擦力,物体就要滑动。

因此,当主动力的合力与接触处公法线间夹角 $\varphi \leqslant \varphi_m$ 时物体处于平衡,且这种平衡与主动力的大小无关,仅与摩擦角有关。$\varphi \leqslant \varphi_m$ 这个条件称为自锁条件。

上述测量静摩擦系数实验中斜面板上的物块保持静止的现象是自锁的最简单例子。在设计螺旋千斤顶时,螺纹升角 α 必须小于摩擦角,才能使重物举起后不致自行下落。

在机械传动装置的设计中,为避免机构间自行卡死,需要注意避免自锁现象的发生;反之,为了机构的安全,往往也需要自锁设计,比如蜗轮蜗杆传动中的自锁等。

5.3　考虑摩擦的物体平衡问题

考虑摩擦的物体的平衡问题的解法与不考虑摩擦的物体的平衡问题一样,但有如下一些特点:在分析物体的受力时,应分析摩擦力,通常是未知力,摩擦力的方向与相对滑动的趋势方向相反。由于力系中增加了未知力,还需列出补充方程,即 $F_s \leqslant F_N f$,补充方程的数目与摩擦力的数目相同。由于物体平衡时摩擦力有一定的范围,即 $0 \leqslant F_s \leqslant F_{smax}$。因此,有摩擦时的平衡问题的解往往是以不等式表示的一个范围,而不是一个确定的值。

例 5-1　如图 5-6(a)所示重为 400 N 的物块放置在粗糙的水平面上,并受力 $\boldsymbol{F}$ 的作用,$F=80$ N,且 $\alpha=45°$,物块与地面间的静摩擦系数 $f=0.2$。①在力 $\boldsymbol{F}$ 的作用下物块是否静止。②确定使物块向右运动力 $\boldsymbol{F}$ 的最小值。

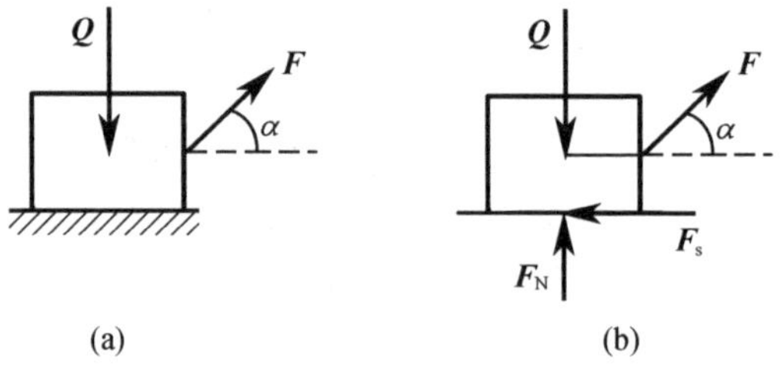

图 5-6　例 5-1 图

解　①我们并不知道物块是否处于平衡状态,因此首先假定物块是处于静止的,对物块受力分析如图 5-6(b)所示,$\boldsymbol{F}_N$ 和 $\boldsymbol{F}_s$ 为未知量,作用于物块上的力系可视为平面汇交力系,列出平衡方程为

$$\sum F_{ix} = 0,\quad F\cos\alpha - F_s = 0$$

$$F_s = F \times \sqrt{2}/2 = 56.56\ \text{N}$$

$$\sum F_{iy} = 0,\quad F_N + T\sin\alpha - Q = 0$$

$$F_N = Q - F \times \sqrt{2}/2 = 343.44\ \text{N}$$

最大静摩擦力 F_{smax} 为

$$F_{smax} = fF_N = 0.2 \times 343.44 = 68.69\ \text{N}$$

因 $F < F_{smax}$,故物块处于静止状态,物块与地面的摩擦力由平衡方程计算为 56.56 N。

②由题意可知,物块处于临界状态,设此时 $\boldsymbol{F}$ 的最小值为 F',物块处于临界状态可列三个独立的方程(两个平衡方程和一个库仑定律补充方程),即

$$\sum F_{ix} = 0,\quad F'\cos\alpha - F_m = 0$$

$$\sum F_{iy} = 0,\quad F_N + F'\sin\alpha - Q = 0$$

$$F_{smax} = fF_N$$

联立以上三式解得

$$F' = \frac{fQ}{\cos\alpha + f\sin\alpha} = \frac{0.2\times400}{0.707+0.2\times0.707} = 94.3\ \text{N}$$

例5-2　如图5-7(a)所示,重为P的物块放置在倾角为α的粗糙斜面上,在水平力$\boldsymbol{Q}$的作用下处于静止状态,已知斜面倾角α大于摩擦角,若没有水平力$\boldsymbol{Q}$的作用物块不能静止于斜面上。物块与斜面间的静摩擦系数为f,试确定使物块处于平衡状态时水平力$\boldsymbol{Q}$的最大值和最小值。

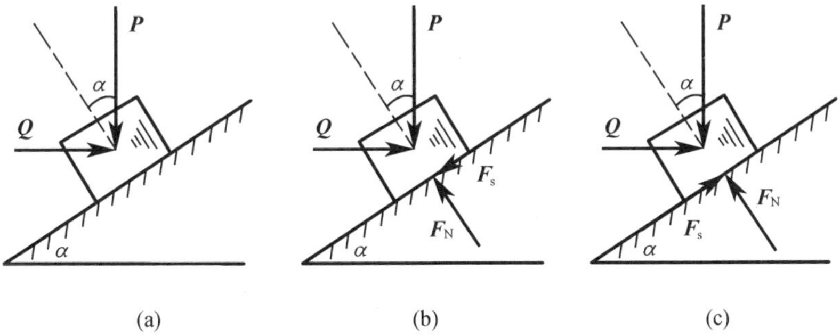

图5-7　例5-2图

解　这是一个关于临界状态平衡的问题,水平力$\boldsymbol{Q}$的最大值发生在物块有向上滑动趋势时,水平力$\boldsymbol{Q}$的最小值发生在物块有向下滑动趋势时。这两种情况下作用于物块上的摩擦力的方向不同。

考虑物块有向上滑动趋势,受力分析如图5-2(b)所示,有三个未知力$\boldsymbol{F}_N$、$\boldsymbol{Q}$和$\boldsymbol{F}_s$,且摩擦力$\boldsymbol{F}_s$的方向沿斜面向下,列两个平衡方程及一个库仑定律补充方程,有

$$\sum F_{ix} = 0,\quad Q\cos\alpha - P\sin\alpha - F_s = 0$$

$$\sum F_{iy} = 0,\quad F_N - P\cos\alpha - Q\sin\alpha = 0$$

$$F_s \leqslant fF_N$$

联立以上三式解得

$$Q \leqslant P\frac{\tan\alpha + f}{1 - f\tan\alpha} = P\tan(\alpha+\varphi)$$

考虑物块有向下滑动趋势,受力分析如图5-7(c)所示,有三个未知力$\boldsymbol{F}_N$、$\boldsymbol{Q}$和$\boldsymbol{F}_s$,且摩擦力$\boldsymbol{F}_s$的方向沿斜面向上,列两个平衡方程及一个库仑定律补充方程,有

$$\sum F_{ix} = 0,\quad Q\cos\alpha - P\sin\alpha + F_s = 0$$

$$\sum F_{iy} = 0,\quad F_N - P\cos\alpha - Q\sin\alpha = 0$$

$$F_s \leqslant fF_N$$

联立以上三式解得

$$Q \geqslant P\tan(\alpha-\varphi)$$

因此,物块处于静止状态时水平力Q的范围为

$$P\tan(\alpha-\varphi) \leqslant Q \leqslant P\tan(\alpha+\varphi)$$

例5-3　长为l、重为P的一均质梯AB靠于墙上,如图5-8所示。已知$\theta = \arctan\dfrac{4}{3}$,

梯子与墙之间的摩擦系数 $f_B=\dfrac{1}{3}$,今有一重为 $Q=3P$ 的人沿梯而上。问:梯与地面间的摩擦系数 f_A 应为多大时,人才能安全到达梯顶?

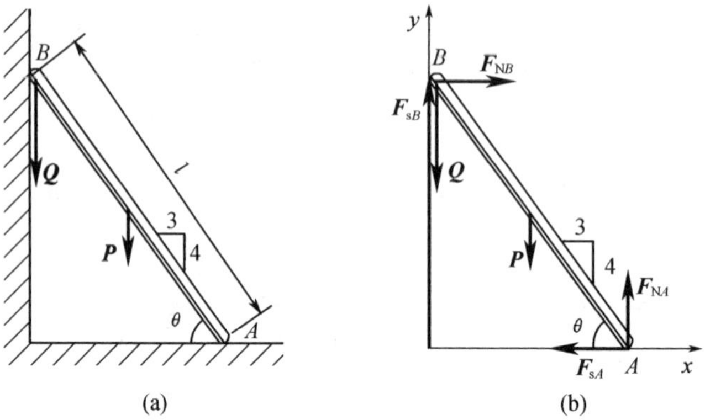

图5-8 例5-3图

解 取梯 AB 为研究对象,受力分析如图5-8(b)所示。设人到达梯顶时,梯子正处于将动未动的临界平衡状态。选图示坐标系,列平衡方程为

$$\sum m_A(\boldsymbol{F}_i)=0, Ql\cos\theta-F_{sB}l\cos\theta-F_{NB}l\sin\theta+P\frac{l}{2}\cos\theta=0 \tag{5-8}$$

$$\sum X=0,\quad F_{NB}-F_{sA}=0 \tag{5-9}$$

$$\sum Y=0,\quad F_{NA}+F_{sB}-P-Q=0 \tag{5-10}$$

补充方程

$$F_{sA}=f_AF_{NA} \tag{5-11}$$

$$F_{sB}=f_BF_{NB} \tag{5-12}$$

由式(5-8)、式(5-9)、式(5-12)解得

$$F_{sA}=F_{NB}=\frac{3.5P}{f_B+\tan\theta}$$

代入式(5-10)得

$$F_{NA}=\frac{0.5f_B+4\tan\theta}{f_B+\tan\theta}P$$

再由式(5-11)得

$$f_A=\frac{F_{sA}}{F_{NA}}=\frac{3.5}{0.5f_B+4\tan\theta}=0.636$$

5.4 滚动摩阻

我们在观看关于古埃及建造金字塔的电视节目时,时常看到建造者把整块大石放在一排滚木上,推动前进,这一细节就反映出滚子滚动比滑动省力。用滚动来代替滑动,能大大减小摩擦阻力。在物体滚动时,存在什么阻力?它有什么特性?下面通过简单的实例来分

析这些问题。

设在水平面上有一车轮，重为 $\boldsymbol{P}$，半径为 r，在其中心 O 上作用一水平力 $\boldsymbol{F}$，如图 5－9 所示，如果把轮和水平面均看成刚体，那么接触处仅为一点，这时只要在轮心上作用微小的水平力 $\boldsymbol{F}$，车轮上就会因受力偶而失去平衡滚动起来。但是在实际问题中，要拉动或推动一个车轮，往往要加一定的力，力小于某值，车轮是不会滚动的，这是什么原因呢？

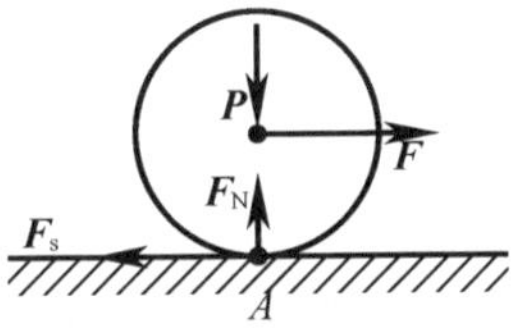

图 5－9 车轮

实际上，车轮和水平面都不是刚体，由于变形，接触面处并不是一点，而是一段弧线，如图 5－10(a)所示。水平面对车轮的约束力也就分布在这一段弧线上组成平面一般力系，将这约束力系向 A 点简化，得到一个力 $\boldsymbol{F}_R$ 和一个力偶，力偶矩为 m_s，如图 5－10(b)所示，力 $\boldsymbol{F}_R$ 可以分解得到相互垂直的正压力 $\boldsymbol{F}_N$，摩擦力 $\boldsymbol{F}_s$，以及力偶矩 m_s，如图 5－10(c)所示。当轮子处于静止状态时，可以通过平衡方程求出 $\boldsymbol{F}_N$、$\boldsymbol{F}_s$ 以及 m_s。

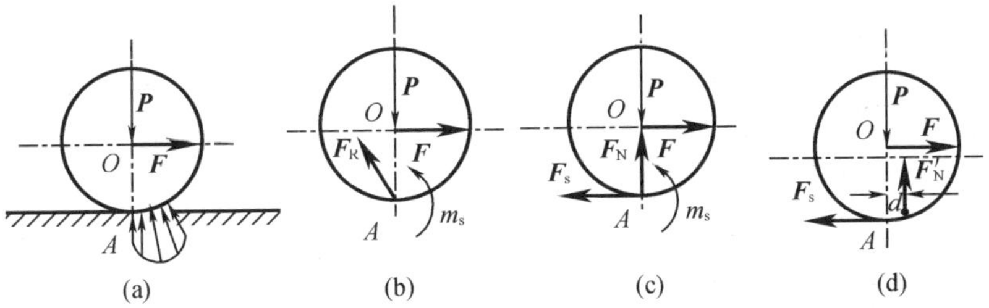

图 5－10 滚动摩阻

$$\sum F_{ix} = 0, F = F_s$$

$$\sum F_{iy} = 0, F_N = P$$

$$\sum m_A = 0, m_s = FR$$

力偶矩 m_s 称为滚动摩阻力偶矩。由上面的推导，我们可以看出与静摩擦力相似，滚动摩阻力偶矩 m_s 随着主动力的增加而增大，当力 $\boldsymbol{F}$ 增加到某个值时，滚子处于将滚未滚的临界平衡状态，这时滚动摩阻力偶矩达到最大值，称为最大滚动摩阻力偶矩，用 m_{smax} 表示，$\boldsymbol{F}$ 再大一点，轮子就会滚动，在滚动过程中，滚动摩阻力偶矩近似等于 m_{smax}，并有 $0 \leqslant m_s \leqslant m_{smax}$。

滚动摩阻定律：最大滚动摩阻力偶矩 m_{smax} 与滚子半径无关，而与支承面的正压力 $\boldsymbol{F}_N$ 的大小成正比，即

$$m_{smax} = \delta F_N$$

式中，δ 是比例常数，称为滚动摩阻系数，可以由实验测定，也可以查《机械工程手册》。

滚动摩阻系数尽管可以与摩擦系数类比，但 f 是无量纲常数，而 δ 却有长度的量纲，并有一定的物理意义。把约束反力系向 A 点简化的结果再进一步简化，如图 5－10(d)所示。

支承面的正压力 $\boldsymbol{F}_N$ 与最大滚动摩阻力偶矩 m_{smax} 合成一个力 F'_N，且有 $F'_N = F_N$，力 $\boldsymbol{F}'_N$ 的作用线距中心线的距离 $d=\dfrac{m_{smax}}{F'_N}$。与式(5-13)比较，得 $\delta=d$，因而滚动摩阻系数就是车轮开始滚动时，法向约束反力 F_N 向滚动方向偏离 A 点的最大距离。

轮子受水平推力时，同时有滑动摩擦力和滚动摩阻力偶矩产生，如果摩擦力先达到，则有

$$F_{s滑}=F_{smax}=fF_N=fP$$

如果滚动摩阻力偶矩先达到，则有

$$m_{smax}=\delta F_N=F_{s滚}R \Rightarrow F_{s滚}=\frac{\delta}{R}P$$

一般情况下，有

$$\frac{\delta}{R} \ll f$$

因而使滚子滚动比滑动省力得多。

δ 与材料硬度有关，材料越硬，δ 越小，从而滑动，最大滚动摩阻力偶矩 $m_{smax}=\delta F'_N$，也就越小，于是物体滚动也就越容易发生，所以骑自行车在硬的路面上要比在沙子上骑省劲儿。同样的路面，轮胎气越足，骑起来越省劲儿，其原因也在于此。

滚动时的力 $\boldsymbol{F}_s$ 是静摩擦力，它一方面阻止滚子与地面在接触处发生相对滑动，另一方面与 $\boldsymbol{F}$ 构成力偶，促使滚子滚动。如果在光滑而且很硬的水平面上，那么滚子就要被 $\boldsymbol{F}$ 拖着滑动，而不会滚动，因为这时没有 $\boldsymbol{F}_s$ 与 $\boldsymbol{F}$ 组成促使滚子滚动的力偶。如果接触面不够粗糙，那么滚子将连滚带滑，因为这时最大静摩擦力 $\boldsymbol{F}_{smax}$ 不足以阻止接触面处的相对滑动。如果接触面足够粗糙，接触面处的摩擦力将足以阻止接触面处的相对滑动，这时滚子在水平面上将发生滑动的滚动(纯滚动)。

思 考 题

一、判断题

1. 只要两物体接触面之间不光滑，并有正压力作用，则接触面处摩擦力一定不为零。(　　)

2. 摩擦力是未知约束反力，其大小和方向完全可以由平衡方程来确定。(　　)

3. 物体自由地放在倾角为45°的斜面上，若物体与斜面间的摩擦角为30°，则该物体在斜面上可静止不动。(　　)

4. 静摩擦力 $\boldsymbol{F}_s$ 的大小一定等于法向反力 $\boldsymbol{F}_N$ 的大小与静滑动摩擦系数 f 的乘积。(　　)

5. 滑动摩擦力的大小总是与法向反力成正比，方向与物体相对滑动方向相反。(　　)

二、选择题

1. 如图5-11所示，若斜面倾角为 α，物体与斜面间的摩擦系数为 f，欲使物体能静止在斜面上，则必须满足的条件是(　　)。

A. $\tan f \leqslant \alpha$　　B. $\tan f > \alpha$　　C. $\tan \alpha \leqslant f$　　D. $\tan \alpha > f$

2. 如图5-12所示，已知杆 OA 重 W，物块 M 重 Q。杆与物块间有摩擦，而物块与地面间的摩擦略去不计。当水平力 $\boldsymbol{P}$ 增大而物块仍然保持平衡时，杆对物体 M 的正压力(　　)。

A. 由小变大　　B. 由大变小　　C. 不变

3. 如图5－13所示，物A重100 kN，物B重25 kN，物A与地面的摩擦系数为0.2，滑轮处摩擦不计。则物A与地面间的摩擦力为________。

A. 20 kN　　B. 16 kN　　C. 15 kN　　D. 12 kN

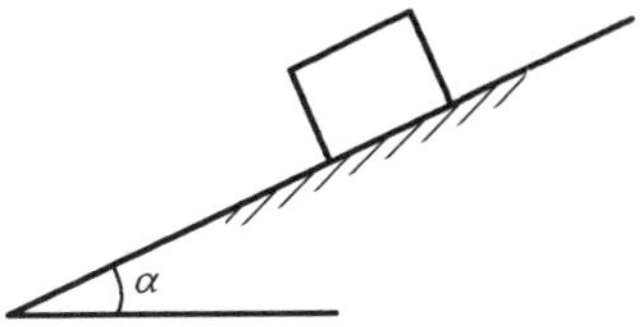

图5－11　选择题第1题图

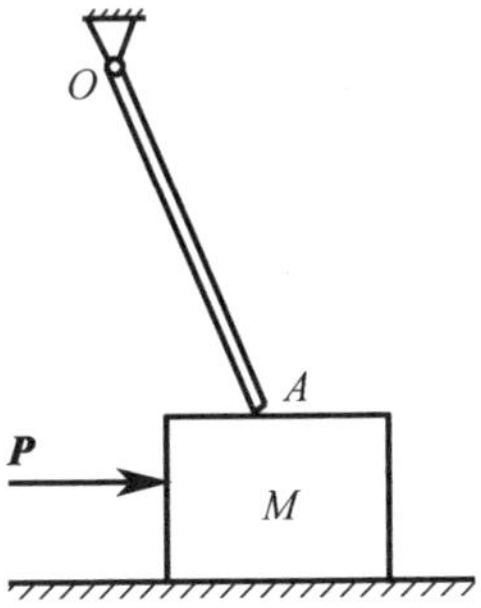

图5－12　选择题第2题图

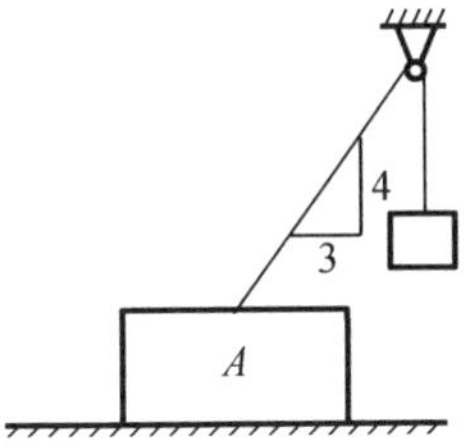

图5－13　选择题第3题图

4. 如图5－14所示，一物块重为G，置于粗糙斜面上，物块上作用一力$\boldsymbol{F}$。已知斜面与物块间的摩擦角为$\varphi_m=25°$。物块能平衡的情况是(　　)。

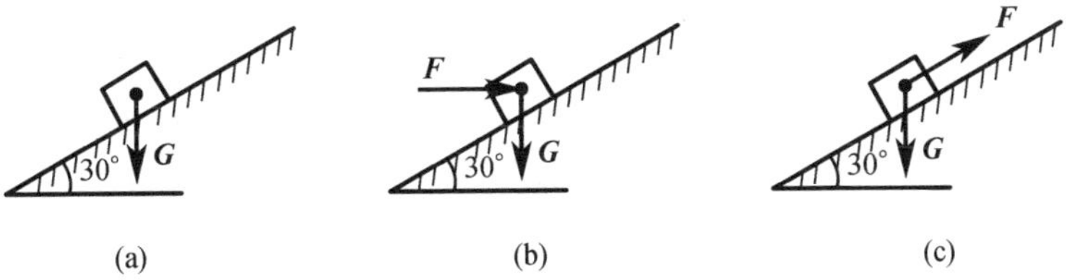

图5－14　选择题第4题图

5. 图5－15中重物放在斜面上，$G=10$ N，$\alpha=30°$，静摩擦系数$f=0.5$，则物体(　　)。

A. 静止

B. 向下滑动

C. 临界下滑状态

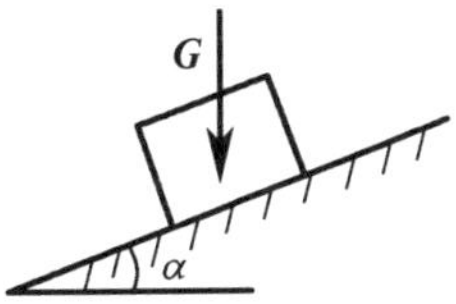

图5－15　选择题第5题图

三、填空题

1. 如图5－16所示，物块重$W=50$ N，与接触面间的摩擦角$\varphi_m=30°$，受水平力$\boldsymbol{Q}$作用，当$Q=50$ N时物块处于(　　)(只要回答处于静止或滑动)状态。当$Q=$(　　)N时，物块处于临界状态。

2. 如图5－17所示，物块重$W=100$ kN，自由地放在倾角在30°的斜面上，若物体与斜面间的静摩擦系数$f=0.3$，动摩擦系数$f'=0.2$，水平力$P=50$ kN，则作用在物块上的摩擦力的大小为(　　)。

3. 一物块重W，它与水平地面间的静摩擦系数$f=0.268$。现欲使物块向右滑动，设所施推力$\boldsymbol{P}$的方向用图5－18中α角表示，为了省力，则α角最大可取为(　　)。

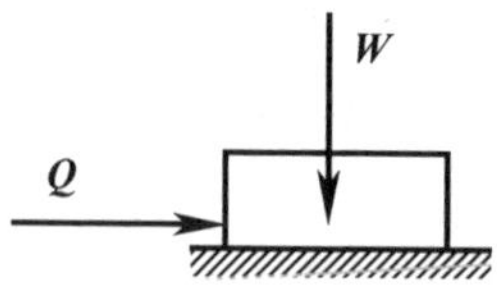

图5-16 填空题第1题图

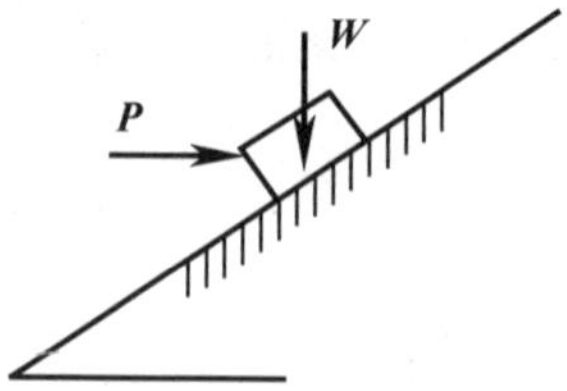

图5-17 填空题第2题图

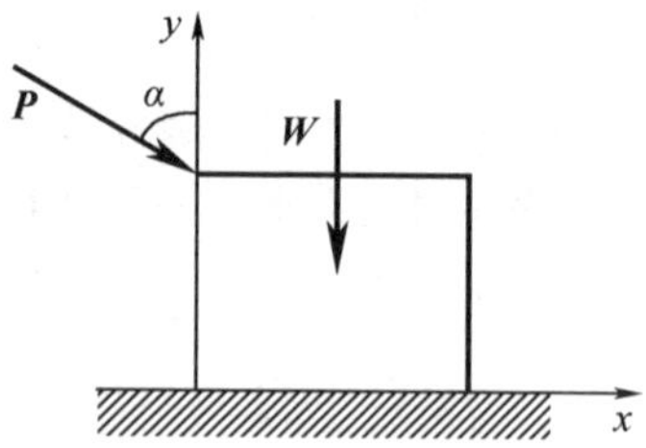

图5-18 填空题第3题图

4. 静摩擦系数f与摩擦角φ_m之间的关系为(　　)。

5. 当作用在物体上的(　　)的合力作用线与接触面法线间的夹角α小于摩擦角时，不论该合力大小如何，物体总是处于平衡状态，这种现象称为(　　)。

习　题

5-1　如图5-19所示，用绳子拉一重力为500 N的物体，拉力$\boldsymbol{F}_T$为150 N。(1)如果摩擦系数$f=0.45$，判断此物体是否平衡及此时摩擦力的大小和方向；(2)如果摩擦系数$f=0.577$，则拉动此物体所需的拉力为多少？

答案：(1)平衡，$F_f=F_x=130$ N，方向水平向左；

(2)$F_T=W\sin 30°=250$ N。

5-2　如图5-20所示，放于V形槽中的棒料，当作用的力偶矩$m=15$ N·m时，刚好可以转动此棒料。已知棒料重力为400 N，直径为25 cm。求棒料与V形槽间的静摩擦系数。

答案：$f=0.223$。

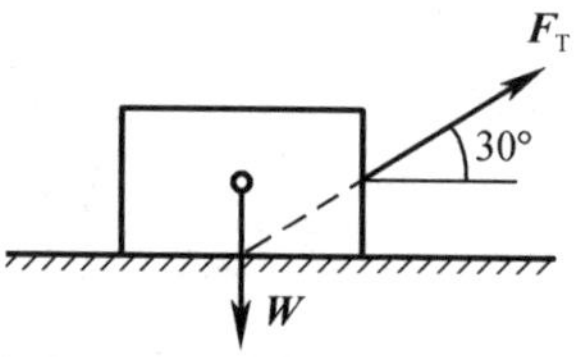

图5-19 习题5-1图

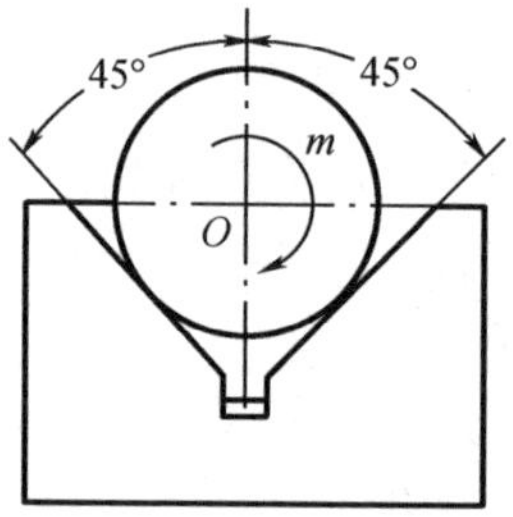

图5-20 习题5-2图

5-3　一混凝土锚锭如图5-21所示。混凝土墩重400 kN，与土壤之间的摩擦系数为0.6，铁索与水平夹角$\alpha=20°$。求不至于使混凝土墩滑动的最大拉力$\boldsymbol{F}_T$。

答案：$F_T=349.4$ kN。

5-4　如图5-22所示，梯子AB靠在墙上，重200 N。梯长为l，与水平面夹角$\theta=60°$。梯子与接触面间的静摩擦系数为0.25。有一重650 N的人沿梯子向上爬，问人所能爬到的最高点C到A点的距离s应为多少？

答案：$s=0.456l$。

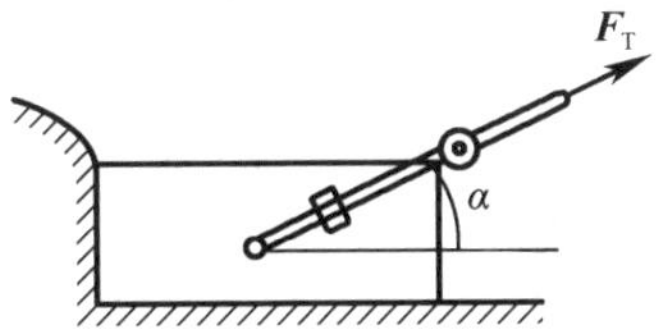

图5-21　习题5-3图

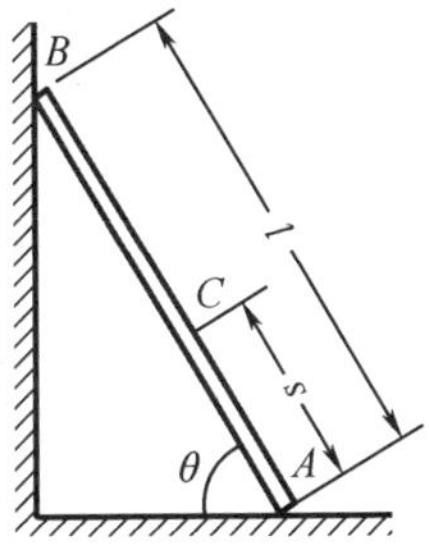

图5-22　习题5-4图

5-5　图5-23所示为运送混凝土的装置,料斗和混凝土总重为25 kN,料斗与轨道间的动摩擦系数为0.3。求料斗匀速上升及匀速下降时绳子的拉力。

答案:(1) $F_T=26.06$ kN;(2) $F_T=20.93$ kN。

5-6　矩形平板闸门宽6 m,重150 kN。为减少门槽和闸门间的摩擦,门槽用瓷砖贴面,并在闸门上设置胶木滑块 A、B,位置如图5-24所示。瓷砖与胶木的摩擦系数 $f=0.25$,水深8 m。求开启闸门所需的启门力。

答案:$F_L=1\ 110$ kN。

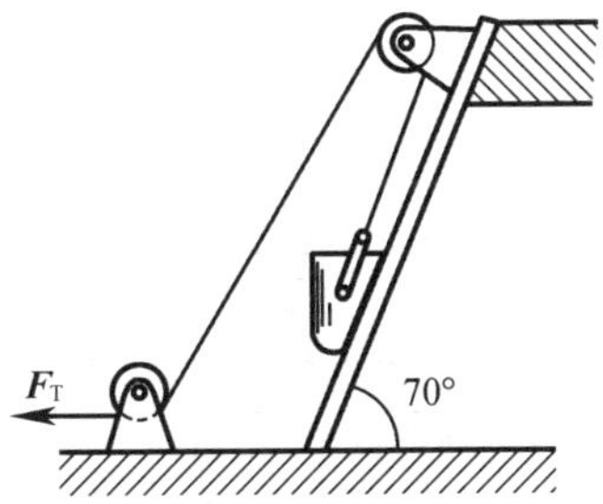

图5-23　习题5-5图

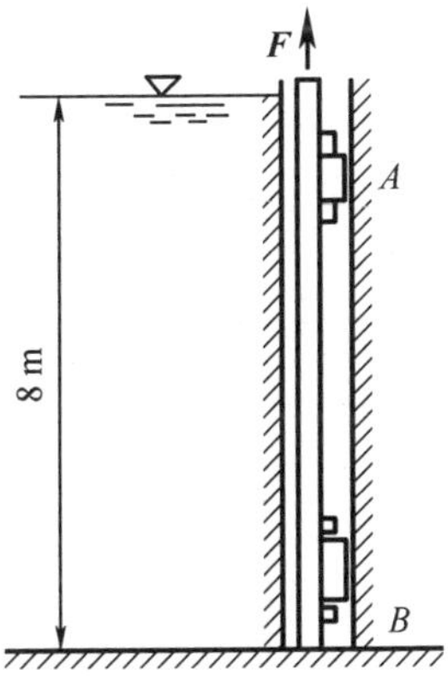

图5-24　习题5-6图

5-7　攀登电线杆的脚套钩如图5-25所示。电线杆直径 $d=300$ mm,A、B 间的铅垂距离 $b=100$ mm。若套钩与电线杆之间的摩擦系数 $f=0.5$。求工人操作时,为保证安全,站在套钩上的最小距离 l 应为多大。

答案:$l=\dfrac{b}{2f}=100$ mm。

5-8　绞车卷筒和制动器的尺寸如图5-26所示。如果闸瓦和轮缘间的摩擦系数为 f,求卷筒轴上的制动力矩 m 与作用在操纵杆上的力 $\boldsymbol{F}$ 之间的关系。

答案:$m=\dfrac{2Ffadl}{bc}$。

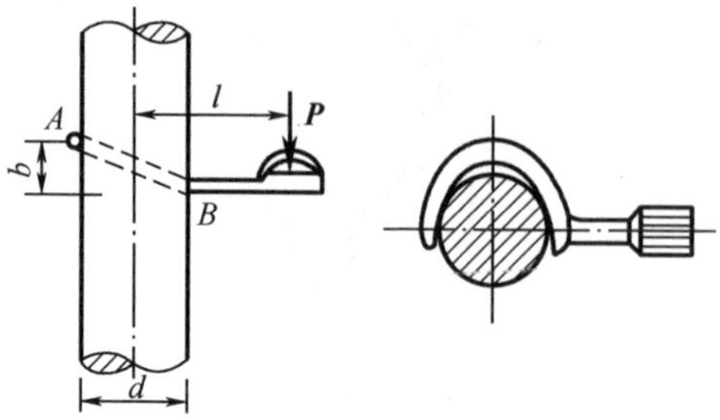

图 5-25　习题 5-7 图

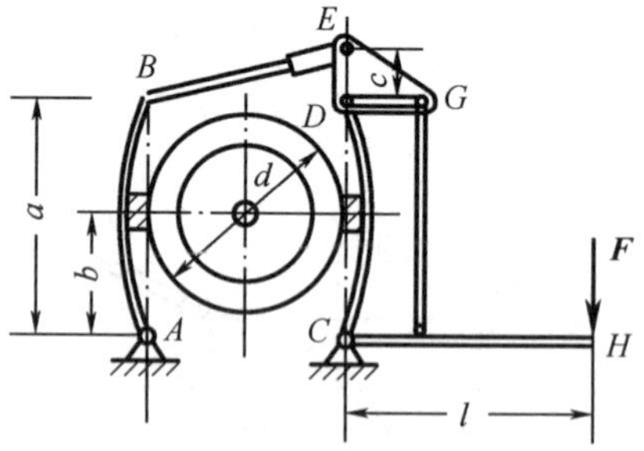

图 5-26　习题 5-8 图

5-9　轧钢机由两个轮子构成,两轮直径均为 $d=500$ mm,轮间的间隙为 $a=5$ mm,两轮反向转动,如图 5-27 所示。已知加热的钢铁板与铸铁轮间的摩擦系数 f 为 0.1,求能轧压的铁板的厚度 b。(提示:作用于钢板的合力必须水平向右。)

答案:$b \leqslant a+\dfrac{d}{2}f^2=7.5$ mm。

5-10　如图 5-28 所示,切断钢锭的设备中,尖劈顶角为 30°。尖劈上作用力 $F=$ 3 500 kN,设钢锭与尖劈间的摩擦系数为 0.15。求作用在钢锭上的水平推力。

答案:略。

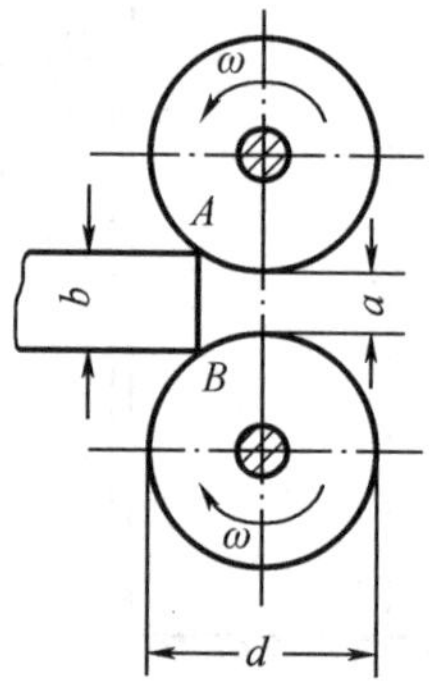

图 5-27　习题 5-9 图

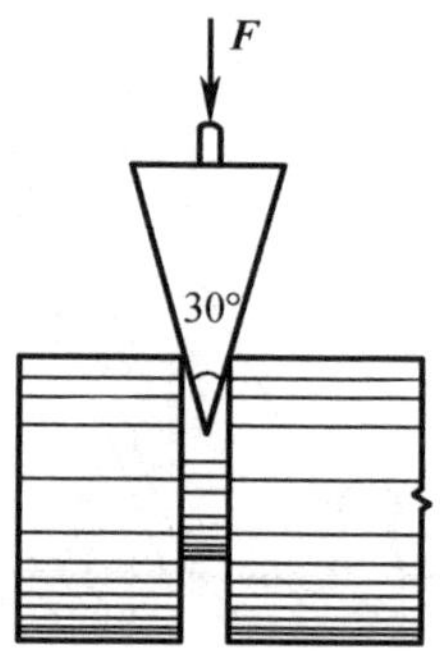

图 5-28　习题 5-10 图

5-11　尖劈顶重装置如图 5-29 所示,尖劈 A 的顶角为 α,在 B 块上受重物 W 的作用,A、B 间的摩擦系数为 f(其他处摩擦不计)。求顶起重物所需力 $\boldsymbol{F}$ 的大小。

答案:$\dfrac{\sin\theta-f\cos\theta}{\cos\theta+f\sin\theta}\cdot W \leqslant F \leqslant \dfrac{\sin\theta+f\cos\theta}{\cos\theta-f\sin\theta}\cdot W$。

5-12　砖夹的宽度为 0.25 m,曲杆 AGB 与 $GCED$ 在 G 点铰接,尺寸如图 5-30 所示。设砖重 $P=120$ N,提起砖的力 $\boldsymbol{F}$ 作用在砖夹的中心线上,砖夹与砖间的摩擦系数为 0.5。求 b 为多大才能夹起砖来。

答案:$b \leqslant 110$ mm。

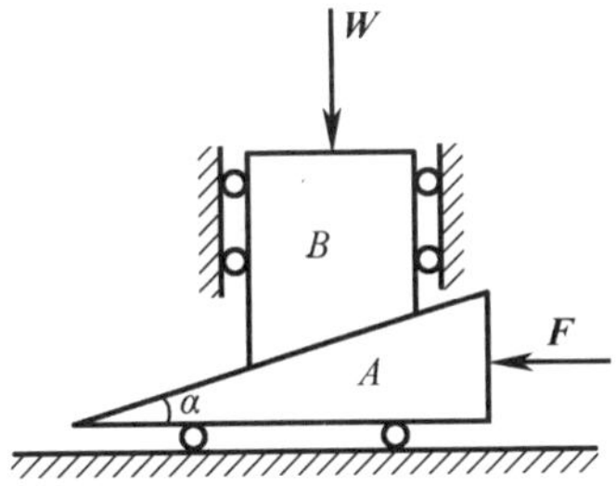

图5-29 习题5-11图

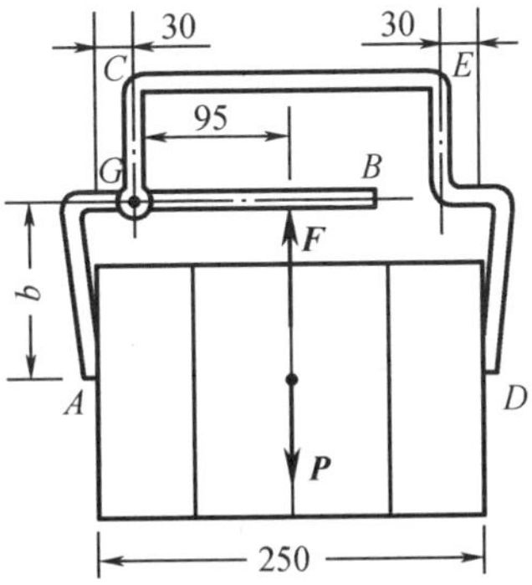

图5-30 习题5-12图(尺寸单位:mm)

5-13 如图5-31所示,板AB长l,A、B两端分别放在倾角为$\alpha_1=50°$,$\alpha_2=30°$的两个斜面上。已知板端与斜面之间的摩擦角$\varphi_m=25°$。如果要使物块M放在板上而板保持水平不动,求物块放置的范围。

答案:$0.183l<x<0.545l$。

5-14 匀质棱柱体重$W=4.8$ kN,放置在水平面上,摩擦系数$f=\frac{1}{3}$,力$\boldsymbol{F}$按图5-32方向作用。试问当$\boldsymbol{F}$的值逐渐增大时,此棱柱体是先滑动还是先倾倒?并计算运动刚发生时力$\boldsymbol{F}$的值。

答案:先倾倒,$F=1.5$ kN。

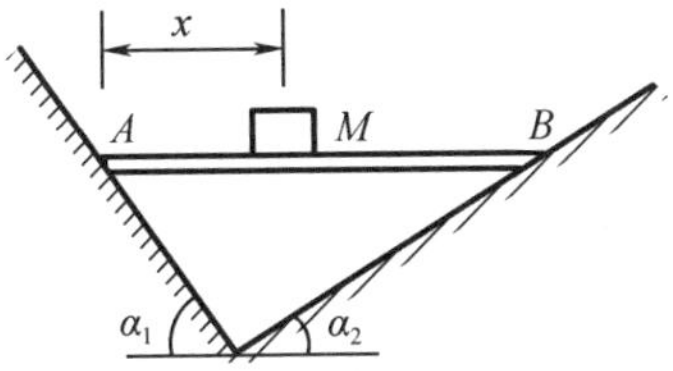

图5-31 习题5-13图

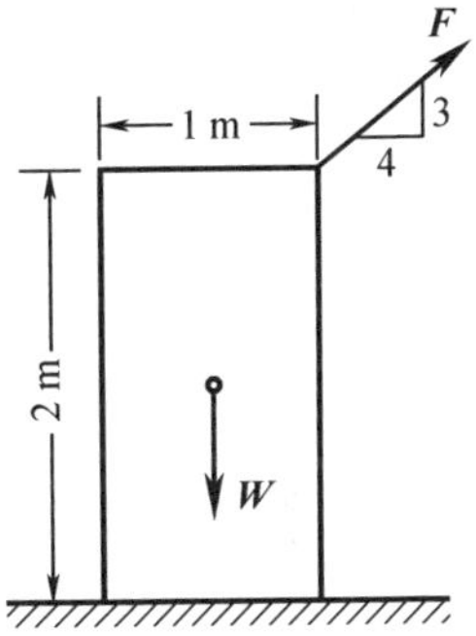

图5-32 习题5-14图

5-15 如图5-33所示,物块重$G=100$ kN,用水平力$\boldsymbol{F}$将它压在铅直的墙上,物块与墙之间的静摩擦系数$f_s=0.4$,求$\boldsymbol{F}$需要多大时,才能使物块不向下滑动?

答案:$F\geqslant250$ kN。

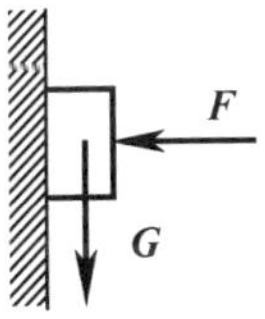

图5-33 习题5-15图

5-16 如图5-34所示,一活动支架套在固定圆柱的外表面,且$h=20$ cm。假设支架和圆柱之间的静摩擦因数$f=0.25$,问作用于支架的主动力$\boldsymbol{F}$的作用线距圆柱中心线至少多远才能使支架不致下滑(支架自重不计)。

答案：$x \geqslant 40$ cm。

5－17　如图5－35所示，A物重$P_A = 5$ kN，B物重$P_B = 6$ kN，A物与B物间的静摩擦系数$f_{s1} = 0.1$，B物与地面间的静摩擦系数$f_{s2} = 0.2$，两物块由绕过一定滑轮的无重水平绳相连。求使系统运动的水平力$\boldsymbol{F}$的最小值。

答案：$F = 3\ 200$ N。

5－18　如图5－36所示，构件1和构件2用楔块3连接，已知楔块与构件间的摩擦系数$f = 0.1$，楔块自重不计。求能自锁的倾斜角θ。

答案：$11.42° \leqslant \theta \leqslant 11.25°$。

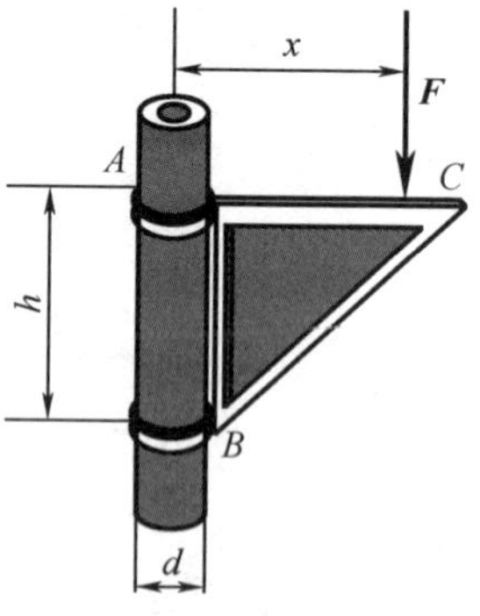

图5－34　习题5－16图

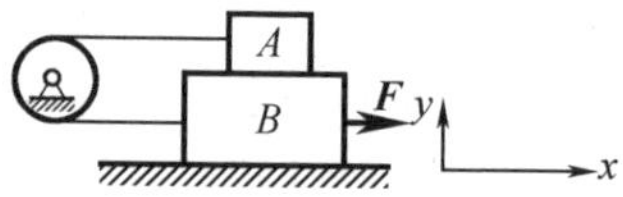

图5－35　习题5－17图

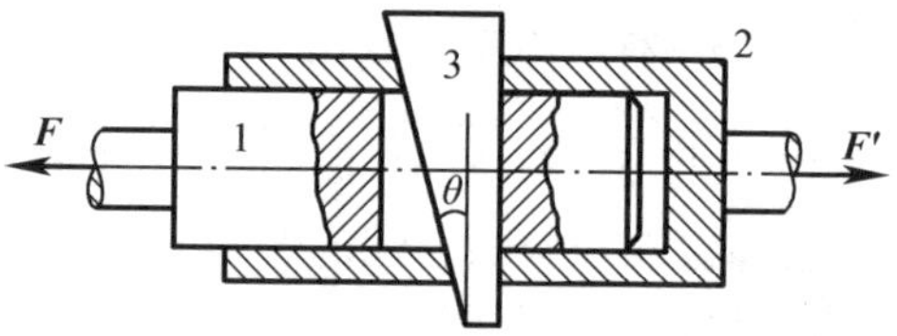

图5－36　习题5－18图

5－19　如图3－37所示，圆柱滚子重3 kN，半径为0.3 m，放在水平面上。如果滚动摩阻系数$\delta = 0.5$ cm，求$\alpha = 0°$和$\alpha = 30°$两种情况下，拉动滚子所需的力$\boldsymbol{F}$的值。

答案：$\alpha = 0°$时，$F = 5$ kN；$\alpha = 30°$时，$F = 2.94$ kN。

5－20　一半径为R，重P_1的轮静止在水平面上，如图5－38所示。在轮上半径为r的轴上缠有细绳，此细绳跨过滑轮A，在端部系一重P_2的物体。绳的AB部分与铅直线成角θ。求轮与水平面接触点C处的滚动摩阻力偶矩、摩擦力和法向反作用力。

答案：$m_s = P_2(R\sin\theta - r)$，$F_s = P_2\sin\theta$，$F_N = P_1 - P_2\cos\theta$。

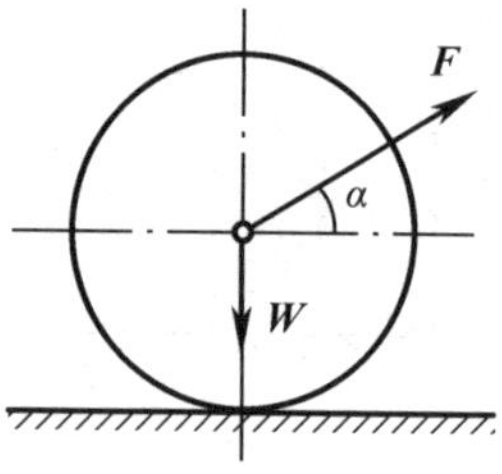

图5－37　习题5－19图

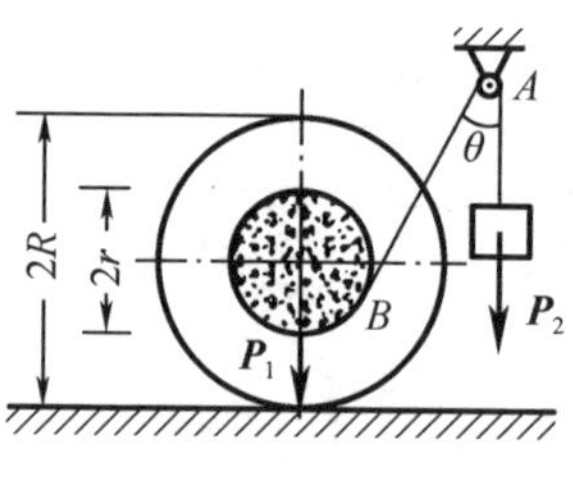

图5－38　习题5－20图

5－21　如图5－39所示，小车底盘重W_1，所有轮子总重W，半径为r。假设车轮沿水平轨道滚动而不滑动，滚动摩阻系数为δ。求保证小车在轨道上匀速运动时所需的水平力$\boldsymbol{F}$的值。

答案：$F = \dfrac{W + W_1}{r}\delta$。

5－22　如图5－40所示，钢管车间的钢管运转台架，钢管依靠自重缓慢无滑动地滚下，钢管直径为50 mm。设钢管与台架间的滚动摩阻系数$\delta = 0.5$ mm。求台架的最小倾角θ。

答案：$\theta = \arctan 0.02 = 1°9'$。

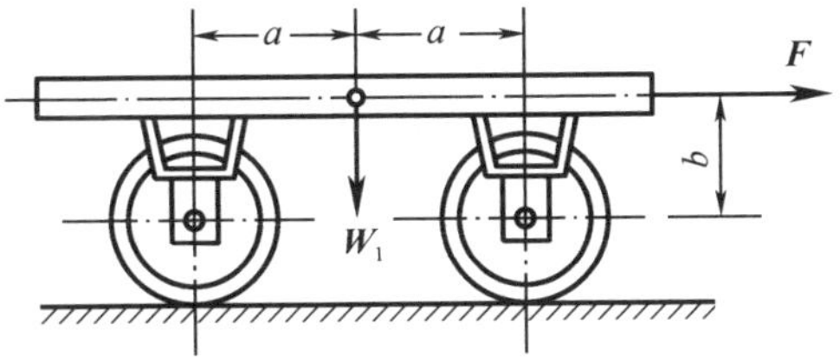

图 5－39 习题 5－21 图

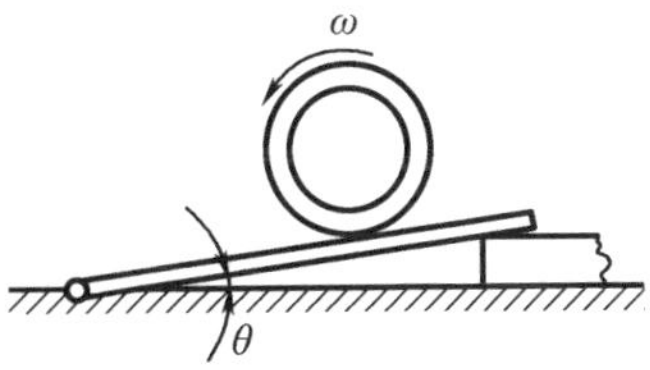

图 5－40 习题 5－22 图

5－23 图 5－41 所示的鼓轮 B 重 500 N，放在墙角里。已知鼓轮与水平地板间的摩擦系数为 0.25，铅直墙壁则假定是绝对光滑的。鼓轮上的绳索下端挂着重物。设半径 $R=200$ mm，$r=100$ mm，求平衡时重物 A 的最大重力。

答案：$P=500$ N。

5－24 如图 5－42 所示，半径为 r、重为 W 的车轮放置在倾斜的铁轨上。已知铁轨倾角为 α，车轮与铁轨间的滚动摩阻系数为 δ，求车轮平衡时 α 应满足的条件。

答案：$m_s=Wr\sin\alpha$，$F_N=W\cos\alpha$。

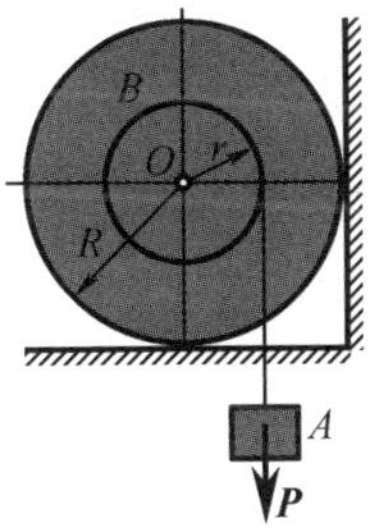

图 5－41 习题 5－23 图

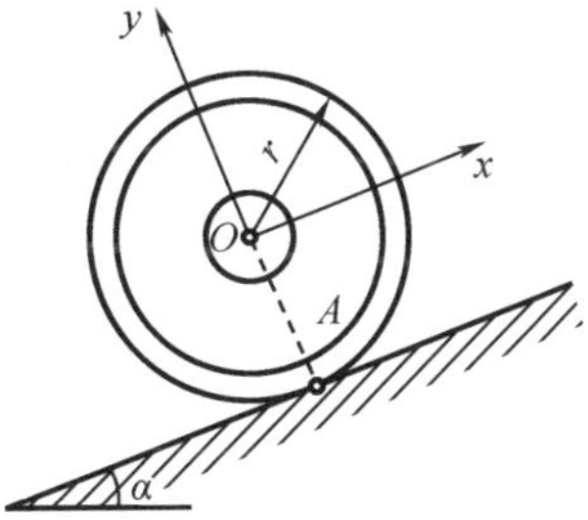

图 5－42 习题 5－24 图

5－25 如图 5－43 所示在闸块制动器的两个杠杆上，分别作用有大小相等的力 $\boldsymbol{F}_1$ 和 $\boldsymbol{F}_2$。设力偶矩 $m=160$ N·m，摩擦系数为 0.2。试问 $\boldsymbol{F}_1$ 和 $\boldsymbol{F}_2$ 为多大时，方能使受到力偶作用的轴处于平衡状态。

答案：$F_1=F_2=800$ kN。

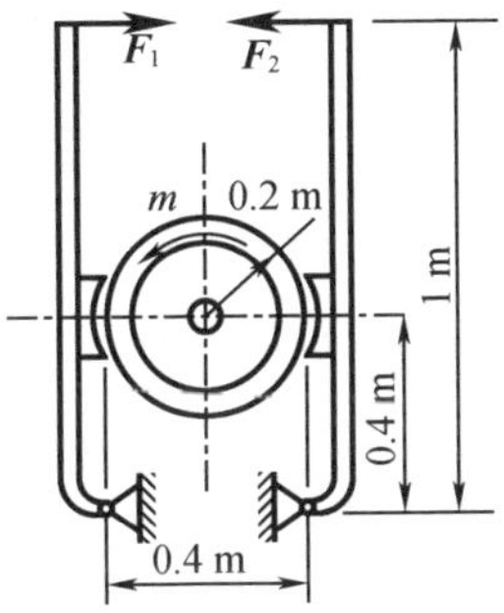

图 5－43 习题 5－25 图

5－26 图 5－44 所示的均质圆柱重 P、半径为 r，搁在不计自重的水平杆和固定斜面之间。杆端 A 为光滑铰链，D 端受一铅垂向上的力 $\boldsymbol{F}$，圆柱上作用一力偶。已知 $F=P$，圆柱与杆和斜面间的静摩擦系数皆为 0.3，不计滚动摩阻。当 $\alpha=45°$时，$AB=BD$。求此时能保持

系统静止的力偶矩 m 的最小值。

答案：$m \geqslant 0.212\ Pr$。

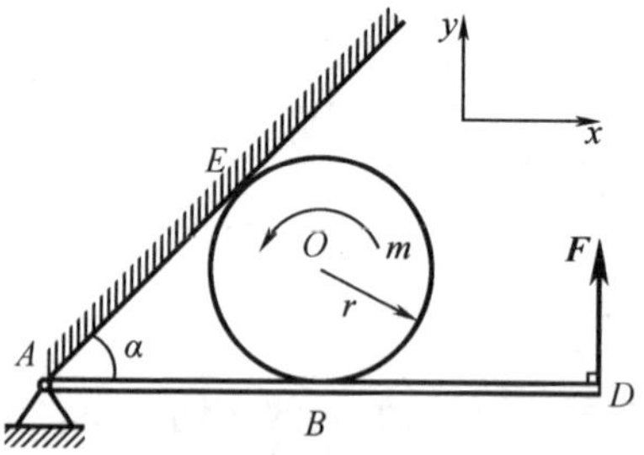

图 5-44 习题 5-26 图

5-27 如图 5-45 所示，A 块重 500 N，轮轴重 1 000 N，A 块与轮轴的轴以水平绳连接。在轮轴外绕以细绳，此绳跨过一光滑的滑轮 D，在绳的端点系一重物 C。如 A 块与平面间的摩擦系数为 0.5，轮轴与平面间的摩擦系数 0.2，不计滚动摩阻，试求使物体系统平衡时物体 C 的重力 $\boldsymbol{P}$ 的最大值。

答案：$P \leqslant 208.3$ N。

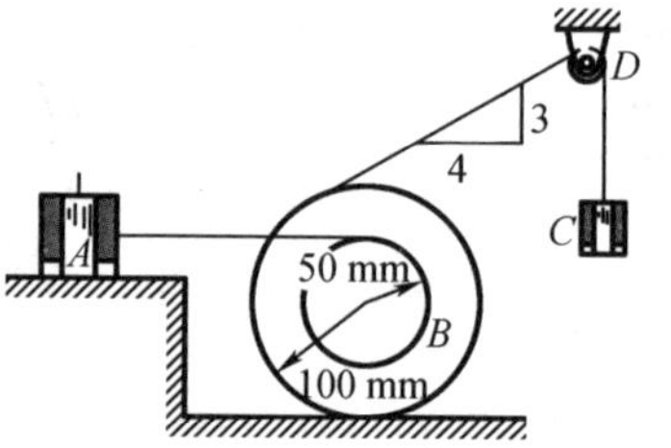

图 5-45 习题 5-27 图

第 6 章　点的运动学

当物体运动时，一般情况下，物体内各点的运动是不同的。因此，先研究几何点的运动，再研究刚体和刚体系统的运动。点的运动学中最基本的问题，是描述点在某参考系中位置随时间变化的规律，这种点的运动规律的数学表达式称为点的运动方程，确定了点在参考系中的运动方程后，就能求出点在空间运动所行经的路线——**点的运动轨迹**；点在空间位置的变化——**位移**；点运动时位移变化的快慢——**速度**；点速度变化的快慢——**加速度**等。

对于点的运动，本章主要研究四个问题：①点的运动方程；②点的运动轨迹；③点的速度；④点的加速度。对于上述主要问题，可以有多种描述方法，本章将讨论矢量法、直角坐标法、自然法（弧坐标法）等基本方法。

6.1　点的运动方程及点的轨迹

研究点的运动，首先要确定任意瞬时点在所选坐标系中的位置及点的位置随时间变化的规律。

6.1.1　矢量法

设动点 M 做任一空间曲线运动，如图 6-1 所示。

选取任意一个空间固定点 O 为参考点，则可用矢径 $\boldsymbol{r}=\overrightarrow{OM}$ 来表示动点 M 在瞬时 t 在空间的位置。随着 M 点在空间的运动，表示动点 M 位置的矢径 $\boldsymbol{r}$ 也在变化，矢径 $\boldsymbol{r}$ 的大小和方向都随时间而改变，因此可以得到时间与矢径的对应方程，即

$$\boldsymbol{r}=\boldsymbol{r}(t) \tag{6-1}$$

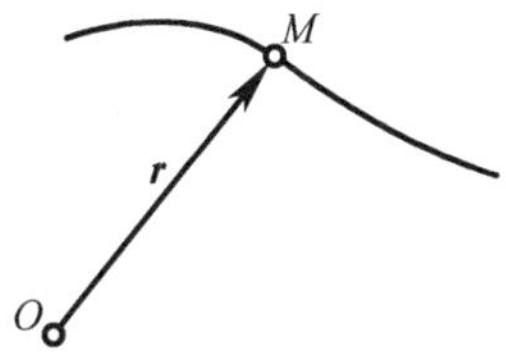

图 6-1　用矢量描述点的运动图

式中，$\boldsymbol{r}$ 是时间 t 的单值连续函数。

式(6-1)称为以矢量表示的动点 M 的运动方程，它表示动点 M 在空间的位置随时间的变化规律，也叫运动规律。函数 $\boldsymbol{r}(t)$ 确定后，即可确定动点 M 在任一瞬时的位置，随着动点的运动，矢径 $\boldsymbol{r}$ 的端点能连成一条曲线，称为矢端曲线，即动点 M 的运动轨迹。

6.1.2　直角坐标法

以空间任一固定点 O 为原点，建立空间直角坐标系 $Oxyz$，如图 6-2 所示。当动点 M 做空间任意曲线运动时，任一瞬时 t，M 点的位置可用直角坐标 x、y、z 唯一地确定，可得到直角坐标与时间的一一对应关系。

$$\begin{cases}x=x(t)\\y=y(t)\\z=z(t)\end{cases}\tag{6-2}$$

式(6-2)是一组时间的单值连续函数,称为动点的直角坐标形式的运动方程,它准确描述了动点任意时刻在空间的位置。

在这组方程中,消去时间参数 t,得到只含 x、y、z 的曲线方程 $f(x,y,z)=0$,这就是动点在空间直角坐标系下的运动轨迹方程。

若从直角坐标系原点 O 向动点 M 引矢径,则能得到矢径 $\boldsymbol{r}$ 的直角坐标系下的解析表达式,即

$$\boldsymbol{r}(t)=x(t)\boldsymbol{i}+y(t)\boldsymbol{j}+z(t)\boldsymbol{k}\tag{6-3}$$

式中,$\boldsymbol{i}$,$\boldsymbol{j}$,$\boldsymbol{k}$ 分别是 $Oxyz$ 坐标系的 Ox 轴、Oy 轴、Oz 轴的单位矢量。式(6-3)表明了矢量法表示的运动方程与直角坐标法表示的运动方程之间的关系。

例 6-1 曲柄连杆机构如图 6-3 所示。曲柄 OA 以 $\varphi=\omega t$ 绕 O 点转动,并通过连杆带动滑块 B 在水平槽内滑动。设 $OA=AB=L$,求连杆 AB 上 M 点($AM=h$)的运动方程和轨迹方程。

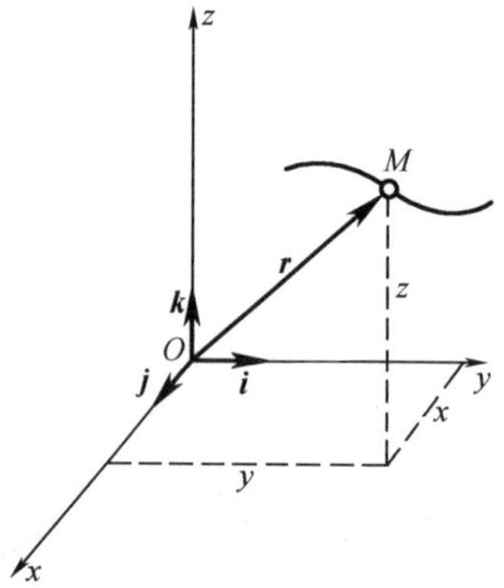

图 6-2 用直角坐标描述点的运动示意图

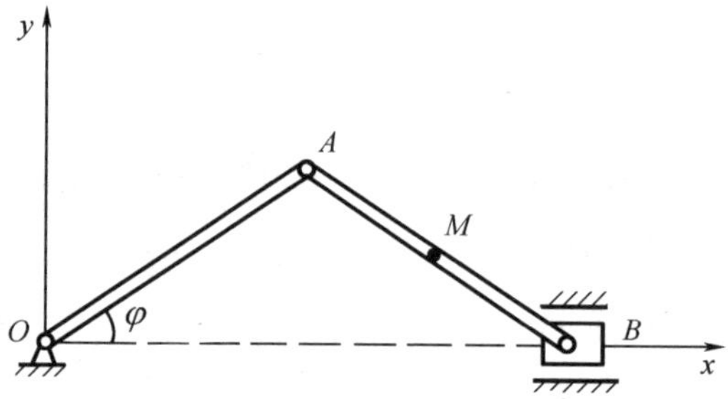

图 6-3 例 6-1 图

解 本题是在未知动点轨迹的情况下,求点的运动,故应使用直角坐标法。选取图 6-3 所示坐标系,则 M 点的运动方程为

$$x=OA\cos\omega t+AM\cos\omega t=(L+h)\cos\omega t$$

$$y=MB\sin\omega t=(L-h)\sin\omega t$$

从运动方程中消去时间 t,即得其轨迹方程,即

$$\frac{x^2}{(L+h)^2}+\frac{y^2}{(L-h)^2}=1$$

可见,其轨迹是一个椭圆。

例 6-2 杆 AB 长为 l,A 和 C 两滑块各沿铅直和水平槽运动,如图 6-4 所示,设 $BC=a$,$\theta=\omega t$(ω 为常数),试写出 B 点的运动方程,并求其轨迹。

解 ①分析运动。A、C 分别在铅直和水平槽内滑动,而 B 点做平面曲线运动。

②列运动方程。取两互相垂直的直线交点 O 为原点,作直角坐标系 Oxy。根据图

6－4 中的几何关系，B 点的坐标为

$$\begin{cases} x = l\sin\theta \\ y = a\cos\theta \end{cases} \tag{6-4}$$

将 $\theta=\omega t$ 代入式(6－4)中得

$$\begin{cases} x = l\sin\omega t \\ y = a\cos\omega t \end{cases} \tag{6-5}$$

这就是 B 点的直角坐标运动方程。

从运动方程中消去时间 t，得出 B 点的轨迹方程。为此，将式(6－5)改写成

$$\sin\omega t = \frac{x}{l}, \cos\omega t = \frac{y}{a}$$

将以上二式两边平方后并相加，得

$$\sin^2\omega t + \cos^2\omega t = \left(\frac{x}{l}\right)^2 + \left(\frac{y}{a}\right)^2$$

即

$$\frac{x^2}{l^2} + \frac{y^2}{a^2} = 1$$

这就是 B 点的轨迹方程。

例 6－3　一铰链机构由长为 a 的杆 OA_1、OB_1、CA_2、CB_2 及长为 $2a$ 的杆 B_1A_2 和 B_2A_1 构成，如图 6－5 所示，求铰链 C 沿 x 轴运动时铰链 A_1、A_2 所走的轨迹。

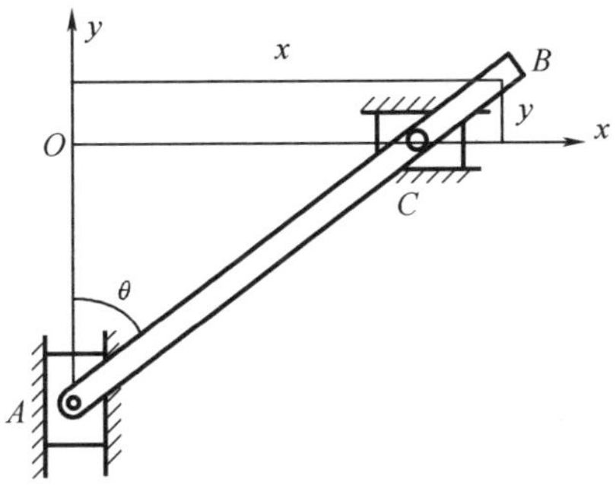

图 6－4　例 6－2 图

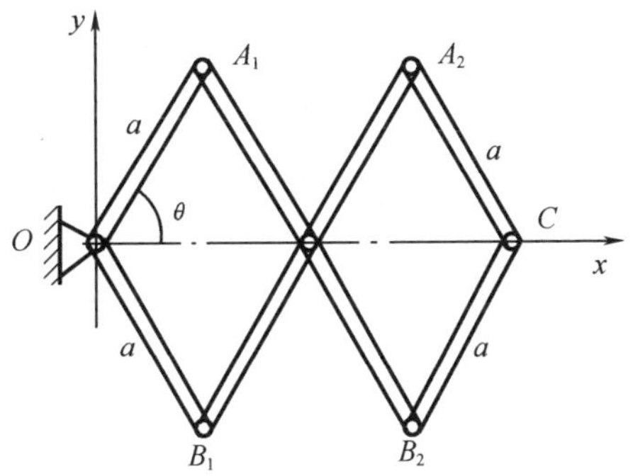

图 6－5　例 6－3 图

解　由图 6－5 可以看出，当铰链 C 沿 x 轴运动时，铰链 A_1、A_2 在平面内做曲线运动。取坐标轴 Oxy，根据图 6－5 中的几何关系，A_1 点的坐标为

$$\begin{cases} x_1 = a\cos\theta \\ y_1 = a\sin\theta \end{cases} \tag{6-6}$$

将式(6－6)两边平方后并相加，得

$$x_1^2 + y_1^2 = a^2$$

这就是 A_1 点的轨迹方程。

同理可得出 A_2 点的坐标为

$$\begin{cases} x_2 = 3a\cos\theta \\ y_2 = a\sin\theta \end{cases} \tag{6-7}$$

将式(6－7)两边平方后并相加，得

$$\frac{x_2^2}{(3a)^2}+\frac{y_2^2}{a^2}=1$$

这就是 A_2 点的轨迹方程。

例 6-4 半径为 r 的圆轮沿水平直线轨道滚动而不滑动,轮心 C 则在与轨道平行的直线上运动,如图 6-6 所示。设轮心 C 的速度为一常量 v_C,试求轮缘上一点 M 的轨迹。

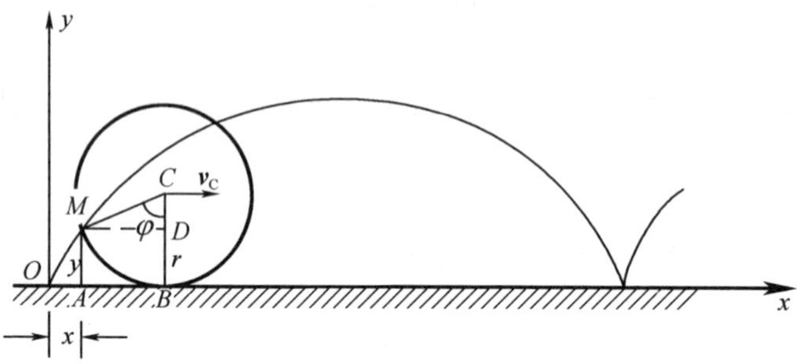

图 6-6 例 6-4 图

解 为了求 M 点的轨迹,需要建立 M 点的运动方程。以 M 点与轨道第一次接触的瞬时作为计算时间的起点(在该瞬时 $t=0$),并以该瞬时轨道上与 M 接触的点为坐标原点 O,x 轴水平向右,y 轴铅直向上。取 M 点在任一瞬时 t 的位置来考察,由图 6-6 可见,M 点的坐标为

$$x=OB-AB=OB-MD=OB-r\sin\varphi \tag{6-8}$$

$$y=MA=CB-CD=r-r\cos\varphi \tag{6-9}$$

因圆心 C 以速度 v_C 做匀速直线运动,故

$$OB=v_Ct \tag{6-10}$$

又因轮子滚动而不滑动,故

$$OB=\overset{\frown}{MB}=r\varphi$$

由此可得

$$\varphi=\frac{OB}{r}=\frac{v_Ct}{r} \tag{6-11}$$

将式(6-10)、式(6-11)代入式(6-8)、式(6-9),得

$$x=v_Ct-r\sin\frac{v_Ct}{r} \tag{6-12}$$

$$y=r-r\cos\frac{v_Ct}{r} \tag{6-13}$$

这就是 M 点的运动方程,同时也是以时间 t 为参数的 M 点的轨迹方程。根据这组方程可画出 M 点的轨迹曲线如图 6-6 中实线所示,该曲线称为旋轮线或摆线。

6.1.3 自然法(弧坐标法)

1. 弧坐标

在工程实际中,有些动点的运动轨迹往往是已知的,那么不妨采用一种与点的运动轨迹结合最密切的办法来描述点的运动,就是自然法,也称为弧坐标法。

设动点 M 沿已知轨迹曲线运动，把此轨迹曲线看作以弧形曲线形式的坐标轴，简称弧坐标轴，如图 6－7 所示。在轨迹上任取一点（固定点）O 作为原点，规定轨迹的一端为运动的正方向，另一端为运动的负方向，动点 M 在某瞬时的位置，由从原点 O 到 M 点的那段弧长 S 来表示，当 $S>0$ 时，表示 M 点在轨迹的正的一边；当 $S<0$ 时，表示 M 点在轨迹的负的一边。像这样带有正、负号的弧长 S，称为点的弧坐标。由此可知，弧坐标是一代数量，用弧坐标来确定动点在任意瞬时的位置的方法称为弧坐标法，也叫自然法。

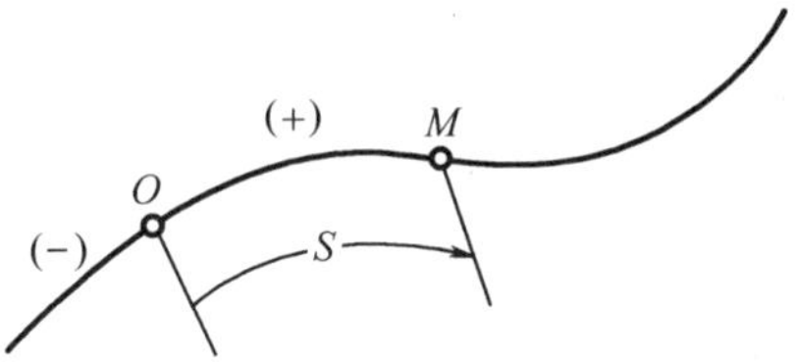

图 6－7　用弧坐标描述点的运动示意图

当 M 点运动时，其弧坐标是时间的单值连续函数，即

$$S=S(t) \tag{6-14}$$

方程（6－14）唯一地确定了任意瞬时点的位置，建立了点在空间的位置和时间的一一对应关系，表达了动点的运动规律，称为用弧坐标表示的点的运动方程。

2. 自然轴

用弧坐标法分析点在曲线上的运动时，为了使点的速度和加速度方向与点的轨迹特性能更密切结合，还要用到自然轴系。

设有一空间任意曲线，如图 6－8 所示，在其上任取 M 和 M' 两点，曲线在 M 点的切线为 MT，在 M' 点的切线为 $M'T'$，自 M 点作 MT_1 平行于 $M'T'$，则 MT 与 MT_1 将决定一平面，当 M' 点接近 M 点时，因 MT_1 方位的改变，这平面将绕 MT 转动，当 M' 点无限接近 M 点时，这平面将转到某一极限位置。这个处于极限位置的平面称为曲线在 M 点的密切面。对于一般空间曲线，密切面的方位随 M 点的位置而改变，至于平面曲线，密切面就是曲线所在的平面。通过 M 点而与切线 MT 垂直的平面，称为曲线在 M 点的法平面。法平面内通过 M 点的一切直线都和切线垂直，因而都是曲线的法线。为了区别，规定在密切面内的法线 MN（法平面与密切面的交线）称为曲线在 M 点的主法线，法平面内与主法线垂直的直线 MB 则称为副法线。图 6－9 所示的自然轴系也由三条相互垂直的轴组成，其三个单位矢量分别为 $\boldsymbol{\tau}$、$\boldsymbol{n}$、$\boldsymbol{b}$，其中 $\boldsymbol{\tau}$ 沿轨迹在该点的切线方向，并指向弧坐标的正向，称为切向单位矢量；$\boldsymbol{n}$ 沿轨迹凹的一侧指向曲线在该点的曲率中心，即沿曲线在该点的主法线方向，称为主法线方向单位矢量；$\boldsymbol{b}$ 则沿曲线在该点的副法线方向，其指向由右手螺旋定则确定，即 $\boldsymbol{b}=\boldsymbol{\tau}\times\boldsymbol{n}$，称为副法线方向单位矢量。弧坐标轴本身是动点运动的轨迹曲线，它一经选定就不变了，所以是一种静止的坐标系，但是自然轴系是与动点在某一瞬时的位置有关的。某一瞬时动点在哪里，自然轴系的原点就在哪里，随着点的运动，其自然轴的方位也随之改变，所以 $\boldsymbol{\tau}$、$\boldsymbol{n}$、$\boldsymbol{b}$ 都是随着点的位置而变化的变矢量，对于曲线上的任一点，都有属于该点的一组自然轴系。

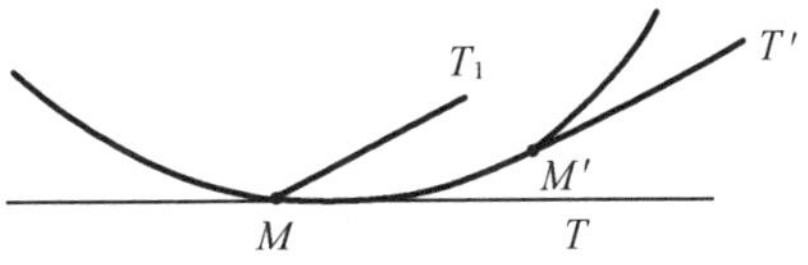

图 6－8　曲线上 M 点的切线图

例 6－5　飞轮以 $\varphi=2t^2$ 的规律转动（φ 以 rad 计），如图 6－10 所示，其半径 $R=50$ cm。

试求飞轮上一点 M 的运动方程。

解 由于飞轮做转动,故飞轮上点 M 运动的轨迹是以 R 为半径的圆,因而宜用自然法确定其位置,建立运动方程。

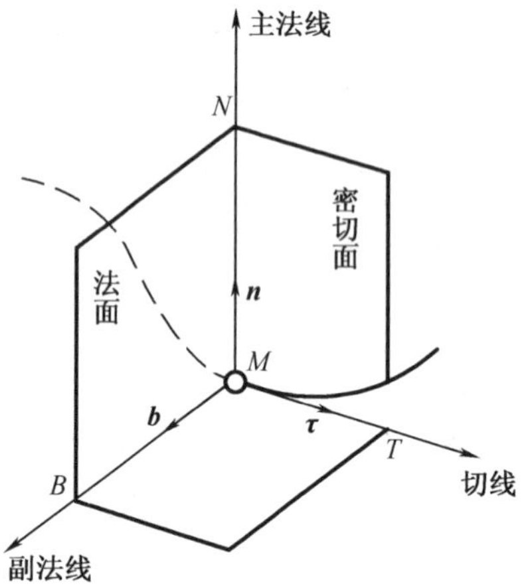

图6-9 曲线上 M 的自然轴系图

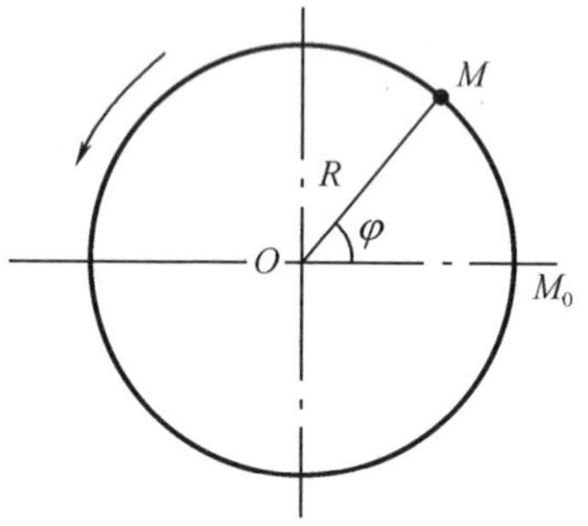

图6-10 例6-5图

当 $t=0$ 时,点 M 位于 M_0 处,现以这点为参考点,则弧长$\overset{\frown}{M_0M}$为

$$S=R\varphi=100t^2$$

这就是以自然法表示的点 M 的运动方程。

例6-6 摇杆机构由摇杆 BC、滑块 A 和曲柄 OA 组成,如图6-11(a)所示。已知$OA=OB=100$ mm,BC 绕 B 轴转动,并通过滑块 A 在 BC 上滑动而带动 OA 杆绕 O 轴转动。角度 φ 与时间 t 的关系是 $\varphi=2t^3$ rad,t 以秒计。试求 OA 杆上 A 点的运动方程。

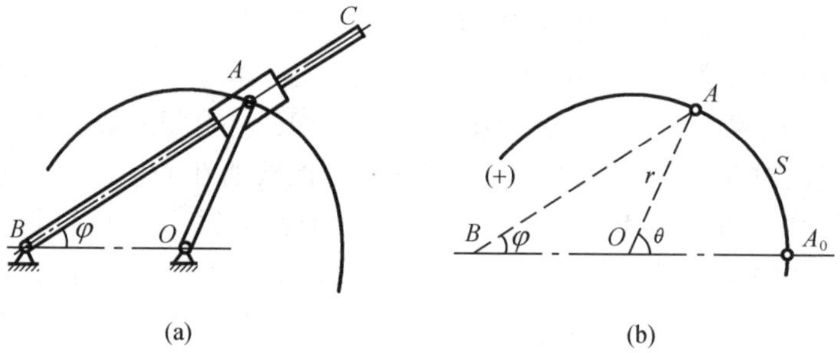

图6-11 例6-6图

解 由图6-11(a)可以看出,A 点运动的轨迹是以 OA 为半径的圆弧,因而宜用自然法确定其位置,建立运动方程。

设 OA 与水平线的夹角为 θ,当 $t=0$ 时,$\varphi=0,\theta=0$,A 点在 A_0 处(图6-11(b))。选取 A_0 点为弧坐标原点,由 A_0 向上定为弧坐标正方向。在任意瞬时 t,BC 转过的角度为 φ,动点由 A_0 运动至 A,弧坐标为

$$s=\overset{\frown}{A_0A}=OA\cdot\theta$$

由于 ΔOAB 是等腰三角形，所以

$$\theta = 2\varphi = 2\times 2t^3 = 4t^3$$

$$OA \cdot \theta = 0.1\times 4t^3 = 0.4t^3$$

所以
$$s' = 0.4t^3\ \mathrm{m} \tag{6-15}$$

式(6－15)就是以自然法表示的 A 点的运动方程。

例 6－7　图 6－12 所示的机构中，半径为 R 的固定大圆 C 位于铅垂平面内，小环 M 同时套在大圆环和摇杆 OA 上，摇杆 OA 绕 O 轴以匀角速度 ω 逆时针方向转动。运动开始时，摇杆在右侧水平位置。求小环的运动方程。

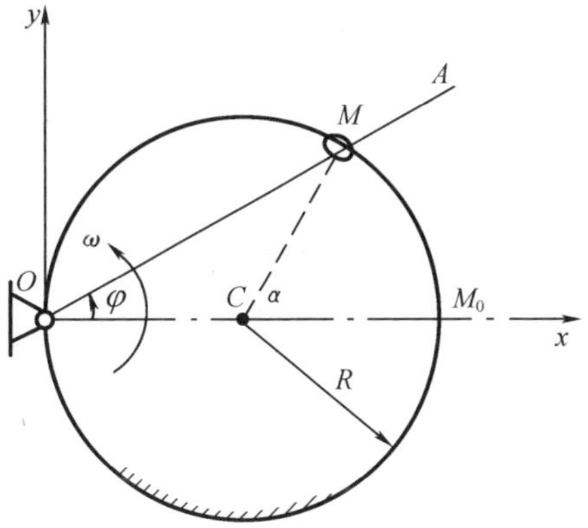

图 6－12　例 6－7 图

解　因为已知小环 M 的运动轨迹是半径为 R 的圆周，故采用自然法。

取 x 轴与大圆环的交点 M_0 为弧坐标的坐标原点，并规定逆时针转向为弧坐标的正方向。则 M 点的运动方程为

$$S = R\alpha$$

而
$$\alpha = 2\varphi, \varphi = \omega t$$

所以
$$S = R\cdot 2\varphi = 2R\omega t$$

6.2　用矢量法确定点的速度和加速度

6.2.1　速度

在矢量法中，设在某瞬时 t，动点位于 M 点，其矢径为 $\boldsymbol{r}$，经过 Δt 时间间隔后，动点运动到 M'点，其矢径为 $\boldsymbol{r}'$，则矢径 $\boldsymbol{r}$ 的增量为 $\Delta\boldsymbol{r} = \boldsymbol{r}' - \boldsymbol{r}$（图 6－13），$\Delta\boldsymbol{r}$ 就是 Δt 时间间隔内动点 M 的位移，它是一个矢量，而比值$\boldsymbol{v}^* = \dfrac{\Delta\boldsymbol{r}}{\Delta t}$称为动点在 Δt 时间间隔内的平均速度。当 $\Delta t\to 0$时，平均速度的极限表明在瞬时 t 动点运动的快慢和方向，用 $\boldsymbol{v}$ 表示，称为动点在瞬时 t 的瞬时速度，以后书中提到的速度都为瞬时速度。

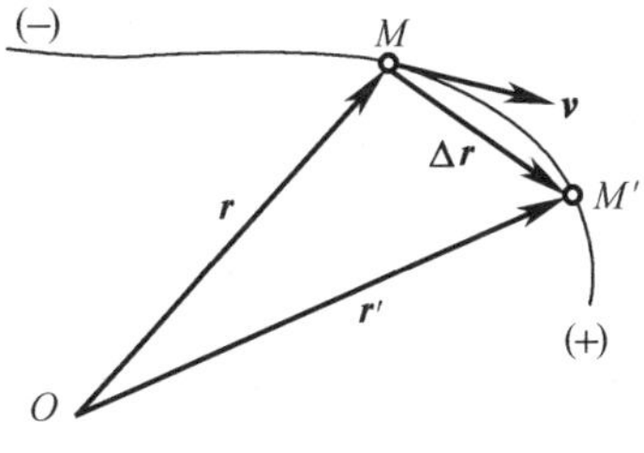

图 6－13　M 点的速度示意图

$$\boldsymbol{v} = \lim_{\Delta t\to 0}\frac{\Delta\boldsymbol{r}}{\Delta t} = \frac{\mathrm{d}\boldsymbol{r}}{\mathrm{d}t} = \dot{\boldsymbol{r}} \tag{6-16}$$

即动点的速度矢量等于它的矢径对时间的一阶导数。速度是一个矢量，它的大小等于 $\left|\dfrac{\mathrm{d}\boldsymbol{r}}{\mathrm{d}t}\right|$，它的方向由位移 $\Delta\boldsymbol{r}$ 的极限方向所确定，即沿轨迹在 M 点的切线方向，并指向动点的运动方向。

在国际单位制中，速度的单位为米/秒（m/s）或厘米/秒（cm/s）等。

6.2.2 加速度

当动点做曲线运动时,其速度的大小和方向一般都随时间而变化,即 $\boldsymbol{v}=\boldsymbol{v}(t)$。如果 t 瞬时动点速度为 $\boldsymbol{v}_1$,经过 Δt 时间间隔后,$t+\Delta t$ 瞬时动点速度为 $\boldsymbol{v}_2$,则速度矢量的增量 $\Delta\boldsymbol{v}=\boldsymbol{v}_2-\boldsymbol{v}_1$,比值 $\boldsymbol{a}^*=\dfrac{\Delta\boldsymbol{v}}{\Delta t}$称为动点在时间间隔 Δt 内的平均加速度。而当 $\Delta t\to 0$ 时,平均加速度的极限即为动点在瞬时 t 的瞬时加速度,简称加速度。

$$\boldsymbol{a}=\lim_{\Delta t\to 0}\frac{\Delta\boldsymbol{v}}{\Delta t}=\frac{\mathrm{d}\boldsymbol{v}}{\mathrm{d}t}=\frac{\mathrm{d}^2\boldsymbol{r}}{\mathrm{d}t^2}=\dot{\boldsymbol{v}}=\ddot{\boldsymbol{r}} \tag{6-17}$$

可见,动点的加速度等于它的速度对时间的一阶导数,或等于它的矢径对时间的二阶导数,加速度也是一个矢量。加速度的国际单位常用"米/秒^2"(m/s^2)表示。

用矢量法描述点的运动,只需选择一个参考点就可以了,不需要建立参考系,这种方法运算简便,把矢量的大小和方向统一起来,便于理论推导。

6.3 用直角坐标法确定点的速度和加速度

6.3.1 速度

前面已经得到动点的矢径 $\boldsymbol{r}$ 在直角坐标系下的解析表达式为

$$\boldsymbol{r}(t)=x(t)\boldsymbol{i}+y(t)\boldsymbol{j}+z(t)\boldsymbol{k}$$

又利用

$$\boldsymbol{v}=\frac{\mathrm{d}\boldsymbol{r}}{\mathrm{d}t}$$

所以

$$\begin{aligned}\boldsymbol{v}&=\frac{\mathrm{d}\boldsymbol{r}(t)}{\mathrm{d}t}=\frac{\mathrm{d}[x(t)\boldsymbol{i}]}{\mathrm{d}t}+\frac{\mathrm{d}[y(t)\boldsymbol{j}]}{\mathrm{d}t}+\frac{\mathrm{d}[z(t)\boldsymbol{k}]}{\mathrm{d}t}\\&=\frac{\mathrm{d}x(t)}{\mathrm{d}t}\boldsymbol{i}+x(t)\frac{\mathrm{d}\boldsymbol{i}}{\mathrm{d}t}+\frac{\mathrm{d}y(t)}{\mathrm{d}t}\boldsymbol{j}+y(t)\frac{\mathrm{d}\boldsymbol{j}}{\mathrm{d}t}+\frac{\mathrm{d}z(t)}{\mathrm{d}t}\boldsymbol{k}+z(t)\frac{\mathrm{d}\boldsymbol{k}}{\mathrm{d}t}\end{aligned}$$

注意到 $\boldsymbol{i}$、$\boldsymbol{j}$、$\boldsymbol{k}$ 都是常矢量,因而有

$$\frac{\mathrm{d}\boldsymbol{i}}{\mathrm{d}t}=\frac{\mathrm{d}\boldsymbol{j}}{\mathrm{d}t}=\frac{\mathrm{d}\boldsymbol{k}}{\mathrm{d}t}=0$$

从而

$$\boldsymbol{v}=\frac{\mathrm{d}x(t)}{\mathrm{d}t}\boldsymbol{i}+\frac{\mathrm{d}y(t)}{\mathrm{d}t}\boldsymbol{j}+\frac{\mathrm{d}z(t)}{\mathrm{d}t}\boldsymbol{k}=\dot{x}(t)\boldsymbol{i}+\dot{y}(t)\boldsymbol{j}+\dot{z}(t)\boldsymbol{k} \tag{6-18}$$

另一方面,$\boldsymbol{v}$ 是一个矢量,在直角坐标系下,同样可写出它的解析表达式,即

$$\boldsymbol{v}=v_x\boldsymbol{i}+v_y\boldsymbol{j}+v_z\boldsymbol{k} \tag{6-19}$$

式中,v_x、v_y、v_z 分别表示速度矢量 $\boldsymbol{v}$ 在 x、y、z 轴上的投影。

由式(6-18)、式(6-19)可得

$$\begin{cases}v_x=\dfrac{\mathrm{d}x(t)}{\mathrm{d}t}=\dot{x}(t)\\ v_y=\dfrac{\mathrm{d}y(t)}{\mathrm{d}t}=\dot{y}(t)\\ v_z=\dfrac{\mathrm{d}z(t)}{\mathrm{d}t}=\dot{z}(t)\end{cases} \tag{6-20}$$

即动点的速度在直角坐标轴上的投影等于其相应轴方向的运动方程对时间的一阶导数。

式(6－20)完全确定了 $\boldsymbol{v}$ 的大小和方向，其大小为

$$v=\sqrt{v_x^2+v_y^2+v_z^2}$$

其方向可由速度 $\boldsymbol{v}$ 的方向余弦来确定，即

$$\cos(\boldsymbol{v},\boldsymbol{i})=\frac{v_x}{v}$$

$$\cos(\boldsymbol{v},\boldsymbol{j})=\frac{v_y}{v}$$

$$\cos(\boldsymbol{v},\boldsymbol{k})=\frac{v_z}{v}$$

6.3.2　加速度

对速度 $\boldsymbol{v}$ 的表达式进一步求导就得到加速度 $\boldsymbol{a}$ 的表达式为

$$\boldsymbol{a}=\frac{\mathrm{d}\boldsymbol{v}}{\mathrm{d}t}=\frac{\mathrm{d}[\dot{x}(t)\boldsymbol{i}+\dot{y}(t)\boldsymbol{j}+\dot{z}(t)\boldsymbol{k}]}{\mathrm{d}t}=\ddot{x}(t)\boldsymbol{i}+\ddot{y}(t)\boldsymbol{j}+\ddot{z}(t)\boldsymbol{k} \tag{6-21}$$

同时，加速度 $\boldsymbol{a}$ 在直角坐标系下的解析表达式为

$$\boldsymbol{a}=a_x\boldsymbol{i}+a_y\boldsymbol{j}+a_z\boldsymbol{k} \tag{6-22}$$

式中，a_x、a_y、a_z 为加速度 $\boldsymbol{a}$ 在 x、y、z 轴上的投影。根据式(6－21)、式(6－22)得

$$\begin{cases} a_x=\ddot{x}(t)=\dfrac{\mathrm{d}v_x}{\mathrm{d}t} \\ a_y=\ddot{y}(t)=\dfrac{\mathrm{d}v_y}{\mathrm{d}t} \\ a_z=\ddot{z}(t)=\dfrac{\mathrm{d}v_z}{\mathrm{d}t} \end{cases} \tag{6-23}$$

因此，动点的加速度在直角坐标系下的投影等于该点速度的对应投影方程对时间的一阶导数，也等于该点的对应坐标方程对时间的二阶导数。

式(6－23)完全确定了 $\boldsymbol{a}$ 的大小和方向，其大小为

$$a=\sqrt{a_x^2+a_y^2+a_z^2}$$

其方向余弦为

$$\cos(\boldsymbol{a},\boldsymbol{i})=\frac{a_x}{a}$$

$$\cos(\boldsymbol{a},\boldsymbol{j})=\frac{a_y}{a}$$

$$\cos(\boldsymbol{a},\boldsymbol{k})=\frac{a_z}{a}$$

当点做平面曲线运动时，运动方程中 $z=z(t)=0$，上述各速度、加速度公式仍然适用。

例 6－8　求例 6－1 中连杆 AB 上 M 点的速度和加速度。

解　利用计算速度和加速度的公式，可得

$$v_x=\dot{x}=-(L+h)\omega\sin\omega t$$

$$v_y=\dot{y}=(L-h)\omega\cos\omega t$$

$$v=\sqrt{v_x^2+v_y^2}=\omega\sqrt{(L+h)^2\sin^2\omega t+(L-h)^2\cos^2\omega t}$$

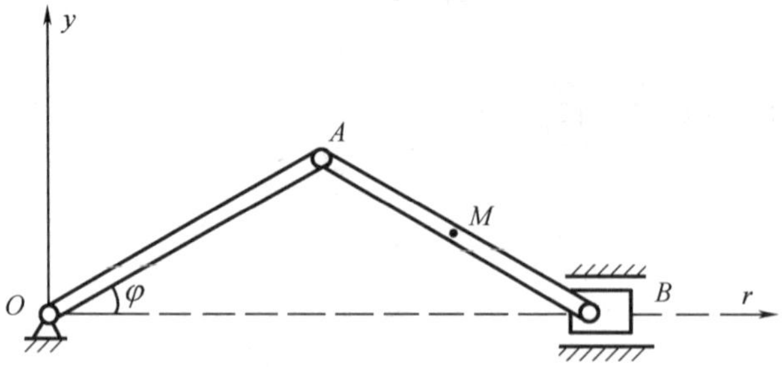

图6-14 例6-8图

其方向沿椭圆的切线方向。

$$a_x = \ddot{x} = -(L+h)\omega^2\cos\omega t = -\omega^2 x$$

$$a_y = \ddot{y} = -(L-h)\omega^2\sin\omega t = -\omega^2 y$$

$$a = \sqrt{a_x^2 + a_y^2} = \omega^2\sqrt{x^2 + y^2} = \omega^2 r$$

$$\cos(\boldsymbol{a},\boldsymbol{i}) = a_x/a = -x/r$$

$$\cos(\boldsymbol{a},\boldsymbol{j}) = a_y/a = -y/r$$

由上式可见,加速度 $\boldsymbol{a}$ 的方向余弦与矢径 $\boldsymbol{r}$ 的方向余弦等值、反向。因此,加速度 $\boldsymbol{a}$ 的方向始终指向原点 O。

例6-9 图6-15(a)所示运动机构,已知绳子的 A 端系在套筒上,B 端以匀速 $\boldsymbol{u}$ 水平向右运动,套筒可沿水平杆 CO 运动,已知 $DO=h$,试求任一瞬时套筒 A 的速度、加速度与 $AO=s$ 间的关系,并确定 A 的运动性质(是加速运动,还是减速运动)。

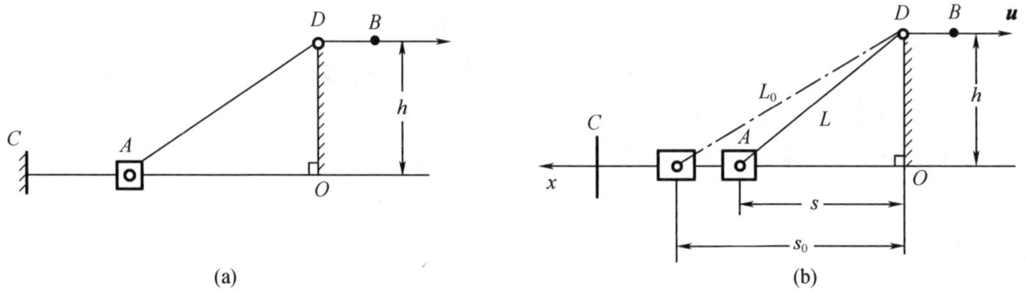

图6-15 例6-9图

解 选图6-15(b)所示坐标轴 Ox,s 的正方向与 x 轴一致,设开始运动时 $x_0=s_0$,运动到任一位置 $x=s$ 时,有

$$L_0 - \sqrt{h^2+s^2} = ut \tag{6-24}$$

式中,$L_0=\sqrt{h^2+s_0^2}$。式(6-24)两边对时间 t 求导,注意到 L_0、h 和 u 均为常量,而套筒 A 的速度 $v=\dot{s}$,所以整理后可得

$$v = -\frac{u}{s}\sqrt{h^2+s^2} \tag{6-25}$$

式(6-25)右端的负号说明套筒 A 运动方向与 x 轴正向相反,即向右运动。

式(6-25)两端对时间 t 再求导,可得套筒 A 的加速度

$$a=\frac{\mathrm{d}v}{\mathrm{d}t}=uv\left(-\frac{1}{\sqrt{h^2+s^2}}+\frac{\sqrt{h^2+s^2}}{s^2}\right)=-\frac{u^2h^2}{s^3} \tag{6-26}$$

由式(6-26)右端的负号可见，套筒 A 的加速度方向也与 x 轴正向相反。

综合上述，由于套筒 A 的速度与加速度符号相同，因此套筒 A 做加速运动。

讨论：

①分析做直线运动的动点是加速运动还是减速运动时，应以在同一坐标系下其速度与加速度的正负号是否一致为依据，而不能单凭加速度的正负号做判断，即不能认为加速度为负时一定做减速运动，反之一定做加速运动。例如，本题中虽加速度为负，但因它与速度同号，故仍做加速运动。

②求解点的运动学问题，一般应先建立坐标系，选择规定坐标系的正负方向，建立相应方程进行求解。否则，不利于对运动方向和运动性质做出正确判断。

例如，在求解本题时，若不设立 x 轴，也不确定 s 的正负方向，则由图6-15(b)中的几何关系有

$$L^2=h^2+s^2 \tag{6-27}$$

式(6-27)两端对时间 t 求导，且注意到$\frac{\mathrm{d}L}{\mathrm{d}t}=u,\frac{\mathrm{d}s}{\mathrm{d}t}=v$，则有

$$2L\frac{\mathrm{d}L}{\mathrm{d}t}=2s\frac{\mathrm{d}s}{\mathrm{d}t}$$

所以

$$v=\frac{Lu}{s}=\frac{u}{s}\sqrt{h^2+s^2} \tag{6-28}$$

即为套筒 A 的速度。

式(6-28)再对时间 t 求导，则得套筒 A 的加速度

$$a=\frac{\mathrm{d}v}{\mathrm{d}t}=u^2\left(\frac{1}{s}-\frac{h^2+s^2}{s^3}\right)=-\frac{h^2u^2}{s^3} \tag{6-29}$$

由式(6-28)和式(6-29)可见，虽然 v 为正而 a 为负，二者异号，但因事先未确定 s 的正负方向，所以无法由此结果判断套筒 A 的运动方向和运动性质。

例6-10　曲柄 OA 长为 r，在平面内绕 O 轴逆时针转动，如图6-16所示，杆 AB 穿过套筒 C 而与曲柄在 A 点铰接。设 $\varphi=2\omega t$（ω 为常数），$OC=r$，$AB=2r$，试求 AB 杆端点 B 的运动方程、速度和加速度的大小。

解　选取图6-16所示固定直角坐标系 Oxy，则点 B 的直角坐标可写为

$$x=OA\cdot\cos\varphi+AB\cdot\cos\alpha=r\cos\varphi+2r\sin\frac{\varphi}{2}$$

$$y=-(AB\cdot\sin\alpha-OA\cdot\sin\varphi)=r\sin\varphi-2r\cos\frac{\varphi}{2}$$

将 $\varphi=2\omega t$ 代入上式，得 B 点的运动方程

$$\begin{cases}x=r\cos 2\omega t+2r\sin\omega t\\ y=r\sin 2\omega t-2r\cos\omega t\end{cases} \tag{6-30}$$

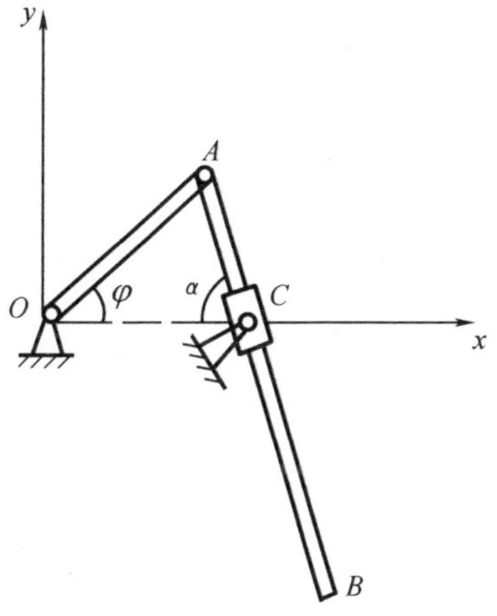

图6-16　例6-10图

式(6-30)两端对时间 t 求导数,得 B 点速度在 x、y 轴上的投影为

$$\begin{cases}v_x=\dot{x}=-2r\omega\sin 2\omega t+2r\omega\cos\omega t\\ v_y=\dot{y}=2r\omega\cos 2\omega t+2r\omega\sin\omega t\end{cases}\tag{6-31}$$

所以 B 点的速度大小为

$$v=\sqrt{v_x^2+v_y^2}=2r\omega\sqrt{2(1-\sin\omega t)}\tag{6-32}$$

式(6-31)再对时间 t 求导数,得 B 点加速度在 x、y 轴上的投影为

$$\begin{cases}a_x=\dot{v}_x=-4r\omega^2\cos 2\omega t-2r\omega^2\sin\omega t\\ a_y=\dot{v}_y=-4r\omega^2\sin 2\omega t+2r\omega^2\cos\omega t\end{cases}\tag{6-33}$$

所以 B 点的加速度大小为

$$a=\sqrt{a_x^2+a_y^2}=2r\omega^2\sqrt{5-4\sin\omega t}\tag{6-34}$$

讨论:

①本题属于由运动方程求点的速度、加速度类型题。求解这类问题,根据题意适当选取点的运动表示法,正确写出运动方程是关键。

②在建立运动方程时,应将动点放在任意位置,使所建立的运动方程在动点的整个运动过程中都适用。

③本题因为点的运动轨迹未知,所以宜选用直角坐标法来描述点的运动。

例6-11 已知炮弹 M 以初速度 $\boldsymbol{v}_0$(与地面成 α 角)发射后,其运动过程中的加速度 $a=g$(重力加速度),且始终在含初速度 $\boldsymbol{v}_0$ 的铅垂平面内运动,如图6-17所示,求炮弹的运动方程、轨迹及其射程。

解 本题运动轨迹未知,故用直角坐标法求解。以炮弹在 $t=0$ 时的初始位置 O 为坐标原点,含 $\boldsymbol{v}_0$ 的铅垂平面为坐标平面,x 轴水平向右,y 轴铅垂向上(图6-17)。则其加速度 $\boldsymbol{a}$ 和初速度 $\boldsymbol{v}_0$ 在各坐标轴上的投影为

$$\begin{cases}a_x=0\\ v_{0x}=v_0\cos\alpha\end{cases},\quad \begin{matrix}a_y=-g\\ v_{0y}=v_0\sin\alpha\end{matrix}\tag{6-35}$$

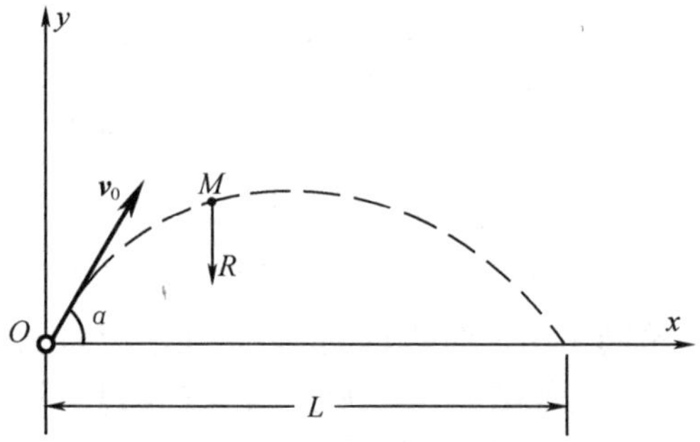

图6-17 例6-11图

由式(6-23)可得

$$dv_x=a_x dt,\ dv_y=a_y dt$$

或
$$\int_{v_{0x}}^{v_x}dv_x=\int_0^t a_x dt,\ \int_{v_{0y}}^{v_y}dv_y=\int_0^t a_y dt$$

将式(6-35)代入上式中,并完成积分后可得

$$v_x=v_0\cos\alpha,\ v_y=v_0\sin\alpha-gt\tag{6-36}$$

再由式(6-20)可得

$$dx=v_x dt,\ dy=v_y dt$$

或
$$\int_{x_0}^{x}dx=\int_0^t v_x dt,\ \int_{y_0}^{y}dy=\int_0^t v_y dt$$

根据所选坐标系,$t=0$ 时坐标的初始值 $x_0=y_0=0$。将此初始坐标值以及式(6-36)代入上式,完成积分后可得

$$x = v_0 t\cos\alpha, \quad y = v_0 t\sin\alpha - \frac{1}{2}gt^2 \tag{6-37}$$

这就是炮弹的直角坐标形式的运动方程。由式(6-37)消去时间 t 可得炮弹的轨迹方程,即

$$y = x\tan\alpha - \frac{gx^2}{2v_0^2\cos^2\alpha}$$

可见炮弹的轨迹是一条抛物线(图 6-17)。

至于求炮弹的射程,则可在式(6-37)的第二式中令 $y=0$,从而求得炮弹落地的时刻 $t = \frac{2v_0\sin\alpha}{g}$,并将其代入式(6-37)的第一式中,即得射程

$$L = \frac{2v_0^2\sin\alpha\cdot\cos\alpha}{g} = \frac{v_0^2}{g}\sin 2\alpha$$

由此可见,当发射角 $\alpha = 45°$时射程最大,此时

$$L_{max} = \frac{v_0^2}{g}$$

6.4 用自然法确定点的速度和加速度

6.4.1 速度

为了得到点的速度在自然轴中的表达式,取动点 M 为研究对象,在 t 到 $t+\Delta t$ 时间间隔内,动点由 M 点运动到 M'点,如图 6-18 所示,由速度定义知

$$\boldsymbol{v} = \frac{d\boldsymbol{r}}{dt} = \frac{d\boldsymbol{r}}{ds}\frac{ds}{dt} = \left(\lim_{\Delta t\to 0}\frac{\Delta\boldsymbol{r}}{\Delta s}\right)\frac{ds}{dt}$$

当 $\Delta t\to 0$ 时,$\Delta\boldsymbol{r}\to 0$,$\Delta s\to 0$,且弧长 Δs 与弦长 $|\Delta\boldsymbol{r}|$趋近于相等,即

$$\lim_{\Delta t\to 0}\left|\frac{\Delta\boldsymbol{r}}{\Delta s}\right| = 1$$

矢量 $\Delta\boldsymbol{r}$ 在当 $\Delta t\to 0$ 时,其极限方向沿着曲线的切线方向。

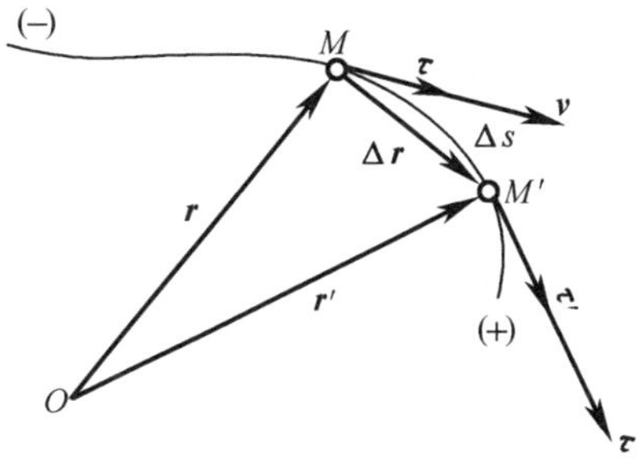

图 6-18　M 点的速度示意图

因此$\lim_{\Delta t\to 0}\frac{\Delta\boldsymbol{r}}{\Delta s}$表示一个沿轨迹曲线切线方向的单位矢量,且指向恒与 s 的正向一致,对照前面的定义可知它就是轨迹切向单位矢量 $\boldsymbol{\tau}$,于是

$$\boldsymbol{v} = \frac{ds}{dt}\boldsymbol{\tau} = \dot{s}\boldsymbol{\tau} = v\boldsymbol{\tau} \tag{6-38}$$

即动点的速度矢量沿其轨迹的切线方向,速度在切线方向的投影等于其弧坐标方程对时间的一阶导数。$\dot{s}>0$ 表示动点速度 $\boldsymbol{v}$ 与 $\boldsymbol{\tau}$ 方向一致,即与弧坐标(或曲线)的正向一致;$\dot{s}<0$ 表示 $\boldsymbol{v}$ 与 $\boldsymbol{\tau}$ 方向相反。另外,速度的大小

$$v = |\dot{s}| = \left|\frac{ds}{dt}\right| = \frac{\sqrt{dx^2+dy^2+dz^2}}{dt} = \sqrt{\dot{x}^2+\dot{y}^2+\dot{z}^2}$$

可见,用自然法求得的速度的大小与直角坐标法是一致的。

6.4.2 加速度

由式(6－13)对时间求一阶导数得动点的加速度为

$$\boldsymbol{a}=\frac{\mathrm{d}\boldsymbol{v}}{\mathrm{d}t}=\frac{\mathrm{d}(v\boldsymbol{\tau})}{\mathrm{d}t}=\frac{\mathrm{d}v}{\mathrm{d}t}\boldsymbol{\tau}+v\frac{\mathrm{d}\boldsymbol{\tau}}{\mathrm{d}t}=\frac{\mathrm{d}^2s}{\mathrm{d}t^2}\boldsymbol{\tau}+v\frac{\mathrm{d}\boldsymbol{\tau}}{\mathrm{d}t} \tag{6-39}$$

下面先求解$\frac{\mathrm{d}\boldsymbol{\tau}}{\mathrm{d}t}$。

设 $\boldsymbol{\tau}$ 和 $\boldsymbol{\tau}'$分别为动点在 t 和 $t+\Delta t$ 时刻所在位置的切线单位矢量,如图 6－19 所示,它们之间的夹角为 $\Delta\varphi$,在这段时间间隔内,$\boldsymbol{\tau}$ 的增量为 $\Delta\boldsymbol{\tau}=\boldsymbol{\tau}'-\boldsymbol{\tau}$,其大小为

$$|\Delta\boldsymbol{\tau}|=2|\boldsymbol{\tau}|\sin\frac{\Delta\varphi}{2}\approx 2\frac{\Delta\varphi}{2}=\Delta\varphi$$

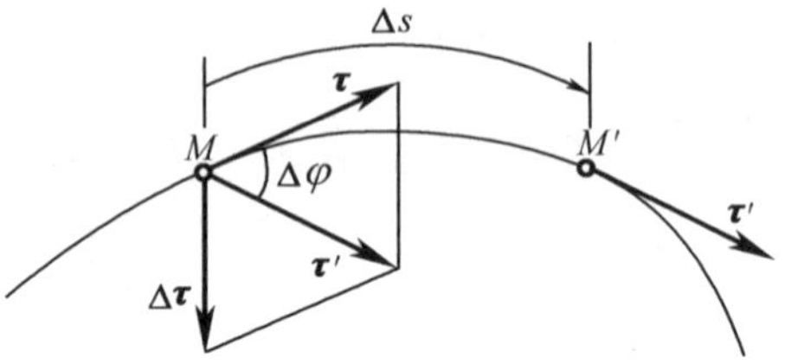

图 6－19 M 点的加速度示意图

于是

$$\frac{\mathrm{d}\boldsymbol{\tau}}{\mathrm{d}t}=\lim_{\Delta t\to 0}\frac{\Delta\boldsymbol{\tau}}{\Delta t}=\lim_{\Delta t\to 0}\left(\frac{\Delta\boldsymbol{\tau}\Delta s}{\Delta s\,\Delta t}\right)=\lim_{\Delta s\to 0}\frac{\Delta\boldsymbol{\tau}\mathrm{d}s}{\Delta s\,\mathrm{d}t}=v\lim_{\Delta s\to 0}\frac{\Delta\boldsymbol{\tau}}{\Delta s}$$

$\lim\limits_{\Delta s\to 0}\frac{\Delta\boldsymbol{\tau}}{\Delta s}$是一个矢量,其大小$\lim\limits_{\Delta s\to 0}\left|\frac{\Delta\boldsymbol{\tau}}{\Delta s}\right|=\lim\limits_{\Delta s\to 0}\left|\frac{\Delta\varphi}{\Delta s}\right|=\frac{1}{\rho}$,其方向与 $\Delta\boldsymbol{\tau}$ 的极限方向一致。当 $\Delta t\to 0$ 时,$\Delta s\to 0$,$\Delta\varphi\to 0$,$\Delta\boldsymbol{\tau}$ 与 $\boldsymbol{\tau}$ 之间的夹角为 $90°-\frac{1}{2}\Delta\varphi\to 90°$,可见$\frac{\mathrm{d}\boldsymbol{\tau}}{\mathrm{d}s}\perp\boldsymbol{\tau}$,且指向轨迹内凹的一侧,即指向曲线在该点处的曲率中心,从而其方向为 $\boldsymbol{n}$,所以

$$\frac{\mathrm{d}\boldsymbol{\tau}}{\mathrm{d}t}=v\frac{1}{\rho}\boldsymbol{n} \tag{6-40}$$

把式(6－40)代入式(6－39)得

$$\boldsymbol{a}=\frac{\mathrm{d}^2s}{\mathrm{d}t^2}\boldsymbol{\tau}+\frac{v^2}{\rho}\boldsymbol{n}=\frac{\mathrm{d}v}{\mathrm{d}t}\boldsymbol{\tau}+\frac{v^2}{\rho}\boldsymbol{n} \tag{6-41}$$

可见,加速度 $\boldsymbol{a}$ 由两个分量组成:分量$\frac{\mathrm{d}v}{\mathrm{d}t}\boldsymbol{\tau}$ 表明速度大小随时间的变化率,其方向永远沿着轨迹的切线,称为切向加速度,用 $\boldsymbol{a}_\tau$ 表示;分量$\frac{v^2}{\rho}\boldsymbol{n}$ 表明速度方向随时间的变化率,由于$\frac{v^2}{\rho}$恒为正值,因此它的方向永远沿着主法线,并指向轨迹内凹一侧(即指向曲率中心),称为法向加速度,用 $\boldsymbol{a}_n$ 表示,于是

$$a_n=\frac{v^2}{\rho},\ a_\tau=\frac{\mathrm{d}v}{\mathrm{d}t}=\frac{\mathrm{d}^2s}{\mathrm{d}t^2} \tag{6-42}$$

$$\boldsymbol{a}_n=a_n\boldsymbol{n},\ \boldsymbol{a}_\tau=a_\tau\boldsymbol{\tau}$$

$$\boldsymbol{a}=\boldsymbol{a}_n+\boldsymbol{a}_\tau=a_n\boldsymbol{n}+a_\tau\boldsymbol{\tau}=\frac{v^2}{\rho}\boldsymbol{n}+\frac{\mathrm{d}v}{\mathrm{d}t}\boldsymbol{\tau} \tag{6-43}$$

式(6－43)中,$\boldsymbol{a}_\tau$ 沿轨迹切线方向,$a_\tau>0$,$\boldsymbol{a}_\tau$ 与 $\boldsymbol{\tau}$ 同向,反之则反向。此外,切向加速度是表示速度大小的变化,因此,判断点做变速运动还是做匀速运动,要看切向加速度是否为零。$\boldsymbol{a}_\tau\equiv\boldsymbol{0}$ 时,$\boldsymbol{v}$ 为常矢量,动点做匀速曲线运动;$\boldsymbol{a}_\tau\neq\boldsymbol{0}$ 时,动点必做变速曲线运动。至于运动是加速还是减速,则必须根据$\frac{\mathrm{d}s}{\mathrm{d}t}=v$ 与$\frac{\mathrm{d}v}{\mathrm{d}t}=a_\tau$ 是同号还是异号来判断。与直线运动情况类

似，当 $\boldsymbol{a}_\tau$ 与 $\boldsymbol{v}$ 同号时，速度的绝对值增加，动点做加速运动；$\boldsymbol{a}_\tau$ 与 $\boldsymbol{v}$ 异号时，速度的绝对值减小，动点做减速运动。

如果 $\boldsymbol{a}_n=\boldsymbol{0}$，则意味着 $v=0$（点的瞬时速度等于零），或 $\rho=\infty$（点做直线运动），从而 $\boldsymbol{v}$ 的方向无变化。

根据加速度在自然轴上的投影可知，点做曲线运动时，其加速度由两部分组成，即

$$\boldsymbol{a}=\boldsymbol{a}_\tau+\boldsymbol{a}_n$$

称 $\boldsymbol{a}$ 为动点的全加速度，如图6－20所示。其大小为

$$a=\sqrt{a_n^2+a_\tau^2}$$

其方向为

$$\tan(\boldsymbol{a},\boldsymbol{n})=\left|\frac{a_\tau}{a_n}\right|$$

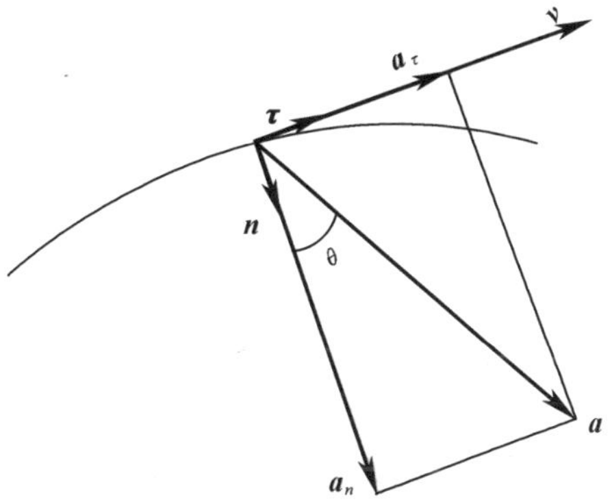

图6－20　动点的加速度示意图

当点做曲线运动时，全加速度 $\boldsymbol{a}$ 恒在由 $\boldsymbol{\tau}$ 和 $\boldsymbol{n}$ 所决定的密切面内，全加速度 $\boldsymbol{a}$ 在副法线 $\boldsymbol{b}$ 方向的分量（或投影）恒等于零，即 $\boldsymbol{a}_b=\boldsymbol{0}$（或 $a_b=0$）。

因此加速度在切线上的投影等于速度的代数值对时间的一阶导数，或等于弧坐标对时间的二阶导数；加速度在主法线上的投影等于速度大小的平方除以轨迹在该点的曲率半径；而加速度在副法线上的投影恒等于零。

根据前面所述，在点的运动问题中，如果已知运动方程，求点的速度和加速度时，归为求导数的问题；反之，如果已知速度或加速度，求运动规律时，则归结为积分问题。积分常数由运动初始条件决定。现以匀速曲线运动与匀变速曲线运动为例说明如下。

1. 匀速曲线运动

在此情形下，$v=\dfrac{\mathrm{d}s}{\mathrm{d}t}=$ 常数，因此 $a_\tau=0$，而 $\boldsymbol{a}=\boldsymbol{a}_n=\dfrac{v^2}{\rho}\boldsymbol{n}$，即仅有表示速度方向改变的加速度。

由 $v=\dfrac{\mathrm{d}s}{\mathrm{d}t}$ 得

$$\mathrm{d}s=v\mathrm{d}t$$

设 $t=0$ 时，$s=s_0$，在任一瞬时 t，点的弧坐标为 s。将上式积分得

$$\int_{s_0}^{s}\mathrm{d}s=\int_0^t v\mathrm{d}t$$

由于 v 为常量，得

$$s-s_0=vt$$

或

$$s=s_0+vt \tag{6-44}$$

式（6－44）即为匀速曲线运动时点的运动方程。

2. 匀变速曲线运动

在此情形下,$a_\tau = \dfrac{dv}{dt} =$ 常数。

由 $a_\tau = \dfrac{dv}{dt}$ 得

$$dv = a_\tau dt$$

设 $t = 0$ 时,$v = v_0$;在瞬时 t,点的速度为 v。将上式积分

$$\int_{v_0}^{v} dv = \int_0^t a_\tau dt$$

由于 a_τ 为常量,得

$$v = v_0 + a_\tau t \tag{6-45}$$

将 $v = \dfrac{ds}{dt}$ 代入式(6-45)可得

$$\frac{ds}{dt} = v_0 + a_\tau t$$

因此

$$ds = v_0 dt + a_\tau t dt$$

设 $t = 0$ 时,$s = s_0$,在瞬时 t,点的弧坐标为 s。将上式积分

$$\int_{s_0}^{s} ds = \int_0^t v_0 dt + \int_0^t a_\tau t dt$$

得

$$s - s_0 = v_0 t + \frac{1}{2} a_\tau t^2$$

或

$$s = s_0 + v_0 t + \frac{1}{2} a_\tau t^2 \tag{6-46}$$

式(6-46)即为匀变速曲线运动的运动方程。

由式(6-45)和式(6-46)消去时间 t,可得

$$v^2 = v_0^2 + 2a_\tau (s - s_0) \tag{6-47}$$

式(6-45)至式(6-47)就是匀变速曲线运动的三个常用公式。同理可推得匀变速直线运动的三个常用公式。在此情形下,要注意 $a = a_\tau$ 这一条件。

$$v = v_0 + at \tag{6-48}$$

$$x = x_0 + v_0 t + \frac{1}{2} at^2 \tag{6-49}$$

$$v^2 = v_0^2 + 2a(x - x_0) \tag{6-50}$$

例6-12 摇杆滑道机构如图6-21所示,滑块 M 同时在固定圆弧槽 BC 中和在摇杆 OA 的滑道中滑动。BC 弧的半径为 R,摇杆 OA 的转轴在 BC 弧所在的圆周上。摇杆绕 O 轴以匀角速度 ω 转动,当运动开始时,摇杆在水平位置。试求:①滑块 M 相对于 BC 弧的速度和加速度;②滑块 M 相对于摇杆的速度和加速度。

解 ①先求滑块 M 相对于圆弧 BC 的速度和加速度。

BC 弧固定,故滑块 M 的运动轨迹已知,宜用自然法求解。

以 M 点的起始位置 M_0 为原点,逆时针方向为正向,由例6-7知 M 点的运动方程为

$$s = 2R\omega t$$

则 M 点的速度为

$$v=\frac{\mathrm{d}s}{\mathrm{d}t}=2R\omega$$

方向沿其所在位置的圆弧的切线方向。

其加速度为

$$a_{\tau}=\frac{\mathrm{d}v}{\mathrm{d}t}=0,a_{n}=\frac{v^{2}}{R}=4R\omega^{2}$$

因此　　$a=a_{n}=4R\omega^{2}$

以上结果说明，滑块 M 沿圆弧做匀速圆周运动，其加速度的大小为 $4R\omega^2$，方向指向圆心 O_1。

② 再求滑块 M 相对于 OA 杆的速度和加速度。

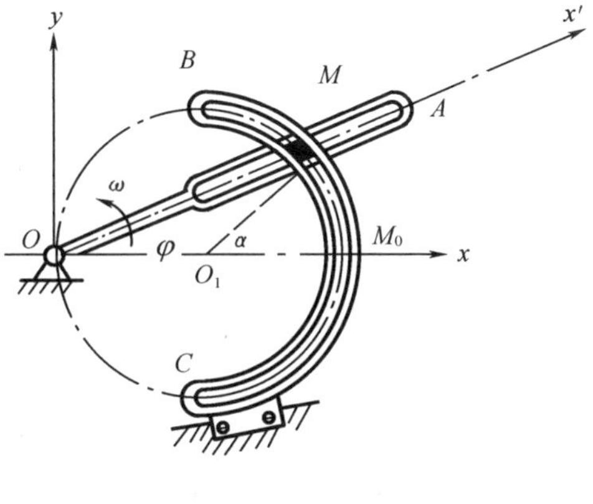

图6－21　例6－12图

将参考系 Ox' 固定在 OA 杆上，此时，滑块 M 在 OA 杆上做直线运动，其轨迹是已知的 OA 直线。M 点的相对于 OA 杆的运动方程为

$$x'=OM=2R\cos\varphi=2R\cos\omega t$$

其相对于 OA 杆的速度为

$$v_{r}=\frac{\mathrm{d}x'}{\mathrm{d}t}=-2R\omega\sin\omega t$$

其方向沿 OA 且与 x' 正向相反。

其相对于 OA 杆的加速度为

$$a_{r}=\frac{\mathrm{d}v_{r}}{\mathrm{d}t}=-2R\omega^{2}\cos\omega t$$

其方向沿 OA 指向 x' 负向。

可见，在不同的参考系上，观察同一个点的运动，所得到的速度、加速度是不同的。

例6－13　半径为 r 的轮子可绕水平轴 O 转动，轮缘上绕以不能伸缩的绳索，绳的下端悬挂一物体 A，如图6－22所示。设物体按 $x=\frac{1}{2}ct^2$ 的规律下落，其中 c 为一常量。求轮缘上一点 M 的速度和加速度。

解　M 点的轨迹显然是半径为 r 的圆周。设物体在位置 A_0 时 M 点的位置在 M_0，以 M_0 为原点，考虑到绳不能伸缩，可知弧坐标为

$$s=\widehat{M_0M}=x=\frac{1}{2}ct^{2} \tag{6-51}$$

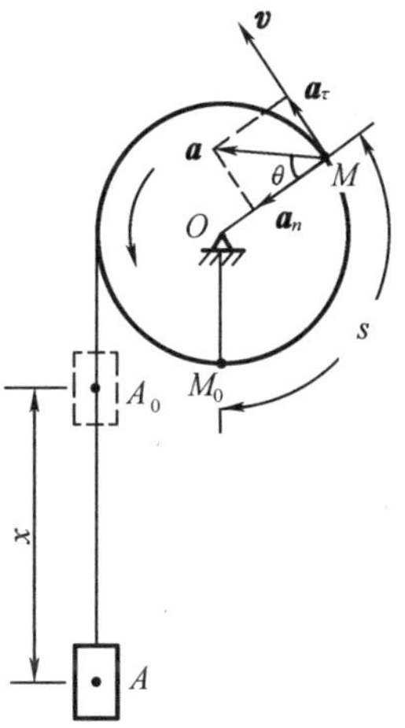

图6－22　例6－13图

这就是用自然法表示的 M 点的运动方程。于是可按自然法来求 M 点的速度和加速度。

由式(6－13)可求出 M 点的速度 $\boldsymbol{v}$ 的大小

$$v=\frac{\mathrm{d}s}{\mathrm{d}t}=ct \tag{6-52}$$

$\boldsymbol{v}$ 的方向沿轨迹的切线并朝向运动前进的一方，如图6－22所示。

再由式(6－17)可求出 M 点的切向和法向加速度的大小分别为

$$a_\tau = \frac{\mathrm{d}v}{\mathrm{d}t} = c, a_n = \frac{v^2}{\rho} = \frac{(ct)^2}{r} \tag{6-53}$$

$\boldsymbol{a}_\tau$ 和 $\boldsymbol{a}_n$ 的方向如图 6-22 所示。总加速度 $\boldsymbol{a}$ 的大小和方向可确定如下，即

$$a = \sqrt{a_\tau^2 + a_n^2} = \sqrt{c^2 + \frac{c^4t^4}{r^2}} = c\sqrt{1 + \frac{c^2t^4}{r^2}}$$

$$\tan\theta = \frac{a_\tau}{a_n} = \frac{c}{\frac{c^2t^2}{r}} = \frac{r}{ct^2}$$

例 6-14 汽车沿公路 ABC 做匀减速运动行驶，如图 6-23 所示，在 A 点时 $v_A = 100\ \mathrm{km/h}$，$a_A = 3\ \mathrm{m/s^2}$，行经 $s = 120\ \mathrm{m}$ 后，到达 C 点，此时 $v_C = 50\ \mathrm{km/h}$，$\rho_C = 150\ \mathrm{m}$。试计算 A 点的曲率半径 ρ_A、拐点 B 的全加速度和 C 点的全加速度。

解 汽车的尺寸同轨迹相比很小，因此我们可以将汽车作为一个点看待。根据题意，汽车做匀减速运动，故可应用匀变速曲线运动的三个常用公式来求解。

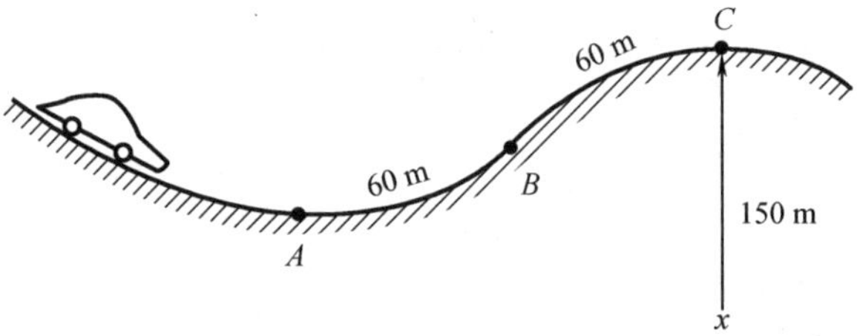

图 6-23 例 6-14 图

先计算切向加速度：

$$v_A = 100\ \mathrm{km/h} = \frac{100 \times 1\ 000}{3\ 600} = 27.78\ \mathrm{m/s}$$

$$v_C = 50\ \mathrm{km/h} = \frac{50 \times 1\ 000}{3\ 600} = 13.89\ \mathrm{m/s}$$

根据公式
$$v_C^2 = v_A^2 + 2a_\tau s$$

故
$$a_\tau = \frac{1}{2s}(v_C^2 - v_A^2)$$

$$= \frac{1}{2 \times 120}(13.89^2 - 27.78^2) = -2.41\ \mathrm{m/s^2}$$

再计算 A 点的曲率半径 ρ_A：

$$a_A^2 = a_\tau^2 + a_n^2$$

如图 6-24(a)所示，将 $a_A = 3\ \mathrm{m/s^2}$，$a_\tau = -2.41\ \mathrm{m/s^2}$ 代入上式，即可得

$$a_n^2 = 3^2 - (-2.41)^2 = 3.19, a_n = 1.78\ \mathrm{m/s^2}$$

因为
$$a_n = \frac{v_A^2}{\rho_A}$$

故
$$\rho_A = \frac{v_A^2}{a_n} = \frac{27.78^2}{1.78} = 432\ \mathrm{m}$$

计算拐点 B 的全加速度 a_B：

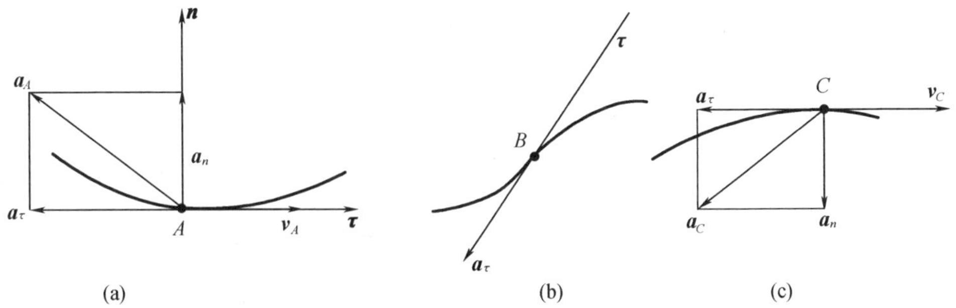

图 6-24　点 A、B、C 的加速度示意图

因 B 点的曲率半径是无穷大，故 $a_n=0$，因而得

$$a_B=a_\tau=-2.41\ \text{m/s}^2(\text{图 6-24(b)})$$

最后计算 C 点的全加速度 a_C：

$$a_n=\frac{v_C^2}{\rho_C}=\frac{13.89^2}{150}=1.29\ \text{m/s}^2$$

$$a_C=\sqrt{a_n^2+a_\tau^2}=\sqrt{1.29^2+(-2.41)^2}=2.73\ \text{m/s}^2(\text{图 6-24(c)})$$

通过以上例题的分析，求解点的运动问题的方法和步骤大致如下：

①根据题意分析点的运动情况，选择适当的运动表示法，运用弧坐标能够方便地描述点在轨迹上的位置，然而为了描述点的速度和加速度，弧坐标就不够用了，需要引用自然轴系，自然轴系是与轨迹的几何特性联系在一起的坐标系，当点的运动轨迹已知时，运用自然轴系来描述点的速度、加速度比较简单，当点的运动轨迹未知时，运用直角坐标来描述则比较方便。

②如果要求运动方程，则应根据题意来建立。要注意在建立运动方程时，须将动点放在任意瞬时的位置。

③如果已知运动方程，则运用求导数的方法求出动点的速度和加速度在各坐标轴上的投影。

④当已知动点的加速度，需求点的运动方程时，则根据动点的起始条件，运用积分法求解。

思　考　题

一、判断题

1. 已知直角坐标描述的点的运动方程为 $x=f_1(t)$，$y=f_2(t)$，$z=f_3(t)$，则任一瞬时点的速度、加速度即可确定。(　　)

2. 一动点如果在某瞬时的法向加速度等于零，而其切向加速度不等于零，尚不能决定该点是做直线运动还是做曲线运动。(　　)

3. 点做曲线运动时，下述说法是否正确：

(1)若切向加速度为正，则点做加速运动。(　　)

(2)若切向加速度与速度符号相同，则点做加速运动。(　　)

(3)若切向加速度为零,则速度为常矢量。(　　)

4. 在实际问题中,只存在加速度为零而速度不为零的情况,不存在加速度不为零而速度为零的情况。(　　)

5. 在图6-25所示的皮带传动机构中,设皮带既不伸长也不打滑。则在A处皮带上的点与轮子上B处的点加速度相同。(　　)

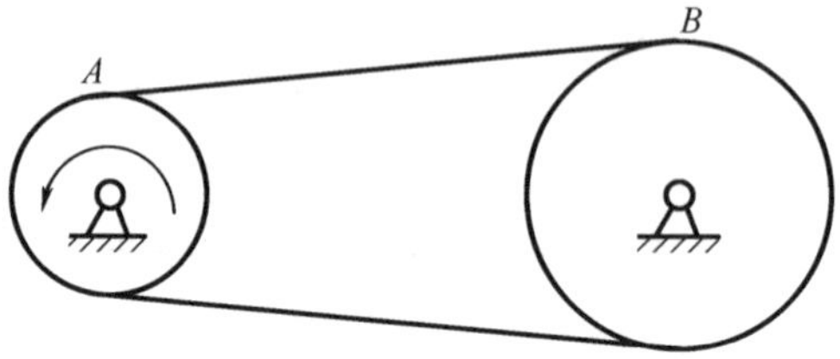

图6-25　判断题第5题图

二、选择题

1. 点的加速度在副法线上的投影(　　)。

A. 可能为零　　B. 一定为零　　C. 一定不为零

2. 已知某点的运动方程为$s=a+bt$(a、b为常数),则点的轨迹为(　　)。

A. 直线　　B. 曲线　　C. 不能确定

3. 点做直线运动时,若某瞬时速度为零,则此瞬时加速度(　　)。

A. 必为零　　B. 不一定为零　　C. 必不为零

三、填空题

1. 速度是描述点运动________的物理量。

2. 点在运动过程中,在下列条件下,各做何种运动?

①$a_\tau=0,a_n=0$(答):________;

②$a_\tau\neq0,a_n=0$(答):________;

③$a_\tau=0,a_n\neq0$(答):________;

④$a_\tau\neq0,a_n\neq0$(答):________。

3. 在曲线运动中,动点所走过的路程是它在某一时间间隔内沿轨迹所走过的弧长,其值与坐标原点的位置________。

4. 动点沿曲线运动,在t时刻位于M点,弧坐标为s;经过Δt后,点运动到M处,弧坐标增量为Δs,位移为MM',则Δt内点的平均速度$\theta'=$________。

5. 已知点的运动方程为$x=3t^2,y=t^2$,则点的轨迹方程为________。

习　　题

6-1　如图6-26所示,动点沿曲线运动时,其加速度是常矢量,该点做何种运动?

答案:动点做非匀变速运动的变速运动。

6-2　如图6-27所示,点沿曲线运动,哪些是加速运动,哪些是减速运动,哪些是不可能出现的?

答案:点C做加速运动,点E做加速运动,点A、D和F不可能出现。

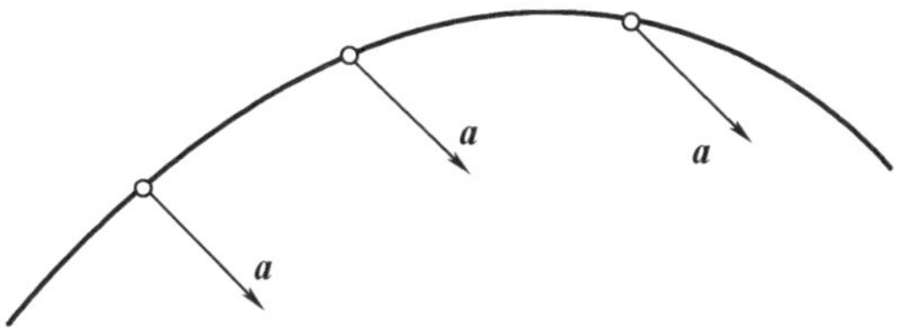

图 6-26　习题 6-1 图

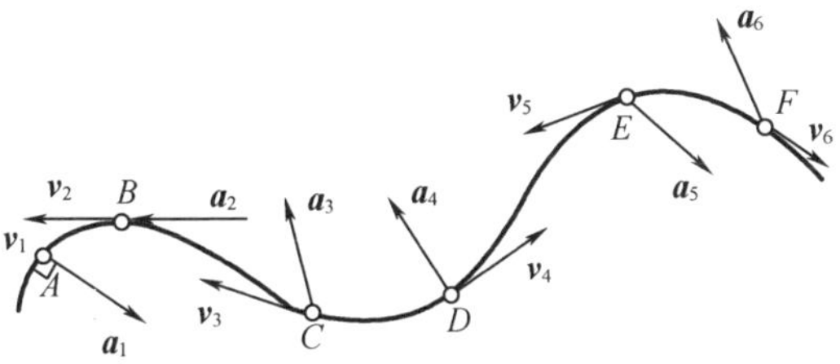

图 6-27　习题 6-2 图

6-3　如图 6-28 所示，曲线规尺的各杆，长为 $OA=AB=200$ mm，$CD=DE=AC=AE=50$ mm。如杆 OA 以等角速度 $\omega=\dfrac{\pi}{5}$ rad/s 绕 O 轴转动，并且当运动开始时，杆 OA 水平向右，沿 x 轴正向。求尺上点 D 的运动方程和轨迹。

答案：D 点的运动方程为 $x_D=200\cos 0.2\pi t$ mm，$y_D=100\sin 0.2\pi t$ mm；

点 D 的轨迹方程为 $\dfrac{x_D^2}{200^2}+\dfrac{y_D^2}{100^2}=1$（椭圆）。

6-4　如图 6-29 所示，杆 AB 长为 l，以等角速度 ω 绕点 B 转动，其转动方程为 $\varphi=\omega t$。而与杆连接的滑块 B 按规律 $s=a+b\sin\omega t$ 沿水平线做谐振运动，其中 a 和 b 均为常数。求点 A 的轨迹。

答案：$\dfrac{(x-a)^2}{(b+l)^2}+\dfrac{y^2}{l^2}=1$，可见点 A 的轨迹是椭圆。

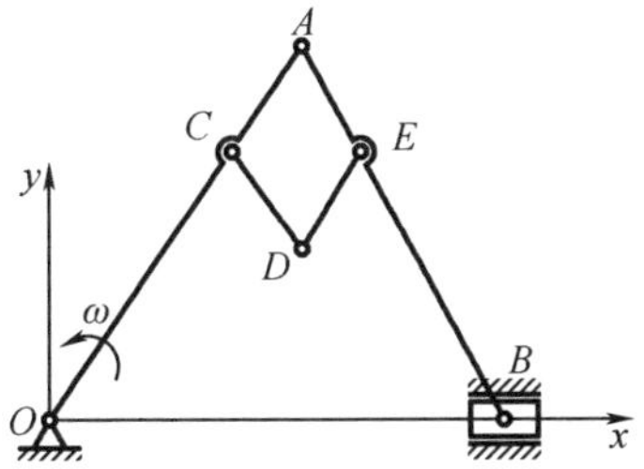

图 6-28　习题 6-3 图

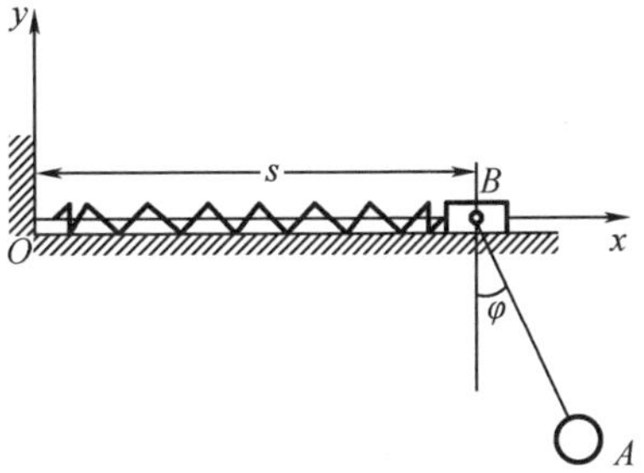

图 6-29　习题 6-4 图

6-5　如图 6-30 所示，半圆形凸轮以等速 $v_0=0.01$ m/s 沿水平方向向左运动，而使活塞杆 AB 沿铅直方向运动。当运动开始时，活塞杆 A 端在凸轮的最高点上。如凸轮的半径 $R=80$ mm，求活塞 B 相对于地面和相对于凸轮的运动方程和速度。

答案：相对于凸轮的运动方程和速度为

$$x_B'=x_A'=v_0t=10t$$

$$y_B'=y_A'+c=10\sqrt{64-t^2}+c$$

$$v_{Bx'}=\dot{x}_B'=10\ \text{mm/s}$$

$$v_{By'}=\dot{y}_B'=-\frac{10t}{\sqrt{64-t^2}}\ \text{mm/s}$$

相对于地面的运动方程和速度为

$$x_B=x_A=0$$

$$y_B = y_A + c = \sqrt{64 - t^2} + c$$

$$v_{Bx} = \dot{x}_B = 0$$

$$v_{By} = \dot{y}_B = -\frac{10t}{\sqrt{64 - t^2}} \text{ mm/s}$$

6－6　如图6－31所示，偏心凸轮半径为 R，绕 O 轴转动。转角 $\varphi = \omega t$（ω 为常量），偏心距 $OC = e$，凸轮带动顶杆 AB 沿铅垂直线做往复运动。求顶杆的运动方程和速度。

答案：$y_A = e\sin\omega t + \sqrt{R^2 - e^2\cos^2\omega t}$，$v_A = \dot{y}_A = e\omega\cos\omega t + \dfrac{e^2\omega\sin 2\omega t}{2\sqrt{R^2 - e^2\cos^2\omega t}}$。

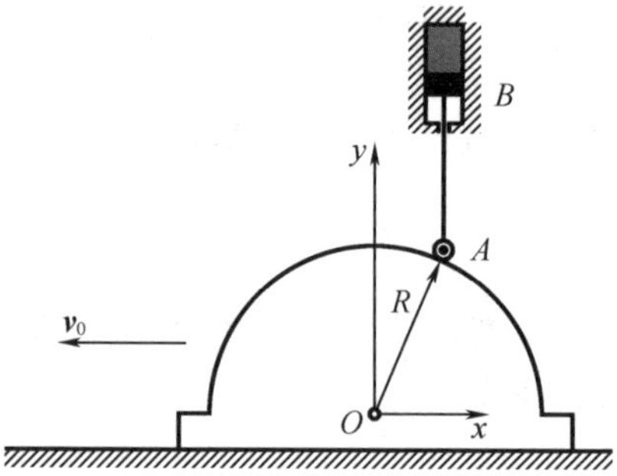

图6－30　习题6－5图

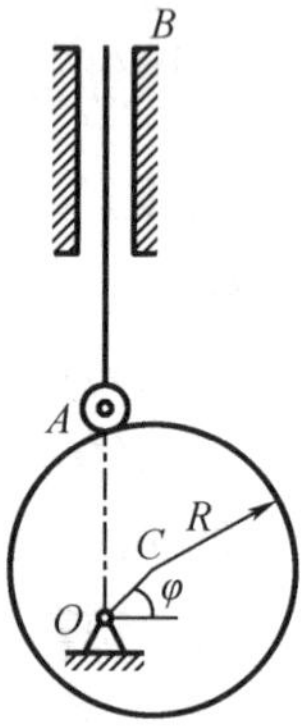

图6－31　习题6－6图

6－7　如图6－32所示，雷达在距离火箭发射台为 l 的 O 处观察铅直上升的火箭发射，测得角 θ 的规律为 $\theta = kt$（k 为常数）。写出火箭的运动方程并计算当 $\theta = \dfrac{\pi}{6}$ 和 $\dfrac{\pi}{3}$ 时，火箭的速度和加速度。

答案：火箭运动方程为 $x = l, y = l\tan kt$，当 $kt = \dfrac{\pi}{6}$ 时，$v = \dfrac{4}{3}lk, a = \dfrac{8\sqrt{3}}{9}lk^2$；当 $kt = \dfrac{\pi}{3}$ 时，$v = 4lk, a = 8\sqrt{3}lk^2$。

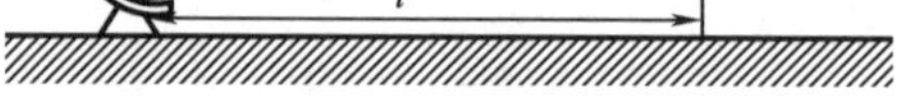

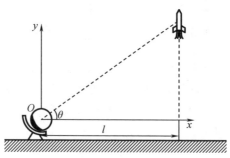

图6－32　习题6－7图

6－8　如图6－33所示，OA 和 O_1B 两杆分别绕 O 和 O_1 轴转动，用十字形滑块 D 将两杆连接。在运动过程中，两杆保持相交成直角。已知 $OO_1 = a, \varphi = kt$，其中 k 为常数。求滑块 D 的速度和相对于 OA 的速度。

答案：$v_D = \dot{s} = ak, v'_D = \dot{x}_D = -ak\sin kt$。

6－9　如图6－34所示，绳子绕在半径为 r 的固定圆柱体上，绳端束一小球 M，初始位

置为 M_0。设绳子拉直以匀角速度 ω 展开。试写出小球的运动方程式，并求出在任一瞬时小球的速度和加速度。

答案：小球速度的大小和方向为

$$v=\sqrt{\dot{x}^2+\dot{y}^2}=\omega^2 rt$$

$$\cos(v,x)=\frac{\dot{x}}{v}=\sin\omega t=\cos(90^\circ-\varphi)$$

$$\cos(v,y)=\frac{\dot{y}}{v}=\cos\omega t=\cos\varphi$$

小球加速度的大小和方向为

$$a=\sqrt{\ddot{x}^2+\ddot{y}^2}=\omega^2 r\sqrt{1+\omega^2t^2}$$

$$\cos(a,x)=\frac{\ddot{x}}{a}=\frac{\sin\omega t+\omega t\cos\omega t}{\sqrt{1+\omega^2t^2}}$$

$$\cos(a,y)=\frac{\ddot{y}}{a}=\frac{\cos\omega t-\omega t\sin\omega t}{\sqrt{1+\omega^2t^2}}$$

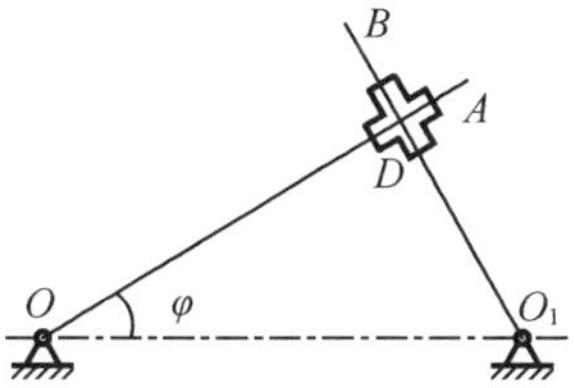

图 6－33　习题 6－8 图

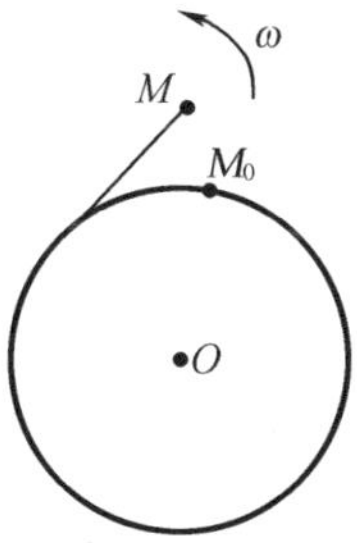

图 6－34　习题 6－9 图

6－10　图 6－35 所示的摇杆机构的滑杆 AB 在某段时间内以等速 $\boldsymbol{u}$ 向上运动，试建立摇杆上 C 点的运动方程（分别用直角坐标法及自然法），并求此点在 $\varphi=\frac{\pi}{4}$时速度的大小。（假定初瞬时 $\varphi=0$，摇杆长 $OC=a$）

答案：

$$v_C=\frac{au}{l\left(1+\tan^2\frac{\pi}{4}\right)}=\frac{au}{2l}$$

6－11　图 6－36 所示的套管 A 由绕过定滑轮 B 的绳索牵引而沿导轨上升，滑轮中心到导轨的距离为 l。设绳索以等速 $\boldsymbol{v}_0$ 拉下，忽略滑轮尺寸，求套管 A 的速度和加速度与距离 x 的关系式。

答案：$v=\frac{\mathrm{d}x}{\mathrm{d}t}=\frac{-v_0}{x}\sqrt{x^2+l^2}$，$a=\frac{\mathrm{d}v}{\mathrm{d}t}=-\frac{v_0^2l^2}{x^3}$。

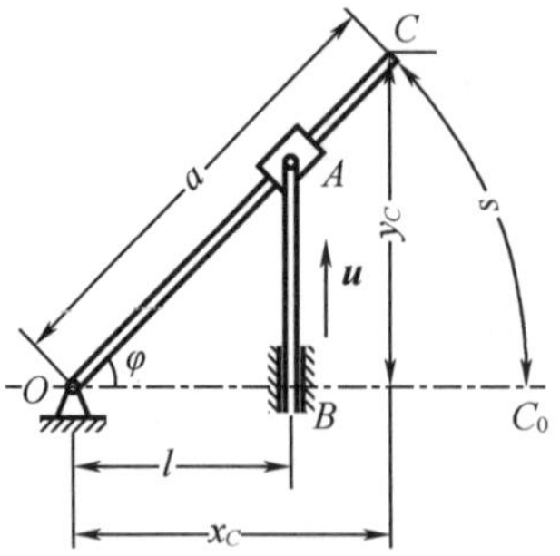

图 6-35 习题 6-10 图

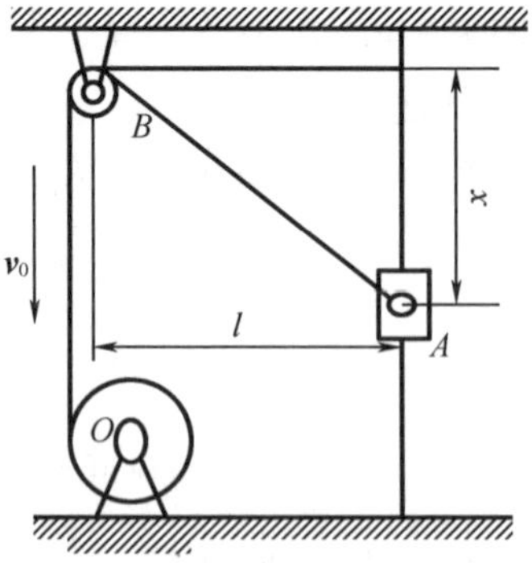

图 6-36 习题 6-11 图

6-12 小环 M 由做平移的丁字形杆 ABC 带动,沿着图 6-37 所示的曲线轨道运动。设杆 ABC 以速度 v = 常数向左运动,曲线方程 $y^2=2px$。求环 M 的速度和加速度的大小(写成杆的位移 x 的函数)。

答案:$v_M=\sqrt{v_x^2+v_y^2}=v\sqrt{1+\dfrac{p}{2x}}$,

$$a_M=\frac{d^2y}{dt^2}=-\frac{pv}{y^2}v_y=-\frac{v^2}{4x}\sqrt{\frac{2p}{x}}。$$

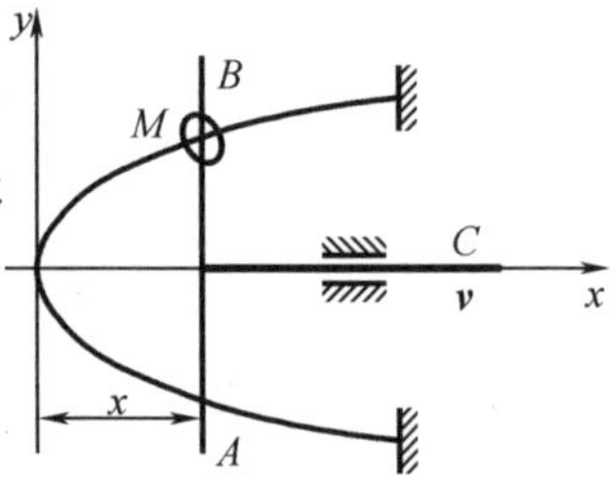

图 6-37 习题 6-12 图

6-13 飞轮半径 $R=2$ m,由静止开始等加速转动,经过 10 s 后,轮缘上的一点的线速度 $v=100$ m/s。求当 $t=15$ s 时,轮缘上一点的速度及切向和法向加速度。

答案:切向加速度为 $a_\tau=10\ \text{m/s}^2$;

当 $t=15$ s 时,$v=10t=150$ m/s;

法向加速度为 $a_n=\dfrac{v^2}{R}=11\ 250\ \text{m/s}^2$。

6-14 图 6-38 所示的机构中,$OA=OC=0.2$ m,$\varphi=2t^2$(t 以 s 计)。用自然法求杆 OC 上点 C 的运动方程,并求当 $t=0.5$ s 时,点 C 的位置、速度和加速度。

答案:点 C 的运动方程为 $s=OC\cdot 2\varphi=0.8t^2$ m,

当 $t=0.5$ s 时,$s=0.8t^2=0.2$ m,

当 $t=0.5$ s 时,点 C 的速度和加速度分别为

$$v=\frac{ds}{dt}=1.6t=0.8\ \text{m/s}$$

$$a_\tau=\frac{dv}{dt}=1.6\ \text{m/s}^2$$

$$a_n=\frac{v^2}{R}=\frac{0.8^2}{0.2}=3.2\ \text{m/s}^2$$

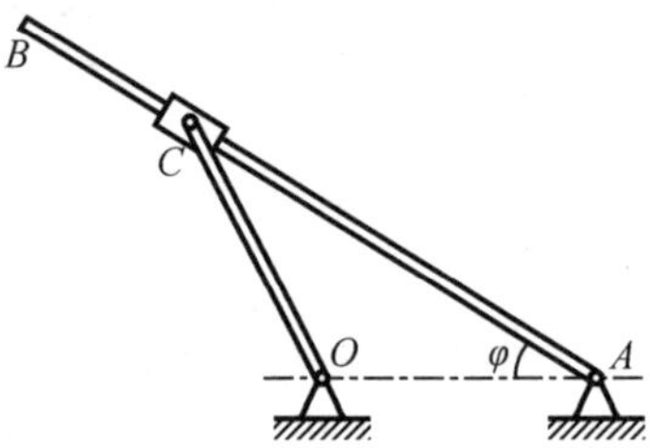

图 6-38 习题 6-14 图

6-15 如图 6-39 所示,点沿空间曲线运动,在点 M 处其速度为 $\boldsymbol{v}=4\boldsymbol{i}+3\boldsymbol{j}$,加速度 $\boldsymbol{a}$ 与速度 $\boldsymbol{v}$ 的夹角 $\beta=30°$,且 $a=10\ \text{m/s}^2$。求轨迹在该点密切面内的曲率半径 ρ 和切向加速度 a_τ。

答案:$a_\tau=a\cos 30°=5\sqrt{3}\ \text{m/s}^2$,$\rho=\dfrac{v^2}{a_n}=5$ m。

6-16　如图 6-40 所示,一炮弹以初速度 $\boldsymbol{v}_0$ 和仰角 α 射出。对于图 6-44 所示笛卡儿坐标的运动方程为 $\begin{cases} x = v_0 t\cos\alpha \\ y = v_0 t\sin\alpha - \dfrac{1}{2}gt^2 \end{cases}$。求 $t=0$ 时炮弹的切向加速度和法向加速度,以及此时轨迹的曲率半径。

答案:$\rho = \dfrac{v_0^2}{a_n} = \dfrac{v_0^2}{g\cos\alpha}$。

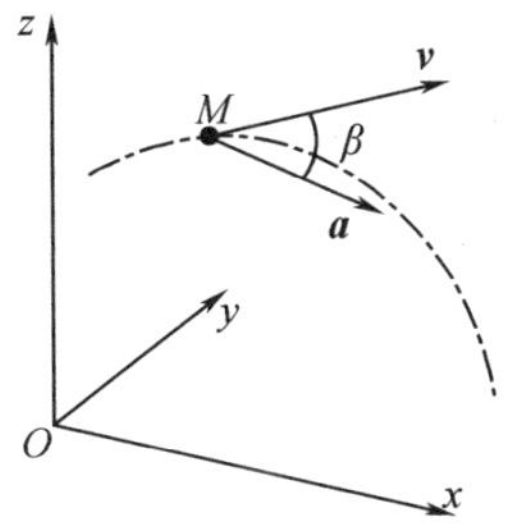

图 6-39　习题 6-15 图

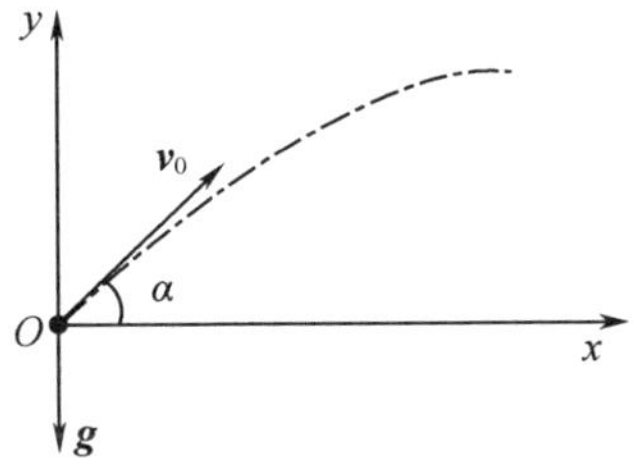

图 6-40　习题 6-16 图

6-17　如图 6-41 所示,M 点在空间做螺旋运动,其运动方程为

$$x = 2\cos t \tag{6-54}$$

$$y = 2\sin t \tag{6-55}$$

$$z = 2t \tag{6-56}$$

其中,x、y 和 z 以厘米(cm)计,t 以秒(s)计。求:(1)M 点的轨迹;(2)M 点的切向和法向加速度;(3)轨迹的曲率半径。

答案:M 点的轨迹为空间螺旋线,即

$$x^2 + y^2 = 4$$

$$x = 2\cos\frac{z}{2}$$

M 点的切向和法向加速度分别为

$$a_\tau = \frac{\mathrm{d}v}{\mathrm{d}t} = 0$$

$$a_n = \sqrt{a^2 - a_\tau^2} = 2\ \mathrm{cm/s^2}$$

轨迹的曲率半径为

$$\rho = \frac{v^2}{a_n} = \frac{8}{2} = 4\ \mathrm{cm}$$

6-18　如图 6-42 所示,一直杆以匀角速度 ω_0 绕其固定端 O 转动,沿此杆有一滑块以匀速 $\boldsymbol{v}_0$ 滑动。设运动开始时,杆在水平位置,滑块在点 O。求滑块的轨迹(以极坐标表示)。

答案:$r = \dfrac{v_0}{\omega_0}\varphi$。

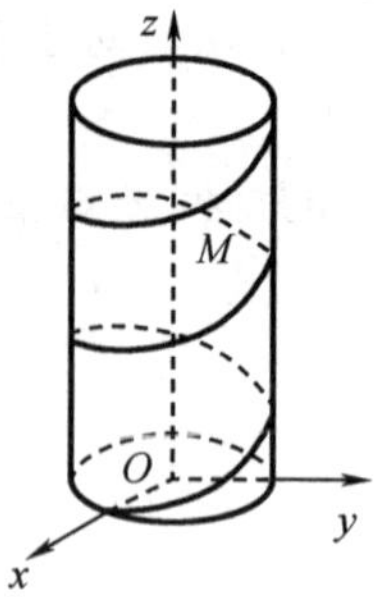

图 6-41 习题 6-17 图

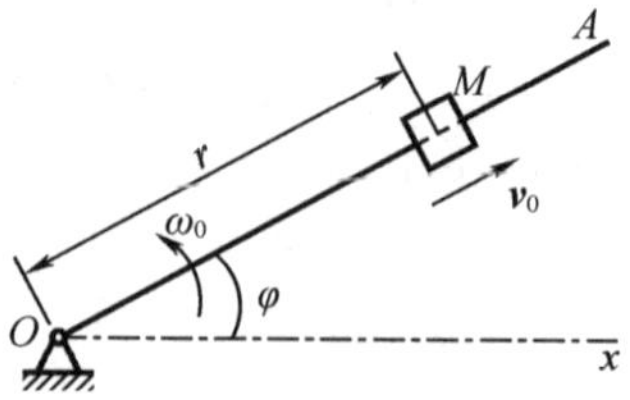

图 6-42 习题 6-18 图

第 7 章　刚体的简单运动

上一章研究了点的运动，而运动着的刚体包含着无数个点，这些点的运动，一般来说，各不相同，具有不同的轨迹，不同的速度和加速度，但是它们都是刚体内的点，各点间的距离保持不变，因而各点的运动与刚体整体的运动存在着一定的联系，这就表明，在研究刚体的运动时，一方面要研究其整体的运动特征和运动规律；另一方面还要讨论组成刚体的各点的运动特征和运动规律，揭示刚体内各点运动与整体运动的联系。

本章研究刚体的两种最简单的运动：平行移动和绕固定轴转动，是研究刚体复杂运动的基础。刚体更复杂的运动都可以看成这两种运动的合成。

7.1　刚体的平动

车辆直线行驶时车厢的运动，机车平行杆 AB 的运动（图 7－1），刀架在车床导轨上的运动，电梯的升降运动等常见运动，有这样一个共同的特征：在运动过程中，这些物体上任意两点连线的方位都始终保持不变，具有这种特征的刚体运动，称为刚体的平行移动，简称平动。

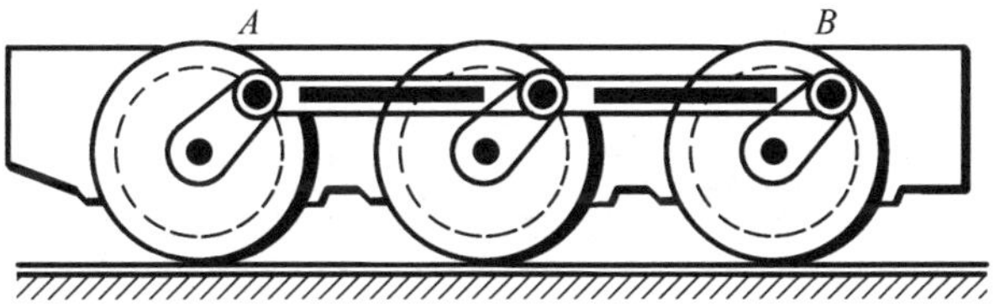

图 7－1　沿直线轨道行驶的机车平行杆 *AB* 的运动示意图

现在研究刚体平动时，其上各点的运动特征。

设在做平动的刚体上任取两点 A 和 B，并作矢量$\overrightarrow{BA}$，如图 7－2 所示，从空间任意固定点 O 到 A 点和 B 点的矢径分别为 $\boldsymbol{r}_A$，$\boldsymbol{r}_B$，则这两个变矢量有如下关系

$$\boldsymbol{r}_A=\boldsymbol{r}_B+\overrightarrow{BA} \qquad (7-1)$$

把(7－1)式对时间 t 求导数，并注意到在刚体平动时，其体内任一有向线段$\overrightarrow{BA}$的长度和方向都不改变。因而

$$\frac{\mathrm{d}(\overrightarrow{BA})}{\mathrm{d}t}=0$$

故得
$$\frac{\mathrm{d}\boldsymbol{r}_A}{\mathrm{d}t}=\frac{\mathrm{d}\boldsymbol{r}_B}{\mathrm{d}t}$$

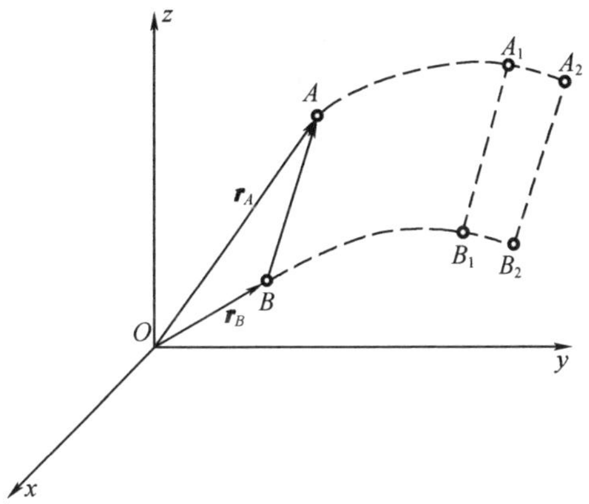

图 7－2　平动刚体上任意直线 *AB* 的运动示意图

即
$$\boldsymbol{v}_A = \boldsymbol{v}_B \tag{7-2}$$

将式(7-2)对时间再求一次导数,有

$$\frac{\mathrm{d}\boldsymbol{v}_A}{\mathrm{d}t} = \frac{\mathrm{d}\boldsymbol{v}_B}{\mathrm{d}t}$$

即
$$\boldsymbol{a}_A = \boldsymbol{a}_B \tag{7-3}$$

在图7-2中,设AB,A_1B_1,A_2B_2,…表示刚体内一条直线段在瞬时t,$t+\Delta t$,$t+2\Delta t$,…的位置,则能得出,折线AA_1A_2…和BB_1B_2…的对应边都相等且平行,这两根折线形状相同,当$\Delta t\to 0$时,两根折线分别趋近于A点和B点的轨迹曲线。由此可见,A、B两点的轨迹平行且形状完全相同。A、B两点的位移平行且相等。

综上所述,刚体平动时,其上各点的轨迹、位移都相同,各点的速度和加速度也相同。因此,做平动的刚体,只需确定出刚体内某一点的运动规律,就可以知道其上任一点的运动规律,也就确定了整个刚体的运动规律,即刚体的平动问题,可以归结为点的运动问题来研究。

值得注意的是,平动刚体内的点不一定沿直线运动,也不一定保持在平面内运动,就是说,它的轨迹可以是任意的空间曲线,所以平动又分为直线平动和曲线平动两种。如电梯的升降运动为直线平动,荡木AB的运动则为曲线平动(图7-3),其中A、B、M各点均围绕着各自的圆心O_1、O_2、O做圆周运动。

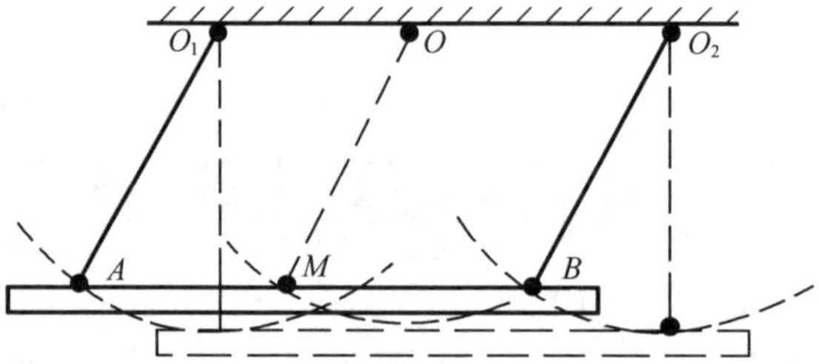

图7-3 荡木AB的运动

例7-1 在图7-4(a)中,平行四连杆机构在图示平面内运动。$O_1A=O_2B=0.2$ m,$O_1O_2=AB=0.6$ m,$AM=0.2$ m,如O_1A按$\varphi=15\pi t$的规律转动,其中φ以rad,t以s计。试求当$t=0.8$ s时,M点的速度与加速度。

解 在运动过程中,AB杆始终与O_1O_2平行。因此,AB杆为平移,O_1A为定轴转动。根据平移的特点,在同一瞬时,M、A两点具有相同的速度和加速度。A点做圆周运动,它的运动规律为

$$s = O_1A\cdot\varphi = 3\pi t\ \mathrm{m}$$

所以
$$v_A = \frac{\mathrm{d}s}{\mathrm{d}t} = 3\pi\ \mathrm{m/s}$$

$$a_A^{\tau} = \frac{\mathrm{d}v}{\mathrm{d}t} = 0$$

$$a_A^{n} = \frac{v_A^2}{O_1A} = \frac{9\pi^2}{0.2} = 45\pi^2\ \mathrm{m/s^2}$$

为了表示$\boldsymbol{v}_M$、$\boldsymbol{a}_M$的方向,需确定$t=0.8$ s时,AB杆的瞬时位置。$t=0.8$ s时,$s=2.4\pi$ m,

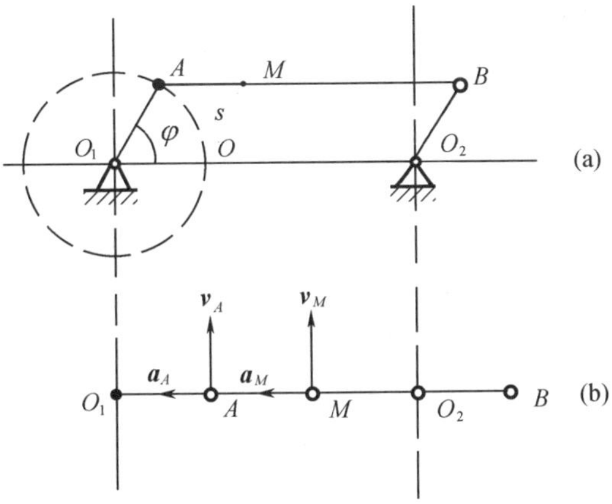

图 7-4　例 7-1 图

$O_1A=0.2$ m，$\varphi=2.4\pi/0.2=12\pi$ rad，AB 杆正好第六次回到起始的水平位置 O 点处，$\boldsymbol{v}_M$、$\boldsymbol{a}_M$ 的方向如图 7-4(b)所示。

例 7-2　半径为 R 的半圆盘在 A、B 处与曲柄 O_1A 和 O_2B 铰接(图 7-5(a))。已知 $O_1A=O_2B=l=4$ cm，$O_1O_2=AB$，曲柄 O_1A 的转动规律 $\varphi=4\sin\frac{\pi}{4}t$，其中 t 为时间，单位以 s 计。试求当 $t=0$ 和 $t=2$ s 时，半圆盘上 M 点的速度和加速度，以及半圆盘的角速度 ω_{AB}。

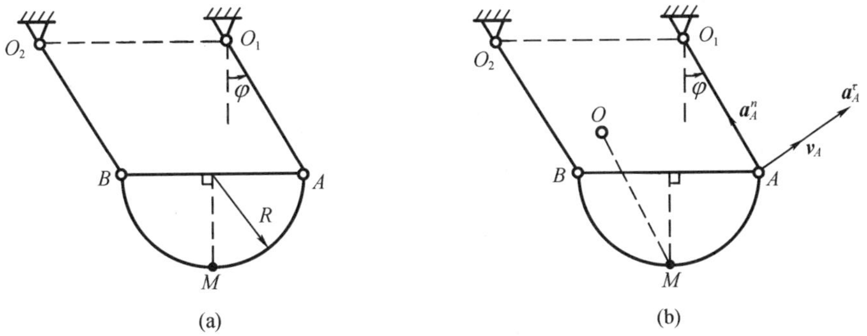

图 7-5　例 7-2 图

解　因为半圆盘做平动，所以其上各点的运动轨迹相同，且速度、加速度相等，故任一瞬时 M 点的速度 $\boldsymbol{v}_M$、加速度 $\boldsymbol{a}_M$(图 7-5(b))分别为

$$v_M=v_A=l\dot{\varphi}=4\pi\cos\frac{\pi}{4}t \tag{7-4}$$

$$a_M^n=a_A^n=l\dot{\varphi}^2=4\pi^2\cos^2\frac{\pi}{4}t \tag{7-5}$$

$$a_M^\tau=a_A^\tau=l\ddot{\varphi}=-\pi^2\sin\frac{\pi}{4}t \tag{7-6}$$

将 $t=0$ 代入式(7-4)、式(7-5)、式(7-6)，得此瞬时：

$v_M=4\pi$ cm/s，方向水平向右；

$a_M^\tau = 0, a_M = a_M^n = 4\pi^2$ cm/s²,方向铅直向上。

将 $t = 2$s 代入式(7-4)、式(7-5)、式(7-6),得此瞬时:

$v_M = 0, a_M^n = 0, a_M = a_M^\tau = -\pi^2$,方向垂直于 AO_1 斜向右上方。

因为半圆盘做平动,所以其角速度为 $\omega_{AB} = 0$。

讨论:

①求解此类问题,正确判断做平动的刚体很重要,如本题中的半圆盘是做曲线平动,而非定轴转动。

②因为半圆盘做平动,所以盘上各点的运动应与 A 点相同,它们均做半径为 $l = 4$ cm 的变速圆周运动。不过,各点都有各自的曲率中心,在同一瞬时,各点的曲率半径是相互平行的。例如,任一瞬时,半圆盘上 M 点做匀变速圆周运动的曲率中心就在图7-5(b)的 O 点,且 $OM \perp\!\!\!\!\!= AO_1$。

7.2 刚体绕固定轴的转动、角速度矢量及角加速度矢量

在日常生活和工程实际中常见的绕着固定轴开闭的门窗,车床上的传动齿轮,电机的转子,机器上的飞轮等运动,都有共同的特点:在运动的过程中,刚体内部或其扩大部分内有一条始终固定不动的直线,这种运动称为刚体绕固定轴的转动,简称定轴转动。这条固定不动的直线称为转轴。所谓扩大部分的意思是说,刚体绕之转动的轴不一定在刚体内部,它也可能在刚体外部。因此,这种运动的特点是:刚体内部或其扩大部分内有一直线或两个点固定不动;而刚体上不在转轴上的其他各点分别在与转轴垂直的平面内做着各自的圆周(或圆弧)运动。

对于定轴转动的刚体,由于其上各点的运动并不完全相同,因此,既要研究刚体的整体运动,又要确定其上各点的运动,这一节先讨论定轴转动刚体的整体运动,下一节将讨论转动刚体上任一点的运动。

7.2.1 转动方程

设刚体绕固定轴 z 转动,如图7-6所示,先选一个通过转动刚体转轴的固定平面 Q,再选一个通过转轴而与刚体固接在一起,随刚体一起转动的动平面 P,为简单起见,通常选初瞬时($t = 0$),Q 与 P 平面重合,则随着刚体的转动,刚体在任一瞬时的状态,可由固定平面 Q 和动平面 P 间的夹角 φ 来确定,φ 称为刚体的转角。

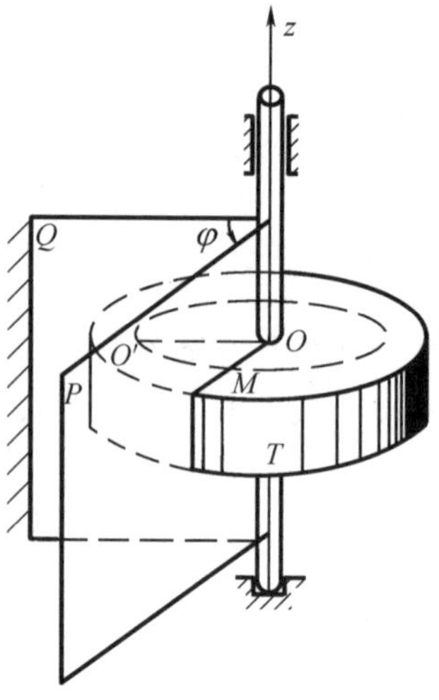

图7-6 刚体绕固定轴转动示意图

转角 φ 是一个代数量,它确定了刚体的位置,它的符号规定如下:取拇指方向与 z 轴正向一致,按右手螺旋定则来确定 φ 的正负,即从转轴 z 正向看刚体,逆时针的 φ 为正,反之为负。

转角 φ 的单位是弧度(rad)。

当刚体绕定轴 z 转动时,转角 φ 随时间而变化,是时间 t 的单值连续函数,即

$$\varphi = \varphi(t) \tag{7-7}$$

它反映了刚体转动的规律，称为刚体绕固定轴转动时的转动方程，转角 φ 的变化量 $\Delta\varphi$ 称为刚体的角位移。

7.2.2　角速度

为了描述刚体转动的快慢，引进角速度的概念，设 t 和 $t+\Delta t$ 瞬时的转角分别为 φ 和 $\varphi+\Delta\varphi$，则在 Δt 时间间隔内，转角的增量为 $\Delta\varphi$，而 $\dfrac{\Delta\varphi}{\Delta t}$ 就是刚体在 Δt 时间间隔内的平均角速度。

当 $\Delta t\to 0$ 时，平均角速度成为瞬时角速度

$$\omega=\lim_{\Delta t\to 0}\frac{\Delta\varphi}{\Delta t}=\frac{\mathrm{d}\varphi}{\mathrm{d}t}=\dot{\varphi} \tag{7-8}$$

用 ω 表示转动刚体的瞬时角速度，简称角速度。即转动刚体的角速度，等于其转角方程对时间的一阶导数，角速度也是代数量，其符号规定与转角 φ 相同，迎着 z 轴正向看，逆时针方向转动的角速度 ω 为正，反之为负。

角速度的单位是“弧度/秒”(rad/s)。

在工程问题中，也常用“转速”来表示刚体转动的快慢，转速 n 表示每分钟的转数，其单位是“转/分”(r/min)。转数 n 与角速度 ω 的关系是

$$\omega=\frac{2n\pi}{60}=\frac{n\pi}{30}\approx 0.1n$$

7.2.3　角加速度

为了描述角速度随时间变化的快慢，引进角加速度的概念，在瞬时 t 和 $t+\Delta t$ 时刻，刚体的角速度分别为 ω 和 $\omega+\Delta\omega$，则与推导角速度类似，可得到平均角加速度 $\dfrac{\Delta\omega}{\Delta t}$。

当 $\Delta t\to 0$ 时，$\dfrac{\Delta\omega}{\Delta t}$ 取得极限，就是转动刚体的瞬时角加速度，简称角加速度，用 α 表示，则

$$\alpha=\lim_{\Delta t\to 0}\frac{\Delta\omega}{\Delta t}=\frac{\mathrm{d}\omega}{\mathrm{d}t}=\ddot{\varphi}=\dot{\omega} \tag{7-9}$$

即转动刚体的角加速度等于其角速度对时间的一阶导数，也等于其转角方程对时间的二阶导数。角加速度也是代数量，它的大小代表角速度瞬时变化率的大小，其符号规定与转角的符号规定也是一致的，迎着转轴的正向看，α 是逆时针转向时为正，顺时针转向时为负。它的正负号则表示角速度变化的方向，但应注意，角加速度 α 的转向并不能表示刚体转动的方向，仅从 α 的符号也无法判断刚体是做加速转动还是做减速转动。必须同时考虑 α 和 ω 的符号，即 α 和 ω 同号时，刚体做加速转动；α 和 ω 异号时，刚体做减速转动。例如，ω 为正值时(表示刚体逆时针转动)，如果 α 也为正值，则 $\Delta\omega>0$，刚体的角速度增大了，因此刚体按逆时针方向加速转动；如果这时 α 为负值，则 $\Delta\omega<0$，刚体的角速度减小了，因此刚体按逆时针方向减速转动。而当 $\alpha=0$ 时，说明刚体做匀角速度转动，当 α 为常量时，刚体做匀角加速度转动，这时其公式与质点匀加速直线运动时的公式(6-48)、公式(6-49)和公式(6-50)相似。

在国际单位制中，角加速度的单位是“弧度/秒^2”(rad/s^2)或写成“1/秒^2”(1/s^2)。

例 7-3　卷扬机的鼓轮绕固定轴 O 逆时针转动如图 7-7 所示。启动时的转动方程为

$\varphi=t^3$ rad,其中 t 以秒计。试计算 $t=2$ s 时鼓轮转过的圈数、角速度及角加速度。

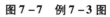

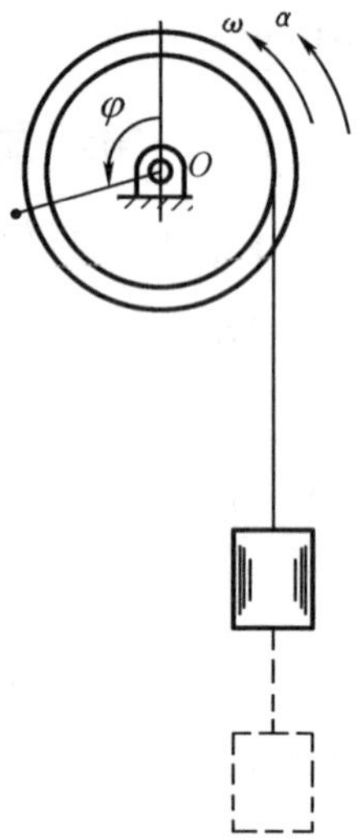

图 7－7 例 7－3 图

解 由于鼓轮的转动方程已知,可直接应用公式求解。故将 $t=2$(s)代入转动方程即可得转角为

$$\varphi=t^3=8 \text{ rad}$$

所以圈数 $N=8/2\pi=1.27$ 圈。

由式(7－8)及式(7－9)求角速度及角加速度,即

$$\omega=\frac{d\varphi}{dt}=\frac{d}{dt}(t^3)=3t^2$$

$$\alpha=\frac{d\omega}{dt}=\frac{d}{dt}(3t^2)=6t$$

由于 α 随时间 t 而变,鼓轮做变速转动,将 $t=2$ s 代入得

$$\omega=3\times2^2=12 \text{ rad/s}$$

$$\alpha=6\times2=12 \text{ rad/s}^2$$

转向分别如图 7－7 所示。

例 7－4 已知某瞬时,飞轮转动的角速度 $\omega_1=800$ rad/s,方向为顺时针转向;其角加速度 $\alpha=4t$ rad/s^2,方向为逆时针转向。求:①当飞轮的角速度减为 $\omega_2=400$ rad/s 时所需的时间 t_1。②当飞轮改变转动方向时所需的时间 t_2。③由题述瞬时计起,在 35 s 时间内,飞轮转过的转数 N。

解 因为该瞬时飞轮转动的角速度 ω 与角加速度 α 方向相反,所以应有

$$\frac{d\omega}{dt}=-\alpha=-4t \tag{7-10}$$

求积分

$$\int_{\omega_0}^{\omega}d\omega=-\int_0^t 4t dt$$

得

$$\omega=\omega_0-2t^2 \tag{7-11}$$

①求时间 t_1

将 $\omega_0=\omega_1=800$ rad/s,$\omega=\omega_2=400$ rad/s 代入式(7－11),求得飞轮角速度减为 $\omega_2=400$ rad/s 时所需的时间为

$$t_1=\sqrt{\frac{\omega_1-\omega_2}{2}}=\sqrt{\frac{800-400}{2}}=10\sqrt{2} \text{ s}$$

②求时间 t_2

因为飞轮改变转向时,角速度 $\omega=0$,所以由式(7－11)求得飞轮改变转向时所需的时间为

$$t_2=\sqrt{\frac{\omega_1-0}{2}}=\sqrt{\frac{800}{2}}=20 \text{ s}$$

③求转数 N

设飞轮在 35 s 内转过的转角为 φ,由上述结果可知,在 35 s 的时间内,飞轮转向发生了变化,所以应分段计算转角 φ。

a. 在由题中瞬时计起的前 20 s 时间内,飞轮做顺时针方向的减速转动,设转过的转角为 φ_1,则由

$$\frac{d^2\varphi}{dt^2}=\frac{d\omega}{dt}=-\alpha=-4t$$

积分可得

$$\varphi=\varphi_0+\omega_0 t-\frac{2}{3}t^3 \tag{7-12}$$

将 $\varphi_0=0,\omega_0=800\ \text{rad/s},t=20$ 代入式(7－12)求得

$$\varphi_1=800\times20-\frac{2}{3}\times20^3=10\ 666.67\ \text{rad}$$

b. 在由题中瞬时计起的后 15 s 时间内，飞轮由静止开始做逆时针方向的加速转动，设转过的转角为 φ_2，则由

$$\frac{d^2\varphi}{dt^2}=\frac{d\omega}{dt}=\alpha=4t$$

积分可得

$$\varphi=\varphi_0+\omega_0 t+\frac{2}{3}t^3$$

将 $\varphi_0=0,\omega_0=0\ \text{rad/s},t=15\ \text{s}$ 代入上式可得

$$\varphi_2=\frac{2}{3}\times15^3=2\ 250\ \text{rad}$$

所以，飞轮在 35 s 时间内转过的转角

$$\varphi=\varphi_1+\varphi_2=10\ 666.67+2\ 250=12\ 916.67\ \text{rad}$$

转数

$$N=\frac{\varphi}{2\pi}=2\ 055.75\ \text{r}$$

讨论：

①对于本题中这类已知角加速度求角速度或转动方程的问题，关键在于根据题意建立微分方程，然后积分，特别应注意初始条件的分析，以便确定积分常数或上、下限。

②求飞轮在 35 s 内转过的转数时，应特别注意分析在这段时间内飞轮的转向有无变化，若有，则应分段计算转角，再求和，据此来求得转数，切不可不加分析地直接将 35 s 代入式(7－12)来求总转角 φ，否则，常会得出错误的结果。

例 7－5　车细螺纹时，如果车床主轴的转速 $n_0=300\ \text{r/min}$，要求主轴在两转以后立即停车，以便很快反转。设停车过程是匀变速转动，求主轴的角加速度。

解　因已知

$$\omega_0=\frac{n_0\pi}{30}=\frac{300\pi}{30}=10\pi\ \text{rad/s},\omega=0$$

$$\varphi=2\times2\pi=4\pi\ \text{rad}$$

故可求 α。

根据匀变速时 $\omega=\omega_0+\alpha t$ 及 $\varphi=\varphi_0+\omega_0 t+\frac{1}{2}\alpha t^2$，得

$$\omega^2=\omega_0^2+2\alpha(\varphi-\varphi_0)$$

设 $\varphi_0=0$，将 ω_0、ω、φ 值代入上式，即

$$0=(10\pi)^2+2\alpha\times4\pi$$

故 $\alpha = -\dfrac{100\pi^2}{8\pi} = -39.25\ \text{rad/s}^2$

负号表示 α 的转向与主轴转动方向相反,故为减速运动。

7.2.4 角速度和角加速度的矢量表示

前面研究刚体的定轴转动时,迎着转轴方向,只需正、负号就能确定刚体的转动方向及角速度、角加速度的方向,因此,把角速度和角加速度都定义为代数量,在讨论某些复杂问题时,转轴是沿空间某一任意方向的,这时把角速度和角加速度视为矢量则更方便。为了确定角速度的全部性质,应该知道转动轴的位置、角速度的大小(转动的快慢)和转动方向这三个因素。这三个因素可用一个矢量表示出来,称为角速度矢量,用 $\boldsymbol{\omega}$ 表示。为了表示转轴的位置,让 $\boldsymbol{\omega}$ 与轴共线,其长度表示角速度的大小,转轴的正向即是角速度矢量的正向,按右手螺旋定则,当拇指指向沿 $\boldsymbol{\omega}$ 矢量方向时,四指指向代表 $\boldsymbol{\omega}$ 的转向,如图 7-8 所示。

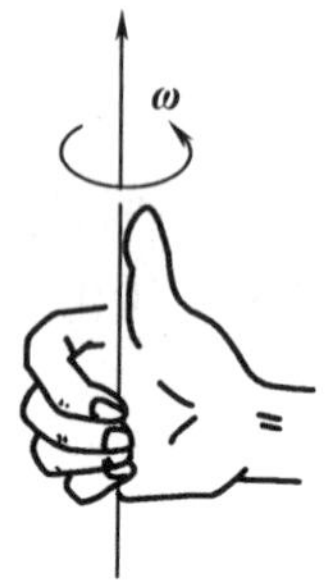

图 7-8 角速度的矢量表示示意图

$\boldsymbol{\omega}$ 矢量可以从转轴上任一固定点画起,角速度矢量是滑动矢量,它没有固定的作用点,它也可以按平行四边形法则相加,若用 $\boldsymbol{k}$ 表示转轴正方向的单位矢量,则

$$\boldsymbol{\omega} = \omega \boldsymbol{k} = \frac{\mathrm{d}\varphi}{\mathrm{d}t}\boldsymbol{k} = \dot{\varphi}\boldsymbol{k} \tag{7-13}$$

同理可以定义角加速度矢量 $\boldsymbol{\alpha}$,$\boldsymbol{\alpha}$ 也是作用线沿转轴的滑动矢量,无固定的作用点,$\boldsymbol{\alpha}$ 的模表示角加速度的大小,其指向由角加速度转向按右手螺旋定则确定,且角加速度矢量 $\boldsymbol{\alpha}$ 等于

$$\boldsymbol{\alpha} = \alpha \boldsymbol{k} = \frac{\mathrm{d}\boldsymbol{\omega}}{\mathrm{d}t} = \frac{\mathrm{d}\omega}{\mathrm{d}t}\boldsymbol{k} = \ddot{\varphi}\boldsymbol{k} = \dot{\omega}\boldsymbol{k} \tag{7-14}$$

而且角加速度矢量 $\boldsymbol{\alpha}$ 与角速度矢量 $\boldsymbol{\omega}$ 同向时,刚体加速转动;$\boldsymbol{\alpha}$ 与 $\boldsymbol{\omega}$ 反向时,刚体减速转动。

7.2.5 泊松公式

设刚体以角速度 $\boldsymbol{\omega}$ 绕固定轴 Oz 转动,坐标系 $O'x'y'z'$ 固连在刚体上,随刚体一起转动,如图 7-9 所示,泊松公式亦称常模矢量求导公式,即转动刚体上任一连体矢量对时间的导数等于刚体的角速度矢量与该矢量的矢积。

公式具体形式为

$$\frac{\mathrm{d}\boldsymbol{i}'}{\mathrm{d}t} = \boldsymbol{\omega} \times \boldsymbol{i}', \quad \frac{\mathrm{d}\boldsymbol{j}'}{\mathrm{d}t} = \boldsymbol{\omega} \times \boldsymbol{j}', \quad \frac{\mathrm{d}\boldsymbol{k}'}{\mathrm{d}t} = \boldsymbol{\omega} \times \boldsymbol{k}' \tag{7-15}$$

式中,$\boldsymbol{i}'$、$\boldsymbol{j}'$、$\boldsymbol{k}'$ 为沿坐标轴 x',y',z' 正向的单位矢量。

证明 设单位矢量 $\boldsymbol{i}'$ 的端点为 A,以 $\boldsymbol{r}_A$ 和 $\boldsymbol{r}_{O'}$ 表示 A、O' 点的矢径,则有

$$\boldsymbol{i}' = \boldsymbol{r}_A - \boldsymbol{r}_{O'}$$

所以

$$\frac{\mathrm{d}\boldsymbol{i}'}{\mathrm{d}t} = \frac{\mathrm{d}\boldsymbol{r}_A}{\mathrm{d}t} - \frac{\mathrm{d}\boldsymbol{r}_{O'}}{\mathrm{d}t} = \boldsymbol{v}_A - \boldsymbol{v}_{O'}$$

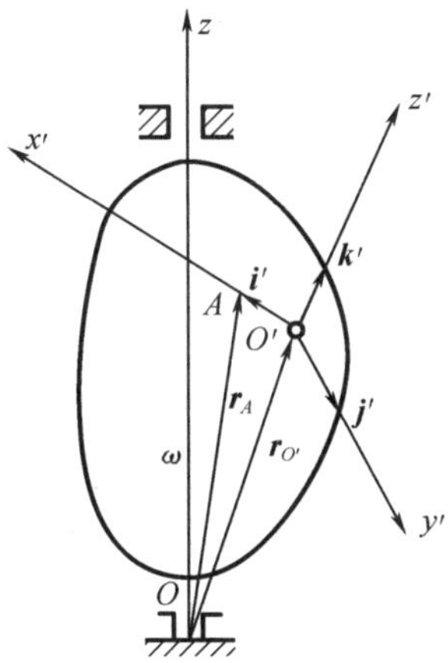

图 7－9　固接在定轴转动刚体上的动坐标系图

所以
$$\frac{d\boldsymbol{i}'}{dt}=\boldsymbol{\omega}\times\boldsymbol{r}_A-\boldsymbol{\omega}\times\boldsymbol{r}_{O'}=\boldsymbol{\omega}\times(\boldsymbol{r}_A-\boldsymbol{r}_{O'})=\boldsymbol{\omega}\times\boldsymbol{i}'$$

同理可证：$\frac{d\boldsymbol{j}'}{dt}=\boldsymbol{\omega}\times\boldsymbol{j}'$，　$\frac{d\boldsymbol{k}'}{dt}=\boldsymbol{\omega}\times\boldsymbol{k}'$。

7.3　转动刚体上各点的速度和加速度

前面已经用转动方程、角速度和角加速度描述了定轴转动刚体的整体运动情况，下面将讨论刚体的整体运动已知时，如何确定其上各点的速度和加速度。

7.3.1　代数量表示各点的速度和加速度

假设刚体以角速度 ω，角加速度 α 做定轴转动，其上任意一点都在垂直于转轴的平面内做圆周运动，各圆的半径等于各点到转轴的垂直距离，圆心是转轴与圆所在平面的交点 O，选用弧坐标法研究刚体内各点的运动比较方便。

设 M 为刚体内任一点，它离转轴的垂直距离为 R，称为 M 点的转动半径，取 M 点的轨迹为自然轴坐标系，如图 7－10所示。

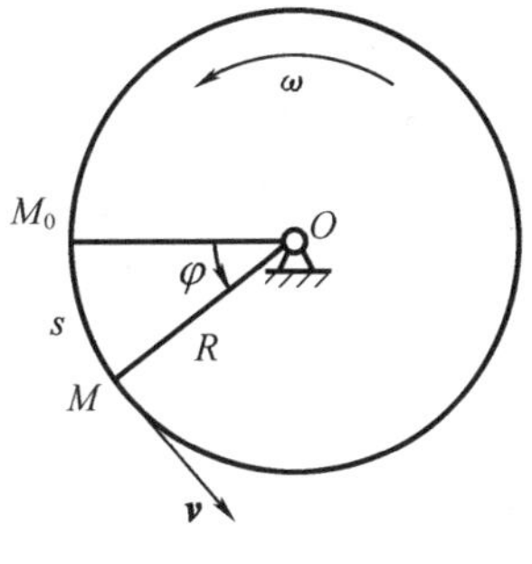

图 7－10　定轴转动刚体上任一点 M 的速度示意图

取 $t=0$ 时，M 点的位置 M_0 为坐标原点，自然坐标轴的正向与 φ 的正向相同，则任意瞬时，M 点的弧坐标为

$$s=R\varphi$$

这是动点 M 沿其圆周轨迹的运动方程，两边同时对时间 t 求导数得

$$v=\frac{ds}{dt}=\frac{d(R\varphi)}{dt}=R\frac{d\varphi}{dt}=R\omega \tag{7-16}$$

即转动刚体内任一点的速度的代数值等于该点的转动半径与刚体的角速度的乘积，速度的方向沿圆周在该点的切线方向，即垂直于 M 点的转动半径，指向转动的方向，与角速度的转

向一致。另外,绕定轴转动的刚体上任一点的速度 $\boldsymbol{v}$ 的大小与该点到转轴的距离 R 成正比,故刚体上任一转动半径上各点同一瞬时的速度按三角形规律分布,各点速度的方向与其转动半径垂直,如图 7 - 11 所示。

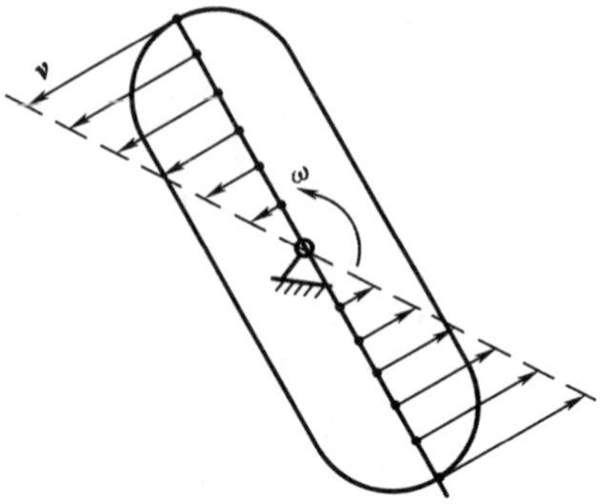

图 7 - 11　定轴转动刚体上任一转动半径上各点的速度分布图

接下来讨论刚体上各点的加速度情况,因不在转轴上的任一点做圆周运动,一般来说,除了切向加速度 $\boldsymbol{a}_\tau$ 之外,还有法向加速度 $\boldsymbol{a}_n$。点做曲线运动时,有

$$a_\tau = \frac{\mathrm{d}v}{\mathrm{d}t}, a_n = \frac{v^2}{\rho}$$

此外

$$v = \omega R, \rho = R$$

则有

$$a_\tau = \frac{\mathrm{d}(\omega R)}{\mathrm{d}t} = \frac{\mathrm{d}\omega}{\mathrm{d}t}R = \alpha R \tag{7-17}$$

$$a_n = \frac{v^2}{R} = \omega^2 R \tag{7-18}$$

式(7 - 17)表明,定轴转动刚体上任一点的切向加速度的大小等于该点的转动半径与角加速度的乘积,它沿着该点轨迹的切线方向,而指向由角加速度 α 的正负号来确定。如 α 为正值,则 $\boldsymbol{a}_\tau$ 的指向应与刚体逆时针转向时该点的切向单位矢量 $\boldsymbol{\tau}$ 的指向一致。

式(7 - 18)表明,定轴转动刚体上任一点的法向加速度的大小等于该点的转动半径与角速度平方的乘积,它总是沿着转动半径的方向指向圆心。

M 点的加速度 $\boldsymbol{a}$ 等于其切向加速度 $\boldsymbol{a}_\tau$ 和法向加速度 $\boldsymbol{a}_n$ 的矢量和,即

$$\boldsymbol{a} = \boldsymbol{a}_\tau + \boldsymbol{a}_n$$

称 $\boldsymbol{a}$ 为 M 点的全加速度(图 7 - 12)。

其大小为

$$a = \sqrt{a_n^2 + a_\tau^2} = R\sqrt{\alpha^2 + \omega^4}$$

全加速度的方向可由它与法线之间的夹角 θ 确定,即

$$\tan\theta = \frac{|a_\tau|}{a_n} = \frac{|\alpha|}{\omega^2}$$

所以

$$\theta = \arctan\frac{|\alpha|}{\omega^2}$$

由此可见,θ 与转动半径 R 无关,因此,在同一瞬时,刚体上所有不在转轴上的点的全加速度与其转动半径的夹角 θ 是相同的,且 $\theta \leqslant 90°$,如图 7 - 13(a)所示。

$\theta = 90°$时，意味着 $\boldsymbol{a} = \boldsymbol{a}_\tau$，$\boldsymbol{a}_n = 0$，也就是该瞬时刚体转动的角速度 $\omega = 0$。而转动刚体上各点的切向加速度 $\boldsymbol{a}_\tau$ 的大小，法向加速度 $\boldsymbol{a}_n$ 的大小，全加速度 $\boldsymbol{a}$ 的大小（图 7－13（b））都正比于它们各自的转动半径 R，它们都是沿着转动半径按线性规律分布的。

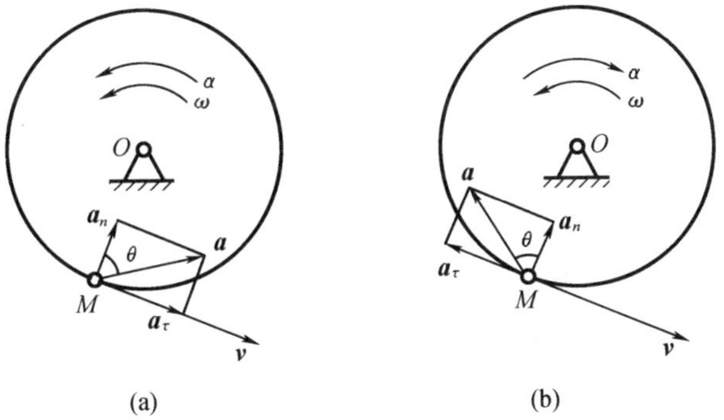

图 7－12　定轴转动刚体上任一点 M 的加速度示意图

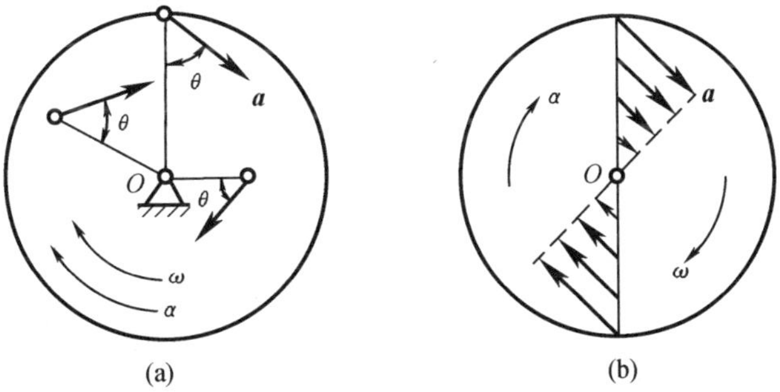

图 7－13　定轴转动刚体上点的加速度分布图

7.3.2　用矢量表示速度和加速度

如将角速度和角加速度视为矢量，则转动刚体内任一点 M 的速度和加速度可以方便地用矢积表示出来。在图 7－14 中，某刚体绕固定轴 z 轴做定轴转动，在转轴上任取固定点 O，以 $\boldsymbol{r}$ 表示转动刚体内任一点 M 对点 O 的矢径，以 $\boldsymbol{\omega}$ 表示此瞬时刚体转动的角速度矢量，以 $\boldsymbol{\alpha}$ 表示此瞬时刚体转动的角加速度矢量，由刚体的不变形性质知，矢径 $\boldsymbol{r}$ 的大小随刚体转动不改变，矢径会扫过一个圆锥面，$\boldsymbol{r}$ 的端点 M 则画出一个圆弧。

设 γ 为矢径 $\boldsymbol{r}$ 与角速度 $\boldsymbol{\omega}$ 之间的夹角，则 M 点的速度可以表示为

$$\boldsymbol{v} = \boldsymbol{\omega} \times \boldsymbol{r} \tag{7－19}$$

这是因为矢量积 $\boldsymbol{\omega} \times \boldsymbol{r}$ 表示一个新的矢量，其模与 M 点的速度 $\boldsymbol{v}$ 的模相等。

$$|\boldsymbol{\omega} \times \boldsymbol{r}| = |\boldsymbol{\omega}||\boldsymbol{r}|\sin\gamma = |\boldsymbol{\omega}|R = |\boldsymbol{v}|$$

矢量积 $\boldsymbol{\omega} \times \boldsymbol{r}$ 的方向，由右手螺旋定则决定，正好与 $\boldsymbol{v}$ 的方向一致，于是，得出这个新矢量就是 M 的速度 $\boldsymbol{v}$。

结论：定轴转动刚体上矢径为 $\boldsymbol{r}$ 的点的速度 $\boldsymbol{v}$ 等于定轴转动角速度 $\boldsymbol{\omega}$ 与该点的矢径 $\boldsymbol{r}$ 的矢量积。

将式(7-19)对时间求一阶导数,得 M 点的加速度为

$$\boldsymbol{a}=\frac{\mathrm{d}\boldsymbol{v}}{\mathrm{d}t}=\mathrm{d}(\boldsymbol{\omega}\times\boldsymbol{r})=\frac{\mathrm{d}\boldsymbol{\omega}}{\mathrm{d}t}\times\boldsymbol{r}+\boldsymbol{\omega}\times\frac{\mathrm{d}\boldsymbol{r}}{\mathrm{d}t}=\boldsymbol{\alpha}\times\boldsymbol{r}+\boldsymbol{\omega}\times\boldsymbol{v}$$

即

$$\boldsymbol{a}=\boldsymbol{\alpha}\times\boldsymbol{r}+\boldsymbol{\omega}\times\boldsymbol{v} \tag{7-20}$$

因为 $\boldsymbol{\alpha}\times\boldsymbol{r}$ 的模与 $\boldsymbol{a}_\tau$ 的模相等,即

$$|\boldsymbol{\alpha}\times\boldsymbol{r}|=|\boldsymbol{\alpha}||\boldsymbol{r}|\sin\gamma=|\boldsymbol{\alpha}|R=|\boldsymbol{a}_\tau|$$

$\boldsymbol{\alpha}\times\boldsymbol{r}$ 的方向与 $\boldsymbol{a}_\tau$ 的方向一致,如图 7-15(a)所示。所以切向加速度

$$\boldsymbol{a}_\tau=\boldsymbol{\alpha}\times\boldsymbol{r}$$

又因为 $\boldsymbol{\omega}\times\boldsymbol{v}$ 的模与 $\boldsymbol{a}_n$ 的模相等

$$|\boldsymbol{\omega}\times\boldsymbol{v}|=|\boldsymbol{\omega}||\boldsymbol{v}|\sin 90^\circ=\omega^2R$$

$\boldsymbol{\omega}\times\boldsymbol{v}$ 的方向与 $\boldsymbol{a}_n$ 的方向相同,如图 2-15(b)所示。所以法向加速度 $\boldsymbol{a}_n=\boldsymbol{\omega}\times\boldsymbol{v}$

即

$$\boldsymbol{a}=\boldsymbol{a}_n+\boldsymbol{a}_\tau=\boldsymbol{\omega}\times\boldsymbol{v}+\boldsymbol{\alpha}\times\boldsymbol{r}$$

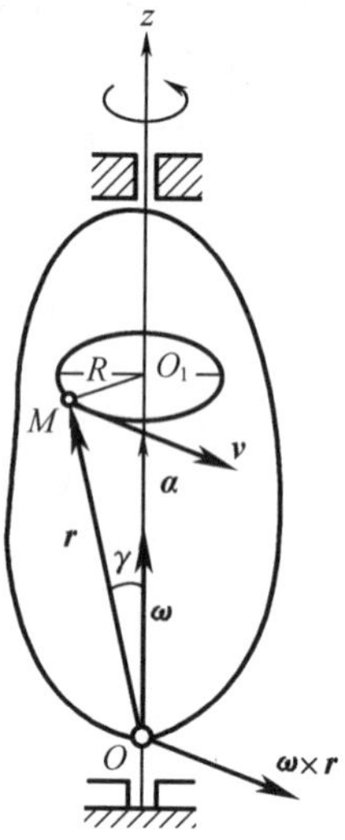

图 7-14 速度的矢积表示示意图

于是得到结论:定轴转动刚体内任意点的切向加速度等于刚体的角加速度与该点矢径的矢量积;法向加速度等于刚体的角速度矢量与该点的速度的矢量积。

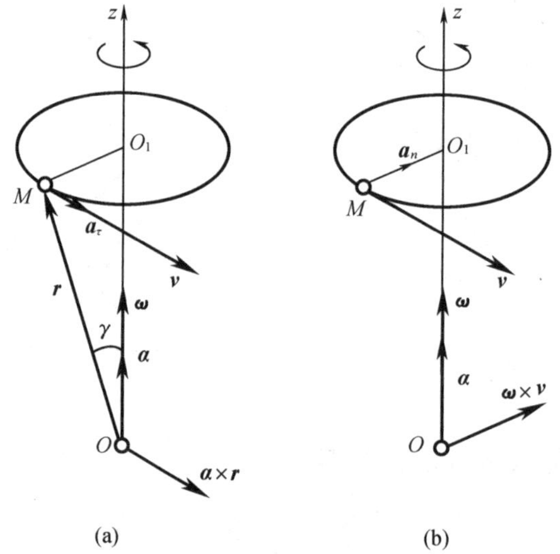

图 7-15 加速度的矢积表示图

例 7-6 图 7-16 所示为一电动绞车简图。设齿轮 1 的半径为 r_1,鼓轮半径为 $r_2=1.5r_1$,齿轮 2 的半径 $R=2r_1$。已知齿轮 1 在某瞬时的角速度和角加速度分别为 ω_1 和 α_1,转向如图 7-16 所示。求与齿轮 2 固连的鼓轮边缘上的 B 点的速度和加速度以及所吊起的重物 A 的速度和加速度。

解 当齿轮 1 转动而带动齿轮 2 和鼓轮转动时,两齿轮节圆上相切的 C 点具有相同的速度和切向加速度,故可求得齿轮 2 的角速度 ω_2 和角加速度 α_2 分别为

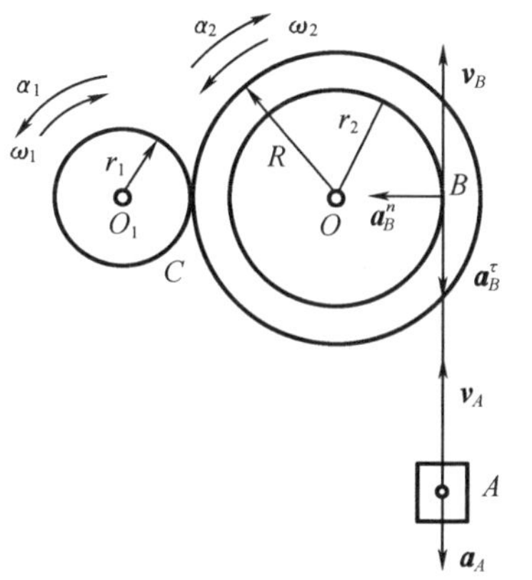

图 7－16　例 7－6 图

$$\omega_2=\frac{v_C}{R}=\frac{r_1\omega_1}{2r_1}=\frac{\omega_1}{2},\alpha_2=\frac{a_C^{\tau}}{R}=\frac{r_1\alpha_1}{2r_1}=\frac{\alpha_1}{2}$$

由于鼓轮与齿轮 2 固连,则其角速度和角加速度与齿轮 2 相同。因而可得 B 点的速度和加速度

$$v_B=r_2\omega_2=1.5r_1\times\frac{\omega_1}{2}=0.75r_1\omega_1$$

$$a_B^{\tau}=r_2\alpha_2=1.5r_1\times\frac{\alpha_1}{2}=0.75r_1\alpha_1$$

$$a_B^{n}=r_2\omega_2^2=1.5r_1\times\left(\frac{\omega_1}{2}\right)^2=0.375r_1\omega_1^2$$

至于 A 点的速度显然与 B 点的速度相等,而其加速度则与 B 点的切向加速度相等,故得

$$v_A=v_B=0.75r_1\omega_1,\quad a_A=a_B^{\tau}=0.75r_1\alpha_1$$

例 7－7　在连续印刷过程中,纸张需以匀速 v 进入印刷机,纸筒可绕其中心 O 轴转动,如图 7－17 所示,设纸的厚度为 b,试求纸筒的角加速度 α 与纸筒瞬时半径 r 的关系。

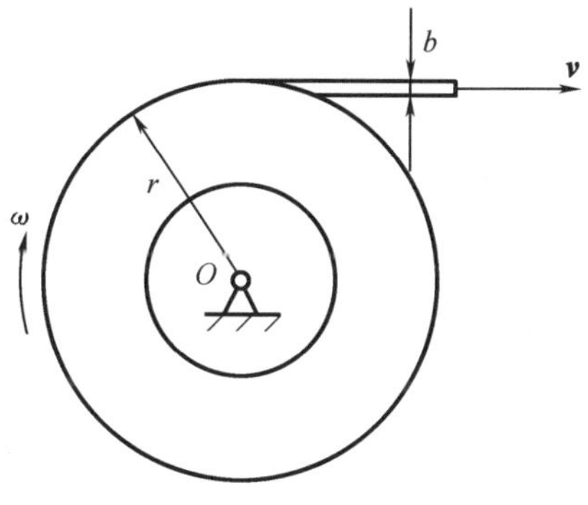

图 7－17　例 7－7 图

解　纸筒做定轴转动,由题意知纸筒边缘上点的速度为

$$v = r\omega = 常数 \tag{7-21}$$

将上式两端对时间求导,注意到纸筒的半径 r 和角速度 ω 都随时间而变化,所以有

$$\frac{\mathrm{d}v}{\mathrm{d}t} = \frac{\mathrm{d}r}{\mathrm{d}t}\omega + r\frac{\mathrm{d}\omega}{\mathrm{d}t} = 0$$

故纸筒的角加速度

$$\alpha = \frac{\mathrm{d}\omega}{\mathrm{d}t} = -\frac{\omega}{r}\frac{\mathrm{d}r}{\mathrm{d}t} = -\frac{v}{r^2}\frac{\mathrm{d}r}{\mathrm{d}t} \tag{7-22}$$

式中,$\frac{\mathrm{d}r}{\mathrm{d}t}$表示纸筒半径对时间的变化率。问题归结为如何求解$\frac{\mathrm{d}r}{\mathrm{d}t}$。

下面介绍三种方法。

解法一 因为当纸筒每转动一周即 2π 弧度时,半径 r 将减少一层纸的厚度 b,所以当纸筒转过 $\mathrm{d}\varphi$ 角时,半径相应的变化量

$$\mathrm{d}r = -\frac{b}{2\pi}\mathrm{d}\varphi$$

即

$$\frac{\mathrm{d}r}{\mathrm{d}t} = -\frac{b}{2\pi}\frac{\mathrm{d}\varphi}{\mathrm{d}t} = -\frac{b}{2\pi}\omega = -\frac{bv}{2\pi r} \tag{7-23}$$

将式(7-23)代入式(7-22),得纸筒的角加速度

$$\alpha = \frac{bv^2}{2\pi r^3} \tag{7-24}$$

解法二 设任一瞬时纸筒的横截面面积为 $A = \pi r^2$,该面积在单位时间内的变化率应与拉出的纸张侧面积相等,所以有

$$\frac{\mathrm{d}A}{\mathrm{d}t} = \frac{\mathrm{d}(\pi r^2)}{\mathrm{d}t} = -bv$$

即

$$2\pi r\frac{\mathrm{d}r}{\mathrm{d}t} = -bv \tag{7-25}$$

经过整理即得式(7-23),再代入式(7-22)即得角加速度 α。

解法三 因为在 Δt 时间间隔内,输出纸张的长度为 $\Delta s = v \cdot \Delta t$,所以纸筒在 Δt 时间内输出的层数

$$\Delta n = \frac{\Delta s}{2\pi r} = \frac{v\Delta t}{2\pi r}$$

纸筒半径的改变量 $\Delta r = -\Delta n \cdot b = -\frac{v\Delta t}{2\pi r}b$

故

$$\frac{\mathrm{d}r}{\mathrm{d}t} = -\frac{vb}{2\pi r}$$

上式即是解法一的式(7-23)。

讨论:

①求解本题时,应特别注意纸筒的半径和纸筒的横截面面积是随时间而减小的,所以其变化率均为负值。

②由所得结果式(7-24)可见,纸筒的角加速度 α 随半径 r 减小而迅速增加。

③本题分析,要求纸厚 b 必须远小于纸筒的半径 r,同时纸张的输出方向也必须始终保持沿圆周的切向,以保证 $v = r\omega$ 成立。

例 7-8 可绕固定水平轴转动的摆,如图 7-18 所示,其转动方程为 $\varphi = \varphi_0\cos\frac{2\pi}{T}t$,式

中,T 是摆的周期。设由摆的重心 C 到转轴 O 的距离是 l,试求在初瞬时($t=0$)及经过平衡位置时($\varphi=0$)摆的重心的速度和加速度。

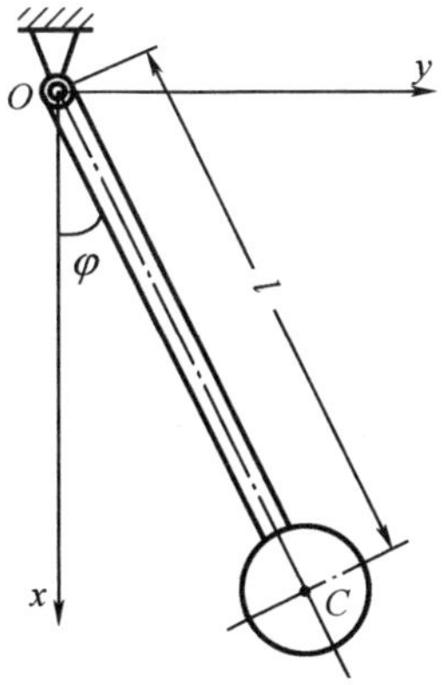

图 7-18　例 7-8 图

解　由转动方程可求出摆的角速度和角加速度为

$$\omega=\frac{\mathrm{d}\varphi}{\mathrm{d}t}=-\frac{2\pi\varphi_0}{T}\sin\left(\frac{2\pi}{T}t\right)$$

$$\alpha=\frac{\mathrm{d}^2\varphi}{\mathrm{d}t^2}=-\frac{4\pi^2\varphi_0}{T^2}\cos\left(\frac{2\pi}{T}t\right)$$

①当 $t=0$ 时,$\varphi=\varphi_0$ 摆的角速度和角加速度分别为

$$\omega_0=0,\alpha_0=-\frac{4\pi^2\varphi_0}{T^2}$$

于是根据公式,即可求得重心 C 在初瞬时的速度和加速度为

$$v_0=l\omega_0=0$$

$$a_0^\tau=l\alpha_0=-\frac{4\pi^2\varphi_0}{T^2}l$$

$$a_0^n=l\omega_0^2=0$$

可见在初瞬时,重心 C 的全加速度等于切向加速度,方向指向角 φ 减小的一边。

②当 $\varphi=0$ 时,由转动方程得知 $\cos\left(\frac{2\pi}{T}t\right)=0$,即 $\frac{2\pi}{T}t=\frac{\pi}{2}$ 或 $\frac{3\pi}{2}$,而 $\sin\left(\frac{2\pi}{T}t\right)=\pm1$,故当摆经过平衡位置时,其角速度和角加速度为

$$\omega=\pm\frac{2\pi\varphi_0}{T},\alpha=0$$

因此在此瞬时,重心 C 的速度和加速度为

$$v=l\omega=\pm\frac{2\pi\varphi_0}{T}l$$

$$a_\tau=0,a_n=l\omega^2=\frac{4\pi^2\varphi_0^2 l}{T^2}$$

可见在经过平衡位置时,重心 C 全加速度等于法向加速度,方向指向摆的转轴。在 v 和 ω 的表达式中的正号表示摆由左边向右边摆动;负号表示摆由右边向左边摆动。

例7-9　直径为 d 的轮子做匀速转动，每分钟转数为 n。求轮缘上各点的速度和加速度。

解　轮缘上点的速度为

$$v = r\omega$$

以 $r=\dfrac{d}{2}$ 和 $\omega=\dfrac{\pi n}{30}$ 代入上式，即得

$$v = \frac{\pi n d}{60}$$

由于轮子做匀速转动，因此，$\omega=$ 常数，$\alpha=\dfrac{\mathrm{d}\omega}{\mathrm{d}t}=0$。

于是

$$a_\tau = r\alpha = 0$$

$$a = a_n = r\omega^2 = \frac{d}{2}\left(\frac{\pi n}{30}\right)^2 = \frac{\pi^2 n^2 d}{1\ 800}$$

7.4　轮系的传动比

轮系的传动问题是定轴转动在机械工程上的一个重要应用，圆柱齿轮传动是常用的轮系传动方式之一，可用来提高或降低转速，并可用来改变转向。图7-19(a)、图7-19(b)为外啮合情况，图2-19(c)为内啮合情况。两齿轮外啮合时，它们的转向相反，而内啮合时则转向相同。

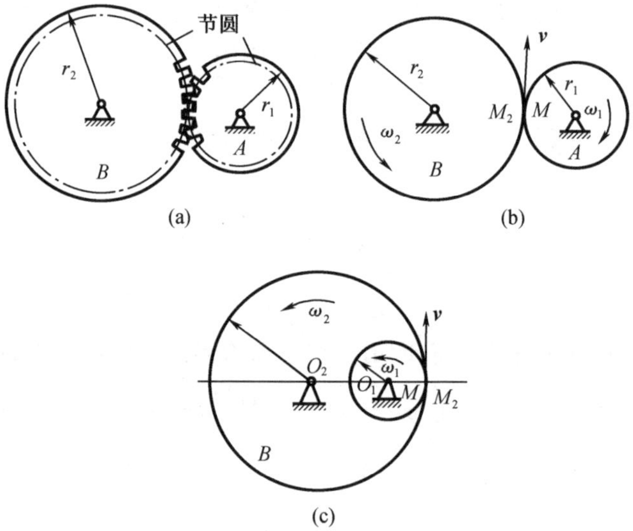

图7-19　圆柱齿轮传动图

例如，设主动轮 A 和从动轮 B 的节圆的半径分别为 r_1 和 r_2，轮 A 的角速度为 ω_1（转速为 n_1），试求出轮 B 的角速度 ω_2（转速 n_2）。

解　在齿轮传动中，因齿轮互相啮合，两齿轮的节圆接触点 M_1 和 M_2 无相对滑动，具有相同的速度 $\boldsymbol{v}$，因而有

$$v = r_1\omega_1 = \frac{2\pi n_1 r_1}{60} \tag{7-26}$$

即
$$v = r_2\omega_2 = \frac{2\pi n_2 r_2}{60} \tag{7-27}$$

由式(7－26)、式(7－27)可得
$$\omega_2 = \frac{r_1}{r_2}\omega_1, n_2 = \frac{r_1}{r_2}n_1 \tag{7-28}$$

通常称主动轮的角速度(或转速)与从动轮的角速度(或转速)之比$\frac{\omega_1}{\omega_2}$或$\frac{n_1}{n_2}$为传动比(传速比),设以 i_{12} 表示,于是式(7－28)可变为
$$i_{12} = \pm\frac{\omega_1}{\omega_2} = \pm\frac{n_1}{n_2} = \pm\frac{r_2}{r_1} \tag{7-29}$$

式(7－29)表明,互相啮合的两个齿轮的角速度(或转速)与半径成反比。

式(7－28)和式(7－29)对于锥齿轮传动和带传动(图 7－20)同样适用。

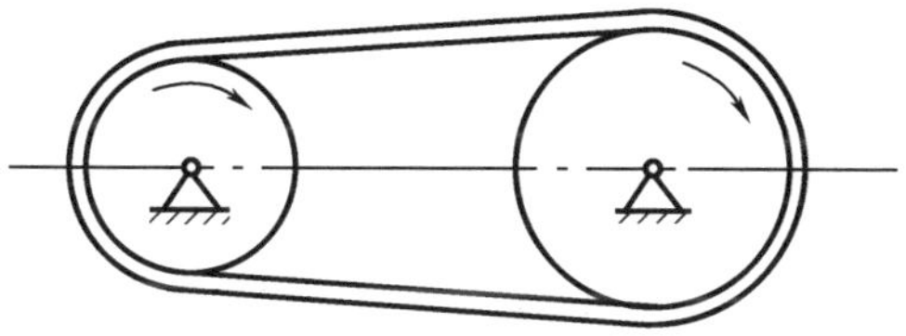

图 7－20　皮带轮传动图

设齿轮 A、B 的齿数分别为 Z_1、Z_2,因能够互相啮合的两个齿轮的齿数与它们节圆的周长 $2\pi r_1$,$2\pi r_2$ 成正比,所以有
$$\frac{Z_1}{Z_2} = \frac{2\pi r_1}{2\pi r_2} = \frac{r_1}{r_2} \tag{7-30}$$

将式(7－30)代入式(7－29)可得
$$i_{12} = \pm\frac{\omega_1}{\omega_2} = \pm\frac{n_1}{n_2} = \pm\frac{r_2}{r_1} = \pm\frac{Z_2}{Z_1} \tag{7-31}$$

式中,正号表示两轮转向相同(内啮合);负号表示两轮转向相反(外啮合)。

由此可见,互相啮合的两齿轮的角速度(或转速)与齿数成反比。在一些复式轮系(如变速箱)中包含有几对齿轮,将每一对齿轮的传速比,按式(7－29)或式(7－31)算出后,将它们连乘起来,便可以得到总的传速比。

例 7－10　图 7－21 所示为一带式输送机。电动机以齿轮 1 带动齿轮 2,通过与齿轮 2 固定在同一轴上的链轮 3 带动链轮 4,从而使与链轮 4 固定在同一轴上的辊轮 5 靠摩擦力拖动胶带 6 运动。已知主动轮 1 的转速 $n_1 = 1\ 500$ r/min,齿轮与链轮的齿数分别为:$z_1 = 24$,$z_2 = 95$,$z_3 = 20$,$z_4 = 45$。轮 5 的直径 $D = 460$ mm。若不计胶带的滑动,试计算胶带运动的速度。

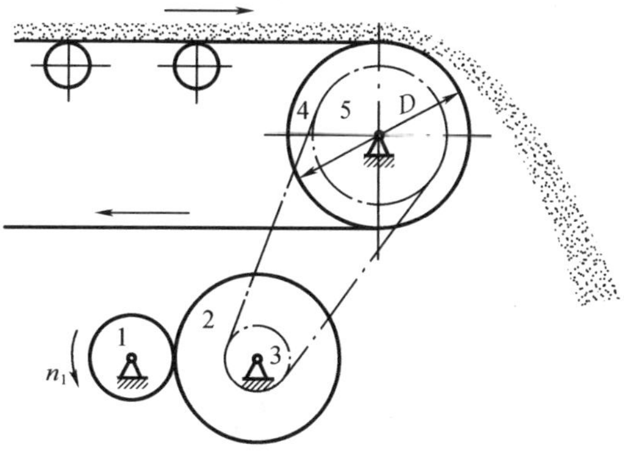

图 7－21　例 7－10 图

解 按题意,胶带上一点和轮5外圆上一点的速度大小应相等。因此只要根据轮系的传动比 i_{15} 计算出轮5的角速度,就可以由 D 计算出胶带的速度(注意链轮传动时转速也与其齿数成反比,但二轮转向相同)。

应用传动比概念有

$$i_{12}=\frac{n_1}{n_2}=\frac{z_2}{z_1},i_{34}=\frac{n_3}{n_4}=\frac{z_4}{z_3}$$

因此

$$n_1=\frac{z_2}{z_1}n_2,n_4=\frac{z_3}{z_4}n_3$$

由于固定在同一轴上的原因,$n_2=n_3$, $n_4=n_5$,因而

$$i_{15}=\frac{n_1}{n_5}=\frac{n_1}{n_4}=i_{14}$$

将 n_1 和 n_4 的表达式代入上式即得

$$i_{15}=\frac{n_1}{n_5}=\frac{n_1}{n_4}=\frac{\frac{z_2}{z_1}n_2}{\frac{z_3}{z_4}n_3}=\frac{z_2z_4}{z_1z_3}$$

代入齿数则得

$$i_{15}=\frac{95\times45}{24\times20}=8.9$$

因而

$$n_5=\frac{n_1}{i_{15}}=\frac{1\ 500}{8.9}=168.5\ \text{r/min}$$

则胶带运动速度的大小为

$$v_6=v_5=r_5\omega_5=\frac{D}{2}\frac{2\pi n_5}{60}=4\ \text{m/s}$$

思 考 题

一、判断题

1. 刚体上凡是有两点的轨迹相同,则刚体做平动。( )

2. 平动刚体上各点的运动轨迹可以是直线,可以是平面曲线,也可以是空间任意曲线。( )

3. 如图7-22所示,机构在某瞬时 A 点和 B 点的速度完全相同(等值,同向),则 AB 板的运动是平动。( )

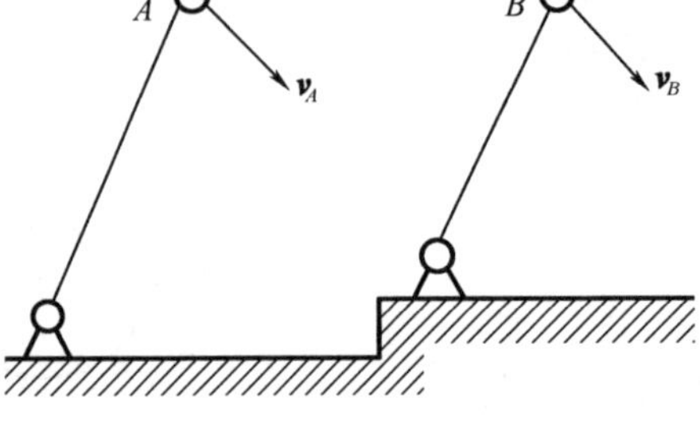

图7-22 判断题第3题图

4. 如果刚体上每一点轨迹都是圆曲线,这刚体一定做定轴转动。(　　)

5. 飞轮匀速转动,若半径增大一倍,边缘上点的速度和加速度都增大一倍。(　　)

二、选择题

1. 如图 7－23 所示,一汽车自西开来,在十字路口绕转盘转变后向北开,则汽车在转盘的圆形弯道行驶过程中,其车身做(　　)

A. 平面曲线平动　　B. 定轴转动

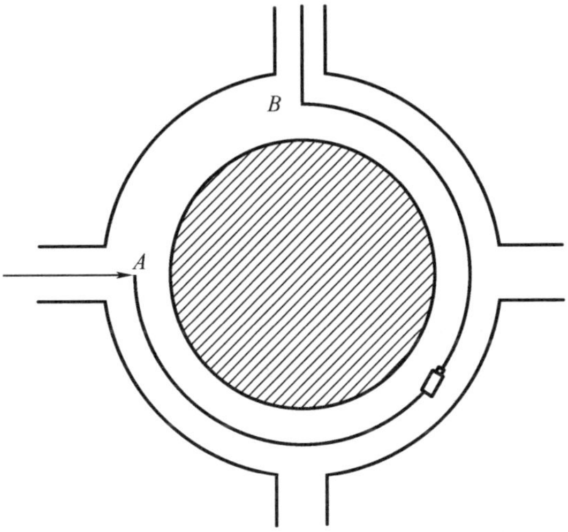

图 7－23　选择题第 1 题图

2. 下列刚体运动中,做平动的刚体是(　　)。

A. 沿直线轨道运动的车厢

B. 沿直线滚动的车轮

C. 在弯道上行驶的车厢

D. 直线行驶自行车脚蹬板始终保持水平的运动

E. 滚木的运动

F. 发动机活塞相对于汽缸外壳的运动

G. 龙门刨床工作台的运动。

3. 图 7－24 中 *AB*、*BC*、*CD*、*DA* 段皮带上各点的速度大小(　　),加速度大小(　　),皮带上和轮接触的 *A* 点和轮上的 *A′*点的速度(　　),它们的加速度(　　)。

A. 相等　　B. 不相等

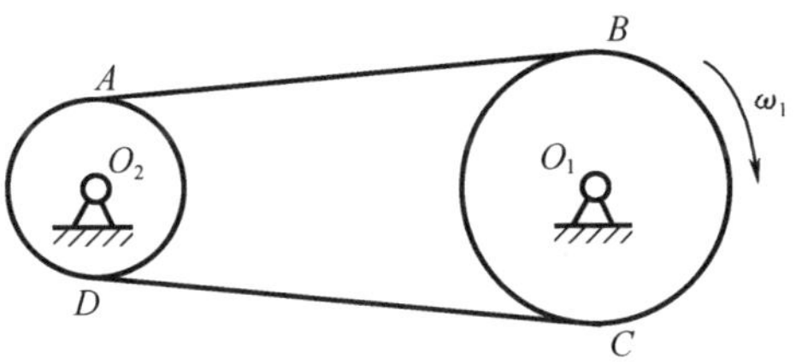

图 7－24　选择题第 3 题图

4. 平行四连杆机构如图7-25所示：$O_1O_2 = AB = 2L$，$O_1A = O_2B = DC = L$。O_1A 杆以 ω 绕 O_1 轴匀速转动。在图7-25的位置，C 点的加速度为(　　)。

A. 0　　B. $L\omega^2$　　C. $2L\omega^2$　　D. $\sqrt{5}L\omega^2$

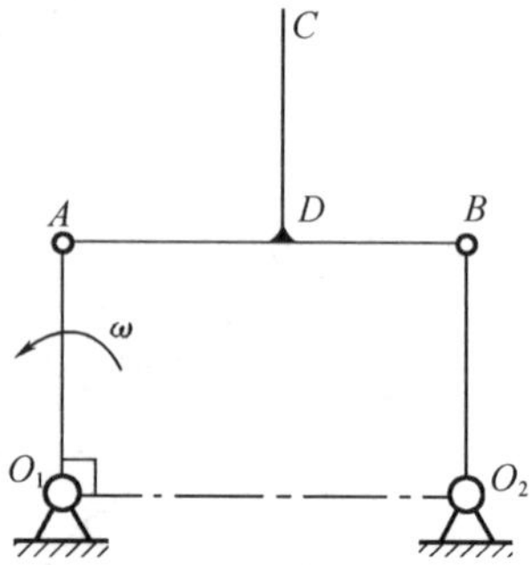

图7-25　选择题第4题图

5. 杆 OA 绕固定轴 O 转动，某瞬时杆端 A 点的加速度 $\boldsymbol{a}$ 分别如图7-26(a)、图7-26(b)、图7-26(c)所示。则该瞬时(　　)的角速度为零，(　　)的角加速度为零。

A. 图7-26(a)系统　　B. 图7-26(b)系统　　C. 图7-26(c)系统

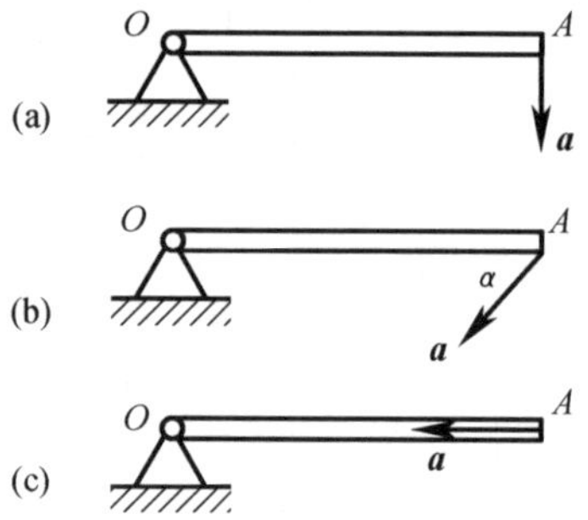

图7-26　选择题第5题图

三、填空题

1. 已知图7-27，平行四边形 $O_1AB\ O_2$ 机构的 O_1A 杆以匀角速度 ω 绕 O_1 轴转动，则 D 的速度为________，加速度为________。(二者方向要在图上画出)。

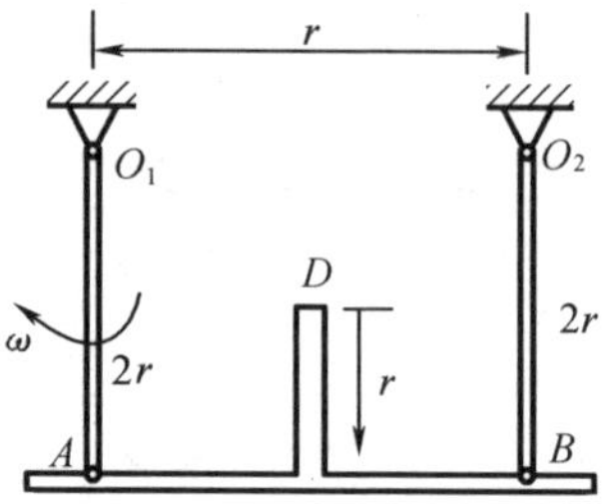

图7-27　填空题第1题图

2. 如图 7-28 所示机构中，刚体 1 做________，刚体 2 做________。

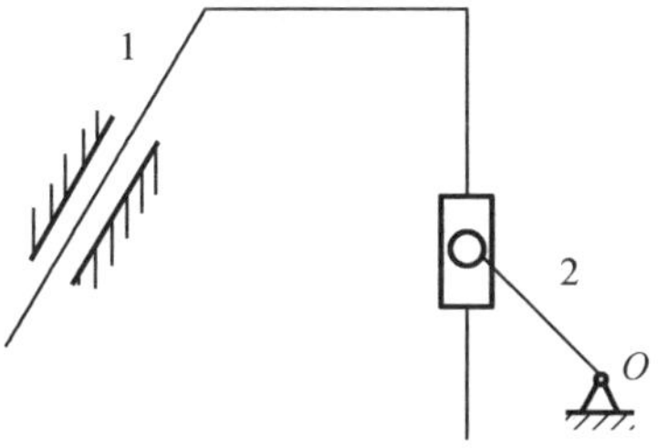

图 7-28　填空题第 2 题图

3. 试分别求图 7-29 所示各平面机构中 A 点与 B 点的速度和加速度，将各点的速度和加速度矢量分别画在各自的题图上。

(1) v_A = ________；a_A^τ = ________；a_A^n = ________。

v_B = ________；a_B^τ = ________；a_B^n = ________。

(2) v_A = ________；a_A^τ = ________；a_A^n = ________。

v_B = ________；a_B^τ = ________；a_B^n = ________。

(3) v_A = ________；a_A^τ = ________；a_A^n = ________。

v_B = ________；a_B^τ = ________；a_B^n = ________。

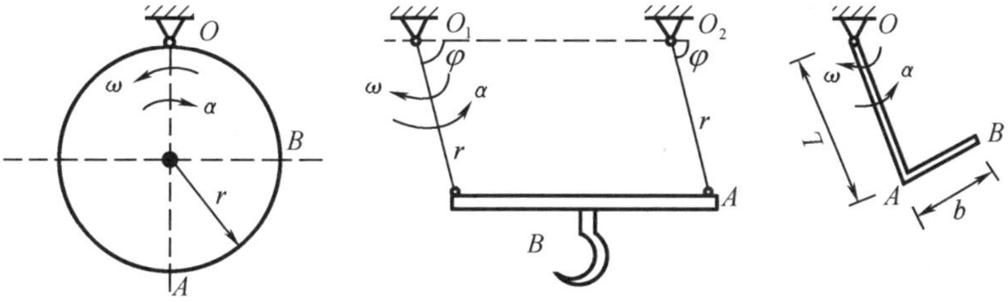

(a)　(b)　(c)

图 7-29　填空题第 3 题图

4. 相啮合的两个齿轮其角速度和角加速度与半径成________，与齿数成________。

5. 刚体做定轴转动时，若 α 与 ω 转向一致，则角速度的绝对值随时间而________，刚体做________转动。

习　　题

7-1　如图 7-30 所示曲柄滑杆机构中，滑杆上有一圆弧形滑道，其半径 $R=100$ mm，圆心 O_1 在导杆 BC 上。曲柄长 $OA=100$ mm，以等角速度 $\omega=4$ rad/s 绕 O 轴转动。求导杆 BC 的运动规律以及当曲柄与水平线间的夹角 φ 为 30°时，导杆 BC 的速度和加速度。

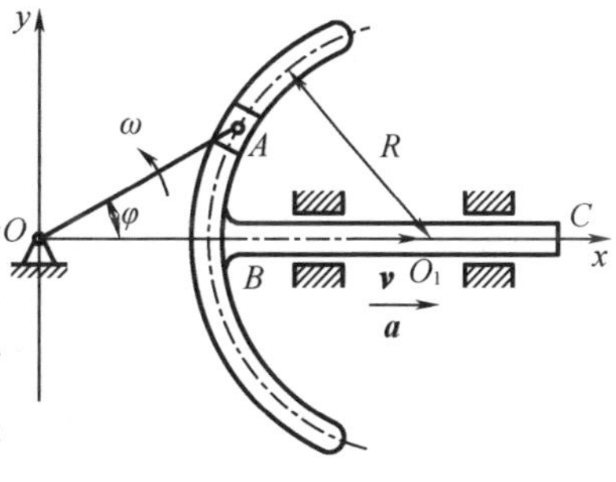

图 7-30　习题 7-1 图

答案：$-0.8\sin 4t$，$-3.2\cos 4t$。

7－2　如图7－31所示的两平行摆杆 $O_1B=O_2C=0.5\ \mathrm{m}$，且 $BC=O_1O_2$。若在某瞬时摆杆的角速度 $\omega=2\ \mathrm{rad/s}$，角加速度 $\alpha=3\ \mathrm{rad/s^2}$。试求吊钩尖端 A 点的速度和加速度。

答案：$v=1\ \mathrm{m/s}$，$a_\tau=1.5\ \mathrm{m/s^2}$，$a_n=2\ \mathrm{m/s^2}$。

7－3　汽车上的雨刷 CD 固连在横杆 AB 上，由曲柄 O_1A 驱动，如图7－32所示。已知 $O_1A=O_2B=r=300\ \mathrm{mm}$，$AB=O_1O_2$，曲柄 O_1A 往复摆动的规律为 $\varphi=(\pi/4)\sin 2\pi t$，其中 t 以s计，φ 以rad计。试求在 $t=0$，$t=\dfrac{1}{8}\ \mathrm{s}$，$t=\dfrac{1}{4}\ \mathrm{s}$ 各瞬时雨刷端点 C 的速度和加速度。

答案：$t=0$，$v_C=1.48\ \mathrm{m/s}$，$a_C^n=7.31\ \mathrm{m/s^2}$，$a_C^\tau=0$；

$t=\dfrac{1}{8}\ \mathrm{s}$，$v_C=1.047\ \mathrm{m/s}$，$a_C^n=3.65\ \mathrm{m/s^2}$，$a_C^\tau=-6.58\ \mathrm{m/s^2}$；

$t=\dfrac{1}{4}\ \mathrm{s}$，$v_C=0$，$a_C^n=0$，$a_C^\tau=-9.30\ \mathrm{m/s^2}$。

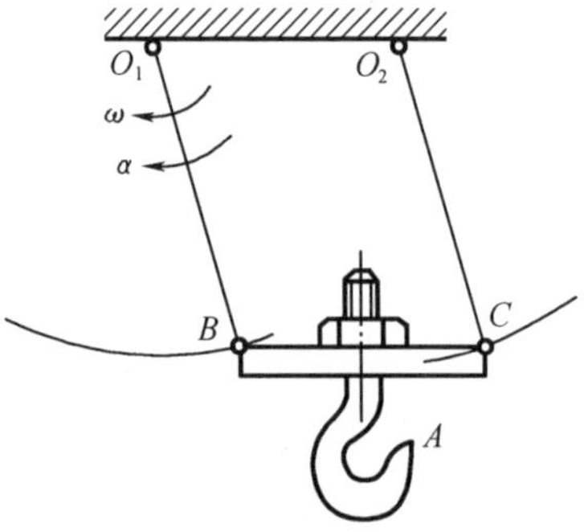

图7－31　习题7－2图

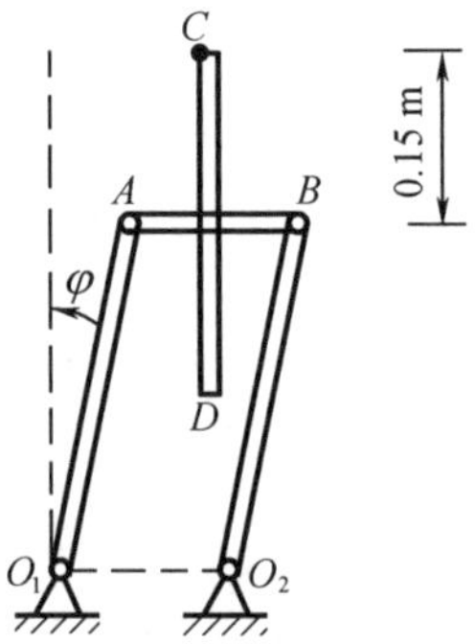

图7－32　习题7－3图

7－4　揉茶机的揉桶由三个曲柄支持，曲柄的支座 A,B,C 与支轴 a,b,c 都恰成等边三角形，如7－33所示。三个曲柄长度相等，均为 $l=150\ \mathrm{mm}$，并以相同的转速 $n=45\ \mathrm{r/min}$ 分别绕其支座在图示平面内转动。求揉桶中心点 O 的速度和加速度。

答案：$v=707\ \mathrm{mm/s}$，$a=3\ 330\ \mathrm{mm/s^2}$。

7－5　如图7－34所示一飞轮由静止($\omega_0=0$)开始做变速转动。轮的半径 $r=0.4\ \mathrm{m}$，轮缘上点 M 在某瞬时的全加速度 $a=20\ \mathrm{m/s^2}$，与半径的夹角 $\theta=30°$。当 $t=0$ 时，$\varphi_0=0$。试求：(1)飞轮的转动方程；(2)当 $t=2\ \mathrm{s}$ 时点 M 的速度和法向加速度。

答案：(1)$\varphi=12.5t^2\ \mathrm{rad}$；

(2)$v=20\ \mathrm{m/s}$，$a_n=1\ 000\ \mathrm{m/s^2}$。

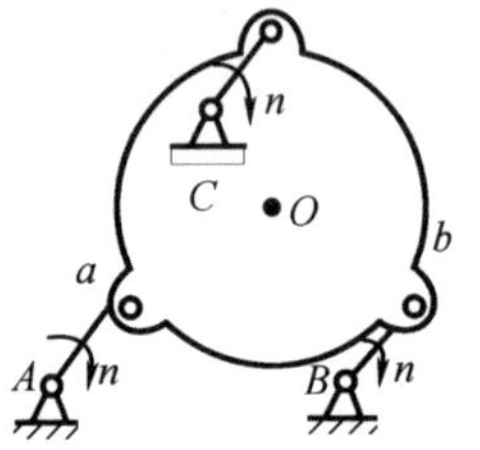

图7－33　习题7－4图

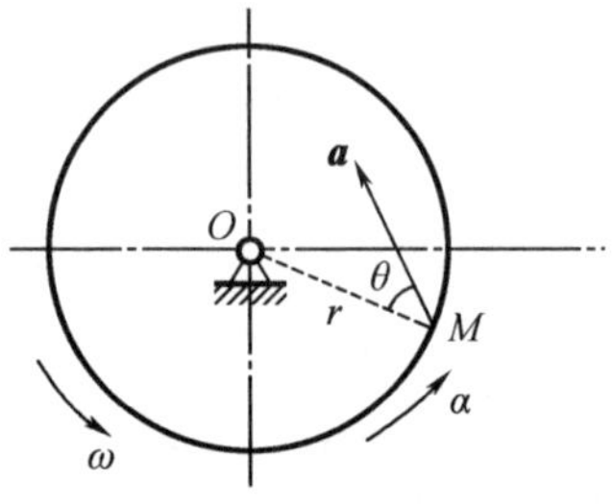

图7－34　习题7－5图

7 - 6　如图 7 - 35 所示已知搅拌机的主动齿轮 O_1 以 $n=950$ r/min 的转速转动。搅杆 ABC 用销钉 A、B 与齿轮 O_3、O_2 相连。且 $AB=O_2O_3$，$O_3A=O_2B=0.25$ m，各齿轮齿数为 $z_1=20$，$z_2=50$，$z_3=50$。求搅杆端点 C 的速度和轨迹。

答案：$v_C=9.948$ m/s。

搅拌杆端点 C 与 A 点具有相同的圆轨迹，半径 $OC=r_C=0.25$ m。

7 - 7　机构如图 7 - 36 所示，假定杆 AB 以匀速 $\boldsymbol{v}$ 运动，开始时 $\varphi=0$，求当 $\varphi=\dfrac{\pi}{4}$ 时，摇杆 OC 的角速度和角加速度。

答案：$\omega=\dot{\varphi}=\dfrac{v}{2l}$，$\alpha=\ddot{\varphi}=-\dfrac{v^2}{2l^2}$，负号表示 α 的方向与 φ 的正方向相反。

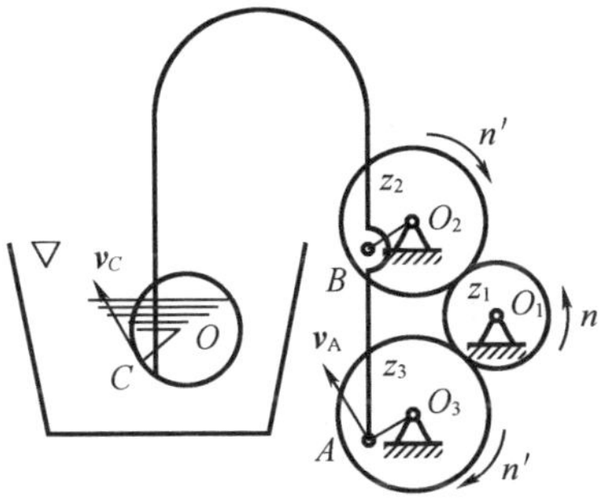

图 7 - 35　习题 7 - 6 图

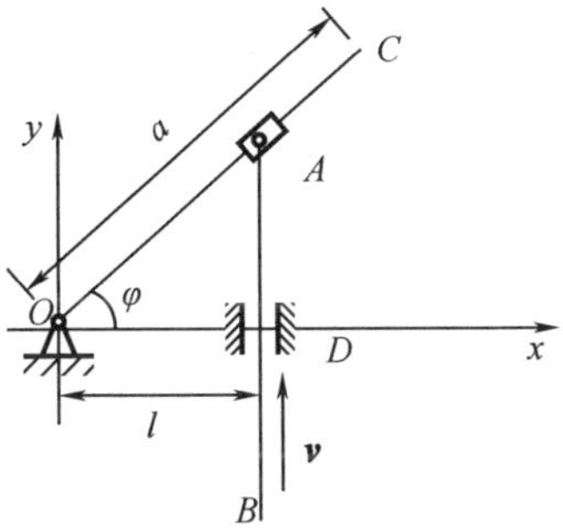

图 7 - 36　习题 7 - 7 图

7 - 8　如图 7 - 37 所示，曲柄 CB 以等角速度 ω_0 绕 C 轴转动，其转动方程为 $\varphi=\omega_0 t$。滑块 B 带动摇杆 OA 绕轴 O 转动，设 $OC=h$，$CB=r$。求摇杆的转动方程。

答案：$\theta=\arctan\dfrac{r\sin\omega_0 t}{(h-r\cos\omega_0 t)}$。

7 - 9　如图 7 - 38 所示，已知 $n_1=100$ r/min，$r_1=0.3$ m，$r_2=0.75$ m，$r_3=0.4$ m，求皮带上 M_1、M_2、M_3、M_4 各点的加速度 a_1、a_2、a_3、a_4 和重物上升的速度 v。

答案：$a_1=r_1\omega_1^2=32.9$ m/s^2，$a_2=r_2\omega_2^2=13.16$ m/s^2，$a_3=a_4=0$，$v=r_3\omega_2=1.676$ m/s。

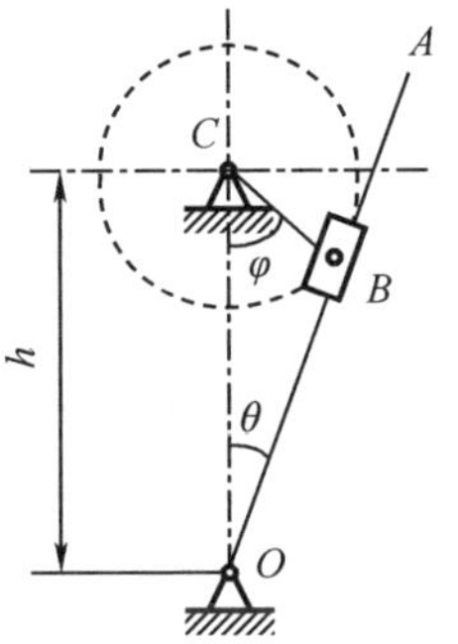

图 7 - 37　习题 7 - 8 图

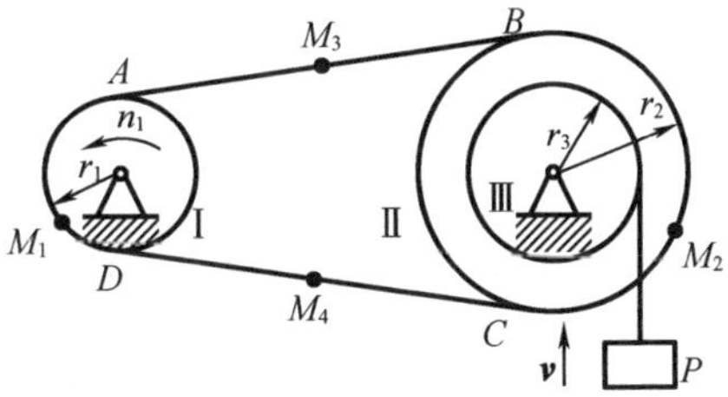

图 7 - 38　习题 7 - 9 图

7 - 10　如图 7 - 39 所示机构中齿轮 1 紧固在杆 AC 上，$AB=O_1O_2$，齿轮 1 和半径为 r_2 的齿轮 2 啮合，齿轮 2 可绕 O_2 轴转动且和曲柄 O_2B 没有联系。设 $O_1A=O_2B=l$，$\varphi=b\sin\omega t$，试确定 $t=\dfrac{\pi}{2\omega}$ s 时，轮 2 的角速度和角加速度。

答案：$\omega_2=\frac{v_D}{r_2}=0,\alpha_2=\frac{a_D^\tau}{r_2}=-\frac{lb}{r_2}\omega^2$。

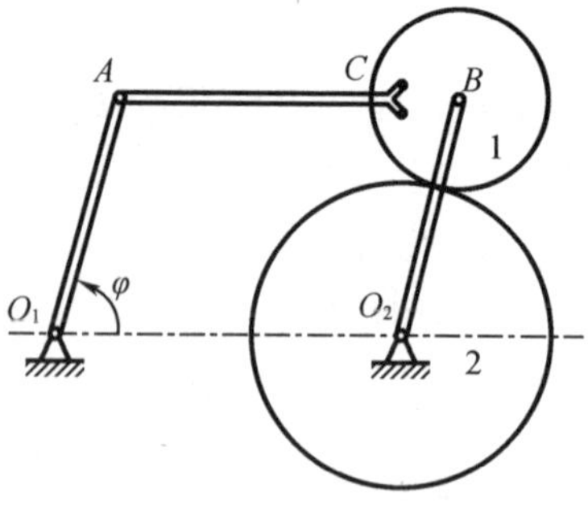

图 7-39 习题 7-10 图

7-11 如图 7-40 所示杆 AB 在铅垂方向以恒速 $\boldsymbol{v}$ 向下运动，并由 B 端的小轮带着半径为 R 的圆弧杆 OC 绕轴 O 转动。设运动开始时，$\varphi=\frac{\pi}{4}$，求此后任意瞬时 t，杆 OC 角速度 ω 和点 C 的速度。

答案：$\omega=\frac{v}{2R\sin\varphi},v_C=2R\omega=\frac{v}{\sin\varphi}$。

此外，由几何关系

$$\cos\varphi=\frac{OB}{2R}=\frac{\frac{\sqrt{2}}{2}2R+vt}{2R}$$

可得前式中

$$\sin\varphi=\frac{1}{2}\sqrt{2-2\sqrt{2}\frac{vt}{R}-\left(\frac{vt}{R}\right)^2}$$

7-12 如图 7-41 所示一飞轮绕固定轴 O 转动，其轮缘上任一点的全加速度在某段运动过程中与轮半径的夹角恒为 60°。当运动开始时，其转角 φ_0 等于零，角速度为 ω_0。求飞轮的转动方程以及角速度与转角的关系。

答案：$\varphi=\frac{1}{\sqrt{3}}\ln\frac{1}{1-\sqrt{3}\omega_0 t}$。

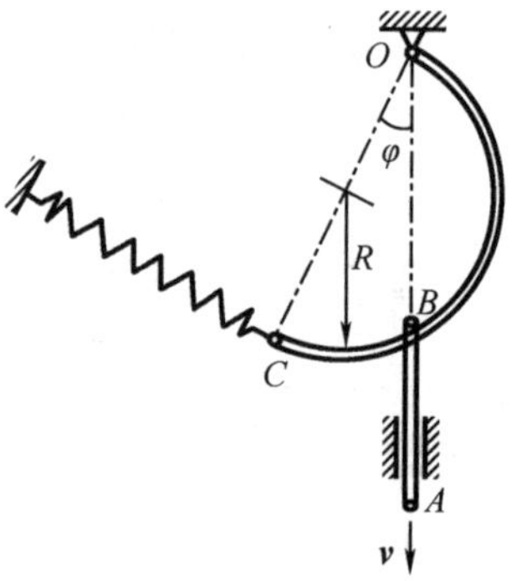

图 7-40 习题 7-11 图

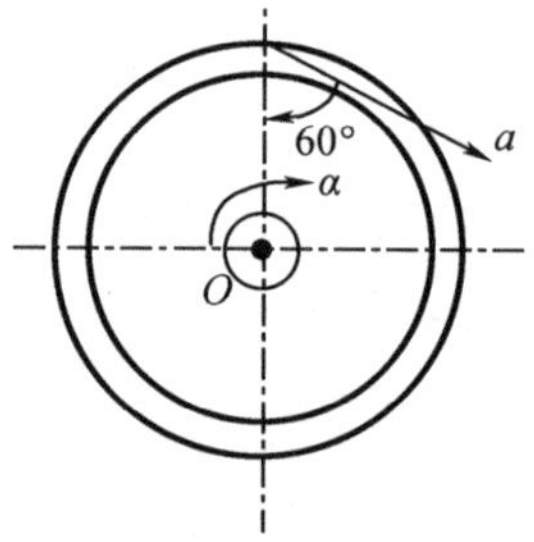

图 7-41 习题 7-12 图

7-13 如图 7-42 所示，已知 $\omega=6$ rad/s，求用矢量解析式写出点 A 的速度和加速度。

答案：$\boldsymbol{v}_A=\boldsymbol{\omega}\times\boldsymbol{r}_A=(1.68\boldsymbol{i}-1.8\boldsymbol{j})$ m/s，$\boldsymbol{a}_A=\boldsymbol{\omega}\times\boldsymbol{v}_A=(-10.8\boldsymbol{i}-10.08\boldsymbol{j})$ m/s²。

7-14 如图 7-43 所示的起重机构中，手柄 OA 与齿轮 1 固结，齿轮 1，2，3，4 的齿数分别为 $Z_1=6,Z_2=24,Z_3=8,Z_4=22$，齿轮 5 的半径为 $r_5=40$ mm。当手柄 OA 转过 1 rad 后，齿条 BC 升高多少？

答案：3.64 mm。

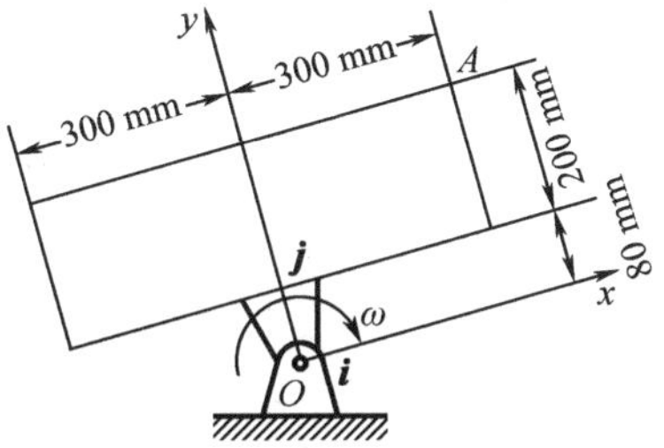

图 7-42 习题 7-13 图

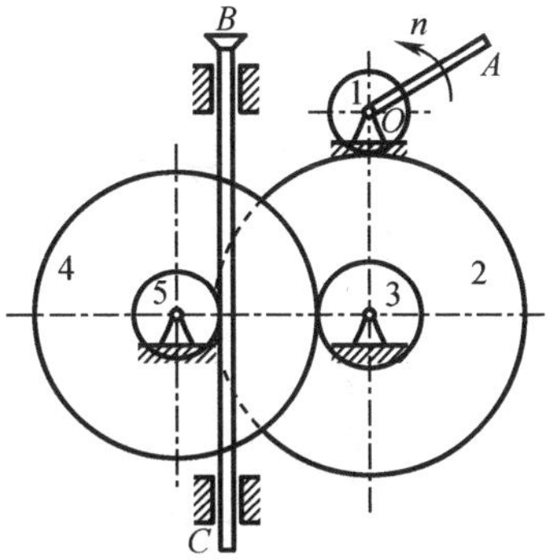

图 7-43 习题 7-14 图

第8章　点的复合运动

第6章讨论了在所选定的某一参考系中研究动点运动的一般方法。从不同的参考系观察同一物体的运动,会得到不同的结论。这些不同的结论之间会有什么样的联系呢?本章将从两个不同运动的参考系去研究同一动点的运动及其相互关系,可称为点的复合运动。它在处理比较复杂的问题以及机械运动分析时,具有重要的实用意义。

8.1　复合运动的基本概念

8.1.1　运动的合成与分解

第6章研究点的运动时,都是在所选定的坐标系(通常与地球固连)中直接考察动点相对于该坐标系的运动,但这种方法对研究较复杂的问题并不方便。例如,要研究沿直线道路前进的汽车轮缘上一点 M 的运动,若从地面观察,该点的运动轨迹是旋轮线(图8-1)。

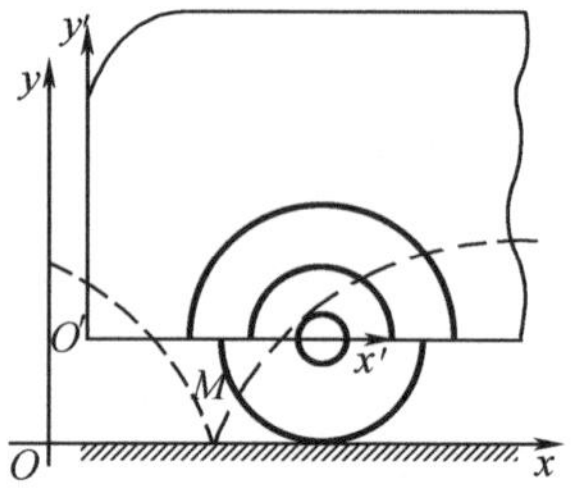

图8-1　旋轮线运动图

但是如果以车厢为参考体,则该点的运动是简单的圆周运动,而车厢对于地面的运动又是简单的平动,于是可将 M 点的复杂运动,分解为这两种简单的运动,然后再将它们合成,这就比直接研究 M 点的运动方便。再如,无风时,站在地面上的人看到的雨点,是铅垂下落的,但坐在行驶着的车辆上的人所看到的雨点却是向后倾斜下落的;又如,在水中行驶的船上,一个人从船尾走到船头,在岸上看人的运动和坐在船上看人的运动是不同的。可见同一个动点的运动,在不同的参考系下观察,其运动的复杂程度是不同的,那么这些或简单或复杂的运动之间有什么联系呢?这一章将研究点的运动,研究对象称为动点,一般来说,动点的运动(通常相对于地面而言),总可通过它相对于其他坐标系的运动,以及其他坐标系对地球坐标系的运动合成而得到,或者,动点对某一坐标系的运动,可以分解为它相对其他坐标系的运动,以及此坐标系对原坐标系的运动,这就是运动的合成与分解。

8.1.2　两个坐标系和三种运动

用点的复合运动理论分析点的运动时,必须选定两个参考系,区分三种运动。通常将与地球固连的坐标系称为定坐标系,简称定系,用 $Oxyz$ 表示,认为它是固定不动的,而将固定在其他相对于地球运动的参考体上的坐标系称为动坐标系,简称动系,用 $O'x'y'z'$表示。

选取了动点,又建立了两种参考系,因而产生了三种运动:动点相对于定坐标系的运动称为动点的绝对运动;动点相对于动坐标系的运动称为动点的相对运动;动坐标系相对于定坐标系的运动称为牵连运动,所以,一个动点,两个坐标系,三种运动的关系表示如图8-2所示。

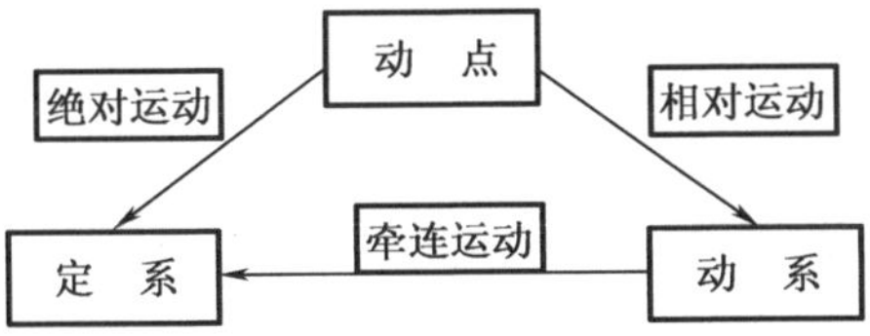

图 8-2 三种运动示意图

在前面讨论的实例中，车轮轮缘上的 M 点，下落的雨滴，以及在船上行走的人都是研究对象，看作几何点，即动点；与地面，或岸边固连的坐标系就是定坐标系；而与汽车车厢，行驶的汽车以及在水中行驶的船相连的坐标系则是动坐标系。轮缘上 M 点相对于地面的运动，下落的雨滴相对于地面的运动，以及船上行走的人相对于岸边的运动，都是绝对运动；M 点相对于汽车车厢的运动，雨滴相对于行驶的汽车车窗的运动，以及船上行走的人相对于行驶的船的运动，则是相对运动；而汽车车厢相对于地面的运动，行驶的汽车相对于地面的运动以及行驶的船相对于岸边的运动则是牵连运动。

为了进一步理解两个坐标系，三种运动，下面再分析两个例子。

例 8-1 在图 8-3 所示曲柄摇杆机构中，曲柄 O_1A 以销钉 A 与套筒相连，套管套在摇杆 O_2B 上，当曲柄以角速度 ω 绕 O_1 轴转动时，通过套筒带动摇杆 O_2B 绕 O_2 轴摆动。分析 A 点的运动。

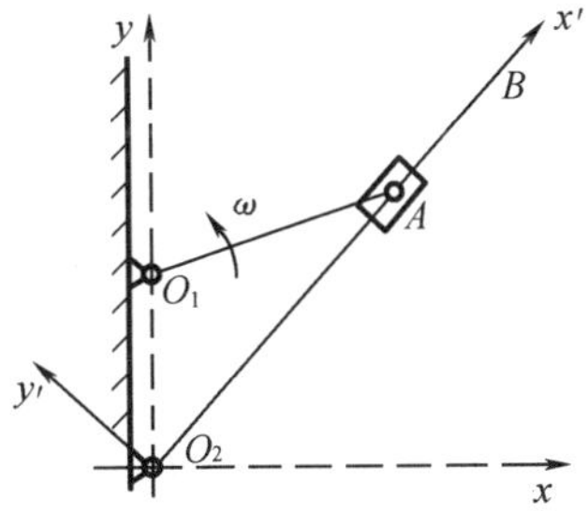

图 8-3 例 8-1 图

这种几个物体相连的机构，通常取主、从件的连接点为动点，即取销钉 A 为动点。

定系：取 O_2xy 坐标系与地面固接。

动系：取 $O_2x'y'$ 与摇杆 O_2B 固接，并随之绕 O_2 轴转动。（我们不能取动系与 O_1A 固接，否则，动点与动系固接在一起，就没有相对运动了。）

绝对运动：A 点以 O_1 为圆心，O_1A 为半径的圆周运动；

相对运动：A 点沿 O_2B 的直线运动。

牵连运动：绕 O_2 轴的定轴转动。

例 8-2 如图 8-4 所示，半径为 R，偏心距为 e 的凸轮，以匀角速度 ω 绕 O 轴转动，杆 AB 能在滑槽中上下平动，杆的端点 A 始终与凸轮接触，且 OAB 成一直线。分析 A 点的运动。

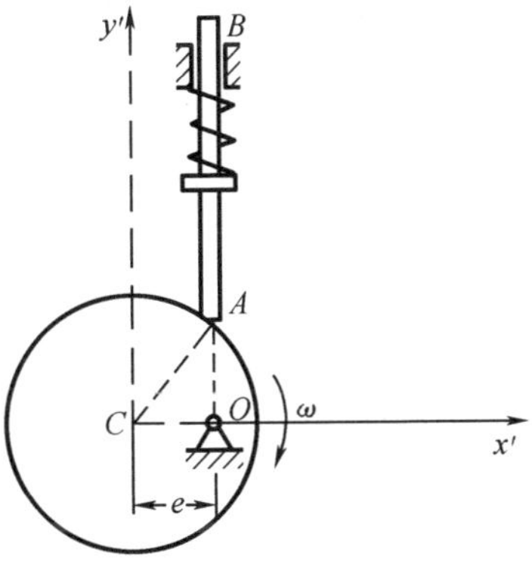

图 8-4 例 8-2 图

由于 A 点始终与凸轮接触，因此，它相对于凸轮的相对运动轨迹为已知的圆。选 A 为动点，动坐标系 $Cx'y'$ 固接在凸轮上，定坐标系固接于地面上。则 A 点的绝对运动是直线运动，相对运动是以 C 为圆心的圆周运动，牵连运动是动坐标系绕 O 轴的定轴转动。

本题的选法使三种运动，特别是相对运动轨迹十分明显、简单且为已知的圆，使问题得以顺利解决。反之，若选凸轮上的点（例如与 A 重合的点）为动点，而动坐标系与 AB 杆固接,这样,相对运动轨迹不仅难以确定,而且其曲率半径未知。因而相对运动轨迹变得十分复杂,这将导致求解的复杂性。

例8-3 如图8-5所示,曲柄 OA 以等角速度 ω 绕 O 轴逆时针转向转动。由于曲柄的 A 端推动水平板 B,而使滑杆 C 沿铅直方向上升。分析 A 点运动。

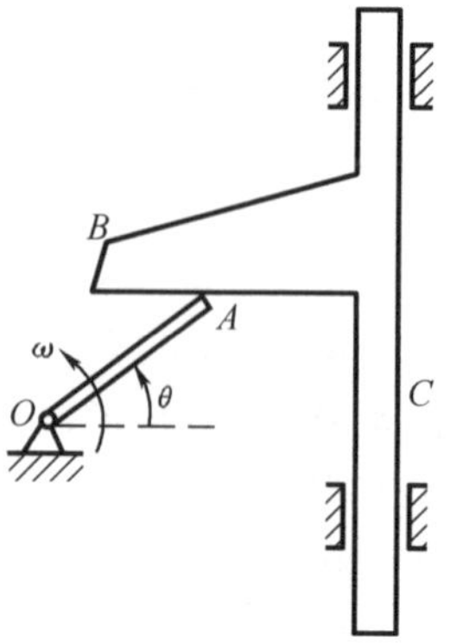

图8-5 例8-3图

由于 A 点始终与水平板 B 接触,因此,它相对于水平板的相对运动轨迹为直线。选 A 为动点(它是曲柄的端点),动坐标系固接在水平板上,定坐标系固接于地面上。则 A 点的绝对运动是以 O 为圆心,OA 为半径的圆;相对运动是水平直线;牵连运动是水平板 B 的竖直平动。

通过上面的各实例分析可以看出,用复合运动理论时,首要的是选定研究对象,即动点。然后确定两个坐标系,通常将定系与地球固接在一起,但也有很多例外的情况,总之,定系的选择是比较容易的,因此复合运动方法的关键在于恰当的选择研究对象(即动点)和动坐标系,一般来说应注意以下几点:

①动点和动系不能选在同一物体上,两者的选定应该使动点与动系之间有相对运动,而且此相对运动的轨迹要比较明显、简单,使相对运动易于分析。

②动系并不完全等同于与之相连的刚体,它不受特定的几何尺寸和形状的限制,它不仅包含了与之固连的刚体,而且还包含了随刚体一起运动的空间,也就是动坐标系可以看作是无限大的刚体。

③刚体的基本运动是平动和定轴转动,在这两种情况下,刚体上各点的运动规律比较简单。因此,一般多取动系为平动坐标系,或做定轴转动的坐标系。

④两个物体运动过程中始终相接触,接触点既在此物体上,又在彼物体上,对于哪个物体来说,接触点始终是它上面的同一个点,则该点就与该物体固接,并取为动点,而取动系与另一个物体固接,如例8-2和例8-3。

⑤动点是指运动的点,但它在所研究的系统中一经选定必须始终是系统中的同一个点,研究它不同时刻的轨迹,速度,加速度等,不允许这一瞬时取这一点,另一瞬时又取另外的点为动点。

⑥应该明确,动系、定系的选取方法不是唯一的,选择不同的定系,动系都可能会解决问题,但解决问题的难易程度则相差较大,因此,经过大量的练习及总结,针对具体问题,最好能选到最简单的定系。

选好研究对象(动点)和两种坐标系之后,就要正确判定绝对运动,相对运动和牵连运动。绝对运动,相对运动都是点的运动,只是分别在定系和动系两种不同的坐标系上去观察,其轨迹不是直线运动,就是曲线运动。而牵连运动是指坐标系的运动,实质上是刚体的运动,它的运动形式不是刚体的平动或定轴转动,就是刚体其他形式的复杂运动。

8.1.3 动点在三种运动中的速度和加速度

有了两个坐标系和三种运动的概念之后,将进一步研究三种运动的速度之间以及三种运动的加速度之间的关系,为此,先来定义各种运动的速度和加速度。

动点相对于定坐标系的运动速度,称为动点的绝对速度,用 $\boldsymbol{v}_a$ 表示;动点相对于动坐标系的运动速度，称为动点的相对速度，用 $\boldsymbol{v}_r$ 表示。同理，动点相对于定坐标系运动的加速度，称为动点的绝对加速度，用 $\boldsymbol{a}_a$ 表示；动点相对于动坐标系运动的加速度，称为动点的相对加速度，用 $\boldsymbol{a}_r$ 表示。也就是说，动点的绝对速度和绝对加速度是它在绝对运动中的速度和加速度，而动点的相对速度和相对加速度是它在相对运动中的速度和加速度。至于牵连运动，是动坐标系相对于定坐标系的运动，任意瞬时，动坐标系上与动点相重合的那一点，叫该瞬时动点的牵连点。定义某瞬时，动点的牵连点相对于定坐标系运动的速度为动点的牵连速度，用 $\boldsymbol{v}_e$ 表示；动点的牵连点相对于定坐标系运动的加速度为动点的牵连加速度，用 $\boldsymbol{a}_e$ 表示。研究点的复合运动时，明确区分动点和它的牵连点是很重要的。动点和牵连点是一对相伴点，在运动的同一瞬时，它们是重合在一起的，前者是与动系有相对运动的点，后者是动系上的几何点，它们是不同的两个点。在不同瞬时，动点与动坐标系上不同的点重合，就有不同的点成为新的牵连点。

因此，绝对速度、绝对加速度、牵连速度和牵连加速度都是相对于定坐标系而言的，而相对速度，相对加速度是相对于动坐标系而言的；绝对速度、绝对加速度、相对速度和相对加速度是描述动点的运动的，而牵连速度、牵连加速度是描述动点的牵连点的。

例如，在例 8－1 中，A 点的垂直于 O_1A 曲柄的速度是绝对速度，A 点的以 O_1 为圆心，O_1A 为半径的圆周运动的加速度是绝对加速度；沿 O_2B 方向的速度是相对速度，沿 O_2B 方向的加速度是相对加速度；O_2B 摇杆上与 A 点重合的点的垂直于 O_2B 方向的速度是牵连速度，O_2B 摇杆上与 A 点重合的点的相对于定系的加速度是牵连加速度，这个加速度由垂直于 O_2B 方向和沿 O_2B 方向的两个分量组成。

8.2　点的速度合成定理

在本节中，速度合成定理建立了动点的绝对速度、相对速度和牵连速度之间的关系。

取空间固定直角坐标系 $Oxyz$ 为定坐标系，设动点 M 沿空间任一曲线 C 按一定的规律运动，取动坐标系与曲线 C 固接，同时，曲线 C 又随同动坐标系一起相对于定坐标系 $Oxyz$ 做任意运动。如图 8－6 所示（动系未画出），则动点 M 相对于定系 $Oxyz$ 的运动是绝对运动，动点 M 相对于动系，即相对于曲线 C 的运动是相对运动，而曲线 C 相对于定系 $Oxyz$ 的运动则是牵连运动。

设在瞬时 t，曲线在 C 处，动点位于 M 点且与曲线上的 1 点重合，经过时间间隔 Δt 后，曲线 C 随同动坐标系运动到 C' 处，动坐标系上的点 1 沿 $\overset{\frown}{MM_1}$ 运动到 M_1 处，动点则沿曲线运动到 M' 点处（与曲线 C' 上的点 2 重合）。

在定坐标系 $Oxyz$ 中所观察到的动点的轨迹为 $\overset{\frown}{MM'}$，称为动点的绝对轨迹，矢量 $\overrightarrow{MM'}$ 称为动点的绝对位移——即在定系中所观察到的动点的位移，这个过程可以看作是在 Δt 时间间隔内分两步完成的，第一步：曲线 C 运动到 C'，动点相对于动系静止不动，随曲线 C 上的 t 瞬时动点 M 的牵连点 1 一起运动到 M_1，就像动系上的 1 点把动点带到 M_1 点一样；第二步：假定曲线在位置 C' 处不动，动点沿曲线 $\overset{\frown}{M_1M'}$ 由 M_1 点运动到 M' 点处。

这两个过程实际上是同时进行的，把运动分成这样的两步，与点的真实运动是有差异的，但是 Δt 越小，这种差异也就越小。$\overset{\frown}{M_1M'}$ 是动点相对于动系的运动轨迹，称为动点的相

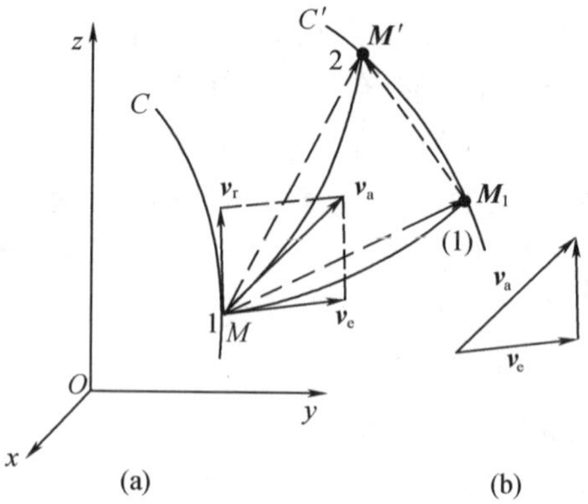

图 8-6　速度合成定理示意图

对轨迹,而动点相对于动系的位移矢量$\overrightarrow{M_1M'}$称为动点 M 的相对位移,它实际上是在动系中所观察到的动点在动系中的位移;矢量$\overrightarrow{MM_1}$是动点 M 在瞬时 t 的牵连点 1 在 Δt 时间间隔内相对于定系的位移,称为动点的牵连位移。

由矢量三角形 MM_1M'可见

$$\overrightarrow{MM'}=\overrightarrow{MM_1}+\overrightarrow{M_1M'} \tag{8-1}$$

即在 Δt 时间间隔内,动点的绝对位移等于它的相对位移和牵连位移的矢量和。将式(8-1)各项同时除以 Δt,当 $\Delta t\to 0$ 时,两边取极限得

$$\lim_{\Delta t\to 0}\frac{\overrightarrow{MM'}}{\Delta t}=\lim_{\Delta t\to 0}\frac{\overrightarrow{MM_1}}{\Delta t}+\lim_{\Delta t\to 0}\frac{\overrightarrow{M_1M'}}{\Delta t} \tag{8-2}$$

按照速度的基本概念,矢量$\lim\limits_{\Delta t\to 0}\dfrac{\overrightarrow{MM'}}{\Delta t}$就是动点在瞬时 t 的绝对速度 $\boldsymbol{v}_a$,它沿动点的绝对轨迹$\widehat{MM'}$在 M 点的切线方向。矢量$\lim\limits_{\Delta t\to 0}\dfrac{\overrightarrow{MM_1}}{\Delta t}$是在瞬时 t 动点的牵连点(即 1 点)的速度,即动点在瞬时 t 的牵连速度 $\boldsymbol{v}_e$,它沿曲线 $\widehat{MM_1}$在 M 点的切线方向;矢量$\lim\limits_{\Delta t\to 0}\dfrac{\overrightarrow{M_1M'}}{\Delta t}$则是动点在瞬时 t 的相对速度 $\boldsymbol{v}_r$。因 $\Delta t\to 0$ 时,曲线 C'与曲线 C 重合,M_1 点与 M 点重合,所以 $\boldsymbol{v}_r$ 的方向沿曲线 C 在 M 点的切线方向,于是式(8-2)成为

$$\boldsymbol{v}_a=\boldsymbol{v}_e+\boldsymbol{v}_r \tag{8-3}$$

式(8-3)表明,在任一瞬时,动点的绝对速度等于它的牵连速度与相对速度的矢量和。这就是点的速度合成定理。

在上述证明中,对牵连运动未加任何限制,因此点的速度合成定理对任何形式的牵连运动都是适用的,即动系可以做平动,定轴转动或其他任何较复杂运动。同时还需注意以下几点:

①$\boldsymbol{v}_a=\boldsymbol{v}_e+\boldsymbol{v}_r$ 对运动的任一瞬时都成立;

②对 $\boldsymbol{v}_a=\boldsymbol{v}_e+\boldsymbol{v}_r$ 这个矢量式决定的平行四边形来说,它是在 $Oxyz$ 坐标系内空间分布

的，绝对速度 $\boldsymbol{v}_a$ 为该平行四边形的对角线；

③求解矢量式 $\boldsymbol{v}_a=\boldsymbol{v}_e+\boldsymbol{v}_r$ 时，可用几何法也可用解析法，若用解析法将此式投影到坐标轴上，则得到两个独立的投影方程，故可用来求解两个未知量，所以对 $\boldsymbol{v}_a$、$\boldsymbol{v}_e$、$\boldsymbol{v}_r$ 中的六个要素（三个速度的大小及方向），必须知道其中的任意四个才能求解另外的两个。

在具体解题时，一般遵循以下步骤：

第一步，恰当确定动点及定、动两个坐标系，特别是动坐标系，动系最好做平动或定轴转动，且应使相对运动轨迹较明显。

第二步，分析三种运动及确定三种运动的轨迹。对牵连运动是分析牵连点的轨迹。

第三步，画出速度分析图，在研究状态下，沿三种运动轨迹的切线画出相应的速度矢量，分析三个速度的六个要素中哪个已知，哪个未知。

第四步，用解析法列投影方程，求解所需要的各量。由于速度合成定理中只有三个矢量，也可按速度合成定理作速度平行四边形，求得待求量。

例 8－4　车厢以速度 $\boldsymbol{v}_1$ 沿水平直线轨道行驶，如图 8－7 所示。雨铅直落下，滴在车厢侧面的玻璃上，留下与铅直线成角 α 的雨痕。试求雨滴的速度。

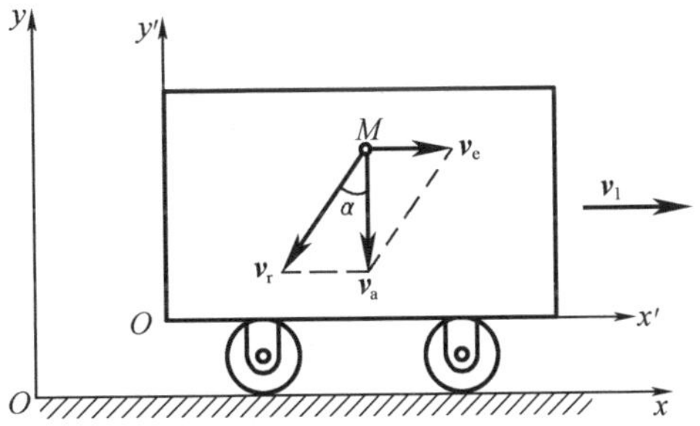

图 8－7　例 8－4 图

解　本题要求的是雨滴相对于地面的速度。首先选雨滴 M 为动点，动坐标系与车厢固接，定坐标系与地面固接。

于是动点的相对运动是雨滴沿着与铅直线成 α 角的直线运动，牵连运动是速度为 $\boldsymbol{v}_1$ 的车厢的平动，动点的绝对运动是雨滴沿铅直线的运动。

在速度合成定理 $\boldsymbol{v}_a=\boldsymbol{v}_r+\boldsymbol{v}_e$ 中，相对速度 $\boldsymbol{v}_r$ 的方向是已知的，与铅直线夹 α 角，大小未知；牵连速度 $\boldsymbol{v}_e$ 的大小和方向都是已知的，大小为车厢的速度 v_1；绝对速度 $\boldsymbol{v}_a$ 的方向也是已知的，它铅直向下，大小未知。因此，在速度合成定理中，四个要素已知，是可以求解另外两个要素的。

作出速度平行四边形，如图 8－7 所示，一定保证绝对速度是对角线方向。于是得雨滴落向地面的速度

$$v_a=v_e\cot\alpha=v_1\cot\alpha$$

雨滴相对于车厢的速度大小为 $v_r=\dfrac{v_1}{\sin\alpha}$。

例 8－5　对例 8－2 中所示机构及已知条件，求在图示位置时，杆 AB 的速度。

因为杆 AB 做平动，各点速度相同，因此只要求出其上任一点的速度即可。选取杆 AB 的端点 A 作为研究的动点，同样将动坐标系 $Cx'y'$ 固接在凸轮上，定坐标系固接于地面上。则 A 点的绝对运动是直线运动，绝对速度方向沿 AB，大小待求；相对运动是以 C 为圆心的圆周运动，相对速度方向沿凸轮圆周的切线方向，大小未知；牵连运动是动坐标系绕 O 轴的定轴转动，牵连速度为凸轮上与杆端 A 点重合的那一点的速度，它的方向垂直于 OA，大小为 $v_e=\omega\cdot OA$。

根据速度合成定理，六个要素中有四个知道，另外两个可以求解。作出速度平行四边

形,如图 8-8 所示。由三角关系求得杆的绝对速度为

$$v_a = v_e \cot\theta = \omega \cdot OA \cdot \frac{e}{OA} = \omega e$$

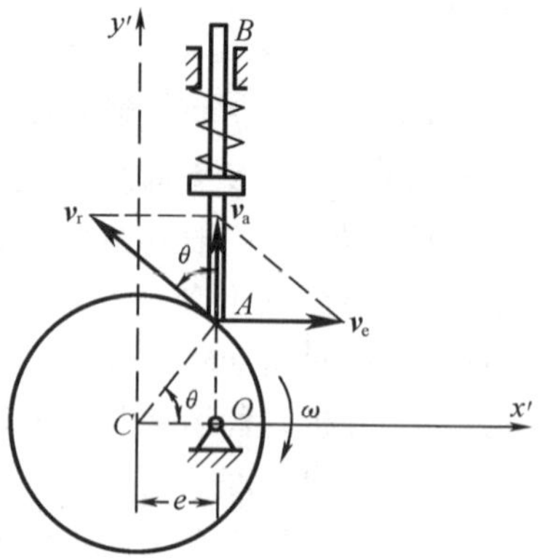

图 8-8　例 8-5 图

例 8-6　在例 8-3 所示机构中,若曲柄 OA 长 40 cm,等角速度 $\omega = 0.5$ rad/s。求当曲柄与水平线间的夹角 $\theta = 30°$时,滑杆 C 的速度。

解　选 A 为动点(它是曲柄的端点),动坐标系固接在水平板上,定坐标系固接于地面上。则 A 点的绝对运动是以 O 为圆心,OA 为半径的圆,绝对速度方向垂直于 OA,大小为$v_a = \omega \cdot OA$;相对运动是水平直线,相对速度沿着水平方向,大小未知;牵连运动是水平板 B 与滑杆 C 的竖直平动,牵连速度沿竖直方向,大小待求。三个速度的六个要素中知道四个,可以求解另外两个。

根据速度合成定理 $\boldsymbol{v}_a = \boldsymbol{v}_r + \boldsymbol{v}_e$,作速度平行四边形,如图 8-9 所示,则得滑杆的速度为 $v_e = v_a \cos\theta = \omega \cdot OA \cdot \cos\theta = 0.173\ 2$ m/s。

例 8-7　如图 8-10 所示,半径为 R 的半圆形凸轮沿水平面向右运动,使杆 OA 绕定轴 O 转动。$OA = R$,在图示瞬时杆 OA 与铅垂线夹角 $\theta = 30°$,杆端 A 与凸轮相接触,点 O 与 O_1 在同一铅直线上,凸轮的速度为 $\boldsymbol{u}$。试求该瞬时杆 OA 的角速度。

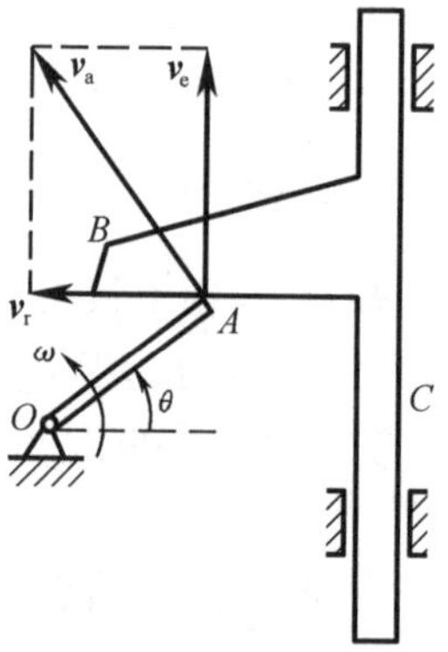

图 8-9　例 8-6 图

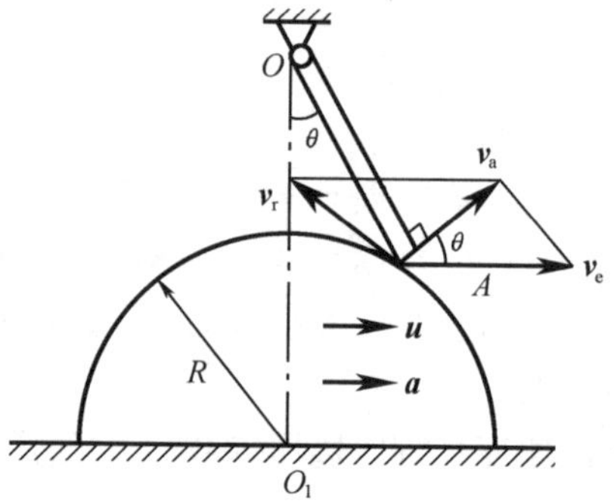

图 8-10　例 8-7 图

解　选取杆 OA 上的端点 A 为动点,动系与凸轮固接,定系与固定底座固连。动点 A 的绝对运动是以 O 为原点,OA 长为半径的圆弧运动;相对运动是沿凸轮表面的圆弧运动;牵连运动是随凸轮向右的水平直线平动。

根据速度合成定理 $\boldsymbol{v}_a = \boldsymbol{v}_r + \boldsymbol{v}_e$,作出速度平行四边形如图 8-10 所示,因为 $v_e = u$,所以

$$v_a = v_r = \frac{v_e}{2\cos\theta} = \frac{u}{2\cos 30°} = \frac{\sqrt{3}}{3}u$$

故杆 OA 的角速度为 $\omega_{OA} = \dfrac{v_a}{OA} = \dfrac{\sqrt{3}}{3R}u$(逆时针转向)。

讨论:

①本题属运动传递问题，在分析求解时，不可误认为杆 OA 与凸轮始终是在杆端 A 处相接触，当杆 OA 与凸轮相切时，它们的接触点在切点，而不一定是杆端 A，此时若选 OA 杆上的相切点为动点，动系固接于凸轮，则会因为相对运动轨迹不明确，而给以后的加速度分析带来困难。

②此题也可选凸轮的圆心 O_1 为动点，动系与 OA 杆固连，定系仍与固定底座固连进行分析，此时动点 O_1 的绝对运动为水平直线运动；因为动点 O_1 到 OA 杆的距离保持不变，始终为 $O_1A=R$，所以动点 O_1 的相对运动是与杆 OA 平行且相距为 R 的直线运动；牵连运动为随 OA 杆的定轴转动。

根据速度合成定理，因为 $v_a=u$，且此瞬时 v_e 垂直于 OO_1 连线，所以，易知 $v_r=0$，而 $v_e=v_a=u$ 为 $\omega_{OA}=\dfrac{v_e}{OO_1}=\dfrac{u}{2R\cos 30^\circ}=\dfrac{\sqrt{3}}{3R}u$（逆时针转向）

例 8－8　直线 AB 以大小为 v_1 的速度沿垂直于 AB 的方向向上移动；直线 CD 以大小为 v_2 的速度沿垂直于 CD 的方向向左上方移动，如图 8－11 所示。如两直线间的交角为 θ，求两直线交点 M 的速度。

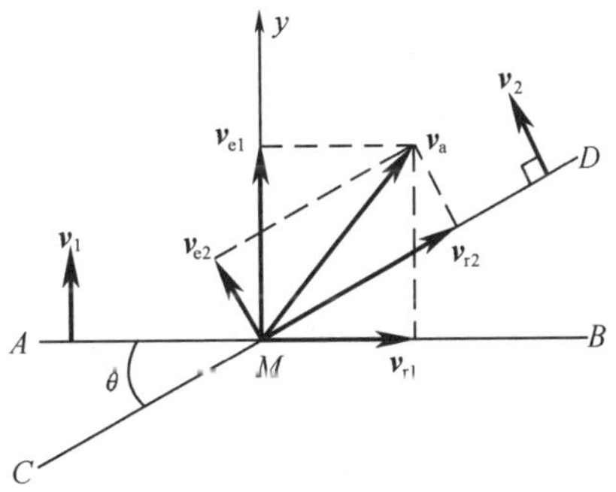

图 8－11　例 8－8 图

解　取交点 M 为动点（可视为套在两杆上的小环），分别取杆 AB 和 CD 为动系 1，2，根据速度合成定理则有

$$\boldsymbol{v}_a=\boldsymbol{v}_{e1}+\boldsymbol{v}_{r1},\ \boldsymbol{v}_{e1}=\boldsymbol{v}_1$$

$$\boldsymbol{v}_a=\boldsymbol{v}_{e2}+\boldsymbol{v}_{r2},\ \boldsymbol{v}_{e2}=\boldsymbol{v}_2$$

各速度平行四边形如图 8－11 所示，由以上式得

$$\boldsymbol{v}_1+\boldsymbol{v}_{r1}=\boldsymbol{v}_2+\boldsymbol{v}_{r2}$$

将上式向 y 轴投影，得

$$v_1=v_2\cos\theta+v_{r2}\sin\theta$$

由此可解出 v_{r2}，所以交点 M 的速度为

$$v_a=\sqrt{v_2^2+v_{r2}^2}=\frac{1}{\sin\theta}\sqrt{v_1^2+v_2^2-2v_1v_2\cos\theta}$$

8.3　点的速度合成定理的解析证明

前面用几何法导出了速度合成定理，现在用解析法再加以证明，首先要了解矢量的相对导数和绝对导数的概念。

8.3.1　矢量的相对导数和绝对导数

众所周知，数量的变化量（增量）与坐标系的选择无关，但是对于一矢量 A 的增量 ΔA，必须明确指出它是相对于哪一坐标系的，对不同的坐标系增量 ΔA 是不同的。

设 $Oxyz$ 是一定坐标系，而 $O'x'y'z'$ 是一动坐标系，$\boldsymbol{i}$、$\boldsymbol{j}$、$\boldsymbol{k}$ 与 $\boldsymbol{i}'$、$\boldsymbol{j}'$、$\boldsymbol{k}'$ 分别是它们的正向单位矢量，如图 8－12 所示，设动点 M 在动系中的矢径为

$$\boldsymbol{r}'=x'\boldsymbol{i}'+y'\boldsymbol{j}'+z'\boldsymbol{k}' \tag{8-4}$$

在定系中将$\boldsymbol{r}'$对时间求导数得

$$\frac{\mathrm{d}\boldsymbol{r}'}{\mathrm{d}t}=\dot{x}'\boldsymbol{i}'+\dot{y}'\boldsymbol{j}'+\dot{z}'\boldsymbol{k}'+x'\frac{\mathrm{d}\boldsymbol{i}'}{\mathrm{d}t}+y'\frac{\mathrm{d}\boldsymbol{j}'}{\mathrm{d}t}+z'\frac{\mathrm{d}\boldsymbol{k}'}{\mathrm{d}t} \tag{8-5}$$

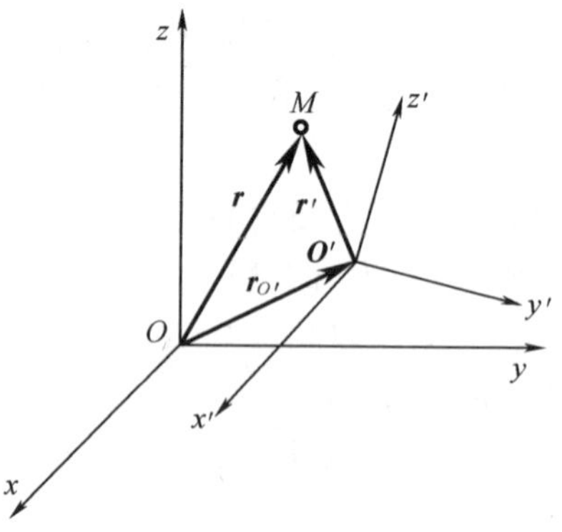

图8-12 矢量关系图

这就是动系中的矢量$\boldsymbol{r}'$的绝对变化率,它表示在定系中所观察到的$\boldsymbol{r}'$的变化率,也叫$\boldsymbol{r}'$的绝对导数。

在动系中再将$\boldsymbol{r}'$对时间求导数,这时,相对于动系是静止的,因此,这时$\boldsymbol{i}'$、$\boldsymbol{j}'$、$\boldsymbol{k}'$是相对于动系不变的常矢量,它们对时间的导数应当为零,这样求得的导数称为矢量$\boldsymbol{r}'$的相对变化率,它是在动系中所观察到的$\boldsymbol{r}'$的变化率,也叫$\boldsymbol{r}'$的相对导数,用$\frac{\tilde{\mathrm{d}}\boldsymbol{r}'}{\mathrm{d}t}$表示$\boldsymbol{r}'$的相对变化率,于是有

$$\frac{\tilde{\mathrm{d}}\boldsymbol{r}'}{\mathrm{d}t}=\dot{x}'\boldsymbol{i}'+\dot{y}'\boldsymbol{j}'+\dot{z}'\boldsymbol{k}' \tag{8-6}$$

所以动点的相对速度$\boldsymbol{v}_{\mathrm{r}}$是动点在动系中的矢径对时间的相对导数,动点的相对加速度$\boldsymbol{a}_{\mathrm{r}}$是动点的相对速度$\boldsymbol{v}_{\mathrm{r}}$对时间的相对导数。

8.3.2 点的速度合成定理的解析证明

首先选定空间固定直角坐标系$Oxyz$为定坐标系,$O'x'y'z'$为相对于定系做任意运动的动坐标系。设动点M在动系中运动,如图8-13所示。

动点M对定系的矢径为$\boldsymbol{r}$

$$\boldsymbol{r}=x\boldsymbol{i}+y\boldsymbol{j}+z\boldsymbol{k}$$

动点M对动系的矢径为$\boldsymbol{r}'$

$$\boldsymbol{r}'=x'\boldsymbol{i}'+y'\boldsymbol{j}'+z'\boldsymbol{k}'$$

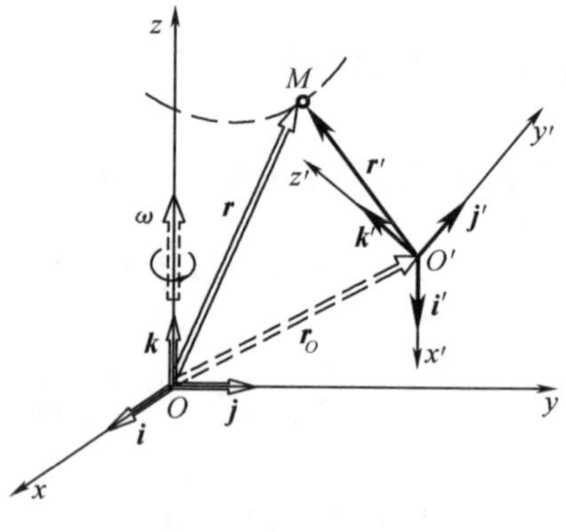

图8-13 解析证明示意图

动点的绝对速度就是动点的矢径对时间的绝对导数,单位矢量$\boldsymbol{i}$、$\boldsymbol{j}$、$\boldsymbol{k}$是不随时间变化的,所以动点的绝对速度$\boldsymbol{v}_{\mathrm{a}}$的解析表达式为

$$\boldsymbol{v}_{\mathrm{a}}=\frac{\mathrm{d}\boldsymbol{r}}{\mathrm{d}t}=\frac{\mathrm{d}x}{\mathrm{d}t}\boldsymbol{i}+\frac{\mathrm{d}y}{\mathrm{d}t}\boldsymbol{j}+\frac{\mathrm{d}z}{\mathrm{d}t}\boldsymbol{k}=\dot{x}\boldsymbol{i}+\dot{y}\boldsymbol{j}+\dot{z}\boldsymbol{k}$$

动点的相对速度也就是动点在动系中的矢径对时间的相对导数,由式(8-6)得动点的相对速度$\boldsymbol{v}_{\mathrm{r}}$的解析表达式为

$$\boldsymbol{v}_{\mathrm{r}}=\frac{\tilde{\mathrm{d}}\boldsymbol{r}'}{\mathrm{d}t}=\frac{\mathrm{d}x'}{\mathrm{d}t}\boldsymbol{i}'+\frac{\mathrm{d}y'}{\mathrm{d}t}\boldsymbol{j}'+\frac{\mathrm{d}z'}{\mathrm{d}t}\boldsymbol{k}'=\dot{x}'\boldsymbol{i}'+\dot{y}'\boldsymbol{j}'+\dot{z}'\boldsymbol{k}'$$

在任何瞬时,矢径$\boldsymbol{r}$、$\boldsymbol{r}'$和动系原点O'对定系的矢径$\boldsymbol{r}_O$之间都有如下的关系,即

$$\boldsymbol{r}=\boldsymbol{r}_O+\boldsymbol{r}'$$

将上式对时间求导数,注意现在是对定系而言的,$\boldsymbol{i}'$、$\boldsymbol{j}'$、$\boldsymbol{k}'$都随时间变化,得

$$\frac{\mathrm{d}\boldsymbol{r}}{\mathrm{d}t}=\frac{\mathrm{d}(\boldsymbol{r}_O+\boldsymbol{r}')}{\mathrm{d}t}=\frac{\mathrm{d}\boldsymbol{r}_O}{\mathrm{d}t}+\frac{\mathrm{d}\boldsymbol{r}'}{\mathrm{d}t}$$

所以

$$\begin{aligned}\boldsymbol{v}_{\mathrm{a}}&=\frac{\mathrm{d}\boldsymbol{r}_O}{\mathrm{d}t}+\frac{\mathrm{d}x'}{\mathrm{d}t}\boldsymbol{i}'+\frac{\mathrm{d}y'}{\mathrm{d}t}\boldsymbol{j}'+\frac{\mathrm{d}z'}{\mathrm{d}t}\boldsymbol{k}'+\\&\quad x'\frac{\mathrm{d}\boldsymbol{i}'}{\mathrm{d}t}+y'\frac{\mathrm{d}\boldsymbol{j}'}{\mathrm{d}t}+z'\frac{\mathrm{d}\boldsymbol{k}'}{\mathrm{d}t}\\&=\frac{\mathrm{d}\boldsymbol{r}_O}{\mathrm{d}t}+x'\frac{\mathrm{d}\boldsymbol{i}'}{\mathrm{d}t}+y'\frac{\mathrm{d}\boldsymbol{j}'}{\mathrm{d}t}+z'\frac{\mathrm{d}\boldsymbol{k}'}{\mathrm{d}t}+\boldsymbol{v}_{\mathrm{r}}\end{aligned}\tag{8-7}$$

下面说明式(8－7)右边的前四项刚好是动点的牵连速度 $\boldsymbol{v}_{\mathrm{e}}$。

牵连速度是指动系上的动点的牵连点相对于定系的速度，牵连点是动系上与动点重合的点，所以牵连点对定系的矢径与动点对定系的矢径相同，即

$$\boldsymbol{r}=\boldsymbol{r}_O+\boldsymbol{r}'=\boldsymbol{r}_O+x'\boldsymbol{i}'+y'\boldsymbol{j}'+z'\boldsymbol{k}'$$

则牵连速度为

$$\boldsymbol{v}_e=\frac{\mathrm{d}\boldsymbol{r}}{\mathrm{d}t}=\frac{\mathrm{d}(\boldsymbol{r}_O+\boldsymbol{r}')}{\mathrm{d}t}=\frac{\mathrm{d}\boldsymbol{r}_O}{\mathrm{d}t}+\frac{\mathrm{d}\boldsymbol{r}'}{\mathrm{d}t}=\frac{\mathrm{d}\boldsymbol{r}_O}{\mathrm{d}t}+x'\frac{\mathrm{d}\boldsymbol{i}'}{\mathrm{d}t}+y'\frac{\mathrm{d}\boldsymbol{j}'}{\mathrm{d}t}+z'\frac{\mathrm{d}\boldsymbol{k}'}{\mathrm{d}t}+\frac{\mathrm{d}x'}{\mathrm{d}t}\boldsymbol{i}'+\frac{\mathrm{d}y'}{\mathrm{d}t}\boldsymbol{j}'+\frac{\mathrm{d}z'}{\mathrm{d}t}\boldsymbol{k}'\tag{8-8}$$

由于牵连点是动系上的点，故它在动系上的坐标 x'、y'、z' 是常量，因而它们对时间的导数恒为零，即

$$\frac{\mathrm{d}x'}{\mathrm{d}t}=\frac{\mathrm{d}y'}{\mathrm{d}t}=\frac{\mathrm{d}z'}{\mathrm{d}t}=0\tag{8-9}$$

把式(8－9)代入式(8－8)得

$$\boldsymbol{v}_{\mathrm{e}}=\frac{\mathrm{d}\boldsymbol{r}_O}{\mathrm{d}t}+x'\frac{\mathrm{d}\boldsymbol{i}'}{\mathrm{d}t}+y'\frac{\mathrm{d}\boldsymbol{j}'}{\mathrm{d}t}+z'\frac{\mathrm{d}\boldsymbol{k}'}{\mathrm{d}t}\tag{8-10}$$

把式(8－10)代入式(8－7)得

$$\boldsymbol{v}_{\mathrm{a}}=\boldsymbol{v}_{\mathrm{e}}+\boldsymbol{v}_{\mathrm{r}}$$

这就是点的速度合成定理。

8.4　牵连运动为平动时点的加速度合成定理

由速度合成定理，已经得到了绝对速度、相对速度和牵连速度之间的关系。那么在加速度之间是否也有类似的关系呢？下面对牵连运动为平动和定轴转动两种情况分别加以研究。本节首先来研究牵连运动为平动的情况。

取空间固定坐标系 $Oxyz$，设动点沿曲线 AB 运动，而 AB 又随固接其上的动坐标系一起做平动，如图 8－14 所示，设在瞬时 t，动点在 AB 上的 M 点位置。其绝对速度、相对速度和牵连速度分别为 $\boldsymbol{v}_{\mathrm{a}}$、$\boldsymbol{v}_{\mathrm{r}}$ 和 $\boldsymbol{v}_{\mathrm{e}}$。由速度合成定理有

$$\boldsymbol{v}_{\mathrm{a}}=\boldsymbol{v}_{\mathrm{e}}+\boldsymbol{v}_{\mathrm{r}}\tag{8-11}$$

经过时间间隔 Δt 后，曲线 AB 随动系平动到 $A'B'$ 位置，动点 M 到达了 M' 点位置，M 点 t 瞬时的牵连点则到了 M_1 位置，此时动点的绝对速度、相对速度和牵连速度分别为 $\boldsymbol{v}_{\mathrm{a}}'$、$\boldsymbol{v}_{\mathrm{r}}'$ 和 $\boldsymbol{v}_{\mathrm{e}}'$，同样由速度合成定理有

$$\boldsymbol{v}_{\mathrm{a}}'=\boldsymbol{v}_{\mathrm{e}}'+\boldsymbol{v}_{\mathrm{r}}'\tag{8-12}$$

式(8－12)减去式(8－11)后，除以 Δt 并取极限，得

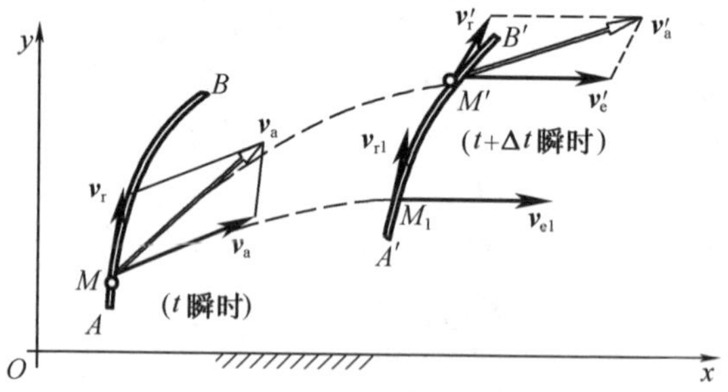

图8-14 平动加速度合成定理示意图

$$\lim_{\Delta t\to 0}\frac{\boldsymbol{v}_a'-\boldsymbol{v}_a}{\Delta t}=\lim_{\Delta t\to 0}\left[\frac{(\boldsymbol{v}_e'+\boldsymbol{v}_r')-(\boldsymbol{v}_e+\boldsymbol{v}_r)}{\Delta t}\right]=\lim_{\Delta t\to 0}\frac{\boldsymbol{v}_e'-\boldsymbol{v}_e}{\Delta t}+\lim_{\Delta t\to 0}\frac{\boldsymbol{v}_r'-\boldsymbol{v}_r}{\Delta t} \tag{8-13}$$

$$\lim_{\Delta t\to 0}\frac{\boldsymbol{v}_a'-\boldsymbol{v}_a}{\Delta t}=\frac{\mathrm{d}\boldsymbol{v}_a}{\mathrm{d}t}=\boldsymbol{a}_a$$

式中,$\boldsymbol{a}_a$ 是 t 瞬时动点对定系的加速度,即绝对加速度。

由于动系做平动,所以其上各点速度相同,因此与 M'点重合的动系上的点的速度 $\boldsymbol{v}_e'$与动系上 M_1 点的速度 $\boldsymbol{v}_{e1}$相等。

所以式(8-13)右端第一项

$$\lim_{\Delta t\to 0}\frac{\boldsymbol{v}_e'-\boldsymbol{v}_e}{\Delta t}=\lim_{\Delta t\to 0}\frac{\boldsymbol{v}_{e1}-\boldsymbol{v}_e}{\Delta t} \tag{8-14}$$

式中,$\boldsymbol{v}_e$ 和 $\boldsymbol{v}_{e1}$表示的是动系中 t 瞬时 M 点的牵连点在 t 和 $t+\Delta t$ 两个不同瞬时的速度。所以式(8-14)表示的是动点的牵连点的加速度,即牵连加速度。

$$\boldsymbol{a}_e=\lim_{\Delta t\to 0}\frac{\boldsymbol{v}_{e1}-\boldsymbol{v}_e}{\Delta t} \tag{8-15}$$

在曲线 AB 平动到 $A'B'$的过程中,动点从位置 M 运动到位置 M'。式(8-13)右端第二项表示相对速度对时间的绝对变化率,即绝对导数,而当动系做平动时,矢径的绝对导数与相对导数是相等的,所以

$$\lim_{\Delta t\to 0}\frac{\boldsymbol{v}_r'-\boldsymbol{v}_r}{\Delta t}=\frac{\tilde{\mathrm{d}}\,\boldsymbol{v}_r}{\mathrm{d}t}=\boldsymbol{a}_r \tag{8-16}$$

即动点相对于动系的速度的一阶变化率,即相对加速度。

将式(8-15)、式(8-16)代入式(8-13)得

$$\boldsymbol{a}_a=\boldsymbol{a}_e+\boldsymbol{a}_r \tag{8-17}$$

这就是牵连运动为平动时点的加速度合成定理:当牵连运动为平动时,动点在每一瞬时的绝对加速度等于其牵连加速度与相对加速度的矢量和。

这里必须注意,牵连运动为平动时加速度合成定理与速度合成定理在形式上很相似,但 $\boldsymbol{v}_a=\boldsymbol{v}_e+\boldsymbol{v}_r$ 适用于任何形式的牵连运动,而 $\boldsymbol{a}_a=\boldsymbol{a}_e+\boldsymbol{a}_r$ 仅适用于牵连运动为平动的情况。

例8-9 半径为 R 的半圆形凸轮 D 以等速 v_0 沿水平线向右运动,带动从动杆 AB 沿铅直方向上升,如图8-15所示。求 $\varphi=30°$时杆 AB 相对于凸轮的速度和加速度。

解:选 AB 杆的端点 A 为动点,凸轮为动系,定系与地面固接,则动点的绝对运动为竖直方向的直线运动,绝对速度和绝对加速度都沿铅直方向,大小未知;动点的相对运动为以 R

为半径的圆弧，相对速度沿圆弧在该点的切线方向，大小待求，相对加速度由沿圆弧切线的切向加速度和沿法线的法向加速度组成；牵连运动为水平平动，牵连速度为 v_0，牵连加速度为零。

根据速度合成定理 $\boldsymbol{v}_a=\boldsymbol{v}_e+\boldsymbol{v}_r$，作速度平行四边形如图 8－15 所示。则

$v_r=\dfrac{v_e}{\cos\varphi}=\dfrac{v_0}{\cos 30°}=\dfrac{2\sqrt{3}}{3}v_0$，方向如图 8－15 所示。

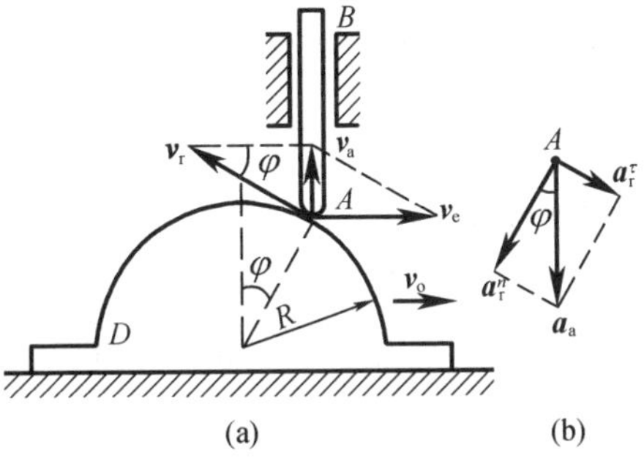

图 8－15　例 8－9 图

再根据加速度合成定理 $\boldsymbol{a}_a=\boldsymbol{a}_e+\boldsymbol{a}_r^n+\boldsymbol{a}_r^\tau$，作各矢量如图 8－15 所示。

因为

$$a_e=0,\quad a_r^n=\frac{v_r^2}{R},\quad \boldsymbol{a}_a=\boldsymbol{a}_r^n+\boldsymbol{a}_r^\tau=\boldsymbol{a}_r$$

所以 $a_r=a_a=\dfrac{a_r^n}{\cos 30°}=\dfrac{8\sqrt{3}}{9}\dfrac{v_0^2}{R}$，方向竖直向下。

例 8－10　具有圆弧形滑道的曲柄滑道机构，用来使滑道 CD 获得间歇往复运动。若已知曲柄 OA 绕 O 轴做定轴转动，其转速为 $\omega=4t$ rad/s，又 $R=OA=100$ mm，当 $t=1$ s 时，机构在图 8－16 所示位置，曲柄与水平轴成角 $\varphi=30°$，求此时滑道 CD 的速度和加速度。

解　滑道 CD 沿水平直线轨道平动，曲柄 OA 做定轴转动，小滑块 A 是它们的交点，取 A 为动点，定坐标系固定在固定底座上，动坐标系与滑道 CD 固接，并随之一起平动。那么要求的滑道 CD 的速度和加速度就是 A 点的牵连速度和牵连加速度。

A 点的绝对运动：以 O 为圆心，OA 为半径的圆周运动，绝对速度 $v_a=\omega R$，方向垂直于 OA，绝对加速度 $\boldsymbol{a}_a$ 包括沿圆周切线方向的 $\boldsymbol{a}_a^\tau$ 和沿圆周法线方向的 $\boldsymbol{a}_a^n$ 两个分量。

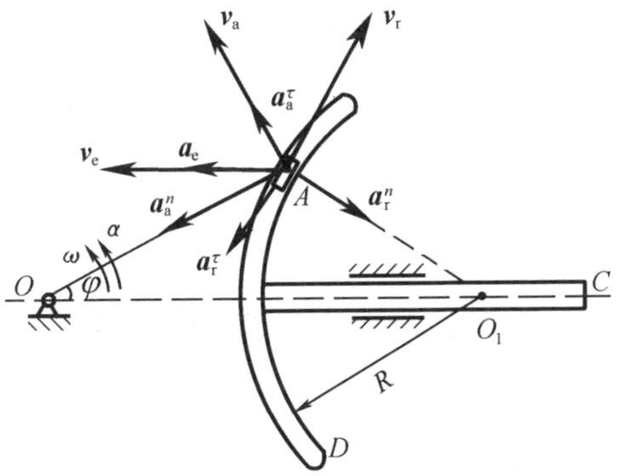

图 8－16　例 8－10 图

A 点的相对运动：以 O_1 为圆心，O_1A 为半径的圆周运动，相对速度 $\boldsymbol{v}_r$ 沿圆弧形滑道的切线方向，相对加速度 $\boldsymbol{a}_r$ 也包括沿圆弧滑道切线方向的 $\boldsymbol{a}_r^\tau$ 和沿圆弧滑道法线方向的 $\boldsymbol{a}_r^n$ 两个分量。

牵连运动：水平直线平动，牵连速度 $\boldsymbol{v}_e$ 和牵连加速度 $\boldsymbol{a}_e$ 都沿水平方向。

根据速度合成定理 $\boldsymbol{v}_a=\boldsymbol{v}_e+\boldsymbol{v}_r$，作速度平行四边形得 $v_e=v_r=v_a=\omega R=40$ cm/s，方向如图 8－16 所示。

再分析加速度：$\alpha=\dfrac{d\omega}{dt}=4$ rad/s^2。

绝对加速度 $\boldsymbol{a}_a=\boldsymbol{a}_a^\tau+\boldsymbol{a}_a^n$。

$a_a^\tau=\alpha R=40$ cm/s^2，方向垂直于 OA，

$a_a^n = \omega^2 R = 160\ \text{cm/s}^2$，方向沿 OA 指向 O。

相对加速度 $\boldsymbol{a}_r = \boldsymbol{a}_r^\tau + \boldsymbol{a}_r^n$。

$a_r^n = \dfrac{v_r^2}{R} = 160\ \text{cm/s}^2$，方向沿 AO_1 指向 O_1。

根据加速度合成定理得 $\boldsymbol{a}_a^\tau + \boldsymbol{a}_a^n = \boldsymbol{a}_e + \boldsymbol{a}_r^\tau + \boldsymbol{a}_r^n$。

为避开未知的 $\boldsymbol{a}_r^\tau$，可将上面矢量式向 AO_1 方向投影得

$$a_a^n \cos 60° + a_a^\tau \cos 30° = a_e \cos 30° - a_r^n$$

解得 $a_e = \dfrac{2}{\sqrt{3}}\left(\dfrac{1}{2}\omega^2 R + \omega^2 R + \dfrac{\sqrt{3}}{2}\alpha R\right) = 317.1\ \text{cm/s}^2$，方向如图8－16所示。

例8－11 如图8－17(a)所示，十字形滑块 K 连接固定杆 AB 和垂直于 AB 的杆 CD，长32 cm的曲柄 OC 按 $\varphi = \dfrac{1}{4}t$ rad规律转动，并带动杆 CD 和滑块 K 运动，求 $t = \pi$ s时滑块 K 相对于杆 CD 的速度和加速度及滑块 K 的绝对速度和绝对加速度。

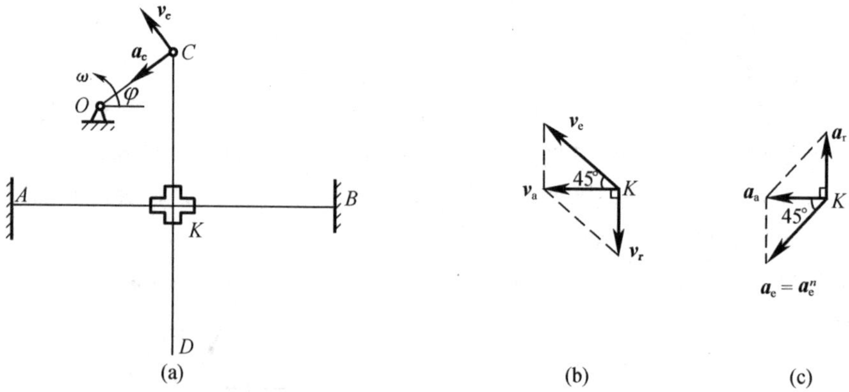

图8－17 例8－11图

解 取滑块 K 为动点，取定坐标系与固定杆 AB 固接，动坐标系与杆 CD 固接，并随之一起运动。

则滑块 K 的绝对运动：沿固定杆 AB 的直线运动，绝对速度 $\boldsymbol{v}_a$ 和绝对加速度 $\boldsymbol{a}_a$ 都沿 AB 方向。

滑块 K 的相对运动：沿杆 CD 的直线运动，相对速度 $\boldsymbol{v}_r$ 和相对加速度 $\boldsymbol{a}_r$ 都沿 CD 方向。

牵连运动：杆 CD 的曲线平动，动系上各点的速度和加速度都相等，所以端点 C 的速度和加速度即等于牵连速度和牵连加速度，即 $\boldsymbol{v}_e = \boldsymbol{v}_c$，$\boldsymbol{a}_e = \boldsymbol{a}_c$。

由已知条件，可得

$$\omega = \frac{d\varphi}{dt} = \frac{1}{4}\ \text{rad/s},\ \alpha = \frac{d\omega}{dt} = 0$$

$v_e = v_c = \omega \cdot OC = 8\ \text{cm/s}$，方向垂直于 OC，$\boldsymbol{a}_e = \boldsymbol{a}_c = \boldsymbol{a}_e^\tau + \boldsymbol{a}_e^n$。

$a_e^\tau = \alpha \cdot OC = 0$，$a_e = a_e^n = \omega^2 \cdot OC = 2\ \text{cm/s}^2$，方向沿 OC 指向 O，当 $t = \pi$ s时 $\varphi = \dfrac{\pi}{4}$ rad。

由速度合成定理，作速度平行四边形如图8－17(b)所示：

$v_a = v_e \cos 45° = 4\sqrt{2}\ \text{cm/s}$，方向水平向左；

$v_r = v_a = 4\sqrt{2}$ cm/s，方向竖直向下；

由动系平动时加速度合成定理知

$$\boldsymbol{a}_a = \boldsymbol{a}_e + \boldsymbol{a}_r = \boldsymbol{a}_e^n + \boldsymbol{a}_r$$

作加速度平行四边形(图 8－17(c))可得

$a_a = a_e^n \cos 45° = \sqrt{2}$ cm/s^2，方向水平向左；

$a_r = a_a = \sqrt{2}$ cm/s^2，方向竖直向上。

例 8－12　小车沿水平方向向右做加速运动，其加速度 $a = 0.493$ m/s^2。在小车上有一轮绕 O 轴转动，转动的规律为 $\varphi = t^2$(t 以 s 计，φ 以 rad 计)。当 $t = 1$ s 时，轮缘上点 A 的位置如图 8－18 所示。如轮的半径 $r = 0.2$ m，求此时点 A 的绝对加速度。

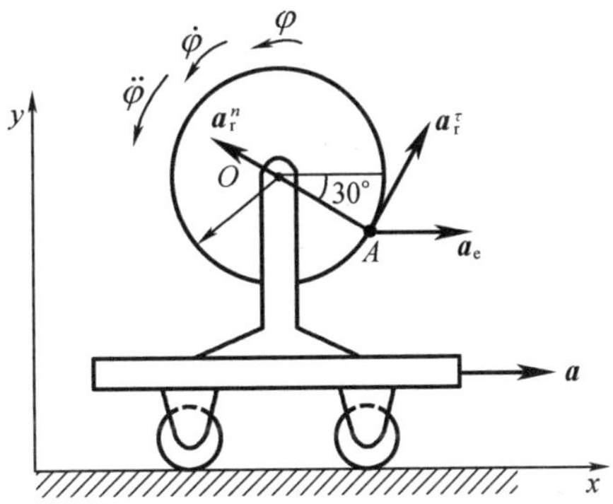

图 8－18　例 8－12 图

解　以轮缘上点 A 为动点，把动坐标系固接在小车上，定坐标系取在地面上。

A 点的绝对运动：平面曲线运动，轨迹未知，绝对速度 $\boldsymbol{v}_a$ 和绝对加速度 $\boldsymbol{a}_a$ 未知；

A 点的相对运动：以 OA 为半径的圆周运动，相对速度 $\boldsymbol{v}_r$ 和相对加速度 $\boldsymbol{a}_r$ 由小轮的转动规律确定；

牵连运动：水平向右的平动，牵连速度水平方向，牵连加速度水平向右。

因为

$$\omega = \frac{d\varphi}{dt} = 2t, \alpha = \frac{d\omega}{dt} = 2$$

所以 $t = 1$ s 时，$\omega = 2$ rad/s，$\alpha = 2$ rad/s^2。

则有 $a_e = a = 0.493$ m/s^2，方向水平向右；

$a_r^\tau = \alpha r = 0.4$ m/s^2，方向垂直于 OA；

$a_r^n = \omega^2 r = 0.8$ m/s^2，方向沿 OA 指向 O。

根据加速度合成定理 $\boldsymbol{a}_a = \boldsymbol{a}_{ax} + \boldsymbol{a}_{ay} = \boldsymbol{a}_e + \boldsymbol{a}_r^\tau + \boldsymbol{a}_r^n$ 作各加速度矢量如图 8－18 所示，其中只有 a_{ax} 和 a_{ay} 未知，将各矢量向 x 轴和 y 轴投影，得投影方程为

$$a_{ax} = a_e + a_r^\tau \sin 30° - a_r^n \cos 30° = 0.000\ 18\ \text{m/s}^2$$

$$a_{ay} = a_r^\tau \cos 30° + a_r^n \sin 30° = 0.746\ 4\ \text{m/s}^2$$

所以

$$a_a = \sqrt{(a_{ax})^2 + (a_{ay})^2} = 0.746\ 4\ \text{m/s}^2$$

$$\cos(\boldsymbol{a}_a, \boldsymbol{i}) = \frac{a_{ax}}{a_a}, \cos(\boldsymbol{a}_a, \boldsymbol{j}) = \frac{a_{ay}}{a_a}$$

综上所述，可见在用复合运动方法求加速度时，可遵循以下步骤进行：

第一步，确定动点、动坐标系、定坐标系，并做运动分析和速度分析(将加速度计算中需用到的某些速度确定下来)。

第二步，作加速度分析图(画在动点上)。若各个加速度矢量中只有两个未知要素，则问题是可解的。若只涉及三个矢量则可画出加速度平行四边形，解这个四边形即可求得未知量。否则，把矢量方程 $\boldsymbol{a}_a = \boldsymbol{a}_e + \boldsymbol{a}_r$ 往某些轴上投影，得代数方程(或方程组)，解此方程

(或方程组)即得所求结果。

8.5 牵连运动为平动时点的加速度合成定理的解析证明

本节将采用解析的办法给出牵连运动为平动时点的加速度合成定理的证明。取空间固定坐标系 $Oxyz$,动系 $O'x'y'z'$在定系中做平动,动系原点 O'在定系中的矢径为 $\boldsymbol{r}_o$,动点 M 在定系中的矢径为 $\boldsymbol{r}$,动点 M 在动系中矢径为 $\boldsymbol{r}'$,如图 8-19 所示。

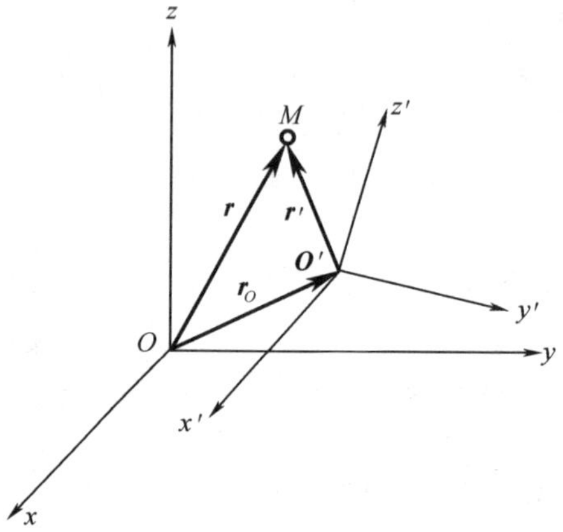

图 8-19 加速度合成定理解析证明图

知道动点的绝对加速度是动点的绝对速度对时间的绝对导数,即

$$\boldsymbol{a}_a=\frac{\mathrm{d}\boldsymbol{v}_a}{\mathrm{d}t}=\frac{\mathrm{d}^2\boldsymbol{r}}{\mathrm{d}t^2}=\ddot{x}\boldsymbol{i}+\ddot{y}\boldsymbol{j}+\ddot{z}\boldsymbol{k}$$

动点的相对加速度是动点相对于动系的加速度,是动点的相对速度对时间的相对导数,即

$$\boldsymbol{a}_r=\frac{\tilde{\mathrm{d}}\boldsymbol{v}_r}{\mathrm{d}t}=\frac{\tilde{\mathrm{d}}}{\mathrm{d}\boldsymbol{t}^2}(x'\boldsymbol{i}'+y'\boldsymbol{j}'+z'\boldsymbol{k}')=\ddot{x}'\boldsymbol{i}'+\ddot{y}'\boldsymbol{j}'+\ddot{z}'\boldsymbol{k}'$$

动点的牵连加速度,是动点的牵连点在 t 瞬时对定系的加速度,当动系平动时,其上各点的速度,加速度均相同,因此动系原点 O'的速度和加速度就是动点的牵连速度和牵连加速度,即

$$\boldsymbol{v}_e=\frac{\mathrm{d}\boldsymbol{r}_O}{\mathrm{d}t}=\boldsymbol{v}_O,\quad \boldsymbol{a}_e=\frac{\mathrm{d}^2\boldsymbol{r}_O}{\mathrm{d}t^2}=\boldsymbol{a}_O$$

当动系做平动时,$\boldsymbol{i}'$、$\boldsymbol{j}'$、$\boldsymbol{k}'$为常矢量,它们的大小和方向均不变,从而

$$\frac{\mathrm{d}\boldsymbol{i}'}{\mathrm{d}t}=\frac{\mathrm{d}\boldsymbol{j}'}{\mathrm{d}t}=\frac{\mathrm{d}\boldsymbol{k}'}{\mathrm{d}t}=0$$

又

$$\boldsymbol{r}=\boldsymbol{r}_O+\boldsymbol{r}'=\boldsymbol{r}_O+x'\boldsymbol{i}'+y'\boldsymbol{j}'+z'\boldsymbol{k}'$$

所以

$$\frac{\mathrm{d}\boldsymbol{r}}{\mathrm{d}t}=\frac{\mathrm{d}\boldsymbol{r}_O}{\mathrm{d}t}+\frac{\mathrm{d}(x'\boldsymbol{i}'+y'\boldsymbol{j}'+z'\boldsymbol{k}')}{\mathrm{d}t}\tag{8-18}$$

所以

$$\boldsymbol{v}_a=\boldsymbol{v}_O+\frac{\mathrm{d}x'}{\mathrm{d}t}\boldsymbol{i}'+\frac{\mathrm{d}y'}{\mathrm{d}t}\boldsymbol{j}'+\frac{\mathrm{d}z'}{\mathrm{d}t}\boldsymbol{k}'\tag{8-19}$$

两边对时间再求一次导数得

$$\boldsymbol{a}_\mathrm{a}=\frac{\mathrm{d}\boldsymbol{v}_\mathrm{a}}{\mathrm{d}t}=\frac{\mathrm{d}\boldsymbol{v}_O}{\mathrm{d}t}+\frac{\mathrm{d}^2x'}{\mathrm{d}t^2}\boldsymbol{i}'+\frac{\mathrm{d}^2y'}{\mathrm{d}t^2}\boldsymbol{j}'+\frac{\mathrm{d}^2z'}{\mathrm{d}t^2}\boldsymbol{k}'=\boldsymbol{a}_O+\boldsymbol{a}_\mathrm{r}=\boldsymbol{a}_\mathrm{e}+\boldsymbol{a}_\mathrm{r} \tag{8-20}$$

这就是动系平动时的加速度合成定理。

这里注意，动系平动时，$\boldsymbol{i}'$、$\boldsymbol{j}'$、$\boldsymbol{k}'$均为常矢量，$\frac{\mathrm{d}\boldsymbol{i}'}{\mathrm{d}t}$、$\frac{\mathrm{d}\boldsymbol{j}'}{\mathrm{d}t}$、$\frac{\mathrm{d}\boldsymbol{k}'}{\mathrm{d}t}$均恒等于零，动系若做其他形式的运动，则式(8－20)不成立；同时，动系平动时，动系上各点的速度，加速度均相同，因此可用动系原点的速度和加速度来代表牵连点的速度和加速度，所以动系非平动时，式(8－20)不成立。总之，也就是说并不是对做任意形式运动的动系都有

$$\frac{\mathrm{d}\boldsymbol{v}_\mathrm{e}}{\mathrm{d}t}=\boldsymbol{a}_\mathrm{e},\quad \frac{\mathrm{d}\boldsymbol{v}_\mathrm{r}}{\mathrm{d}t}=\boldsymbol{a}_\mathrm{r}$$

8.6　牵连运动为转动时点的加速度合成定理

当牵连运动为转动时，上节所得到的加速度合成定理的公式是否仍然适用呢？下面来推证牵连运动为转动时的加速度合成定理。

8.6.1　推导加速度合成定理

设有一直杆 OA，以匀角速度 ω_e 绕定轴 O 转动，一动点沿直杆做变速运动。t 瞬时，直杆位于位置Ⅰ，动点位于杆上的 M 点，其牵连速度为 $\boldsymbol{v}_\mathrm{e}$，相对速度为 $\boldsymbol{v}_\mathrm{r}$，经过时间间隔 Δt 后，直杆转动到位置Ⅱ，动点运动到 M'点，其牵连速度为 $\boldsymbol{v}_\mathrm{e}'$，相对速度为 $\boldsymbol{v}_\mathrm{r}'$，如图 8－20(a)所示。从图中可见，动点从 t 瞬时到 $t+\Delta t$ 瞬时的运动过程中，它的牵连速度和相对速度的大小及方向都发生了变化，下面看一下 $\boldsymbol{v}_\mathrm{r}$ 与 $\boldsymbol{v}_\mathrm{e}$ 的增量。

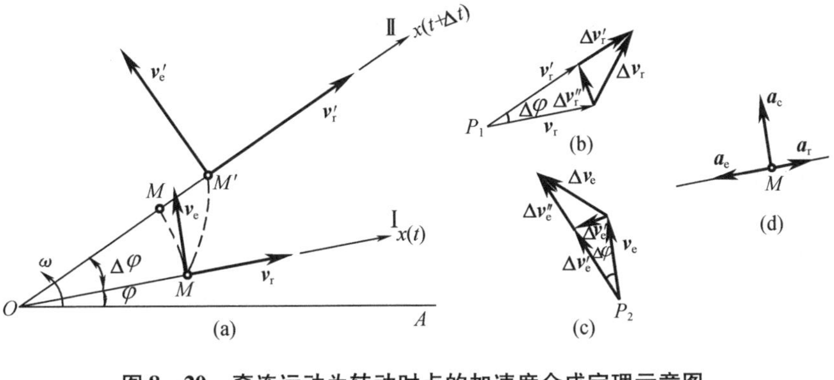

图 8－20　牵连运动为转动时点的加速度合成定理示意图

作相对速度矢量三角形，如图 8－20(b)所示，作出 $\boldsymbol{v}_\mathrm{r}$，$\boldsymbol{v}_\mathrm{r}'$，$\Delta\boldsymbol{v}_\mathrm{r}$，再从 $\boldsymbol{v}_\mathrm{r}'$上截取等于 v_r 的一段长度，将 $\Delta\boldsymbol{v}_\mathrm{r}$ 分解为 $\Delta\boldsymbol{v}_\mathrm{r}'$和 $\Delta\boldsymbol{v}_\mathrm{r}''$，即

$$\Delta\boldsymbol{v}_\mathrm{r}=\Delta\boldsymbol{v}_\mathrm{r}'+\Delta\boldsymbol{v}_\mathrm{r}'' \tag{8-21}$$

式中，$\Delta\boldsymbol{v}_\mathrm{r}'$表示在 Δt 时间间隔内相对速度大小的变化量，仅与相对运动本身有关，而与牵连运动无关；$\Delta\boldsymbol{v}_\mathrm{r}''$表示由于牵连运动为转动而引起的相对速度方向的改变量，与 ω_e 的大小有关。同样作牵连速度矢量三角形，如图 8－20(c)，作出 $\boldsymbol{v}_\mathrm{e}$，$\boldsymbol{v}_\mathrm{e}'$和 $\Delta\boldsymbol{v}_\mathrm{e}$，再从 $\boldsymbol{v}_\mathrm{e}'$矢量上截取等于

v_e 的一段长度,将牵连速度增量 $\Delta \boldsymbol{v}_e$ 分解为 $\Delta \boldsymbol{v}_e'$和 $\Delta \boldsymbol{v}_e''$,即

$$\Delta \boldsymbol{v}_e = \Delta \boldsymbol{v}_e' + \Delta \boldsymbol{v}_e'' \tag{8-22}$$

式中,$\Delta \boldsymbol{v}_e'$表示动点的牵连速度由于牵连运动为转动而引起的方向改变量,与相对运动无关;$\Delta \boldsymbol{v}_e''$表示动点的牵连速度由于相对运动而引起的牵连速度大小的改变量,与 $\boldsymbol{v}_r$ 有关。

根据加速度的定义,动点 M 在瞬时 t 的绝对加速度为

$$\begin{aligned}\boldsymbol{a}_a &= \frac{d\boldsymbol{v}_a}{dt} = \lim_{\Delta t \to 0}\frac{\boldsymbol{v}_a' - \boldsymbol{v}_a}{\Delta t} = \lim_{\Delta t \to 0}\frac{(\boldsymbol{v}_e' + \boldsymbol{v}_r') - (\boldsymbol{v}_e + \boldsymbol{v}_r)}{\Delta t} = \lim_{\Delta t \to 0}\frac{\Delta \boldsymbol{v}_r}{\Delta t} + \lim_{\Delta t \to 0}\frac{\Delta \boldsymbol{v}_e}{\Delta t} \\ &= \lim_{\Delta t \to 0}\frac{\Delta \boldsymbol{v}_r'}{\Delta t} + \lim_{\Delta t \to 0}\frac{\Delta \boldsymbol{v}_r''}{\Delta t} + \lim_{\Delta t \to 0}\frac{\Delta \boldsymbol{v}_e'}{\Delta t} + \lim_{\Delta t \to 0}\frac{\Delta \boldsymbol{v}_e''}{\Delta t}\end{aligned} \tag{8-23}$$

下面分别讨论式(8-23)右端各项的大小,方向及其物理意义。

第一项 $\lim\limits_{\Delta t \to 0}\dfrac{\Delta \boldsymbol{v}_r'}{\Delta t}$:

其大小对应于相对速度 $\boldsymbol{v}_r$ 大小的改变率,方向总是沿着相对运动轨迹直杆。可见第一项是在固接于直杆的动参考系上观察到的相对速度的变化率,显然就是动点的相对加速度 $\boldsymbol{a}_r$。

第三项 $\lim\limits_{\Delta t \to 0}\dfrac{\Delta \boldsymbol{v}_e'}{\Delta t}$:

其大小为
$$\lim_{\Delta t \to 0}\left|\frac{\Delta \boldsymbol{v}_e'}{\Delta t}\right| = \lim_{\Delta t \to 0}\left|v_e\frac{\Delta \varphi}{\Delta t}\right| = \omega_e^2 OM$$

当 $\Delta t \to 0$ 时,则有 $\Delta \varphi \to 0$,所以此项的极限位置垂直于 $\boldsymbol{v}_e$,也就是其方向沿直杆指向 O 点,可见此项正是瞬时 t 动坐标系上动点牵连点的加速度,即动点的牵连加速度 $\boldsymbol{a}_e$。

第二项 $\lim\limits_{\Delta t \to 0}\dfrac{\Delta \boldsymbol{v}_r''}{\Delta t}$:

其大小为
$$\lim_{\Delta t \to 0}\left|\frac{\Delta \boldsymbol{v}_r''}{\Delta t}\right| = \lim_{\Delta t \to 0}\left|v_r\frac{\Delta \varphi}{\Delta t}\right| = |\omega_e \cdot v_r|$$

它对应于因动系转动而引起的相对速度 $\boldsymbol{v}_r$ 方向的改变率,当 $\Delta t \to 0$ 时,$\Delta \varphi \to 0$,故此项极限位置垂直于 $\boldsymbol{v}_r$。

第四项 $\lim\limits_{\Delta t \to 0}\dfrac{\Delta \boldsymbol{v}_e''}{\Delta t}$:

其大小为

$$\lim_{\Delta t \to 0}\left|\frac{\Delta \boldsymbol{v}_e''}{\Delta t}\right| = \lim_{\Delta t \to 0}\left|\frac{v_e' - v_e}{\Delta t}\right| = \lim_{\Delta t \to 0}\left|\frac{OM' \cdot \omega_e - OM \cdot \omega_e}{\Delta t}\right| = \lim_{\Delta t \to 0}\left|\frac{\omega_e \cdot M_1M'}{\Delta t}\right| = |\omega_e v_r|$$

它对应于因动点有相对运动而引起的牵连速度 $\boldsymbol{v}_e$ 大小的改变率,方向与 $\boldsymbol{v}_e$ 相同,即垂直于 $\boldsymbol{v}_r$。

上述第二项与第四项所表示的加速度分量的大小、方向都相同,可以合并为一项并用 $\boldsymbol{a}_c$ 表示,其大小为 $a_c = 2\omega_e v_r$,方向与 $\boldsymbol{v}_r$ 垂直,$\boldsymbol{a}_c$ 称为科氏加速度。对于动系的转动轴与 $\boldsymbol{v}_r$ 不垂直的一般情况,科氏加速度 $\boldsymbol{a}_c$ 的计算可以用矢量的矢积表示为

$$\boldsymbol{a}_c = 2\boldsymbol{\omega}_e \times \boldsymbol{v}_r$$

综上所述,式(8-23)成为

$$\boldsymbol{a}_a = \boldsymbol{a}_r + \boldsymbol{a}_e + \boldsymbol{a}_c \tag{8-24}$$

这就是牵连运动为定轴转动时的加速度合成定理:当牵连运动为定轴转动时动点在每

一瞬时的绝对加速度等于其相对加速度，牵连加速度与科氏加速度三者的矢量和。

式(8-24)虽然是在牵连运动为定轴转动的情况下导出的，但对牵连运动为一般运动的情况也适用。

8.6.2　牵连运动为定轴转动时点的加速度合成定理的解析证明

任取空间固定坐标系 $Oxyz$，动坐标系 $O'x'y'z'$，设动点 M 在动系 $O'x'y'z'$ 中运动，而动系 $O'x'y'z'$ 又以角速度 $\boldsymbol{\omega}_e$，角加速度 $\boldsymbol{\alpha}_e$ 绕定系的 z 轴转动，如图 8-21 所示。

动点 M 对定系的矢径 $\boldsymbol{r}=x\boldsymbol{i}+y\boldsymbol{j}+z\boldsymbol{k}$，对动系的矢径 $\boldsymbol{r}'=x'\boldsymbol{i}'+y'\boldsymbol{j}'+z'\boldsymbol{k}'$。

前面在证明速度合成定理时，已得到动点 M 的绝对速度和绝对加速度的解析表达式：

$$\boldsymbol{v}_a=\dot{x}\boldsymbol{i}+\dot{y}\boldsymbol{j}+\dot{z}\boldsymbol{k}$$

$$\boldsymbol{a}_a=\frac{d\boldsymbol{v}_a}{dt}$$

动点 M 的相对速度和相对加速度的解析表达式：

$$\boldsymbol{v}_r=\dot{x}'\boldsymbol{i}'+\dot{y}'\boldsymbol{j}'+\dot{z}'\boldsymbol{k}'$$

$$\boldsymbol{a}_r=\ddot{x}'\boldsymbol{i}'+\ddot{y}'\boldsymbol{j}'+\ddot{z}'\boldsymbol{k}'$$

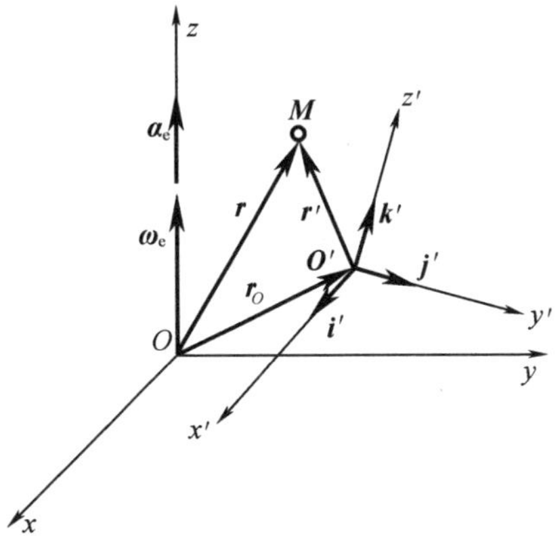

图 8-21　转动加速度合成定理解析证明图

而牵连速度和牵连加速度是动系上动点的牵连点对定系的速度和加速度：

$$\boldsymbol{v}_e=\boldsymbol{\omega}_e\times\boldsymbol{r}$$

$$\boldsymbol{a}_e=\boldsymbol{\omega}_e\times\boldsymbol{v}_e+\boldsymbol{\alpha}_e\times\boldsymbol{r}$$

把速度合成定理

$$\boldsymbol{v}_a=\boldsymbol{v}_e+\boldsymbol{v}_r$$

两边同时对时间 t 求导数得

$$\frac{d\boldsymbol{v}_a}{dt}=\frac{d\boldsymbol{v}_e}{dt}+\frac{d\boldsymbol{v}_r}{dt}\tag{8-25}$$

其中

$$\frac{d\boldsymbol{v}_a}{dt}=\boldsymbol{a}_a$$

$$\frac{d\boldsymbol{v}_e}{dt}=\frac{d(\boldsymbol{\omega}_e\times\boldsymbol{r})}{dt}$$

$$\frac{d\boldsymbol{v}_r}{dt}=\frac{d}{dt}(\dot{x}'\boldsymbol{i}'+\dot{y}'\boldsymbol{j}'+\dot{z}'\boldsymbol{k}')$$

即

$$\frac{d\boldsymbol{v}_e}{dt}=\frac{d(\boldsymbol{\omega}_e\times\boldsymbol{r})}{dt}=\frac{d\boldsymbol{\omega}_e}{dt}\times\boldsymbol{r}+\boldsymbol{\omega}_e\times\frac{d\boldsymbol{r}}{dt}=\boldsymbol{\alpha}_e\times\boldsymbol{r}+\boldsymbol{\omega}_e\times\boldsymbol{v}_a=\boldsymbol{\alpha}_e\times\boldsymbol{r}+\boldsymbol{\omega}_e\times\boldsymbol{v}_e+\boldsymbol{\omega}_e\times\boldsymbol{v}_r=\boldsymbol{a}_e+\boldsymbol{\omega}_e\times\boldsymbol{v}_r$$

$$\begin{aligned}\frac{d\boldsymbol{v}_r}{dt}&=\frac{d}{dt}(\dot{x}'\boldsymbol{i}'+\dot{y}'\boldsymbol{j}'+\dot{z}'\boldsymbol{k}')=\ddot{x}'\boldsymbol{i}'+\ddot{y}'\boldsymbol{j}'+\ddot{z}'\boldsymbol{k}'+\dot{x}'\frac{d\boldsymbol{i}'}{dt}+\dot{y}'\frac{d\boldsymbol{j}'}{dt}+\dot{z}'\frac{d\boldsymbol{k}'}{dt}\\&=\boldsymbol{a}_r+\dot{x}'\frac{d\boldsymbol{i}'}{dt}+\dot{y}'\frac{d\boldsymbol{j}'}{dt}+\dot{z}'\frac{d\boldsymbol{k}'}{dt}\end{aligned}$$

将上面两项代入式(8-25)，得

$$\boldsymbol{a}_{\mathrm{a}}=\boldsymbol{a}_{\mathrm{e}}+\boldsymbol{\omega}_{\mathrm{e}}\times\boldsymbol{v}_{\mathrm{r}}+\boldsymbol{a}_{\mathrm{r}}+\dot{x}'\frac{\mathrm{d}\boldsymbol{i}'}{\mathrm{d}t}+\dot{y}'\frac{\mathrm{d}\boldsymbol{j}'}{\mathrm{d}r}+\dot{z}'\frac{\mathrm{d}\boldsymbol{k}'}{\mathrm{d}t} \tag{8-26}$$

根据泊桑公式

$$\begin{cases}\dfrac{\mathrm{d}\boldsymbol{i}'}{\mathrm{d}t}=\boldsymbol{\omega}_{\mathrm{e}}\times\boldsymbol{i}'\\ \dfrac{\mathrm{d}\boldsymbol{j}'}{\mathrm{d}t}=\boldsymbol{\omega}_{\mathrm{e}}\times\boldsymbol{j}'\\ \dfrac{\mathrm{d}\boldsymbol{k}'}{\mathrm{d}t}=\boldsymbol{\omega}_{\mathrm{e}}\times\boldsymbol{k}'\end{cases}$$

可得

$$\begin{aligned}\dot{x}'\frac{\mathrm{d}\boldsymbol{i}'}{\mathrm{d}t}+\dot{y}'\frac{\mathrm{d}\boldsymbol{j}'}{\mathrm{d}t}+\dot{z}\frac{\mathrm{d}\boldsymbol{k}'}{\mathrm{d}t}&=\dot{x}'\cdot\boldsymbol{\omega}_{\mathrm{e}}\times\boldsymbol{i}'+\dot{y}'\cdot\boldsymbol{\omega}_{\mathrm{e}}\times\boldsymbol{j}'+\dot{z}'\cdot\boldsymbol{\omega}_{\mathrm{e}}\times\boldsymbol{k}'=\boldsymbol{\omega}_{\mathrm{e}}\times(\dot{x}'\boldsymbol{i}'+\dot{y}'\boldsymbol{j}'+\dot{z}'\boldsymbol{k}')\\&=\boldsymbol{\omega}_{\mathrm{e}}\times\boldsymbol{v}_{\mathrm{r}}\end{aligned}$$

式(8-26)变为

$$\boldsymbol{a}_{\mathrm{a}}=\boldsymbol{a}_{\mathrm{e}}+\boldsymbol{\omega}_{\mathrm{e}}\times\boldsymbol{v}_{\mathrm{r}}+\boldsymbol{a}_{\mathrm{r}}+\boldsymbol{\omega}_{\mathrm{e}}\times\boldsymbol{v}_{\mathrm{r}}=\boldsymbol{a}_{\mathrm{e}}+\boldsymbol{a}_{\mathrm{r}}+2\boldsymbol{\omega}_{\mathrm{e}}\times\boldsymbol{v}_{\mathrm{r}}=\boldsymbol{a}_{\mathrm{e}}+\boldsymbol{a}_{\mathrm{r}}+\boldsymbol{a}_{\mathrm{c}}$$

这就是牵连运动为转动时点的加速度合成定理。

8.6.3 科氏加速度的物理意义

从前面的讨论过程中可以看到，科式加速度来源于两部分，分别来源于$\dfrac{\mathrm{d}\boldsymbol{v}_e}{\mathrm{d}t}$和$\dfrac{\mathrm{d}\boldsymbol{v}_r}{\mathrm{d}t}$，前一个是由于相对运动引起了牵连速度大小的改变而产生的，假若没有相对运动，即 $v_r=0$，则这一项等于零；后一个是由于牵连运动(动系转动)引起了相对速度方向的改变而产生的，假若牵连运动是平动，则 $\boldsymbol{i}',\boldsymbol{j}',\boldsymbol{k}'$均为常矢量，那么$\dfrac{\mathrm{d}\boldsymbol{i}'}{\mathrm{d}t}=\dfrac{\mathrm{d}\boldsymbol{j}'}{\mathrm{d}t}=\dfrac{\mathrm{d}\boldsymbol{k}'}{\mathrm{d}t}=0$，$\boldsymbol{\omega}_{\mathrm{e}}\times\boldsymbol{v}_r$ 这一项也就不存在了，可见，科氏加速度的出现是由于牵连运动与相对运动相互影响的结果。

如果动系做平动，可得 $\omega_{\mathrm{e}}=0$，$a_c=0$，则加速度合成定理为

$$\boldsymbol{a}_a=\boldsymbol{a}_e+\boldsymbol{a}_r$$

8.6.4 科氏加速度的计算

科氏加速度等于动系的角速度矢量和点的相对速度的矢积的两倍，即 $\boldsymbol{a}_{\mathrm{c}}=2\boldsymbol{\omega}_{\mathrm{e}}\times\boldsymbol{v}_{\mathrm{r}}$，根据矢积的定义，$\boldsymbol{a}_{\mathrm{c}}$ 的大小为 $a_{\mathrm{c}}=2\omega_{\mathrm{e}}v_{\mathrm{r}}\sin\alpha$，其中，$\alpha$ 表示 $\boldsymbol{\omega}_{\mathrm{e}}$ 与 $\boldsymbol{v}_{\mathrm{r}}$ 之间小于 90°的夹角。几何上 $\boldsymbol{a}_{\mathrm{c}}$ 的大小等于以 $\boldsymbol{\omega}_{\mathrm{e}}$，$\boldsymbol{v}_{\mathrm{r}}$ 两矢量为邻边所构成的平行四边形的面积(图 8-22 的阴影部分)。$\boldsymbol{a}_{\mathrm{c}}$ 的方向与 $\boldsymbol{\omega}_{\mathrm{e}}$ 和 $\boldsymbol{v}_{\mathrm{r}}$ 相垂直，即垂直于矢量 $\boldsymbol{\omega}_{\mathrm{e}}$ 和 $\boldsymbol{v}_{\mathrm{r}}$ 所确定的平面，指向按右手定则确定。

显然当 $\alpha=0°$或 $\alpha=180°$时，$\boldsymbol{\omega}_{\mathrm{e}}/\!/\boldsymbol{v}_{\mathrm{r}}$，即动点沿平行于动系的转轴的直线做相对运动，这时，$a_{\mathrm{c}}=0$；当 $\alpha=90°$时，$\boldsymbol{\omega}_{\mathrm{e}}\perp\boldsymbol{v}_{\mathrm{r}}$，$a_{\mathrm{c}}=2\omega v_{\mathrm{r}}$。

在地球上研究物体的运动，由于地球本身不停地绕地轴自转，故物体在地面上运动时只要其速度方向不与地轴平行，则相对于其他恒星而言物体就有科氏加速度。例如，沿地球经线或纬线运动的物体及水流等的科氏加速度如图 8-23 所示。

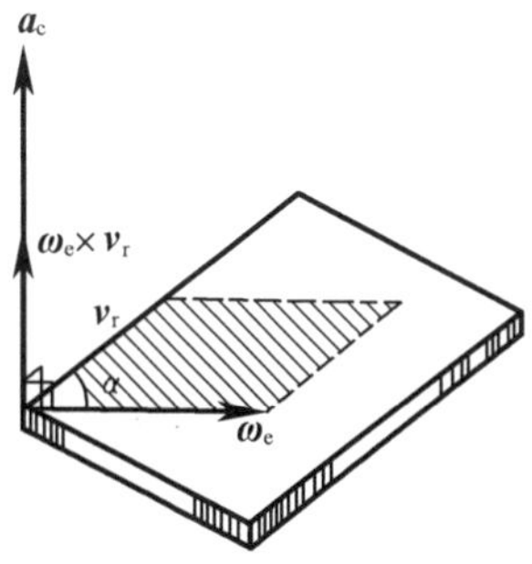

图 8 – 22　科氏加速度示意图

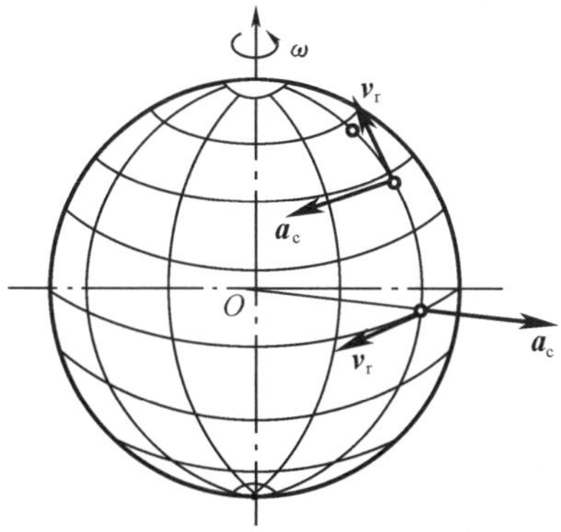

图 8 – 23　地球自转影响示意图

如果顺着河流流动方向看过去，科氏加速度的方向指向左侧，由牛顿第二定律可知，水流有向左的科氏加速度是由于河床的右岸对水流作用有向左的力。根据作用和反作用力定律，水流对右岸必有反作用，由于这个力经常不断地作用，使河床的右岸受到冲刷，这就解释了在自然界观察到的一种现象。在北半球，顺着河流流动的方向看过去，河流的冲刷现象右岸比左岸显著。这种现象在高纬度地区比较显著。但是，对于单线铁道，由于列车往返行驶的机会相等，两条钢轨因侧向力而被磨损的程度也是相等的。但由于地球自转角速度很小，除发射洲际导弹，宇宙火箭等远距离运动问题外，在一般工程问题中可不考虑地球的自转影响。

例 8 – 13　M 点在杆 OA 上按规律 $x = 2 + 3t^2$ cm 运动，同时杆 OA 绕 O 轴以等角速度 $\omega = 2$ rad/s转动，如图 8 – 24 所示。求当 $t = 1$ s 时，点 M 的绝对加速度。

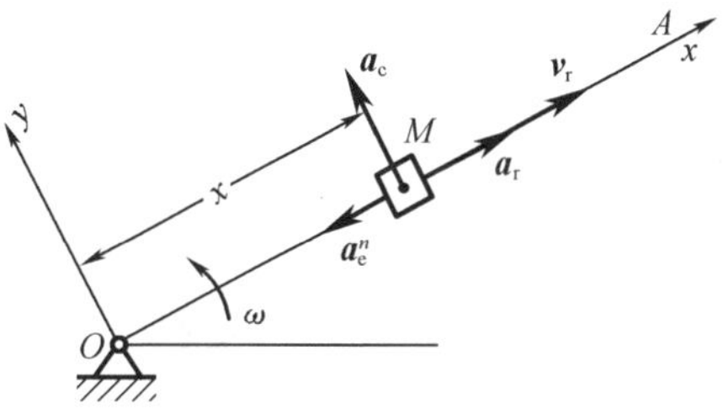

图 8 – 24　例 8 – 13 图

解　选取 M 点为动点，定坐标系固接在定轴上，动坐标系与杆 OA 固接，并随之一起转动。

M 点的绝对运动：平面内的曲线运动，绝对速度 $\boldsymbol{v}_a$ 和绝对加速度 $\boldsymbol{a}_a$ 未知；

M 点的相对运动：沿 OA 杆的直线运动，相对速度 $\boldsymbol{v}_r$ 和相对加速度 $\boldsymbol{a}_r$ 都沿杆方向；

牵连运动：OA 杆绕 O 轴的定轴转动。

因动系做定轴转动，所以会产生科氏加速度 $\boldsymbol{a}_c$，而不同于前面所讲的动系做平动时的情况。

从已知条件得到

相对速度的速率
$$v_r = \frac{dx}{dt} = 6t$$

当 $t = 1$ s 时，$v_r = 6$ cm/s，方向沿 OA 指向 A。

相对加速度的大小 $a_r = \dfrac{dv_r}{dt} = 6\ \text{cm/s}^2$，方向也是沿 OA 指向 A。

因为杆 OA 的定轴转动角速度为常量，所以定轴转动角加速度 $\alpha = 0$，当 $t = 1$ s 时，$OM =$

5 cm,牵连加速度 $\boldsymbol{a}_e=\boldsymbol{a}_e^\tau+\boldsymbol{a}_e^n$,其中 $a_e^\tau=\alpha\cdot OM=0$,$a_e^n=\omega^2\cdot OM=4\times5=20\ \text{cm/s}^2$,方向沿 OA 指向 O;

科氏加速度 $\boldsymbol{a}_c=2\boldsymbol{\omega}_e\times\boldsymbol{v}_r$,$a_c=2\omega\cdot v_r=24\ \text{cm/s}^2$, 方向垂直于 OA。

根据牵连运动为定轴转动时的加速度合成定理 $\boldsymbol{a}_a=\boldsymbol{a}_e+\boldsymbol{a}_r+\boldsymbol{a}_c$,得本题中的形式为 $\boldsymbol{a}_{ax}+\boldsymbol{a}_{ay}=\boldsymbol{a}_r+\boldsymbol{a}_e^n+\boldsymbol{a}_c$,作各矢量如图 8-24 所示,其中只有 a_{ax} 和 a_{ay} 两个加速度的大小不知道,而各加速度的方向都是知道的,可采用解析法求解。

向 x 轴和 y 轴列两个投影方程为:

$a_{ax}=a_r-a_e^n=-14\ \text{cm/s}^2$,负号表示 $\boldsymbol{a}_{ax}$ 的方向与所设方向相反,即沿 x 轴的负向;

$a_{ay}=a_c=24\ \text{cm/s}^2$,方向与所设方向一致。

所以 M 点的绝对加速度为

$$a_a=\sqrt{(a_{ax})^2+(a_{ay})^2}=\sqrt{14^2+24^2}=27.78\ \text{cm/s}^2$$

其方向由方向余弦确定:

$$\cos(\boldsymbol{a}_a,\boldsymbol{i})=\frac{a_{ax}}{a_a}=\frac{-14}{27.78}=-0.504$$

$$\cos(\boldsymbol{a}_a,\boldsymbol{j})=\frac{a_{ay}}{a_a}=\frac{24}{27.78}=0.863\ 9$$

例 8-14 刨床的急回机构如图 8-25 所示。曲柄 OA 的一端 A 与滑块用铰链连接。当曲柄 OA 以匀角速度 ω 绕固定轴 O 转动时,滑块在摇杆 O_1B 上滑动,并带动摇杆 O_1B 绕固定轴 O_1 摆动。设曲柄长 $OA=r$,两轴间距离 $OO_1=l$。求当曲柄在水平位置时摇杆的角速度 ω_1 和角加速度 α。

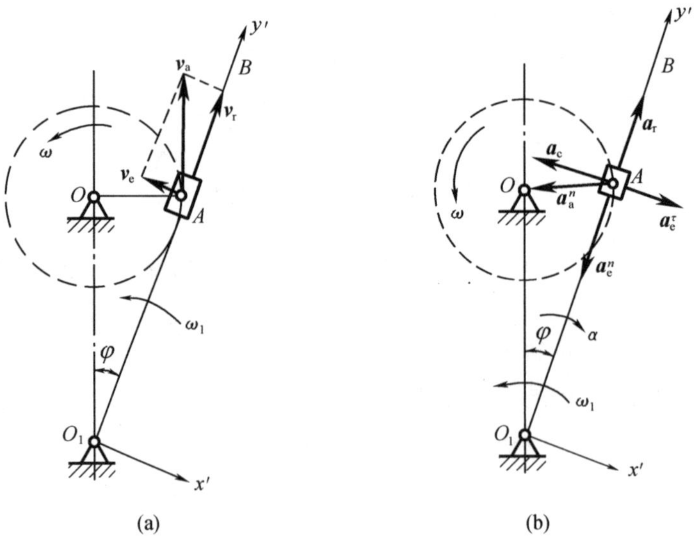

图 8-25 例 8-14 图

解 选取曲柄端点 A 为动点,把动坐标系 $O_1x'y'$ 固接在摇杆 O_1B 上,并与 O_1B 一起绕 O_1 轴摆动,定坐标系选在固定轴上。

A 点的绝对运动:以 O 为圆心,r 为半径的圆周运动;

A 点的相对运动:沿 O_1B 方向的直线运动;

牵连运动：摇杆 O_1B 绕 O_1 轴的摆动。

首先求摇杆的角速度：

绝对速度 $\boldsymbol{v}_a$：大小 $v_a=\omega r$　方向垂直于曲柄 OA；

相对速度 $\boldsymbol{v}_r$：大小未知，方向沿摇杆 O_1B；

牵连速度 $\boldsymbol{v}_e$：$v_1=\omega_1\cdot O_1A$，方向垂直于 O_1A。

根据速度合成定理 $\boldsymbol{v}_a=\boldsymbol{v}_e+\boldsymbol{v}_r$，三个矢量中只有两个未知要素，可解，作速度平行四边形如图 8－25 所示，则

$$v_e=v_a\sin\varphi$$

又 $\sin\varphi=\dfrac{r}{\sqrt{l^2+r^2}}$，且 $v_a=\omega r$，$v_e=\omega_1\cdot O_1A$，所以

$$v_e=\omega_1\cdot O_1A=\frac{r^2\omega}{\sqrt{l^2+r^2}}$$

因此得出此瞬时摇杆的角速度为 $\omega_1=\dfrac{r^2\omega}{l^2+r^2}$，转向为逆时针转向。

下面求摇杆的角加速度：

因为动系做定轴转动，因此会出现科氏加速度，加速度合成定理为

$$\boldsymbol{a}_a=\boldsymbol{a}_a^n=\boldsymbol{a}_e^\tau+\boldsymbol{a}_e^n+\boldsymbol{a}_r+\boldsymbol{a}_c$$

其中牵连加速度 $a_e^n=\omega_1^2\cdot O_1A=\dfrac{r^4\omega^2}{(l^2+r^2)^{\frac{3}{2}}}$，沿摇杆 O_1B 方向指向 O_1；$a_e^\tau=\alpha\cdot O_1A=\alpha\cdot\sqrt{l^2+r^2}$，垂直于 O_1B 方向。

可以看出只要求出 a_e^τ 就可求出 α。

绝对加速度：因绝对运动为匀速圆周运动，所以只有法向加速度 $\boldsymbol{a}_a^n$。

大小：$a_a^n=\omega^2r$，方向水平向左。

相对加速度：大小未知，方向沿摇杆 O_1B 直线方向。

牵连加速度：$\boldsymbol{a}_c=2\boldsymbol{\omega}_e\times\boldsymbol{v}_r$，$v_r=v_a\cos\varphi=\dfrac{\omega rl}{\sqrt{l^2+r^2}}$；

大小：$a_c=2\omega_1v_r=\dfrac{2\omega^2r^3l}{(l^2+r^2)^{\frac{3}{2}}}$，方向垂直于 O_1B。

为了求出 a_e^τ，应将加速度合成定理中各矢量向 O_1x' 轴投影：

$$-a_a^n\cos\varphi=a_e^\tau-a_c$$

解得

$$a_e^\tau=-\frac{rl(l^2-r^2)}{(l^2+r^2)^{\frac{3}{2}}}\omega^2$$

式中，$l^2-r^2>0$，故 a_e^τ 为负值。负号表示真实指向与假设方向相反。

摇杆的角加速度

$$\alpha=\frac{a_e^\tau}{O_1A}=-\frac{rl(l^2-r^2)}{(l^2+r^2)^2}\omega^2$$

负号表示真实转向为逆时针转向。

例 8－15　一半径 $r=200$ mm 的圆盘，绕通过 A 点垂直于图平面的轴转动。物块 M 以匀速率 $v_r=400$ mm/s 沿圆盘边缘运动。在图 8－26 所示位置，圆盘的角速度 $\omega=2$ rad/s，角加速度 $\alpha=4$ rad/s²，求物块 M 的绝对速度和绝对加速度。

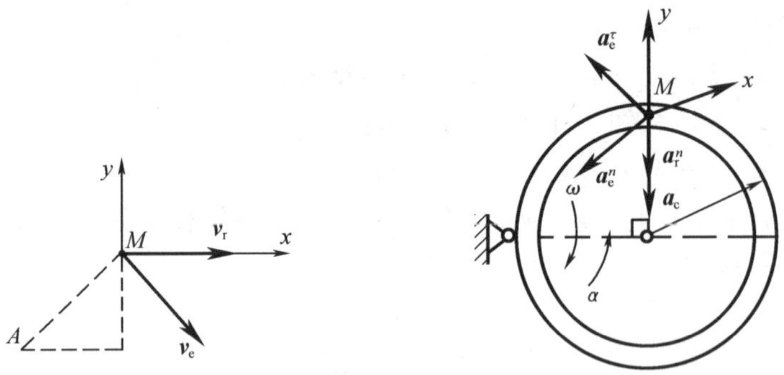

图 8-26　例 8-15 图

解　选取物块 M 为所研究的动点,定坐标系固接于固定轴 A 上,动坐标系与圆盘固接,并随之一起绕 A 轴转动。

M 点的绝对运动:是轨迹复杂的平面曲线运动;

M 点的相对运动:以 r 为半径的圆周运动;

牵连运动:圆盘绕 A 轴的定轴转动。

(1)求物块的绝对速度 $\boldsymbol{v}_a$

首先分析各个速度的已知要素:

绝对速度 $\boldsymbol{v}_a$:大小方向都是未知的;

相对速度 $\boldsymbol{v}$:$v_r = 400$ mm/s,沿圆盘的切线方向,即水平向右;

牵连速度 $\boldsymbol{v}_e$:$v_e = \omega \cdot AM = \omega \cdot \sqrt{2}r = 400\sqrt{2}$ mm/s,方向垂直于 AM。

根据速度合成定理 $\boldsymbol{v}_a = \boldsymbol{v}_{ax} + \boldsymbol{v}_{ay} = \boldsymbol{v}_e + \boldsymbol{v}_r$,作各矢量如图 8-26 所示,矢量式中包含四个矢量,只有两个未知要素,是可以求解的且宜采用投影的方法,分别向 x 轴、y 轴投影得

$$v_{ax} = v_r + v_e \cos 45° = 800 \text{ mm/s}$$

$$v_{ay} = -v_e \sin 45° = -400 \text{ mm/s}$$

所以

$$v_a = \sqrt{(v_{ax})^2 + (v_{ay})^2} = 400\sqrt{5} \text{ mm/s}$$

$$\cos(\boldsymbol{v}_a, \boldsymbol{i}) = \frac{v_{ax}}{v_a} = \frac{2\sqrt{5}}{5}, \quad \cos(\boldsymbol{v}_a, \boldsymbol{j}) = \frac{v_{ay}}{v_a} = -\frac{\sqrt{5}}{5}$$

(2)求物块的绝对加速度 $\boldsymbol{a}_a$

先分析加速度各要素:

绝对加速度 $\boldsymbol{a}_a$:大小、方向都未知,$\boldsymbol{a}_a = \boldsymbol{a}_{ax} + \boldsymbol{a}_{ay}$;

相对加速度 $\boldsymbol{a}_r$:$\boldsymbol{a}_r = \boldsymbol{a}_r^\tau + \boldsymbol{a}_r^n$;

$a_r^\tau = \dfrac{\mathrm{d}y_r}{\mathrm{d}t} = 0$,$a_r^n = \dfrac{v_r^2}{r} = 800$ mm/s^2,方向沿法线指向圆盘圆心。

牵连加速度 $\boldsymbol{a}_e$:$\boldsymbol{a}_e = \boldsymbol{a}_e^\tau + \boldsymbol{a}_e^n$;

$a_e^\tau = \alpha \cdot AM = \alpha \cdot \sqrt{2}r = 800\sqrt{2}r = 800\sqrt{2}$ mm/s^2,方向垂直于 AM;

$a_e^n = \omega^2 \cdot AM = \omega^2 \cdot \sqrt{2}r = 800\sqrt{2}$ mm/s^2,方向沿 AM 指向 A。

科氏加速度 $\boldsymbol{a}_c$:$\boldsymbol{a}_c = 2\boldsymbol{\omega}_e \times \boldsymbol{v}_r$;

$a_c = 2\omega \cdot v_r = 1\,600$ mm/s^2,方向沿圆盘法向指向圆心。

根据动系定轴转动时加速度合成定理 $\boldsymbol{a}_a=\boldsymbol{a}_{ax}+\boldsymbol{a}_{ay}=\boldsymbol{a}_e^\tau+\boldsymbol{a}_e^n+\boldsymbol{a}_r^n+\boldsymbol{a}_c$，作各矢量图，其中只有两个要素未知，选取 x 轴、y 轴为投影轴，列投影方程得

$$a_{ax}=-a_e^\tau\cos 45°-a_e^n\cos 45°=-1\ 600\ \text{mm/s}^2$$

$$a_{ay}=a_e^\tau\sin 45°-a_e^n\sin 45°-a_r^n-a_c=-2\ 400\ \text{mm/s}^2$$

所以物块的绝对加速度 $\boldsymbol{a}_a$

$$a_a=\sqrt{(a_{ax})^2+(a_{ay})^2}=800\sqrt{13}\ \text{mm/s}^2$$

$$\cos(\boldsymbol{a}_a,\boldsymbol{i})=-\frac{2\sqrt{13}}{13},\cos(\boldsymbol{a}_a,\boldsymbol{j})=-\frac{3\sqrt{13}}{13}$$

例 8－16　圆盘的半径 $R=2\sqrt{3}$ cm，以匀角速度 $\omega=2$ rad/s，绕位于盘缘的水平固定轴 O 转动，并带动杆 AB 绕水平固定轴 A 转动，杆与圆盘在同一铅垂面内，如图 8－27(a)所示。试求机构运动到 A、C 两点位于同一铅垂线上，并且杆与铅垂线 AC 夹角 $\alpha=30°$时，AB 杆转动的角速度与角加速度。

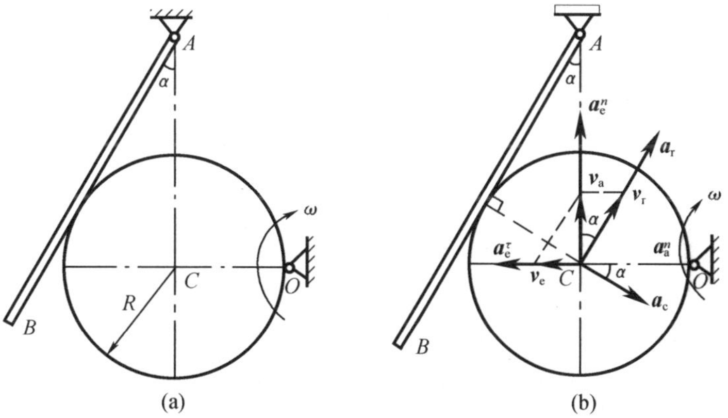

图 8－27　例 8－16 图

解　因为求解点的复合运动问题时，动点与动系选取的基本原则之一就是应使动点的相对运动比较直观、清晰，所以，分析本题中机构的运动，由于在机构运动过程中圆盘的中心 C 到直杆 AB 的垂直距离始终保持不变，并且等于半径 R，因此可选盘心 C 为动点，动系固连于直杆 AB，定系固接于机座。

动点 C 的绝对运动：以 R 为半径，以 O 点为圆心的圆周运动；

相对运动：沿平行于杆 AB，并与其相距为 R 的直线运动；

牵连运动：随杆 AB 绕水平轴 A 的定轴转动。

(1)求 AB 杆的角速度 ω_{AB}

各速度的大小及方向要素如下：

绝对速度 $\boldsymbol{v}_a$：$\boldsymbol{v}_a=\omega R=4\sqrt{3}$ cm/s 方向垂直 OC 竖直向上；

相对速度 $\boldsymbol{v}_r$：大小未知，方向平行于 AB；

牵连速度 $\boldsymbol{v}_e$：$v_e=\omega_{AB}\cdot AC$，方向垂直于 AC。

根据速度合成定理 $\boldsymbol{v}_a=\boldsymbol{v}_e+\boldsymbol{v}_r$，作速度平行四边形如图 8－27 所示，由图可得

$$v_e=v_a\tan\alpha=\omega R\tan 30°=4\ \text{cm/s}$$

$$v_r = \frac{v_a}{\cos\alpha} = \frac{R\omega}{\cos 30°} = 8\ \text{cm/s}$$

所以,杆 AB 的角速度

$$\omega_{AB} = \frac{v_e}{AC} = \frac{v_e}{2R} = \frac{\sqrt{3}}{3}\ \text{rad/s 顺时针转向)}$$

(2)求 AB 杆的角加速度 α_{AB}

各加速度大小及方向要素如下:

绝对加速度:$a_a^\tau = 0, a_a^n = \omega^2 R = 8\sqrt{3}\ \text{cm/s}^2$,方向沿 CO;

相对加速度:大小未知,方向平行于 AB;

牵连加速度:$a_e^\tau = \alpha_{AB} AC$,方向垂直于 AC,$a_e^n = \omega_{AB}^2 \cdot AC = \frac{4\sqrt{3}}{3}\ \text{cm/s}^2$,方向沿 CA;

科氏加速度:$\boldsymbol{a}_c = 2\boldsymbol{\omega}_e \times \boldsymbol{v}_r, a_c = 2\omega_{AB} \cdot v_r = \frac{16\sqrt{3}}{3}\ \text{cm/s}^2$,方向垂直于 AB;

根据牵连运动为定轴转动时的加速度合成定理

$$\boldsymbol{a}_a^\tau + \boldsymbol{a}_a^n = \boldsymbol{a}_e^\tau + \boldsymbol{a}_e^n + \boldsymbol{a}_r + \boldsymbol{a}_c$$

作加速度矢量图,并将上式各矢量沿科氏加速度方向投影可得

$$a_a^n \cos\alpha = -a_e^\tau \cos\alpha - a_e^n \sin\alpha + a_c$$

代入各值得

$$a_e^\tau = \frac{1}{\cos\alpha}(a_c - a_e^n \sin\alpha - a_a^n \cos\alpha) = -4.52\ \text{cm/s}^2$$

故 AB 杆的角加速度大小为 $\alpha_{AB} = \frac{a_e^\tau}{AC} = \frac{a_e^\tau}{2R} = -0.65\ \text{rad/s}^2$,转向为逆时针。

讨论:本题的机构在运动过程中,圆盘与杆 AB 的接触点随时间而不断变化,没有一个不变的接触点,这时不宜选取这种不断变化的接触点为动点,否则,动点的相对运动不直观、不清晰,难以进行加速度问题的分析与求解。

思 考 题

一、判断题

1. 不论牵连运动为何种运动,点的速度合成定理 $\boldsymbol{v}_a = \boldsymbol{v}_e + \boldsymbol{v}_r$ 皆成立。(　　)

2. 在图 8-28 中选套筒 A 为动点,摇杆 OC 为动参考系,基座为静参考系,则 $v_e = OA \cdot \omega$。(　　)

3. 牵连运动是指动系相对于定系的运动,它和刚体的运动形式相同。(　　)

4. 动点的相对运动为直线运动、牵连运动为直线平动时,动点的绝对运动也一定是直线运动。(　　)

5. 如图 8-29 所示各机构中,取 A 为动点,O_1B 为动参考系。则 $a_c = 2\omega_1 v_r$(　　),方向如图所示(　　)。

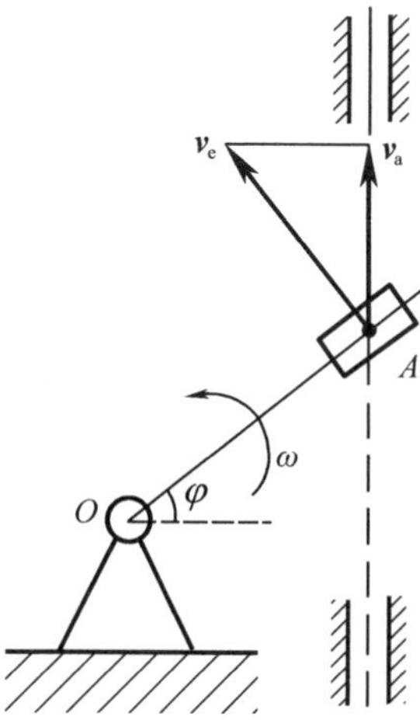

图 8－28　判断题第 2 题图

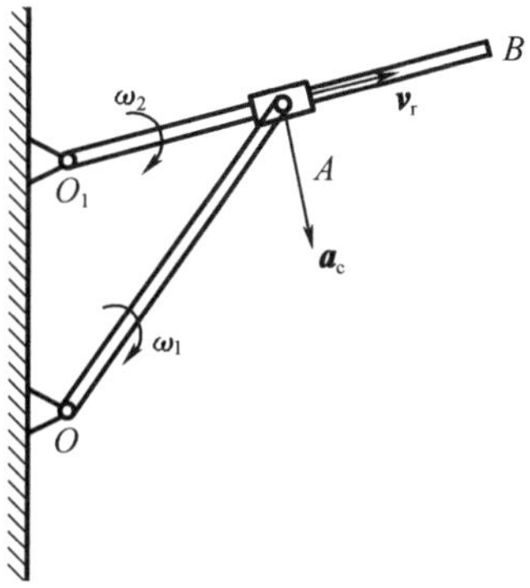

图 8－29　判断题第 5 题图

二、选择题

1. 在图 8－30(a)、图 8－30(b)情况下，选取动点、动系的方案分别为：(a)以 OA 上的 A 点为动点，以 BC 为动系；(b)以 BC 上的 A 点为动点，以 OA 为动系；则(　　)方案正确。

A. (a)种　　　　B. (b)种

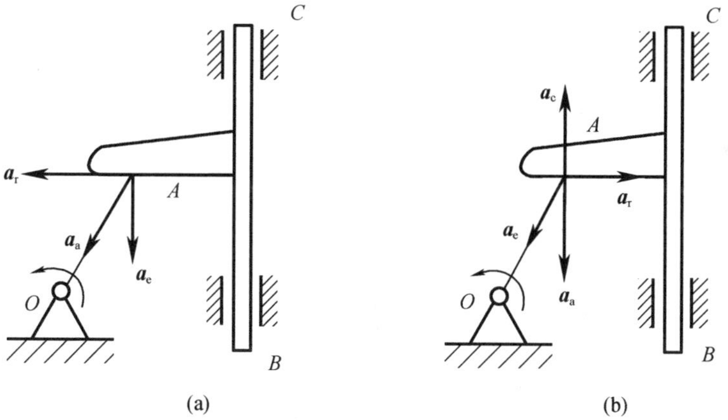

图 8－30　选择题第 1 题图

2. 如图 8－31 所示，长 L 的直杆 OA，以角速度 ω 绕 O 轴转动，杆的 A 端铰接一个半径为 r 的圆盘，圆盘相对于直杆以角速度 ω_r 绕 A 轴转动。今以圆盘边缘上的一点 M 为动点，OA 为动坐标，当 AM 垂直 OA 时，点 M 的相对速度为(　　)。

A. $v_r = L\omega_r$，方向沿 AM

B. $v_r = r(\omega_r - \omega)$，方向垂直 AM，指向左下方

C. $v_r = r(\sqrt{L_2 + r_2})1/2\omega_r$，方向垂直 OM，指向右下方

D. $v_r = r\omega_r$，方向垂直 AM，指向在左下方

3. 在图 8－32 曲柄连杆机构中，曲柄以角速度 ω 转动，如选滑块 B 为动点，动系固接于曲柄 OA 上，则在图示位置动点的牵连速度的大小为(　　)。

A. $r\omega$　　B. $\sqrt{3}\omega r$　　C. $2\omega r$　　D. 0

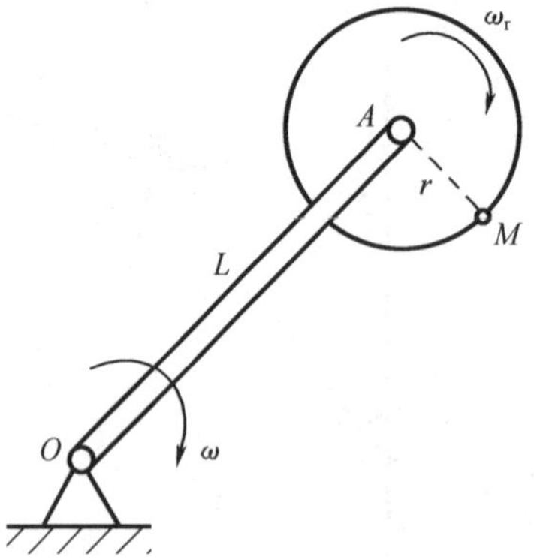

图 8－31　选择题第 2 题图

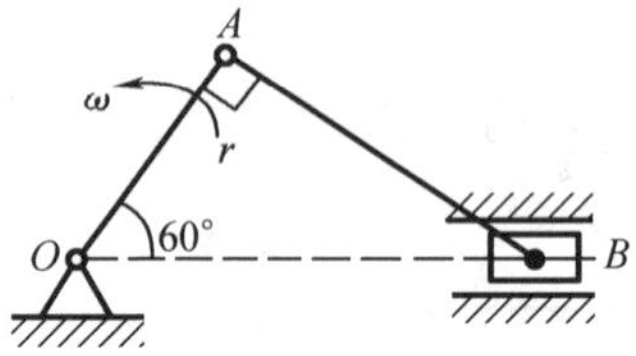

图 8－32　选择题第 3 题图

4. 如图 8－33 所示，OA 杆以 ω_0 绕 O 轴匀速转动，半径为 r 的小轮沿 OA 做无滑动的滚动。若选轮心 O_1 为动点，动系固接于 OA 杆，地面为定系，则牵连速度的大小和方向为(　　)。

A. $v_e = s\omega_0$(垂直于 OB，沿 ω_0 转向)　　B. $v_e = (s+r)\omega_0$(垂直于 OB，沿 ω_0 转向)

C. $v_e = \sqrt{s^2+r^2}\omega_0$(垂直于 OB，沿 ω_0 转向)　　D. $v_e = \sqrt{s^2+r^2}\omega_0$(垂直于 OO_1，沿 ω_0 转向)

5. 在图 8－34 中，直角曲杆以匀角速度 ω 绕轴 O 转动，小环 M 沿曲杆运动。若取小环为动点，曲杆为动系，地面为静系。则当小环运动到位置 A 和位置 B 时，小环在这两瞬时牵连速度的大小(　　)，其方向(　　)。

A. 相同　　B. 不相同

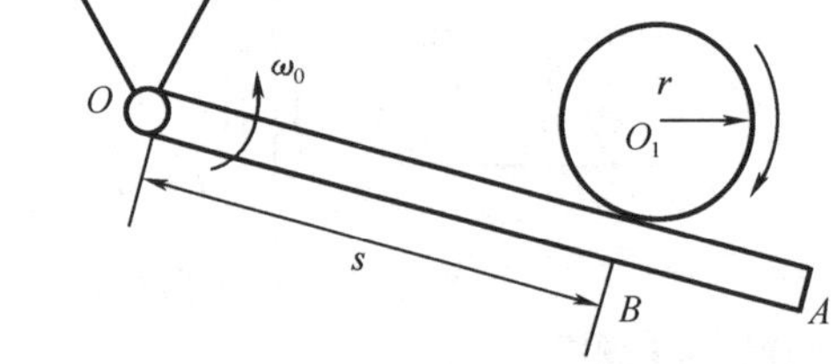

图 8－33　选择题第 4 题图

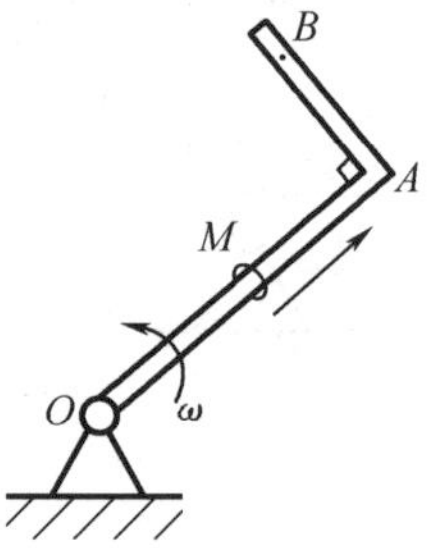

图 8－34　选择题第 5 题图

三、填空题

1. 牵连点是某瞬时________上与________相重合的那一点。

2. 物块 A 以速度 v_A 向右移动，OB 杆靠在物块 A 上且其一端 O 以固定铰链与地面相连。在图 8－35 所示位置时：(1) 取________为动点，________为动系，________为定系。(2) 动点的绝对运动为________，相对运动为________，牵连运动为________。(3) 动点的相对速度为________，绝对速度为________，牵连速度为________。其速度矢量图如图 8－35(b) 所示。

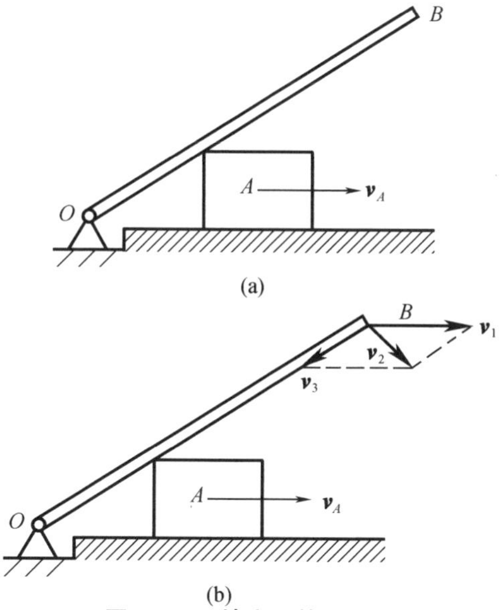

图 8－35　填空题第 2 题图

3. 合理选择图 8－36 所示各机构中的动点和动系：图 8－36(a)动点________，动系________；图 8－36(b)动点________，动系________；图 8－36(c)动点________，动系________；图 8－36(d)动点________，动系________；图 8－36(e)动点________，动系________。

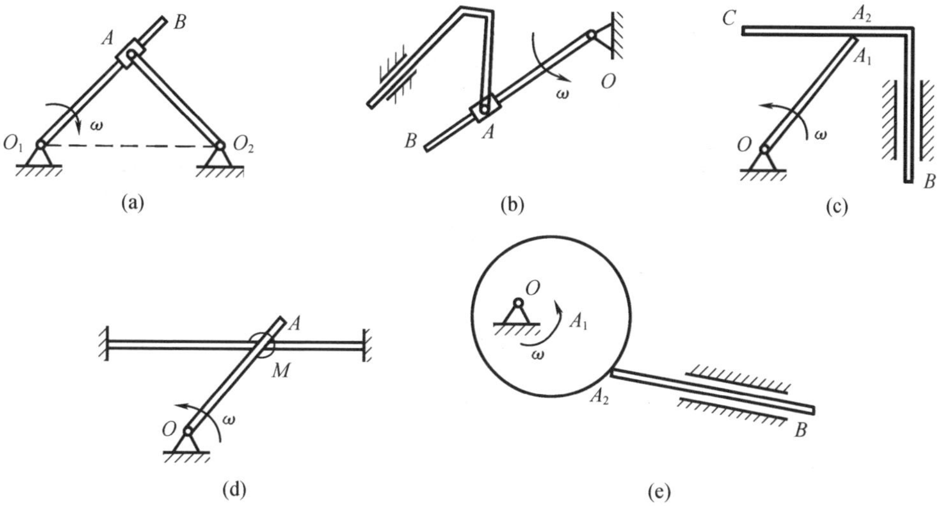

图 8－36　填空题第 3 题图

4. 已知杆 OC 长$\sqrt{2}L$，以匀角速度 ω 绕 O 转动，若以 C 为动点，AB 为动系，则当 AB 杆处于铅垂位置时点 C 的相对速度为 v_r = ________，方向在图 8－37 中表示；牵连速度 v_e = ________，方向在图 8－37 中表示。

5. 系统按 $S = a + b\sin \omega t$、且 $\varphi = \omega t$（式中 a、b、ω 均为常量）的规律运动，杆长 L，若取小

球 A 为动点,物体 B 为动坐标系,则牵连加速度 a_e = ________,相对加速度 a_r = ________(方向均需由图 8-38 表示)。

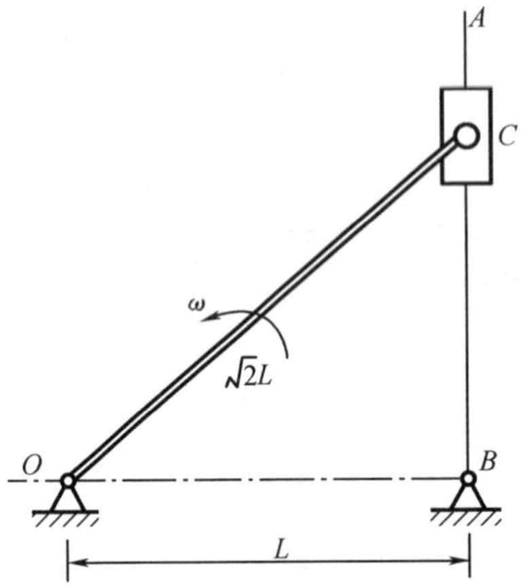

图 8-37　填空题第 4 题图

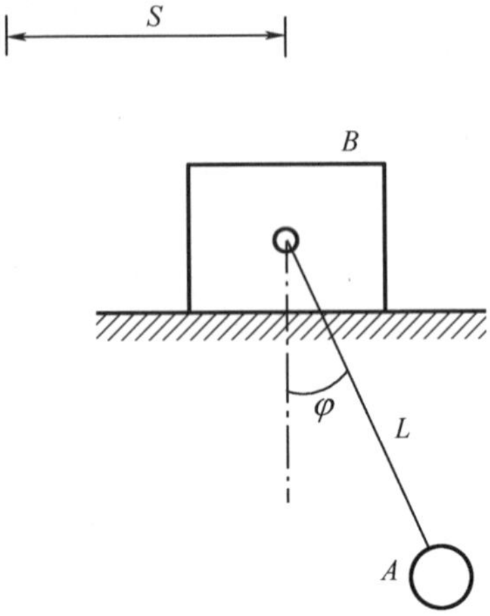

图 8-38　填空题第 5 题图

习　　题

8-1　对于图 8-39 中所示的各机构,适当选取动点、动系和定系,试画出在图示瞬时动点的 $\boldsymbol{v}_a$、$\boldsymbol{v}_e$ 和 $\boldsymbol{v}_r$。

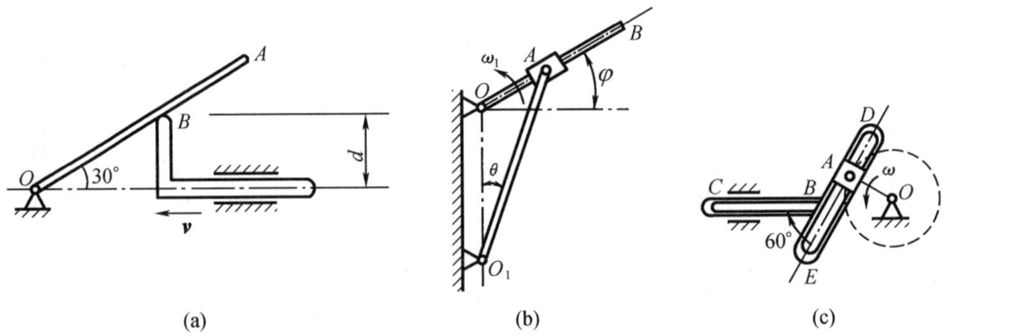

图 8-39　习题 8-1 图

答案:略。

8-2　如图 8-40 所示,直角曲杆 OCD 在图示瞬时以角速度 ω_0(rad/s)绕 O 轴转动,使 AB 杆铅锤运动。已知 $OC=L(cm)$。试求 $\varphi=45°$时,从动杆 AB 的速度。

答案:$\sqrt{2}L\omega_0$。

8-3　如图 8-41 所示矩形板 $ABCD$ 边 $BC=60$ cm,$AB=40$ cm。板以匀角速度 $\omega=0.5$ rad/s 绕 A 轴转动,动点 M 以匀速 $u=10$ cm/s 沿矩形板 BC 边运动,当动点 M 运动到 BC 边中点时,板处于图示位置,试求该瞬时 M 点的绝对速度。

答案:33. 5 cm/s。

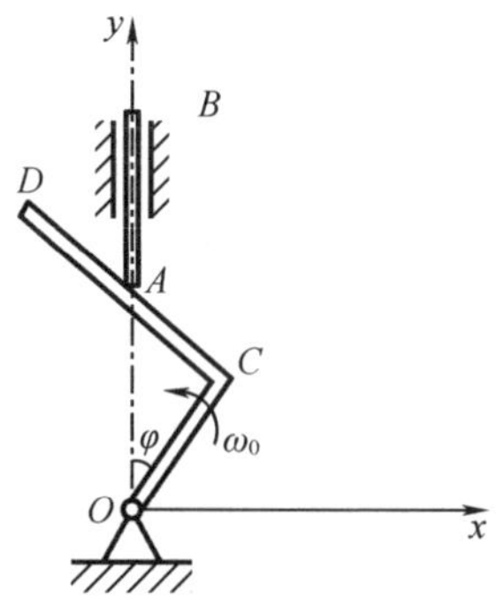

图 8-40　习题 8-2 图

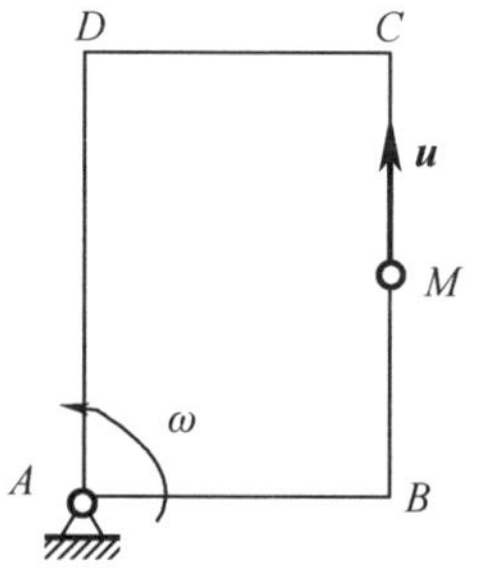

图 8-41　习题 8-3 图

8-4　在图 8-42 所示的两种机构中，已知 $OO_1 = a = 200$ mm，$\omega_1 = 3$ rad/s。求图示位置时杆 O_2A 的角速度。

答案：(a) $\omega_2 = 1.5$ rad/s；

(b) $\omega_2 = 2$ rad/s。

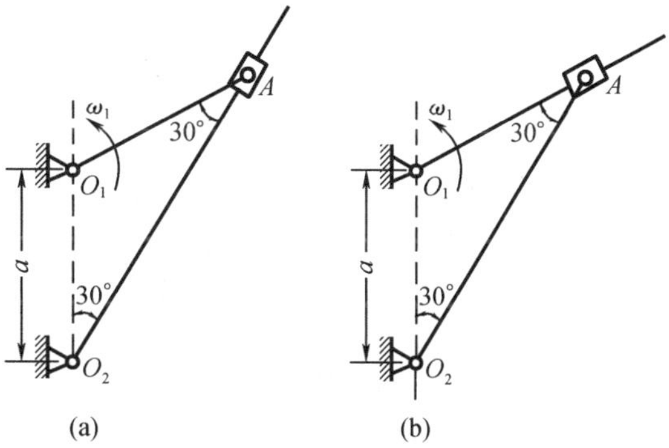

图 8-42　习题 8-4 图

8-5　如图 8-43 所示机构中，套筒 D 可沿 AB 杆滑动，又通过铰链带动 DE 杆沿固定的铅锤导槽运动。已知曲柄 O_1A 长为 r，以匀角速度 ω 沿逆时针方向转动。求图示位置时顶杆 DE 的速度。

答案：$v_a = v_e \cos\theta = \omega r \cos\theta$。

8-6　如图 8-44 所示联合收获机的平行四边形机械在铅垂面内运动。已知曲柄 $OA = O_1B = 500$ mm，OA 转速 $n = 36$ r/min，收获机的水平速度 $v = 2$ km/h。试求在图示位置 $\varphi = 30°$时，AB 杆的端点 M 的水平速度和铅垂速度。

答案：$v_x = v_r \cos 30° - v_e = 1.07$ m/s，$v_y = -v_r \sin 30° = -0.94$ m/s。

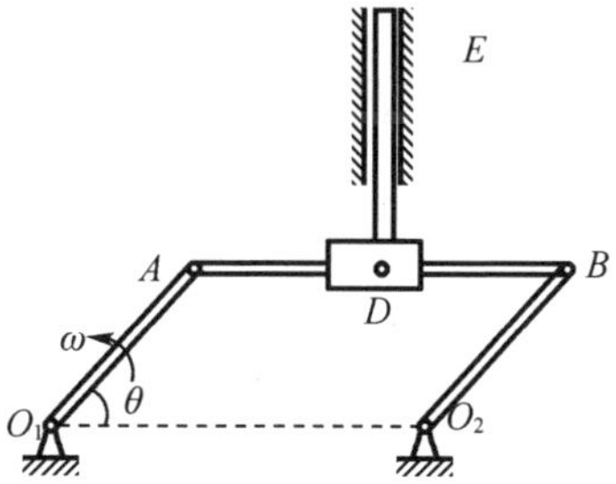

图 8-43　习题 8-5 图

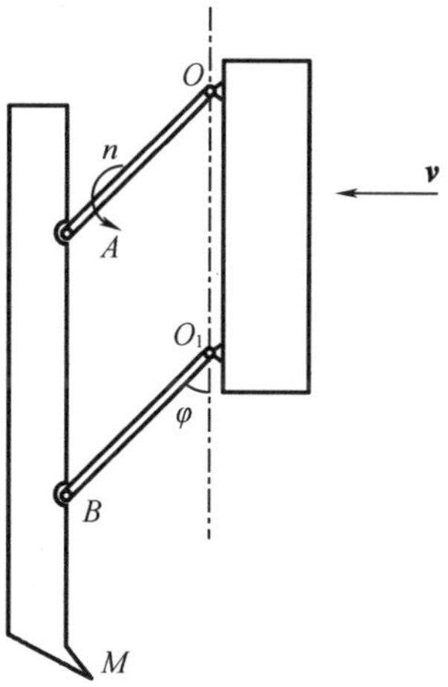

图 8-44　习题 8-6 图

8－7　如图8－45所示,杆 OA 长为 l,在 O 端为固定铰支,A 端搁在半圆形凸轮上,凸轮半径 $r=\frac{l}{\sqrt{2}}$,移动速度为 $\boldsymbol{v}$。试求当 $\theta=30°$ 时,杆 OA 的角速度。

答案:$\omega_{OA}=0.732\ \frac{v}{l}$。

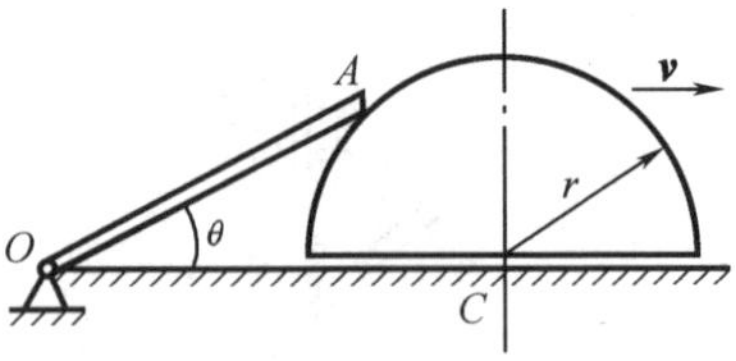

图8－45　习题8－7图

8－8　在图8－46曲柄滑道机构中,曲柄长 $OA=r$,并以等角速度 ω 绕 O 轴转动。装在水平杆上的滑槽 DE 与水平线成60°角。求当曲柄与水平线的交角分别为 $\varphi=0,30°,60°$ 时,杆 BC 的速度。

答案:当 $\varphi=0$ 时,$v=\frac{\sqrt{3}}{3}r\omega$,向左;

当 $\varphi=30°$ 时,$v=0$;

当 $\varphi=60°$ 时,$v=\frac{\sqrt{3}}{3}r\omega$,向右。

8－9　如图8－47所示机构,已知曲柄 $O_1A=r$,以匀角速度 ω_1 绕 O_1 轴转动,A 端与滑块相铰接,滑块可在T形推杆 BCD 的滑槽内滑动,推杆 BCD 在点 F 处与一套筒铰接,杆 O_2E 穿过套筒 F 可绕 O_2 轴转动,高度 h 已知。图示瞬时,O_1A 与水平线成 θ 角,且 $O_1A/\!/O_2E$,求该瞬时 O_2E 杆的角速度。

答案:$\frac{r\omega_1\sin^3\theta}{h}$。

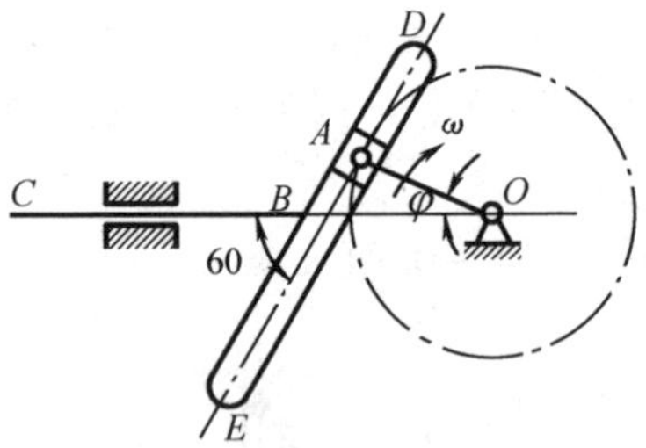

图8－46　习题8－8图

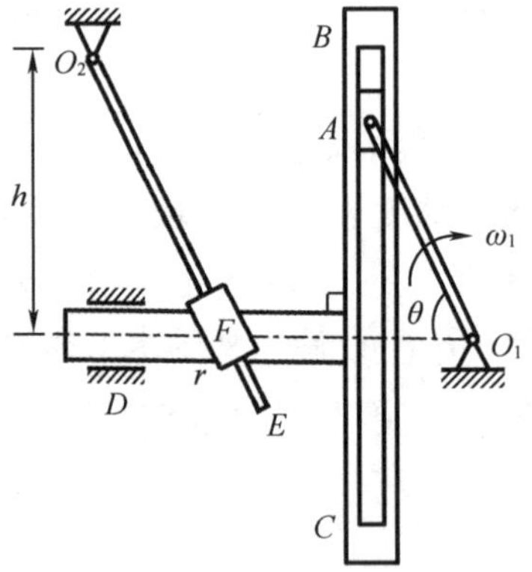

图8－47　习题8－9图

8－10　直线 AB 以大小为 v_1 的速度沿垂直于 AB 的方向向上移动;直线 CD 以大小为 v_2 的速度沿垂直于 CD 的方向向左上方移动,如图8－48所示。如两直线间的夹角为 θ,求两直线交点 M 的速度。

答案:$v_a=\frac{1}{\sin\theta}\sqrt{v_1^2+v_2^2-2v_1v_2\cos\theta}$。

8－11　绕轴 O 转动的圆盘及直杆 OA 上均有一导槽,两导槽间有一活动销子 M 如图8－49所示,$b=0.1$ m。设在图示位置时,圆盘及直杆的角速度分别为 $\omega_1=9$ rad/s 和 $\omega_2=3$ rad/s。求此瞬时销子 M 的速度。

答案:0.53 m/s。

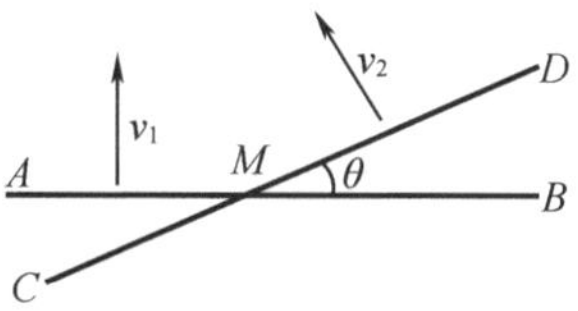

图 8-48　习题 8-10 图

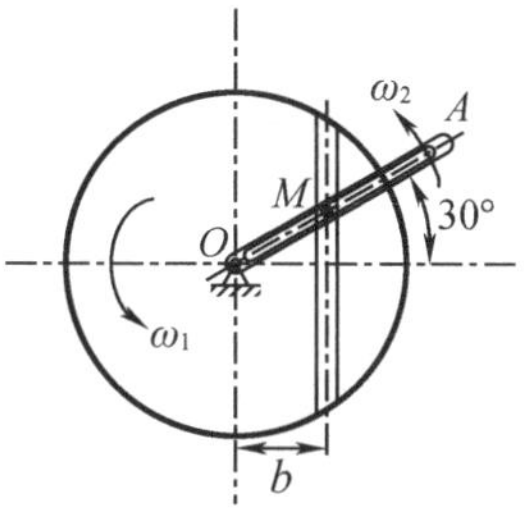

图 8-49　习题 8-11 图

8-12　如图 8-50 所示机构,已知主动轮 O 转速为 $n=30$ r/min,轮的边缘处有一销钉 A 置于带有滑槽的杆 O_1D 上,杆 O_1D 绕轴 O_1 转动,$OA=150$ mm,在杆 O_1D 的 B 处又有一销钉与滑块铰接,滑块可在水平导槽内滑动。图示瞬时,$OA\perp OO_1$,求该瞬时 O_1D 杆的角速度和滑块 B 的速度。

答案:$\omega_{O_1D}=\dfrac{v_{O_1D}}{O_1A}=\dfrac{\pi}{5}$ rad/s,0.15π m/s。

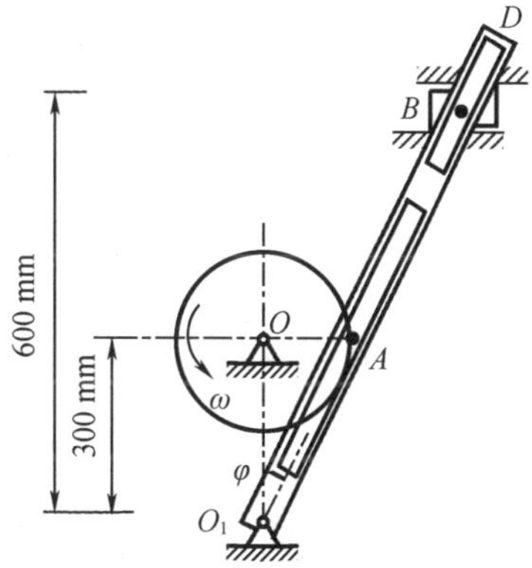

图 8-50　习题 8-12 图

8-13　在图 8-51 中,正弦机构的曲柄长 $OA=100$ mm。在图示位置 $\angle AOC=30°$时,曲柄的瞬时角速度 $\omega=2$ rad/s,瞬时角加速度 $\alpha=1$ rad/s^2。试求这时导杆 BC 的加速度以及滑块 A 对滑道的相对加速度。

答案:396.4 mm/s^2,113.4 mm/s^2。

8-14　荡木 AB 在图 8-52 所示平面内摆动,小车沿水平线运动。已知 $AB=CD$,$AC=BD=2.5$ m。在图示位置,CA 的角速度和角加速度分别为 $\omega=1$ rad/s,$\alpha=\sqrt{3}$ rad/s^2,小车 G 的速度和加速度分别为 $u_0=3$ m/s,$a_0=1$ m/s^2(方向如图 8-52 所示),$\varphi=45°$,$\beta=30°$,$GE=3$ m。试求该瞬时小车 G 相对于荡木 AB 的速度和加速度。

答案:$v_{rx}=0.83$ m/s,$v_{ry}=-1.25$ m/s;$a_r=4$ m/s^2。

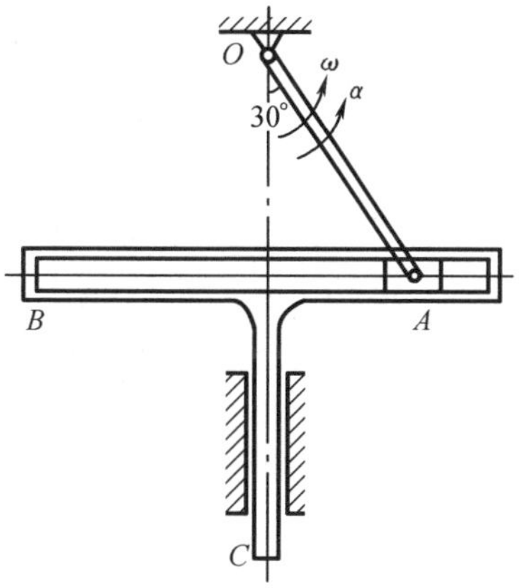

图 8-51　习题 8-13 图

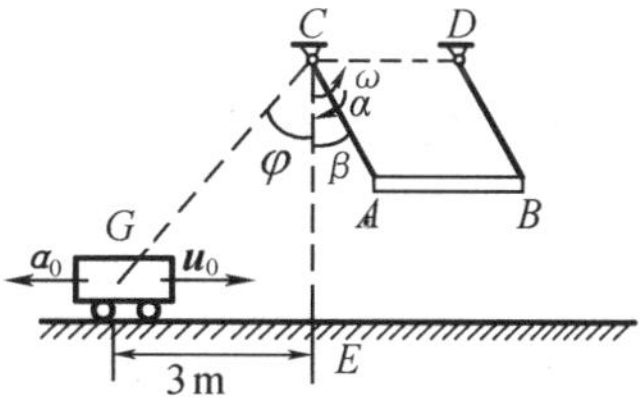

图 8-52　习题 8-14 图

8－15　如图 8－53 所示,曲柄 OA 长 0.4 m,以等角速度 $\omega=0.5$ rad/s 绕 O 逆时针转向转动。由于曲柄的 A 端推动水平板 B,而使滑杆 C 沿铅直方向上升。求当曲柄与水平线间的夹角 $\theta=30°$时,滑杆 C 的速度和加速度。

答案:$v_e=0.173\ 2$ m/s,$a_e=0.05$ m/s^2。

8－16　在如图 8－54 所示平面机构中,已知 $AD=BE=L$,且 AD 平行 BE,OF 与 CE 杆垂直。当 $\varphi=60°$时,BE 杆的角速度为 ω、角加速度为 α。试求此瞬时 OF 杆的速度与加速度。

答案:$v_a=v_e\cos\varphi=\frac{1}{2}\omega L\uparrow$,$a_a=a_e^n\sin\varphi-a_e^\tau\cos\varphi=0.866L\omega^2-0.5L\alpha\downarrow$。

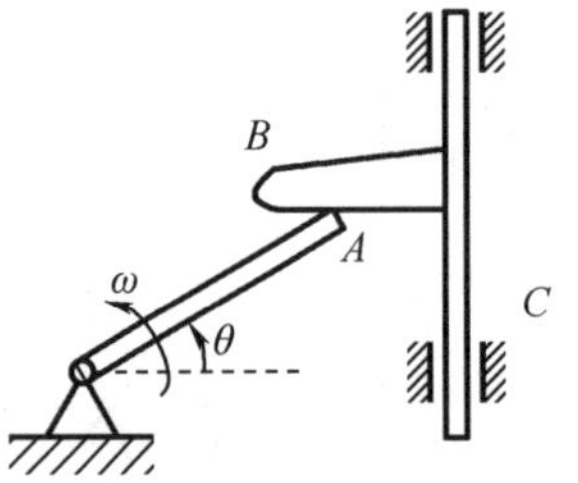

图 8－53　习题 8－15 图

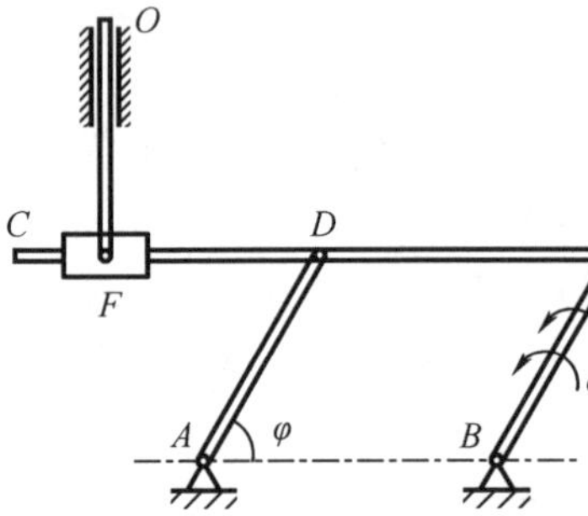

图 8－54　习题 8－16 图

8－17　如图 8－55 所示具有半径 $R=0.2$ m 的半圆形槽的滑块,以速度 $u_0=1$ m/s,加速度 $a_0=2$ m/s^2 水平向右运动,推动杆 AB 沿铅垂方向运动。试求在图示 $\varphi=60°$时,AB 杆的速度和加速度。

答案:0.577 m/s,8.85 m/s^2。

8－18　如图 8－56 所示一曲柄滑块机构,在滑块上有一圆弧槽,圆弧的半径 $R=3$ cm,曲柄 $OP=4$ cm。当 $\varphi=30°$时,曲柄 OP 的中心线与圆弧槽的中心弧线 MN 在 P 点相切,这时,滑块以速度 $u=0.4$ m/s、加速度 $a_0=0.4$ m/s^2 向左运动。试求在此瞬时曲柄 OP 的角速度 ω 与角加速度 α。

答案:5 rad/s,－95 rad/s^2。

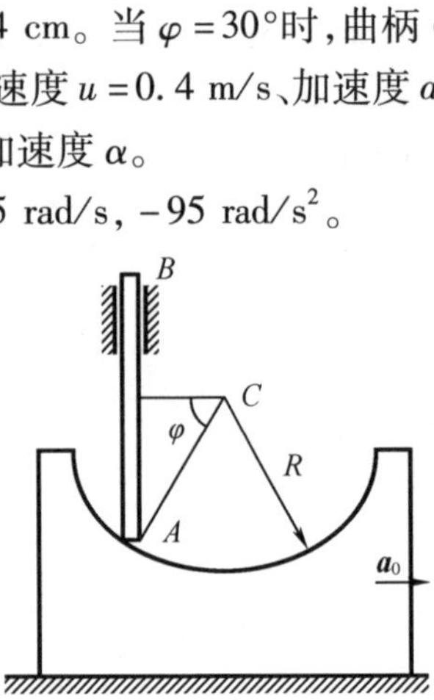

图 8－55　习题 8－17 图

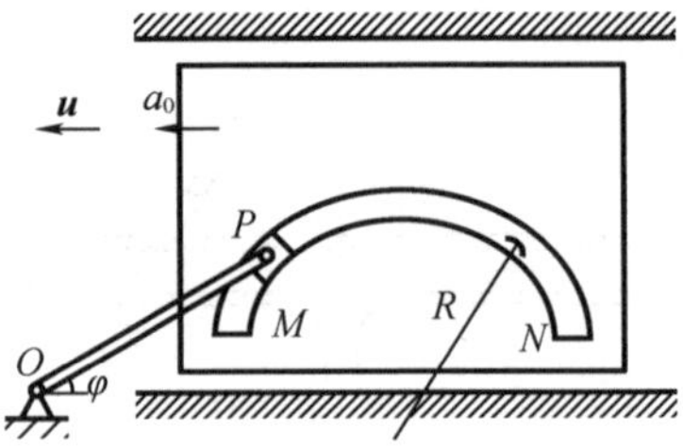

图 8－56　习题 8－18 图

8－19　如图 8－57 所示长为 L 的 OA 杆,A 端恒与三角块 B 的斜面接触,并沿倾角 $\theta=30°$的斜面滑动,在图所示位置,OA 杆水平。B 的速度为 v,加速度为 a。试求此时杆端 A 的速度与加速度。

答案：$v_a = 0.577v$

$$a_a^\tau = \frac{\sqrt{3}}{3}\left(a + \frac{v^2}{3L}\right)$$

$$a_a = \sqrt{\frac{a^2}{3} + \frac{2v^2 a}{9L} + \frac{4v^4}{27L^2}}$$

$$\tan\alpha = \frac{a_a^\tau}{a_a^n} = \frac{\sqrt{3}(3La + v^2)}{3v^2}$$。

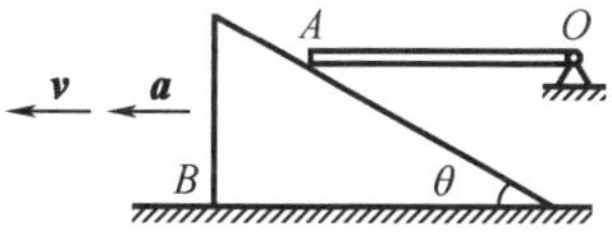

图 8-57　习题 8-19 图

8-20　在图 8-58 所示铰接四边形机构中，$O_1A = O_2B = 100$ mm，又 $O_1O_2 = AB$，杆 O_1A 以等角速度 $\omega = 2$ rad/s 绕轴 O_1 转动。杆 AB 上有一套筒 C，此套筒与杆 CD 相铰链。机构的各部件都在同一铅垂面内。求当 $\varphi = 60°$时，杆 CD 的速度和加速度。

答案：0.1 m/s，0.343 6 m/s^2。

8-21　平底顶杆凸轮机构如图 8-59 所示，顶杆 AB 可沿导槽上下移动，偏心圆盘绕轴 O 转动，轴 O 位于顶杆轴线上。工作时顶杆的平底始终接触凸轮表面。该凸轮半径为 R，偏心距 $OC = e$，凸轮绕轴 O 转动的角速度为 ω，OC 与水平线成夹角 φ。求当 $\varphi = 0°$时，顶杆的速度和加速度。

答案：$v_e = e\omega$，$a_e = 0$。

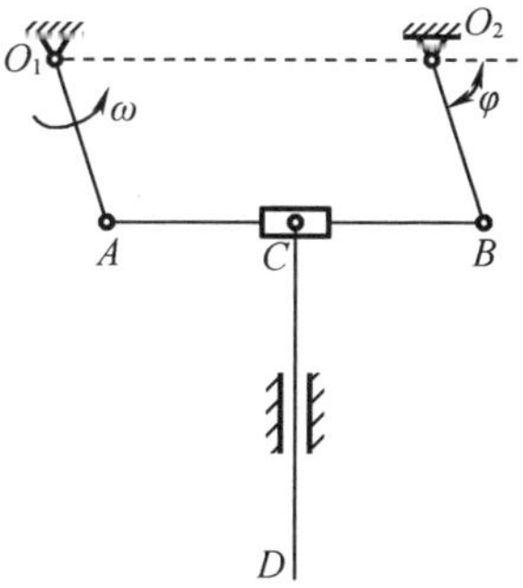

图 8-58　习题 8-20 图

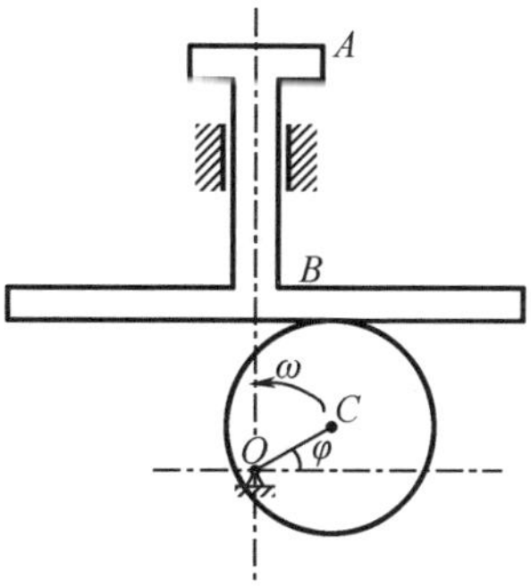

图 8-59　习题 8-21 图

8-22　如图 8-60 所示机构，滑槽 OA 可绕 O 轴定轴转动，BC 杆可沿导槽水平平移。图示瞬时 BC 杆的速度、加速度分别为 $\boldsymbol{v}$、$\boldsymbol{a}$，已知 h、θ。试求滑槽 OA 的角速度和角加速度。

答案：$\omega_{OA} = \dfrac{v_e}{OD} = \dfrac{v}{h}\cos^2\theta$，$\alpha_{OA} = \dfrac{a_e^\tau}{OD} = \left(\dfrac{a}{h} + \dfrac{v^2\sin 2\theta}{h^2}\right)\cos^2\theta$。

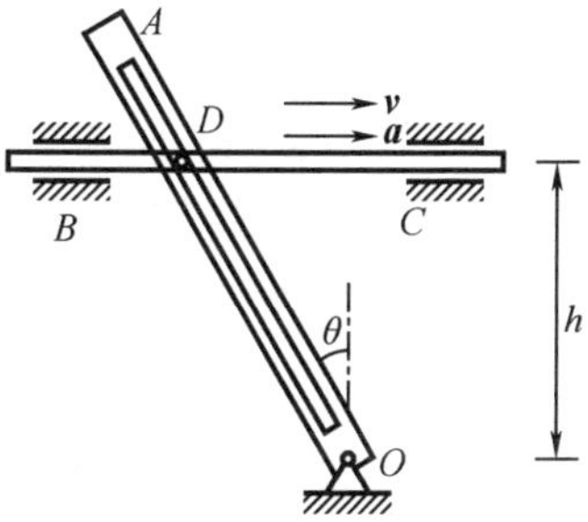

图 8-60　习题 8-22 图

8-23　如图 8-61 所示半径为 r、偏心距为 e 的凸轮，以匀角速度 ω 绕 O 轴转动，AB 杆长 $l = 4e$，A 端置于凸轮上，B 端用铰链支承。在图示瞬时 AB 杆处于水平位置，$\varphi = 45°$。试求该瞬时 AB 杆的角速度和角加速度。

答案：$\omega_{AB} = \dfrac{v_A}{AB} = \dfrac{1}{4}\omega$，$\alpha_{AB} = \dfrac{\alpha_A^\tau}{AB} = \dfrac{3}{16}\omega^2$。

8-24　在图 8-62 中，图示半径为 R 的圆盘以匀角速度 ω_1 绕水平轴 CD 转动，此轴又

以匀角速度 ω_2 绕铅垂轴转动。试求圆盘上 1 点和 2 点的速度和加速度。

答案：$v_1=R\omega_1$，$a_1=R\omega_1\sqrt{\omega_1^2+4\omega_2^2}$；

$$v_2=R\sqrt{\omega_1^2+\frac{\omega_2^2}{2}},\ a_2=\frac{\sqrt{2}R}{2}\sqrt{2\omega_1^4+\omega_2^4+6\omega_1^2\omega_2^2}。$$

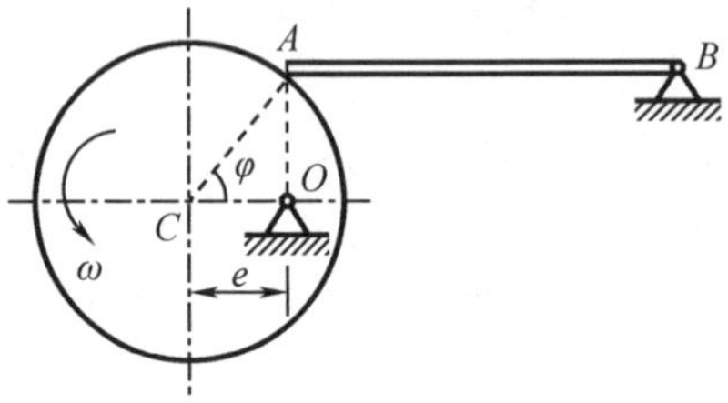

图 8-61　习题 8-23 图

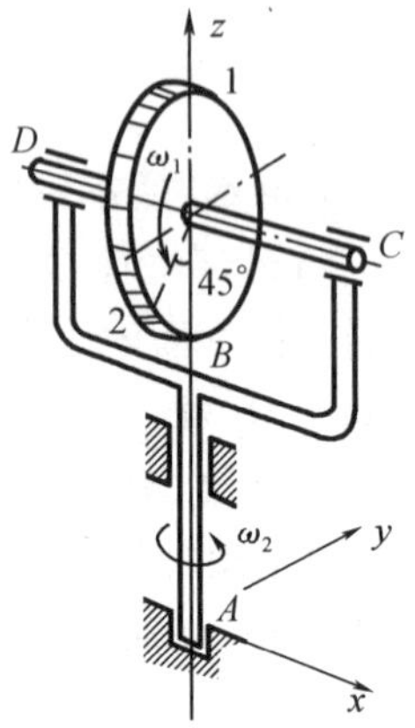

图 8-62　习题 8-24 图

8-25　如图 8-63 所示直角曲杆 OBC 绕 O 轴转动，使套在其上的小环 M 沿固定直杆 OA 滑动。已知 $OB=0.1$ m，OB 与 BC 垂直，曲杆的角速度 $\omega=0.5$ rad/s，角加速度为零。求当 $\varphi=60°$时，小环 M 的速度和加速度。

答案：$v_a=0.1732$ m/s，$a_a=0.35$ m/s^2。

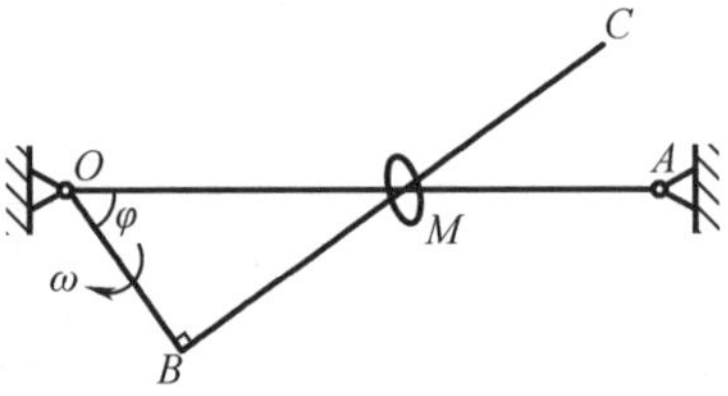

图 8-63　习题 8-25 图

8-26　如图 8-64 所示偏心轮摇杆机构中，摇杆 O_1A 借助弹簧压在半径为 R 的偏心轮 C 上。偏心轮 C 绕轴 O 往复摆动，从而带动摇杆绕轴 O_1 摆动。设 $OC\perp OO_1$ 时，轮 C 的角速度为 ω，角加速度为零，$\theta=60°$。求此时摇杆 O_1A 的角速度 ω_1 和角加速度 α_1。

答案：$\dfrac{\omega}{2}$，$0.1443\omega^2$。

8-27　如图 8-65 所示圆盘绕 AB 轴转动，其角速度 $\omega=2t$ rad/s。点 M 沿圆盘直径离开中心向外缘运动，其运动规律为 $OM=40t^2$ mm。半径 OM 与 AB 轴间成 60°角。求当 $t=1$ s 时，点 M 的绝对加速度的大小。

答案：355.5 mm/s^2。

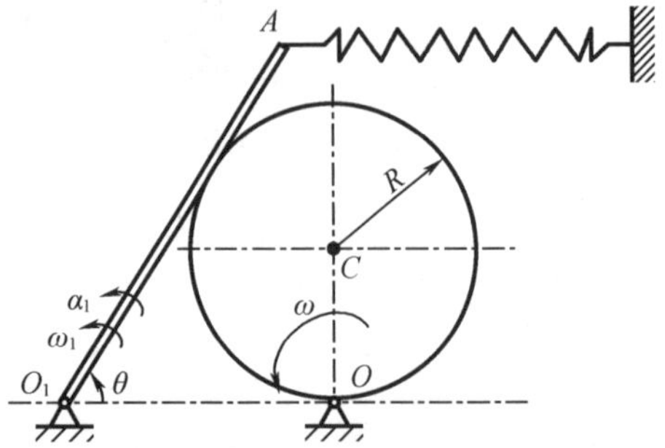

图 8-64　习题 8-26 图

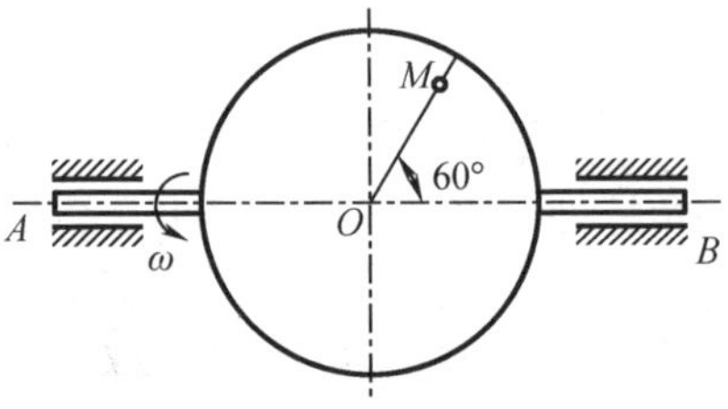

图 8-65　习题 8-27 图

8-28　在图8-66中，曲柄 OA，长为 $2r$，绕固定轴 O 转动。圆盘半径为 r，绕 A 轴转动。已知 $r=100$ mm，在图示位置，曲柄 OA 的角速度 $\omega_1=4$ rad/s，角加速度 $\alpha_1=3$ rad/s^2，圆盘相对于 OA 的角速度 $\omega_2=6$ rad/s，角加速度 $\alpha_2=4$ rad/s^2。求圆盘上 M 点和 N 点的绝对速度和绝对加速度。

答案：$v_M=600$ mm/s，$a_M=3\ 630$ mm/s^2；$v_N=825$ mm/s，$a_N=3\ 450$ mm/s^2；

$$v_M=\frac{1}{\sin\theta}\sqrt{v_1^2+v_2^2-2v_1v_2\cos\theta}。$$

8-29　如图8-67所示，已知：OA 杆以匀角速度 $\omega_0=2$ rad/s 绕 O 轴转动，半径 $r=2$ cm的小轮沿 OA 杆做无滑动的滚动，轮心相对 OA 杆的运用规律 $b=4t^2$（其中 b 以 cm 计，t 以 s 计）。当 $t=1$ s 时，$\varphi=60°$，试求该瞬时轮心 O_1 的绝对速度和绝对加速度。

答案：8.94 cm/s，25.3 cm/s^2。

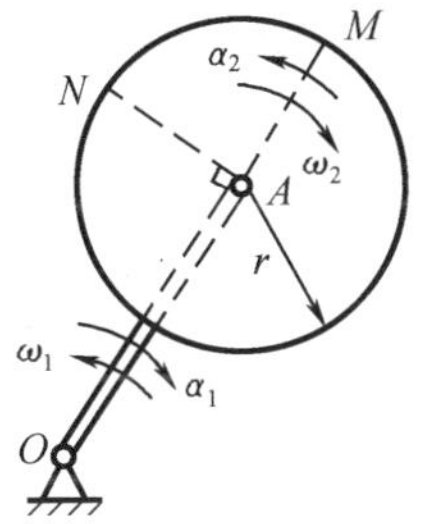

图8-66　习题8-28图

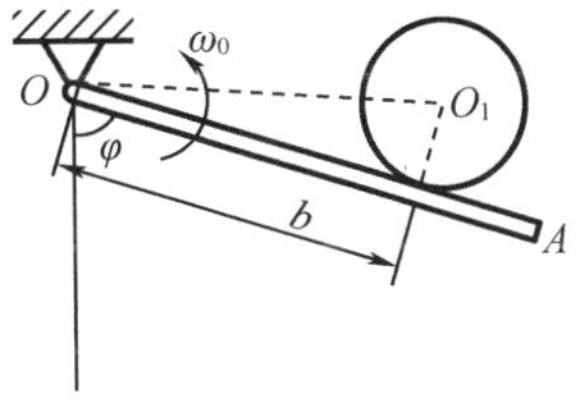

图8-67　习题8-29图

8-30　如图8-68所示，斜面 AB 与水平面间成45°角。以0.1 m/s^2 的加速度沿 Ox 轴向右运动。物块 M 以匀相对加速度 $0.1\sqrt{2}$ m/s^2，沿斜面滑下，斜面与物块的初速度都是零。物块的初位置为：坐标 $x=0$，$y=h$。求物块的绝对运动、运动轨迹、速度和加速度。

答案：$a_a=\sqrt{a_{ax}^2+a_{ay}^2}=0.223\ 6$ m/s^2，$v_a=\sqrt{v_{ax}^2+v_{ay}^2}=0.223\ 6t$ m/s。

运动方程 $x=0.1t^2$，$y=h-0.05t^2$，轨迹方程 $y=h-\dfrac{x}{2}$。

8-31　牛头刨床机构如图8-69所示。已知 $O_1A=200$ mm，角速度 $\omega_1=2$ rad/s，角加速度 $\alpha=0$。求图示位置滑枕 CD 的速度和加速度。

答案：0.325 m/s，0.656 7 m/s^2。

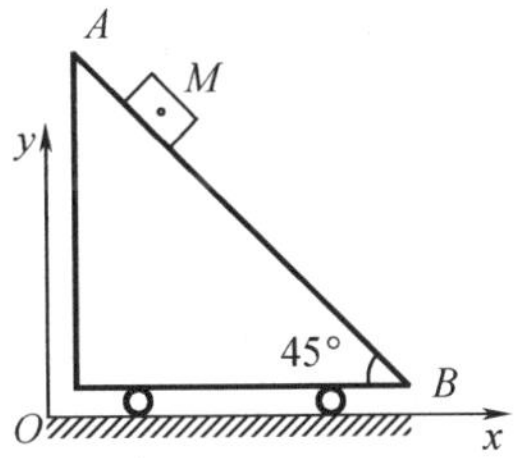

图8-68　习题8-30图

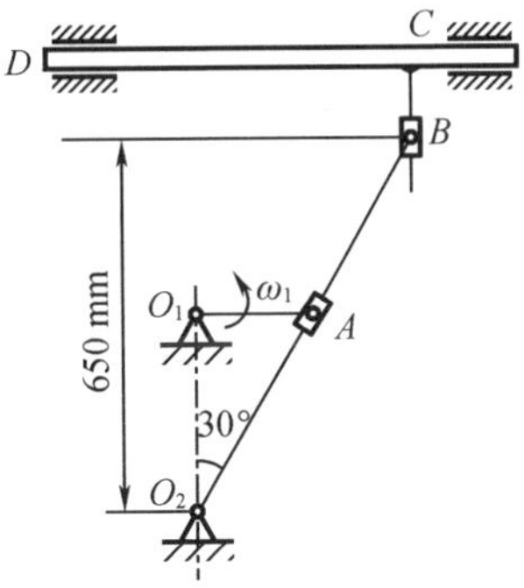

图8-69　习题8-31图

8-32　在如图8-70所示平面机构中,刚体 CD 以匀速度 $\boldsymbol{u}$ 在水平面上做平动,通过套筒 C 带动 OA 杆绕 O 轴转动。当 $t=0$ 时,OA 恰在铅直位置。试用合成运动的方法求在任意瞬时 t:

(1)OA 的角速度;

(2)OA 的角加速度。(尺寸 L 为已知)

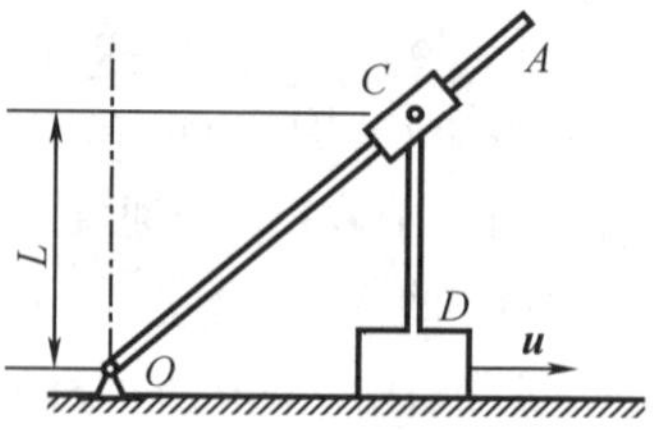

图8-70　习题8-32图

答案:$\omega=\dfrac{v_e}{OC}=\dfrac{Lu}{u^2t^2+L^2}$(顺时针);

$\alpha=\dfrac{a_e^\tau}{OC}=\dfrac{2Lu^3t}{(u^2t^2+L^2)^2}$(逆时针)。

8-33　如图8-71所示直杆 OA 固定不动,半径 $R=1$ m的大圆环绕 O 轴做定轴转动,在图示位置时,其角速度 $\omega=1$ rad/s,角加速度 $\alpha=1$ rad/s^2,转向如图8-71所示。大圆环用小圆环 M 套在 OA 杆上。试用点的合成概念求图示(OA 杆与大圆环直径重合)位置时:

(1)小环 M 的绝对速度;

(2)小环 M 的绝对加速度。

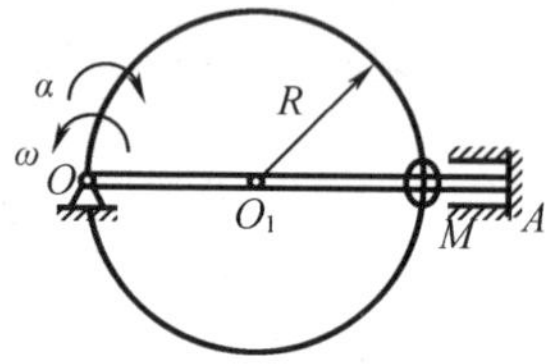

图8-71　习题8-33图

答案:$v_a=0$;

$a_a=a_k-a_r^n-a_e^n=-2$ m/s^2,负号表示与实际方向相反,向左(←)。

8-34　在图8-72中,图示点 P 以不变的相对速度 v_r 沿圆锥体的母线 OB 向下运动。此圆锥体以角速度 ω 绕 OA 轴做匀速运动。如 $\angle POA=\alpha$,且当 $t=0$ 时点在 P_0 处,此时距离 $OP_0=b$。试求点 P 在瞬时 t 的绝对加速度。

答案:$a=\sqrt{(b+v_rt)^2\omega^4+4\omega^2v_r^2}\sin\alpha$。

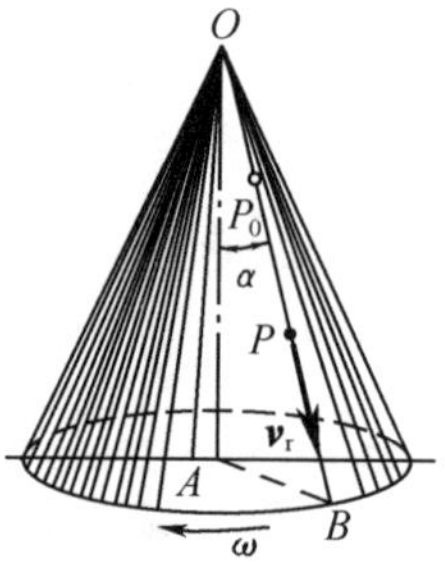

图8-72　习题8-34图

第9章　刚体的平面运动

前面讨论了点的复合运动、刚体的平动和定轴转动。这一章将以刚体的平动和定轴转动知识为基础，通过运用复合运动理论来分析工程中常见的刚体的较为复杂的运动形式——平面运动。本章将阐明平面运动刚体上各点的速度和加速度的计算方法。

9.1　刚体平面运动的基本概念及运动的分解

9.1.1　刚体平面运动的概念

第7章对刚体的两种基本运动进行了讨论，但在日常生活和工程中，常常遇到刚体的另一种运动，如车轮沿一直线轨道滚动（图9－1），黑板擦在擦黑板时的运动，曲柄滑块机构中连杆 AB 的运动（图9－2）等，这类运动既不是平动，又不是定轴转动，具有一个共同的特点，即在运动过程中，刚体上所有各点到某一固定平面的距离始终保持不变，这种运动称为刚体的平面运动。

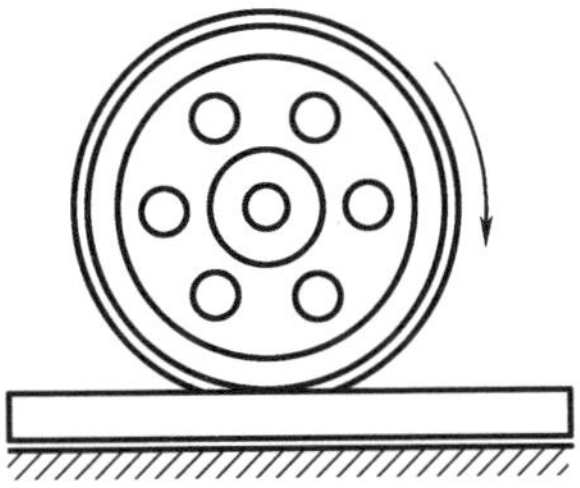

图9－1　车轮沿一直线轨道滚动图

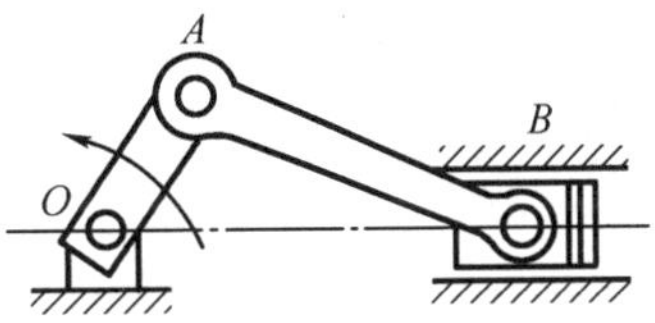

图9－2　曲柄滑块机构图

9.1.2　刚体平面运动的简化

现在进一步分析刚体做平面运动时的运动特点，以图9－3(a)所示连杆的运动为例，连杆在平面运动的过程中，连杆上所有各点到固定平面 $O_1x_1y_1$ 的距离始终保持不变，或者说，刚体上的所有各点都在平行于这个固定平面 $O_1x_1y_1$ 的某个平面内运动。

如果用一个平行于这个固定平面 $O_1x_1y_1$ 的平面 Oxy 截割刚体连杆，所得到的平面图形将始终在这个截割平面 Oxy 内运动，如图9－3(b)所示。

如果通过平面图形上某任意点 c 作一直线 cc_1 垂直于固定平面 $O_1x_1y_1$，那么，当刚体做平面运动时，该直线始终垂直于固定平面，即做平动，因此该直线上各点的运动（轨迹、速度、加速度）均完全相同，从而直线 cc_1 上各点的运动可以用平面图形上的相应点 c 的运动来代表，而 c 点必在平行于固定平面的 Oxy 平面中运动，这样一来，平面图形上各点的运动可以代表连杆刚体上所有各点的运动。当任意形状刚体做平面运动时，考虑到截面的位置不同，可能截出的平面图形不同，因此平面图形的大小和形状都认为不受任何限制，可在截割平面内无限延展。

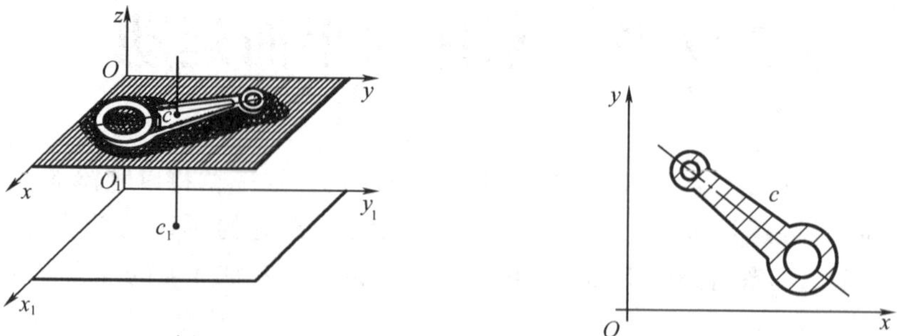

(a) 连杆运动　(b) 连杆运动简化

图 9-3　连杆运动简化图

综上所述,对刚体所做的平面运动的研究,可以不必考虑它的厚度,而简化为以一个截面代表的平面图形在其自身平面内的运动来研究。研究刚体的平面运动,就是要确定代表刚体的平面图形的运动,确定图形上各点的速度和加速度。

9.1.3 刚体平面运动的方程

刚体平面运动的方程实际上是平面图形 S 在其自身所在平面内运动的方程。设平面图形 S 在固定平面 Oxy 内运动,如图 9-4 所示,为了确定图形 S 在固定平面 Oxy 的位置,只需确定图形上任意一条线段 $\overrightarrow{O'M}$ 在 Oxy 中的位置就够了。确定线段 $\overrightarrow{O'M}$ 的位置的方法有很多,这里采用确定 O' 点的坐标 (x_0, y_0) 和 $\overrightarrow{O'M}$ 与 x 轴正向的夹角 φ 的方法。这三个参数一定下来,图形的位置就可以完全确定。

当图形 S 在 Oxy 平面内运动时,x_0、y_0 和 φ 角都随时间而变化,且均是时间 t 的单值连续函数,即

$$\begin{cases} x_0 = x_0(t) \\ y_0 = y_0(t) \\ \varphi = \varphi(t) \end{cases} \tag{9-1}$$

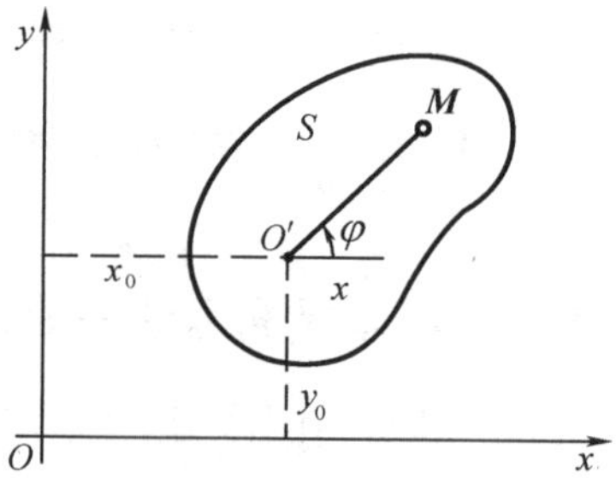

图 9-4　刚体平面运动的方程示意图

这就是刚体平面运动的方程式,因为如果函数 $x_0(t)$、$y_0(t)$、$\varphi(t)$ 都已知,那么它能确定平面图形 S(刚体)在任意瞬时的位置。刚体做平面运动时,其位置只需用三个独立的参数即可确定。可以看出,如果平面图形中 O' 点固定不动,则刚体做定轴转动,如果平面图形中 φ 角保持不变,则刚体做平动。由此可以想到,刚体的平面运动可以看成平动和转动的合成运动。

9.1.4 刚体的平面运动分解为平动和转动

首先举例说明,刚体的平面运动可以分解为平动和转动。车轮沿直线轨道滚动是平面运动,如果在车厢上观察,那么车轮相对于车厢做定轴转动,而车厢相对于地面做平动。这样,车轮的平面运动可以看成车轮随同车厢的平动和相对于车厢的转动的合成运动,反过

来说，车轮的平面运动可以分解为随同车厢的平动和相对于车厢的转动。

下面将上述分解的方法推广至所有平面运动问题。设杆 AB 代表某一平面图形在某一固定平面内运动（图9-5），某一瞬时 t，杆 AB 在位置Ⅰ处，在杆 AB 上任取一点，例如端点 A 为原点，建立一个随 A 点平动的坐标系，由于平动坐标系上各点的运动都是相同的，因此坐标系原点 A 的运动情况就可以体现出整个平动坐标系的运动情况，所以不必在图形上画出平动坐标系，而用 A 点的运动来代表平动坐标系的运动，通常称此平动坐标系的原点 A 为平面图形做平面运动的基点。

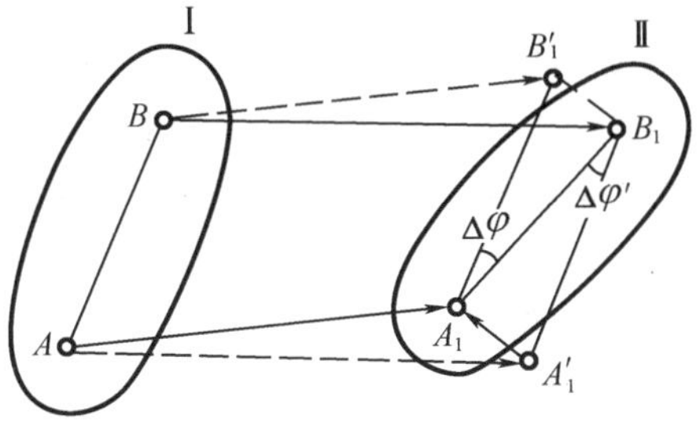

图9-5　平面运动可以分解为平动和转动示意图

平面图形 AB 杆的运动，在时间间隔 Δt 后，运动到位置Ⅱ，即 A_1B_1 处。将从Ⅰ位置到Ⅱ位置的过程分成两个阶段。

①先将杆 AB 随同基点 A 由位置Ⅰ平移到 A_1B_1' 处，这时杆上（图形上）各点的位移都和基点 A 的位移相同，都等于 $\overrightarrow{AA_1}$。这个阶段杆（或图形）随同基点平移。

②然后将杆绕通过基点 A 且垂直于平面的轴转过一个角度 $\Delta\varphi = \angle B_1'A_1B_1$，图形从位置Ⅰ转到了位置Ⅱ，在这个阶段，杆绕基点做了一次转动。

这两个过程实际上是同时进行的，只要 Δt 充分的小，那么这种把运动分成两个阶段的做法和真实运动之间的差别就越小。因此，刚体的平面运动就分成随同基点的平动和绕基点的转动。

但是，平面图形上各点的运动情况一般来说是不同的，因此选取不同的点作为基点，随基点所做的平动也是不同的。例如图9-5中，如果选取杆 AB 上的点 B 作为基点，先使杆 AB 随同基点运动到 $A_1'B_1$ 处，然后顺时针转动 $\Delta\varphi'$ 角到达 A_1B_1 处。在第一阶段，杆上各点的位移均为 $\overrightarrow{BB_1}$，显然与以 A 为基点时的平动位移 $\overrightarrow{AA_1}$ 是不同的。可见，随同基点的平动规律与基点的选择有关，通常选取运动情况已知的点作为基点。

另由图9-5可见，因为 $\overrightarrow{AB} /\!/ \overrightarrow{A_1B_1'} /\!/ \overrightarrow{A_1'B_1}$，所以转角 $\Delta\varphi$ 与 $\Delta\varphi'$ 大小相等，且转向相同。因而在同一瞬时杆 AB 绕不同基点转动的角速度和角加速度是相同的。可见，刚体平面运动的绕基点转动部分与基点的选择无关，无论选择哪一点作为基点，刚体绕基点的转动都是一样的。因此，无须指明刚体绕哪个基点转动，而只说平面图形的转动。

综上所述，刚体平面运动可以分解为随同基点的平动和绕基点的转动，平面图形随同基点平动的速度和加速度与基点的选取有关，绕基点转动的角速度和角加速度与基点的选择无关。

需要说明的是，应用前面的复合运动理论来分析刚体的平面运动时，平面图形 AB 的运动是刚体的绝对运动,固接在基点 A 的平动坐标系 $Ax'y'$ 的运动是牵连运动,而平面图形绕基点 A 的转动就是相对运动。因为牵连运动是平动,所以刚体相对于平动坐标系转动的角速度和角加速度与相对于固定平面转动的角速度和角加速度是一样的。

9.2 平面图形内各点的速度

9.2.1 基点法

上一节研究平面图形的平面运动时,先取其上某一点作为基点,以基点为原点,建立一个随同基点一起运动的平动坐标系,基点的运动就代表了平动坐标系的运动。随着刚体的平面运动,组成刚体的各个点的运动速度、加速度如何呢?如果把平面图形上的点看作要研究的动点,动点相对于固定平面的运动就是绝对运动,动点相对于动系——也就是平面图形相对于动系的运动——绕基点的转动就是动点的相对运动,而动系随同基点的平动就是牵连运动。于是平面图形上的各点的速度可以用复合运动理论中点的速度合成定理来求。这种求平面图形上的点的速度的方法,称为基点法,也叫作合成法。

设已知某瞬时平面运动图形上某点 A 的速度为 $\boldsymbol{v}_A$,图形的角速度为 ω,求图形上任一点 B 的速度 $\boldsymbol{v}_B$。如图 9-6(a)所示,图形上 A 点的速度已知,取 A 点为基点,B 点为动点,B 点的绝对速度,即 B 点随同平面图形相对于固定平面做平面运动时的速度为 B 点的相对速度与牵连速度的矢量和。

$$\boldsymbol{v}_B=\boldsymbol{v}_a=\boldsymbol{v}_e+\boldsymbol{v}_r \tag{9-2}$$

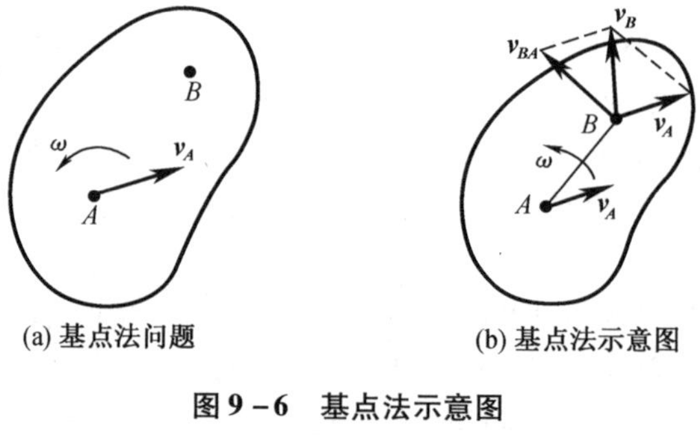

图 9-6 基点法示意图

牵连运动是随同基点 A 的平动,B 点的牵连速度等于基点 A 的速度 $\boldsymbol{v}_A$,即 $\boldsymbol{v}_e=\boldsymbol{v}_A$。平面图形的相对运动是绕基点 A 的转动,所以 B 点的相对运动是以基点 A 为圆心,AB 为半径的圆周运动,B 点的相对速度 $\boldsymbol{v}_r$ 用 $\boldsymbol{v}_{BA}$ 表示,其大小等于 $\omega\cdot AB$,方向垂直于连线 AB,指向与角速度 ω 转向一致。从 A 点到 B 点的矢径用 $\boldsymbol{r}_{AB}$ 表示,如图 9-6(b)所示。则

$$\boldsymbol{v}_{BA}=\boldsymbol{\omega}\times\boldsymbol{r}_{AB}$$

由速度合成定理知,B 点的绝对速度 $\boldsymbol{v}_B$ 等于牵连速度 $\boldsymbol{v}_A$ 和相对速度 $\boldsymbol{v}_{BA}$ 的矢量和,即

$$\boldsymbol{v}_B=\boldsymbol{v}_A+\boldsymbol{v}_{BA} \tag{9-3}$$

综上所述,刚体做平面运动时,其上任一点的速度等于该瞬时基点的速度与该点随图形绕基点做圆周运动的速度的矢量和。

在应用基点法时,须注意以下几点。

首先，相对速度$\boldsymbol{v}_{BA}$垂直于 AB 连线，且相对速度$\boldsymbol{v}_{BA}$的大小正比于 AB，$\boldsymbol{v}_{BA}$的指向与角速度 ω 一致，由 ω 的方向可以判断$\boldsymbol{v}_{BA}$的方向。反过来，若相对速度$\boldsymbol{v}_{BA}$的方向已知，可以借此判定 ω 的方向。

其次，$\boldsymbol{v}_B=\boldsymbol{v}_A+\boldsymbol{v}_{BA}$这个矢量式中包含每个矢量的大小、方向，共六个要素，$\boldsymbol{v}_{BA}$的方向总是已知的，所以再知道三个要素就可以求出其余的两个未知要素。

图形内任一点都可以作为基点，通常取平面图形上运动情况已知的点为基点，所以，式(9－3)表明了平面图形内任意两点的速度之间的关系。

9.2.2　速度投影定理

由图 9－6(b)知，$\boldsymbol{v}_{BA}$总是垂直于 AB 连线，即$\boldsymbol{v}_{BA}$在 AB 连线上的投影等于零。因此，若把式(9－3)向 AB 连线上投影，则得

$$\boldsymbol{v}_B\big|_{AB}=\boldsymbol{v}_A\big|_{AB} \tag{9－4}$$

即 B 点的速度$\boldsymbol{v}_B$和 A 点的速度$\boldsymbol{v}_A$在 AB 连线上的投影相等。这就得到了速度投影定理：刚体上任意两点的速度在过这两点的直线上的投影相等。

速度投影定理的物理意义也是很明显的，如果 A 点的速度$\boldsymbol{v}_A$和 B 点的速度$\boldsymbol{v}_B$在直线 AB 上的投影不相等，就意味着 A、B 两点之间的距离发生了变化，而刚体上两点之间的距离是不变的。因此，$\boldsymbol{v}_A$与$\boldsymbol{v}_B$在 AB 直线上的投影必定相等。速度投影定理经常用来求刚体上某点的速度的大小或方向，而不涉及平面图形运动的角速度，也适用于做其他任意运动的刚体。

下面举例说明基点法和速度投影定理的应用。

例 9－1　在图 9－7(a)中的 AB 杆，A 端沿墙面下滑，B 端沿地面向右运动。在图示位置，杆与地面的夹角为 30°，这时 B 点的速度 $v_B=10$ cm/s，试求该瞬时端点 A 的速度 $\boldsymbol{v}_A$ 和杆中点 D 的速度 $\boldsymbol{v}_D$。

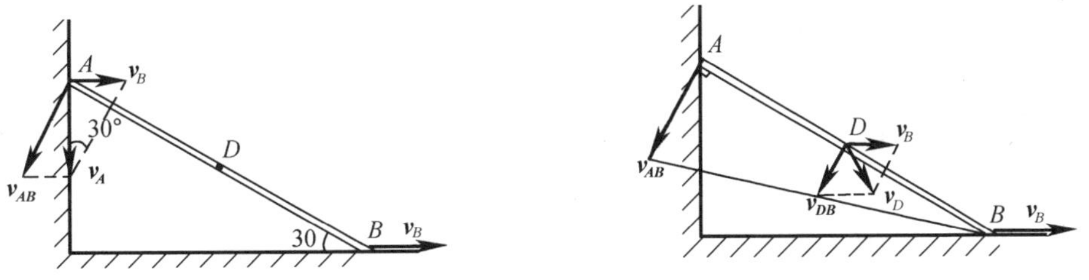

(a) 例 9-1 图　　(b) 求解图

图 9－7　例 9－1 图

解　AB 杆做平面运动，先用基点法求 A 点速度。取速度已知的 B 点为基点，根据速度基点法公式有

$$\boldsymbol{v}_A=\boldsymbol{v}_B+\boldsymbol{v}_{AB} \tag{9－5}$$

式中，$\boldsymbol{v}_{AB}$为 A 点绕 B 点的相对转动速度，其方向垂直于$\overrightarrow{AB}$。A 点沿墙面滑动，其速度 $\boldsymbol{v}_A$ 的方向是已知的。这样就可画出式(9－5)所表示的三个速度的矢量关系图(图 9－7(a))，由图 9－7(a)中几何关系得到

$$v_A=v_B\cot 30°=10\times\sqrt{3}=17.3\ \text{cm/s}$$

$\boldsymbol{v}_A$ 的指向是沿墙面向下。由图 9-7(a)中矢量的关系还可以求出 A 点绕 B 点的相对转动速度为

$$v_{AB}=\frac{v_B}{\sin 30^\circ}=20\ \text{cm/s}$$

再求杆中点 D 的速度 $\boldsymbol{v}_D$,仍用基点法。仍取 B 点为基点,有

$$\boldsymbol{v}_D=\boldsymbol{v}_B+\boldsymbol{v}_{DB} \tag{9-6}$$

式中,相对转动速度 $\boldsymbol{v}_{DB}$的方向垂直$\overrightarrow{BD}$,但其大小未知。注意到 D 点相对转动速度 $\boldsymbol{v}_{DB}$和 A 点相对转动速度 $\boldsymbol{v}_{AB}$的大小与$\overrightarrow{BD}$和$\overrightarrow{AB}$的长度成正比。因此有 $v_{DB}=\frac{1}{2}v_{AB}$,如图 9-7(b)所示。v_{AB}在前面求得,所以

$$v_{DB}=\frac{1}{2}v_{AB}=\frac{1}{2}\times 20=10\ \text{cm/s}$$

在图 9-7(b)中画出了式(9-6)表示的速度矢量合成关系。因为 $\boldsymbol{v}_B$ 与 $\boldsymbol{v}_{DB}$大小相等,方向的夹角为 120°,所以它们合成的 $\boldsymbol{v}_D$ 的大小与 $\boldsymbol{v}_B$ 相等,即 $v_D=10$ cm/s,$\boldsymbol{v}_D$ 与 $\boldsymbol{v}_B$ 的夹角为 60°,如图 9-7(b)所示。

例 9-2　用速度投影定理求解例 9-1 中端点 A 的速度 $\boldsymbol{v}_A$。

解　根据速度投影定理,将 $\boldsymbol{v}_A$ 和 $\boldsymbol{v}_B$ 投影到$\overrightarrow{AB}$方向上(图 9-8),得到

$$v_A\cos 60^\circ=v_B\cos 30^\circ$$

因此

$$v_A=\frac{\cos 30^\circ}{\cos 60^\circ}v_B=\sqrt{3}\times 10=17.3\ \text{cm/s}$$

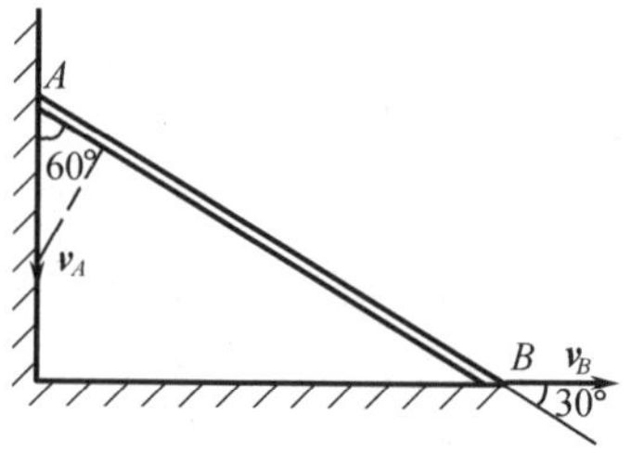

图 9-8　例 9-2 图

例 9-3　图 9-9 给出一平面铰接机构。已知 OA 杆长为$\sqrt{3}r$,角速度为 $\omega_0=\omega$;CD 杆长为 r,角速度 $\omega_D=2\omega$,它们的转向如图 9-9 所示。在图示位置,OA 杆与 AB 杆垂直,BC 杆与 AB 杆的夹角为 120°,CD 杆与 AB 杆平行。试求该瞬时 B 点的速度 $\boldsymbol{v}_B$。

解　机构中 OA 杆和 CD 杆做定轴转动,AB 杆和 BC 杆做平面运动。先分别算出 A 点和 C 点的速度,即

$$v_A=OA\cdot\omega_0=\sqrt{3}r\omega$$
$$v_C=CD\cdot\omega_D=2r\omega$$

它们的方向如图 9-9 所示。

现用基点法求 B 点的速度。B 是 AB 杆上的一个点,取 A 为基点,有

$$\boldsymbol{v}_B=\boldsymbol{v}_A+\boldsymbol{v}_{BA} \tag{9-7}$$

式中,$\boldsymbol{v}_B$ 的大小和方向,$\boldsymbol{v}_{BA}$的大小都是未知量,因而仅用该式求不出 $\boldsymbol{v}_B$。再考虑到,B 也是 BC 杆上的一个点,取 C 为基点,有

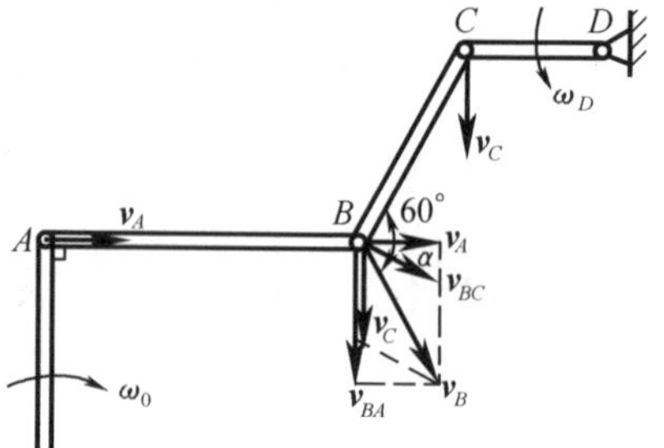

图 9-9　例 9-3 图

$$\boldsymbol{v}_B=\boldsymbol{v}_C+\boldsymbol{v}_{BC} \tag{9-8}$$

比较式(9－7)和式(9－8),有

$$\boldsymbol{v}_A+\boldsymbol{v}_{BA}=\boldsymbol{v}_C+\boldsymbol{v}_{BC} \tag{9-9}$$

式(9－9)中的 $\boldsymbol{v}_A$ 和 $\boldsymbol{v}_C$ 已经求出,而 $\boldsymbol{v}_{BA}$ 和 $\boldsymbol{v}_{BC}$ 的方向分别垂直于 $\overrightarrow{AB}$ 和 $\overrightarrow{BC}$。如能求出 $\boldsymbol{v}_{BA}$ 或 $\boldsymbol{v}_{BC}$,则由式(9－7)或式(9－8)便可求出 $\boldsymbol{v}_B$。为此,将式(9－9)中的各个矢量投影到与 $\boldsymbol{v}_{BC}$ 垂直的 $\overrightarrow{BC}$ 轴上,使 $\boldsymbol{v}_{BC}$ 的投影为零,这样得到

$$v_A\cos 60^\circ-v_{BA}\cos 30^\circ=-v_C\cos 30^\circ$$

从而解得

$$v_{BA}=\frac{\cos 60^\circ}{\cos 30^\circ}v_A+v_C=3r\omega$$

注意到 $\boldsymbol{v}_{BA}$ 与 $\boldsymbol{v}_A$ 互相垂直,由式(9－7)得到

$$v_B=\sqrt{{v_A}^2+{v_{BA}}^2}=\sqrt{(\sqrt{3}r\omega)^2+(3r\omega)^2}=2\sqrt{3}r\omega$$

由图 9－9 看出,$\boldsymbol{v}_B$ 与 $\overrightarrow{AB}$ 的夹角 α 的余弦为

$$\cos\alpha=\frac{v_A}{v_B}=\frac{\sqrt{3}r\omega}{2\sqrt{3}r\omega}=\frac{1}{2}$$

所以

$$\alpha=60^\circ$$

9.2.3　速度瞬心法

在应用基点法时,如果能找到图形上在该瞬时速度为零的点作为基点,根据式(9－3),B 点速度 $\boldsymbol{v}_B=\boldsymbol{v}_{BA}=\boldsymbol{\omega}\times\boldsymbol{r}_{AB}$,该瞬时图形上各点的速度分布情况就和图形在该瞬时绕 A 点转动一样,那么确定平面图形上任一点 B 的速度就方便多了。

任一瞬时,平面图形内部或其扩大部分内总存在绝对速度为零的一点,该点称为平面图形在该瞬时的瞬时速度中心,简称速度瞬心。对于平面图形来说,其速度瞬心总是存在且唯一的。

设某瞬时,平面图形的速度瞬心为 P,转动角速度为 ω,则取瞬心 P 为基点,该瞬时平面图形上任意一点 A 的速度为

$$\boldsymbol{v}_A=\boldsymbol{v}_P+\boldsymbol{\omega}\times\boldsymbol{r}_{PA}=\boldsymbol{\omega}\times\boldsymbol{r}_{PA} \tag{9-10}$$

显然与绕定轴转动的刚体上的速度分布相似,也就是在任一瞬时,平面图形上各点的速度方向垂直于该点与该瞬时的速度瞬心 P 的连线,其指向由 ω 的转向决定,其大小与该点到速度瞬心 P 的距离成正比,等于该点到速度瞬心的距离与图形转动的角速度的乘积,如图 9－10 所示。

在任一瞬时,平面图形上各点的速度分布情况与该瞬时图形以角速度 ω 绕通过速度瞬心,且与平面图形垂直的轴转动一样,这种情况称为瞬时转动。以速度瞬心为基点来求做平面运动的刚体上各点的速度的方法称为速度瞬心法。

若已知某瞬时速度瞬心的位置 P,以及任意一点 A 点的速度 $\boldsymbol{v}_A$,则可求出平面图形的角速度 ω,如图 9－11 所示。

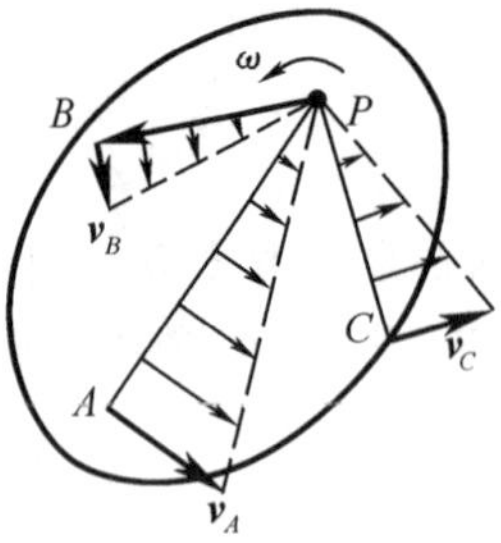

图 9-10 速度瞬心示意图

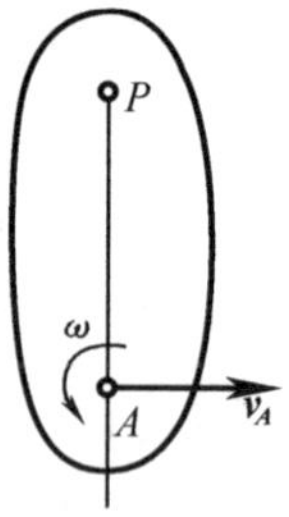

图 9-11 速度瞬心存在示意图

角速度 ω 大小

$$\omega = \frac{v_A}{AP}$$

ω 的方向由$\boldsymbol{v}_A$指向得出。反之,若已知平面图形的角速度 ω 及其上任一点 A 的速度$\boldsymbol{v}_A$,则从$\boldsymbol{v}_A$ 开始,沿 ω 的方向转过90°作直线$\overrightarrow{PA} \perp \boldsymbol{v}_A$,使 $PA = \dfrac{v_A}{\omega}$,则 P 点即为该瞬时的速度瞬心。

当平面图形 S 沿某一固定不动的图形轮廓做无滑动的滚动(纯滚动)时,每一瞬时,平面图形与固定面相接触的点 P 的速度都为零,点 P 就是该瞬时的速度瞬心,如图 9-12 所示。

如果已知平面图形内任意两点 A、B 在某瞬时的速度分别为$\boldsymbol{v}_A$、$\boldsymbol{v}_B$,且$\boldsymbol{v}_A$不平行于$\boldsymbol{v}_B$,如图 9-13 所示。根据速度瞬心必在通过图形上一点并与该点的速度相垂直的直线上可得,过 A、B 分别作$\boldsymbol{v}_A$、$\boldsymbol{v}_B$的垂线,两垂线的交点 P 即为该瞬时图形的速度瞬心。并可由此求得图形的角速度 ω。

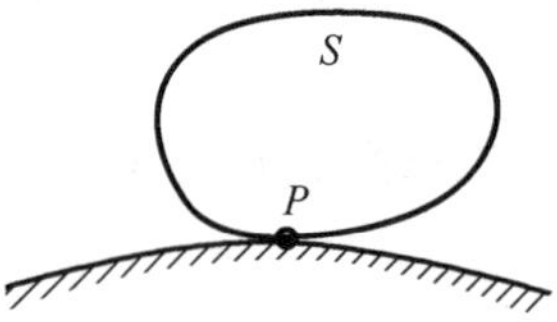

图 9-12 速度瞬心情况图一

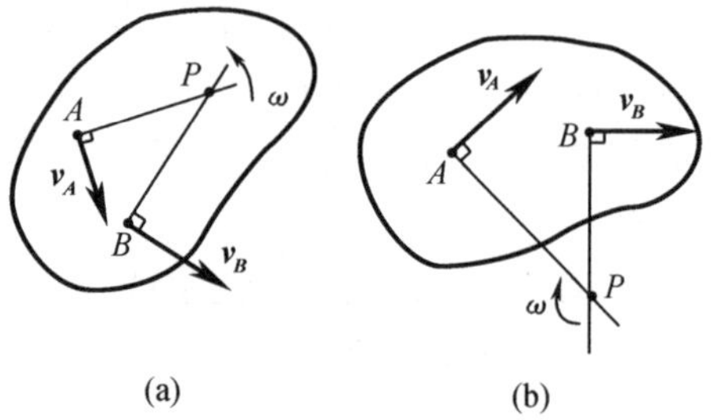

图 9-13 速度瞬心情况图二

若平面图形中 A、B 两点的速度$\boldsymbol{v}_A$、$\boldsymbol{v}_B$平行,且与这两点的连线垂直,但大小不等,如图9-14所示,瞬心必定在 AB 连线与速度矢量$\boldsymbol{v}_A$和$\boldsymbol{v}_B$端点连线的交点上。该瞬时图形的角速度 ω 满足

$$\omega = \frac{v_A}{AP} = \frac{v_B}{BP} \tag{9-11}$$

如果某瞬时平面图形上 A、B 两点的速度同向且平行,且$\boldsymbol{v}_A$不垂直于 AB 连线,此时 AP 和 BP 变成无穷大,显然瞬心在无穷远处。因此由速度投影定理可知,图形内各点的速度相等,这种运动称为瞬时平动,在该瞬时图形的角速度等于零,如图 9-15(a)所示。瞬时平动不同于刚体平动。

在图 9-15(b)中,如果$\boldsymbol{v}_A$、$\boldsymbol{v}_B$同向且相等。该瞬时图形也做瞬时平动。角速度为零,瞬

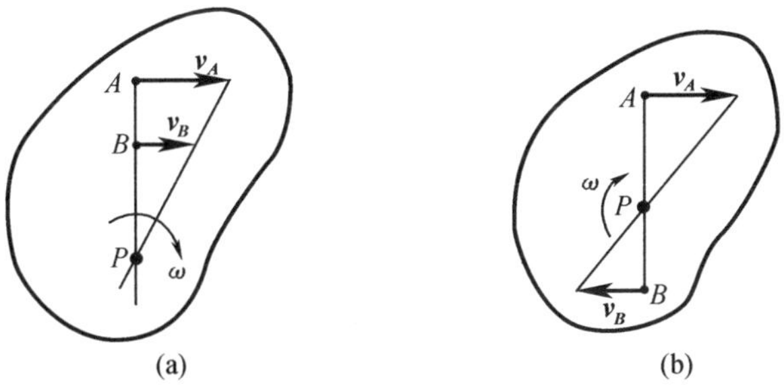

图 9－14　速度瞬心情况图三

心在无穷远处(也可以说速度瞬心不存在)。

瞬时平动是刚体平面运动的一种特殊情况,该瞬时图形角速度为零,但角加速度通常不为零,使得图形下一瞬时能够转动。而刚体平动时,角速度和角加速度始终是零。瞬时平动的图形上各点速度相等,但加速度一般是不相等的,而平动刚体上各点的速度相等,加速度也相等。

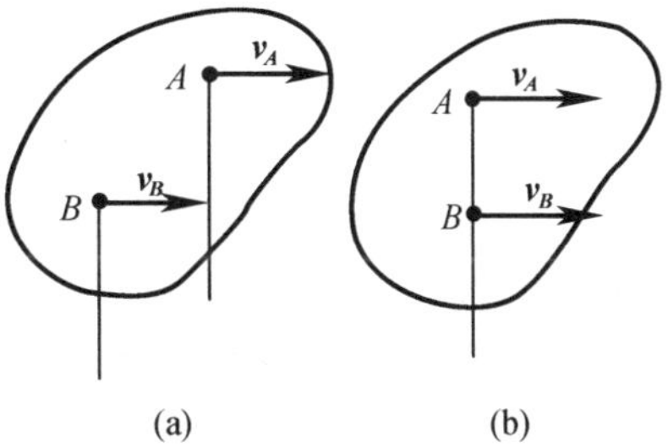

图 9－15　速度瞬心情况图四

上面列举了速度瞬心的求法,需要注意,某一瞬时平面图形的速度瞬心的速度为零,而加速度一般不为零,才能保证它下一瞬时有速度而不成为速度始终为零的定点。因此,速度瞬心是瞬时性的,是随时间变化的,不同瞬时,速度瞬心在平面图形上的位置也不同,它不是平面图形上的固定点。因此,刚体的平面运动可以看成是绕不同速度瞬心的瞬时转动。

应用速度瞬心法分析刚体的平面运动有时可大大简化计算量。

例 9－4　外啮合行星齿轮机构如图 9－16 所示。已知固定齿轮 Ⅰ 的半径为 r_1,动齿轮 Ⅱ 的半径为 r_2,曲柄 OA 的角速度为 ω_0。试求齿轮 Ⅱ 轮缘上 M、N 两点的速度(点 M 在 OA 延长线上,点 N 在垂直于 OA 的半径上)。

解　机构中的曲柄 OA 做定轴转动,动齿轮Ⅱ做平面运动。现用瞬心法求 M、N 点的速度。

动齿轮 Ⅱ 的节圆沿固定齿轮 Ⅰ 的节圆滚动而不滑动,轮 Ⅱ 的瞬心在二节圆的接触点 C 处,轮 Ⅱ 上 A 点的速度可通过杆 OA 的转动求得

$$v_A = OA \cdot \omega_0 = (r_1 + r_2)\omega_0$$

其方向如图 9－16 所示。

根据瞬心法公式,轮 Ⅱ 的角速度 ω 等于

$$\omega = \frac{v_A}{AC} = \frac{r_1 + r_2}{r_2}\omega_0$$

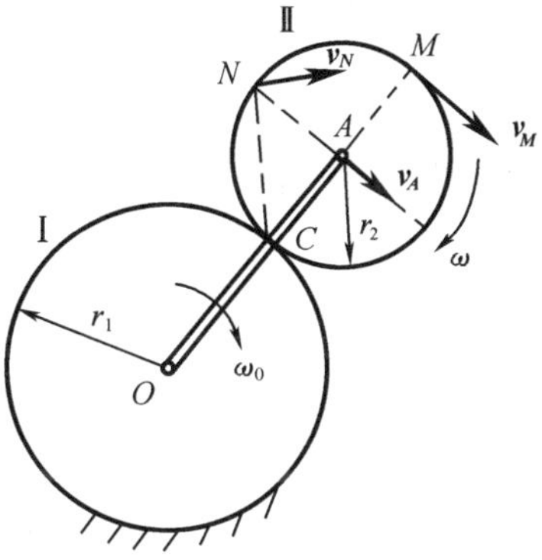

图 9－16　例 9－4 图

由 $\boldsymbol{v}_A$ 的方向和 C 点的位置可判定 ω 是顺时针转动。再利用瞬心法可分别求出 M 点和 N 点的速度,即

$$v_M = MC \cdot \omega = 2(r_1 + r_2)\omega_0$$

$$v_N = NC \cdot \omega = \sqrt{2}(r_1 + r_2)\omega_0$$

$\boldsymbol{v}_M$ 和 $\boldsymbol{v}_N$ 的方向如图 9－16 所示。

例 9－5　曲柄滑块机构如图 9－17 所示。曲柄 OA 长度为 r，以匀角速度 ω 转动。连杆 AB 长为 l。求曲柄与水平线成 φ 角时连杆的角速度 ω_{AB} 和滑块的速度 $\boldsymbol{v}_B$。

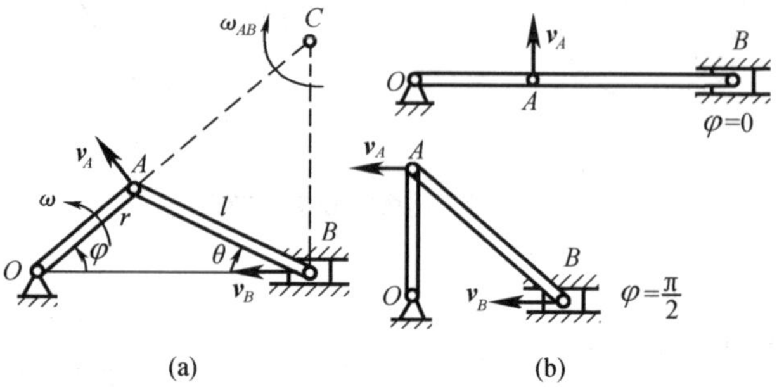

图 9－17　例 9－5 图

解　用速度瞬心法。因为连杆 A、B 两点的速度方向已知，可过 A、B 两点分别作 $\boldsymbol{v}_A$、$\boldsymbol{v}_B$ 的垂直线，其交点 C 即为连杆的速度瞬心，如图 9－17 所示。注意到 $v_A = r\omega$，可得连杆角速度为

$$\omega_{AB} = \frac{v_A}{AC} = \frac{r\omega}{AC} \tag{9-12}$$

B 点速度为

$$v_B = BC \cdot \omega_{AB} = r\omega \frac{BC}{AC} \tag{9-13}$$

至于长度 AC、BC，可对 $\triangle ABC$ 应用正弦定理求得

$$\frac{BC}{\sin(\varphi + \theta)} = \frac{AC}{\sin(90° - \theta)} = \frac{AB}{\sin(90° - \varphi)}$$

所以

$$AC = AB\frac{\cos\theta}{\cos\varphi} = l\frac{\cos\theta}{\cos\varphi} \tag{9-14}$$

$$\frac{BC}{AC} = \frac{\sin(\varphi + \theta)}{\cos\theta} \tag{9-15}$$

将式(9－14)、式(9－15)分别代入式(9－12)、(9－13)，于是可得

$$\omega_{AB} = \frac{v_{BA}}{l} = \omega\frac{r\cos\varphi}{l\cos\theta}$$

$$v_B = v_A\frac{\sin(\varphi + \theta)}{\sin(90° - \theta)} = r\omega\frac{\sin(\varphi + \theta)}{\cos\theta}$$

当 $\varphi = 0$ 时，O、A、B 共线，瞬心在点 B(图 9－17(b)上)，$\omega_{AB} = \frac{r\omega}{l}$。

当 $\varphi = \frac{\pi}{2}$ 时，OA 垂直于 OB，$\boldsymbol{v}_A$ 和 $\boldsymbol{v}_B$ 同向平行(图 9－17(b)下)，此时 $\omega_{AB} = 0$，刚体做瞬时平动，瞬心在无穷远处，$\boldsymbol{v}_B = \boldsymbol{v}_A$。

例 9－6　在图 9－18 所示的机构中，曲柄 OA 长为 r，以角速度 ω_0 逆时针转动。短杆

DE 两端分别与连杆 AB 的中点和摆杆 EF 的端点铰接，EF 长等于 $4r$。试求在图示位置的瞬时，摆杆 EF 的角速度 ω_{EF}。

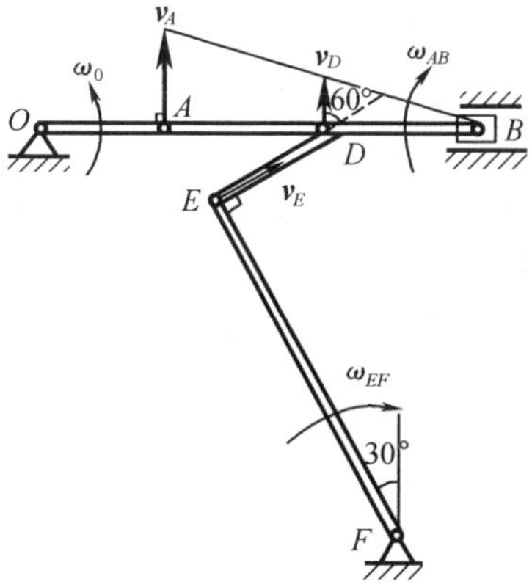

图 9－18　例 9－6 图

解　机构由四个构件组成，其中曲柄 OA 和摆杆 EF 做定轴转动，连杆 AB 和短杆 DE 做平面运动。A 点速度为

$$v_A = r\omega_0$$

方向如图 9－18 所示。B 点在水平轨道内做直线运动，其速度只可能是水平方向。由 A 点和 B 点速度的方向，可确定该瞬时连杆 AB 的瞬心正好在 B 处。AB 的角速度和 D 点的速度为

$$\omega_{AB} = \frac{v_A}{AB}$$

$$v_D = BD \cdot \omega_{AB} = \frac{1}{2}AB \cdot \omega_{AB} = \frac{1}{2}r\omega_0$$

ω_{AB} 的转向和 $\boldsymbol{v}_D$ 的方向如图 9－18 所示。再研究 DE 杆，E 点速度 $\boldsymbol{v}_E$ 垂直 EF，利用速度投影定理，有

$$v_D \cos 60° = v_E$$

解得

$$v_E = \frac{1}{4}r\omega_0$$

最后求得摆杆 EF 的角速度为

$$\omega_{EF} = \frac{v_E}{EF} = \frac{1}{16}\omega_0$$

9.3　平面图形内各点的加速度

前面分析了用基点法求平面图形上各点的速度，这一节讨论平面图形上各点的加速度。

已知某瞬时，平面图形的角速度为 ω，角加速度为 α，图形上某点 A 的加速度为 $\boldsymbol{a}_A$，求图形上任意一点 B 的加速度 $\boldsymbol{a}_B$，如图 9－19 所示。

A 点加速度已知，选取 A 点为基点，平面图形在其所在平面内的运动可以看成随同基点

A 的平动和绕基点 A 的转动的合成。把图形上的 B 点选为动点,根据动系平动时加速度合成定理可知,B 点的绝对加速度 $\boldsymbol{a}_B$ 等于牵连加速度 $\boldsymbol{a}_{Be}$ 与相对加速度 $\boldsymbol{a}_{Br}$ 的矢量和,即

$$\boldsymbol{a}_B=\boldsymbol{a}_{Be}+\boldsymbol{a}_{Br} \tag{9-16}$$

因为动系为平动,B 点的牵连加速度等于基点 A 的加速度 $\boldsymbol{a}_A$。B 点的相对运动是绕基点 A 的转动,且轨迹为以 A 为原点,BA 为半径的圆周运动,B 点的相对加速度 $\boldsymbol{a}_{Br}$ 用 $\boldsymbol{a}_{BA}$ 表示,且 $\boldsymbol{a}_{BA}$ 有两个分量,一是切向加速度 $\boldsymbol{a}_{BA}^{\tau}$,一是法向加速度 $\boldsymbol{a}_{BA}^{n}$,即

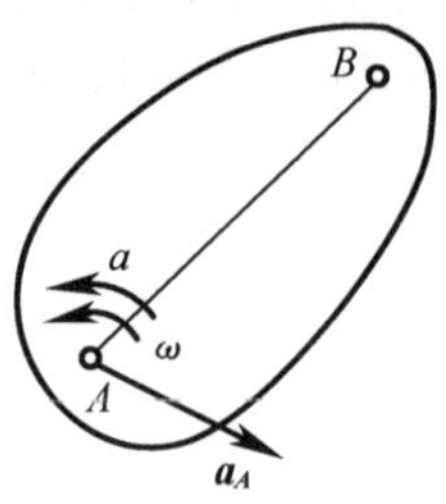

图 9-19　加速度确定示意图

$$\boldsymbol{a}_{BA}=\boldsymbol{a}_{BA}^{\tau}+\boldsymbol{a}_{BA}^{n} \tag{9-17}$$

式(9-17)中切向加速度 $\boldsymbol{a}_{BA}^{\tau}$ 的大小 $a_{BA}^{\tau}=\alpha\cdot AB$ 方向垂直于 $\overline{AB}$ 连线,且与 α 的转向一致,式(9-17)中法向加速度 $\boldsymbol{a}_{BA}^{n}$ 的大小 $a_{BA}^{n}=\omega^2\cdot AB$,方向沿 AB 连线由 B 点指向基点 A,即与矢径 $\boldsymbol{r}_{AB}$ 反向,如图 9-20 所示。

综上所述,B 点的绝对加速度为

$$\boldsymbol{a}_B=\boldsymbol{a}_A+\boldsymbol{a}_{BA}^{\tau}+\boldsymbol{a}_{BA}^{n} \tag{9-18}$$

即平面图形内任一点的加速度等于基点的加速度与该点随图形绕基点转动时的切向加速度和法向加速度的矢量和。

式(9-18)表明了平面图形内任意两点的加速度之间的关系,此矢量式中有四个加速度,共有八个要素,因为 $\boldsymbol{a}_{BA}^{\tau}$ 和 $\boldsymbol{a}_{BA}^{n}$ 的方向总是已知的,所以只要知道其余六个要素中的任意四个要素,便可以求解其余的两个未知要素。

例 9-7　如图 9-21 所示半径为 R 的圆轮在直线轨道上做纯滚动,某瞬时轮心 O 的速度为 $\boldsymbol{v}_O$,加速度为 $\boldsymbol{a}_O$,求此瞬时轮缘一点的加速度。

解　圆轮做平面运动,轮心 O 的运动已知,选 O 为基点,则轮缘上一点 M 的加速度为

$$\boldsymbol{a}_M=\boldsymbol{a}_O+\boldsymbol{a}_{MO}^{\tau}+\boldsymbol{a}_{MO}^{n}\qquad a_{MO}^{\tau}=R\alpha,a_{MO}^{n}=R\omega^2 \tag{9-19}$$

由于 $\boldsymbol{a}_M$ 的大小及方向均为未知,必须求解 $\boldsymbol{a}_{MO}^{\tau}$、$\boldsymbol{a}_{MO}^{n}$ 的全部信息,即必须求出圆轮的 ω、α。此时圆轮做纯滚动,点 C 为瞬时速度中心,因而有

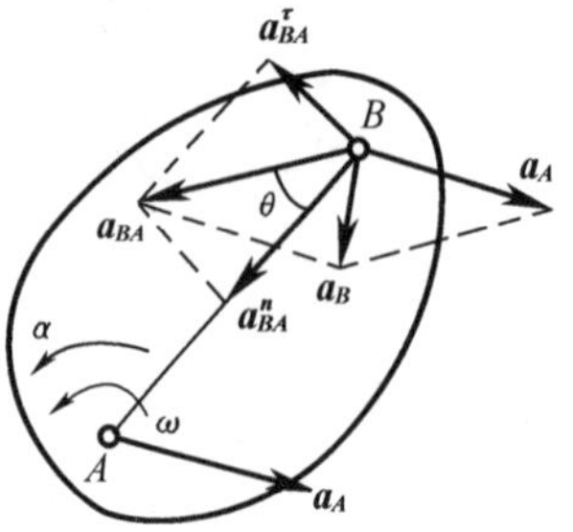

图 9-20　加速度基点法示意图

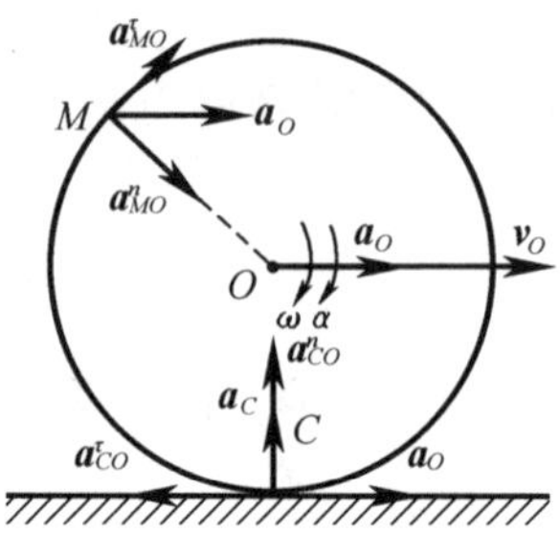

图 9-21　例 9-7 图

$$\omega=\frac{v_O}{R} \tag{9-20}$$

注意，ω 与 v_O 的关系式不仅在图示瞬时成立，在任一瞬时均成立，即

$$\omega(t)=\frac{v_O(t)}{R}$$

将此式对时间求导得

$$\alpha(t)=\frac{a_O(t)}{R}$$

在所讨论的瞬时有

$$\alpha=\frac{a_O}{R} \tag{9-21}$$

虽然题目所给的 v_O、a_O 是瞬时值，不能对时间求导，但通过上面的讨论，仍能求得该瞬时的角加速度，这是处理轮系运动学时通常采用的办法。

求得 $\boldsymbol{a}_{MO}^{\tau}$、$\boldsymbol{a}_{MO}^{n}$后，代入式(9-19)即得 $\boldsymbol{a}_M$，它是三个矢量的合成。

对圆轮与轨道的接触点 C，$\boldsymbol{a}_{CO}^{\tau}$与 $\boldsymbol{a}_O$ 的大小相等，方向相反，因而 $a_C=a_{CO}^{n}$，即点 C 加速度垂直于轨道方向，这反映了只滚不滑的特征。此结论很容易推广：相对做滚动的两物体在接触点的相对加速度垂直于接触点的公切线。还需指出，点 C 是圆轮的瞬时速度中心，$v_C=0$，但其加速度显然不为零。

例 9-8　曲柄与滑块机构如图 9-22 所示。曲柄 OA 长为 r，它以等角速度 ω_0 绕点 O 转动，连杆 AB 长为 l。试求曲柄转角 $\varphi=\varphi_0$（图 9-22(a)，$OA\perp AB$）与 $\varphi=0°$（图 9-22(b)、图 9-22(c)，$OA/\!/AB$）两种情形下，滑块 B 的加速度 $\boldsymbol{a}_B$ 与连杆 AB 的角加速度 α_{AB}。

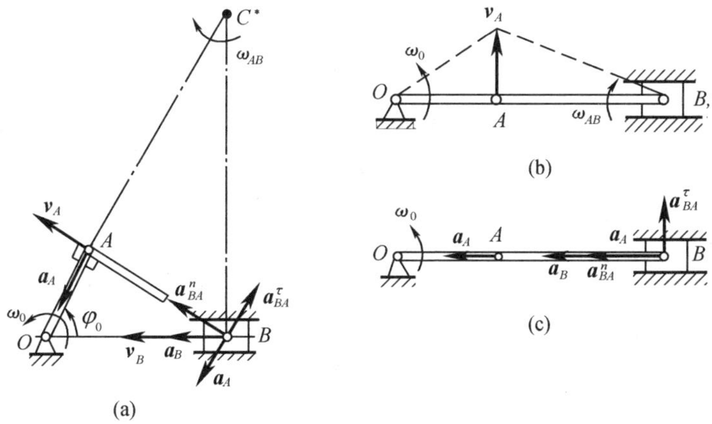

图 9-22　例 9-8 图

解　当 $\varphi=\varphi_0$ 时，连杆 AB 做平面运动，先用速度瞬心法分析速度。点 A 的速度 $\boldsymbol{v}_A$ 垂直于 OA，$v_A=r\omega_0$，点 B 的速度方向沿滑道，数值未知。根据例 9-5 可知连杆 AB 的瞬心 C^*，则连杆的角速度

$$\omega_{AB}=\frac{v_A}{AC^*}=\frac{r\omega_0}{l^2/r}=\frac{r^2}{l^2}\omega_0\text{（顺时针）} \tag{9-22}$$

用基点法求点 B 的加速度。以 A 点为基点，点 B 的加速度为

$$\boldsymbol{a}_B=\boldsymbol{a}_A+\boldsymbol{a}_{BA}^{\tau}+\boldsymbol{a}_{BA}^{n} \tag{9-23}$$

式中，基点 A 的加速度 $a_A=r\omega_0^2$。

点 B 的相对切向加速度 $a_{BA}^{\tau}=\alpha_{AB}l$,点 B 的相对法向加速度 $a_{BA}^{n}=AB\cdot\omega_{AB}^{2}=\dfrac{r^4}{l^3}\omega_0^2$。将式(9-23)中各项向 AB 线段上投影,得

$$a_B\sin\varphi_0=a_{BA}^{n}=\frac{r^4}{l^3}\omega_0^2 \tag{9-24}$$

$$a_B=\frac{r^4\omega_0^2}{l^3\sin\varphi_0} \tag{9-25}$$

a_B 的方向如图9-22所示。

再将式(9-23)中各项向 AB 线段的垂线(图9-22中未标出)上投影,有

$$a_B\cos\varphi_0=a_A-a_{BA}^{\tau} \tag{9-26}$$

$$a_{BA}^{\tau}=\alpha_{AB}l=r\omega_0^2-\frac{r^4}{l^3}\omega_0^2\cot\varphi_0$$

于是,AB 杆的角加速度

$$\alpha_{AB}=\frac{l}{r}\omega_0^2\left(1-\frac{r^3}{l^3}\cot\varphi_0\right)\ (\text{逆时针}) \tag{9-27}$$

当 $\varphi=0°$时,点 B 就是速度瞬心。连杆 AB 的角速度

$$\omega_{AB}=\frac{v_A}{l}=\frac{r\omega_0}{l}\ (\text{顺时针})$$

这种情形下,$\boldsymbol{a}_A$ 的表达式与 $\varphi=\varphi_0$ 时相同,但 $a_{BA}^{n}=AB\cdot\omega_{AB}^{2}=\dfrac{r^2}{l}\omega_0^2$,方向如图9-22所示。

将式(9-23)中各项向线段 AB 上投影,得

$$a_B=a_A+a_{BA}^{n}=r\omega_0{}^2+\frac{r^2}{l}\omega_0{}^2=r\omega_0{}^2\left(1+\frac{r}{l}\right)$$

在 AB 的垂线方向上只有 a_{BA}^{τ}一个量,所以有

$$a_{BA}^{\tau}=0,\alpha_{AB}=0$$

注意到,此情形下,点 B 是速度瞬心,$v_B=0$,但速度瞬心的加速度并不为零。这说明在下一瞬时,点 B 将不再是速度瞬心,速度瞬心是瞬时的。

例9-9 如图9-23所示平面机构,AB 长为 l,滑块 A 可沿摇杆 OC 的长槽滑动。摇杆 OC 以匀角速度 ω 绕轴 O 转动,滑块 B 以匀速 $v=l\omega$ 沿水平导轨滑动。图示瞬时 OC 铅直,AB 与水平线 OB 夹角为30°。求此瞬时 AB 杆的角速度及角加速度。

解 杆 AB 做平面运动,点 A 又在摇杆 OC 内有相对运动,这是一种运用平面运动和合成运动理论联合求解的问题。

先求杆 AB 的角速度。杆 AB 做平面运动,以 B 为基点,有

$$\boldsymbol{v}_A=\boldsymbol{v}_B+\boldsymbol{v}_{AB} \tag{9-28}$$

点 A 在杆 OC 内滑动,因此需用点的合成运动方法。取 A 为动点,动系固接在 OC 上,有

$$\boldsymbol{v}_a=\boldsymbol{v}_e+\boldsymbol{v}_r \tag{9-29}$$

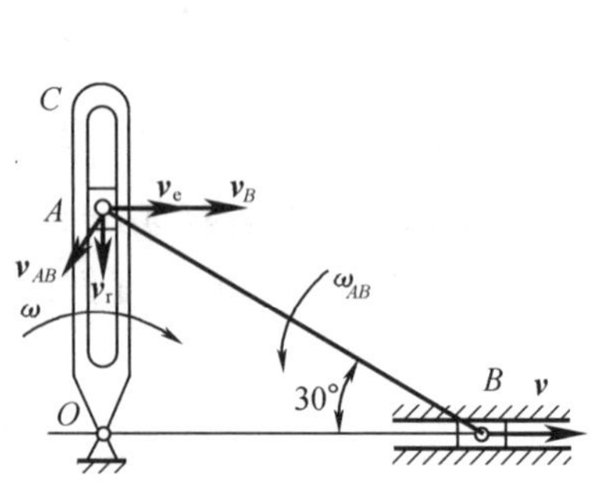

图9-23 例9-9图

其中绝对速度 $\boldsymbol{v}_a=\boldsymbol{v}_A$,而牵连速度 $v_e=OA\cdot\omega=\dfrac{l\omega}{2}$,相对速度 v_r 大小未知,各速度矢量方向

如图9-23所示。

由式(9-28)和式(9-29)得

$$\boldsymbol{v}_B+\boldsymbol{v}_{AB}=\boldsymbol{v}_e+\boldsymbol{v}_r \tag{9-30}$$

其中$v_B=v$为已知，v_e已求得，且$\boldsymbol{v}_{AB}$和$\boldsymbol{v}_r$方向已知，仅有v_{AB}及v_r两个大小未知，故可解。将此矢量方程沿$\boldsymbol{v}_B$方向投影，得

$$v_B-v_{AB}\sin 30°=v_e$$

$$v_{AB}=2(v_B-v_e)=l\omega$$

故杆AB的角速度方向如图9-23所示，大小为

$$\omega_{AB}=\frac{v_{AB}}{AB}=\omega$$

将式(9-30)沿$\boldsymbol{v}_r$方向投影，得

$$v_{AB}\cos 30°=v_r$$

故

$$v_r=\frac{\sqrt{3}}{2}l\omega$$

下面再求杆AB的角加速度。以B为基点，则点A的加速度为

$$\boldsymbol{a}_A=\boldsymbol{a}_B+\boldsymbol{a}_{AB}^{\tau}+\boldsymbol{a}_{AB}^{n} \tag{9-31}$$

由于v_B为常量，所以$a_B=0$，而

$$a_{AB}^{n}=\omega_{AB}^{2}\cdot AB=l\omega^2$$

仍以点A为动点，动系固接在OC上，则有

$$\boldsymbol{a}_a=\boldsymbol{a}_e^{n}+\boldsymbol{a}_e^{\tau}+\boldsymbol{a}_r+\boldsymbol{a}_c \tag{9-32}$$

式中

$$\boldsymbol{a}_a=\boldsymbol{a}_A$$

$$a_e^{\tau}=0,a_e^{n}=\omega^2\cdot OA=\frac{l\omega^2}{2},a_c=2\omega v_r=\sqrt{3}l\omega^2$$

由式(9-31)、式(9-32)，得

$$\boldsymbol{a}_{AB}^{\tau}+\boldsymbol{a}_{AB}^{n}=\boldsymbol{a}_e^{n}+\boldsymbol{a}_r+\boldsymbol{a}_c \tag{9-33}$$

其中各矢量方向已知，如图9-24所示。

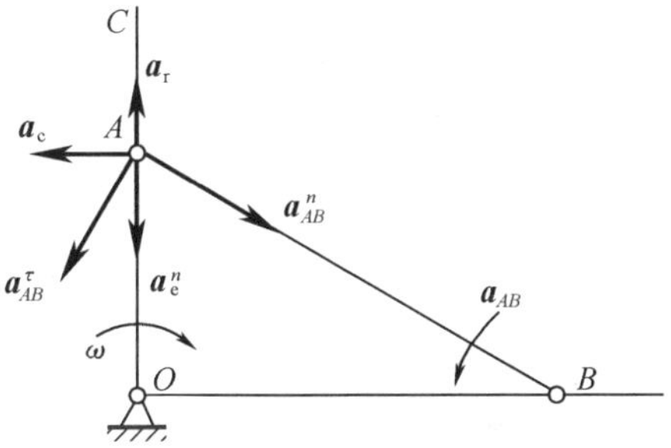

图9-24　加速度分析示意图

仅有两未知量$\boldsymbol{a}_r$及$\boldsymbol{a}_{AB}^{\tau}$的大小待求。取投影轴垂直于$\boldsymbol{a}_r$，沿$\boldsymbol{a}_c$方向，将矢量方程式(9-33)在此轴上投影，得

$$a_{AB}^{\tau}\sin 30°-a_{AB}^{n}\cos 30°=a_c$$

因此

$$a_{AB}^{\tau}=3\sqrt{3}l\omega^2$$

由此得杆 AB 的角加速度为

$$\alpha_{AB}=\frac{a_{AB}^{\tau}}{AB}=3\sqrt{3}\omega^2$$

方向如图 9-24 所示。

思 考 题

一、判断题

1. 刚体平行移动一定是刚体平面运动的一个特例。(　　)

2. 刚体做平面运动时,其上任一截面都在其自身平面内运动。(　　)

3. 每一瞬时,平面图形对于固定参考系的角速度和角加速度与平面图形绕任选基点的角速度和角加速度相同。(　　)

4. 如图 9-25 所示平面图形上,B 点速度为 $\boldsymbol{v}_B$,若以 A 为基点,则 B 点相对于 A 点的速度 $v_{BA}=v_B\sin\varphi$。(　　)

5. 平面运动刚体的速度瞬心为 P 点(图 9-26),该瞬时刚体的角速度为 ω,角加速度为零,则 $a_A=PA\cdot\omega^2$。(　　)

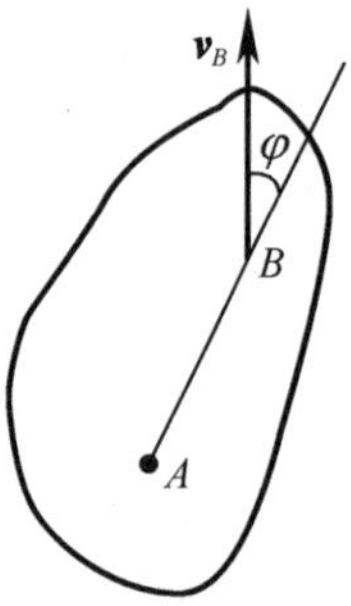

图 9-25 判断题第 4 题图

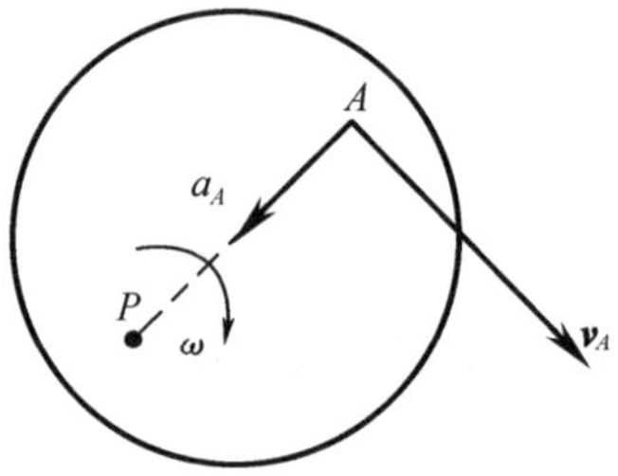

图 9-26 判断题第 5 题图

二、选择题

1. 如图 9-27 所示,某瞬时平面图形上任意两点 A、B 的速度分别为 $\boldsymbol{v}_A$ 和 $\boldsymbol{v}_B$。则此时该两点连线中点 C 的速度为(　　)。

A. $\boldsymbol{v}_C=\boldsymbol{v}_A+\boldsymbol{v}_B$　B. $\boldsymbol{v}_C=\frac{1}{2}(\boldsymbol{v}_A+\boldsymbol{v}_B)$　C. $\boldsymbol{v}_C=\frac{1}{2}(\boldsymbol{v}_A-\boldsymbol{v}_B)$　D. $\boldsymbol{v}_C=\frac{1}{2}(\boldsymbol{v}_B-\boldsymbol{v}_A)$

2. 一正方形平面图形在其自身平面内运动,若其顶点 A、B、C、D 的速度方向如图 9-28 所示,则图 9-28(a)的运动是(　　)的,图 9-28(b)的运动是(　　)的。

A. 可能　B. 不可能　C. 不确定

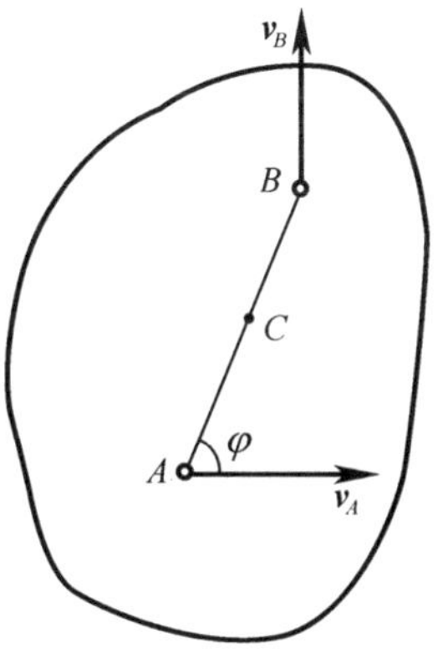

图 9－27　选择题第 1 题图

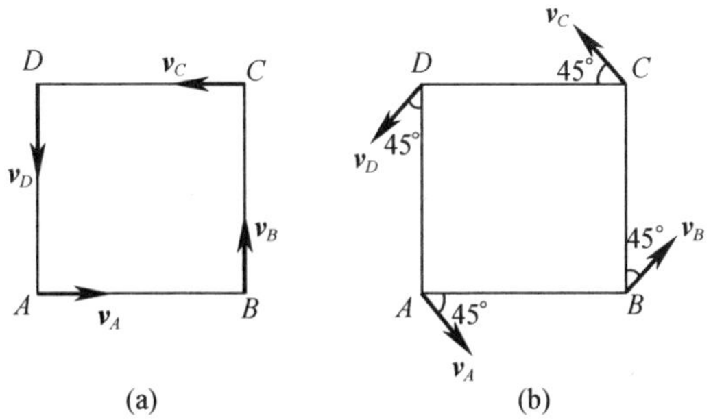

图 9－28　选择题第 2 题图

3. 如图 9－29 所示机构中，$O_1A=O_2B$。若以 ω_1、ε_1 与 ω_2、ε_2 分别表示 O_1A 杆与 O_2B 杆的角速度和角加速度的大小，则当 $O_1A /\!/ O_2B$ 时，有(　　)。

A. $\omega_1=\omega_2, \varepsilon_1=\varepsilon_2$

B. $\omega_1\neq\omega_2, \varepsilon_1=\varepsilon_2$

C. $\omega_1=\omega_2, \varepsilon_1\neq\varepsilon_2$

D. $\omega_1\neq\omega_2, \varepsilon_1\neq\varepsilon_2$

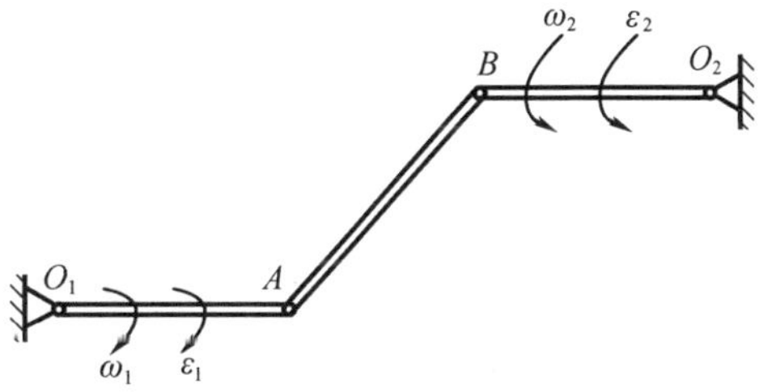

图 9－29　选择题第 3 题图

4. 平面图形上各点的加速度的方向都指向同一点，则此瞬时平面图形的(　　)等于零。

A. 角速度　　B. 角加速度　　C. 角速度和角加速度

5. 刚体平动时刚体上任一点的轨迹(　　)空间曲线，刚体平面运动时刚体上任一点的轨迹(　　)平面曲线。

A. 一定是　　B. 可能是　　C. 不可能是

三、填空题

1. 指出图 9－30 所示机构中各构件做何种运动，轮 A(只滚不滑)做________；杆 BC 做________；杆 CD 做________；杆 DE 做________。并在图 9－30 上画出做平面运动的构件在图 9－30 中瞬时的速度瞬心。

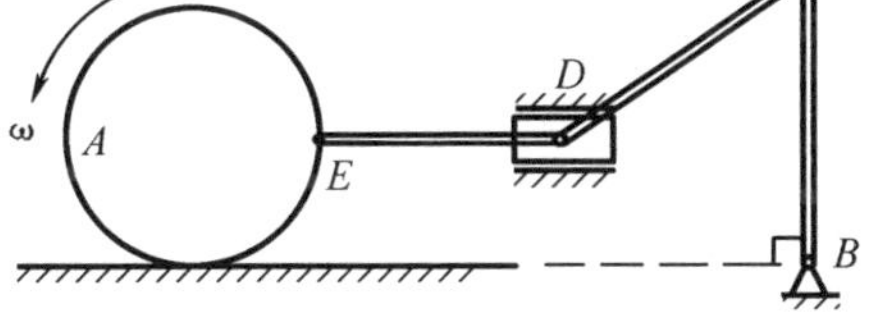

图 9－30　填空题第 1 题图

2. 试画出图 9－31 所示三种情况下，杆 BC 中点 M 的速度方向。

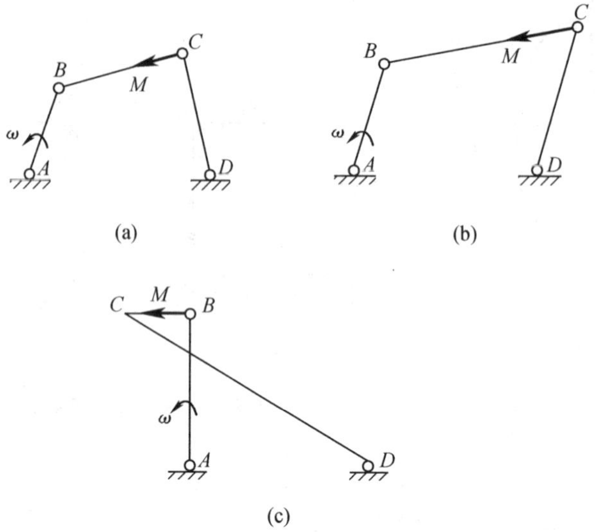

图 9－31　填空题第 2 题图

3. 已知 ω = 常量，$OA = r$，$v_A = \omega r$ = 常量，在图 9－32 所示瞬时，$v_A = v_B$，即 $v_B = \omega r$，所以 $a_B = \mathrm{d}v_B/\mathrm{d}t = 0$，以上运算是否正确？________，理由是________。

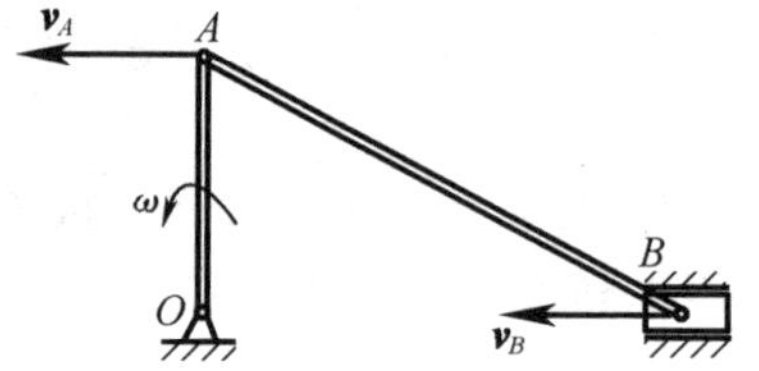

图 9－32　填空题第 3 题图

4. 已知滑套 A 以 10 m/s 的匀速率沿半径为 $R = 2$ m 的固定曲杆 CD 向左滑动，滑块 B 可在水平槽内滑动。则当滑套 A 运动到图 9－33 所示位置时，AB 杆的角速度 ω_{AB} = ________。

5. 二直杆长度均为 1 m，在 C 处用铰链连接，并在图 9－34 所示平面内运动。当二杆夹角 $\alpha = 90°$时，$\boldsymbol{v}_A \perp AC$，$\boldsymbol{v}_B \perp BC$。若 $\omega_{BC} = 1.2$ rad/s，则 v_B = ________。

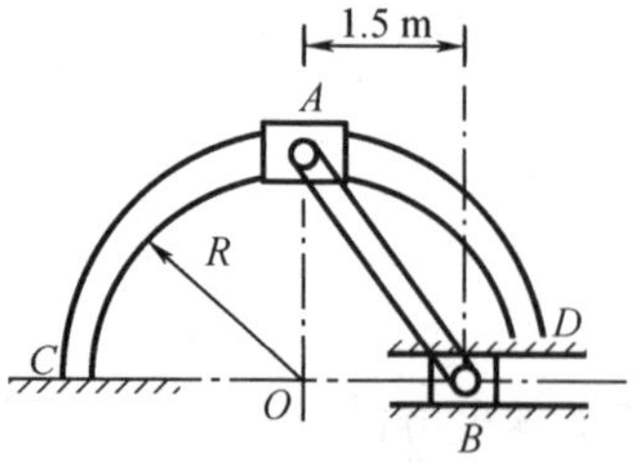

图 9－33　填空题第 4 题图

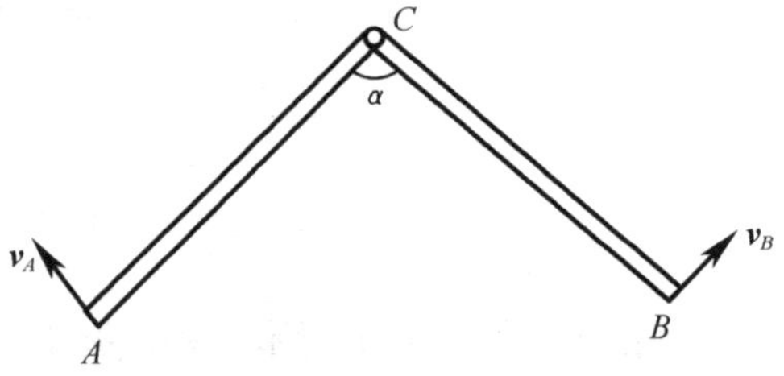

图 9－34　填空题第 5 题图

习　　题

9－1　如图9－35所示，椭圆规尺 AB 由曲柄 OC 带动，曲柄以匀角速度 ω_0 绕 O 轴匀速转动。如 $OC=BC=AC=r$，并取 C 点为基点，求椭圆规尺 AB 的平面运动方程。

答案：$x_C=r\cos\omega_0 t, y_C=r\sin\omega_0 t, \varphi=-\omega_0 t$。

9－2　如图9－36所示，曲柄 OA 以匀角加速度 α 绕 O 轴转动，带动半径为 r 的齿轮Ⅰ沿半径为 R 的固定齿轮Ⅱ滚动。如运动初始时，曲柄角速度 $\omega_0=0$，位置角 $\varphi_0=0$，求动齿轮以中心 A 为基点的平面运动方程。

答案：$x_A=(R+r)\cos\dfrac{\alpha t^2}{2}, y_A=(R+r)\sin\dfrac{\alpha t^2}{2}, \varphi_A=\dfrac{R+r}{2r}\alpha t^2$。

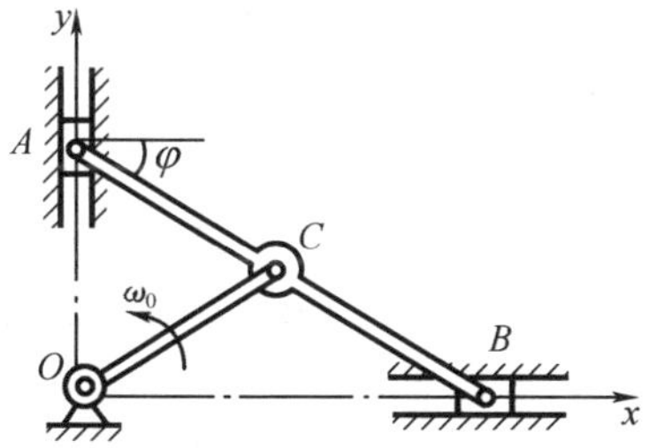

图9－35　习题9－1图

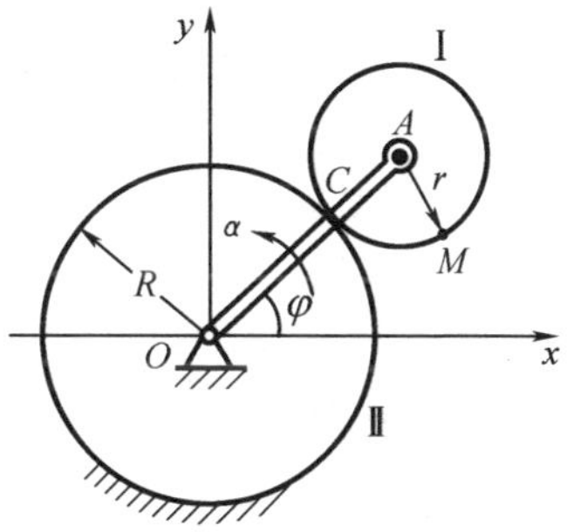

图9－36　习题9－2图

9－3　如图9－37所示，小车的车轮 A 与滚柱 B 的半径都是 r。设 A、B 与地面之间和 B 与车板之间都没有滑动，问小车前进时，车轮 A 和滚柱 B 的角速度是否相等？

答案：略。

9－4　如图9－38所示机构中，曲柄 OA 长300 mm，杆 BC 长600 mm，曲柄 OA 以匀角速度 $\omega=4$ rad/s 绕 O 轴顺时针转动。试求图示瞬时 B 点的速度和杆 BC 的角速度。

答案：$\boldsymbol{v}_B=1.04$ m/s，$\omega_{BC}=1.73$ rad/s（顺时针）。

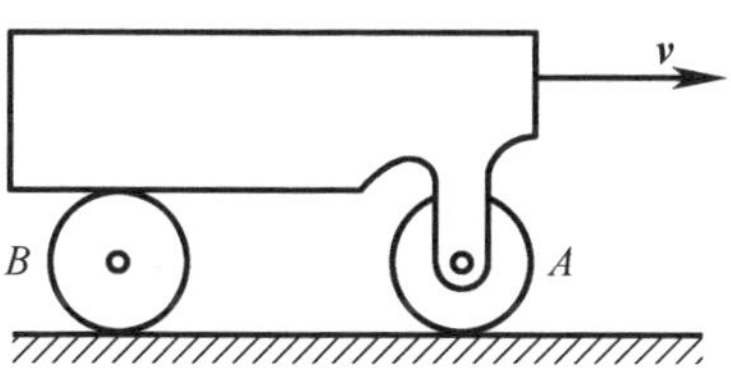

图9－37　习题9－3图

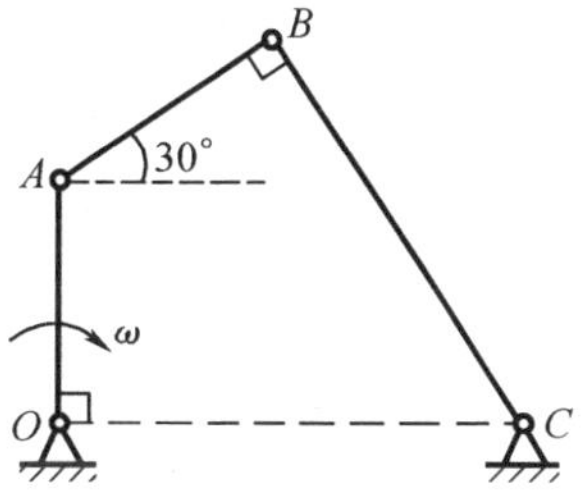

图9－38　习题9－4图

9－5　如图9－39所示，两齿条以速度 $\boldsymbol{v}_1$ 和 $\boldsymbol{v}_2$ 做同向直线运动，两齿条间夹一半径为 r 的齿轮，求齿轮的角速度及其中心 O 的速度。

答案：$\omega=\dfrac{v_1-v_2}{2r}$，$v_O=\dfrac{v_1+v_2}{2}$。

9-6 图 9-40 所示为挖泥机上的挖斗。挖斗的开或关是通过一端固定于铰 C，并穿过块体 O 的绳索控制的。设块体上的铰 O 是固定的。图示瞬时，绳索以速度 $v=0.5$ m/s 上升，挖斗正被关闭，$\theta=45°$。试求挖斗在此瞬时的角速度 ω。

答案：$\omega=0.722$ rad/s。

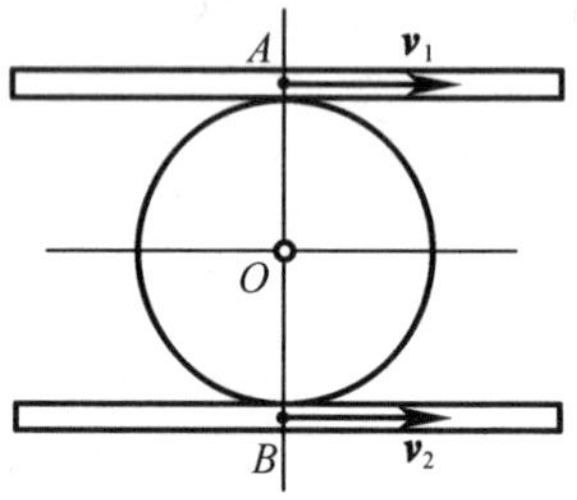

图 9-39 习题 9-5 图

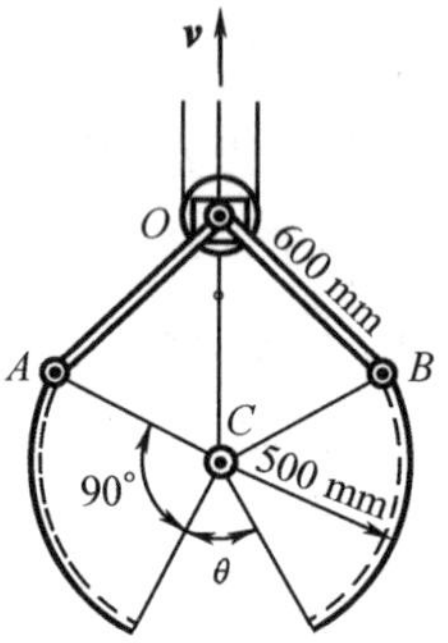

图 9-40 习题 9-6 图

9-7 如图 9-41 所示，鼓轮 A 转动时，通过绳索使管子 ED 上升。已知鼓轮的转速为 $n=10$ r/min，$R=150$ mm，$r=50$ mm。设管子与绳索间没有滑动，求管子中心的速度。

答案：52.36 mm/s。

9-8 如图 9-42 所示行星齿轮的臂杆 AC 绕固定轴 A 逆时针转动，从而带动半径为 r 的小齿轮 C 在固定大齿轮上滚动。已知 $AC=R=150$ mm，$r=50$ mm，当 $\varphi=45°$ 时，杆 AC 的角速度 $\omega=6$ rad/s。求此瞬时小齿轮的角速度及其上 D 点的速度（$CD\perp AC$）。

答案：$\omega=18$ rad/s（顺时针），$v_D=1.27$ m/s（→）。

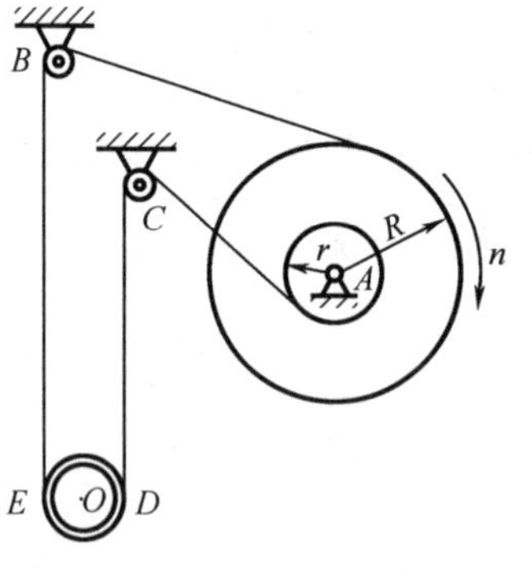

图 9-41 习题 9-7 图

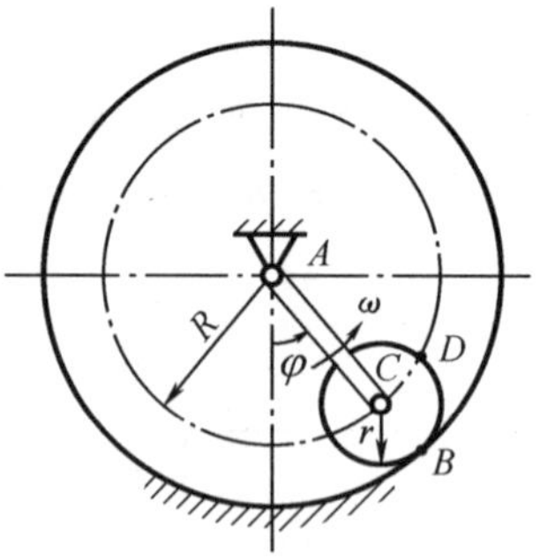

图 9-42 习题 9-8 图

9-9 两刚体 M、N 用铰 C 连接，做平面平行运动。已知 $AC=BC=600$ mm，在图 9-43 所示位置 $v_A=200$ mm/s，$v_B=100$ mm/s，方向如图 9-43 所示。试求 C 点的速度。

答案：$v_C=200$ mm/s。

9-10 矩形板的运动由两根交叉的连杆控制，$AO=0.6$ m，$BD=0.5$ m。如图 9-44 所示瞬时，两杆相互垂直，板的角速度为 $\omega_0=2$ rad/s，求两杆的角速度。

答案：$\omega_{AO}=1.33\ \mathrm{rad/s}$（逆时针），$\omega_{BD}=1.20\ \mathrm{rad/s}$（逆时针）。

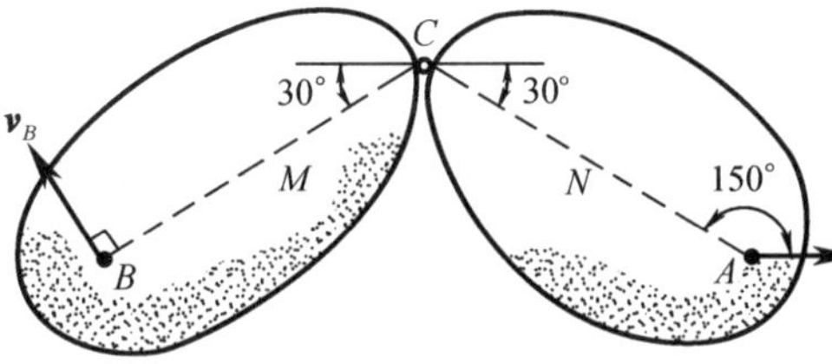

图 9-43　习题 9-9 图

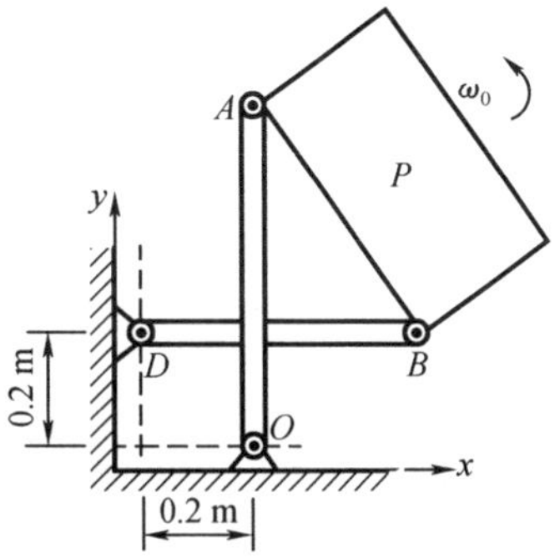

图 9-44　习题 9-10 图

9-11　图 9-45 所示的配气机构中，曲柄以匀角速度 $\omega=20\ \mathrm{rad/s}$ 绕 O 轴转动，$OA=40\ \mathrm{cm}$，$AC=CB=20\sqrt{37}\ \mathrm{cm}$。当曲柄在两铅垂位置和两水平位置时，求气阀推杆 DE 的速度。

答案：当 $\varphi=0$ 和 $\varphi=180°$时，$v_{DE}=400\ \mathrm{cm/s}$；当 $\varphi=90°$和 $\varphi=270°$时，$v_{DE}=0$。

9-12　图 9-46 中 AB 杆与三个半径均为 r 的齿轮在轮心铰接，其中齿轮Ⅰ固定不动。已知杆 AB 的角速度为 ω_{AB}，试求齿轮Ⅱ和Ⅲ的角速度。

答案：$\omega_{\mathrm{II}}=2\omega_{AB}$（逆时针），$\omega_{\mathrm{III}}=0$。

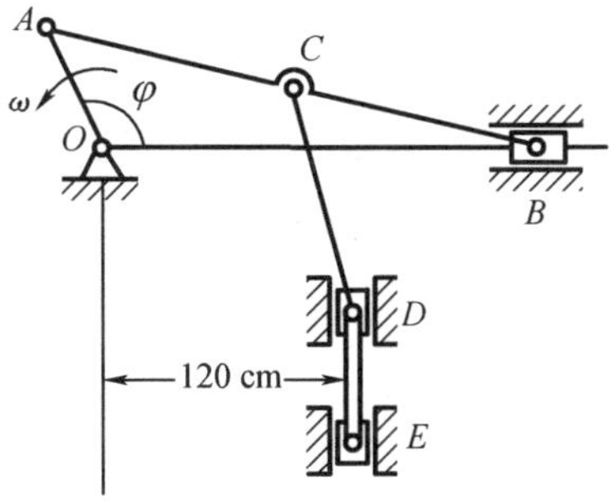

图 9-45　习题 9-11 图

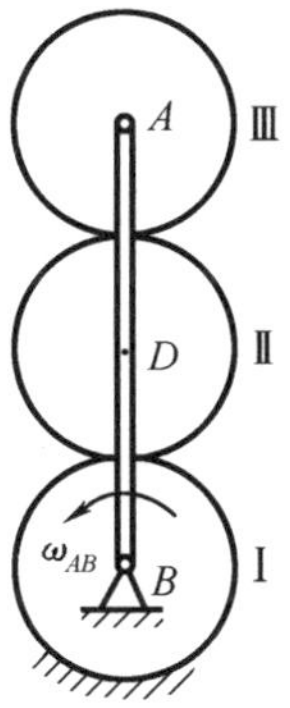

图 9-46　习题 9-12 图

9-13　杆 AB 的 A 端沿水平线以等速度 $\boldsymbol{v}$ 运动，运动时杆恒与一半圆周相切，半圆周的半径为 R，如图 9-47 所示。如杆与水平线间的夹角为 θ，试以角 θ 表示杆的角速度。

答案：$v_{CA}=v_A\sin\theta$，$\omega=v_{CA}/AC=v\sin^2\theta/(R\cos\theta)$。

9-14　小型精压机的机构如图 9-48 所示。$OA=O_1B=r=100\ \mathrm{mm}$，$EB=BD=AD=l=400\ \mathrm{mm}$。在图示位置 $OA\perp AD$，$O_1B\perp ED$，O_1 点和 D 点在同一水平线上，O 点和 D 点在同一铅直线上。若曲柄 OA 的转速为 $n=120\ \mathrm{r/min}$，试求在此瞬时压头 F 的速度。

答案：$1.295\ \mathrm{m/s}$。

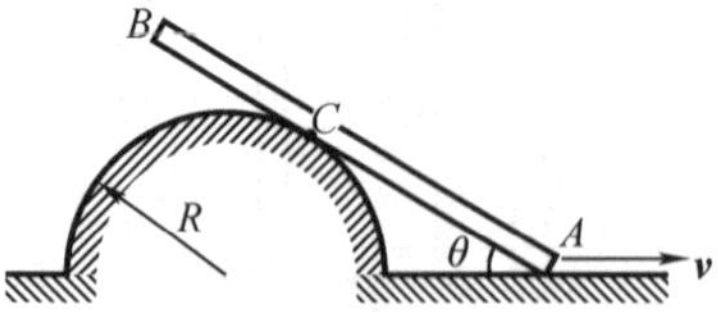

图 9－47　习题 9－13 图

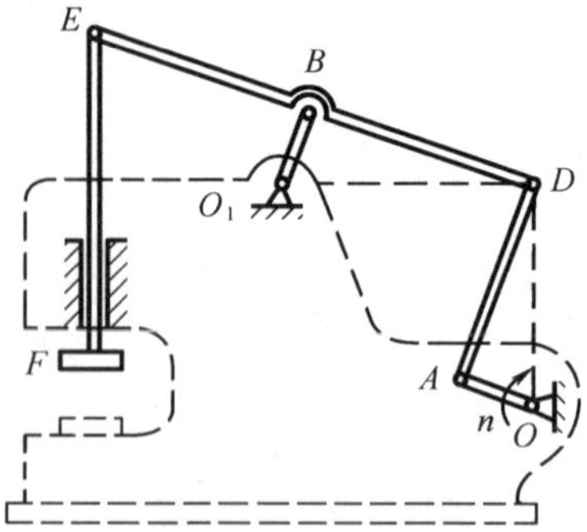

图 9－48　习题 9－14 图

9－15　四连杆机构中，连杆 AB 上固连一块三角板 ABD，如图 9－49 所示。机构由曲柄 O_1A 带动。已知曲柄的角速度 $\omega_{O_1A}=2$ rad/s；曲柄 $O_1A=0.1$ m，水平距离 $O_1O_2=0.05$ m，$AD=0.05$ m；当 $O_1A\perp O_1O_2$ 时，AB 平行于 O_1O_2，且 AD 与 AO_1 在同一直线上；角 $\varphi=30°$。求三角板 ABD 的角速度和点 D 的速度。

答案：$\omega=1.072$ rad/s，$v_D=0.254$ m/s。

9－16　如图 9－50 所示机构中，已知 $OA=0.1$ m，$BD=0.1$ m，$DE=0.1$ m，$EF=0.1\sqrt{3}$ m；曲柄 OA 的角速度 $\omega=4$ rad/s。在图示位置时，曲柄 OA 与水平线 OB 垂直；且 B、D 和 F 在同一铅直线上，又 DE 垂直于 EF。求杆 EF 的角速度和点 F 的速度。

答案：$v_F=\dfrac{v_E}{\cos 30°}=0.462$ m/s，$\omega_{EF}=\dfrac{v_{EF}}{EF}=1.333$ rad/s。

9－17　在瓦特行星传动机构中，平衡杆 O_1A 绕 O_1 轴转动，并借连杆 AB 带动曲柄 OB；而曲柄 OB 活动地装置在 O 轴上，如图 9－51 所示。在 O 轴上装有齿轮 Ⅰ，齿轮 Ⅱ 与连杆 AB 固连于一体。已知 $r_1=r_2=0.3\sqrt{3}$ m，$O_1A=0.75$ m，$AB=1.5$ m；又平衡杆的角速度 $\omega=6$ rad/s。求当 $\gamma=60°$ 且 $\beta=90°$ 时，曲柄 OB 和齿轮 Ⅰ 的角速度。

答案：$\omega_{OB}=3.75$ rad/s，$v_M=6$ rad/s。

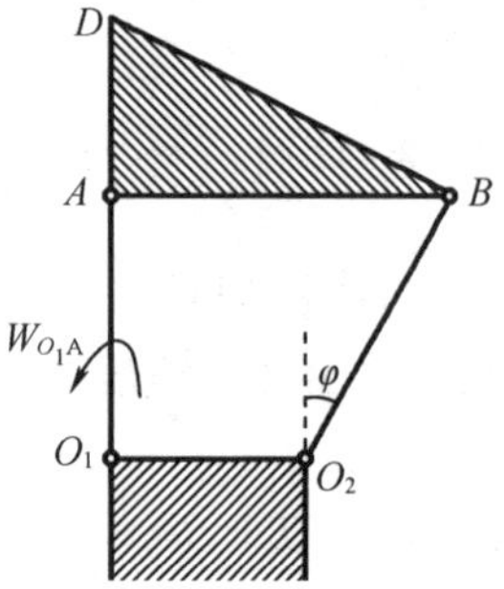

图 9－49　习题 9－15 图

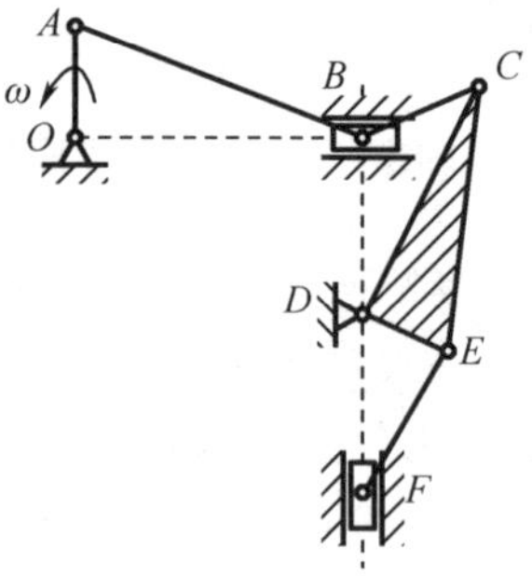

图 9－50　习题 9－16 图

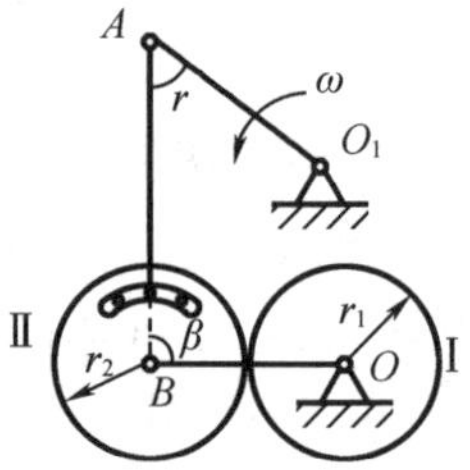

图 9－51　习题 9－17 图

9－18　使砂轮高速转动的装置如图 9－52 所示。杆 O_1O_2 绕 O_1 轴转动，转速为 n_4。O_2 处用铰链连接一半径为 r_2 的活动齿轮 Ⅱ，杆 O_1O_2 转动时轮 Ⅱ 在半径为 r_3 的固定内齿轮上滚动，并使半径为 r_1 的轮 Ⅰ 绕 O_1 轴转动。轮 Ⅰ 上装有砂轮，随同轮 Ⅰ 高速转动。已知

$\frac{r_3}{r_1}=11$，$n_4=900$ r/min，求砂轮的转速。

答案：$n_1=10\ 800$ r/min。

9-19　如图9-53所示，曲柄连杆机构中，曲柄 OA 绕 O 轴转动，其角速度为 ω_0，角加速度为 α_0。通过连杆 AB 带动滑块 B 在圆槽内滑动。在某瞬时曲柄与水平线间成60°角，连杆 AB 与曲柄 OA 垂直，圆槽半径 O_1B 与连杆 AB 成30°角，若 $OA=a$，$AB=2\sqrt{3}a$，$O_1B=2a$，试求该瞬时滑块 B 的切向和法向加速度。

答案：$a_B^n=2a\omega_0^2$，$a_B^\tau=a(2\alpha_0-\sqrt{3}\omega_0^2)$。

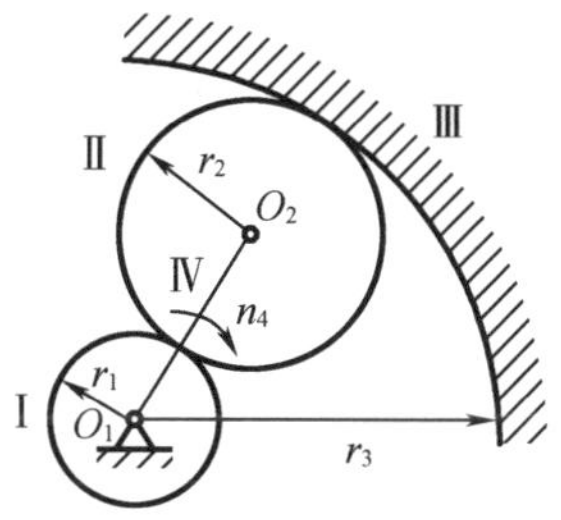

图9-52　习题9-18图

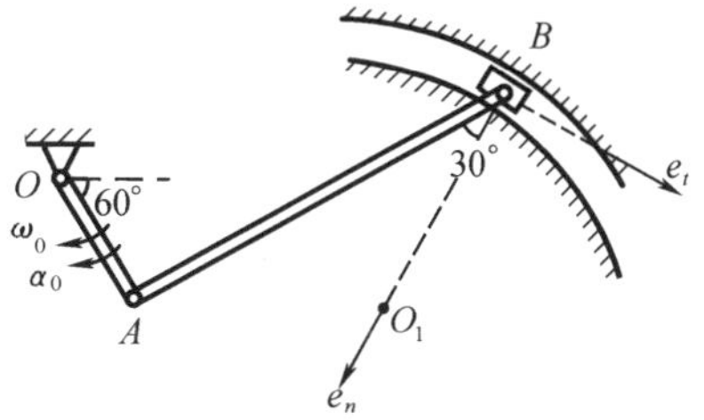

图9-53　习题9-19图

9-20　半径为 R 的轮子沿水平面滚动而不滑动，如图9-54所示。在轮上有圆柱部分，其半径为 r。将线绕于圆柱上，线的 B 端以速度 $\boldsymbol{v}$ 和加速度 $\boldsymbol{a}$ 沿水平方向运动。求轮的轴心 O 的速度和加速度。

答案：$v_O=\frac{R}{R-r}v$，$a_O=\frac{R}{R-r}a$。

9-21　如图9-55所示，曲柄 OA 以恒定的角速度 $\omega=2$ rad/s 绕轴转动，并借助连杆 AB 驱动半径为 r 的轮子在半径为 R 的圆弧槽中作无滑动的滚动。设 $OA=AB=R=2r=1$ m，求图示瞬时点 B 和点 C 的速度和加速度。

答案：$v_C=2.828$ m/s，$a_C=11.1$ m/s^2

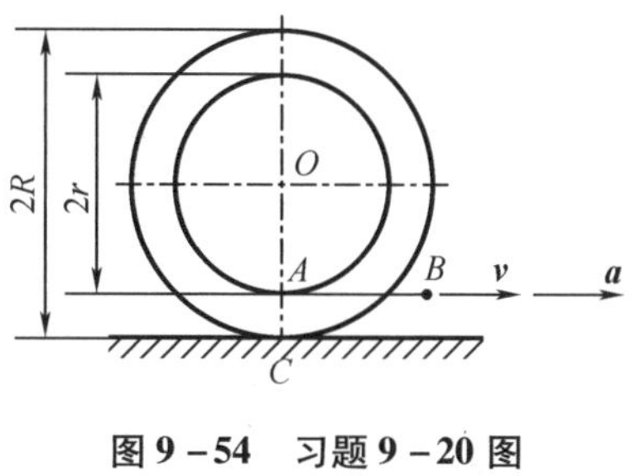

图9-54　习题9-20图

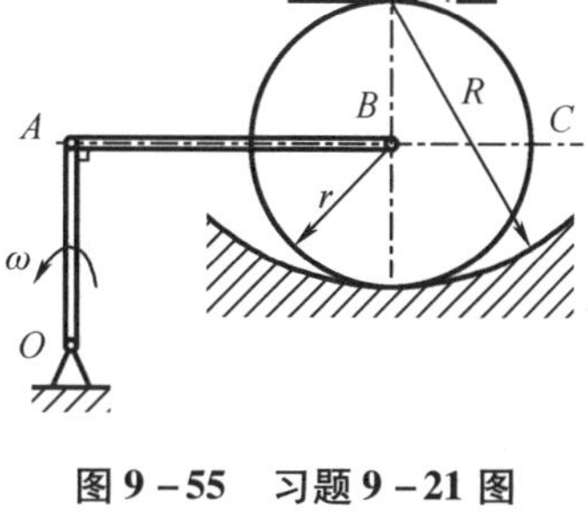

图9-55　习题9-21图

9-22　在曲柄齿轮椭圆规中，齿轮 A 和曲柄 O_1A 固结为一体，齿轮 C 和齿轮 A 半径均为 r 并互相啮合，如图9-56所示。图中 $AB=O_1O_2$，$O_1A=O_2B=0.4$ m。O_1A 以恒定的角速度 ω 绕轴 O_1 转动，$\omega=0.2$ rad/s。M 为轮 C 上一点，$CM=0.1$ m。在图示瞬时，CM 为铅垂，求此时 M 点的速度和加速度。

答案：$v_M=0.097\ 8$ m/s，$a_M=0.012\ 7$ m/s。

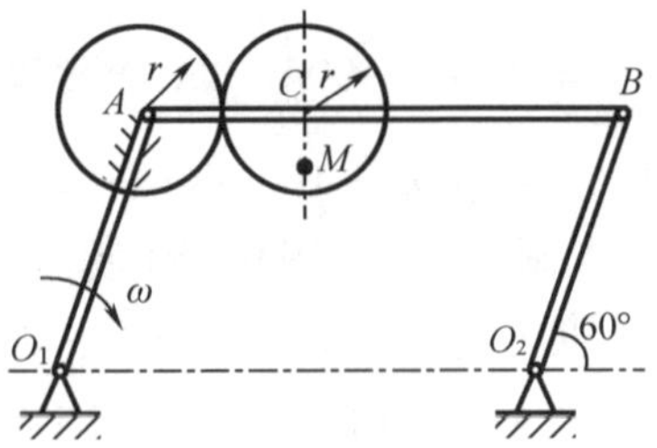

图9-56 习题9-22图

9-23 两相同的圆柱在中心与杆 AB 的两端相铰接,两圆柱分别沿水平和铅直的固定面做无滑动的滚动。已知 $AB=500$ mm,圆柱半径 $r=100$ mm。在图9-57所示位置,圆柱 A 有角速度 $\omega_1=4$ rad/s,角加速度 $\alpha_1=2$ rad/s^2,图中尺寸单位为mm。试求该瞬时直杆 AB 和圆柱 B 的角速度和角加速度。

答案:$\omega_{AB}=1$ rad/s,$\omega_B=3$ rad/s,$\alpha_{AB}=0.25$ rad/s^2,$\alpha_B=4.750$ rad/s^2。

9-24 已知机构在图9-58所示位置的瞬时,物块 D 的速度为 $\boldsymbol{v}$,加速度为 $\boldsymbol{a}$,方向如图9-58所示。轮 O 在水平轨道上做纯滚动,轮的半径为 R,杆 BC 长 l,试求此瞬时滑块 C 的速度和加速度。

答案:$v_C=0,a_C=\dfrac{v^2}{4R}+\dfrac{\sqrt{2}v^2}{2l}$。

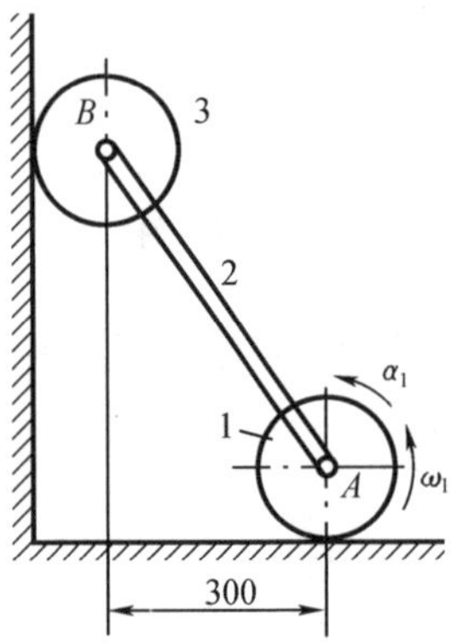

图9-57 习题9-23图

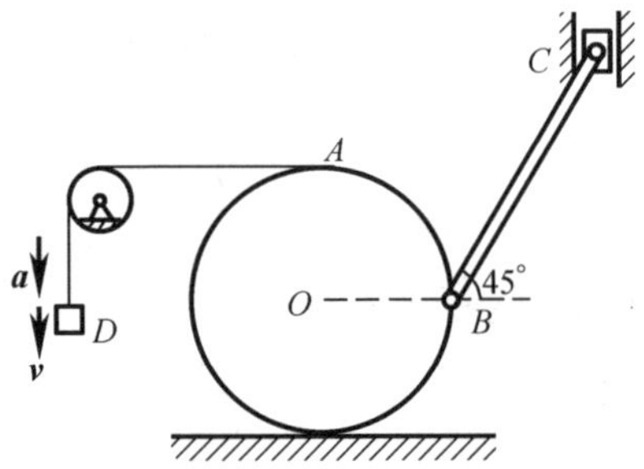

图9-58 习题9-24图

9-25 如图9-59所示机构,已知 $\boldsymbol{v}_A=$ 常矢量,圆盘在水平地面上做纯滚动,试求图示瞬时点 O 的速度和加速度。

答案:$v_O=\dfrac{\boldsymbol{v}_A}{2}$,$a_O=\dfrac{\sqrt{3}\boldsymbol{v}_A{}^2}{24R}$。

9-26 如图9-60所示,两种情形均为半径为 r 的小圆柱在半径为 R 的圆弧槽内做无滑动滚动,且有 $\theta=\theta(t)$。试以 θ、$\dot{\theta}$ 及 $\ddot{\theta}$ 表示小圆柱的角速度、角加速度及圆柱上与圆弧相接触的点 C 的加速度。

答案:(a)$\omega=\dfrac{\dot{\theta}(R-r)}{r},a=\dfrac{\ddot{\theta}(R-r)}{r},a_C=\dfrac{\dot{\theta}^2(R-r)R}{r}$;

(b)$\omega=\dfrac{\dot{\theta}(R+r)}{r},a=\dfrac{\ddot{\theta}(R+r)}{r},a_C=\dfrac{\dot{\theta}^2(R+r)R}{r}$。

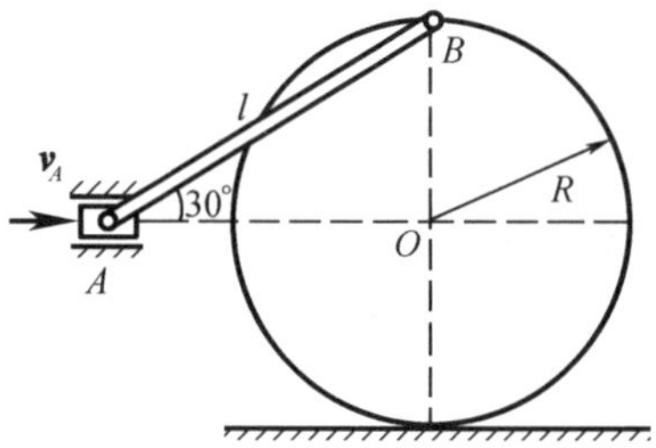

图9-59 习题9-25图

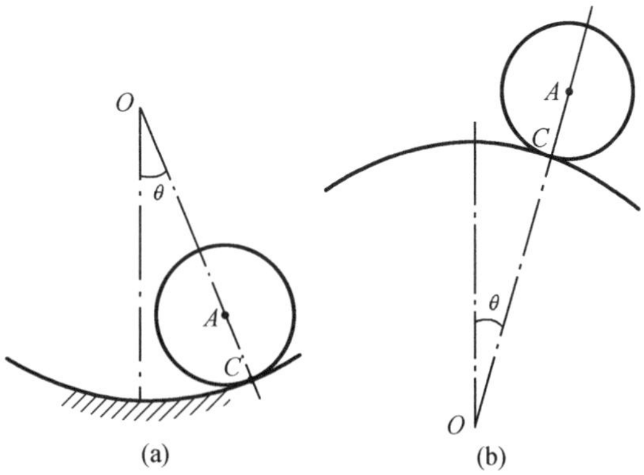

图9-60 习题9-26图

9-27 如图9-61所示，一曲柄机构，曲柄 OA 可绕 O 轴转动，带动杆 AC 在套管 B 内滑动，套管 B 及与其刚连的 BD 杆又可绕通过 B 铰而与图示平面垂直的水平轴转动。已知 $OA=BD=300$ mm，$OB=400$ mm，当 OA 转至铅直位置时，其角速度 $\omega_0=2$ rad/s，试求 D 点的速度。

答案：$v_D=216$ mm/s。

9-28 圆轮在水平轨道上只滚不滑，如图9-62所示瞬时，点 O 在铰 C 的正下方，连杆 OA 的速度 $v=1.5$ m/s，$\theta=30°$，求带有滑槽的连杆 CD 的角速度。

答案：$\omega_{CD}=18.22$ rad/s（逆时针）。

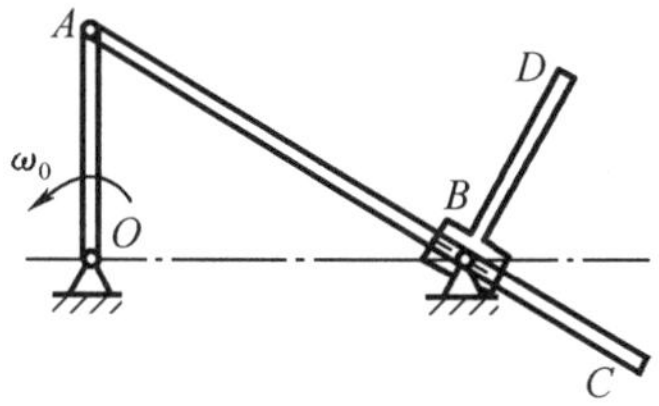

图9-61 习题9-27图

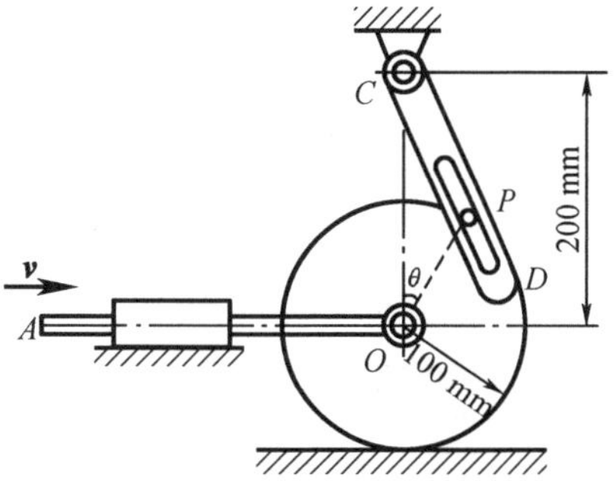

图9-62 习题9-28图

9-29 如图9-63所示，一轮 O 在水平面内滚动而不滑动，轮缘上固定销钉 B，此销钉在摇杆 O_1A 的槽内滑动，并带动摇杆绕 O_1 轴摆动。已知轮的半径 $R=50$ cm，在图示位置时 AO_1 是轮的切线，轮心的速度 $v_O=20$ cm/s，摇杆与水平面的交角 $\theta=60°$。求摇杆的角速度。

答案：$\omega_{O_1A}=0.2$ rad/s。

9-30 如图9-64所示机构中曲柄 OA 绕 O 轴顺时针转动，通过连杆 AB 带动杆 BD 绕 C 轴转动，再通过套在杆 BD 上的滑块 E 带动杆 O_1E 绕 O_1 轴摆动。已知 $OA=BC=O_1E=200$ mm，C 点和 O_1 点在同一铅直线上。在图示瞬时，曲柄 OA 的角速度 $\omega=5$ rad/s，AB 和 O_1E 都恰成水平位置，OA 和 BD 分别与水平线成角 $\varphi_1=30°$和 $\varphi_2=60°$。试求该瞬时杆 BD 和 O_1E 的角速度。

答案:2. 887 rad/s,11. 547 rad/s。

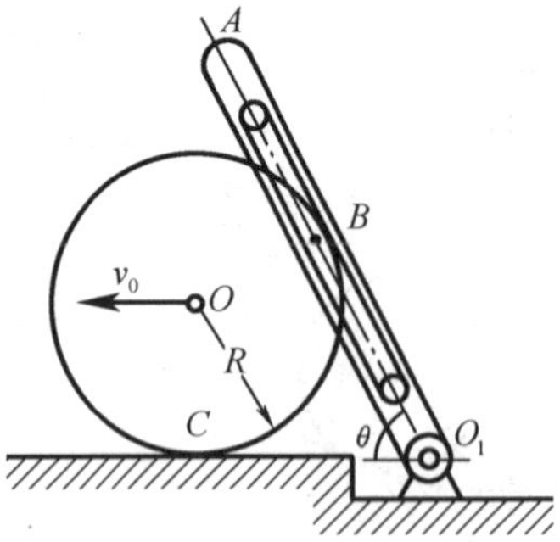

图 9-63 习题 9-29 图

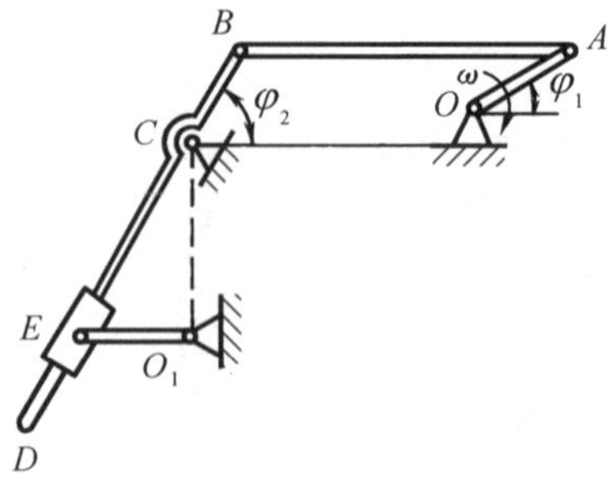

图 9-64 图 9-30 图

9-31 在图 9-65 所示机构中,杆 OC 可绕 O 转动。套筒 AB 可沿杆 OC 滑动。与套筒 AB 的 A 端相铰连的滑块可在水平直槽内滑动。已知 $\omega=2$ rad/s,$b=200$ mm,套筒长 $AB=200$ mm,求 $\varphi=30°$ 时套筒 B 端的速度。

答案:$v_B=902$ mm/s。

9-32 如图 9-66 所示,曲柄连杆机构带动摇杆 O_1C 绕 O_1 轴摆动。在连杆 AB 上装有两个滑块,滑块 B 在水平槽内滑动,而滑块 D 则在摇杆 O_1C 的槽内滑动。已知曲柄长 $OA=50$ mm,绕 O 轴转动的匀角速度 $\omega=10$ rad/s。在图示位置时,曲柄与水平线间成 90°角,$\angle OAB=60°$,摇杆与水平线间成 60°角,距离 $O_1D=70$ mm。求摇杆的角速度和角加速度。

答案:$\omega_{O_1C}=6.186$ rad/s,$\alpha_{O_1C}=78.17$ rad/s^2。

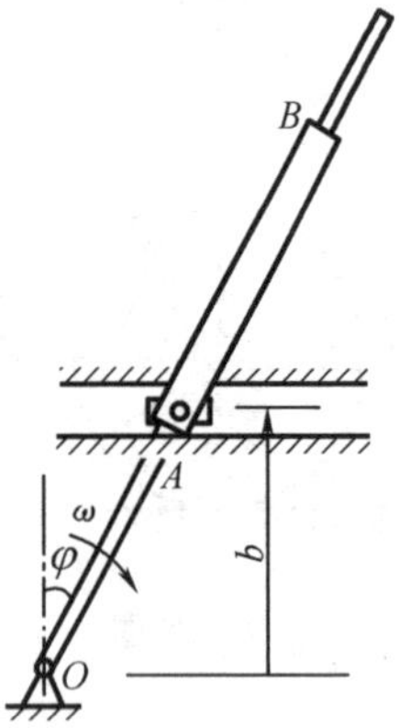

图 9-65 习题 9-31 图

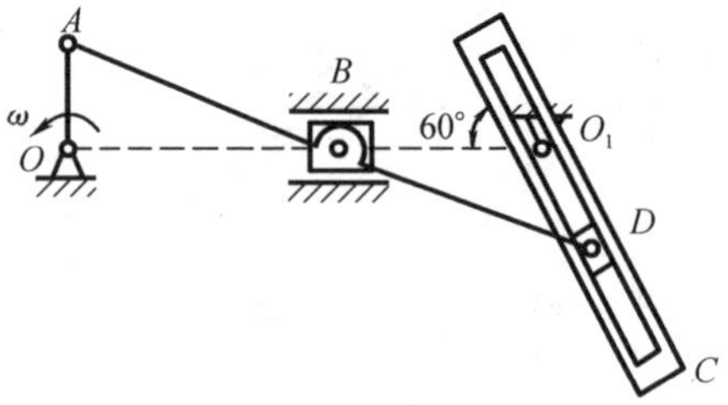

图 9-66 习题 9-32 图

9-33 平面机构的曲柄 OA 长为 $2l$,以匀角速度 ω_0 绕 O 轴转动,在图 9-67 所示位置时 $AB=BO$,并且 $\angle OAD=90°$。求此时套筒 D 相对于杆 BC 的速度和加速度。

答案:$v_{DB}=1.155\ l\omega_0$,$a_{DB}=2.222\ l\omega_0^2$。

9-34 轻型杠杆式推钢机,曲柄 OA 借连杆 AB 带动摇杆 O_1B 绕 O_1 轴摆动,杆 EC 以铰链与滑块 C 相连,滑块 C 可沿杆 O_1B 滑动;摇杆摆动时带动杆 EC 推动钢材,如图 9-68 所示。已知 $OA=r$,$AB=\sqrt{3}r$,$O_1B=\frac{2}{3}l$($r=0.2$ m,$l=1$m),$\omega_{OA}=\frac{1}{2}$ rad/s,$\alpha_{OA}=0$。在图示

位置时，$BC=\frac{4}{3}l$。求：

(1)滑块 C 的绝对速度和相对于摇杆 O_1B 的速度；

(2)滑块 C 的绝对加速度和相对于摇杆 O_1B 的加速度。

答案：(1)$v_C=0.4\ \text{m/s}$，$v_r=0.2\ \text{m/s}$。

(2)$a_C=0.159\ \text{m/s}^2$，$a_r=0.139\ \text{m/s}^2$。

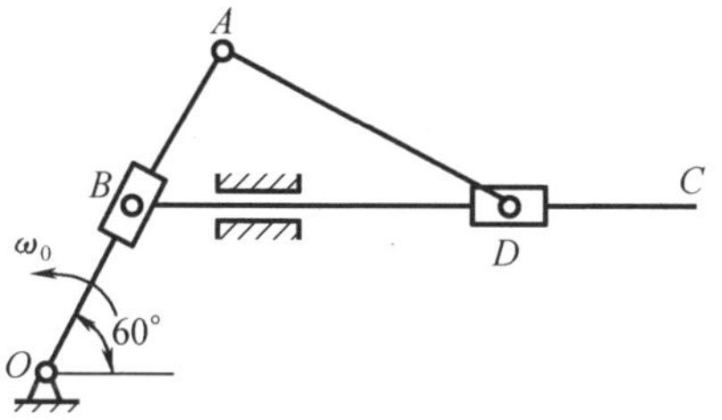

图 9-67　习题 9-33 图

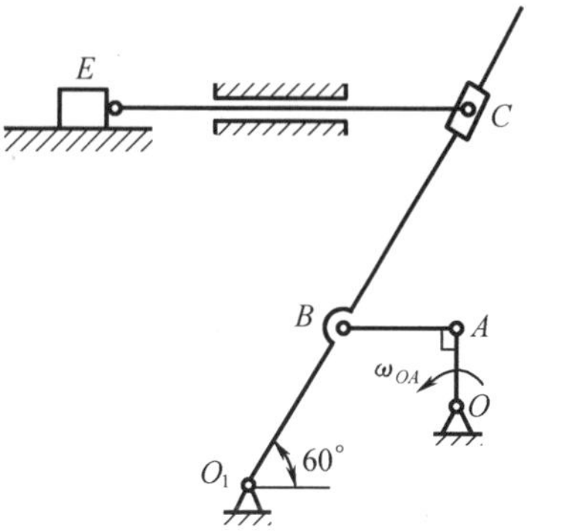

图 9-68　习题 9-34 图

9-35　如图 9-69 所示行星齿轮传动机构中，曲柄 OA 以匀角速度 ω_0 绕 O 轴转动，使与齿轮 A 固接在一起的杆 BD 运动，杆 BE 与 BD 在点 B 铰接，并且杆 BE 在运动时始终通过固定铰支的套筒 C。如定齿轮的半径为 $2r$，动齿轮的半径为 r，且 $AB=\sqrt{5}r$。图示瞬时，曲柄 OA 在铅直位置，BDA 在水平位置，杆 BE 与水平线间成角 $\varphi=45°$。求此时杆 BE 上与 C 相重合一点的速度和加速度。

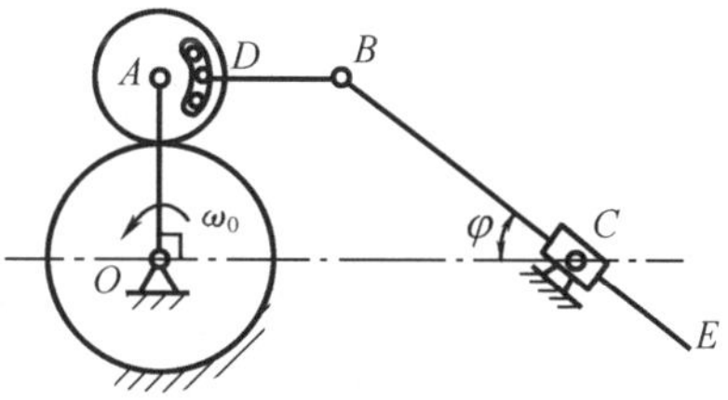

图 9-69　习题 9-35 图

答案：$v'_C=6.865r\omega_0$，$a'_C=16.14r\omega_0^2$。

9-36　如图 9-70 所示四种刨床机构，已知曲柄 $O_1A=r$，以匀角速度 ω 转动，$b=4r$。求在图示位置时，滑杆 CD 平移的速度。

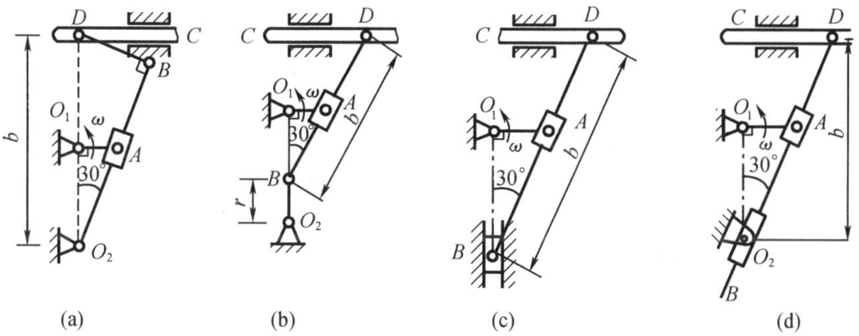

图 9-70　习题 9-36 图

答案:图9-70(a) $\boldsymbol{v}_D=r\omega$,图9-70(b)$\boldsymbol{v}_D=\frac{\sqrt{3}}{3}r\omega$,图9-70(c) $\boldsymbol{v}_D=\sqrt{3}r\omega$,图9-71(d) $\boldsymbol{v}_D=\frac{4}{3}r\omega$。

9-37 求上题各图中滑杆 CD 平移的加速度。

答案:图9-70(a)$a_D=\frac{5\sqrt{3}}{12}r\omega^2$,图9-70(b)$a_D=\left(1+\frac{2\sqrt{3}}{9}\right)r\omega^2$,图9-70(c)$a_D=4r\omega^2$,图9-70(d)$a_D=\frac{4\sqrt{3}}{9}r\omega^2$。

第 10 章　质点动力学

在静力学中我们讨论了作用于物体上的力,并研究了物体在力系作用下的平衡问题,但是没有研究物体在不平衡力系的作用下将如何运动;在运动学中,我们仅从几何方面研究物体的运动,而没有研究物体运动的变化和作用在物体上的力之间的关系。在动力学中,我们要研究物体运动的变化和作用在物体上的力之间的关系。与静力学和运动学相比,动力学所研究的是物体机械运动的更一般规律。

在动力学中经常用到的两种力学模型是质点和质点系。所谓质点是指具有一定质量,而几何形状和尺寸大小可以忽略不计的物体。具体说,什么情况下才能把物体抽象,简化成一个质点呢?当物体的形状、尺寸不重要时,平动刚体可以看成一个质点,该质点集中了刚体的全部质量,且位于该刚体的质心。有时物体运动的转动部分也可以忽略,此时物体也是质点。例如,研究地球绕太阳的公转时,可以把地球看成质点。所谓质点系是由有限个或无限多个互相联系着的质点所组成的系统。一个物体,如果不能当成一个质点来研究,就必须把它当成质点系来考虑。质点系的概念是十分普遍的,它包括刚体、变形体,以及由很多质点或物体组成的系统。

动力学可以分为质点动力学和质点系动力学(包括刚体动力学)。

本章研究质点动力学,也就是研究质点所受的力和它的运动之间的关系。质点动力学是动力学其他理论的基础,是建立在动力学三个基本定律——牛顿三定律基础之上的,本章着重讲述应用动力学基本方程解决质点动力学两类问题的方法。

10.1　动力学基本定律

10.1.1　牛顿三定律

牛顿第一定律(惯性定律):如果质点不受力或所受合力为零,则质点对惯性参考系保持静止或做匀速直线运动。物体力图保持其原有运动状态不变的特性称为惯性,因此这个定律也叫惯性定律。自然界不存在不受力作用的物体,所以应当把“不受力”理解为物体受平衡力系的作用,也就是在平衡力系的作用下,物体若原来是静止的将继续保持静止,若原来是运动的则将保持它原来的速度大小和方向不变而做匀速直线运动,且物体的静止或匀速直线运动是相对于惯性参考系而言的,对一般的工程问题,可取地球为惯性参考系。牛顿第一定律说明了力是改变物体运动状态(获得加速度)的外部原因。

牛顿第二定律:质点受到力作用时所获得的加速度的大小与合力的大小成正比,与质点的质量成反比;加速度的方向与合力的方向相同。即

$$\boldsymbol{F} = m\boldsymbol{a} \tag{10-1}$$

式(10-1)是解决动力学问题的基本依据,称为动力学基本方程。这个定律给出了质点运动的变化和作用在质点上的力之间的关系。式(10-1)中的 $\boldsymbol{F}$ 指的是质点上所受的所有力的合力,而且合力 $\boldsymbol{F}$ 与加速度 $\boldsymbol{a}$ 的关系是瞬时性的,即只要某瞬时有力作用在质点上,

则在该瞬时,质点必具有确定的加速度,反之亦然。

同样的力作用在不同质量的质点上,则质量小的质点所获得的加速度大,质量大的质点所获得的加速度小,即质量越大,它的运动状态越不容易被改变,也就是说质量越大,惯性越大。因此,质量是质点惯性的度量。在地球表面上,质点受重力 $\boldsymbol{P}$,加速度为重力加速度 $\boldsymbol{g}$,根据式(10-1),有

$$\boldsymbol{P}=m\boldsymbol{g}$$

所以 $m=\frac{p}{g}$,在地球表面的不同地区,同一质点重力的大小不同,重力不同,重力加速度不同,但质点的质量保持不变。这说明重力和质量是两个完全不同的概念,重力是地球对物体引力的大小,而质量是物体的固有属性,物体中所含物质的多少。二者不能混为一谈。即使脱离了地球的引力场,在重力不存在的情况下,质量仍旧存在。

需要特别强调的是动力学基本方程并非在任何坐标系中都适用,凡动力学基本方程适用的坐标系称为惯性坐标系。在一般工程问题中,将固连于地球的坐标系或相对于地球做匀速直线运动的坐标系取为惯性坐标系。今后,无特别说明时,我们都选取和地球固连的坐标系来研究物体的运动。

当质点受平衡力系作用时,式(10-1)中 $\boldsymbol{F}=\boldsymbol{0}$,从而加速度 $\boldsymbol{a}=\boldsymbol{0}$,于是质点的速度 $\boldsymbol{v}$ 为一个常矢量,即质点做惯性运动。可见牛顿第一定律是牛顿第二定律的一个特例。

牛顿第三定律:(作用与反作用定律)两个物体间的作用力和反作用力,总是大小相等,方向相反,并沿同一作用线分别作用在这两个物体上。这个定律也叫作用与反作用定律。我们已经在静力学中熟悉了,它同样也适用于动力学。它给出了两个物体的相互作用力之间的关系。

需要注意的是动力学基本方程中的前两个定律只在惯性坐标系下适用。而牛顿第三定律与坐标系的选取无关,它适用于一切坐标系。

动力学基本方程有其适用的范围,以基本定律为基础的所谓古典力学或牛顿力学认为质量是不变的量,空间和时间是“绝对的”,与物体的运动无关。而近代物理证明,质量、时间和空间都与物体运动的速度有关。但当物体的运动速度远小于光速时,物体的运动对于质量、时间和空间的影响都是微不足道的,在一般工程技术中,物体运动速度都远小于光速,应用上述基本方程得到的结果都是十分精确的。所以,对于宏观低速运动的物体,动力学基本方程仍有其重要的价值。

10.1.2 力学单位制

在力学中,通常使用国际单位制(SI)。在国际单位制中,所有单位分为三类:基本单位、导出单位和辅助单位。质量、长度和时间的单位是基本单位,分别取为千克(kg)、米(m)和秒(s)。力的单位是导出单位,称为牛顿(N)。1 牛顿力使 1 千克质量的物体产生 1 米/秒^2 的加速度,即

$$1\ \text{N}=1\ \text{kg}\times 1\ \text{m/s}^2=1\ \text{kg}\cdot\text{m/s}^2$$

弧度是辅助单位,可用于构成导出单位,如角速度和角加速度的单位等。

在工程中,常采用工程单位制。在工程单位制中,力、长度和时间的单位是基本单位,分别取为千克力(kgf)、米(m)和秒(s)。质量的单位是导出单位,1 千克力使物体产生 1 米/秒^2(m/s^2)的加速度时,这一物体的质量是一工程单位质量,即

$$1\ 工程质量单位 = \frac{1\text{kgf}}{1(\text{m/s}^2)} = 1\left(\frac{\text{kgf}\cdot\text{s}^2}{\text{m}}\right)$$

1 千克力(kgf)就是在纬度 45°的海平面上质量为 1 千克的物体所受的重力。所以

$$1\ 千克力(\text{kgf}) = 1\ 千克质量(\text{kg}) \times 9.806\ 65\ 米/秒^2(\text{m/s}^2)$$
$$= 9.806\ 65\ 牛顿(\text{N}) \approx 9.8\ 牛顿(\text{N})$$

又因为 1 千克力(kgf)即 9.806 65 牛顿(N)的力产生 1 米/秒^2(m/s^2)加速度时的质量应为 9.806 65 千克(kg),故

$$1\ 工程质量单位 = 9.806\ 65\ \text{kg} \approx 9.8\ \text{kg}$$

10.2　质点的运动微分方程

牛顿第二定律建立了质点所受的力和运动之间的关系,在应用式(10－1)解决问题时,根据不同的问题,可以采用不同的表达式。

10.2.1　矢量形式

当质点做任意的空间曲线运动时,质点的位置由从任意空间固定点 O 引出的矢径 $\boldsymbol{r}(t)$ 来表示,如图 10－1 所示。

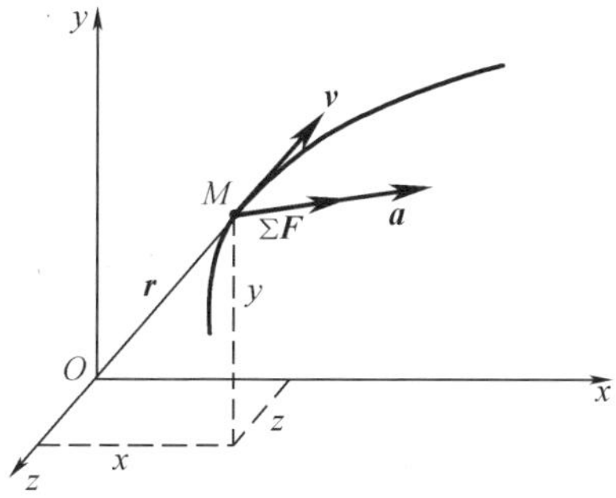

图 10－1　质点的动力学示意图

质点的加速度等于矢径 $\boldsymbol{r}$ 对时间的二阶导数,即 $\boldsymbol{a} = \dfrac{\mathrm{d}^2\boldsymbol{r}}{\mathrm{d}t^2}$,将其代入质点动力学基本方程式(10－1),则有

$$m\boldsymbol{a} = m\frac{\mathrm{d}^2\boldsymbol{r}}{\mathrm{d}t^2}$$

$$m\ddot{\boldsymbol{r}} = \boldsymbol{F} = \sum_{i=1}^{n}\boldsymbol{F}_i \tag{10-2}$$

式(10－2)称为质点运动微分方程的矢量形式。这种矢量形式的运动微分方程表达起来比较简练,适合用于各种理论推导。

10.2.2　直角坐标形式

质点的运动微分方程在应用到具体的力或运动速度、运动加速度的计算时,常采用投影到坐标轴上的形式。过矢径的起点固定点 O 建立直角坐标系 $Oxyz$(图 10－1),在任意瞬

时 t,将质点运动微分方程的矢量式(10-2)向该坐标系的三个轴投影得

$$\begin{cases} m\dfrac{d^2x}{dt^2} = m\ddot{x} = ma_x = \sum\limits_{i=1}^{n} F_{ix} = \sum\limits_{i=1}^{n} X_i \\ m\dfrac{d^2y}{dt^2} = m\ddot{y} = ma_y = \sum\limits_{i=1}^{n} F_{iy} = \sum\limits_{i=1}^{n} Y_i \\ m\dfrac{d^2z}{dt^2} = m\ddot{z} = ma_z = \sum\limits_{i=1}^{n} F_{iz} = \sum\limits_{i=1}^{n} Z_i \end{cases}$$

上式通常记为

$$\begin{cases} m\ddot{x} = \sum\limits_{i=1}^{n} X_i \\ m\ddot{y} = \sum\limits_{i=1}^{n} Y_i \\ m\ddot{z} = \sum\limits_{i=1}^{n} Z_i \end{cases} \tag{10-3}$$

式(10-3)中 X_i、Y_i、Z_i 分别表示作用在质点上的力在 Ox 轴、Oy 轴和 Oz 轴上的投影。式(10-3)称为质点运动微分方程的直角坐标形式。它的物理意义是:质点的质量与质点的加速度在某坐标轴上的投影的乘积,等于质点所受的力在该轴上的投影的代数和。

10.2.3　自然坐标形式

在运动学中,我们曾用自然法来描述质点的运动。在动力学中我们把质点的运动微分方程的矢量式向自然轴投影,就会得到质点运动微分方程的自然坐标形式。

质点做任意空间曲线运动时,其加速度恒在轨迹的密切平面内,即

$$\boldsymbol{a} = a_\tau \boldsymbol{\tau} + a_n \boldsymbol{n} = \frac{dv}{dt}\boldsymbol{\tau} + \frac{v^2}{\rho}\boldsymbol{n}$$

而加速度永远没有副法线方向的分量。

把质点运动微分方程的矢量式(10-2)向空间曲线上任一点的自然坐标系三个轴 $\boldsymbol{\tau}$、$\boldsymbol{n}$、$\boldsymbol{b}$ 投影得

$$\begin{cases} m\dfrac{dv}{dt} = ma_\tau = \sum\limits_{i=1}^{n} F_i^\tau \\ m\dfrac{v^2}{\rho} = ma_n = \sum\limits_{i=1}^{n} F_i^n \\ 0 = \sum\limits_{i=1}^{n} F_i^b \end{cases} \tag{10-4}$$

式中,F_i^τ、F_i^n、F_i^b 是质点所受力 $\boldsymbol{F}_i$ 在 $\boldsymbol{\tau}$、$\boldsymbol{n}$、$\boldsymbol{b}$ 三个轴上的投影。式(10-4)就是质点运动微分方程的自然坐标形式。

10.3　质点动力学的两类基本问题

质点动力学主要包括两类基本问题。

第一类基本问题:已知质点的运动,求作用于质点上的力。也就是已知质点的运动方

程，通过其对时间微分两次得到质点的加速度，代入质点运动微分方程，就可得到作用在质点上的力，解这一类基本问题会用到求导数的知识，相对而言比较简单。

第二类基本问题：已知作用在质点上的力，求质点的运动情况（如求质点的速度、轨迹、运动方程等）。在质点的运动微分方程中，已知质点的受力，则得到了质点运动的加速度，由加速度求质点的速度、轨迹、运动方程等是积分运算的问题。有些问题进行积分时，运算相当困难，甚至找不到解析表达式，得不到有限形式的解。这时只能用数值方法，得到其近似解。本书讲解了几种简单的、有有限解的例子。

下面通过例题说明如何用质点的运动微分方程解决质点动力学的两类基本问题。

例 10－1　如图 10－2 所示，重为 P 的质点 M，在有阻尼的介质中铅垂降落，其运动方程为 $x=\frac{g}{k}t-\frac{g}{k^2}(1-e^{-kt})$ (cm)，$k=$常数。求介质对质点 M 的阻力，并表示为速度的函数。

解　首先选取质点 M 为研究对象，质点 M 做铅垂直线运动，选轨迹直线为直角坐标轴 Ox，并规定向下为正。再将质点 M 放在运动的一般位置上画出其受力图。质点在此位置上所受的力有重力 $\boldsymbol{P}$ 和介质阻力 $\boldsymbol{R}$。

则质点 M 直角坐标形式的运动微分方程为

$$\frac{P}{g}\frac{d^2x}{dt^2}=P_x+R_x$$

式中，P_x 和 R_x 分别为 $\boldsymbol{P}$、$\boldsymbol{R}$ 在 Ox 轴上的投影。由图 10－2 有

$$P_x=P, R_x=-R$$

于是运动微分方程可写为

$$\frac{P}{g}\frac{d^2x}{dt^2}=P-R$$

由已知质点运动方程得

$$v=\frac{dx}{dt}=\frac{g}{k}(1-e^{-kt})$$

$$\frac{d^2x}{dt^2}=ge^{-kt}$$

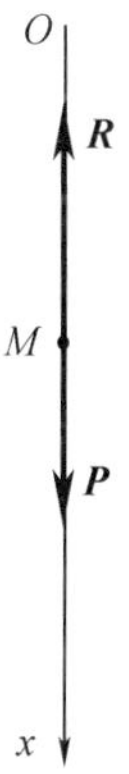

图 10－2　例 10－1 图

于是有

$$R=P-\frac{P}{g}\cdot ge^{-kt}=P(1-e^{-kt})=\frac{Pkv}{g}$$

例 10－2　如图 10－3 所示，已知单摆长为 l，重为 G，做小幅角摆动的规律为 $\varphi=\varphi_0\sin\sqrt{\frac{g}{l}}t$ (rad)，其中，φ_0 为常量。求摆经过最高位置和最低位置时绳中的拉力。

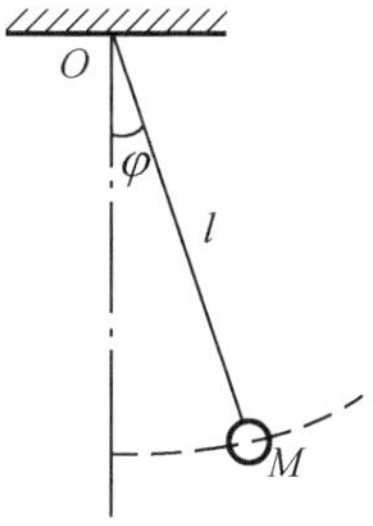

图 10－3　例 10－2 图

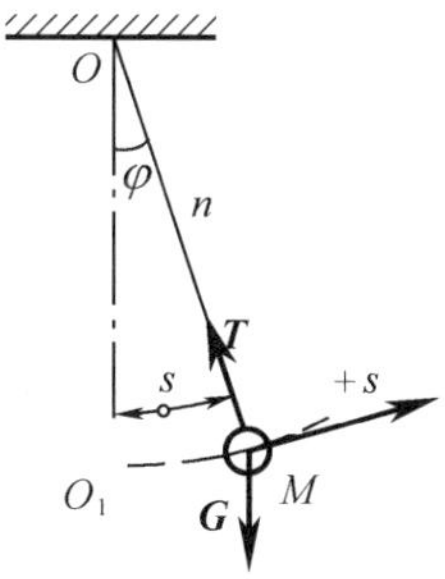

图 10－4　受力图

解 选质点 M 为研究对象,并将其放在运动的一般位置上画出受力图(图 10-4)。作用于 M 上的力有重力 $\boldsymbol{G}$ 和绳的拉力 $\boldsymbol{T}$。由于质点 M 的轨迹为一圆弧,可应用自然形式的运动微分方程求解,为此选定弧坐标及自然轴系。

质点 M 的自然形式的运动微分方程为

$$\begin{cases}\dfrac{G}{g}\dfrac{\mathrm{d}^2 s}{\mathrm{d}t^2}=G_\tau+T_\tau\\ \dfrac{G}{g}\dfrac{v^2}{\rho}=G_n+T_n\end{cases}$$

考虑到 $s=l\varphi$,因此有

$$\frac{\mathrm{d}s}{\mathrm{d}t}=v=l\frac{\mathrm{d}\varphi}{\mathrm{d}t},\frac{\mathrm{d}^2 s}{\mathrm{d}t^2}=l\frac{\mathrm{d}^2\varphi}{\mathrm{d}t^2}$$

$$G_\tau=-G\sin\varphi,T_\tau=0$$

$$G_n=-G\cos\varphi,T_n=T$$

代入运动微分方程,得

$$\begin{cases}\dfrac{G}{g}l\dfrac{\mathrm{d}^2\varphi}{\mathrm{d}t^2}=-G\sin\varphi\\ \dfrac{G}{g}l\left(\dfrac{\mathrm{d}\varphi}{\mathrm{d}t}\right)^2=-G\cos\varphi+T\end{cases}$$

上述方程的第一个方程用于求单摆的运动规律,由于运动已经给出,因此无须要再进行研究。第二个方程可用于求绳中的拉力 T,由此方程得

$$T=G\cos\varphi+\frac{G}{g}l\left(\frac{\mathrm{d}\varphi}{\mathrm{d}t}\right)^2$$

当单摆处于最高位置时,$\varphi=\varphi_0$,$\dfrac{\mathrm{d}\varphi}{\mathrm{d}t}=0$,于是有

$$T_{最高}=G\cos\varphi_0$$

当单摆处于最低位置时,$\varphi=0$,此时的$\dfrac{\mathrm{d}\varphi}{\mathrm{d}t}$可按下述方法求出,即

$$\frac{\mathrm{d}\varphi}{\mathrm{d}t}=\varphi_0\sqrt{\frac{g}{l}}\cos\sqrt{\frac{g}{l}}t$$

$$\left(\frac{\mathrm{d}\varphi}{\mathrm{d}t}\right)^2=\varphi_0{}^2\frac{g}{l}\cos^2\sqrt{\frac{g}{l}}t=\varphi_0{}^2\frac{g}{l}\left(1-\sin^2\sqrt{\frac{g}{l}}t\right)=\varphi_0{}^2\frac{g}{l}-\frac{g}{l}\varphi^2$$

当 $\varphi=0$ 时(最低位置)

$$\left(\frac{\mathrm{d}\varphi}{\mathrm{d}t}\right)^2=\varphi_0{}^2\frac{g}{l}$$

于是有

$$T_{最低}=G\cos 0^\circ+\frac{G}{g}l\cdot\varphi_0^2\frac{g}{l}=G(1+\varphi_0^2)$$

例 10-3 质量为 m 的质点在水平力 $F=\begin{cases}\dfrac{F_0}{t_0} & (0\leqslant t\leqslant t_0)\\ 0 & (t>t_0)\end{cases}$ 的作用下沿水平直线从静止开始运动,求质点的运动方程。

解 本题是已知力求运动,力是时间的不连续函数。

以质点为研究对象,点做直线运动,沿运动方向列方程。

当 $0 \leqslant t \leqslant t_0$ 时,

$$m\ddot{x} = \frac{F_0}{t_0}t,\text{即 } \ddot{x} = \frac{F_0}{mt_0}t$$

从而得到

$$x = \frac{F_0}{6mt_0}t^3 + C_1 t + C_2$$

由初始条件:$t = 0$ 时,$x_0 = 0$,$v_0 = \dot{x}_0 = 0$,可得 $C_1 = C_2 = 0$。

因此质点的运动方程为 $x = \frac{F_0}{6mt_0}t^3 (0 \leqslant t \leqslant t_0)$

当 $t = t_0$ 时,质点速度 $\dot{x} = \frac{F_0 t_0}{2m}$, 质点位置 $x = \frac{F_0}{6m}{t_0}^2$,这两点是 $t > t_0$ 时的初始条件。

当 $t > t_0$ 时,$mx = 0$,所以 $x = C_3 t + C_4$。

由 $t > t_0$ 时的初始条件可得 $C_3 = \frac{F_0 t_0}{2m}$,$C_4 = -\frac{F_0}{3m}{t_0}^2$,从而

$$x = \frac{F_0 t_0}{2m}t - \frac{F_0}{3m}{t_0}^2$$

本题力是时间的不连续函数,因此分析时要注意分段,同时注意每一段的初始条件。

例 10 - 4　由地面垂直向上发射火箭,质量为 m,不计空气阻力。已知地球对火箭的引力与火箭到地心距离的平方成反比,求火箭飞出地球引力场做星际飞行所需的最小初速度 v_0。(地球半径 $R = 6\ 370$ km,地球表面重力加速度 $g = 9.8\ \text{m/s}^2$)

解　研究对象:火箭。

受力分析:万有引力 $F = k\frac{mM}{r^2}$(M 为地球质量)。

运动分析:沿地球半径向上做直线运动。

以地心 O 为原点,建立 Ox 坐标轴,向上为正,则有 $F = k\frac{mM}{x^2}$。

当 $x = R$ 时,$F = mg$,即 $k\frac{mM}{R^2} = mg$,从而 $kM = R^2 g$。

建立运动微分方程:$m\ddot{x} = -F = -k\frac{mM}{x^2}$,即 $\ddot{x} = -\frac{R^2 g}{x^2}$,注意到 $\ddot{x} = \frac{\mathrm{d}\dot{x}}{\mathrm{d}t} = \frac{\mathrm{d}\dot{x}}{\mathrm{d}x}\frac{\mathrm{d}x}{\mathrm{d}t} = \dot{x}\frac{\mathrm{d}\dot{x}}{\mathrm{d}x} = \frac{1}{2}\frac{\mathrm{d}\dot{x}^2}{\mathrm{d}x}$代入运动微分方程,得到$\frac{1}{2}\frac{\mathrm{d}\dot{x}^2}{\mathrm{d}x} = -\frac{R^2 g}{x^2}$,分离变量并积分,可得$\frac{1}{2}\dot{x}^2 = \frac{R^2 g}{x^2} + C$。考虑初始条件:$t = 0$ 时,$x = R$,$\dot{x} = v_0$,解得 $C = \frac{1}{2}{v_0}^2 - Rg$,所以 $\dot{x}^2 - {v_0}^2 = 2gR^2\left(\frac{1}{x} - \frac{1}{R}\right)$。

为了使火箭摆脱地球引力,在不考虑其他星球的引力的情况下必须保证当 $x \to \infty$ 时,有 $\dot{x} > 0$,所以 $\dot{x}^2 = 2gR^2\left(\frac{1}{x} - \frac{1}{R}\right) + {v_0}^2 > 0$。

当 $x \to \infty$ 时,$-2gR + {v_0}^2 > 0$,就得到

$$v_0 > \sqrt{2gR} = 11.174\ \text{km/s} \approx 11.2\ \text{km/s}$$

这就是所谓第二宇宙速度,即火箭摆脱地球引力飞向太空所需的最小初速度。

例 10 - 5　一个物体重 9.81 N,在不均匀介质中做直线运动,阻力按规律 $F = -\frac{2v^2}{3 + s}$变

化,其中 v 为速度,单位是 m/s,s 为路程,单位是 m。设物体的初速度 $v_0=5\ \text{m/s}$,试求物体的运动方程。

解 以物体为研究对象,以物体的初始位置为原点,沿物体运动方向建立坐标系。

运动分析:直线运动。

受力分析:阻力 $F=-\dfrac{2\dot{x}^2}{3+x}$。

建立运动微分方程:$m\ddot{x}=F=-\dfrac{2\dot{x}^2}{3+x}$,利用 $\ddot{x}=\dot{x}\dfrac{\mathrm{d}\dot{x}}{\mathrm{d}x}=\dfrac{1}{2}\dfrac{\mathrm{d}\dot{x}^2}{\mathrm{d}x}$,得到

$$\frac{\mathrm{d}\dot{x}^2}{\dot{x}^2}=-\frac{4\mathrm{d}x}{m(3+x)}$$

由 $m=1$ kg 可得 $\ln\dot{x}^2=-4\ln(3+x)+C$,即 $\dot{x}^2=C_1(3+x)^{-4}$

所以 $\dot{x}=C_2(3+x)^{-2}$

由 $t=0$ 时,$x=0$,$\dot{x}=v_0=5$,可得 $C_2=45$,从而 $\dot{x}=45(3+x)^{-2}$,再积分一次,得到

$$\frac{1}{3}(x+3)^3=45t+C_3$$

考虑到 $t=0$ 时,$x=0$,得到 $C_3=9$,所以

$$\frac{1}{3}(x+3)^3=9(5t+1)$$

因而解出 $x=3(\sqrt[3]{5t+1}-1)$

思 考 题

一、判断题

1. 只要知道作用在质点上的力,那么质点在任一瞬间的运动状态就完全确定了。(   )
2. 质量是质点惯性的度量,质点的质量越大,惯性越大。(   )
3. 质点的运动方向,就是质点上所受合力的方向。(   )
4. 质量相同的两个质点,在相同的力的作用下运动,则这两个质点的加速度相同。(   )
5. 质量为 m 的质点沿方向不变的力 $\boldsymbol{F}$ 方向做直线运动。当力 $\boldsymbol{F}$ 的大小逐渐减小时,则质点的运动越来越慢。(   )

二、选择题

1. 如图 10-5 所示圆锥摆中,球 M 的质量为 m,绳长为 l,若 α 角保持不变,则小球的法向加速度为(   )。

A. $g\sin\alpha$ B. $g\cos\alpha$

C. $g\tan\alpha$ D. $g\cot\alpha$

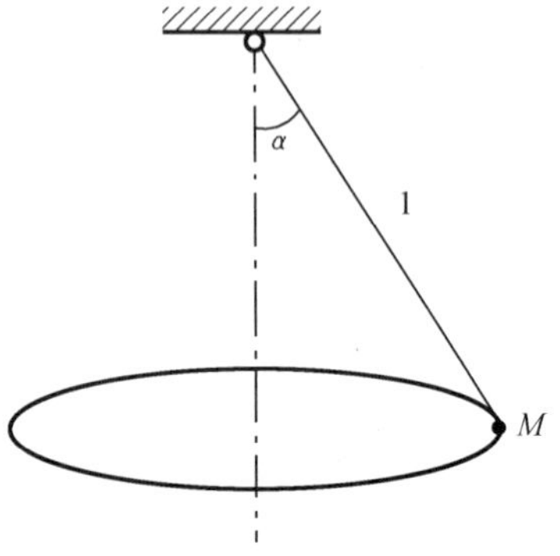

图 10-5 选择题第 1 题图

2. 三个质量相同的质点,在相同的力 $\boldsymbol{F}$ 作用下。若初始位置都在坐标原点 O(图 10-6),但初始速度不同,则三个质点的运动微分方程(   ),三个质点

的运动方程(　　)。

A. 相同　B. 不同　C. b、c 相同　D. a、b 相同

E. a、c 相同　F. 无法确定

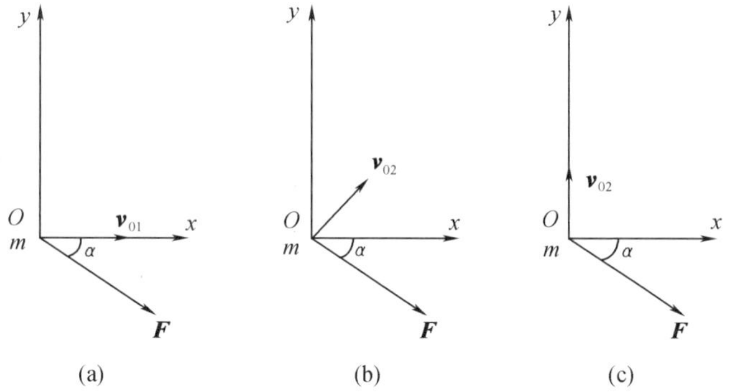

图 10-6　选择题第 2 题图

3. 如图 10-7 所示，距地面 H 的质点 M，具有水平初速度 $\boldsymbol{v}_0$，则该质点落地时的水平距离 l 与(　　)成正比。

A. H　B. $H^{\frac{1}{2}}$　C. H^2　D. H^3

4. 一人静止站在磅秤上，秤上的指针在某数值上，当人突然下蹲的瞬时，磅秤上的读数(　　)。

A. 增大　B. 减小　C. 不变

5. 如图 10-8 所示，自同一地点，以相同大小的初速度 v_0，斜抛两质量相同的小球。对选定的坐标系 Oxy，两小球的运动微分方程(　　)，运动初始条件(　　)，落地的速度大小(　　)，落地速度的方向(　　)。

A. 相同　B. 不相同

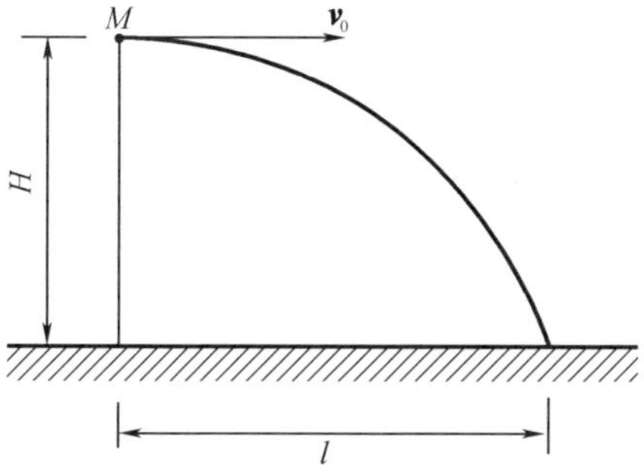

图 10-7　选择题第 3 题图

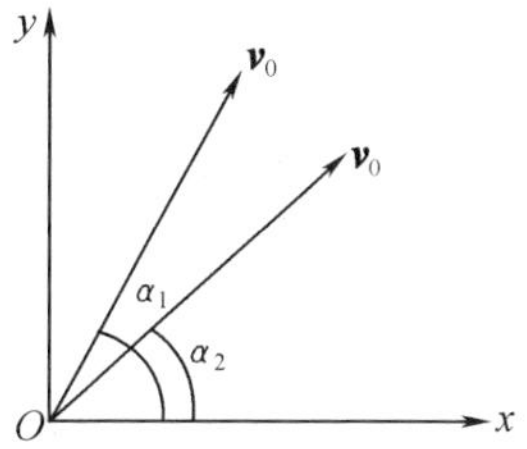

图 10-8　选择题第 5 题图

三、填空题

1. 质点运动方向________与质点所受合力方向相同，某瞬时速度大，则该瞬时质点所受的作用力________大。

2. 正在做加速运动的物体，其惯性是仍然存在还是已经消失了________。

3. 质点受到力的作用时，加速度的大小与________的大小成正比，与________成反比，

________的方向与力的方向相同。

4. 自然界中根本不存在不受力的物体,所谓不受力的作用,实际上是它受到________的作用。

5. 牛顿第二定律 $\boldsymbol{F}=m\boldsymbol{a}$ 中的 $\boldsymbol{a}$ 是________加速度。(绝对、牵连、相对)

习 题

10-1 如图10-9所示,一质量为700 kg的载货小车以 $v=1.6$ m/s的速度沿缆车轨道下降,轨道的倾角 $\theta=15°$,运动总阻力系数 $f=0.015$;求小车匀速下降时缆索的拉力。又设小车的制动时间为 $t=4$ s,在制动时小车做匀减速运动,求此时缆绳的拉力。

答案:$F_1=1.68$ kN,$F_2=1.96$ kN。

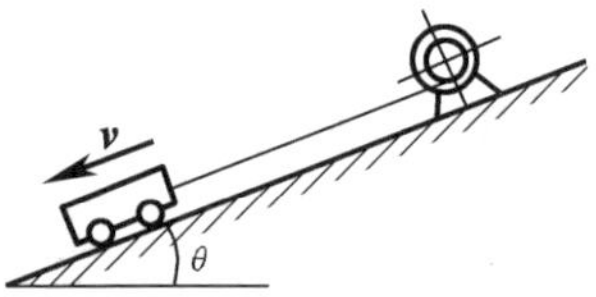

图10-9 习题10-1图

10-2 如图10-10所示,汽车的质量是1 500 kg,以速度 $v=10$ m/s驶过拱桥,桥在中点处的曲率半径 $\rho=50$ m。试求汽车经过拱桥中点时对桥面的压力。

答案:$F_N=11.72$ kN。

10-3 物块 A 和 B 彼此用弹簧连接,其质量分别为20 kg和40 kg,如图10-11所示。已知物块 A 在铅垂方向做自由振动,其振幅 $A=10$ mm,周期 $T=0.25$ s。试求此系统对支撑面 CD 的最大和最小压力。

答案:$F_{Nmax}=714.44$ N,$F_{Nmin}=461.78$ N。

图10-10 习题10-2图

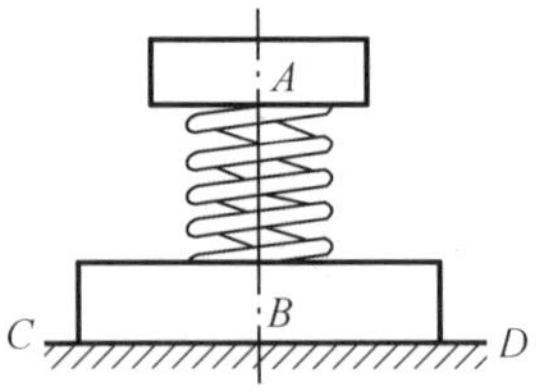

图10-11 习题10-3图

10-4 如图10-12所示,在桥式起重机的小车上用长度为 l 的钢丝绳悬吊着质量为 m 的重物 A。小车以匀速 $\boldsymbol{v}_0$ 向右运动时,钢丝绳保持铅直方向。设小车突然停止,重物 A 因惯性而绕悬挂点 O 摆动。试求刚开始摆动瞬时钢丝绳的拉力 F_1。设重物摆到最高位置时的偏角为 φ,再求此瞬时的拉力 F_2。

答案:$mg\left(1+\dfrac{v_0^2}{gl}\right)$,$mg\cos\varphi$。

10-5 如图10-13所示,倾角为30°的楔形斜面以 $a=4$ m/s^2 的加速度向右运动,质量为 $m=5$ kg的小球 A 用软绳维系置于斜面上,试求绳子的拉力及斜面的压力,并求当斜面的加速度达到多大时绳子的拉力为零？

答案：$F_T = 7.18\ \text{N}, F_N = 52.43\ \text{N}, a = 5.66\ \text{m/s}^2$。

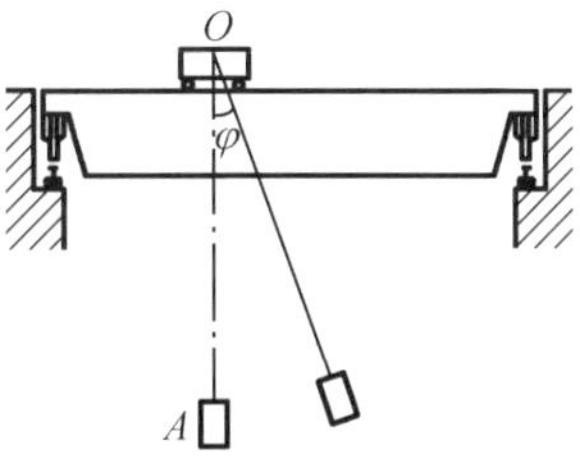

图 10－12　习题 10－4 图

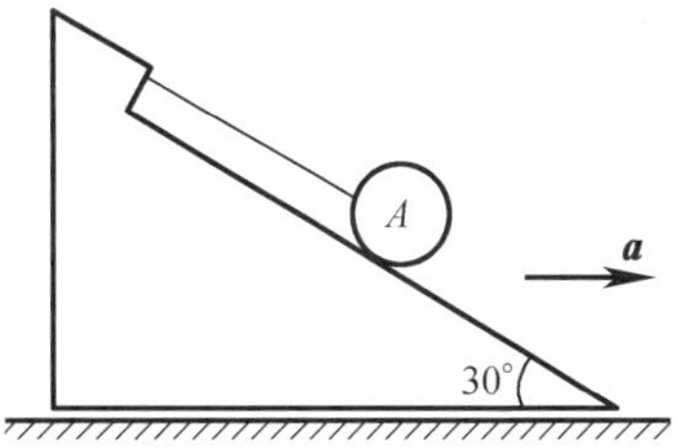

图 10－13　习题 10－5 图

10－6　如图 10－14 所示，在曲柄滑道机构中，滑杆与活塞的质量为 50 kg，曲柄长30 cm，绕 O 轴匀速转动，转速为 $n = 120$ r/min。求当曲柄 OA 运动至水平向右及铅垂向上两位置时，作用在活塞上的气体压力。曲柄质量不计。

答案：$F_1 = -2.37\ \text{kN}, F_2 = 0$。

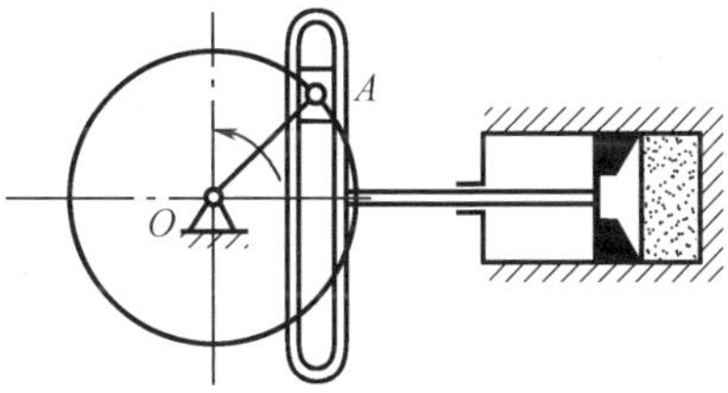

图 10－14　习题 10－6 图

10－7　如图 10－15 所示，排水量为 $m = 5 \times 10^6$ kg 的海船浮在水面时截水面积 $A = 150\ \text{m}^2$，海水密度 $\rho = 1.03 \times 10^3\ \text{kg/m}^3$，试通过建立系统的运动微分方程，求船在水面上做铅垂振动时的周期。

答案：$T = 4.12$ s。

10－8　质量为 200 kg 的加料小车沿倾角为 75°的轨道被提升。小车速度随时间而变化的规律如图 10－16 所示。不计车轮和轨道间的摩擦。试求 t 在 0～3 s、3～15 s、15～20 s 这三个时间段内钢丝绳的拉力。

答案：2.001 kN，1.895 kN，1.831 kN。

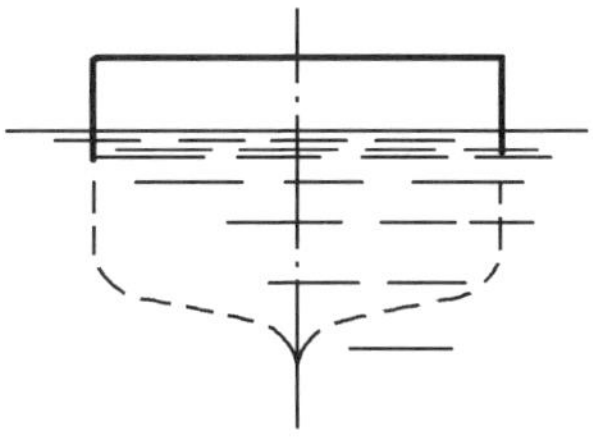

图 10－15　习题 10－7 图

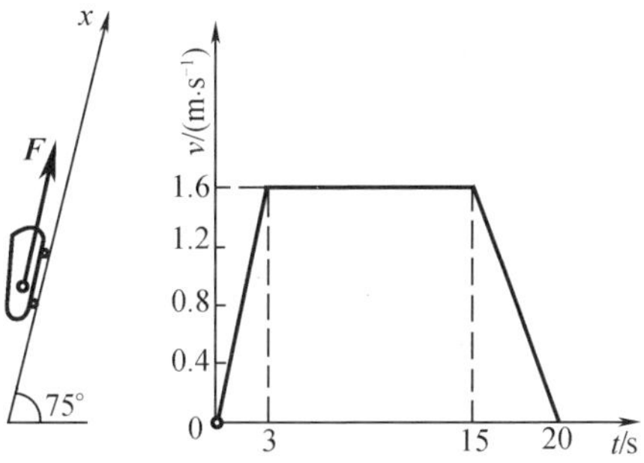

图 10－16　习题 10－8 图

10－9　胶带运输机卸料时，物料以初速度 v_0 脱离胶带。设 $\boldsymbol{v}_0$ 与水平线的夹角为 θ，试求物料脱离胶带后在重力作用下的运动方程。

答案：$x = v_0 t\cos\theta, y = v_0 t\sin\theta + \dfrac{1}{2}gt^2$。

10－10 若一个5 kg质量的质点沿着平面轨道运动,轨道方程为 $r=(2t+10)\,m$ 和 $\theta=(1.5t^2-6t)$ rad, t 的单位为s,求 $t=2$ s时,作用在质点上的不平衡力的大小。

答案:210 N。

10－11 如图10－17所示,一质量为 m 的物体放在匀速转动的水平转台上,它与转轴的距离为 r。设物体与转台表面的摩擦系数为 f,求当物体不致因转台旋转而滑出时,水平台的最大转速。

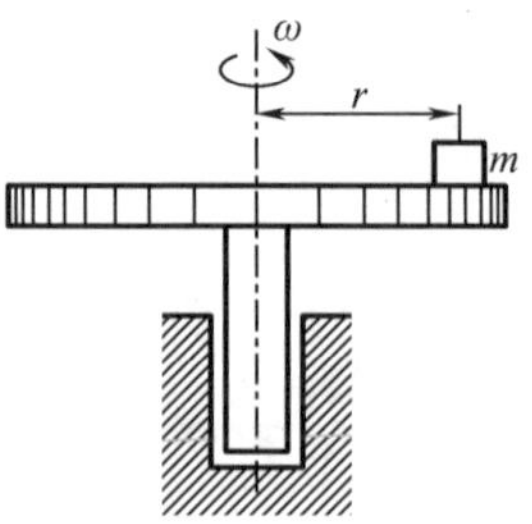

图10－17 习题10－11图

答案: $n_{\max}=\dfrac{30}{\pi}\sqrt{\dfrac{fg}{r}}$ r/min。

10－12 如图10－18所示,A、B两物体的质量分别为 m_1 与 m_2,两者间用一绳子连接,此绳跨过一滑轮,滑轮半径为 r。如在开始时,两物体的高度差为 h,且 $m_1>m_2$,不计滑轮质量。求由静止释放后,两物体到相同的高度时所需的时间。

答案: $t=\sqrt{\dfrac{h}{a}}=\sqrt{\dfrac{h(m_1+m_2)}{g(m_1-m_2)}}$

10－13 如图10－19所示,半径为 R 的偏心轮绕轴 O 以匀角速度 ω 转动,推动导板沿铅直轨道运动。导板顶部放有一质量为 m 的物块 A,设偏心距 $OC=e$,开始时 OC 沿水平线。求:(1)物块对导板的最大压力;(2)使物块不离开导板的 ω 最大值。

答案: $F_{\text{Nmax}}=m(g+\omega^2e)$, $F_{\text{Nmin}}=m(g-\omega^2e)$, $\omega_{\max}=\sqrt{\dfrac{g}{e}}$。

10－14 在如图10－20所示的离心浇注装置中,电动机带动支承轮 A、B 做同向转动,管模放在两轮上靠摩擦传动而旋转,使铁水浇入后均匀地紧贴管模的内壁而自动成型,从而可得到质量密实的管形铸件。如已知管模内径 $D=400$ mm,试求管模的最小转速 n。

答案: $n_{\min}=66.88$ r/min。

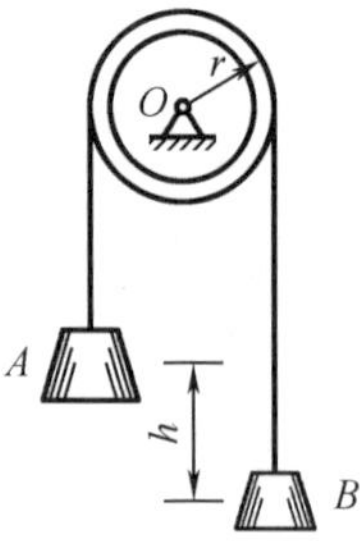

图10－18 习题10－12图

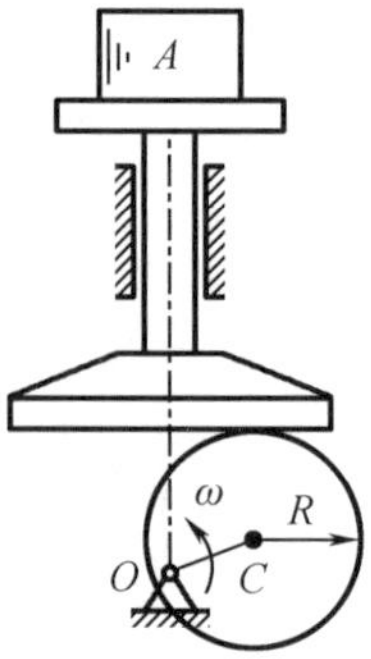

图10－19 习题10－13图

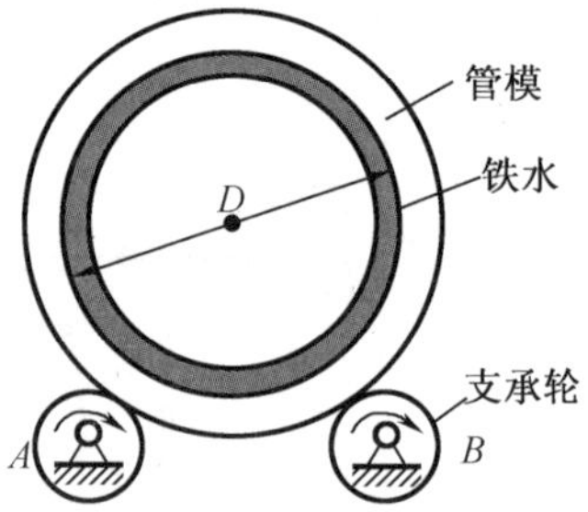

图10－20 习题10－14图

10－15 如图10－21所示,为了使列车对铁轨的压力垂直于路基,在铁道弯曲部分,外轨要比内轨稍为提高。试就以下的数据求外轨高于内轨的高度 h。轨道的曲率半径为 $\rho=300$ m,列车的速度为 $v=12$ m/s,内、外轨道间的距离为 $b=1.6$ m。

答案: $h=78.29$ mm。

10－16 如图10－22所示套管 A 的质量为 m,受绳子牵引沿直杆向上滑动。绳子的另一端绕过离杆距离为 l 的滑车 B 而缠在鼓轮上。当鼓轮转动时，其边缘上各点的速度大小为 v。求绳子拉力与距离 x 之间的关系。

答案：$F_{\mathrm{T}}=\dfrac{m\sqrt{l^2+x^2}}{x}\left(g+\dfrac{v_0^2 l^2}{x^3}\right)$

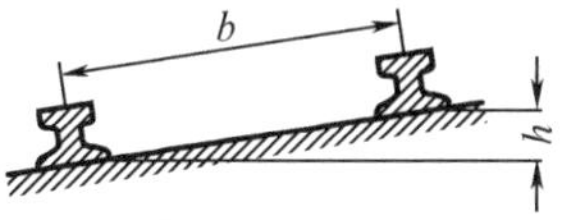

图 10-21　习题 10-15 图

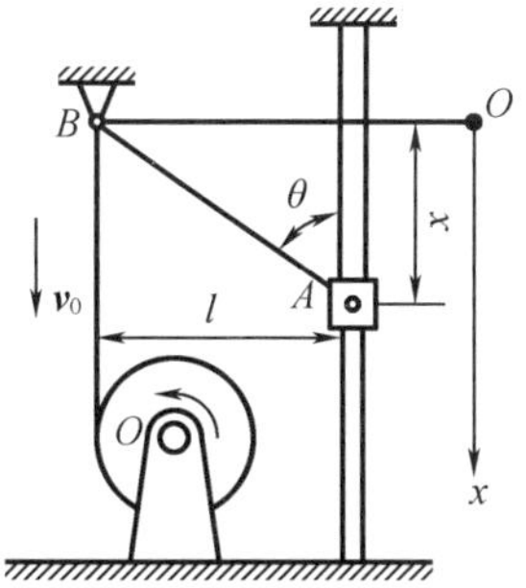

图 10-22　习题 10-16 图

10-17　如图 10-23 所示，销钉 M 的质量为 0.2 kg，由水平槽杆带动，使其在半径为 $r=200$ mm 的固定半圆槽内运动。设水平槽杆以匀速 $v=400$ mm/s 向上运动，不计摩擦。求在如图 10-23 所示位置时圆槽对销钉 M 的作用力。

答案：$F=0.284\ 5$ N。

10-18　如图 10-24 所示，质量皆为 m 的 A、B 两物块以无重杆光滑铰接，置于光滑的水平及铅垂面上。当 $\theta=60$ 时自由释放，求此瞬时杆 AB 所受的力。

答案：$F_{\mathrm{T}}=\dfrac{\sqrt{3}}{2}mg$。

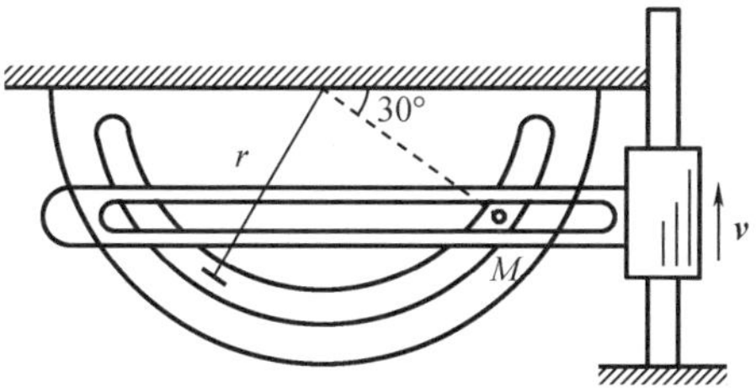

图 10-23　习题 10-17 图

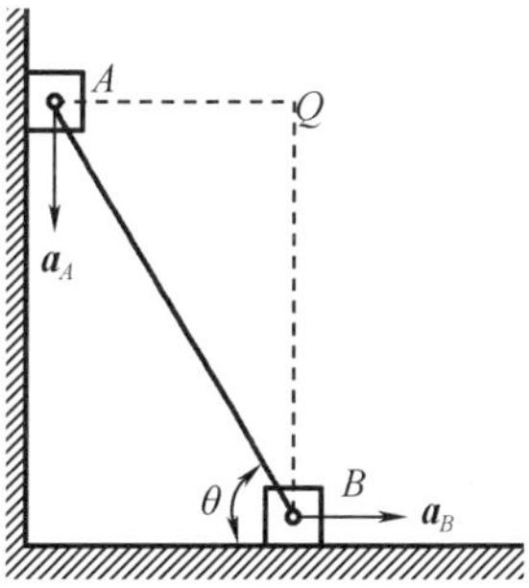

图 10-24　习题 10-18 图

10-19　如图 10-25 所示，铅垂发射的火箭由一雷达跟踪。当 $r=10\ 000$ m，$\theta=60°$，$\dfrac{d\theta}{dt}=0.02$ rad/s 且 $\dfrac{d^2\theta}{dt^2}=0.003$ rad/s^2 时，火箭的质量为 5 000 kg。求此时的喷射反推力。

答案：$F=487.6$ kN。

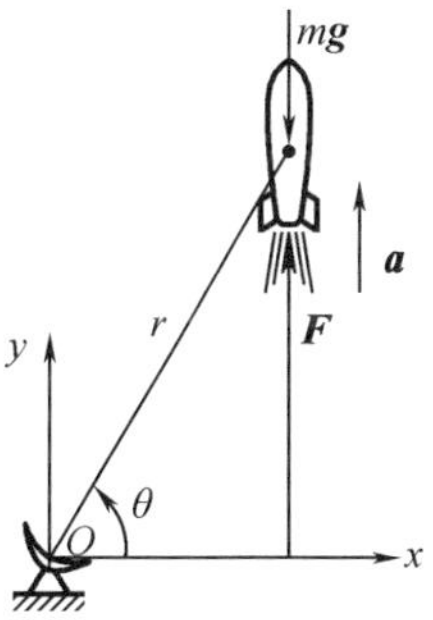

图 10-25　习题 10-19 图

10－20　如图10－26所示质量为m的小球从光滑斜面上的A点以平行于CD方向的初速度开始运动。已知$v_0=5\ \mathrm{m/s}$,斜面的倾角为30°,试求小球运动到CD边上的B点所需要的时间t和距离d。

答案:0.686 3 s,3.431 m。

10－21　质量为$m=2$ kg的质点M在图10－27所示水平面Oxy内运动,质点在某瞬时t的位置可由方程$r=t^2-\frac{t^3}{3}$及$\theta=2t^2$确定。其中r以m记,t以s计,θ以rad计,当$t=0$及$t=1$s时,分别求质点M上所受的径向分力和横向分力。

答案:$F_r=4$ N,$F_\theta=0$;$F_r=-21.3$ kN,$F_\theta=5.3$ N。

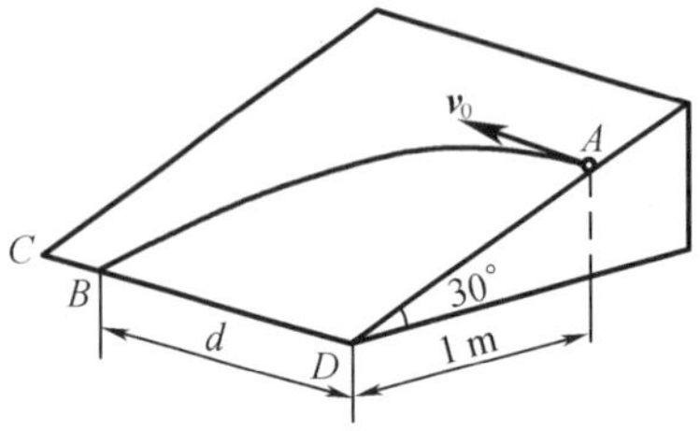

图10－26　习题10－20图

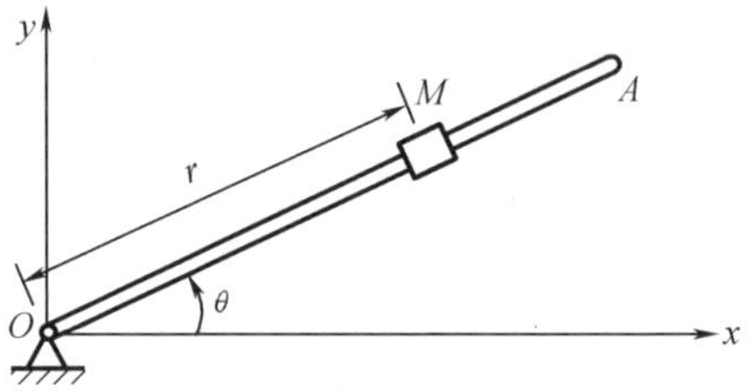

图10－27　习题10－21图

10－22　潜水器的质量为m,受到重力与浮力的向下合力$\boldsymbol{F}$而下沉。设水的阻力F_1与速度的一次方成正比,$F_1=kSv$,式中,S为潜水器的水平投影面积;v为下沉的瞬时速度;k为比例常数。若$t=0$时,$v_0=0$,试求潜水器下沉速度和距离随时间而变化的规律。

答案:$v=F(1-\mathrm{e}^{-\frac{ks}{m}t})/kS$;$x=F[t-m(1-\mathrm{e}^{-\frac{ks}{m}t})/kS]/kS$。

10－23　质量为m的小球以初速度v_0从地面铅直上抛。设重力不变;空气阻力F与速度的平方成正比,$F=kmv^2$,其中k为比例常数。试求小球落回到地面时的速度v_1。

答案:$\sqrt{g/(g+kv_0{}^2)}$。

10－24　一质点带有负电荷e,其质量为m,以初速度v_0进入强度为H的均匀磁场中,该速度方向与磁场方向垂直。设已知作用于质点的力为$F=-e(v\times H)$,求质点的运动轨迹。

提示:解题时宜采用在自然轴上投影的运动微分方程。

答案:圆,半径为$\frac{mv_0}{eH}$。

10－25　如图10－28所示一倾斜式摆动筛,筛面可近似地认为沿x轴做往复运动。曲柄的转速为n(对应的角速度为ω)。如曲柄长度远小于连杆时,筛面的运动方程可近似地视为$x=r\sin\omega t$(r为曲柄的长度)。已知颗粒料与筛面间的摩擦角为φ_m,筛面的倾斜角为α,且$\alpha<\varphi_m$。求不能通过筛孔的颗粒能自动沿筛面下滑时曲柄的转速n。

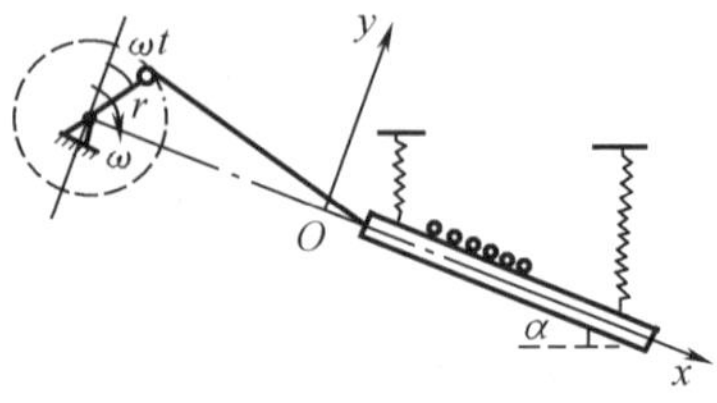

图10－28　习题10－25图

答案:$\frac{30}{\pi}\left[\frac{g\sin(\varphi-a)}{r\cos\varphi}\right]^{1/2}<n<\frac{30}{\pi}\left[\frac{g\sin(\varphi+a)}{r\cos\varphi}\right]^{\frac{1}{2}}$。

第 11 章　动量定理及其相关知识

由牛顿第二定律可以推导出描述质点的运动与所受力之间的关系的其他表达形式，有时应用起来更方便。在实际问题中，并不是所有的物体都可以抽象为单个的质点，更多遇到的是由许多质点所组成的质点系。对于一个由 n 个质点所组成的质点系来说，如果我们对每一个质点都列出方程 $m_i\boldsymbol{a}_i=\boldsymbol{F}_i$，然后再去求解，这样很麻烦，有时甚至是不可能的，且没有必要。我们往往只要知道它的整体运动的某些特征量，就足以确定整个质点系的运动情况，而动力学基本定理，则反映了某些描述质点系整体运动的特征量（如动量、动量矩等）与力系对质点系的作用量（如冲量、力矩、力系的主矢等）之间的关系。因此，为了迅速有效地解决质点系的动力学问题，我们有必要研究质点系动力学基本定理。

从这一章起，我们研究动力学的三个基本定理：动量定理、动量矩定理和动能定理。它们和牛顿定律一样，只适用于惯性坐标系。

动量定理、动量矩定理和动能定理都可以从动力学基本方程 $\boldsymbol{F}=m\boldsymbol{a}$ 推导出来。但应该说明的是，这些定理是力学现象普遍规律的反映，最初都是各自独立地被人们发现的。

11.1　质点及质点系的动量

11.1.1　质点的动量

首先引入动量这个概念，物体的运动可以相互传递，在传递机械运动的过程中产生力的大小是与速度和质量都有关系的。例如，射击时，子弹质量很小，而速度很大，因此射击冲力很大，足以穿透钢板；轮船停靠码头时，速度虽小，但由于它的质量很大，故具有很大的撞击力。为了度量物体机械运动的强弱，我们做如下定义：

质点的质量 m 与其速度 $\boldsymbol{v}$ 的乘积，称为该质点的动量，记为 $m\boldsymbol{v}$。质点的动量是矢量，它的方向与质点速度的方向一致，动量的国际单位是 kg · m/s，用 $\boldsymbol{p}$ 表示，即

$$\boldsymbol{p}=m\boldsymbol{v} \tag{11-1}$$

动量在应用时常采用投影的形式，动量在空间直角坐标系中的投影为

$$p_x=mv_x,p_y=mv_y,p_z=mv_z \tag{11-2}$$

这三个投影都是代数量，它们之间的关系为

$$m\boldsymbol{v}=mv_x\boldsymbol{i}+mv_y\boldsymbol{j}+mv_z\boldsymbol{k} \tag{11-3}$$

11.1.2　质点系的动量

下面研究由多个质点组成的质点系。设一质点系有 n 个质点，各质点的质量分别是 $m_1,m_2,\cdots,m_n$，某一瞬时各质点的速度分别是 $\boldsymbol{v}_1,\boldsymbol{v}_2,\cdots\boldsymbol{v}_n$。我们把质点系中各质点动量的矢量和称为质点系的动量，用 $\boldsymbol{P}$ 来表示，那么

$$\boldsymbol{P}=\sum_{i=1}^{n}m_i\boldsymbol{v}_i \tag{11-4}$$

质点系的动量 $\boldsymbol{P}$ 和它在三个直角坐标轴上的投影 P_x、P_y、P_z 之间的关系为

$$\boldsymbol{P} = P_x\boldsymbol{i} + P_y\boldsymbol{j} + P_z\boldsymbol{k} = \sum_{i=1}^{n} m_i v_{ix}\boldsymbol{i} + \sum_{i=1}^{n} m_i v_{iy}\boldsymbol{j} + \sum_{i=1}^{n} m_i v_{iz}\boldsymbol{k} \tag{11-5}$$

在很多情况下,质点系的动量不必用式(11-5),可以通过质点系的质心速度得到。

在静力学中,如果以 $\boldsymbol{r}_c$ 表示系统质心的矢径,$\boldsymbol{r}_1,\boldsymbol{r}_2,\cdots,\boldsymbol{r}_n$ 表示各质点的矢径,M 表示系统的总质量,$m_1,m_2,\cdots,m_n$ 表示各质点的质量。根据质心表达式,可以得到

$$\boldsymbol{r}_c = \frac{\sum_{i=1}^{n} m_i\boldsymbol{r}_i}{\sum_{i=1}^{n} m_i} = \frac{\sum_{i=1}^{n} m_i\boldsymbol{r}_i}{M}$$

将上式两边同时对时间求导数得

$$\frac{\mathrm{d}\boldsymbol{r}_c}{\mathrm{d}t} = \frac{1}{M}\frac{\mathrm{d}\left(\sum_{i=1}^{n} m_i\boldsymbol{r}_i\right)}{\mathrm{d}t} = \frac{1}{M}\sum_{i=1}^{n}\frac{\mathrm{d}(m_i\boldsymbol{r}_i)}{\mathrm{d}t}$$

所以

$$M\frac{\mathrm{d}\boldsymbol{r}_c}{\mathrm{d}t} = \sum_{i=1}^{n} m_i\frac{\mathrm{d}\boldsymbol{r}_i}{\mathrm{d}t}$$

其中,$\frac{\mathrm{d}\boldsymbol{r}_c}{\mathrm{d}t} = \boldsymbol{v}_c$,即质心的速度;$\frac{\mathrm{d}\boldsymbol{r}_i}{\mathrm{d}t} = \boldsymbol{v}_i$ 为第 i 个质点的速度。

因此

$$M\boldsymbol{v}_c = \sum_{i=1}^{n} m_i\boldsymbol{v}_i \tag{11-6}$$

比较式(11-4)和式(11-6)可得

$$\boldsymbol{P} = M\boldsymbol{v}_c \tag{11-7}$$

式(11-7)表明:质点系的动量等于整个质点系的质量与质心速度的乘积,动量的方向与质心速度的方向相同。这是计算质点系动量的一个常用的方法。

质点系动量在直角坐标系 $Oxyz$ 下的投影表达式为

$$P_x = M\boldsymbol{v}_{cx}$$
$$P_y = M\boldsymbol{v}_{cy}$$
$$P_z = M\boldsymbol{v}_{cz} \tag{11-8}$$

例 11-1 均质圆轮半径为 R,质量为 M,沿水平直线轨道以角速度 ω 滚动而不滑动(图 11-1)。求圆轮的动量。

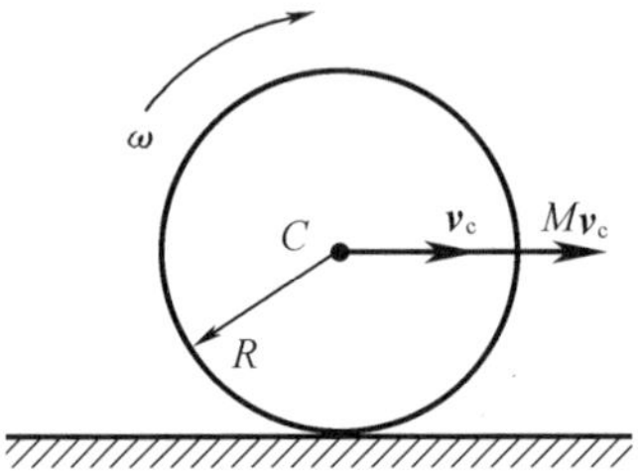

图 11-1 例 11-1 图

解 当圆轮纯滚动时,轮与地面的切点为瞬心,则轮的质心即轮心速度为

$$\boldsymbol{v}_c = \omega R$$

轮的动量为
$$\boldsymbol{P} = M\boldsymbol{v}_c = M\omega R$$

总之，不论质点系的运动多复杂，其动量总是等于质点系的质量与其质心速度的乘积，也就是说，等于该质点系随同质心一起平动时的动量。因此，可以说，质点系的动量是表示质点系随同质心一起平动时的运动的物理量，而与质点系相对于质心的运动毫无关系。当质点系的质心静止不动时，质点系的动量为零。

例 11－2　已知轮 A 重 $\boldsymbol{W}$，匀质杆 AB 重 $\boldsymbol{P}$，杆长 l，图 11－2 所示位置时轮心 A 的速度为 $\boldsymbol{v}$，AB 倾角为 45°。求此瞬时系统的动量。

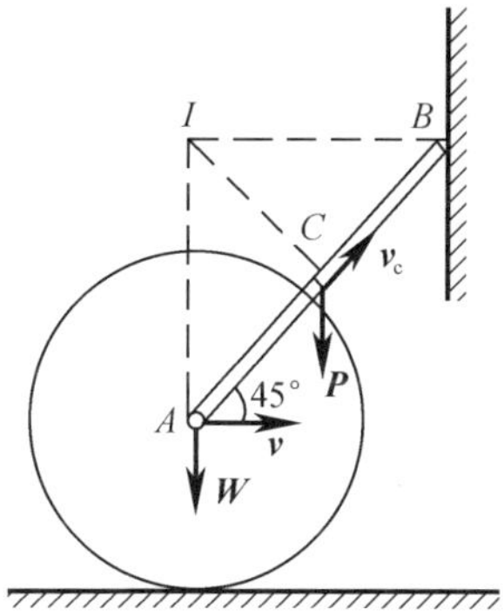

图 11－2　例 11－2 图

解　I 点为 AB 杆的瞬心，则 AB 杆的角速度为

$$\omega_{AB} = \frac{v}{AI} = \frac{\sqrt{2}v}{l}$$

AB 杆质心的速度
$$v_C = IC \cdot \omega_{AB} = \frac{l}{2} \cdot \frac{\sqrt{2}v}{l} = \frac{\sqrt{2}}{2}v$$

AB 杆的水平方向动量
$$P_x = \frac{W}{g}v + \frac{P}{g}v_C\cos 45° = \frac{2W+P}{2g}v$$

AB 杆的竖直方向动量
$$P_y = \frac{P}{g}v_C\sin 45° = \frac{P}{2g}v$$

AB 杆的总动量
$$\boldsymbol{P} = \frac{2W+P}{2g}v\boldsymbol{i} + \frac{P}{2g}v\boldsymbol{j}$$

11.2　力的冲量

11.2.1　力的冲量

物体在力的作用下引起运动变化时，不仅与力的大小和方向有关，而且还与力的作用时间的长短有关，一般来说，力作用的时间越长，运动的变化就越大。因此，将作用在物体上的作用力与其作用时间的乘积，称为力的冲量。冲量是矢量，用 $\boldsymbol{I}$ 表示，其方向和力的方向一致，它是力在一段时间间隔内对物体机械作用的强度度量。冲量的国际单位是 N · s（牛顿 · 秒）不难看出，冲量的单位和动量的单位是一致的，即

$$N \cdot s = kg \cdot \frac{m}{s^2} \cdot s = kg \cdot \frac{m}{s}$$

11.2.2 关于力的冲量的具体计算包括下面几种

若作用力为常力,经历时间 $0 \to t$ 后,常力的冲量为

$$\boldsymbol{I} = \boldsymbol{F} \cdot t \tag{11-9}$$

若作用力为变力,则力 $\boldsymbol{F}$ 在微小时间间隔 $\mathrm{d}t$ 内的冲量,称为力的元冲量,用 $\mathrm{d}\boldsymbol{I}$ 表示,即

$$\mathrm{d}\boldsymbol{I} = \boldsymbol{F} \cdot \mathrm{d}t$$

则力 $\boldsymbol{F}$ 在有限时间间隔 $t_2 - t_1$ 内的冲量为

$$\boldsymbol{I} = \int_{t_1}^{t_2} \mathrm{d}\boldsymbol{I} = \int_{t_1}^{t_2} \boldsymbol{F} \cdot \mathrm{d}t \tag{11-10}$$

设力 $\boldsymbol{F}$ 在直角坐标系下的解析投影式 $\boldsymbol{F} = F_x\boldsymbol{i} + F_y\boldsymbol{j} + F_z\boldsymbol{k}$,则式(11-10)在 x、y、z 三个轴上的投影式分别为

$$\begin{aligned} I_x &= \int_{t_1}^{t_2} F_x \cdot \mathrm{d}t \\ I_y &= \int_{t_1}^{t_2} F_y \cdot \mathrm{d}t \\ I_z &= \int_{t_1}^{t_2} F_z \cdot \mathrm{d}t \end{aligned} \tag{11-11}$$

式中,I_x、I_y、I_z 分别代表力的冲量 $\boldsymbol{I}$ 在 x、y、z 三个轴上的投影。

如果有 $\boldsymbol{F}_1, \boldsymbol{F}_2, \cdots, \boldsymbol{F}_n$ 这 n 个力组成的共点力系作用在物体上,合力为 $\boldsymbol{R}$,则共点力系的合力 $\boldsymbol{R}$ 在时间间隔 $t_2 - t_1$ 内的冲量为

$$\begin{aligned} \boldsymbol{I} &= \int_{t_1}^{t_2} \boldsymbol{R} \cdot \mathrm{d}t = \int_{t_1}^{t_2} \sum_{i=1}^{n} \boldsymbol{F}_i \cdot \mathrm{d}t = \int_{t_1}^{t_2} \boldsymbol{F}_1 \cdot \mathrm{d}t + \int_{t_1}^{t_2} \boldsymbol{F}_2 \cdot \mathrm{d}t + \cdots + \int_{t_1}^{t_2} \boldsymbol{F}_n \cdot \mathrm{d}t \\ &= \sum_{i=1}^{n} \int_{t_1}^{t_2} \boldsymbol{F}_i \cdot \mathrm{d}t = \sum_{i=1}^{n} \boldsymbol{I}_i \end{aligned} \tag{11-12}$$

即共点力系的合力的冲量等于力系中各分力的冲量的矢量和。

具体应用时同样可以采用解析投影的形式。

11.3 动量定理

11.3.1 质点和质点系的动量定理

采用动量这一概念来描述质点的运动,则质点动力学基本方程 $\boldsymbol{F} = m\boldsymbol{a}$ 可以表示为另一种形式。

因为

$$\boldsymbol{a} = \frac{\mathrm{d}\boldsymbol{v}}{\mathrm{d}t}$$

所以

$$\boldsymbol{F} = m \cdot \frac{\mathrm{d}\boldsymbol{v}}{\mathrm{d}t} = \frac{\mathrm{d}(m\boldsymbol{v})}{\mathrm{d}t} = \frac{\mathrm{d}\boldsymbol{P}}{\mathrm{d}t}$$

即

$$\mathrm{d}\boldsymbol{P} = \boldsymbol{F} \cdot \mathrm{d}t = \sum_{i=1}^{n} \boldsymbol{F}_i \cdot \mathrm{d}t \tag{11-13}$$

式(11-13)表明:质点的动量的微分等于所有作用于质点上的力的元冲量的矢量和,

此式称为质点的微分形式动量定理。

在有限的时间间隔 $t_2 - t_1$ 内积分式(11－13)，可得

$$\boldsymbol{P}_2 - \boldsymbol{P}_1 = \sum_{i=1}^{n} \boldsymbol{I}_i \tag{11-14}$$

即质点的动量在有限时间间隔内的改变等于作用在质点上的所有力在这段时间间隔内的冲量的矢量和，这就是质点的积分形式的动量定理。

对于由质量分别为 $m_1, m_2, \cdots, m_n$，速度分别为 $\boldsymbol{v}_1, \boldsymbol{v}_2, \cdots, \boldsymbol{v}_n$ 的 n 个质点组成的质点系中的任一质点 i 来说，其所受力 $\boldsymbol{F}_i$ 可以分成两部分：质点系内其余质点对该质点施加的力 $\boldsymbol{F}_i^{(\mathrm{i})}$，称为内力；质点系以外的物体对该质点施加的力 $\boldsymbol{F}_i^{(\mathrm{e})}$，称为外力。

质点系中第 i 个质点的动量定理的表达式可写为

$$\frac{\mathrm{d}\boldsymbol{P}_i}{\mathrm{d}t} = \frac{\mathrm{d}(m_i \boldsymbol{v}_i)}{\mathrm{d}t} = \boldsymbol{F}_i^{(\mathrm{e})} + \boldsymbol{F}_i^{(\mathrm{i})} \ (i = 1, 2\cdots, n)$$

将这 n 个式子相加，则有

$$\sum_{i=1}^{n} \frac{\mathrm{d}(m_i \boldsymbol{v}_i)}{\mathrm{d}t} = \sum_{i=1}^{n} \boldsymbol{F}_i^{(\mathrm{e})} + \sum_{i=1}^{n} \boldsymbol{F}_i^{(\mathrm{i})} \tag{11-15}$$

式(11－15)中右边第二项 $\sum_{i=1}^{n} \boldsymbol{F}_i^{(i)}$ 是质点系内力和，表示质点系中 n 个质点之间的相互作用力的矢量和。因为内力总是成对出现的，且每对力大小相等，方向相反，所以 $\sum_{i=1}^{n} \boldsymbol{F}_i^{(i)} = \boldsymbol{0}$。式(11－15)中右边第一项 $\sum_{i=1}^{n} \boldsymbol{F}_i^{(\mathrm{e})}$ 表示作用在该质点系上的所有外力的矢量和。式(11－15)中左边项 $\sum_{i=1}^{n} \frac{\mathrm{d}(m_i \boldsymbol{v}_i)}{\mathrm{d}t} = \frac{\mathrm{d}}{\mathrm{d}t}\left(\sum_{i=1}^{n} m_i \boldsymbol{v}_i\right) = \frac{\mathrm{d}}{\mathrm{d}t}(M\boldsymbol{v}_{\mathrm{c}}) = \frac{\mathrm{d}\boldsymbol{P}}{\mathrm{d}t}$。

那么式(11－15)变为

$$\frac{\mathrm{d}\boldsymbol{P}}{\mathrm{d}t} = \frac{\mathrm{d}}{\mathrm{d}t}(M\boldsymbol{v}_{\mathrm{c}}) = \sum_{i=1}^{n} \boldsymbol{F}_i^{\mathrm{e}} \tag{11-16}$$

这就是质点系动量定理的微分形式：质点系的动量对时间的一阶导数等于作用在该质点系上的所有外力的矢量和。

将式(11－16)向直角坐标系 $Oxyz$ 投影可得

$$\begin{aligned} \frac{\mathrm{d}P_x}{\mathrm{d}t} &= \sum_{i=1}^{n} F_{ix}^{\mathrm{e}} \\ \frac{\mathrm{d}P_y}{\mathrm{d}t} &= \sum_{i=1}^{n} F_{iy}^{\mathrm{e}} \\ \frac{\mathrm{d}P_z}{\mathrm{d}t} &= \sum_{i=1}^{n} F_{iz}^{\mathrm{e}} \end{aligned} \tag{11-17}$$

式(11－17)表明：质点系的动量在某坐标轴上的投影对时间的一阶导数，等于作用在该质点系上的所有外力在该轴上的投影的代数和。

把式(11－16)两边同乘以 $\mathrm{d}t$，然后在时间间隔$[t_1, t_2]$内对时间积分，设 t_1、t_2 这两个瞬时，质点系的动量分别为 $\boldsymbol{P}_1$、$\boldsymbol{P}_2$，则有

$$\boldsymbol{P}_2 - \boldsymbol{P}_1 = \sum_{i=1}^{n} \int_{t_1}^{t_2} \boldsymbol{F}_i^{\mathrm{e}} \cdot \mathrm{d}t = \sum_{i=1}^{n} \boldsymbol{I}_i^{\mathrm{e}} \tag{11-18}$$

这就是质点系动量定理的积分形式：在某一段时间间隔内，质点系动量的改变，等于在

这段时间间隔内作用于质点系上的所有外力的冲量的矢量和。

将式(11-18)投影到直角坐标轴上得

$$P_{2x} - P_{1x} = \sum_{i=1}^{n} I_{ix}^{e}$$

$$P_{2y} - P_{1y} = \sum_{i=1}^{n} I_{iy}^{e}$$

$$P_{2z} - P_{1z} = \sum_{i=1}^{n} I_{iz}^{e} \qquad (11-19)$$

动量定理的投影形式表明:在某一段时间间隔内质点系的动量在某一轴上的投影的增量等于作用于质点系上的所有外力在同一时间间隔内的冲量在同一坐标轴上投影的代数和。

通过质点系动量定理可以看出:质点系的内力可以改变质点系中各质点的动量,但不能改变质点系的总动量,只有外力才能改变质点系的总动量。因此,在应用动量定理时,只分析系统所受的外力而不必分析内力。

既然只有外力的矢量和才能改变质点系的动量,那么当作用于质点系上的外力的矢量和恒为零时,质点系的动量将不改变而恒保持为一个常量,这就是动量守恒定律。

从式(11-16)得,若 $\sum \boldsymbol{F}_i^e = \boldsymbol{0}$,则$\dfrac{\mathrm{d}\boldsymbol{P}}{\mathrm{d}t} = \boldsymbol{0}$, 从而

$$\boldsymbol{P}_2 = \boldsymbol{P}_1 = M\boldsymbol{v}_c \qquad (11-20)$$

此时 $\boldsymbol{v}_c \equiv \boldsymbol{C}$,即质点系的质心做惯性运动。

若外力的矢量和并不等于零,但作用于质点系上的所有外力在某轴上的投影的代数和恒等于零,则质点系的动量在该轴上的投影为一常量,这就是动量投影守恒定律。

即若有 $\sum_{i=1}^{n} F_{ix}^{e} = 0$, 则

$$P_{2x} = P_{1x} = C \qquad (11-21)$$

又因为 $P_x = MV_{cx}$

所以 $V_{cx} = 常量$

即质点系的质心在 x 轴方向做匀速运动或静止。

下面举例来说明质点系的动量定理。

大炮发射炮弹时,炮弹和炮身可以看成一个质点系,若不计地面给炮身的水平约束反力,则系统在水平方向所受的外力为零,当火药爆炸时,产生的气体压力是内力,它不能改变整个系统的总动量,但是气体压力(内力)可以使炮弹以极高的速度飞出去,从而获得一个向前的动量,因系统在爆炸前后,总动量在水平方向的投影应当守恒,因此气体压力应同时使炮身获得一个大小相等,方向相反的动量,即炮身向后运动。这就是反冲作用。

例 11-3 在水平面上有物体 A 与 B,m_A 为 2 kg,m_B 为 1 kg。设 A 以某一速度运动并撞击原来静止的 B,如图 11-3 所示。撞击后 A 与 B 合并为一体向前运动,历时 2 s 停止。设 A、B 与平面间的动摩擦系数 $f = 1/4$。试求撞击前 A 的速度,以及撞击至 A、B 静止过程中,A、B 相互作用的冲量。

解 以 A、B 组成的系统为研究对象,列写沿水平方向的动量定理:

$$0 - m_A v_A = -\int_0^2 (F_A + F_B)\,\mathrm{d}t$$

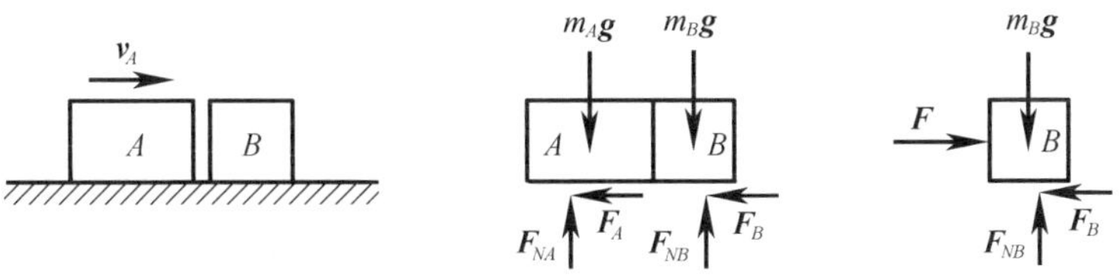

图 11－3　例 11－3 图

因为摩擦力 $F_i = fN_i = fm_i g(i = A,B)$ 为常值，由上式直接解得

$$v_A = \frac{(m_A + m_B)}{m_A} fgt = 7.35 \text{ m/s}$$

以 B 为研究对象，则 A 对 B 的撞击力转化为外力 $\boldsymbol{F}$，列写沿水平方向的动量定理：

$$0 = \int_0^2 (F_x - F_B)\mathrm{d}t$$

沿水平方向的撞击冲量为

$$I_x = \int_0^2 F_x \mathrm{d}t = fm_B gt = 4.9 \text{ kg} \cdot \text{m/s}$$

例 11－4　如图 11－4 所示，大炮的炮身重 $P_1 = 8$ kN，炮弹重 $P_2 = 40$ N，炮筒的倾角为 30°，炮弹从击发至离开炮筒所需时间 $t = 0.05$ s，炮弹出口速度 $v = 500$ m/s，不计摩擦。求炮身的后坐速度及地面对炮身的平均法向约束力。

解　以炮身和炮弹为系统。作用于此质点系上的外力有重力 $\boldsymbol{P}_1$、$\boldsymbol{P}_2$ 和地面的法向约束力 $\boldsymbol{F}_R$；在水平方向无外力作用。由此可知，在发射炮弹的过程中，系统的动量在水平方向保持不变。发射前，系统静止，其动量为零，因此发射后系统的动量在水平方向上仍应为零。现以 $\boldsymbol{u}$ 表示发射炮弹后炮身在水平方向的后坐速度（先假设沿 x 轴正向），则有

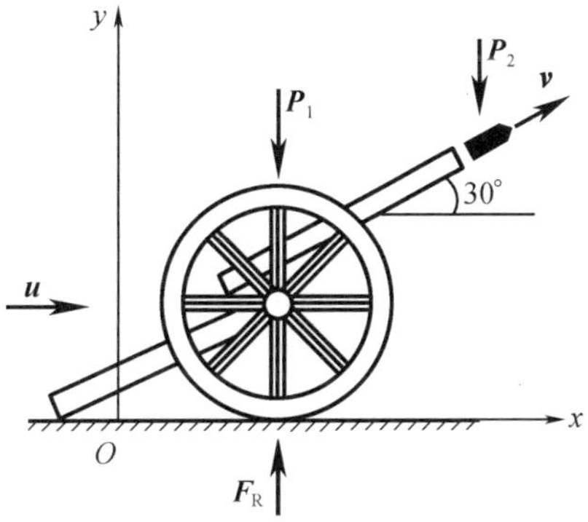

图 11－4　例 11－4 图

$$\frac{P_1}{g}u + \frac{P_2}{g}v\cos 30° = 0$$

由此可求得

$$u = -\frac{P_2}{P_1}v\cos 30° = -\frac{0.04}{8} \times 500 \times \frac{\sqrt{3}}{2} \text{m/s} = -2.17 \text{ m/s}$$

此处的负号表示炮身的后坐速度与所设方向相反，即发射炮弹时炮身向后退。

另外

$$\frac{P_2}{g}v\sin 30° - 0 = (F_R - P_1 - P_2)t$$

求得

$$F_R = P_1 + P_2 + \frac{P_2}{g}\frac{v\sin 30°}{t} = 8 + 0.04 + \frac{0.04}{9.81} \times \frac{500 \times 0.5}{0.05} = 28.4 \text{ kN}$$

显然这里求得的 $\boldsymbol{F}_{\mathrm{R}}$ 是射击过程中地面对炮身的“平均”法向力,因为在计算中是把 $\boldsymbol{F}_{\mathrm{R}}$ 作为常力对待的,而实际上这个力在射击过程中其大小是变化的。

11.4 质心运动定理

针对质点系动量定理,我们做进一步推导,根据式(11-16),即

$$\frac{\mathrm{d}\boldsymbol{P}}{\mathrm{d}t}=\frac{\mathrm{d}(M\boldsymbol{v}_{\mathrm{c}})}{\mathrm{d}t}=\sum_{i=1}^{n}\boldsymbol{F}_i^{\mathrm{e}}$$

质点系质量是常数,则有

$$M\frac{\mathrm{d}\boldsymbol{v}_{\mathrm{c}}}{\mathrm{d}t}=\sum_{i=1}^{n}\boldsymbol{F}_i^{\mathrm{e}}$$

所以

$$M\boldsymbol{a}_{\mathrm{c}}=\sum_{i=1}^{n}\boldsymbol{F}_i^{\mathrm{e}} \tag{11-22}$$

式(11-22)表明:质点系的质量和其质心加速度的乘积,等于作用于质点系的所有外力的矢量和,这就是质心运动定理。式(11-22)与质点动力学基本方程形式完全相同,因此在研究质点系质心的运动时,相当于研究质量和外力都集中在质心上的质点的运动。

将这个定理的式(11-22)向直角坐标系 $Oxyz$ 投影,可得

$$Ma_{\mathrm{c}x}=\sum F_{ix}^{\mathrm{e}}$$

$$Ma_{\mathrm{c}y}=\sum F_{iy}^{\mathrm{e}}$$

$$Ma_{\mathrm{c}z}=\sum F_{iz}^{\mathrm{e}} \tag{11-23}$$

这就是质心运动定理的直角坐标投影形式:质点系的质量和质心加速度在某轴上的投影的乘积等于作用在质点系上的所有外力在同一轴上投影的代数和。

由质心运动定理的推导过程可以看出质心运动定理是动量定理在用于质量是常数的质点系的变形形式,它们在本质上是一个定理,应用质心运动定理也可以解决动力学的两类基本问题。

若式(11-22)中 $\sum\boldsymbol{F}_i^{\mathrm{e}}=\boldsymbol{0}$,即质点系所受的所有外力的矢量和为零,则 $\boldsymbol{a}_{\mathrm{c}}=\boldsymbol{0}$。也就是$\boldsymbol{v}_{\mathrm{c}}=\boldsymbol{C}$,即作用在质点系上的所有外力的矢量和若恒等于零,则质心做匀速直线运动或静止,如果初瞬时质心静止,则无论质点系怎样运动,质心始终保持不动。

若式(11-23)中作用在质点系上的外力在某一轴上的投影的代数和为零(以 x 轴为例),$\sum F_{ix}^{\mathrm{e}}=0$,则 $a_{\mathrm{c}x}=0$ 也就是 $v_{\mathrm{c}x}=C$,即质心沿 x 轴的运动是匀速的或质心的 x 方向坐标不变。

以上两点都称为质点系质心运动守恒。

可以看出,要改变质点系质心的运动,必须有外力作用,质点系内部各质点之间相互作用的内力不能改变质心的运动。

根据质心运动定理,某些质点系动力学问题可以直接用质点动力学理论来解答。例如,刚体平动时,知道了质心的运动也就知道了整个刚体的运动,所以刚体平动的问题,完全可以作为质点运动问题来求解。

下面举例说明质心运动定理的应用。

汽车开动时，发动机汽缸内的燃气压力对汽车整体来说是内力，不能使车子前进，只有当燃气推动活塞，通过传动机构带动主动轮转动，地面对主动轮作用了向前的摩擦力，汽车才能前进。

在静止于静水中的小船上，人向前走，船往后退也是因为人与小船的质心要保持静止的缘故。

例 11－5　设有一电机用螺栓固定在水平基础上，电动机外壳及其定子重 P_1，质心 O_1 在转子的轴线上，转子重 P_2，质心 O_2 由于制造上的偏差而与其轴线相距为 r，转子以匀角速 ω 转动，如图 11－5 所示。求螺栓和基础对电动机的反力。

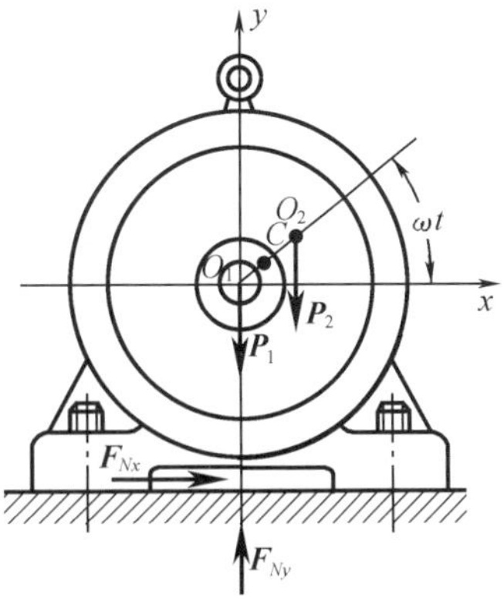

图 11－5　例 11－5 图

解　取电机为质点系，作用于质点系的外力有重力 $\boldsymbol{P}_1$、$\boldsymbol{P}_2$ 及约束力 $\boldsymbol{F}_{Nx}$、$\boldsymbol{F}_{Ny}$。选固定坐标系 O_1xy，则外壳与定子的质心 O_1 的坐标为 $x_1=0$，$y_1=0$，而转子的质心 O_2 的坐标为 $x_2=r\cos\omega t$，$y_2=r\sin\omega t$，电机质心 C 的坐标为

$$\begin{cases} x_C=\dfrac{P_1x_1+P_2x_2}{P_1+P_2}=\dfrac{P_2r\cos\omega t}{P_1+P_2} \\ y_C=\dfrac{P_1y_1+P_2y_2}{P_1+P_2}=\dfrac{P_2r\sin\omega t}{P_1+P_2} \end{cases}$$

根据质心运动定理，电机质心 C 的运动微分方程为

$$\begin{cases} \dfrac{P_1+P_2}{g}\dfrac{\mathrm{d}^2x_C}{\mathrm{d}t^2}=-\dfrac{P_2}{g}r\omega^2\sin\omega t=F_{Nx} \\ \dfrac{P_1+P_2}{g}\dfrac{\mathrm{d}^2y_C}{\mathrm{d}t^2}=-\dfrac{P_2}{g}r\omega^2\cos\omega t=F_{Ny}-P_1-P_2 \end{cases}$$

解得

$$\begin{cases} F_{Nx}=-\dfrac{P_2}{g}r\omega^2\sin\omega t \\ F_{Ny}=P_1+P_2-\dfrac{P_2}{g}r\omega^2\cos\omega t \end{cases}$$

可见，由于转子偏心而引起的水平和铅垂方向的动反力都是随时间周期性变化的，其中附加反力比静反力一般大得多，会引起基础的振动和机件的损坏，因此在设计安装时常须考虑附加动约束力。

当 $F_{Ny}>0$ 时，F_{Ny} 是基础给电机的动反力，而当 $F_{Ny}<0$ 时，则 F_{Ny} 是螺栓对于电机的力。

若不计摩擦和螺栓预紧力时，F_{Nx} 是螺栓给电机的力。实际上，一般是预先拧紧螺帽，形成足够的预紧力，依靠电机与基础间的摩擦力提供水平约束力 F_{Nx}。

例 11－6　物体 A 和 B 的质量分别为 m_1 和 m_2，借一绕过滑轮 C 的不可伸长的绳索相连，这两个物体可沿直角三棱柱的光滑斜面滑动。而三棱柱的底面 DE 放在光滑水平面上，如图 11－6 所示。试求当物体 A 落下高度 $h=10$ cm 时，三棱柱沿水平面的位移。设三棱柱的质量 $m=4m_1=16m_2$，绳索和滑轮的质量都可以忽略不计。初瞬时系统处于静止。

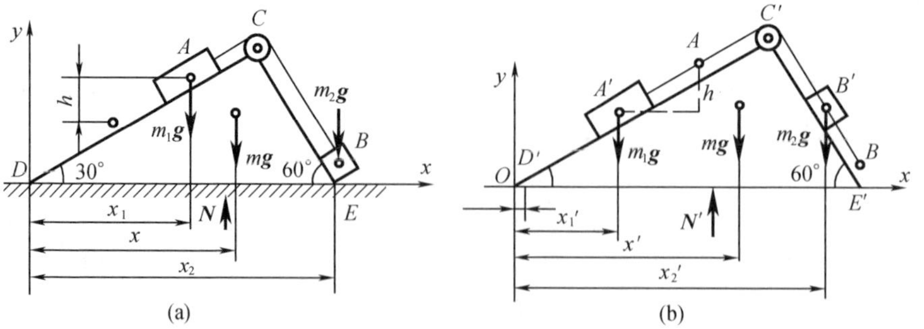

图 11-6　例 11-6 图

解　取整个系统为研究对象。系统的外力只有铅直方向的重力 $m_1\boldsymbol{g}$、$m_2\boldsymbol{g}$、$m\boldsymbol{g}$ 和法向反力 $\boldsymbol{N}$。又因系统在初瞬时处于静止,故整个系统的质心在水平方向 x 的位置守恒,即 $x_c = x_c'$。

三棱柱移动前系统质心的横坐标为

$$x_c = \frac{\sum mx}{\sum m} = \frac{m_1x_1 + m_2x_2 + mx}{m_1 + m_2 + m}$$

设三棱柱沿水平面的位移是 s,则移动后系统质心的横坐标为

$$x_c' = \frac{\sum mx'}{\sum m} = \frac{m_1(x_1 - h\cot 30^\circ + s) + m_2\left(x_2 - \dfrac{h}{\sin 30^\circ}\sin 30^\circ + s\right) + m(x + s)}{m_1 + m_2 + m}$$

由 $x_c = x_c'$得三棱柱沿水平面向右的位移

$$s = \frac{\sqrt{3}m_1 + m_2}{m_1 + m_2 + m} = \frac{\sqrt{3} \times 4 + 1}{4 + 1 + 16} \times 10 = 3.77\ \text{cm}$$

例 11-7　如图 11-7 所示,单摆 B 的支点固定在一可沿光滑的水平直线轨道平移的滑块 A 上,设 A、B 的质量分别为 m_A、m_B,运动开始时,$x = x_0, \varphi = \varphi_0, \dot{x} = 0, \dot{\varphi} = 0$。试求单摆 B 的轨迹方程。

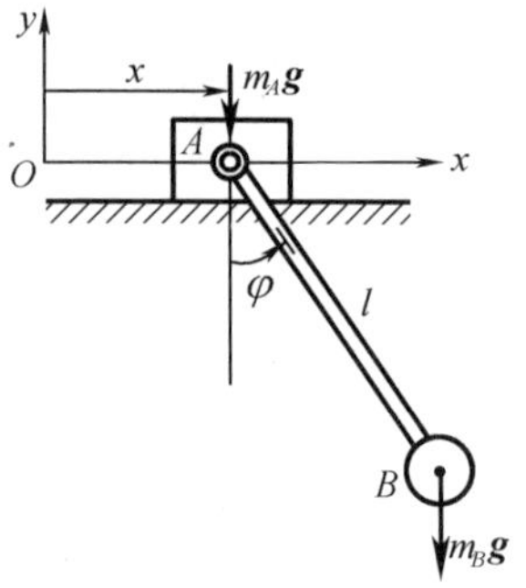

图 11-7　例 11-7 图

解　以系统为对象,其运动可用滑块 A 的坐标 x 和单摆摆动的角度 φ 两个坐标确定。

由于沿 x 方向无外力作用，且初始静止，系统沿 x 轴的动量守恒，质心坐标 x_c 应保持常量 x_{c0}，故有

$$x_c=\frac{m_Ax+m_B(x+l\sin\varphi)}{m_A+m_B}=\frac{m_Ax_0+m_B(x_0+l\sin\varphi_0)}{m_A+m_B}=x_{c0}$$

解出

$$x=x_{c0}-\frac{m_B}{m_A+m_B}l\sin\varphi$$

单摆 B 的坐标为

$$x_B=x+l\sin\varphi=x_{C0}+\frac{m_A}{m_A+m_B}l\sin\varphi$$

$$y_B=-l\cos\varphi$$

消去 φ，即得到单摆 B 的轨迹方程为

$$\left(1+\frac{m_B}{m_A}\right)^2(x_B-x_{c0})^2+y_B^2=l^2$$

是以 $x=x_{c0}$，$y=0$ 为中心的椭圆方程，因此悬挂在滑块上的单摆也称为椭圆摆。

通过上面例题表明，质心运动定理和动量定理的解题步骤基本相同，首先选取研究对象，选取坐标系，做受力分析，根据系统所受的外力来判断系统的动量或质心的运动是否守恒，求定理中各物理量，代入表达式求解等。通常在涉及速度、力与时间之间的关系问题时，选用动量定理较为方便。对于求质心运动的两类问题和解决某些守恒问题时，则选用质心运动定理较好。由于动量定理、质心运动定理均由牛顿定律导得，故定理中的运动量必须是相对于惯性参考系的。

在计算多刚体系统时，可不必去找系统的质心，而利用每个刚体的质心位置及质心运动情况。如求系统总动量时

$$\boldsymbol{P}=M\boldsymbol{v}_c=\sum_{i=1}^{n}m_i\boldsymbol{v}_{ci}$$

应用质心运动定理时，可用关系式 $M\boldsymbol{a}_c=\sum_{i=1}^{n}m_i\boldsymbol{a}_{ci}$。具体计算时可用矢量式的坐标轴投影形式。其中 m_i、$\boldsymbol{v}_{ci}$、$\boldsymbol{a}_{ci}$ 分别表示多刚体系统中的第 i 个刚体的质量、质心速度和质心加速度。

思　考　题

一、判断题

1. 质点系中各质点都处于静止时，质点系的动量为零。于是可知如果质点系的动量为零，则质点系中各质点必须静止。（　　）

2. 质点系的质心位置守恒的条件是质点系外力系的主矢恒等于零，且质心的初速度也等于零。（　　）

3. 炮弹在空中飞行时，若不计空气阻力，则其质心的轨迹为一抛物线。炮弹在空中爆炸后，其质心的轨迹不改变（　　）；又当部分弹片落地后，其质心轨迹要改变。（　　）

4. 如图 11－8 所示，两等长的均质杆 AC 和 BC 各重 P_1、P_2，用铰链 C 连接。两杆支持在水平光滑地面上，从图示位置静止开始释放。在 $P_1=P_2$，$P_1=2P_2$ 两种情况下，C 点的运动轨迹一样。（　　）

5. 用无重刚杆连接质量同为 m 的小球。某瞬时绕 O 点转动的角速度为 ω。该系统的动量 $|\boldsymbol{P}|=2m\times\frac{3}{2}l\omega$,作用线位置如图 11－9 所示。(　　)

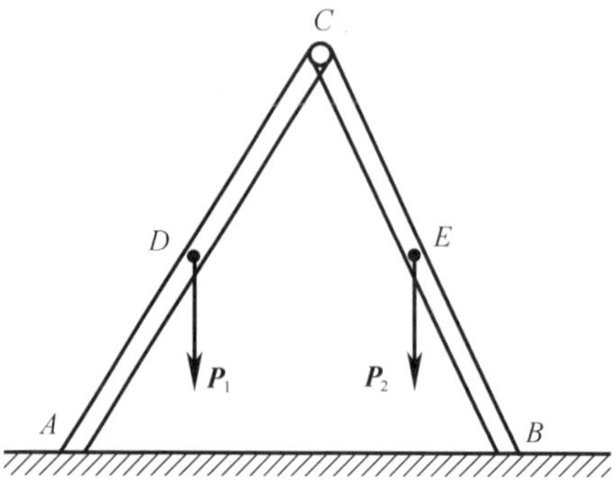

图 11－8　判断题第 4 题图

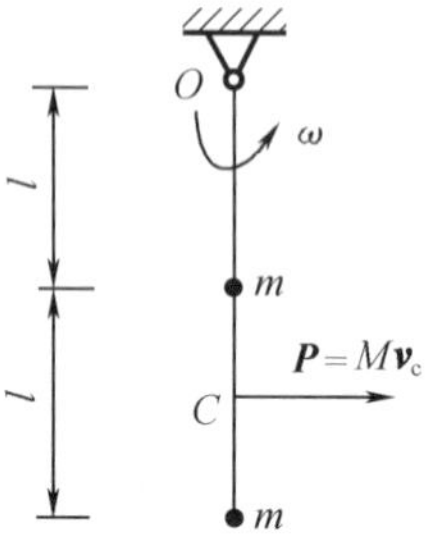

图 11－9　判断题第 5 题图

二、选择题

1. 质点系动量守恒的条件是(　　)。

A. 作用于质点系的主动力的矢量和恒为零

B. 作用于质点系的内力的矢量和恒为零

C. 作用于质点系的约束力的矢量和恒为零

D. 作用于质点的外力的矢量和恒为零

2. 动量 $m\boldsymbol{v}$ 中的 $\boldsymbol{v}$ 是(　　)。

A. 绝对速度　　B. 相对速度　　C. 牵连速度

3. 如图 11－10 所示平面四连杆机构中,曲柄 O_1A、O_2B 和连杆 AB 皆可视为质量为 m、长为 $2r$ 的均质细杆。图示瞬时,曲柄 O_1A 逆钟向转动的角速度为 ω,则该瞬时此系统的动量为(　　)。

A. $2mr\omega\boldsymbol{i}$　　B. $3mr\omega\boldsymbol{i}$　　C. $4mr\omega\boldsymbol{i}$　　D. $6mr\omega\boldsymbol{i}$

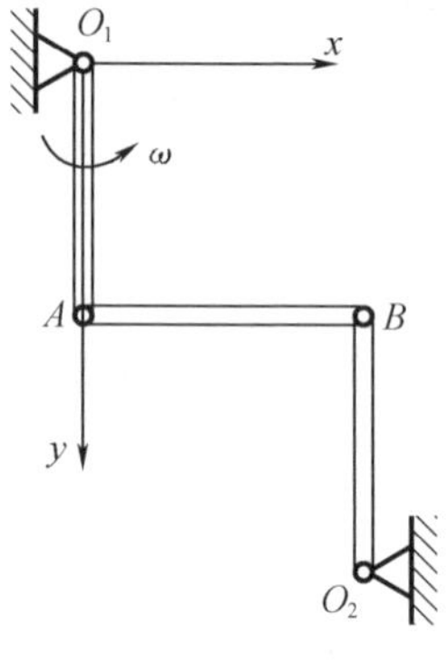

图 11－10　选择题第 3 题图

4. 杆 AB 在光滑的水平面上竖直位置无初速的倒下,其质心的轨迹为(　　)。

A. 圆　　B. 椭圆　　C. 抛物线　　D. 竖直线

5. 设 A、B 两质点的质量分别为 m_A、m_B，它们在某瞬时的速度大小分别为 v_A、v_B，则(　　)。

A. 当 $v_A = v_B$，且 $m_A = m_B$ 时，该两质点的动量必定相等

B. 当 $v_A = v_B$，且 $m_A \neq m_B$ 时，该两质点的动量也可能相等

C. 当 $v_A \neq v_B$，且 $m_A \neq m_B$ 时，该两质点的动量有可能相等

D. 当 $v_A \neq v_B$，且 $m_A \neq m_B$ 时，该两质点的动量必不相等

三、填空题

1. 质点系的________力不影响质心的运动，只有________力才能改变质心的运动。

2. 小球 M 重 Q，固定在一根长为 L 重为 P 的匀质细杆上，杆的另一端铰接在以 $\boldsymbol{v}$ 运动的小车的顶板上，杆 OM 以角速度 ω 绕 O 轴逆时针转动，则图 11－11 所示瞬间杆的动量的大小为________，小球动量的大小为________。

3. 质量均为 m 的匀质细杆 AB、BC 和匀质圆盘 CD 用铰链连接在一起并支撑如图 11－12 所示。已知 $AB = BC = CD = 2R$，图示瞬时 A、B、C 处在一水平直线位置上而 CD 铅直，且 AB 杆以角速度 ω 转动，则该瞬时系统的动量的大小为________。

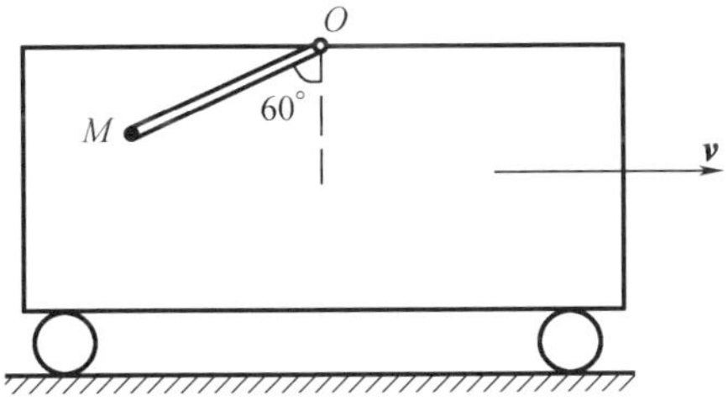

图 11－11　填空题第 2 题图

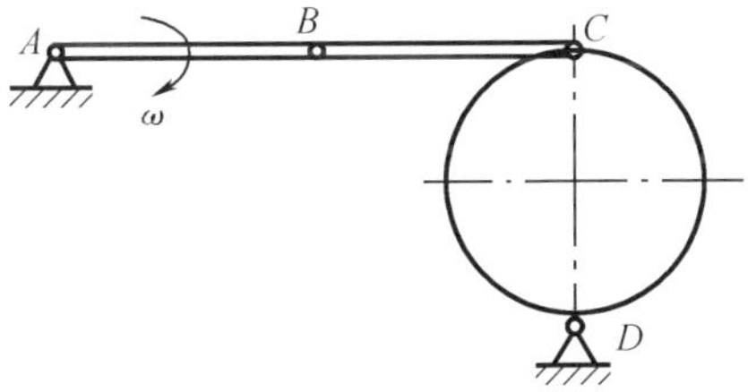

图 11－12　填空题第 3 题图

4. 如图 11－13 所示曲柄连杆机构中，曲柄和连杆皆可视为均质杆。其中曲柄的质量为 m_1、长为 r，连杆的质量为 m_2，长为 l，滑块的质量为 m_3。图 11－13 所示瞬时，曲柄逆钟向转动的角速度为 ω，则机构在该瞬时的动量等于________。

5. 图 11－14 所示质量为 m_1 的小车，以速度 $\boldsymbol{V}_1$ 在水平路面上缓慢行驶，若在车上将一货物以相对于小车的速度 $\boldsymbol{V}_2$ 水平抛出，若货物质量为 m_2，不计地面阻力，则此时小车速度为________。

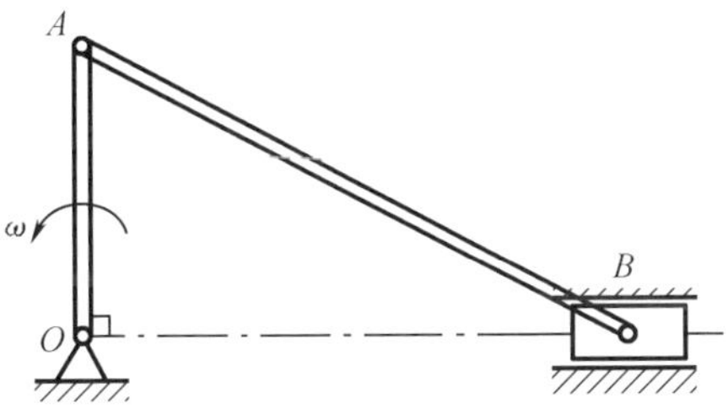

图 11－13　填空题第 4 题图

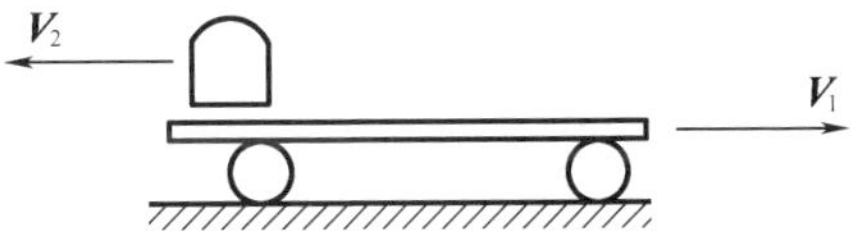

图 11－14　填空题第 5 题图

习 题

11－1 计算下列如图 11－15 所示情况下系统的动量。

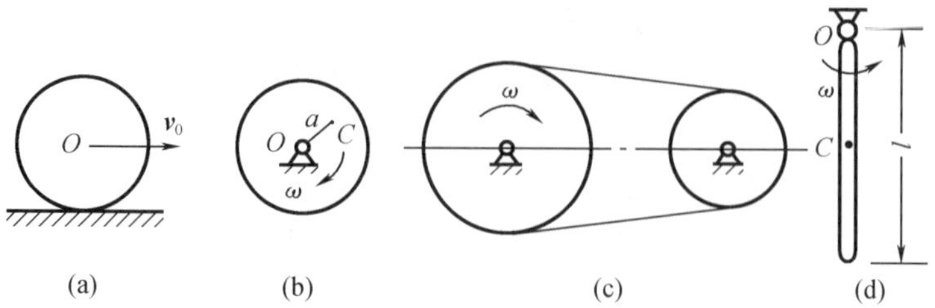

图 11－15 习题 11－1 图

(1)质量为 m 的均质圆盘，圆心具有速度 v_0，沿水平面做纯滚动。

(2)非匀质圆盘以角速度 ω 绕轴 O 转动，圆盘质量为 m，质心为 C，$OC=a$。

(3)胶带与胶带轮组成的系统中，设胶带及胶带轮的质量都是均匀的。

(4)质量为 m 的匀质杆，长度为 l，角速度为 ω。

11－2 计算下列刚体在图 11－16 所示已知条件下的动量。

答案：(a)$\boldsymbol{p}=\dfrac{P}{g}\boldsymbol{v}_0$，$\boldsymbol{p}$ 与 $\boldsymbol{v}_0$ 同向；(b) $\boldsymbol{p}=\dfrac{P}{g}\omega e$，$p\perp OC$；

(c)$\boldsymbol{p}=\dfrac{2}{3}Ma\omega\boldsymbol{i}+\dfrac{1}{6}Ma\omega\boldsymbol{j}$；(d)$\boldsymbol{p}=m(R-r)\dot{\theta}\cos\theta\boldsymbol{i}-m(R-r)\dot{\theta}\sin\theta\boldsymbol{j}$。

11－3 如图 11－17 所示，锻锤 A 的质量为 $m=300$ kg，其打击速度为 $v=8$ m/s，而回跳速度为 $u=2$ m/s。试求锻件 B 对锻锤反力的冲量。

答案：$I=3$ kN·s。

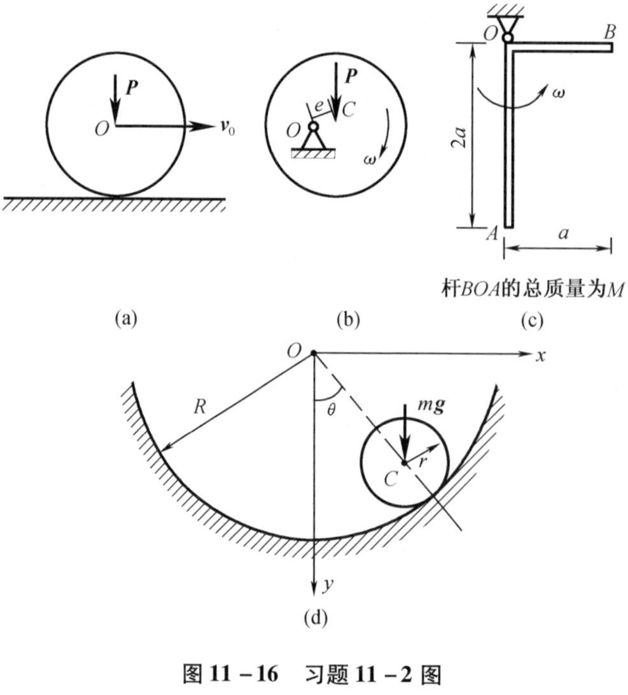

图 11－16 习题 11－2 图

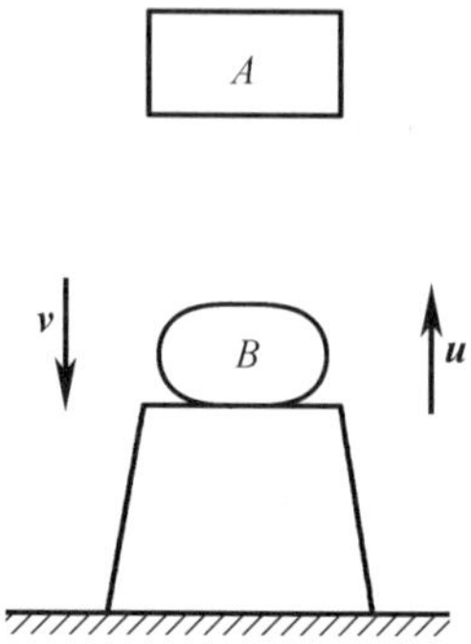

图 11－17 习题 11－3 图

11－4　质量为 250 kg 的锻锤 A，从高度 $H=2$ m 处无初速地自由落下，锻击工件 B，如图 11－18 所示。设锻击时间为 1/40 s，锻锤没有反跳，锻击时间内重力的冲量不计。试求平均锻击力。

答案：62.63 kN。

11－5　一个质量为 10 kg 的炮弹以出口速度为 200 m/s 垂直向上发射。利用冲量和动量定理，问需要多少时间达到最大高度，即速度降至零。

答案：20.4 s。

11－6　如图 11－19 所示，船 A、B 的重力分别为 2.4 kN 及 1.3 kN，两船原处于静止间距 6 m。设船 B 上有一人，重 500 N，用力拉动船 A，使两船靠拢。若不计水的阻力，求当船靠拢在一起时，船 B 移动的距离。

答案：$x=3.43$ m（向左）。

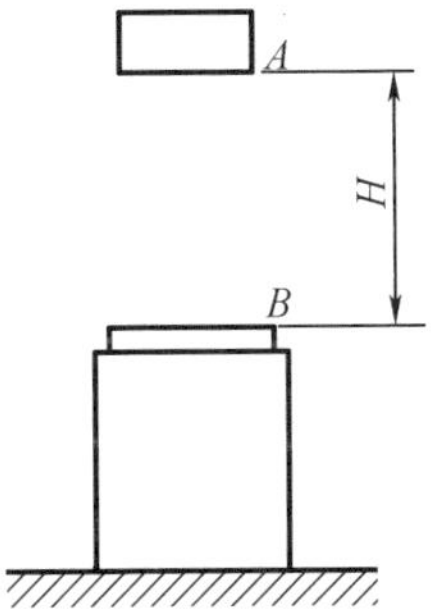

图 11－18　习题 11－4 图

图 11－19　习题 11－6 图

11－7　汽车以 36 km/h 的速度在水平直道上行驶。设车轮在制动后立即停止转动。问车轮对地面的动滑动摩擦系数 f 应为多大方能使汽车在制动后 6 s 停止。

答案：$f=0.17$。

11－8　跳伞者质量为 60 kg，自停留在高空中的直升机中跳出，落下 100 m 后，将降落伞打开。设开伞前的空气阻力略去不计，伞重不计，开伞后所受的阻力不变，经 5 s 后跳伞者的速度减为 4.3 m/s。求阻力的大小。

答案：阻力 $F=1\ 068$ N。

11－9　如图 11－20 所示，浮动起重机举起质量 $m_1=200$ kg 的重物。设起重机质量 $m_2=20\ 000$ kg，杆长 $OA=8$ m；开始时杆与铅垂位置成 60°角，水的阻力和杆重均略去不计。当起重杆 OA 转到与铅直位置成 30°角时，求起重机的位移。

答案：起重机左移 0.029 m。

11－10　如图 11－21 所示，水平面上放一均质三棱柱 A，在其斜面上又放一均质三棱柱 B。两三棱柱的横截面均为直角三角形。三棱柱 A 的质量 m_A 为三棱柱 B 质量 m_B 的三倍，其尺寸如图 11－21 所示。设各处摩擦力不计，初始时系统静止。求当三棱柱 B 沿三棱柱 A 滑下接触到水平面时，三棱柱 A 移动的距离。

答案：三棱柱左移

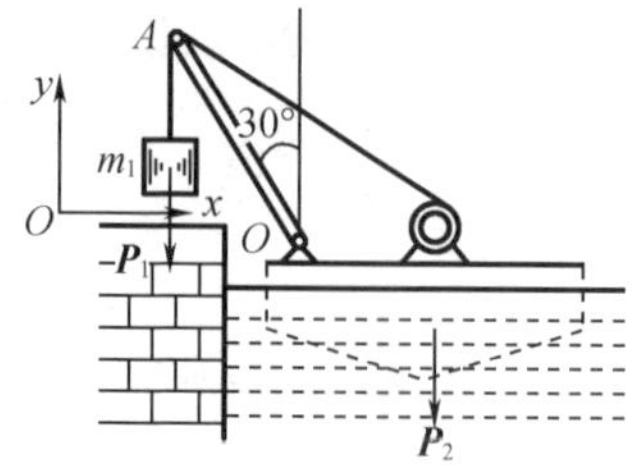

图 11 – 20　习题 11 – 9 图

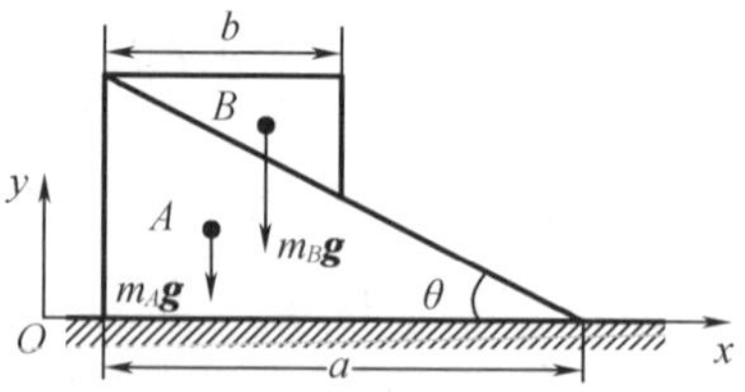

图 11 – 21　习题 11 – 10 图

11 – 11　平台车质量 $m=500$ kg,可沿水平轨道运动。平台车上站有一人,质量 $m_2=70$ kg,车与人以共同速度 V_0 向右方运动。当人相对平台车以速度 $V_t=2$ m/s 向左方跳出时,不计平台车水平方向的阻力及摩擦力,问平台车增加的速度为多少?

答案:−0.245 6,负号表示平台车增加速度方向与假设(速度向左)相反。

11 – 12　如图 11 – 22 所示,均质杆 AB,长 L,直立在光滑的水平面上。求它从铅直位置无初速地倒下时,端点 A 相对图示坐标系的轨迹。

答案:$4x^2+y^2=l^2$。

11 – 13　如图 11 – 23 所示椭圆规尺 AB 的质量为 $2m_1$,曲柄 OC 的质量为 m_1,而滑块 A 和 B 的质量均为 m_2。已知 $OC=AC=CB=l$;曲柄和尺的质心分别在其中点上;曲柄绕 O 轴转动的角速度 ω 为常量。当开始时,曲柄水平向右,求此时质点系的动量。

答案:$p=\dfrac{5}{2}m\omega_1 l+2m_2\omega l$。

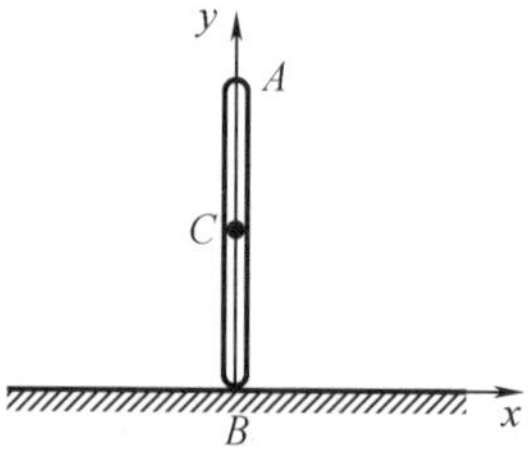

图 11 – 22　习题 11 – 12 图

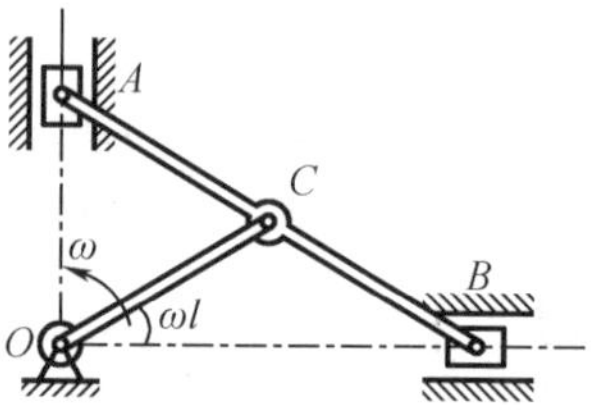

图 11 – 23　习题 11 – 13 图

11 – 14　如图 11 – 24 所示质量为 m_1 的平台 AB,放于水平面上,平台与水平面间的动滑动摩擦因数为 f。质量为 m_2 的小车 D,由绞车拖动,相对于平台的运动规律为$s=bt^2/2$,其中 b 为已知常数。不计绞车的质量,求平台的加速度。

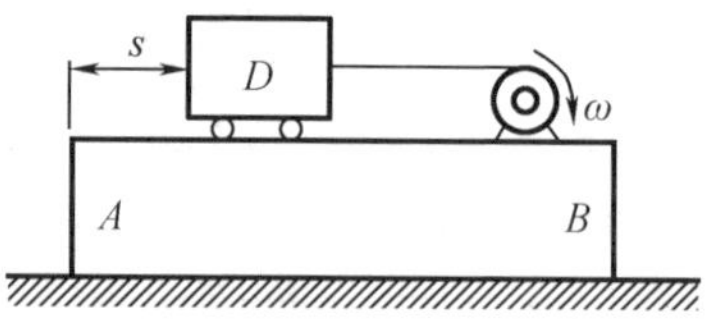

图 11 – 24　习题 11 – 14 图

答案:$\alpha_{AB}=\dfrac{m_2 b-fg(m_1+m_2)}{m_1+m_2}$。

11 – 15　求题 11 – 10 中三棱柱 A 运动的加速度及地面对三棱柱的约束力。

答案:$F_{\mathrm{N}}=\dfrac{12m_B}{3+\sin^2\theta}g$。

11 – 16　如图 11 – 25 所示,质量为 m 的滑块 A,可以在水平光滑槽中运动,具有刚度系数为 k 的弹簧一端与滑块相连接,另一端固定。杆 AB 长度为 l,质量忽略不计,A 端与滑块

A 铰接，B 端装有质量 m_1，在铅直平面内可绕点 A 旋转。设在力偶 M 作用下转动角速度 ω 为常数。求滑块 A 的运动微分方程。

答案：$(m+m_1)\dfrac{d^2x}{dt^2}+kx=m_1 l\omega^2\sin\omega t$。

11－17　如图 11－26 所示曲柄滑杆机构中，曲柄以等角速度 ω 绕 O 轴转动。开始时，曲柄 OA 水平向右。已知曲柄的质量为 m_1，滑块 A 的质量为 m_2，滑杆的质量为 m_3，曲柄的质心在 OA 的中点，$OA=l$；滑杆的质心在点 C。求：(1) 机构质量中心的运动方程；(2) 作用在轴 O 的最大水平约束力。

答案：(1) $x_C=\dfrac{m_1x_{C1}+m_2x_{C2}+m_3x_{C3}}{m_1+m_2+m_3}=\dfrac{m_3l}{2(m_1+m_2+m_3)}+\dfrac{m_1+2m_2+2m_3}{2(m_1+m_2+m_3)}l\cos\omega t$；

$y_C=\dfrac{m_1y_{C1}+m_2y_{C2}+m_3y_{C3}}{m_1+m_2+m_3}=\dfrac{m_1+2m_2}{2(m_1+m_2+m_3)}l\sin\omega t$。

(2) $(F_{Ox})_{\max}=-\dfrac{1}{2}(m_1+2m_2+2m_3)l\omega^2$。

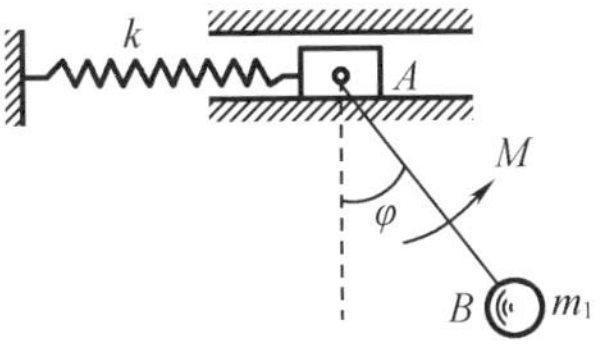

图 11－25　习题 11－16 图

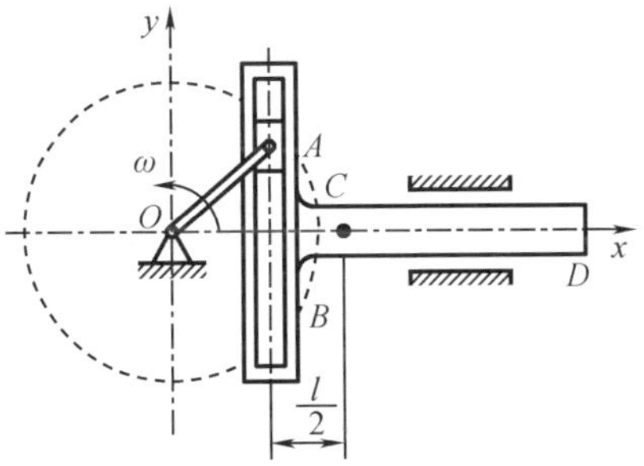

图 11－26　习题 11－17 图

11－18　如图 11－27 所示凸轮机构中，凸轮以等角速度 ω 绕定轴 O 转动。质量为 m_1 的滑杆 Ⅰ 借右端弹簧的拉力而顶在凸轮上，当凸轮转动时，滑杆作往复运动。设凸轮为一均质圆盘，质量为 m_2，半径为 r，偏心距为 e。求在任一瞬时机座螺钉的总附加动约束力。

答案：$F_x=-(m_1+m_2)e\omega^2\cos\omega t$；

$F_y=-m_2e\omega^2\sin\omega t+m_0g+m_1g+m_2g$。

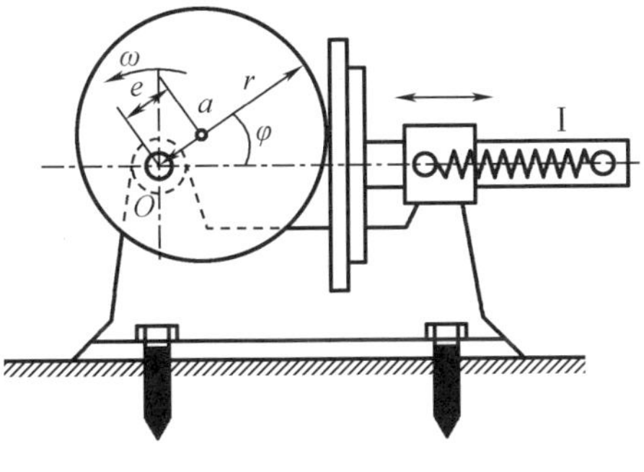

图 11－27　习题 11－18 图

11－19　如图 11－28 所示，长方体形箱子 $ABDE$ 搁置在光滑水平面上，AE 边与水平地面的夹角为 φ。$AB=DE=b$，$BD=AE=e$。试问 φ 取何值时，可使箱子倒下后：

(1)A 点的滑移距离最大,并求出此距离;

(2)A 点恰好滑移已知距离 d(d 小于最大滑移距离)。

答案:(1)$\varphi = \pi/2 - \arctan(b/e)$时,$d_{max} = e/2$;

(2)$\varphi = \arccos[(e-2d)/\sqrt{b^2+e^2}] - \arctan(b/e)$。

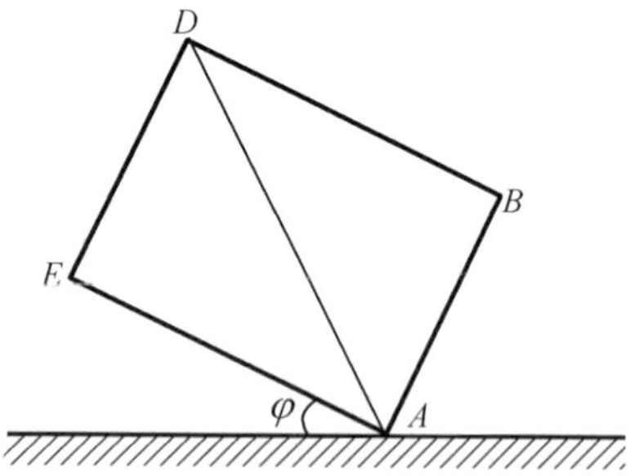

图 11-28　习题 11-19 图

11-20　质量等于 10 g 的物体以速度 v_0 = 10 cm/s运动,忽然受一打击,使它的速度变为 v_1 = 20 cm/s,并改变运动方向 45°,求打击冲量的大小和方向。

答案:I = 147.4 gcm/s,其方向与初速度 v_0 的夹角为 $\theta = 73°40'30''$。

11-21　火箭 A 和 B 组成二级火箭,自地面铅垂向上发射,每一级的总质量为 500 kg,其中燃料质量为 450 kg,燃料消耗量为 10 kg/s,燃气喷出的相对速度为 2 100 m/s;当火箭 A 喷完燃料,它的壳体就脱开,火箭 B 立即点火启动。求 A 脱开时的速度及 B 所能获得的最大速度。

答案:814 m/s,5 210 m/s。

11-22　如图 11-29 所示,已知水的流量为 Q,密度为 ρ。水打在叶片上的速度 $\boldsymbol{v}_1$ 是水平的,水流出口速度 $\boldsymbol{v}_2$ 与水平成 θ 角。求水柱对涡轮固定叶片的动压力的水平分力。

答案:$F_x = \dfrac{W}{g}v(v_2\cos\theta + v_1)$。

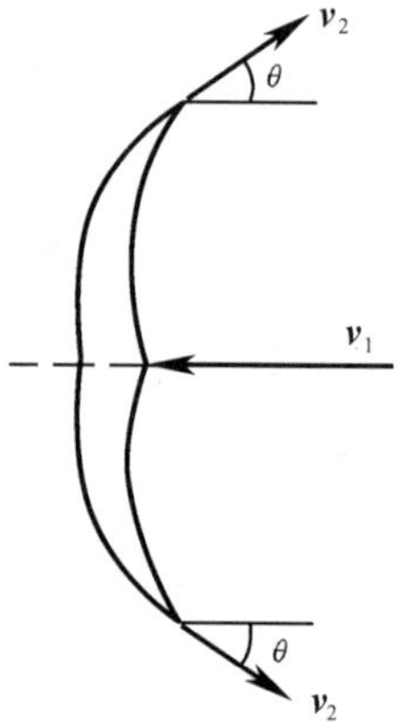

图 11-29　习题 11-22 图

第 12 章　动量矩定理及其相关知识

前一章中建立的动量定理并不能完全反映质点系的运动状态。例如，一均质圆轮绕通过质心的对称轴转动时，无论圆轮转动的快慢如何，无论转动状态有什么变化，它的动量恒等于零，因为质心不动。

因此，我们有必要引入新的概念来描述类似的运动。

动量矩定理正是描述质点系相对于某一定点（或定轴）或质心的运动状态的理论。

12.1　质点及质点系的动量矩

12.1.1　质点的动量矩

在静力学中，我们定义过力 $\boldsymbol{F}$ 对空间某一固定点 O 的矩，用$\boldsymbol{m}_O(\boldsymbol{F})=\boldsymbol{r}\times\boldsymbol{F}$ 来表示。这里我们用同样的方法来定义质点的动量对空间某一固定点的矩，称为动量矩。设某瞬时，质量为 m 的质点 A 在力 $\boldsymbol{F}$ 的作用下运动，它相对空间某一固定点 O 的矢径为 $\boldsymbol{r}$，其速度为 $\boldsymbol{v}$，如图 12－1 所示，则该瞬时 A 点的动量为 $m\boldsymbol{v}$。我们把矢径 $\boldsymbol{r}$ 与动量 $m\boldsymbol{v}$ 的矢量积 $\boldsymbol{r}\times m\boldsymbol{v}$ 定义为质点 A 的动量对于固定点 O 的矩，通常即称为质点对 O 点的动量矩。用$\boldsymbol{L}_O$表示质点对 O 点的动量矩，则有

$$\boldsymbol{L}_O=\boldsymbol{r}\times m\boldsymbol{v} \tag{12-1}$$

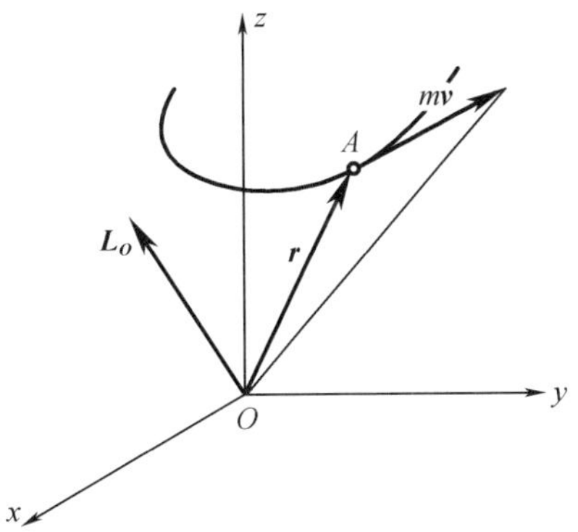

图 12－1　质点动量矩示意图

以固定点 O 为原点建立直角坐标系 $Oxyz$，质点 A 的坐标为(x,y,z)，则有矢径 $\boldsymbol{r}$ 和质点速度 $\boldsymbol{v}$ 的解析投影式

$$\boldsymbol{r}=x\boldsymbol{i}+y\boldsymbol{j}+z\boldsymbol{k}$$

$$\boldsymbol{v}=v_x\boldsymbol{i}+v_y\boldsymbol{j}+v_z\boldsymbol{k}=\dot{x}\boldsymbol{i}+\dot{y}\boldsymbol{j}+\dot{z}\boldsymbol{k}$$

那么式(12－1)可写为行列式形式

$$L_O = r \times mv = \begin{vmatrix} i & j & k \\ x & y & z \\ m\dot{x} & m\dot{y} & m\dot{z} \end{vmatrix} \tag{12-2}$$

式(12－2)表明:质点对某一固定点的动量矩是一个矢量,其方向垂直于由矢径 $\boldsymbol{r}$ 和速度 $\boldsymbol{v}$ 所确定的平面,其大小等于由矢径 $\boldsymbol{r}$ 和动量 $m\boldsymbol{v}$ 所构成的平行四边形的面积,指向由右手螺旋法则确定,且质点对某定点的动量矩是一个定位矢量,应当画在矩心 O 上。

把式(12－2)投影到直角坐标轴上,根据矢量对点的矩和对通过该点的轴的矩之间的关系可知,质点的动量对通过 O 点的各坐标轴的矩分别为

$$\begin{aligned} L_{Ox} &= \boldsymbol{L}_O \cdot \boldsymbol{i} = m(y\dot{z} - z\dot{y}) \\ L_{Oy} &= \boldsymbol{L}_O \cdot \boldsymbol{j} = m(z\dot{x} - x\dot{z}) \\ L_{Oz} &= \boldsymbol{L}_O \cdot \boldsymbol{k} = m(x\dot{y} - y\dot{x}) \end{aligned} \tag{12-3}$$

即

$$\boldsymbol{L}_O = L_{Ox}\boldsymbol{i} + L_{Oy}\boldsymbol{j} + L_{Oz}\boldsymbol{k}$$

动量对某一固定点的矩在经过该点的任一轴上的投影就等于动量对于该轴的动量矩。因此可以借助动量对定轴的矩而求得动量对定点的矩。

动量对轴的矩是一代数量,其符号的规定与力对轴的矩的符号的规定相同。在规定了轴的正向之后,我们就可由右手螺旋法则来确定其正方向。

动量矩在国际单位制中的单位是 $\mathrm{kg \cdot m^2/s}$ 或 $\mathrm{N \cdot m \cdot s}$。

12.1.2 质点系的动量矩

设有一质点系,由 n 个质点组成。质点系中所有各质点的动量对某固定点 O 的矩的矢量和称为该质点系对 O 点的动量矩,用$\boldsymbol{L}_O$表示,即

$$\boldsymbol{L}_O = \sum_{i=1}^{n} \boldsymbol{L}_{Oi} = \sum_{i=1}^{n} \boldsymbol{m}_O(m_i \boldsymbol{v}_i) = \sum_{i=1}^{n} \boldsymbol{r}_i \times m_i \boldsymbol{v}_i \tag{12-4}$$

式(12－4)中$\boldsymbol{L}_{Oi} = \boldsymbol{r}_i \times m_i \boldsymbol{v}_i$表示质点系中第 i 个质点对于 O 点的动量矩。质点系中所有各质点的动量对于通过 O 点的任一轴的矩的代数和,称为质点系对该轴的动量矩,相似于质点动量对轴的矩的计算,把质点系对 O 点的动量矩向通过 O 点的直角坐标系 $Oxyz$ 的各轴投影,就得到质点系对通过 O 点的轴的动量矩为

$$\begin{aligned} L_x &= \boldsymbol{L}_O \cdot \boldsymbol{i} = \sum m_i(y_i\dot{z}_i - z_i\dot{y}_i) \\ L_y &= \boldsymbol{L}_O \cdot \boldsymbol{j} = \sum m_i(z_i\dot{x}_i - x_i\dot{z}_i) \\ L_z &= \boldsymbol{L}_O \cdot \boldsymbol{k} = \sum m_i(x_i\dot{y}_i - y_i\dot{x}_i) \end{aligned} \tag{12-5}$$

且有

$$\boldsymbol{L}_O = L_x\boldsymbol{i} + L_y\boldsymbol{j} + L_z\boldsymbol{k}$$

12.1.3 刚体简单运动动量矩的计算

一般情况下,质点系各质点的运动各不相同,因而不论是对点还是对轴的动量矩都很难计算。

如果质点系是做简单运动的刚体,我们可以具体地计算出该刚体的动量矩。

1. 平动刚体对某固定点的动量矩

设 O 点是空间一固定点，一质量为 M 的刚体在空间做平动。刚体的质心为 C，质心 C 的矢径为$\boldsymbol{r}_C$，质心速度为$\boldsymbol{v}_C$，刚体内第 i 个质点的质量为 m_i，矢径为$\boldsymbol{r}_i$，速度为$\boldsymbol{v}_i$。则平动刚体对固定点 O 的动量矩为

$$\boldsymbol{L}_O = \sum \boldsymbol{r}_i \times m_i \boldsymbol{v}_i = \sum \boldsymbol{r}_i \times m_i \boldsymbol{v}_C = \sum m_i \boldsymbol{r}_i \times \boldsymbol{v}_C = (M \boldsymbol{r}_C) \times \boldsymbol{v}_C = \boldsymbol{r}_C \times M \boldsymbol{v}_C \tag{12-6}$$

可见，平动刚体的动量矩的计算公式与质点动量矩的计算公式一样，即平动刚体在计算动量矩时，可以看成一个质点，这个质点集中了平动刚体的全部质量，位于刚体的质心，且随同刚体的质心一起运动。

2. 绕固定轴转动的刚体对转动轴的动量矩

设刚体绕固定轴 z 以角速度 ω 转动，刚体上第 i 个质点的质量为 m_i，该质点到 z 轴的距离为 d_i，其速度为 $v_i = \omega \cdot d_i$，方向如图 12-2 所示。

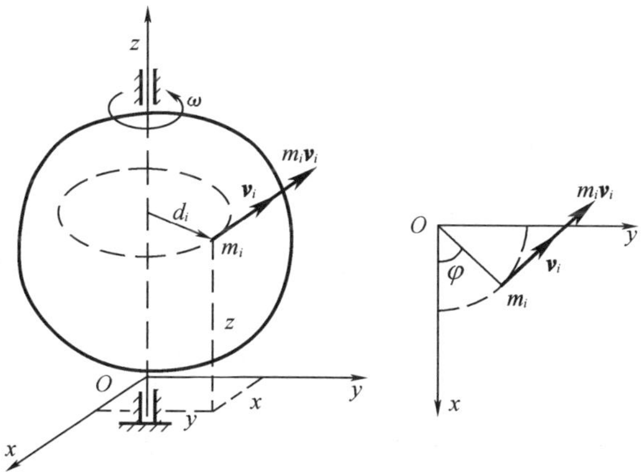

图 12-2　定轴转动刚体动量矩示意图

该质点对 z 轴的动量矩为

$$L_{zi} = m_i v_i d_i = m_i d_i^2 \omega$$

从而整个刚体对 z 轴的动量矩为

$$L_z = \sum_{i=1}^{n} L_{zi} = \sum_{i=1}^{n} m_i d_i^2 \omega = \omega \cdot \sum m_i d_i^2 \tag{12-7}$$

这里 $\sum m_i d_i^2$ 是刚体内每一质点的质量与它到 z 轴的距离的平方的乘积的总和，称为刚体对 z 轴的转动惯量，以 J_z 表示，即

$$J_z = \sum_{i=1}^{n} m_i d_i^2$$

于是式(12-7)可表示为

$$L_z = J_z \omega \tag{12-8}$$

可见，绕固定轴转动的刚体对转动轴的动量矩等于刚体的角速度与刚体对该转动轴的转动惯量的乘积。刚体对轴的转动惯量是一个正的标量，它的概念与计算，我们将在下一节进一步讨论。因而动量矩 L_z 的符号与角速度 ω 的符号一致。

12.2 刚体的转动惯量、平行移轴定理

计算绕固定轴转动的刚体对转轴的动量矩时,首先需要计算刚体对转动轴的转动惯量 J。

12.2.1 刚体对某轴的转动惯量

刚体对某轴 z 的转动惯量等于刚体内各质点的质量与该质点到 z 轴的距离的平方的乘积的算术和,如图 12-3 所示。即

$$J_z = \sum m_i r_i^2 = \sum m_i (x_i^2 + y_i^2) \tag{12-9}$$

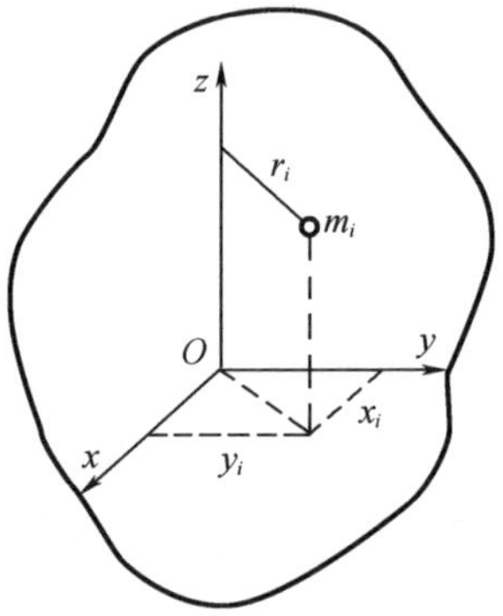

图 12-3 转动惯量示意图

如果刚体的质量是连续分布的,则式(12-9)中的求和就变为求积分的运算,即

$$J_z = \int_M r^2 \mathrm{d}m = \int_M (x^2 + y^2) \mathrm{d}m \tag{12-10}$$

对于均质刚体,式(12-10)可进一步写为

$$J_z = \iiint_V \rho (x^2 + y^2) \mathrm{d}V$$

工程上常把转动惯量写成刚体质量 M 与某一当量长度 ρ 的平方的乘积的形式,即

$$J_z = M\rho^2 \tag{12-11}$$

ρ 称为刚体对 z 轴的惯性半径(或回转半径),它具有长度的量纲,且恒为正,它的物理意义是,设想刚体的质量集中在与 z 轴相距为 ρ 的点上,则此集中质量对 z 轴的转动惯量与原刚体的转动惯量相同。一些工程手册中往往给出零件的质量 M,以及它对某轴(尤其是通过质心的轴)的惯性半径,我们可由式(12-11)求得零件对轴的转动惯量。

刚体对某轴的转动惯量与刚体的质量有关,也与刚体的质量相对于轴的分布情况有关。同样质量的刚体,质量分布得离轴越远,则转动惯量越大。例如,在设计蒸汽机、冲床等机器的飞轮时,为了增大转动惯量,往往把它们的大部分质量分布在轮缘处。为了提高仪表的灵敏度,则往往要减少齿轮的转动惯量,这时就需要尽可能地减少轮缘处的金属。刚体对确定的转轴具有固定的转动惯量,与刚体的运动状况无关,且转动惯量永远是一个正的标量。在国际单位制中,它的单位是 $\mathrm{kg \cdot m^2}$。

12.2.2　平行移轴定理

在工程手册中往往给出了刚体对于通过质心的轴的转动惯量，但有时往往需要求出刚体关于与质心轴平行的另一轴的转动惯量，平行移轴定理给出了刚体对于这样的两个轴的转动惯量之间的关系。

设一个刚体的质量为 M，Oz_C 为通过刚体质心 C 的轴，今有轴 $O'z$ 与质心轴 Oz_C 平行，且两轴之间的距离为 d，则刚体对于这两个轴的转动惯量 J_{z_C} 与 J_z 之间有下列关系，即

$$J_z = J_{z_C} + Md^2 \tag{12-12}$$

式(12－12)称为平行移轴定理：刚体对任一轴 $O'z$ 的转动惯量等于刚体对平行于 $O'z$ 轴的质心轴的转动惯量加上刚体的质量与该两轴之间的距离的平方的乘积。

因为式(12－12)中 $md^2 \geqslant 0$，所以在一组平行轴中，刚体对通过质心的轴的转动惯量最小。

12.2.3　几种常见的均质物体的转动惯量

质量为 m，长为 l 的均质直杆，如图 12－4 所示。

$$J_{z_C} = \frac{1}{12}ml^2$$

$$J_{z'} = \frac{1}{3}ml^2$$

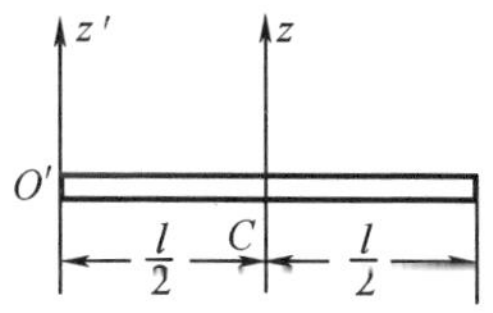

图 12－4　直杆示意图

质量为 m，半径为 R 的均质薄圆盘，如图 12－5 所示。

$$J_x = J_y = \frac{1}{4}mR^2$$

$$J_z = \frac{1}{2}mR^2$$

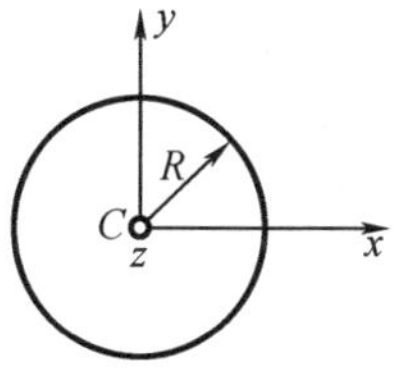

图 12－5　圆盘示意图

质量为 m 的均质矩形板，如图 12－6 所示。

$$J_x = \frac{1}{12}mb^2$$

$$J_y = \frac{1}{12}ma^2$$

$$J_z = \frac{m}{12}(a^2 + b^2)$$

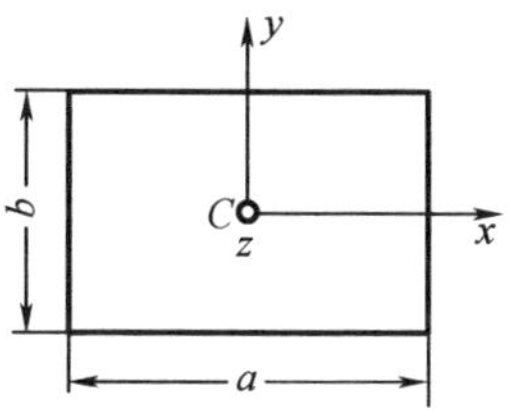

图 12－6　矩形板示意图

质量为 m 的均质细圆环，如图 12－7 所示。

当 $R \gg t$ 时

$$J_x = J_y = \frac{1}{2}mR^2$$

$$J_z = mR^2$$

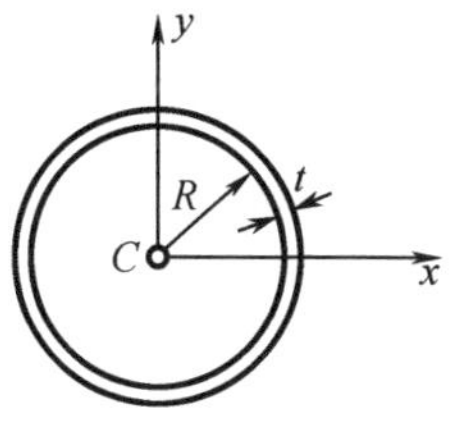

图 12－7　圆环示意图

12.3 动量矩定理

前面,我们建立了质点及质点系的动量矩的概念,介绍了计算方法。一般来说,在力系的作用下质点或质点系的动量矩随时间而变化。为了建立质点或质点系的动量矩与其所受力系之间的关系,下面我们推导动量矩定理。

12.3.1 质点的动量矩定理

如图12-8所示运动的质点M,其动量为$m\boldsymbol{v}$,所受力系的合力为$\boldsymbol{F}$,从空间固定点O到质点M的矢径为$\boldsymbol{r}$。

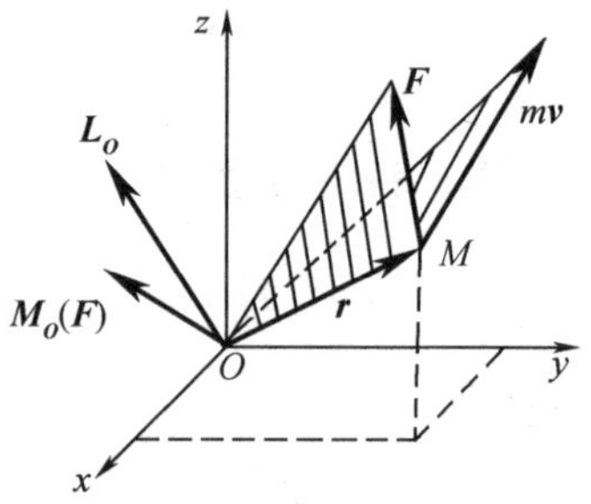

图12-8 动量矩定理示意图

式(12-1)给出了质点对空间固定点O的动量矩:$\boldsymbol{L}_O=\boldsymbol{r}\times m\boldsymbol{v}$,将此式两边对时间$t$求导数,得

$$\frac{\mathrm{d}\boldsymbol{L}_O}{\mathrm{d}t}=\frac{\mathrm{d}}{\mathrm{d}t}(\boldsymbol{r}\times m\boldsymbol{v})=\frac{\mathrm{d}\boldsymbol{r}}{\mathrm{d}t}\times m\boldsymbol{v}+\boldsymbol{r}\times\frac{\mathrm{d}(m\boldsymbol{v})}{\mathrm{d}t}$$

考虑到

$$\frac{\mathrm{d}\boldsymbol{r}}{\mathrm{d}t}=\boldsymbol{v}\text{ 及 }\boldsymbol{v}\times m\boldsymbol{v}=0$$

故

$$\frac{\mathrm{d}\boldsymbol{L}_O}{\mathrm{d}t}=\boldsymbol{v}\times m\boldsymbol{v}+\boldsymbol{r}\times\frac{\mathrm{d}(m\boldsymbol{v})}{\mathrm{d}t}=\boldsymbol{r}\times\frac{\mathrm{d}(m\boldsymbol{v})}{\mathrm{d}t}$$

根据质点的动量定理

$$\frac{\mathrm{d}(m\boldsymbol{v})}{\mathrm{d}t}=\boldsymbol{F}$$

所以

$$\frac{\mathrm{d}\boldsymbol{L}_O}{\mathrm{d}t}=\boldsymbol{r}\times\boldsymbol{F}=\boldsymbol{M}_O(\boldsymbol{F})\tag{12-13}$$

式中,$\boldsymbol{M}_O(\boldsymbol{F})$表示力$\boldsymbol{F}$对固定点$O$的矩。

质点对某固定点的动量矩对时间的一阶导数,等于作用于该质点上的力系的合力对于同一点的矩,这就是质点的动量矩定理。

把式(12-13)投影到以矩心O为原点的直角坐标轴上,并注意到动量及力对点的矩与对通过该点的轴的矩的关系,可得

$$\frac{\mathrm{d}L_x}{\mathrm{d}t}=M_x,\ \frac{\mathrm{d}L_y}{\mathrm{d}t}=M_y,\ \frac{\mathrm{d}L_z}{\mathrm{d}t}=M_z\tag{12-14}$$

质点对于任一固定轴的动量矩对时间的一阶导数，等于作用于该点的力系的合力对同一轴的矩。

在质点的动量矩定理中，取为矩心的点和所选的投影轴都是惯性坐标系下的固定点和固定轴。质点在运动过程中，若其所受力系的合力 $\boldsymbol{F}$ 对固定点 O 的矩恒等于零，则该质点对固定点 O 的动量矩保持为常矢量，这称之为质点对点的动量矩守恒。即若

$$\boldsymbol{M}_O(\boldsymbol{F}) = \boldsymbol{r} \times \boldsymbol{F} = 0$$

则有

$$\frac{\mathrm{d}\boldsymbol{L}_O}{\mathrm{d}t} = 0$$

$$\boldsymbol{L}_O = \boldsymbol{C}$$

若质点所受力系的合力 $\boldsymbol{F}$ 对固定点 O 的矩不等于零，但力 $\boldsymbol{F}$ 对过 O 点的某固定轴（如 x 轴）的矩恒等于零，则该质点对该轴的动量矩保持为常量，这称之为质点对轴的动量矩守恒。即若

$$m_x(\boldsymbol{F}) = 0$$

则有

$$\frac{\mathrm{d}L_x}{\mathrm{d}t} = 0, \quad L_x = C$$

例 12－1　如图 12－9 所示，一质量为 m 的光滑小球，放在半径为 R 的固定圆形管内。给小球以初始小扰动，试求小球微小运动的运动规律。

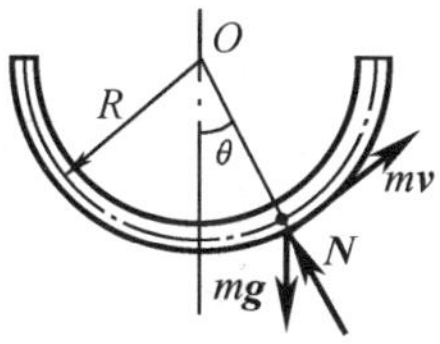

图 12－9　例 12－1 图

解　小球的运动轨迹是已知的圆弧线，因此可以采用自然法来刻画小球的运动。小球的速度始终沿圆弧的切线方向，因此适合于应用动量矩定理求解。

首先选小球为研究对象。将小球置于运动的一般位置，其上作用有重力 $m\boldsymbol{g}$ 和管的约束反力 $\boldsymbol{N}$，$\boldsymbol{N}$ 的方向指向中心 O。

应用对 O 点（即对通过 O 点而垂直于圆形管平面的轴）的动量矩定理，有

$$\frac{\mathrm{d}}{\mathrm{d}t}m_0(mv) = m_0(F)$$

或

$$\frac{\mathrm{d}}{\mathrm{d}t}(mv \cdot R) = -mg\sin\theta \cdot R$$

考虑到

$$v = \frac{\mathrm{d}s}{\mathrm{d}t} = \frac{\mathrm{d}}{\mathrm{d}t}(R\theta) = R\frac{\mathrm{d}\theta}{\mathrm{d}t}$$

代入上式得

$$mR^2\frac{\mathrm{d}^2\theta}{\mathrm{d}t^2} = -mg\sin\theta \cdot R$$

或

$$\frac{d^2\theta}{dt^2}+\frac{g}{R}\sin\theta=0$$

这就是小球的运动微分方程。小球的运动规律通过变量 θ 来描述。考虑到微小运动时 θ 很小,所以 $\sin\theta\approx\theta$,于是方程可简化为

$$\frac{d^2\theta}{dt^2}+\frac{g}{R}\theta=0$$

该微分方程的解为

$$\theta=\theta_0\sin\left(\sqrt{\frac{g}{R}}t+\alpha\right)$$

可见,小球做简谐运动。式中任意常数 θ_0、α 可通过运动的初始条件来确定。

例 12-2 如图 12-10 所示,小球 A 的质量是 m。系在细线的一端,而细线的另一端穿过水平面上的光滑小孔 O。小球原来在光滑水平面上做半径是 r 的圆周运动,其速度是 v_0。现在把细线的另一端往下拉,一直到小球的运动轨迹缩小成半径等于 $0.5r$ 的圆为止。试求这时小球的速度及细线的拉力 F 的大小。

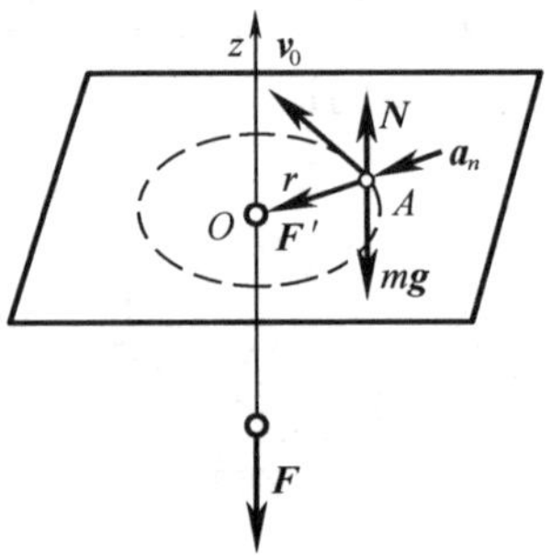

图 12-10 例 12-2 图

解 取小球 A 为研究对象,受力如图 2-10 所示。因为 $\sum m_z(F)=0$,故小球对轴 Oz 的动量矩 L_Z 守恒,即

$$mv_0r=mv\frac{r}{2}$$

故

$$v=2v_0$$

应用质点动力学方程,得细线拉力的大小

$$F=ma_n=m\frac{v^2}{0.5r}=m\frac{4v_0^2}{0.5r}=8m\frac{v_0^2}{r}$$

12.3.2 质点系的动量矩定理

设有 n 个质点所组成的质点系,其中第 i 个质点的质量为 m_i,所受外力的合力为$\boldsymbol{F}_i^e$,内力的合力为$\boldsymbol{F}_i^i$,该质点对空间某一固定点 O 的矢径为$\boldsymbol{r}_i$,对该固定点 O 的动量矩为 $\boldsymbol{L}_{Oi}$。根据质点的动量矩定理,得

$$\frac{d\boldsymbol{L}_{Oi}}{dt}=\boldsymbol{m}_O(\boldsymbol{F}_i^e)+\boldsymbol{m}_O(\boldsymbol{F}_i^i)\quad i=1,2,\cdots,n$$

对于整个质点系,共可写出 n 个这样的方程,把这 n 个方程相加,得

$$\sum_{i=1}^{n} \frac{\mathrm{d}\boldsymbol{L}_{Oi}}{\mathrm{d}t} = \sum \boldsymbol{m}_O(\boldsymbol{F}_i^{\mathrm{e}}) + \sum \boldsymbol{m}_O(\boldsymbol{F}_i^{\mathrm{i}}) \tag{12-15}$$

式(12－15)中左边项 $\sum \frac{\mathrm{d}\boldsymbol{L}_{Oi}}{\mathrm{d}t} = \frac{\mathrm{d}}{\mathrm{d}t}\sum \boldsymbol{L}_{Oi} = \frac{\mathrm{d}\boldsymbol{L}_O}{\mathrm{d}t}$,其中 L_O 是质点系对于 O 点的动量矩;右边第一项 $\sum \boldsymbol{m}_O(\boldsymbol{F}_i^{\mathrm{e}})$ 表示作用在质点系上的所有外力对于 O 点的矩的矢量和,可写成 $\boldsymbol{M}_O^{\mathrm{e}}$;右边第二项 $\sum \boldsymbol{m}_O(\boldsymbol{F}_i^{\mathrm{i}})$ 表示质点系的内力对于 O 点的矩的矢量和,因为内力总是成对出现的,每对内力大小相等,方向相反,对于任一点的矩的矢量和都为零,所以质点系的内力对于 O 点的矩的矢量和必为零。于是式(12－15)可写为

$$\frac{\mathrm{d}\boldsymbol{L}_O}{\mathrm{d}t} = \boldsymbol{M}_O^{\mathrm{e}} \tag{12-16}$$

即质点系对任一固定点的动量矩对时间的一阶导数等于质点系所受外力对同一点的矩的矢量和。这就是质点系的动量矩定理。

将式(12－16)投影到以 O 为原点的直角坐标系的各轴上,并注意到矢量对定点的矩在通过该点的定轴上的投影等于矢量对该轴的矩,可得

$$\frac{\mathrm{d}L_x}{\mathrm{d}t} = M_x^{\mathrm{e}}, \frac{\mathrm{d}L_y}{\mathrm{d}t} = M_y^{\mathrm{e}}, \frac{\mathrm{d}L_z}{\mathrm{d}t} = M_z^{\mathrm{e}} \tag{12-17}$$

即质点系对任一固定轴的动量矩对时间的一阶导数,等于作用在质点系上的外力对同一轴的矩的代数和。这就是质点系动量矩定理的投影形式。

由式(12－16)和式(12－17)可知,若质点系所受外力对固定点 O 的矩的矢量和为零,则质点系对 O 点的动量矩守恒。

若质点系所受外力对某固定轴(如 x 轴)的矩的代数和为零,则质点系对该固定轴的动量矩守恒。

即若 $\boldsymbol{M}_O^{\mathrm{e}} = O$,则 $\boldsymbol{L}_O = \boldsymbol{C}$。

若 $M_x^{\mathrm{e}} = 0$,则 $L_x = C$。

这个结论称为动量矩守恒定律。

在实际生活中,我们可以举出很多例子,是遵循动量矩守恒定律的。例如,芭蕾舞演员和花样滑冰运动员,在旋转时,都只受铅垂方向的力(摩擦力不计),他们的旋转可以认为是绕定轴的转动。在旋转开始时,他们把手、腿伸开,这时角速度较小,然后突然收拢手、腿,这样角速度就突然增加,其原因就是绕铅垂轴的动量矩守恒。即 $L_z = J_z\omega = C$。当他把手腿伸开时,ω 较小,J_z 较大,突然收拢身体时,J_z 变小,ω 就增大了。

因为质点系的各质点间相互作用的内力不能改变质点系的动量矩,只有作用于质点系的外力才能改变质点系的动量矩,所以应用动量矩定理时,只分析质点系所受外力,而不用分析质点系内力。另外,动量矩定理只适用于惯性坐标系,即计算动量矩所用的速度必须是绝对速度,取矩的点和轴一定是惯性坐标系中的固定点和固定轴。

例 12－3　如图 12－11 所示,半径为 r,质量不计的滑轮可绕定轴 O 转动,滑轮上绕有一细绳,其两端各系重物 A 和 B,且 $P_A > P_B$。求重物 A 和 B 的加速度及滑轮的角加速度。设绳与轮之间无滑动。

解　取滑轮及两重物为考察对象。设两重物的速度大小为 $v_A = v_B = v$,则系统对转轴 z(图中点 O)的动量矩为

$$L_z = \frac{P_A}{g}vr + \frac{P_B}{g}vr = \frac{P_A + P_B}{g}vr$$

作用于质点系上的外力有重力 $\boldsymbol{P}_A$、$\boldsymbol{P}_B$ 和轴承约束力 $\boldsymbol{F}_{Ox}$、$\boldsymbol{F}_{Oy}$，于是外力系对转轴 z 的力矩为

$$M_z = P_A r - P_B r = (P_A - P_B) r$$

根据质点系动量矩定理有

$$\frac{(P_A + P_B) r}{g}\frac{\mathrm{d}v}{\mathrm{d}t} = (P_A - P_B) r$$

由此求得重物 A、B 的加速度为

$$a = \frac{P_A - P_B}{P_A + P_B} g$$

而滑轮的角加速度为

$$\alpha = \frac{a}{r} = \frac{P_A - P_B}{r(P_A + P_B)} g$$

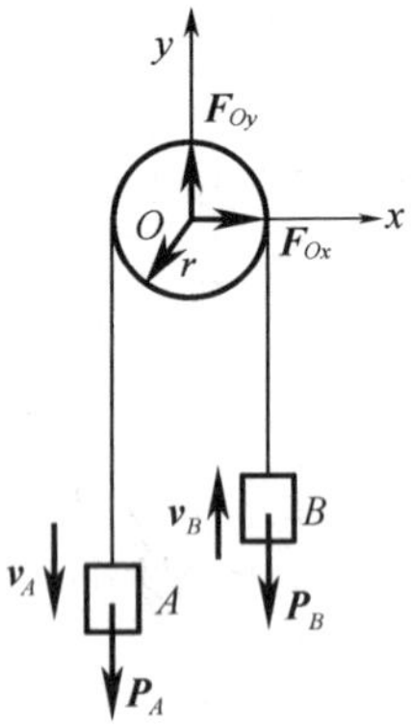

图 12－11 例 12－3 图

例 12－4 重为 P，半径为 R 的水平均质圆盘，绕通过其质心 C 的铅垂固定轴 Cz 转动，初始角速度为 ω_0。重为 Q 的质点 M 开始时相对圆盘静止，然后沿 AB 弦运动，当 M 运动到弦的中点 D 时，相对盘的速度为 u，如图 12－12 所示，求这时圆盘的角速度 ω。圆盘对 Cz 轴的转动惯量 $J_z = \frac{1}{2}\frac{P}{g}R^2$。圆盘中心 C 到 D 点的距离为 a。

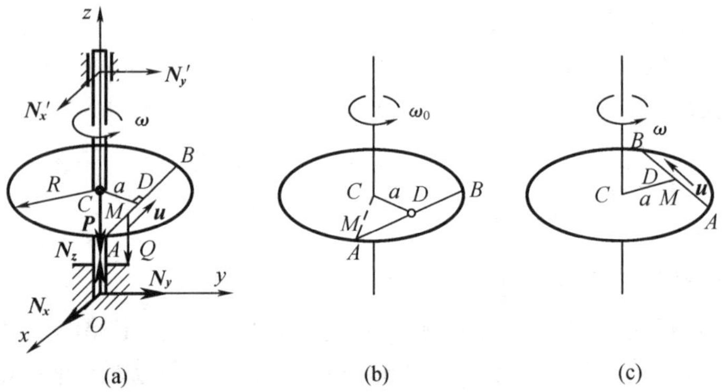

图 12－12 例 12－4 图

解 取圆盘连同转轴及质点 M 组成的系统为研究对象，画出 M 在任意位置时系统的外力受力图。由受力图可知，在运动过程中所有外力对转轴 Cz 之矩恒等于零，即 $\sum m_z(\boldsymbol{F}_i^e) \equiv 0$，因此可应用对 Cz 轴的动量矩守恒定律，即

$$L_{Z0} = L_{ZD}$$

其中 L_{Z0} 是初始时系统对轴 Cz 的动量矩，L_{ZD} 是 M 到达 D 点时系统对轴 Cz 的动量矩。由图可知

$$L_{Z0} = J_Z\omega_0 + \frac{Q}{g}R\omega_0 \cdot R = \frac{1}{2}\frac{P}{g}R^2\omega_0 + \frac{Q}{g}R^2\omega_0 = (P + 2Q)\frac{R^2}{2g}\omega_0$$

$$L_{ZD} = J_Z\omega + \frac{Q}{g}(a\omega + u) \cdot a = \frac{1}{2}\frac{P}{g}R^2\omega + \frac{Q}{g}(a\omega + u)a = (PR^2 + 2Qa^2)\frac{\omega}{2g} + \frac{Qau}{g}$$

将所得的 L_{Z0} 和 L_{ZD} 代入动量矩守恒定律，得

$$(P+2Q)\frac{R^2}{2g}\omega_0=(PR^2+2Qa^2)\frac{\omega}{2g}+\frac{Qau}{g}$$

解得

$$\omega=\frac{(P+2Q)R^2\omega_0-2Qau}{PR^2+2Qa^2}$$

12.4　刚体绕固定轴转动微分方程

作为动量矩为定理的一种应用，我们研究刚体绕固定轴转动的情况。设一刚体在 O_1、O_2 处用轴承支承，绕固定轴 O_1z 转动。转角方程 $\varphi=\varphi(t)$，转动角速度为 $\omega=\omega(t)=\dot{\varphi}(t)$，转动角加速度为 $\alpha=\dot{\omega}(t)=\ddot{\varphi}(t)$，如图 12－13 所示。刚体对 O_1z 轴的转动惯量为 J_z，受空间任意力系 $\{\boldsymbol{F}_1,\boldsymbol{F}_2,\cdots,\boldsymbol{F}_n\}$ 的作用。

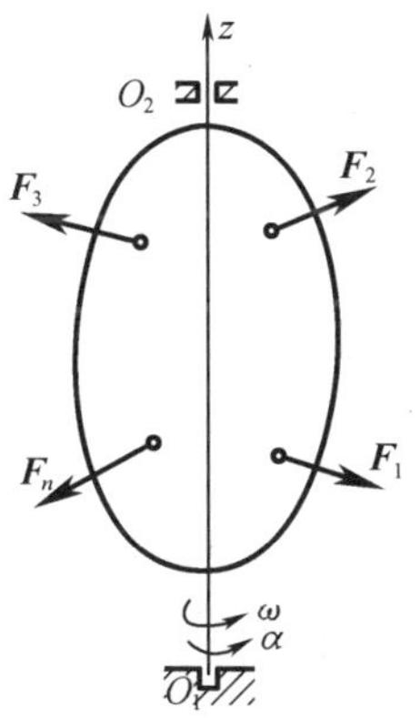

图 12－13　刚体绕固定轴转动示意图

由前面知识，我们知道绕固定轴转动刚体对转轴的动量矩为 $L_z=J_z\omega$，代入动量矩定理式(12－17)，得

$$\frac{\mathrm{d}L_z}{\mathrm{d}t}=\frac{\mathrm{d}(J_z\omega)}{\mathrm{d}t}=M_z^{\mathrm{e}}$$

因为 J_z 是不随时间变化的常量，而

$$\frac{\mathrm{d}\omega}{\mathrm{d}t}=\alpha=\ddot{\varphi}$$

所以上式变为

$$J_z\ddot{\varphi}=M_z^{\mathrm{e}}$$

或

$$J_z\alpha=M_z^{\mathrm{e}} \tag{12-18}$$

这就是刚体绕固定轴转动微分方程。

式(12－18)中 M_z^{e} 是作用在刚体上的所有外力(包括主动力系 $\{\boldsymbol{F}_1,\boldsymbol{F}_2,\cdots,\boldsymbol{F}_n\}$ 及转轴对刚体的约束反力系)对 z 轴的矩的代数和。外力矩 M_z^{e}，转角 φ，角速度 ω，角加速度 α 的正

负号的规定必须一致。

当外力矩 M_z^e 恒等于一常量时，角加速度 α 也是一常量，刚体做匀角加速度的定轴转动；当 M_z^e 恒等于零时，角加速度等于零，角速度等于一常量，刚体做匀角速度的定轴转动。

对于不同的刚体，如果作用于它们的外力系对转轴的矩相同，则转动惯量 J 越大的刚体，角加速度 α 越小，即越不容易改变其运动状态。因此 J 是刚体绕定轴转动时惯性大小的度量，正如质量是刚体平动时惯性大小的度量一样，转动惯量由此得名。

例 12-5 如图 12-14(a)所示为斜面提升机构的简图。卷筒重 P_O，半径为 r，对于转轴 O 的转动惯量为 J_O，斜面的倾角为 θ，被提升的物体 A 其重力为 P，重物与斜面间的摩擦系数为 f，钢丝绳的质量不计。若作用在卷筒上的力偶矩为 M，求重物的上升加速度。

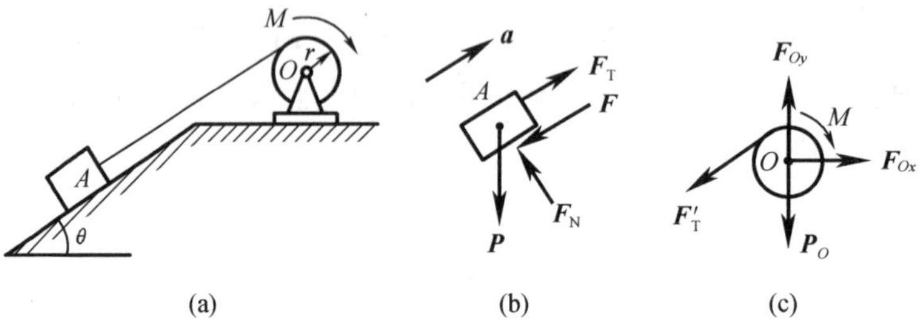

图 12-14 例 12-5 图

解 先取物体 A 为研究对象，其受力图如图 12-14(b)所示。重物在斜面上做平面平动，由质心运动定理有

$$\frac{P}{g}a = F_T - P\sin\theta - fP\cos\theta \tag{12-19}$$

再考虑卷筒，其受力图如图 12-14(c)所示。卷筒做定轴转动，其转动微分方程为

$$J_O\alpha = M - F'_T r \tag{12-20}$$

注意到

$$a = r\alpha, F_T = F'_T$$

由式(12-19)、式(12-20)可解得

$$a = \frac{M - Pr(\sin\theta + f\cos\theta)}{Pr^2 + J_O g} rg$$

例 12-6 如图 12-15 所示，已知滑轮半径为 R，转动惯量为 J，带动滑轮的胶带拉力为 F_1 和 F_2。求滑轮的角加速度 α。

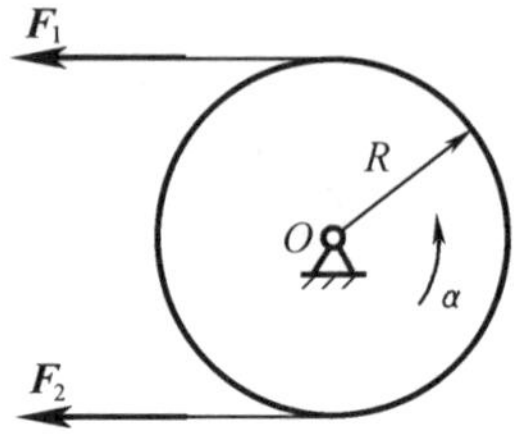

图 12-15 例 12-6 图

解 根据刚体绕定轴转动微分方程有

$$J\alpha=(F_1-F_2)R$$

于是得

$$\alpha=\frac{(F_1-F_2)R}{J}$$

由上式可见,只有当滑轮为匀速转动(包括静止),或虽非匀速转动,但可忽略滑轮的转动惯量时,跨过定滑轮的胶带拉力才是相等的。

12.5　质点系相对质心的动量矩定理

前面推导动量矩定理时特别强调“动量矩和力矩都是相对于惯性参考系中的固定点或固定轴的矩”。自然有一个疑问,相对于动点或动轴会有怎样的动量矩定理形式。质心运动定理建立的是作用在刚体(或质点系)上的力系与质心运动之间关系。质心是运动的,相对于质心这样的动点来说,怎么建立动量矩定理就是一个问题。进一步的研究表明,在一定条件下,相对于动点的动量矩定理的形式保持不变。最重要的一种情况是:在随同质心一起运动的平动坐标系中,取质心为矩心,动量矩定理的形式保持不变。

设 $Oxyz$ 是空间固定坐标系,一质点系在此空间中运动,C 为质点系质心,以质心 C 为原点建立一个随同质心 C 一起运动的平动坐标系 $Cx'y'z'$,称之为质心坐标系,如图 12－16 所示。

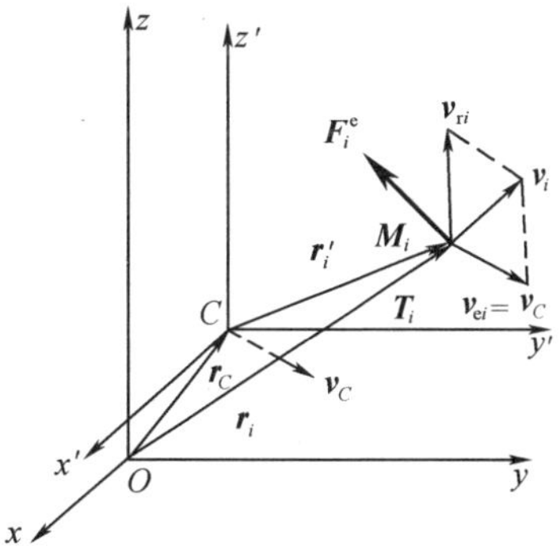

图 12－16　质心坐标系示意图

设第 i 个质点 M_i 在定坐标系 $Oxyz$ 中的矢径为$\boldsymbol{r}_i$,速度为$\boldsymbol{v}_i$,在质心坐标系 $Cx'y'z'$中的矢径为 $\boldsymbol{r}_i'$,相对速度为 $\boldsymbol{v}_{ri}$,质心 C 在定系中的矢径为 $\boldsymbol{r}_C$,速度为 $\boldsymbol{v}_C$,作用在质点 M_i 上的外力为 $\boldsymbol{F}_i^e$,质点 M_i 的质量为 m_i,质点系的运动可以分解为随同质心 C 的平动和相对于质心 C 的运动。质心坐标系是一个平动参考系,所以质点 M_i 的牵连速度 $\boldsymbol{v}_{ei}$就是质心 C 的速度 $\boldsymbol{v}_C$。根据速度合成定理,质点 M_i 的绝对速度 $\boldsymbol{v}_i$ 为

$$\boldsymbol{v}_i=\boldsymbol{v}_C+\boldsymbol{v}_{ri} \tag{12－21}$$

M_i 的动量为

$$m_i\boldsymbol{v}_i=m_i(\boldsymbol{v}_C+\boldsymbol{v}_{ri})$$

M_i 对定坐标系原点 O 的动量矩为

$$\boldsymbol{L}_{Oi}=\boldsymbol{r}_i\times m_i\boldsymbol{v}_i=(\boldsymbol{r}_C+\boldsymbol{r}_i')\times m_i\boldsymbol{v}_i$$

整个质点系对于 O 点的动量矩为

$$\begin{aligned}\boldsymbol{L}_O&=\sum\boldsymbol{L}_{Oi}=\sum(\boldsymbol{r}_C+\boldsymbol{r}_i')\times m_i\boldsymbol{v}_i=\sum\boldsymbol{r}_C\times m_i\boldsymbol{v}_i+\boldsymbol{r}_i'\times m_i\boldsymbol{v}_i\\&=\boldsymbol{r}_C\times(\sum m_i\boldsymbol{v}_i)+\sum\boldsymbol{r}_i'\times m_i\boldsymbol{v}_i\end{aligned}$$

所以

$$\boldsymbol{L}_O=\boldsymbol{r}_C\times m\boldsymbol{v}_C+\sum\boldsymbol{r}_i'\times m_i\boldsymbol{v}_i \tag{12－22}$$

式(12－22)中,$m=\sum m_i$ 是 质点系的总质量;$\sum\boldsymbol{r}_i'\times m_i\boldsymbol{v}_i$ 是质点系对于质心的绝对运动

动量矩,记为 $\boldsymbol{L}_C$。把式式(12－19)代入(12－20)可得

$$\begin{aligned}\boldsymbol{L}_O &= \boldsymbol{r}_C \times m\boldsymbol{v}_C + \sum \boldsymbol{r}'_i \times m_i(\boldsymbol{v}_C + \boldsymbol{v}_{ri}) \\ &= \boldsymbol{r}_C \times m\boldsymbol{v}_C + (\sum m_i\boldsymbol{r}'_i) \times \boldsymbol{v}_C + \sum \boldsymbol{r}'_i \times m_i\boldsymbol{v}_{ri} \\ &= \boldsymbol{r}_C \times m\boldsymbol{v}_C + m\boldsymbol{r}'_C \times \boldsymbol{v}_C + \sum \boldsymbol{r}'_i \times m_i\boldsymbol{v}_{ri}\end{aligned}$$

$\boldsymbol{r}'_c$表示在动坐标系中质心的矢径,所以有 $\boldsymbol{r}'_c=\boldsymbol{0}$,所以

$$\boldsymbol{L}_O = \boldsymbol{r}_C \times m\boldsymbol{v}_C + \sum \boldsymbol{r}'_i \times m_i\boldsymbol{v}_{ri} \tag{12－23}$$

式(12－23)中, $\sum \boldsymbol{r}'_i \times m_i\boldsymbol{v}_{ri}$ 是质点系对于质心的相对运动动量矩,记为 $\boldsymbol{L}'_C$。即

$$\boldsymbol{L}'_C = \sum \boldsymbol{r}'_i \times m_i\boldsymbol{v}_{ri}$$

则式(12－23)变为

$$\boldsymbol{L}_O = \boldsymbol{r}_C \times m\boldsymbol{v}_C + \boldsymbol{L}'_C \tag{12－24}$$

比较式(12－22)和式(12－23),得到

$$\sum \boldsymbol{r}'_i \times m_i\boldsymbol{v}_i = \sum \boldsymbol{r}'_i \times m_i\boldsymbol{v}_{ri}$$

这就是说,质点系对于质心的绝对运动动量矩等于质点系对于质心的相对运动动量矩。这个结论对质心本身的运动未加任何限制,不论质心如何运动,上述关系都成立,但这里需要强调的一点是,质点系每一个质点的相对运动是针对做平动的质心坐标系来说的。

下面推导相对于质心的相对运动动量矩定理。

将式(12－24)代入质点系的动量矩定理得

$$\frac{\mathrm{d}\boldsymbol{L}_O}{\mathrm{d}t} = \frac{\mathrm{d}(\boldsymbol{r}_C \times m\boldsymbol{v}_C + \boldsymbol{L}'_C)}{\mathrm{d}t} = \sum \boldsymbol{r}_i \times \boldsymbol{F}_i^{\mathrm{e}}$$

即

$$\frac{\mathrm{d}(\boldsymbol{r}_C \times m\boldsymbol{v}_C)}{\mathrm{d}t} + \frac{\mathrm{d}\boldsymbol{L}'_C}{\mathrm{d}t} = \sum (\boldsymbol{r}_C + \boldsymbol{r}'_i) \times \boldsymbol{F}_i^{\mathrm{e}} \tag{12－25}$$

将式(12－25)展开左边得

$$\frac{\mathrm{d}\boldsymbol{r}_C}{\mathrm{d}t} \times m\boldsymbol{v}_C + \boldsymbol{r}_C \times \frac{\mathrm{d}(m\boldsymbol{v}_C)}{\mathrm{d}t} + \frac{\mathrm{d}\boldsymbol{L}_C}{\mathrm{d}t} = \boldsymbol{v}_C \times m\boldsymbol{v}_C + \boldsymbol{r}_C \times \frac{\mathrm{d}(m\boldsymbol{v}_C)}{\mathrm{d}t} + \frac{\mathrm{d}\boldsymbol{L}'_C}{\mathrm{d}t}$$

因为 $\boldsymbol{v}_C \times m\boldsymbol{v}_C = 0$,而根据质心运动定理 $\dfrac{\mathrm{d}(m\boldsymbol{v}_C)}{\mathrm{d}t} = m\boldsymbol{a}_C = \sum \boldsymbol{F}_i^{\mathrm{e}}$

其左边项化简为

$$\boldsymbol{r}_C \times \sum \boldsymbol{F}_i^{\mathrm{e}} + \frac{\mathrm{d}\boldsymbol{L}'_C}{\mathrm{d}t}$$

将式(12－25)右边项展开为

$$\sum \boldsymbol{r}_C \times \boldsymbol{F}_i^{\mathrm{e}} + \sum \boldsymbol{r}'_i \times \boldsymbol{F}_i^{\mathrm{e}} = \boldsymbol{r}_C \times \sum \boldsymbol{F}_v^{(\mathrm{e})} + \sum \boldsymbol{r}'_i \times \boldsymbol{F}_v^{(\mathrm{e})}$$

因此式(12－25)变为

$$\frac{\mathrm{d}\boldsymbol{L}'_C}{\mathrm{d}t} = \sum \boldsymbol{r}_i' \times \boldsymbol{F}_i^{\mathrm{e}}$$

式中, $\sum \boldsymbol{r}'_i \times \boldsymbol{F}_i^{\mathrm{e}}$ 是作用在质点系上的所有外力对质心 C 的矩的矢量和,以 $\boldsymbol{M}_C^{\mathrm{e}}$ 表示,则得

$$\frac{\mathrm{d}\boldsymbol{L}'_C}{\mathrm{d}t} = \boldsymbol{M}_C^{\mathrm{e}} \tag{12－26}$$

即质点系相对于质心的相对运动动量矩对时间的一阶导数,等于作用在质点系上的外力对质心的矩的矢量和,这就是质点系相对于质心的相对运动动量矩定理。

这里需要强调的一点是,定理中质心坐标系是随质心一起运动的平动坐标系。在具体应用该定理时常采用向坐标轴投影的形式。比较式(12－16)和式(12－26),可以看出对质心的动量矩定理具有和对定点的动量矩定理相同的形式。如果 $\boldsymbol{M}_C^{\mathrm{e}}$ 为零(或 $M_x^{(e)}=0$),则质点系对于质心(或通过质心的轴)的动量矩守恒。从式(12－26)中并无内力可以看出,质点系对于质心的动量矩的改变只与质点系的外力有关,而与内力无关。内力不能改变质点系对质心的动量矩。例如,跳水运动员跳离跳板后,受到的外力只有重力,而重力对质心的矩为零,因此运动员对其质心的动量矩保持不变。运动员起跳时伸展身体,使身体对质心的转动惯量较大,在空中蜷曲身体,以减小转动惯量,从而获得较大的角速度。

12.6　刚体的平面运动微分方程

设有一做平面运动的刚体,假定刚体具有一质量对称面(几何对称,密度对称),则刚体的质心必位于此质量对称面内。刚体所受外力 $\boldsymbol{F}_1,\boldsymbol{F}_2,\cdots,\boldsymbol{F}_n$ 可简化为作用在质量对称面内的平面力系,刚体上各点的初速度均平行于质量对称面,包括初始静止的情况。这样,刚体将做平行于质量对称面的平面运动。我们只需讨论质量对称面截刚体所得的平面图形在与质量对称面重合的固定平面中的运动就可以了。取刚体质心 C 为基点,则刚体的平面运动可以分解为随同质心的平动和绕质心的转动。这样一来就可以用质心运动定理和相对于质心的相对运动动量矩定理来研究刚体的平面运动了。

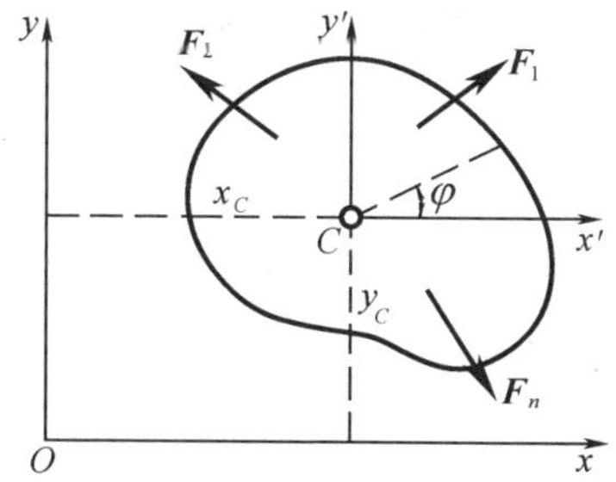

图 12－17　平面运动分析示意图

建立固定坐标系 Oxy,与固定平面固接,以刚体的质心 C 为原点,建立随质心 C 一起运动的平动坐标系 $Cx'y'$,如图 12－17 所示。

由质心运动定理和相对于质心的相对运动动量矩定理可知

$$\begin{cases} M\boldsymbol{a}_C = \sum \boldsymbol{F}_i^{\mathrm{e}} \\ \dfrac{\mathrm{d}\boldsymbol{L}'_C}{\mathrm{d}t} = \boldsymbol{M}_C^{\mathrm{e}} \end{cases} \tag{12-27}$$

这就是刚体平面运动微分方程的矢量式。将上述方程中的质心运动定理向 x、y 轴投影,将相对于质心的相对运动动量矩定理向过质心且垂直于 $Cx'y'$平面的 Cz'轴投影,可得

$$\begin{cases} Ma_{Cx} = M\ddot{x}_C = \sum F_{ix}^{\mathrm{e}} \\ Ma_{Cy} = M\ddot{y}_C = \sum F_{iy}^{\mathrm{e}} \\ \dfrac{\mathrm{d}L'_{Cz'}}{\mathrm{d}t} = M_{Cz'}^{\mathrm{e}} \end{cases} \tag{12-28}$$

因刚体相对于动坐标系的相对运动是绕 C 轴的“定轴转动”,角速度为 ω,与计算定轴转动刚体对转动轴的动量矩公式相似,可以得到刚体相对于 Cz'轴的相对运动动量矩等于 $L'_{Cz}=J_C\omega$,代入式(12－28)中的第三个式子,可得

$$\begin{cases} Ma_{Cx} = M\ddot{x}_C = \sum F_{ix}^{e} \\ Ma_{Cy} = M\ddot{y}_C = \sum F_{iy}^{e} \\ J_C\alpha = M_{Cz'}^{e} \end{cases} \tag{12-29}$$

这就是刚体的平面运动微分方程在直角坐标系下的投影表达式,用它可以解决动力学的两类基本问题。

式(12-29)中,如果 $M_{Cz'}^{e}=0$,则 $\alpha=0,\omega=C$,这时刚体绕质心轴做匀角速度转动。式(12-27)在本章是用来研究刚体平面运动的。实际上,该方程对于刚体以及任意质点系的任何运动都适用。质点系的运动可以看作随同质心的运动与相对于质心的运动的合成,可以用质心运动定理和相对于质心的动量矩定理来研究。知道了质心的运动及相对于质心的运动,也就知道了整个系统的运动。

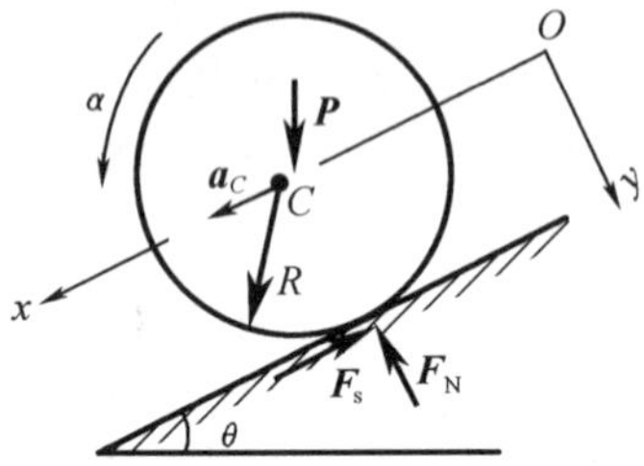

图 12-18 例 12-7 图

例 12-7 均质圆轮重 P,半径为 R,沿倾角为 θ 的斜面滚下,如图 12-18 所示。设轮与斜面间的摩擦系数为 f,试求轮心 C 的加速度及斜面对于轮子的约束力。

解 取坐标如图所示,并作受力图。考虑到 $\ddot{x}_C=a_C,\ddot{y}_C=0$,故轮子的运动微分方程为

$$\frac{P}{g}a_C=P\sin\theta-F_s \tag{12-30}$$

$$0=P\cos\theta-F_N \tag{12-31}$$

$$J_C\alpha=F_sR \tag{12-32}$$

由式(12-31)可得

$$F_N=P\cos\theta \tag{12-33}$$

而在式(12-30)及式(12-32)中,包含三个未知量 a_C、α 及 F,所以必须有一附加条件才能求解。下面分两种情况来讨论。

①假定轮子与斜面间无滑动,这时 F_s 是静摩擦力,大小、方向都未知,但考虑到 $a_C=R\alpha$,于是,解式(12-30)、式(12-32),并以 $J_0=\frac{PR^2}{2g}$ 代入,得

$$a_C=\frac{2}{3}g\sin\theta,\alpha=\frac{2g}{3R}\sin\theta,F_s=\frac{1}{3}P\sin\theta \tag{12-34}$$

F_s 为正值,表明其方向如图 12-18 所设。

②假定轮子与斜面间有滑动,这时 F_s 是动摩擦力。因轮子与斜面接触点向下滑动,故 F_s 向上,应有 $F_s=fF_N$,于是解式(12-30)、式(12-32),得

$$a_C=(\sin\theta-f\cos\theta)g,\alpha=\frac{2fg\cos\theta}{R},F=fP\cos\theta \tag{12-35}$$

轮子有无滑动,须视摩擦力 F 之值是否达到极限值最大静摩擦力 F_{smax}。因为当轮子只滚不滑时,必须 $F_s<fF_N$,由式(12-34)得

$$\frac{1}{3}P\sin\theta<fP\cos\theta,\text{即}\frac{1}{3}\tan\theta<f \tag{12-36}$$

所以,若 $\frac{1}{3}\tan\theta<f$,表示摩擦力未达极限值,轮子只滚不滑,则解答式(12-34)适用;若

$\frac{1}{3}\tan\theta \geq f$,表示轮子既滚且滑,则解答式(12-35)适用。

例 12-8　如图 12-19(a)所示机构中,已知均质杆 AB 长为 l,质量为 m,$\theta=30°$,$\beta=60°$。试求当绳子 OB 突然断了瞬时滑槽的约束力(滑块 A 的质量不计)及杆 AB 的角加速度。

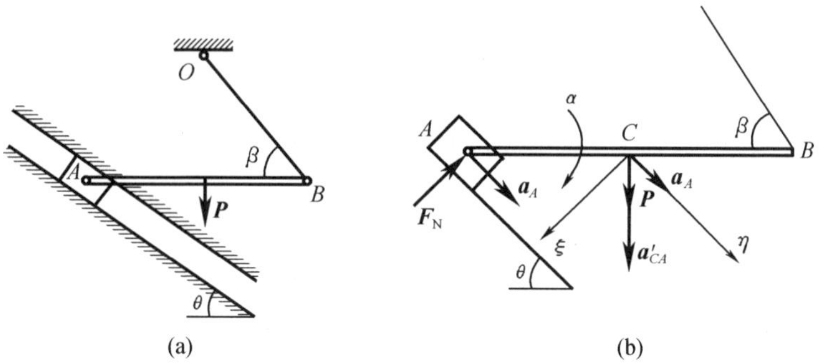

图 12-19　例 12-8 图

解　在绳 OB 剪断瞬时,杆的角速度为零,但角加速度不为零,该瞬时 AB 受力如图 12-19(b)所示。取 ξ 轴垂直于斜面,η 轴平行于斜面,由刚体平面运动微分方程,有

$$ma_{C\xi}=mg\cos\theta-F_N$$

$$ma_{C\eta}=mg\sin\theta$$

$$J_C\alpha=F_N\cos\theta\,\frac{l}{2}$$

其中 $J_C=\frac{1}{12}ml^2$,由运动学知,$a_C=a_A+a_{CA}^{\tau}$,($a_{CA}^{n}=0$),注意到点 A 只能沿斜面运动,因此 a_A 方向平行于斜面,又 $a_{CA}^{\tau}=\alpha\,\frac{l}{2}$,将 a_C 投影到 ξ、η 轴上,有

$$a_{C\xi}=\alpha\,\frac{l}{2}\cos\theta$$

$$a_{C\eta}=a_A+\alpha\,\frac{l}{2}\sin\theta$$

从而解得

$$\alpha=\frac{6g\cos^2\theta}{l(1+3\cos^2\theta)}=\frac{18g}{13l}$$

$$F_N=\frac{mg\cos\theta}{1+3\cos^2\theta}=\frac{2\sqrt{3}}{13}mg$$

例 12-9　一质量为 m_A 的圆球 A,沿表面粗糙质量为 m_B 的斜面 B 向下做纯滚动,如图 12-20 所示。忽略斜面与光滑水平面之间的摩擦力,以 x 和 s 为确定斜面和圆球位置的坐标,试建立系统的运动微分方程组。

解　要唯一确定系统中圆球和斜面的位置,需列出两个运动微分方程。圆球 A 在斜面 B 上做纯滚动时,设圆球半径为 r,则滚动角速度 $\omega=\dot{s}/r$。以斜面为动系,计算圆球球心 C 的速度和加速度,得到

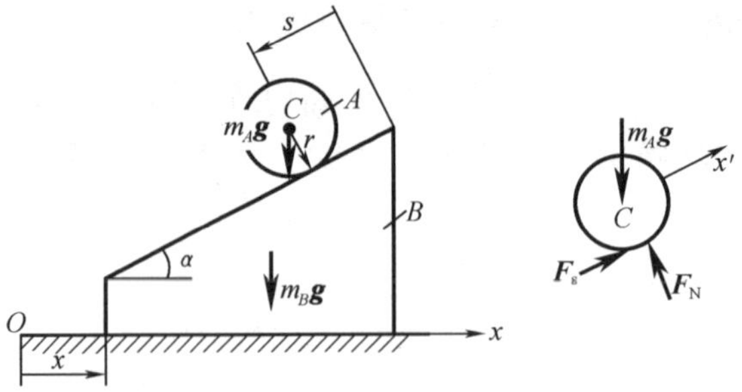

图 12-20 例 12-9 图

$$\boldsymbol{v}_C=\boldsymbol{v}_r+\boldsymbol{v}_e,\boldsymbol{a}_C=\boldsymbol{a}_r+\boldsymbol{a}_e$$

其中,$v_r=\dot{s}$;$v_e=\dot{x}$;$a_r=\ddot{s}$;$a_e=\ddot{x}$。将上二式分别向 x 轴和 x'轴投影,得到

$$v_{Cx}=\dot{x}-\dot{s}\cos\alpha$$

$$a_{Cx'}=-\ddot{s}+\ddot{x}\cos\alpha$$

系统沿 x 轴无外力作用,以系统为对象,列写动量定理对 x 轴的投影式

$$\frac{\mathrm{d}}{\mathrm{d}t}[m_A(\dot{x}-\dot{s}\cos\alpha)+m_B\dot{x}]=0$$

展开后为

$$(m_A+m_B)\ddot{x}-m_A\ddot{s}\cos\alpha=0 \tag{12-37}$$

以圆球 A 为对象,列写质心运动定理沿 x'轴的投影式:

$$m_A(-\ddot{s}+\ddot{x}\cos\alpha)=F_s-m_Ag\sin\alpha$$

以及对质心的动量矩定理

$$J_{Cz'}\frac{\mathrm{d}\omega}{\mathrm{d}t}=Fr$$

从以上二式中消去摩擦力 F 并展开,将 $J_{Cz'}=2m_Ar^2/5$,$\omega=\dot{s}/r$ 代入,得到

$$\frac{7}{5}\ddot{s}-\ddot{x}\cos\alpha=g\sin\alpha \tag{12-38}$$

式(12-37)和式(12-38)即为系统的运动微分方程。

思 考 题

一、判断题

1. 刚体对某轴的回转半径等于其质心到该轴的距离。( )

2. 若平面运动刚体所受外力系的主矢为零,则刚体只能做绕质心轴的定轴转动。( )

3. 在随同质心一起运动的平动参考系下,质点系相对于质心的相对运动动量矩等于质点系相对于质心的绝对运动动量矩。( )

4. 图 12-21 中已知均质圆轮的半径为 R,质量为 m,在水平面上做纯滚动,质心速度为 $\boldsymbol{v}_C$,则轮子对速度瞬心 I 的动量矩为 $L_I=mv_CR$。( )

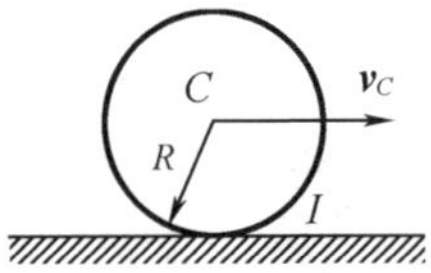

图 12-21 判断题

5. 圆轮做纯滚动时,接触处的滑动摩擦力为最大值( ),摩擦力

的方向可任意假设。(　　)

二、选择题

1. 如图 12－22 所示，已知刚体质心 C 到相互平行的 z'、z 轴的距离分别为 a、b，刚体的质量为 m，对 z 轴的转动惯量为 J_z，则 J_z'的计算公式为(　　)。

A. $J_z' = J_z + m(a+b)^2$　　B. $J_z' = J_z + m(a^2 - b^2)$　　C. $J_z' = J_z - m(a^2 - b^2)$

2. 如图 12－23 所示，两匀质圆盘 A、B，质量相等，半径相同，放在光滑水平面上，分别受到 F 和 F'的作用，由静止开始运动，若 $F = F'$，则任一瞬间两圆盘的动量相比较是(　　)。

A. $p_A > p_B$　　B. $p_A < p_B$　　C. $p_A = p_B$

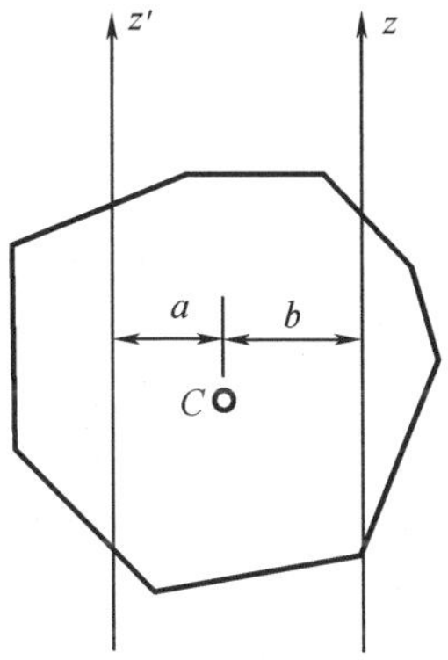

图 12－22　选择题第 1 题图

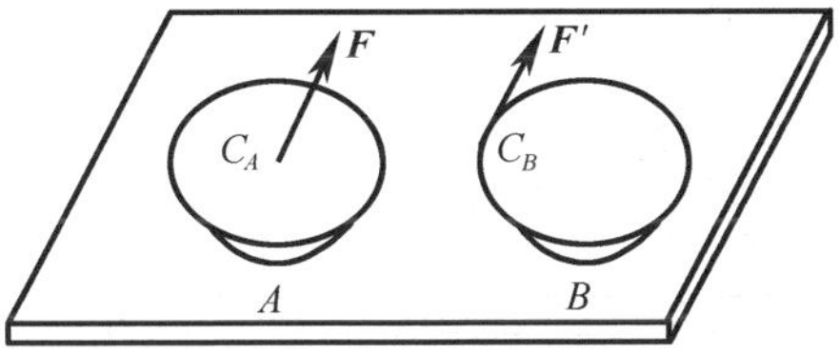

图 12－23　选择题第 2 题图

3. 如图 12－24 所示，质量分别为 $m_1 = m_2 = 2m$ 的两个小球 M_1、M_2 用长为 L 而质量不计的刚杆相连。现将 M_1 置于光滑水平面上，且 M_1M_2 与水平面成 60°角，则当无初速释放，M_2 球落地时，M_1 球移动的水平距离为(　　)。

A. $L/3$　　B. $L/4$　　C. $L/6$　　D. 0

4. 如图 12－25 所示，小球 A 在重力作用下沿粗糙斜面下滚，角加速度为(　　)；当小球离开斜面后，角加速度为(　　)。

A. 等于零　　B. 不等于零　　C. 不能确定

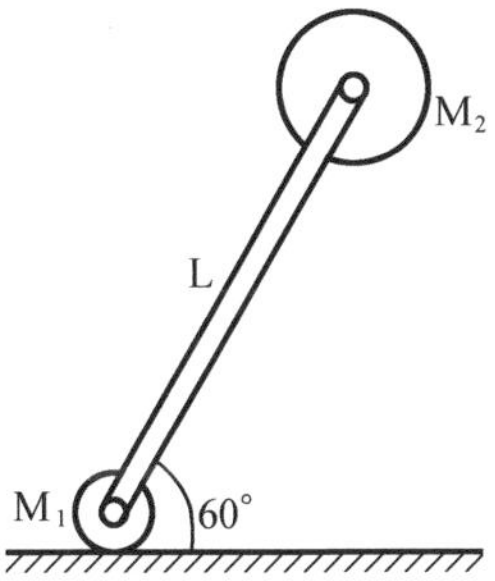

图 12－24　选择题第 3 题图

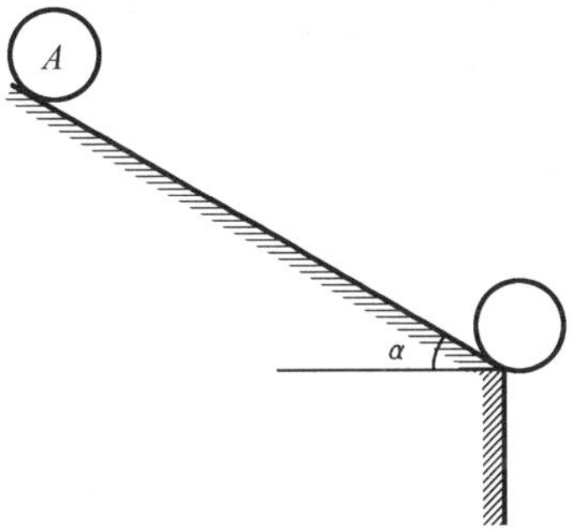

图 12－25　选择题第 4 题图

5. 如图 12-26 所示,OA 杆重 P,对 O 轴的转动惯量为 J,弹簧的弹性系数为 k,当杆处于铅直位置时弹簧无变形,取位置角 φ 及其正向如图所示,则 OA 杆在铅直位置附近做微振动的运动微分方程为(　　)。

A. $J\ddot{\varphi}=-ka^2\varphi-Pb\varphi$

B. $J\ddot{\varphi}=ka^2\varphi+Pb\varphi$;

C. $-J\ddot{\varphi}=-ka^2\varphi+Pb\varphi$

D. $-J\ddot{\varphi}=ka^2\varphi-Pb\varphi$。

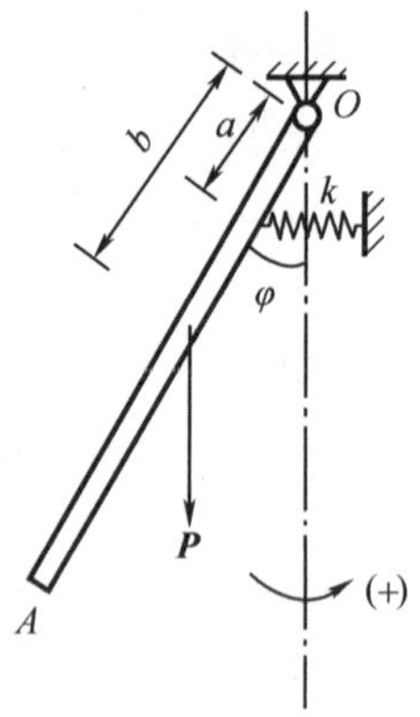

图 12-26　选择题第 5 题图

三、填空题

1. 图 12-27 中所示均质杆 OA 长 l,重 P,圆盘重 Q 半径为 r,二者焊接在一起以 ω 在铅垂面内绕 O 轴转动,则系统对 O 轴的动量矩 $L_O=$________。

2. 如图 12-28 所示,十字杆由两根均质细杆固连而成,OA 长 $2l$,质量为 $2m$;BD 长 l,质量为 m。则系统对 O_z 轴的转动惯量为________。

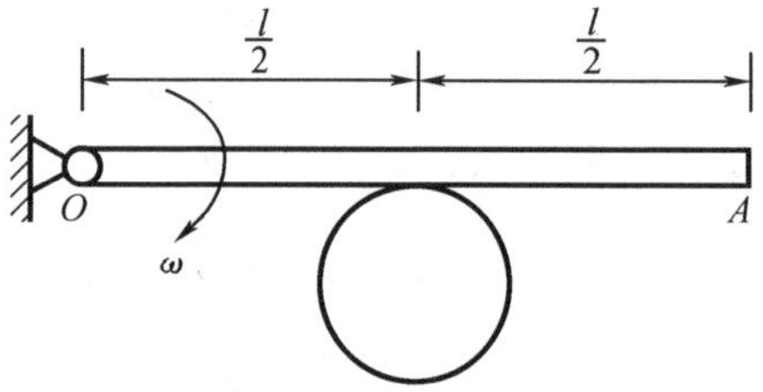

图 12-27　填空题第 1 题图

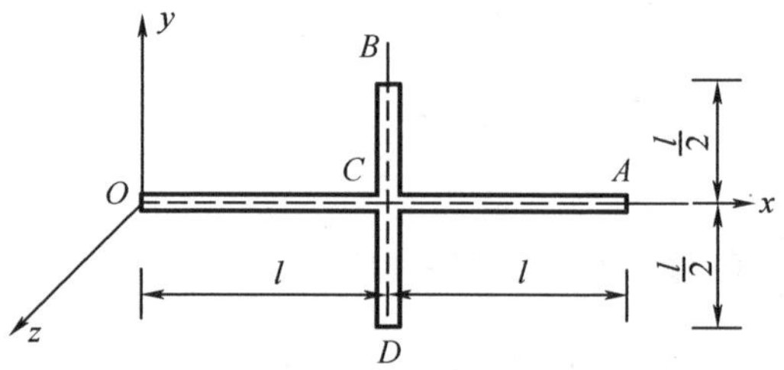

图 12-28　填空题第 2 题图

3. 质量为 m 的均质圆盘,平放在光滑的水平面上,其受力状态如图 12-29 所示,则该圆盘做________运动。

4. 如图 12-30 所示,半径为 r 质量为 m 的均质轮子,在常力偶 M 的作用下,沿粗糙面只滚不滑,则轮子与接触与接触面间的摩擦力 $F=$________。

5. 如图 12-31 所示,均质细杆重 P,长 l,用两根弹簧系数均为 k 的相同的弹性绳悬挂成水平位置。今突然剪断右边的弹性绳,则该瞬时 AB 杆的角加速度 $\varepsilon=$________。

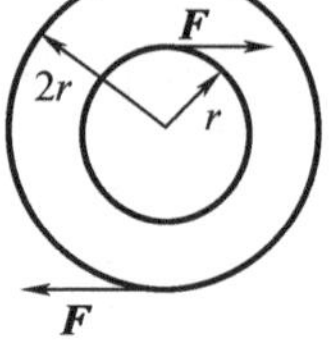

图 12-29　填空题第 3 题图

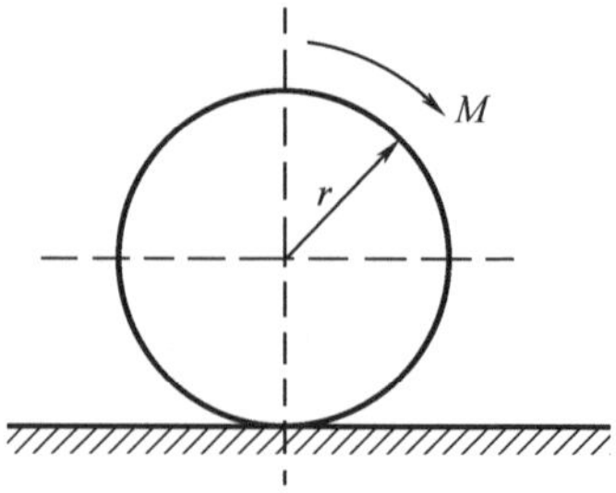

图 12-30　填空题第 4 题图

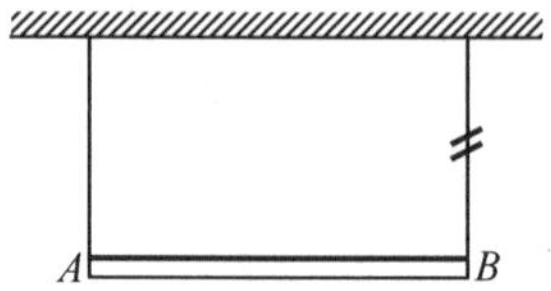

图 12-31　填空题第 5 题图

习　　题

12－1　图12－32所示管子 OA 以 ω 绕 O 转动,已知一质量为 m 的水滴在管子中以匀速 $\boldsymbol{u}$ 运动。试求:(1)图示瞬时水滴的动量;(2)该瞬时水滴对 O 的动量矩。

答案:$p=m[(l\omega)^2+u^2]^{\frac{1}{2}}$;$L_O=m\omega l^2$。

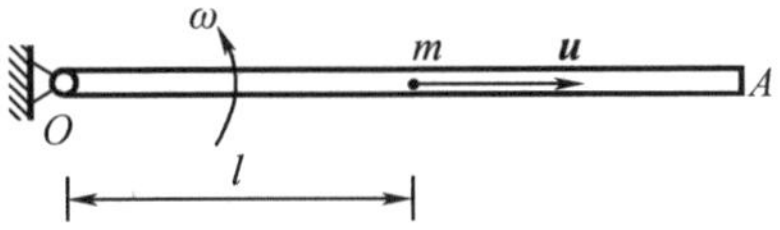

图12－32　习题12－1图

12－2　质量为 m 的小球系于细绳的一端,绳的另一端穿过光滑水平面上的小孔 O,令小球在此水平面上沿半径为 r 的圆周做匀速运动,其速度为 v_0(图12－33)。如将绳下拉,使圆周半径缩小为 $\frac{r}{2}$,问此时小球的速度 v_1 和绳的拉力各为多少?

答案:$v_1=2v_0$;$F=8\frac{mv_0^2}{r}$。

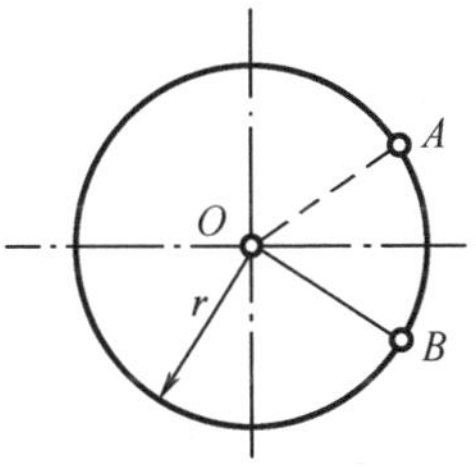

图12－33　习题12－2图

12－3　计算下列情况下物体对转轴 O 的动量矩:(1)均质圆盘半径为 r、质量为 m,以角速度 ω 转动(图12－34(a));(2)均质杆长 l、质量为 m,以角速度 ω 转动(图12－34(b));(3)均质偏心圆盘半径为 r、偏心距为 e,质量为 m,以角速度 ω 转动(图12－34(c))。

答案:略。

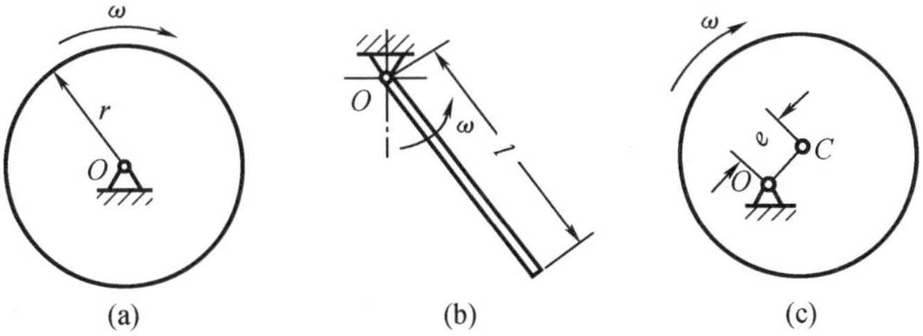

图12－34　习题12－3图

12－4　无重杆 OA 以角速度 ω_0 绕轴 O 转动,质量 $m=25$ kg、半径 $R=200$ mm 的均质圆盘以三种方式安装于杆 OA 的点 A,如图12－35所示。在图12－35(a)中,圆盘与杆 OA 焊接在一起;在图12－35(b)中,圆盘与杆 OA 在点 A 铰接,且相对杆 OA 以角速度 ω_r 逆时针向转动;在图12－35(c)中,圆盘相对杆 OA 以角速度 ω_r 顺时针向转动。已知 $\omega_0=\omega_r=4$ rad/s,计算在此三种情况下,圆盘对轴 O 的动量矩。

答案:图12－35(a),$L_O=18\ \text{kg}\cdot\text{m}^2/\text{s}$;图12－35(b),$L_O=20\ \text{kg}\cdot\text{m}^2/\text{s}$;图12－35(c),$L_O=16\ \text{kg}\cdot\text{m}^2/\text{s}$。

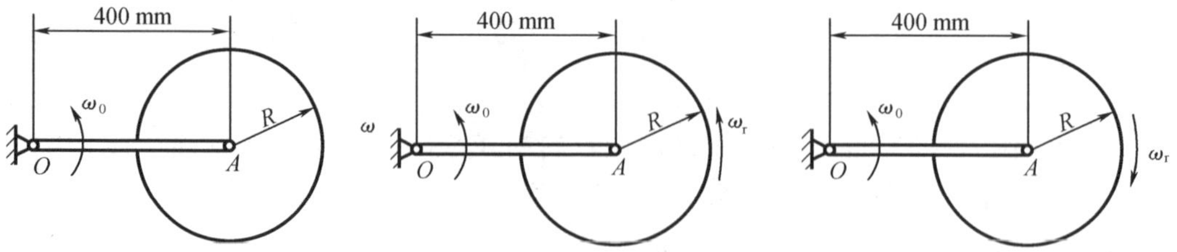

(a) (b) (c)

图 12－35 习题 12－4 图

12－5 图 12－36 示匀质钢圆盘直径为 500 mm，厚度为 50 mm，其上除直径为 150 mm 的中心孔外，还有三个均匀分布的直径为 150 mm 的孔。钢的密度为 $\rho=7.85\ \mathrm{t/m^3}$，试计算圆盘对 $c-c$ 轴线的转动惯量。

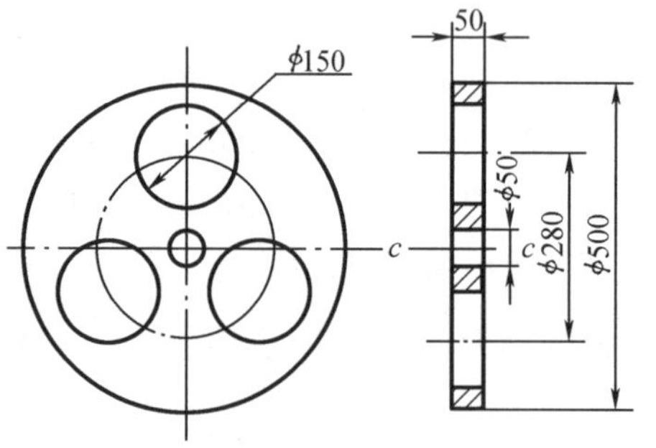

图 12－36 习题 12－5 图

答案：$1.942\ \mathrm{kg\cdot m^2}$。

12－6 为了求得连杆的转动惯量，用一细圆杆穿过十字头销 A 处的衬套管，并使连杆绕这细杆的水平轴线摆动，如图 12－37(a)、图 12－37(b) 所示。摆动 100 次半周期 T 所用的时间为 100 t＝100 s。另外，如图 12－37(c) 所示，为了求得连杆重心到悬挂轴的距离 $AC=d$，将连杆水平放置，在点 A 处用杆悬挂，点 B 放置于台秤上，台秤读数 $F=490$ N。已知连杆质量为 80 kg，A 与 B 间的距离 $l=1$ m，十字头销的半径 $r=40$ mm。试求连杆对于通过重心 C 并垂直于图面的轴的转动惯量 J_C。

答案：$J_C=17.44\ \mathrm{kg\cdot m^2}$。

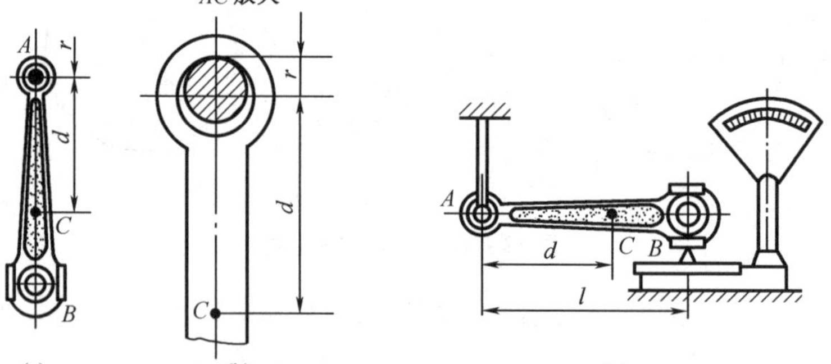

(a) (b) (c)

图 12－37 习题 12－6 图

12－7 如图 12－38 所示，一半径为 r，重为 P_1 的均质水平圆形转台，可绕通过中心 O 并垂直于台面的铅直轴转动。重为 P_2 的人 A 沿圆台边缘以规律 $s=\dfrac{1}{2}at^2$ 走动，开始时，人与圆台静止，求圆台在任一瞬时的角速度与角加速度。

答案：$\omega=\dfrac{2aP_2t}{(P_1+2P_2)r}$；$a=\dfrac{2aP_2}{(P_1+2P_2)r}$。

12－8　如图 12－39 所示，飞轮的质量为 75 kg，对其转轴的回转半径为 0.50 m，受到扭矩 $M=10(1-e^{-t})\ N\cdot m$ 的作用，t 的单位为秒。若飞轮从静止开始运动，试求 $t=3$ s 后的角速度 ω。

答案：1.09 rad/s。

12－9　如图 12－40 所示，滑轮重 W、半径为 R，对转轴 O 的回转半径为 ρ；一绳绕在滑轮上，另端系一重为 P 的物体 A；滑轮上作用一不变转矩 M，忽略绳的质量，求重物 A 上升的加速度和绳的拉力。

答案：$a=\dfrac{M-PR}{PR^2+W\rho^2}Rg$；$F=P\dfrac{MR+W\rho^2}{PR+W\rho^2}$。

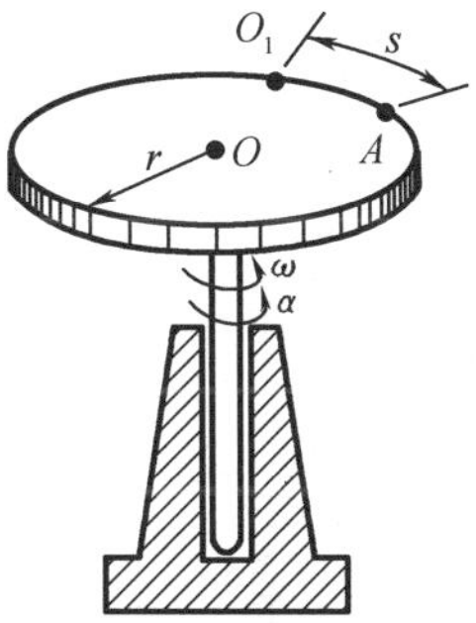

图 12－38　习题 12－7 图

图 12－39　习题 12－8 图

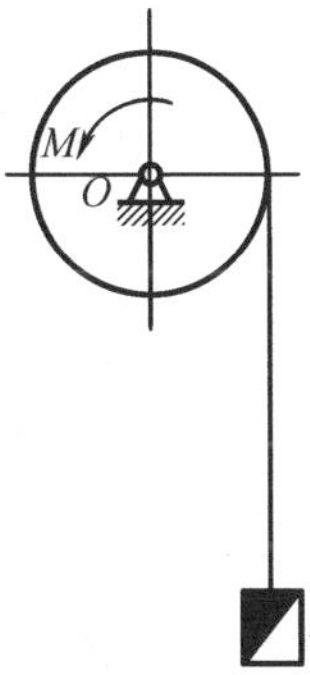

图 12－40　习题 12－9 图

12－10　图 12－41 所示 A 为离合器，开始时轮 2 静止，轮 1 具有角速度 ω_0。当离合器结合后，依靠摩擦力使轮 2 启动。已知轮 1 和 2 的转动惯量分别为 J_1 和 J_2。求：(1) 当离合器接合后，两轮共同转动的角速度；(2) 若经过 t 秒两轮的转速相同，求离合器应有多大的摩擦力矩。

答案：(1) $\omega=\dfrac{J_1\omega_0}{J_1+J_2}$；(2) $M_f=\dfrac{J_1J_2\omega_0}{(J_1+J_2)t}$。

12－11　如图 12－42 所示，重物 B 重为 P，借助于均质圆柱形绞盘提升；绞盘重 Q，半径为 R，与绞盘固连的手柄 OA 长 L(质量不计)。在 A 处受一力 F 作用，F 总与 OA 垂直，且其大小保持不变；开始瞬时重物 B 处于静止。试求重物 B 的运动规律和绳的张力(轴承处摩擦力和绳的质量均不计)。

答案：$a=\dfrac{2(FL-PR)}{(Q+2P)R}g$；$T=P\left[1+\dfrac{2(FL-PR)}{(Q+2P)R}\right]$。

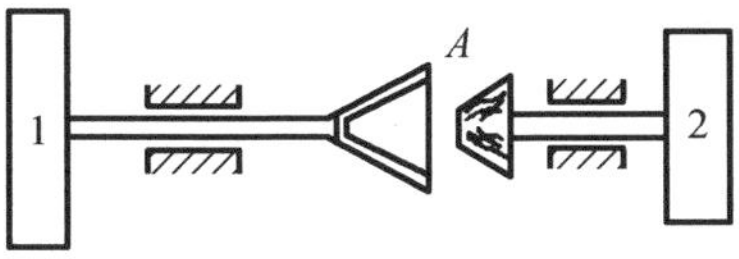

图 12－41　习题 12－10 图

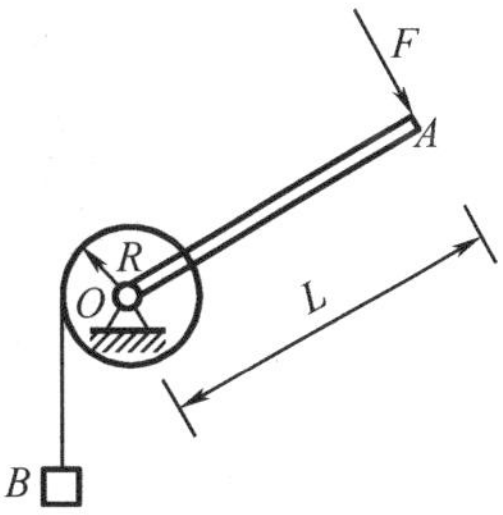

图 12－42　习题 12－11 图

12-12　图12-43示双刹块式制动器,滚筒转动惯量为 J,外加转矩 M,提升重物质量为 m,刹车时速度为 v_0,其他尺寸如图所示。闸块与滚筒间的动滑动摩擦系数为 f。试求:

(1)设 F 为一定值,求重物的加速度。

(2)F 至少为多大,可以刹住滚筒。

(3)制动时间要求小于 t_1,问 F 需多大?

答案:(1)$a_m=\dfrac{M-mgr-\dfrac{2l_1l_2l_3Rf}{d_1d_2d_3}F}{J+mr^2}$;(2)$F=\dfrac{d_1d_2d_3}{l_1l_2l_3}\cdot\dfrac{M-mgr}{2fR}$;

(3)$F>\dfrac{d_1d_2d_3}{l_1l_2l_3}\cdot\dfrac{M-mgr+\dfrac{v_0}{rt_1}(J+mr^2)}{2fR}$。

12-13　如图12-44所示,电动绞车提升一重为 P 的物体,在其主动轴上作用有不变转矩 M,主动轴和从动轴部件对各自转轴的转动惯量分别为 J_1 和 J_2,传动比 $\dfrac{z_2}{z_1}=k$,鼓轮半径为 R;不计轴承摩擦力及吊索质量,求重物的加速度。

答案:$a=R\dfrac{Mk-PR}{J_1k^2+J_2+\dfrac{PR^2}{g}}$。

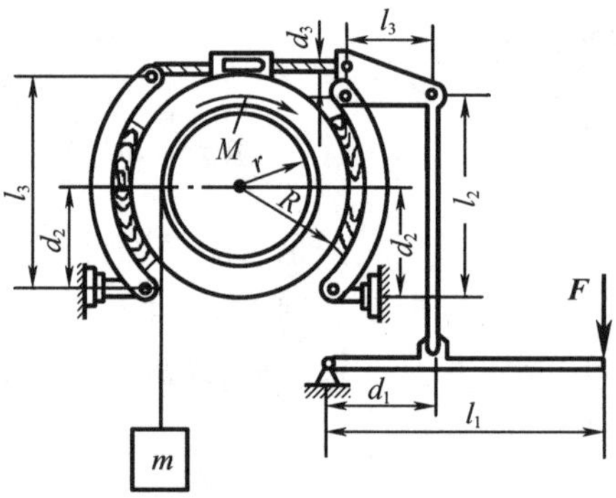

图12-43　习题12-12图

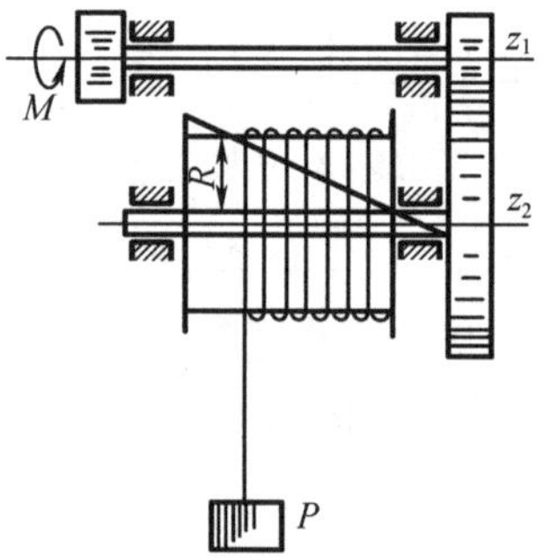

图12-44　习题12-13图

12-14　如图12-45所示,电动机对中心轴线 O 的转动惯量为 J_O,它由四个相同的弹簧支承。弹簧左右各有两个,对称分布。每一侧的两个弹簧一前一后成并联布置。已知每个弹簧的弹簧刚度系数为 k,左右两侧弹簧相距 $2l$。试求电动机绕 O 轴做微小振动的频率。

答案:$(l/\pi)\times\sqrt{k/J_O}$。

12-15　如图12-46所示,平面机构的曲柄以角速度 ω 绕固定轴 O 转动,带动连杆 AB 运动,AB 可在套筒 C 中滑动。已知 $OA=L$,$AB=3L$。设杆 OA 与 AB 均可看作匀质细杆,其单位长度质量均为 ρ,套筒质量不计。当 $\theta=60°$,$OC=2L$,求该瞬时系统对 O 轴的动量矩。

答案:$L_O=\dfrac{10}{3}\rho L^3\omega$

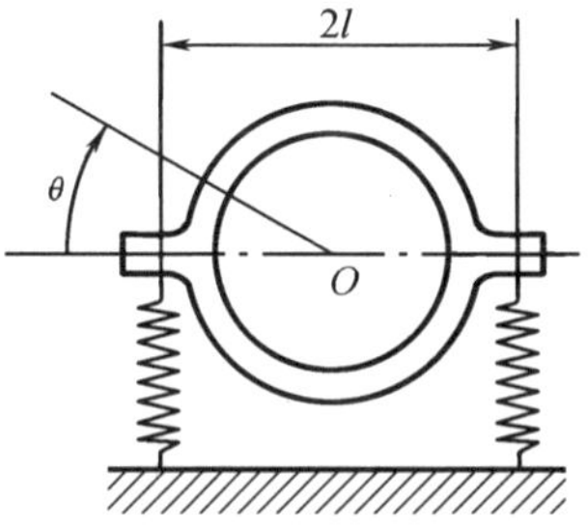

图 12-45　习题 12-14 图

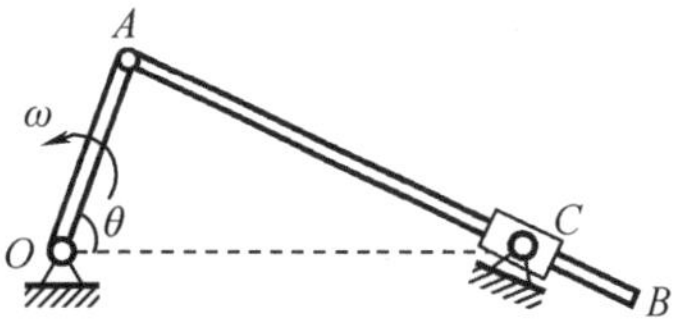

图 12-46　习题 12-15 图

12-16　图 12-47 示重物 A 的质量为 m，当其下降时，借无重且不可伸长的绳使滚子 C 沿水平轨道滚动而不滑动。绳子跨过定滑轮 D 并绕在滑轮 B 上。滑轮 B 与滚子 C 固接为一体。已知滑轮 B 的半径为 R，滚子 C 的半径为 r，二者总质量为 m'，其对于图面垂直的轴 O 的回转半径为 ρ。试求重物 A 的加速度。

答案：$a_A=\dfrac{m\,(R-r)^2}{m'(\rho^2+r^2)+m\,(R-r)^2}g$，方向向下。

12-17　均质直杆 AB 重 W、长 l，在 A、B 处分别受到铰链支座、绳索的约束。若绳索突然被切断，求：(1)在图 12-48 示瞬时位置时，支座 A 的反力；(2)当杆 AB 转到铅垂位置时，支座 A 的反力。

答案：(1) $F_{Ax}=0, F_{Ay}=\dfrac{W}{4}$；(2) $F_{Ax}=0, F_{Ay}=\dfrac{5}{2}W$。

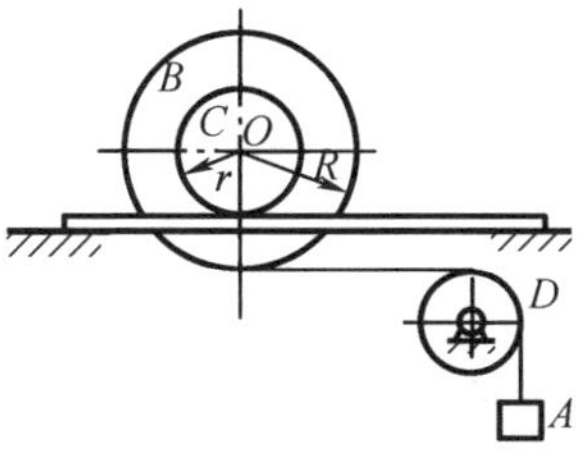

图 12-47　习题 12-16 图

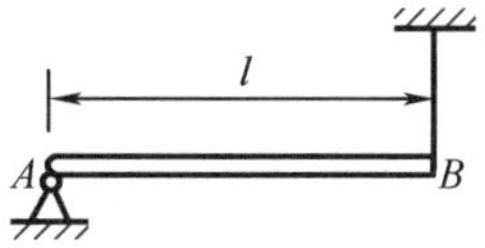

图 12-48　习题 12-17 图

12-18　如图 12-49 所示，为求半径 $R=50$ cm 的飞轮 A 对于通过其质心轴的转动惯量，在飞轮上绕以细绳，绳的末端系一质量 $m_1=8$ kg 的重锤，重锤自高度 $h=2$ m 处落下，测得落下的时间 $t_1=16$ s。为消去轴承摩擦力的影响，再用质量 $m_2=4$ kg的重锤作第二次实验，此重锤自同一高度处落下的时间为 $t_2=25$ s。假定摩擦力矩为一常数，且与重锤质量无关，求飞轮的转动惯量。

答案：$J=R^2\dfrac{\dfrac{g}{2h}(m_1-m_2)-\left(\dfrac{m_1}{T_1^2}-\dfrac{m_2}{T_2^2}\right)}{\dfrac{1}{T_1^2}-\dfrac{1}{T_2^2}}=1\ 060\ \text{kg}\cdot\text{m}^2$。

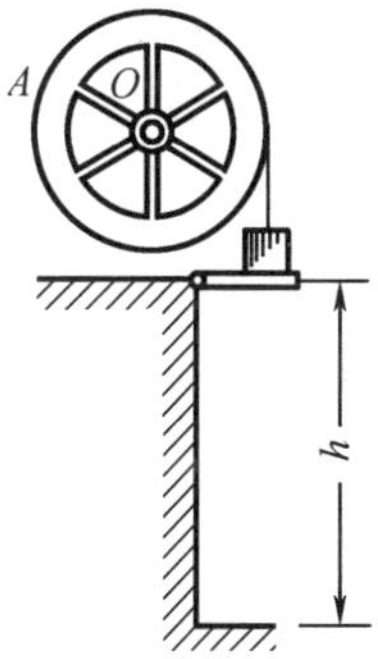

图 12-49　习题 12-18 图

12－19　图12－50所示两小球A和B，质量分别为$m_A=2$ kg，$m_B=1$ kg，用$AB=l=0.6$ m的杆连接。在初瞬时，杆在水平位置，B不动，而A的速度$v_A=0.6\pi$ m/s，方向铅直向上，如图12－50所示。杆的质量和小球的尺寸忽略不计。求(1)两小球在重力作用下的运动；(2)在$t=2$ s时，两小球相对于定坐标系Axy的位置；(3)$t=2$ s时杆轴线方向的内力。

答案：(1) $x_C=0, y_C=0.4\pi t-\frac{1}{2}gt^2, \varphi=\pi t$；

(2) $t=2$ s，$\varphi=\pi t=2\pi$ rad，杆在水平位置，$y_A=y_B=y_C=-17.1$ m；

(3) $F_T=3.95$ N。

12－20　图12－51所示匀质长方形放置在光滑水平面上，若点B的支撑面突然移开，试求此瞬时点A的加速度。

答案：$a_A=\dfrac{3d_1d_2}{4d_1^2+d_2^2}g$，方向向左。

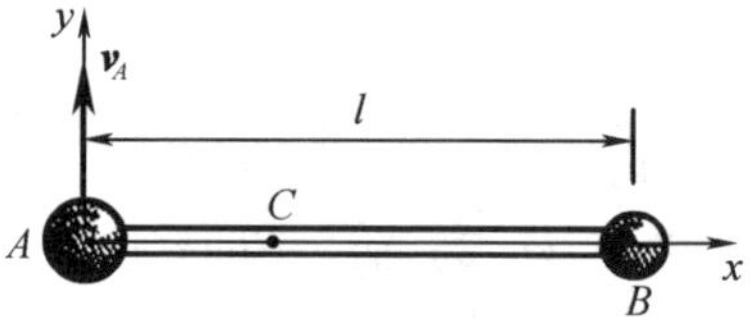

图12－50　习题12－19图

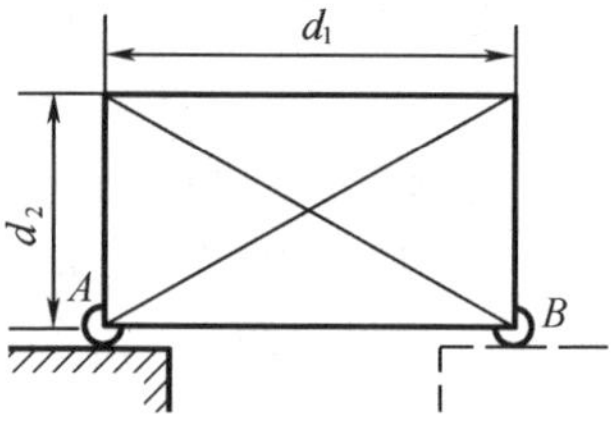

图12－51　习题12－20图

12－21　如图12－52所示，圆柱的质量为30 kg，直径为500 mm，对其中心轴C的回转半径为100 mm，圆柱与斜面间的摩擦系数为0.1。若从静止释放圆柱，试问圆柱将沿斜面做纯滚动还是做有滑动的滚动？并求圆柱的角加速度和中心C的加速度。

答案：纯滚动；角加速度为$\varepsilon=13.01$ rad/s^2，中心加速度为$a_C=3.25$ m/s^2(向左)。

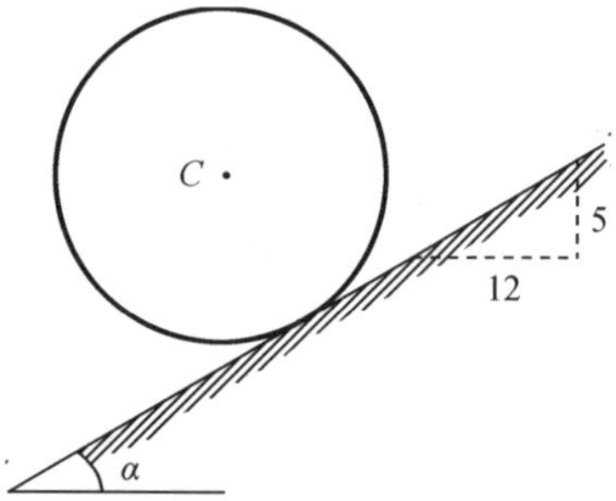

图12－52　习题12－21图

12－22　均质鼓轮由绕于其上的细绳拉动。已知轴的半径$r=40$ mm，轮的半径$R=80$ mm，轮重$P=9.8$ N，对过轮心垂直于轮中心平面的轴的惯性半径$\rho=60$ mm，拉力$F=5$ N，轮与地面的摩擦因数$f=0.2$。试分别求在图12－53(a)、图12－53(b)两种情况下圆轮的角加速度及轮心的加速度。

答案：(a)$a_C=4.8$ m/s^2，$\alpha=60$ rad/s^2；(b)$a_C=0.96$ m/s^2，$\alpha=34.2$ rad/s^2。

12－23　重物A的质量为m_1，系在绳子上，绳子跨过一不计质量的固定滑轮D，并绕在鼓轮B上，如图12－54所示。由于重物下降，带动了轮C，使它沿水平轨道滚动而不滑动。设鼓轮半径为r，轮C的半径为R，两者固连在一起，总质量为m_2，对于其水平轴O的回转半径为ρ。求重物A的加速度。

答案：$a_A=\dfrac{m_1g(r+R)^2}{m_1(r+R)^2+m_2(\rho^2+R^2)}$。

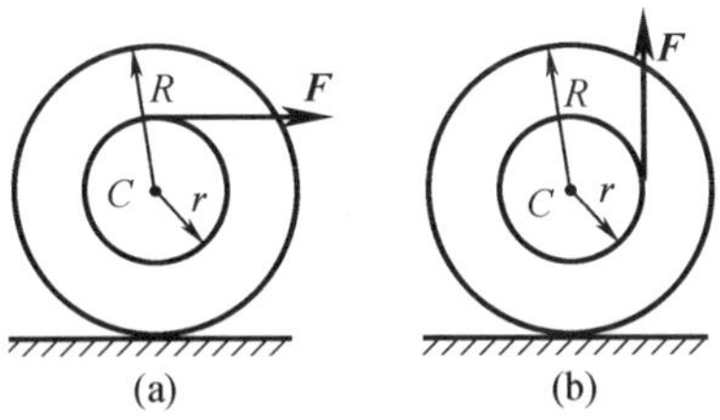

图 12－53　习题 12－22 图

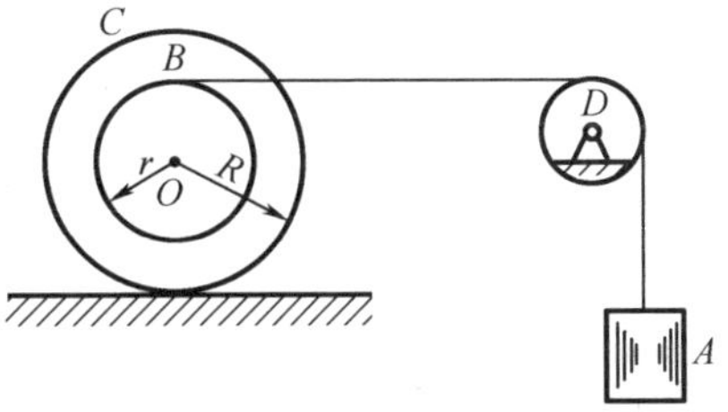

图 12－54　习题 12－23 图

12－24　A、B 两轮质量皆为 m，转动惯量皆为 mr^2，且有 $R=2r$，如图 12－55 所示。小定滑轮 C 及绕于两轮上的细绳质量不计，轮 B 沿斜面只滚不滑。求 A、B 两轮心的加速度。

答案：$a_A=\dfrac{7}{23}g$；$a_B=\dfrac{21}{46}g$。

12－25　质量为 m_1、长度为 l 的匀质刚性细杆可绕水平轴 O 转动，如图 12－56 所示。杆的一端固连质量为 m_2 的小球，另一端与弹簧刚度系数为 k 的铅直弹簧相连接。当杆在水平位置时系统处于平衡状态。求此系统绕固定轴 O 做微小振动的频率。

答案：$\sqrt{3k/(7m_1+27m_2)}/(2\pi)$。

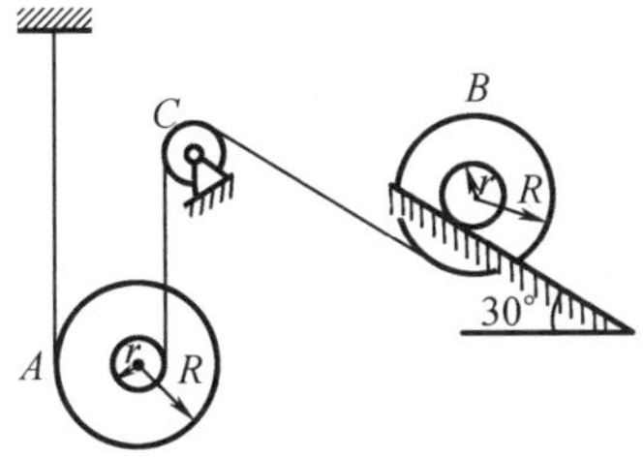

图 12－55　习题 12－24 图

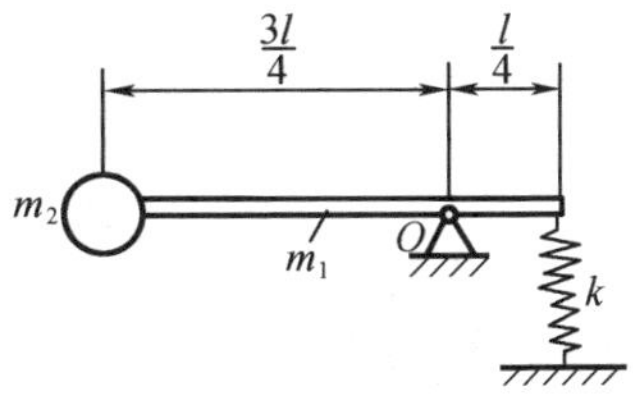

图 12－56　习题 12－25 图

12－26　图 12－57 所示均质圆柱体的质量为 m，半径为 r，放在倾角为 60°的斜面上。一细绳缠绕在圆柱体上，其一端固定于点 A，此绳与点 A 相连部分与斜面平行。若圆柱体与斜面间的摩擦因子 $f=\dfrac{1}{3}$，求其中心 C 沿斜面落下的加速度 a_C。

答案：$a_C=0.355g$。

12－27　在图 12－58 示机构中，沿斜面纯滚动的圆柱体 O' 和鼓轮 O 为均质物体，质量均为 m，半径均为 R。绳子不能伸缩，其质量略去不计。粗糙斜面的倾角为 θ，不计滚阻力偶。如在鼓轮上作用一常力偶 M。求：(1)鼓轮的角加速度；(2)轴承 O 的水平约束力。

答案：$\alpha=\dfrac{M-mgR\sin\theta}{2mR^2}$；

$F_t=\dfrac{1}{8R}(6M\cos\theta+mgR\sin 2\theta)$

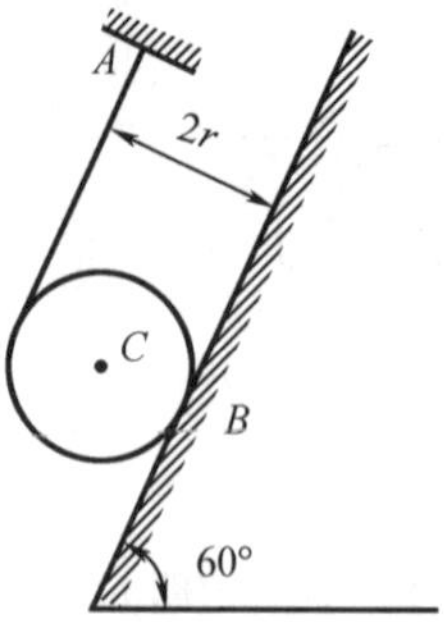

图 12-57 习题 12-26 图

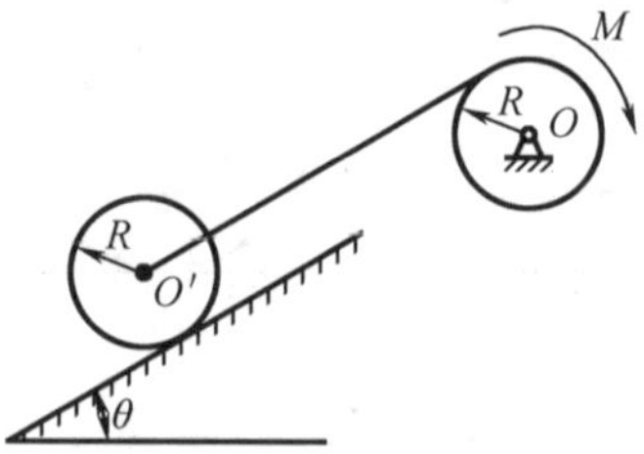

图 12-58 习题 12-27 图

12-28 均质实心圆柱体 A 和薄铁环 B 的质量均为 m，半径都等于 r，两者用杆 AB 铰接，无滑动地沿斜面滚下，斜面与水平面的夹角为 θ，如图 12-59 所示。如杆的质量忽略不计，求杆 AB 的加速度和杆的内力。

答案：$a=\frac{4}{7}g\sin\theta$；$F=-\frac{1}{7}mg\sin\theta$。

12-29 在图 12-60 示两均质杆中，已知：重均为 Q，长均为 l，在图示瞬时作用一力 $\boldsymbol{F}$。试求此瞬时两杆的角加速度。

答：$\varepsilon_{AB}=-6Fg/7Ql$，$\varepsilon_{BC}=30Fg/7Ql$。

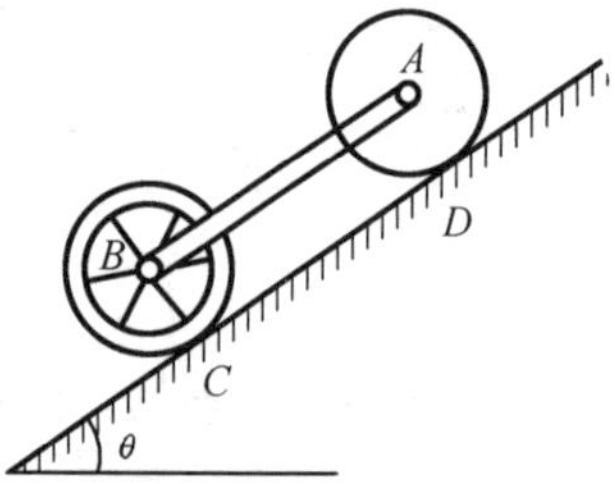

图 12-59 习题 12-28 图

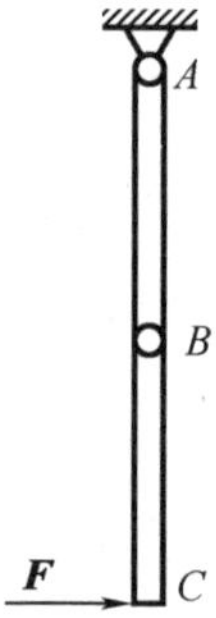

图 12-60 习题 12-29 图

12-30 图 12-61 所示均质细长杆 AB，质量为 m，长度为 l，在铅垂位置由静止释放，借 A 端的小滑轮沿倾角为 θ 的轨道滑下。不计摩擦力和小滑轮的质量，求刚释放时点 A 的加速度。

答案：$a=\frac{4\sin\theta}{1+3\sin^2\theta}g$。

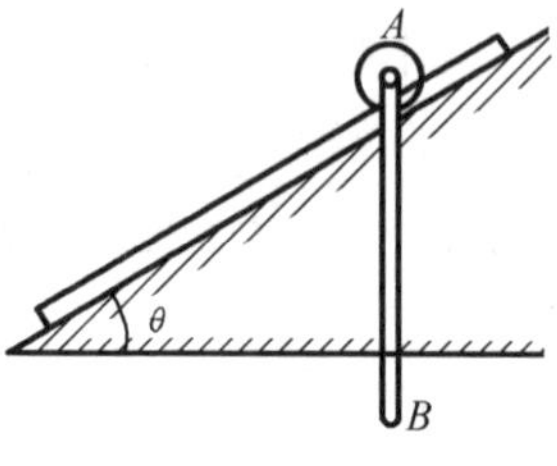

图 12-61 习题 12-30 图

第 13 章　动能定理及其相关知识

动能是力学中的重要概念，是机械运动的另一种度量。当机械运动和其他形式运动（如电、热等）相互转化时，用动能来度量机械运动。动能定理建立了质点和质点系动能的变化与作用力的功之间的关系，是研究质点和质点系动力学的重要依据。

本章介绍动能定理及其应用，并将综合运用动力学普遍定理分析较复杂的动力学问题。

13.1　力　的　功

13.1.1　功的概念

力作用于物体所产生的效应，不仅与力的大小、方向和作用点有关，还与物体所经过的路程有关。如图 13－1 所示，物体在常力 $\boldsymbol{F}$ 的作用下，由 M_1 位置运动至 M_2 位置，$W_{12}=F\cdot s\cos\alpha$ 称为力 F 在路程 s 上做的功。所以，功是力在一段路程上作用效果的度量，它表征力在一段路程上对物体作用所产生的累积效应。

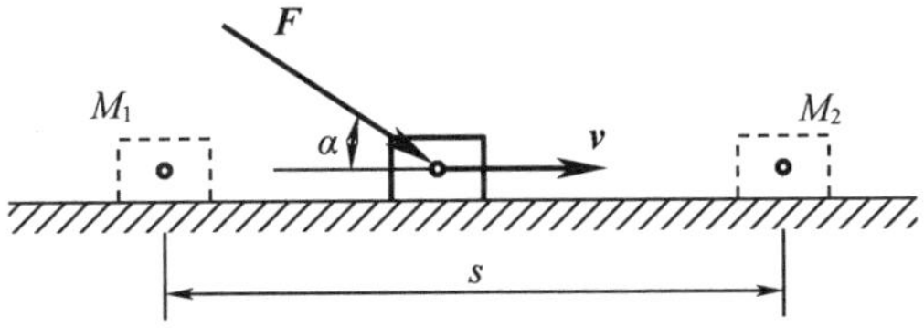

图 13－1　常力功示意图

在国际单位制中，功的单位是 N·m 或 J（焦耳）。

$$1\ \mathrm{J}=1\ \mathrm{N\cdot m}$$

13.1.2　功的计算

1. 常力在直线运动中的功

$$W=F\cos\alpha\cdot s=\boldsymbol{F}\cdot\boldsymbol{s}\tag{13-1}$$

式中，α 为力 $\boldsymbol{F}$ 与其速度方向的夹角。

常力 $\boldsymbol{F}$ 沿直线轨迹所做的功 W 等于力在速度方向的投影与其作用点路程 s 的乘积或等于力矢 $\boldsymbol{F}$ 与物体位移矢 $\boldsymbol{s}$ 的数量积。

由式（13－1）可知，功是标量，可为正、负或零。

2. 变力在曲线运动中的功

变力的功可用积分计算。如图 13－2 所示，质点 M 在变力 $\boldsymbol{F}$ 作用下做曲线运动，在微小位移 ds 上，力 $\boldsymbol{F}$ 的大小、方向可近似认为是不变的，ds 也可近似当作直线，力 $\boldsymbol{F}$ 在微小路段 ds 上的功为

$$\delta W = F\cos\theta \cdot \mathrm{d}s \tag{13-2}$$

δW 称为力的元功。式(13－2)称为元功的自然坐标式。

因为 ds 很小，所以 $|\mathrm{d}s| \approx |\mathrm{d}\boldsymbol{r}|$，则式(13－2)可改写为

$$\delta W = F\cos\theta \cdot |\mathrm{d}\boldsymbol{r}| = \boldsymbol{F} \cdot \mathrm{d}\boldsymbol{r} = F_x\mathrm{d}x + F_y\mathrm{d}y + F_z\mathrm{d}z \tag{13-3}$$

式中，F_x、F_y、F_z 和 $\mathrm{d}x$、$\mathrm{d}y$、$\mathrm{d}z$ 分别代表力 $\boldsymbol{F}$ 和位移 $\mathrm{d}\boldsymbol{r}$ 在直角坐标轴 x、y、z 上的投影。

式(13－3)称为元功的直角坐标式或称为解析式。

当质点 M 从 M_1 位置运动至 M_2 位置时，变力 $\boldsymbol{F}$ 的功就等于各元功的总和，即

$$W_{12} = \int_{M_1}^{M_2} F_x\mathrm{d}x + F_y\mathrm{d}y + F_z\mathrm{d}z \tag{13-4}$$

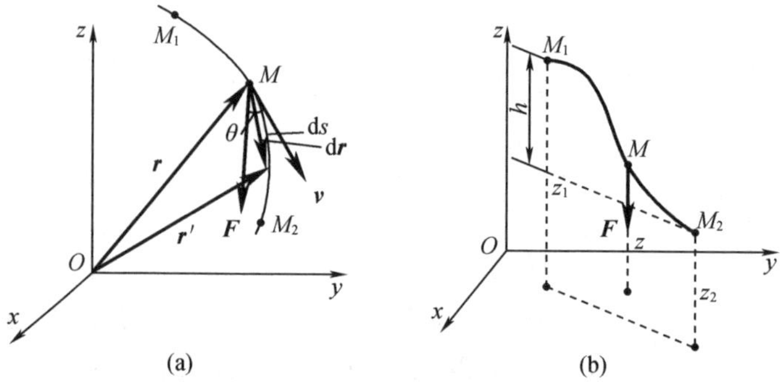

图 13－2 力的功示意图

一般来说，功的计算是一个曲线积分，不仅和力作用点的始末位置有关，还和运动的路径有关，并可化为坐标积分。

3. 几种常见力的功

(1)重力的功

设质量为 m 的质点 M 沿曲线轨迹由 M_1 位置运动到 M_2 位置，作用在质点上的重力 $\boldsymbol{F}$ 在图 13－2 所示直角坐标轴上的投影分别为

$$F_x = 0,\quad F_y = 0,\quad F_z = -mg$$

重力 F 的元功为

$$\delta W = F_z\mathrm{d}z = -mg\mathrm{d}z$$

所以

$$W_{12} = \int_{z_1}^{z_2} F_z\mathrm{d}z = \int_{z_1}^{z_2}(-mg)\mathrm{d}z = mg(z_1 - z_2) \tag{13-5}$$

式中，z_1 和 z_2 是质点 M 起始和终了位置的 z 坐标。

式(13－5)说明重力的功与质点的轨迹形状无关，只决定于其起始和终了的位置。

若令 $|z_1 - z_2| = h$，则重力的功可表示为

$$W_{12} = \pm mgh$$

h 代表质点上升或下降的高度，当 $z_1 > z_2$ 时，质点下降，W_{12}取正号，重力做正功；当 $z_1 < z_2$ 时，质点上升，W_{12}取负号，重力做负功。

对于一个物体来说，其重力的功可表示为

$$W_{12} = Mg(z_{C1} - z_{C2}) = \pm Mgh$$

式中，M 为物体的质量；z_{C1}和 z_{C2}分别代表物体重心 C 起始和终了的位置坐标，h 则代表重心

C 上升或下降的高度。

(2)弹性力的功

设质点 M 轨迹如图 13－3 所示，弹簧的刚度系数为 k，原长为 l_0，在小变形的情况下，弹性力的大小与弹簧的变形成正比，设沿矢径方向的单位矢量为 $\boldsymbol{r}_0$，则弹性力可表示为

$$\boldsymbol{F} = -k(r-l_0)\boldsymbol{r}_0$$

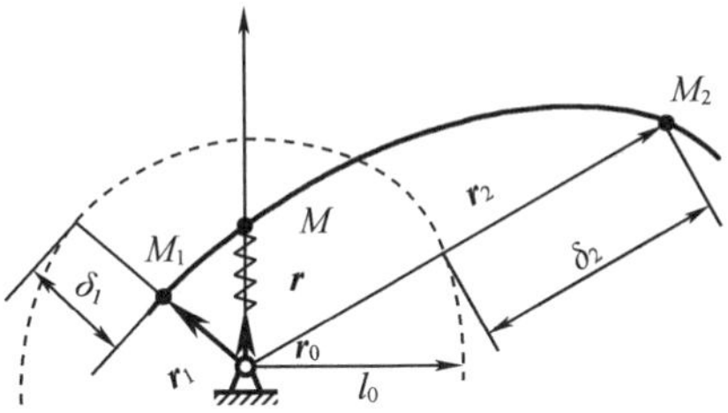

图 13－3　弹力功示意图

质点 M 由 M_1 位置运动到 M_2 位置，弹性力的功为

$$\begin{aligned} W_{12} &= \int_{M_1}^{M_2} \boldsymbol{F}\cdot \mathrm{d}\boldsymbol{r} = \int_{r_1}^{r_2} -k(r-l_0)\boldsymbol{r}_0\cdot \mathrm{d}\boldsymbol{r} = \int_{r_1}^{r_2} -k(r-l_0)\frac{\boldsymbol{r}\cdot \mathrm{d}\boldsymbol{r}}{r} \\ &= \int_{r_1}^{r_2} -k(r-l_0)\cdot \mathrm{d}r = -\frac{1}{2}k(r-l_0)^2\Big|_{r_1}^{r_2} \\ &= \frac{1}{2}k[(r_1-l_0)^2-(r_2-l_0)^2] = \frac{1}{2}k(\delta_1^2-\delta_2^2) \end{aligned} \tag{13-6}$$

即弹性力的功等于弹簧刚性系数与始末位置弹簧变形平方之差的乘积之半。

由此可知，弹性力的功正比于弹簧的刚度系数，还决定于弹簧起始和终了时变形量，但与质点的轨迹形状无关。$\delta_1>\delta_2$ 时弹性力做正功，$\delta_1<\delta_2$ 弹性力做负功。

在式(13－6)的证明中利用了

$$\mathrm{d}(\boldsymbol{r}\cdot\boldsymbol{r}) = \mathrm{d}\boldsymbol{r}\cdot\boldsymbol{r}+\boldsymbol{r}\cdot\mathrm{d}\boldsymbol{r} = 2\boldsymbol{r}\cdot\mathrm{d}\boldsymbol{r} = \mathrm{d}(r^2) = 2r\cdot\mathrm{d}r$$

故有

$$\boldsymbol{r}\cdot\mathrm{d}\boldsymbol{r} = r\cdot\mathrm{d}r$$

(3)万有引力的功

设质量为 m_2 的质点位于坐标系原点(即引力中心)，质量为 m_1 的质点在任一位置相对于原点的矢径为 $\boldsymbol{r}$(图 13－4)，现求质量为 m_1 的质点由位置(1)运动至位置(2)引力 $\boldsymbol{F}$ 所做的功。

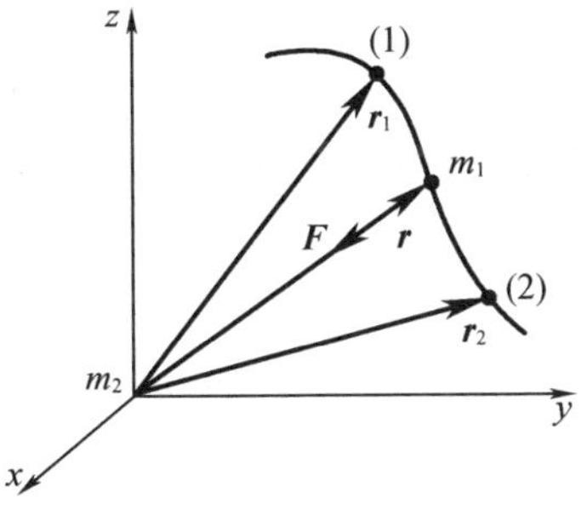

图 13－4　万有引力的功示意图

由万有引力定律可知,两质点 m_1 和 m_2 间相互吸引力为

$$F=f\frac{m_1m_2}{r^2}$$

式中,f 为引力常数;r 为两质点间距离。m_2 为坐标原点,m_1 在引力作用下沿曲线轨迹运动,取沿矢径方向单位矢量 $\boldsymbol{r}_0$,则引力可表示为

$$\boldsymbol{F}=-f\frac{m_1m_2}{r^2}\boldsymbol{r}_0$$

质点由(1)位置运动至(2)位置,万有引力的功为

$$\begin{aligned}W_{12}&=\int_{r_1}^{r_2}\boldsymbol{F}\cdot\mathrm{d}\boldsymbol{r}=\int_{r_1}^{r_2}-f\frac{m_1m_2}{r^2}\boldsymbol{r}_0\cdot\mathrm{d}\boldsymbol{r}\\&=\int_{r_1}^{r_2}-f\frac{m_1m_2}{r^2}\frac{\boldsymbol{r}}{r}\cdot\mathrm{d}\boldsymbol{r}\\&=\int_{r_1}^{r_2}-f\frac{m_1m_2}{r^2}\cdot\mathrm{d}r=fm_1m_2\left(\frac{1}{r_2}-\frac{1}{r_1}\right)\end{aligned}\tag{13-7}$$

式(13-7)表明,万有引力的功决定于质点起始和终了位置,而与质点的轨迹形状无关。

(4)作用在定轴转动刚体上的力或力偶的功

设刚体绕固定轴 Oz 转动,作用于刚体上 A 点的力为 $\boldsymbol{F}$(图13-5),现求刚体的转角由 φ_1 位置转到 φ_2 位置时力 $\boldsymbol{F}$ 所做的功。当刚体绕轴 Oz 转一微小转角 $\mathrm{d}\varphi$ 时,力 $\boldsymbol{F}$ 的元功为

$$\delta W=F_{xy}\cdot\cos\theta\cdot\mathrm{d}s=F_{xy}\cdot\cos\theta\cdot r\mathrm{d}\varphi$$

式中,F_{xy} 为力 $\boldsymbol{F}$ 在 Oxy 平面上的投影。根据力对轴之矩的定义可知

$$m_z(\boldsymbol{F})=F_{xy}\cos\theta\cdot r$$

所以元功为

$$\delta W=m_z(\boldsymbol{F})\mathrm{d}\varphi$$

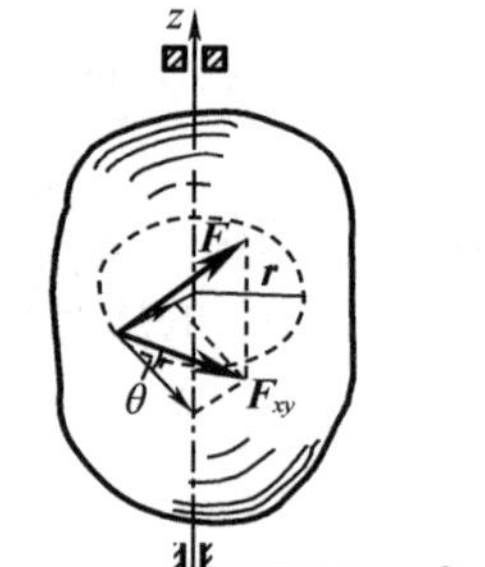

图13-5 转动刚体上力的功示意图

在有限转角 $\varphi_2-\varphi_1$ 上,力 $\boldsymbol{F}$ 的功为

$$W_{12}=\int_{\varphi_1}^{\varphi_2}m_z(\boldsymbol{F})\mathrm{d}\varphi$$

若 $m_z(\boldsymbol{F})=$ 常量,则

$$W_{12}=\pm m_z(\boldsymbol{F})(\varphi_2-\varphi_1)$$

对于力偶 m，则有

$$W_{12}=\int_{\varphi_1}^{\varphi_2} m\mathrm{d}\varphi$$

若 $m=$ 常量，则

$$W_{12}=\pm m(\varphi_2-\varphi_1)$$

上式中 ± 号说明，如果力矩或力偶的转向与刚体的转向一致则做正功，反之做负功。

(5) 内力的功

如图 13－6 所示，$\boldsymbol{F}_A$、$\boldsymbol{F}_B$ 为一对内力，即 $\boldsymbol{F}_A=-\boldsymbol{F}_B$，分别作用于 A、B 两点，这对内力的元功为

$$\delta W=\boldsymbol{F}_A\cdot\mathrm{d}\boldsymbol{r}_A+\boldsymbol{F}_B\cdot\mathrm{d}\boldsymbol{r}_B=\boldsymbol{F}_A\cdot\mathrm{d}(\boldsymbol{r}_A-\boldsymbol{r}_B)=\boldsymbol{F}_A\cdot\mathrm{d}\,\overrightarrow{BA}$$

所以内力的功为

$$W=\int\boldsymbol{F}_A\cdot\mathrm{d}\,\overrightarrow{BA}$$

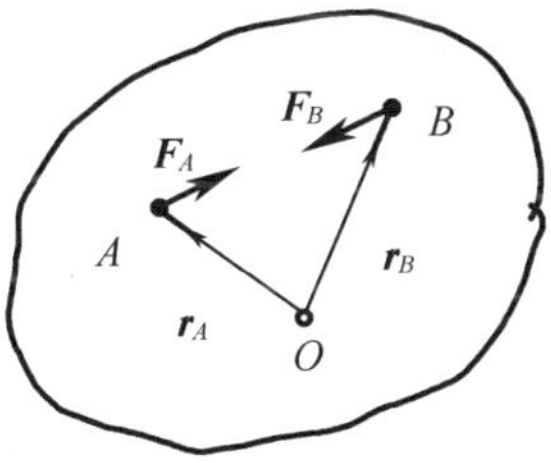

图 13－6　内力功示意图

内力的功为零的情况：

①刚体的内力不做功。

②不可伸缩绳子的内力不做功。

(6) 合力的功

设质点 M 受力系 $\boldsymbol{F}_1,\boldsymbol{F}_2,\cdots,\boldsymbol{F}_n$ 的作用，力系的合力为

$$\boldsymbol{R}=\boldsymbol{F}_1+\boldsymbol{F}_2+\cdots+\boldsymbol{F}_n$$

则质点沿有限曲线由 M_1 运动至 M_2 合力 $\boldsymbol{R}$ 所做的功为

$$W=\int_{M_1}^{M_2}\boldsymbol{R}\cdot\mathrm{d}\boldsymbol{r}=\int_{M_1}^{M_2}(\boldsymbol{F}_1+\boldsymbol{F}_2+\cdots+\boldsymbol{F}_n)\cdot\mathrm{d}\boldsymbol{r}$$
$$=\int_{M_1}^{M_2}F_1\cdot\mathrm{d}\boldsymbol{r}+\int_{M_1}^{M_2}\boldsymbol{F}_2\cdot\mathrm{d}\boldsymbol{r}+\cdots+\int_{M_1}^{M_2}\boldsymbol{F}_n\cdot\mathrm{d}\boldsymbol{r}$$

即

$$W=W_1+W_2+\cdots+W_n \tag{13-8}$$

式(13－8)表明，作用于质点的合力在任一路程中所做的功，等于各分力在同一路程中所做的功的代数和。

4. 约束反力的功为零的理想情况

作用于质点系上的力，可划分为主动力和约束力两大类。在质点系的运动过程中，主动力一般都做功，而在许多理想情况下，约束反力或不做功，或做功的总和等于零，这些约束也称为理想约束。研究这些理想约束，有助于简化功的计算。下面列举约束反力的功为零的若干理想情况。

(1)光滑固定支承面和滚动铰链支座

这两类约束的约束反力 $\boldsymbol{N}$ 总是垂直于力的作用点 A 的微小位移 $\mathrm{d}\boldsymbol{r}$(图 13-7),因此这种约束反力的功为零。

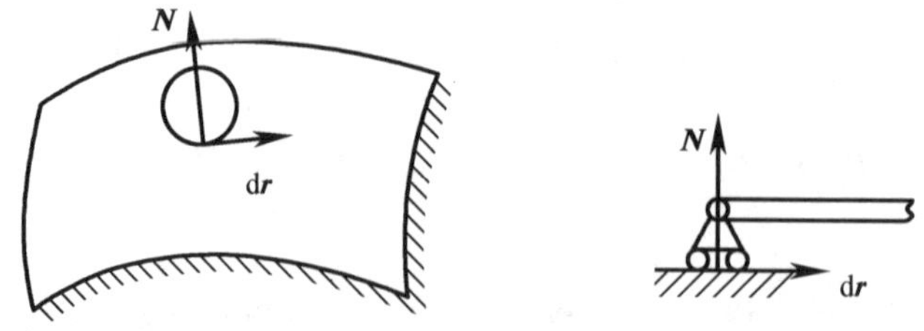

图 13-7 光滑固定支承面和滚动铰链支座示意图

(2)光滑固定铰链支座和轴承

这两种约束的约束反力作用点的位移为零(图 13-8),因此约束反力之功为零。

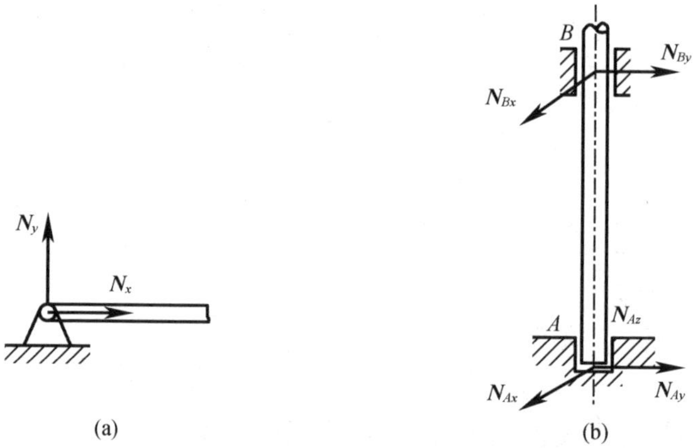

图 13-8 光滑固定铰链支座和轴承示意图

(3)连接物体的光滑铰链

连接 AB、AC 杆的光滑铰链,其约束反力 $\boldsymbol{N}$ 与 $\boldsymbol{N}'$ 作用于 A 点(图 13-9),是一对作用力与反作用力,$\boldsymbol{N}=-\boldsymbol{N}'$。在微小位移 $\mathrm{d}\boldsymbol{r}$ 中,这些力的元功之和为

$$\delta W=\boldsymbol{N}\cdot\mathrm{d}\boldsymbol{r}+\boldsymbol{N}'\cdot\mathrm{d}\boldsymbol{r}=(\boldsymbol{N}+\boldsymbol{N}')\cdot\mathrm{d}\boldsymbol{r}=0$$

即这种约束反力做功的总和为零。

(4)无重刚杆

无重刚杆 AB 连接两个物体,由于刚杆重力不计,因此其约束反力 N 与 N' 应是一对等值、反向、共线的平衡力(图 13-10)。设 A、B 两点的微小位移是 $\mathrm{d}\boldsymbol{r}_A$ 和 $\mathrm{d}\boldsymbol{r}_B$,则 $\boldsymbol{N}$ 与 $\boldsymbol{N}'$ 元功之和为

$$\begin{aligned}\delta W&=\boldsymbol{N}\cdot\mathrm{d}\boldsymbol{r}_A+\boldsymbol{N}'\cdot\mathrm{d}\boldsymbol{r}_B=-N|\mathrm{d}\boldsymbol{r}_A|\cos\theta_A+N'|\mathrm{d}\boldsymbol{r}_B|\cos\theta_B\\&=N(|\mathrm{d}\boldsymbol{r}_B|\cos\theta_B-|\mathrm{d}\boldsymbol{r}_A|\cos\theta_A)\end{aligned}$$

考虑到刚杆上 A、B 两点间距离不变,因此这两点的微小位移在其连线上的投影应相

等,有

$$|d\boldsymbol{r}_A|\cos\theta_A = |d\boldsymbol{r}_B|\cos\theta_B$$

代入上式得

$$\delta W = 0$$

即无重刚杆约束反力做功之和为零。

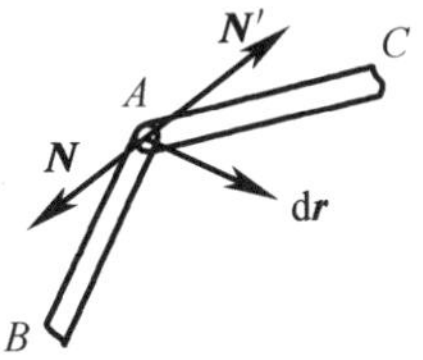

图 13－9　连接物体的光滑铰链示意图

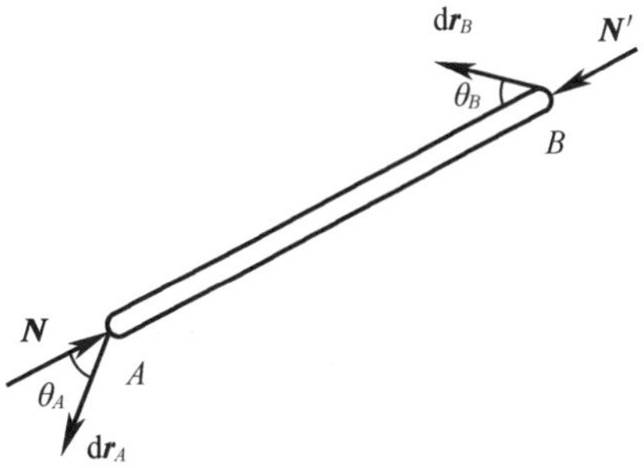

图 13－10　无重刚杆示意图

(5)连接两物体的不可伸长的柔索

穿过光滑环 C 的柔索的 A、B 两端分别与物体相连接。柔索作用于物体上的约束反力分别为 $\boldsymbol{T}_1$ 和 $\boldsymbol{T}_2$,A、B 两点的微小位移分别为 $d\boldsymbol{r}_A$ 和 $d\boldsymbol{r}_B$(图 13－11)。因此,这两个约束反力元功之和为

$$\begin{aligned}\delta W &= \boldsymbol{T}_1 \cdot d\boldsymbol{r}_A + \boldsymbol{T}_2 \cdot d\boldsymbol{r}_B \\ &= -T_1|d\boldsymbol{r}_A|\cos\theta_A + T_2|d\boldsymbol{r}_B|\cos\theta_B\end{aligned}$$

由于 $T_1 = T_2$,则

$$\delta W = T_1(|d\boldsymbol{r}_B|\cos\theta_B - |d\boldsymbol{r}_A|\cos\theta_A)$$

柔索不可伸长,因此有

$$|d\boldsymbol{r}_A|\cos\theta_A = |d\boldsymbol{r}_B|\cos\theta_B$$

于是

$$\delta W = 0$$

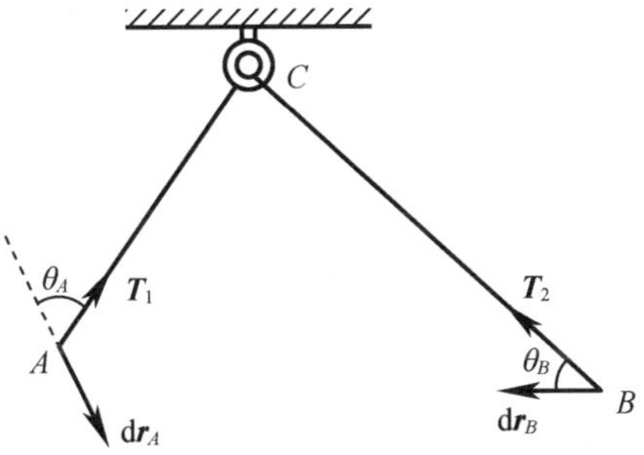

图 13－11　柔索作用力示意图

(6)刚体在固定面上无滑动滚动

此时固定面作用于刚体接触点 P 上的约束反力 $\boldsymbol{N}$ 和摩擦力 $\boldsymbol{F}$(图 13－12)。约束反力

元功之和为

$$\delta W=(\boldsymbol{F}+\boldsymbol{N})\cdot \mathrm{d}\boldsymbol{r}_P$$

式中,$\mathrm{d}\boldsymbol{r}_P$ 为 P 点的微小位移,并有 $\mathrm{d}\boldsymbol{r}_P=v_P\mathrm{d}t$,因刚体在固定面上无滑动地滚动,$P$ 点为速度瞬心,故 $\boldsymbol{v}_P=0$,$\mathrm{d}\boldsymbol{r}_P=0$,由此得

$$\delta W=0$$

即刚体在固定面上无滑动地滚动时,约束反力做功之和为零。

13.2 物体的动能

动能是度量物体机械运动强度的一个物理量。

13.2.1 质点的动能

设质点的质量为 m,速度的大小为 v,则质点的动能可表示为

$$T=\frac{1}{2}mv^2$$

动能是一个恒为正值的标量,其单位是 $\mathrm{kg}\cdot\mathrm{m}^2/\mathrm{s}^2=\mathrm{N}\cdot\mathrm{m}=\mathrm{J}$,和功的单位相同。

13.2.2 质点系的动能

设质点系由 n 个质点组成,某瞬时系统中第 i 个质点的动能为$\frac{1}{2}m_iv_i^2$,此瞬时质点系中所有质点动能的总和称为质点系的动能。即

$$T=\sum_{i=1}^{n}\frac{1}{2}m_iv_i^2$$

13.2.3 刚体的动能

刚体是由无数个质点组成的质点系,刚体的运动形式不同,刚体内各点的速度分布也不同,所以刚体的动能表达式与刚体的运动形式有关。

1. 刚体平动时的动能

刚体平动时,任一瞬时刚体内各质点的速度相同,如以刚体质心 C 的速度 v_C 代表各质点的速度,则刚体的动能为

$$T=\sum_{i=1}^{n}\frac{1}{2}m_iv_i^2=\sum\frac{1}{2}m_iv_C^2=\frac{1}{2}v_C^2\left(\sum_{i=1}^{n}m_i\right)$$

即

$$T=\frac{1}{2}Mv_C^2$$

2. 刚体定轴转动时的动能

设刚体绕固定轴 Oz 转动,其角速度为 ω(图 13－12),刚体上质量为 m_i 质点的动能为$\frac{1}{2}m_iv_i^2$,整个刚体的动能为

$$T=\sum_{i=1}^{n}\frac{1}{2}m_iv_i^2=\sum_{i=1}^{n}\frac{1}{2}m_ir_i^2\omega^2=\frac{1}{2}\left(\sum_{i=1}^{n}m_ir_i^2\right)\omega^2$$

即

$$T=\frac{1}{2}J_z\omega^2$$

即刚体定轴转动时的动能,等于刚体对转轴的转动惯量与角速度平方乘积之半。

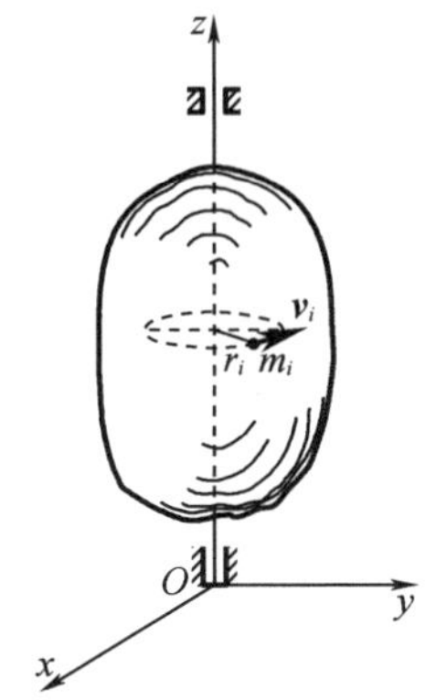

图 13－12　刚体定轴转动示意图

3. 刚体平面运动时的动能

设刚体做平面运动,某瞬时刚体的瞬时速度中心为 P,角速度为 ω,C 为其质心(图 13－13)。设刚体上第 i 个质点的质量为 m_i,其速度为 $v_i=\omega r_i$,r_i 为该点到瞬心的距离,则该质点的动能为

$$T_i=\frac{1}{2}m_iv_i^2=\frac{1}{2}m_ir_i^2\omega^2$$

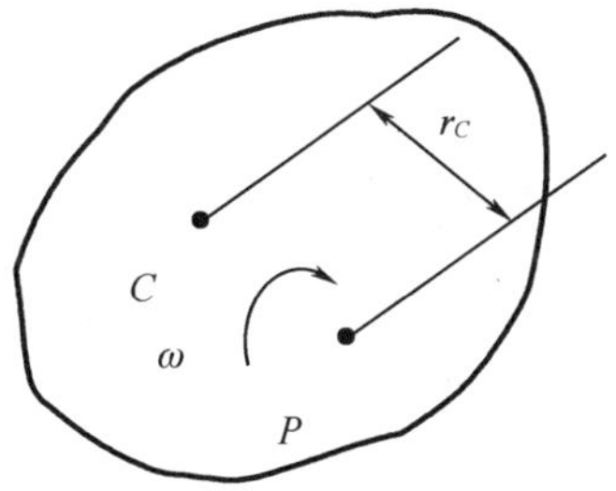

图 13－13　刚体平面运动示意图

则整个刚体的动能为

$$T=\sum\frac{1}{2}m_iv_i^2=\sum\frac{1}{2}m_ir_i^2\omega^2=\frac{1}{2}\sum m_ir_i^2\omega^2$$

式中,$\sum m_ir_i^2=J_P$,是刚体对速度瞬心 P 的转动惯量,因此有

$$T=\frac{1}{2}J_P\omega^2$$

但不同瞬时平面运动刚体是以不同的点为速度瞬心的,所以应用上式计算动能很不方便。C 为平面运动刚体的质心,根据平行移轴定理有

$$J_P = J_C + Mr_C^2$$

式中,r_C 是刚体质心 C 至瞬心 P 的距离。

因此

$$T = \frac{1}{2}J_C\omega^2 + \frac{1}{2}M(\omega r_C)^2$$

因 $\omega r_C = v_C$,所以

$$T = \frac{1}{2}Mv_C^2 + \frac{1}{2}J_C\omega^2$$

即刚体平面运动时的动能,等于刚体随同质心平动的动能与绕质心转动的动能之和。

13.3 动能定理

13.3.1 质点的动能定理

设质量为 m 的质点在力 $\boldsymbol{F}$ 作用下,沿曲线轨迹运动(图 13-14),根据质点动力学基本方程

$$m\boldsymbol{a} = \boldsymbol{F}$$

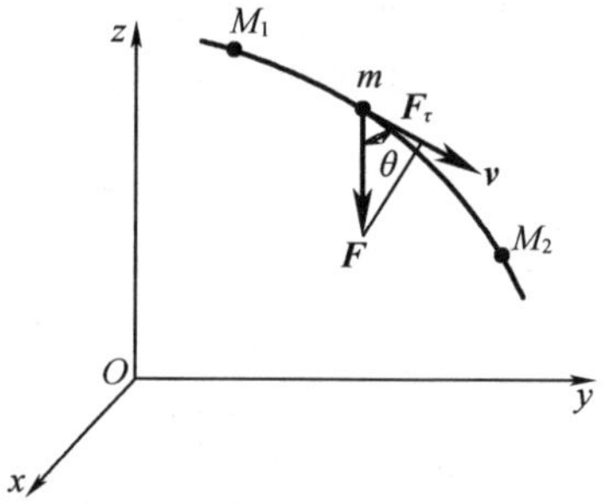

图 13-14 质点动能定理示意图

考虑到 $\boldsymbol{a} = \frac{\mathrm{d}\boldsymbol{v}}{\mathrm{d}t}$,代入上式得

$$m\frac{\mathrm{d}\boldsymbol{v}}{\mathrm{d}t} = \boldsymbol{F}$$

等式两边与 $\mathrm{d}\boldsymbol{r}$ 作标积,则有

$$m\frac{\mathrm{d}\boldsymbol{v}}{\mathrm{d}t}\cdot\mathrm{d}\boldsymbol{r} = \boldsymbol{F}\cdot\mathrm{d}\boldsymbol{r}$$

或写为

$$m\boldsymbol{v}\cdot\mathrm{d}\boldsymbol{v} = \boldsymbol{F}\cdot\mathrm{d}\boldsymbol{r}$$

由 $\boldsymbol{v}\cdot\mathrm{d}\boldsymbol{v} = \frac{1}{2}\mathrm{d}(\boldsymbol{v}\cdot\boldsymbol{v}) = \frac{1}{2}\mathrm{d}(v^2)$,代入上式有

$$\mathrm{d}\left(\frac{1}{2}mv^2\right) = \boldsymbol{F}\cdot\mathrm{d}\boldsymbol{r}$$

即

$$d\left(\frac{1}{2}mv^2\right)=\delta W \text{ 或 } dT=\delta W \tag{13-9}$$

式(13－9)表明,质点动能的微小增量等于作用于质点上的力的元功。这称为微分形式的质点的动能定理。

若质点在 M_1 和 M_2 位置的速度为 v_1 和 v_2,弧坐标为 s_1 和 s_2,则质点由 M_1 位置运动到 M_2 位置,动能的变化与力的功之间的关系为

$$\int_{v_1}^{v_2} d\left(\frac{1}{2}mv^2\right)=\int_{s_1}^{s_2}\delta W$$

即

$$\frac{1}{2}mv_2^2-\frac{1}{2}mv_1^2=W_{12} \text{ 或 } T_2-T_1=W_{12} \tag{13-10}$$

式(13－10)表明,质点动能在一有限路程上的增量等于作用在质点上的力在此路程上做的功。这称为积分形式的动能定理。

质点的动能定理建立了质点动能和力的功之间的关系,它把质点的速度,作用力和质点的路程联系在一起,对于需要求解这三个物理量的动力学问题,应用动能定理是较方便的。此外,通过动能定理对时间求导,式中将出现加速度,因此动能定理也常用来求解质点的加速度。

13.3.2　质点系的动能定理

质点系由 n 个质点组成,设作用于第 i 个质点上的力有外力 $\boldsymbol{F}_i^{(e)}$、内力 $\boldsymbol{F}_i^{(i)}$,则根据微分形式的质点动能定理有

$$dT_i=\delta W_i^{(e)}+\delta W_i^{(i)},\quad n=1,2,\cdots,n$$

将 n 个这样的方程相加有

$$d\sum T_i=\sum\delta W_i^{(e)}+\sum\delta W_i^{(i)}$$

即

$$dT=\sum\delta W_i^{(e)}+\sum\delta W_i^{(i)} \tag{13-11}$$

式(13－11)表明,质点系动能的微小增量等于作用在质点系上所有外力和内力元功之和。这称为微分形式的质点系的动能定理。

若质点系由(1)位置运动到(2)位置,且以 T_1 和 T_2 分别代表质点系在(1)、(2)位置时的动能,对式(13－11)积分则有

$$T_2-T_1=\sum W_i^{(e)}+\sum W_i^{(i)} \tag{13-12}$$

式(13－12)表明,在有限位移中质点系动能的增量,等于作用在质点系上所有外力和内力在此位移上做的功。这称为积分形式的质点系的动能定理。

将作用于质点系的力分为外力和内力,虽然质点系中内力是成对出现的,但对于可变质点系(即质点系内任意两点间的距离可变时),上面式子中的 $\sum\delta W_i^{(i)}$ 及 $\sum W_i^{(i)}$ 一般并不等于零,所以质点系动能的变化,不仅与外力有关,而且也与内力有关。这是与质点系动量定理和质点系动量矩不同之处。然而对于刚体,由于刚体内任意两点间的距离保持不变,因此刚体内各质点相互作用的内力的功之和恒等于零,即 $\sum\delta W_i^{(i)}=0$ 或 $\sum W_i^{(i)}=0$,这样,对于刚体,如果把作用力分为外力和内力,应用质点系动能定理时,只需计算外力的功,

因而质点系动能定理的微分及积分形式可写为

$$\mathrm{d}T = \sum \delta W_i^{(e)}$$

$$T_2 - T_1 = \sum W_i^{(e)}$$

如果将作用于质点系的力分为主动力和约束力,则质点系的动能定理可写为

$$\mathrm{d}T = \sum \delta W_i^{(A)} + \sum \delta W_i^{(N)}$$

$$T_2 - T_1 = \sum W_i^{(A)} + \sum W_i^{(N)}$$

在许多理想情况下,约束反力不做功或所做元功之和等于零。例如,光滑接触面、光滑铰链、固定铰链支座、可动铰支座和不可伸长的柔索等约束,其约束反力的功或元功之和都等于零,即 $\sum \delta W_i^{(N)} = 0$ 及 $\sum W_i^{(N)} = 0$,这类约束称为理想约束。因此,在理想约束的情况下,动能定理中不计算约束反力的功,只需计算主动力的功,质点系的动能定理可写为

$$\mathrm{d}T = \sum \delta W_i^{(A)}$$

$$T_2 - T_1 = \sum W_i^{(A)}$$

上式表明,在理想约束情况下,质点系动能的变化仅决定于主动力所做的功。

①质点系的动能定理建立了质点系动能的变化与作用于质点系全部力的功之间的关系,可用来解决动力学两类问题,当问题中涉及的力可以表示为距离的函数或力是常量时,就宜于用动能定理求解。

②应用质点系动能定理时,要注意动能和各种力功的计算,特别是要注意内力功不为零的情况。

③在理想约束情况下,动能定理中不出现未知的约束反力,所以对于已知力求系统运动的动力学问题,应用动能定理比较方便。

④质点系的动量定理、动量矩定理及动能定理统称为质点系动力学普遍定理。动力学普遍定理揭示了质点系整体运动的变化和所受的力之间的关系,而每一个定理又只是反映了这种关系的一个方面。一般来说,根据问题的条件和要求,恰当选用某一定理求解,可以避开那些无关的未知量(如动量定理不需考虑系统的内力,在动能定理中不出现约束反力),从而可直接求出某些要求的未知量,使问题得到解决。但也正是因为如此,只用一个定理,一般不可能解决质点系动力学的全部问题。所以许多质点系动力学问题,常常需要综合应用这三个定理。

例 13-1 如图 13-15 所示,质点的质量为 m,沿倾角为 α 的斜面向上运动,若质点与斜面间的摩擦系数为 f,初速度为 v_0,求质点的速度与路程之间的关系。并求质点停止前经过的路程。

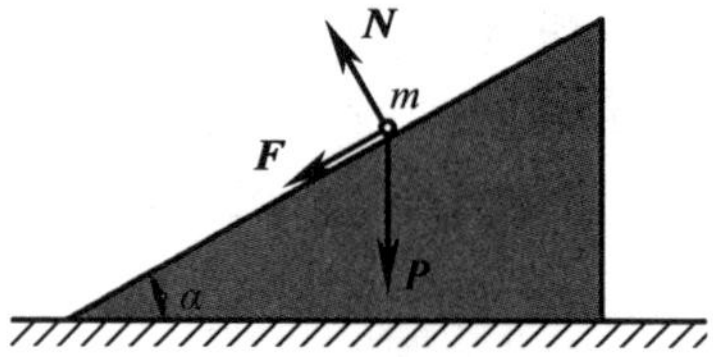

图 13-15 例 13-1 图

解　研究对象:质点。受力分析:重力 $\boldsymbol{P}$、法向约束力 $\boldsymbol{N}$ 和摩擦力 $\boldsymbol{F}$。

质点开始运动时的动能为

$$T=\frac{1}{2}mv_0^2$$

经过 s 路程后的动能为

$$T=\frac{1}{2}mv^2$$

作用在质点上的力在路程 s 上做的功为

$$W=-mgs(\sin\alpha+f\cos\alpha)$$

其中 $-mgs\sin\alpha$ 是重力的功, $-mgsf\cos\alpha$ 是摩擦力的功,法向约束力 $\boldsymbol{N}$ 不做功,由质点动能定理可得

$$\frac{1}{2}mv^2-\frac{1}{2}mv_0^2=-mgs(\sin\alpha+f\cos\alpha)$$

所以

$$v=\sqrt{v_0^2-2gs(\sin\alpha+f\cos\alpha)}$$

这就是质点的速度和路程的关系。

令 $v=0$,可得质点停止前经过的路程:

$$s=\frac{v_0^2}{2g(\sin\alpha+f\cos\alpha)}$$

这就是质点停止前经过的路程。

若用质点运动微分方程解此问题,则需先建立运动微分方程,再进行积分,积分上下限由初始条件确定,即

$$m\ddot{x}=-mg(\sin\alpha+f\cos\alpha)$$

经变换有

$$mv\mathrm{d}v=-mg(\sin\alpha+f\cos\alpha)\mathrm{d}x$$

上式积分,并注意初始条件

$$\int_{v_0}^{v}mv\mathrm{d}v=-\int_0^s mg(\sin\alpha+f\cos\alpha)\mathrm{d}x$$

得

$$\frac{1}{2}mv^2-\frac{1}{2}mv_0^2=-mgs(\sin\alpha+f\cos\alpha)$$

这与上面应用动能定理得到的结果相同,

在力是常数或力是位置的函数时,积分形式的动能定理,直接给出了质点运动微分方程的第一次积分,得到了速度和位置的关系。所以,用动能定理解此类问题,比较方便。

例 13-2　如图 13-16 所示,撞击试验机的摆锤质量为 m,摆杆长为 l,质量不计。摆锤在最高位置受微小扰动而下落,不计轴承摩擦,摆锤视为质点,求:①在任一位置摆锤的速度。②杆的约束力及其最大值。③杆的内力随 φ 角的变化规律。

解　①研究对象:摆锤。受力分析:作用在摆锤上的力有重力 $\boldsymbol{P}$、约束力 $\boldsymbol{N}$。

摆锤的初始动能为

$$T_0=0$$

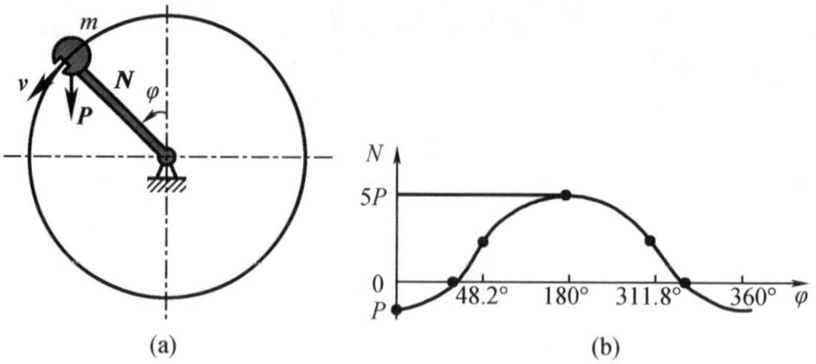

图 13-16 例 13-2 图

摆锤在任一位置时的动能为

$$T=\frac{1}{2}mv^2$$

作用在摆锤上的力在此运动过程中做的功为

$$W=mgl(1-\cos\varphi)$$

根据质点动能定理,得

$$\frac{1}{2}mv^2-0=mgl(1-\cos\varphi)$$

求得摆锤的速度为

$$v=\sqrt{2gl(1-\cos\varphi)}$$

②为了求摆锤的约束力 $\boldsymbol{N}$,可用质点运动微分方程的自然坐标式:

$$m\frac{v^2}{l}=mg\cos\varphi+N$$

将 $v^2=2gl(1-\cos\varphi)$ 代入上式,得

$$N=mg(2-3\cos\varphi)$$

这就是摆锤在任一位置时受的约束力,结果表明约束力随 φ 角而变化。显然,当 $\varphi=\pi$,即摆锤运动到最低位置时,约束力 N 达到最大值,即 $N=5mg$,是静约束力的 5 倍。

例 13-3 如图 3-17 所示,挂在吊索上的物体 A,质量为 2 000 kg,以 $v_0=5$ m/s 的速度下降,如吊索的上端突然被卡住,求此后吊索中的最大张力。吊索的质量不计,被卡住后的刚度系数为 $k=40$ N/cm。

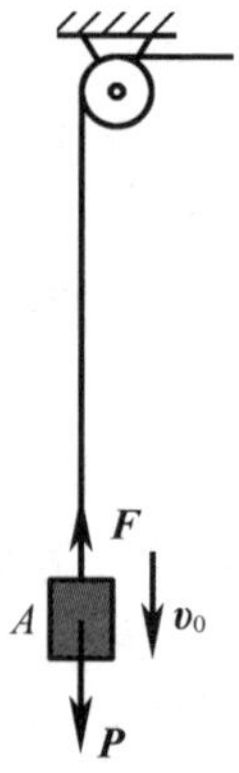

图 13-17 例 13-3 图

解　以重物 A 为研究对象，作用力有重力 $\boldsymbol{P}$ 和弹性力 $\boldsymbol{F}$。

重物 A 的初始动能为

$$T_0=\frac{1}{2}mv_0^2$$

重物运动到最低位置时，吊索变形最大，张力也最大，重物的速度为零，动能为

$$T=0$$

重物的速度由 v_0 减小到 0，吊索的变形由原来的静变形 δ_{st} 增加到 $(\delta_{st}+\delta)$，则弹性力 $\boldsymbol{F}$ 的功为

$$\frac{1}{2}k[\delta_{st}^2-(\delta_{st}+\delta)^2]$$

重力的功为 $mg\delta$，根据质点的动能定理可得

$$0-\frac{1}{2}mv_0^2=\frac{1}{2}k[\delta_{st}^2-(\delta_{st}+\delta)^2]+mg\delta$$

由初始时的平衡条件可得

$$k\delta_{st}=mg$$

代入上式并简化得

$$\frac{1}{2}mv_0^2=\frac{1}{2}k\delta^2$$

所以

$$\delta=\sqrt{\frac{m}{k}}v_0=11.2\ \text{cm}$$

吊索的最大变形为 $(\delta_{st}+\delta)$，最大张力为

$$F_{max}=k(\delta_{st}+\delta)=468\ \text{kN}$$

例 13－4　将一质量为 m 的质点从地球上沿垂直方向抛出，初速度为 v_0，不计空气阻力和地球自转的影响，求①质点在地球引力作用下的速度。②第二宇宙速度。

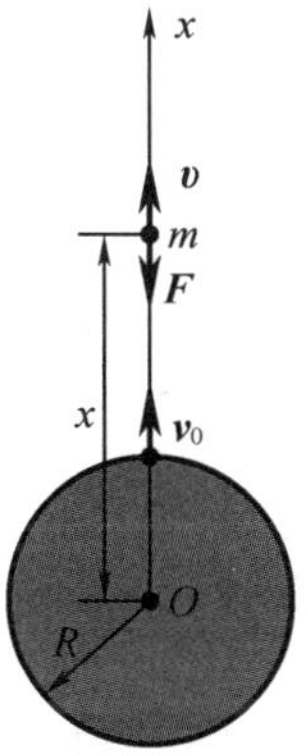

图 13－18　例 13－4 图

解　①以质点为研究对象，作用在质点上的力只有引 $\boldsymbol{F}$，由万有引力定律知

$$F=\frac{gR^2m}{x^2}\quad（指向地心）$$

质点初始动能为

$$T_0 = \frac{1}{2}mv_0^2$$

运动到 x 处的动能为

$$T = \frac{1}{2}mv^2$$

在此过程中,引力的功为

$$W = \int_R^x - mgR^2 \frac{1}{x^2}\mathrm{d}x = mgR^2\left(\frac{1}{x} - \frac{1}{R}\right)$$

根据动能定理可得

$$\frac{1}{2}mv^2 - \frac{1}{2}mv_0^2 = mgR^2\left(\frac{1}{x} - \frac{1}{R}\right)$$

所以质点的速度为

$$v = \sqrt{(v_0^2 - 2gR) + \frac{2gR^2}{x}}$$

结果表明,上抛初速度 v_0 一定时,质点的速度随 x 的增加而减小,即愈来愈慢。

②由 $v = \sqrt{(v_0^2 - 2gR) + \frac{2gR^2}{x}}$ 可见,若 $v_0^2 < 2gR$,$v_0^2 - 2gR$ 为负值,

故当 x 增加到某一数值时,质点的速度减小为零,此后质点在地球引力作用下落回地面。若 $v_0^2 > 2gR$,则不论 x 多大,甚至当 x 为无穷大时,质点的速度 v 也不会减小到零,即质点将脱离地球引力场,一去不复返,所以 $v_0^2 = 2gR$,即

$$v_0 = \sqrt{2gR} = 11.2\ \text{km/s}$$

就是第二宇宙速度。即从地面发射飞行器,使之脱离地球,进入太阳系,成为人造卫星所需的最小速度。

例 13-5 如图 13-19 所示,输送机的主动轮 B 上作用一不变转矩 M,被输送的重物 A 的质量为 m_1,由静止开始运动。轮 B 和 C 均视为均质圆盘,质量为 m,半径为 r,输送带的质量不计,倾角为 α,不计阻力,求重物 A 的速度和加速度。

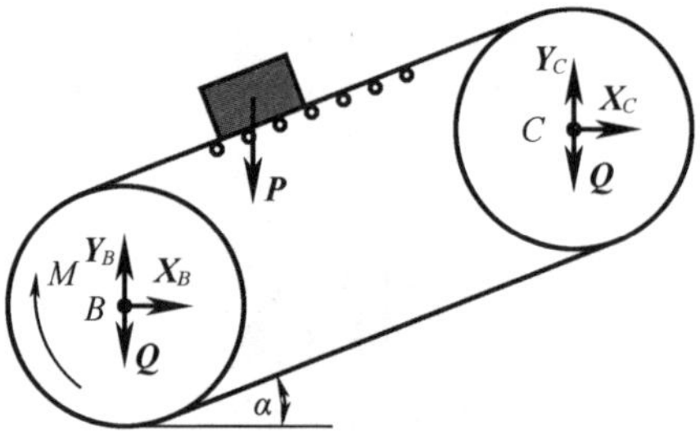

图 13-19 例 13-5 图

解 以整个输送机为研究对象。作用在系统上的主动力有转矩 M,重物 A 的重力 $\boldsymbol{P} = m_1\boldsymbol{g}$,轮 B 和轮 C 的重力 $\boldsymbol{Q} = m\boldsymbol{g}$,约束力有 B、C 轮轴承的约束力 $\boldsymbol{X}_B$、$\boldsymbol{Y}_B$,$\boldsymbol{X}_c$、$\boldsymbol{Y}_c$。

系统由静止开始运动,故初始动能为

$$T_0 = 0$$

重物 A 运动 s 距离后，系统的动能为

$$T=\frac{1}{2}m_1v^2+2\times\frac{1}{2}J\omega^2=\frac{1}{2}m_1v^2+2\times\frac{1}{2}\cdot\frac{1}{2}mr^2\cdot\left(\frac{v}{r}\right)^2$$

系统受理想约束，故约束力不做功，主动力的功为

$$W=M\varphi-m_1gs\sin\alpha=M\cdot\frac{s}{r}-m_1gs\sin\alpha$$

根据质点系动能定理可得

$$\frac{1}{2}m_1v^2+2\times\frac{1}{2}\cdot\frac{1}{2}mr^2\cdot\left(\frac{v}{r}\right)^2-0=M\cdot\frac{s}{r}-m_1gs\sin\alpha \tag{13-13}$$

解之得

$$v=\sqrt{\frac{2(M-m_1g\sin\alpha)s}{(m_1+m)r}}$$

这就是重物 A 的速度。

将式(13－13)两边同时对时间求导，可得重物 A 的加速度，即

$$a=\frac{M-m_1gr\sin\alpha}{(m_1+m)r}$$

结果表明，加速度为常数，即重物 A 做匀加速运动。

例 13－6　如图 13－20 所示，一不变转矩 M 作用在绞车的鼓轮上，鼓轮视为均质圆盘，半径为 r，质量为 m_1。重物 A 质量为 m_2，沿倾角为 α 的斜面上升，重物与斜面的摩擦系数为 f，绳索质量不计，系统由静止开始运动，求鼓轮的角速度和角加速度。

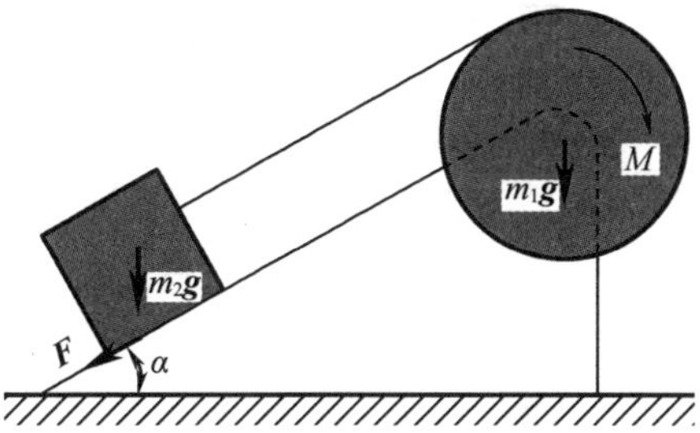

图 13－20　例 13－6 图

解　以整个系统为研究对象。作用在系统上的主动力有转矩 M，重力 m_1g 和 m_2g，重物 A 与斜面间的摩擦力，故非理想约束。其他约束力都不做功。

系统的初始动能

$$T_0=0$$

鼓轮转过 φ 角后，系统的动能为

$$T=\frac{1}{2}m_2v^2+\frac{1}{2}J\omega^2=\frac{1}{2}m_2(\omega r)^2+\frac{1}{2}\cdot\frac{1}{2}m_1r^2\omega^2$$

主动力及摩擦力的功为

$$W=M\varphi-m_2gs\sin\alpha-fm_2gs\cos\alpha=M\varphi-m_2gr\varphi\sin\alpha-fm_2gr\varphi\cos\alpha$$

根据动能定理可得

$$\frac{1}{2}m_2(\omega r)^2+\frac{1}{2}\cdot\frac{1}{2}m_1r^2\omega^2-0=M\varphi-m_2gr\varphi\sin\alpha-fm_2gr\varphi\cos\alpha \tag{13-14}$$

解之得

$$\omega=\sqrt{\frac{4[M-m_2gr(\sin\alpha+f\cos\alpha)]}{(m_1+2m_2)r^2}}$$

对式(13-14)两边对时间求导可得

$$\varepsilon=\frac{2[M-m_2gr(\sin\alpha+f\cos\alpha)]}{(m_1+2m_2)r^2}$$

在有摩擦力的情况下,已不是理想约束,但把摩擦力视为主动力,计入摩擦力的功,适用于理想约束的动能定理。

对于整个系统来说,摩擦力也是内力,是成对出现的,但由于作用在斜面上的那个摩擦力不做功,所以此一对大小相等,方向相反,作用线相同的摩擦力,它们做的功之和并不为零。任何机器或机构,其传动副间的滑动摩擦力总是存在的,它们虽然是一对作用力和反作用力,但做的功不能相互抵消,所以滑动摩擦的存在,总是消耗能量的。

例 13-7 如图 13-21 所示,重物 A 质量为 m,当其下落时,借一无重力且不可伸长的绳子,使鼓轮 O 沿水平轨道滚动而不滑动。已知鼓轮的质量为 M,外轮半径为 R,内轮半径为 r,对质心的回转半径为 ρ,滑轮的质量忽略不计,求重物 A 的加速度。

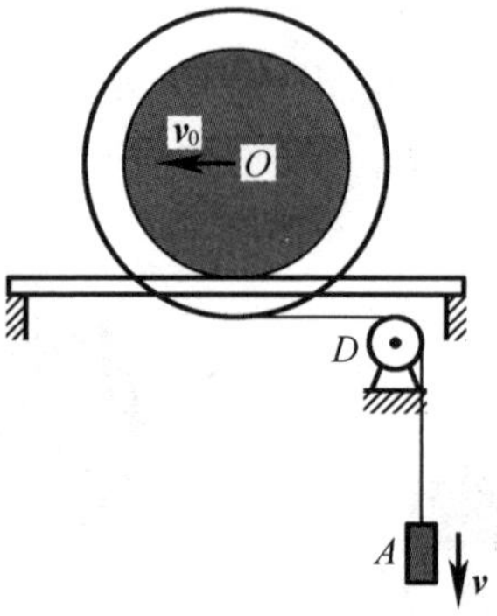

图 13-21 例 13-7 图

解 以整个系统为研究对象。系统受理想约束,主动力有 Mg 和 mg。

系统的初始动能 $T_0=0$,任一瞬时系统的动能为

$$T=\frac{1}{2}mv^2+\frac{1}{2}Mv_0^2+\frac{1}{2}J_0\omega^2$$

其中

$$\omega=\frac{v}{R-r},v_0=\omega r=\frac{rv}{R-r},J_0=M\rho^2$$

所以

$$T=\frac{1}{2}\left[m+\frac{M(\rho^2+r^2)}{(R-r)^2}\right]v^2$$

主动力的功为

$$W=mgs$$

根据动能定理得

$$\frac{1}{2}\left[m+\frac{M(\rho^2+r^2)}{(R-r)^2}\right]v^2-0=mgs$$

两边对时间求导,并注意到

$$\frac{\mathrm{d}s}{\mathrm{d}t}=v,\frac{\mathrm{d}v}{\mathrm{d}t}=a$$

得

$$a=\frac{m(R-r)^2}{m(R-r)^2+M(\rho^2+r^2)}g \quad （方向向下）$$

与之前的这道题的做法比较,用动能定理解此题比较简便。这是因为理想约束的约束力不做功,故在动能方程中不包含未知的约束力。而用刚体的平面运动微分方程解此题,约束力都包含在方程中。方程中包含未知约束力,不仅演算较繁,而且当未知数多于方程数时,还要将系统拆开,考虑几个甚至多个研究对象,以寻求足够的独立方程。所以对于具有理想约束的一个自由度系统,一般都用动能定理确定其运动。

例 13-8　如图 13-22 所示,汽车连同车轮的总质量为 m_1,每个车轮的质量为 m,半径为 r,对轮心的回转半径为 ρ。在主动轮上作用有主动力矩 M,空气阻力与汽车速度的平方成正比,即 $R=\mu v^2$,车轮轴承的总摩擦力矩为 M_T,不计滚动摩擦,求汽车的极限速度。

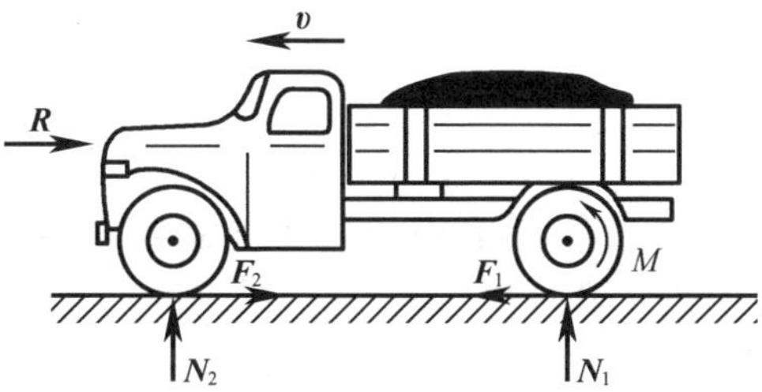

图 13-22　例 13-8 图

解　以汽车为研究对象,作用在汽车上的外力有汽车的重力 m_1g,空气阻力 $\boldsymbol{R}$,前后轮的摩擦力 $\boldsymbol{F}_1$、$\boldsymbol{F}_2$ 和法向约束力 $\boldsymbol{N}_1$、$\boldsymbol{N}_2$,作用在汽车上的内力有驱动力矩 M 和摩擦力矩 M_T。

系统的动能为

$$T=\frac{1}{2}m_1v^2+4\times\left(\frac{1}{2}J\omega^2\right)$$

式中

$$v=r\omega,J=m\rho^2$$

所以有

$$T=\frac{1}{2}\left(m_1+4m\frac{\rho^2}{r^2}\right)v^2$$

由于作用力中包含有变力,故应用微分形式的动能定理

$$\mathrm{d}T=\sum\delta W_i^{(e)}+\sum\delta W_i^{(i)}$$

其中外力的元功为

$$\sum\delta W_i^{(e)}=-\mu v^2\mathrm{d}s$$

内力的元功为

$$\sum \delta W_i^{(i)} = (M - M_T)\mathrm{d}\varphi = (M - M_T)\frac{\mathrm{d}s}{r}$$

所以

$$\mathrm{d}\left[\frac{1}{2}\left(m_1 + 4m\frac{\rho^2}{r^2}\right)v^2\right] = (M - M_T)\frac{\mathrm{d}s}{r} - \mu v^2\mathrm{d}s$$

等式两边同除以微小时间间隔 $\mathrm{d}t$,并注意到$\frac{\mathrm{d}s}{\mathrm{d}t} = v, \frac{\mathrm{d}v}{\mathrm{d}t} = a$ 得

$$\left(m_1 + 4m\frac{\rho^2}{r^2}\right)a = \frac{1}{r}(M - M_T - \mu r v^2)$$

这是汽车的运动微分方程,且有

$$a = \frac{\frac{1}{r}(M - M_T - \mu r v^2)}{\left(m_1 + 4m\frac{\rho^2}{r^2}\right)}$$

显然加速度随速度增加而减小。

当汽车加速度 a 减小为零时,速度达到极值称为极限速度,即

$$M - M_T - \mu r v^2 = 0$$

所以

$$v_{\max} = \sqrt{\frac{M - M_T}{\mu r}}$$

显然汽车达到极限速度时,系统所有内力和外力做功之和必为零,即来自汽车发动机的驱动力矩之功完全消耗于空气阻力和摩擦阻力,系统的动能不能再继续增加,汽车以极限速度做匀速运动。

例 13-9 如图 3-23(a)所示,均质杆 OA 长为 l,重为 $\boldsymbol{P}$,均质圆盘 A 半径为 R,重为 $\boldsymbol{Q}$,与杆在 A 处铰接,初瞬时 OA 杆水平,杆与圆盘均静止。求杆与水平线成 α 角时 OA 杆的角速度与角加速度,以及 O 处的反力。

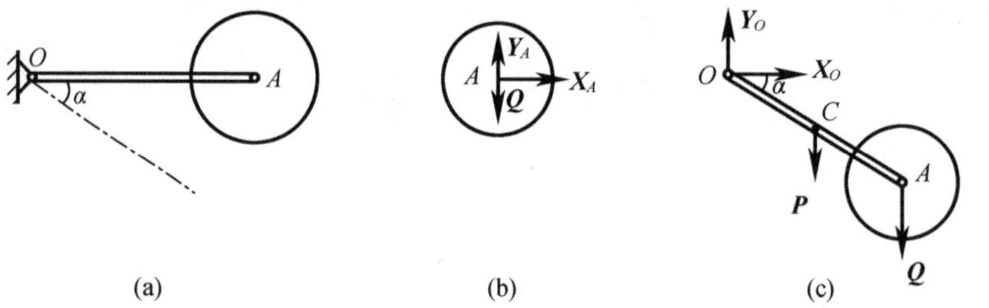

图 13-23 例 13-9 图

解 先以圆盘为研究对象,受力如图 13-23(b)所示,由相对质心的动量矩定理或刚体平面运动微分方程,有

$$\frac{\mathrm{d}}{\mathrm{d}t}(J_A\omega_A) = \sum m_A(\boldsymbol{F}_i) = 0$$

故得圆盘的角速度 ω_A = 常量,因圆盘开始静止,即 $\omega_A=0$,所以在运动过程中,圆盘始终做平动。

再以圆盘与杆 OA 一起为研究对象,任一位置受力分析如图 13-23(c)所示,则系统的初动能

$$T_1=0$$

α 角位置时系统动能

$$T_2=\frac{1}{2}\cdot\frac{1}{3}\frac{P}{g}l^2\cdot\omega^2+\frac{1}{2}\cdot\frac{Q}{g}(\omega l)^2=\frac{P+3Q}{6g}l^2\omega^2$$

由水平位置运动至 α 角位置过程中只有重力 $\boldsymbol{P}$、$\boldsymbol{Q}$ 做功,有

$$\sum W_i=P\cdot\frac{l}{2}\sin\alpha+Q\cdot l\sin\alpha=\frac{P+2Q}{2}l\sin\alpha$$

根据动能定理有

$$\frac{P+3Q}{6g}l^2\omega^2=\frac{P+2Q}{2}l\sin\alpha \tag{13-15}$$

可得

$$\omega=\sqrt{\frac{3(P+2Q)g\sin\alpha}{(P+3Q)l}}$$

将式(13-15)两边对时间求导,得

$$\frac{P+3Q}{6g}l^2\cdot 2\omega\cdot\frac{\mathrm{d}\omega}{\mathrm{d}t}=\frac{P+2Q}{2}l\cos\alpha\cdot\frac{\mathrm{d}\alpha}{\mathrm{d}t}$$

其中$\frac{\mathrm{d}\omega}{\mathrm{d}t}=\varepsilon$,$\frac{\mathrm{d}\alpha}{\mathrm{d}t}=\omega$ 代入上式可得

$$\varepsilon=\frac{3g(P+2Q)\cos\alpha}{2(P+3Q)l}$$

求 O 处反力可应用质心运动定理,即有

$$\frac{P}{g}(-a_C^n\cos\alpha-a_C^\tau\sin\alpha)+\frac{Q}{g}(-a_A^n\cos\alpha-a_A^\tau\sin\alpha)=X_O$$

$$\frac{P}{g}(a_C^n\sin\alpha-a_C^\tau\cos\alpha)+\frac{Q}{g}(a_A^n\sin\alpha-a_A^\tau\cos\alpha)=Y_O-P-Q$$

式中,$a_C^n=\omega^2\ \frac{l}{2}$;$a_C^\tau=\varepsilon\ \frac{l}{2}$;$a_A^n=\omega^2 l$;$a_A^\tau=\varepsilon l$。将它们代入上式,即可求得 X_O、Y_O(略)。

13.4　势力场、势能及机械能守恒定理

13.4.1　势力场

如果质点在某一空间所受到的力的大小和方向完全决定于质点所处空间的位置,则这部分空间称为力场。

例如,地球表面附近的空间是重力场。当质点离地面较远时,质点将受到万有引力的作用,引力的大小和方向完全决定于质点的位置,所以这部分空间称为万有引力场。系在弹簧上的质点受到弹簧的弹性力的作用,弹性力的大小和方向也只与质点的位置有关,因而弹性力所及的空间称为弹性力场。

质点在力场中运动,如果作用在质点上场力的功与质点运动轨迹的形状无关(亦称与路径无关),而与起始和终了的位置有关,这种力场称为势力场。重力场、弹性力场、万有引力场都是势力场。在势力场中,质点所受的场力称为有势力。重力、弹性力和万有引力都是势力。势力场又称保守力场,势力又称保守力。

13.4.2 势能

1. 质点的势能

质点在势力场中运动,某瞬时,在 $M(x,y,z)$ 位置,若选势力场中任一固定点 $M_0(x_0,y_0,z_0)$ 作为基准点(或称为零势能点),则质点由 M 位置运动到 M_0 位置,有势力 $\boldsymbol{F}$ 做的功称为质点在 M 位置的势能。用 V 表示势能,则

$$V=\int_{M}^{M_0}\boldsymbol{F}\cdot\mathrm{d}\boldsymbol{r}=\int_{(xyz)}^{(x_0y_0z_0)}(F_x\mathrm{d}x+F_y\mathrm{d}y+F_z\mathrm{d}z)$$

由上式可见,选定 $M_0(x_0,y_0,z_0)$ 后,势能 V 完全决定于质点的位置,所以势能是坐标的函数,即

$$V=V(x,y,z)$$

2. 质点系的势能

对于由 n 个质点组成的质点系,在势力场中受到 n 个有势力的作用,若选势力场中相应于各质点的任一固定点 $M_{i0}(i=1,2\cdots,n)$ 分别为各质点的零势能位置,则质点系中各质点从各自某一位置 $M_{i1}(i=1,2\cdots,n)$ 运动到各自的零势能位置时,作用在各质点上有势力所做功的代数和称为质点系在该位置时所具有的势能,即

$$V=W_{10}=\sum_{i=1}^{n}\int_{M_{i1}}^{M_{i0}}F_{ix}\mathrm{d}x_i+F_{iy}\mathrm{d}y_i+F_{iz}\mathrm{d}z_i$$

下面介绍几种常见势力的势能。

(1)重力的势能

选如图 13-24 所示坐标系,z 轴铅垂向上。选 xOy 平面上任一点 M_0 为基准点,则质量为 m 的质点在 M 位置的势能为

$$V=\int_{z}^{0}-mg\mathrm{d}z=mgz$$

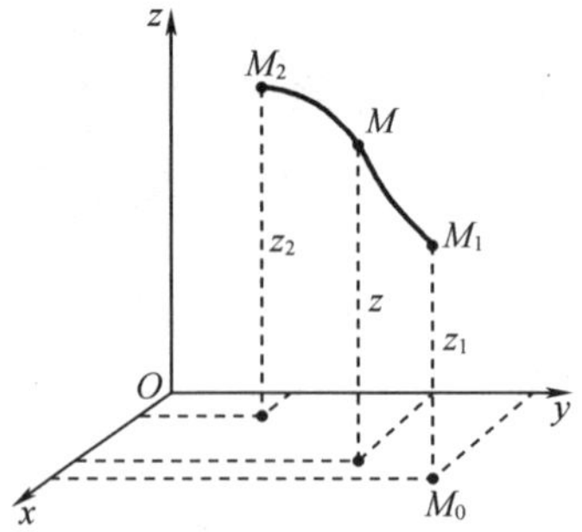

图 13-24 质点在重力场中的势能

质点系中各质点势能之和,称为质点系的势能,即

$$V = \sum_{i=1}^{n} m_i g z_i = g\sum_{i=1}^{n} m_i z_i = Mgz_C$$

式中,M 是质点系的总质量;z_C 是质点系质心的 z 坐标。

(2)弹性力的势能

如图 13-25 所示,设弹簧一端固定,另一端固接于质点,弹簧原长 l_0,刚度系数为 k。质点在 M_1 位置时,变形为 δ_1,在 M_2 位置时,变形为 δ_2。若以 M_1 点为基准点,质点在 M_2 位置弹性力的势能为

$$V = W_{21} = \frac{1}{2}k(\delta_2^2 - \delta_1^2)$$

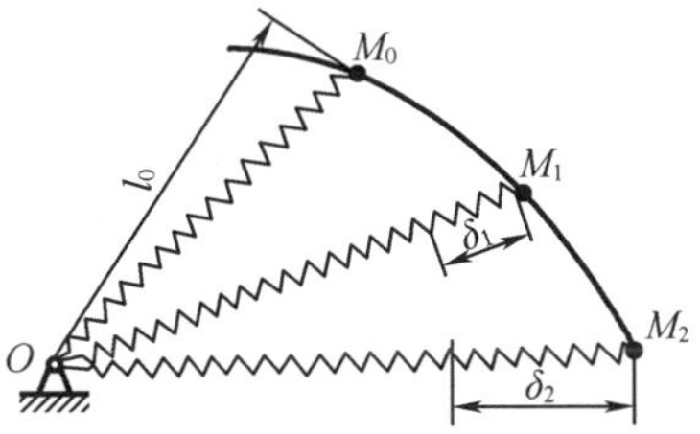

图 13-25 质点在弹力场中的势能

若以 M_0 为基准点,并设此位置弹簧没有变形,则质点在 M_2 位置的弹性势能为

$$V = W_{20} = \frac{1}{2}k\delta_2^2$$

所以把弹簧未变形时质点的位置选作基准点,弹性力势能具有最简单的形式,并恒为正值。

(3)万有引力势能

如图 13-26 所示,质量为 m 的质点,受到位于固定点 O、质量为 m_2 的质点的引力为

$$F = f\frac{mm_2}{r^2}$$

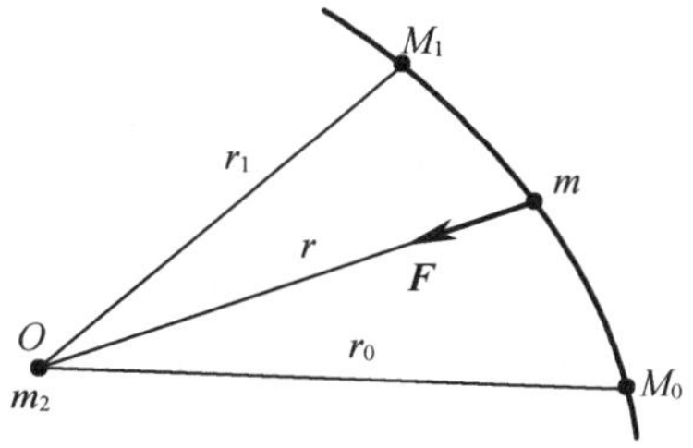

图 13-26 质点在引力场中的势能

若以 M_0 为基准点,则质点在 M_1 位置的引力势能为

$$V = W_{M_1M_0} = fmm_2\left(\frac{1}{r_0} - \frac{1}{r_1}\right) \tag{13-16}$$

若将基准点选在无穷远处,则因 $r_0 \to \infty$,故 $\frac{1}{r_0} \to 0$,代入上式,得

$$V = -fmm_2\frac{1}{r_1} \tag{13-17}$$

由此可见,若选无穷远处的点作为计算引力势能的基准点,则引力势能具有最简单的形式,且恒为负值。

若 m_2 为地球质量,F 为地球引力,当 $r=R$ 时,引力 $F=mg$,代入引力公式得

$$fm_2=gR^2$$

其中 g 是重力加速度,R 是地球半径,代入式(13-17)得地球的引力势能为

$$V=-gR^2\frac{m}{r_1}$$

式中,r_1 是质点到地心的距离。基准点在无穷远处。

13.4.3 机械能守恒定理

设质点系只受到有势力的作用而运动,若同时还有约束力的作用,但约束力不做功,那么当质点系由第一位置运动到第二位置时,根据质点系的动能定量有

$$T_2-T_1=W_{12} \tag{13-18}$$

式中,W_{12}为有势力所做的功,即

$$W_{12}=\sum_{i=1}^{n}\int_{M_{i1}}^{M_{i2}}F_{ix}\mathrm{d}x_i+F_{iy}\mathrm{d}y_i+F_{iz}\mathrm{d}z_i \tag{13-19}$$

考虑有势力做功与质点运动的路径无关,可以认为第 i 个质点 M_i 先从第一位置 M_{i1} 运动至零势能位置 M_{i0},然后再由 M_{i0}位置运动至第二位置 M_{i2},于是式(13-19)可写成

$$\begin{aligned}W_{12}&=\sum_{i=1}^{n}\int_{M_{i1}}^{M_{i0}}F_{ix}\mathrm{d}x_i+F_{iy}\mathrm{d}y_i+F_{iz}\mathrm{d}z_i+\sum_{i=1}^{n}\int_{M_{i0}}^{M_{i2}}F_{ix}\mathrm{d}x_i+F_{iy}\mathrm{d}y_i+F_{iz}\mathrm{d}z_i\\&=\sum_{i=1}^{n}\int_{M_{i1}}^{M_{i0}}F_{ix}\mathrm{d}x_i+F_{iy}\mathrm{d}y_i+F_{iz}\mathrm{d}z_i-\sum_{i=1}^{n}\int_{M_{i2}}^{M_{i0}}F_{ix}\mathrm{d}x_i+F_{iy}\mathrm{d}y_i+F_{iz}\mathrm{d}z_i\\&=V_1-V_2\end{aligned}$$

将上式代入式(13-18)可得

$$T_1+V_1=T_2+V_2 \tag{13-20}$$

上式表明,若质点系只受有势力的作用而运动时,则在任意两位置的动能与势能之和相等,或动能与势能之和保持不变,质点系的动能与势能之和称为机械能,因此,该结论称为机械能守恒定律。上式也可写为

$$T+V=\text{常量} \tag{13-21}$$

根据这一定理,质点系在势力场中运动时,动能与势能可以相互转换。动能的减少或增加,必然伴随着势能的增加或减少,而且减少或增加的量相等,机械能保持不变,这样的系统称为保守系统。

例 13-10 如图 3-27(a)所示,AB 杆长度为 l,质量为 m,轮 A 及轮 B 的半径均为$\frac{1}{10}l$,质量均为$\frac{1}{2}m$,圆形槽道的半径为 $R=\frac{11}{10}l$,初瞬时静止,且 $\theta=30°$,求运动至 $\theta=90°$时轨道作用在轮子 B 上的摩擦力。

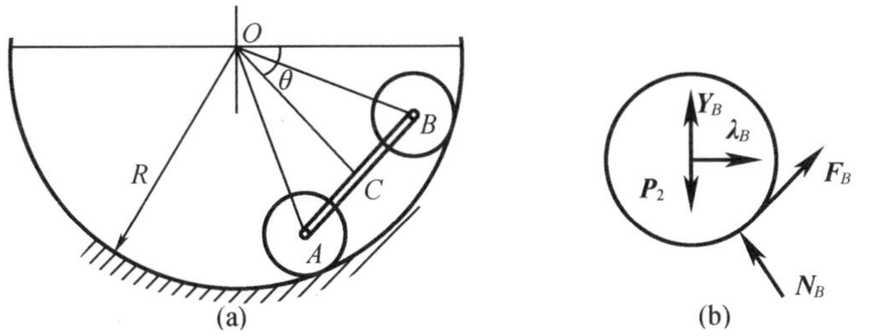

图 13－27　例 13－10 图

解　取轮 A、轮 B 及 AB 杆组成的系统为研究对象，系统只受有重力，约束力及内力均不做功，故系统机械能守恒。由图示的几何关系有 $OB=OA=AB=l$，$OC=\frac{\sqrt{3}}{2}l$，AB 杆做定轴转动，轮 A 及轮 B 做平面运动，则 $v_B=\dot{\theta}l=\frac{1}{10}l\dot{\varphi}$，$\dot{\varphi}$ 为轮子的角速度，即 $\dot{\theta}=\frac{1}{10}\dot{\varphi}$，$\ddot{\theta}=\frac{1}{10}\ddot{\varphi}$，$v_C=\frac{\sqrt{3}}{2}l\dot{\theta}$，则任一位置 θ 时系统的动能可写为

$$
\begin{aligned}
T&=\frac{1}{2}\left[\frac{1}{12}ml^2+m\left(\frac{\sqrt{3}}{2}l\right)^2\right]\dot{\theta}^2+2\times\frac{3}{4}\cdot\frac{1}{2}mv_B^2\\
&=\frac{1}{2}\left[\frac{1}{12}ml^2+m\left(\frac{\sqrt{3}}{2}l\right)^2\right]\dot{\theta}^2+2\times\frac{3}{4}\cdot\frac{1}{2}m(\dot{\theta}l)^2\\
&=\frac{7}{6}ml^2\dot{\theta}^2
\end{aligned}
$$

取初瞬时位置，即 $\theta=30°$为系统的零势能位置，则在 θ 位置时系统具有的重力势能为

$$V=-\left(m+2\times\frac{1}{2}m\right)\cdot\frac{\sqrt{3}}{2}l\cdot(\sin\theta-\sin 30°)$$

根据系统的机械能守恒 $T+V=$常量，有

$$\frac{7}{6}ml^2\dot{\theta}^2-\sqrt{3}mgl\left(\sin\theta-\frac{1}{2}\right)=C$$

由初始条件，即 $t=0$ 时，$\theta=30°$，$\dot{\theta}=0$ 代入上式可得 $C=0$，所以可得

$$\dot{\theta}^2=\frac{6\sqrt{3}g}{7l}\left(\sin\theta-\frac{1}{2}\right)$$

将上式两边对时间求导可得

$$\ddot{\theta}=\frac{6\sqrt{3}g}{7l}\cos\theta$$

当 $\theta=90°$时，$\dot{\theta}^2=\frac{3\sqrt{3}g}{7l}$，$\ddot{\theta}=0$，所以有 $\ddot{\varphi}=0$。

再取轮 B 为研究对象，受力分析如图 13－27(b)所示，列刚体平面运动微分方程有

$$J_B\ddot{\varphi}=F_B\cdot\frac{1}{10}l=0$$

所以

$$F_B=0$$

即轨道作用于轮 B 上的摩擦力为零。

例 13－11　如图 13－28(a)所示,均质细杆长为 l,质量为 m_1,上端 B 靠在光滑的墙上,下端 A 以铰链和圆柱体的中心相连。圆柱体质量为 m_2,半径为 R,放在粗糙的地面上,自图示位置由静止开始滚动,滚动阻力可不计。如果初瞬时杆与水平线的夹角 $\theta=45°$,求此瞬时 A 点的加速度。

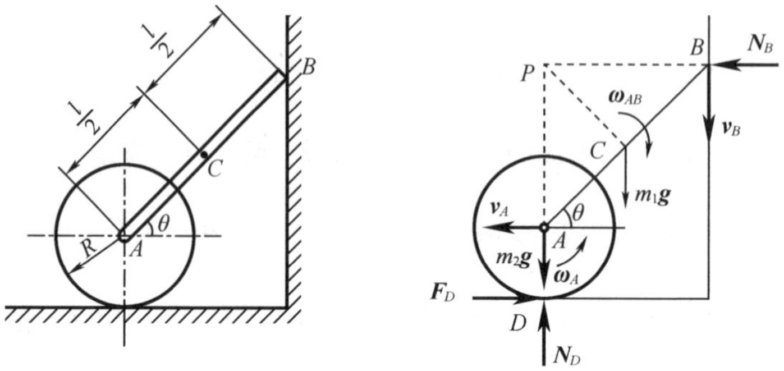

图 13－28　例 13－11 图

解　取圆柱和 AB 杆组成的系统为研究对象,受力如图 13－28(b)所示。在作用于系统上所有力当中,显然只有重力 m_1g 做功。故该系统在运动中机械能守恒。

以经过圆柱体中心 A 的水平面为势能的零位置。则在图示位置 AB 杆的重力势能为

$$V=m_1g\cdot\frac{l}{2}\sin\theta$$

因圆柱体和 AB 杆皆做平面运动,在图示位置它们的速度瞬心分别为 D 点和 P 点,则系统的动能为

$$\begin{aligned}T&=\frac{1}{2}J_D\omega_A^2+\frac{1}{2}J_P\omega_{AB}^2\\&=\frac{1}{2}\left(\frac{1}{2}m_2R^2+m_2R^2\right)\left(\frac{v_A}{R}\right)^2+\frac{1}{2}\left[\frac{1}{12}m_1l^2+m_1(PC)^2\right]\left(\frac{v_A}{PA}\right)^2\\&=\frac{3}{4}m_2v_A^2+\frac{1}{2}\left[\frac{1}{12}m_1l^2+m_1\left(\frac{l}{2}\right)^2\right]\left(\frac{v_A}{l\sin\theta}\right)^2\\&=\frac{3}{4}m_2v_A^2+\frac{1}{6\sin^2\theta}m_1v_A^2\end{aligned}$$

根据机械能守恒定理

$$T+V=\text{常量}$$

得

$$\frac{3}{4}m_2v_A^2+\frac{1}{6\sin^2\theta}m_1v_A^2+m_1g\cdot\frac{l}{2}\sin\theta=C$$

将上式两端对时间 t 求导,得

$$\frac{3}{2}m_2v_A\cdot\frac{\mathrm{d}v_A}{\mathrm{d}t}+\frac{m_1}{3\sin^2\theta}v_A\cdot\frac{\mathrm{d}v_A}{\mathrm{d}t}-\frac{m_1v_A^2}{3\sin^3\theta}\cos\theta\cdot\frac{\mathrm{d}\theta}{\mathrm{d}t}+\frac{l}{2}m_1g\cos\theta\cdot\frac{\mathrm{d}\theta}{\mathrm{d}t}=0$$

式中

$$\frac{\mathrm{d}v_A}{\mathrm{d}t}=a_A,\frac{\mathrm{d}\theta}{\mathrm{d}t}=-\omega_{AB}=\frac{-v_A}{l\sin\theta}$$

代入上式并注意到初瞬时，$t=0$，$v_A=0$，$\theta=45°$，可得

$$a_A=\frac{3m_1}{4m_1+9m_2}g$$

注：本题亦可用微分形式的动能定理求解。

例 13－12　如图 13－29 所示，试用机械能守恒定律计算第二宇宙速度。

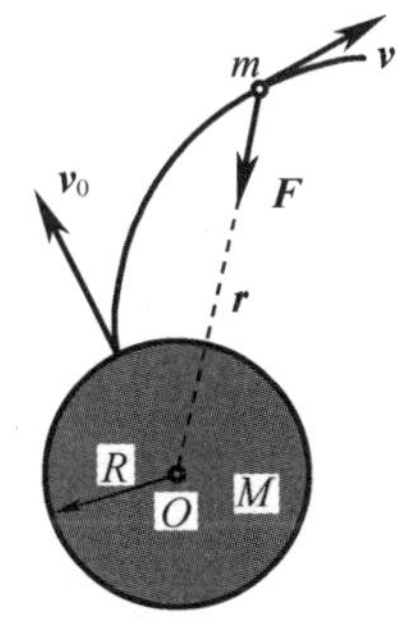

图 13－29　例 13－12 图

解　设飞行器质量为 m，视为质点。发射后在地球引力场中运动，不计空气阻力，则飞行器的机械能保持不变。

飞行器在任一位置时，受地球的引力为

$$F=fM\frac{m}{r^2}=gR^2\frac{m}{r^2}$$

其机械能为（选无穷远处为引力势能的零势能位置）

$$\frac{1}{2}mv^2-gR^2m\left(\frac{1}{r}\right)$$

式中，R 是地球半径；r 是飞行器到地心的距离。

设飞行器在地面的发射速度为 v_0，则机械能为

$$\frac{1}{2}mv_0^2-gR^2m\left(\frac{1}{R}\right)$$

飞行器要能脱离地球引力场，成为人造卫星，必须满足条件，$r=\infty$，$v>0$，因为在无穷远处，地球引力 F 趋于零，飞行器速度稍大于零，即可脱离地球引力场，成为人造卫星。显然，应用条件 $r=\infty$，$v>0$ 进行计算，即可求得从地面发射所需之最小初速度，即第二宇宙速度。根据上述条件可知飞行器在无穷远处的机械能为零。

根据机械能守恒定律可得

$$\frac{1}{2}mv_0^2-gR^2m\left(\frac{1}{R}\right)=0$$

从而可算得

$$v_0=\sqrt{2gR}=11.2\ \text{km/s}$$

这就是第二宇宙速度。

第二宇宙速度在前面的例 13－4 中已用动能定理计算过。在此重算之目的在于通过对

比,掌握动能定理和机械能守恒定律的内在联系,掌握机械能守恒定律解题的方法和特点。对于在势力场中运动的自由质点和质点系,或受有理想约束的非自由质点和质点系,用机械能守恒定律确定其运动,十分简便。用机械能守恒定律解题,关键在于正确计算势能,故必须正确理解势能的概念,熟练常握重力、弹性力及万有引力势能的计算。计算势能时要特别注意基准点的选择。

13.5 功率、功率方程及机械效率

13.5.1 功率

功率是指力在单位时间内所做的功。力的功率一般是随时间而变的,因此要用瞬时值表示,即

$$P=\frac{\delta W}{\mathrm{d}t} \tag{13-22}$$

功率代表了做功的快慢程度,对于一部机器来说,功率代表了机器的工作能力,它是表示机器性能的一个重要指标。

由于力的元功 $\delta W=\boldsymbol{F}\cdot \mathrm{d}\boldsymbol{r}$,代入式(13-22)得

$$P=\frac{\delta W}{\mathrm{d}t}=\boldsymbol{F}\cdot\frac{\mathrm{d}\boldsymbol{r}}{\mathrm{d}t}=\boldsymbol{F}\cdot\boldsymbol{v}=F_{\tau}\cdot v \tag{13-23}$$

上式表明,功率等于切向力与力作用点速度的乘积。例如,用机床加工零件时,切削力越大,切削速度越高,则要求机床的功率越大。但每台机床能够输出的最大功率是一定的,因此,用机床加工零件时,如果切削力较大,则必须选择较小的切削速度,使二者的乘积不超过机床能够输出的最大功率。

对于定轴转动刚体,若作用于绕 z 轴转动的刚体的力对 z 轴的矩为 M_z,则力的元功为 $\delta W=M_z\mathrm{d}\varphi$,代入式(13-22)得

$$P=\frac{\delta W}{\mathrm{d}t}=M_z\cdot\frac{\mathrm{d}\varphi}{\mathrm{d}t}=M_z\omega \tag{13-24}$$

式中,ω 为刚体的角速度。

上式表明,作用于定轴转动刚体上的力的功率等于力对于该轴的转矩与角速度的乘积。

在国际单位制中,功率的常用单位是 J(焦耳)/s(秒),称为瓦特(W),即

$$1\ \mathrm{W}=1\ \mathrm{J/s}=1\ \mathrm{N\cdot m/s}$$

工程技术中,机器的功率常用马力(PS)为单位,它与瓦特和千瓦的关系为

$$1\ \mathrm{PS}=735\ \mathrm{W}=0.735\ 0\ \mathrm{kW}$$

13.5.2 功率方程

由质点系动能定理的微分形式

$$\mathrm{d}T=\sum\delta W_i^{(A)}+\sum\delta W_i^{(N)}$$

上式两边同除以微小时间间隔 $\mathrm{d}t$,得

$$\frac{\mathrm{d}T}{\mathrm{d}t}=\sum P_i^{(A)}+\sum P_i^{(N)}$$

上式表明，质点系动能对时间的一阶导数，等于作用于质点系上所有力的功率的代数和。上式称为功率方程。

对于一部机器而言，作用在机器上所有力的功率一般包括输入功率和输出功率两部分。输出功率一部分用于克服阻力，大部分用于工作。若令输入功率为 P_0，用于工作的功率为 P_1，消耗于阻力的功率为 P_2，则机器的功率方程可改为

$$\frac{\mathrm{d}T}{\mathrm{d}t}=P_0-P_1-P_2$$

或

$$P_0=\frac{\mathrm{d}T}{\mathrm{d}t}+P_1+P_2$$

上式表明，系统的输入功率等于有用功率、无用功率和系统动能变化率之和。

13.5.3　机械效率

任何一部机器在工作时都需要从外界输入功率，同时由于一些机械能转化为热能、声能等，都将消耗一部分功率。在工程中，把有效功率(包括克服有用阻力的功率和使系统动能改变的功率)与输入功率的比值称为机器的机械效率，用 η 表示，即

$$\eta=\frac{\text{有效功率}}{\text{输入功率}}\times 100\%$$

式中，有效功率 $=\frac{\mathrm{d}T}{\mathrm{d}t}+P_1$；输入功率 $=P_0$。

由上式可知，机械效率表明机器对输入功率的有效利用程度，它是评定机器质量好坏的指标之一，它与传动方式、制造精度与工作条件有关。一般机械或机械零件传动的效率可在手册或有关说明书中查到。显然，$\eta<1$。

例 13－13　如图 13－30 所示，车床电动机的功率 $P_0=4.5$ kW，主轴的最低转速 $n=42$ r/min，传动系统中损耗的功率是输入功率的 30%，或工件的直径 $d=10$ cm，求切削力 F。

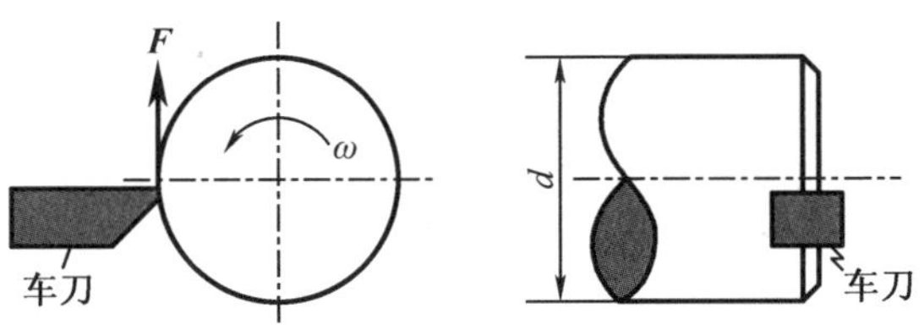

图 13－30　例 13－13 图

解　车床正常运转时主轴是等角速度转动，故系统动能不随时间变化，即$\frac{\mathrm{d}T}{\mathrm{d}t}=0$。

根据功率方程可得

$$P_0-P_1-P_2=0$$

其中输入功率 $P_0=4.5$ kW，损耗功率 $P_2=0.3\times P_0=1.35$ kW，故用于切削工件的功率为

$$P_1=P_0-P_2=3.15\ \text{kW}$$

又

$$P_1 = F \cdot \frac{d}{2} \cdot \omega$$

故切削力

$$F = \frac{2P_1}{d\omega} = \frac{2 \times 3.15 \times 1\,000}{0.1 \times \frac{\pi \times 42}{30}} \text{ kN} = 14.32 \text{ kN}$$

例 13－14 如图 13－31 所示,皮带输送机的速度 $v = 1$ m/s,输送量 $Q = 2 \times 10^3$ kg/min,高度 $h = 5$ m,损耗功率为输入功率的 40%,求输入功率。

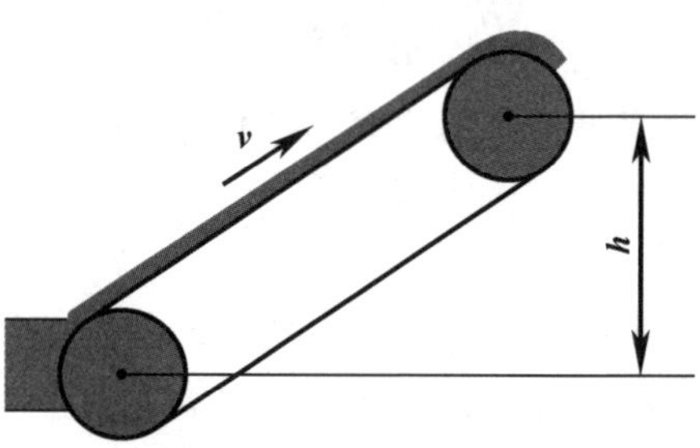

图 13－31 例 13－14 图

解 输送带在 dt 时间内输送的质量为 d$m = Q$d$t/60$。

以皮带上被输送的材料为研究对象(包括将要进入输送带的 dm 质量)。经 dt 时间,输送带将 dm 质量的材料以速度 v 抛出,同时又有 dm 质量的材料从静止状态进入输送带。由于抛出质量 dm 速度的大小未改变,而进入质量 dm 的速度由零增加到 v,故在 dt 时间内,系统动能的增量为

$$\mathrm{d}T = \frac{1}{2}\mathrm{d}m \cdot v^2 = \frac{1}{2}\left(\frac{Q}{60}\mathrm{d}t\right)v^2$$

动能对时间的导数为

$$\frac{\mathrm{d}T}{\mathrm{d}t} = \frac{1}{2}\left(\frac{Q}{60}\right)v^2$$

根据功率方程

$$\frac{\mathrm{d}T}{\mathrm{d}t} = P_0 - P_1 - P_2$$

得

$$P_0 = P_1 + P_2 + \frac{\mathrm{d}T}{\mathrm{d}t}$$

其中 P_1 是工作用的功率,用于在 dt 时间内将 dm 质量的材料提高 5 m,即

$$P_1 = \frac{\left(\frac{Q}{60}\right)\mathrm{d}t \cdot gh}{\mathrm{d}t} = \left(\frac{Q}{60}\right)gh$$

P_2 是损耗功率,已知 $P_2 = 0.4P_0$,所以输入功率

$$P_0 = \left[\frac{Q}{60}gh + \frac{1}{2}\left(\frac{Q}{60}\right)v^2\right] \times \frac{1}{0.6} = \frac{2\,000}{60 \times 0.6}\left(9.8 \times 5 + \frac{1}{2} \times 1\right) = 2.75 \text{ kW}$$

13.6　动力学普遍定理综合应用

前面各章节讲述了用于研究质点或质点系的运动变化与所受力之间关系的动量定理、动量矩定理及动能定理。但每一定理只反映了这种关系的一个方面，这些定理既有共性，又各有其特殊性。例如，动量定理和动量矩定理都既反映速度大小的变化，也反映速度方向的变化，而动能定理只反映速度大小的变化。动量定理和动量矩定理涉及所有外力(包括约束力)，却与内力无关，而动能定理则涉及所有做功的力(不论是内力、外力)等都是特殊性的反映。前面各章节中的例题，有的可用不同的定理求解，这是它们共性的表现，而有的只能用某一定理求解，则是各自特殊性的表现。

一般来说，在求解具体问题时，根据质点系的受力情况、约束情况、给定的条件及要求的未知量，就可判定应用某一定理求解最为简捷。只用某一定理，往往不能求得问题的全部解答。例如，应用动能定理可以方便地求出物体在两个位置的速度大小的变化，但一般不能确定速度的方向，也不能确定中间的运动过程，因为不考虑不做功的约束力，自然也就不能用来求那些约束力。有些问题需要同时使用两个或三个定理才能求解全部解答。因此，我们必须对各定理有较透彻的了解，弄清楚什么样的问题宜用什么定理求解，再进一步常握各定理的综合应用。

例 13-15　如图 13-32(a)所示，A、B 轮质量均为 m，半径为 R，视为均质圆柱体。重物 C 质量为 m_C，三角块质量为 M，倾角为 α，固结于地面。轮 A 在斜面上做无滑动滚动。求：①重物 C 的加速度。②三角块受地面的约束力。③A、B 轮间绳索的张力。④轮 A 与斜面间的摩擦力。

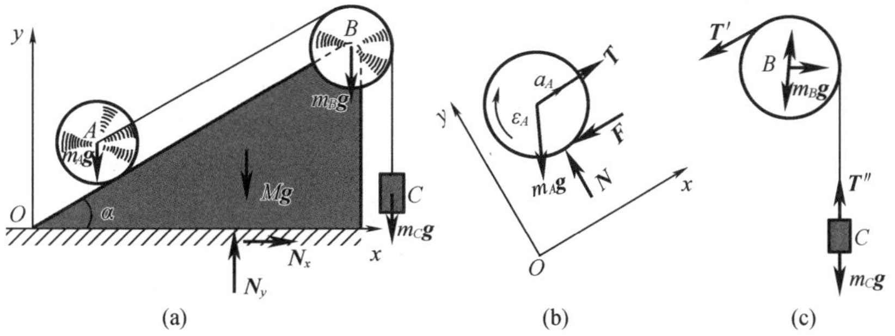

图 13-32　例 13-15 图

解　①求重物 C 的加速度。

以整个系统为研究对象。系统中重物 C 做平动，轮 B 做定轴转动，轮 A 做平面运动。作用在系统上的主动力有重力 m_Ag、m_Bg、m_Cg、Mg 和约束力 N_x、N_y。由于三角块固定不动，故 N_x、N_y 不做功。系统内其他各物体均受理想约束。

根据动能定理得

$$\frac{1}{2}m_Cv_C^2+\frac{1}{2}J_B\omega_B^2+\frac{1}{2}m_Av_A^2+\frac{1}{2}J_A\omega_A^2-T_0=m_Cgs-m_Ags\sin\alpha$$

式中，$v_A=v_C$；$\omega_A=\omega_B=\dfrac{v_C}{R}$；$J_A=J_B=\dfrac{1}{2}mR^2$；$m_A=m_B=m$。

上式可简化为

$$\frac{1}{2}(m_C+2m)v_C^2-T_0=(m_C-m\sin\alpha)gs$$

等式两边各项对时间 t 求导,并考虑到$\frac{\mathrm{d}s}{\mathrm{d}t}=v_C$,$\frac{\mathrm{d}v_C}{\mathrm{d}t}=a_C$,$\frac{\mathrm{d}T_0}{\mathrm{d}t}=0$,可求得重物 C 的加速度为

$$a_C=\frac{m_C-m\sin\alpha}{m_C+2m}g$$

结果表明,当 $m_C-m\sin\alpha>0$ 时,$a_C>0$,A 轮才能由静止向上滚动,重物 C 向下做匀加速度运动。

②求约束力 N_x、N_y

仍以整个系统为研究对象。重物 C 和轮 A 质心加速度已求出,故

可用质心运动定理求约束力 N_x、N_y。根据质心运动定理可得

$$ma_A\cos\alpha=N_x$$

$$ma_A\sin\alpha-m_Ca_C=N_y-m_Cg-2mg-Mg$$

所以

$$N_x=\frac{m(m_C-m\sin\alpha)\cos\alpha}{m_C+2m}g$$

$$N_y=m_Cg+2mg+Mg-\frac{(m_C-m\sin\alpha)^2}{m_C+2m}g$$

③求张力和摩擦力

以轮 A 为研究对象。如图 13-32(b)所示,作用在其上的力有重力 $m\boldsymbol{g}$,绳索的张力 $\boldsymbol{T}$,斜面的法向约束力 $\boldsymbol{N}$ 和摩擦力 $\boldsymbol{F}$。轮 A 做平面运动,轮心的加速度已求出,根据滚动无滑动条件,则可求出轮 A 的角加速度,即

$$\varepsilon_A=\frac{a_A}{R}$$

根据刚体平面运动微分方程可得

$$ma_A=T-F-mg\sin\alpha$$

$$0=N-mg\cos\alpha$$

$$J_A\varepsilon_A=F\cdot R$$

由此可求出

$$F=\frac{m(m_C-m\sin\alpha)}{2(m_C+2m)}g$$

$$T=mg\sin\alpha+\frac{3m(m_C-m\sin\alpha)}{2(m_C+2m)}g=\frac{m(m\sin\alpha+2m_C\sin\alpha+3m_C)}{2(m_C+2m)}g$$

应该注意,此时斜面的摩擦力是一种约束力,它决定于轮子的运动和作用在轮子上的其他力,而与接触面的物理条件无关,即 $F\neq fN$。滚动无滑动时,一般 $F\leqslant F_{\max}=fN$,否则就要产生相对滑动。

求绳索中张力 T,亦可用轮 B 和重物 C 组成的系统作为研究对象,用动量矩定理求解。

受力情况如图 13-32(c)所示,根据动量矩定理得

$$\frac{\mathrm{d}}{\mathrm{d}t}(J_B\omega_B + m_C v_C R) = m_C gR - T'R$$

即

$$J_B\varepsilon_B + m_C R a_C = m_C gR - T'R$$

式中

$$J_B = \frac{1}{2}mR^2, \varepsilon_B = \frac{a_B}{R}$$

故张力为

$$T' = \frac{m(m\sin\alpha + 2m_C\sin\alpha + 3m_C)}{2(m_C + 2m)}g$$

要注意由于考虑了滑轮 B 的质量,因此滑轮 B 两边绳子的张力是不相等的。下边绳索张力 $T'' = m_C(g + a_C)$。

例 13－16　原长 $l_0 = 2$ m、具有弹簧常数 $k = 1\ 200$ N/m 的弹性软绳 OA,一端固定于一光滑水平面上 O 点,另一端系有一重 $P = 200$ N 的小球 A。开始时,把软绳拉长 $\delta = 0.5$ m,并给予小球与软绳相垂直的初速度 $v_0 = 3$ m/s,如图 13－33 所示。求当软绳恢复到原长时,小球的速度 v 的大小以及与软绳间的夹角 α。

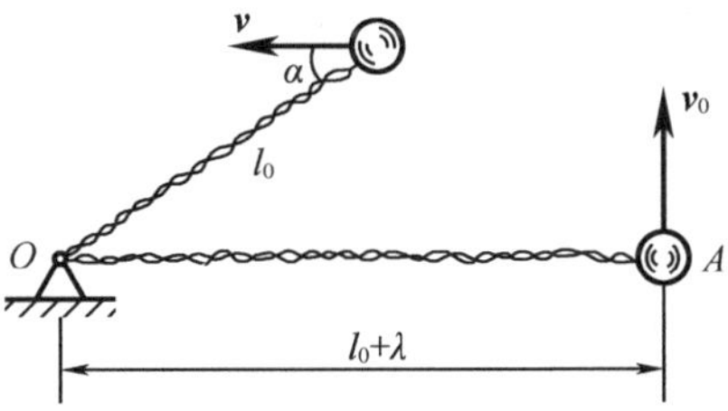

图 13－33　例 13－16 图

解　因水平面的约束反力不做功,故小球 A 处于弹性力场内,因而小球的机械能守恒,即

$$T_0 + V_0 = T + V$$

以弹簧原长处为弹性力势能的零位置,则

$$\frac{1}{2}\frac{P}{g}v_0^2 + \frac{1}{2}k\delta^2 = \frac{1}{2}\frac{P}{g}v^2$$

代入已知数值,可解得

$$v = \sqrt{v_0^2 + \frac{kg}{P}\lambda^2} = \sqrt{3^2 + \frac{1\ 200 \times 9.8}{200} \times 0.5^2}\ \text{m/s} = 4.87\ \text{m/s}$$

又小球所受弹簧力是中心力,故小球对光滑水平面上 O 点的动量矩守恒,故有

$$\frac{P}{g}v_0(l_0 + \delta) = \frac{P}{g}v\sin\alpha \cdot l_0$$

代入已知数值可解得

$$\sin\alpha = \frac{v_0(l_0 + \delta)}{vl_0} = \frac{3 \times (2 + 0.5)}{4.87 \times 2} = 0.77$$

故

$$\alpha = 50.36^0$$

例 13 – 17　弹簧两端各系有重物 A 和 B,平放在光滑的水平面上,如图 13 – 34(a)所示。其中 A 物重 P,B 物重 Q。弹簧的原长为 l_0,弹簧常数为 k。先将弹簧拉长到 l,然后无初速地释放,问当弹簧回到原长时,A 和 B 两物体的速度各为多少? 弹簧质量不计。

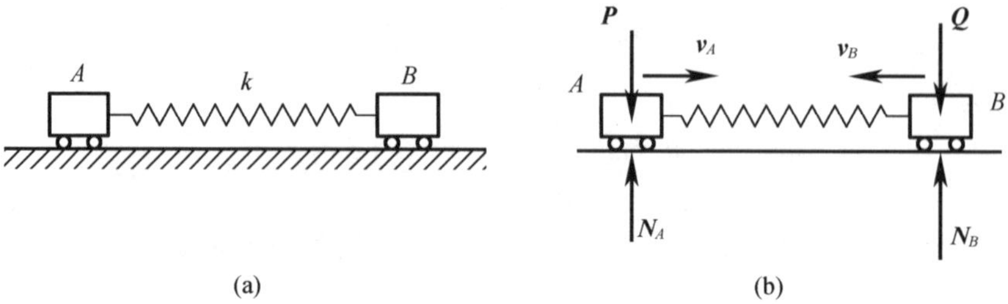

图 13 – 34　例 13 – 17 图

解　取整个系统为研究对象,受力如图 13 – 34(b)所示。由于系统在水平方向无外力作用,故其动量在水平方向守恒。设弹簧恢复到原长时,重物 A 和 B 的速度分别为 v_A 和 v_B,方向如图。根据动量守恒定理,在水平方向有

$$\frac{P}{g}v_A - \frac{Q}{g}v_B = 常数$$

开始时系统处于静止,动量为零。故有

$$Pv_A - Qv_B = 0 \tag{13-25}$$

又作用于系统上的重力、弹性力均为有势力,而约束力 N_A、N_B 在运动过程中不做功,故系统机械能守恒。初动能和末动能为

$$T_0 = 0$$

$$T = \frac{1}{2}\frac{P}{g}v_A^2 + \frac{1}{2}\frac{Q}{g}v_B^2$$

以弹簧原长处为弹性力势能的零位置,则始、末势能为

$$V_0 = \frac{1}{2}k(l - l_0)^2$$

$$V = 0$$

根据机械能守恒定理

$$T_0 + V_0 = T + V$$

有

$$\frac{1}{2}k(l - l_0)^2 = \frac{1}{2}\frac{P}{g}v_A^2 + \frac{1}{2}\frac{Q}{g}v_B^2 \tag{13-26}$$

联立式(13 – 25)、式(13 – 26)得

$$v_A = \sqrt{\frac{kQg}{P(P+Q)}}(l - l_0)$$

$$v_B = \sqrt{\frac{kOg}{P(P+Q)}}(l - l_0)$$

例 13 – 18　如图 13 – 35(a)所示,质量为 m、半径为 r 的均质圆柱,在其质心 C 位于与

O 同一高度时,由静止开始沿斜面滚动而不滑动。求滚至半径为 R 的圆弧 AB 上时,作用于圆柱上的法向反力及摩擦力并表示为 θ 的函数。

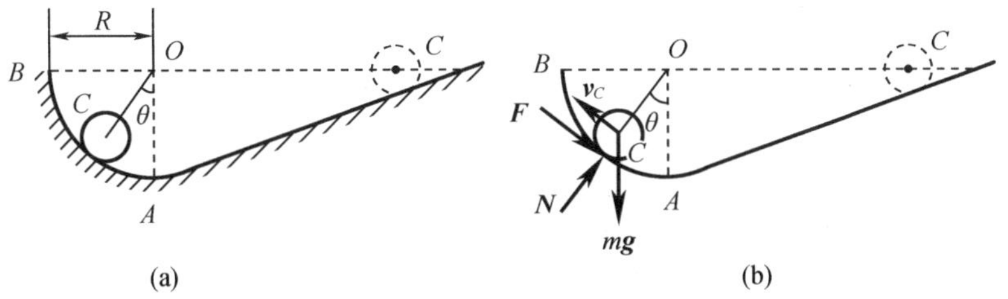

图 13－35　例 13－18 图

解　取圆柱体为研究对象,受力情况如图 13－35(b)所示。圆柱体做平面运动,因开始静止,故初动能

$$T_1=0$$

而当滚到半径为 R 的圆弧 AB 上时,其动能

$$T_2=\frac{1}{2}mv_C^2+\frac{1}{2}J_C\omega^2$$

在圆柱滚动过程中只有重力做功,故

$$\sum W_i = mg(R-r)\cos\theta$$

根据动能定理

$$T_2-T_1=\sum W_i$$

有

$$\frac{1}{2}mv_C^2+\frac{1}{2}J_C\omega^2=mg(R-r)\cos\theta$$

以 $J_C=\frac{1}{2}mr^2$,$\omega=\frac{v_C}{r}$代入上式可解得圆柱质心 C 的速度

$$v_C=\sqrt{\frac{4}{3}g(R-r)\cos\theta}$$

为求作用于圆柱上的法向反力及摩擦力,可应用质心运动定理或刚体平面运动微分方程,即

$$ma_C^n=N-mg\cos\theta$$
$$ma_C^\tau=-F-mg\sin\theta$$

因为

$$a_C^n=\frac{v_C^2}{R-r}=\frac{4}{3}g\cos\theta$$

$$a_C^\tau=\frac{\mathrm{d}v_C}{\mathrm{d}t}=-\frac{2}{3}g\sin\theta$$

代入方程组并解得

$$N=\frac{7}{3}mg\cos\theta$$

$$F = -\frac{1}{3}mg\sin\theta$$

负值表示摩擦力实际方向应与图中所示相反。

思 考 题

一、判断题

1. 弹性力的功等于弹簧的刚度与其始末位置上变形的平方差的乘积的一半。( )

2. 做平面运动刚体的动能等于刚体随同基点平动的动能和绕基点转动动能之和。( )

3. 内力不能改变质点系的动能。( )

4. 摩擦力总是做负功。( )

5. 图 13-36 中两个半径相同,质量也相同的均质圆柱 A、B,分别放在两个倾角为 α 的斜面上,自相同的高度 h 处无初速地沿斜面向下运动,若 A 轮只滑不滚,B 轮只滚不滑,则它们到达斜面最低点时质心的速度不相等。

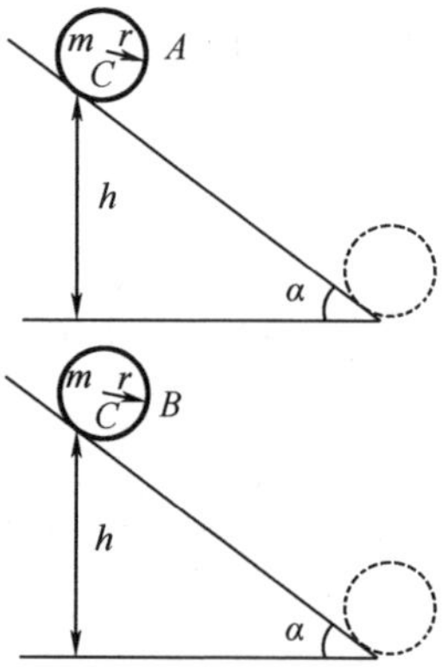

图 13-36 判断题第 5 题图

二、选择题

1. 如图 13-37 所示均质圆盘沿水平直线轨道做纯滚动,在盘心移动了距离 s 的过程中,水平常力 F_T 的功 A_T = ( );轨道给圆轮的摩擦力 F_f 的功 A_f = ( )

A. F_Ts　　B. $2F_Ts$　　C. $-F_fs$　　D. $-2F_fs$

E. 0

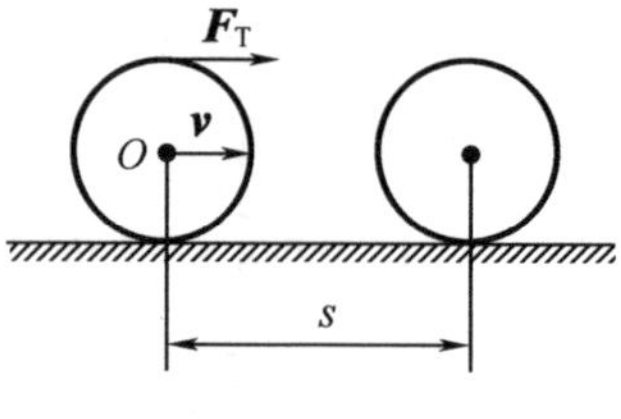

图 13-37 选择题第 1 题图

2. 如图 13-38 所示坦克履带重 P,两轮合重 Q。车轮看成半径 R 的均质圆盘,两轴间的距离为 $2\pi R$。设坦克的前进速度为 v,此系统动能为( )

A. $T=\frac{3Q}{4g}v^2+\frac{1}{2}\frac{P}{g}\pi Rv^2$　　B. $T=\frac{Q}{4g}v^2+\frac{P}{g}v^2$

C. $T=\frac{3Q}{4g}v^2+\frac{1}{2}\frac{P}{g}v^2$　　D. $T=\frac{3Q}{4g}v^2+\frac{P}{g}v^2$

3. 如图 13－39 所示，已知匀质杆长 L，质量为 m，端点 B 的速度为 v，则杆的动能为(　　)

A. $\frac{1}{3}mv^2$　　B. $\frac{1}{2}mv^2$　　C. $\frac{2}{3}mv^2$　　D. $\frac{4}{3}mv^2$

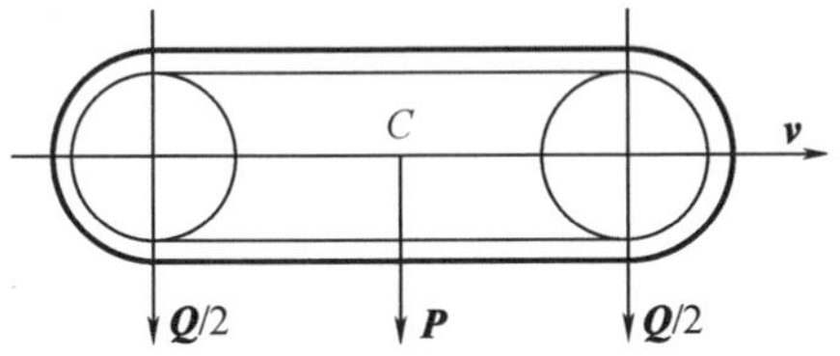

图 13－38　选择题第 2 题图

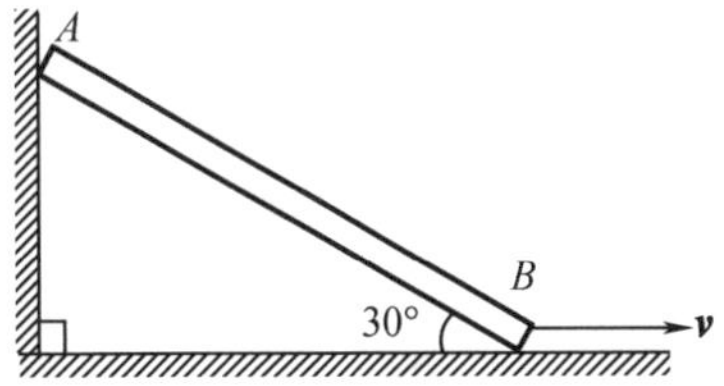

图 13－39　选择题第 3 题图

4. 如图 13－40 所示三棱柱重 P，放在光滑的水平面上，重 Q 的匀质圆柱体静止释放后沿斜面做纯滚动，则系统在运动过程中(　　)

A. 动量守恒，机械能守恒

B. 沿水平方向动量守恒，机械能守恒

C. 沿水平方向动量守恒，机械能不守恒

D. 动量和机械能均不守恒

5. 如图 13－41 所示二均质圆盘 A 和 B，它们的质量相等，半径相同，各置于光滑水平面上，分别受到 $\boldsymbol{F}$ 和 $\boldsymbol{F}'$ 的作用，由静止开始运动。若 $F=F'$，则在运动开始以后到相同的任一瞬时，二圆盘动能 T_A 和 T_B 的关系为(　　)

A. $T_A=T_B$　　B. $T_A=2T_B$　　C. $T_B=2T_A$　　D. $T_B=3T_A$

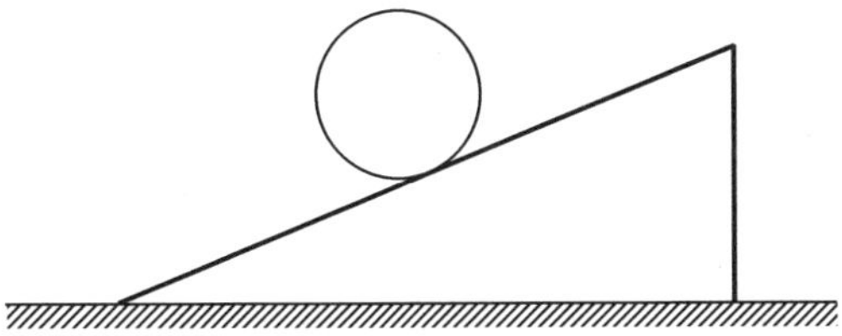

图 13－40　选择题第 4 题图

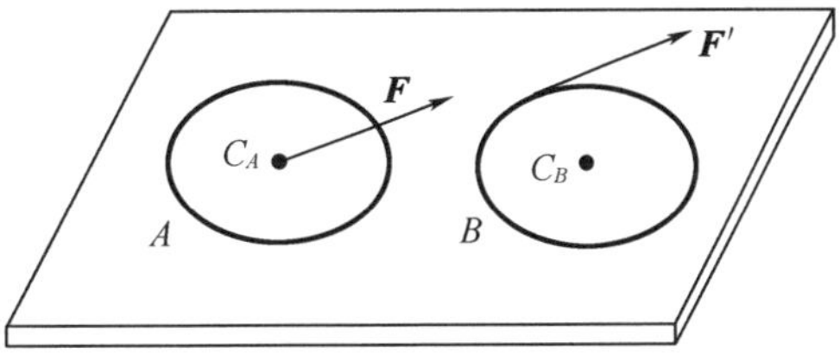

图 13－41　选择题第 5 题图

三、填空题

1. 如图 13－42 所示，在竖直平面内的两匀质杆长为 L，质量为 m，在 O 处用铰链连接，A、B 两端沿光滑水平面向两边运动。已知某一瞬时 O 点的速度为 v_0，方向竖直向下，且 $\angle OAB=\theta$。则此瞬时系统的动能 $T=$________。

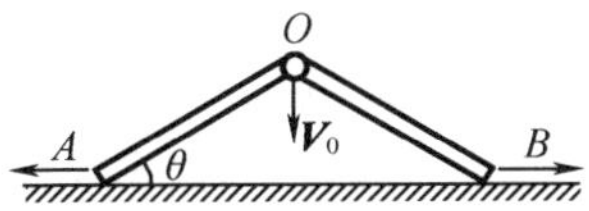

图 13－42　第 1 题图

2. 如图13-43所示,匀质正方形薄板 $ABCD$,边长为 a(m),质量为 M(kg),对质心 O 的转动惯量为 $J_O = Ma^2/6$,C 点的速度方向垂直于 AC,大小为 v(m/s),D 点速度方向沿直线 CD,则其动能为________。

3. 如图13-44所示,轮Ⅱ由系杆 O_1O_2 带动在固定轮Ⅰ上无滑动滚动,两轮半径分别为 r_1、r_2。若轮Ⅱ的质量为 m,系杆的角速度为 ω,则轮Ⅱ的动能 $T=$________。

4. 一质点在铅垂面内做圆周运动,当质点恰好转过一周时,则重力所做的功为________。(质点质量为 m,圆周半径为 R)

5. 如图13-45所示,原长为 l_0,刚性系数为 k 的弹簧一端固定于 O 点,另一端 A 套在半径为 R 的光滑圆环上,当 A 点滑到 B 点时,弹性力做功为________。

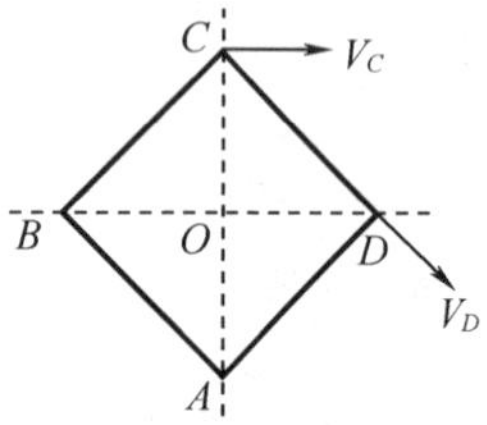

图13-43 填空题第2题图

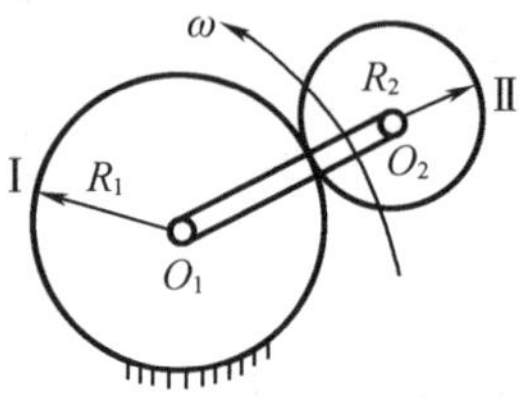

图13-44 填空题第3题图

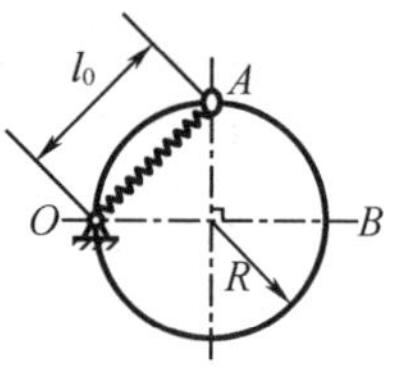

图13-45 填空题第5题图

习 题

13-1 如图13-46所示,圆盘的半径 $r=0.5$ m,可绕水平轴 O 转动。在绕过圆盘的绳上吊有两物块 A、B,质量分别为 $m_A=3$ kg,$m_B=2$ kg。绳与盘之间无相对滑动。在圆盘上作用一力偶,力偶矩按 $M=4\theta$ 的规律变化(M 以 N·m 计,θ 以 rad 计)。求由 $\theta=0$ 到 $\theta=2\pi$ 时,力偶 M 与物块 A,B 重力所做的功之总和。

答案:$W=110$ J。

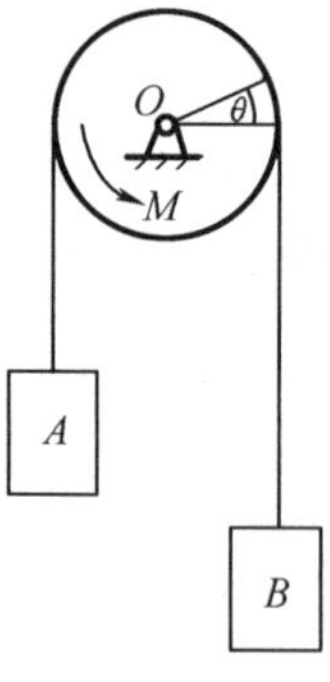

图13-46 习题13-1图

13-2 如图13-47所示,用跨过滑轮的绳子牵引质量为2 kg的滑块 A 沿倾角为30°的光滑斜槽运动。设绳子拉力 $F=20$ N。计算滑块由位置 A 至位置 B 时,重力与拉力 F 所做的总功。

答案:$W=6.29$ J。

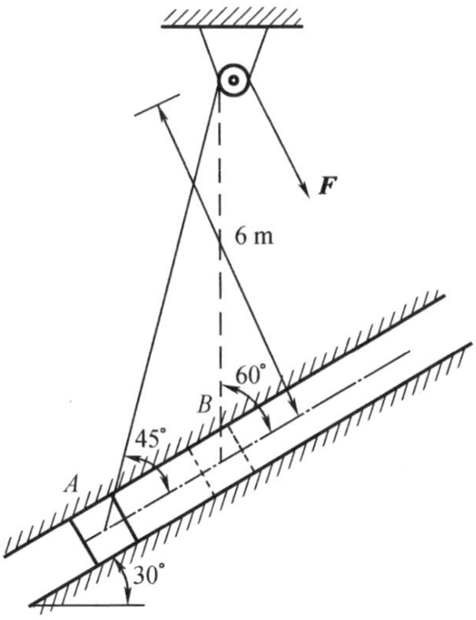

图 13－47　习题 13－2 图

13－3　长为 l，质量为 m 的均质杆 OA 以球铰链 O 固定，并以等角速度 ω 绕铅直线转动，如图 13－48 所示。如杆与铅直线的交角为 θ，求杆的动能。

答案：$T=\frac{m}{6}\omega^2 l^2\sin^2\theta$。

13－4　如图 13－49 所示，均质杆 AB 的长为 $2L$，质量为 m，在铅直平面内运动。若初瞬时杆 AB 垂直于水平地面，处于静止状态，由于受到微小扰动进入运动，其 A 端始终在光滑水平面上滑动，在图示位置时 A 点的速度为 v_A，试求用 v_A 与 h（质心 C 距地面的高度）表示杆的功能。

答案：$T=\frac{mv_A^2}{6h^2}(4L^2-3h^2)$。

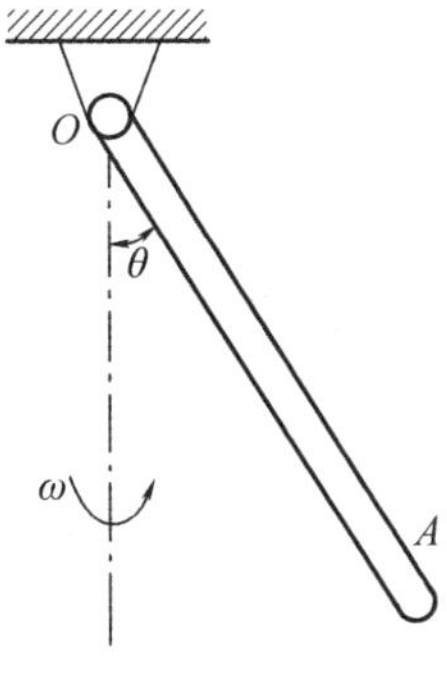

图 13－48　习题 13－3 图

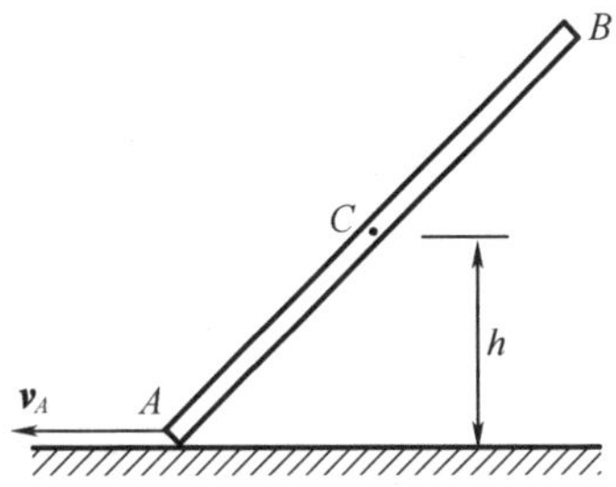

图 13－49　习题 13－4 图

13－5　自动弹射器如图 13－55 放置，弹簧在未受力时的长度为 200 mm，恰好等于筒长。欲使弹簧改变 10 mm，需力 2 N。如弹簧被压缩到 100 mm，然后让质量为 30 g 的小球自弹射器中射出。求小球离开弹射器筒口时的速度。

答案：$v=8.1$ m/s。

13－6　如图 13－51 所示机构中，已知匀质细杆重为 P_1，长为 L，平车重为 P_2，可沿光滑水平面移动,开始时,杆位于铅垂面位置,系统处于静止,由于干扰,系统开始运动。不计滚子的大小和质量。试求当杆与水平位置成β角时,杆的角速度。

答案:$\omega=\sqrt{\dfrac{12(P_1+P_2)(1-\sin\beta)}{4(P_1+P_2)L-3P_1L\sin^2\beta}g}$。

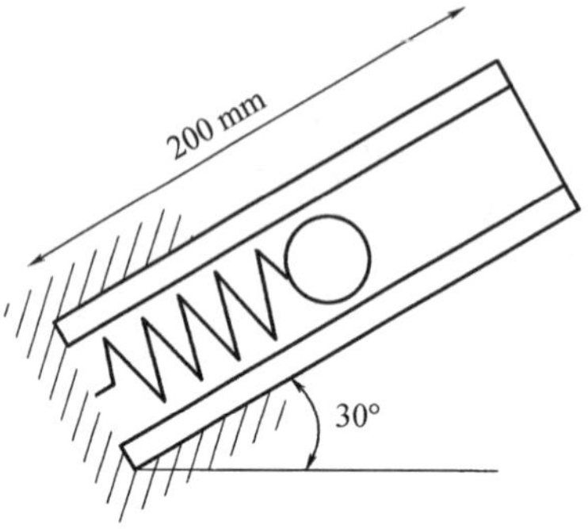

图 13-50　习题 13-5 图

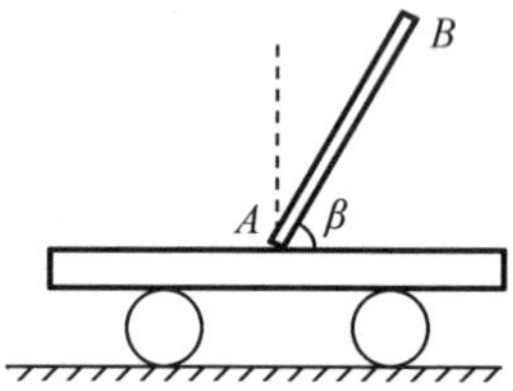

图 13-51　习题 13-6 图

13-7　平面机构由两个匀质杆 AB、BO 组成,两杆的质量均为 m,长度均为 l,在铅垂平面内运动。在杆 AB 上作用一不变的力偶,其矩为 M,从图 13-52 所示位置由静止开始运动。不计摩擦力,求当杆端 A 即将碰到铰支座 O 时杆端 A 的速度。

答案:$v_A=\sqrt{\dfrac{3}{m}[M\theta-mgl(1-\cos\theta)]}$。

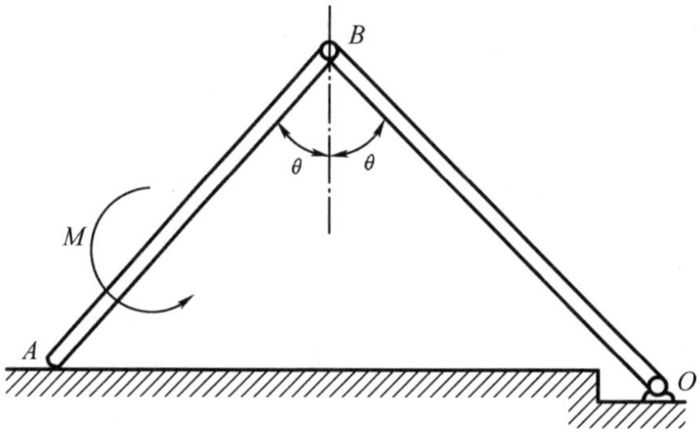

图 13-52　习题 13-7 图

13-8　如图 13-53 所示,平面机构的曲柄和连杆被看作相同的匀质杆,其质量均为 m,在 B 点铰接一滚子,其质量为 M,可看作匀质圆盘,它沿水平面做纯滚动。现有一常力 $\boldsymbol{F}$ 作用在 A 铰上,此时机构由图示位置(θ 角)从静止开始释放。试求当 O、A、B 三点在一水平线上时,曲柄和连杆的角速度。

答案:$\omega=\sqrt{\dfrac{3(F+mg)\sin\theta}{mL}}$。

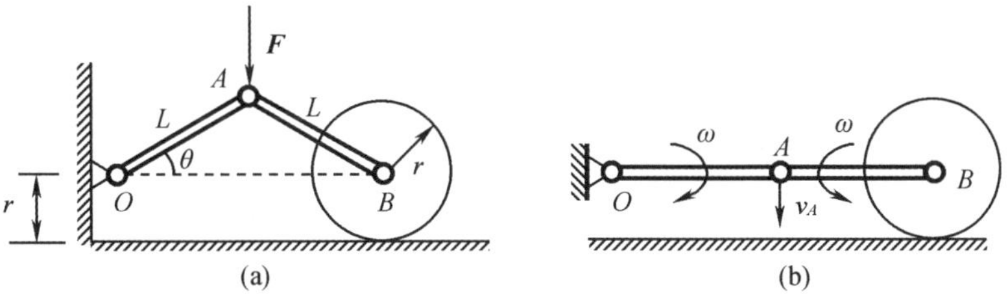

图 13-53　习题 13-8 图

13-9　均质连杆 AB 质量为 4 kg，长 $l=600$ mm。均质圆盘质量为 6 kg，半径 $r=100$ mm。弹簧刚度系数为 $k=2$ N/mm，不计套筒 A 及弹簧的质量。如连杆在图 13-54 所示位置被无初速释放后，A 端沿光滑杆滑下，圆盘做纯滚动。求：(1)当 AB 达水平位置而接触弹簧时，圆盘与连杆的角速度；(2)弹簧的最大压缩量 δ。

答案：(1)$\omega_{AB}=4.95$ rad/s；(2)$\delta=0.087$ m。

13-10　如图 13-55 所示带式运输机的轮 B 受恒力偶 M 的作用，使胶带运输机由静止开始运动。若被提升物体 A 的质量为 m_1，轮 B 和轮 C 的半径均为 r，质量均为 m_2，并视为均质圆柱。运输机胶带与水平线成交角 θ，它的质量忽略不计，胶带与轮之间没有相对滑动。求物体 A 移动距离 s 时的速度和加速度。

答案：$v=\sqrt{\dfrac{2(M-m_1gr\sin\theta)s}{r(m_1+m_2)}}$，$a=\dfrac{M-m_1gr\sin\theta}{r(m_1+m_2)}$。

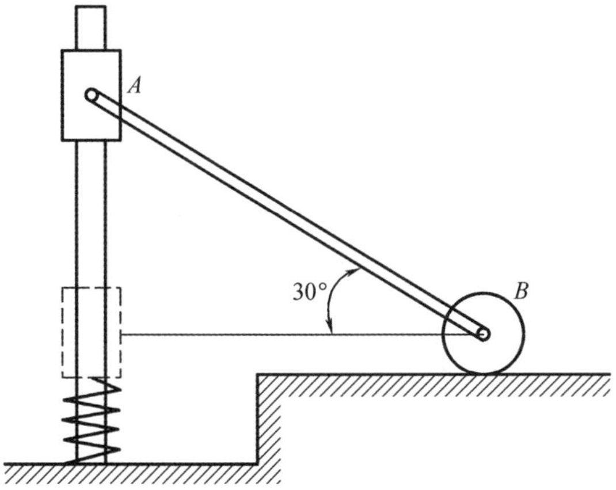

图 13-54　习题 13-9 图

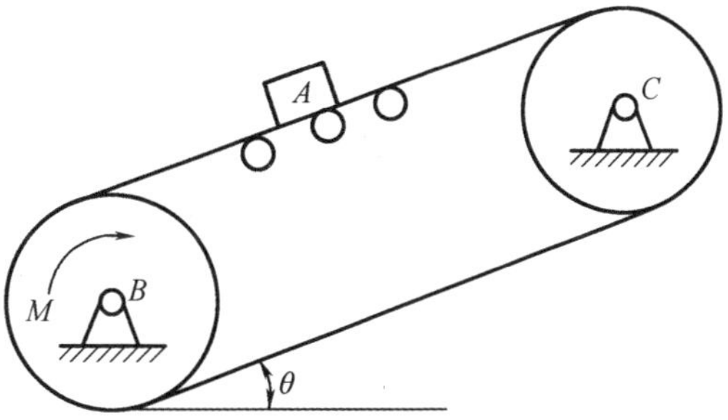

图 13-55　习题 13-10 图

13-11　周转齿轮传动机构放在水平面内，如图 13-56 所示。已知动齿轮半径为 r，质量为 m_1，可看成为均质圆盘；曲柄 OA，质量为 m_2，可看成为均质杆；定齿轮半径为 R。在曲柄上作用一常力偶矩 M，使此机构由静止开始运动。求曲柄转过 φ 角后的角速度和角加速度。

答案：$\omega=\dfrac{2}{R+r}\sqrt{\dfrac{3M\varphi}{9m_1+2m_2}}$，$\alpha=\dfrac{6M}{(R+r)^2(9m_1+2m_2)}$。

13-12　如图 13-57 所示两种支持情况的均质正方形板，边长均为 a，质量均为 m，初始时均处于静止状态。受某干扰后均沿顺时针方向倒下，不计摩擦力，求当 OA 边处于水平

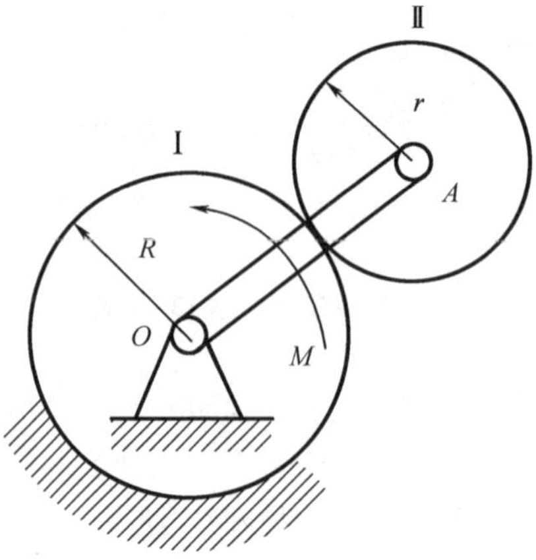

图 13-56 习题 13-11 图

位置时,两方板的角速度。

答案:(1)$\omega_a = \frac{2.468}{\sqrt{a}}$rad/s;(2)$\omega_b = \frac{3.121}{\sqrt{a}}$rad/s。

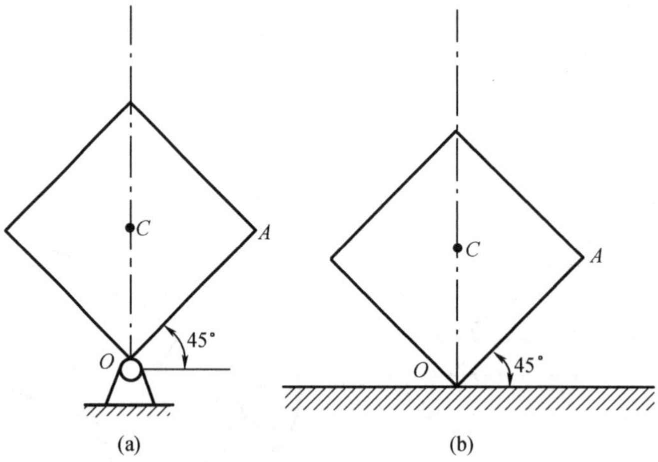

图 13-57 习题 13-12 图

13-13 如图 13-58 所示,均质圆盘 A 重 Q,半径为 r,沿倾角为 α 的斜面向下做纯滚动。物块 B 重 P,与水平面的动摩擦系数为 f',定滑轮质量不计,绳的两直线段分别与斜面和水平面平行。已知物块 B 的加速度 a,试求 f'。

答案:$f' = [-(3Q+2P)a/(2g) + Q\sin\alpha]/P$。

13-14 质量分别为 m_A、m_B 的物块 A、B 用刚度系数为 k 的弹簧连接后,放在光滑的水平面上,已知在图 13-59 所示位置弹簧已有伸长 δ,同时剪断绳索 AD、BG 后,试用机械能守恒定律求当弹簧受到最大压缩时,物块 A 的位移 s_A。

答案:$s_A = 2m_B\delta/(m_A + m_B)$。

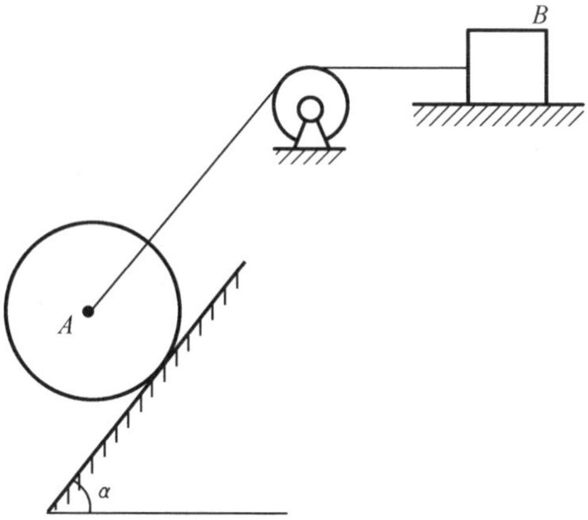

图 13－58　习题 13－13 图

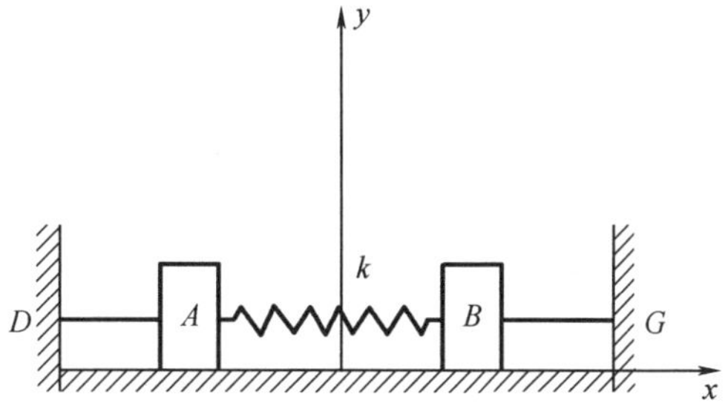

图 13－59　习题 13－14 图

13－15　如图 13－60 所示，一均质板 C，水平地放置在均质圆轮 A 和 B 上，A 轮和 B 轮的半径分别为 r 和 R，A 轮做定轴转动，B 轮在水平面上滚动而不滑动，板 C 与两轮之间无相对滑动。已知板 C 和轮 A 的重力均为 P，轮 B 重 Q，在 B 轮上作用有矩为 M 的常力偶。试求板 C 的加速度。

答案：$a=4Mg/[(12P+3Q)R]$。

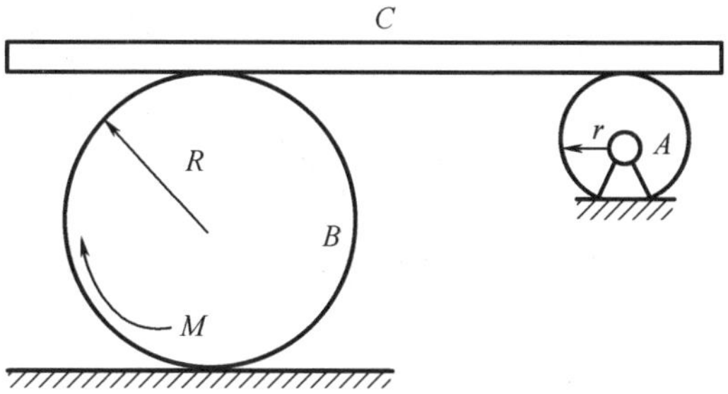

图 13－60　习题 13－15 图

13－16　水平均质细杆质量为 m，长为 l，C 为杆的质心。杆 A 处为光滑铰支座，B 端为一挂钩，如图 13－61 所示。如 B 端突然脱落，杆转到铅垂位置时。问 b 值多大能使杆有最大角速度？

答案：$b=\dfrac{\sqrt{3}}{6}l$。

13－17　在图 13－62 所示机构中，已知：梁长为 L，其重不计，匀质轮 B 重 Q，半径为 r，其上作用一力偶矩为 M 的常值力偶，物 C 重 P。试求：

(1) 物块 C 上升的加速度（若力偶矩 M 较大）；

(2) 铰链 B 的约束反力。

答案：$a=\dfrac{(2M-\mathrm{Pr})}{(Q+2P)r}g$；$F_{Bx}=0$，$F_{By}=Q+P+\dfrac{P}{g}a$。

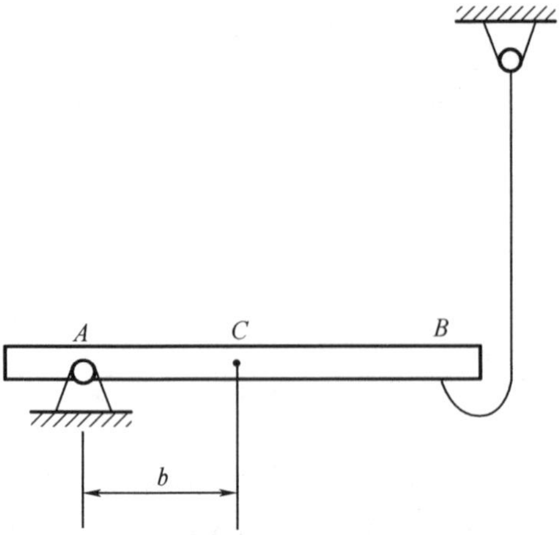

图 13 - 61　习题 13 - 16 图

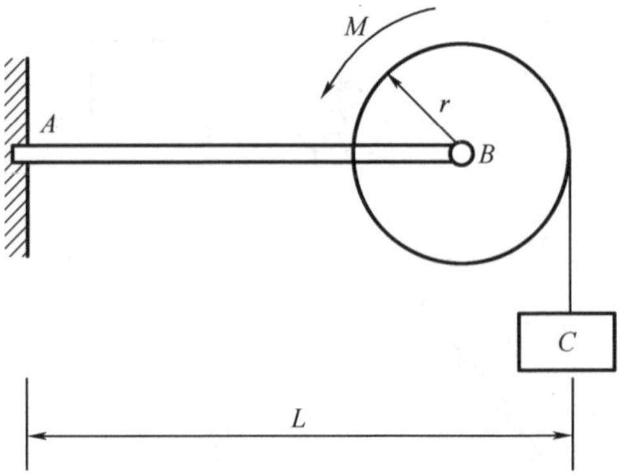

图 13 - 62　习题 13 - 17 图

13 - 18　均质细杆长 l,质量为 m_1,上端 B 靠在光滑的墙上,下端 A 以铰链与均质圆柱的中心相连。圆柱质量为 m_2,半径为 R,放在粗糙的地面上,自图 13 - 63 所示位置由静止开始滚动而不滑动,初始杆与水平线的交角 $\theta = 45°$。求点 A 在初瞬时的加速度。

答案:$a_A = \dfrac{3m_1 g}{4m_1 + 9m_2}$。

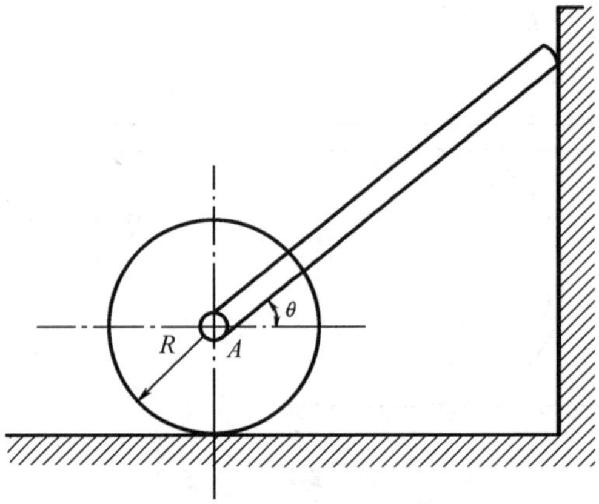

图 13 - 63　习题 13 - 18 图

13 - 19　在图 13 - 64 所示起重设备中,已知物块 A 重为 P,轮 O 半径为 R,绞车 B 的半径为 r,绳索与水平线的夹角为 β。若不计轴承处的摩擦力及滑轮、绞车、绳索的质量,试求:

(1)重物 A 匀速上升时,绳索拉力及力偶矩 M;

(2)重物 A 以匀加速度 a 上升时,绳索拉力及力偶矩 M;

(3)若考虑绞车 B 重为 P,可视为匀质圆盘,力偶矩为 M,初始时重物静止,当重物上升距离为 h 时的速度及加速度,及支座 O 处的反力。

答案:(1)$T = P$;$M = Pr$。

(2)$T = P + \dfrac{P}{g}a$;$M = \left(P + \dfrac{P}{g}a\right)r$。

(3) $v=\sqrt{\dfrac{4g(Mh-Phr)}{3Pr}}$；$a=\dfrac{2(M-Ph)}{3Pr}g$；$X_O=-\left(1+\dfrac{a}{g}\right)P\cos\beta$，$Y_O=\left(1+\dfrac{a}{g}\right)P(1+\sin\beta)$。

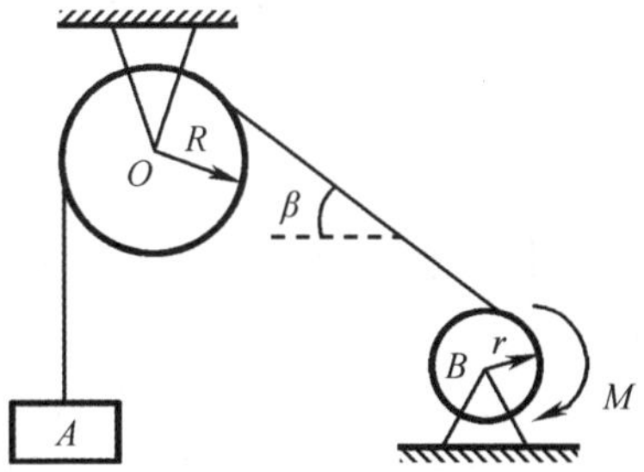

图 13－64　习题 13－19 图

第 14 章　达朗贝尔原理及其相关知识

14.1　达朗贝尔原理

达朗贝尔原理提供了一种解决动力学问题较普遍的方法，这种方法将动力学问题用静力学平衡方程的形式来求解，故也称为动静法。动静法在工程技术中应用很广泛，特别对于求解非自由质点系动力学问题，比较简便。

14.1.1　惯性力的概念

惯性力是达朗贝尔原理中的一处很重要的概念。当物体受到力的作用而使运动状态发生变化时，由于物体的惯性引起了对外界抵抗的反作用力，这种力就称为惯性力。

例如，若人以力 $\boldsymbol{F}$ 推车，车的质量为 m，加速度为 $\boldsymbol{a}$（图 14－1），根据作用反作用性质，车也将以相等相反的力 $\boldsymbol{F}_g$ 作用于人。因此，惯性力的大小等于物体的质量与加速度的乘积，但方向与加速度的方向相反，作用在人的手上，即

$$\boldsymbol{F}_g = -m\boldsymbol{a}$$

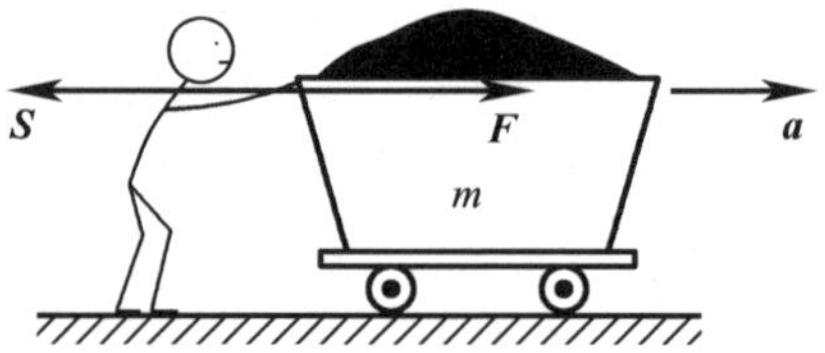

图 14－1　小车惯性力示意图

由此可知，惯性力并不是作用在运动的物体上，而是作用在使物体产生加速度的另一物体（即人的手）上。

14.1.2　质点的达朗贝尔原理

设质量为 m 的质点 M 沿某固定曲线轨道运动，如图 14－2 所示。若质点受到主动力的合力为 $\boldsymbol{F}$，约束反力的合力为 $\boldsymbol{N}$。根据牛顿第二定律有

$$m\boldsymbol{a} = \boldsymbol{F} + \boldsymbol{N} \tag{14-1}$$

质点运动的加速度 $\boldsymbol{a}$ 一定沿 $\boldsymbol{F}$ 与 $\boldsymbol{N}$ 的合力方向，如果假象把本来作用在产生加速度的另外物体（轨道约束或施加主动力的物体）上的力移到运动质点上，亦即假象在质点 M 上加上一个惯性力 $\boldsymbol{F}_g$，使这个力的大小等于 $m\boldsymbol{a}$，方向与质点运动的加速度 a 相反，即

$$\boldsymbol{F}_g = -m\boldsymbol{a}$$

代入式（14－1），则可得

$$\boldsymbol{F} + \boldsymbol{N} + \boldsymbol{F}_g = 0 \tag{14-2}$$

式(14－2)表明,当非自由质点 M 运动时,在任一瞬时主动力 $\boldsymbol{F}$,约束力 $\boldsymbol{N}$ 与惯性力 $\boldsymbol{F}_g$ 在形式上组成一平衡力系。这就是质点的达朗贝尔原理。

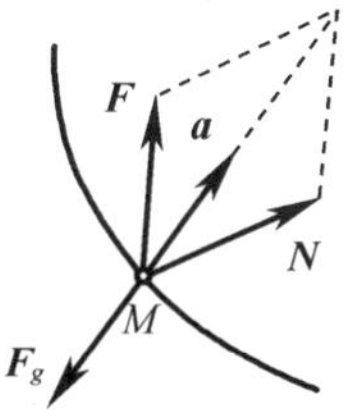

图 14－2　质点的达朗贝尔原理示意图

将式(14－2)投影到直角坐标轴上有

$$\begin{cases} F_x + N_x + F_{gx} = 0 \\ F_y + N_y + F_{gy} = 0 \\ F_z + N_z + F_{gz} = 0 \end{cases} \tag{14-3}$$

投影到自然轴上有

$$\begin{cases} F_\tau + N_\tau + F_{g\tau} = 0 \\ F_n + N_n + F_{gn} = 0 \\ F_b + N_b = 0 \end{cases} \tag{14-4}$$

这样就得到解决动力学问题的新方法,即在任一瞬时通过对运动的物体施加惯性力,就可把动力学问题变为"静力学"问题,然后应用静力学写平衡方程式或图解的方法来解这个"平衡"问题,实际上等于解决了动力学问题。该方法应用起来很方便,只要正确地分析质点运动的加速度,然后在物体上施加与加速度方向相反的惯性力就可以了。关于主动力与约束力的分析与静力学完全相同,至于求解"平衡方程式"更是我们熟悉的。因此,这个方法在工程技术上有着广泛的应用。

如果是解决复合运动的问题,那么这个加速度则应理解为绝对加速度。因此,对应于牵连运动及相对运动的加速度,就应同时加上牵连运动的惯性力及相对运动的惯性力。

应该指出,由于质点的惯性力并不作用于质点本身,而是假想地虚加在质点上的,质点实际上也并不平衡。式(14－2)反映了力与运动的关系,实质上仍然是动力学问题,但它提供了将动力学问题转化为静力学平衡问题的研究方法。

例 14－1　质量 $m=10$ kg 的物块 A 沿与铅垂面夹角 $\theta=60°$的悬臂梁下滑,如图 14－3(a)所示。不计梁的自重,并忽略物块的尺寸,试求当物块下滑至距固定端 O 的距离 $l=0.6$ m,加速度 $a=2\ \mathrm{m/s^2}$ 时固定端 O 的约束反力。

解　取物块和悬臂梁一起为研究对象,受有主动力 $\boldsymbol{W}$,固定端 O 处的反力 $\boldsymbol{F}_{Ox}$、$\boldsymbol{F}_{Oy}$ 及 M_O。施加惯性力 $\boldsymbol{F}_g$ 如图 14－3(b)所示,$F_g=ma$,方向与 $\boldsymbol{a}$ 相反,加在物块上。

根据达朗贝尔原理,列形式上的平衡方程

$$\begin{cases} \sum X = 0 & F_{Ox} - F_g\sin\theta = 0 \\ \sum Y = 0 & F_{Oy} - W + F_g\cos\theta = 0 \\ \sum m_O(\boldsymbol{F}_i) = 0 & M_O - Wl\sin\theta = 0 \end{cases}$$

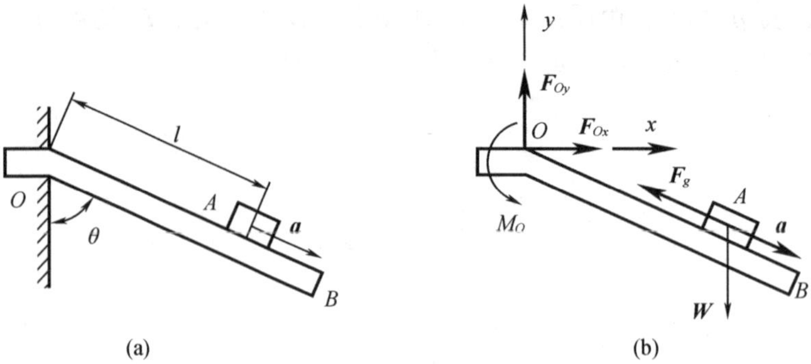

图 14-3 例 14-1 图

可解得

$$F_{Ox}=F_g\sin\theta=17.32\ \text{N}$$

$$F_{Oy}=W-F_g\cos\theta=88\ \text{N}$$

$$M_O=Wl\sin\theta=50.92\ \text{N}\cdot\text{m}$$

从本例可见,应用质点达朗贝尔原理求解时,在受力图上惯性力的方向要与加速度方向相反,惯性力的大小为 $F_g=ma$,不带负号。

14.1.3 质点系的达朗贝尔原理

设非自由质点系由 n 个质点 $M_1,M_2,\cdots,M_n$ 所组成,作用于第 i 个质点 M_i 上的力有主动力 $\boldsymbol{F}_i$、约束反力 $\boldsymbol{N}_i$,其加速度为 $\boldsymbol{a}_i$。根据质点的达朗贝尔原理,在质点 M_i 上假象地加上惯性力

$$\boldsymbol{F}_{gi}=-m\boldsymbol{a}_i$$

则 $\boldsymbol{F}_i$、$\boldsymbol{N}_i$ 和 $\boldsymbol{F}_{gi}$构成一平衡力系。有

$$\boldsymbol{F}_i+\boldsymbol{N}_i+\boldsymbol{F}_{gi}=0$$

对于质点系中的每个质点都做这样的处理,则作用于整个质点系的主动力系、约束力系和惯性力系组成一空间力系,且为一形式上的平衡力系,根据静力学空间力系简化理论及平衡条件,该空间力系向空间内任一点简化得到的主矢、主矩都等于零,即有

$$\begin{cases}\sum\boldsymbol{F}_i+\sum\boldsymbol{N}_i+\sum\boldsymbol{F}_{gi}=0\\ \sum\boldsymbol{m}_O(\boldsymbol{F}_i)+\sum\boldsymbol{m}_O(N_i)+\sum\boldsymbol{m}_O(\boldsymbol{F}_{gi})=0\end{cases}\tag{14-5}$$

式(14-5)表明,任一瞬时,作用于质点系上的主动力系、约束力系和惯性力系在形式上构成一平衡力系。这就是质点系的达朗贝尔原理。

如果将力系按外力系和内力系划分,则有

$$\sum\boldsymbol{F}_i^{(e)}+\sum\boldsymbol{F}_i^{(i)}+\sum\boldsymbol{F}_{gi}=0$$

$$\sum\boldsymbol{m}_O(\boldsymbol{F}_i^{(e)})+\sum\boldsymbol{m}_O(\boldsymbol{F}_i^{(i)})+\sum\boldsymbol{m}_O(\boldsymbol{F}_{gi})=0$$

注意到内力都是成对出现的,则上两式可写为

$$\begin{cases}\sum\boldsymbol{F}_i^{(e)}+\sum\boldsymbol{F}_{gi}=0\\ \sum\boldsymbol{m}_O(\boldsymbol{F}_i^{(e)})+\sum\boldsymbol{m}_O(\boldsymbol{F}_{gi})=0\end{cases}\tag{14-6}$$

式(14-6)表明,任一瞬时,作用于质点系上的外力系和虚加在质点系上的惯性力系在形式上构成一平衡力系。

式(14-5)、式(14-6)在具体应用时可向直角坐标轴上投影得到投影方程。

例 14-2　如图 14-4(a)所示,物块 A、B 的重力均为 W,系在绳子的两端,滑轮的半径为 R,不计绳重及滑轮重,斜面光滑,斜面的倾角为 θ,试求物块 A 下降的加速度及轴承 O 处的约束反力。

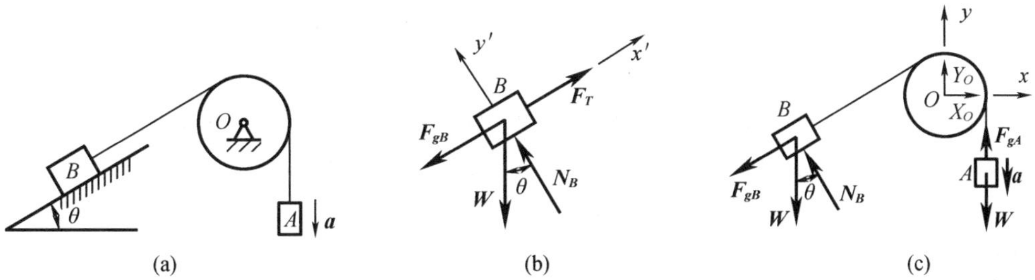

图 14-4　例 14-2 图

解　先取物块 B 为研究对象,所受的外力为绳索的拉力 $\boldsymbol{T}$、重力 $\boldsymbol{W}$、光滑斜面的约束反力 $\boldsymbol{N}_B$,虚加的惯性力为 $\boldsymbol{F}_{gB}$,如图 14-4(b)所示。取图示坐标系,根据质点达朗贝尔原理,可列出平衡方程为

$$\sum Y' = 0 \quad N_B - W\cos\theta = 0$$

可得

$$N_B = W\cos\theta$$

再取物块 A、B 及滑轮和绳索所组成的系统为研究对象。质点系的外力有两个物块的重力 W,轴承 O 的约束反力 X_O 和 Y_O,以及光滑斜面的约束反力 $\boldsymbol{N}_B$,如图 14-4(c)所示。虚加上惯性力 $\boldsymbol{F}_{gA}$和 $\boldsymbol{F}_{gB}$,如图 14-4(c)所示。惯性力的大小为

$$F_{gA} = F_{gB} = \frac{W}{g}a$$

质点系的外力和惯性力组成一平面力系。选取图示坐标系,并取 O 点为矩心,根据质点系达朗贝尔原理,列平衡方程,并注意到 $N_B = W\cos\theta$ 有

$$\sum X = 0 \quad X_O - F_{gB}\cos\theta - N_B\sin\theta = 0 \tag{14-7}$$

$$\sum Y = 0 \quad Y_O + F_{gA} - W - F_{gB}\sin\theta - W + N_B\cos\theta = 0 \tag{14-8}$$

$$\sum m_O(\boldsymbol{F}_i) = 0 \quad WR\sin\theta - WR + F_{gA}R + F_{gB}R = 0 \tag{14-9}$$

由式(14-7)得

$$X_O = \frac{W}{g}a\cos\theta + W\sin\theta\cos\theta \tag{14-10}$$

由式(14-8)得

$$Y_O = -\frac{W}{g}a(1 - \sin\theta) + W(1 + \sin^2\theta) \tag{14-11}$$

由式(14-9)得

$$a = \frac{g}{2}(1 - \sin\theta) \tag{14-12}$$

将式(14－12)代入式(14－10)、式(14－11)得

$$X_O = \frac{W}{2}(1 + \sin\theta)\cos\theta$$

$$Y_O = \frac{W}{2}(1 + \sin\theta)^2$$

14.2 刚体惯性力系的简化

应用达朗贝尔原理解决质点系的动力学问题时，从理论上讲，在每个质点上虚加上惯性力是可行的。但质点系中质点很多时计算非常困难，对于由无穷多质点组成的刚体更是不可能的。因此，对于刚体动力学问题，一般先用力系简化理论将刚体上的惯性力系加以简化，然后将惯性力系的简化结果直接虚加在刚体上。

下面仅就刚体做平动、定轴转动和平面运动三种情况，来研究惯性力系的简化。

14.2.1 刚体做平动

刚体平动时，刚体上各点的加速度相同，惯性力系为一个空间同向平行力系，如图14－5所示，将此惯性力系向刚体的质心C简化，得惯性系的主矢为

$$\boldsymbol{R}_g = \sum \boldsymbol{F}_{gi} = \sum(-m_i\boldsymbol{a}_i) = -M\boldsymbol{a}_C$$

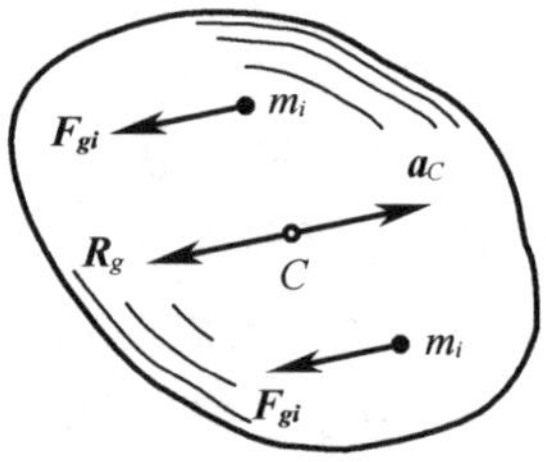

图14－5 平动刚体惯性力系简化示意图

惯性力系对质心的主矩为

$$\boldsymbol{M}_{gC} = \sum \boldsymbol{m}_C(\boldsymbol{F}_{gi}) = \sum \boldsymbol{r}_i \times (-m_i\boldsymbol{a}_i) = -(\sum m_i\boldsymbol{r}_i)\times \boldsymbol{a}_i$$

式中，$\boldsymbol{r}_i$为质点M_i相对于质心C的矢径，由质心矢径表达式有

$$\sum m_i\boldsymbol{r}_i = M\boldsymbol{r}_C$$

式中，$\boldsymbol{r}_C$为质心C的矢径，由于质心C为简化中心，$\boldsymbol{r}_C=0$，于是有

$$\boldsymbol{M}_{gC} = -M\boldsymbol{r}_C \times \boldsymbol{a}_C = 0$$

上述结果表明，刚体做平动时，惯性力系的简化结果为一个通过质心的合力$\boldsymbol{R}_g$，其大小等于刚体的质量与质心加速度的乘积，方向与质心的加速度方向相反。

14.2.2 刚体做定轴转动

设定轴转动刚体具有质量对称平面，且转动轴垂直于质量对称平面，故在此对称平面

的两边各质点惯性力的合力必定作用在此对称平面内,这样就把刚体的空间惯性力系简化为作用在对称平面内的平面力系,如图 14－6 所示,设对称平面与转动轴 z 的交点为 O,将该平面力系

向 O 点简化,可得惯性力系的主矢 $\boldsymbol{R}_g$ 和主矩 M_{gO}。

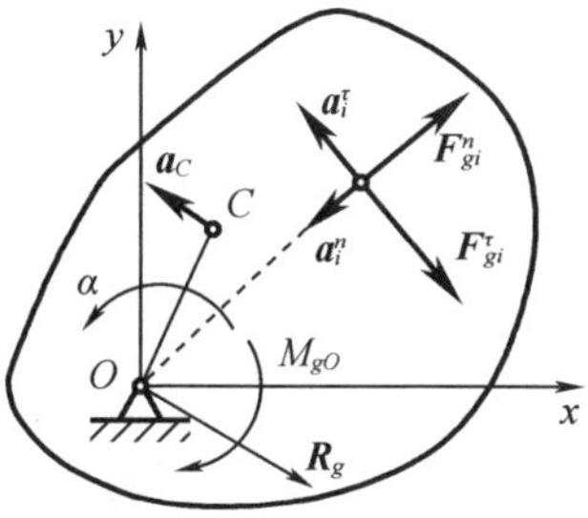

图 14－6　定轴转动刚体惯性力系简化示意图

先研究惯性力系的主矢 $\boldsymbol{R}_g$,设刚体内任一质点 M_i 的质量为 m_i,加速度为 $\boldsymbol{a}_i(\boldsymbol{a}_i=\boldsymbol{a}_i^{\tau 2}+\boldsymbol{a}_i^{n2})$,则惯性力系的主矢为

$$\boldsymbol{R}_g=\sum \boldsymbol{F}_{gi}=\sum(-m_i\boldsymbol{a}_i)=-M\boldsymbol{a}_C$$

即

$$\boldsymbol{R}_g=-M\boldsymbol{a}_C$$

再研究惯性力系向 O 点简化的主矩 M_{gO},由于刚体转动时任一质点 M_i 的惯性力 $\boldsymbol{F}_{gi}$ 可以分解为切向惯性力 $\boldsymbol{F}_{gi}^\tau$ 和法向惯性力 $\boldsymbol{F}_{gi}^n$,故惯性力系对 O 点的主矩为

$$M_{gO}=\sum m_z(\boldsymbol{F}_{gi}^\tau)+\sum m_z(\boldsymbol{F}_{gi}^n)=-\sum r_i(m_ir_i\alpha)=-\alpha\sum m_ir_i^2=-J_z\alpha$$

即

$$M_{gO}=-J_z\alpha$$

式中,J_z 为刚体对通过 O 点转轴 z 的转动惯量;α 为刚体转动的角加速度;负号表示主矩的转向与 α 方向相反。

上述结果表明,刚体绕垂直于质量对称平面的转轴转动时,惯性力系向转轴与质量对称平面的交点 O 的简化结果为一个主矢和主矩。主矢的大小等于刚体的质量与质心加速度的乘积,方向与质心加速度的方向相反;主矩的大小等于刚体对转轴的转动惯量与角加速度的乘积,转向与角加速度的转向相反。

根据上面的结论,我们讨论以下几种特殊情况。

1. 刚体绕不通过质心的轴做等角速度转动(图 14－7(a))

这时 $\alpha=0$,$M_{gO}=0$。设刚体绕 O 轴转动角速度为 ω,质心到转轴

的距离为 e,则质心 C 的加速度为 $a_C=e\omega^2$,故惯性力系简化为一通过 O 点,大小等于 $Me\omega^2$,方向与质心法向加速度方向相反,其作用线通过质心 C,即

$$R_g=Me\omega^2$$

2. 刚体绕通过质心的轴做加速转动(图 14－7(b))

这时 $R_g=0$,惯性力系简化为一个力偶,其力偶矩

$$M_{gC}=-J_C\alpha$$

3. 刚体以等角速度 ω 绕通过质心的轴转动(图 14-7(c))

这时 $\boldsymbol{R}_g=0$,$M_{gC}=0$,这时惯性力系本身互相平衡。

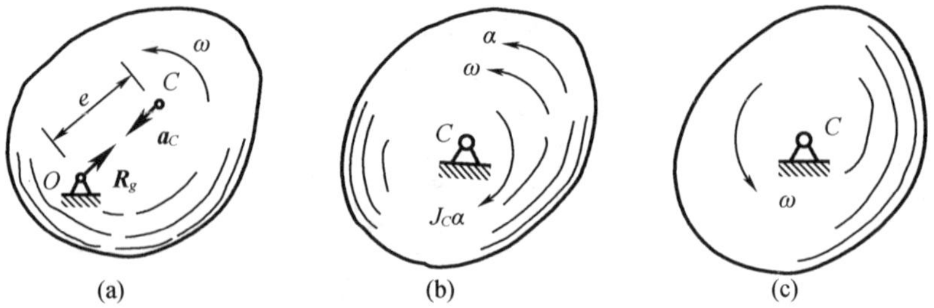

图 14-7 惯性力系向 O 点简化的示意图

14.2.3 刚体做平面运动

如图 14-8 所示,设刚体具有质量对称平面,且平行于此平面运动。于是惯性力系可简化为在质量对称平面内的平面力系,一部分是跟随质心做平动时的牵连惯性力系,简化结果为一合力,即

$$\boldsymbol{R}_g=-M\boldsymbol{a}_C \quad (\text{作用线通过质心})$$

另一部分是刚体绕质心转动时的惯性力系,简化结果为一惯性力偶,其力偶矩为

$$M_{gC}=-J_C\alpha$$

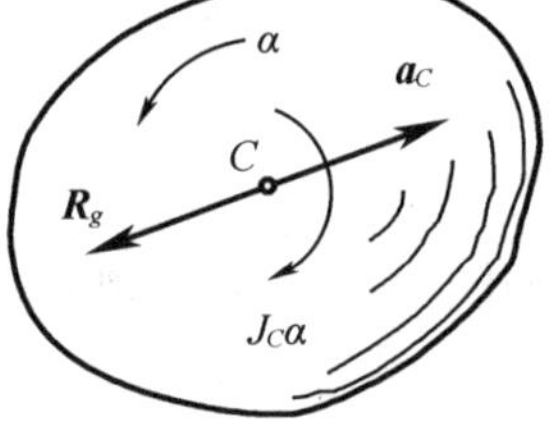

图 14-8 惯性力系向质心简化的示意图

上述结果表明,具有质量对称平面且平行于此平面做平面运动的刚体,惯性力系向质心 C 的简化结果为一个主矢和一个主矩。主矢通过质心 C,大小等于刚体质量与质心加速度的乘积,方向与质心加速度方向相反;主矩的大小等于刚体对质心轴转动惯量与角加速度的乘积,转向与角加速度的转向相反。

由此可看出,由于运动形式的不同,惯性力系的简化结果也是不同的,但无论是哪种情形,惯性力系的主矢都是相同的,都是等于刚体的质量与质心加速度的乘积。

14.3 达朗贝尔原理的应用

应用达朗贝尔原理求解刚体动力学问题时,首先应根据题意选取研究对象,分析其所受的外力,画出受力图;其次根据刚体的运动方式在受力图上虚加惯性力及惯性力偶;最后根据达朗贝尔原理列平衡方程求解未知量。下面通过举例来说明达朗贝尔原理的应用。

例 14-3　如图 14-9(a)所示,两均质杆 AB 和 BD,质量均为 3 kg,$AB = BD = 1$ m,焊接成直角形刚体,以绳 AF 和两等长且平行的杆 AE、BF 支持。试求割断绳 AF 的瞬时两杆所受的力。杆的质量忽略不计,刚体质心坐标为 $x_C = 0.75$ m,$y_C = 0.25$ m。

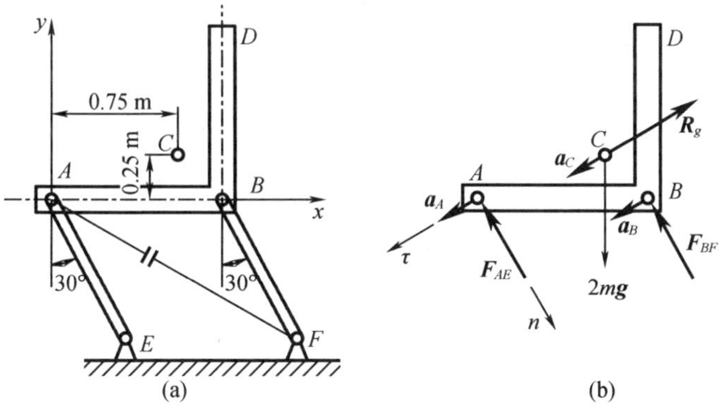

图 14-9　例 14-3 图

解　(1)取刚体 ABD 为研究对象,其所受的外力有重力 $2mg$,两杆的约束反力 $\boldsymbol{F}_{AE}$ 和 $\boldsymbol{F}_{BF}$,如图 14-9(b)所示。

(2)虚加惯性力,因两杆 AE、BF 平行且等长,故刚体 ABD 做曲线平动,刚体上各点的加速度都相等。在割断绳的瞬时,两杆的角速度为零,角加速度为 α,平动刚体的惯性力加在质心上,且

$$\boldsymbol{R}_g = -2m\boldsymbol{a}_C$$

(3)根据达朗贝尔原理,列平衡方程

$$\sum F_\tau = 0 \quad 2mg\sin 30° - 2ma_C = 0$$

可得

$$a_C = 4.9 \text{ m/s}^2$$

$$\sum m_A(\boldsymbol{F}_i) = 0$$

$$F_{BF}\cos 30° \times 1 - 2mg \times 0.75 - R_g\cos 30° \times 0.25 + R_g\sin 30° \times 0.75 = 0$$

可得

$$F_{BF} = 45.5 \text{ N}$$

$$\sum F_n = 0 \quad 2mg\cos 30° - F_{AE} - F_{BF} = 0$$

可得

$$F_{AE} = 5.4 \text{ N}$$

例 14-4　如图 14-10(a)所示,质量为 m_1 和 m_2 的物体 A 和 B,分别系在两条绳子上,绳子又分别绕在半径为 r_1 和 r_2 并装在同一轴的两鼓轮上。已知两轮对转轴 O 的转动惯量为 J,重为 W,且 $m_1r_1 > m_2r_2$,鼓轮的质心在转轴上,系统在重力作用下发生运动。试求鼓轮的角加速度及轴承 O 的约束反力。

解　(1)取整个系统为研究对象,系统上作用有主动力 $\boldsymbol{W}_1$、$\boldsymbol{W}_2$、$\boldsymbol{W}$,轴承的约束反力 $\boldsymbol{F}_{Ox}$、$\boldsymbol{F}_{Oy}$,如图 14-10(b)所示。

(2)虚加惯性力和惯性力偶,重物 A、B 平动,因 $m_1r_1 > m_2r_2$,故重物 A 的加速度 $\boldsymbol{a}_1$ 方向

向下,重物 B 的加速度 $\boldsymbol{a}_2$ 方向向上,分别加上惯性力 $\boldsymbol{F}_{g1}$、$\boldsymbol{F}_{g2}$。鼓轮做定轴转动,且转轴通过质心,加上惯性力偶 M_{gO},如图 14-10(b)所示。

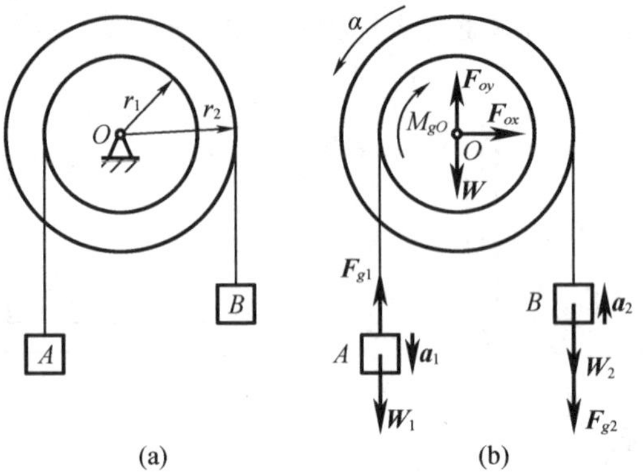

图 14-10 例 14-4 图

(3)根据达朗贝尔原理,列平衡方程

$$\sum m_O(\boldsymbol{F}_i)=0 \quad W_1r_1-F_{g1}r_1-M_{gO}-W_2r_2-F_{g2}r_2=0$$

式中,$W_1=m_1g$;$W_2=m_2g$;$a_1=r_1\alpha$;$a_2=r_2\alpha$;$F_{g1}=m_1a_1$;$F_{g2}=m_2a_2$;$M_{gO}=J\varepsilon$。将它们代入上式,解得

$$\alpha=\frac{(m_1r_1-m_2r_2)g}{m_1r_1^2+m_2r_2^2+J}$$

$$\sum F_x=0 \quad F_{Ox}=0$$

$$\sum F_y=0 \quad F_{Oy}-W_1-W_2-W-F_{g2}+F_{g1}=0$$

得

$$F_{Oy}=W_1+W_2+W+m_2a_2-m_1a_1=(m_1+m_2)g+W-\frac{(m_1r_1-m_2r_2)^2g}{m_1r_1^2+m_2r_2^2+J}$$

例 14-5 由柄连杆机构如图 14-11(a)所示,已知曲柄 OA 长为 r,连杆 AB 长为 l,质量为 m,连杆质心 C 的加速度为 a_{Cx} 和 a_{Cy},连杆的角加速度为 α。试求曲柄销 A 和光滑导板 B 的约束反力(滑块重力不计)。

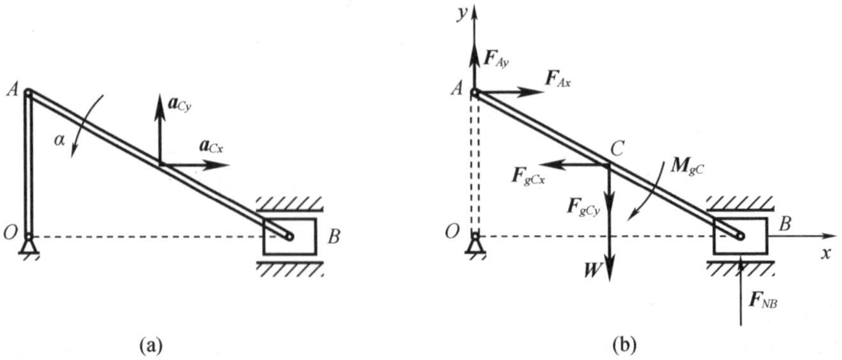

图 14-11 例 14-5 图

解　(1)取连杆 AB 和滑块 B 为研究对象。其上作用有主动力 $\boldsymbol{W}$,约束反力 $\boldsymbol{F}_{Ax}$、$\boldsymbol{F}_{Ay}$ 和 $\boldsymbol{F}_{NB}$,如图 14－11(b)所示。

(2)虚加惯性力和惯性力偶,连杆做平面运动,惯性力系向质心简化得到主矢和主矩,它们的方向如图 14－11(b)所示,大小分别为

$$F_{gCx}=ma_{Cx}\quad F_{gCy}=ma_{Cy}\quad M_{gC}=\frac{1}{12}ml^2\alpha$$

(3)根据达朗贝尔原理,列平衡方程

$$\sum F_x=0\qquad F_{Ax}-F_{gCx}=0$$

$$\sum F_y=0\qquad F_{Ay}+F_{NB}-W-F_{gCy}=0$$

$$\sum m_A(\boldsymbol{F}_i)=0\quad F_{NB}\sqrt{l^2-r^2}-(W+F_{gCy})\frac{\sqrt{l^2-r^2}}{2}-F_{gCx}\frac{r}{2}-M_{gC}=0$$

解得

$$F_{Ax}=ma_{Cx}$$

$$F_{NB}=\frac{m}{2}\left[g+a_{Cy}+\frac{1}{\sqrt{l^2-r^2}}\left(ra_{Cy}+\frac{l^2}{6}\alpha\right)\right]$$

$$F_{Ay}=\frac{m}{2}\left[g+a_{Cy}-\frac{1}{\sqrt{l^2-r^2}}\left(ra_{Cx}+\frac{l^2}{6}\alpha\right)\right]$$

例 14－6　铅直轴 AB 以匀角速度 ω 转动,轴上固连两杆 OE、OD。杆 OE 与 AB 轴成 φ 角,杆 OD 垂直于 AB 轴与杆 OE 所组成的平面,如图 14－12(a)所示。已知:$OE=OD=l$,$AB=2b$。在两杆端点各连一小球 E 与 D,两小球的质量皆为 m,杆的质量不计。求轴承 A 与 B 处的附加动反力。

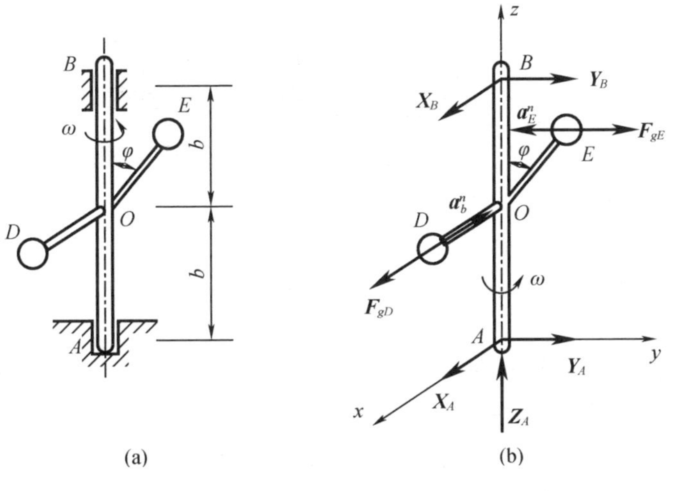

图 14－12　例 14－6 图

解　取整个系统为研究对象,受力如图 14－12(b)所示。因求轴承 A 与 B 处的动反力,故两小球的重力未画出。

因铅直轴 AB 以匀角速度 ω 转动,故小球 E 和 D 的加速度分别为

$$a_E=a_E^n=OE\sin\varphi\cdot\omega^2=l\sin\varphi\cdot\omega^2\quad(方向水平向左)$$

$$a_D = a_D^n = OD \cdot \omega^2 = l\omega^2 \quad (\text{方向沿 } DO)$$

两小球的惯性力

$$F_{gE} = ma_E^n = ml\sin\varphi\omega^2 \quad (\text{方向水平向右})$$

$$F_{gD} = ma_D^n = ml\omega^2 \quad (\text{方向沿 } OD)$$

应用动静法,假象地在两小球上分别加上其惯性力,列出“平衡”方程

$$\sum m_y(F_i) = 0 \qquad X_B \cdot 2b + F_{gD} \cdot b - 0$$

$$\sum X = 0 \qquad X_A + X_B + F_{gD} = 0$$

$$\sum m_x(\boldsymbol{F}_i) = 0 \qquad -Y_B \cdot 2b - F_{gE}(b + l\cos\varphi) = 0$$

$$\sum Y = 0 \qquad Y_A + Y_B + F_{gE} = 0$$

将 F_{gD}、F_{gE}的值代入以上诸式并联立求解得轴承 A 和 B 处的附加动反力分别为

$$X_A = X_B = -\frac{1}{2}ml\omega^2$$

$$Y_A = \frac{ml\omega^2}{2b}(l\cos\varphi - b)\sin\varphi$$

$$Y_B = -\frac{ml\omega^2}{2b}(l\cos\varphi + b)\sin\varphi$$

例 14－7 一喷气飞机着陆时的速度为 200 km/h,由于制动力 $\boldsymbol{R}$ 的作用,飞机沿着跑道以等减速度运动,滑动 450 m 后速度减低为 50 km/h。已知飞机的质量为 125 000 kg,质心为 C,求从开始制动到制动终结这段时间内,前轮 B 的正压力 $\boldsymbol{N}_B$。不考虑地面摩擦力,当低速滑行时,空气阻力及上举力均可忽略不计。

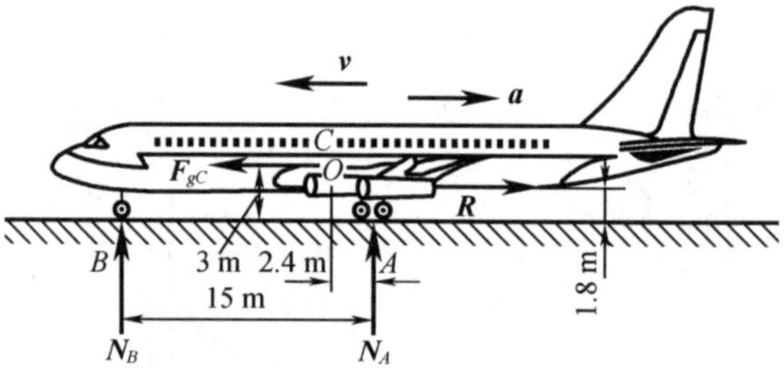

图 14－13 例 14－7 图

解 第一步应求出飞机减速时的负加速度及对应这个负加速度的惯性力,使它由动力学问题变为“静力学”问题,然后再写出平衡方程即可求出前轮的反力。

当飞机从速度 $v_0 = 200$ km/h $= 55.56$ m/s 减到 $v = 50$ km/h $= 13.89$ m/s 时,其负加速度为

$$v^2 = v_0^2 - 2as$$

$$a = \frac{v_0^2 - v^2}{2s} = \frac{(55.56)^2 - (13.89)^2}{2 \times 450} = 3.215 \text{ m/s}^2 \quad (\text{方向向后})$$

这个加速度的方向与滑行速度相反。因为飞机这时作平动,故它的惯性力 $\boldsymbol{F}_{gC} = -m\boldsymbol{a}$,方向则向前,$m$ 为飞机的质量。这个负加速度是由喷气发动机的制动力产生的。由于不考

虑滑行时地面的摩擦力及空气阻力，写出飞机平衡时在水平方向的投影式，即可求得这个制动力 $\boldsymbol{R}$ 为

$$R = ma$$

画出地面对飞机的约束反力 $\boldsymbol{N}_A$、$\boldsymbol{N}_B$，则飞机将在惯性力 $\boldsymbol{F}_{gC}$、制动力 $\boldsymbol{R}$、前后轮的反力及飞机自重共五个力的作用下处于“平衡”。写出该系统对后轮 A 点的力矩平衡方程，即可求出前轮的反力 N_B。

$$\sum m_A(\boldsymbol{F}_i) = 0 \quad F_{gC} \times 3 + mg \times 2.4 - R \times 1.8 - N_B \times 15 = 0$$

代入具体数值可求得

$$N_B = 228\ \text{kN}$$

例 14－8　如图 14－14 所示，P_1，半径为 R，作用有力偶矩 M，重物 C 重 P_2，杆 AB 长为 l，质量不计。求重物 C 上升的加速度和固定端 A 处的反力。

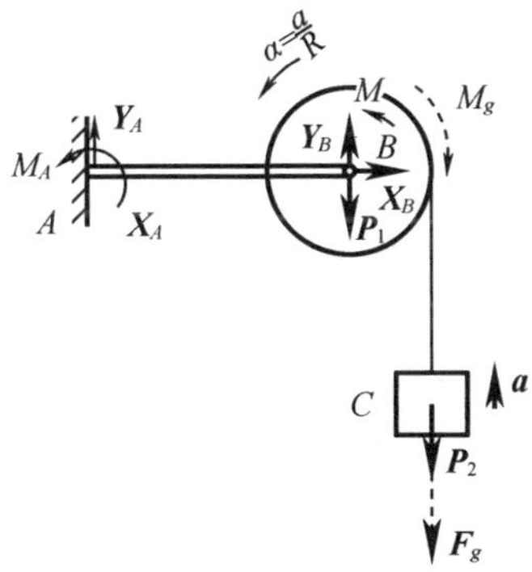

图 14－14　例 14－8 图

解　(1)先取鼓轮和重物 C 组成的系统为研究对象，受有外力 $\boldsymbol{P}_1$、$\boldsymbol{P}_2$，约束力 $\boldsymbol{X}_B$、$\boldsymbol{Y}_B$。

(2)虚加惯性力和惯性力偶：鼓轮绕质心作定轴转动，重物 C 平动，所加惯性力偶及惯性力的方向如图，大小为

$$F_g = \frac{P_2}{g}a, M_g = J_B\alpha = \frac{1}{2}\frac{P_1}{g}R^2\frac{a}{R}$$

(3)根据达朗贝尔原理，列平衡方程

$$\sum m_B(F_i) = 0, M - M_g - (P_2 + F_g)R = 0$$

可得

$$a = \frac{2(M - P_2R)g}{(P_1 + 2P_2)R}$$

(4)再取整个系统为研究对象，受力分析有外力 $\boldsymbol{P}_1$、$\boldsymbol{P}_2$，固定端 A 处约束力 $\boldsymbol{X}_A$、$\boldsymbol{Y}_A$ 和 $\boldsymbol{M}_A$，再虚加惯性力及惯性力偶矩 $\boldsymbol{F}_g$ 及 $\boldsymbol{M}_g$，由达朗贝尔原理，列平衡方程有

$$\sum X = 0 \quad X_A = 0$$

$$\sum Y = 0 \quad Y_A - P_1 - P_2 - F_g = 0$$

$$\sum m_A(\boldsymbol{F}_i) = 0 \quad M_A - M_g - (P_2 + F_g)(R + l) - P_1 l = 0$$

联立以上三式即可求得固定端 A 处反力。(略)

例 14-9 如图 14-15(a)所示,均质细杆 OA 长 l、重 P,从静止开始绕通过 O 端的水平轴转动。试求当杆转到与水平成 α 角,即到达 OA' 位置时的角速度、角加速度和 O 点处的约束反力。

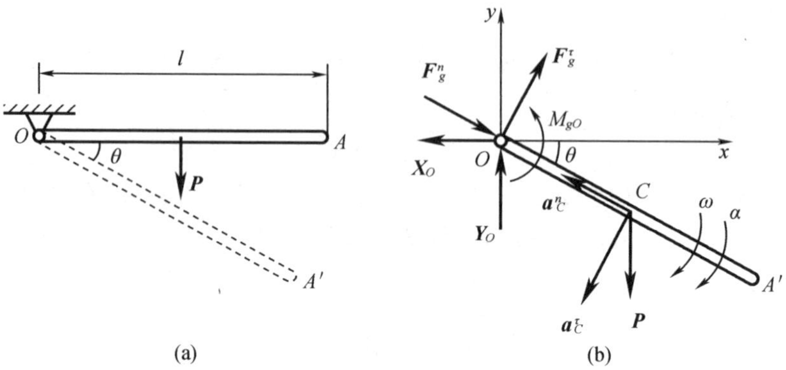

图 14-15 例 14-9 图

解 取 OA 杆为研究对象,设当杆转到 OA' 位置时,杆的角速度为 ω,角加速度为 α,受力如图 14-15(b)所示。

杆的惯性力系向 O 点简化后,得

惯性力系的主矢

$$F_g^\tau = ma_C^\tau = \frac{P}{g} \cdot \frac{l}{2}\alpha$$

$$F_g^n = ma_C^n = \frac{P}{g} \cdot \frac{l}{2}\omega^2$$

方向与质心 C 点的加速度方向相反。

惯性力系对 O 点的主矩

$$M_{gO} = J_O\alpha = \frac{1}{3}\frac{P}{g}l^2\alpha$$

转向与 α 的转向相反。

由动能定理 $T_2 - T_1 = \sum W$ 有

$$\frac{1}{2}J_O\omega^2 - 0 = P \cdot \frac{l}{2}\sin\theta$$

即

$$\frac{1}{2} \cdot \frac{1}{3}\frac{P}{g}l^2 \cdot \omega^2 - 0 = P \cdot \frac{l}{2}\sin\theta$$

可解得杆的角速度

$$\omega = \sqrt{\frac{3g}{l}\sin\theta}$$

应用动静法,在转轴 O 上假想地加上杆的惯性力系的主矢 F_g^τ 和 F_g^n 和在转动平面内假想地加上杆的惯性力系的主矩 M_{gO},列出“平衡”方程

$$\sum X = 0 \quad F_g^n \cos\theta + F_g^\tau \sin\theta - X_O = 0$$

$$\sum Y = 0 \quad Y_O - P + F_g^\tau \cos\theta - F_g^n \sin\theta = 0$$

$$\sum m_O(F_i) = 0 \quad M_{gO} - P \cdot \frac{l}{2}\cos\theta = 0$$

将已知数据代入以上三式，并联立解得

$$\alpha = \frac{3g}{2l}\cos\theta$$

$$X_O = \frac{9P}{4}\cos\theta\sin\theta$$

$$Y_O = \frac{5P}{2} - \frac{9P}{4}\cos^2\theta$$

例 14－10　质量 $m = 45.4$ kg 的均质细杆 AB，下端 A 搁在光滑水平面上，上端 B 用质量不计的软绳 BD 系在固定点 D，如图 14－16(a)所示。杆长 $l = 3.05$ m，绳长 $h = 1.22$ m。当绳子铅直时，杆对水平面的倾角 $\theta = 30°$，A 点以 $v_A = 2.44$ m/s 的匀速度开始向左运动。求在该瞬时，杆的角加速度 ε；须加在 A 端的水平力 P；绳中的张力 T。

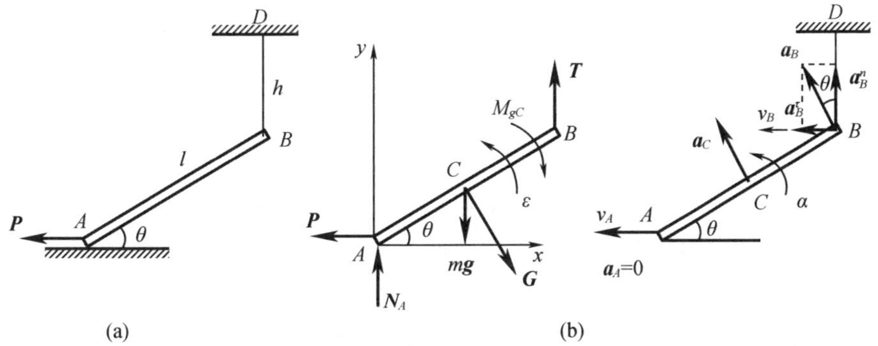

图 14－16　例 14－10 图

解　以 AB 杆为研究对象。其上受力有重力 mg、绳子张力 $\boldsymbol{T}$、A 端水平力 $\boldsymbol{P}$ 以及地面反力 $\boldsymbol{N}_A$，如图 14－16(b)所示。

AB 杆做平面运动，在图示位置，B 点的速度 $v_B // v_A$，故有

$$v_B = v_A = 2.44 \text{ m/s}$$

注意，这里 v_B 是瞬时值，而 B 点的加速度 $a_B \neq 0$。

因此，在图示位置，AB 杆的运动为瞬时平动。故该瞬时 AB 杆的角速度

$$\omega = 0$$

设该瞬时 AB 杆的角加速度为 α。取 A 点为基点，则 B 点的加速度为

$$\boldsymbol{a}_B = \boldsymbol{a}_A + \boldsymbol{a}_{BA}^n + \boldsymbol{a}_{BA}^\tau$$

式中，$a_A = 0$（因 A 点做匀速运动）；$a_{BA}^n = l\omega^2 = 0$；$a_{BA}^\tau = l\alpha$ 方向垂直于 AB，指向与 α 转向一致。

所以

$$a_B = a_{BA}^\tau = l\alpha$$

又 B 点受软绳 BD 约束,故有

$$\boldsymbol{a}_B=\boldsymbol{a}_B^{\tau}+\boldsymbol{a}_B^{n}$$

式中,$a_B^n=\dfrac{v_B^2}{h}$方向沿着 BD。于是有

$$a_B\cos\theta=a_B^n$$

即

$$l\alpha\cos\theta=\frac{v_B^2}{h}$$

代入已知数据,可解得

$$\alpha=\frac{v_B^2}{hl\cos\theta}=\frac{2.44^2}{1.22\times3.05\times\cos30^\circ}\text{ rad/s}=1.85\text{ rad/s}\quad(\text{为逆时针转向})$$

AB 杆的质心 C 点的加速度

$$a_C=a_{CA}^{\tau}=\frac{l}{2}\alpha=\frac{3.05}{2}\times1.85=2.82\text{ m/s}^2(\text{方向垂直于}AC,\text{转向与}\alpha\text{转向一致})$$

将 AB 杆的惯性力系向其质心 C 点简化,得惯性力系的主矢

$$F_{gC}=ma_C=45.4\times2.82\text{ N}=128\text{ N}\quad(\text{方向与}\boldsymbol{a}_C\text{相反})$$

惯性力系对质心 C 点的主矩

$$\begin{aligned}M_{gC}&=J_C\alpha\\&=\frac{1}{12}ml^2\alpha\\&=\frac{1}{12}\times45.4\times3.05^2\times1.85\text{ N}\cdot\text{m}\\&=65.1\text{ N}\cdot\text{m}(\text{转向与}\alpha\text{转向相反})\end{aligned}$$

应用动静法,在 AB 杆上假想地加上其惯性力系的主矢和主矩,取坐标轴 x、y,列出“平衡”方程

$$\sum X=0\quad F_{gC}\sin\theta-P=0$$

$$\sum m_A(F_i)=0\quad T\cdot l\cos\theta-mg\cdot\frac{l}{2}\cos\theta-F_{gC}\cdot\frac{l}{2}-M_{gC}=0$$

把已知数据代入以上二式,并联立解得

$$P=64\text{ N}\quad T=321\text{ N}$$

14.4 刚体绕定轴转动时轴承的动反力

在高速转动的机械中,由于转子质量的不均匀性以及制造或安装时的误差,转子对于转轴常常产生偏心或偏角,转动时就会引起轴的振动和轴承动反力。这种动反力的极值有时会达到静反力的十倍以上。因此,如何消除轴承动反力的问题就成为高速转动机械的重要问题。下面将着重研究轴承动反力的计算和如何消除轴承动反力。

前面讨论了定轴转动刚体具有质量对称平面,且转动轴垂直于质量对称平面时惯性力系的简化结果。根据达朗贝尔原理,即可求出此时轴承的动反力。但这是一种特殊情形。现在来讨论在一般情形下轴承动反力的求法及消除它的基本原理。

如图4-17所示,设刚体绕 z 轴定轴转动,某瞬时角速度为 ω,角加速度为 α。A 为止推

轴承，B 为轴承，在其上作用有主动力系 $\boldsymbol{F}_1,\boldsymbol{F}_2,\cdots,\boldsymbol{F}_n$。如果选 $Axyz$ 为固结在刚体上的动坐标系，并跟随刚体一起转动，分析刚体上任一点 M_i 的惯性力。设该质点质量为 m_i，它到转动轴的距离为 r_i，故该点的惯性力为

$$F_{gi}^{n}=mr_i\omega^2$$

$$F_{gi}^{\tau}=mr_i\alpha$$

则第 i 个质点的惯性力 $\boldsymbol{F}_{gi}$ 在 x、y 轴上的投影为

$$F_{gix}=m_ir_i\omega^2\cdot\cos\alpha_i+m_ir_i\alpha\cdot\sin\alpha_i=m_ir_i\omega^2\cdot\frac{x_i}{r_i}+m_ir_i\alpha\cdot\frac{y_i}{r_i}=m_ix_i\omega^2+m_iy_i\alpha$$

$$F_{giy}=m_ir_i\omega^2\cdot\sin\alpha_i-m_ir_i\alpha\cdot\cos\alpha_i=m_ir_i\omega^2\cdot\frac{y_i}{r_i}-m_ir_i\alpha\cdot\frac{x_i}{r_i}=m_iy_i\omega^2-m_ix_i\alpha$$

$$F_{giz}=0$$

把刚体上所有各质点惯性力的 x、y、z 方向的投影相加，即为惯性力系的主矢在 x、y、z 方向的投影为

$$R_{gx}=\sum m_ix_i\omega^2+\sum m_iy_i\alpha=Mx_C\omega^2+My_C\alpha$$

$$R_{gy}=\sum m_iy_i\omega^2-\sum m_ix_i\alpha=My_C\omega^2-Mx_C\alpha$$

$$R_{gz}=0$$

式中，x_C、y_C 为刚体的质心坐标。

第 i 个质点的惯性力 $\boldsymbol{F}_{gi}$ 对 x、y、z 轴力矩为

$$\begin{aligned}m_x(\boldsymbol{F}_{gi})&=m_x(\boldsymbol{F}_{gi}^{n})+m_x(\boldsymbol{F}_{gi}^{\tau})\\&=-m_ir_i\omega^2\sin\alpha_i\cdot z_i+m_ir_i\alpha\cos\alpha_i\cdot z_i\\&=-m_iy_iz_i\omega^2+m_iz_ix_i\alpha\end{aligned}$$

$$\begin{aligned}m_y(\boldsymbol{F}_{gi})&=m_y(\boldsymbol{F}_{gi}^{n})+m_y(\boldsymbol{F}_{gi}^{\tau})\\&=m_ir_i\omega^2\cos\alpha_i\cdot z_i+m_ir_i\alpha\sin\alpha_i\cdot z_i\\&=m_iz_ix_i\omega^2+m_iy_iz_i\alpha\end{aligned}$$

$$\begin{aligned}m_z(\boldsymbol{F}_{gi})&=m_z(\boldsymbol{F}_{gi}^{n})+m_z(\boldsymbol{F}_{gi}^{\tau})\\&=0-m_ir_i\alpha\cdot r_i\\&=-m_ir_i^2\alpha\end{aligned}$$

把刚体上所有各质点惯性力对 x、y、z 轴力矩相加，则可得惯性力系的主矩在 x、y、z 轴的投影为

$$M_{Ax}=\sum m_iy_iz_i\cdot\omega^2-\sum m_ix_iz_i\cdot\alpha=-J_{yz}\omega^2+J_{zx}\alpha$$

$$M_{Ay}=\sum m_iz_ix_i\cdot\omega^2+\sum m_iy_iz_i\cdot\alpha=J_{zx}\omega^2+J_{yz}\alpha$$

$$M_{Az}=-\sum m_ir_i^2\cdot\alpha=-J_z\alpha$$

式中

$$J_{yz}=\sum m_iy_iz_i,J_{xz}=\sum m_iz_ix_i$$

分别称为刚体对 y、z 轴和 z、x 轴的惯性积，表示了刚体对坐标轴的质量分布情况，具有与转动惯量相同的量纲。

根据达朗贝尔原理，刚体在主动力系 $\boldsymbol{F}_1,\boldsymbol{F}_2,\cdots,\boldsymbol{F}_n$，约束反力 $\boldsymbol{X}_A$、$\boldsymbol{Y}_A$、$\boldsymbol{Z}_A$，$\boldsymbol{X}_B$、$\boldsymbol{Y}_B$ 及惯性

力系作用下处于“平衡”,由此可得到下列六个平衡方程式

$$\sum X = 0 \quad X_A + X_B + \sum F_{ix} + R_{gx} = 0$$

$$\sum Y = 0 \quad Y_A + Y_B + \sum F_{iy} + R_{gy} = 0$$

$$\sum Z = 0 \quad Z_A + \sum F_{iz} = 0$$

$$\sum m_{Ax}(F_i) = 0 \quad -Y_B \cdot l + \sum m_x(F_i) + M_{Ax} = 0$$

$$\sum m_{Ay}(F_i) = 0 \quad X_B \cdot l + \sum m_y(F_i) + M_{Ay} = 0$$

$$\sum m_{Az}(F_i) = 0 \quad \sum m_z(F_i) + M_{Az} = 0$$

把前面求得的惯性力系的简化结果代入以上各式,可求得约束反力为

$$X_A = -\frac{1}{l}[\sum m_y(F_i) + J_{zx}\omega^2 + J_{yz}\alpha] - \sum F_{ix} - Mx_C\omega^2 - My_C\alpha$$

$$Y_A = -\frac{1}{l}[\sum m_x(F_i)] + J_{yz}\omega^2 - J_{zx}\alpha - \sum F_{iy} - My_C\omega^2 + Mx_C\alpha$$

$$Z_A = -\sum F_{iz}$$

$$X_B = -\frac{1}{l}[\sum m_y(F_i) + J_{zx}\omega^2 + J_{yz}\alpha]$$

$$Y_B = \frac{1}{l}[\sum m_x(F_i)] - J_{yz}\omega^2 + J_{zx}\alpha$$

由以上结果可看出,轴承的约束反力由两部分组成。一部分是由主动力引起的反力,称为静反力。另一部分是由惯性力引起的,称为动反力。这个动反力是由于质心偏离转动轴,或由于转动轴与刚体的对称轴偏转一个微小角度引起的。要消除这些动反力,只有消除偏心及偏角的现象,即只有尽可能地使质心在转动轴上,并使转动轴与刚体的对称轴重合,这样才可使轴承的动反力等于零。

对转动刚体来说,使得惯性积 J_{yz} 及 J_{zx} 均为零的转动轴 z 称为惯性

主轴。如果此轴又通过刚体的质心,则此轴就称为中心惯性主轴。由此可见,消除转子轴承动反力的基本方法就在于尽量设法使转动轴成为中心惯性主轴。

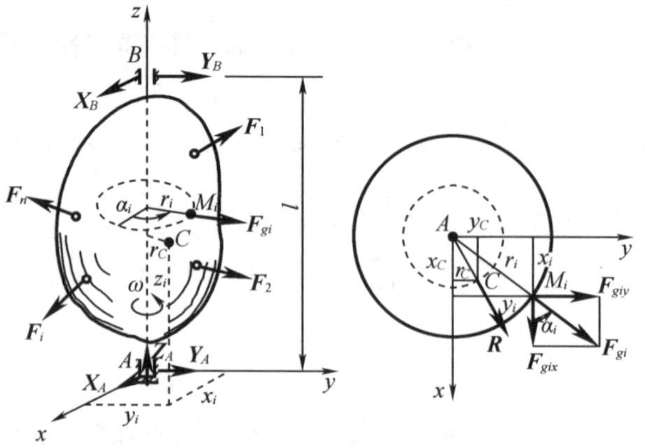

图 14-17 刚体绕定轴转动时轴承的动反力示意图

动静法小结

动静法用来解决动力学问题是非常方便的。它的主要出发点就是通过加惯性力使动力学问题变为“静力学”问题,然后应用静力学写平衡方程或作图的方法来求解,实际上就等于在求解动力学问题。由于它用到的基本概念很少,除了惯性力的概念之外,也没再引进其他新的物理量。而静力学的平衡方程式过去已用过多次,一般对它比较熟悉,所以也常常乐于选用这种方法。根据已知主动力,即可求出运动,包括运动规律、速度及加速度,然后根据求出的运动即可求约束反力。也就是说,动力学的两大基本问题,应用这个方法都能加以解决。

应用这个方法的关键是加惯性力,严格来说,惯性力并不作用在运动的物体上,而是作用在使它产生加速度的另一物体上。但是,当物体运动比较复杂时,有时这个“另一物体”往往并不好找,因此,有时也就不再去追问这个“另一物体”到底是哪一物体,因而形式地也就把惯性力当成“真实的”力来处理了。

思　考　题

一、判断题

1. 凡是运动的物体都有惯性力。(　　)

2. 作用在质点系上的所有外力和质点系中所有质点的惯性力在形式上组成平衡力系。(　　)

3. 平面运动刚体惯性力系合成的结果是一个作用在刚体质心上的力。(　　)

4. 处于瞬时平动状态的刚体,在该瞬时其惯性力系向质心简化的主矩必为零。(　　)

5. 质点系惯性力系的主矢与简化中心的选择有关,而惯性力系的主矩与简化中心的选择无关。(　　)

二、选择题

1. 质点 M 做圆周运动时,其惯性力方向如图 14 - 18 所示,其中(　　)的运动是不可能存在的。

A. 图(a)、图(b)

B. 图(b)、图(c)

C. 图(c)、图(a)

D. 图(a)、图(b)、图(c)

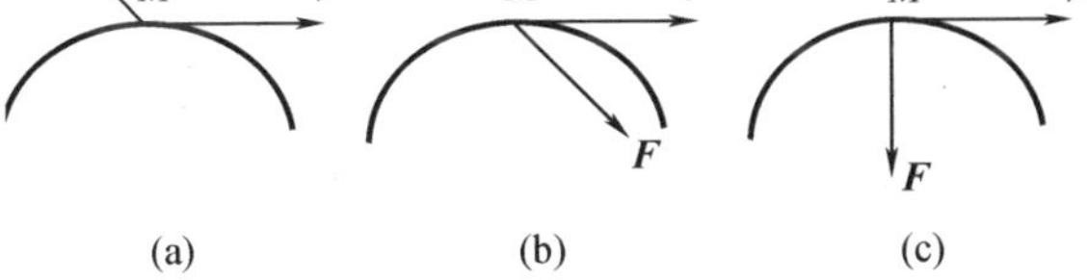

图 14 - 18　选择题第 1 题图

2. 均质细杆 AB 重 P、长 $2L$，支承如图 14－19 所示水平位置，当 B 端绳突然剪断瞬时 AB 杆的角加速度的大小为(　　)。

A. 0　　B. $3g/(4L)$　　C. $3g/(2L)$　　D. $6g/L$

3. 均质圆盘做定轴转动，其中图 14－20(a)，图 14－20(c)的转动角速度为常数($\omega=C$)，而图 14－20(b)，图 14－20(d)的角速度不为常数($\omega\neq C$)。则(　　)的惯性力系简化的结果为平衡力系。

A. 图(a)　　B. 图(b)　　C. 图(c)　　D. 图(d)

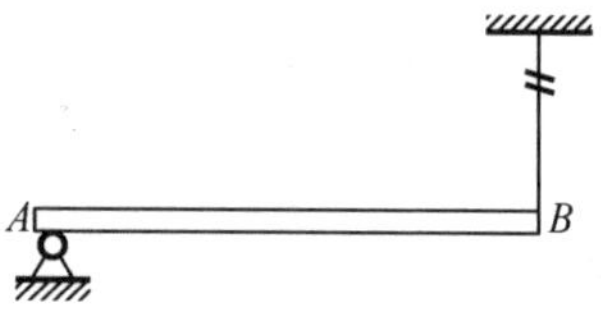

图 14－19　选择题第 2 题图

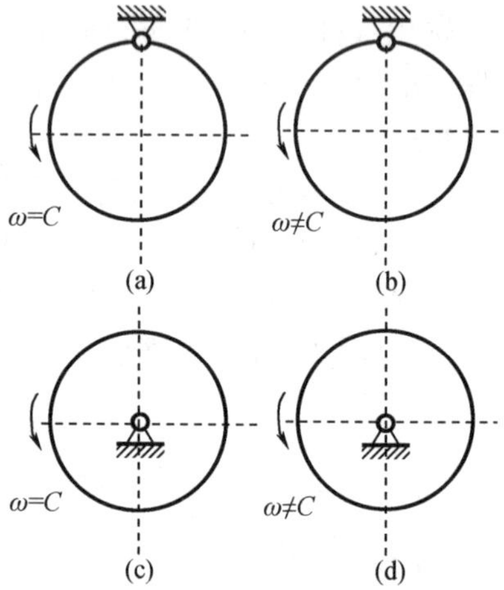

图 14－20　选择题第 3 题图

4. 如图 14－21 所示，均质细杆 AB 为 l，重为 P，与铅垂轴固结成角 $\alpha=30°$，并以匀角速度 ω 转动，则杆惯性力系的合力的大小等于(　　)

A. $\dfrac{\sqrt{3}l^2P\omega^2}{8g}$　　B. $\dfrac{l^2P\omega^2}{2g}$　　C. $\dfrac{lP\omega^2}{2g}$　　C. $\dfrac{lP\omega^2}{4g}$

5. 如图 14－22 所示飞轮由于安装的误差，其质心不在转轴上。如果偏心距为 e，飞轮以匀角速度 ω 转动时，轴承 A 处的附加动反力的大小为 F''_{NA}，则当飞轮以匀角速度 2ω 转动时，轴承 A 处的附加动反力的大小为(　　)

A. F''_{NA}　　B. $2F''_{NA}$　　C. $3F''_{NA}$　　D. $4F''_{NA}$

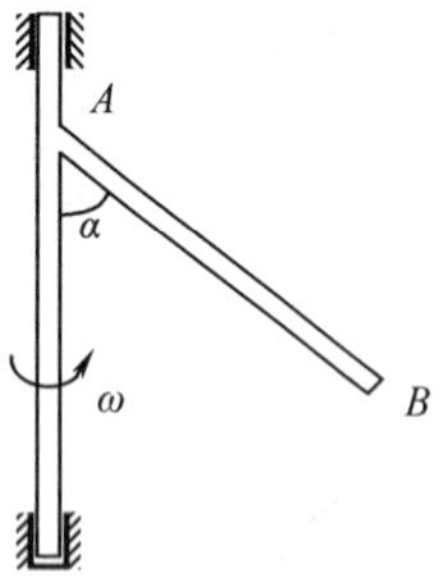

图 14－21　选择题第 4 题图

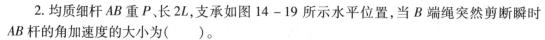

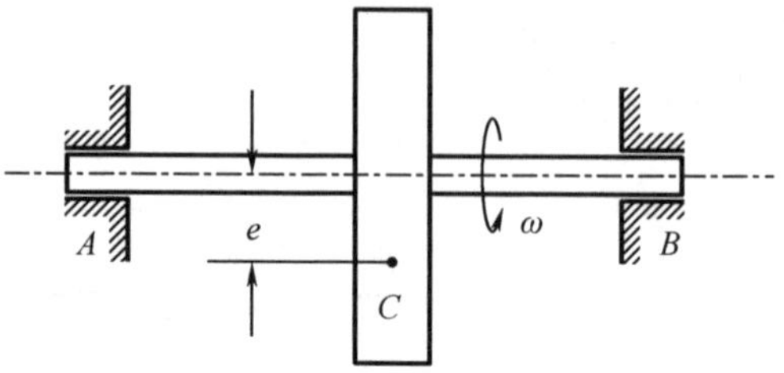

图 14－22　选择题第 5 题图

三、填空题

1. 质点惯性力的大小等于________，方向________。

2. 质点在真空中受重力作用铅垂下落时的惯性力的大小为________。

3. 在一水平放置的、不计质量的圆盘边缘上固结一质量为 m 的质点 M，圆盘以角速度 ω，角加速度 ε 绕轴 O 转动，则系统在图 14－23 所示位置轴 O 处约束反力的大小为________。

4. 如图 14－24 所示，均质细长杆 OA，长 L，重 P，某瞬时以角速度 ω、角加速度 ε 绕水平轴 O 转动；则惯性力系向 O 点的简化结果是________。

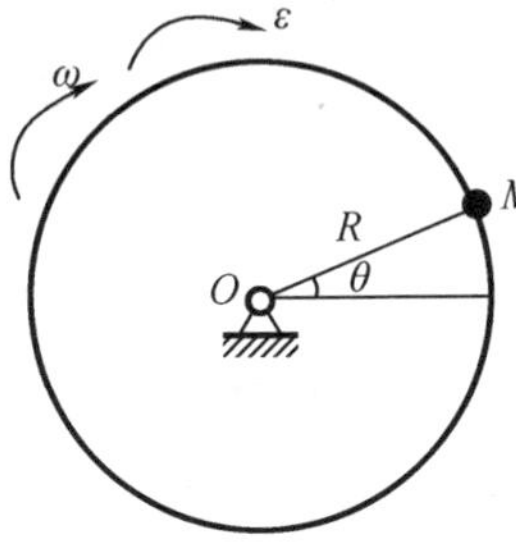

图 14－23　填空题第 3 题图

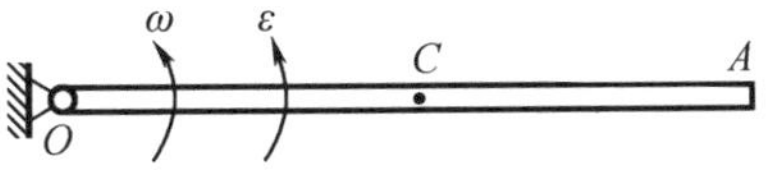

图 14－24　填空题第 4 题图

5. 图 14－25 中刚体质量为 m 具有与转轴垂直的质量对称面，它的惯性力系向轴心 O 简化的结果为：主矢 $Q=$________；主矩 $L_O^Q=$________。方向画在图上；向质心 C 简化的结果为：主矢 $Q=$________；主矩 $L_C^Q=$________。将方向画在图上。

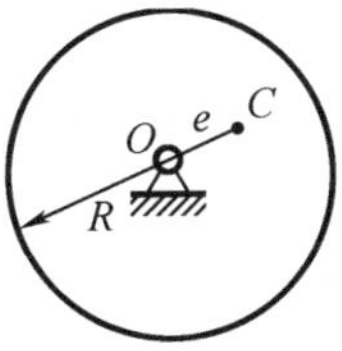

图 14－25　填空题第 5 题图

习　　题

14－1　机构如图 14－26 所示，已知：$O_1A=O_2B=r$，且 $O_1A//O_2B$，O_1A 以匀角速度 ω 绕轴 O_1 转动，直角杆 ADB 质量为 m。试求杆 ADB 惯性力系简化的最简结果。

答案：$F_g=ma_c=m\omega^2r$。

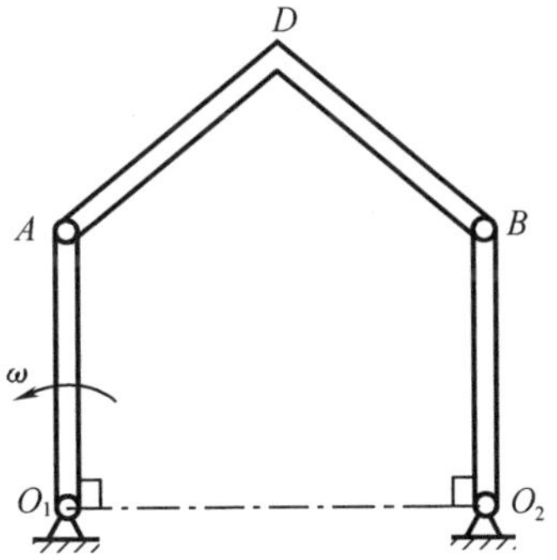

图 14－26　习题 14－1 图

14－2　如图14－27所示,系统由匀质圆盘与匀质细杆铰接而成。已知:圆盘半径为r、质量为M,杆长为L、质量为m。在图示位置杆的角速度为ω、角加速度为ε,圆盘的角速度、角加速度均为零,试求系统惯性力系向定轴O简化的主矢与主矩。

答案:$F_{gR}^{\tau}=(mL/2+ML)\cdot\varepsilon$,$F_{gR}^{n}=(mL/2+ML)\cdot\omega^2$,$M_{g0}=\left(\frac{1}{3}mL^2+ML^2\right)\cdot\varepsilon$。

14－3　如图14－28所示的曲柄滑道机构,已知圆轮半径为r,对转轴的转动惯量为J,轮上作用一不变的力偶M,ABD滑槽的质量为m,不计摩擦力。求圆轮的转动微分方程。

答案:$(J+mr^2\sin^2\varphi)\ddot{\varphi}+mr^2\dot{\varphi}^2\cos\varphi\sin\varphi=M$。

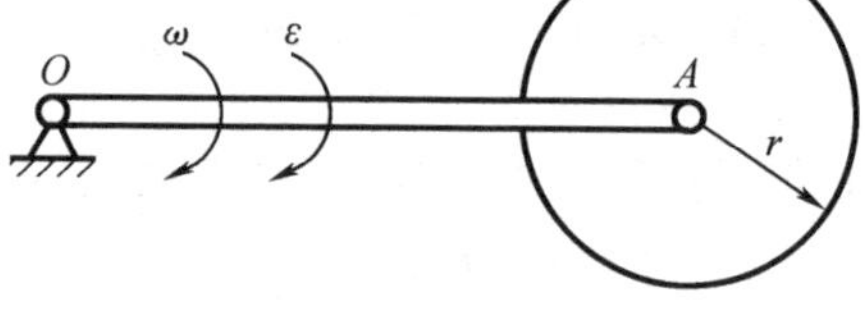

图14－27　习题14－2图

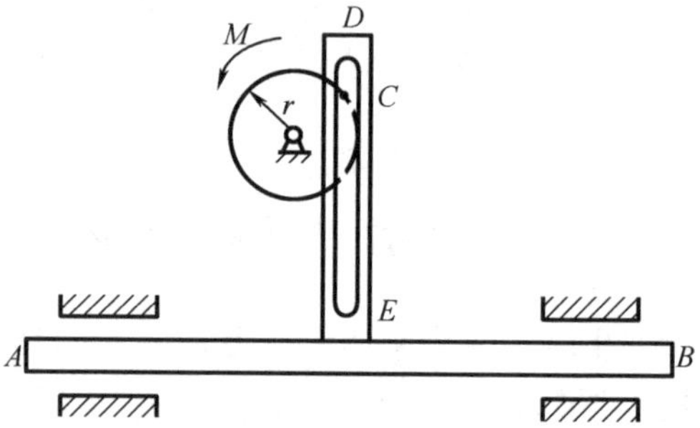

图14－28　习题14－3图

14－4　如图14－29所示为均质细杆弯成的圆环,半径为r,转轴O通过圆心垂直于环面,A端自由,AD段为微小缺口,设圆环以匀角速度ω绕轴O转动,环的线密度为ρ,不计重力,求任意截面B处对AB段的约束力。

答案:$M_B=\rho\omega^2r^3(1+\cos\theta)$,$F_{TB}=\rho r^2\omega^2\sin\theta$,$F_{NB}=\rho r^2\omega^2(1+\cos\theta)$。

14－5　如图14－30所示矩形块质量$m_1=100$ kg,置于平台车上。车质量为$m_2=50$ kg,此车沿光滑的水平面运动。车和矩形块在一起由质量为m_3的物体牵引,使之做加速运动。设物块与车之间的摩擦力足够阻止相互滑动,求能够使车加速运动而m_1块不倒的质量m_3的最大值,以及此时车的加速度大小。

答案:$a=2.45$ m/s^2,$m=50$ kg。

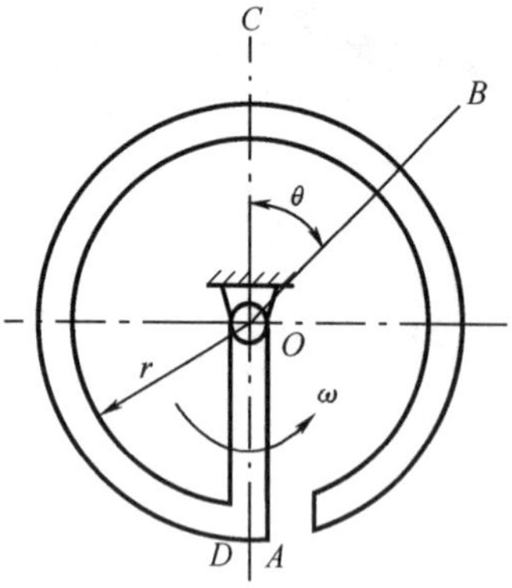

图14－29　习题14－4图

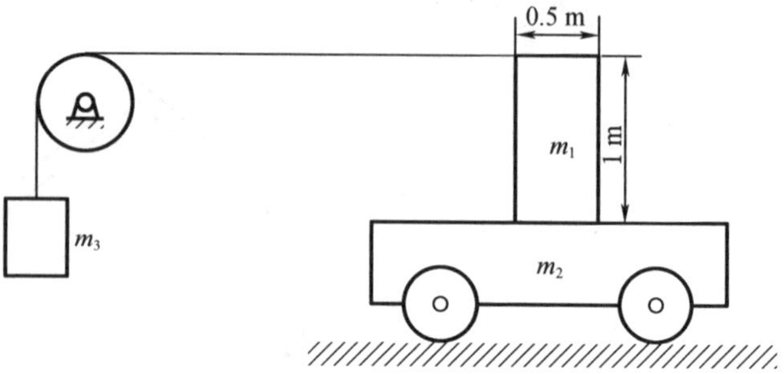

图14－30　习题14－5图

14－6　如图 14－31 所示小车沿水平直线行驶，匀质细杆 A 端铰接在小车上，B 端靠在车的竖直壁上。已知杆长 $L=1$ m、质量 $m=20$ kg，夹角 $\theta=45°$，小车的加速度 $a=0.5\ \mathrm{m/s^2}$。试用动静法求支座 A、B 处的反力。

答案：$X_A=-93$ N，

$Y_A=196$ N；

$N_B=103$ N。

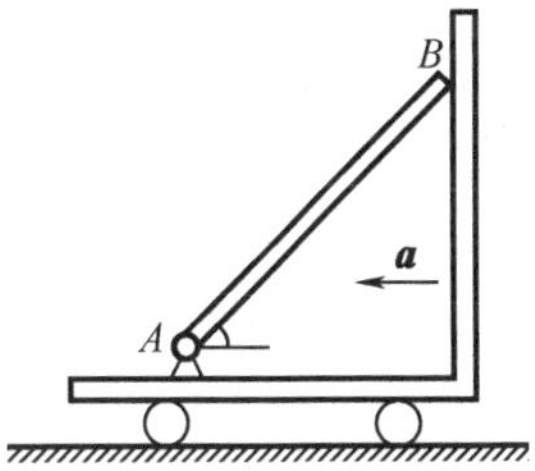

图 14－31　习题 14－6 图

14－7　如图 14－32 所示均质曲杆 $ABCD$ 刚性地连接于铅直转轴上，已知 $CO=OB=b$，转轴以匀角速度 ω 转动。欲使 AB 及 CD 段截面只受沿杆的轴向力，求 AB、CD 段的曲线方程。

答案：$x=be^{\frac{\omega^2 y}{g}}$。

14－8　如图 14－33 所示，轮轴质心位于 O 处，对轴 O 的转动惯量为 J_a。在轮轴上系有两个物体，质量各为 m_1 和 m_2。若此轮轴依顺时针转向转动，求轮轴的角加速度 α 和轴承 O 的动约束力。

答案：$\alpha=\dfrac{(m_2r-m_1R)}{(J+m_1R^2+m_2r^2)}g$，$F_{Oy}=\dfrac{-(m_2r-m_1R)^2}{(J+m_1R^2+m_2r^2)}g$，$F_{Ox}=0$。

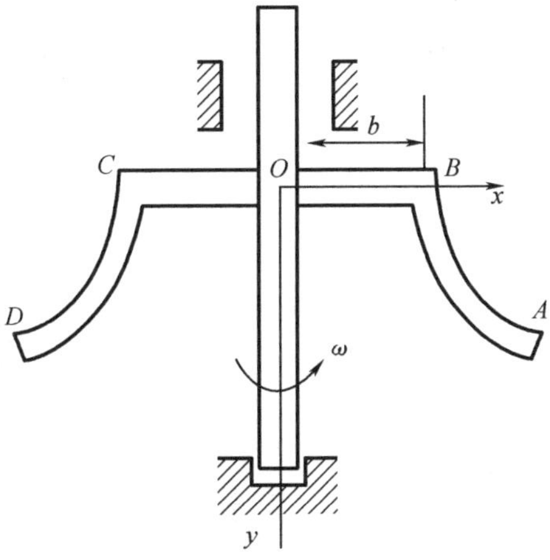

图 14－32　习题 14－7 图

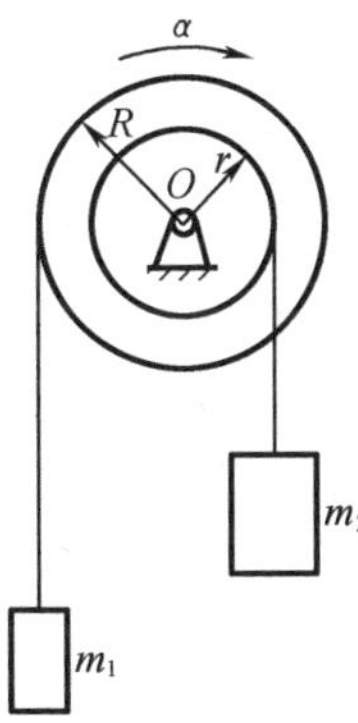

图 14－33　习题 14－8 图

14－9　如图 14－34 所示系统位于铅垂面内。已知质量为 m 的偏心轮以匀角速度 ω 绕轮心 O 转动，偏心距为 e。$AB=BD$，$BO=OD$。试用动静法求当轮转过 φ 角时，B 处的动反力。

答案：$Y_B=-\dfrac{1}{2}m\omega^2 e\sin\varphi$，

$X_B=\dfrac{1}{2}m\omega^2 e(2\cos\varphi-\sin\varphi)$。

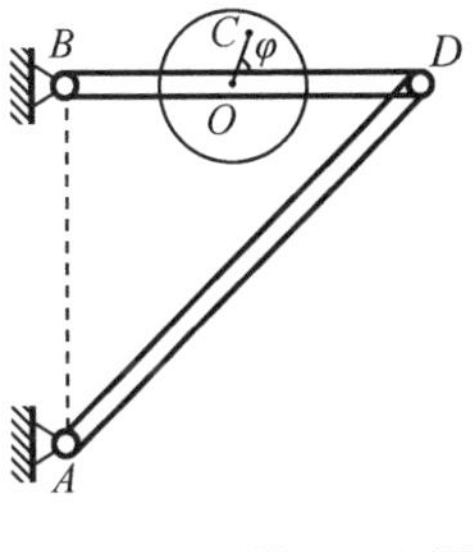

图 14－34　习题 14－9 图

14－10 图 14－35 所示的匀质细杆由三根绳索维持在水平位置。已知:杆的质量 $m=100\ \mathrm{kg}$, $\theta=45°$。试用动静法求割断绳 BO_1 的瞬时,绳 BO_2 的张力。

答案:$T_{BO_2}=(\sqrt{2}/4)mg=346.48\ \mathrm{N}$。

14－11 如图 14－36 所示,质量为 m_1 的物体 A 下落时,带动质量为 m_2 的均质圆盘 B 转动,不计支架和绳子的质量及轴上的摩擦力, $BC=a$,盘 B 的半径为 R。求固定端 C 的约束力。

答案:$F_{Cy}=\dfrac{3m_1m_2+m_2^2}{2m_1+m_2}g, F_{Cx}=0, M_C=\dfrac{3m_1m_2+m_2^2}{2m_1+m_2}ag$。

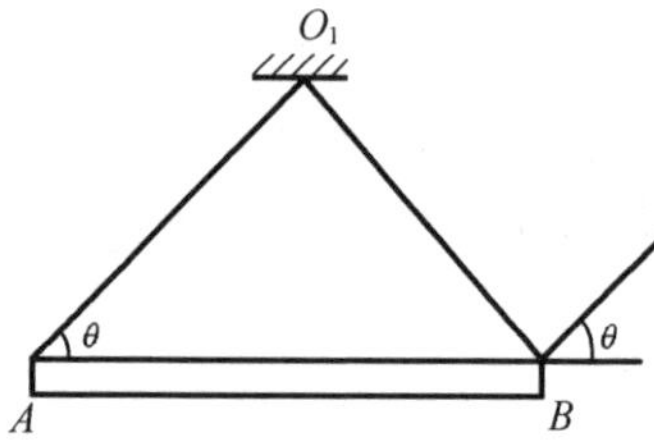

图 14－35 习题 14－10 图

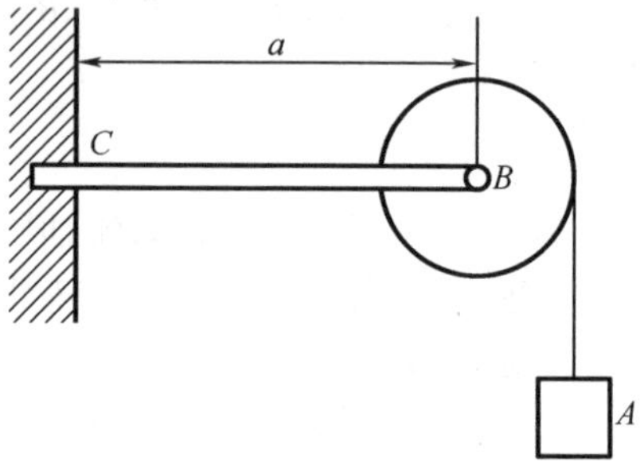

图 14－36 习题 14－11 图

14－12 如图 14－37 所示等边三角形构架位于水平面内。已知三根相同匀质细杆各重 $P=40\ \mathrm{N}$、长 $L=60\ \mathrm{cm}$。试用动静法求作用多大的力矩 M,才能获得 $\varepsilon=12\ \mathrm{rad/s^2}$ 的匀角加速度。

答案:$M=\dfrac{1}{2}3PL^2\varepsilon/g=26.45\ \mathrm{N\cdot m}$。

14－13 图 14－38 所示匀质直角三角板位于铅直面内,绕铅直轴 AB 转动。已知板重为 P、边长为 l、b。试用动静法求匀角速 ω 多大时,才能使支座 B 的水平反力等于零。

答:$\omega=(2/3)\cdot(3g/l)^{1/2}$。

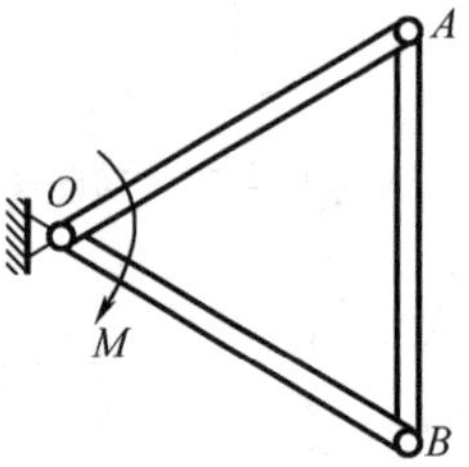

图 14－37 习题 14－12 图

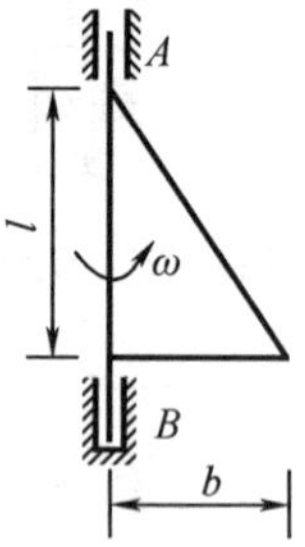

图 14－38 习题 14－13 图

14－14　如图 14－39 所示，均质板质量为 m，放在 2 个均质圆柱滚子上，滚子质量皆为 $m/2$，其半径均为 r。如在板上作用一水平力 $\boldsymbol{F}$，并设滚子无滑动，求板的加速度。

答案：$a=\dfrac{8F}{11m}$。

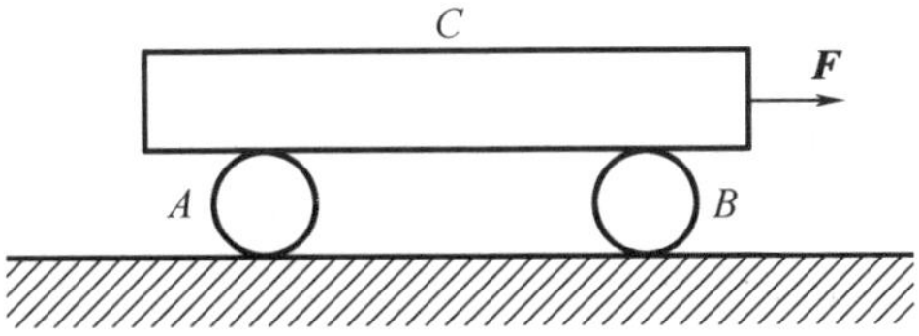

图 14－39　习题 14－14 图

14－15　铅垂面内曲柄连杆滑块机构中，均质直杆 $OA=r$，$AB=2r$，质量分别为 m 和 $2m$，滑块质量为 m。曲柄 OA 匀速转动，角速度为 ω_0。在图 14－40 所示瞬时，滑块运行阻力为 $\boldsymbol{F}$。不计摩擦力，求滑道对滑块的约束力及 OA 上的驱动力偶矩 M_0。

答案：$F_{Ax}=\dfrac{2}{\sqrt{3}}mr\omega_0^2+F$，$M=\left(\dfrac{2}{\sqrt{3}}mr\omega_0^2+F\right)r$。

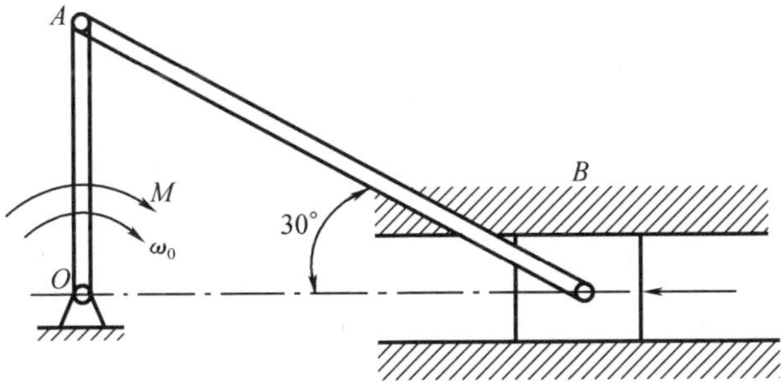

图 14－40　习题 14－15 图

14－16　如图 14－41 所示匀质定滑轮装在铅直的无重悬臂梁上，用绳与滑块相接。已知：轮半径 $r=1$ m，重 $Q=20$ kN，滑块重 $P=10$ kN，梁长为 $2r$，斜面的倾角 $\tan\theta=3/4$，动摩擦系数 $f'=0.1$。若在轮 O 上作用一常力偶矩 $M=10$ kN · m。试用动静法求：A 滑块 B 上升的加速度；(2) 支座 A 处的反力。

答案：$a\approx1.57$ m/s^2；$M_A=13.44$ kN · m，$F_{Ax}=-6.72$ kN，$F_{Ay}=25.04$ kN。

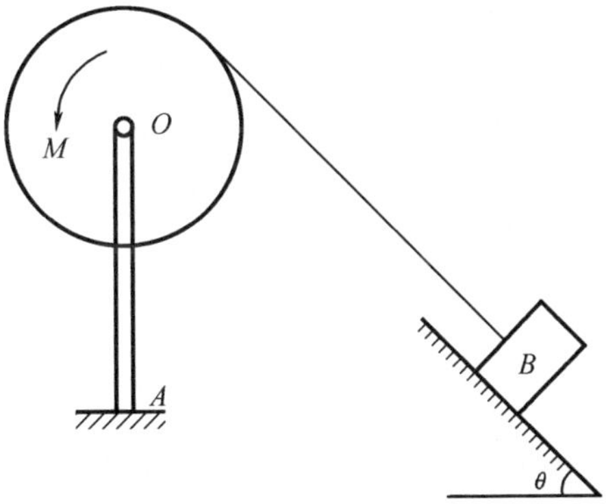

图 14－41　习题 14－16 图

第15章　虚位移原理和第二类拉格朗日方程

对于非自由质点系统的动力学问题，从力学的发展过程看，前面我们接触到的力学可以认为是初等动力学，或称为牛顿力学，下面要学习的虚位移原理和由此建立的第二类拉格朗日(Lagrange)方程，则属于拉格朗日力学。

初等动力学中的基本力学量为：力、质量、加速度。

基本定理是：牛顿定律。

对于一个质点而言其动力学方程为：$m\boldsymbol{a} = \boldsymbol{F}$。

其优点是：直观性强，这部分内容称为牛顿力学。

但在工程实际中所遇到的问题大多是非自由系统——即所研究的对象的位置、速度在运动中常受到预先规定的某些限制，这些限制统称为约束。用牛顿定律直接解决这一类问题时，往往显得很困难。例如，由 N 个质点组成的系统，首先要解除约束，代之以约束反力，通常是未知的，然后列出 $3N$ 个包含未知约束力在内的二阶微分方程组，再加上约束方程就组成一个数目很大的方程组；方程的数目越多，求解就越困难，在有些情况下很可能无法求解。

在这种情况下拉格朗日从另一个途径出发来研究关于非自由质点系统的问题。拉格朗日力学的基本力学量是：能量和功。

基本原理是：虚功原理。由此可以用数学分析的方法统一处理任意非自由质点系统的动力学问题。

1788年他的巨著《分析力学》问世。这一巨著的出版标志着动力学问题研究的完善，从而派生出分析力学。

下面用一章的篇幅介绍有关分析力学中所用到的一些基本概念。

15.1　约　束

15.1.1　约束

设一个系统由 N 个质点 $P_i(i=1,2,\cdots,N)$ 组成。为了描述该系统在空间的位置可以采用直角坐标系(笛卡尔坐标系)。对于第 i 个质点，其位置由惯性参考系中一固定点 O 所引的矢径 $\boldsymbol{r}_i$ 或直角坐标 x_i、y_i、z_i 所确定，为了便于叙述，有时也将系统的所有坐标按统一序号记为 $x_1,x_2,\cdots,x_{3N}$。这样第 i 个质点的坐标为 x_{3i-2}、x_{3i-1}、x_{3i}。当各质点的位置确定以后，这时整个系统的位置和形状也就确定了，我们称之为位形。系统运动时位形也将随时间不断发生变化。

1. 约束

系统运动时如果各质点的位置、速度等受到一定的限制，则称这种限制为约束。例如，①用一根无质量的刚性杆接两个小球(质点)，运动时由于刚性杆的存在使两球心的距离始终保持不变。这里刚性杆构成了对质点系统的约束。

②导弹追踪目标时,要求其飞行方向也就是速度方向应时时对准目标。这里并没有一个具体的实物来限制导弹的飞行速度的方向,这种约束关系是通过导弹的控制系统来实现的。

2. 约束方程

从上面的两个例子中我们可以看出约束的形式和机理是不同的,但它们却有共同的本质,那就是使得系统中的某些或全部质点的位置、速度等一些运动学要素受到了一定的限制,换句话说这些运动学要素必须满足一定的条件,这种条件可以用下面一般形式的数学方程来统一表示,即

$$f_\alpha(x,t)=0(\alpha=1,2,\cdots,l) \tag{15-1}$$

或

$$f_\beta(x,\dot{x},t)=0(\beta=1,2,\cdots,g) \tag{15-2}$$

其中,x 是 $x_1,x_2,\cdots,x_{3N}$的全体;$\dot{x}$ 中的“ · ”表示该字母的量对时间的导数$\left(如\ \dot{x}=\dfrac{\mathrm{d}x}{\mathrm{d}t}\right)$,而 $\dot{x}$ 则是 $\dot{x}_1,\dot{x}_2,\cdots,\dot{x}_{3N}$的全体(这种用一个不带下标的字母代表有下标的同一字母的全体的简化记法今后将一直采用,不再做说明)。

我们将这种用来描述约束关系的数学方程(15-1)或式(15-2)称为约束方程。有时为了简便起见也将约束方程表示成如下的矢径形式,即

$$f_\alpha(\boldsymbol{r},t)=0(\alpha=1,2,\cdots,l) \tag{15-3}$$

或

$$f_\beta(\boldsymbol{r},\dot{\boldsymbol{r}},t)=0(\beta=1,2,\cdots,g) \tag{15-4}$$

其中,$\boldsymbol{r}$ 是质点的矢径,代表 $\boldsymbol{r}_1,\boldsymbol{r}_2,\cdots,\boldsymbol{r}_N$ 的全体。

例 15-1　一个质点被限制在一个不断膨胀的球面上运动,写出此情况下质点的约束方程。

解　如图 15-1 所示,将球的半径记为 $R(t)$,则约束方程为

$$x^2+y^2+z^2-R^2(t)=0$$

例 15-2　用一个不计质量且不断改变长度的细杆将质点 A 与固定点联结,写出此情况下的质点的约束方程。

解　如图 15-2 所示,将杆的长度记为 $l(t)$,则约束方程为

$$x^2+y^2+z^2-l^2(t)=0$$

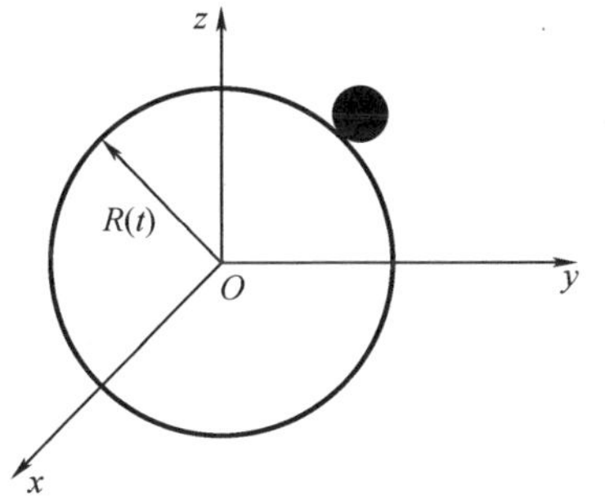

图 15-1　例 15-1 图

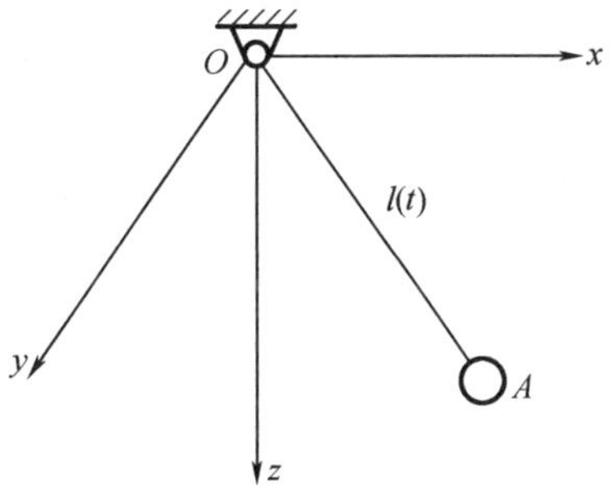

图 15-2　例 15-2 图

例 15-3 导弹 A 追击目标 B,要求导弹速度方向总指向目标,试写出约束方程。

解 如图 15-3 所示,系统由 A、B 两个质点组成,位置可用 $\boldsymbol{r}_A$、$\boldsymbol{r}_B$ 来描述,则速度方向应分别为 $\dot{\boldsymbol{r}}_A$、$\dot{\boldsymbol{r}}_B$,其直角坐标应为 x_A、y_A、z_A、x_B、y_B、z_B 及 $\dot{x}_A$、$\dot{y}_A$、$\dot{z}_A$、$\dot{x}_B$、$\dot{y}_B$、$\dot{z}_B$;根据题意约束方程应这样表示为

$$\frac{\boldsymbol{r}_A}{|\dot{\boldsymbol{r}}_A|}=\frac{\boldsymbol{r}_B-\boldsymbol{r}_A}{|\boldsymbol{r}_B-\boldsymbol{r}_A|}$$

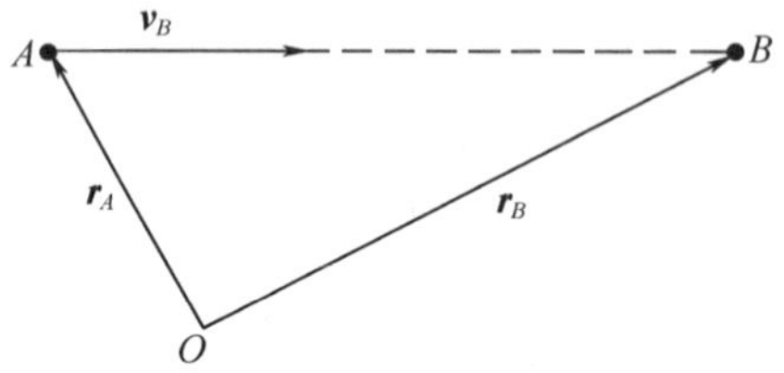

图 15-3 例 15-3 图

实际计算时我们应将上式向三个坐标轴方向上投影,这样有

$$\frac{1}{|\dot{\boldsymbol{r}}_A|}\dot{x}_A=\frac{1}{|\boldsymbol{r}_B-\boldsymbol{r}_A|}(x_B-x_A)$$

$$\frac{1}{|\dot{\boldsymbol{r}}_A|}\dot{y}_A=\frac{1}{|\boldsymbol{r}_B-\boldsymbol{r}_A|}(y_B-y_A)$$

$$\frac{1}{|\dot{\boldsymbol{r}}_A|}\dot{z}_A=\frac{1}{|\boldsymbol{r}_B-\boldsymbol{r}_A|}(z_B-z_A)$$

也可将上面三式写成如下更为简单的形式

$$\left(\frac{1}{x_B-x_A}\right)\dot{x}_A-\left(\frac{1}{y_B-y_A}\right)\dot{y}_A=0$$

$$\left(\frac{1}{x_B-x_A}\right)\dot{x}_A-\left(\frac{1}{z_B-z_A}\right)\dot{z}_A=0$$

从例 15-1 和例 15-2 中我们可以看出两个结构不同的约束却有着相同的约束方程,在分析力学中,由于我们关心的是各质点间的位置、速度等所应满足的关系,而不是约束的具体结构,因而对于例 15-1 和例 15-2 中的两种约束也就无须区别,也就是说,今后所说的约束,仅是指约束方程而言,而不追究其具体结构。由此约束的分类自然也就完全按约束方程的不同类型来区分。

完整约束——在约束方程(15-1)或方程(15-3)中如果仅含坐标 x 和时间 t,而不含速度 $\dot{x}$ 时,这时的约束称为完整约束或几何约束。这也就是说完整约束只限制系统各质点的位置而不限制速度。

完整约束式(15-1)也可以写成微分形式,只要将式(15-1)微分处理即可:

$$\sum_{s=1}^{3N}\frac{\partial f_\alpha}{\partial x_s}\mathrm{d}x_s+\frac{\partial f_\alpha}{\partial t}\mathrm{d}t=0(\alpha=1,2,\cdots,l)$$

非完整约束——在约束方程(15-2)或方程(15-4)中既含有坐标 x 和时间 t,又含有速度 $\dot{x}$ 时,这时的约束称为非完整约束。这也就是说非完整约束对于各质点的速度也进行了限制。

只有完整约束的系统称为完整系统。具有非完整约束的系统称为非完整系统。

完整系统不能任意占据空间位置,这是因为完整系统对系统各点的位置加上了限制。若系统只有非完整约束,则系统可以占据空间的任何位置,但在这些位置上各点的速度都要受到非完整约束的限制。

当约束方程中不显含时间 t 时,称这种约束为定常约束。当约束方程中显含时间 t 时,称这种约束为非定常约束。只具有定常约束的系统称为定常系统。具有非定常约束的系统称为非定常系统。

在约束方程中,用等式表示的约束称双面约束。约束方程如果用不等式表示,则称单面约束。

例 15-4　一单摆由质量为 m,的质点和长为 l 的轻杆组成,悬挂点以 $y=u(t)$ 运动如图所示,试列出问题的约束方程,并说明约束是完整的还是非完整的,是定常的还是非定常的,是双面的还是单面的?

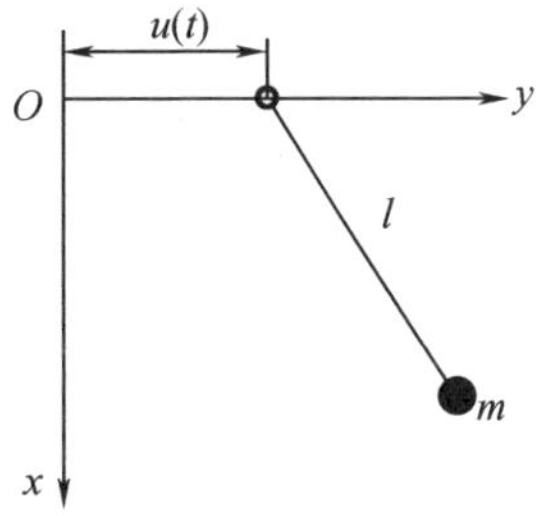

图 15-4　例 15-4 图

解　设摆的坐标为 (x_m, y_m),则约束方程为

$$x_m^2+(y_m-u(t))^2=l^2$$

$$x_m^2+y_m^2-2y_m u(t)=l^2-u^2(t)$$

约束是完整的、非定常的、双面的。

15.2　广义坐标

在上面的讨论中,我们确定系统的位形均采用笛卡尔坐标,也就是用了这样一组参数,$x_1, x_2, \cdots, x_{3N}$,那么描述系统的位形是否一定要用这样 $3N$ 个参数呢?显然不一定非得要这样做,如图 15-5 所示的机构,确定系统的位形只要用一个角度 φ 就可以了。对于图 15-6 所示机构,确定系统位形可以用两个角度 α 和 β。这些参数就不是通常意义上的直角坐标了,但它们同样可以描述系统的位形,而且数目明显要比用直角坐标参数描述要少得多。由此,可以看出直角坐标存在着某种不平衡性(有的独立有的不独立)。下面我们从理论上来具体阐述一下广义坐标。

15.2.1　笛卡尔坐标的不平衡性

设由 N 个质点组成的完整系统,其约束方程为

$$f_\alpha(x,t)=0(\alpha=1,2,\cdots,l<3N) \tag{15-5}$$

如果这些方程是相互独立的,则按线性代数的理论,其 Jacobi 矩阵

$$\frac{\partial(f_1,f_2,\cdots f_l)}{\partial(x_1,x_2,\cdots,x_{3N})}=\begin{bmatrix}\frac{\partial f_1}{\partial x_1} & \frac{\partial f_1}{\partial x_2} & \cdots & \frac{\partial f_1}{\partial x_{3N}}\\ \frac{\partial f_2}{\partial x_1} & \frac{\partial f_2}{\partial x_2} & \cdots & \frac{\partial f_2}{\partial x_{3N}}\\ \vdots & \vdots & & \vdots\\ \frac{\partial f_l}{\partial x_1} & \frac{\partial f_l}{\partial x_2} & \cdots & \frac{\partial f_l}{\partial x_{3N}}\end{bmatrix} \tag{15-6}$$

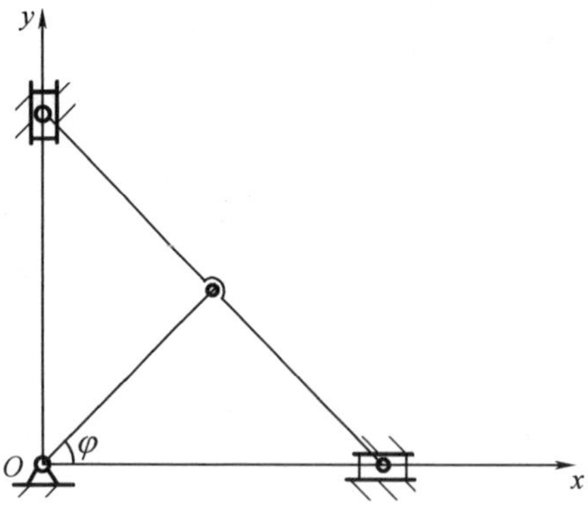

图 15-5 一个角度确定位形图

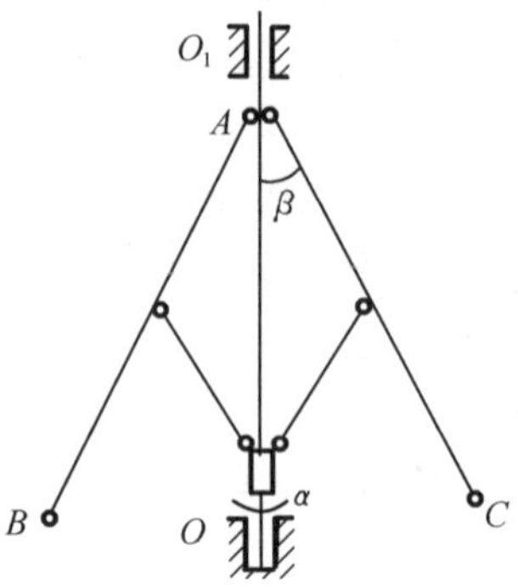

图 15-6 两个角度确定位形图

的秩为 l,则按隐函数存在定理由方程组(15-5)可以将 l 个坐标作为 t 及其余 $3N-l$ 个坐标的函数解出来,不失一般性,假定被解出的是前 l 个坐标,即

$$x_1 = x_1(x_{l+1}, x_{x+2}, \cdots, x_{3N}, t)$$
$$x_2 = x_2(x_{l+1}, x_{x+2}, \cdots, x_{3N}, t)$$
$$\cdots$$
$$x_l = x_l(x_{l+1}, x_{x+2}, \cdots, x_{3N}, t)$$

上式表明确定系统在 t 时刻位形的 $3N$ 个坐标中,只有 $n=3N-l$ 个是独立的,其余 l 个是不独立的,这就是说,确定系统在 t 时刻的位形只需要 n 个独立的坐标参数,而不是 $3N$ 个,由于笛卡尔坐标参数的这种不平衡性(即有的独立有的不独立),使得在具体问题的处理中,取笛卡尔坐标参数作为确定系统位形的参数往往很不方便。

15.2.2 广义坐标

由于笛卡尔坐标的不平衡性,因此,我们可以根据系统的具体结构选取另外一组 $n=3N-l$个独立的参数 $q_1, q_2, \cdots, q_n$ 来确定系统的位形。这样一组参数称作广义坐标。它们是决定系统位形所必需的、最少的独立参数。它们的数目是 $n=3N-l$。

上面我们详细阐述了什么是广义坐标,但在具体的问题中广义坐标的选取,往往并不需要按上述方式通过一组代数方程来选定,而是根据系统的结构和问题的要求,凭直观判断选取确定系统位形所需的 n 个最少的独立参数,而且这样一组 n 个独立的参数并不是唯一的,可以有多组,然后择优选用。这 n 个独立的参数不再是通常意义的直角坐标参数了,它们可以是角度坐标、面积坐标或其他可以用来描述位置的坐标参数,总之在数学上它就是一组 n 个相互独立的参数。

对于非自由质点系统,原来我们是在直角坐标空间中用初等动力学的知识来研究问题,现在我们可以换到另外一个空间即广义坐标空间中同样可以研究系统的位形及其运动,其最直接的好处就是所用的坐标参数减少了,而且不必再考虑完整约束了。

例 15-5 如图 15-7 所示的双摆,由两个质点 M_1、M_2 用长度为 l_1 及 l_2 的刚性杆铰接而成,试选取广义坐标来描述系统的位形。

解 约束方程有两个,即

$$x_1^2 + x_2^2 = l_1^2$$

$$(x_2-x_1)^2+(y_2-y_1)^2=l_2^2$$

由于是平面问题,所以独立的参数个数应为 $n=2N-l$ 即 $n=2\times2-2=2$。

所以广义坐标的个数是 2,这样我们取如图 15-7 所示的 φ_1、φ_2 为广义坐标,而且由图可以知道广义坐标和直角坐标的对应关系为

$$x_1=l_1\sin\varphi_1$$

$$y_1=l_1\cos\varphi_1$$

$$x_2=l_1\sin\varphi_1+l_2\sin\varphi_2$$

$$y_2=l_1\cos\varphi_1+l_2\cos\varphi_2$$

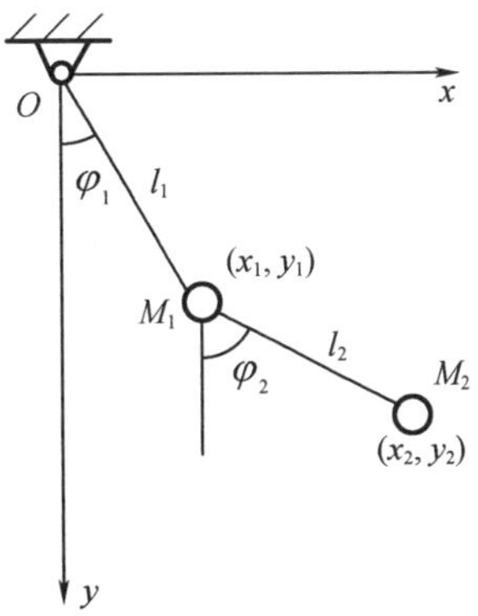

图 15-7　例 15-5 图

15.3　虚　位　移

15.3.1　可能位移及实位移

设在由 N 个质点组成的系统中作用 l 个完整约束和 g 个一阶线性非完整约束,将这些约束统一写成微分形式:

$$\sum_{s=1}^{3N}A_{rs}\mathrm{d}x_s+A_r\mathrm{d}t=0(r=1,2,\cdots,l+g)\qquad(15-7)$$

当$(r=1,2,\cdots,l)$时有

$$A_{rs}=\frac{\partial f_s}{\partial x_s},\quad A_r=\frac{\partial f_s}{\partial t}$$

则对给定的 t 和 x,满足上述方程的无限小位移 $\mathrm{d}x_1,\mathrm{d}x_2,\cdots,\mathrm{d}x_{3N}$称为系统在时刻 t 由位形 x 出发,在 $\mathrm{d}t$ 时间内的可能位移。也就是说,是约束所允许的无限小位移,是系统有可能实现的位移。

如图 15-8、图 15-9 所示的约束所允许的无限小位移就是可能位移。

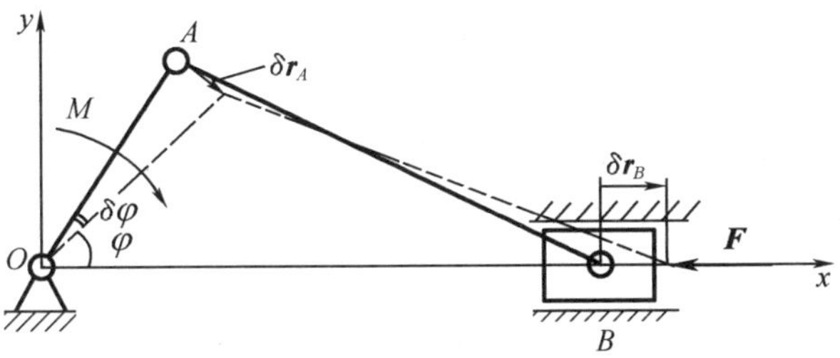

图 15-8　可能位移示例一

图 15-8 中 B 点的 $\delta\boldsymbol{r}_B$ 和 A 点的 $\delta\boldsymbol{r}_A$;图 15-9 中沿 x 轴的 δx、沿圆弧线 $\mathrm{d}s$ 以及沿曲面任一切线的 $\delta\boldsymbol{r}$,这些都是约束所允许的无限小位移,也是系统可能实现的位移。因为对于图 15-9(c)中的 $\delta\boldsymbol{r}$ 在曲面 M 点处可沿曲面任一切线方向,所以可能位移不是唯一的。对于图 15-9(a)如果滑道随时间而上下移动,则滑道所允许的可能位移仍为水平的 δx。

另外,将式(15-7)写成

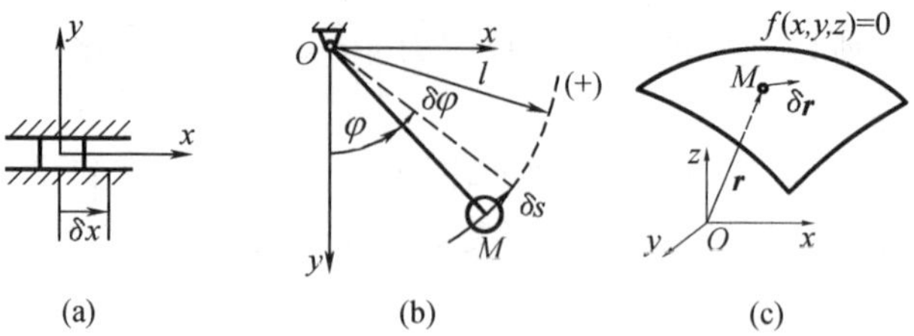

图 15-9 可能位移示例二

$$\sum_{s=1}^{3N} A_{rs}\dot{x}_s + A_r = 0\ (r = 1,2,\cdots,l+g) \tag{15-8}$$

这样将满足该式的 $\dot{x}_1, \dot{x}_2, \cdots, \dot{x}_{3N}$ 称为系统的可能速度;同样将满足约束方程的运动 $x_s(t)(s=1,2,\cdots,3N)$ 称为系统的可能运动。

既满足约束方程,又满足动力学方程和初始条件的运动才是系统实际发生的运动,称为真运动。真运动只是可能运动集合中的一个。在真运动中,由时刻 t 经无限小时间间隔 $\mathrm{d}t$ 所发生的无限小位移称为时刻 t 的实位移。显然实位移也是可能位移集合中的一个。

15.3.2 虚位移

在时刻 t 系统自同一位形出发,经过同一无限小时间间隔 $\mathrm{d}t$ 所发生的任何两个可能位移 $\mathrm{d}x$ 和 $\mathrm{d}x'$ 之差称为系统在时刻 t 的虚位移,记作 δx,即

$$\delta x = \mathrm{d}x' - \mathrm{d}x \tag{15-9}$$

式中

$$\delta x = [\delta x_1, \delta x_2, \cdots, \delta x_{3N}]^{\mathrm{T}} \tag{15-10}$$

$$\delta x_s = \mathrm{d}x_s' - \mathrm{d}x_s (s=1,2,\cdots,3N) \tag{15-11}$$

上式中 δ 为变分符号,它表示变量的无限小"变更"。值得注意的是由上式所定义的无穷小量 δx_s 与函数 $x_s(t)$ 由于 t 的无限小变化而产生的无穷小增量不同,由函数 $x_s(t)$ 无限小变化而产生的无穷小增量我们记作微分,也可以这样理解:真实位移的无穷小变化增量称为微分,而可能位移的"无穷小增量"称为变分。

下面我们将看到 δx_s 就是 $x_s(t)$ 的等时变分,因而采用变分符号。

由于 $\mathrm{d}x'$ 和 $\mathrm{d}x$ 都是可能位移,因而都满足约束方程,即

$$\sum_{s=1}^{3N} A_{rs}(x,t)\mathrm{d}x_s + A_r(x,t)\mathrm{d}t = 0(r = 1,2,\cdots,l+g) \tag{15-12}$$

$$\sum_{s=1}^{3N} A_{rs}(x,t)\mathrm{d}x'_s + A_r(x,t)\mathrm{d}t = 0(r = 1,2,\cdots,l+g) \tag{15-13}$$

两式相减,并考虑到两组可能位移 $\mathrm{d}x'$ 和 $\mathrm{d}x$ 是由同一时刻,同一位形出发,经由同一时间间隔 $\mathrm{d}t$ 所发生的,即 A_{rs}、A_r 在两式中是相同的,于是得

$$\sum_{s=1}^{3N} A_{rs}(\mathrm{d}x'_s - \mathrm{d}x_s) = 0 \tag{15-14}$$

即

$$\sum_{s=1}^{3N} A_{rs}\delta x_s = 0(r = 1,2,\cdots,l+g) \tag{15-15}$$

这是虚位移 δx 所应满足的方程。

该方程与约束方程

$$\sum_{s=1}^{3N} A_{rs}\mathrm{d}x_s + A_r\mathrm{d}t = 0(r = 1,2,\cdots,l + g) \tag{15-16}$$

比较仅差一项 $A_r\mathrm{d}t$,因此也可以形象地说,虚位移就是约束被“冻结”时的可能位移,所谓“冻结”是对时间 t 而言的,即令约束方程中的时间 t 不变。因为虚位移是在 t 不变时系统位形 $x(t)$ 的无限小变化,因而称之为函数 $x(t)$ 的等时变分。

另外,如果约束是定常的,则虚位移与可能位移一致。

15.3.3　用广义坐标表示的虚位移

设表示一力学系统位形的广义坐标为 $q_1,q_2,\cdots,q_n$,根据变换式 $x_s = x_s(q_1,q_2,\cdots,q_n,t)$,可得到各质点的实位移为

$$\mathrm{d}x_s = \sum_{j=1}^{n} \frac{\partial x_s}{\partial q_j}\mathrm{d}q_j + \frac{\partial x_s}{\partial t}\mathrm{d}t(s = 1,2,\cdots,3N) \tag{15-17}$$

各质点的虚位移同样可得为

$$\delta x_s = \sum_{j=1}^{n} \frac{\partial x_s}{\partial q_j}\delta q_j(s = 1,2,\cdots,3N) \tag{15-18}$$

或

$$\delta \boldsymbol{r}_i = \sum_{j=1}^{n} \frac{\partial \boldsymbol{r}_i}{\partial q_j}\delta q_j(i = 1,2,\cdots,N) \tag{15-19}$$

15.3.4　自由度

系统独立坐标变分的个数我们又可以称之为系统的自由度数。用字母 m 表示。对于完整系统,n 个广义坐标 q_j 是互相独立的,它们的变分 δq_j 也是互相独立的。因此对于完整系统 $m = 3N - l = n$,即对于完整系统自由度数等于广义坐标的个数。

例 15-6　一长为 l 的杆子两端在半径为 R 的铅垂固定圆环上运动,试列写杆子的约束方程、虚位移方程,并指出系统的自由度数目。

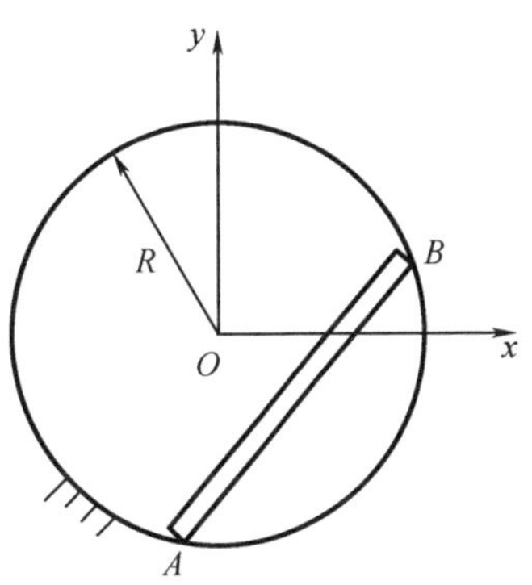

图 15-10　例 15-6 图

解　设杆 AB 两端坐标为 (x_A,y_A),(x_B,y_B)。约束方程有三个

$$x_A^2 + y_A^2 = R^2$$
$$x_B^2 + y_B^2 = R^2$$
$$(x_A - x_B)^2 + (y_A - y_B)^2 = l^2$$

虚位移方程为

$$x_A\delta x_A + y_A\delta y_A = 0$$
$$x_B\delta x_B + y_B\delta y_B = 0$$
$$(x_A - x_B)(\delta x_A - \delta x_B) + (y_A - y_B)(\delta y_A - \delta y_B) = 0$$

自由度数目 $m = 2\times 2 - 3 = 1$。

15.4 虚位移原理

15.4.1 虚功

定义:将作用在P_i上的力$\boldsymbol{F}_i$在其虚位移$\delta\boldsymbol{r}_i$上所做的功称为$\boldsymbol{F}_i$的虚功,记作$\delta W_i'$,即

$$\delta W_i' = \boldsymbol{F}_i \cdot \delta\boldsymbol{r}_i \tag{15-20}$$

15.4.2 几种常见约束力的虚功

1. 质点沿光滑曲面运动

因光滑曲面的约束力$\boldsymbol{F}$在曲面的法线方向,而质点在曲面上运动时,不论约束曲面是固定的还是运动或变形的,虚位移$\delta\boldsymbol{r}$都在曲面的切平面上。因此,约束力的虚功为零,即

$$\boldsymbol{F} \cdot \delta\boldsymbol{r} = 0 \tag{15-21}$$

2. 光滑铰链约束

前面我们已接触过了光滑圆柱铰链,对于固定铰,因为没有可能位移,虚位移为零。对于运动铰,设销轴作用在铰所联结的两个物体A、B上的约束力分别为$\boldsymbol{R}_1$,$\boldsymbol{R}_2$,如图15-11所示,销钉质量略去不计,则$\boldsymbol{R}_1+\boldsymbol{R}_2=0$,因而铰链约束力的虚功和为

$$\boldsymbol{R}_1 \cdot \delta\boldsymbol{r}_A + \boldsymbol{R} \cdot \delta\boldsymbol{r}_B = (\boldsymbol{R}_1+\boldsymbol{R}_2) \cdot \delta\boldsymbol{r}_A = 0 \tag{15-22}$$

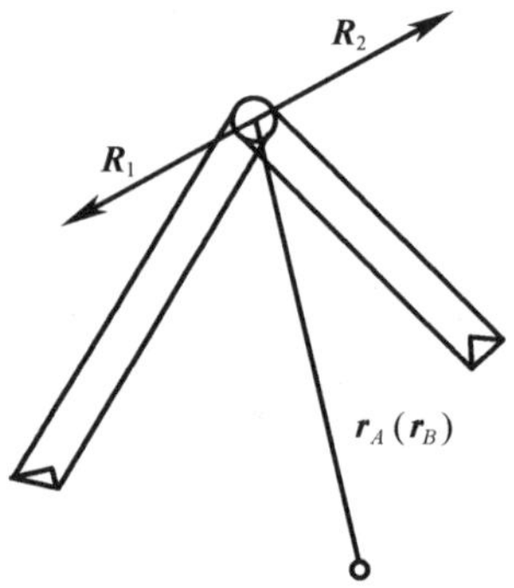

图15-11 光滑铰链约束图

3. 两个刚体在运动中以其光滑表面接触

由于光滑接触,所以约束力沿公法线方向,而且$\boldsymbol{R}_1+\boldsymbol{R}_2=0$,设接触点$P$、$Q$的矢径为$\boldsymbol{r}_P$、$\boldsymbol{r}_Q$(图15-12),则($\mathrm{d}\boldsymbol{r}_P-\mathrm{d}\boldsymbol{r}_Q$)即相对位移在接触面公法线上的投影必然为零(否则发生嵌入),因此,$\mathrm{d}\boldsymbol{r}_P-\mathrm{d}\boldsymbol{r}_Q$与约束力垂直,约束力的虚功

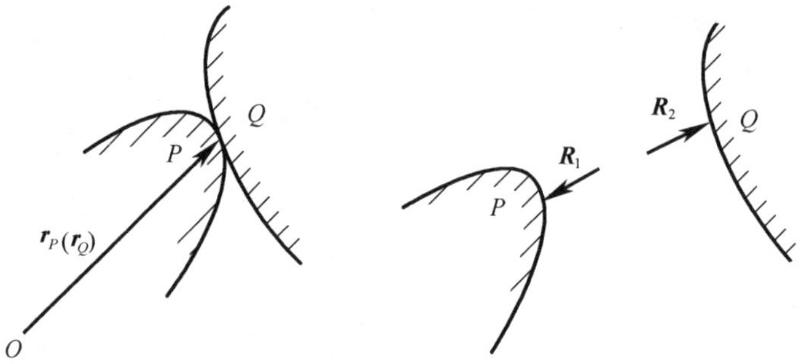

图15-12 光滑接触图

$$\begin{aligned}\boldsymbol{R}_1 \cdot \delta\boldsymbol{r}_P + \boldsymbol{R}_2 \cdot \delta\boldsymbol{r}_Q &= \boldsymbol{R}_1 \cdot (\mathrm{d}\boldsymbol{r}_P' - \mathrm{d}\boldsymbol{r}_P) + \boldsymbol{R}_2 \cdot (\mathrm{d}\boldsymbol{r}_Q' - \mathrm{d}\boldsymbol{r}_Q) \\ &= \boldsymbol{R}_1 \cdot (\mathrm{d}\boldsymbol{r}_P' - \mathrm{d}\boldsymbol{r}_Q') - \boldsymbol{R}_1 \cdot (\mathrm{d}\boldsymbol{r}_P - \mathrm{d}\boldsymbol{r}_Q) = 0\end{aligned} \tag{15-23}$$

4. 刚性约束

设有质点 P_1 及 P_2，与质量不计而且不变形的刚性杆相联结。设质点加在杆上的力分别为 $\boldsymbol{N}_1$ 和 $\boldsymbol{N}_2$，如图 15－13。由于杆的质量不计，故有 $\boldsymbol{N}_1+\boldsymbol{N}_2=0$。

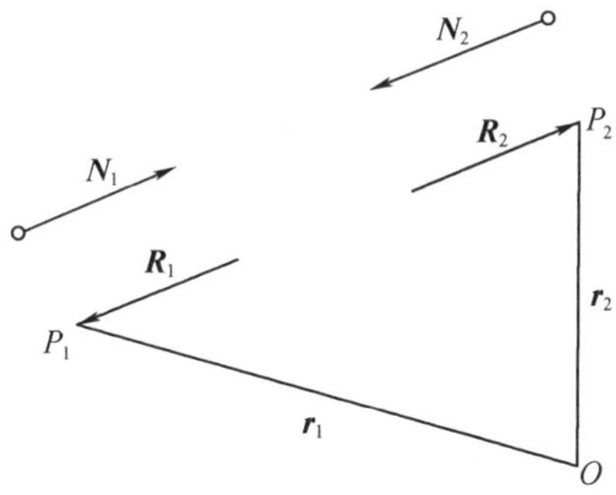

图 15－13　刚性约束图

$\boldsymbol{N}_1$、$\boldsymbol{N}_2$ 沿杆轴向作用，大小相等，方向相反。根据作用力和反作用力定律，杆对质点的约束力 $\boldsymbol{R}_1$、$\boldsymbol{R}_2$ 分别与 $\boldsymbol{N}_1$、$\boldsymbol{N}_2$ 大小相等，方向相反，即 $\boldsymbol{R}_1+\boldsymbol{R}_2=0$

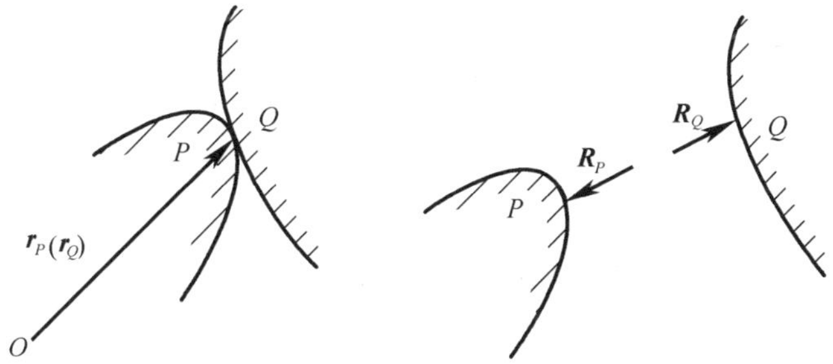

图 15－14　纯滚动问题示意图

设 P_1、P_2 的矢径分别为 $\boldsymbol{r}_1$、$\boldsymbol{r}_2$，则 $\boldsymbol{R}_2=-\boldsymbol{R}_1=\lambda(\boldsymbol{r}_2-\boldsymbol{r}_1)$（$\lambda$ 是比例系数）。约束力的虚功为

$$\boldsymbol{R}_1\cdot\delta\boldsymbol{r}_1+\boldsymbol{R}_2\cdot\delta\boldsymbol{r}_2=\lambda(\boldsymbol{r}_2-\boldsymbol{r}_1)\cdot\delta(\boldsymbol{r}_2-\boldsymbol{r}_1)=\lambda\delta(\boldsymbol{r}_2-\boldsymbol{r}_1)^2=0 \qquad (15-24)$$

这是因为 $(\boldsymbol{r}_2-\boldsymbol{r}_1)^2=l^2$（$l$ 是杆长）是不会改变的。因此刚性轻杆的约束力的虚功之和为零。不可伸长的软绳也属于这种情况。

刚体可以看成任何两个质点都由刚性轻杆联结而成的质点系，所以其间的约束力的虚功之和必为零。以后在计算约束力的虚功时，不必再考虑刚体内力的虚功。

5. 两刚体在运动中以其完全粗糙表面相接触（纯滚动）

接触面完全粗糙是指它们不能产生相对滑动，即接触点速度 $\boldsymbol{v}_P$、$\boldsymbol{v}_Q$ 相等。因而约束力的虚功之和

$$\begin{aligned}\boldsymbol{R}_P\cdot\delta\boldsymbol{r}_P+\boldsymbol{R}_Q\cdot\delta\boldsymbol{r}_Q&=\boldsymbol{R}_P\cdot(\delta\boldsymbol{r}_P-\delta\boldsymbol{r}_Q)=\boldsymbol{R}_P\cdot[(\mathrm{d}\boldsymbol{r}_P'-\mathrm{d}\boldsymbol{r}_P)-(\mathrm{d}\boldsymbol{r}_Q'-\mathrm{d}\boldsymbol{r}_Q)]\\&=\boldsymbol{R}_P\cdot[(\boldsymbol{v}_P'-\boldsymbol{v}_Q')-(\boldsymbol{v}_P-\boldsymbol{v}_Q)]\mathrm{d}t=0\end{aligned} \qquad (15-25)$$

15.4.3 理想约束

定义:作用于系统上的约束力的虚功之和为零,这种约束为理想约束。所以,上面所介绍的几种约束都是理想约束。

理想约束的数学表达式为

$$\sum_{i=1}^{N} \boldsymbol{R}_i \cdot \delta \boldsymbol{r}_i = 0 \tag{15-26}$$

或直角坐标形式为

$$\sum_{s=1}^{3N} R_s \delta x_s = 0 \tag{15-27}$$

综上所述,工程实际中的大多数约束均为理想约束。

15.4.4 虚位移原理

原理:对于具有理想约束的系统,其平衡的充分必要条件是作用在系统上的主动力在任何虚位移中所做元功之和为零。

数学表达式为

$$\sum_{i=1}^{N} \boldsymbol{F}_i \cdot \delta \boldsymbol{r}_i = 0 \tag{15-28}$$

或

$$\sum_{s=1}^{3N} X_s \delta x_s = 0 \tag{15-29}$$

证明 设系统有 N 个质点,由于系统处于平衡状态,因此系统中每个质点均处于平衡状态,由静力学中的二力平衡条件,作用于任一质点 i 上的主动力 $\boldsymbol{F}_i$ 和约束力 $\boldsymbol{R}_i$ 应满足关系式

$$\boldsymbol{F}_i + \boldsymbol{R}_i = 0 \tag{15-30}$$

现给系统各个质点以虚位移 $\delta \boldsymbol{R}_i$,这样有

$$(\boldsymbol{F}_i + \boldsymbol{R}_i) \cdot \delta \boldsymbol{r}_i = 0 \tag{15-31}$$

对上式求和有

$$\sum_{i=1}^{N} (\boldsymbol{F}_i + \boldsymbol{R}_i) \cdot \delta \boldsymbol{r}_i = 0 \tag{15-32}$$

将上式展开,并考虑到理想约束式(15-26),则有

$$\sum_{i=1}^{N} \boldsymbol{F}_i \cdot \delta \boldsymbol{r}_i = 0 \tag{15-33}$$

15.4.5 虚位移原理应用举例

例 15-7 如图 15-15 所示椭圆规,连杆 AB 长为 l,所有构件重不计,摩擦力忽略不计。求在图示平衡位置时,主动力 $\boldsymbol{F}_A$ 和 $\boldsymbol{F}_B$ 之间的关系。

解 研究整个机构的平衡,系统的约束为理想约束,取坐标轴如图所示。根据虚位移原理,可建立主动力 $\boldsymbol{F}_A$ 和 $\boldsymbol{F}_B$ 的虚功方程

$$F_A \delta r_A - F_B \delta r_B = 0 \tag{15-34}$$

为解此方程,必须找出两个虚位移 δr_A 与 δr_B 之间的关系,由于 AB 杆不可伸缩, AB 两

点的虚位移在 AB 联线上的投影应该相等，由图有

$$\delta r_B \cos\varphi = \delta r_A \sin\varphi$$

或
$$\delta r_A = \delta r_B \cot\varphi \qquad (15-35)$$

将式(15－35)代入式(15－34)，解得

$$(F_A \cot\varphi - F_B)\delta r_B = 0$$

因 δr_B 是任意的，因此有

$$F_A \cot\varphi = F_B$$

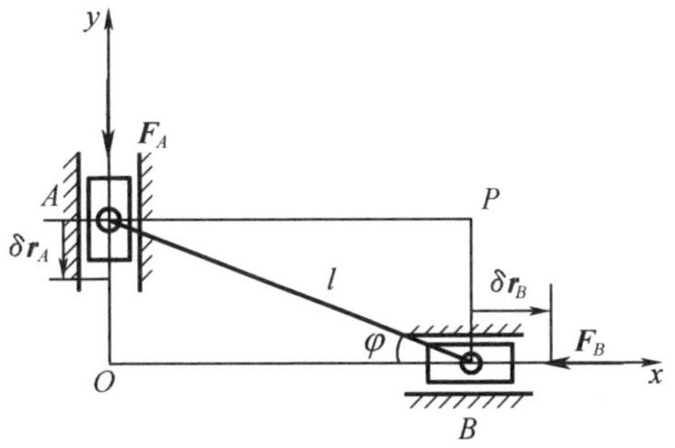

图 15－15　例 15－7 图

为了求虚位移之间的关系，也可以用所谓"虚速度"法。我们给系统某个虚位移 δr_A、δr_B，如图 15－15 所示，我们可以假想虚位移是在某个极短的时间 dt 内发生的，这时对应点 B 和点 A 的速度 $\boldsymbol{v}_B = \dfrac{\delta \boldsymbol{r}_B}{\mathrm{d}t}$ 和 $\boldsymbol{v}_A = \dfrac{\delta \boldsymbol{r}_A}{\mathrm{d}t}$ 称为虚速度。这样 B、A 两点虚位移大小之比也就等于虚速度大小之比，即

$$\frac{\delta r_B}{\delta r_A} = \frac{v_B}{v_A}$$

杆 AB 做平面运动，P 为其瞬心，由瞬心法可建立 B、A 两点的速度关系

$$\frac{v_B}{v_A} = \frac{PB}{PA} = \tan\varphi$$

因此有

$$\frac{\delta r_B}{\delta r_A} = \tan\varphi$$

代入式(15－34)，同样解得

$$\frac{F_A}{F_B} = \frac{\delta r_B}{\delta r_A} = \tan\varphi$$

这个方法中的速度也是虚设的，所以称为虚速度法。事实上寻求虚速度之间的关系既可用上面的瞬心法，同样可以用点的合成运动理论中点的速度合成定理、平面运动中求点的速度的基点法及速度投影定理。

例 15－8　杆 OA 可绕 O 转动，通过滑块 B 可带动水平杆 BC，忽略摩擦力及各构件质量，求平衡时力偶矩 M 与水平拉力 F 之间的关系。

解　给杆 OA 以虚位移 $\delta\theta$，点 C 有相应虚位移 $\delta \boldsymbol{r}_C$，虚功方程为

$$M\delta\theta - F\delta r_C = 0$$

由点的合成运动理论有

$$\boldsymbol{v}_\mathrm{a} = \boldsymbol{v}_\mathrm{e} + \boldsymbol{v}_\mathrm{r}$$

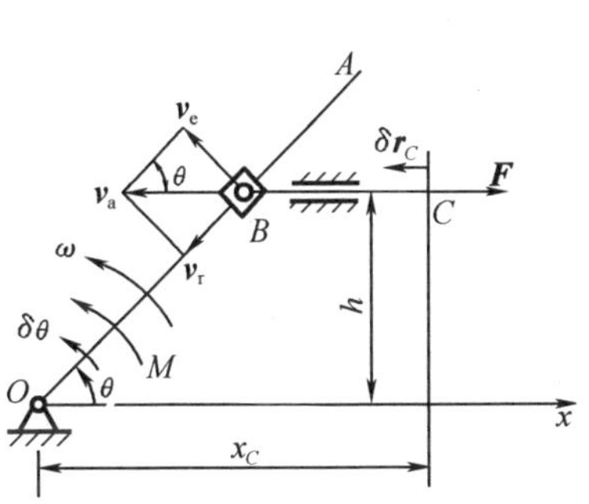

图 15－16　例 15－8 图

由图中几何关系有

$$\boldsymbol{v}_\mathrm{a} = \frac{\boldsymbol{v}_\mathrm{e}}{\sin\theta}$$

这样由虚速度法(虚速度之比等于虚位移之比)有

$$\delta r_C = \frac{h\delta\theta}{\sin^2\theta}$$

代入上式有

$$M = \frac{Fh}{\sin^2\theta}$$

例 15-9 求如图 15-17 所示的组合梁支座 A 的约束反力。

解 解除支座 A 的约束而代之以反力 F_A，并将力 F_A 看作主动力，给这系统以虚位移，并建立虚功方程

$$F_A\delta s_A - F_1\delta s_1 + F_2\delta s_2 + F_3\delta s_3 = 0$$

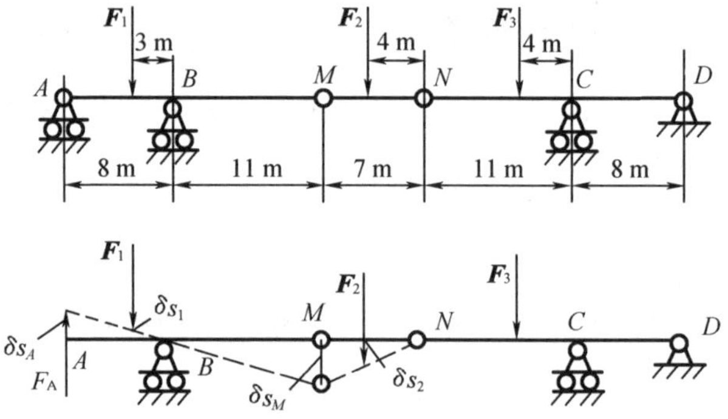

图 15-17 例 15-9 图

其中
$$\frac{\delta s_1}{\delta s_A} = \frac{3}{8}, \frac{\delta s_2}{\delta s_A} = \frac{\delta s_2}{\delta s_M} \cdot \frac{\delta s_M}{\delta s_A} = \frac{4}{7} \cdot \frac{11}{8} = \frac{11}{14}$$

将上式代入虚功方程，得

$$F_A = \frac{3}{8}F_1 - \frac{11}{14}F_2$$

例 15-10 均质杆 $AB = a$，重 P，一端靠在铅垂光滑墙上，如欲使杆子在任意位置都能平衡，试求此侧面的形状。

解 建立图 15-18 所示坐标系 Oxy，杆 AB 在平衡位置，受重力 P 的作用。

根据虚位移原理 $P\delta y_C = 0$。

因为 $P \neq 0$，所以必有 $\delta y_C = 0$，即 y_C = 常数。

当杆铅垂时，$y_C = \frac{a}{2}$，则在任意位置时

$$y_C = y_A + \frac{a}{2}\cos\varphi = \frac{1}{2}a \quad (15-36)$$

而

$$x_A = a\sin\varphi \quad (15-37)$$

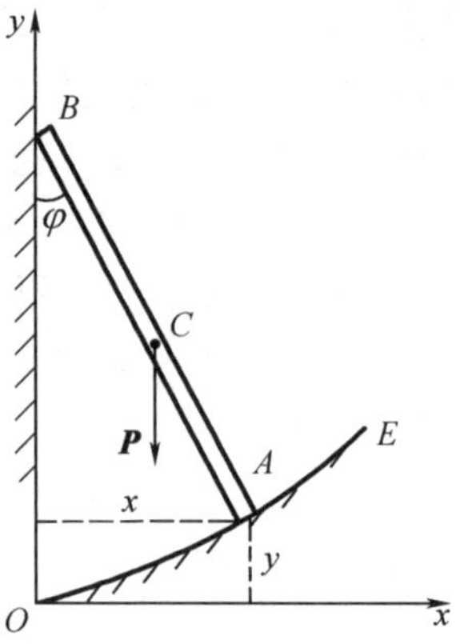

图 15-18 例 15-10 图

由式(15-36)、式(15-37)消去参数 φ，得

$$x_A^2 + (2y_A - a)^2 = a^2$$

侧面呈椭圆形状。

从上面的例子中可以看出，应用虚位移原理可以求解主动力之间的关系，也可以求结构中某一支座的约束反力。在求支座反力时，只需解除该支座的约束而代之以约束反力，并给予虚位移，但要注意不破坏结构的其他约束条件。这样在虚功方程中只有一个未知的约束反力，计算大为简化。这个优点在解决一些复杂结构的平衡问题时尤为突出。

从上面的例子中可见，求解虚功方程的关键是要找到各虚位移之间的关系。一般可采用以下三种方法建立各虚位移之间的关系。

(1)作图法：作图给出机构的微小运动，直接按几何关系，确定各有关虚位移之间的关系。

(2)坐标法：确定描述位形的坐标，写出完整约束方程，再对方程求变分；各变分之间的比例，即为各虚位移之间的比例关系。

(3)虚速度法：对于静力系统均为定常系统，所以虚位移也就是可能位移，将可能位移均除以一个时间小量，我们称之为虚速度。显然虚速度之比等于虚位移之比。从而可按运动学的方法，计算各有关点的虚速度。计算虚速度时，可采用运动学中各种方法，如点的合成运动、平面运动基点法、速度投影定理、瞬心法以及给出运动方程再求导数等。

建立虚功方程时，常常用虚位移的绝对值，而按机构的微小运动情况在图上画出虚位移的方向，再确定各项虚功的正或负。当采用坐标方程的变分来计算虚位移的大小时，由于坐标及其变分都是代数量，应注意取其绝对值，将力的投影及虚位移都作为代数值，列出虚功的分析表达式。

15.4.6　虚位移原理的广义坐标表达形式

虚位移原理还可以用广义坐标表示。由关系式

$$\boldsymbol{r}_i=\boldsymbol{r}_i(q_1,q_2,\cdots,q_n,t)\,(i=1,2,\cdots,N) \tag{15-38}$$

两边取变分

$$\delta\boldsymbol{r}_i=\sum_{j=1}^{n}\frac{\partial\boldsymbol{r}_i}{\partial q_j}\delta q_j \tag{15-39}$$

将其代入虚功原理的数学表达式有

$$\sum_{j=1}^{n}\sum_{i=1}^{N}\boldsymbol{F}_i\cdot\frac{\partial\boldsymbol{r}_i}{\partial q_j}\delta q_j=0 \tag{15-40}$$

另外可将上式记为

$$\sum_{j=1}^{n}Q_j\delta q_j=0 \tag{15-41}$$

上式中 δq_j 为广义虚位移，而 $Q_j\delta q_j$ 又具有功的量纲，所以该式中的 Q_j 称为和广义坐标 q_j 相对应的广义力。

$$Q_j=\sum_{i=1}^{N}\boldsymbol{F}_i\cdot\frac{\partial\boldsymbol{r}_i}{\partial q_j} \tag{15-42}$$

对于完整系统，这 n 个广义坐标的虚位移 δq_j 是相互独立的，并且都是不等于零的微小量，所以由 $\sum\limits_{j=1}^{n}Q_j\delta q_j=0$ 应有

$$Q_j=0\,(j=1,2,\cdots,n) \tag{15-43}$$

这就是用广义坐标表示的虚位移原理，即具有理想约束的完整系统，处于平衡的充分

必要条件为作用在系统上的和每一个广义坐标相对应的广义力都等于零。

如果质点系具有 n 个自由度,则有 n 个广义力,同时有 n 个相互独立的平衡方程(15-43),可联立求解一般质点系的平衡问题。工程中的多数机构往往只有一个自由度,所以,只需列出一个广义力等于零的平衡方程即可求其主动力之间的关系。这也正是使用广义力求解质点系平衡问题的优点。

利用广义坐标表示的平衡条件求解实际问题时,关键在于如何表示其广义力。

求广义力通常有两种方法:

1. 利用公式(15-42)计算

$$Q_j = \sum_{i=1}^{N} \boldsymbol{F}_i \cdot \frac{\partial \boldsymbol{r}_i}{\partial q_j} = \sum_{i=1}^{N} \left(F_{ix} \frac{\partial x_i}{\partial q_j} + F_{iy} \frac{\partial y_i}{\partial q_j} + F_{iz} \frac{\partial z_i}{\partial q_j} \right) \ (j = 1,2,\cdots,n) \quad (15-44)$$

或写为

$$Q_j = \sum_{s=1}^{3N} F_{is} \cdot \frac{\partial x_s}{\partial q_j} (j = 1,2,\cdots,n) \quad (15-45)$$

2. 只给质点系一个广义虚位移 δq_j 不等于零,而其他$(n-1)$个广义虚位移都等于零,所有主动力在相应虚位移上所做的虚功的和用 $\sum \delta W_j'$表示,则有

$$\sum \delta W_j' = \sum_{j=1}^{n} Q_j \delta q_j = Q_j \delta q_j \quad (15-46)$$

由此可求出广义力

$$Q_j = \frac{\sum \delta W_j'}{\delta q_j} \quad (15-47)$$

在解决实际问题时往往采用这种方法。

例 15-11 杆 OA 和 AB 以铰链相连,如图所示,$OA = a$,$AB = b$,受力如图 15-19 所示,试求系统平衡时 φ_1、φ_2 与 F_A、F_B、F 之间的关系。

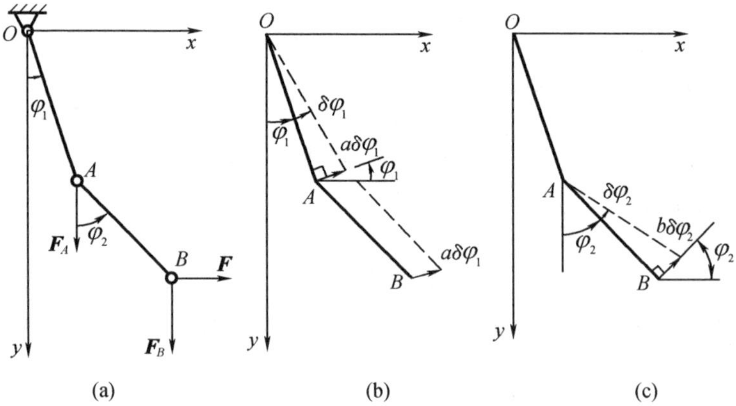

图 15-19 例 15-11 图

解 用第一种方法:

直角坐标参数:x_A, y_A, x_B, y_B。

广义坐标参数:φ_1, φ_2。

坐标变换关系式: $x_A = a\sin\varphi_1$

$$y_A = a\cos\varphi_1$$
$$x_B = a\sin\varphi_1 + b\sin\varphi_2$$
$$y_B = a\cos\varphi_1 + b\cos\varphi_2$$

则按式(15 - 45)有

$$Q_{\varphi_1} = F_{Ax}\frac{\partial x_A}{\partial\varphi_1} + F_{Ay}\frac{\partial y_A}{\partial\varphi_1} + F_{Bx}\frac{\partial x_B}{\partial\varphi_1} + F_{By}\frac{\partial y_B}{\partial\varphi_1} \tag{15-48}$$

$$Q_{\varphi_2} = F_{Ax}\frac{\partial x_A}{\partial\varphi_2} + F_{Ay}\frac{\partial y_A}{\partial\varphi_2} + F_{Bx}\frac{\partial x_B}{\partial\varphi_2} + F_{By}\frac{\partial y_B}{\partial\varphi_2} \tag{15-49}$$

$$F_{Ax} = 0, F_{Ay} = F_A, F_{Bx} = F, F_{By} = F_B$$

$$\frac{\partial x_A}{\partial\varphi_1} = a\cos\varphi_1, \frac{\partial y_A}{\partial\varphi_1} = -a\sin\varphi_1, \frac{\partial x_B}{\partial\ \varphi_1} = a\cos\varphi_1, \frac{\partial y_B}{\partial\varphi_1} = -a\sin\varphi_1$$

$$\frac{\partial x_A}{\partial\varphi_2} = 0, \frac{\partial y_A}{\partial\varphi_2} = 0, \frac{\partial x_B}{\partial\varphi_2} = b\cos\varphi_2, \frac{\partial y_B}{\partial\varphi_2} = -b\sin\varphi_2$$

将上式分别代入式(15 - 48)和式(15 - 49)有

$$Q_{\varphi_1} = -(F_A + F_B)a\sin\varphi_1 + Fa\cos\varphi_1 = 0 \tag{15-50}$$

$$Q_{\varphi_2} = -F_B b\sin\varphi_2 + Fb\cos\varphi_2 = 0 \tag{15-51}$$

联立式(15 - 50)和式(15 - 51)则有

$$\tan\varphi_1 = \frac{F}{F_A + F_B}, \tan\varphi_2 = \frac{F}{F_B}$$

用第二种方法

保持 φ_2 不变，只有 $\delta\varphi_1$ 时，由式(15 - 49)的变分可得一组虚位移

$$\delta y_A = \delta y_B = -a\sin\varphi_1\delta\varphi_1,\ \delta x_B = a\cos\varphi_1\delta\varphi_1 \tag{15-52}$$

则对应于 φ_1 的广义力为

$$Q_1 = \frac{\sum\delta W_1}{\delta\varphi_1} = \frac{F_A\delta y_A + F_B\delta y_B + F\delta x_B}{\delta\varphi_1}$$

将式(15 - 52)代入上式，得

$$Q_1 = -(F_A + F_B)a\sin\varphi_1 + Fa\cos\varphi_1$$

保持 φ_1 不变，只有 $\delta\varphi_2$ 时，由式(b)的变分可得另一组虚位移

$$\delta y_A = 0\ ,\ \delta y_B = -b\sin\varphi_2\delta\varphi_2,\ \delta x_B = b\cos\varphi_2\delta\varphi_2$$

代入对应于 φ_2 的广义力表达式，得

$$Q_2 = \frac{\sum\delta W_2}{\delta\varphi_2} = \frac{F_A\delta y_A + F_B\delta y_B + F\delta x_B}{\delta\varphi_2}$$
$$= -F_B b\sin\varphi_2 + Fb\cos\varphi_2$$

15.4.7 应用虚位移原理研究保守系统平衡的稳定性

前面在动能定理一章，我们介绍过只有有势力作用的系统称为保守系统，质点系在势力场中不同的位置，势能的数值不同，因此势能是坐标的函数。

(1)有势力场的性质

设有势力 $\boldsymbol{F}$ 的作用点从点 M 移到点 M'，如图所示，这两点的势能分别为 $V(x,y,z)$ 和 $V(x + \mathrm{d}x, y + \mathrm{d}y, z + \mathrm{d}z)$，另外有势力的元功可用势能的差计算(图 15 - 20)，即

$$\delta W = V(x,y,z) - V(x+\mathrm{d}x, y+\mathrm{d}y, z+\mathrm{d}z) = -\mathrm{d}V \tag{15-53}$$

由高等数学知,势能 V 的全微分可写为

$$\mathrm{d}V = \frac{\partial V}{\partial x}\mathrm{d}x + \frac{\partial V}{\partial y}\mathrm{d}y + \frac{\partial V}{\partial z}\mathrm{d}z \tag{15-54}$$

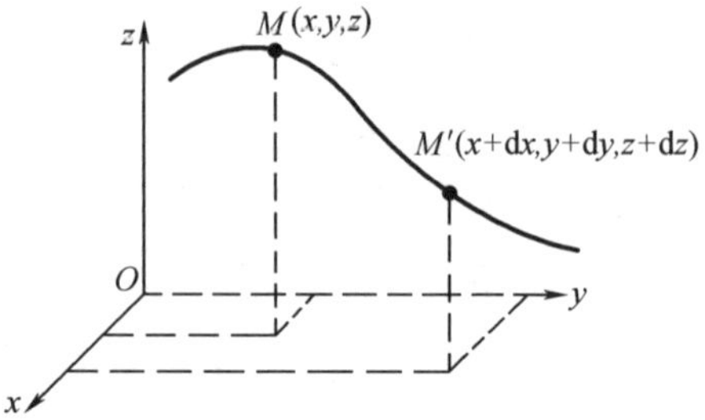

图 15-20 有势力场示意图

于是

$$\delta W = -\frac{\partial V}{\partial x}\mathrm{d}x - \frac{\partial V}{\partial y}\mathrm{d}y - \frac{\partial V}{\partial z}\mathrm{d}z \tag{15-55}$$

设有势力 $\boldsymbol{F}$ 在直角坐标轴上的投影为 F_x、F_y、F_z 则力的元功解析式为

$$\delta W = \boldsymbol{F} \cdot \delta \boldsymbol{r} \tag{15-56}$$

即

$$\delta W = F_x \mathrm{d}x + F_y \mathrm{d}y + F_z \mathrm{d}z \tag{15-57}$$

比较以上两式,得

$$F_x = -\frac{\partial V}{\partial x}, F_y = -\frac{\partial V}{\partial y}, F_z = -\frac{\partial V}{\partial z} \tag{15-58}$$

从该式可知,如果势能函数表达式已知,应用上式可求得作用于物体上的有势力。

如果系统有多个有势力,总势能为 V 可表示为

$$V = V(x_1, y_1, z_1, x_2, y_2, z_2, \cdots, x_N, y_N, z_N) \tag{15-59}$$

则对于作用点坐标为 x_i、y_i、z_i 的有势力 $\boldsymbol{F}_i$ 其相应的投影为

$$F_{ix} = -\frac{\partial V}{\partial x_i}, F_{iy} = -\frac{\partial V}{\partial y_i}, F_{iz} = -\frac{\partial V}{\partial z_i} \tag{15-60}$$

(2)保守系统的平衡条件

对于保守系统来说,所有主动力都是有势力,由虚位移原理,主动力的虚功为

$$\begin{aligned}\sum \delta W_F &= \sum (F_{ix}\delta x_i + F_{ix}\delta y_i + F_{ix}\delta z_i) \\ &= -\sum \left(\frac{\partial V}{\partial x_i}\delta x_i + \frac{\partial V}{\partial y_i}\delta y_i + \frac{\partial V}{\partial z_i}\delta z_i\right) = -\delta V\end{aligned} \tag{15-61}$$

这样对于保守系统虚位移原理的表达式成为

$$\delta V = 0 \tag{15-62}$$

式(15-62)说明:在势力场中,具有理想约束的质点系的平衡条件为质点系的势能在平衡位置处一阶变分为零。

(3)由广义坐标表示的保守系统的平衡条件

如果有广义坐标 $q_1, q_2, \cdots, q_n$ 表示质点系的位置,则质点系的势能可以写成广义坐标

的函数，即

$$V = V(q_1, q_2, \cdots, q_n) \tag{15-63}$$

有势力的虚功

$$\sum \delta W_F = -\delta V = \sum_{j=1}^{n} \left(-\frac{\partial V}{\partial q_j}\right)\delta q_j = \sum_{j=1}^{n} Q_j \delta q_j \tag{15-64}$$

其中

$$Q_j = -\frac{\partial V}{\partial q_j} \tag{15-65}$$

这样，由广义坐标表示的平衡条件可写成如下形式

$$Q_j = -\frac{\partial V}{\partial q_j} = 0 (j = 1, 2, \cdots, n) \tag{15-66}$$

即在势力场中，具有理想约束的质点系的平衡条件是势能对每一个广义坐标的偏导数分别等于零。

(4)保守系统平衡稳定性问题分析

满足平衡条件的保守系统可以处于不同的平衡状态，如图 15 - 21 所示的三个小球，就具有三种不同的平衡状态。

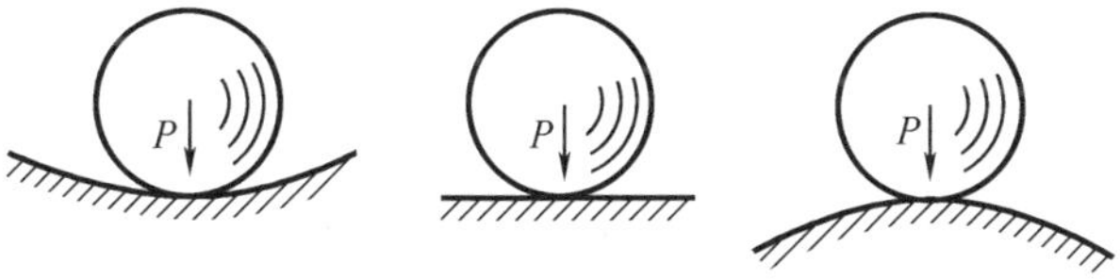

图 15 - 21　三种平衡状态图

图 15 - 21(a)所示小球在一个凹曲面的最低点处平衡，当给小球一个很小的扰动后，小球在重力作用下，仍然会回到原来的平衡位置，这种平衡状态称为稳定平衡。图 15 - 21(b)所示小球在一水平平面上平衡，小球在周围平面上的任一点都可以平衡，这种平衡状态称为随遇平衡。图 15 - 21(c)所示小球在一个凸曲面的顶点上平衡，当给小球一个很小的扰动后，小球在重力作用下会滚下去，不再回到原来的平衡位置，这种平衡状态称为不稳定平衡。

上述三种平衡状态都满足势能在平衡位置处 $\delta V = 0$ 的平衡条件，即满足势能对广义坐标的一阶偏导数等于零的条件，即

$$\frac{\partial V}{\partial q_j} = 0 \tag{15-67}$$

从图 15 - 21 中可以看出，在稳定平衡位置处，当系统受到扰动后，在新的可能位置处，系统的势能都高于平衡位置处的势能，因此，在稳定平衡的平衡位置处，系统的势能具有极小值。系统可以从高势能位置回到低势能位置。相反在不稳定平衡位置上，系统势能具有极大值。没有外力作用时，系统不能从低势能位置回到高势能位置。对于随遇平衡，系统在某位置附近其势能是不变的，所以其附近任何可能的位置都是平衡位置。

对于一个自由度系统，系统具有一个广义坐标 q，因此系统势能可以表示为 q 的一元函数，即 $V = V(q)$。当系统平衡时，在平衡位置处有

$$\frac{\mathrm{d}V}{\mathrm{d}q}=0 \tag{15-68}$$

如果系统处于稳定平衡状态,则在平衡位置处,系统势能具有极小值,即系统势能对广义坐标的二阶导数大于零

$$\frac{\mathrm{d}^2V}{\mathrm{d}q^2}>0 \tag{15-69}$$

式(15-69)是一个自由度系统平衡的稳定性判据。对于多自由度系统平衡的稳定性判据可参考其他书籍。

例 15-12 如图 15-22 所示一倒置的摆,摆重力为 P,摆杆长为 l,在摆杆的点 A 连有一刚度为 k 的水平弹簧,摆可以在铅直位置平衡。高 $OA=a$,摆杆质量不计,试问在什么条件下,系统的平衡是稳定的。

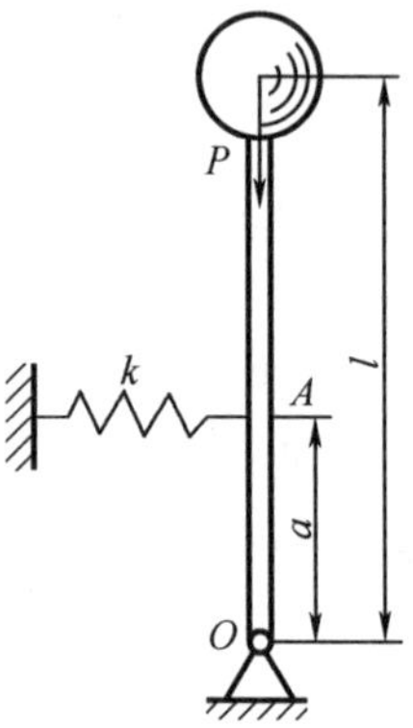

图 15-22 例 15-12 图

解 该系统是单自由度系统,选择摆角 φ 为广义坐标,摆的铅直位置为重力和弹性力的零势能点。系统在一微小摆角 φ 处的势能等于摆锤的重力势能与弹簧弹性势能的和,即

$$V=-Pl(1-\cos\varphi)+\frac{1}{2}ka^2\varphi^2=-2Pl\sin^2\frac{\varphi}{2}+\frac{1}{2}ka^2\varphi^2$$

φ 为小量,有 $\sin\frac{\varphi}{2}\approx\frac{\varphi}{2}$。上述势能表达式成为

$$V=-\frac{1}{2}Pl\varphi^2+\frac{1}{2}ka^2\varphi^2=\frac{1}{2}(ka^2-Pl)\varphi^2$$

将势能 V 对 φ 求一阶导数,有

$$\frac{\mathrm{d}V}{\mathrm{d}\varphi}=(ka^2-Pl)\varphi$$

由 $\frac{\mathrm{d}V}{\mathrm{d}\varphi}=0$,得系统在 $\varphi=0$ 处平衡。为判断系统是否处于稳定平衡,将势能对 φ 求二阶导数,有

$$\frac{\mathrm{d}^2V}{\mathrm{d}\varphi^2}=ka^2-Pl$$

对于稳定平衡,要求 $\frac{\mathrm{d}^2V}{\mathrm{d}\varphi^2}>0$,即

$$ka^2-Pl>0$$

或

$$a>\sqrt{\frac{Pl}{k}}$$

虚位移原理是分析静力学的基础,它是从能量的观点来讨论和研究系统的平衡问题,和初等动力学相比,最显著的特点是不论约束反力如何,都不影响解题的困难程度。

15.5 动力学普遍方程

第 14 章我们曾引入惯性力的概念,建立了质点系的达朗贝尔原理,从而可以利用静力学中求解平衡问题的方法来处理动力学问题;这一章我们又建立了虚位移和虚功的概念,

应用虚位移原理来解决静力学中的平衡问题。这两个原理结合起来,就可以建立质点系动力学普遍方程和第二类拉格朗日方程。

设有一质点系由 N 个质点组成,其中第 i 个质点的质量为 m_i,其上作用的主动力为 $\boldsymbol{F}_i$,约束反力为 $\boldsymbol{R}_i$。如果假想地加上该质点的惯性力 $\boldsymbol{F}_{gi} = -m_i\boldsymbol{a}_i$,则根据达朗贝尔原理,$\boldsymbol{F}_i$、$\boldsymbol{R}_i$ 与 $\boldsymbol{F}_{gi}$应组成形式上的平衡力系。若对质点系的每个质点都做同样的处理,则作用于整个质点系的主动力、约束反力和惯性力应组成平衡力系,即

$$F_i + R_i + F_{gi} = 0 \tag{15-70}$$

这样的式子我们可以列出 N 个,将这 N 式子相加有

$$\sum_{i=1}^{N} \boldsymbol{F}_i + \sum_{i=1}^{N} \boldsymbol{R}_i - \sum_{i=1}^{N} m_i\ddot{r}_i = 0 \tag{15-71}$$

式(15-62)可写成矢量

$$-\sum_{i=1}^{N} \boldsymbol{R}_i = \sum_{i=1}^{N} (\boldsymbol{F}_i - m_i\ddot{\boldsymbol{r}}_i) \tag{15-72}$$

如果系统具有理想约束,则对于系统的任何一组虚位移($\delta\boldsymbol{r}_1,\delta\boldsymbol{r}_2,\cdots,\delta\boldsymbol{r}_N$),作用于系统的约束力的虚功之和为零,即

$$\sum_{i=1}^{N} \boldsymbol{R}_i \cdot \delta\boldsymbol{r}_i = 0 \tag{15-73}$$

这样便有

$$\sum_{i=1}^{N} (\boldsymbol{F}_i - m_i\ddot{\boldsymbol{r}}_i) \cdot \delta\boldsymbol{r}_i = 0 \tag{15-74}$$

上式称为动力学普遍方程,写成投影表达式为

$$\sum_{i=1}^{N} [(F_{ix} - m_i\ddot{x}_i)\delta x_i + (F_{iy} - m_i\ddot{y}_i)\delta y_i + (F_{iz} - m_i\ddot{z}_i)\delta z_i] = 0 \tag{15-75}$$

方程(15-75)表明:在理想约束的条件下,质点系的各个质点在任一瞬时所受的主动力和惯性力在虚位移上所做虚功的和等于零。

动力学普遍方程将达朗贝尔原理与虚位移原理结合起来,可以求解质点系的动力学问题,特别适合于求解非自由质点系的动力学问题,下面举例说明。

例 15-13　如图 15-23 所示的滑轮系统中,动滑轮上悬挂着质量为 m_1 的重物,绳子绕过定滑轮后悬挂着质量为 m_2 的重物。设滑轮和绳子的重力以及轮轴摩擦力都忽略不计,求 m_2 物体下降的加速度。

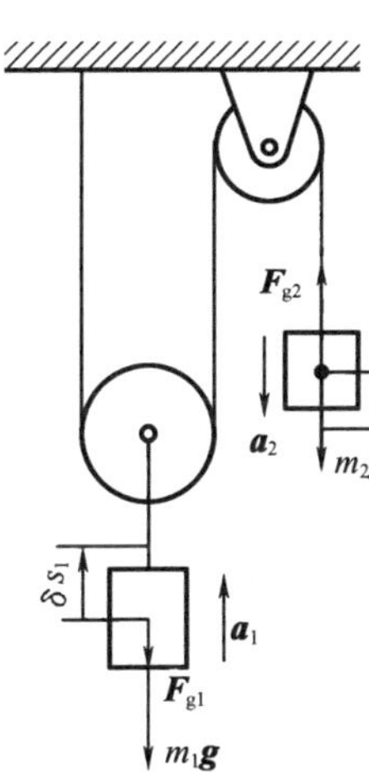

图 15-23　例 15-13 图

解　取整个滑轮系统为研究对象,系统具有理想约束。系统所受的主动力为重力 $m_1\boldsymbol{g}$ 和 $m_2\boldsymbol{g}$,假想加入系统的惯性力为 $\boldsymbol{F}_{g1}$、$\boldsymbol{F}_{g2}$,而

$$F_{g1} = m_1a_1,\ F_{g2} = m_2a_2$$

给系统以虚位移 δs_1 和 δs_2,由动力学普遍方程,得

$$(m_2g - m_2a_2)\delta s_2 - (m_1g + m_1a_1)\delta s_1 = 0$$

本题是单自由度系统,所以 δs_1 和 δs_2 中只有一个是独立的。由定滑轮和动滑轮的传动关系,有

$$\delta s_1 = \frac{\delta s_2}{2}\ ,\ a_1 = \frac{a_2}{2}$$

代入前式,有

$$(m_2 g - m_2 a_2)\delta s_2 - \left(m_1 g + m_1 \frac{a_2}{2}\right)\frac{\delta s_2}{2} = 0$$

消去 δs_2,得

$$a_2 = \frac{4m_2 - 2m_1}{4m_2 + m_1}g$$

例 15-14 两个半径皆为 r 的均质轮,中心用连杆相连,在倾角为 θ 的斜面上做纯滚动,如图所示。设轮子质量均为 m_1,对轮心的转动惯量均为 J,连杆的质量为 m_2,试求连杆运动的加速度。

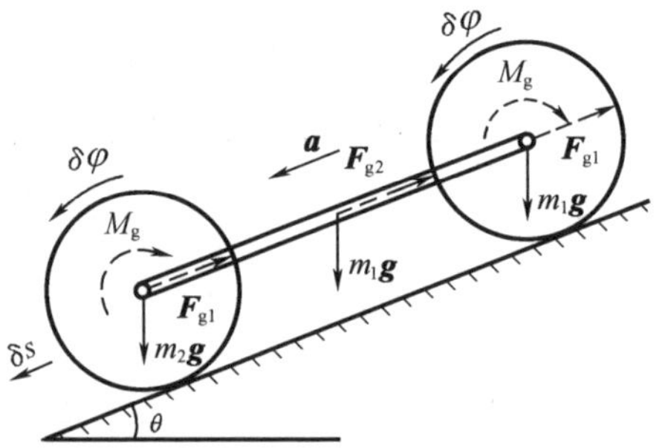

图 15-24 例 15-14 图

解 研究整个刚体系,作用在系统上的主动力有每个轮子的重力 $m_1\boldsymbol{g}$ 和杆的重力 $m_2\boldsymbol{g}$。虚加在每个轮子上的惯性力系可以简化为一个通过轮心的惯性力 $\boldsymbol{F}_{g1} = m_1\boldsymbol{a}$ 及一个惯性力偶,其矩 $M_g = J\varepsilon = J\dfrac{a}{r}$;因连杆做平动,加在连杆上的惯性力系简化为一个力 $\boldsymbol{F}_{g2} = m_2\boldsymbol{a}$,这些力的方向如图 15-24 所示。

给连杆以平行斜面向下移动的虚位移 δs,则轮子相应有逆时针转动虚位移 $\delta\varphi = \dfrac{\delta s}{r}$,根据动力学普遍方程,得

$$-(2F_{g1} + F_{g2})\delta s - 2M_g\delta\varphi + (2m_1 + m_2)g\sin\theta\delta s = 0$$

或

$$-(2m_1 + m_2)a\delta s - 2\frac{Ja}{r^2}\delta s + (2m_1 + m_2)g\sin\theta\delta s = 0$$

解得

$$a = \frac{(2m_1 + m_2)r^2\sin\theta}{(2m_1 + m_2)r^2 + 2J}g$$

例 15-15 一物体 A 重 P,当下降时借一无质量且不可伸长的绳使一轮 C 沿轨道滚而不滑。绳子跨过定滑轮 D 并绕在半径为 R 的动滑轮上,动滑轮固定地装在半径为 r 的 C 轴上,两者共重 Q,对中心 O 的惯性半径为 ρ。试用动力学普遍方程求重物 A 的加速度。

解 取整个系统为研究对象。因为轮 C 在轨道上纯滚动,故重物 A 的位移 s 与轮 C 的转角 φ 间有关系

$$s=(R-r)\varphi$$

取变分并求导得

$$\delta s=(R-r)\delta\varphi \tag{15-76}$$

$$a=(R-r)\varepsilon \tag{15-77}$$

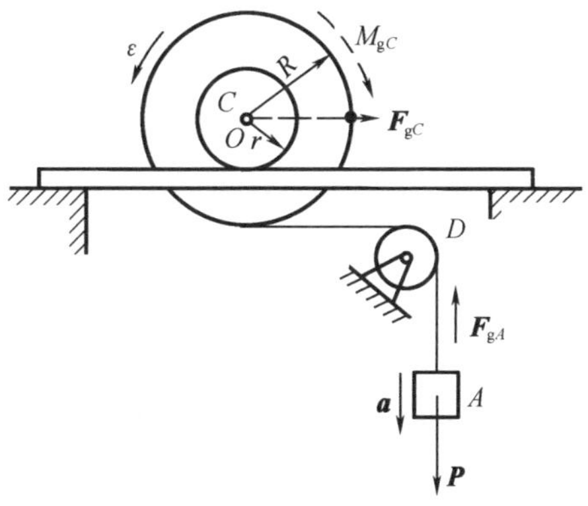

图 15-25　例 15-15 图

重物 A 的惯性力为 $F_{gA}=\dfrac{P}{g}a$，轮轴 B 和 C 对 O 的惯性力为 $F_{gC}=\dfrac{Qr\varepsilon}{g}$，而惯性力矩为 $M_{gC}=\dfrac{Q\rho^2\varepsilon}{g}$。根据动力学普遍方程，有

$$\left(P-\frac{P}{g}a\right)\delta s-\frac{Q}{g}(\rho^2+r^2)\varepsilon\delta\varphi=0 \tag{15-78}$$

将式(15-76)和式(15-77)代入式(15-78)，得

$$\left(P-\frac{P}{g}a\right)(R-r)\delta\varphi-\frac{Q}{g}(\rho^2+r^2)\frac{a}{R-r}\delta\varphi=0$$

由此解得

$$a=\frac{P(R-r)^2}{P(R-r)^2+Q(\rho^2+r^2)}g$$

15.6　第二类拉格朗日方程

上节所讨论的动力学普遍方程中，由于系统存在约束，各质点的虚位移可能不全是独立的，解题时需找出虚位移之间的关系，这在有时是很不方便的。对于完整系统如果采用广义坐标，则由于广义坐标的相互独立性，其广义虚位移也是相互独立的。所以，将动力学的普遍方程用独立的广义坐标表示就成了动力学普遍方程向前发展的必然途径之一。第二类拉格朗日方程就是在这个发展途径下的产物。这一部分内容也可称为拉格朗日力学。

Lagrange 力学的特点是：(1) 在广义坐标位形空间中描述任何非自由系统；(2) 用能量及变分的方法建立运动微分方程，因而理想约束的约束力能自动消除；(3) 方程数目和系统自由度数目相一致，方程形式极为简明。

由于以上原因，Lagrange 力学在分析力学发展史上占有十分重要的地位，是继牛顿力学之后的一个新的里程碑。

15.6.1　第二类 Lagrange 方程的一般形式

设一质点系由 N 个质点组成，系统具有 l 个完整约束，并且都是理想约束，因此是具有 $n=3N-l$ 个自由度的系统。取系统的广义坐标为 $q_1,q_2,\cdots,q_n$，设系统第 i 个质点的质量为 m_i、矢径为 $\boldsymbol{r}_i$。矢径 $\boldsymbol{r}_i$ 可表示为广义坐标和时间的函数，即

$$\boldsymbol{r}_i=\boldsymbol{r}_i(q_1,q_2,\cdots,q_n,t)\ (i=1,2,\cdots,N) \tag{15-79}$$

质点的动力学普遍方程(15-74)可写成

$$\sum_{i=1}^{N}\boldsymbol{F}_i\cdot\delta\boldsymbol{r}_i-\sum_{i=1}^{N}m_i\ddot{\boldsymbol{r}}_i\cdot\delta\boldsymbol{r}_i=0 \tag{15-80}$$

将 $\delta \boldsymbol{r}_i = \sum_{j=1}^{n} \frac{\partial \boldsymbol{r}_i}{\partial q_j} \delta q_j$ 代入上式,并注意交换求和顺序有

$$\sum_{j=1}^{n} \sum_{i=1}^{N} \boldsymbol{F}_i \cdot \frac{\partial \boldsymbol{r}_i}{\partial q_j} \delta q_j - \sum_{j=1}^{n} \sum_{i=1}^{N} m_i \ddot{\boldsymbol{r}}_i \cdot \frac{\partial \boldsymbol{r}_i}{\partial q_j} \delta q_j = 0 \tag{15-81}$$

根据广义力的定义上式又可写成

$$\sum_{j=1}^{n} Q_j \delta q_j - \sum_{j=1}^{n} Z_j \delta q_j = 0 \tag{15-82}$$

即

$$\sum_{j=1}^{n} (Q_j - Z_j) \delta q_j = 0 \tag{15-83}$$

对上式进一步简化

$$Z_j = \sum_{i=1}^{N} m_i \ddot{\boldsymbol{r}}_i \cdot \frac{\partial \boldsymbol{r}_i}{\partial q_j} = \frac{\mathrm{d}}{\mathrm{d}t}\left(\sum_{i=1}^{N} m_i \dot{\boldsymbol{r}}_i \cdot \frac{\partial \boldsymbol{r}_i}{\partial q_j} \right) - \sum_{i=1}^{N} m_i \dot{\boldsymbol{r}}_i \cdot \frac{\mathrm{d}}{\mathrm{d}t} \frac{\partial \boldsymbol{r}_i}{\partial q_j} \tag{15-84}$$

为了对(15-84)做进一步简化,先证明两个重要的恒等式

$$\frac{\partial \boldsymbol{r}_i}{\partial q_j} = \frac{\partial \dot{\boldsymbol{r}}_i}{\partial \dot{q}_j} \tag{15-85}$$

$$\frac{\mathrm{d}}{\mathrm{d}t}\left(\frac{\partial \boldsymbol{r}_i}{\partial q_j} \right) = \frac{\partial \dot{\boldsymbol{r}}_i}{\partial q_j} \tag{15-86}$$

(1)关于式(15-85)的证明

在完整约束情况下,$\boldsymbol{r}_i = \boldsymbol{r}_i(q_1, q_2, \cdots, q_n, t)$,对时间求导数

$$\frac{\mathrm{d}\boldsymbol{r}_i}{\mathrm{d}t} = \dot{\boldsymbol{r}}_i = \sum_{j=1}^{n} \frac{\partial \boldsymbol{r}_i}{\partial q_j} \dot{q}_j + \frac{\partial \boldsymbol{r}_i}{\partial t} \tag{15-87}$$

由于是完整系统,我们知道 $\dot{q}_1, \dot{q}_2, \cdots, \dot{q}_n$ 是彼此独立的,且$\frac{\partial \boldsymbol{r}_i}{\partial q_j}$和$\frac{\partial \boldsymbol{r}_i}{\partial t}$是广义坐标和时间的函数,而不是广义速度的函数,所以将式(15-87)对 $\dot{q}_j$ 求偏导数,得证

$$\frac{\partial \boldsymbol{r}_i}{\partial q_j} = \frac{\partial \dot{\boldsymbol{r}}_i}{\partial \dot{q}_j}$$

(2)关于式(15-87)的证明

将式(15-13)对某一广义坐标 q_j 求偏导数,得

$$\frac{\partial \dot{\boldsymbol{r}}_i}{\partial q_j} = \frac{\partial}{\partial q_j}\left(\sum_{k=1}^{n} \frac{\partial \boldsymbol{r}_i}{\partial q_k} \dot{q}_k + \frac{\partial \boldsymbol{r}_i}{\partial t} \right) = \sum_{k=1}^{n} \frac{\partial^2 \boldsymbol{r}_i}{\partial q_j \partial q_k} \dot{q}_k + \frac{\partial^2 \boldsymbol{r}_i}{\partial q_j \partial t} = \sum_{k=1}^{n} \frac{\partial}{\partial q_k}\left(\frac{\partial^2 \boldsymbol{r}_i}{\partial q_j} \right) \dot{q}_k + \frac{\partial}{\partial t}\left(\frac{\partial^2 \boldsymbol{r}_i}{\partial q_j} \right)$$

$$= \frac{\mathrm{d}}{\mathrm{d}t}\left(\frac{\partial \boldsymbol{r}_i}{\partial q_j} \right) \tag{15-88}$$

式(15-85)和(15-86)常称为 Lagrange 经典关系,是推导 Lagrange 方程的关键公式,将式(15-85)、式(15-86)代入式(15-84),Z_j 表达式为

$$Z_j = \frac{\mathrm{d}}{\mathrm{d}t}\left(\sum_{i=1}^{N} m_i \dot{\boldsymbol{r}}_i \cdot \frac{\partial \boldsymbol{r}_i}{\partial q_j} \right) - \sum_{i=1}^{N} m_i \dot{\boldsymbol{r}}_i \cdot \frac{\mathrm{d}}{\mathrm{d}t} \frac{\partial \boldsymbol{r}_i}{\partial q_j} = \frac{\mathrm{d}}{\mathrm{d}t}\left(\sum_{i=1}^{N} m_i \dot{\boldsymbol{r}}_i \cdot \frac{\partial \dot{\boldsymbol{r}}_i}{\partial \dot{q}_j} \right) - \sum_{i=1}^{N} m_i \dot{\boldsymbol{r}}_i \cdot \frac{\partial \dot{\boldsymbol{r}}_i}{\partial q_j}$$

$$= \frac{\mathrm{d}}{\mathrm{d}t} \frac{\partial}{\partial \dot{q}_j}\left(\sum_{i=1}^{N} \frac{1}{2} m_i \dot{\boldsymbol{r}}_i^{\ 2} \right) - \frac{\partial}{\partial q_j}\left(\sum_{i=1}^{N} \frac{1}{2} m_i \dot{\boldsymbol{r}}_i \right) = \frac{\mathrm{d}}{\mathrm{d}t} \frac{\partial T}{\partial \dot{q}_j} - \frac{\partial T}{\partial q_j} \tag{15-89}$$

其中 T 为质点系的动能,代入式(15-83),便有

$$\sum_{j=1}^{n}\left(Q_j-\frac{\mathrm{d}}{\mathrm{d}t}\frac{\partial T}{\partial \dot{q}_j}+\frac{\partial T}{\partial q_j}\right)\cdot\delta q_j=0 \tag{15-90}$$

由于 δq_j 彼此相互独立,上式欲成立则必有

$$\frac{\mathrm{d}}{\mathrm{d}t}\frac{\partial T}{\partial \dot{q}_j}-\frac{\partial T}{\partial q_j}=Q_j(j=1,2,\cdots,n) \tag{15-91}$$

这就是著名的第二类拉格朗日方程,该方程组中方程式的数目等于质点系的自由度的数目,每个方程都是二阶常微分方程。所以,为了建立第二类拉格朗日方程,只需写出基于运动学分析的动能(动能应表示成广义坐标和广义速度的函数),及基于主动力虚功的广义力,按统一步骤列出即可。

15.6.2　第二类 Lagrange 方程中动能 T 的结构

关于系统的动能结构我们仅从理论上分析一下

$$T=\frac{1}{2}\sum_{i=1}^{N}m_i\dot{\boldsymbol{r}}_i\cdot\dot{\boldsymbol{r}}_i=\frac{1}{2}\sum_{s=1}^{3N}m_s\dot{x}_s^2=\frac{1}{2}\sum_{s=1}^{3N}m_s\left(\sum_{j=1}^{n}\frac{\partial x_s}{\partial q_j}\dot{q}_j+\frac{\partial x_s}{\partial t}\right)\left(\sum_{j=1}^{n}\frac{\partial x_s}{\partial q_j}\dot{q}_j+\frac{\partial x_s}{\partial t}\right)$$

$$=\frac{1}{2}\sum_{i,j=1}^{n}A_{ij}\dot{q}_i\dot{q}_j+\sum_{i=1}^{n}A_i\dot{q}_i+T_0 \tag{15-92}$$

式中

$$A_{ij}=\sum_{s=1}^{3N}m_s\frac{\partial x_s}{\partial q_i}\frac{\partial x_s}{\partial q_j} \tag{15-93}$$

$$A_i=\sum_{s=1}^{3N}m_s\frac{\partial x_s}{\partial q_i}\frac{\partial x_s}{\partial t} \tag{15-94}$$

$$T_0=\frac{1}{2}\sum_{s=1}^{3N}m_s\left(\frac{\partial x_s}{\partial t}\right)^2 \tag{15-95}$$

系数 A_{ij}、A_i 及 T_0 都是 t 和 q 的函数,而且 $A_{ij}=A_{ji}$,上式说明系统的动能 T 是广义速度的二次函数,为了简明起见常将动能式写为

$$T=T_2+T_1+T_0 \tag{15-96}$$

T、T、T_0 分别表示广义速度的二次项、一次项及零次项。

另外,对于定常系统由于约束方程中不显含时间 t,所以总可以经适当地选取广义坐标而使得直角坐标和广义坐标的变换关系式中同样不含时间 t,这样便有 $\frac{\partial x_s}{\partial t}=0$,因而有 $T_1=0$,$T_0=0$ 于是 $T=T_2$,即定常系统的动能 T 是广义速度 $\dot{q}$ 的二次型,而且 A_{ij} 不显含时间。

15.6.3　保守系统的第二类 Lagrange 方程及 Lagrange 函数

如果作用于质点系上的主动力都是有势力(保守力),则广义力 Q_j 可以用质点系势能表达,即

$$Q_j=-\frac{\partial V}{\partial q_j} \tag{15-97}$$

将该式代入式(15-91)有

$$\frac{\mathrm{d}}{\mathrm{d}t}\frac{\partial T}{\partial \dot{q}_j}-\frac{\partial T}{\partial q_j}=-\frac{\partial V}{\partial q_j}\quad(j=1,2,\cdots,n) \tag{15-98}$$

定义函数

$$L = T - V \tag{15-99}$$

称为拉格朗日函数。

另外,因为势能不是广义速度 $\dot{q}_j$的函数,所以有$\frac{\partial V}{\partial \dot{q}_j}=0$,这样式(15-91)用 Lagrange 函数可写为

$$\frac{\mathrm{d}}{\mathrm{d}t}\frac{\partial L}{\partial \dot{q}_j} - \frac{\partial L}{\partial q_j} = 0 \quad (j = 1, 2, \cdots, n) \tag{15-100}$$

这就是保守系统的拉格朗日方程。

拉格朗日方程是解决具有完整约束的质点系动力学问题的普遍方程,是分析力学中重要的方程。Lagrange 方程的表达式非常简洁,应用时只需计算系统的动能和广义力;对于保守系统,只需计算系统的动能和势能。因此,Lagrange 方程常用来求解较复杂的非自由质点系的动力学问题。

15.6.4 第二类 Lagrange 方程应用举例

例 15-16 如图 15-26 所示的系统中,A 轮沿水平面纯滚动,质量为 m_1 的物块 C 以细绳跨过定滑轮 B 联于 A 点。A、B 二轮皆为均质圆盘,半径为 R,质量为 m_2。弹簧刚度为 k,质量不计。当弹簧较软,在细绳能始终保持张紧的条件下,求此系统的运动微分方程。

解 此系统具有一个自由度,以物块平衡位置为原点,取 x 为广义坐标如图 15-26 所示。以重物平衡位置为重力势能的零点,取弹簧原长处为弹性力势能的原点,则系统在任意位置处的势能为

$$V = \frac{1}{2}k(\delta_0 + x)^2 - m_1 g x$$

其中,δ_0 为平衡位置处弹簧的伸长量。物块速度为 $\dot{x}$ 时,B 轮的角速度为$\frac{\dot{x}}{R}$,A 轮质心速度为 $\dot{x}$,角速度亦为$\frac{\dot{x}}{R}$,此时系统的动能为

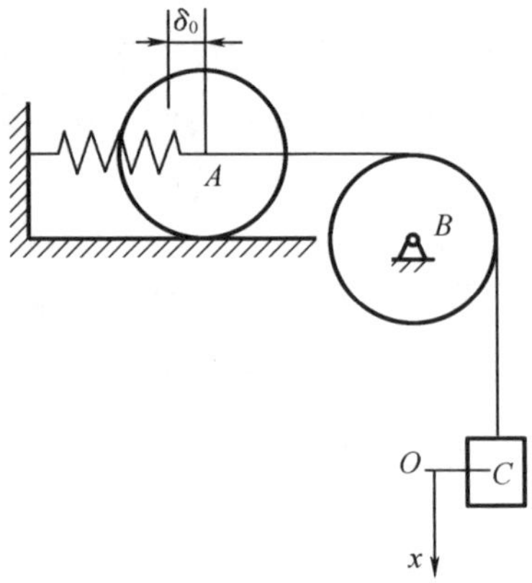

图 15-26 例 15-16 图

$$T = \frac{1}{2}m_1\dot{x}^2 + \frac{1}{2}\cdot\frac{1}{2}m_2R^2\left(\frac{\dot{x}}{R}\right)^2 + \frac{1}{2}m_2\dot{x}^2 + \frac{1}{2}\cdot\frac{1}{2}m_2R^2\left(\frac{\dot{x}}{R}\right)^2 = \left(m_2 + \frac{1}{2}m_1\right)\dot{x}^2$$

系统的拉格朗日函数为

$$L = T - V = \left(m_2 + \frac{1}{2}m_1\right)\dot{x}^2 - \frac{1}{2}k\left(\delta_0 + x\right)^2 + m_1 g x$$

代入拉格朗日方程

$$\frac{\mathrm{d}}{\mathrm{d}t}\frac{\partial L}{\partial \dot{x}} - \frac{\partial L}{\partial x} = 0$$

得

$$(2m_2 + m_1)\ddot{x} + k\delta_0 + kx - m_1 g = 0$$

注意到 $k\delta_0 = m_1 g$，则系统的运动微分方程为

$$(2m_2 + m_1)\ddot{x} + kx = 0$$

例 15－17　双摆机构，由两个重质点 A 和 B 及无重刚杆 OA 和 AB 组成，如图 15－27 所示，设质点 A 和 B 的质量均为 m，图中 F_A、F_B 为重力均为 mg，两杆长均为 l，B 物体受有水平力 F，系统只在铅垂平面内运动，且不计系统中的摩擦力，试分析系统的运动。

解　在例 15－11 中我们曾求过该系统对应于广义坐标的广义力。该系统是完整理想约束系统，系统具有两个自由度。所取参数同例 15－10。

首先计算系统的动能，即

$$T = T_A + T_B = \frac{1}{2}m(\dot{x}_A^2 + \dot{y}_A^2) + \frac{1}{2}m(\dot{x}_B^2 + \dot{y}_B^2) \tag{15-101}$$

由变换方程两边求导数，得

$$\dot{x}_A = l\dot{\varphi}_1\cos\varphi_1$$

$$\dot{y}_A = -l\dot{\varphi}_1\sin\varphi_1$$

$$\dot{x}_B = l\dot{\varphi}_1\cos\varphi_1 + l\dot{\varphi}_2\cos\varphi_2$$

$$\dot{y}_B = -l\dot{\varphi}_1\sin\varphi_1 - l\dot{\varphi}_2\sin\varphi_2 \tag{15-102}$$

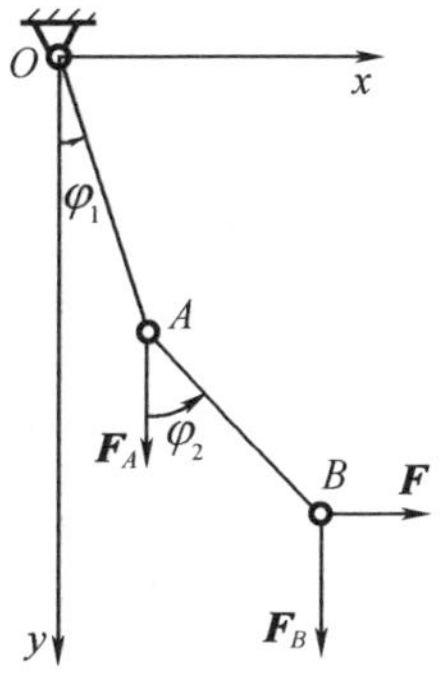

图 15－27　例 15－17 图

将式(15－102)代入式(15－101)得

$$T = ml^2\left[\dot{\varphi}_1 + \frac{\dot{\varphi}_2}{2} + \dot{\varphi}_1\dot{\varphi}_2\cos(\varphi_2 - \varphi_1)\right] \tag{15-103}$$

由例 15－11 所计算得到的广义力为

$$Q_{\varphi 1} = -mgl\sin\varphi_1 + Fl\cos\varphi_1 \tag{15-104}$$

$$Q_{\varphi 2} = -mgl\sin\varphi_2 - Fl\cos\varphi_2 \tag{15-105}$$

将式(15－103)、式(15－104)、式(15－105)代入 Lagrange 方程得系统的运动微分方程为

$$\begin{aligned}2ml^2\ddot{\varphi}_1 + ml^2\ddot{\varphi}_2\cos(\varphi_2 - \varphi_1) - ml^2\dot{\varphi}_2(\dot{\varphi}_2 - \dot{\varphi}_1)\sin(\varphi_2 - \varphi_1)\\ - ml^2\dot{\varphi}_1\dot{\varphi}_2\sin(\varphi_2 - \varphi_1) = -mgl\sin\varphi_1 + Fl\cos\varphi_1\end{aligned} \tag{15-106}$$

$$ml^2\ddot{\varphi}_2 + ml^2\ddot{\varphi}_1\cos(\varphi_2 - \varphi_1) + ml^2\dot{\varphi}_1\dot{\varphi}_2\sin(\varphi_2 - \varphi_1) = -mgl\sin\varphi_2 - Fl\cos\varphi_2 \tag{15-107}$$

式(15－106)、式(15－107)即为用广义坐标 φ_1、φ_2 所表示的系统的运动微分方程。该方程组是非线性的，很难求得解析形式的解，所以常用数值方法求解。

思考题

一、选择题

1. 图15-28所示机构中,O_1A 和 O_2B 两杆水平。用 δr_A 和 δr_B 分别表示 A 和 B 两点的虚位移,则由虚位移概念得知(　　)

A. δr_A 和 δr_B 的方向均可任意假设　　B. δr_A 和 δr_B 的方向都只能沿铅直方向

C. 必有 $\delta r_A = \delta r_B$　　D. 可能有 $\delta r_A \neq \delta r_B$

2. 图15-29所示系统的自由度数为(　　)

A. 一个　　B. 二个

其约束方程数有(　　)

C. 三个　　D. 两个

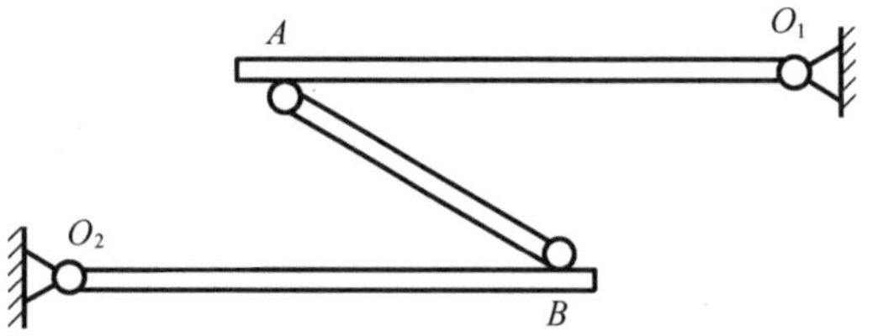

图15-28　选择题第1题图

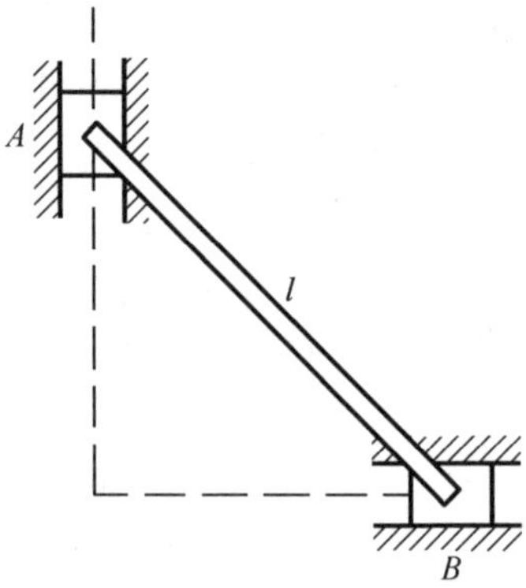

图15-29　选择题第2题图

3. 均质杆 AB,因重力作用而在铅直平面内摆动,同时杆的 A 端铰接在沿与水平面成 α 角的斜面无摩擦地滑动的滑块上,如图15-30所示。用以确定该系统位置的广义坐标可选为(　　)

A. x　　B. α　　C. α 与 φ　　D. x 与 φ

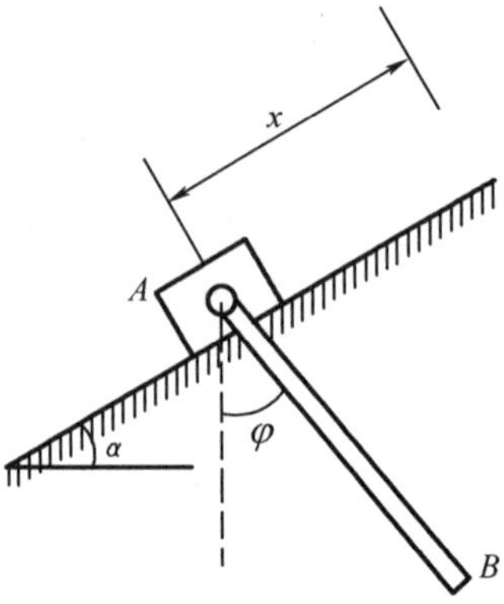

图15-30　选择题第3题图

4. 图 15 - 31 所示平面机构中，已知 $O_2B = BC$，$O_3O_4 = DE$，$O_3D = O_4E$，则 A 和 E 点虚位移之间的关系为(　　)

A. $\delta r_E = \sin\alpha\tan 2\theta \cdot \delta r_A$　　B. $\delta r_E = \cos\alpha\tan 2\theta \cdot \delta r_A$

C. $\delta r_E = \cos\alpha \cdot \delta r_A$　　D. $\delta r_E = \cos\alpha\tan\theta\tan 2\theta \cdot \delta r_A$

5. 图 15 - 32 所示为五根长度均为 $2l$ 的均质杆铰接成的正六边形，每根杆的重均为 W。若在 EF 杆的中点施力 P 以维持平衡，则力 P 的大小应为(　　)

A. $P = 8W$　　B. $P = 2W$　　C. $P = 5W$　　D. $P = W$

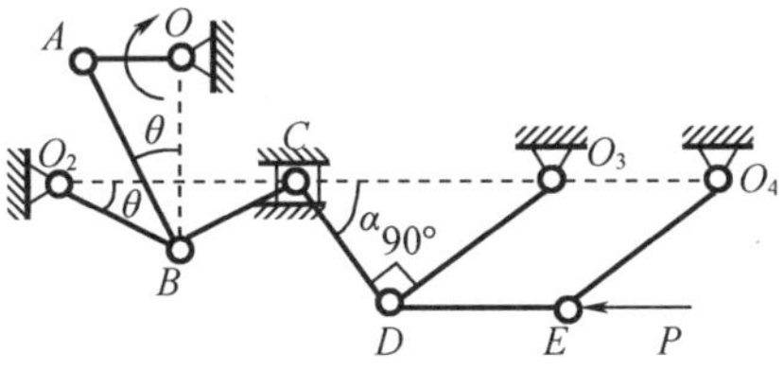

图 15 - 31　选择题第 4 题图

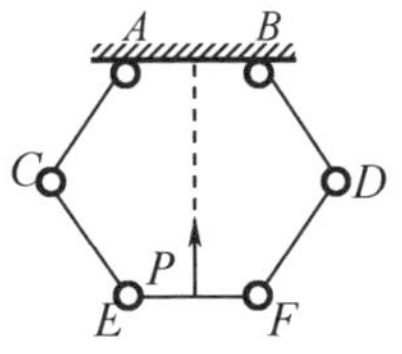

图 15 - 32　选择题第 5 题图

6. 图 15 - 33 所示平面机构中，A、B、O_2 和 O_1、C 分别在两水平线上，O_1A 和 O_2C 分别在两铅垂线上，$\alpha = 30°$，$\beta = 45°$，A 和 C 点虚位移之间的关系为(　　)

A. $\delta r_C = 2.74\delta r_A$　　B. $\delta r_C = \delta r_A$　　C. $\delta r_C = 1.58\delta r_A$　　D. $\delta r_C = 0.73\delta r_A$

7. 图 15 - 34 所示平面机构由五根等长杆与固定边 AB 组成一正六边形。杆 AE 与 BC 的中点有一弹簧连接，弹簧刚度为 K。已知各杆长度与弹簧原长均为 l，其重量均略去不计。若在杆 DE 的中点作用一铅直向下的力 P，此机构能维持平衡的 φ 角的大小$\left(\varphi = \dfrac{\pi}{2}\text{除外}\right)$为(　　)

A. $\varphi = \arcsin\dfrac{4P}{Kl}$　　B. $\varphi = \arcsin\dfrac{2P}{Kl}$　　C. $\varphi = \arcsin\dfrac{8P}{Kl}$　　D. $\varphi = \arcsin\dfrac{6P}{Kl}$

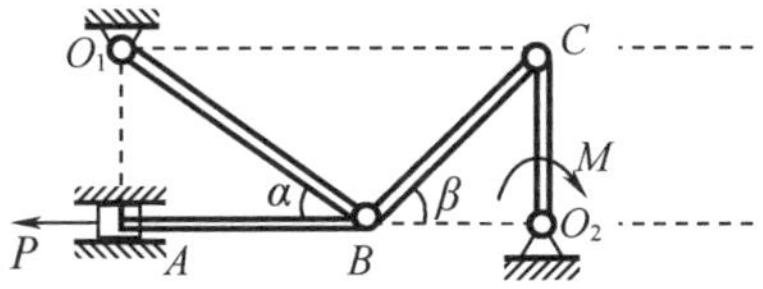

图 15 - 33　选择题第 6 题图

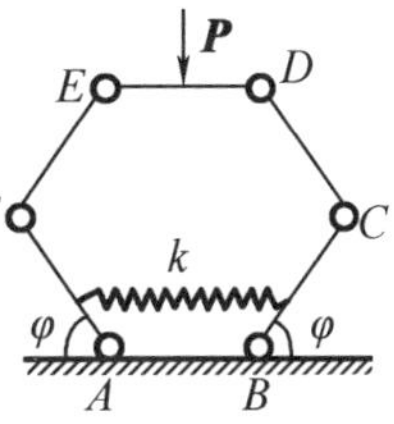

图 15 - 34　选择题第 7 题图

二、填空题

1. 图 15 - 35 所示平面机构，受力与尺寸已知。不计各杆及滑块重，略去各接触面的摩擦力，在图示位置平衡时，M 与 Q 的关系应为________。

2. 图 15 - 36 所示系统的自由度数为________。

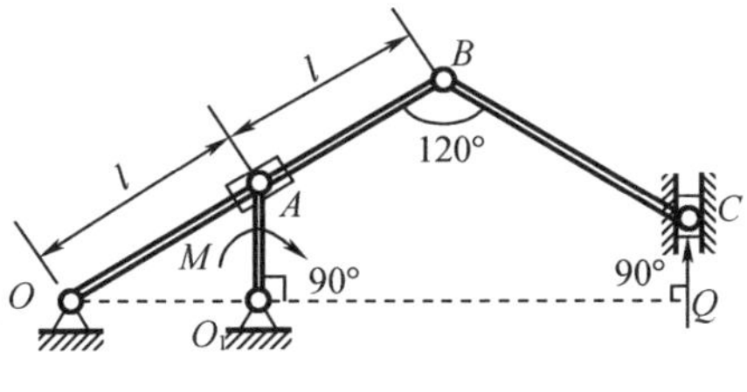

图 15 - 35　填空题第 1 题图

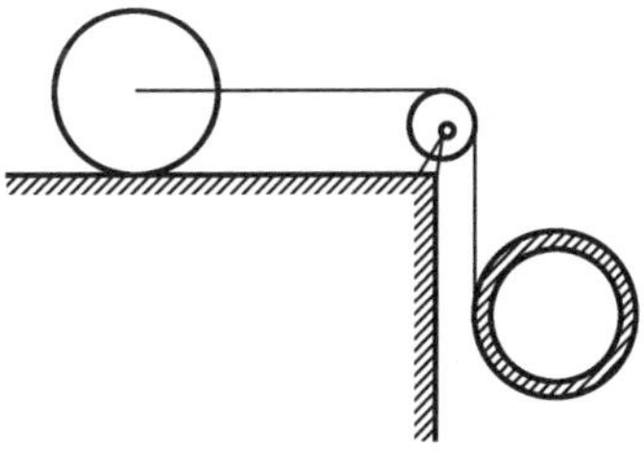

图 15 - 36　填空题第 2 题图

3. 图 15－37 所示平面机构，用以确定该系统位置的广义坐标可选为________。

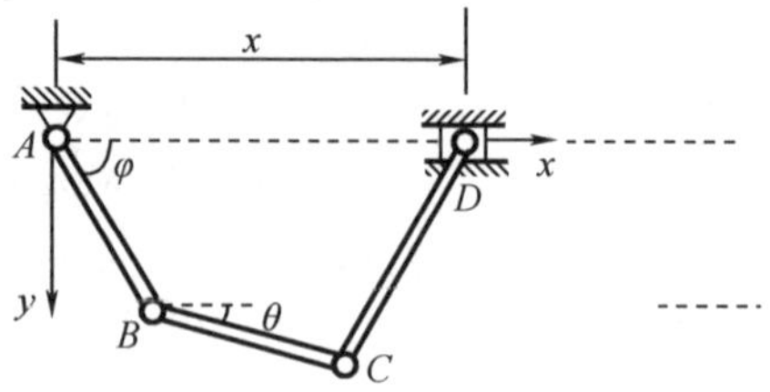

图 15－37 填空题第 3 题图

习 题

15－1 如图 5－38 所示，一柔软不可伸长的线，一端固定，另一端栓一小球。小球所受约束是单面的还是双面的？试写出约束方程。

答案：单面约束。约束方程为 $x^2+y^2+z^2 \leqslant l^2$。

15－2 如图 5－39 所示，一半径为 r 的圆盘在铅垂平面内沿直线做纯滚动。这约束是完整的还是非完整的？试写出约束方程。

答案：完整约束。约束方程为 $x_0=r\theta$。

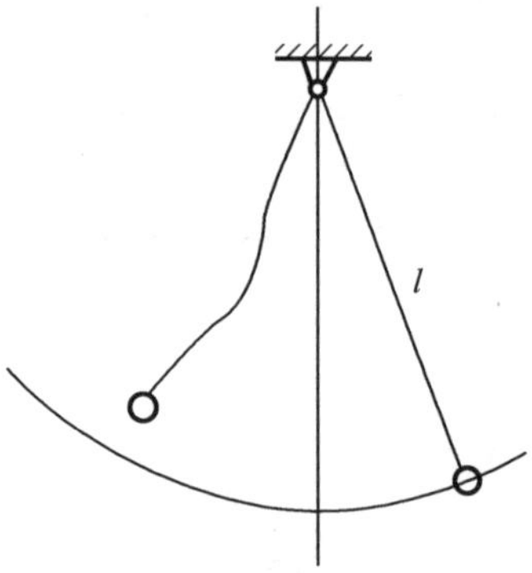

图 5－38 习题 15－1 图

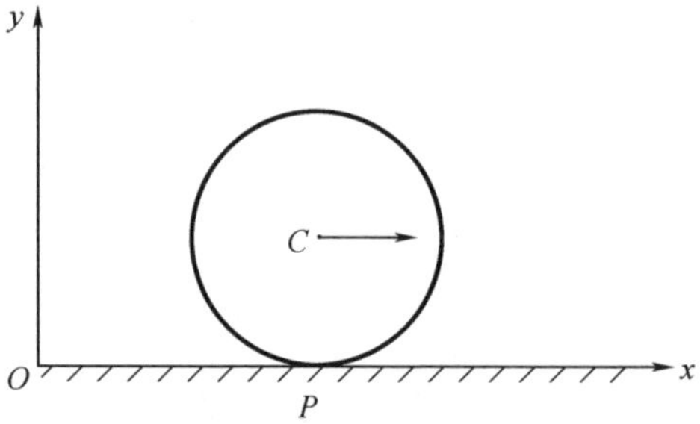

图 5－39 习题 15－2 图

15－3 如图 15－40 所示，一直杆以常角速度 ω 绕铅垂轴转动，杆与铅垂线夹角 α 为常值。杆上有一小环，小环可沿杆滑动。取小环相对杆与铅垂线交点 O 的距离 r 为坐标。试将环的直角坐标用 r 表示之。写出直角坐标中的约束方程。

答案：$x=r\sin\alpha\cos\omega t$，$y=r\sin\alpha\sin\omega t$，$z=r\cos\alpha$；约束方程为 $y=x\tan\omega t$，$y=z\tan\alpha\sin\omega t$。

15－4 试列写图 15－41 所示系统的约束方程。

答案：设两质点坐标为 (x_1,y_1)，(x_2,y_2)，约束方程为

$$(x_2-x_1)^2+(y_2-y_1)^2=l_2^2$$

$$(x_1-r\cos\omega t)^2+(y_1-r\sin\omega t)^2=l_1^2$$

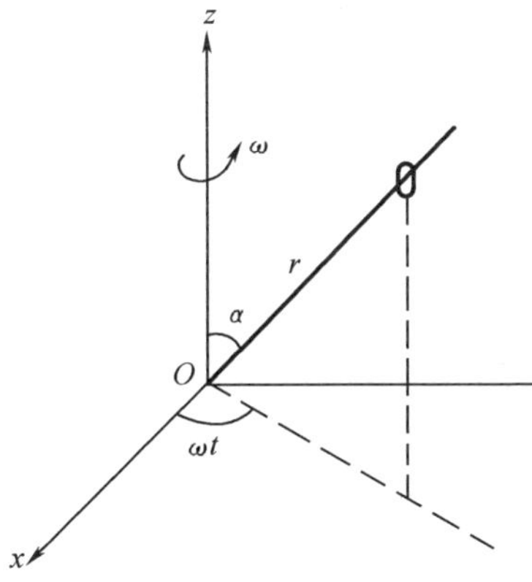

图 15－40　习题 15－3 图

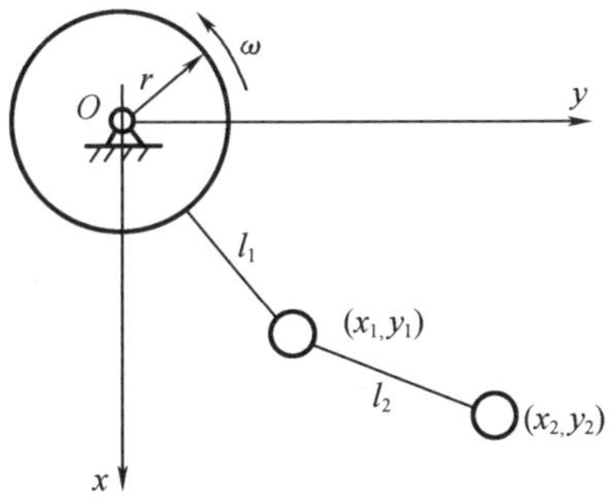

图 15－41　习题 15－4 图

15－5　如图 15－42 所示，平面上有两质点 m_1 和 m_2，系统运动时 m_1 对 m_2 进行追踪，m_1 的速度始终对准 m_2。试写出约束方程。

答案：$\dfrac{\dot{y}_1}{\dot{x}_1}=\dfrac{y_2-y_1}{x_2-x_1}$ 。

15－6　如图 15－43 所示，长为 l 的均匀细杆被限制在 xy 平面运动，且其 A 端恒保持在 x 轴上，若采用 (x,θ) 作为广义坐标，试求杆中心的速度和加速度的大小。

答案：$v_0=\sqrt{\dot{x}^2+\dfrac{l^2}{4}\dot{\theta}^2-l\dot{x}\dot{\theta}\sin\theta}$，$a_0=\sqrt{\ddot{x}^2+\dfrac{l^2}{4}\ddot{\theta}^2-l\ddot{x}\ddot{\theta}\sin\theta+\dfrac{l^2}{4}\dot{\theta}^4-l\ddot{x}\dot{\theta}^2\cos\theta}$

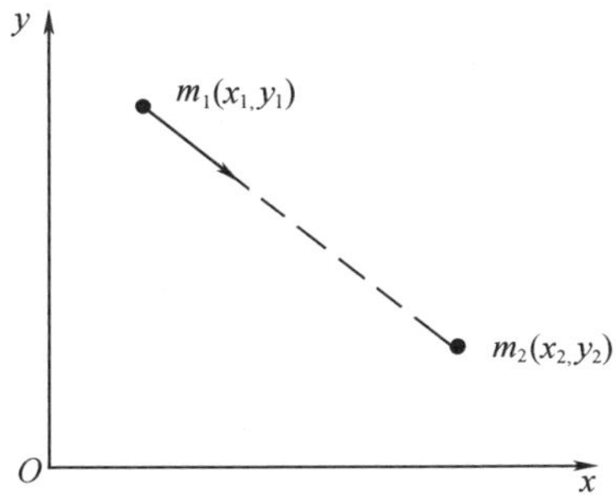

图 15－42　习题 15－5 图

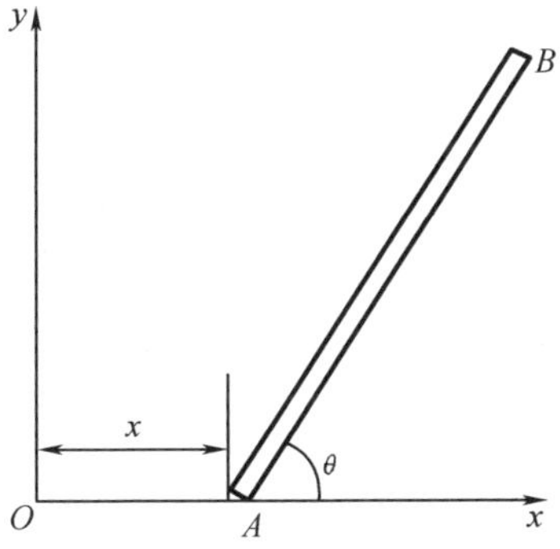

图 15－43　习题 15－6 图

15－7　如图 15－44 所示，楔式压榨机，力 P 垂直于手柄轴，手柄长 a，螺距为 h，楔尖顶角为 α，试求平衡时力 P 与力 Q 之间的关系。

答案：$Q=P\dfrac{2\pi a}{h\tan\alpha}$。

15－8　如图 15－45 所示，力 F 铅垂地作用于杠杆 AO 上。$AO=6BO$，$CO_1=5DO_1$。若在所给位置上杠杆水平，杆 BC 与 DE 垂直，求物体 M 所受的挤压力 P 的大小。

答案：$P=30F$。

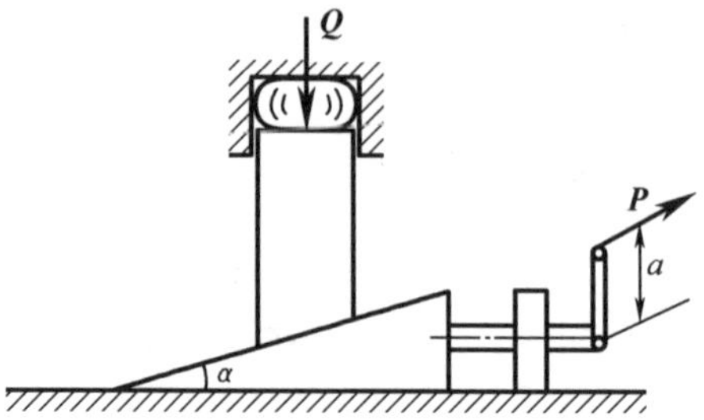

图 15-44 习题 15-7 图

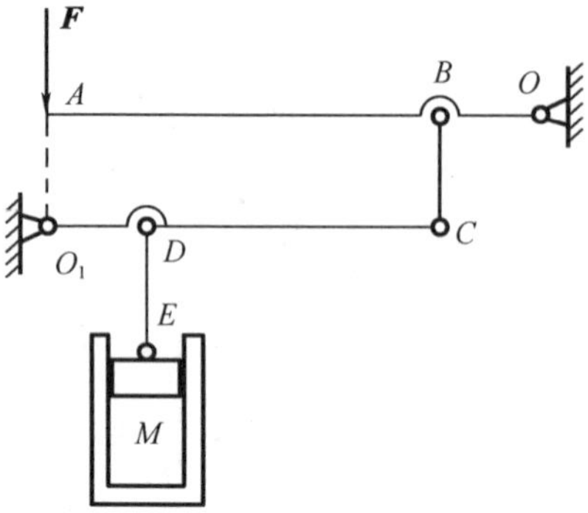

图 15-45 习题 15-8 图

15-9 图 15-46 所示为一绞车,为等速提升重为 Q 的货物,求垂直作用于手柄 A 点上的 P 力。已知鼓轮直径 $d=30$ cm,手柄长 $l=50$ cm,机构上齿数 $z_1=125$,$z_2=25$,$z_3=63$,$z_4=21$。

答案:$P=0.02Q$。

15-10 如图 15-47 所示,在十字形滑块 K 上沿杆 AB 方向作用力 F,不计摩擦力,求作用在 C 点且与曲柄 OC 垂直的平衡力 P 的大小。

答案:$P=F\cos\alpha$。

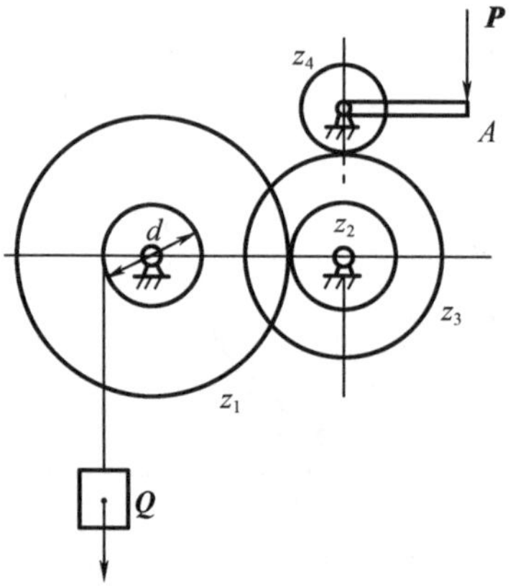

图 15-46 习题 15-9 图

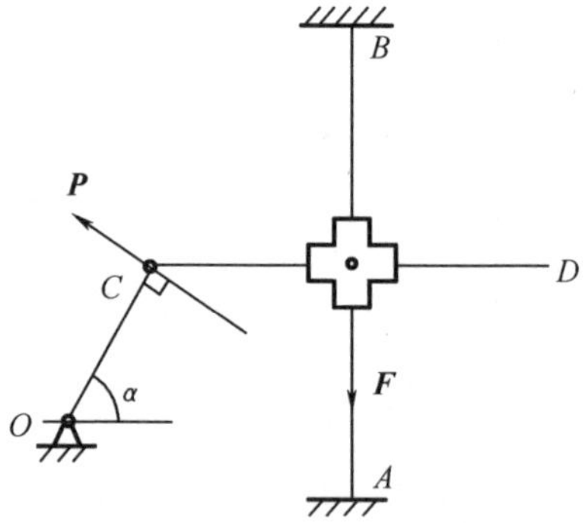

图 15-47 习题 15-10 图

15-11 如图 15-48 所示,在机构的活塞 B 上施加一力 P。在曲柄 O_1C 上施加力矩 $M_1=\frac{3}{2}Pr$,不计摩擦力,曲柄长度 $OA=r$,$O_1C=3r$,且都处于铅垂位置。试求使机构平衡而作用于曲柄 OA 上的力矩 M。

答案:$M=\frac{1}{2}Pr$。

15-12 对图 15-49 所示的杆杆机构,为使机构于任何位置 θ 都能支持住滑块 W,求作用在 A 点的水平力,(杆重不计)。若在 A 点作用一向下力能否支持住 W? 若用一逆时针

的力偶 M 来代替力,问 M 需多大?

答案: $M=2Wa\sin\theta$。

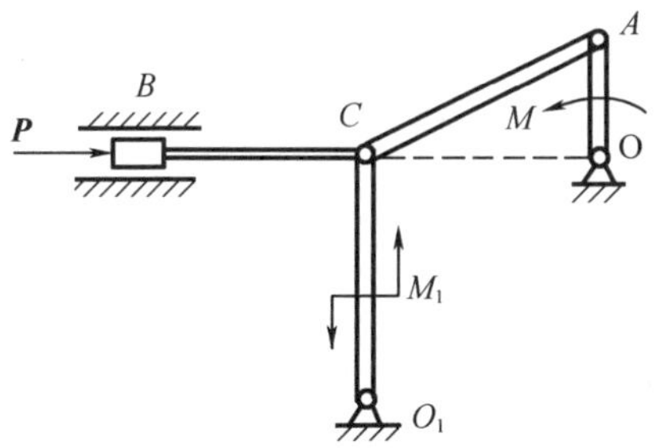

图 15-48　习题 15-11 图

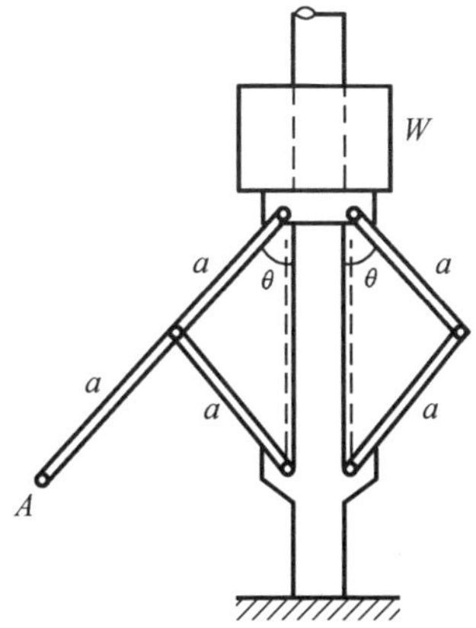

图 15-49　习题 15-12 图

15-13　图 15-50 所示连杆机构,A、B 轮可在水平杆上自由地滑动。求为保持平衡所需之 P 力的大小。

答案:$P=400$ N。

15-14　已知图 15-51 所示机构处于平衡。$OA=40$ cm,力偶矩 $M=200$ N·m。试求力 P 的大小。

答案:$P=10$ N。

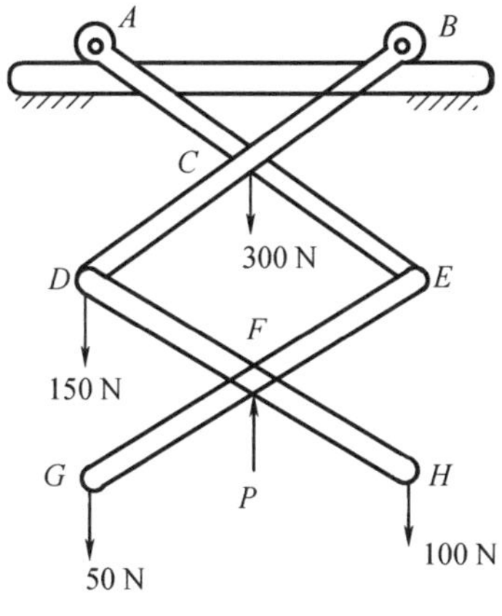

图 15-50　习题 15-13 图

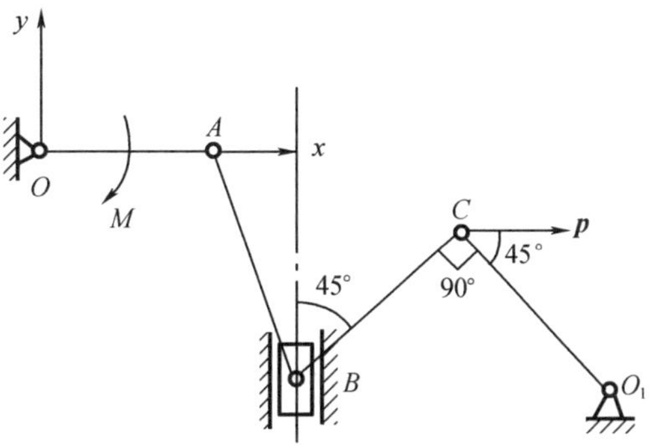

图 15-51　习题 15-14 图

15-15　如图 15-52 所示,重力为 P 的竖立鼓轮可视为一空心圆柱,其外半径为 R,内半径为 r。鼓轮上缠以无重绳索,拖动一均质圆柱滚子沿水平面无滑动滚动。滚子重力为 Q。如在鼓轮上作用一矩为 M 的力偶,试求其角加速度。

答案:$\varepsilon=\dfrac{2Mg}{P(R^2+r^2)+3QR^2}$。

15-16　如图 15-53 所示,重力为 P 的实心圆柱,在其中间缠以绳子,此绳的另一端跨过滑轮 O 同重力为 Q 的重物 M 相连接。设重物 M 上升,不计滑轮和绳的质量,试求重物 M

及圆柱轴 C 的加速度。

答案：$a_M=\dfrac{P-3Q}{P+3Q}g$；$a_C=\dfrac{P+Q}{P+3Q}g$。

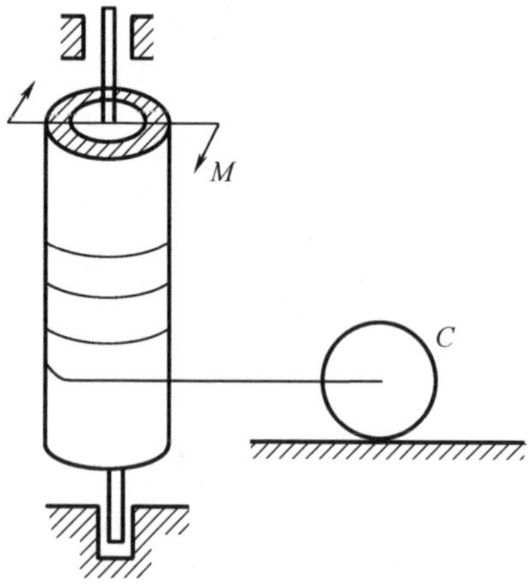

图 15-52　习题 15-15 图

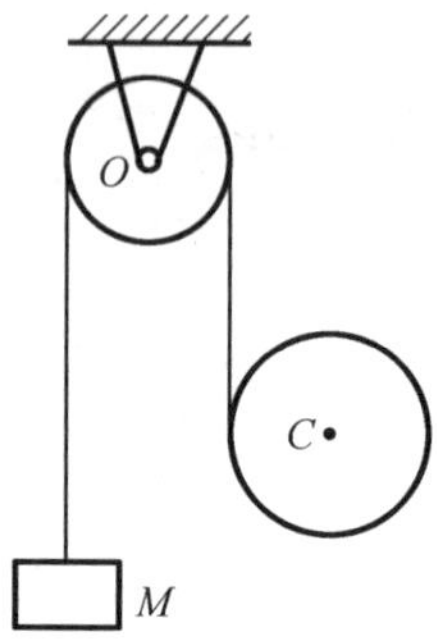

图 15-53　习题 15-16 图

15-17　如图 15-54 所示，均质圆柱体半径为 r，重 P，在半径为 R 的圆柱形槽内滚而不滑。求：(1)微小摆动的周期；(2)如起始时的 OO_1 线与铅垂线成 φ_0 角，圆柱体无初速地滚下，求当圆柱滚到最低位置时对圆槽的正压力和摩擦力。

答案：(1) $T=2\pi\sqrt{\dfrac{3(R-r)}{2g}}$；(2) $N=P+\dfrac{4}{3}(1-\cos\varphi_0)P$；$F=0$。

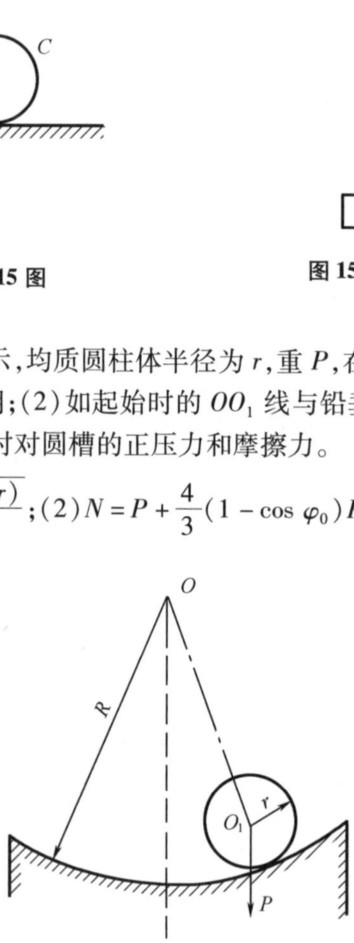

图 15-54　习题 15-17 图